U0237389

A CULTURAL HISTORY OF
CHINESE PENJING

中国盆景文化史

（第2版）

李树华　著

中国林业出版社
China Forestry Publishing House

中国盆景文化史

ZHONGGUO PENJING WENHUASHI

图书在版编目（CIP）数据

中国盆景文化史 / 李树华著. –2版. – 北京：
中国林业出版社, 2019.11
ISBN 978-7-5219-0414-7

Ⅰ. ①中… Ⅱ. ①李… Ⅲ. ①盆景－文化史－中国
Ⅳ. ①S688.1

中国版本图书馆CIP数据核字(2019)第264394号

责任编辑： 何增明　张　华
出版发行： 中国林业出版社
（ 100009 北京市西城区刘海胡同7号 ）
电话： 010-83143517
印刷： 北京雅昌艺术印刷有限公司
版次： 2019年12月第2版
印次： 2019年12月第1次印刷
开本： 889mm×1194mm　1/16
印张： 47
字数： 1500千字
定价： 699.00元

天地在盆中

李树华君

南风

南风为世界盆栽友好联盟创建人、原理事长，社团法人日本盆栽协会原理事长，蔓青园第三代园主加藤三郎先生（1915—2008）的艺名。本书作者于1992年4月至1993年3月一年间在蔓青园师从于加藤三郎先生，在盆景技艺与人生哲学等方面收获颇丰。本幅题字是1992年加藤先生写给本书作者的纪念题字。

中國盆景文化史

陳昌

中国风景园林学会盆景赏石分会理事长、国际盆景协会
(BCI)中国区委员会主席陈昌先生为本书题字

序一（第2版）

2005 年，在上海植物园举行的中国盆景协会相关人士研讨会上，我与李树华教授初次见面。得知他在日本攻读盆景和庭园文化多年，对此有很深的造诣，所以非常期待他在中国盆景界中发挥重要作用。2010 年，在上海植物园举行的世界盆栽友好联盟理事会上，与他再次相见。那时他已转为清华大学景观系的教授。他对盆景研究的热情和温和的性格给我留下了美好印象。从那时起到现在，我们一直保持着友好交流。

我从 1968 年开始，在济州道翰京面楮旨里开垦到处都是石头的荒地，经过半个世纪的开拓，建成了 60 亩规模的庭园。

在长期的盆栽栽培过程中，我也积累了一些经验。应出版社的邀请，整理有关建园的过程和栽培盆栽中的一些感悟，出版了几本书，还出版了有关盆栽方面的专业技术书籍。在这个过程中，了解到盆栽文化最初开始的国家是中国，遗憾的是没有多少资料。

这本书是记录中国盆景文化历史的宝贵资料。作者李树华教授经过长期的研究，收集整理了大量资料并执笔，这实在不是一件容易的事情。每个时代盆景发展的过程和历史资料，都证明了中国是盆景文化的宗主国。中国的盆景经历时代的风波，重新得到复兴，花费了很长时间。如今中国的盆景正在发生很多变化。与其他领域一样，盆景也在以飞快的速度发展。中国正逐渐成为世界的中心，即将在世界舞台上发挥主导作用。

我相信，今后通过《中国盆景文化史》一书，不仅对中国，而且对世界许多热爱盆景文化的后代，继承和发展盆景文化都会产生积极的影响，它将成为世界盆景文化研究的新里程碑，成为众多盆景爱好者的必读书籍。

作为一个热爱盆景的人，我对能够写出盆景和庭园方面历史的清华大学李树华教授，表示深深的敬意和感谢。

韩国全州大学名誉文化技术学博士
韩国济州道思索之苑苑长
中国盆景艺术家协会国际顾问
世界盆栽友好联盟国际顾问　　2019 年 11 月

西洋有草名僧惠意韓譯漢音為知時
也其貢使攜種以王歷夏秋而榮在京西
洋諸臣因以進言以手撫之則眠踦刻
而起花葉皆然其起眠之像在午前為
時五分午後為時十分輒以成詩用備群
芳一種

憨山書：草追意貢泰西知時自眠起定
手作昂低似菌黄花釋如樓綠葉萎誑
惟工楷合殊不解端倪始謂薑蒲誕今看
靈豬齋遠弥非西寶異卉六堪題
乾隆癸酉秋八月題知時草六韻命為
之圖即書其上御筆

序二（第2版）

盆景文化起源于古代中国，流行于当今世界，已为众所周知。它和其他门类的艺术一样，是在一定的社会经济条件和文化思想等多种因素的综合影响下逐步产生、完善和发展的。近几十年来，中国盆景进步之速，可称史无前例，但与此同时，它的继承与创新问题也愈加凸显。这里所说的继承首先是指激活传统盆景文化中有价值的资源，使之成为今天盆景的源头活水；而创新则是指在此基础上，创作出具有新时代特征、合乎现代人审美情趣的作品，使之成为盆景文化的有机组成部分。

盆景源于中国，是博大精深的中华文化所致。今天的盆景，正是建立在前人留下的传统基础之上，如果丢掉了这个基础，就得从零开始。因此，创新离不开传统的根基，应该珍视和继承优秀的传统，从中寻求创新的突破口。这就必须首先了解中国盆景的历史，弄清楚究竟什么是优秀的传统。

由于盆景具有生命的属性，受到树龄、环境等多种因素的制约，它的实物保存本来就具有一定的难度，加之近代中国盆景的发展曾经有过断层等因素，我国现存古盆景实物极为鲜少，且历经后人之手，已未必是原貌。长期以来，我们只能从一鳞半爪的文字记载和为数不多的古画中了解传统盆景，所以盆景历史的研究难度很大。对此，前人虽已做了很多工作，也有一些相关的著述，但限于资料的匮乏，缺少系统的研究和详尽的论述。对于究竟什么是中国盆景的传统，什么是优秀的传统，至今不少人认识尚模糊。

多年以来，李树华先生倾注心血所做的正是这项盆景文化史的艰巨研究工作。

我与李树华先生相识于1985年上海第一届中国盆景评比展。当时他刚从北京林业大学园林系毕业，即对盆景艺术产生兴趣，曾一度在上海植物园学习盆景，后又成为我国著名的园林和花卉专家陈俊愉院士的研究生。1992年李树华先生赴日本盆栽协会研修，师承世界盆栽友好联盟理事长、日本盆栽协会理事长加藤三郎先生。接着就读于日本京都大学研究生院并获博士学位。2004年回国后曾在中国农业大学任职，现任清华大学景观学系教授、博导。

自20世纪80年代起，李树华先生即开始潜心研究盆景文化史。在日本京都大学深造学习期间，他利用那里得天独厚的图书资料优势，几乎浏览了中国秦汉以来所有相关的古籍，从浩瀚的历史文献资料中搜集到有关盆景的点点滴滴，然后借鉴考古成果，结合实地调查，认真考证，再从文化的角度进行分析研究，最后整理成系统的文字。这是一项注定有遗憾的浩大文化工程，其中的艰辛与磨难可想而知。

2004年第一部《中国盆景文化史》终于由中国林业出版社正式出版。尽管作者尚有许多遗憾之处，但该书已经填补了中国盆景史研究的许多空白，获得国家新闻出版总署"三个一百"原创图书出版工程奖，并在盆景界引起很大反响。

当然，历史没有绝对的真实和完整，任何人笔下的历史都会打上特定时代的意识和个人观念的烙印。唯有博览众家之言，并取其精华弃其糟粕，才能梳理出一段相对真实且完整的历史。

十几年来，随着对盆景史料更多的发现和更深入的思考，李树华先生的盆景史研究又有了新的成果。尽管平时的工作极其繁忙，他仍然义无反顾地挤出时间，修订《中国盆景文化史》，对原书作了总体结构的调整，增加了大量前所未见的历史图片和新的论述。第二版的文字达60万字，图片约1300幅。全书结构清晰，层次分明，内容较前版大为丰富。我们从中不仅可以了解到中国盆景文化的基本发展脉络，还可以知道更多更深入的史实。

我们可以从作者的考证中知道我国盆景艺术从诞生伊始，就是一种由中国文人主导的艺术形式，深受中国人的自然观和中国传统文化的影响，它与山水画、山水诗、山水园林等艺术门类有着共同的思想基础，而花木栽培技术和陶瓷制作技术的发达为盆景的发展提供了优越的技术条件。

我们可以从书中引用的众多古代诗文的描述和盆景专论详细地了解古人的盆景鉴赏风习、审美理念、创作手法、表现形式以及植物类盆景的整形和养护管理技术。

我们可以从大量的盆景绘图中直观地看到不同时期我国盆景到底长得什么样子，从而得知传统盆景的主流一直就是崇尚自然野趣、富有诗情画意的自然式造型。同时还能看到各个时期盆景盆钵的款式、盆景室内外陈设的方式以及盆景的专类庭园。

我们还可以从书中了解到我国盆景近现代的曲折发展与再兴盛以及国际化进程和世界盆景的发展状况，并可从中展望未来盆景文化的前景。

《中国盆景文化史》（第2版）一书的出版，是对保护与传承盆景这项中国乃至世界的非物质文化遗产的重要贡献，可谓功德无量之事。值此新书出版之际，谨表衷心祝贺，并以此为序，向广大读者特别推荐。

中国盆景艺术大师
世界盆景友好联盟（WBFF）国际顾问
国际盆景协会（BCI）中国区副主席

2019年10月

序一 （第 1 版）

盆景是花盆中浓缩加工的小型园林美景。它是有生命的艺术品，是花木栽培技艺和造型培育之有机结合。盆景创作者以自然为师，用植物、山石、水、土等为素材，经过艺术加工与经常的精心抚育，创造出提炼了的"第二自然"，多供室内装饰之用。

我国明代造园大师计成在《园冶》中云："虽由人作，宛自天开"。这既是园林艺术的最高准则，也是盆景艺术中应努力达成的目标。

我们的祖先自古主张"天人合一"，这一指导思想也反映在盆景技艺中。如宋代秦观（1049-1101）作《梅花百咏》，其中有云：

盆梅

花发圆盆妙入神，静观意思一团真。

⋯⋯

客来笑谓无多景，那悟满腔都是春！

我虽未亲见那棵梅花盆景，但其韵、姿、香、色之美，景雅格高之胜，却已跃然纸上，将当年主客及今之读者全带入化境了。这里，重要的是顺应自然，顺理成章，看似皓素无景，却耐观入神。

将李树华教授所著《中国盆景文化史》书稿阅读一遍过后，给我留下了的正是这种"一团真"和"都是春"的感觉。他邀我为之写序，就从这里起笔吧！

首先，盆景是源自我国现已风行全球的综合性技艺，不能就事论事，只谈整形、造型、修剪、蟠扎、栽培、抚育，而忽略其为高妙、出奇的文化结晶；也不该强调造型过分，以至和习性与科学有所背离，成为人工做作的"花架子"。这种特殊的、美丽动人而又生长发育着的艺术品，是自然美和艺术美的巧妙结合，是我们祖先对世界文化和技艺一个小领域内所做出的大贡献。

其次，从文化角度研究中国盆景发展的过去和未来，这是本书的特色，也是本书的特长。这一点，本书著者抓对了，的确抓住了关键。提出"中国盆景文化史"，把盆景技艺融于中国传统文化习俗环境中，才能对盆景技艺进行全方位、综合性研讨，才可把中国盆景的真谛研究得既全面、又透彻。例如本书关于盆景起源问题的论述，就是思想对路，方法正确，旁征博引，水到渠成。这样目标明确，循序而进，用事实和证据说话，必可获得较为正确的结论来。

再次，著者书稿中引证中外文献很是周全，这就让不少一般未注意到的重要事实脱颖而出，成

为做结论的重要依据。这里，举二例以明之：第一，为了寻求"盆景"一词之出处，著者遍查中外古籍。他终于在清代曹溶所编《学海走编·集余五·考据》中，找到了苏轼（1036—1101）《格物粗谈》。又在其上卷"培养"中，记有"芭蕉初发分种，以油簪横穿其根眼，则不长大，可作盆景"。这几句话提示了两项重要发现：一曰用簪子横插穿透根眼，就可通过机械损伤达到人工抑制芭蕉生长过旺之目的。短短数语，却是古今中外无人报道过的省钱、省工而效果显著的"矮化"妙法。二曰："这是笔者（引按：指李树华）所查到的我国文献中第一次出现与使用'盆景'一词，说明'盆景'一词在我国至少已经有了900年以上的使用历史"。第二，在苏东坡诗中，还有"盆花"与"小盆花"等词语。如李在书稿中有云："明代万历三十五年（1607）在王圻刊本的《三才图会》中，载有：第十六尊者，横如意跌坐，下有童子发香篆，侍者注水盆中。颂曰：

盆花浮红，篆烟燎青，无问无苔，如意自横。点瑟既希，昭琴不鼓，此间有曲，可歌可舞。

诗底题名：眉山苏轼"。

如此辗转查出的图配诗，指明了早在苏东坡时代，已出现"小盆花"之词。至于"香篆"，则系指香炉冒出的烟气而言。据此考证，说明"盆花"一词，在我国古代至少也有900年以上的应用史了。

最后，我认为本书从文化角度入手来探讨中国盆景的过去进程，分阶段介绍盆景技艺之发展演化，布局安排十分恰当。全书内容丰富而全面，甚至包括容器（花盆等）、山石、石谱及日本、韩国、朝鲜和欧美各国盆景之制作、发展与演变等等，真是环绕盆景之各个方面，几集古今中外技艺经验于一书。这种既有深度又有广度而重点明确的专著，可给读者以较为完整的发展全貌。

至于书中的植物拉丁名，著者多据实认真标明。全书图文并茂，力求搜集齐全，表现到位。文献、索引、附表较齐，中、英文摘要齐备。至装帧大方、印刷精美等等，优点甚多，都是值得肯定的。

本人写完此序，深感著者为此书付出甚多，长期积累，坚持不懈，理论紧密联系实际，调整研究尤其是中日之间的比较研究，做得相当深入，并从比较研究中得到不少启发，明确了改进方向。

最后，学无止境，发展无穷。故如盆景技艺中之无土栽培问题，小盆景之批量生产贮运，中国盆景之国际经营，盆景树之加速成型及古化技术以及微型盆景制作养护等等，都有进一步研讨之必要。这些，只有待之异日了。总之，小盆景要写出大文章，中国人应为世界多做贡献，此之谓也。是为序，请各地诸方家有以正之。

中国工程院院士
北京林业大学教授　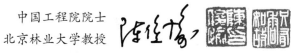

2005. 7. 31

序二（第1版）

　　读了树华撰写的《中国盆景文化史》，从这部文图并茂的巨著中引起我不少回忆和感触，记得1988年他在龙潭湖畔举办过一次盆景展览和专题报告，我发现了这样一位专注于盆景研究的能手。

　　不仅全过程井然有序而且发言条理分明，极有创建。以后90年代他陪同几位日本学者回国举办学术报告，他充当了同声翻译，他的日语已臻十分纯熟的程度。当时他已是日本姬路大学的副教授。搞盆景的研究去日本是再恰当不过了，果然他矢志于盆景的研究，得到了沃土和滋养，21世纪回到祖国的怀抱，写出了这样一本内容丰富、细腻、周全、精彩的盆景文化史。这正是从20世纪80年代至今，这25年精心钻研努力探索的奇葩硕果。他把如此久远的文化史做了科学的整理，从大量的参考书中广征博引撷取精华。尤其植物盆景这一篇，断代明确，类别清晰，甚至栽培、修剪、盆盎及派系的特点等无微不至，并佐以诗画为证，使读者一目了然。文化史实际是盆景的发展史、技术史、科学与艺术的结合史。发挥了祖国光辉灿烂的文化立了一功，故乐为之序。

中国科学院植物研究所研究员　余树勋

二零零五年大暑之日

盆景研究三部曲
——代第 2 版前言

序曲：饱受自然恩惠的关中青少年时期

我祖籍是胶东半岛的山东昌邑高家屯，生在关中渭北冲积平原的陕西蒲城太平村。因为是山东移民村，全村人与家里大人都讲山东话，连小学老师也是用昌邑话授课，以至于后来在乡里漫泉河中学上初中时，班主任张老师当着全班同学的面说：虽然李树华学习好，但他陕西话讲的不地道，不能当班长，只能当副班长。

回想到初中毕业为止，虽然家里很穷，有时连玉米饼子也吃不上，倒是学习上没有任何压力，学习成绩一直名列前茅。

小学校园、初中校园都是处在农田之中，每天都能与农作物、野草、小鸟打交道，印象最深的当属村子东边数里地的漫泉河。蜿蜒的河道两旁长满芦苇，河水不深，清澈见底，与伙伴们一起经常用打猪草的篮子捞小鱼虾，有时也能捉住小螃蟹。还可以在芦苇丛中，找到把几株芦苇拢在一起、用数枚叶片做成的鸟巢，夏季时经常能找到鸟蛋和小鸟。

经常在自家院子里种些西红柿、葫芦之类。在春季，还经常在农田里采些苜蓿、刺儿菜、榆钱、刺槐花等，拿回家里加工一下充饥和改善生活。还挖过枸杞根、远志根，晒干后卖给药店换铅笔、笔记本钱。当然，生产队瓜地里西瓜、香瓜，果园里的苹果，菜园里的西红柿，只要摘下来能随口吃的，没少跟在大孩子后边偷摘过。

记得有一次，从邻居家讨来一棵枣树苗，我在院子中挖了个深坑，把小苗的绝大部分都埋在坑里，只露出个顶枝在外。后来到北京上了林学院园林系才知道，栽这么深是不利于树木生长的，甚至影响它的成活，就像把人用土埋到脖子一样。

一部曲：专心致志学习的北京林业大学时期

在县城上高中时，我家里椅子后边的墙上贴着一张陕西日报，报纸上有一张一人在给石榴盆景浇水的照片，下边写着："瞧，这是临潼的园林工人给石榴盆景浇水。"看过多次后，"园林"一词就被我记住了。1981年7月高考结束后第二天报志愿，根据估算成绩，重点院校第一志愿我报了北京林学院城市园林绿化专业，当年本专业在陕西省只招一名。高考成绩公布后的一天，我收到了北京林学院的录取通知书。因为要到北京上大学，在方圆几里地还是引起了小小的轰动。但这时村里人说：栽树有什么研究的；我的同班同学也说我志愿报低了。

进入北京林学院园林系后，开始系统学习园林专业的各门课程，但盆景并不是一门课，只在《花卉学》课程中触及而已。第一次真正接触盆景，是在大三时，北京林学院武装部部长曹百新老师给园林系作有关盆景制作与鉴赏的报告，从此之后，引起了我对盆景的兴趣。大四上学期开始做毕业论文，我选择彭春生老师作指导教师，题目为《北京盆景调查研究》。除了通过文献资料研究了北京盆景历史之外，还到当时北京养护、制作盆景的李特、周国梁、罗维佳等先生处调研盆景材料、制作技艺和养护管理技术等。到苏州、上海和杭州进行南方综合实习时，参观了苏州的拙政园盆景园、万景山庄，上海植物园盆景园以及杭州花圃的缀景园等；拜访了苏州的朱子安大师、杭州的潘仲连大师等。其中印象最深

的是在上海植物园听胡运骅老师所作的有关盆景方面的报告。当时胡老师所说的做盆景出身的可以做出精致的庭园的说法，一直让我记忆犹新，并且我所走之路也验证了这种说法是正确的。

1985年秋季北京林学院改名为北京林业大学，此时我开始上硕士研究生，导师是陈俊愉院士。经过与陈先生商量，研究方向确定为陈先生主要研究的梅花与我喜欢的盆景结合，题目定为：梅花盆景快速成型研究。研究内容是挖取北京山区野生的山杏、山桃树桩，在盆中培养成活后通过高接换头，山杏、山桃的古老树桩与梅花的色、香、姿、韵结合，数年内培育制作出具有较高观赏价值的梅花盆景。1986年春天，在美国做研究的黄国振师兄（陈先生早年的硕士研究生）从美国带回数枝美人梅的枝条，陈先生让我嫁接到实习苗圃研究基地的山杏、山桃上，当年夏天成活30余株。这批美人梅成为以后批量繁殖、种遍全国的"火种"。1987年5月，北京农展馆举办花卉展览会，作为参展项目之一，北京花卉协会请陈先生出展快速成型的梅花盆景。为了推迟梅花开花时期，我们将一批梅花盆景放入森工楼的地下室。因为出展期间正好开花，并且采用快速成型技术，该项目荣获进步奖。

1986年秋冬季，经过上海园林局胡运骅局长给陈先生建议和给上海植物园推荐，我到上海植物园盆景园参加半年盆景制作技艺学习，使我真正接触到了盆景。通过跟随汪彝鼎大师学习山水盆景、跟随邵海忠大师学习大型树木盆景、跟随胡荣庆大师学习小型树木盆景，使我学到一些盆景的制作技艺和手法，有助于我的梅花盆景制作和研究。

1988年夏季，硕士研究生毕业时，陈先生预想让我留校做助教，但我受当时北京市园林科学研究所所长陈自新教授邀请，决定到北京市园林科学研究所进行北方盆景的研究与开发。在北京市园林科学研究所工作时，作为盆景筹备室副主任，主持北京市科委课题"北京树木盆景调查研究"。三年来通过与课题组成员，如现在北京市园林科学研究院院长李延明教授级高工、姚世才教授级高工等的实干，通过到北京山区调研和采挖，在北京市园林科学研究所盆景研究基地收集盆景树桩数百棵，树种有鹅耳枥、小叶朴、元宝枫、黄栌、荆条等。因为经常去门头沟区的龙门涧、双塘涧、洪水口等村里收购树桩，村民叫我为"收疙瘩的"。该课题结题后，1993年荣获北京市科技进步二等奖。

1991年春节前，为了配合课题鉴定，盆景课题组在天安门西侧中山公园唐花坞举行盆景展览。当时碰巧以理事长加藤三郎先生为代表的日本盆栽协会理事团到我国考察调研盆景发展情况，一行6人在农业部外事司引领下来看展览。看过展览，加藤先生以及其他理事们在肯定之余提出宝贵意见，并说道："你们还很年轻，欢迎你们有机会到日本交流盆景技艺"。

现在回想起来，无论是我的大学毕业论文、硕士研究生论文，还是在北京市园林科学研究所的盆景课题研究等，研究水平不高，盆景作品不成熟，存在诸多问题等，特别是在日本数位世界级盆景大师面前更是羞愧难容。但是，不可否认，在北京林业大学7年间系统的专业学习，以及在上海植物园半年的实习、北京市园林科学研究所3年的研究实践，都为日后园林、盆景的研究与实践奠定了坚实的基础。

二部曲：技艺、研究双飞的东瀛时期

应世界盆栽友好联盟原理事长、日本盆栽协会原理事长加藤三郎先生邀请，北京林业大学苏雪痕教授推荐，我于1992年4月29日飞往东京到日本盆栽协会研修盆景技艺。当到达我将在此研修、生活一年、加藤先生为第三代园主的蔓菁园时，虽然已是傍晚时分，在朦胧夜色下，一盆盆盆栽，有直干的黑松、有蟠干的真柏、有红叶的日本红枫、有开花的红花山楂等，宛如一幅幅有生命的艺雕，让我十分吃惊：日本盆栽的造型水平已经远远高出中国盆景，二者之间的差距大得几乎令人不敢相信。第二天一清早，我便从跪在几架前、给山毛榉盆景的新芽掐心开始，拉开了我在蔓菁园研修一年的序幕。

说是"研修"，实际上是作"入门徒弟"。根据进入师门的先后，在我之上有来自府中市的村川君，他在两年之前高中一毕业就进入蔓菁园；村川君之上有来自大阪的神藤君。根据日本的习惯，在工作安排上，我听村川君的，村川君听神藤君的，神藤君听加藤先生长子、后来蔓菁园第四代园主加藤初治先生的。刚开始时，心里实在不爽，因为我在国内是研究室副主任，职称是园林工程师，但

我的工作安排是要听比我几乎小10岁的村川君的，心理极不平衡，还与他闹过几次别扭。3个月后就适应了，后来还成为好朋友。

每天六点起床打扫盆栽园，打扫完后，挨排找盆土表面以及木板之上食叶害虫拉的屎，发现害虫后用剪刀把它处死。大概七点开始吃早餐，吃完早餐后打开卖盆栽工具、书籍的小店，然后打开园门，供游人参观和选购盆栽。八点左右，开始一天盆栽的掐心、修剪、造型以及养护管理等。十二点开始吃午饭，下午一点开始上班。最让人放松的可能是下午三点到三点半之间的下午茶，因为此时可以休息放松，并且可以喝茶喝果汁，有时还可以吃到加藤先生从东京上野的盆栽协会回来时，路过便利店时买回来的中华风肉包子。三点半开始工作到六点，开始打扫收拾作业场所的垃圾，关闭商店门与园门，为师傅们清擦造型工具上的松脂等，最后用油布擦拭干净，放入每人的工具箱里。一天工作结束后，基本上筋疲力尽。如果到吃晚饭还有半小时的时间，我会回到自己房间里休息一会。每当初治夫人来房间喊我吃晚饭时，我经常是穿着工作服趴在床上睡着了，看来是累得连躺的时间都没有就睡着了。已经这么累了，吃过晚饭后，我还经常与村川君一起去做白天没有做完的盆景造型工作。

加藤三郎先生每周一半时间在东京上野的盆栽协会工作，一半时间工作在蔓菁园。在蔓菁园工作时，会有大半天时间专门教我各种盆景的操作，特别是先生最擅长的丛林式盆景和附石式盆景。加藤先生不仅教我做盆景，而且还教我怎么做人。先生说：我们从事盆景、园林行业的人，要时常抱有三个感恩之心。第一个是对自然、对天地的感恩之心，因为自然与天地给予我们生活的空间和工作的对象；第二个是对父母的感恩之心，因为父母给予我们身体，养育我们；第三个是对师长的感恩之心，因为师傅和前辈给予我们知识、技术和经验。

在蔓菁园研修期间6月的一天，我受日本盆栽协会常务理事丸岛秀夫先生邀请，到东京皇居附近的帝国饭店参加他的新书《日本爱石史》发行纪念晚会。在该次会上，我接触到了日本盆栽协会大部分的技术骨干，但当我浏览完《日本爱石史》后，让我震惊的是，日本学者研究我国盆景历史已经远远超过了国内同行的研究。

通过在蔓菁园近一年的研修学习，我基本上掌握了有关盆栽的鉴赏、制作、养护管理以及盆景陈设等方面的知识、技术和方法等，为我日后的盆景造型与园林树木修剪造型奠定了基础。

1993年3月底，结束了在蔓菁园的技术研修，经我国驻大阪总领事馆教育参赞梁宝杰先生推荐，我进入国立京都大学农学部造园学研究室攻读博士学位。造园学研究室第三任教授中村一博士在得知我已经研究盆景多年，并且具有实际制作技艺时说："李君，我建议你博士论文进行有关中国盆景历史与文化方面的研究。"我说："有关中国盆景历史方面已经有多人研究。"中村先生又说："虽然有多人研究过或者正在研究，你的研究水平只要超过他们就达到目的。"同时，我清楚地记得，当时中村先生告诉我："如果你能在京都大学取得博士学位，回到中国后可以当北京大学或者清华大学的教授。"这时我在心里说道：您太自负京都大学博士学位的分量了，也太高看我的能力了，北大、清华的教授可不是一般人能够当的。我在中村先生说这句话16年之后的2009年，顺利到清华大学建筑学院当了教授，在此我不得不佩服中村先生的预见能力。

造园学研究室位于农学部楼最高层的五楼，研究室第四任教授吉田博宣博士办公室在楼道南侧，研究生室位于楼道北侧。我进入研究生室时，正巧外村中师兄取得博士学位后去德国某大学工作，外村师兄就把他位于房间东南角落的座位让给了我。这个座位前边有个书架遮挡，所以即使阳光明媚的白天，这个座位也要开着台灯才能看书学习。

读博期间的1995年5月22日，我前往千叶县松户市，拜访千叶大学园艺学部原教授、《盆栽文化史》作者岩佐亮二先生。九十余岁、双目接近失明的岩佐先生在家中榻榻米上激动地给我讲述自己研究盆栽史与花木史的经历，并且内疚地跟我说：他是反对日本侵华的，战争之前他还上街游行反对发动对华战争。最后，老先生送我他的著作。并告诉我，他的所有研究资料已经保存于千叶县中央博物馆岩佐文库。后来，我数次往返于京都与千叶之间，调研与收集岩佐文库中与我研究有关的

图书资料和绘画资料，大大丰富了我的研究资料。

三年多下来，因为我读遍了京都大学人文科学研究所附属东洋文献中心所藏的所有相关的中国古书，加上基本上每天第一个去研究室、最后一个离开研究室，努力收集原始文献资料和绘画资料，善于思考和撰写论文，进入京都大学四年后的1997年7月，我以《中国盆景技术史与文化史研究》为题的博士论文通过审查和答辩，顺利取得京都大学农学博士学位。同时因为连续三年在日本造园学会杂志《景观研究》发表三篇与博士论文有关的研究论文，获得造园学会专为年轻学者设立的上原敬二奖和10万日元奖金。取得学位和得奖的代价就是，视力每年以0.2~0.3度的速度直线下降，并且自此之后戴上了眼镜。

取得博士学位后，我以"招聘学者"身份进入京都大学人文科学研究所科学技术史研究室，跟随研究中国建筑史、园林史在国际上著名的田中淡教授进行中国园林史、花木文化史的研究。"招聘学者"身份使我可以自由出入东洋文献中心的书库中查找相关资料，大大增加了我在盆景文化、园林文化以及花木文化方面的文献资料和图像资料。

在京都大学攻读博士学位和在人文科学研究所作"招聘学者"6年期间，由于我的奖学金不高，并且我爱人与长子在京都与我一起生活，生活费比较紧张，同时为了学习日本造园技术和园林树木修剪造型技术，我周六、周日在一家造园公司打工。因我修剪技术好，所以该公司从周一到周五做造园工作，我一去全公司就做私家庭园修剪工作，当然最难修剪的黑松就由我来操刀修剪。修剪完后经常得到园主的夸奖，时常给我塞小费，并且给公司经理讲明年一定还要李先生来修剪，经理当然高兴。粗略估计一下，每年经我手修剪的庭园要在40~50个，并且几乎每个庭园都有一两棵造型精美，作为门松、庭园松的黑松。也就说每年我都要修剪将近100棵的造型松。数年下来，我对造型黑松的修剪已经达到了"庖丁解牛"的熟练程度，有时闭上眼睛、仅凭手感，也可以知道手中的松枝该从哪里修剪，留取多少松针，并且可以预测这样修剪后明年该枝条的生长势强弱、侧芽萌发情况以及枝片形状变化趋势等。

1998年春季，兵库县立姬路工业大学自然科学研究所景观园艺系对外公募教授、副教授，我按照要求递交了应聘材料。5月的一天，选考委员会通知我去面试。我没有抱多大希望，以为只是一次针对多数应聘者的撒网面试。等轮到我进入选考会议室落座后，面对十数位教授、学校相关负责人，选考委员会组长中濑教授给我说的第一句话就是：李先生已经作为绿地文化与生活研究部门的副教授被录用，这次让你来，就是想就有关问题与你确认一下。面试结束走出会议室后，我就给对我博士论文指导较多的、当时已由京都大学转职到位于名古屋市的名城大学丸山宏教授打电话告诉他这个消息。丸山教授说：京都大学造园学研究室的相关师生多数很早就知道你被录用的事情，因为选考委员会已经向教过你、指导过你以及与你同过学的相关师生了解你的学识和人品，他们特别认可你的研究能力和实操能力。看来，我被录用的事情只是我一直被蒙在鼓里。

1999年4月1日，我作为景观园艺系绿地文化与生活研究部门观赏园艺研究室副教授开始工作，该研究部门还有一个研究室就是园艺疗法研究室。我们系所有教师同时兼职兵库县立淡路景观园艺学校的教学工作。该园艺学校位于兵库县淡路岛北淡町的半山腰上，坐北朝南，没有围墙，与周围环境融为一体，并且可以远眺西南方向的濑户内海。该学校的办学理念在模仿英国邱园皇家园艺学校、法国凡尔赛皇家园艺学校以及加拿大尼亚加拉园艺学校课程体系基础上建立，实践课60%，理论课40%。同时，该学校还计划建成东亚型的学校。从学校办学理念和目标就可以知道为什么我被录用。学生都是大学毕业后经过考试选拔而来，现在已经变为一所单科研究生院。

在此学校，我除了教授观赏园艺相关理论课程外，还重点教授学生动手实践能力，也就是树木修剪造型、盆景制作等技术，同时兼顾园艺疗法方向学生的植物景观设计方面的课程。因为该学校缺少盆景园一类的实习场所，我便与石原副校长商量是否可以在《神户日报》上向县民登载征集盆景的文章，看谁家喜欢培养盆景的老人去世后，盆景无人养护管理的话可以考虑捐赠给学校供研究

实习之用。征集盆景的文章登出之后，因为该学校为县立学校，县民们纷纷打来捐赠盆景的电话，也有少数外县打来的电话。那几个月，我一直与学校卡车司机一起，到捐赠盆景的人家拉运盆景。最远的是去静冈县沼津市本校副教授望月先生家拉盆景，因为望月先生的父亲去世后盆景无人管理、部分的盆景已经枯死而不知所措。捐赠盆景的数量，有的几盆，有的几十盆，有的只有盆钵；树种有松柏类、花果类、杂木类等各种各样，很快便在校园里聚集了三百余盆县民们捐来的盆景。这些盆景有个共同特点，就是生长状况不佳。因为自家里喜欢盆景的老人去世后，盆景一直没有换盆，有的长时间没有浇水，有的没有施肥和进行病虫害防治。面对这些病快快的盆景，首先利用我的研究经费建造了一个相当于盆景医院的小型盆景园；然后，通过每周的实习课程，与同学们一起换盆、修剪、改作、施肥等，给这些有病的盆景治病，使其在一两年内恢复健康。因为做得很有意义，当时影响不少，NHK电视台特别为我和一位捐赠者拍了一部电视报道节目，名称为《盆景，友好交流的纽带》。

2002年，我因为有关中国盆景、日本盆栽的文化史的研究，荣获财团法人村尾学术奖和100万日元的奖金。该学术奖是第一次颁发给外国人。从奖金数量可以看出，该项学术奖是比较大的一项奖项。

2003年，在日本大学农学部米田教授研究室召开日本盆栽学会会议时，我第二次见到丸岛秀夫博士。丸岛先生主动提出说，他可以将自己收集的大部分有关中国盆景史方面的绘画资料提供给我做研究之用。本书中的一部分绘画资料就是丸岛先生赠送给我的。

在当时的日本，有三位通过研究盆景历史与文化获得博士学位的学者，根据取得博士学位的先后顺序，第一位是岩佐亮二先生，获得千叶大学农学博士学位；第二位是丸岛秀夫先生，获得日本大学农学博士学位；第三位就是我，获得京都大学农学博士学位。我的研究以及本书中的部分资料，来源于岩佐、丸岛两博士。两位博士先后离开人间，如果上天有灵，本书的先后两次出版，也算是对两位博士的安慰和感谢吧。

三部曲：开花结实的中农清华时期

2002年，中国农业大学观赏园艺与园林系主任高俊平教授来我校进行学术交流时，开始动员我放弃日本工作、回中国农业大学任教。因为在日本工作总有一种寄人篱下的感觉，第二天清早我便决定回国工作。2004年3月底，我便毅然决然地辞掉了在日作为教育公务员（可以工作到65岁的终身制）的工作，4月1日携妻带子从神户坐"燕京"号回到国内，4月5日便开始在中国农业大学观赏园艺与园林系工作。

在中国农业大学，由于园林专业教师少，我一人承担了本科生、硕士研究生以及博士研究生的绿地规划、园林历史文化以及植物景观设计等课程的教学，讲授科目七八门。中国农业大学园林专业并不开设盆景课程。

回到中国农业大学后，我就筹备出版《中国盆景文化史》一书，至2005年9月此书得以正式出版。该书于2007年荣获国家新闻出版总署"三个一百"原创图书奖。

2009年7月，调入清华大学建筑学院景观学系工作后，我的主要研究方向为园艺疗法与康养景观设计、植物景观与生态修复设计，但有关盆景历史与文化的研究一直进行中。我随时随地注意收集与盆景史相关的文献资料与绘画资料，如果一本书中只要有一页有关盆景史的文献资料或者绘画资料，我也会把整本书买下来。特别是三次到我国台湾的台北故宫博物院中的参观与收集资料，大大丰富和促进了我的盆景文化史研究的深入。

《中国盆景文化史》第1版出版后，通过新的研究和国内同行的指摘，我也发现第1版在内容方面缺乏系统性，在某些研究方面比较肤浅和存在错误，认为经过加深研究、增加内容和调整结构后很有必要出版第2版。

在此期间，我又开始该书的收集资料、研究与写作工作。为了充实研究资料，我先后多次去过

日本、韩国以及我国台湾等国家和地区的多个博物馆和图书馆，专程去过敦煌莫高窟，四川眉县三苏祠，陕西兴平茂陵、乾陵章怀太子墓，山西应县佛宫寺、芮城县永乐宫、代县岩山寺，江苏苏州万景山庄盆景园、扬州盆景博物馆等，以及专门到过我国许多城市的博物馆、图书馆等⋯⋯

经过三年来的辛勤写作，第2版基本成型。第1版分为5篇13章：第一篇包括第1章中国盆景艺术的起源与形成；第二篇为中国植物盆景文化史，包括第2章盆景形成以前与形成初期观赏植物栽培技术，第3章唐宋元三代植物盆景的发展，第4章成熟初期的明代植物盆景，第5章成熟期的清代近代植物盆景；第三篇为中国山石盆景文化史，包括第6章山石爱好风习的形成与唐代山石盆景的初期发展，第7章发展期的宋元代山石盆景，第8章成熟期的明清代山石盆景；第四篇为中国盆景盆钵文化史，包括第9章唐代以前的盆景盆钵，第10章技艺精湛的宋元代盆景盆钵，第11章炉火纯青的明清代盆景盆钵；第五篇为中国盆景文化走向世界，包括第12章中国盆景文化影响下的亚洲盆景，第13章亚洲盆景在世界范围的传播。

第2版为了内容简要明了，将整个中国盆景文化史按照历史发展顺序分为8章，加上中国盆景文化的国际化进程，共9章：第一章先秦及秦汉时期——盆景形成与起源期，第二章魏晋南北朝时期——盆景发展初期，第三章隋唐时期——盆景流行于上层社会时期，第四章五代两宋时期——文人盆景大发展时期，第五章辽西夏金元时期——北方民族主导下的盆景文化，第六章明代——盆景文化走向成熟时期，第七章清朝——盆景文化趋于纯熟时期，第八章近现代——盆景曲折发展与再兴盛期，第九章中国盆景文化的国际化。全书字数约600千字，插图约1300幅。

第2版序言部分，除了保留第1版中作者恩师陈俊愉院士、余树勋教授的序言之外，还收录了作者1992—1993年在日本大宫市盆栽村蔓菁园研修时加藤三郎先生给予作者的书法留念，还有韩国济州岛思索之苑苑主、著名盆景大师成范永先生的序言，以及我国著名盆景大师赵庆泉先生的序言。

如果第2版的出版，能够进一步对我国盆景文化乃至世界盆景文化的发展起到些微促进作用的话，作者定会感到无比的欣慰。

同时，由于作者学术水平有限，书中定会存在诸多错误与不妥之处，敬请各位厚爱指正。

终曲：感激、感谢、感恩

在本书第2版出版之际，向先后教育与培养过作者的北京林业大学园林学院、日本盆栽协会与蔓菁园、日本京都大学农学部造园学研究室（现改为环境设计学研究室），向作者工作过与被培养过的北京市园林科学研究所（现改为研究院）、兵库县立姬路工业大学（现改为兵库县立大学）自然环境科学研究所、兵库县立淡路景观园艺学校、中国农业大学以及正在工作中的清华大学表示衷心的感谢。

向精心策划与编辑的以何增明编审为代表的中国林业出版社相关各位以及向为本书撰写序言的成范永先生、赵庆泉先生深表谢意；特别是向已经谢世的陈俊愉院士、余树勋教授与加藤三郎先生的在天之灵深表敬意。

向我的妻子、儿子以及其他家人深表歉意，因为这些年来，我用在本书上的时间、精力与财力已经远远超过对于他们的陪伴与奉献。

最后，向长年资助著者学术研究的山东省林木种苗协会会长、威海奥孚苗木繁育有限公司总经理李元先生，著者老同学、安徽省风景园林规划设计研究院有限公司总经理王勇先生，以及向为本书出版提供资助并题字的中国风景园林学会盆景赏石分会理事长、国际盆景协会(BCI)中国区委员会主席陈昌先生表示衷心的感谢！

李树华

2019年11月15日

熱河產人參雖不及遼左枝
葉皆同命翰林蔣廷錫畫圖
因戲作七言截句記之
舊傳補氣為神草近日庸
鑒悞地精五葉五枝含洛數
當看當用在權衡

前言（第1版）

属于园林学领域之一的盆景为一门既古老又新兴的艺术。

随着我国经济的发展，人民生活水平的提高以及盆景在国际上的进一步普及发展，对现代盆景的需求量越来越大。现代盆景的创作与生产，必须在吸收传统盆景的创作原理、艺术形式以及栽培技术等优秀文化遗产的基础上，加入现代的审美意识与培养技术进行发展与创新。所以，我们有必要对中国盆景的文化史（包含技术史）进行系统与深入地研究。本书即是一本专门研究中国盆景文化史的著作。

关于中国盆景文化史方面的研究，国内外的前辈先后作了大量的先驱性的工作。例如，夏诒彬在民国二十年（1931）编著的《花卉盆栽法》《盆栽的沿革》，法国学者Rolf Stein于1943年撰写的《Jardin's en Miniature（盆栽宇宙志）》《盆栽的技术与历史》，周瘦鹃、周铮于1956年编著的《盆栽趣味》《盆栽和盆景的史实》，崔友文于1961年出版的《中国盆景及其栽培》《中国盆景发展略史》，日本学者岩佐亮二于1976年编著了《盆栽文化史》《中国之盆景》，日本研究者丸岛秀夫先后于1982年、1992年、2000年分别编辑出版了《日本盆栽盆石考》《日本爱石史》以及《中国盆景的世界》三册（与胡运骅合著），徐晓白于1985年发表了《我国盆景的发展》论文，法国学者Rolf Stein又于1987年编著了《The World in Miniature（小型世界）》书中的《Trees，Stones，and Landscapes in Containers（盆中的树木、山石与景观）》，彭春生等于1994年编著了《盆景学》《中国盆景史》等都从不同角度进行了不同程度的探讨与研究。但总体上来讲，缺乏系统、深入的研究，中国盆景文化史的许多方面尚处于不明的状态。所以，进行中国盆景文化史的研究，弥补该方面的空白，不仅具有学术研究方面意义，而且具有指导盆景实践的现实意义。

在进行中国盆景文化史的研究过程中，我采用了历史学、借鉴考古成果以及实地调研等研究手法：历史学手法即是通过查阅大量古文献资料，获取第一手研究资料；借鉴考古成果手法即是通过调查考古发现与成果，查找对该研究有用的资料；实地调研手法即使通过对国内外的盆景产地与盆景园的调研，丰富研究资料。然后，对收集到的大量的研究资料进行整理、分析，撰写有关中国盆景文化史各个侧面的科技论文。

我先后在中外学术刊物上发表了以下有关我国盆景文化史方面的论文：1995年《中国盆景名称考》（日本造园学会会刊《景观研究》），1996年《关于中国园林山石、盆景山石鉴赏法形成的研究》（《景观研究》）、《关于我国明代末期五篇盆景专论的研究》（《中国园林》），1997年《中国树木盆景整形技术的变迁与发展的研究》（《景观研究》）、《菖蒲类在中国的观赏应用史、种与品种的进化史及其传统盆养技术》（《北京林业大学学报》增刊），1998年《中国盆景的起源与形成的研究》（《景观研究》），1999年《中国盆景对朝鲜盆栽盆石的形成与发展的影响》（《景观研究》），2000年《中国园林山石鉴赏法及其形成发展过程的探讨》（《中国园林》）、《中国松类盆景史考》（《景观研究》），2004年《中国盆梅史考》（《北京林业大学学报》增刊）等。此外，我还于1997年以《中国盆景文化史与技术史的研究》一文获取了日本国立京都大学农学博士学位。

本书即是我在以上长年研究与大量研究的基础上撰写而成的。

当本书的书稿历经数次校对后将要被送去印刷时，我有了一种如释重负的感觉。但与此同时，我又产生了一种紧张的感觉，因为在本书出版后，书中难免有不足与错误之处，在此恳请各位读者指正。

李树华

2005年7月于中国农业大学

园林生态与种植设计学研究室

目录

第四章　五代两宋时期——文人盆景大发展时期 ················ 095

第七章　清朝——盆景文化趋于纯熟时期 ························· 397

第八章　近现代——盆景曲折发展与再兴盛期 …………………………… 567

第一章
先秦及秦汉时期
——盆景形成与起源期

　　中国文化艺术史波澜壮阔，纷繁复杂，其在初期已经显示出卓尔不群的内涵和特征，成为世界文化艺术中重要部分。先秦时期包含夏、商、周三个朝代，在这漫长的历史阶段中，中国逐渐由奴隶制社会走向封建社会，物质生产、文化和艺术都在此时形成了相当的规模，可以说中国数千年的文化艺术都是以此为基础的。秦汉时期是中国统一的多民族国家建立和巩固的重要时期，也是中国民族艺术风格确立和发展的重要阶段。盆景作为中国文化艺术的一个组成部分，其形成与发展过程也是符合中国文化艺术的发展特征与规律的。

　　探究盆景的形成与起源，首先有必要研究先秦时代以前(公元前221年以前)，随着生产力的发展、生活水平的提高，自然观、园艺栽培技术、爱石风习以及陶瓷技艺逐渐形成与发展进程，这些是构成盆景形成的思想基础与技术基础。在此前提下，验证了有关盆景起源的各种学说。最后，根据考古学资料提出，植物盆景和山石盆景的原形都首次出现于东汉时期的河北省境内。

第一节
中国盆景形成的
思想基础与技术基础

盆景，顾名思义就是盆中之景，包括盆中景色与盆钵两部分。盆中景色主要包括树木、山林景色（树木盆景）与山石景色（山石盆景）；盆景盆钵的制作建立在陶瓷技术的发展与审美意识的基础之上。盆中树木、山林景观的表现建立在园艺栽培技术与自然观的基础之上；山石景观的表现建立在山石爱好风习与自然观的基础之上。所以，研究盆景的形成与起源必须研究我国自然观与审美意识的发展、园艺栽培技术、山石爱好风习以及陶瓷技艺的发展。

盆景与自然观、审美意识、园艺栽培技术、山石爱好风习的关系如图 1-1 所示。

盆景是艺术和技术的结晶，它利用在盆中栽培的植物这一载体，表现大自然景色以及人们的思想感情，因而，它也属于意识形态领域的东西。由于盆景形成因素的多样性和复杂性，决定了它绝不会形成于一朝一夕，而要经过一个漫长的历史发展时期。在这一历史过程中，即自新石器时代起到秦汉期间，奠定了盆景形成的主要思想基础和技术因素：自然审美观、陶瓷技术、园艺栽培技术与山石爱好风习。

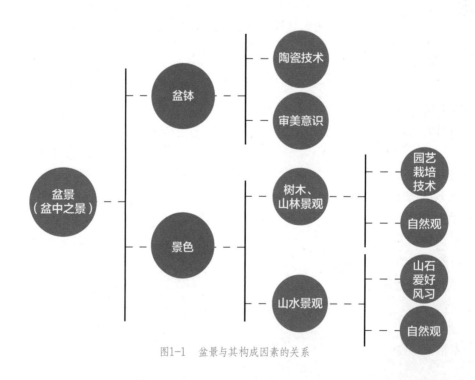

图1-1　盆景与其构成因素的关系

图1-2 伏羲氏（明代仇英绘，现存台北故宫博物院）。画中伏羲氏散发披裘，盘坐于滨水平坡间，地面绘有八卦图形。伏羲为传说中人类的祖先，除了教导先民渔猎畜牧，并创立八卦之说，以乾、兑、离、震、巽、坎、艮、坤卦，分别象征天地和各种自然现象的运行。后世据此衍生，发展成《易经》的基本概念，使天文地理与哲学思想的内涵益臻丰富[1]

自然观的形成与发展——盆景艺术起源的思想基础

我国自然审美观的形成主要经历了自然崇拜期（图1-2）、昆仑神话、神仙思想以及魏晋时文人的隐逸文化期。

在自然崇拜期由于受人们对自然现象认识水平低下所限，表现为人们对大自然被动地崇拜和敬畏；昆仑神话时期表现为人们对山岳崇拜与神木崇拜；神仙思想伴随着昆仑神话的东移而产生，表现为人们对自然与人生的理想化和梦想化。

1. 原始先民的自然崇拜

受生产力水平的限制，"穴居而野处"[2]的上古人类对长期困惑他们的许多自然现象，如月落日升、电闪雷鸣、草木枯荣、生死更替等无法理解，而对这些事物和现象都怀着敬畏的心理，这就导致了自然崇拜的产生。而在众多的自然崇拜之中，山岳崇拜是最基本、最普遍的几种之一。当时山岳崇拜的现象集中表现在西部人们对昆仑山的崇拜。

2. 从自然崇拜到昆仑神话（神山信仰）

《山海经》是我国秦汉以前的地理古书，书中记载：

海内昆仑之虚，在西北，帝之下都，昆仑之虚，方八百里，高万仞，……百神之所在。在八隅之岩，赤水之际[3]。

有大山，名曰昆仑之丘，其下有弱水之渊环之[4]。

在昆仑神话中，因为"瑶池"和"悬圃"分别是"王母"和"黄帝"的所居之处，所以为更受人们敬畏的场所。有时，"瑶池"和"悬圃"是昆仑神山的代名词（图1-3、图1-4）。

昆仑山一曰悬圃台，一曰积石瑶房，一曰阆风台，一曰华盖，一曰天柱，皆仙人所居。[5]

昆仑之丘，或上倍之，是谓凉风之山，登之不死；或上倍之，是谓悬圃，登之乃灵，能使风雨；或上倍之，乃谓上天，登之乃神，是谓太帝之居。"[6]

文中的"阆风台"为山名，据传为神仙所居之处，位于昆仑之巅；"华盖"，为花伞，天子之盖。

对山岳崇拜的结果，使人们模仿山体建造"灵台"，模仿河川建造"灵沼"，同时还建造"灵圃"，它们分别与建筑、水体和植物有着紧密的关系，这便是我国园林的雏形[7]。

在昆仑神话中，神木也是当时人们崇拜与信仰的重要组成部分，因为有了林木，"王母"和"黄帝"

图1-3 东王公图，魏晋（220-316），高19.5cm、宽39cm，1994年甘肃省高台县骆驼城壁画墓出土，现存高台县博物馆

图1-4 西王母图，魏晋（220-316），高19.5cm、宽39cm，1994年甘肃省高台县骆驼城壁画墓出土，现存高台县博物馆

居住的昆仑山中的"瑶池"和"悬圃"就成了更加美妙的神圣境地。

昆仑之虚，方八百里，高万仞。上有木禾，长五寻，大五围[2]。

昆仑山上有层城，九重。上有木禾，其修五寻，琅玕树、玉璇树、不死树在其西。……沙棠、琅玕在其东。绛树在其南。瑶树在其北。……建木在都广，众帝所自上下[8]。

3. 从昆仑神话到神仙思想

战国（公元前475—公元前221）之后，昆仑神话随着东西联系的显著增多而在中原各国流传开来。西方的昆仑神话传到东方后，东方人根据自己的地理环境加以利用和改造，创立了另一神话系统——神仙思想与蓬莱神话。昆仑神话与蓬莱神话的区别在于山与海的区别。所以，从战国至秦汉，列国诸侯如齐威王（？—公元前320）、齐宣王（？—公元前301）、燕昭王（？—公元前279）；帝国皇帝如秦始皇（公元前259—公元前210）、汉武帝（公元前157—公元前87），都把大海视为神秘之域，以为那里有仙人栖息，并藏有不死之药。

自（齐）威、宣、燕昭使人入海求蓬莱、方丈、瀛洲。此三神山，其传在渤海中，去人不远，……诸仙人及不死之药皆在焉[9]。

随着昆仑神话的东传和神仙思想的勃兴，产生了渤海仙山中已生长有"珠玕"仙树的传说。

渤海之东……有大壑焉，其中有五山焉，一曰岱舆，二曰员峤，三曰方壶，四曰瀛洲，五曰蓬莱。……其上台观皆金玉，禽兽皆纯缟。珠玕之树皆丛生，华实皆有滋味，食之不老不死[10]。

由以上资料不难看出，因为山水与林木都是自然景观的组成部分，所以在神话中也总是同时出现。

4. 从神仙思想到"一池三山"园林手法的诞生

永生的侈心促使那些帝王三番五次派人出海寻求长生不老之药，最著名的一次是秦始皇派徐福率童男童女东去，据说到达了日本。但不死之药自然无法获得，结局也只能是终不见归。因而，秦皇汉武便在其宫苑内大修三仙山，把仙山搬到了自己日常生活的空间之中。

始皇都长安，引渭水为池，筑为蓬、瀛[11]。

（建章宫未央殿）其北治大池，渐台高二十余丈，名曰泰液，池中有蓬莱、方丈、瀛洲、壶梁，象海中神山龟鱼之属[12]。

经过秦始皇时代与汉武帝时代的发展，蓬莱神话终于确立了它在中国园林中不可取代的位置，亦即形成了"一池三山"的固定模式。并对我国园林与日本造园产生了巨大的影响。

5. 缩地术与壶中天

汉代，人们在宫苑建造和造园过程中把自然景观缩制到一块地中的同时，十分热衷于把自然景观进一步缩小到一个容器之中，也就是缩地术。缩地术的代表者是壶公、费长房和淮南王喜好的方士。

壶公，东汉人，身怀缩地术。《神仙传》记载："壶公者，不知其姓名也，今世所有召军符、召鬼神、治病玉符凡二十余卷，皆出自公，故总名壶公符。"壶公还把缩地术教了费长房。《汉书》〈方术·费长房传〉记载："费长房者，汝南人也，曾为市掾。市中有老翁卖药，悬一壶于肆头。及市罢，辄跳入壶中，市人莫之见。唯长房于楼上睹之异焉。因往再拜，云云。翁乃与俱入壶中。"壶公壶中的天地景物即被称为"壶中天"或者"壶中天地"，后来引申为别天地、仙境、理想的境地等。

在壶公的教导之下，费长房熟练地掌握了缩地术。《神仙传》壶公一项记载："房有神术，能缩地脉，千里存在目前，宛然放之，复舒如旧矣。"

另外，淮南王喜好的方士还可以画地成河，撮土为山。据汉代《西京杂记》记载："又说淮南王好方士，方士皆以术见，遂有画地成江河，撮土为山岩……"[13]壶公与费长房可以缩制天地，还可以把缩小的天地恢复到原来大小；而这些方士可以画地成河，撮土为山。看来，这些方士的神术要比壶公与费长房略高一筹。以上三者缩制的天地，正如宋代释普济撰《五灯会元》所记载的："一粒粟中藏世界，半升锅中煮乾坤。"

以上的神术虽然带有神话的色彩，但当时的人们已经开始将自然景物缩小若干分之一后做成某些实物，这些实物的作品便是铜龟负螺山、博山炉和砚山。

6. 铜龟负螺山、博山炉、砚山的出现与流行

1980年9月5日在陕西省兴平县齐家坡出土了4个铜龟负螺山：铜龟作缩颈爬行状，背中空，内置山状海螺（现在海螺已被氧化），俨然乌龟背负假山爬行（图1-5）。

博山炉下有盘，盘里的水表现大海的景观。上

有盖,盖上雕镂成山峦形,山上有人物和动物。有的遍体饰云气纹,有的更加上鎏金或金银错,也是象征大海与山野之意。博山炉作为陪葬品,具有象征的意义,希望死者通过博山炉的山体通往天国,到达至福之岛。有时也作为古代焚香所用。

在汉代的古墓发掘中,已出土数量众多的博山炉(图1-6至图1-9)。有关博山炉的最早文字记载见于《西京杂记》:"长安巧工丁缓者……又作九层博山香炉,镂为奇禽怪兽,穷诸灵异,皆自然运动。"[14]宋代吕大临《考古图》描述博山炉的形象是:"香炉象海中博山,下盘贮汤,使润气蒸香,以象海之四环。"

此炉为古代焚香用器具,制作工艺极为精湛。通体鎏金,炉座铸出透雕的纹样,作二螭龙上承炉体,下有托盘。炉盖与炉体上部铸出象征海上仙山的博山,山势峻峭,峰回峦转,层层起伏,山间饰有樵夫,另有野兽出没。

此外,广州象岗山南越王墓曾出土随葬瑟三具,木胎均已腐朽,保留的十二件鎏金瑟柄(图1-10)皆为错落起伏的仙山样式,其间有熊、猿、虎等瑞兽出没。

汉代刘熙《释名·释书契》云:"砚,研也;研墨使和濡也。"可见,砚在我国已具有悠久的历史。据考证,西汉至东汉之砚,多为圆形,平面,有盖,并有刻画花纹,但也有极其个别的龟砚和十二峰山形

砚[15](图1-11)。从十二峰山形砚之砚形、山形、水滴,特别是人像之塑造和风格,可断定为西汉文物[16]。它为细灰陶制,砚之中部为不规则圆形,下有叠石状三足,上有十二峰纵列。砚面上窄下宽,斜面,箕形。沿砚首及左右两侧,环以砚池,十二峰夹池并列。山之左右侧,各有一负山石之人物,面貌雄壮,高额深目,肌肉突出,头戴高冠,露胸袒腹,双手按膝,两脚踞立,作负山托重状。峰下有一龙首(或螭[17]首),高鼻张口,口中一孔,通于峰后之扁形水滴,水经龙口小孔滴于砚上。

此山形砚是一种实用(文化用具)与观赏相结合的艺术品,从其所表现的山水景色来看,当时人们对于自然景观的欣赏已具有较高之水平,并与当今之山水盆景具有某些相似之处。这说明汉代已经具备了产生山水盆景的基础。

我国先民在经历了对植物的原始崇拜和实用栽培之后,才开始观赏花木的栽培活动,同时,形成了爱好花木的风习。在此基础之上,盆栽花木和盆景艺术得以产生和发展。

在先民的原始崇拜中,因林木具有同山川相似的神性而成为人们祭祀的对象,并且占有重要的位置。随后出现了被神格化的连接天地的建木,供太阳休息的东方圣木扶桑、扶木、桃都,可驱邪的桃、桑,象征祥瑞、仁善、爱情的连理木(图1-12),

图1-5　铜龟负螺山。西汉,高3.6cm、长13.3cm、宽7.4cm、重0.23kg

图1-6　铜鎏金博山炉。西汉,通高18cm、口径14cm、盘径18.5cm、重2.18kg

图1-7 金线镶嵌铜博山炉。西汉，出土于河北省满城西汉中山靖王刘胜墓中

图1-8 加彩博山炉。汉代，高22.2cm，出土于中国北部

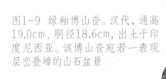

图1-9 绿釉博山奁。汉代，通高19.0cm、胴径18.6cm，出土于印度尼西亚。该博山奁宛若一表现层峦叠嶂的山石盆景

图1-10 鎏金瑟柄。西汉，南越王墓出土，广州南越王墓博物馆藏

图1-11 十二峰陶砚。汉代，通高17.9cm、长21.5cm、宽13.5cm。出土于河南洛阳

图1-12　两城镇异兽、人物、连理树画像。东汉（25-220），纵94cm、横90cm、山东微山两城镇出土，曲阜文物管理委员会藏

代表喜庆之意的嘉禾、朱草等植物。

夏商西周时期出现了园圃和囿的分化，并开始了种树风习。秦汉时期园林中栽植观赏花木之风盛行，而且栽培技术开始发展，特别是汉代观赏植物的栽培以及栽培技术的发展，为盆栽花木和植物盆景的产生奠定了坚实的基础。

园艺栽培技术的发展——植物盆景形成的基础

1. 先秦时期观赏植物栽培技术的发展为植物盆景的形成奠定了基础

（1）先民的植物崇拜

此时上古不论天子、诸侯、大夫、百姓，必各自立"社"以奉神祇，而"社"通常的标志即是"社树""社林"（图1-13、图1-14）。"社树""社林"作为土神乃至祖先神的象征，在上古社会中具有崇高的地位。

在当时的昆仑神话中，已有关于神木的记载。因为有了林木，"西王母"和"黄帝"居住的昆仑山中的"瑶池"和"悬圃"就成了更加美妙的神圣境地（图1-15、图1-16）。到了汉代，"神木""仙树"发展成了"扶桑树"（图1-17）。进而又由"扶桑树"演变为"桃都树"和"桃树"[18]。

不仅在当时的文献中有关于"神木""仙树"的记载，而且在我国的出土文物中，已发现有陶制

图1-13 坞壁与社树，十六国，1977年8月出土，甘肃酒泉丁家闸五号墓前室南壁下部壁画

图1-14 社树图，十六国，高约85cm、宽约100cm，1977年8月出土，甘肃酒泉丁家闸五号墓前室南壁下部壁画（局部）

的"桃都树"。如 1969 年 11 月 18 日，在河南省济源泗涧沟汉墓的发掘过程中，在墓 8 前室的北部、紧靠门的西边，挖掘出的桃都树的树枝和树叶；天鸡出土于前室的东北部，通高 0.63m[19]（图 1-18）。由此可见，当时崇拜桃都树之风已较盛行。

内蒙古自治区和林戈尔汉墓后室木棺前之壁画中绘有一株枝叶繁茂的巨大桂树[20]，这显然是幻想通过具有神性的树而使墓主的灵魂升入天国。陕西勉县红庙东汉出土的铜树，树身远比底座的山峦高大得多，山峦与树枝间遍布灵怪、鸟兽、人物和车马等[21]。许多文献中所记载的神木，如《神异经》中所记之"梨"、《西河旧事》中所记载之"仙树"、《海外北经》中所记之"三桑""寻木"等，皆以高大为其美学标准，这主要是通过树体的高大和枝叶的繁茂，来寄托树木的神性和先民对林木的崇拜（图 1-19[22]、图 1-20）。

四川广汉三星堆遗址出土的八棵青铜神树，属于夏代晚期青铜器。其中最大的一棵神树高达 3.96m，树干残高 3.84m。神树分三层枝叶，每层有三根树枝，每根树枝上分别站立着一只鸟，共有九只鸟（寓意太阳神鸟）。而神树下部雕刻着一条龙，

图1-15　西王母仙庭，新莽（9-23），1991年发掘，河南偃师辛村墓主室后隔梁上横额迎面正中

图1-16　西王母宴乐图，新-东汉（9-220），高约103cm、宽286cm，2003年陕西省定边县郝滩乡汉墓出土，现存陕西省考古研究院

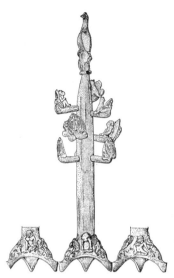

图1-18 河南济源泗涧沟汉墓出土的桃都树，雄鸡昂立于树顶，为我国典型的神树之一

图1-17 扶桑树（摹本），东汉（25-220），高127cm、宽86cm，1953年山东省梁山县后银山东汉墓出土，原址保存

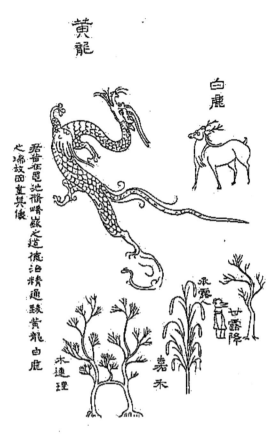

图1-19 祥瑞图,甘肃省成县西峡栈道岩刻线雕图

龙头朝下,尾在上,仿佛在游动一样,栩栩如生。神树与神龙的结合形象,使神树显示出非凡的神秘和魅力。《山海经》中提到"金乌负日",从造型来看,该青铜神树很有可能是代表东方的神木"扶桑",反映了古蜀先民对太阳的崇拜(图1-21)。

除了崇拜林木之外,先民还崇拜某些草类,如把天南星科的菖蒲当作神草。《本草·菖蒲》载曰:"典术云:尧时天降精于庭为韭,感百阴之气为菖蒲,故曰:尧韭。方士隐为水剑,因叶形也。"

人们在崇拜的同时,还赋予菖蒲以人格化,把阴历4月14日定为菖蒲的生日,"四月十四日,菖蒲生日,修剪根叶,积梅水以滋养之,则青翠易生,尤堪清目。"[23]正由于菖蒲神性,加之具有较高的观赏价值,数千年来,一直是我国重要观赏植物和盆景植物的一种。同时,莲花(荷花)和牡丹又成为重要的佛教植物,在与佛教有关的文献、壁画和雕塑中屡见不鲜。

对植物的原始崇拜,奠定了我国先民爱好花木风习的基础。

(2)先民对食用植物的初期欣赏

先民在采食植物种实的长期过程中,产生了对植物的原始崇拜,进而形成了原始种植业,即原始农业(图1-22)。植物的原始崇拜和原始农业发展的结果,形成了对植物的爱好风习,即观赏风习。而先民最初欣赏的植物种类无疑是那些可以解决饥饿问题的食用植物。

先民们对植物最初的爱好风习表现在把植物的茎、叶、种实部分或者全株的纹样雕刻在原始陶器上。如我国出土的五六千年之前的河姆渡文化遗址的原始艺术品上表现植物题材的方式有三种:一是成行出现的谷粒纹,即陶器上常见的锥刺排列成一行、两行或三行的稻谷花纹;二是枝实相连的稻穗纹,有的穗枝略偏一旁,似作杨花状,有的整束沉甸下垂分向两边,像已进入待割的成熟期;三是禾叶纹装饰,常见的是陶口沿上勾连成行的连环叶芽图案,还有四叶纹、五叶纹和不规则叶纹等[24]。除了河姆渡遗址外,在仰韶、马家窑和青莲岗等文化遗址上,也可见到大量的绘有植物纹样的彩陶[25]。其中有些植物图案有夸张的表现,证明原始人类对于赖以生存的重要部分之一的植物,已具有敏锐的观察能力。

(3)夏商西周时期园圃和囿的分化及其种树风习的开始

原始农业发生后,蔬菜、果树和粮食作物一样,逐渐为人们所栽培。专门种植蔬菜、果树的农用地,即园圃,大概在这一历史阶段开始出现。

《周礼·天官·大宰》曰:"树果蓏曰圃,园其樊也。"文中的"树"为种植、栽培之意;"蓏"为古代瓜类植物的总称;"园"为动词,为圈定之意。上文的现代语意是:在用篱笆围起的土地中栽培果木瓜蔬。同时,《周礼》中记载了"场人"一职,其职责为:"掌国之场圃,而树之果蓏珍异之物,以时收敛之",即管理官方经营的园圃中果蔬的栽培和收藏。

《说文》载:"囿,苑之垣也,一曰禽兽曰囿。"表明囿是一个围有矮墙或有某种地形标志的畜养禽兽的场所。但从甲骨文中囿字的形象诸形[26]来看,似乎囿规则地生长着某些草木。这证明园、囿有相同之意。这在有些文献记载中得到证明,如《左传》僖公三十三年:"郑之有原圃,犹秦之有具囿也。"

图1-20 东汉摇钱树。属于首批禁止出国出境展
览的国宝之一，现藏于四川省绵阳市博物馆

图1-21 青铜神树，现存四川三星堆博物馆

图1-22 神农氏，高句丽（7世纪），高约70cm，宽约90cm，1938年发现，1962年吉林省集安市洞沟古墓群禹山墓区中
部五盔坟4号墓出土，原址保留

我国种树之风，在西周时已有明确的记载："乐彼之园，爰有树檀"[27] 的吟颂便是一例。《国语·周语》中记载："周制有之曰：列树以表道。"可见西周时代已开始种植行道树。据《周礼》记载，此时在封疆、城郭、沟涂等处也注意种树，例如在封疆，"为畿封而树之"[28]；在城郭，"修城郭沟池树渠之固"[29]；在沟涂，"设国之五沟五涂，而树之林，以为阻固"[30] 等，部分地反映了西周的种树情况。当时已有"树艺"一词，用来表示种植果木、蔬菜之意，"（农耕人）早出暮入，强乎耕稼树艺[31]"，这在一定程度上说明了种树之风已较盛行。

（4）春秋战国时期花卉栽培的开始及嫁接技术的应用

《论语·子路》曰"吾不如老农""吾不如老圃"等等。这说明最晚到春秋时期，园圃已经专业化。园圃经营的专业化，为园艺经营者创造了专心致志钻研园艺技术的条件，从而为提高园艺技术开辟了道路。

爱国大文人屈原在其《离骚》中载"余既滋兰之九畹兮，又树蕙之百亩"，这反映了战国时期的楚国在花卉栽培上已有很大的发展。

春秋战国时代园艺技术的重大成就之一就是嫁接技术的出现。《说文》有"椄续木也，从木，妾声。"清代段玉裁注曰："今栽花植果者，以彼枝移椄而华果同彼树矣。椄之言接也。今接行而椄废。"可见，"椄"是反映嫁接技术的专称。《列子·汤问》载"吴楚之国有大木焉，其名为柚，……渡淮而北而为枳。"枳与橘柚类缘相近而性较耐寒，为柑橘类的砧木。所谓橘逾"淮而北为枳"，并非果木本身能变化，而是当时的南方的橘柚已用枳作砧木，人们把它引种到淮北，因气候寒冷，接穗枯萎，而作砧木的枳因较耐寒而活下来。人们看到这种现象，误以为橘化为枳。这一事实更加证明了上述的嫁接技术确已在春秋战国时期出现了。

2. 秦汉时期种植观赏花木的盛行及其栽培技术的发展

春秋战国时期园圃业已基本上和大田农业分离，形成独立的生产部门，但园圃业内部园与圃尚未分离。到了秦汉时代，"园"和"圃"已各有其特定的生产内容。《说文》曰："园树果，圃树菜也。"《后汉书·仲长统传》载曰："场圃筑前，果园树后"，

是说场圃建于家院之前，果园建于家院之后，这也说明园和圃已经分开。园、圃的分化标志着这种植业又得到进一步地发展。

"焚书坑儒"是秦代历史上的一大事件。据载"三十四年，丞相李斯曰：臣请，史官非秦记皆烧之，非博士官所职，天下敢有藏诗书百家诸者，悉诣守尉杂烧之，所不去者，医药、卜筮、种树之书。"[32] 根据李斯上言，于秦始皇三十四年（公元前213年）大烧诗书六经。被允许保留只有医药、卜筮、种树之类的书籍。种树风习已与人们的生命、命运相关的医药、卜筮处于等同地位，足以证明当时人们已经认识到了种树的重要性，也说明了种树之风的盛行程度。

栽种行道树是始自西周的传统，秦汉时期继续发展。秦始皇"为驰道于天下，东穷燕齐，南极吴楚，江湖之上，濒海之滨毕至。道广五十步，三步而树，厚筑其外，隐似金锥，树以青松。"[33] 汉代"将作大匠"的职责之一，是把"树桐梓之类列于道侧。"[34]

由于汉代经济的繁荣、国力的强大以及汉武帝本人的好大喜功，皇家造园活动达到了空前兴盛的局面，与此相应宫院中种植观赏树木的种类得以增多，栽培技术得以发展。并且当时有了专门负责种植绿化的"四面监"，例如《两京记》载曰："苑中有四面监，分掌宫中种植及修辑。"

汉武帝于建元三年（公元前318年）将秦之上林苑加以扩大。上林苑地域辽阔，地形复杂，天然植被极为丰富。此外，还人工栽植了大量的观赏树木、果树和少量的药用植物。《西京杂记》提到武帝初修上林苑时，群臣远方进贡的"名草异木"就有二千余种之多，并具体记载了其中九十八种的名称。

因长安为皇宫所在地，是当时全国政治、经济和文化的中心，其他国家和地区的花木被进贡或引入长安。例如："张骞为汉使外国十八年，得涂林。涂林，安石榴也。"[35] 这说明石榴是由张骞出使西域时带回的。

扶荔宫在上林苑中，当时主要用来栽培引自南方的花木。据《三铺黄图·扶荔宫》记载："汉武帝元鼎六年，破南越起扶荔宫，以植所得奇草异木：菖蒲百本，山姜十本，甘蕉十二本，留求子十本，桂百本，蜜香、指甲花百本，龙眼、荔枝、槟榔、橄榄、千岁子、柑橘皆百余本。"南越为现在的广东、

广西之地。但由于长安与南方的气候相差悬殊，特别是冬季的寒冷，使引自南方的花木多枯萎。

汉代文献中出现了如下的数种统称观赏花木类的名称，例如①名果异树：《西京杂记》载："初修上林苑，群臣远方，各献名果异树。"②奇草异木：《三辅黄图》载："汉武帝元鼎六年，破南越起扶荔宫以植所得奇草异木。"③灵草神木：汉代班固《西都赋》载："灵草冬荣，神木丛生。"④嘉木芳草：汉代张衡《二京赋》载："嘉木植庭，芳草如积。"从这些名称，便可以看出当时观赏花木的珍贵和盛行。同时，也用花木名称来命名园林建筑和景点，如《三辅黄图》中记载的"扶荔宫"是以荔枝来命名，"五柞宫"是以柞树来命名以及"棠梨宫"是以梨树类来命名。

观赏花木的大量应用和从外地引种花木、果树的结果，促进了栽培技术的发展和提高。汉代崔寔的《四民月令》以及其他文献中已有压条、修剪、移植方法和温室栽培的记载。

汉代对观赏植物的栽培以及栽培技术的发展，为盆栽花木和植物盆景的起源奠定了坚实的基础。

爱石风习的形成与发展——山石盆景形成的基础

在石器时代，由于石头在当时人们生活中的不可替代性及人们认识水平低下所限，与自然崇拜、植物崇拜同样，先民意识中产生了对山石的崇拜。秦汉时期，受神仙思想的影响，秦皇汉武在宫苑内修筑仙山的结果，导致了假山和山石在园林中的应用。

1. 原始先民对山石的崇拜

在旧石器时代，原始先民所能简便、大量、直接利用的自然物，只有坚硬的石头。在近百万年实践的启发、训练下，他们学会运用碰砧、打击、刮削等方法，对石块进行简单加工，使之成为实用的工具。由于石头在当时人们生活中的不可替代性及人们认识水平所限，与自然崇拜、植物崇拜同样，先民意识中产生了对石的崇拜。

《史记》载曰："（黄帝）旁罗日月星辰水波土石金玉。"[36]《史记索隐》曰："罗，广布也。"

该文献证明人们已相信了黄帝创生万物，其中包括石头的故事。千百年来流传于民间的"女娲炼五色石补天"神话，说明了石头在当时人们心目中的位置

及对石之崇拜（图1-23、图1-24）。

共工氏与颛顼争为帝，怒而触不周之山，折天柱，绝地维，故天倾西北[37]。

女娲乃炼五色石以补天，断鳌足以立四极，聚芦灰以止滔水，以济冀州，于是，地平天成，不改旧物[38]。

文中的"共工氏"为尧时治水官名；"颛顼"为上古帝王，黄帝之孙，昌意之子；"不周之山"位于昆仑山之西北，《山海经·大荒西经》载曰：有山而不合，名曰不周；"鳌"是传说中海里的大龟或大鳖。

在后世的神仙思想中，也出现了仙石。

……瀛洲，……上生神芝仙草。又有玉石，高且千丈。出泉如酒，味甘，名之为玉醴。饮之数升辄醉，令人长生。"[39]

图1-23 伏羲女娲图（局部），唐代，纵220cm、横80.9~116.5cm，新疆维吾尔自治区博物馆藏

图1-24 女娲炼石图轴,清代,吴昌硕,长118cm、宽66cm,徐悲鸿纪念馆藏

2. 欣赏怪石风习的开始

随着生产力的发展和认识水平的提高,当时人们已经认识到石头在其形状、色彩、纹理以及质地等方面存在着诸多不同,从而产生了"怪石"之概念。《书经·禹供篇》有"青州有铅松怪石"。据推测,当时人们观念中的"怪石"有两层含义,一是指在形状、质地等方面的怪异之石,《蔡传》载"怪石,怪异之石也";二是指似玉之石,《山海经·中山经》注"怪石,似玉也"。"怪石"概念的产生,为我国庭石的应用和爱石风习的形成奠定了初步基础。

3. 秦汉战国时期园林山石的应用以及博山炉、砚山的流行

由于受神仙思想的影响,秦皇汉武在派遣将臣去东海寻求蓬莱仙岛的同时,还在宫苑内大修三仙山。修筑仙山的结果,导致了假山和庭石的产生。

刘武,汉孝文帝之次子也,在孝文十二年立为梁王。《三辅黄图》和《西京杂记》都记载道:"梁孝王好营宫室、苑囿之乐,作曜华宫,筑兔园。园中有百灵山,山有肌寸石、落猿岩、栖龙岫。"[40-41] 由此可知,此园内不仅用土,还以石堆叠为岩、岫等部分。这可能是最早见于文字记载的假山和庭石。

除了皇家、贵族的造园中使用庭石外,民间的豪富也在其造园中利用庭石修筑假山。《西京杂记》在记述汉武帝时茂陵豪富袁广汉所筑园林时说:"茂陵富人袁广汉藏锚巨万,家童八九百。于北邙山下筑园,东西四里,南北五里,激流水注其内。构石为山,高十余丈,连延数里。"[42] 文中之"锚"为钱贯,引申为钱;"北邙山"又称北邙坂,在今陕西省咸阳至兴平一带。从上文可知袁广汉构筑假山的规模巨大。

在把自然山水景观缩制到宫苑、园林中的同时,人们还把自然景色进一步缩制到用于烧香的香炉和文人必备的砚台中。前者被称为博山炉,后者被称为砚山。

陶瓷技术的发展——盆景盆钵制作的条件

陶瓷的产生和发展,是我国古代灿烂文化的重要组成部分,也是人类文化史上的重要研究对象之一。我国陶瓷被誉为世界之冠,其原因除了历史久远外,还主要因为其数千年的持续性、技法的多样性、生产的大规模性、美的意境的高度性和对其他地区具有很强的影响力等。

在新石器时期至夏商周时期,我国相继出现粗陶、彩陶、红陶、黑陶、白陶、灰陶以及原始瓷器,并开始生产作为古代人类生活的容器和器具;春秋战国秦汉时期开始烧制低温铅釉盆、青瓷等;魏晋南北朝时期出现白瓷、黑瓷和各色彩釉作品。考古发现证明,汉代时已经开始烧制盆景盆钵。

1. 先秦时期出土文物中的盆钵

(1) 新石器时期的粗陶、彩陶和红陶

根据考古学的研究成果,从新石器时代的早期起,在我国黄河流域和长江流域的广阔范围内,已

进行着原始陶器的生产。在黄河流域的仰韶文化、马家窑文化、大汶口文化、龙山文化和齐家文化以及长江流域的大溪文化、屈家岭文化、河姆渡文化、马家浜文化、河良渚文化等古代文化类型遗迹内，都发掘出大量的陶器（图1-25、图1-26、表1-1）。在这些陶器中，有数量可观的盆钵[43]。

（2）夏商周春秋时期的黑陶、白陶、灰陶以及原始瓷器

在《墨子·耕柱篇》中有"陶铸于昆吾"的记述，是说夏代的昆吾族善于烧制陶器和铸造青铜器。结合相当于夏代时期的二里头文化早期出土的遗物来看，当时在用普通黏土（也称陶土）作原料烧制灰黑陶器的数量最多，同时也继续使用杂质较少的

黏土为原料，烧制胎质坚硬细腻的白陶器。白陶器的创制和使用，标志着我国制陶手工业的新发展。

商代中期除继续烧制一般灰陶器和白陶器之外，还创制了我国目前发现最早的原始瓷器。商代后期烧制灰陶器、白陶器、印纹硬陶器和原始青釉瓷器的生产，较中期又有了新的发展和提高。西周时期的制陶手工业也有了新的发展，已开始生产板瓦、筒瓦和瓦当等建筑用材。

在春秋时代，北方的国家仍以生产日用的灰陶器皿和建筑用陶为主；而在南方的一些国家，除生产一般的灰陶器，还大量生产印纹硬陶和原始瓷器。原始瓷器手工业在江南地区的继续发展，为我国而后瓷器的烧制成功奠定了技术基础[44]。

图1-25 彩陶人面鱼文钵，新石器时期，高16.5cm、口径39.5cm，陕西省西安市半坡出土

图1-26 刻花陶盆，河姆渡文化时期

表1-1 新石器时代主要盆钵的名称、文化类型、发掘遗址、存在年代、距今年数

盆器名称	文化类型	发掘遗址	年代（公元前）	距今年数（至公元2000年计算）
彩陶人面鱼纹盆（图1-25）	仰韶文化半坡类型	陕西西安半坡村	4515—2460	6515—4460
彩陶鹿纹盆	仰韶文化半坡类型	陕西西安半坡村	4515—2460	6515—4460
彩陶鱼纹蛙纹盆	仰韶文化半坡类型	陕西临潼姜寨	4515—2460	6515—4460
彩陶盆	仰韶文化庙底沟类型	山西洪洞	4515—2460	6515—4460
彩陶舞蹈纹盆	马家窑文化	青海大通县上孙家寨	3190—1715	5190—3715
彩陶钵	马家窑文化	甘肃临夏水地陈家	3190—1715	5190—3715
彩陶盆	大汶口文化	江苏邳县大墩子	4040—2240	6040—4240
刻花陶盆（图1-26）	河姆渡文化	浙江余姚河姆渡	4360—3360	6360—5360
猪纹盆	河姆渡文化	浙江余姚河姆渡	4360—3360	6360—5360

（3）战国时期的盆钵

在战国时期，各地广泛使用的灰陶和东南沿海一带的印纹硬陶、原始瓷器的生产都有了很大的发展；磨光、暗花彩绘等绚丽多彩的装饰艺术在齐、燕、楚、赵、韩、魏等各国分别得到应用和推广；圆窑窑炉结构的改进和龙窑的使用，使陶器的烧成温度得以提高。同时，建筑用陶也有了相应的发展。

从战国时期到汉代，流行彩绘陶。图案内容有三角形、菱形、折带形、重菱形等几何纹样；有蕉叶纹、四叶纹、卷草纹等几种纹样；有龙凤禽兽等几种动物纹样；有云气纹、波浪纹等几种自然现象纹样[45]。

秦汉代以前的盆钵起源于生活陶器，主要用作祭祀器具、生活杂器、盛水盆、金鱼钵等，是否有专门用于盆栽、盆景的盆钵，至今难以确定。

2. 秦汉时期的盆景盆钵

秦汉时代是我国陶器发展史上的一个重要时期。各地发现的秦汉时期的陶俑，以完美的艺术形式、生动逼真的神态，深刻地揭示了各种人物的内心世界。低温铅釉陶的发明，是汉代陶瓷工艺的又一重大成就。它的应用和推广，为后来各种不同色调的低温釉的出现奠定了基础。东汉瓷器，是由原始瓷发展而来的，是在原料粉碎、成型工具的改革、胎釉配制方法的改进、窑炉结构的进步和烧制技术的提高等条件下获得的，它不仅为此后的三国、两晋、南北朝瓷业的空前发展奠定了坚实的基础，而且是我国陶器发展史上一个重要的里程碑。

秦汉时期盆的特点是：直口折唇、上腹较直、下腹向内斜收、腹内有较为明显的折线、廓线挺健。在秦都咸阳宫殿遗址中出土的"窑底盆"，口径达1m左右，高在60cm以上，底径也大于50cm，盆口和底均近似椭圆形，口沿微微外翻，腹部略外弧，坯体厚实而且坚硬。出土时与数节陶圈相套接，推测是用来储存食物的，说明此时我国已具备了生产大盆的技术。

河北省安平东汉墓壁画中，在墓主人身后的侍者手端一盆山模样[46]，此盆山之盆钵为三足浅盆。

宜兴博物馆藏有一带孔小陶盆，口径20cm、高15cm，出土于宜兴东山的汉代文物。该盆底的小孔，可以断定为盆栽植物排水之用。所以，该盆很有可能为我国现存最古的花盆（图1-27）[47]。

盆景形成的文化基础和技术基础见表1-2。

图1-27 带孔小陶盆，汉代，高15cm，口径20cm，宜兴东山出土，现存宜兴陶瓷博物馆

表1-2 盆景形成的文化基础和技术基础

新石器时期 ——	夏殷商时期 ——	春秋战国时期 ——	秦汉时期 ——	魏晋南北朝
自然崇拜 ——	昆仑神话 ——	神仙思想 ——	神仙思想、道教产生 ——	魏晋隐逸文化形成 —— 山水画、山水诗出现
粗陶、红陶、彩陶 ——	黑陶、灰陶、白陶、原始陶瓷 ——		低温铅釉陶绿、褐釉陶瓷器、青瓷 ——	白瓷、黑瓷、各色釉彩
树木的原始崇拜、对食用植物的初期欣赏 ——	园圃与囿的分化、树种风习开始 ——	花卉栽培开始、嫁接技术最初应用 ——	观赏花木的盛行、栽培技术发展 ——	观赏花木的盛行、栽培技术的发展、花木专著诞生
对石的崇拜 ——	"怪石"一词出现 ——	园林山石的应用、博山炉和砚山的出现 ——		重视园林山石之色彩纹理、爱好奇石、佳石之风盛行

盆景的文化基础、技术基础奠定时期 —— 盆景开始形成期 —— 东汉时期盆景形成

有关中国盆景起源的各种学说的研究

盆景起源于我国，这已经成为国际盆景界公认的事实。但盆景到底起源于我国的何时、何地和最初以何种形式出现，此问题虽然经国内外盆景界研究者的多年探讨，至今尚未形成统一的定论。对于该问题的研究，不仅能推进我国盆景文化史研究方面的进展，而且对进一步提高我国盆景艺术在国际上的地位和声誉具有十分重要的意义。

进行盆景起源研究时应关注的问题

1. 从哲学体系与文化思想的角度出发研究盆景的起源与形成问题

因为盆景是综合艺术，在进行起源问题研究时，必须从当时的文化背景、哲学思想，特别是与盆景紧密相关的自然审美观、园林艺术、陶瓷技艺、花木栽培技术以及爱石风习等各个角度进行综合研究。避免只利用支离破碎的绘画、文献资料的方法来研究盆景的形成与起源，以防"只见树木，不见森林"。

2. 推论要谨慎

在盆景的最初起源时期，由于盆景还不普及，当时的文献中不会有专门的记载，即使偶尔有记载，由于年代太久，此文献也有早已失传的可能性，所以，关于盆景起源问题的研究难度甚大，在很大程度上不得不借助于考古学的研究成果。

考古所发掘的绘画资料、实物，特别是壁画非常有助于对该问题的研究。但由于多方面的原因，有些壁画已模糊不清，即使清晰可辨，通过绘画资料所得到的推论也会与当时的实际情况有所出入。因此，在进行该问题的研究时，一定要严谨从事，切忌草率下结论。不然，容易"失之毫厘，差之千里"。

此外，有人认为，既然盆景起源于我国，起源时期上推得越早越好。笔者认为，在进行盆景起源的研究时，如果不从科学的角度进行分析，没有确凿的根据，把起源时期人为提早是断不可取的。

3. 盆景与盆栽的关系

树木盆景的欣赏对象是树木（包括少量草本）的姿形以及由树木、山石、土、水等组成的自然景色，属于文化范畴；盆栽的欣赏对象是花木的茎、叶、花、果实和全株，属于技术范畴，二者具有质的区别。所以，研究盆景的起源问题并不完全等同于研究盆栽的起源问题。

4. 盆景与园林的关系

园林是把经提炼后的自然景观合理地布局于一块地之内。因其空间大，人们可进入其内游赏其中，我们称之为"身游"；意境深邃的园林诱发人在"身游"的同时，在大脑中进行艺术的联想和想象，我们称之为"神游"。"神游"比"身游"处于更高的艺术阶段，因而，园林艺术是物质与精神的结晶。

盆景顾名思义就是盆中之景，亦即把大自然美景高度缩制于咫尺盆盎之中。因其体量小，人们只可在其体外进行"神游"，因而，盆景艺术纯属精神产物。如果我们把"大自然"称为第一自然、"园林艺术"称为第二自然的话，或许可把"盆景艺术"称为第三自然。

虽然盆景的材料和空间要比园林小得多，但它所表现的自然景物因素很多，相对空间也会很大，因而在狭小空间中创作盆景的思维活动比创作园林更

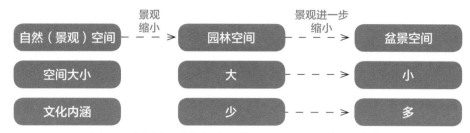

图1-28 自然空间、园林空间与盆景空间的大小、文化内涵的关系

复杂、更抽象。盆景空间由园林空间发展过渡而来。园林艺术的发展为盆景艺术的形成奠定了基础。

有的盆景研究者认为，园林出现在盆栽之后。理由如下：盆景艺术比园林简单易行，用不着花费多大财力、人力，从事实来看也是如此，盆栽的出现比园林的出现早得多，因而园林起源说是不成立的[48]。

笔者对该观点持否定态度。笔者认为，盆景艺术的形成经历了以下阶段：自然空间大小的景观经过概括、提炼、缩小后，营造在一块地中就是园林；园林景观经过进一步缩小后放置于盆钵之中就是盆景。从自然空间，到园林空间，再到盆景空间，空间越来越小，但是文化内涵的因素越来越多。也就是说，把自然景观缩制到盆器之中要比缩制到一块地中所需要的哲学思想更要深透，所表现的文化内涵更要抽象。因而，我们可以得出以下结论：在我国文化的发展过程中，先有园林，后有盆景。自然空间、园林空间与盆景空间的大小、文化内涵的关系见图1-28。

关于盆景起源的各种学说及其评价

在此，对国内外关于盆景起源的主要学说罗列如下，并对其进行重新研究与考证，以检验各个学说的正确与否。

1. 清初刘銮学说

清代初期刘銮著《五石瓠》记载："今人以盆盎间树石为玩，长者屈而短之，大者削而约之，或肤寸而结实，或咫尺蓄虫鱼，概称盆景。想亦始自平泉艮岳矣。"平泉为唐代宰相李德裕（787—849）在洛阳城南建造的大花园；艮岳为北宋皇帝宋徽宗（1082—1135）在开封建造的御花园。刘銮认为，盆景出现于平泉与艮岳的同时代，即唐宋两代。但在唐宋两代之前，我国的盆景已经出现。

2. 民国夏诒彬学说

夏诒彬于1931年编辑出版了《花卉盆栽法》。

该书的第一章第二节盆栽之沿革中记载："盆栽往往以石配景，奇岩怪石之爱玩，始于宋时。"毫无疑问，宋代之前我国盆景已经出现[49]。

3. 崔友文学说

崔友文于1961年在香港出版了《中国盆景及其栽培》一书。其中的〈中国盆景发展略史〉中记载道："中国盆栽，据文字记载，晋朝（陶渊明）栽培菊花、芍药已盛，盆栽的开始或即起于此时。[50]"文中大意为：高士陶渊明辞官隐居，栽培菊花、芍药，开始培育盆栽。

对于该文献有两点值得怀疑：①上文中的"据文字记载"处并没有注明参考文献的出处，无法进行再次考证。②笔者曾查阅了晋代陶渊明所有诗、文，未能发现"盆栽"一词以及培育盆栽的记述。此外，日本的盆景史研究者丸岛秀夫博士也进行了与笔者同样的工作[51]，结果也与笔者一样。因此，可以断定，崔友文的观点难以成立。

4.（日）岩佐亮二学说

隋炀帝杨广（580—618）继位后，在穷奢极侈地营建宫苑的同时，还十分爱好佳木芳草。在其《宴东堂诗》中有"海榴舒欲尽，山樱开未飞…… 风花意无极，芳树晓禽归"之句。据日本园艺史研究者岩佐亮二博士考证，诗中的"海榴"又作"海石榴"，是指经海上（日本或朝鲜半岛）传来的山茶花（*Camellia* sp.）；山茶花属亚热带常绿花木，不甚耐寒，诗中的山茶花能于早春在长安（今西安市）正常开花，由此可以断定此山茶花为室内盆栽[52]。

"海榴"确实为山茶花，这在后世的文献中也得到证明。《本草纲目·山茶》记载："时珍曰：海榴茶花，蒂青。"同时，自汉代始，我国开始研究花木的室内栽培和温室栽培，至隋代时进一步发展。所以，岩佐亮二的推断可以说是正确的。但此盆栽"海榴"，不能作为盆景起源的根据，因为在此之前，我国盆景业已出现。

5. 徐晓白学说

徐晓白根据汉代的十二峰砚山、河北望都东汉墓壁画的盆栽植物模样以及晋代的假山，提出了以下的观点：①汉、晋时代已经为盆景的形成和起源奠定了文化基础和技术基础。②汉、晋时代的绘画和文献资料，还有出土文物为该学说提供了可靠的根据[53]。笔者的观点与上述观点基本一致。

6. 贾祥云等学说

1986年4月，在山东省临朐海浮山前山坳发现北齐古墓，墓四壁有彩色壁画。其中一壁画内有描绘主人欣赏盆景的场面。在一浅盆内，摆放着玲珑秀雅的山石，主人正在欣赏山石，神态如痴如醉，栩栩如生。此外，山东青州发掘了一座北齐武平四年（573）的画像石刻墓，出土了九方画像石刻，其中的一方为"贸易商谈图"，描绘了主人与罗马商人进行贸易商谈时互赠礼品的场面（图1-29）。在罗马商人的身旁，站着的随从双手托一浅盆，盆中放置一块高19cm、16cm的青州怪石。该怪石山峰兀起，重峦叠嶂，玲珑奇秀。

贾祥云等仅根据以上两座古墓的彩色壁画与画像石刻中描绘的盆山便得出：我国盆景早在北齐时代已经形成的结

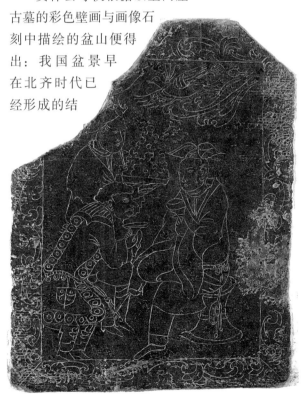

图1-29　山东青州发掘了一座北齐武平四年（573）的画像石刻墓，出土了九方画像石刻，其中的一方为"贸易商谈图"，描绘了主人与罗马商人进行贸易商谈时互赠礼品的场面

论[54]。笔者认为，上记两资料是研究我国早期盆景发展概况的珍贵资料，但并不是盆景最初起源的证据。

7. 彭春生等学说

彭春生等认为："盆景起始于7000年前的新石器时期，物证是浙江余姚河姆渡考古，陶片绘有盆栽万年青图案。"[55-57]

该学说的成立与否，直接关系到我国盆景起源年代，也是世界盆景起源年代是否应向前追溯近5000年的问题，同时，还涉及我国盆景学术领域研究水平的问题，应当谨慎推论。

笔者对该学说存有三点质疑：①在新石器时代的河姆渡文化时期（约6360～5360年前），正处于先民对植物的原始崇拜和对食用植物的初期欣赏时期，尚不存在产生和欣赏盆栽的文化基础和技术基础，即不存在产生盆栽的"土壤"。②如果盆栽在五六千年前的新石器时代的河姆渡文化时期业已存在，此时期起到汉代（公元前206—公元220）为止的四五千年期间的考古成果中，肯定会有与盆景有关的文物或者绘画资料出土，但结果相反，在此期间众多的考古成果中，与盆景有关的文物和绘画资料毫无发现。③最关键的是该陶片上刻画的图案是否能够解读为盆栽万年青（图1-30）。

图1-30　五叶纹陶片，出土于浙江余姚河姆渡文化遗迹中的第4文化层。形状如马鞍，造型厚重

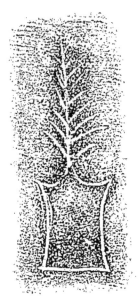

图1-31 大汶口文化时期的陶尊外表的树木纹样,其下部不是盆钵而是圣坛　　图1-32 印度Sanchi寺塔壁画中的圣树与宝座,但它酷似一盆树木盆景

在石器时代,先民们对食用植物最初爱好的表现是把可食用植物的茎、叶、果实部分或者全株之纹样刻画于陶器上,作为原始崇拜的对象。据考古工作者考证,该陶片是"在一方形框上,阴刻似五叶组成的栽培植物,五叶中一叶居中直立向上,另外四叶分于两侧互相对称。五片叶子粗壮有力,生意盎然。残高18cm、宽19.5cm、厚5.7cm。"[58] "五叶纹,在长框中画上五叶,居中一叶挺立向上,两侧四叶双双相对,画面粗犷奔放,展现出郁郁葱葱的艺术意境"。[59] 因此,从考古工作者的原始记载难以得出该陶片上刻画的图案是盆栽万年青的结论。

考古发掘证明,新石器时代很多地区生产以农业为主。新石器时代各期陶器图案可以归纳为几何形、植物、动物和人物纹样四类。其中以几何纹样最为普遍,植物、动物纹样次之,人物纹样最少。当时的陶工喜欢将各种植物形象描绘到陶器上作为装饰。在彩陶上画的植物图案有夸张的表现,这些植物的形象,有些像稻麦粒,有些像叶子,也有些像花瓣。[60]

笔者认为,该陶片上所刻画的图案不是盆栽万年青,而是一种作为原始崇拜物的在长方形框上阴刻植物的五叶纹,长方形框相当于圣坛,五叶纹为崇拜的对象。

汉代以前,由于人们的认识能力水平不高,自然事物与自然现象被神格化而受崇拜;同时,人们把思想、感情、意志寄托于林木。另外,先民们在崇拜神树类时一般把神树固定或者栽植于用土、石等建成的圣坛之上[61]。上述陶片上刻画的图案有可能是早期圣坛上摆饰的被神格化的植物形象。

我国出土的6000年前的大汶口文化时期的陶尊外表刻有树木纹样,下部不是盆钵而是圣坛(图1-31)。国外,特别是宗教发达地区的情况也与我国类似。例如,桑池(Sanchi)是印度保留至今的2000年之前的最古的佛塔,塔上有多幅酷似盆栽树木模样的浮雕,但这些并非树木盆景,其上部为圣树,下部为宝座(图1-32)[62]。

综上所述,关于中国盆景起源的诸多学说,多是根据考古发现的实物与绘画资料提出的。作为个人观点,笔者认为,其中的一部分是不妥当或者错误的。另外,一部分学说没有一个从文化系统或者思想体系的角度出发来研究盆景的起源问题,缺少可信性与说服力。所以,从文化、思想与技术体系的角度出发,探讨中国盆景的起源问题是十分必要的,也是唯一可行的。

第三节
我国盆景艺术起源于东汉时期

根据制作材料、表现内容不同可以将盆景分为树木盆景和山石盆景两大类别。树木盆景的形成与我国的观赏植物风习和花木园艺关系密切，山石盆景与我国的爱石风习，即奇石欣赏习惯关系密切。但二者都是表现林木与山水景观的艺术品，只不过表现以林木景观为主的作品为树木盆景，表现以山水景观为主的作品为山石盆景。后来的唐代盆景则是以林木与山石景观相结合的形式，即以附石式或者水旱式的形式出现的。

我国树木（植物）盆景的形成

1. 河北望都东汉墓壁画中的盆栽形象

根据考古学资料，在河北望都东汉墓道壁画中，绘有一陶质卷沿圆盆，盆内栽有六枝红花，置于方形几座之上（图1-33、图1-34）[63]，已有植物、盆器、

几架三位一体的盆栽形象。特别是几架的使用，已出现了我国盆景艺术的雏形。这可能是有关我国植物盆景起源的最早绘画资料。有的研究者认为，它是插花的绘画作品而不是盆栽的绘画作品，争议的焦点在于该六枝花枝是否具有根。该问题有待进一步考证。

2. 大英博物馆所藏汉代水禽花树绿釉陶盆

现存大英博物馆的汉代水禽花树绿釉陶盆象征大地，花树立于中央，飞鸟环绕，充分说明远在汉代时已经有了将自然大树景观压缩为小型花树景观的意识，并将小型花树景观用盆器进行承载，这应该就是树木类盆景的原型（图1-35）。

我国山石盆景的形成

有关我国山石盆景出现于东汉年间（25—220），

图1-33 "门下小吏"等人物（局部），东汉（25—220），1952年河北省望都县1号墓出土，原址保存

图1-34 河北望都一号东汉墓中的盆栽壁画（局部）

图1-35　汉代，水禽花树绿釉陶盆，现存大英博物馆

有以下三点可以作为充分佐证。

1. 内蒙古鄂托克旗凤凰山1号墓《百戏图》中所见博山

1992年内蒙古鄂托克旗凤凰山1号墓被发掘出

土，现址原状保存。墓向132°，该壁画位于墓室东壁南段中层。从图中可以看出，单进院落，杂耍者正在表演。院内靠墙处有鼎、敦、叠案，一杂耍者倒立于博山炉上，另一人作蹲式扬臂，还有抚琴、击鼓和站立观赏者等，杂耍者周围散布有耳杯等物（图1-36）[65]。

2. 内蒙古乌审旗嘎鲁图1号墓《侍奉图》中所见山形物

2001年内蒙古乌审旗嘎鲁图1号墓被发掘出土，现址原状保存。墓向东，《侍奉图》位于前室西壁北段。从《侍奉图》可以看出，庑殿顶屋檐下，站立两位侧身相对的侍女。右侧一位身着绿色右衽长袍，内穿白色中衣，右臂前伸，左臂搭一件红色长袍。左侧一位身着浅雪青色右衽长袍，内穿白色中衣，左手执豆（古代盛食物用的器具），右手持一山形物，有可能为一小型山石（图1-37）[64]。

3. 河北安平东汉墓壁画《仕女图》中所见盆山

河北省安平东汉墓中，有一幅描绘墓主人的壁画，在墓主人的身后，有一侍者手端一盆三足圆盆的盆山。这是有关证明山石盆景出现于东汉时期最

图1-36　内蒙古鄂托克旗凤凰山1号墓《百戏图》，东汉

图1-37 内蒙古乌审旗嘎鲁图1号墓《侍奉图》，东汉，高约160cm

有力的绘画资料（图 1-38）。据《后汉书》[66]记载可知：东汉时安平属冀州，并在明帝时（58—75 年在位）封给皇帝的子孙为国，公元 122 年改为"安平国"。此外，该墓建于东汉熹平五年（176），这证明在公元 176 年，我国的山石盆景已经出现[67]。

从上述有关盆景起源之史料中可以得出结论：树木盆景和山水盆景皆起源于东汉时期，并且起源地都在现在的华北平原地区。数千年来中华文化转移情况也为该结论提供了佐证。如位于河南北部和河北南部的安阳是目前所确认的中国殷商的古都墟的所在地，殷王朝曾在这里统治天下二百七十三年。

东晋十六国与南北朝时期，又有后赵、冉魏、前燕、东魏、北齐相继在与安阳互为隶属的邺城立都。所以，安阳有"六朝古都"之称，其附近地区之文化在当时尤为发达。虽然我国文化的起源与发展有多元现象，但其主流是由西北向东南方向转移，即从华北平原转移到黄土高原，再从黄土高原转移到中原大地，进而再从中原大地转移到江南。我国盆景艺术近 2000 年来的发展历程基本上与我国文化中心的转移轨迹相吻合。

盆景在汉代形成之后，便拉开了中国盆景约 2000 年发展历史的序幕。

图1-38　河北安平东汉墓壁画中侍者手端盆山的形象

参考文献与注释

[1] 刘芳如. 华夏艺术中的自然观[M]. 台北: 台北故宫博物院,2016: 17.

[2] 易·系辞[M].

[3] 山海经·海内西经[M].

[4] 山海经·大荒西经[M].

[5] (宋)李昉. 太平御览·昆仑山[M].

[6] (汉)刘安. 淮南子·地形训[M].

[7] 王毅. 园林与中国文化[M]. 上海: 上海人民出版社,1990: 3-19.

[8] 淮南子·坠形训[M].

[9] (汉)司马迁. 史记·封禅书[M].

[10] (战国)列御寇. 列子·汤问[M].

[11] (汉)司马迁. 史记·秦始皇本纪[M].

[12] (汉)班固. 汉书·郊祀志下[M].

[13] (汉)刘歆. 西京杂记·卷三·淮南 与方士俱去[M].

[14] (汉)刘歆. 西京杂记·卷二·常满灯 被中香炉[M].

[15] 冶秋. 刊登砚史资料说明[J]. 文物,1964(1): 49.

[16] 记者. 记十二峰砚陶[J]. 文物参考资料,1957(10): 47.

[17] 螭,无角之龙。《说文》曰:螭,若龙而黄,北方谓之地蝼。

[18] 李树华. 漢代以前(一前220)の神樹類及び祭祀用としての植栽[J]. ランドスケープ研究,65(5): 435-438.

[19] 河南省博物馆. 济源泗涧沟三座汉墓的发掘[J]. 文物,1937(1): 50-53.

[20] 内蒙古自治区博物馆文物工作队. 和林格尔汉墓壁画[M]. 北京: 文物出版社,1978: 100-101.

[21] NHK. 中国文明展. 世界四大文明[M]. 东京: NHK, 2000: 79

[22] 林巳奈夫,石に刻まれた世界[M]. 東京: 東方書店,1992: 187.

[23] 春秋·范蠡·陶朱公书[M].

[24] 吴玉贤. 河姆渡的原始艺术[J]. 文物,1982(7): 61-69.

[25] 吴山. 试论我国黄河流域、长江流域和华南地区新石器时代的装饰图案[J]. 文物,1975(5): 59-72.

[26] 甲骨文编[M]. 276

[27] 诗经·小雅·鸿鹄[M].

[28] (周)周公旦. 周礼·地官·封人[M].

[29] (周)周公旦. 周礼·夏官·掌固[M].

[30] (周)周公旦. 周礼·夏官·司险[M].

[31] (周)墨翟. 墨子·非命下[M].

[32] (汉)司马迁. 史记·秦始皇纪[M].

[33] (汉)班固. 汉书·贾山传[M].

[34] (南朝宋)范晔. 后汉书·百官志四[M].

[35] (南北朝)贾思勰. 齐民要术·卷第五·安石榴·第四十一[M].

[36] (汉)司马迁. 史记·五帝本纪·第一[M].

[37] (战国)列御寇. 列子·汤问[M].

[38] (汉)司马迁. 史记·三皇纪[M].

[39] (汉)东方朔. 十洲纪·卷一[M].

[40] (六朝)三辅黄图·曜华宫[M].

[41] (汉)刘歆. 西京杂记[M].

[42] (汉)刘歆西京杂记·袁广汉园林之侈[M].

[43] 中国硅酸盐学会. 中国陶瓷史[M]. 北京: 文物出版社,1982: 1-50.

[44] 中国硅酸盐学会. 中国陶瓷史[M]. 北京: 文物出版社,1982: 51-93.

[45] 中国硅酸盐学会. 中国陶瓷史[M]. 北京: 文物出版社, 1982: 94-135

[46] 河北省文物研究所. 安平东汉壁画墓[M]. 北京: 文物出版社,1990.

[47] 丸岛秀夫,胡运骅. 中国盆景的世界·2·花盆[M]. 东京: 日本农山渔村文化协会,2000: 17.

[48] 彭春生,李淑萍. 盆景学[M]. 北京: 中国林业出版社,2002: 18.

[49] 夏诒彬. 花卉盆栽法[M]. 上海: 商务出版社,1931: 2.

[50] 崔友文. 中国盆景及其栽培[M]. 香港: 香港商务出版社,1961: 2.

[51] 丸岛秀夫. 中国盆景と日本盆栽の呼称の历史的研究[J]. ランドスケープ研究,1996,60(1): 37.

[52] 岩佐亮二. 盆栽文化史[M]. 东京: 八坂书房,1976: 14-15.

[53] 徐晓白. 我国盆景的发展[J]. 江苏农学院学报,1985,6(1): 44.

[54] 贾祥云,李峰,贾曼. 中国盆景起源研究――中国盆景艺术形成于魏晋南北朝[J]. 中国园林,2004(7): 51-53.

[55] 彭春生,李淑萍. 盆景学[M]. 北京: 中国林业出版社,1994: 16.

[56] 彭春生. 盆景起源的研究[J]. 中国园林,1985(2): 34.

[57] 韦金笙. 中国盆景史略[J]. 中国园林,1991(2): 11.

[58] 河姆渡遗址考古队. 浙江河姆渡遗址第二期发掘的主要收获[J]. 文物,1980(5): 9.

[59] 吴玉贤. 河姆渡的原始艺术[J]. 文物,1982(7): 61-69.

[60] 吴山. 试论我国黄河流域、长江流域和华南地区新石器时代的装饰图案[J]. 文物,1975(5): 59-61.

[61] 李树华. 汉代以前的神树类及び祭祀用としての植栽[J]. ランドスケプ研究,2002,65(5): 435-438.

[62] 冲守弘,伊东照司. 原始佛教美术图典[M]. 东京: 雄山阁出版,1992: 70.

[63] 北京历史博物馆,河北省文物管理委员会. 望都汉墓壁画[M]. 北京: 中国古典艺术出版社,1955: 14.

[64] 徐光冀. 中国出土壁画全集3 内蒙古[M]. 北京: 科学出版社,2012: 14.

[65] 徐光冀. 中国出土壁画全集3 内蒙古[M]. 北京: 科学出版社,2012: 3.

[66] (南朝宋)范晔. 后汉书·一百二十卷[M].

[67] 徐光冀. 中国出土壁画全集1河北[M],北京: 科学出版社,2012: 12.

第二章
魏晋南北朝时期
——盆景发展初期

　　魏晋南北朝是中国历史上一个动荡时期，政权分立，征伐频繁，各种矛盾频出。这种局势酿成社会体系解体，传统礼教崩溃。与此同时，士人逃避残酷的战争与政治，优悠山水和体认生命成为潮流。思想和信仰的自由、艺术创造精神的勃发，激发了文化的空前繁荣。南迁汉人的东晋士族，正是这种文化的代表，并创造了士人独特的美学思想体系。

　　该时期造园活动普及于民间，园林转向于以满足作为人的本性的物质享受和精神享受为主，并升华到艺术创作的新境地。在盆景方面，作为文化基础的文人隐逸文化盛行，盆景进入了初步发展时期。

第一节
盆景文化基础的发展

晋人以虚灵的胸怀、玄学的以为体现自然，将自然融于山水之中。这一时期文化的代表就有须弥山宇宙观、文人隐逸文化等。刘义庆的《世说新语》和刘勰的《文心雕龙》，将晋至南朝的美文奇事记录下来，并给予系统的梳理。两书代表了当时美学思想的最高水平，成为后人研究晋人特有美学思想的教科书。这些思想文化艺术的成就，也促进了盆景文化基础的发展。

须弥山宇宙观

在东汉初年，随着佛教由印度传入我国，须弥山的神话也传入我国。到了魏晋南北朝时期，须弥山宇宙观开始盛行。

须弥山（梵语：Sumeru），又译为苏迷嚧、苏迷卢山、弥楼山，意思是宝山、妙高山，又名妙光山。古印度神话中位于世界中心的山，位于小千世界的中央（小千世界是大千世界的一部分），后为佛教所采用。

以佛教传说须弥山命名的地方是一处拥有一百多座石窟的风景胜地。它位于宁夏六盘山北端，固原市原州区西北55km的寺口子河北岸。这一带关山对峙，峡口逼仄，深沟险壑，奇峰高耸。古时，山下的寺口子河被称为石门水，水上曾设石门关，成为丝绸之路东段的重要孔道，也是中原汉王朝与西域各少数民族争战与修好的重要关防。如今，关址已荡然无存，但分布在八座山崖上的石窟，仍然焕发着艺术的光辉。

佛教宇宙观主张宇宙系由无数个世界所构成，一千个一世界称为一小千世界，一千个小千世界称为一中千世界，一千个中千世界为一大千世界，合小千、中千、大千总称为三千大千世界，此即一佛之化境。每一世界最下层系一层气，称为风轮；风轮之上为一层水，称为水轮；水轮之上为一层金，或谓硬石，称为金轮；金轮之上即为山、海洋、大洲等所构成之大地；而须弥山即位于此世界之中央。

相传此山有七山七海绕其四周，入水八万由旬，出于水上高八万由旬，纵广之量亦同。周围有三十二万由旬。由四宝所成，北面为黄金、东面为白银、南面为琉璃、西面为颇梨。而须弥山四方的虚空色，也由这些宝物所反映。七金山与须弥山间的七海（内海），充满八功德水，七金山外隔着碱海（外海）有铁围山，碱海中有郁单越（北）、弗婆提（东）、阎浮提（南）、瞿耶尼（西）四大洲，此即所谓的"须弥四洲"（图2-1）。

据长阿含经卷十八阎浮提洲品记载，须弥山高出水面八万四千由旬，水面之下亦深达八万四千由旬。其山直上，无所曲折，山中香木繁茂，山四面四埵突出，有四大天王之宫殿，山基有纯金沙。此山有上、中、下三级"七宝阶道"，夹道两旁有七重宝墙、七重栏楯、七重罗网、七重行树，其间之门、墙、窗、栏、树等，皆为金、银、水晶、琉璃等所成。花果繁盛，香风四起，无数之奇鸟，相和而鸣，诸鬼神住于其中。须弥山顶有三十三天宫，为帝释天所居住之处。

虽然须弥山只是佛教宇宙观的一个传说，与现代科学的宇宙观相矛盾，但它作为一种文化和信仰，对人们的精神生活产生影响，因而出现了一些艺术的表现形式（图2-2至图2-5）。

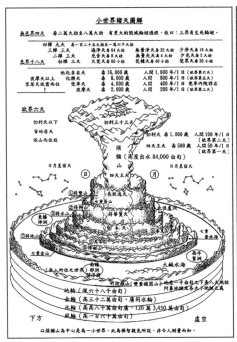

图2-1　小世界诸天图解　　　　　　　　　　　　　　　　　图2-2 敦煌壁画中描绘的须弥山　图2-3 须弥山作为观音菩萨端坐在荷花上的基座
（与昆仑神话结合）

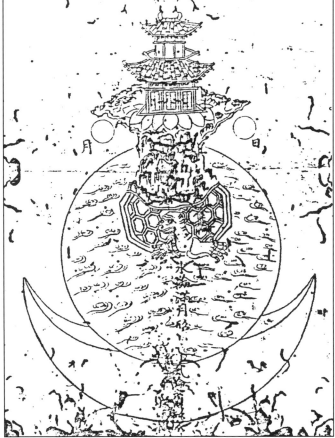

图2-4漂浮在东海中龟背上的类似于仙山琼阁的须弥山，日月
同辉

图2-5 漂浮在东海中龟背上的类似于仙山琼阁的须弥山，日月同辉

图2-6 须弥山浮雕前面图

图2-7 须弥山浮雕后面图

须弥山浮雕，梁代，高65cm、宽59cm，1954年出土于四川省万佛寺，现藏四川省博物馆（图2-6、图2-7）。

如图2-6所示，浮雕前面，上侧雕刻着须弥山图，下侧雕刻着天盖。须弥山在佛教世界观中是耸立于世界中心的圣山。在须弥山中部缠绕着7头龙，上部山中表现有建筑和人物。在须弥山两侧，有象、马、鹿、鸟等的动物和持棒的人物（神），外侧山峦绵延。

在须弥山山麓，对面右侧有一棵大树伸展，旁边站立着被称为阿修罗的六臂像。在左侧，有连接上方与下方的宝阶（台阶），3位人物正在其上行走。

圆筒形的天盖，最上部排列着莲瓣型装饰和宝珠装饰，侧面装饰有圆形、连珠花纹，下部附着有倒三角形的垂板。垂板之前有4位天人穿着天衣在飞翔，天盖左右是装饰有天珠的龙。

如图2-7所示，浮雕背面，配置有弥勒菩萨交脚像和如来像等三层各种各样的净土景观，此外，侧面排列着方形的区划，其上表现有人物像和天人像。

现状接近正方形，上部有大型把柄，下部本来应该是纵长型，但因有损坏的痕迹，具体形状不得而知[1]。

这种须弥山宇宙观作为自然观之一种对我国盆景艺术的形成与发展起到一定的影响作用。

文人隐逸文化

晋代文化的代表有：王羲之父子飘逸神秀的书法、顾恺之和宗炳的山水画、谢灵运和鲍照的山水诗、陶渊明的田园诗、郦道元的《水经注》等，都与自然山水结下不解之缘。

1. 陶渊明的田园诗

陶渊明（365—427），东晋人士，字元亮，号五柳先生，谥号靖节先生，入刘宋后更名潜。曾祖陶侃，东晋开国元勋，官至大司马，封长沙郡公。祖父陶茂，武昌太守。父陶逸，安城太守。

陶渊明8岁丧父，家道衰微，与母妹三人苦度日月，常在外祖父孟嘉家中生活。外祖父家中藏书甚丰，为陶渊明饱读诗书打下基础。太元十八年（393），29岁的陶渊明初出仕，《晋书·陶潜传》记载：起为州祭酒，不堪吏职，少日自解归。义熙元年（405），41岁的陶渊明最后一次出仕，任彭泽令。八十一天后，因"岂能为五斗米折腰乡里小儿"而挂印去职，从此结束了仕宦而归隐。这次归隐已是距栗里以北二十里的上京，时常往来于栗里与上京两宅之间。义熙四年（408），上京宅失火，一家暂居船上，又返回栗里老宅。义熙七年（411），47岁的陶渊明举家北迁，至浔阳江以南，庐山以北，离栗里九十里的南里南村。南村文化气息更浓，陶渊明终老于此。

义熙元年（405），陶渊明自解彭泽职，欣然归隐。有《归去来辞》问世："归去来兮，田原将芜胡不归！既自以心为形役，奚惆怅而独悲。悟已往之不谏，知来者之可追；实迷途其未远，觉今是而昨非。舟遥遥以轻飏，风飘飘而吹衣；向征夫以前路，恨晨光之熹微……"《归去来辞》是陶渊明的重要辞赋，其归隐之心可以得知（图2-8）。

元兴二年（403），陶渊明作《饮酒》诗二十首，其中第五首最为流颂："结庐在人境，而无车马喧。问君何能尔？心远地自偏。采菊东篱下，悠然见南山。山气日夕佳，飞鸟相与还。此中有真意，欲辨已忘言。"（图2-9）义熙二年（406），陶渊明有《归园田居》诗五首，其中第一首说："少无适俗韵，性本爱丘山。误落尘网中，一去三十年。羁鸟恋旧林，池鱼思故渊。开荒南野际，守拙归园田。……久在樊笼里，复得返自然。"[2]

此外，《桃花源记》是陶渊明的代表作之一，是《桃花源诗》的序言。它借武陵渔人行踪这一线索，把现实和理想境界联系起来，通过对桃花源的安宁和乐、自由平等生活的描绘，表现了作者追求美好生活的理想和对当时的现实生活不满（图2-10）。

2. 竹林七贤

魏末晋初，嵇康居住在河内山阳（今河南辉县西北一带）时，经常与阮籍、山涛、刘伶、阮咸、向秀、王戎诸友游憩于竹林之中，世人称之为"竹林七贤"。《晋书·嵇康传》：嵇康居山阳，"所与神交者惟陈留阮籍、河内山涛，豫其流者河内向秀、沛国刘伶、籍兄子咸、琅邪王戎，遂为竹林之游，世所谓'竹林七贤'也。"

七人当时是玄学的代表人物，虽然他们的思想倾向不同。嵇康、阮籍、刘伶、阮咸始终主张老庄之学，"越名教而任自然"，山涛、王戎则好老庄而杂以儒术，向秀则主张名教与自然合一。他们在生活上不拘礼法，清静无为，聚众在竹林喝酒，纵歌。作品揭露和讽刺司马朝廷的虚伪。竹林七贤的不合作态度为司马氏朝廷所不容，最后分崩离析：阮籍、刘伶、嵇康对司马朝廷不合作，嵇康被杀害，阮籍佯狂避世。王戎、山涛则投靠司马朝廷，竹林七贤最后各散西东[3]。

竹林七贤这一文人生活的题材经常出现于绘画作品中。1960年在江苏省南京市西善桥南朝墓中出土了竹林七贤并荣启期像砖刻壁画。唐代张彦远《历代名画记》中记载了顾恺之所描绘的阮咸的画像，孙位《高逸图》即《竹林七贤图》的残本。

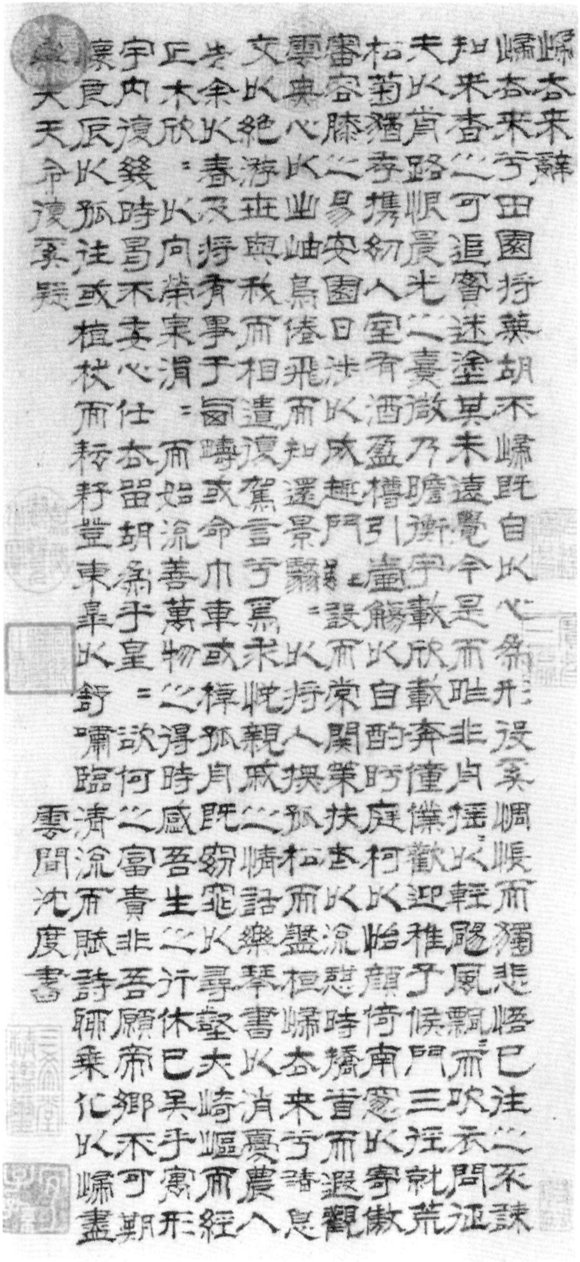

图2-8 明代，沈度书陶渊明《归去来辞》

（1）《竹林七贤与荣启期》砖刻壁画

《竹林七贤与荣启期》是一幅拼镶砖画，由200余块砖头组合而成。根据研究推测，拼镶砖画这种形式，并非为某个墓葬特制，在当时应该存在统一的粉本和模具，可以批量生产。

砖画表现的是"竹林七贤"与荣启期（前571—前474）在竹林中或饮酒，或小憩，或沉思，或高谈的场景。画面分为两部分，嵇康、阮籍、山涛、王戎四人占一幅，向秀、刘伶、阮咸、荣启期四人占一幅，两幅分别位于墓室左右两侧的墙面上。人

图2-9 清代.汪肇(海云).渊明爱菊图

图2-10　清代，王炳，仿赵伯驹《桃花源图》（局部），台北故宫博物院藏

物之间以银杏、松槐、垂柳相隔，每个人物上都有标明身份。画中八人，均席地而坐，他们不同的姿势和外貌流露出不同的个性特征，如嵇康执着、阮籍放荡、刘伶爱酒、阮咸擅乐等（图2-11）。

以"竹林七贤"为代表的士族知识分子，是魏晋南北朝社会的精英阶层和文化的中坚力量。他们自由清高的精神理想在这幅拼镶砖画上得到了充分表现。

（2）唐代孙位《高逸图》

孙位是唐代著名的画家，擅长画人物和龙，《高逸图》是他唯一存世的作品。也为目前屈指可数的几件唐代作品之一。画中表现的是魏晋时期著名的"竹林七贤"。目前画面仅剩四人，经考证是山涛、王戎、刘伶与阮籍。在技法上，孙位继承了顾恺之

"劲紧连绵如吐丝"的行云流水的风格，但更加成熟。线条的变化更丰富，人物造型刻画更真实细致。《高逸图》著录于宋徽宗的《宣和画谱》里，画上钤印"宣和七玺"。《高逸图》上的七玺是全的，作品的装裱保留了北宋的形式。

此图为《竹林七贤图》残卷（图2-12）。图中所剩四贤：一为好老庄学说、而性格介然不群的山涛，旁有童子将琴奉上；一为不修威仪、善发谈端的王戎，旁有童子抱书卷；一为写《酒德颂》的刘伶，回顾欲吐，旁有童子持唾壶跪接；一为饮酒放浪、惯作青白眼的阮籍，旁有童子奉上方斗。四贤的面容、体态、表情各不相同，并以侍童、器物作补充，丰富其个性特征。人物着重眼神刻画，

图2-11 南朝,《砖画竹林七贤与荣启期》(拓片)

图2-12 孙位《七贤图卷》

得顾恺之传神阿堵之妙。线条细劲流畅,如行云流水,兼有张僧繇骨气奇伟的特色。画风在六朝的基础上更趋工致精巧。而点缀的树石已用皴染,则开启了五代画法的先路,是书画中的瑰宝。

3. 兰亭修禊

修禊,是中国古老的习俗,暮春三月在溪水边所进行的一种袚除不祥的节日活动,勃勃生机的春意带给人们振奋的情绪和吉祥幸福的心愿。传达出一种美好的企盼,祝愿生活美满顺利,同时也有一种超脱世俗的文人情怀,获得一丝心灵的静谧与休憩。

兰亭修禊的召集人,则是东晋名士、大书法家王羲之。东晋永和九年三月三日(353),王羲之与名士谢安、孙绰等41人,于会稽山阴的兰亭水边,做流觞曲水之戏。游戏充满文趣,各人分坐于曲水之旁,借着宛转的溪水,以觞盛酒,是让盛满美酒的觞顺流而下,置于水上停于某人之前,他就必须即席赋诗。他们一边喝酒一边作诗,也发表一些议论。大家即兴写下了许多诗篇,推举王羲之写一篇序。这天，有二十六人作诗，编成了诗集《兰亭集》。王羲之为其作序，千古不朽的《兰亭集序》就这样诞生了。王羲之乘兴作《兰亭集序》，文采灿烂，隽妙雅迪，书法更是遒媚劲健，气势飘逸，被后世推为"天下第一行书"（图2-13）。

序中写道："永和九年，岁在癸丑，暮春之初，会于会稽山阴之兰亭，修禊事也。群贤毕至，少长咸集。此地有崇山峻岭，茂林修竹；又有清流激湍，映带左右，引以为流觞曲水，列坐其次。虽无丝竹管弦之盛，一觞一咏，亦足以畅叙幽情。"

由此，文人雅士饮酒赋诗、议论学问的聚会被称之为"修禊"，又为"雅集"，并得到世代传承[4]。

文徵明《兰亭修禊图》是细笔小青绿画法，表现了树林蓊郁、修竹傍水的春日美景。近处临水小亭中，三人坐桌旁谈诗；远处山腰间瀑泉涌出，山脚下溪流蜿蜒曲折，士人八名分坐溪边，注目水上中酒觞。所谓流觞曲水，即将酒觞浮于水上，漂至某人面前时，须作诗一首，作不出则罚酒。它与西晋石崇的"金谷园会"同属文人雅集乐事。画中环境清新优美，人物闲雅古淡，当为文氏细笔代表作。明周宪王朱有燉（？—1439）蹭据定武本等《兰亭序》，加入《兰亭诗》及仿李公麟（约1041—1106）修禊图入石，约刻成于永乐十五年（1417）。此本原刻初拓未见，此处摘录约重刻于万历二十年（1592）的《益王府本兰亭序卷》（图2-14）。

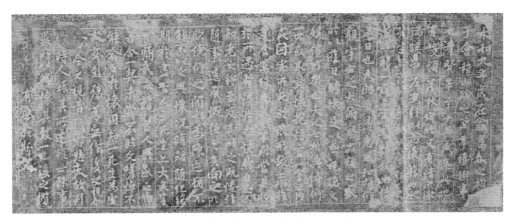

图2-13 晋代，王羲之，定武兰亭真本（墨拓本）

图2-14 《益王府本兰亭序卷》（局部），现藏香港中文大学文物馆

发展初期的
魏晋南北朝植物盆景

植物盆景发展初期的技术基础

三国时期，由于战乱和历时较短，观赏植物的栽培较秦、汉时并没有多大发展，但从晋代开始，植物景观在士人山水欣赏和园林艺术中占有重要地位，这主要因为士人审美崇尚自然以及他们需要以植物作为人格寄托的缘故。

晋代大官僚石崇在《金谷诗叙》言其园中："众果竹柏药草之属莫不毕备"。此时还开始利用植物来划分与组合园林空间，齐文惠太子拓玄圃园"其中楼观塔宇，多聚奇石，妙极山水，虑上宫望门，乃傍门列修竹，内设高障，造游墙数百间。"[5] 这已是在上宫与玄圃园间以花木、建筑等为"障景"，从而形成两大景区的分割和映衬关系。

据晋代陆岁《邺中记》载：华林园内栽植大量果树，多有名贵种类和品种如春李、西王母枣、羊角枣、勾鼻桃、安石榴等。为了掠夺民间树木，还特制一种移植果树的"蛤蟆车"："（石）虎于园中种众果。民间有名果，虎作蛤蟆车。箱阔一丈，深一丈四，博掘根面去一丈，合土栽之，植之无不生。"从上述蛤蟆车的车厢大小及"合土栽之"可知，此时我国已开始了大树带土移植作业，并应用于造园活动中，同时，成活率高至"植之无不生"之程度。观赏花木的大量应用及其栽培技术不断发展的结果，促使了有关园林植物专著的诞生。

我国最早的竹类专著《竹谱》于公元265—420年间的晋代问世，由戴凯之撰写（图2-15）。本书以四言韵语体裁记述了竹的种类和产地，文字极为典雅。同时，还记述了竹类的某些生物学特性和生态习性。竹在我国南方为重要的一种树木，在当时出现专著，说明竹类已经受到重视，并在后世的北魏时代出现了竹类专类园："水东南流入竹圃，水次绿竹荫渚，青青实望。世人言梁王竹园也。"[6]

公元304年，我国最早的有关热带和亚热带观赏植物的专著《南方草木状》问世，由嵇含撰写。该书是为整理、记述观赏花木而写。书中详细记述了主要原产于岭南地区的29种草类、28种木类、17种果类和6种竹类的形态、产地、观赏特性以及食、药用价值（图2-16）。同时代崔豹的《古今注·草木第六》也记载了40种植物的产地与实用价值。

除了欣赏实际的花木外，当时还用其他材料仿照花木姿形制成工艺品进行观赏。《世说新语》记载了晋武帝时两大官僚石崇与王恺争豪斗富的一段故事："武帝，恺之甥也，每助恺。尝以一珊瑚树高二尺许赐恺，枝柯扶疏，世罕其比。恺以示崇，崇视讫，以铁如意击之，应手而碎。恺即惋惜，又以为疾己之宝，声色甚厉。崇曰'不足恨，今还卿。'乃令左右悉取珊瑚树，有三尺四尺，条干绝世，光彩溢目者六七枚"。[7]

进入南北朝，与前代相比，观赏花木的种类更加增多，栽培技术水平更加提高。北魏宣武皇帝元恪（483—515）所建景明寺和瑶光寺时，观赏花木的种类是"珍木草香：牛筋狗骨之木，鸡头鸭脚之草，不可胜言。"[8]

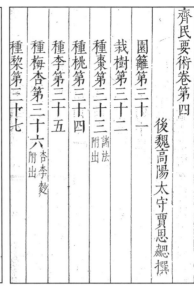

图2-15 晋代，戴凯之《竹谱》　　图2-16 晋代，嵇含《南方草木状》　　图2-17 北魏，贾思勰《齐民要术·卷四》

由晋末宋初（420—479）人所作的《魏王花木志》记述了思惟、紫菜、木莲、山茶、溪荪、朱槿、莼根、孟娘菜、牡桂、黄辛夷、紫藤花、郁树、芦橘、楮子、石楠和茶叶等16种花草。

《齐民要术》在公元6世纪时由北魏贾思勰所著，是我国现存最早最完整包括农林牧副渔的农业全书，也是世界上最早、最有系统性的农业科学名著。该书序言明言到，因观赏花木类只可悦目，没有实用价值，而未列书中，但从著者把很有可能包括盆栽、盆景在内的花木类称为"花草之流"这句话，可想而知当时的花木栽培活动已较盛行，这在其他文献中也得到证明。

本书虽然没有专门记载观赏花木，但在卷四和卷五两部分分别记载了某些林木，同时也适用于观赏花木繁殖、栽培的技术和方法。《齐民要术》还记述了园篱栽培法、栽树法以及树木栽培中的嫁树法（让果树多结实法）、疏花法、葡萄的棚架栽培、防寒防冻措施、除草、灌水、施肥、中耕、摘心、剪枝等多种技术和方法（图2-17）。

新疆克孜尔石窟壁画中的天女散花形象

克孜尔石窟位于新疆拜城县克孜尔镇东南7km木扎提河北岸崖壁上。克孜尔石窟以中部的苏格特沟为界，划为4个区域，即谷西区、谷内区、谷东区和后山区，总体绵延3km多。现已编号洞窟269个，尚存壁画1万 m^2。

克孜尔石窟是龟兹佛教文化中最有代表性的艺术圣地，是我国建造最早和地理位置最西的大型石窟群，也是当之无愧的世界佛教艺术重要的遗产之一。克孜尔石窟不仅是佛教发展史研究极其重要的资料，而且是古代龟兹佛教艺术的绚丽窗口。[9]

克孜尔石窟第118窟主室券顶，有一幅《伎乐与花鸟》壁画，图中背景为菱格山峦，山中满绘图案化的树木和水池，小鸟们落在树上和水池边。左侧残存一婆罗门。右侧绘一伎乐，头戴宝冠，双手正在弹奏阮咸。整个画面一派安康祥和的景象（图2-18）。此外，壁画中描绘有多处天女散花的形象，如新1窟中的《飞天》，头戴宝冠，宝缯后扬，上身袒露，下结裙裤，帔帛绕臂。左手托花盘，右手散花（图2-19）。

有关盆栽荷花的最早文字记载与艺术资料

荷花，又名莲花、水芙蓉等。是莲属多年生水生草本花卉。地下茎长而肥厚，有长节，叶盾圆形。花期6～9月，单生于花梗顶端，花瓣多数，嵌生在花托穴内，有红、粉红、白、紫等色，或有彩纹、镶边。坚果椭圆形，种子卵形。

荷花种类很多，分观赏和食用两大类。原产亚洲热带和温带地区，中国早在周朝就有栽培记载。荷花全身皆宝，藕和莲子能食用，莲子、根茎、藕节、

图2-18 伎乐与花鸟，克孜尔石窟第118窟，初创期（3~4世纪中期）

图2-19 飞天，克孜尔石窟新1窟，繁盛期（6~7世纪）

荷叶、花及种子的胚芽等都可入药。其出污泥而不染之品格恒为世人称颂。"接天莲叶无穷碧，映日荷花别样红"就是对荷花之美的真实写照。荷花"中通外直，不蔓不枝，出淤泥而不染，濯清涟而不妖"的高尚品格，历来为古往今来诗人墨客歌咏绘画的题材之一。

荷花与佛教有着千丝万缕的联系。佛教认为荷花从淤泥中长出，不被淤泥污染，又非常香洁，表喻佛菩萨在生死烦恼中出生。又从生死烦恼中开

脱，故有"莲花藏世界"之义。按佛教的解释，莲花是报身佛所居之"净土"。可见莲花已成为佛教的象征（图2-20、图2-21）。所以菩萨要垫以莲花为座。佛教中的莲花，包括了荷花和睡莲的不同种类。只有大乘佛教的佛像座用荷花。此外，中国自古热爱莲花，作为中华本土宗教的道教，莲花自然是道教的象征之一[10]。

1. 记载盆栽荷花的最早文字资料

有关记载盆栽的最早文字资料见于《佛图澄别传》："澄以钵盛水，烧香咒之，须臾，钵中生青莲花。"[11]文中的"澄"为晋代之僧佛图澄的简称，为古之天竺国人，天竺国即今之印度，加之我国存在多处描绘佛教最初由印度传入我国情况之壁画中所见到的盆栽、盆景形象，由此可以推想，盆栽、盆景在起源当时，与佛教有着密不可分的关系。

2. 多处描绘盆栽、盆插莲花的壁画、雕塑资料

（1）北魏（386—535）石窟寺北壁西侧下层薄浮雕《供养菩萨及莲花花瓶》

石窟寺位于河南省巩义市区东北的河洛镇寺湾村，坐落在黄河南岸、伊洛河北岸、邙岭之下的大力山。石窟寺建于北魏熙平二年（517），一说景明年间

图2-20 藻井（南侧），高句丽（4世纪中叶），高约100cm、宽约110cm，1938年著录，吉林省集安市洞沟古墓群禹山墓区中部舞蹈墓，原址保存

（500—503），原名希玄寺，宋代改称"十方净土寺"，清代改名石窟寺，是中原地区重要的佛教石窟。

石窟寺是继洛阳龙门石窟之后开凿的，它把佛教艺术的外来影响同中原汉族艺术相结合，摆脱了北魏早期深目高鼻、秀骨清瘦的特点，代之以面貌方圆、神态安详、多呈静态造像风格。因此，这里的雕刻既保留着北魏浓重的艺术特点，又孕育着北齐、隋代的雕刻艺术萌芽，形成由北朝向唐朝过渡的一种艺术风格，在雕刻艺术史上占有重要地位。

石窟寺北壁西侧下层，雕刻着供养菩萨及花瓶。此供养菩萨身量修长，两肩削窄，头部被盗，双手合十持一长茎莲花，手臂富有肌肉感，是北魏优秀的艺术作品。供养菩萨身后刻一瓶，内插一束莲花，

图2-21 莲花图（局部），高句丽（4世纪末—5世纪初），1991年辽宁省桓仁满族自治县米仓沟将军墓出土，原址保留

此为北魏优美的薄浮雕装饰图案（图2-22）。

（2）梁代（502—557）成都万佛寺遗址砂岩浮雕《二菩萨立像》中的盆栽荷花

1954年在四川省成都万佛寺遗址出土了砂岩浮雕《二菩萨立像》。正面上部描绘了发自壶形花盆中的莲花上站立着2人菩萨和4人的供养菩萨，下部有守护花盆的狮子和力士，最下部的台座正面以香炉为中心，左右两侧各有弹奏乐器、跳舞的4位艺人[12]。

背面属于浅浮雕，上段描绘具有华丽宫殿、莲池的阿弥陀佛净土景观。用桥与上段相连的下段描绘观音菩萨救济诸难的场景（图2-23、图2-24）。

（3）敦煌莫高窟壁第288窟人字披纹饰中的盆栽（插）莲花

敦煌，位于我国甘肃省河西走廊西端，作为古代"丝绸之路"的重镇，迄今已有2000多年的历史。它总缀中西交通的"咽喉之地"，地当南北要冲。由敦煌出发，向东经河西走廊，可至汉唐古都长安（今西安）、洛阳；向西经过西域（现我国新疆地区），可入中亚、西亚及南亚诸国，还可远达欧洲的罗马；向北翻过山便是北方草原丝绸之路；向南可接唐蕃古道，经过现代的青海和西藏到达尼泊尔、印度和缅甸。

敦煌重要的地理位置，使它在欧亚文明互动、中原民族和少数民族文化交融的历史进程中占有重要的地位。特别是古敦煌郡地区受到来自印度和中亚的佛教和佛教艺术传播的影响。公元4～14世纪，古代艺术家们按照自丝绸之路传来的古印度传统在此建造了莫高窟、西千佛洞、肃北五个庙石窟、安西榆林窟、东千佛洞等一批石窟，我们统称为敦煌莫高窟，其中尤以莫高窟最为典型。

莫高窟至今保存了735个石窟，其中包括45000m²壁画和2000多身彩绘，以及藏经洞（储存了文本和丝质的绘画）出土的5万多件文物。除了佛教之外，这些文物还记录了五种信仰：来自中原地区的儒家和道教，来自波斯和中亚的摩尼教、波斯教和景教。这些以宗教为主的文物还展现了中世纪敦煌、河西走廊、中国和西域以及中亚的历史，展示了中世纪丝绸之路上经济、文化、科技和社会生活的相互联系。它们还反映了1000多年间建筑、雕塑和壁画艺术的流传及演变。敦煌的佛教艺术更是古代中国多文化与欧亚文化长期汇集和交融的结晶。

图2-22 北魏，石窟寺北壁西侧下层《供养菩萨及莲花花瓶》，高182cm

图2-23 梁，《二菩萨立像》（正面），高121cm，1954年出土于四川省成都万佛寺遗址，现藏四川省博物馆　　图2-24 梁，《二菩萨立像》（反面）

第288窟为西魏（535—556）时期修建，唐代、五代时期先后重修。第288窟洞窟形制为前部人字披顶，后部平棋顶，有中心塔柱，柱东向面开一龛，南西北向三面上、下层各开一龛。

人字披莲花中脊将披面分为前披、后披。纹样以盆栽(插)莲花忍冬、摩尼宝、禽鸟纹组成单元纹饰，以大自然的景象表现天堂的美妙与和谐。前披面长，后披面短，椽间画一组。纹样勾线流畅，简洁明快，色彩清爽而华丽（图 2-25、图 2-26 ）。

（4）河南巩县乡堂山石窟中的北齐（550—577）盆栽（插）莲花图案

巩县乡堂山石窟与巩县、天龙山、灵泉寺等石窟同属于北朝晚期的重要石窟，在时间上，正值北魏分裂至隋唐统一的北朝晚期，在中国石窟发展史上起到承前启后的作用；在地域上，乡堂山位于东魏、北齐的都城邺城附近，属于当时政治文化中心地带，占有地利之便，成为凿窟的重要因素。更为重要的是，这些石窟均为当时皇室

显要所开凿，对其他地区石窟造像有着举足轻重的影响 [13]。

乡堂山石窟分为南北石窟两处。北乡堂第七窟雕刻精美，南、北壁下部浮雕礼佛行列，其上各凿七个塔形列龛。龛侧束莲柱下有仰莲承兽柱础，柱顶雕忍冬纹。柱顶和龛顶雕火焰宝珠纹，龛上置覆钵，上承由仰莲、相轮、宝珠花和火焰宝珠纹组成的塔刹，这种塔形龛是塔形窟的缩影（图 2-27、图 2-28 ）。

（5）北周四方佛座线刻画中描绘的盆景（栽）形象

北周（557—581）是我国历史上南北朝的北朝之一，又称后周（唐宋以后鲜用）、宇文周。由西魏权臣宇文泰奠定国基，由其子宇文觉在其侄子宇文护的拥立下正式建立。历五帝，共 24 年。

图2-26 莫高窟第288窟人字披西披孔雀盆栽(插)莲花图案

图2-25 莫高窟第288窟，西魏，窟室东南隅

西安市文物管理委员会所藏的北周《四方佛座线刻画》墨拓图显示，在佛座四面以连环画的形式用阴刻手法描绘佛前供养中的一组乐器演奏图，图面中央摆饰一盆景（栽），周围用相连的莲花纹装饰，构图优美（图2-29）。

图2-27　河南巩县乡堂山石窟北乡堂第七窟塔形龛顶部的盆栽（插）莲花纹饰，全景

图2-28　第七窟塔形龛顶部的盆栽（插）莲花纹饰

图2-29　北齐《四方佛座线刻图》中描绘的盆景（栽）

第三节

发展初期的
魏晋南北朝山石盆景

山石盆景发展初期的技术基础

魏晋南北朝时期对园林山石色彩、纹理开始重视，欣赏奇石风习盛行。

1. 对园林山石的色彩、纹理的重视

思想、文化、艺术活动十分活跃的魏晋南北朝时期是中国古典园林发展史上的一个重要的转折时期。此时期造园活动的发展促使了园林山石的大量使用（图2-30），园林山石的大量使用又促进了我国对山石审美观和鉴赏法的初步形成。这已表现在魏文帝和魏明帝的造园活动中。

魏文帝（186—226），名曹丕，魏武帝曹操（155—220）之子。晋代孙盛撰《魏氏春秋》载曰："黄初元年文帝愈崇宫殿，调饰观阁，取白石英及紫石英、五色大石于太行谷城之山，起景阳山于芳林园。"从上述可知，魏文帝在选用园林山石时，已开始重视山石之色彩，而从太行山选择了白、紫和五色等数种山石。

魏明帝（204—239），名曹睿，为曹操之孙，曹丕之子。据《三国志·魏书》载："（魏明帝）增崇宫殿，调饰观阁，凿太行之石英，采谷城之文石，起景阳山于芳林园。"[14] 文石即有纹理之石，这证明魏明帝比其父文帝在选石时更发展一步，已经注意到山石之纹理。这种对石色、石纹方面的细致鉴赏在此以前的文献中尚未发现，它为在后世唐代我国对园林山石和盆石的鉴赏法的形成奠定了基础。

三国时期不仅在园林山石的鉴赏方面有了发展，而且还为我国欣赏奇石风习拉开了序幕。"孙皓天玺元年监海郡，使伍曜，在海水际得石，树高三丈，余枝茎紫色，诘曲倾靡有光彩。"[15] 文中所载之石，为石树之意，相当于现在的树化石（图2-31）。孙皓（243—283）为吴国孙权（182—252）之重孙，天玺元年为公元276年，本文献说明了在1700多年前我国已经开始欣赏树化石。

2. 奇石风习的兴起

奇石，是指在形状、色彩、纹理和质地等方面奇特、罕见、特殊和非常之石。是由以前的"怪石"之概念发展而来。文献中出现得"奇石"一词，最早见于南齐时期（479—502）。齐文惠太子在其拓玄圃园中"其中楼观塔宇，多聚奇石，妙极山水。"[16] 由此可知，齐文惠太子已有珍藏奇石得爱好。同时，为了追求山石之奇异，还利用人工方法进行加工绘制。南齐东昏侯筑芳乐苑于宫城东、华林园南，"山石皆涂以五彩，跨池水立紫阁诸楼观，壁上画男女私亵之像。"[17]

江淹（444—505）诗曰："崦山多灵草，海滨饶奇石。"[18] 说明人们不只在山野，而且还在海滨选择奇石。到溉为梁（502—557）人，字茂灌，与其弟到恰皆有名，官至吏部尚书。《南史·到溉传》载："第居近淮水，斋前山池有奇礓石，长一丈六尺"，后来此石被"迎置华林园宴殿前"。这种在园林中设置孤石的习惯一直流传至今。

图2-30 屏风人物图中的山石，北齐天保二年（551年），高120、宽40cm，1986年山东省临朐县冶源镇海浮山崔芬墓出土，原址保存

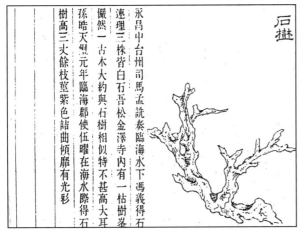

图2-31 明代，林有麟，《素园石谱·卷三·石树》

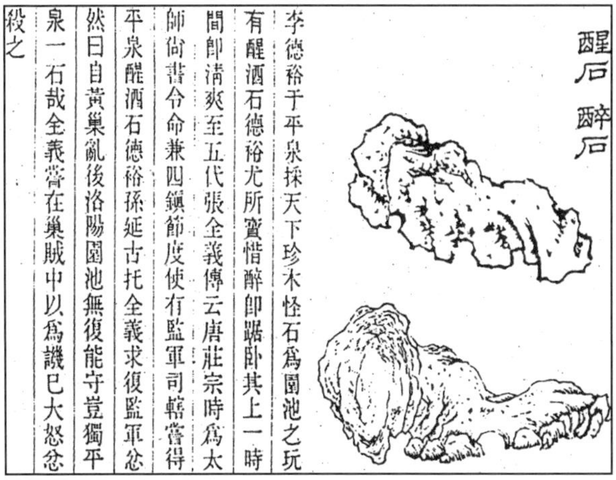

图2-33 明代，林有麟《素园石谱·卷二·醒石》

图2-32 明代，陈洪绶，隐居十六观，醒石，现藏台北故宫博物院

在北朝的北魏也大兴欣赏奇石之风，并把怪石、奇石称为佳石。据《魏书·恩倖传》记载，洛阳华林园中"为山于天渊池西，采掘北郊及南山佳石，徙竹汝颖，罗蒔其间，经构楼馆，列于上下，树草栽木，颇有野致，世宗心悦之。"此外，陶渊明辞官隐居，陶醉于田园景色的同时，也十分爱好奇石，常常眠于石上以醒酒，并有诗云："万仞峰前一水傍，晨光翠色助清凉。谁知片石多情甚，曾送渊明入醉乡。"[19]（图2-32）《素园石谱》记载："陶渊明所居东里有大石，渊明常醉其上，名之曰醒石。"[20]（图2-33）

奇石文化是我国传统文化的组成部分之一，欣赏奇石之风至今方兴未艾。

关于山水盆景的文献记载

1. 关于山水盆景的文献记载

关于山水盆景的文献资料最早见于《南齐书》："会稽剡县刻石山，相传为名。"[21]文中的"会稽"为秦时设置的郡名，位于现在江苏的东部和浙江省的西部；"刻石山"指刻石为山状之意。上文可以证明在南齐时已经用人工手法把石头雕刻成山形进行欣赏。同时该书还载有："永明六年（488），赤城山云开雾朗，见石桥瀑布，从来所罕睹也。山道士朱僧标以闻，上遣主书董仲民案视，以为神瑞。太乐令郑义泰案孙兴公赋造天台山伎，作莓苔石桥、道士扪翠屏之状。"[21]文中之"神瑞"指由神所降之祥瑞、灵瑞；"伎"同"技"，"扪"为抚、持、握之意。本文说明了当时已经模仿山林景色制作盆景，同时在山石盆景中还摆设了附生青苔的石桥和手抚绿色屏风之道士等配件。这种作品正是汉代流行的"缩地术"的具体体现。

2. 六朝前秦（351—394）时期《苏蕙璇玑图》中的方台座花池景观

《苏蕙璇玑图》又称为《若蕙璇玑图》，前有苏慧小像、璇玑图诗、回文解读法、朱淑贞序，后按四段图作，分别为织锦、寄锦、读锦与相迎。苏慧字若兰，前秦秦州刺史窦涛之妻，因善妒而被冷落，后作《璇玑图》诗，将诗织成锦段，寄给远方的夫婿，终于挽回其心而团圆。

位于图面左前方，有一方台座花池景观。在一整形的石制盆钵之中，内置起伏变化的山石，山脚配植类似月季的花灌木，与其后庭园中的山石树木竞相辉映，与图面中的人物融为一体（图2-34）。这是我国绘画作品中首次出现花池景观。

花池盆景（景观）是我国传统园林重要的景观要素之一，从大小上来看位于园林与盆景之间，制

图2-34 （传），前秦（351—394），《苏蕙璇玑图》（局部），纵28.1cm，横246.3cm，现存台北故宫博物院

作手法与盆景相似，只是相当于盆景盆钵的花池修建于地面之上，与地面融为一体，不像盆景一样盆钵可以自由搬运移动。它位于庭园景观向盆景景观过度的中间阶段。

《苏蕙璇玑图》说明我国最迟在魏晋南北朝前秦年间已经出现了花池景观。随着园林发展与营造技术日趋成熟，花池盆景（景观）在此历史时期应运而生是不难想象的。

3. 描绘山石盆景的绘画资料

（1）北魏司马金龙墓屏风漆画中的盆山

1966年在山西大同石家寨发掘了北魏司马金龙墓。墓主司马金龙世代为北魏显宦，卒于太和八年（484）。该墓出土了五块屏风漆画，另有残块若干[22]。在其中的《列女古贤图》中的两人物之间，有一圆盆盆山（图2-35）。说明此时盆山已被用于官宦的室内装饰。

（2）山东青州北齐墓壁画中的珊瑚盆山

1971年在山东省青州市傅家村发掘出土了北齐墓，墓中发现了9块石刻。虽然由于盗墓影响，但从残留的墓志残片中可以得知该墓埋葬于武平四年（573）。

9块石刻中的1块石刻为"贸易商谈图"，描绘了主人与罗马商人进行贸易商谈时互赠礼品的场面。在罗马商人的身旁，站着的随从双手托一浅盆，盆中放置一块高19cm、下宽16cm的珊瑚盆山。该盆山山峰兀起，重峦叠嶂，玲珑奇秀[23-24]。

图2-35 北魏司马金龙墓屏风漆画《列女古贤图》中的盆山（位于左下角人之脚旁）

发展初期的
魏晋南北朝盆景盆钵

南方制陶工艺的发展

南方社会经济的发展、交通便利、商业繁荣和重要城市的建立，为瓷器等手工业生产的发展创造了有利条件，东汉晚期出现的制瓷工业，迅速地成长起来。迄今在江苏、浙江、江西、福建、湖南、四川等江南的大部分地区都发现了此时期的窑瓷遗址，江南的瓷器生产呈现了遍地开花的局面，为唐代瓷业的大发展奠定了坚实的基础。唐代闻名的越窑、婺州窑和洪州窑等都已经在这以前或在这时期创立，并进行大量的生产。

这一时期墓葬中出土的陶器，日用器皿数量不多，器形有罐、盘、碗、钵、缸、耳杯，还有柄勺、砚、灯等。除缸外，均为火度较低、质地松软的灰陶，它与前代实用的硬陶有显著区别。有些盘、碗和耳杯中往往涂有红朱或一层白粉，无疑是当时的随葬器皿。

至于陶制明器则大量流行。在孙吴和西晋墓葬中出土的陶明器，以谷物加工工具、生活用具及各种家禽家畜模型为主。陶胎大多为红色，外涂一层极薄的棕黄色釉。口部装有四个条形耳，器体饰线纹，线纹外还加一圈锯齿。由此可见这时陶器的实用价值，除大型特制器物外，已逐渐居于次要地位。

在江南广大地区的孙吴和西晋墓葬中，还发现堆塑人物楼阁陶罐，它与青瓷人物楼阁罐的风格大致相同。罐上堆塑重楼双阙，环座膜制塑像，楼顶群集鸟雀，有些器腹堆贴龟、鱼、蛇、犬等各种水陆动物。

北方制陶工艺发展

三国、两晋时期北方制陶手工业，远不如汉代发达，民间流行的陶器，大都是粗糙的灰陶，火度低，质量差。但造型方面则有了新的变化。在洛阳晋墓出土的西晋时期的灰陶中，可以见到盘口壶、双耳缸、四系缸、果盒等，都是受南方青瓷造型的影响。

至于铅釉陶器，虽仍烧造，但数量很少，质量也不如前。洛阳晋墓曾发现过一些绛色釉陶，有双系缸和反口小壶，器形和当时的灰陶相似。可知由三国至东晋大约两百年，北方陶业衰落不振，与南方陶瓷业蓬勃发展，恰成明显对比。

北魏建国以后，北方陶瓷进入复兴时期，此时低温铅釉陶器，在北方又继续盛行，并用于宫殿建筑。这种釉陶在汉代的传统基础上有所改进，用途日益扩大，品种花色增加，釉色莹润明亮，出现了新的面貌。在施釉方面，有些黄地上加绿彩；或在白地上加绿彩，有些黄、绿、褐三色同时并用；从汉代的单色釉向多色釉迈进了一步，并为过渡到唐代绚丽多彩的三彩陶器奠定基础。

铅釉陶器在北魏早期已再度流行，如大同太和八年（484）司马金龙墓就出土过釉彩器物，皆为深绿色铅釉，并有莲花纹饰。到北齐时期，铅釉产品制作更精。在淄博寨里窑址中发现过不少黄色釉陶片，为北朝铅釉陶器的产地，提供了一个可靠的佐证。

陶塑艺术

可以代表魏晋南北朝陶塑艺术水平的，当数北朝时期。无论人物或动物的制作，都已突破前代古拙生硬的作风，而注意神态的刻画，在继承汉代优秀传统上，又吸收了佛教艺术特点。形式也很丰富，有按盾而立的武士俑，神气雄猛，威武昂扬；有宽袍博袖的文士俑，肃然拱立，温文恭谨；各式女侍俑，又皆体态端庄，秀骨清像，具备北朝艺术特征。

在动物陶塑方面，值得注意的是马俑和驼俑。北朝的陶马已有较高的写实技巧。骆驼俑是从北朝时期才开始出现。在司马金龙墓中出土的绿釉骆驼俑，已相当精美[25]。

魏晋南北朝盆景盆钵的初步发展

虽然尚未发现魏晋南北朝出土器物中有专门用于盆景盆花栽培的盆钵，可以想象，随着当时盆景逐渐开始出现在上层人士生活中，盆景盆钵也会有少量生产或者用其他陶瓷品代用。

参考文献与注释

[1] 东京国立博物馆，朝日新闻社. 中国国宝展[M]. 东京：朝日新闻社，2000：180.

[2] 文牲. 赏石文化的渊流传承与内涵[J]. 中国盆景赏石，2012(5)：108-113.

[3] 嵇若昕. 文人の集い故事多し、文物光華—故宫の美—[M]. 台北：台北故宫博物院，1993：123.

[4] 陈小凌. 暮春修禊韵事[J]. 故宫文物月刊，2006(4)：100-107.

[5] （梁）萧子显. 南齐书·文惠太子传[M].

[6] （北魏）郦道元. 水经注[M].

[7] （南朝宋）刘义庆. 世说新语·二卷[M]. 此书把从东汉起到东晋时期的逸事琐语分为三十六门并加以记载.

[8] （北魏）杨衒之. 洛阳伽蓝记[M].

[9] 中国新疆壁画艺术编辑委员会. 中国新疆壁画艺术第一卷克孜尔石窟（一）[M]. 乌鲁木齐：新疆美术摄影出版社，2009：1-5.

[10] 李尚志. 荷文化与中国园林[M]. 武汉：华中科技大学出版社，2013.

[11] （宋）李昉，李穆，徐铉，等. 太平御览·器物部·卷四[M].

[12] 东京国立博物馆，朝日新闻社. 中国国宝展[M]. 东京：朝日新闻社，2000：182.

[13] 中国美术全集编委会. 中国美术史35雕塑编，巩县天龙山乡堂山、安阳石窟雕塑[M]. 北京：人民美术出版社，2015：17-22.

[14] （晋）陈寿. 三国志·魏书·高堂隆传[M].

[15] （明）林有麟. 素园石谱·卷三[M].

[16] （梁）萧子显. 南齐书·文惠太子传[M].

[17] （梁）萧子显. 南齐书·东昏侯本纪[M].

[18] （梁）江淹. 杂体诗·郭弘农璞游仙[M].

[19] 谭怡令. 话石·石画[J]. 故宫文物月刊2008(1)：53.

[20] （明）林有麟. 素园石谱·卷二·醒石[M].

[21] （梁）萧子显. 南齐书·五十九卷[M].

[22] 西省大同市博物馆，山西省文物工作委员会. 山西大同石家寨北魏司马金龙墓[J]，文物，1972(2).

[23] 贾祥云，李峰，贾曼. 中国盆景起源研究—中国盆景艺术形成于魏晋南北朝[J]. 中国园林，2004(7)：51-53.

[24] 曾布川宽，出川哲朗. 中国美の十字路展[M]. 东京：大广，2005：152-153.

[25] 中国硅酸盐学会. 中国陶瓷史[M]. 北京：文物出版社，1982：136-179.

第三章
隋唐时期
——盆景流行于上层社会时期

　　公元581年，隋朝结束了自西晋末年以来近300年的分裂局面，使我国疆土再次恢复统一。统一后的隋朝在政治上确立三省六部新制，在人才选择上开设科举制度，在经济上实行均田制和租庸调制，还兴修京杭大运河。在隋文帝后期和隋炀帝前期，国家富足强盛，社会空前繁荣。公元618年，李渊取而代之建立大唐。

　　隋唐时期（581—907）是我国历史上一个统一、开放、繁荣、灿烂的历史时期，该时期处于封建社会中期兴盛时代，其政治、经济、文化都比以前有了更高的成就和发展，并表现出一定的时代特色。

　　唐代（618—907）疆域的辽阔和对外影响的巨大，远远超过以往任何一个封建王朝。它与邻近各国建立了密切的政治、经济、文化的联系。封建文化也比过去有更高的成就，不论是天文学、医药学、文学艺术等等，都留下许多灿烂的文化遗产。尤其是唐代贞观（627—649）、开元（713—741）年间，中国几乎是当时世界上最强大、最富庶、最具高度文明的第一大国。

　　在这样的历史文化背景下，中国园林的发展相应地达到了全盛的局面，花木栽培与盆景艺术的大发展时期来临，盆景开始流行于皇家、宗教以及著名文人等上层社会。

隋代石窟壁画中描绘的盆景、盆栽

从公元581年隋文帝杨坚建立隋朝，到618年隋炀帝杨广被绞杀，共存在了37年，是个典型的短命王朝。但是隋朝的历史地位却是不容忽视的，因为盛唐的许多制度都是在隋朝时确立的。唐高祖和隋炀帝杨广还有亲属关系，所以，从某种程度上可以说唐是隋的延伸，正因如此，历史书籍常将隋、唐并称为"隋唐"。

在这37年中，我国的政治、经济、军事等各方面均有所巩固和发展，随着社会生产的发展，隋朝的自然科学与人文艺术也有了长足的进步。在盆景、盆栽文化方面，有两点值得介绍。

敦煌莫高窟壁画中描绘的盆莲

隋代统一南北，击败西北的突厥和吐谷浑侵扰，保持丝绸之路畅通，商贸繁盛。隋文帝杨坚和炀帝杨广倡导佛教，令天下各州建造舍利塔，瓜州亦在崇教寺（莫高窟）起塔，此时宫廷写经也传至敦煌。由于统治者的推崇，隋代敦煌莫高窟的镌龛造像超越了前代，虽然只有短暂的37年，竟遗留了94个洞窟，最易说明隋代莫高窟兴建之盛况。

1. 第401窟，西壁龛内北侧，菩萨手执枝莲、盆莲

莫高窟第401窟为隋代修建，初唐、五代、清代先后重修。此窟平面方形，覆斗形顶，西壁开一龛，有双层龛口，内塑一佛六菩萨。南、北壁各开一龛，形成三龛的窟室布局。西壁佛龛内龛西壁画七宝塔火焰背光，两侧壁各画三菩萨。外层龛口内

两侧壁上段各画三菩萨，菩萨面型趋于丰圆，长发披肩，身材匀称，手执莲枝或者盆莲（图3-1）；下段初唐各画二菩萨。

2. 第244窟，西壁南侧，供养菩萨手托盆花

莫高窟第244窟为隋代修建，五代、西夏先后重修。洞窟形制为覆斗形顶，南、西、北壁设佛床。西壁隋时塑一跌坐说法佛、一迦叶、一阿难、二菩萨。壁上画飞天八身，天宫栏墙一条；中浮塑火焰佛光，两侧画说法图二铺；下画佛弟子六身，供养菩萨、莲花童子各二身。其中一供养菩萨手托盆花（图3-2）。

河南安阳大住圣窟《传法圣师图》中的盆莲与奇石

灵泉寺的大住圣石窟是邺城地区（今河南省安阳市）最重要的石窟寺之一，原名宝山寺，由高僧灵裕（518—605）在东魏武定四年（546）创建，隋开皇十一年（591）改名灵泉寺。灵泉寺及其附近石刻群，历史悠久，内涵丰富，独具特色。尤其是大住圣窟窟门两侧的二神王浮雕图像，造型精美，刻画精细，为石窟中罕见。

在大住圣窟前壁，雕有《传法圣师图》：传法圣师二人一组，相对作谈话状。二人间雕莲花宝珠纹或盆莲，每组间有山石相隔（图3-3）。榜题刻有传法谱系、姓名、国籍、身份等，是研究中国佛教史上传法祖师谱系的珍贵资料。二十四祖传法圣师，始于迦叶，终于师子比丘。龙门石窟擂鼓台中洞（盛唐），刻有二十五祖形象，多一个夜奢比丘，可知二十四祖是传法祖师的较早谱系[1]。

图3-1 隋代，莫高窟第401窟，西壁龛内北侧，菩萨手执枝莲和盆莲

图3-2 隋代，第244窟，西壁南侧，供养菩萨手托盆花

图3-3 隋代，大住圣窟前壁，《传法圣师图》中描绘的盆莲与奇石

第二节
唐代花木栽培技艺

花木种类与品种逐渐增多

由于京城长安、东京洛阳的帝王将相与文人士大夫之间的赏花之风盛行（图3-4 至图3-7），促进了观赏园艺的发展，栽培花木的种类与品种逐渐增多。明代松江华亭（现在的上海市松江县）人张之象（1496—1577）编录的《唐诗类苑》中收录了1271首咏颂植物的唐诗，其中花部442首，草部120首，果部214手，木部495首。依诗篇的多少顺序排列为：柳（170首）、竹（143首）、松（77首）、荷花（57首）、牡丹（54首）、梅花（52首）、菊花（46首）、桃（38首）、樱桃（28首）、石榴（28首）、蔷薇花（20首）、桂花（16首）、梧桐（15首）、芙蓉（13首）、李花（12首）、芍药（11首）、杏花（10首）。

10首之下的花木尚有多数。可见当时栽培花木种类之多（图3-8）。同时，同种类花木的诗中还记载了多种品种[2]。

在众多的观赏花木中，最名贵者当数牡丹。牡丹开花时节，长安赏花的景象是"城中看花客，旦暮走营营[3]"，珍稀品种，价格昂贵，以致有"牡丹一朵值千金[4]"的说法。此外，唐代还有许多有关牡丹的故事传说在后世流传久远，《事物纪原》记载武则天诏游后苑，百花俱开，牡丹独迟，因而遭贬于洛阳，后来便有了"洛阳牡丹冠天下"之说[5]。这个故事到清代被李汝珍《镜花缘》加以渲染，为后人所熟知（图3-9）。其实原本不过是好事者褒贬武则天而杜撰。

图3-4 唐代，周昉，《调琴啜茶图》，纵27.9cm、横75.3cm，现藏美国耐尔逊·阿特金斯艺术博物馆

图3-5 唐代，周昉《簪花仕女图》，纵46cm、横180cm

图3-6 唐代，佚名，螺钿纹人物花鸟镜，直径23.9cm，1955年河南洛阳洞西唐墓出土，现藏中国国家博物馆

图3-7 唐代，约8~9世纪，花鸟屏风，出土于新疆阿斯塔那217号墓室壁画

成熟的树木移植技术

柳宗元（773—819），字子厚，贞元年间（785—804）进士，博学鸿词，官至监察御史（考察百官善恶，监督农桑与刑狱之官）。其文卓伟精致，与韩愈齐名，被誉为唐宋八大家之一。他在《种树郭橐驼传》一文中，塑造了一个"病偻隆然伏行"的老花农，总结了当时的种树经验：

驼业种树，凡长安豪富人为观游及卖果者，皆争迎取养。驼所种树或移徙无不活，且硕茂蚤实以蕃。

他植者虽窥视仿慕，莫能如也。

有问之，对曰：橐驼非能使木寿且孳也，能顺木之天，以致其性焉尔。凡植木之性，其本欲舒，其培欲平，其土欲故，其筑欲密。既然已，勿动勿虑，去不复顾。其莳也若子，其置也若弃，则其天者全而其性得矣。故吾不害其长而已，非有能硕茂之也；不抑耗其实而已，非有能蚤而蕃之也。

这篇文章采取类比的手法，用种树类比治民，用种树要"顺木之天，以致其性"类比治民要"顺民之天，以致民之性"，用种树要"其莳也若子"

图3-8 唐代，约8世纪，绀地花鸟纹夹缬褥，现藏日本正仓院

图3-9　清代，李汝珍，《镜花缘》第五回·俏宫娥戏诗金盏草，武太后怒贬牡丹花

类比做官要爱护老百姓。另一方面，该文说明了唐代时我国劳动人民在了解树木生物学特性的基础上，已经掌握了移植树木并使其成活的规律，即栽植树木时要做到其本欲舒、其培欲平、其土欲故、其筑欲密。所谓"其本欲舒"，就是在将移栽树木种于树穴时，要使其根系舒展开来，不可拥挤在一起。"其培欲平"，是栽植的深浅程度要与原来的一样，因为深植会抑制树木的生长，反之，浅植对树木的生长发育不利。"其土欲故"，是指树木在移植时，要尽量多带原土或带土坨，这样有利于树木的成活和生长。"其筑欲密"，是指树木在移植以后，要把穴土踏实，使根系与土壤紧密接触，同时也可避免树木的摇动，这样有利于成活。

花木促成栽培技术

汉代出现了"四时之房"的设施与名词，栽培于此的"丰卉殊木，生非其址"，这说明了当时开始采用人工设施进行花卉栽培。唐代则出现了"温室树"与"浴堂花"。

和春深[6]
白居易

何处春深好，春深女学家。
看惯温室树，饱识浴堂花。

此外，白居易《春葺新居》诗中"移花爽暖室，涉竹覆寒池"诗句中，出现了"暖室"。"温室"的本意是指经加热的房屋，"浴堂"的本意是指洗浴的场所或者宫禁内的浴室，总之，"温室""暖室"和"浴堂"都是指能够加温的场所设施，"温室树"与"浴堂花"则是指栽培于经过加温后的场所设施的花木。这充分说明了唐代开始利用温室设施进行观赏花木的栽培与观赏。

殷七七，唐代道士，因能调节各种花木之开花期而闻名于当时。据《续仙传》载：

殷七七，名天祥，又名道筌。尝自称七七，俗多呼之，不知何所人也。云云，周宝镇浙西。云云，宝一日谓七七曰：鹤林之花，天下奇艳，尝闻，君能开非时花，此花可开否？七七曰：可也。宝曰：今重九将近，能副此日否？七七乃前二日，宿鹤林寺中，日夜女子来，谓七七曰：妾为上玄所命，下司此花，云云，今与道者共开之。来日晨起，寺僧忽讶花渐拆蕊，及九日，烂漫如春，乃以闻，宝与一城士庶，咸警异之，游赏复如春。[7]

此文虽然带有迷信色彩，但说明我国在此时已经能够人工进行花木的花期调控。殷七七在日本也享有一定的名气，如日本禅林光崖（1394—1427）的《光崖老人诗》中〈盆踯躅〉诗中曾提到他。诗中的踯躅，为杜鹃花类的总称。

盆踯躅

一盆踯躅绽熏风，移置幽窗寂寞中。
奇术不须殷七七，杜鹃啼血染新红。

"壶中天地"园林趣味兴起与小松、小石鉴赏风习盛行

唐代"中隐"思想产生的历史背景

唐代前期,由于太宗李世民、女皇武则天、玄宗李隆基等人的文韬武略,展现出一派大唐盛世的景象。"安史之乱"以后,藩镇割据、宦官专权,文人朝臣纷纷避祸,"隐"与"仕"成为纠葛的难题。魏晋南北朝文人雅士流行隐逸文化,但这种并不是"中隐"思想。

白居易(772—846),唐太原人。字乐天,元和(806—820)进士,迁左拾遗,出为江州司马,历刺杭、苏二州。文宗立,迁刑部侍郎。会昌间,以刑部尚书致仕。白居易文章精切,诗亦平易近人,与诗人元稹(779—831)齐名,时称元白。晚年归居洛阳南龙山之东香山,自号香山居士。由白居易首创的"中隐"思想,使两者兼具,逐渐为士人普遍推崇。

中隐
白居易

大隐住朝市,小隐入丘樊。
不如作中隐,隐在留司官。
似出复似处,非忙亦非闲。
不劳心与力,又免饥与寒。
终岁无公事,随月有俸钱。
人生处一世,其道难两全。
唯此中隐士,致身吉且安。
穷通与丰约,正在四者间。

"中隐"需要两个条件:一是要做既不问事又取俸禄的闲官;二是"中隐隐于园"。园林是在城市中"中隐"的憩所,文人士大夫甚至亲自参与园林设计。在这种社会风尚影响下,士人私家园林开始兴盛,中晚唐东都洛阳造园更是难以数计[8](图3-10)。

"中隐"思想流行与造园园艺盛行,促进了文人雅集活动的频繁出现,这种文人雅集活动被以多种题材的形式表现在文学、绘画作品中,例如《香山九老》《松林六逸图》以及《唐朝八爱》等。

1. 宋人《香山九老图》

据《新唐书·白居易传》记载:"(居易)东都所居履道里,疏沼种树,构石香山,凿八节滩,自号醉吟先生,为之传。……尝与胡杲、吉玫、郑据、刘真、卢真、张浑、狄兼谟、卢贞燕集,皆高年不事者,人慕之,绘为九老图。"

台北故宫博物院所藏刘松年(活动于1174—1224)《香山九老图》卷(图3-11),拖尾题跋郑所南(1241—1318)录:"会昌五年(845)三月二十四日,胡、吉、刘、郑、芦、张等六贤皆多寿,余亦次焉。于东都履道坊敝舍合齿之会。七老相顾既醉且欢,静而思之此会希有,因各赋七言诗一章以记之,或传之好事者。其年夏又有二老,年貌绝伦,同归故乡,亦来斯会,续命书姓名年齿,写其形貌于与图右。仍以一绝赠之云:"雪作须眉云作衣,辽东华表暮庆归。一鹤尤稀有何幸,今逢雨令感当时。"此段文

图3-10 唐代,李思训《江帆楼阁图》,纵101.9cm、横54.7cm

字按文意，当为白居易所写《九老诗序》。

图3-11所示《香山九老图》为纨扇形册页，绢本设色画。画幅中巨松一株，使画面中分二。幅右二老神情专注，闲坐石桌左右两端对弈，一老者悠闲居中坐观，童子则持扇侍立。幅左六人，一老者戴花舞踊，动作十分灵活有趣；另三老者神情优雅，且行且语于舞者前后，二童子中，一童子手捧囊物，一童子手持卷轴随侍在后。上方巨松又将景分为前后，坡石后二老共持一卷，相互观赏，一童子手捧画卷自竹林间来。画幅为扁圆形，布局甚奇特，设色古雅。为南宋山水画一新作风。观其画风近似南宋刘松年，或者可能就是刘松年真迹[9]。

2.明代仇英所画《松林六逸图》

唐代天宝年间结社于山东泰安徂徕山下的李白、孔巢父、韩准、裴政、张叔明、陶沔。他们尽情纵酒酣歌，浪迹山林，古称"竹溪六逸"。此图为明代仇英描绘当时六位古贤盘桓山村的情景（图3-12）。

3.《唐朝八爱》

《唐朝八爱》作为民间绘画的题材，把各有喜好的八位古代文人墨客描绘在一幅作品中。这八位文人为：陶渊明爱菊、苏轼爱砚、孟浩然爱梅、林和靖爱鹤、周敦颐爱莲、王羲之爱鹅、韩愈爱柳、怀素爱芭蕉。可以看出，虽然这八位不全是唐朝文人，民间还是把他们放在一幅作品中（图3-13）[10]。

"壶中天地"园林趣味兴起

初盛唐时期，文人园林在艺术上的成就首先表现为魏晋以来一系列创作方法更纯熟、广泛、综合地应用。在此基础上，园林成为淡泊无间、富于诗情画意的艺术整体。此时，文人们已在庭院、天井等极其有限的空间内叠造出起伏断续的复杂山体，并与水体、花木有机地组合在一起，表现出自然山野的气息（图3-14、图3-15）。

唐太宗李世民（597—649）对小型山水景观进

图3-11　宋人（刘松年）《香山九老图》，纵23.8cm、横24.8cm，现存台北故宫博物院

图3-12 明代,仇英《松林六逸图》

图3-13 传统古年画《唐朝八爱》

图3-14 唐代,《花鸟图》,纵106cm、横70cm,2000年河南安阳果品公司家属楼基建工程唐墓出土,现存安阳市文物考古研究所

图3-15 唐代,佚名《树下美人图》,纵140cm、横55cm,新疆阿斯塔那墓出土

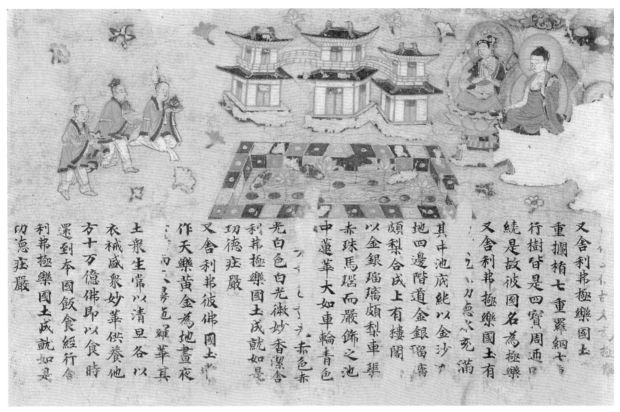

图3-16　唐代，9世纪，阿弥陀经断简中的小池，出土于浙江省丽水市龙泉塔，现存浙江省博物馆

行了如下的描写：

　　想蓬瀛分靡觌，望昆阆兮难期。抗微山于绮砌，横促岭于丹墀。启一围而建址，崇数尺以成坏。……寸中孤嶂连还断，尺里重峦欹复正。岫带柳兮合双眉，石澄流兮分两镜。[11]

　　此外，著名大诗人杜甫（712–770）的诗文中，对微型园林记载道：

　　天宝初，南曹小司寇舅与我太夫人堂下累土为山一匮，盈尺以代彼朽木承诸焚香瓷瓯，瓯甚安矣，旁植慈竹，盖兹数峰嵌岑婵娟，宛有尘外数致，乃不知兴之所至，而作是诗：

　　　　一匮功盈尺，三峰意出群。
　　　　望中疑在野，幽处欲生云。
　　　　慈竹春阴覆，香炉晓势分。
　　　　惟南将献寿，佳气日氤氲。[12]

　　到了中唐以后，园林更加精致，并向小型化方向发展，"壶中天地"的园林境界成了文人们最普遍、最基本的艺术追求。在这种风潮下，因为山水盆景和奇石是"壶中天地"的内容之一，它们也成了文人们喜好和咏颂的对象。

园林中小池的流行

　　小池，顾名思义就是很小的水池。在庭园中开挖小池，或规则式，或自然式；池内栽植荷花、香蒲等植物，放养小鱼、青蛙等小动物（图3-16）。自唐代开始在庭园中流行，宋代时达到高峰。唐代有多篇咏颂小池的诗篇，此处摘选白居易的两篇有关小池的诗。

官舍内新凿小池[13]

　　帘下开小池，盈盈水方积。
　　中底铺白沙，四隅甃青石。
　　勿言不深广，但取幽人适。
　　泛滟微雨期，泓澄明月夕。
　　岂无大江水，波浪连天白？
　　未如床席前，方丈深盈尺。
　　清浅可狎弄，昏烦聊漱涤。
　　最爱晓暝时，一片秋天碧。

草堂前新开一池，养鱼种荷，日有幽趣[14]

> 淙淙三峡水，浩浩万顷陂。
> 未如新塘上，微风动涟漪。
> 小萍加泛泛，初蒲正离离。
> 红鲤二三寸，白莲八九枝。
> 绕水欲成径，护堤方插篱。
> 已被山中客，呼作白家池。

小松鉴赏风习盛行

由于在极其狭小空间中表现大自然景观的被称为"壶中天地"的庭园艺术与趣味的发展，士人们开始喜好姿形奇特、枝叶婆娑的小树，并出现了在庭园中栽培、鉴赏小树的风习。他们还撰写了多篇咏颂小树的诗文，这类诗文除了郑谷的《小桃》诗[14]（《唐诗类苑》卷一百九十二）、韦庄的《漳亭驿小樱桃》诗[12]（同前）、李商隐的《题小柏》诗[15]等之外，数量最多者为小松，亦即小松成为当时小树中最重要的种类。咏颂小松的诗篇中有代表性的为以下三首：①李贺的《五粒小松歌》[16]。五粒松，指五针一束的松类。据《五代史·郑遨传》载："华山有五粒松，脂沦入地千年，化为药，能去三尸，因徙居华阴，欲求之。"所以，可以断定，此处的五针松即为华山松（*Pinus armandii*）。②李咸用的〈小松歌〉。与③皮日休的《小松》。

以上诗文中所描述的小松具有以下特点：①树形矮小。如《小松歌》中的小松是"短影月斜不满尺"；《小松》中的小松是"婆娑只三尺"。②姿形奇特。如《五粒小松歌》把小松比喻为蛇子蛇孙，其姿形是"蛇子蛇孙鳞蜿蜿"；《小松》中小松的姿形是"婆娑只三尺"以及"阴圆小芝盖，鳞涩修荷柄"；《小松歌》中小松的姿形是"短影月斜"。③枝干刚劲力，针叶苍翠欲滴。如《五粒小松歌》中是"绿波浸叶满浓光"；《小松歌》中是"参差簇在瑶阶侧"和"劲节暂因君子移"以及《小松》中是"叶健似虬须，枝脆如鹤胫"。

为了使小树具备以上树形特征，士人们对小松采取了以下人工整形措施：①为了维持树形和调节树势，对小松进行修剪。如《五粒小松歌》中是"细束龙髯铰刀剪"；《小松歌》中是"天人戏剪苍龙髯"。②利用麻皮等材料，对小松进行绑扎

整形。如《小松歌》中是"贞心不为麻中直"。虽然诗句记述的是用麻皮将弯曲的枝干绑扎变直，但也说明了唐代已开始用麻皮对树木进行整姿。（3）对小树进行提根处理，以欣赏其"露根"部分。如《小松歌》中是"庭间土瘦根脚狞"。松树的根部作为观赏对象这点，与后世松树盆景的观赏特点相一致。根据以上诗文的内容，虽然难以肯定这些小松为盆栽者（但可肯定大部分为庭园中栽植），却可充分说明当时士人们已经开始把欣赏的眼光转移到小松姿形、老态、韵味和所表现的意境上来，已与松树盆景的欣赏点接近（图3-17）。

小型山石与假山鉴赏风习盛行

由于"壶中天地"园林的兴起，园林向小型化方向发展，除了将形体较大、造型奇特的自然山石融入园林诗情画意之中的同时，一些小而奇巧者的山石与假山在营造园林、点缀植物景观时被普遍使用，出现小石与假山鉴赏风习盛行的局面。

1. 唐诗中描绘的假山

唐代假山的含义包括在盆池中放置山石构成大型山水盆景以及用数量较多的山石堆砌成观赏的山状，在多篇唐诗中出现了描绘假山的诗句。

图3-17　唐代，节愍太子墓壁画（建于710年）中的山石与奇松，1977年发掘于陕西省富平县节愍太子墓，纵114cm、横105cm

图3-18 唐代，观花图与树下弹琵琶图（墓室西壁），1986年发掘于西安长安县韦曲北原的韦氏墓

（1）权德舆的《奉和太府韦卿阁老左藏库中假山之作》

权德舆（759—818），字载之，天水略阳（今甘肃秦安东北）人，后徙润州丹徒（今江苏镇江）。唐朝文学家、宰相，起居舍人权皋之子。在其《奉和太府韦卿阁老左藏库中假山之作》中有"春山仙掌百花开，九棘腰金有上才。忽向庭中摹峻极，如从洞里见昭回"的诗句。可见此假山峭立险峻，春季鲜花盛开，俨然一幅大自然的缩景。

（2）韩愈的《和裴仆射相公假山十一韵》

韩愈（768—824），字退之，河南河阳（今河南省孟州市）人，自称"郡望昌黎"，世称"韩昌黎""昌黎先生"。唐代杰出的文学家、思想家、哲学家，政治家。著有《韩昌黎集》四十卷，《外集》十卷，《师说》等。在其《和裴仆射相公假山十一韵》中有："公乎真爱山，看山旦连夕。犹嫌山在眼，不得着脚历"的诗句。

（3）许浑的《奉和卢大夫新立假山》

许浑（791—858），字用晦（一作仲晦），唐代诗人，润州丹阳（今江苏丹阳）人。晚唐最具影响力的诗人之一，其一生不作古诗，专攻律体；题材以怀古、田园诗为佳，艺术则以偶对整密、诗律纯熟为特色。代表作有《咸阳城东楼》。在其《奉和卢大夫新立假山》中有："岩谷留心赏，为山极自然。孤峰空进笋，攒萼旋开莲。"的诗句。该山不仅山

形自然，而且有一峭立孤峰。

（4）齐己《假山》

齐己（863—937），出家前俗名胡德生，晚年自号衡岳沙门，湖南长沙宁乡县塔祖乡人，唐朝晚期著名诗僧。齐己一生，经历了唐朝和五代中的三个朝代。在其《假山》诗中，有"匡庐久别离，积翠杳天涯。静室曾图峭，幽亭复创奇"的诗句。

2. 墓室壁画中的小型山石

1986年发掘于西安长安县韦曲北原的唐代韦氏墓墓室西壁《观花图与树下弹琵琶图》（图3-18）中，共有六幅屏风画，每幅均描绘有一位贵族妇女，或坐或立，徜徉在花红柳绿的花园之中，画面中花木茂盛、怪石嶙峋，反映出唐代营造私家苑囿的大致情况。在每幅画面的前方，都有一组形态各异的小型山石，表现出当时小型山石鉴赏风习的盛行情况。

从唐代章怀太子和懿德太子墓壁画，可见一斑（图3-19至图3-21）。

懿德太子名李重润，是高宗李治和武则天之孙，中宗长子，唐大足元年（701）与其妹永泰公主被武则天杖杀。中宗复位后，于神龙二年（706）将灵柩由洛阳迁至乾陵陪葬，追赠为懿德太子。此墓位于陕西乾县，1971年发掘。墓地有封土和围墙，地下全长100.8m，由墓道、6个过洞、7个天井、8个小龛、前后甬道和前后墓室组成。墓内绘大型壁画40幅，有指示方位的青龙、白虎，有表明墓主

图3-19 唐代 章怀太子墓，仰观、捧物三侍女

图3-20 唐代 懿德太子墓《驾鹞戏犬》

图3-21 唐代，懿德太子墓《执扇宫女》

尊卑等级的戟架和阙楼,有炫耀墓主生前显赫声势的仪仗,有反映豪华享乐生活的伎乐、内侍、宫女等。壁画内容丰富多彩,构图严谨缜密,色彩鲜艳明快,具有极高的历史、艺术价值。

在壁画中所绘的数位侍女图中,在每幅两位侍女间的地面放置有小型奇石,石形上小下大,石体突兀多变,石表布有孔洞。

位于该墓室第二过洞西壁的壁画《架鹞戏犬》中,树旁站一皇家侍从,戴袱头,穿圆领长袍,腰系黑带,左臂架鹞,右手指画,侧身俯视。颈系项圈的黄色猎犬,尾巴卷曲,左前爪搭在主人的股上,神态机警敏捷,反映了当时驯养鹰犬的情况。透过猎犬前后腿之间可以看到一块小型山石布置在画面后侧的树前。该山石形态自然,富有变化,丰富了造景效果与图面效果(图3-20)。

此外,位于该墓室第三过洞西壁上,树石两旁各立一宫女,均头梳高髻,穿窄袖衫,长裙,云头履,肩披披巾,双手持团扇。服色不同,面部表现亦不相同,是皇家宫中掌筵女官的形象,现选取左侧宫女图《执扇宫女》壁画为例说明。宫女脚前树旁,布置一组高低大小错落、位置富有变化的小型山石(图3-21)。

张萱《戏婴图》中的须弥花池景观

张萱,京兆(今西安)人,生卒年不详,开元年间(713-741)可能任过宫廷画职。张萱擅于以皇室、贵族中女子生活为主题,是唐代大画家周昉的启蒙老师。张萱画人物和鞍马都很有成就,擅于用色晕染,画作多有风俗之趣。画迹有《明皇纳凉图》《整妆图》《捣练图》《虢国夫人游春图》等,为世人称赞。

在张萱《戏婴图》中,描绘了两处须弥花池,花池似乎都用规则的大理石砌制而成,一处为湖石芭蕉景观(图3-22),另一处为湖石竹子景观(图3-23)。

张萱《戏婴图》说明了我国自六朝前秦时期(351—394)《苏蕙璇玑图》中初次出现方台座花池盆景(参见第二章第三节)开始,到了唐代开元年间也出现在园林中。随着园林的小型化发展与营造技术日趋成熟,以及盆景在皇家、寺观中的应用得到重视,须弥花池景观在唐代的广泛应用是不难想象的。

图3-22 唐代,张萱《戏婴图》(局部)中的湖石芭蕉须弥花池景观

图3-23 唐代,张萱《戏婴图》(局部)中的湖石竹子须弥花池景观

文人爱石趣味与太湖石鉴赏法的初步形成

隋文帝杨坚取北周而立隋，历三代37年而亡。这一时期的赏石文化，主要集中体现在皇家御苑之中。公元618年李渊建唐以来到907年的290年间，开启了我国赏石文化的兴盛时代。

李德裕和牛僧孺的"牛李党争"与爱石趣味

李德裕（787—849），赵郡（现在河北省赵县）人，字文饶。父李吉甫为宰相，以荫补校书郎。为当时李党的首领，与牛僧孺、李宗闵为首的牛党斗争激烈，史称"牛李党争"。武宗时，自淮南节度使入相，力主削弱藩镇。执政六年，进太尉，封卫国公。宣宗立，遭牛党打击，贬潮州司马，再贬崖州司户，卒于贬所。著有《会昌一品集》。

牛僧孺（779—847），鹑觚（现在甘肃省灵台）人，字思黯。贞元元年（785）进士。宪宗时，与李宗闵对策，条指失政，以方正敢言进身，累官御史中丞。穆宗时同平章事，敬宗立，封奇章郡公。与李宗闵、杨嗣复结为朋党，排斥异己，权震天下，时人指为牛李。著有《幽怪录》。

牛李虽为政敌，由于二人共同的爱石趣味，掀起了中唐时期收集、鉴赏奇石的风潮。据《邵氏闻后录》卷二十七记载："牛僧孺、李德裕相仇，不同国也，其所好则每同。今洛阳公卿园圃中石，刻奇章者，僧孺故物，刻平泉者，德裕故物，相半也。"文中"不同国也"是指二人在国事上政见不同。

1. 李德裕的爱石

李德裕平生癖爱珍木奇石，宦游所至，随时搜求；加之他官居相位，权势显赫各地地方官为了巴结他，投其所好，竞相奉木献石。因此，他于洛阳城南三十里处所修的平泉庄成了一个收集奇木异石的大花园："周围十里，天下奇花异卉，珍松怪石，靡不毕致其间。"[17]但比起花木来，李德裕更喜好奇石。据宋代张洎撰《贾氏谭录》记载："李德裕平泉庄，怪石名品甚众，多为洛阳有力者取去，唯礼星石及狮子石，今为陶学士徙置梁园别墅。"

在搜集、鉴赏奇石的同时，李德裕还写下了多篇咏石诗文，如《题奇石》《似鹿石》《海上石笋》《叠石》《泰山石》《巫山石》《罗浮山》《钓石》以及《忆平泉树石杂咏》等。并告诫其后代曰："鬻平泉者非吾子孙也，以平泉一树一石与人者，非佳子弟也。"[17]可见其爱石之心。

在平生搜集的奇石中，李德裕最珍爱和最著名于世的当数醒酒石（图3-24）。"李德裕于平泉采天下珍木怪石为园池之玩，有醒酒石，德裕尤所宝惜，醉即卧踞其上，一时间即清爽。"[18]在五代时，因此石流入他人之手引起争执而导致伤了人命。据宋代薛居正等《五代史》记载："张全义，字国维。监军尝得李德裕平泉醒酒石，德裕孙延古因托全义复求之，监军忿然曰：自黄巢乱，洛阳园池无复能守，岂独平泉一石哉？全义尝在巢贼中，以为讥己，因大怒，奏笞杀监军者。"

2. 牛僧孺的爱石

牛僧孺对山石是："待之如宾友，亲之如贤哲，重之如宝玉，爱之如儿孙。"[19]将自己所搜集的太湖石等奇石按大中小和甲乙丙丁区分等级,并在"石阴"处撰写《牛氏石》:"石有大小,其数四等,以甲乙丙丁品之。每品有中下,各刻于石阴,曰牛氏石,甲之上,丙之中,乙之下。"[20]他与白居易有着亲密的友情,经常与白居易一起品评、探讨太湖石的魅力:"尝与公迫观熟察,相顾而言,岂造物者有意于其间乎?将胚浑凝结,偶然成功乎?然而自一成不变已来,不知几千万年来,或委海隅,或沦湖底,高者仅数仞,重者殆千钧,一旦不鞭而来,无胫而至,争奇骋怪。"[19]为了纪念二人的友情和记载牛的爱石,白居易特于会昌三年(843)五月题写了著名的《太湖石记》。

白居易的爱石趣味及其太湖石鉴赏法的初步形成

1. 白居易的爱石趣味

白居易在爱好园林的同时,还十分喜爱奇石,特别是太湖石。在他的影响下从唐代中期开始,欣赏太湖石风习盛行,并且初步形成了对太湖石的鉴赏法。

在我国白居易最早揭示了"奇石"的美学意义:"石无文无声,无臭无味",为何丞相奇章公(指牛僧孺,著者注)爱石如命呢?这是因为奇石"厥状不一,有盘拗秀出,如灵邱鲜云者;有端俨挺立,如真官神人者;有缤润削成,如珪瓒者;有廉棱锐刿,如剑戟者。又有如虬如凤,若跧若动,将翔将踊,如鬼如兽,若行若骤,将攫将斩。风烈雨晦之夕,洞穴开皳,若欲云喷雷,嶷嶷然;有可望而畏之者,烟雾景丽之旦,崖崿霩霱,若拂岚扑黛,霭霭然;有可狎而玩之者,昏晓之交,名状不可。"从而激起人们的联想,产生美的感受:"则三山五岳、百洞千壑,覼缕簇缩,尽在其中。百仞一拳,坐而得之。"[19]因此,在他任杭州刺史期满时,只带走了天竺山的两片奇石作为纪念物:"三年为刺史,饮冰复食蘗。唯向天竺山,取得两片石。"这两片石的价值是"此抵有千金,无乃伤清白"[20]。他在任苏州刺史期满后归洛阳途中,在太湖岸边发现了沉睡千百年的两块太湖石,太湖石的观赏价值从此得以发现。

双石[21]

苍然两片石,厥状怪且丑。

俗用无所堪,时人嫌不取。

万古遗水滨,一朝入吾手。

……

孔黑烟痕深,罅青苔色厚。

老蛟蟠作足,古剑插为首。

忽疑天上来,不似人间有。

一可支吾琴,一可贮我酒。

峭绝高数尺,坳泓容一斗。

……

石虽不能言,许我为三友。

2. 太湖石鉴赏法的初步形成

白居易对太湖石观赏价值的发现和认识,不仅为太湖石鉴赏法的初步形成奠定了基础,而且还为我国持续千余年来在庭园、盆景中使用和欣赏太湖石风习拉开了序幕。

他在利用诗文咏颂太湖石的同时,还把太湖石列为观赏山石中的首位:"石有族聚,太湖为甲,罗浮、天竺之徒次焉。"[22]在他的感染下,其他诗人如牛僧孺、皮日休、姚合、吴融、刘禹锡、王贞白等也先后开始欣赏太湖石,并且写下了大量咏颂太湖石的优秀诗文。因此,我国有关观赏石的鉴赏法是从太湖石开始形成的。太湖石的主要鉴赏因素为:形状、洞眼、附生青苔、势、声质、色彩、光泽、皱面等。

太湖石的形状虽是千姿百态,多种多样:"厥状复若何,鬼工不可图"[23],但主要可分为两类:一类为山形石,表现近山景观的山峰,如"远望老嵯峨"[23]等;另一类为象形石,似人物如"初疑朝家正人立,又如战士方狙击"[22],似动物如"如虬如凤"[24],似云状如"若欲云喷雷,嶷嶷然"[24]等。

洞眼是指太湖石由于长年受湖水冲激而形成的洞穴(宋代始称为弹子窝),这些洞穴,被文人们当作神仙住栖的仙洞而赋予了灵感和神秘感,太湖石也就成了神山、神石,如"奇应潜鬼怪,灵台蓄云雷"[23],置于庭园、盆中、几案,每日可与神山相对。所以,形状和洞眼是鉴赏太湖石的最主要的两个特征和因子,同时也是选择太湖石时最基本和必须具备的两个条件。

由于太湖石所处水边(或水中),湿度大而易于着生苔藓类,青苔可以赋予太湖石生命力和苍老感,增加太湖石的观赏价值,如"斑明点古苔"[23]。声质则是由于太湖石的构成密致在冲击或敲击时发出的清越之声,如"清越扣琼块"[23]。色彩是指太

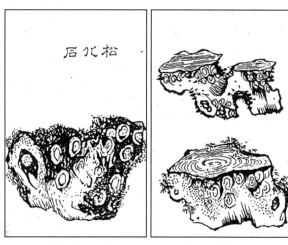

图3-24　松化石,明代,林有麟《素园石谱》卷之一

湖石的外在色彩,一般来说,以红、黄以及绿色为上品,常见的灰色等为下品。光泽,由观赏石的质地决定。观赏石的光泽、色彩、声质和质地是相关和一致的,如果质地致密,则光泽润、色彩亮、经敲击声音也清脆,反之,如果质地疏松,则光泽枯、色彩黯、经敲击声音也沉闷。势、着生青苔、质地、

光泽、色彩和声质是太湖石鉴赏的重要因子,也是在选择太湖石时应尽量满足的条件。

松化石

松化石的纹理近似于松树,是唐代的观赏石类之一。《素园石谱》载曰:"武宗时,夫余国贡松风石,方一丈,中有枯松,盛夏飒飒有风生于其间。"[18]文中的"武宗时",是指唐代的841—846年间;"夫余国"为古代国名,位于现在吉林省双城县以南、昌图县以北之地;"松风石"即松化石之意。唐代诗人齐已撰写了《松化为石(近闻金华山古松化为石)》一诗,咏颂松化石(图3-24)。

松化为石(近闻金华山古松化为石) [25]

盘根几耸翠崖前,欲偃凌云化至坚。
乍结精华齐永劫,不随凋变已千年。
逢贤必用镌辞立,遇圣终将刻印传。
肯似荆山凿余者,藓封顽滞卧岚烟。

唐代植物类盆景文化

唐代植物类盆景名称考

盆景的名称是盆景文化的重要组成部分之一。通过研究各时代盆景的名称，可在一定程度上了解和掌握当时盆景的发展状况，同时，通过对各时期盆景名称的对比研究，可以探讨盆景的发展和演化规律，有利于盆景文化史和技术史的系统研究。

通过研究绘画与文献史料可以得知，盆景已开始在唐代宫廷和民间流行，与植物盆景相关的名称有盆池，并开始广泛使用。

1. 盆池

盆池的含义有两种：一是指庭园中类似盆口大小的小水池；二是指埋盆于地，在盆中盛水，或种水生植物，或放养小水生动物，而后形成的庭园摆饰品。后者即属盆景范畴。唐代诗人遗留有多首颂咏盆池的诗篇，可见当时庭园中摆饰盆池之风非常盛行。据研究，盆池主要有下列类型：

（1）盆池中种荷花（Nelumbo nucifera）、浮萍（Lemna minor）以及水稻（Oryza sativa）等水生植物，相当于当今的钵莲等，这种类型占当时盆池的大部分（图3-25、图3-26）。

种荷花者如韩愈（768—824）的《盆池五首》诗之二[26]，描写了盆池中雨打荷叶的优美画境。

盆池
韩愈

莫道盆池作不成，藕梢初种已齐生。

从今有雨君须记，来听萧萧打叶声。

还有韩愈《奉和钱七兄（徽）曹长盆池所植》[27]中的"翻翻江浦荷，而今生在此"；唐彦谦《西明寺威公盆池新稻》[28]中的"莲盆积润分畦小"等。

种浮萍者如姚合《咏盆池》[29]中的"浮萍重叠

图3-25　（传）唐代，周景元《麟趾图》（局部），现存台北故宫博物院

图3-26 《麟趾图》（局部）

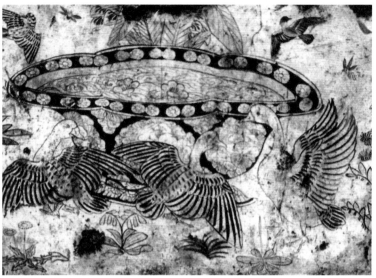

图3-27 唐代，《鸭戏图》，高98cm、宽107cm，2000年河南安阳果品公司家属楼基建工程工地唐墓出土，现存于安阳文物考古研究所

图3-28 唐代兴元元年（784），盆边花鸟，陕西西安东郊王家坟唐安公主墓墓室西壁，1987年发掘

水团圆"；种水稻者如唐彦谦的《西明寺威公盆池新稻》等。

（2）盆池中放养或自生鱼类、青蛙等小水生动物，增添了盆池的生机，别有一番情趣。如韩愈《盆池五首》诗之三。

盆池
韩愈

瓦沼晨朝水自清，小虫无数不知名。

忽然分散无踪影，惟有鱼儿作队行。

（3）盆池虽小，但它可以表现大自然广阔的景观。张蚬的《盆池》一诗淋漓尽致地描写盆池中所表现的大自然之景色[30]。

盆池

张蚬

圆内陶化功，外绝众流通。

选处离松影，穿时减药丛。

别疑天地在，长对月当空。

每使登门客，烟波入梦中。

盆池的制作活动，同盆景的制作一样，可以陶冶性情。因而，韩愈在作《盆池》时，把自己比作"童儿"，可见其乐无穷："老翁真个似童儿，汲水埋盆作小池。一夜青蛙鸣到晓，恰如方口钓鱼时。"[27]

从上述分析可知，盆池作为中国盆景初级发展阶段的原始类型之一，常被布置于庭园中的重要位置进行观赏（图3-27、图3-28），它已成为中国庭园艺术的组成部分之一，并且一直流传至今。

2. 其他

在我国，盆栽是指未经造型处理的一般的花木盆栽，但在日本，盆栽是指已经造型处理并表现大自然中各种奇美树形的艺术品，相当于我国的树木盆景。但从广义来讲，盆栽包括树木盆景和一般的盆栽花木。在尚处于盆景发展初期的隋唐五代，盆栽的含义无疑是广义的。

据徐智敏等人考证，唐代诗人钱众仰曾以"盆栽"为题，作《盆栽》诗一首，内容为："爱此凌霄干，移来独占春。…… 幸因逢顾盼，生植及滋辰。"[31]明代张之象所编《唐诗类苑》卷一百九十四收录此诗，诗文如下："爱此凌霜操，移来独占春。…… 幸因逢顾盼，生植及滋辰。"但此诗的题目为《贡院楼北新栽小松》，而不是《盆栽》，另外诗文中既没有出现"盆栽"的文字，内容也与盆栽毫不相关。笔者查阅了唐代的大量文献，未能找到"盆栽"一词，因此，基本上可以断定：徐智敏等人著书中存在编造行为，唐代尚未出现"盆栽"一词。

唐僧西天取经《佛说寿生经》扉页图中的盆景

唐代高僧玄奘，生于今河南洛阳，俗家姓名"陈祎"，法号"玄奘"，被尊称为"三藏法师"，后世

图3-29 佚名《玄奘三藏像》，现存日本东京国立博物馆

俗称"唐僧"。后来成为我国四大名著之一《西游记》中的人物。唐僧取经是历史上一件真实的事。大约距今1300余年前，即唐太宗贞观三年（629），年仅29岁的青年和尚玄奘带领一个弟子离开京城长安，到天竺（印度）游学。他从长安出发后，途经中亚、阿富汗、巴基斯坦等国家（图3-29）。贞观二十年（646），47岁的玄奘回到了长安，带回经

图3-30 唐代，《佛说寿生经》扉页插图中所见盆景

书657部。唐僧西天取经对于我国向佛教发祥地印度学习以及大量经书带入我国具有重要意义。

《佛说寿生经》就是唐僧从西天天竺（现印度）带回657部经书之一。根据《佛说寿生经》记载，该经记载的是唐朝三藏法师玄奘到天竺取经时所翻译的梵文佛经。在其扉页插图中，佛案供桌上摆饰着两盆盆景（图3-30）。说明佛教传入我国的魏晋南北朝与隋唐时期，佛教与盆花、盆景有着密不可分的关系。对于《佛说寿生经》，印光法师在《一函遍复》中指出，该经是伪经，是后人为了便于传播而托玄奘法师之名所为。

不仅我国有大量有关玄奘三藏法师去西天取经的文学、艺术作品，日本也有众多的有关该方面的作品。被誉为日本有关高僧题材图画作品中最精彩的《玄奘三藏绘》就是根据《大唐大慈恩寺三藏法师传》，把唐僧从出家到西天取经再到佛经翻译、最后到圆寂的主要功绩，分为12卷、76段进行了长篇描绘。画面表现上，用华丽的色彩涂抹的山水、建筑，用流畅的线条描绘的树木、人物等，具有中世大和的样式特点。从作品艺术特点可以看出，这是14世纪前半活跃的宫廷画师高阶隆兼师徒所做。该作品完全再现了当时兴福

寺大乘院的景象，做成之后备受保护[32]。作品中有多处表现盆景、庭园造型树木的画面，这些盆景、造型树木虽然不是我国唐代的样相，但通过欣赏这些盆景、造型树木，可以了解14世纪前半期日本盆景的概况，特选三幅，以供参考（图3-31至图3-33）。

莫高窟壁画中的盆景（花）

唐代是我国封建社会的鼎盛时期，也是敦煌两千年历史上的全盛时期。由于经济的发展，中西文化交流的加强，敦煌这颗丝路明珠，此时更加鲜艳夺目。①社会经济高度发展：唐代敦煌具有重要的经济地位和战略地位。这一时期的敦煌，由于水利事业的兴修，农业生产有了较大的发展。安西四镇的建立，使中西交通畅达无阻，中外经济文化的交流空前发达，各国使节、商队、僧侣络绎不绝。②佛教艺术繁荣：随着经济的发展，中西交通的昌盛，带来了文化艺术的繁荣，更为敦煌艺术的发展提供了有利条件。莫高窟现存唐代洞窟有278个，其中属于前期（初、盛唐）的有143个。这些为数众多的洞窟和精美绝伦的彩塑、壁画，是唐前期璀璨夺目的敦煌艺术的高度反映和敦煌乃至整个国家繁荣

图3-31　《玄奘三藏绘》第五卷第五段，玄奘三藏磕拜释迦成道的菩提树，图中菩提树被栽植于相当于圣坛的花台上

图3-32　《玄奘三藏绘》第六卷第七段，玄奘在到达后的五年间专心致志的倾听正法藏的各种讲义。学堂外部，有一兽形假山，头部与腿部栽植各种造型树，从树形与栽植环境来看，都相当于大型盆景

图3-33　《玄奘三藏绘》第十一卷第三段，玄奘给召集到长安的诸州刺史授予菩萨戒，解说了菩萨行法，各位不胜感激，然后告辞而去。室外有一巨型松树盆景，说明当时盆景制作技术已达较高水平

昌盛的象征。

《都督夫人太原王氏礼佛图》是敦煌莫高窟130窟中的一幅壁画，属于唐代供养人画像中规模最大的一幅，共画有12个人像。画中第一身像最大，是都督夫人（天宝年间敦煌邻郡太守乐庭瓌的妻子），她头戴幡盖，袖笼香炉，气势不凡。她的身后是2个女儿十一娘和十三娘，后面9人是手捧供品的奴婢（图3-34）。

1. 莫高窟第112窟南壁《金刚经变》中菩萨手托盆花

莫高窟第112窟修建于中唐，宋代、清代重修。洞窟形制为覆斗形顶、西壁开一龛。其南壁为金刚经变说法场面。以倚坐于释迦牟尼右侧的胁侍菩萨为首，众菩萨围坐听法。二比丘和护法天王肃立于后。图中面像丰圆、形象健美的菩萨，虔诚恭敬的佛弟子和孔武威严的护法天王，不同形象的类型特征表现得十分鲜明，描绘细致精微。胁侍菩萨左手托一盆花（图3-35）。

2. 莫高窟第199窟西壁北侧菩萨右手托盆花

此窟系盛唐所建，主室覆斗顶饰团花藻井，四披画千佛。北壁画观无量寿经变一铺。南壁画千佛、菩萨、比丘、女供养人。东壁画千佛、观音、地藏、天王等。西壁开一顶帐形龛，龛外南侧盛唐绘观世音菩萨一身，现已变色。图为西侧龛外北侧中唐补绘的大势至菩萨。菩萨面相丰圆，神情潇洒，右手托盆花，足踏莲台，土红线条劲挺流畅，赋彩淡雅，表现出中唐的新风格（图3-36）。

图3-34　唐代，敦煌莫高窟130窟，《都督夫人太原王氏礼佛图》

图3-35　中唐，莫高窟第112窟，南壁《金刚经变》中菩萨手托盆花

图3-36　中唐，莫高窟第199窟，西壁北侧菩萨右手托盆花

宁夏固原梁元珍墓壁画中描绘的盆景

宁夏固原北朝、隋唐墓地是丝绸之路上的著名墓葬群。它位于固原市原州区西、南郊（现开城镇）的小马庄、羊坊、深沟、大堡、王涝坝 5 个自然村和南塬一带。建造时间为公元 6 ~ 7 世纪，历经北周、隋、唐 3 个王朝。1982—1995 年在固原县南郊发掘了 9 座隋唐墓葬。其中 7 座墓葬出土有墓志铭；除 1 座为梁姓（元珍）墓外，其余 6 座均为史姓墓。墓葬均由封土、墓道、天井、过洞、甬道和墓室等几部分组成。多数墓内墓道、天井、过洞、墓室等处绘有壁画，可惜大多已脱落不存。

固原北朝、隋唐墓地的该墓出土了大量蜚声中外的反映丝绸之路文化交流与民族迁徙的珍贵文物，典型器物有镏金银瓶、玻璃碗、金戒指、铁刀、东罗马金币、萨珊银币、宝石印章、瓷器、铜器、壁画等，还有能够体现墓主人身世的墓志及其两具欧罗巴人即白种人的骨架。出土文物内涵丰富、博大精深，具有不可比拟的历史、考古、民族与艺术研究价值。

2008 年，被列为中国与中亚五国政府联合申报丝绸之路为世界文化遗产的捆绑申报点。保护范围总面积 1650hm²，其中核心区面积 1120hm²，缓冲区面积 530hm²。

梁元珍墓中侍女肖像在诸多表现内容上与初唐中晚期京畿地区的壁画内容保持一致，譬如男装侍女手上捧有花果盘的《捧花侍者图》（图 3-37），这与章怀太子墓前甬道东壁壁画中的手捧盆景者极为相似[33]。该壁画位于墓室东壁，侍者头部已残缺，身着圆领长袍，袍袖较窄，双手捧盆景。

章怀太子李贤墓壁画中描绘的盆景

李贤，字明允，唐高宗李治第六子。生前官爵屡迁，曾授封潞王，沛王兼左武卫大将军，加扬州都督等职。咸亨三年（672），徙封雍王，授凉州大都督，左武卫大将军如故，食封千户。上元二年（675）立为太子，又以留心政务，精于坟典而受崇宠，并受到赏赐。以后曾召集著名学者注《后汉书》。因注解中出现影射母后临朝、外戚专权的文字而受猜疑。调露二年（680），崇俨被杀，武则天又疑李贤所为，遂令法官拘审，并搜得胄甲数百件，以阴谋政变嫌疑将其废为庶人。永淳二年（683），贬黜

图3-37　唐圣历二年（699年），残高36cm，1986年宁夏固原原州区南郊乡羊坊村梁元珍墓出土，现存于宁夏固原博物馆。

李贤于巴州（现四川省奉节县之东）。文明元年（684）武则天临朝，逼贤自杀，终年三十二岁。神龙二年（706），中宗李显（高宗李治第七子）复位，迁其丧枢，陪葬乾陵，谥曰章怀，所以其墓被称为章怀太子墓。

章怀太子墓发掘于 1971 年，全长 71m，由墓道、过洞、天井、甬道和前后墓室组成。墓内共有五十多组壁画，大部分潮解而模糊。内容主要取材于墓主生前的生活图景，如出行图、马球图、客使图、仪仗图和众多的侍男侍女等。画面构图完美，场面宏大，造型生动准确，是近于盛唐时期的佳作。内容丰富、形式多样的画面，给中国古代美术史增添了不朽篇章，它不仅是研究唐代美术、服饰、图案、音乐、舞蹈的珍贵资料，而且还是研究唐代盆景艺术的珍贵资料。这是因为在甬道东壁的壁画中，发现有三幅侍者双手托盆景的形象[34]。

这幅壁画位于该墓前甬道之东壁，上下宽约 1.5m、南北长 2m 左右，四周以边栏相隔。位于前甬道东壁南段，为六人一组的捧盆景侍者图中的三人。图中侍者分别托方盘、盆景，向墓室方向走去（图 3-38）。位于前甬道东壁北段，为六人一组的捧盆景侍者图中的另外三人（图 3-39）。

图 3-39 壁画画面上，从北到南，前后共 3 位侍者，均双手持物。其中后两位侍者双手均端捧一盆盆景。

第一位侍男，圆脸、朱唇，头戴幞头，身穿圆

图3-38 唐代章怀太子墓（建于706年）前甬道东壁南段壁画中间侍男所端石榴树石盆景，前甬道东壁南段壁画右侧侍女所端海棠花盆景，1976年发掘于陕西省乾陵县

图3-39 唐代章怀太子墓（建于706年）前甬道东壁北段壁画中间侍女所端杜鹃花盆景，1976年发掘于陕西省乾陵县

领窄袖胡服，腰系革带，袍下穿一小口裤，足着软锦鞋（尖头鞋），身体前倾，作侍奉状。浅圆形盆中栽有两株盛开的花草。花草间衬以玩石，并用土堆积，花草娇小艳丽，显然是一盆树石盆景（图3-39中间侍者、图3-40）。

第二位侍女，圆脸，朱唇，头梳锥髻，身着窄袖黄襦衫，外罩半袖，胸前结带，下着黄色曳地长裙，足着高履，高履露于裙外，肩披绿长巾。椭圆形盆内植有一株盛开的花木。两位侍者，一前一后，相间约1m。侍女身材匀称，面容丰满圆润，神情自然。人物造型准确，比例适度（图3-38右侧侍女、图3-41）。

除此之外，紧邻上述壁画之北还有一侍女图，图上侍女粉面朱唇，形象温和，梳锥髻，上穿襦衫，肩披长巾，下着赭红相间的破间裙，足蹬云头高履。右手托一盆栽，该盆栽花苞满枝、欲放（图3-39中间侍女、图3-42）。

据樊英峰（1995）研究，图3-39右侧侍女所端盆栽花木种类为海棠花，图3-40中间侍女所端盆栽花木种类为杜鹃花[35]。笔者认为树种判定基本正确。此外，笔者经过对图3-39中间侍男所端树石盆景中栽植树木的叶片和果实研究认为，盆中石山上的小树应为石榴。

从这三幅盆景、盆栽的形象图可以看出：①图3-39、图3-41中的黄色浅盆中，玩石堆积，树木娇小艳丽，石面附生青苔，作者欲在盆中表现自然的风光景致。因此，该盆景所表现的内容已经接近当今的盆景，相当于现在的附石式或者水旱式盆景。②三盆景中的树木材料，都还不是奇姿古雅的老干古树，说明树木盆景尚处于培育的初期阶段。③从两侍女双手托盆景姿态的谨慎程度可知，盆景即便在当时的宫廷中，也不是常见的摆饰品，据估计，它可能为当时的珍稀品。

对于图3-38、图3-40中的黄色浅盆石榴盆景，有资料解释为当时的食物"冰激凌"酥山，上面摆饰着点缀用的花朵[36]。著者认为该种观点为没有根据的凭空想象而已。这是因为：首先，最初的考古

图3-40　为前甬道东壁南段壁画中间侍男所端石榴树石盆景之摹本　　图3-41　为前甬道东壁南段壁画右侧侍女所端海棠花盆景之摹本　　图3-42　为前甬道东壁北段壁画中间侍女所端杜鹃花盆景之摹本

图3-43 唐代，卢棱伽《六尊者像》

资料已经判定为盆景[34]；其次，唐代时已经完全出现盆景，作为当时的珍稀品，在皇室中摆饰是正常事情。再退一步讲，即是真是"冰激凌"酥山，能够把食物做成小山花树盆景状，也说明当时盆景已达相当水平。

《新唐书·百官志》记载东宫官："家令寺……丞二人，从七品下……，掌……庄宅、田园……。""典仓署，令一人，从八品下……。凡园圃树艺皆受令焉……。"根据文献记载、参照壁画中侍女所持器物和在该墓中所处位置判断，画面上6位侍者身份应该是属于掌管园圃树艺的七八品官员。

章怀太子李贤墓壁画中所描述的盆景形象图，是我国盆景发展早期的重要资料，在我国盆景文化史研究方面具有很高价值。它的发现，已经引起了国际盆景界研究者们的极大兴趣与重视。

《六尊者像》中的树石盆景和怪石

《六尊者像》是十八罗汉的一部分，存第三、第八、第十一、第十五、第十七和第十八等六幅。其

作者卢棱伽，8世纪中期人。据唐代张彦远《历代名画记》载："卢棱伽，吴（道子）弟子也。画迹似吴，但才力有限。颇能细画，咫尺间山水寥廓，物象精备。经变佛事，是其所长。吴生尝于京师画总持寺二门，大获泉货，棱伽乃窃画庄严寺三门，锐意开张，颇臻其妙。"现存六幅中的第二幅，是描绘外族二人向一僧者献盆景和怪石情景的图画：一人跪伏在僧者之前，一树石盆景置于他们之间；另一人站立，双手托一山石。树石盆景是在一椭圆形浅盆中栽植两株小树，一大一小，无叶；并点缀两锥形山石，一高一低；盆土（或砂）起伏，表现了具有平远和高远感的自然山野景观，已接近今天的水旱式盆景（图3-43）。这种树石盆景作品有可能是在当时"壶中天地"的微型园林风潮的影响下诞生的。

周昉《画人物》中的树木盆景

周昉，唐代画家，字仲朗（8～9世纪初），一字景玄，京兆（今陕西西安）人，生卒年不详。出身于仕宦之家、游于卿相间之贵族。曾任越州（今

图3-44　（传）唐代，周昉《画人物》，台北故宫博物院藏

浙江绍兴）长史、宣州（今安徽宣城）长史别驾，其职位仅次于一州长官刺史。周昉初年学张萱，因此他亦长于文辞，擅画肖像、佛像，其画风为"衣裳简劲，彩色柔丽，以丰厚为体。"

周昉的代表作：画迹有《杨妃出浴图》《妃子数鹦鹉图》《赵纵侍郎像》《明皇骑从图》《宫骑图》《游春仕女图》等均已失传，现存《簪花仕女图》《挥扇仕女图》《调琴啜茗图》等几幅传为其作。

周昉作品《画人物》，现存台北故宫博物院，画中描绘当时农历正月十五元宵节张灯为戏的情节[37]。画面左侧石桌之上摆饰一盆处于落叶状态的树木盆景，树种难以确定，花盆为海棠形盆（图3-44）。该绘画资料也是研究唐代盆景文化的重要资料。

吴道子《八十七神仙图卷》中的盆花

吴道子（约680—759），唐代著名画家，被人们称为"画圣"，也被民间画师尊为祖师。吴道子又名道玄，河南禹州人。他幼年贫困孤苦，遭遇很不幸。但由于他刻苦好学，年纪轻轻就画名天下。曾经浪居洛阳，长时间从事壁画的创作，开元年间因为善于壁画被召入宫廷。擅长于佛道、神龟、人物、山水、鸟兽、草木、楼阁等，尤其精通于佛道和人物，大多为白描作品。代表作有《十指钟馗》《送子天王图》《八十七神仙图卷》等。

《八十七神仙图卷》是释道画中最为经典的一幅，该画卷场面宏大，人物众多，画家用白描手

法绘了八十七位神仙。这些从天而降的神仙，神态优美，超凡脱俗，潘天寿曾给予高度评价。他说："全以人物的衣袖飘带、衣纹皱褶、旌旗流苏等等的墨线，交错回旋达成一种和谐的意趣与行走的动感，使人感到各种乐器都在发出一种和谐音乐，在空中悠扬一般。"[38]可以说，《八十七神仙图卷》是我国美术史上经典传世之作，代表了古代白描绘画的最高水平。

《八十七神仙图卷》中有多位神仙手捧盆景（花），说明盆景（花）与释道有着密不可分的关系（图3-45）。

王维的兰石盆景

王维（701—761），太原祁人，字摩诘。开元九年（721）举进士，天宝末年（755）为给事中。因受安禄山伪职，被列三等。特原责授太子中允，晚年官至尚书右丞，世称"王右丞"。他以诗画名盛于开元、天宝年间。山水画以水墨渲染，萧疏清淡，人称其"诗中有画，画中有诗"。

王维有别墅在蓝田辋川。他对该别墅的天然地形和植被进行了整治规划并作了局部的园林化处理，他的《辋川集》记录了20个景区和景点的景题命名。在喜好园林风景的同时，他还利用兰蕙与怪石制作盆景进行赏玩。冯贽的《云仙杂记》中提到："王维以黄瓷斗贮兰蕙，养以绮石，累年弥盛"。这说明了植物盆景在用于宫廷摆饰的同时，也在民

间开始流行，并且士大夫也以制作盆景为时尚。

水仙盆景

中国水仙是我国民间的清供佳品，有关水仙的诗词歌赋、民谣神话很多。据研究推断它大概在西汉时期自西域引入我国，但文字记载却迟在唐代出现。唐代段成式在《酉阳杂俎》中记载："捺只出拂林国，根大如鸡卵，叶长三四尺，似蒜，中心抽条，茎端开花六出，红白色，花心黄赤，不结籽，冬生夏死。"[39]

水仙类（Narcissus spp.），同属植物约 30 种，主要原产于北非、中欧及地中海沿岸，其中法国水仙分布最广，自地中海沿岸一直延伸至亚洲，有许多变种和亚种。中国及日本仅有 2 种。目前有很多园艺品种。

根据明代王路《花史左编》记载："唐玄宗赐虢国夫人红水仙十二盆，盆皆金玉七宝所造。"[40] 虢国夫人为杨贵妃（太真）之三姐，丰硕修整，天宝 7 年（748）被唐玄宗封为虢国夫人。可见这十二盆红水仙为水仙盆景，或者水仙盆栽，或者水养水仙。

图3-45 唐代，吴道子《八十七神仙图卷》中的盆景（花）

第六节
唐代山石类盆景文化

山石类盆景名称考

1. 观赏石类的怪石、奇石、绮石、美石、拳石和水石

唐代除了植物盆景外，供石和山水盆景也开始流行。关于山水盆景和供石类的名称不仅沿用了魏晋南北朝时期的"怪石""奇石"，还开始使用新的名词："绮石"和"拳石"。

（1）怪石

方干为唐代新定人，字雄飞，擅长诗文。他在《题故人废宅诗》中有"闭花旧识犹含笑，怪石无情更不言"之句，其中出现了"怪石"一词。此外，当时的文献中有多处出现了关于"怪石"一词的记载。

（2）奇石

李德裕（787—849）《题奇石》曰："蕴玉抱清辉，闲亭日潇洒。块然天地间，自是孤生者。"他在《平泉山居杂记》中说："又得他州珍木奇石，列于庭际。"这说明"奇石"一词在唐代得到广泛应用。

（3）绮石

绮石是指在纹理、色彩等方面美丽的园林山石和供石，其含义比奇石稍窄。冯贽《记事珠》中云"王维以黄瓷斗贮兰蕙，养以绮石，累年弥盛。"种植在黄色瓷盆中的兰蕙，点缀以美丽的绮石，构成了一幅兰石盆景。

（4）美石

柳宗元（773—819）在《永州龙兴寺东丘记》载有：

"桂桧松杉……之植，凡三百本，嘉卉美石，又经纬之。"文中之"美石"应该与上述"绮石"的含义基本上相同。

（5）拳石

白居易有爱好造园的趣味，曾在庐山遗爱寺与香炉峰之间修草堂，还重修洛阳香山寺，并构石其间。他曾自述："从幼迨老，若白屋，若朱门，凡所止虽一日二日，辄覆篑土为台，聚拳石为山，环斗水为池，其喜山水病癖如此。"[41]文中的拳石是指小型观赏山石，"覆篑土为台，聚拳石为山，环斗水为池"的小庭园已经接近于大型的山水盆景。

（6）水石

李德裕在《平泉山居草木记》中记录了他所修的位于洛阳城南三十里处的平泉庄中所用的观赏石类："日观、震泽、巫岭、罗浮、桂水、严湍、庐阜、漏泽之石"以及"台岭、茅山、八公山之怪石，巫峡、严湍、琅琊台之水石，布于清渠之侧；仙人迹、马迹、鹿迹之石列于佛榻之前。"上文中的"水石"是指采于水中或水际之石。一般来说，水石质润，山石枯燥。"水石"一词相当于我国的"湖石"或者"河石"，在现在已不常用。

2. 其他

盆山，为盆中之山石的含义，即在盆中摆置一块或数块山石，再盛水或放砂，构成一幅自然山水景观进行观赏。"盆山"一词，在我国最早出现于宋代苏轼的《端午遍游诸寺得"禅"字诗》"盆山不见日，草木自苍然"诗句中。在日本室町（1333—

086

1555）末期的《节用集》（永禄五年，1562）一书中记载了〈盆山十德〉诗，作者署名为我国唐代大诗人白居易（772—846）。

盆山十德
白居易

益精延爱颜，助眼除睡眠。

澄心无秽恶，草木知春秋。

不远见眺望，不移入岩崛。

不寻见海浦，迎夏有纳凉。

延年无朽损，爱之无恶业。

该诗在江户时代（1623—1868）及其以后流传甚广，虽然署名是白居易，但因为①其词汇和表现技法不具有白居易诗的风格；②内容极其写实而缺少诗人所喜好的文雅；③到了室町末期才突然在日本文献中出现等三点，日本盆景史研究者丸岛秀夫博士认为，此〈盆山十德〉不是白居易所作，而是日本某文人作后，为了借助白居易之名气以利于传播特意署名白居易[42]。此外，笔者本人也查阅了白居易的所有诗文，也未能找到这首〈盆山十德〉。因此，我们可以断定，〈盆山十德〉不是白居易所作，唐代尚未使用"盆山"一词。

《职贡图》中的盆石和怪石

文人的爱石趣味也引起了皇宫中奇石鉴赏风习，加之唐代的强大，外国、外族竞相向皇帝、皇宫进贡盆景、奇石。初唐阎立本的《职贡图》描绘外族向皇宫进贡盆景和怪石的盛大场面。

阎立本（约601—673），汉族，雍州万年（今陕西临潼）人，唐代著名画家，官至宰相。阎立本为贵族出身，其父阎毗为北周时驸马。阎毗才思敏捷，擅长工艺，工篆隶书，在绘画和建筑上都有很高造诣。其兄阎立德亦擅长书画、工艺及建筑工程。父子三人并以工艺、绘画闻名于世。阎立本的人物画线条刚劲，表现力丰富，注重人物精神状态的刻画，绘画水平超过了南北朝和隋的水平，其作品被时人列为"神品"，在绘画史上占有重要地位。传世作品有《步辇图》《古帝王图》《职贡图》以及《萧翼赚兰亭图》等。

现存台北故宫博物院的《职贡图》描写外族朝贡之状，贡使张盖乘马，前后仆役拥护，或扛鸟笼，或负象牙，或持孔雀掌扇，或牵牛羊，其他异域珍物，其名不可尽识。其中有三盆盆石，分别由二年长者双手端托和一中年者扛右肩；还有三块怪石，分别有三仆役端扛着。盆内山石嶙峋怪奇，玲珑剔透；三块怪石修长，并附生多处洞眼（图3-46、图3-47）。这些盆石和怪石已具备了"透""漏""瘦""皱"等特点。《职贡图》是研究我国早期山水盆景发展以及山石鉴赏法形成过程的珍贵资料。

吴道子《八十七神仙图卷》中的山石盆景

《八十七神仙图卷》中除了多位神仙手捧盆景（花）之外，还有一位神仙手端一山石盆景。该盆

图3-46　唐代，阎立本《职贡图》中描绘的盆石与怪石，现存台北故宫博物院

图3-47　唐代，《职贡图》（局部）

景中山石符合透、漏、瘦等的特点，基本上可以断定该石头为太湖石（图 3-48）。这是太湖石首次出现在绘画资料中。

敦煌藏经洞《行道天王图》中的山石盆景

藏经洞是莫高窟 17 窟的俗称，原为唐宣宗大中五年（851）时开造，为当时河西都僧统洪辩的影窟。约在 11 世纪，西夏统治敦煌时期，元代统治者占领敦煌以前，莫高窟的僧徒们考虑到战争的灾难，于是就把寺院历代保存下来的经卷、文书、档案以及佛像画等全部封存在此洞中，然后外筑补壁，并绘壁画掩人耳目。后因僧徒也逃战争之难未归，洞窟颓废，年久日深，洞窟甬道被风沙淤塞，竟因此幽闭近 800 年。清光绪二十六年（1900），莫高窟道士王圆箓所雇之人在清除第 16 窟甬道的积沙时，偶然发现了该密室，称之为藏经洞。藏经洞出土了敦煌遗书中最大宗文献，尤为历史文化名城锦上添花。它又成为分别研究起自东汉，中经两晋、北魏、西魏、梁朝、北周、隋、唐、五代、北宋、西夏，下至元朝，涵盖各朝代文明的重要资料。

但敦煌当地的富绅无人认识洞内这批古物的价

图3-48　唐代，吴道子《八十七神仙图卷》中的山石盆景

图3-49 唐代，《行道天王图》（局部），纵37.6cm、横26.6cm，现存英国不列颠博物馆

值，腐败的清政府也未能对其进行应有的保护，致使藏经洞中的大批敦煌遗书和文物先后被外国"探险队"捆载而去，分散于世界各地，劫余部分被清政府运至北京入藏京师图书馆。

在藏经洞众多文物中，有一幅《行道天王图》，现藏英国不列颠博物馆。该作品描绘毗沙门天王及其护持巡查的场面。一行人马乘着赤紫色的云渡海。毗沙门天王右手持枪，左手散出的云气中有塔，塔中有佛座。其前为手捧金色花盘的功德天，身后为手持金杯、腰缠白布的婆薮仙。其他面目可怖者都是药叉的形象。背景绘以山水，海水纹线曲折连贯，颇具感动与气势。

毗沙门天王身后右后方有一护持，手持金色花盘，内置山石，神火冒出，正是一神山盆景（图3-49）。

山西五台山佛光寺壁画中的山石盆景

佛光寺是我国著名的唐代佛寺，大约建于唐大中十一年（857），位于五台县豆村镇东北6km处的

图3-50 唐代，山西五台山佛光寺东大殿北次间前槽拱眼壁壁画

图3-51 唐代，山西五台山佛光寺东大殿北次间前槽拱眼壁壁画（局部）

图3-52 1959年西安西郊中堡村唐墓出土的三彩房屋建筑、数件亭子的模型和一件三彩筑山水池

佛光山中。此寺地处五台山的南台外围，东、南、北三山环山，唯西向开阔，寺址因地势而建，坐东向西。现寺内共有22幅壁画，计61.68m²。

位于东大殿北次间前槽拱眼壁的壁画，画面内容为诸菩萨众。菩萨整齐排列四排，均为站式，或正或侧，姿态各不相同。菩萨面相丰满，神情端庄，肌肤圆润，皆头戴花冠，身穿长裙，佩戴璎珞，衣饰柔软贴体，佩带多于腹前打结。其色彩有红、绿、青、黄、白、赭等交错调配，细观其画面，有富丽典雅之韵，并没有列队人物单调乏味之感，线条流畅，唐风甚著。

前排一菩萨，面稍向侧后方，双手捧一金色盘钵，其中放置一峭立山石，构成一山石盆景（图3-50、图3-51）。从手捧盆景菩萨排列的位置与神态可以看出，唐代时山石盆景在寺观中受到珍重。

出土文物中的三彩筑山

当时的人们在把自然景观浓缩进庭院制作微型园林、浓缩进盆器制作盆景的同时，还用唐三彩等材料仿制山水景观制成小型山水艺术品，用于室内装饰和陪葬。

图3-53 1959年西安西郊中堡村唐墓出土的三彩筑山水池

1959年于陕西省西安市西郊中堡村唐墓出土了8栋三彩房屋建筑、数件亭子的模型和一件三彩筑山水池（图3-52）。此筑山水池的山峰与水池相连接，水池两侧及前面都凹进如花瓣型，山峰上有树木、花草和小鸟。山漆以蓝绿、赭黄、草绿釉，池畔草绿色釉，池中心不上釉为白色。高18cm，池宽17cm[43]（图3-53）。从这些出土的三彩房屋、亭子及筑山可以得知，唐代贵族居住处的邸宅、庭院非常豪华奢侈。

第七节

以唐三彩为主体的唐代盆钵

以唐三彩为主的唐代盆钵

　　隋代以前，烧瓷的窑场以及瓷业的发展都主要集中在长江以南和长江上游的今四川省境内。入隋以后改变了这个现状，瓷业在黄河流域发展起来，全国已经发现的6处隋代瓷窑，有4处分布在黄河流域，这是以后北方瓷业大发展的先兆。

　　进入唐代以后，全国瓷业形成了"南青北白"的局面，邢窑白瓷和越窑青瓷分别代表了北方瓷业与南方瓷业的最高成就。同时，北方诸窑也兼烧青瓷、黄瓷、黑瓷与花瓷。唐代三彩陶器，简称唐三彩，是一种低温釉陶器，釉色呈深绿、浅绿、翠绿、蓝、黄、白、赭、褐等多种色彩。有的陶器只具有以上色彩的一种或两种，人们称之为一彩或二彩，具备两种以上者则为三彩。唐三彩表现了盛唐文化的灿烂景象[44]。

　　1972—1973年，考古工作者先后三次调查了巩县大、小黄治村烧制唐三彩的几处窑址，采集到窑具和瓷片数百件，并收集制作唐三彩小型艺术品和大型器物上的贴花装饰范模20多件，其中有花盆2件。其一，瓷质。高6.2cm、口径26cm。方唇，直口，唇外有一道阴线纹，平底，腹壁与底呈弧形相交，内底印阴纹宝相花。其二，器形与前者雷同，唯内底印阴纹莲花[45]。

　　虽然唐代距今已年代久远，但由于当时皇家与寺观中开始陈设盆景，在出土文物或文献与绘画资料中发现了一定数量的盆景盆钵（图3-54）。

章怀太子墓中出土的绿釉花盆

　　在1971年发掘的章怀太子李贤墓的第2至第4天井东西两壁的六个小龛中，放置着三彩镇墓

图3-54　唐代，三彩飞鸟云纹三足盘，高6.4cm、口径31.6cm。虽然该盘不能断定为盆景盆钵，但可以当作山石盆景盆钵使用

兽、三彩立俑等多件文物，其中有两个绿釉花盆
（图3-55）。"绿釉花盆，两件。翠绿色釉，一弦纹，
一无纹饰，平沿，直腹，底有孔。弦纹花盆高
31cm、口径34cm、底径20cm。素面盆高32cm、
口径34cm、底径16cm。"[46] 从以上的发掘报告可知，
此两盆为翠绿色釉盆；盆底有孔，应为栽植花木时
排水所用。

　　它们不仅是重要的历史文物，而且对于研究
唐代的盆景与园艺文化具有很高的价值。

图3-55 章怀太子墓发掘的绿釉花盆复原图

文献资料中记载的石盆与金玉七宝盆

1. 利用石盆作盆池

　　唐代庭园中兴起了修设盆池的风习。当时的
盆池或用陶盆为之，或用石盆为之，或在庭园中
挖小型水池为之。《全唐诗》卷628中记载了陆龟
蒙的《移石盆》诗："移得龙泓激泄寒，月轮初下
白云端。无人尽日澄心座，倒影新篁一两竿。"此外，
杜牧的《石池石》中有："通竹引泉脉，泓澄深石
盆。"皮日休的《重元寺元达年逾八十好种名药云
云诗》："石盆换水捞松叶，竹径穿床避笋芽。"可见，
利用石盆作盆池在当时较为常见。

2. 金玉七宝盆

　　根据本章第五节水仙盆景的内容可知，唐玄宗曾
赐虢国夫人红水仙十二盆。杜甫的《虢国夫人诗》有：

"虢国夫人承主恩，平明骑马入宫门"之句。用于盆
养红水仙的盆钵全为金玉七宝盆，该金玉七宝盆应为
水盆。

　　从表3-1可知，唐代盆景盆钵具有以下特点：
①盆钵全为圆形和椭圆形，尚未发现方盆或长方盆。
②盆钵多为浅盆，这可能是因为在浅盆中易于表现
具有平远与深远的宽阔的树石自然景观。上述的绿
釉花盆应为盆栽花木的容器。③盆钵多色泽鲜艳，
这可能与当时十分流行的唐三彩有关。

表3-1 唐代绘画中所见盆景盆钵的形状、色彩、陶瓷种类和数量

编号	绘画主题	年代	盆景形式	盆器形状	色彩	陶瓷种类	数量
1	职贡图	初唐	盆石	浅展口椭圆盆	红色		1
2	职贡图	初唐	盆石	浅敛口圆盆	红色		2
3	永泰公主墓雕饰	中唐	盆石	中深圆盆			1
4	李贤墓壁画	中唐	树木盆景	浅海棠盆	白色	白釉三彩陶	1
5	李贤墓壁画	中唐	树石盆景	浅圆盆	黄色	黄釉三彩陶	1
6	六尊者像	中晚唐	树石盆景	浅展口椭圆盆			1

参考文献与注释

[1] 中国美术全集编委会. 中国美术史35雕塑编, 巩县天龙山乡堂山、安阳石窟雕塑[M]. 北京: 人民美术出版社, 2015: 17-22.

[2] 中岛敏夫. 唐诗类苑[M]. 东京: 汲古书院, 1995.

[3] 中岛敏夫. 唐诗类苑·卷198·白居易·白牡丹[M]. 东京: 汲古书院, 1995.

[4] 全唐诗·卷479·张又新·牡丹[M].

[5] 郑岩, 李清泉. 看时人步涩, 展处蝶争来[J]. 故宫文物月刊, 1996(5): 126-133.

[6] 全唐诗·卷499·白居易·和春深[M].

[7] (南唐)沈汾. 续仙记·四卷[M].

[8] 文蚌. 赏石文化的渊流传承与内涵[J]. 中国赏石盆景, 2012(7): 114-115.

[9] 胡赛兰. 香山九老[J]. 故宫文物月刊, 1995(12): 68-71.

[10] 三山陵. 中国年画の小宇宙[M]. 东京: 勉诚出版, 2013: 90-91.

[11] 全唐文·卷四·李世民·小山赋[M].

[12] (唐)杜甫. 杜工部诗集[M].

[13] 顾学颉. 白居易集·卷七[M]. 北京: 中华书局, 1979.

[14] 中岛敏夫. 唐诗类苑·卷192[M]. 东京: 汲古书院, 1995.

[15] 中岛敏夫. 唐诗类苑·卷195[M]. 东京: 汲古书院, 1995.

[16] 中岛敏夫. 唐诗类苑·卷194[M]. 东京: 汲古书院, 1995.

[17] (唐)李德裕. 平泉山居杂记[M].

[18] (明)林有麟. 素园石谱·卷二·醒石[M].

[19] (唐)白居易. 太湖石记[M].

[20] 全唐诗·卷421·白居易·三年为刺史二首(之一)[M].

[21] 全唐诗·卷610·皮日休·太湖石[M].

[22] 全唐诗·卷687·吴融·太湖石歌[M].

[23] 全唐诗·卷457·白居易·奉和思黯相公以李苏州所寄太湖石奇状绝伦因题二十韵见示兼呈梦得[M].

[24] 全唐诗·卷445·白居易·太湖石[M].

[25] 全唐诗·卷845·齐己·松化为石[M].

[26] 全唐诗·卷343·韩愈·盆池五首[M].

[27] 全唐诗·卷343·韩愈·奉和钱七兄(徽)曹长盆池所植[M].

[28] 全唐诗·卷672·唐彦谦·西明寺威公盆池新稻[M].

[29] 全唐诗·卷499·姚和·咏盆池[M].

[30] 全唐诗·卷720·张蚬·盆池[M].

[31] 徐智敏, 王家骅, 李金林, 等. 盆景手册[M]. 上海: 上海文化出版社, 1990: 2.

[32] 奈良国立博物馆. 三藏法师3万キロの旅—天竺へ、[M]. 日本奈良: 朝日新聞社, 2011.

[33] 吴思佳. 中国丝绸之路上的墓室壁画 西部篇[M]. 南京: 东南大学出版社, 2017: 11-20.

[34] 陕西省博物馆, 乾县文教局唐墓发掘组. 唐章怀太子墓发掘简报[J]. 文物, 1972(7): 16.

[35] 樊英峰. 唐章怀太子墓壁画中的盆景与盆栽[J]. 故宫文物月刊, 1995(4): 116-121.

[36] 孙可, 李响. 中国插花简史[M]. 北京: 商务印书馆, 2018: 48.

[37] 赖毓芝. 苏州晚期商业绘画与作坊[J]. 故宫文物月刊, 2010(9): 118.

[38] 刘文西. 中国历代释道人物画谱[M]. 西安: 三秦出版社, 2014: 43-44.

[39] 陈俊愉, 程绪珂. 中国花经[M]. 上海: 上海文化出版社, 1990: 161.

[40] (明)王路. 花史左编·卷之二十一·花之荣[M].

[41] (唐)白居易. 白氏长庆集·卷二十六·草堂记[M].

[42] 丸岛秀夫. 日本盆栽盆石考[M]. 东京: 讲谈社, 1982: 88-89.

[43] 陕西省文物管理委员会. 西安西郊中堡村唐墓清理简报[J]. 考古, 1960(3): 34-36.

[44] 中国硅酸盐学会. 中国陶瓷史[M]. 北京: 文物出版社, 1982: 180-226.

[45] 刘建洲. 巩县唐三彩窑址调查[J]. 中原文物, 1981(3): 16-20.

[46] 陕西省博物馆, 乾县文教局. 唐章怀太子墓发掘简报[J]. 文物, 1972(7): 14-15.

第四章
五代两宋时期
——文人盆景大发展时期

　　唐代后期，特别是安史之乱以后，封建统治日益腐败，阶级矛盾日益尖锐，最后爆发了黄巢起义，摧毁了唐王朝的统治基础。地主阶级在镇压农民起义过程中形成军阀割据，出现了五代十国的分裂局面。此时，长江流域经过魏晋南北朝数百年的开发，农业生产迅速发展起来，已逐渐成为唐朝政府的主要经济来源。公元960年，赵匡胤通过陈桥兵变，夺取后周政权，建立北宋王朝，建都后周旧都开封，改名东京。虽然建国之初，有过一段和平时期，但不久北部中国又陷于和辽、西夏交战的动乱之中。公元1126年，金兵攻下东京，改名汴梁。次年金太宗废徽、钦二帝，北宋灭亡。宋高宗赵构逃往江南，建立半壁河山的南宋王朝，定都杭州为"行在"，改名临安。公元1279年，南宋亡于元。

　　五代十国时期是中国历史上最混乱的时期之一，战争和频繁的政权更迭导致了大量文献的遗失以及科技与文明的衰败。北宋（960—1127）是中国古代历史上经济文化最繁荣的时代儒学得到复兴，科技发展突飞猛进，政治也较开明，经济文化繁荣。南宋（1127—1279）也是中国历史上经济最发达、科技发展、对外贸易、对外开放程度较高的一个王朝。

　　北宋、南宋两宋时期，中国的封建社会达到了发育成熟的境地，其政治、经济和文化等各方面在我国历史上都占有重要地位。

　　五代十国时期，以南唐李煜后主为代表的上层统治者与文人传承隋唐风习，促进了奇石研山的应用于发展。两宋时期，文人地位提高，随着文化艺术的大发展，具有文人气质的盆景奇石之风开始盛行。

五代十国盆景文化

五代（907—960）是指907年唐朝灭亡后依次更替的位于中原地区的5个政权，即后梁、后唐、后晋、后汉与后周。960年，后周赵匡胤篡后周建立北宋，五代结束。而在唐末、五代及宋初，中原地区之外存在过许多割据政权，其中前蜀、后蜀、南吴、南唐、吴越、闽、楚、南汉、南平（荆南）、北汉等十余个割据政权被《新五代史》及后世史学家统称十国（902—979年）。北宋建立后先后统一了尚存的荆南、武平、后蜀、南汉、南唐、吴越、北汉等政权，基本实现了全国的统一。

本时期是词发展的关键时期，禅宗也在本时期进入全兴期。五代推行雕版印刷《九经》，保存了许多儒学经典。绘画方面，不论南方北方都有独到之处。

敦煌壁画中描绘的花卉生活与盆花

张议潮（799—872），汉族，沙州敦煌（今属甘肃）人。唐朝节度使，民族英雄。张氏世为州将，父张谦逸官至工部尚书。张议潮率领沙州各族人民起义，驱逐了盘踞河西地区上百年的吐蕃，以大唐节帅之名克复瓜、沙等十一州。天祐三年（906），张议潮之孙、归义军节度使张承奉自称为"白衣天子"，建国号"西汉金山国。"不久，西汉金山国覆灭。后梁乾化四年（914），曹议金重建归义军政权，争取中原王朝的授封，曹议金及其子元德、元深、元忠先后任节度使。此时的归义军政权的统治时期为914-1036年，大体处于五代、北宋时期。曹氏

面对周围强大的少数民族政权，采取了和亲等灵活的外交政策，使敦煌、瓜州地区保持了一百多年安定局面，一度出现"风调雨顺，岁熟时康，道赛清平，歌谣满路"的升平景象。曹氏家族的统治者，十分崇尚佛教，开凿了一批规模巨大的洞窟，并且还仿照中原朝廷建置了画院、伎术院等，形成了院派特色，聚集了一批能工巧匠，使敦煌成为河西走廊地区的佛教中心[1]。

1. 菩萨与供养者的花卉应用

1900年6月22日，莫高窟下寺道士王圆箓在清理积沙时，无意中发现了藏经洞，敦煌莫高窟藏经洞被发现，并挖出了4~11世纪的佛教经卷、社会文书、刺绣、绢画、法器等文物4万余件。

其中的佚名《水月观音图》中，观世音菩萨端坐在一块巨石上，手执净瓶与柳枝，一脚盘起，一脚踩在莲花上。观音身后有几株翠竹，生机勃勃。背景一轮明月，与观音脚下的水波相互烘托，衬托出观音的高洁（图4-1）。

莫高窟第98窟修建于五代，清代重修塑像。形制为覆斗形顶，设中心佛坛，坛上背屏联接窟顶。东壁门上画维摩诘经变权方便品；门南面画维摩诘经变（文殊），下为于阗国王李圣天等男女供养人十一身；门北面画维摩诘经变（维摩诘），下为回鹘公主等男女供养人七身。在于阗国王李圣天供养像中，李本人右手拈花枝，李夫人曹氏头戴花冠（图4-2、图4-3）。

在莫高窟409窟《西夏王妃供养像》中，还可

图4-2　莫高窟第98窟，五代，《于阗国王供养图》

图4-1　莫高窟藏经洞，五代，佚名《水月观音图》，纵83cm、横30cm

图4-3　莫高窟第98窟，五代，《于阗国王供养图》（部分）

以看到王妃二人头戴桃形大凤冠，双髻抱面，面部色彩已由原来的肉红色氧化为灰黑色，五官亦被后人描画过。两位王妃都双手捧一花枝（图4-4）。此外，五代其他石窟中还可以看到菩萨头戴花饰的景象（图4-5）。

莫高窟第36窟为五代修建，洞窟形制为人字披顶，原为第35窟前室。南北两壁前部已残，图中南壁壁画《文殊变》仅存西侧文殊眷属形象。图中有诸菩萨、天龙八部和天女以及训狮的昆仑奴（图4-6）。此窟壁画场面大，人物形象刻画严谨，是五代壁画中的代表作。其中图中二菩萨束高髻、戴宝冠，修眉细目，持鲜花供养。左侧菩萨两手捧盆花，右侧菩萨手拈花枝（图4-7）。

以牡丹为主题的绘画作品

1. "玉堂富贵"绘画作品

汉代皇宫有"玉堂院"，后世以"玉堂"指翰林院，"历金门，上玉堂有日矣"的意思是指为高升指日可待。"富贵"一词出自《论语·颜渊》："商闻之矣，生死有命，富贵在天"，指富裕而显贵的意思。民间常以兰花象征玉堂，牡丹花象征富贵，这两种花卉图借喻玉堂富贵，祝愿职位高升，富裕显贵。后来，多见于古玉图案，利用谐音，取祥瑞之意。以玉兰、海棠、牡丹为背景图案，前两种取谐音，牡丹花寓指富贵。此外，在有些场合，玉堂富贵分别指四种植物：玉兰、海棠、牡丹、桂花。它不仅是绘画的题材，而且也是植物景观表现的主题。

徐熙（10世纪初），钟陵（南京）人，出身于江南名族，精于写生花卉、林木、禽鱼、草虫等。当时画家作画以色晕染而成，徐熙则先以墨染画，然后再上颜色，人称"落墨法"，特具骨气风神。

（传）五代南唐徐熙《玉堂富贵》图，画玉兰、海棠、牡丹、石竹等，枝干错综，花蕊繁杂，尽情绽放，争奇斗艳。石旁一只锦鸡漫步，花、鸟均以双钩填彩方式描绘，工致秀丽。空隙又以石青敷染，画面填满色彩浓艳的景物，装饰意味浓厚，为"铺殿花"代表作（图4-8）。画幅左下角有"金陵徐熙"款，疑是伪添。

2. 五代后晋《牡丹树图》

1997年浙江省临安市玲珑镇祥里村吴越国康陵出土的《牡丹树图》，位于中室西壁。牡丹树冠呈

图4-4　莫高窟第409窟，五代，《西夏王妃供养像》

图4-5　敦煌莫高窟壁画，五代

图4-6 敦煌莫高窟第36窟，五代，南壁壁画，《文殊变》

图4-7 敦煌莫高窟第36窟，五代，南壁壁画，《文殊变》(部分)，左侧菩萨两手捧盆花，右侧菩萨手拈花枝

图4-8 五代南唐，徐熙《玉堂富贵》，现藏台北故宫博物院

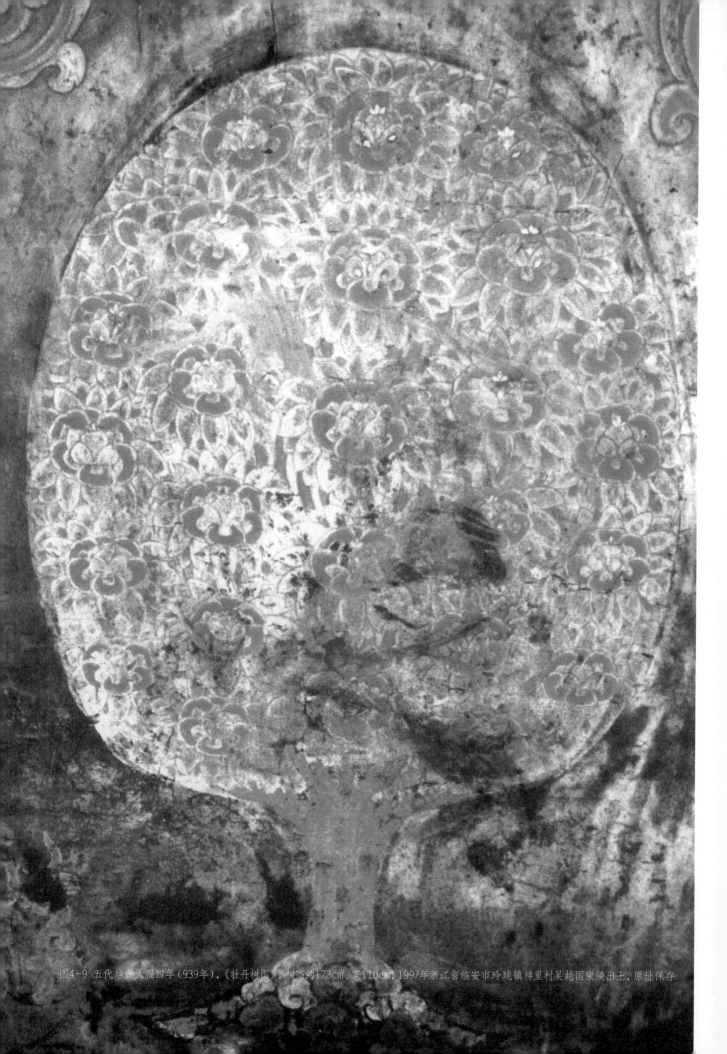

图4-9 五代后晋天福四年（939年），《牡丹树图》，树高约173cm，宽110cm，1997年浙江省临安市玲珑镇祥里村吴越国康陵出土，原址保存

图4-10 五代,唐同光二年（924），《花鸟屏风》局部的湖石牡丹,1994年河北省曲阳县西燕川村王处直墓出土,原址保留,高176cm、宽335cm

在戏玩和捉蝴蝶；台桌，四位儿童正在插花；睡榻，上铺大型书画，一只猫躺睡其上，一儿童正在与猫逗耍，睡榻后板镂空剔透；睡榻其后为一画有山水画的大型屏风。屏风其上，为由摆放在台阶、台桌、睡榻、屏风两侧与后侧的大型花团锦簇的盆栽藤本月季（？）形成（可能有架构）的花亭覆盖。画面右侧中部，为一具有透、漏、瘦、皱特点的大型太湖石，七位儿童在山脚下部、山洞玩耍；右侧后部为一挺拔的苍松。

在一个场所同时使用多盆、大型的花木盆景（栽），并构成大型的花亭景观，在史料中尚属首次出现。

圆形，红花绿叶，花蕊贴饰菱形金箔，树干贴饰数枚圆形金箔。画面两上角绘红绿色流云纹，两下角绘红色火焰状纹饰。该株牡丹，株形圆整，生机勃勃，花团锦簇，是一株艺术化了的牡丹（图4-9）。

3.《花鸟屏风》中的湖石牡丹

1994年河北省曲阳县西燕川村王处直墓出土的《花鸟屏风》（图4-10），位于后室北壁，是一幅通景式壁画，上部绘连续的团花图案和垂幔，下面中心位置绘湖石和牡丹，其上、下两侧绘有飞舞的绶带鸟、觅食的鸽子和蜂蝶。在画面的两侧各绘一株蔷薇，其左右亦绘蜂蝶。左侧鸽子正回头注视着一只蚂蚱，非常生动。

罗塞翁《儿乐图》中的大型花木盆景（栽）

罗塞翁，五代、吴越时画家，钱塘（今杭州）令隐之子，为吴中从事，擅长画羊，世罕有其迹，余姚陆家曾收一卷，精妙卓绝。

《儿乐图》作品中，罗塞翁以孩童为绘画主题，画中孩童众多，他们有的在玩耍，有的在捉迷藏，有的在采摘花朵，有的在沿阶奔跑，有的在对弈下棋等。整幅画中，无论孩童在作何种动作或情态，画家都把孩童天真无邪的一面表现得生动而可爱（图4-11）。

画面前方，为一花池景观，内置太湖石，后侧栽植月季，十位儿童正在其周边戏闹。画面中后方左侧为本画面主景，自下而上有台阶，六位儿童正

图4-11 五代，罗塞翁（传），《儿乐图》，纵173cm、横99cm

五代的花池景观

1. 周文矩《按乐图》中的方台座花池景观

周文矩（约公元970年前后），五代南唐画家。建康句容（今江苏省句容市）人，约活动于南唐中主李璟、后主李煜时期（943—975），后主时任翰林待诏。周文矩工画佛道、人物、车马、屋木、山水，尤精于仕女，同时也是出色的肖像画家。存世作品多为摹本《宫中图》《苏武李陵逢聚图》《重屏会棋图》《琉璃堂人物图》《太真上马图》。

《仙姬文会图》以青绿山水描绘宫苑内众女仙群集文会。图面结构上，先绘宫苑外，春柳临池，鸳鸯戏波，然后才进入女仙世界的描绘。画中庭园、树木等之描绘具有吴派风格。图中有精雕细刻的大理石花台，其中栽植盛开的牡丹，形成牡丹花池景观（图4-12）

《按乐图》是周文矩创作的一幅扇面画，在其画面左侧有一由山石、芭蕉构成的须弥座花池景观（图4-13）。此外，周文矩的《赐梨图》（图4-14）、《麟趾图》中各有一个花池景观，其中《麟趾图》中，一仕女正在给花池景观浇水。

2. 后周郭忠恕《宫中行乐》中的须弥座花池盆景

郭忠恕（934—977），洛阳（今河南）人，字恕先，又字国宝，五代后周至宋代初期的画家，7岁能诵书属文，举童子及第。后周广顺中（952）召为宗正丞兼国子监书学博士。工画山水尤擅界画（"界

图4-12　（传），五代，周文矩《仙姬文会图》（局部），纵41.5cm、横361.7cm，现存台北故宫博物院

图4-13　(传)五代,周文矩《按乐图》中的须弥座花池景观

画"是随着山水画发展而派生的一科,主要是画与山水画中有关的亭台楼阁、舟船车舆),楼观舟楫皆极精妙。兼精文字学、文学,善写篆、隶书。

《宫中行乐》为典型台阁界画山水,高楼广榭,曲房奥室。居中殿阁宏大而精丽,重檐歇山顶,左右翼各配以朵殿,重叠屋顶组合各具美感。安装在屋顶屋脊、檐角尾端的龙吻及垂兽,皆以简略墨点表示。而外檐斗拱、補间铺作及平坐斗拱,绘法熟练但趋于成例。殿阁外檐装修采用宋画常见的格子窗便于通风采光,上下层均有回廊周绕。主殿楼上正心间设有山水屏风、坐墩,下层则置床榻、踏足。

皇家苑囿周围长松杂卉,浓翠蔽日,户外庭园饰有湖石花池,花如镂玉。园内主殿与亭轩凭借左右延伸的游廊与长条步径相互串联,构成三面围合之势,曲折多层次的空间变化增添境趣味与深度。右下角边缘叠石为山,杂树丛中隐约可见曲折蹬道,所绘应是皇室生活娱乐休闲之处。

此幅描绘宫苑中一人乘马前行,回顾后方欲上马的后妃,后有宫扇导从,众多侍女手持朱漆食盒捧盘拥簇随侍。此类腰裹围腰、束革带女性服饰,

图4-14　五代,周文矩《赐梨图》中的花池景观

图4-15 五代后周，郭忠恕《宫中行乐》，纨扇式，纵25.9cm、横26.5cm，现存台北故宫博物院

图4-16 五代，后蜀，黄筌（903-965），《勘书图》中的丛林盆景

多流行于南宋中期。本幅应是借用长生殿为主题，描写唐明皇与杨贵妃游幸花园之事。原签题订为北宋郭忠恕，惟画风已为南宋风格。

主殿门口左右两侧各有太湖石花池景观一座，长方形雕石花台上，放置大型太湖石，栽植花木，正值鲜花盛开（图4-15）。

3. 罗塞翁《儿乐图》中的方台座花池景观

在图4-11中画面前方，为一方台座花池景观，内置太湖石，后侧栽植开花花木，10位儿童正在其周边戏闹。

黄筌绘画作品中的丛林盆景

五代后蜀的画家黄筌（903—965）为成都人，擅长人物、花鸟与山水画，绘有《勘书图》一幅，画面中央建筑左侧有栽有丛林植物景观的大型花盆一个。该盆为长方形、蓝色，具有四足（图4-16）。

南唐李煜后主的研山趣味

五代十国之一的南唐（937—975），由自称唐李纯（宪宗）后代初为吴臣的李升（徐知诰）废吴自立，称帝于金陵。受惠于江南优越风土的同时，南唐中主李璟、后主李煜酷爱文房四宝和擅长文学，因而，南唐不仅成了五代十国时文化的中心地，而且起了继承隋唐文化向后来的宋元文化过渡的重要作用。

后主李煜，字重光，号白莲居士、钟峰白莲居士、钟峰隐居、钟隐后人等，他擅长词文，巧于书画的同时，还爱好奇石。李煜曾经收藏有两块研山。

宋人蔡绦《铁围山丛谈》记载："江南后主宝石研山，径长逾尺咫。前耸三十六峰，皆大如手指……各有其名，又有下洞三折而通上洞，中有龙池，天雨则津，滴水稍许于池内，经旬不燥。"可见李煜的研山实为名世之宝。

他的三十六峰研山（图4-17），南唐亡后流入北宋文人米芾（米芾，详见宋代山水盆景部分）之手，后来米芾用此砚山换取了苏仲容在丹阳的上等宅地而成为史上佳谈。这记载于《素园石谱》："南唐李后主有砚山，广不盈尺，前耸三十六峰，左右引两阜，陂陀而中凿为砚。及李归宋，逐流转人间，后为米元章所得。米归丹阳卜宅时，苏仲容有甘露寺下一古基，群木丛秀，晋唐名士多居之。米既欲得宅，而苏觊得砚，于是王彦昭侍郎兄弟共为之和会，苏米竟相易，米后称海岳庵是也。"[2]此故事说明了奇石在当时具有较高价值和五代、宋代文人爱好山石风气比唐代更加浓重。

五代文人的山石趣味

由周文矩所作的《文苑图》描绘的人物故事，

图4-17 五代南唐，李煜，海岳庵研山（《素园石谱》卷之一）

图4-18 五代，周文矩《文苑图》，纵30.4cm、横58.5cm，现藏北京故宫博物院

据考证是唐玄宗时（712—756）著名诗人王昌龄任江宁县丞期间，在县衙旁琉璃堂与朋友聚会的场景，与会者皆是诗友。古往今来，中国的文人雅士都非常喜欢聚在一起吟咏诗文，议论学问，这样的集会被称为"雅集"。

该作品描绘了四位文人围绕松树思索诗句的情景，也是一场小规模的文人"雅集"。他们有的倚垒石持笔思觅，有的靠松干凝神构思，另外两人并坐展卷推敲。画中人物情态各异，形神具备。树石勾染细致，富层次和立面感。

左侧两位文人坐在片石做成的石几上，几腿由自然的小型片石垒叠而成；右侧文人倚石桌做思索状，石桌由片石垒叠而成；书童在石桌半截扩展处研磨。石几、几腿以及石桌都由片石垒叠而成，在一定程度上形成了画面的统一性。此外，既体现了石几、石桌的实用性，又表现了山石的自然性与艺术性（图4-18）。

此外，1984年3月，四川省成都市博物馆考古队在位于成都市金牛区青龙乡西林村的五代后蜀孙汉韶墓中发掘了多件文物。其中有假山一件，灰陶，呈不规则拱形，中部有半圆形山洞，宽16cm、残高15.4cm[3]。

北宋植物盆景文化

随着北宋城市经济的发展和市民生活水平的提高，为观赏娱乐服务的花卉栽培成为一种新兴的产业——花卉业。此时，赏花成为了一种时尚，花木栽培盛行，种类与品种增加，栽培技术发展，同时还编著了多种花卉园艺著作总结花木栽培的经验，流传至今的园艺通论类主要有：元丰五年（1082），周师厚撰《洛阳花木记》一卷，记述花木200余种，并记载牡丹品种109个、芍药品种41个；政和五年（1115），进士温革撰《分门琐碎录》，综合地论述了花木的栽培方法；流传至今的花木专著有：关于牡丹的有欧阳修（1031）《洛阳牡丹记》1卷，周师厚（1082）《洛阳花木记》1卷，张邦基《陈州牡丹记》1卷；关于芍药的有王观（1075）《扬州芍药谱》1卷与张武仲《芍药谱》1卷；关于菊花的有刘蒙（1104）《菊谱》1卷等。

上述花卉著作对我国北宋许多花卉的栽培经验进行了系统的总结，如周师厚的《洛阳花木记》记述了牡丹的四时变接法、接花法、栽花法、种祖子（种子）法、打剥花法和分芍药法；欧阳修的《洛阳牡丹记》记述了牡丹的接花法、种花法、浇花法、养花法和医花法；北宋已经出现了专门嫁接花木的技术工，时称"门园子"，这已被记载于欧阳修《洛阳牡丹记》〈风俗记第三〉中："接花工尤著者一人，谓之门园子，豪家无不邀之。姚黄一接头，直钱五千。"[4]文中之"姚黄"为当时牡丹的著名品种。

通过此文献，可对宋代花木栽培的盛况略见一斑。

花卉业的高速发展促进了盆景的发展。唐代的盆栽、盆景一般都为宫廷、寺观和富室豪门所有，到了北宋则已逐步发展到民间，植物盆景的相关名称增多，盆景植物种类增加，制作技术水平也大有进步。

植物类盆景名称考

北宋时期，植物盆景、盆栽除了继续使用唐代时已有的盆池外，还开始使用盆景、盆花、盆草以及"盆＋植物名"的命名法等相关名称。

1. 盆池

由于宋代园林格局的强化和各种艺术手段完善的程度都远远高于中晚唐，因此，盆池所包含的内容较唐代有所增加，表现的意境进一步深邃。例如，北宋的梅尧臣（1002—1060）在小小的盆池空间中竟发现了如此广大的境界：

依韵和原甫新置盆池种莲花菖蒲，养小鱼数十头之什[5]

瓦盆贮斗斛，何必问尺寸。

……

户庭虽云窄，江海趣已深。
袭香而玩芳，嘉宾会如林。
宁思千里游，鸣橹上清浔？

宋代盆池表现的内容，除了比唐代的有所增加外，还开始在盆池中种植石菖蒲（*Acorus gramineus*）。

宋代《四季婴戏图》是描绘玩水船的游戏。三个身穿短褂薄衣的儿童专注地围着水盆，正设法让小船浮游水面。小船十分精致，有凉亭、水阁，甚至还有船夫划船。另外一个儿童，正在采摘水缸内的荷花。水缸外壁有双龙戏珠图案，用于祈求老天降雨。画面上的童子、荷花构成画名《四季婴戏图》，期望子孙和谐团结。此外，石头旁边画了月季、竹子，月季代表四季，竹子代表平安，合起来就是四季平安之意。画中的水盆、盆栽荷花，都属于盆池的范畴（图4-19）。

2. 盆景

清代曹溶编辑的《学海类编》〈集余五·考据〉中收录了苏轼（1036-1101）的《格物粗谈》，分为上下两卷。卷上有天时、地理、树木、花草、种植、培养、兽类、禽类、鱼类、虫类、果品、瓜蔬等项；卷下有饮馔、服饰、器用、药饵、居处、人事、韵籍、偶记等项。

在培养一项中记载有："芭蕉初发分种，以油簪横穿其根眼，则不长大，可作盆景。"[6]这是笔者所查到的我国文献中第一次出现与使用"盆景"一词，说明"盆景"一词在我国至少已经有了900年以上的使用历史。

3. 盆花

盆花，指盆钵中栽植的花木，与广义的盆栽一词含义接近，包括当时的树木盆景和一般的盆栽花木。

明代万历三十五年（1607）王圻刊本的《三才图会》中载有：

第十六尊者：横如意趺坐，下有童子发香篆，侍者注水花盆中。颂曰：

盆花浮红，篆烟缭青，无问无答，如意自横。
点瑟既希，昭琴不鼓，此间有曲，可歌可舞。

4. 盆草

黄休复，北宋蜀（今四川）人，字归本，一作端本。约活动于北宋咸平之前。曾校《左传》《公羊传》《穀梁传》。潜心画艺，收集唐乾元至宋乾德间与蜀地有关画史资料，著《益州名画记》。黄休复所撰《茅亭客话》，共十卷，汇总了蜀中的轶事趣闻。其中有"蜀人每中元节多用盆盎生五谷，俗谓之盆草，

盛以供佛"的记载。道家以农历七月十五为中元节，旧时道观在这一天作斋醮，僧寺作盂兰盆斋。可见，北宋开始在盆钵中栽种五谷类供养神佛，并称之为盆草。出现于宋代的盆养石菖蒲类也属于盆草之一类。盆草是为了表现山野草木景观、在盆盎中艺术地种植各种花草小木类的盆栽山野草的原始品。此盆栽山野草，在日本又称为下草。

5. "盆 + 植物名"的命名法

从北宋开始，已经比较普遍地采用一种常见的命名法，即在盆栽花木与盆景植物名称之前冠以"盆"字，构成"盆 + 植物名"的形式，以此来称谓盆栽与盆景。这种命名法一直使用至今。

采用此种命名法的文献有：秦观（1049-1101）《梅花百咏》中有以〈盆梅〉为题的诗一首。

铺殿花之美与赵昌《岁朝图》

铺殿花是花鸟画的一种。装饰性较强，专供宫廷挂设之用。语出北宋郭若虚《图画见闻志》："江

图4-19 宋代，《四季婴戏图》，现存台北故宫博物院

南徐熙辈，有于双缣幅素上画丛艳叠石，傍出药苗，杂以禽鸟、蜂蝉之妙。乃是供李主宫中挂设之具，谓之'铺殿花'。次曰'装堂花'，意在位置端庄，骈罗整肃，多不取生意自然之态，故观者往往不甚采鉴。"这种富有装饰性的绘画，也构成了五代徐熙绘画的另一风貌。

而铺殿或装堂，应是指装点厅堂居室，徐熙的这类绘画本是用于宫中挂设，而经过历史的发展，到辽代已经"飞入寻常百姓家"了。总结装堂花或铺殿花的特征为：屏风上丛艳叠石，旁出药苗，杂以禽鸟蜂蝉为主要表现内容；位置端庄，骈罗整肃为其绘画形式。宋赵昌所作《岁朝图》也代表了所谓五代南唐徐熙"铺殿花"式绘画富丽华美的装饰风格，在台北"故宫博物院"的藏品中独树一帜。

赵昌，字昌之，北宋时期画家，广汉剑南（今四川剑阁之南）人，生卒年不详。工书，擅画花果，多作折枝花，兼工草虫。初师滕昌祐，后过其艺，亦效徐崇嗣"没骨法"，常于清晨朝露未干，围绕花圃观察花木神态，调色描绘，自号"写生赵昌"。当时盛行厚彩重色，而赵昌所作一片平滑，明润匀薄，活色生香。真宗大中祥符（1008—1016）间，声誉益隆。丁朱崖奉白金五百为寿，昌感其意，亲往谢之。此时，朱崖邀其至东阁，求画生菜数窠及烂瓜生果等，昌挥笔遽成而去。晚年其自矜所作，往往深藏不市，若见自家画作流落市井，则复自购以归之，故世罕传。

赵昌《岁朝图》现存台北故宫博物院（图4-20）。"岁朝"指的是正月初一，有庆贺新年之意。与过年有关的节令画在古代多称之为"岁朝图"。"岁朝图"大致兴起于宋代，徽宗时期宫廷绘画艺术得到了空前的发展。

《岁朝图》的构景，有别于一般花鸟画，多是直接描绘自然情景，反将前景的竹石、坡地和水仙，中景的大块奇石，后景的茶花和梅花三层景深压缩到同一平面，形成景物层层往上堆叠的感觉。坡石和繁密交错、如天上繁星般的花木布满整个画面，转化自然情景成为图案式的布局，极富装饰性的趣味，加上全幅亮丽的色彩，更突显了华丽富贵的气氛。

图4-20 北宋，赵昌《岁朝图》，现存台北故宫博物院

画中的梅花、茶花和水仙都是在新年时节盛开的花朵，常出现在岁朝为主题的作品中。月季花则春、夏、秋一年三季开放，又名长春花，具有祝愿新年长长久久的吉祥意义。为展现新年的喜庆意味，色泽采用红色为主色调，重瓣红梅和月季都在白粉上分染胭脂，呈现粉红色系；茶花以朱砂为底，再分染胭脂，成为艳红色系。另以白梅和水仙的白色来调和色彩，但白梅的红萼又以硃膘调和朱砂画成，形成另一种朱红的层次。红花应有绿叶的陪衬，然绿叶并不单纯以花青调和藤黄染成汁绿即可，又再加染石绿，使得画面更为鲜明。作者还用墨和赭色画奇石和坡地，形成沉稳的力量[7]。

北宋艺术作品中的盆花、盆景

1. 佛画与孝经插图中的盆花、盆景

宋代政权建立之后，一反前代后周的政策，采取措施给佛教以适当保护，佛教在几乎整个宋代时期盛行。到宋徽宗时（1101—1125），由于笃信道教，一度命令佛教和道教合流，改寺院为道观，并使佛号、僧尼名称都道教化。这给予佛教很大的打击，但不久即恢复原状。

由于佛教的发展，当时出版了数量众多的佛经，绘制了大量的佛画。同时由于园艺的发展，以及盆花、盆景与佛教有着特殊的关系，佛经、孝经插图与佛画中出现了的盆花、盆景。

（1）《水月观音镜像》中的盆花

《水月观音镜像》制作于北宋雍熙二年（985），现存日本京都清凉寺。在水月观音右侧描绘三株翠竹，左侧山石几座之上摆放盆花，观音慈眉善目，坐于榻座之上，画面整体寂静谐调（图4-21）。

（2）李公麟《孝经图》中的盆花

《孝经》成书于公元前350—公元前200年，它用一个既简单又涵盖一切的道理教化民众：从谦卑恭顺地对待家中长辈开始，因为守孝道不仅能给个人生活带来成功，还能给整个社会带来太平与和谐。《孝经》在宋代被列为儒家的十三部经典——"十三

经"之一，直至现代，它一直是中国传统道德教育的基础[8]。

李公麟（1049—1106），北宋著名画家，字伯时，号龙眠居士，汉族，舒州（今安徽桐城）人。神宗熙宁三年进士，历泗州录事参军，以陆佃荐，为中书门下后省删定官、御史检法。好古博学，长于诗，精鉴别古器物。尤以画著名，凡人物、释道、鞍马、山水、花鸟，无所不精，时推为宋画中第一人。

李公麟用绘画配合《孝经》内容，这比仅用文字解释收效更佳。或批评、或规劝、或颠覆，李公麟巧妙地用绘画评述着经典与当时宋代社会的联系。在李公麟《孝经图》卷中，有一盆花和一插花被放置于家中长辈所坐的榻座之下（图4-22），年轻后辈们正在跪拜长辈。

2. 出土壁画中的盆花、盆景

（1）河北定州精志寺塔基地宫《梵王礼佛图》中的盆花

河北定州精志寺塔建于北宋太平兴国二年（977），地宫四壁皆有壁画。整体壁画纵104.5cm、

图4-21 北宋雍熙二年（985），《水月观音镜像》，现存日本京都清凉寺

图4-22 北宋，李公麟，《孝经图》（约作于1085年）中的盆花

图4-23 北宋，《梵王礼佛图》（局部，捧盆侍女），像高90cm，河北定州精志寺塔基地宫东壁

图4-24 河南少林寺舍利石函画像中的盆花（之一），北宋靖康年间

图4-25 河南少林寺舍利石函画像中的盆花（之二），北宋靖康年间

横198cm，为地宫东壁之梵天礼佛图，绘释迦牟尼涅槃后，梵天偕同侍女礼佛的情景。画面可分为两个部分，左侧绘梵天由两侍女扶携，梵天像已残；右侧为一捧盆花侍女。捧盆花侍女图高90cm，侧身而立，双手捧盆，作回首凝眸状，颇具风姿（图4-23）。全画人物造型准确，线条疏朗劲健，有风动感。

（2）河南少林寺舍利石函画像中的盆花

少林寺舍利石函共分5部分，盖顶面刻菱花形双阴线边框，中饰蟠龙图案，周围用宝相花作边饰。函体四周均为长方形画面，各幅画像都以对称形式统一布局，展示了供养护法的场面。每幅中间为供品，两侧是披盔贯甲的护法神王。神王之后为力士（侍者）和供养人。布局庄重威严，表达了供佛护法特有的虔诚气氛。而护法神与力士的以捍卫者之姿态出现，也显示了他们对佛皈依的忠诚。突出了佛的尊严至高无上这一主题思想[9]。前两幅中间的供品为摆放于自然的石几之上的盆花（图4-24、图4-25）。

（3）福建南平宋代壁画墓《人物与建筑图》中的盆花

福建南平宋代壁画墓于1989年被发掘。此墓前后二室，前室右壁中央绘一座亭子，其顶部残缺，所剩部分绘有斜脊，亭角上翘，朱红色横栏下两端各有一跳斗栱，横栏下为卷起的黄色卷子，似为竹篾编成，并用数道束带系结。四根亭柱涂朱红色，亭内摆放一方形四足供桌，亭中央竖行墨书"廊厅宇"三字。亭的右侧摆放花卉盆景（图4-26），两侧分绘人物，右侧一人垂手侧视，头戴黑色幞头，着蓝色圆领袖长袍，腰束带，足蹬尖头鞋。左侧四人分前后站立，前二人均戴黑色幞头，足蹬尖头鞋，一人身着蓝色高领宽袖长袍，腰束黄带，双手持笏板置于胸前。另一人身着淡黄色圆领宽袖长袍，腰束黑带，双手置于胸前[10]。

3. 武宗元《朝元仙仗图》中的数幅盆景

《朝元仙仗图》是北宋初年道教壁画稿本，仿唐代吴道子《八十七神仙图卷》而作，并以卷的形式流传。

该画表现道教帝君率诸神仙朝谒元始天尊的情形，阵中队列共八十余人，人物神态各不相同。画面中女仙形象众多，神采飘逸。武宗元采用的是线描画法，虽不设色，却让人眼花缭乱。人物线条遒劲流利，神采飞扬，衣袂飘飘，颇有吴道子"吴带当风"的笔意[11]。

武宗元（约980—1050），字总之，河南白坡（今河南孟津）人。真宗景德年间，建玉清昭应宫，征全国画师，分二部，宗元为左部之长。他家世业儒，以荫得太庙斋郎，官至虞部员外郎，擅长道释人物，曾为开封、洛阳各寺观作大量壁画。

《朝元仙仗图》中从左到右的紫灵自然玉女左前方的侍女、散花玉女、妙音惠空玉女、洞阴玄和玉女、太玄夜精玉女、含和太光玉女、开明童子、太丹玉女、九光灵童以及西灵玉童或捧盘花、或捧盆花、或捧盆景，其中太丹玉女所捧盘花中有蛟龙升空，九光灵童所捧盆景着生二树枝，一树枝向左前方伸展，一树枝垂直向上伸展（图4-27）。

图4-26 北宋中晚期，《人物与建筑图》，福建南平宋代壁画墓，1989年发掘

图4-27　北宋(初年)，武宗元《朝元仙仗图》(1)-(5)

植物类盆景各论

1. 盆栽牡丹

花木盆栽技术的发展和花木在室内、庭园中的装饰布置的要求大大促进了盆花的盛行。

丘璇（约1040年前后在世），字道源，黟县人。生卒年均不详，约宋仁宗康定中前后在世。天圣五年（1027）进士。精于易理。官至殿中丞。著《牡丹荣辱志》一卷。

丘璇在《牡丹荣辱志》中，对牡丹之美作了如下的记述："花卉蕃芜于天地间，莫逾牡丹，其貌正心荏，茎节蒂蕊纵仰捡旷，有刚克柔克态，远而视之，疑美丈夫女子。"因而，牡丹（*Paeonia*

suffruticosa）成为宋代雅俗共赏的著名花卉。牡丹在洛阳更受人喜爱，欧阳修在《洛阳牡丹记》中说"牡丹出丹州延州，东出青州，南亦出越州。而出洛阳者，今为天下第一。"丹州（今陕西省宜川县之东北）、延州（今陕西省肤施县之东南）、青州（今山东省临淄县）与越州（今浙江生绍兴）全为当时牡丹的著名产地，但出洛阳者为第一，"洛阳牡丹甲天下"即是从此时开始的。

牡丹在主要用于庭园栽植观赏（图4-28）的同时，也被种植于盆内，用于室内的摆饰。

（1）河南济源东石露头村宋墓《夫妇对坐图》中的盆栽牡丹花

《夫妇对坐图》为河南济源东石露头村宋墓中的壁画，2004年出土。该宋墓向南，壁画位于墓葬北壁，绘夫妇对坐场面。上部有红色幔帐，墓主人夫妇隔桌对坐，桌上放置一方形盆钵盆栽牡丹花（图4-29）。外侧摆放着盛满食物的盘、碗以及壶与温碗等物。左一老翁，戴黑巾，留长须，着黑色袍服，抄手坐于靠椅上。右一老妇，高髻罩巾，着交领褙子，抄手坐于靠椅上。夫妇身后各站一侍女，均梳高髻，裹白巾，着褙子，穿白色鞋。左侍女双手捧渣斗，右侍女双手端温碗与注壶。两侍女身后各有一屏风。

（2）佚名《着色人物图》中的盆栽牡丹

北宋皇宫内设有琴、棋、书、画、茶、丹、经、香等"八阁"，反映了茶在文人休养中的地位。《着色人物图》表现的是清雅脱俗的文人斋生活：焚香、点茶、挂画、抚琴、插花。画中一文士坐于榻上，左手握书卷，转头看童子双手持汤瓶点茶于盏。文士座榻后的山水花鸟屏风上，挂着一轴他自己的画像。画面右边案上放着书和琴，左边木架上的风炉造型别致，以莲叶为底座，以荷花为炉身。画面前方的假山几座上摆放着一盆盛开的牡丹（图4-30）。书斋陈设古雅可爱。

图4-28　《湖石牡丹图》，北宋，高76cm、宽145.5cm，2009年3月陕西省韩城市盘乐村218号墓出土，现存陕西省考古研究院

图4-29 北宋，《夫妇对坐图》，高155cm、宽300cm，出土于河南济源东石露头村宋墓，原址保存

（3）砖雕绘画中的盆栽缠枝牡丹

1981年2、3月河南省南阳地区文物队在南召县云阳镇五红村发掘的宋代雕砖墓一号壁壁脚须弥座束腰壁龛内，发现雕刻有一花盆，盆内种植着两株枝条交叉的缠枝牡丹的形象[12]。虽然宋代雕刻砖墓中盆栽牡丹的花枝有艺术的变形和夸张，但足以说明宋时已对牡丹进行盆栽观赏。

2. 松树盆景

（1）张择端《明皇窥浴图》中的松树盆景

张择端（1085—1145），字正道，琅琊东武（今山东诸城）人，北宋画家。张择端自幼喜好学习，年轻时曾到汴京（今河南开封）游学，后学习绘画。宣和年间任翰林待诏，擅画楼观、屋宇、林木、人物。他的风俗画最有名，市肆、桥梁、街道、城郭都被刻画得细腻精致，惟妙惟肖。存世作品有《清明上河图》《金明池争标图》等。

张择端曾作《明皇窥浴图》，描写唐明皇（唐玄宗）李隆基（685—762）窥视杨贵妃沐浴的情景。画面中出现了多幅有关盆景的图片：图面右前方几案之上摆放着三盆植物类盆景，一盆荷花盆景，一盆松树盆景，一盆鲜花盛开的粉红色重瓣石榴盆景；画面后侧、明皇脸之左前方，有两个高低起伏的根雕几架，上边放置着两盆珊瑚盆景。松树盆景悬根出土，老本生鳞，枝叶片状，俨然古松姿态（图4-31）。虽然张择端描绘的是唐代的事情，但所描绘的盆景

图4-30 宋，佚名《着色人物图》，册页，纵29cm、横27.8cm，现存台北故宫博物院

应该是北宋时期盆景的样态。

（2）《梧荫清暇图》中的石上松（附石式）

宋人《梧荫清暇图》现存台北故宫博物院，画面中在数位正在吟诗作画的文人的正前方放置一玲珑剔透的山形石，近于山石中央的凹处栽一直干小松，表现了"石上松"的景观（图4-32）。这也是附石式盆景的一种。

把某些小树或草本栽植于山石之洞穴、低凹处，

再置山石水盆中，构成海岛悬松、山崖苍柏别具一格的风景景致，这便是附石式盆景。

3.盆梅

梅花(*Prunus mume* Sieb. et Zucc.)，以其色、香、姿、韵，深得宋代文人的喜爱。宋代文人中爱梅者以林逋为最。林逋(967 或 968—1028)，汉族，北宋诗人。字君复，后人称为和靖先生，钱塘人(今浙江杭州)。林逋出生于儒学世家，恬淡好古，早年曾游历于江淮等地，隐居于西湖孤山，终身不仕，未娶妻，与梅花、仙鹤作伴，称为"梅妻鹤子"。宋真宗闻其名，赐粟帛，诏长吏岁时劳问。其性孤高自好，喜恬淡，不趋名利，自谓："然吾志之所适，非室家也，非功名富贵也，只觉青山绿水与我情相宜。"

鉴于宋代文人多爱梅，所以范成大在其《梅谱》中说"梅，天下尤物，无问智愚不肖，莫敢有异议。学圃之士，必先种梅，且不厌多，他花之有无多少，皆不系重轻。"梅花在被种植于庭园与园林中进行观赏的同时，也成为一种重要的盆栽、盆景材料。

秦观(1049—1101)，高邮(现江苏省内)人，字少游、太虚，号邗沟居士，世称秦淮海。人品贤良方正，巧于文词。官至太学博士、国史院编修馆。著有《淮海集》。他曾作《梅花百咏》，其中有《盆梅》诗一首。

图4-31　宋代，张择端《明皇窥浴图》，日本藤井善勘氏藏

图4-32　宋人，《梧荫清暇图》，现存台北故宫博物院

盆梅[13]

花发圆盆妙入神，静观意思一团真。

素华的的盘中玉，皓质盈盈月里人。

窗户有香薰醉梦，庭阶无地著闲尘。

客来笑谓无多景，那悟满腔都是春！

诗的开始两句描写盆梅的姿、韵；第三、四句描写盆梅的白花之美，即色；第五、六句描写盆梅的香；最后两句描写盆梅早春开放，是春天的使者。正由于盆梅色、香、姿、韵的无穷魅力，文人们才把它摆饰于书室几案之上。

4.《大佛顶陀罗尼经》扉页中的竹子盆景

宋代的佛教壁画形式更加多样，或上图下文，或左图右文，或内图外文，或卷中不规则的插入，或连续插图。一般佛经大多数是常见的卷首图，即扉页图。此幅为《大佛顶陀罗尼经》卷首图，绘观音菩萨坐于海水波涛中的岩石之上，为前来拜谒的善财童子讲述菩萨行的法门。菩萨左侧岩石之上摆放一竹子盆景（图4-33）。

5. 盆栽荷花

李公麟绘画作品中出现了荷花盆栽（图4-34），此外，现存台北故宫博物院的宋代《四季婴戏图》中，可见到一大型盆栽荷花（图4-19）；宋代张择端《明皇窥浴图》中也可以看到一盆栽荷花（图4-31）。这说明盆栽荷花有大有小，有的被摆放在庭园中，有的还被摆放在室内环境中进行欣赏。

6. 盆养石菖蒲

石菖蒲（*Acorus gramineus* Soland.）系天南星科菖蒲属多年生草本，叶常绿，成剑状，细长无中肋。初夏抽圆柱状肉穗花序，着生多数黄色小花。它不仅是一种重要的中草药材料，而且也是重要的古典观赏花卉，在我国已有2100年以上的应用、栽培历史，清代时与兰、菊、水仙一起被喻为花草四雅。同时，石菖蒲在东亚的日本和朝鲜半岛也具有比较悠久的栽培、观赏历史，例如，流传于日本镰仓朝（1192—1333）的五山文学中有多篇咏颂盆养石菖蒲的诗文；朝鲜李朝世宗大王时代（1419—1450）的名臣姜希颜所著《养花小录》中专门有〈石菖蒲〉一节[14]。这些诗文的内容也反映了日、朝在石菖蒲的鉴赏风习与栽培技术方面曾受到我国的影响。

图4-33 北宋刊本，《大佛顶陀罗尼经》扉页中的竹子盆景

图4-34 宋代，李公麟，盆栽荷花

（1）菖蒲类在我国的应用历史

历史时代不同，菖蒲类在我国人民物质与精神生活中所起作用也有所差异，但大致可以分为以下三个阶段。

①对菖蒲的迷信时期——晋代（265—420）以前。从战国（公元前476—公元前256）到秦（公元前221—公元前206）、汉（公元前206—220）的约700年间，神仙思想盛行于我国，特别是秦始皇（公元前259—公元前210）、汉武帝（公元前157—公元前87），他们把茫茫大海视为神秘领域，

认为海中仙岛有长生不老之灵丹妙药。在这种历史背景下，人们产生了对某些中草药植物的盲目崇拜。同样，由于菖蒲类具有"味辛温无毒，开心，补五脏，通九窍，明耳目。久服轻身不忘，延年益心智，高志不老"[15]的医药价值，导致了当时人们对菖蒲类的迷信和崇拜。例如，晋代葛洪《抱朴子》载曰：

菖蒲，石上生，一寸九节。韩终服之十三年，身生毛，日视书万言，皆诵之，冬袒不寒。

文中之韩终为战国时期齐国人。上记二文虽然具有浓厚的迷信色彩，缺乏科学依据，但足以说明菖蒲类在当时人们生活与心目中占据重要位置。

②庭园观赏栽培的开始——西汉（公元前206—公元25）时期。因菖蒲类具有较高的观赏价值，从西汉起，已开始在皇家园林中栽培。"汉武帝元鼎六年破南越，起扶荔宫以植所得奇草异木，有菖蒲百本。"[16]

扶荔宫是为在长安栽植荔枝等南方花木而设立的保护设施与场所。元鼎六年为公元前111年，说明我国最迟已在2100年前开始了菖蒲类的观赏栽培。这种习惯一直流传至今，在东瀛日本更是多见。

③盆养石菖蒲的开始——北宋（960—1127）时期。北宋时期，尤其是在宋徽宗在位的25年间（1100—1125），欣赏奇树、异卉、怪石之风盛行于皇室与文人之间，同时石菖蒲被栽植于奇石之洞穴、低凹处，再养于水盆之上，构成一幅山崖草木的景观，摆饰于室外的庭园与文人书斋内的几案之上。点缀于庭园之中者如：

岁十月，冰霜大寒，吾庭之植物无不悴者。爰有瓦缶，置水斗许，间以小石，有草郁然，俯窥其根，

与石相结络，其生意畅遂，颜色茂好，若夏雨解箨之竹，春田时泽之苗。问其名曰，是为石菖蒲也。[17]

布置于书斋者如：

惟石菖蒲并取之，濯去泥土，渍以清水，置盆中，可数十年不枯。虽不甚茂，而节叶坚瘦，根须连络，苍然于几案间，久而益可喜也。[17]

作为文人清玩趣味之一的盆养石菖蒲的栽培、观赏盛行于宋代（图4-35）。除了宋代文人谱写了多篇咏颂、赞赏盆养石菖蒲的诗、文外，宋徽宗还作《盆石有鸟图》，描写了石菖蒲、怪石、珍鸟聚于一盆之中的景观（图4-78）。陆游的《菖蒲》诗赞颂了盆养石菖蒲的魅力。

菖蒲
陆游

雁山菖蒲昆山石，陈叟持来慰幽寂。
寸根蹙密九节瘦，一拳突兀千金直。
清泉碧缶相发挥，高僧野人动颜色。
盆山苍然日在眼，此物一来俱扫迹。
……

（2）制作方法

盆养石菖蒲的制作方法简单易行，把石菖蒲根部栽植于奇石的凹处或洞穴之中，添土压紧，数年后其根便可山石自然地抱附于一体。除此之外，尚可采取水养法，即水培法。苏东坡在《石菖蒲赋并叙》中记述了石菖蒲的水培方法："凡草本之生石上者，必须微土以附其根，如石韦、石斛之类，虽不带土，然去其本处，辄槁死。惟石菖蒲并石取之，濯去泥土，渍以清水，置盆中，可数十年不枯。"[17]

图4-35 传宋人，《十六应真图》（局部），现存台北故宫博物院

第三节
北宋文人的爱石趣味

北宋文人地位的提高、文房清雅风习的盛行，大大促进了怪石、山水盆景在民间和宫廷的普及、流行（图4-36、图4-37）。

北宋著名的盆景石玩爱好家有宋徽宗、苏东坡、米芾以及欧阳修等。下面按照出生年份先后对具有代表性的这四位文人（其中一位为皇帝）的爱石趣味进行论述。

欧阳修的爱石趣味

欧阳修（1007—1072），字永叔，号醉翁，晚年又号六一居士，谥号文忠，世称欧阳文忠公。庐陵沙溪（今属吉安永丰）人。北宋著名政治家、文

图4-36 北宋，李公麟（传），《白莲社图卷》（局部）中的山石盆景

图4-37 宋代，灵璧石，高135cm、宽66cm，江西出土

学家、史学家和诗人。"唐宋八大家"之一，在我国文学史上有着极其重要的地位。苏轼、苏辙及曾巩、王安石皆出其门下。是韩愈倡导的古文运动的实践者，也是北宋诗文革新运动的领袖。其一生著述丰厚，诗、词、文均为一时之冠。有《欧阳文忠公集》等存世，其《集古录跋尾》是今存最早的金石学著作。同时，欧阳修具有很强的爱好奇石趣味。

1. 菱溪石

作为北宋文坛领袖的欧阳修，曾经因为贬官下放在（安徽）滁州任知州两年。庆历五年（1045）八月由原来龙图阁直学士、都转运按察使贬官至滁州任知州，十月到任，时年39岁。庆历八年闰正月徙官知扬州，二月离滁州。

欧阳修任滁州知州第二年，在走访滁州东部菱溪时，发现了原来唐朝末年军阀淮南节度使杨行密（曾被唐昭宗封为吴王）部将滁州刺史刘金的宅院，虽然宅院已经荒废，但园林尚存规模，原藏六块奇石，其中四块已被识者取走不知去向，另有一块稍小的被朱氏所取，独有一块最大的因为难以搬移而"偃然僵卧于溪侧"。欧阳修多次前去观看，视为珍玩，为了让百姓都来观赏，特用三头牛驾车把该山石运到城西大丰山下新筑的丰乐亭，又从朱氏征得那块小型山石，一并置放于丰乐亭南北两侧，"以为滁人岁时嬉游之好"（《菱溪石记》）。运石时还引起了百姓围观。丰乐亭为当时滁州胜游之地，欧阳修在《丰乐亭游春三首》中曾经描述过当时的盛况，其三曰："红树青山日欲斜，长郊草色绿无涯。游人不管春将老，来往亭前踏落花。"由此，丰乐亭又

多了一个景点（图4-38）。为此，欧阳修还特地写作著名的《菱溪石记》文和《菱溪大石》诗以记其胜。好友苏舜钦（1008—1048）作有《和菱溪石歌》应之："滁州信至诧双石，云初得自菱水滨。长篇称夸语险绝，欲使来者不复言。画图突兀亦颇怪，张之屋壁惊心魂。麒麟才生头角异，混沌虽死窍凿存。琅邪之郡便且僻，得此固可骇众观。"

欧阳修在《菱溪石记》中，称这两块怪石"每岁寒霜落，水涸而石出，溪旁人见其可怪，往往祀以为神"。对此，欧阳修大发议论："夫物之奇者，弃没于幽远则可惜，置之耳目则爱者不免取之而去。嗟夫！刘金者虽不足道，然亦可谓雄勇之士。其平生志意，岂不伟哉！及其后世，荒堙零落，至于子孙泯没而无闻，况欲长有此石乎？用此可为富贵者之戒。而好奇之士闻此石者，可以一赏而足，何必取而去也哉。"其实也是立此存照，正如杜甫所写的诗句"千秋万岁名，寂寞身后事"，将石头作为一个说理的典型，希望好事者不要再将此石巧取豪夺。

在《菱溪大石》一诗中，欧阳修对于此石的来历作了种种想象：一说是女娲补天时的一块遗石，莹碧温润；一说是燧人氏钻木取火之石，所以满身孔穴；一说是汉朝使节从西域于阗得的一块玉石。总之，"天高地厚靡不有，丑好万状奚足论。惟当扫雪席其侧，日与嘉客陈清樽。"对于这块奇石之怪态，欧阳修发现丰乐亭周边"南轩旁列千万峰，曾未有此奇嶙峋。乃知异物世所少，万金争买传几人。"可以想见，欧阳修对此石情有独钟[17]。

2. 虢石屏

在欧阳修滁州任内的庆历七年（1047年），欧阳修友人虢州刺史张景山贬官南下，带赠给他一块当地产的带有月亮图案的"紫石"：虢石（图4-39）。南宋杜绾《云林石谱》有如此记载："虢州朱阳县，石产土中，或在高山。其质甚软，无声。一种色深紫，中有白石如圆月，或如龟蟾吐云气之状，两两相对，土人就石段揭取，用药点化镌治而成。间有天生如圆月形者，极少。昔欧阳永叔赋《云月石屏诗》，特为奇异。又有一种，色黄白，中有石纹如山峰，罗列远近，洞壑相通，亦是成片修治镌削，度其巧趣，乃成物像。以手扪之，石面高低。多作砚屏，置几案间，全如图画。询之土人，石因积水浸渍，遂多斑斓。"

图4-38 《素园石谱》卷之一，菱溪石

菱谿石

菱谿之石有六其四爲人取去其一差小见尤奇尚故藏民家其最大者偃然僵卧於谿侧以其难徙故獨存每岁寒霜落水涸而石出谿旁人见其可怪往往祀以爲神欧阳子夷陵幽谷又索小者得于白塔前朱氏

欧阳六一咏

新霜夜落秋水浅有石露出寒溪垠苦昏土餲禽鸟啄出没溪水秋復春溪边老翁生长见

我来视何骏勤爱之遗徒回幽谷曳以三犊藏

可见，当时虢石已经成为砚屏的一种取材石种，其纹理有天然（平面）成像的，也有刻意加工（表面凹凸）者。欧阳修的这块石屏则是天然成像的，难能可贵。虢石产地在今河南三门峡市灵宝、卢氏两地，至今尚有产出。此地与陕西、山西两省交界，古称虢国，因而得名。当时，虢州属陕西路，治所在今河南灵宝市。虢山在陕州陕县西二里，濒临黄河。

欧阳修非常喜爱这块石头，不仅为之作《紫石屏歌》（一称《月石砚屏歌寄子美》）及序，即《云林石谱》所言"昔欧阳永叔赋《云月石屏诗》"，明代林有麟《素园石谱》卷之一图绘为"虢州月石屏"），而且请人为其画图，并寄赠好友苏舜钦索诗唱和（之前苏舜钦在苏州筑沧浪亭，欧阳修作有《沧浪亭》一诗为之唱和："子美寄我沧浪吟，邀我共作沧浪篇。沧浪有景不可到，使我东望心悠然。……清风明月本无价，可惜只卖四万钱。……"），他在诗《序》中记述此石屏之奇："中有月形，石色紫而月白，月中有树森森然，其文黑而枝叶老劲，虽世之工画者不能为，盖奇物也。景山南谪，留以遗予。予念此石古所未有，欲但书事，则惧不为信，因令善画工来松写以为图。子美见之，当爱叹也。其月满西旁微有不满处，正如十三四时。其树横生，一枝外出。皆其实如此，不敢增损，贵可信也。"

至和二年（1055），诗人梅尧臣在扬州目睹欧

阳修这方石屏后，赋诗《咏欧阳永叔文石砚屏二首》，道出了此石屏的形制和作用。其一云："虢州紫石如紫泥，中有莹白象明月。黑文天画不可穷，桂树婆娑生意发。其形方广盈尺间，造化施工常不没。虢州得之自山窟，持作名卿砚傍物。"其二云："凿山侵古云，破石见寒树。分明秋月影，向此石上布。中又隐孤壁，紫锦藉圆素。山祇与地灵，暗巧不欲露。乃值人所获，裁为文室具。独立笔砚间，莫使浮埃度。"也就是说，这块砚屏方径约一尺有余，底色为紫色，上面有白色月亮、黑色树林等天然纹理图案。被加工成屏，置于砚旁遮尘挡风。这可以说是有史记载的著名文人士大夫的第一块砚屏。

二十余年后，熙宁四年（1071）六月欧阳修获准以观文殿学士、太子少师致仕，在颍州（治所在今安徽阜阳）颐养天年。七月苏轼离京赴杭任杭州刺史，途经陈州（治所在今河南淮阳），探访在那里任府学教授的苏辙，兄弟相聚后专程去颍州拜谒了欧阳修师，欧阳修将月石屏让苏轼、苏辙各作一首咏物诗。苏轼极其用心地写了一首《欧阳少师令赋所蓄石屏》诗作，气势恢弘，想象奇特，尤其是突破传统诗作格律拘束，青出于蓝，堪称其代表作之一："何人遗公石屏风，上有水墨希微踪。不画长林与巨植，独画峨眉山西雪岭上万岁不老之孤松。崖崩涧绝可望不可到，孤烟落日相溟蒙。含风偃蹇

图4-39　《素园石谱》卷之一，虢州月石屏　　　图4-40　《素园石谱》卷之四，雅（鸦）鸣树石屏

得真态，刻画始信天有工……。"

3.雅（鸦）鸣树石屏

欧阳修另外有一首《吴学士石屏歌》（一作《和张生鸦树屏》），系为翰林学士吴奎（字长文）所得的一方虢石紫石屏所作。（明代林有麟《素园石谱》卷之四图绘为"雅（鸦）鸣树石屏"）这方石屏也是原虢州知县张景山所赠，但似乎比起送欧阳修的那一方要来得更精彩，上面纹理图案不但有树林古木，还有鸟飞鸦鸣，怪石草莽，画意更丰富，更超乎想象（图4-40）。欧阳修写的这首诗也更精彩，妙语迭出，想象丰富，堪称其代表作之一："虢工刳山取山骨，朝镵暮斲非一日，万象皆从石中出。吾嗟人愚不见天地造化之初难，乃云万物生自然。岂知镵鑱刻画丑与妍，千状万态不可殚。神愁鬼泣昼夜不得闲，不然安得巧工妙手愈精竭思不可到，若无若有缥缈生云烟……"。其中，"万象皆从石中出"之句可谓神来之笔，道出了奇石之不同凡响之处。

石屏（砚屏）的创制，是与当时文人画的兴起密切相关的，也从某种程度上推动了文人画的进一步拓展。当时热衷于石屏制作的，如欧阳修、苏东坡、黄庭坚、梅尧臣等，都是文人画的重要倡导者和推动者。石中有画意，石理如画理，天然奇石图纹的如诗画意激发了文人学士们的创作热情，围绕石屏之画意出现了不少脍炙人口、流传后世的诗作，使得诗情画意在石屏一端得到了极大的张扬。

苏轼的爱石及爱石诗文

1.苏轼的生平

苏轼，字子瞻，一名和仲，自号东坡居士，四川眉山人（图4-41）。他一向被推为宋代最伟大的文学家，在诗词、散文、书法方面都是"开派者"，有其独特的成就。在诗歌方面，他是自李（白）杜（甫）以来能继承现实主义、浪漫主义传统的杰出诗人之一，与其父苏洵（1009—1066）、弟苏辙（1039—1112）三人占据了唐宋八大家的三个席位。苏轼生于仁宗景祐三年（1036），死于徽宗建中靖国元年（1101），年六十六岁。

苏轼又是个著名的山石与盆景爱好者，除了收集、欣赏奇石、盆石外，还写下了大量的爱石诗文，是我国盆景史上的一笔财富。他对宋代盆景的发展起了很大的推动作用，其诗文对当今我国山水盆景的品评、鉴赏仍有参考价值和一定的指导意义。同时，他的爱石诗文对日本的爱石界也有很深的影响，在日本的中近世特别是江户时期（1620—1866）的文人、爱石家也常常吟唱他的盆石诗文。

2.苏轼的爱石诗文年谱

苏轼主要的爱石诗文年谱如表4-1。

3.苏轼的爱石诗文所咏颂的观赏石的分类

苏轼的爱石范围极广，其爱石诗文所咏颂的对象包括了观赏石的所有种类，即近山形石、远山形石、纹样石、象形石、玛瑙石等（观赏石的分类详见本章第四节的北宋观赏石的分类以及鉴赏法的研究），如表4-2。

图4-41　元代，赵孟頫，苏轼小像，北京故宫博物院藏

4.苏轼的爱石诗文、绘画作品与所爱之石

（1）眉山三苏祠中的木假山堂

三苏祠原为北宋著名文学家苏洵、苏轼、苏辙古宅，后来改宅为祠成祭祀三苏之西蜀名园（图4-45）。它坐落在眉山市西南角，占地面积6.5hm²。该祠总体布局以三苏文化为脉络，规则布局与自然布局有机融合，红墙环抱，翠竹扶疏，绿水萦绕，荷池通幽，堂馆亭树错落有致。

苏洵年轻时游历名山大川，可谓丘壑填胸臆。后在家中设立木假山堂，立了一座三峰挺立的木假山。三峰各自鼎立而互相照应，寄寓三苏父子的禀赋和人格。三苏祠现存的木假山堂系清代康熙四年（1665）重建，乾隆年间在堂内仿立木假山一座。今存者系道光十二年（1832）眉山书院主讲李梦莲所赠，保留了三峰鼎立的造型（图4-46、图4-47）。

苏洵作《答二任》诗和《木假山记》，有郁郁不得志之感。10月得雷简夫书，闻将召试舍人院；11

表4-1 苏轼主要爱石诗文年谱

年号	公元年代	年龄	月日	爱石诗文题名
嘉祐四年	1059	24岁		咏怪石
熙宁四年	1071	36岁		欧阳少师令赋所蓄石屏
元丰二年	1079	44岁	五月	端午遍游诸寺得"禅"字诗
元丰五年	1082	47岁	五月	怪石供
				后怪石供
元丰七年	1084	49岁	腊月一日	木峰偈
元丰八年	1085	50岁	四月六日	书画壁易石
				赠常州报恩寺长老红玛瑙石诗
				杨康功有石妆如醉道士为赋此诗（图4-42、图4-43）
				怪石石斛诗
元祐四年	1089	54岁		登州弹子窝石诗
元祐六年	1091	56岁	三月六日	来别南北山诸道人，而下天竺惠净师以丑石赠行，作三绝句
元祐七年	1092	57岁		双石并序
元祐八年	1093	58岁	七月中旬	法云寺礼拜石诗
			八月十五	北海十二石记（图4-44）
			十二月	雪浪石、雪浪斋铭、雪浪石盆铭
绍圣元年	1094	59岁	秋季	壶中九华石诗
建中靖国元年	1101	66岁	三月	和壶中九华石诗韵诗

表4-2 苏轼爱石诗文所咏颂的观赏石的种类

苏轼的爱石诗文	观赏石种类
来别南北山诸道人，而下天竺惠净师以丑石赠行，作三绝句/咏怪石/壶中九华石	近山形石
双石并序/雪浪石/咏山玄肤	远山形石
欧阳少师令赋所蓄石屏	纹样石
书画壁易石/杨康功有石妆如醉道士为赋此诗	象形石
怪石供/后怪石供/赠常州报恩寺长老红玛瑙石诗	玛瑙石

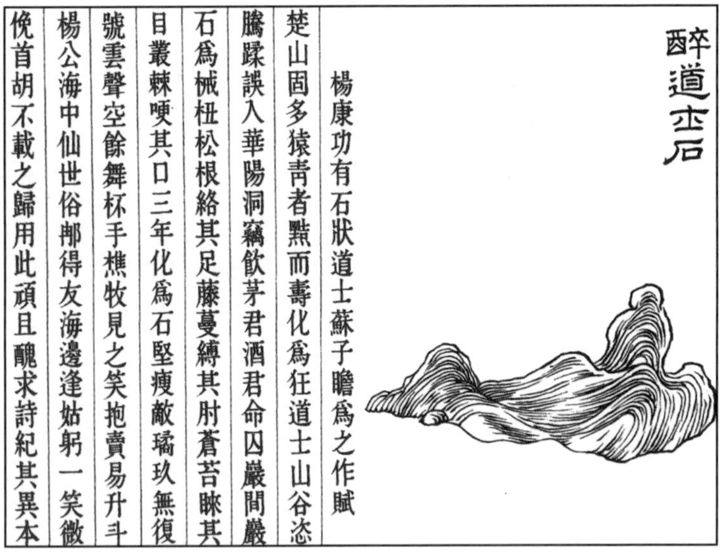

杨康功有石状道士苏子瞻为之作赋

楚山固多猿青者黮而寿化爲狂道士山谷态
腾躁误入华阳洞窃饮茅君酒君命囚巖间巖
石爲城杻松根络其足藤蔓缚其肘苍苔眯其
目叢棘哽其口三年化爲石坚瘦敵瑶玖无复
號云聲空餘舞杯手樵牧见之笑抱卖易升斗
杨公海中仙世俗郎得友海邊逢姑躬一笑微
倪首胡不载之归用此顽且醜求詩紀其異本

图4-42 《素园石谱》卷之三，醉道士石

图4-43 宋代，"醉道士"石，高134cm，宽58cm，山东青州博物馆藏。因苏轼《题醉道士石》诗而名闻古今

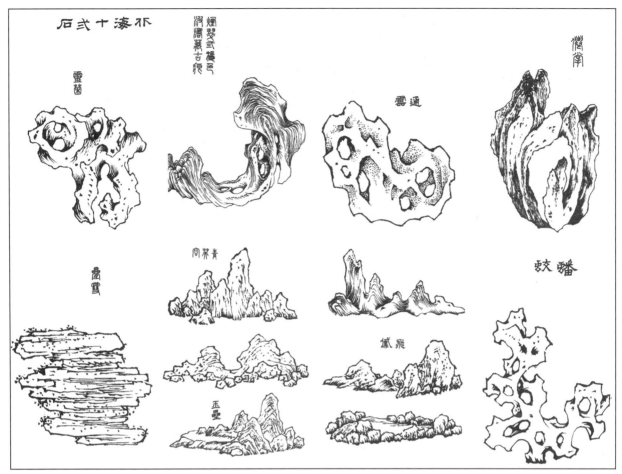

图4-44　北海十二石，《素园石谱》卷之四

图4-45　位于四川眉县西南角的三苏祠（著者摄）

图4-46　木假山（著者摄）

图4-47　木假山堂（著者摄）

月5日召命下，苏洵上书仁宗，又致书雷简夫、梅尧臣，拒不赴试，谓"惟其平生不能区区附和有司之尺度，是以至此穷困。今乃以五十衰病之身，奔走万里以就试，不亦为山林之士所轻笑哉！"（《答梅圣俞书》）。

苏洵所作《木假山记》如下：

木之生，或蘖而殇，或拱而夭；幸而至于任为栋梁，则伐；不幸而为风之所拔，水之所漂，或破折或腐；幸而得不破折不腐，则为人之所材，而有斧斤之患。其最幸者，漂沉汩没于湍沙之间，不知其几百年，而其激射啮食之余，或仿佛于山者，则为好事者取去，强之以为山，然后可以脱泥沙而远斧斤。而荒江之濆，如此者几何，不为好事者所见，而为樵夫野人所薪者，何可胜数？则其最幸者之中，又有不幸者焉。

予家有三峰。予每思之，则疑其有数存乎其间。且其蘖而不殇，拱而不夭，任为栋梁而不伐；风拔水漂而不破折不腐，不破折不腐而不为人之所材，以及于斧斤之，出于湍沙之间，而不为樵夫野人之所薪，而后得至乎此，则其理似不偶然也。

然予之爱之，则非徒爱其似山，而又有所感焉；非徒爱之而又有所敬焉。予见中峰，魁岸踞肆，意气端重，若有以服其旁之二峰。二峰者，庄栗刻削，凛乎不可犯，虽其势服于中峰，而岌然决无阿附意。吁！其可敬也夫！其可以有所感也夫！

文中"或蘖而殇"意为在幼苗时便枯死；"拱"，两手合围，指树之粗细；"斧斤"，用斧头砍伐；"漂沉汩没"，漂流沉埋；"湍沙"，泥沙；"荒江之濆"，荒野江边；"野人"，乡野之民；"有数"，命运；"魁

岸踞肆"，魁梧奇伟，神情高傲舒展；"服"，倾服；"庄栗"，庄重谨慎。

梅尧臣（1002—1060），字圣俞，世称宛陵先生，汉族，宣州宣城（今安徽省宣城市宣州区）人。北宋著名现实主义诗人。梅尧臣以《木假山》诗回复苏洵。苏轼得梅尧臣《木假山》诗，慨而感之，特作《次韵梅二丈圣俞木假山》答之。

（2）《枯木怪石图》

由于苏轼受到其父苏洵的喜爱树石趣味与家风影响，开始了他爱石、咏石、藏石的爱好，苏轼曾作《枯木怪石图》（又称"木石图"）（图4-48）。

《枯木怪石图》绘一棵枯树扭转盘屈上扬，树枝杈桠，树叶已经落尽。旁有一块怪石，石旁有几株幼竹，除竹叶和一些树枝外，全画大都用淡墨干笔画出，完全是信意率笔，虽属草草墨戏，但颇饶笔墨韵味，而与职业画家对树石质实的刻画方法迥然相异。且这种绘画题材也很新奇。米芾说："子瞻作枯木枝干虬曲无端倪，石皴硬，亦怪怪奇奇，如其胸中盘郁也。"

该作品在日本侵华期间流入日本，为私人阿部房次郎爽籁馆所藏。故宫博物院书画鉴定大师徐邦达先生《古书画过眼要录》中，记有一幅苏东坡《枯木怪石图》，文字描述如下："坡上一大圆石偃卧。右方斜出枯木一株，上端向左扭转，枝作鹿角形。右边有小竹二丛，树下有衰草数十茎。无款印。"[18]徐邦达先生梳理了这幅图卷的流传脉络：它最初是苏东坡赠给一位姓冯的道士；该道士给刘良佐看过，而刘良佐的真实身份，同样淹

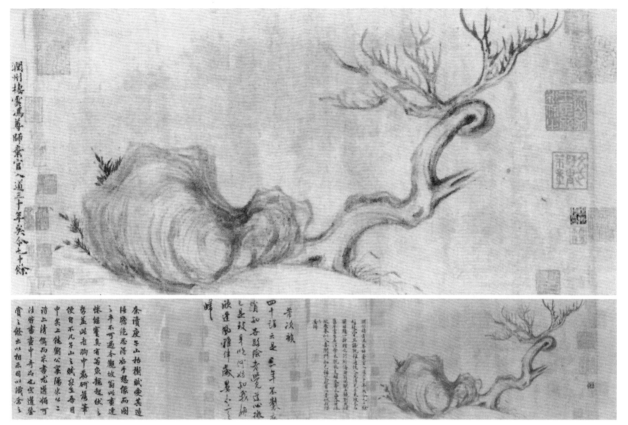

图4-48 北宋，苏轼(传)，《枯木怪石图》，现存日本阿部房次郎爽籁馆(上图为局部)

没在历史中，只有他在接纸上写下的那首诗清晰地留到今天；再后来，米芾看到了这幅画，用尖笔在后面又写了一首诗，是米芾真迹无疑。在纸的接缝处，还有南宋王厚之的印章。徐邦达评价它："此图树石以枯笔为勾皴，不拘泥于形似。"树枝的画法草率之极，约略示意而已，近乎于米芾的珊瑚笔架（参照图4-68）。据报道，《枯木怪石图》亮相2018年秋季香港佳士得拍卖会，估价超4.5亿港币[19]。

（3）苏轼《偃松图》卷

苏轼《偃松图》卷，短卷纸本。曾著录于《石渠宝笈》初编卷三十二29页，为清宫旧物。展卷间，清朗纯净之气，扑人眉宇，偃松奇崛古峭，左向横斜盘伸于石间，石旁修篁数丛，笔法劲利，挥洒自如，有挟大海风涛之势。其风格笔法，构图相同于苏轼的《枯木怪石》图卷。画下角款识行楷"眉山苏轼"四字，下钤赵郡苏氏，朱文大印一方（图4-49）。

清代乾隆皇帝（1711—1799）曾创作《苏轼偃松图》七言诗一首，题写于《偃松图》卷上。

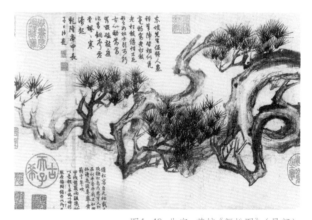

图4-49 北宋，苏轼《偃松图》（局部）

苏轼偃松图

东坡先生偃强人，画禅笔阵皆相似。
秃毫特写老松枝，老松枝偃性不死。
譬如壮士头可断，古心劲节焉肯毁。
磕敲应作青铜声，虚堂飒飒寒涛起。

图4-50 明代，崔子忠，《苏轼留带图》。相传苏轼拜访当时高僧佛印，相互出题，苏轼答不上来就将玉带留下。该画就取自于这个典故。画面中苏轼无奈解带，佛印眼神斜视，两侍者一窃笑，一忍俊，画面生动喜人

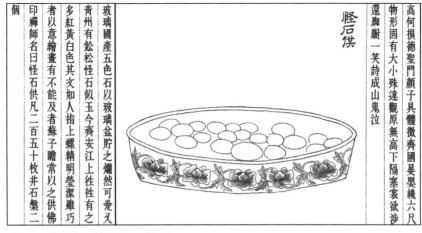

图4-51　《素园石谱》卷之四，怪石供

（4）《怪石供》《后怪石供》与怪石

由于当时有名的文字狱"乌台诗案"的迫害，苏轼虽然幸免杀身之祸，但被贬为黄州团练副使，不得签署公事。他于元丰三年（1080）二月一日抵达黄州。这次贬官，使苏轼的生活、地位都产生了巨大的变化。他亲手耕种城东数十亩的营防废地，这就是著名的"东坡"，并亲自设计修葺了数间草房，自题为"东坡雪堂"。在此悲运期间，他开始倾倒于佛老（释迦牟尼和老子）思想，曾去庐山等地参拜寺庙，还与佛印（高僧之号，字了元，金山寺住持）、道潜（僧人，号参寥子，杭州智果寺住持）等禅师结为好友（图4-50）。

《怪石供》

苏轼作了怪石盆一点和《怪石供》文，赠与佛印禅师（图4-51）。他写道："收得美石数百枚，戏作《怪石供》一篇，以发一笑。开却此例，山中斋粥今后何忧，想复大笑也。更有野人于墓中得铜盆一枚，买得一盛怪石，并送上结缘也。"其正文如下：

《禹贡》：青州有铅松怪石。解者曰：怪石，石似玉者。今齐安江上往往得美石，与玉无辨，多红黄白色。其文如人指上螺，精明可爱，虽巧者以意绘画，有不能及。岂古所谓怪石者耶？凡物之丑好，生于相形，吾未知其果安在也。使世间石皆若此，则今之凡石复为怪矣。海外有形语之国，口不能言，而相喻以形。其以形语也，捷于口，使吾为之，不已难乎？故夫天机之动，忽焉而成，而人真以为巧也。虽然，自禹以来怪之矣。齐安小儿浴于江，时有得之者。戏以饼饵易之，既久，得二百九十有八枚，大者兼寸，小者如枣、栗、菱、芡，其一如虎豹首，有口、鼻、眼处，以为群石之长。又

得古铜盆一枚，以盛石，挹水注之粲然。而庐山归宗佛印禅师，适有使至，遂以为供。禅师尝以道眼，观一切世间，混沦空洞，了无一物，虽夜光尺璧与瓦砾等，而况此石。虽然，愿受此供。灌以墨池水，强为一笑。使今自以往，山僧野人，欲供禅师，而力不能辨衣服饮食卧具者，皆得以净水注石为供，盖自苏子瞻始。时元丰五年五月，黄州东坡雪堂书。

文中"野人"指一般老百姓；"道眼"指道家的眼光和视野。

《后怪石供》

佛印禅师把东坡所作《怪石供》刻于诸石，此事成了苏轼、佛印和道潜三人之间的话题。苏轼与道潜也意气相投，常以禅问答，因而，他又把齐安江的美石置于一盆，赠与道潜供养，并作《后怪石供》以记之。

苏子既以怪石供佛印，佛印以其言诸石。苏子闻而笑曰：是安所从来哉？予以饼易诸小儿者也。以可食易无用，予既足笑矣，彼又从而刻之。今以饼供佛印，佛印必不刻也，石与饼何异？参寥子曰：然。供者，幻也。受者亦幻也。刻其言者亦幻也。夫幻何适而不可。举手而示苏子曰：供此而揖人，人莫不喜。戟此而詈人，人莫不怒。同是手也，而喜怒异，世未有非之者也。子诚知拱戟之皆幻，则喜怒虽存而根亡。刻与不刻，无不可者。苏子大笑曰：子欲之耶？乃亦以拱之。凡二百五十，并二石盘云。

文中的"詈"为骂之意。

《怪石供》与《后怪石供》中所记载的采自齐安江的怪石，实际上是文石，即有观赏价值的小型的圆状、椭圆状石。把这些文石摆置于水盆中，构

成了供佛的供养品。通过给佛印、道潜两禅师赠供盆石，证明了他们三人都有共同的爱石趣味，并且阐述了佛老的人生哲学思想。

（5）仇池石

元祐七年（1092）春，苏轼出任扬州知州。在那里，得到了自岭南解官归途中的表弟程德儒赠给的两块山石，即仇池双石（图4-52、图4-53）[20]。他如获至宝，赞之曰："仆所藏仇池石，希代之宝也"。苏轼遂作《双石并序》诗文以记之。

至扬州获二石，其一绿色，冈峦迤逦，有穴达于背；其一玉白可鉴。渍以盆水，置几案间。忽忆在颍州日，梦人请住一官府，榜曰"仇池"，觉而诵杜子美诗曰："万古仇池穴，潜通小有天"。乃戏作小诗，为僚友一笑。

梦时良是觉时非，汲井埋盆故自痴。

但见玉峰横太白，便从鸟道绝峨眉。

秋风与作烟云意，晓日令涵草木姿。

一点空明是何处，老人真欲住仇池。

仇池山在甘肃省成县，四面陡绝，有羊肠蟠道三十六回。《志林》词曰："仇池有九十九泉，万山环之，可以避世如桃源。"苏轼在观赏双石时，猛然想起杜甫《秦州杂诗二十首》中的"万古仇池穴，潜通小有天"，而把双石定为仇池石诗之前两句借用了韩愈《盆池》诗"老翁真个似儿痴，汲水埋盆作卜池"语意。三、四句用李白《蜀道难》："西当太白有鸟道，可以横绝峨眉巅"语意。"玉峰横太白"描写白色石；"鸟道绝峨眉"描写绿色石。五、六句描写作者"借景生情"，即看着仇池石，联想到了大自然的风光景

致。最后两句说明了作者往住仇池而不可得，则把此石命名为"仇池"，以示寄托；并且把自己的笔记题为《仇池笔记》，以示纪念。苏轼非常珍爱仇池石，因为石中有他理想的仇池境界。

苏轼所藏仇池石闻名朝野。时有王诜（1036—？），字晋卿，河朔（河北）人，官至乾德中、兴州刺史，擅长诗书画，同时也是著名的名画收藏家。元丰二年（1079），苏轼被放逐黄州时，由于旧法党的关系，晋卿也被放逐边戍远地。当他听说苏藏有仇池怪石后，便写诗给苏轼以借览。苏轼特意撰写《仇池石》给予答复。全文如下：

仆所藏仇池石，希代之宝也，王晋卿以小诗借观，意在于夺，仆不敢不借，然以此诗先之。

海石来珠浦，秀色如蛾绿，

坡陀尺寸间，宛转陵峦足。

连娟二华顶，空洞三茅腹，

初疑仇池化，又恐瀛州蹙。

殷勤峤南使，馈饷扬州牧，

得之喜无寐，与汝交不渎。

盛以高丽盆，藉以文登玉。

幽光先五夜，冷气压三伏，

老人生如寄，茅舍久未卜。

一夫幸可致，千里常相逐，

风流贵公子，窜谪武当谷。

见山应已厌，何事夺所欲。

欲留嗟赵弱，宁许负秦曲，

传观慎勿许，间道归应速。

图4-52 素园石谱，卷之四 仇池石

图4-53 仇池石圆墨

诗中"珠浦"为珠江岸边;"蛾绿"为青黛色的螺;"二华顶"指仇池石的高低二主峰;"三茅腹",三茅指江苏省句宫县东南的三茅山,又名句曲山,诗中指仇池石的洞穴;"蹙"为收缩之意,此处指仇池石的景色是瀛州仙山的缩影;"峤南使"指自岭南辞官归来的程德儒表弟;"馈饷",此处为赠送之意;"扬州牧"指作者本人;"汝"指仇池石;"风流贵公子"指王晋卿;"窜谪"指放逐。

上诗详细描写了仇池石奇异的色彩、山形和洞穴等,因得仇池石,苏轼欣喜若狂:"得之喜无寝,与汝交不渎",因而,以"盛以高丽盆,藉以文登玉",整天摆置于自己得书斋之内。如此心爱之石,当然不会轻易转让他人。

王晋卿见到仇池石后,赋诗要搬走欣赏,苏轼怕王晋卿不还而赋此诗。苏轼言道,他一生寄宿漂泊,无庄田宅地,只有仇池石千里相伴。并开玩笑说,王晋卿身为贵胄,风流倜傥,无所不有,仍然贪多无厌,想把仇池石归为己有。无奈,以强压弱,不敢不借,只好速借速还吧。真乃儿戏之语。

苏轼第三首《仇池石》诗曰:

轼欲以石易画,晋卿难之,穆父欲兼取二物,颍叔欲焚画碎石,乃复次前韵,并解二诗之意:

春冰无真坚,霜叶失故绿。

鹪疑鹏万里,蚿笑夔一足。

二豪争攘袂,先生一捧腹。

明镜既无台,净瓶何用麛。

盆山不可隐,画马无由牧。

聊将置庭宇,何必弃沟渎。

焚宝真爱宝,碎玉未忘玉。

久知公子贤,出语耆年伏。

欲观转物妙,故以求马卜。

维摩既复舍,天女还相逐。

授之无尽灯,照此久幽谷。

定心无一物,法乐胜五欲。

三峨吾乡里,万马君部曲。

卧云行归休,破贼见神速。

诗中"春冰无真坚,霜叶失故绿"谓冰至春必融化,叶经霜必变色,意思是说有形之物终将散亡;"鹪",即鹪雀,小鸟名,亦喻小人;"蚿笑夔一足":原文出自《庄子·秋水》;"二豪争攘袂":二豪指钱勰(穆父)、蒋之奇(颍叔),攘袂,捋上衣袖,形容奋起状;"先生"指苏轼;"画马"是指王晋卿所藏韩干所画之马;"沟渎"田间水道;"公子"指王晋卿;"耆年"老年人;"转物"买卖货物;"求马"比喻求非所求,必无所获;"维摩"为维摩诘的简称;"无尽灯"佛教语,比喻以佛法度化无数众生;"五欲"佛教谓色、声、香、味、触五境生起的情欲,亦谓财欲、色欲、饮食欲、名欲、睡眠欲;"三峨"四川峨眉有大峨、中峨、小峨三峰,故称三峨;"部曲"古代军队编制单位,借指军队;"卧云"喻指隐居。

苏轼第四首《仇池石》诗曰:

王晋卿示诗,欲夺海石,钱穆父、王仲至、蒋颍叔皆次韵。穆、至二公以为不可许,独颍叔不然。今日颍叔见访,亲睹此石之妙,遂悔前语。仆以为晋卿岂可终闭不予者,若能以韩干二散马易之者,盖可许也。复次前韵:

相如有家山,缥缈在眉绿。

谁云千里远,寄此一拳足。

平生锦绣肠,早岁藜苋腹。

从教四壁空,未遣两峰蹙。

吾今况衰病,义不忘樵牧。

逝将仇池石,归沂岷山渎。

守子不贪宝,完我无瑕玉。

故人诗相戒,妙语予所伏。

一篇独异论,三占从两卜。

君家画可数,天骥纷相逐。

风鬣掠原野，电尾捎涧谷。

君如许相易，是亦我所欲。

今朝安西守，来听《阳关曲》。

劝我留此峰，他日来不速。

"钱穆父"为钱勰（1034—1097）之字，杭州人。积官至朝议大夫，熏上柱国，爵会稽郡开国侯，文章雄深雅健，作诗清新遒丽。"王仲至"为王钦臣（约1034—1101）之字，北宋藏书家，应天宋城（今河南商丘）人。"蒋颖叔"为蒋之奇（1031—1104）之字，北宋常州宜兴人。苏轼、钱穆父、蒋之奇、王钦臣号称"元祐四友"。韩干（约706—783），唐代画家，京兆蓝田（今陕西西安）人，以画马著称。

"相如有家山，缥缈在眉绿"，典出司马相如与卓文君的故事；"颦"，皱眉；"锦绣肠"，指满腹诗文，善出佳句；"藜苋"，藜和苋，泛指贫者所食之粗劣菜蔬；"从教"，听任，任凭；"四壁空"，家徒四壁，形容家境贫寒，一无所有；"两峰"，指双眉；"蹙"，聚拢，皱缩，愁苦貌；"樵牧"，打柴放牧；"逝"，通誓，表决心之词；"泝"，同"溯"，逆着水流的方向走、逆水而行；"岷山渎"，指岷江；"伏"，通"服"，佩服，信服；"三占从两卜"，《尚书·洪范》：三人占，则从二人之言；"天骥"，天马、神马、骏马的美称；"风鬣"，指马鬣；"电尾"，闪电之光；"安西守"，指蒋之奇；"劝我留此峰，他日来不速"，指蒋之奇遂悔前语，劝苏轼不要将仇池石给王晋卿。

元祐七年（1092）九月，苏轼离别扬州，返京城并就兵部尚书兼侍读任。十一月二十三日，苏轼乞越州，不允，除端明殿学士、礼部尚书兼翰林侍读学士。本月，围绕仇池石，苏轼与王诜（晋卿）、钱勰（穆父）、蒋之奇（颖叔）、王钦臣（仲至）展开一场别开生面的诗文唱和游戏，塑造了苏轼赏石史上又一文化盛事。

（6）雪浪石

元祐八年（1093）九月，东坡再度外任为定州知事兼河北西路安抚使。十月末，东坡于中山（现在的河北省定县）官舍后园圃古榆树下采到一奇石，其体形浑圆，黑白中含有白脉，如雪浪翻滚，名之曰"雪浪石"。苏轼将雪浪石移置于书房前，并把书斋起名为"雪浪斋"。之后，苏轼亲自到曲阳，定做汉白玉雪浪石盆，将雪浪石立于芙蓉盆中，激水其上，观赏水波粼粼、雪浪翻滚之美泰。绍圣元年

（1094）四月辛酉日，苏轼又作《雪浪斋铭》，并将其铭刻于芙蓉盆口沿之上（图4-54）。雪浪石、雪浪石诗、雪浪斋铭很快在文坛中传播，并且名噪天下。南宋杜绾《云林石谱》载："中山府中出石，炭墨，燥而无声，温然成质，其纹多白脉，笼络如麻丝旋绕委曲之势。坡帅中山，置一石于燕处，为雪浪石。"文中"燕处"为居住之处。

雪浪石：苏轼得雪浪石后，将其安放在定州文庙后部书房之前，书房遂被称为雪浪斋。自定州开始，苏轼走上了一贬再贬、直至海南的谪居生活。留守定州的雪浪石，伴随着苏轼的贬谪、朝代的演替、文化的兴衰，构成一部有关雪浪石的兴衰史。

自苏轼将雪浪石、芙蓉盆摆置在定州文庙雪浪斋前，历经宋、金、元、明四个朝代，一直没有迁移原址的记载。自清代康熙四十一年（1702），才被搬迁于众春园，即皇家行宫之内，还新建了雪浪斋（后雪浪斋）。至此，雪浪斋、雪浪石定位于众春园（图4-55、图4-56）。雪浪斋和雪浪石的迁入，不仅是为古朴典雅的众春园或皇家行宫增添了景致，更重要的是将定州的韩园（韩琦众春园）、苏石（苏轼雪浪石）合璧，大大提高了文化的内涵与品位。韩园苏石成为皇帝、官吏和文人墨客题咏颂扬的主题。

定州众春园始建于北宋初年，由州守李昭亮创建。皇祐三年（1051），韩琦在废弃的苑囿基址上"复完而兴之""总而名之曰众春园"，韩琦撰写的《众春园记》详细记载了众春园的复建过程。之后，众春园历经沧桑，而清康熙年间韩逢庥的大修使其再现了当年的风貌。民国时期，众春园苑囿残迹尚存，现在几乎被当代建筑所占据，只有雪浪石、后雪浪

图4-54 雪浪石（著者摄）

图4-55　雪浪亭现状

图4-56　雪浪石被列为河北省文物重点保护单位（著者摄）

图4-57　清代张若澄模写的《后雪浪石》，现存台北故宫博物院

图4-58　清代张若霭模写的《雪浪石》，现存承德博物馆

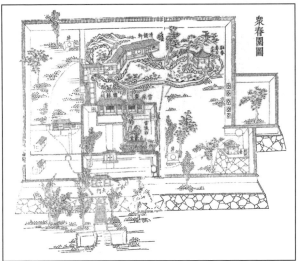

图4-59　《定州志》中的《众春园图》

石和雪浪亭还放置原位，被圈禁在定州中国人民武警8640部队医院的天井内[21]。

　　后雪浪石：乾隆三十一年（1766），赵州守李文耀在临城县掘得一太湖石，此石有"雪浪"题记，当为石名，石名当为"雪浪石"。定州有雪浪石，临城又出现雪浪石，实为蹊跷之事。李文耀将此事报请直隶总督方观成，方观成深知乾隆皇帝非常喜爱并且关注定州雪浪石，便奏请朝廷，建议移置苑囿以供。经由乾隆帝考证并命名，认为该石为一自然剔透的太湖石，造型奇特，美观大方，为石之上品。除题名外，该石正面不见任何人工

刻凿痕迹，石正面右上题"雪浪"二篆字，不知何人所为，左下镌刻"后雪浪石"四字，系乾隆御笔。后雪浪石也被安放在石盆之中。石盆腹部饰有芙蓉两层，芙蓉瓣下大上下，石盆口沿没有刻铭。后雪浪石与前雪浪石前后排列，并有假山环绕，前雪浪石在雪浪亭内，后雪浪石在雪浪亭外。资料显示，这种排列方式是由乾隆帝亲自设定，至今未曾变动，的确难能可贵（图4-57至图4-61）。

　　雪浪石诗文：苏轼将雪浪石移置于书房前，并把书斋起名为"雪浪斋"后，苏轼好友、定州通判滕希靖曾赋《雪浪石》三首（诗已失），苏轼次其

图4-60 后雪浪石（著者摄）

图4-61 由乾隆帝设定的前雪浪石在雪浪亭内，后雪浪石在雪浪亭外，前雪浪石在前，后雪浪石在后的排列关系（著者摄）

韵作诗，现摘录二首如下：

次韵滕大夫三首·雪浪石

宋·苏轼（《苏轼文集》）

太行西来万马屯，势与岱岳争雄尊。
飞狐上党天下脊，半掩落日先黄昏。
削成山东二百郡，气压代北三家村。
千峰右卷蠹牙帐，崩崖凿断开土门。
揭来城下作飞石，一炮惊落天骄魂。
承平百年烽燧冷，此物僵卧枯榆根。
画师争摹雪浪势，天上不见雷斧痕。
离堆四面绕江水，坐无蜀士谁与论。
老翁儿戏作飞雨，把酒坐看珠跳盆。
此身自幻孰排梦，故国山水聊心存。

"滕大夫"，即滕希靖，字希靖，名兴公，时为定州通判；诗中"万马屯"形容太行山势的雄伟；"飞狐口"在今河北省怀来县境山区地势之高者，"上党"为今山西省长治一带，二地均为太行山区地势之高者；"半掩"句，描写山峰壁立，遮天蔽日；"削"，划分；

"山东"，指太行山以东；"代北"，指晋北；"三家村"，言人烟稀少；"牙帐"，即军帐，前立大旗，比喻千锋如牙帐之矗立；"土门"，即井陉关，在今河北井陉；"天骄"，天之骄子，此处为边疆少数民族的代称；"烽燧冷"，言烽燧久不举火，形容承平，没有战争；"离堆"，指我国古代有名的水利工程巨建都江堰，在四川灌县，为秦时李冰所建；"把酒"句，描写用白石曲阳大盆摆置雪浪石，激水其上之状。

次韵滕大夫三首·雪浪石

宋·苏轼（《苏轼文集》）

我顷三章乞越州，欲寻万壑看交流。
且凭造物开山骨，已见天吴出浪头。
（石中有似海兽形状。）
履道凿池虽可致，玉川卷地若为收。
洛阳泉石今谁主？莫学痴人李与牛。

"顷"，时间短，跟"久"相对；"三章"指苏轼《乞外郡劄子》《辞两职并乞郡劄子》《乞越州劄子》共三章；"越州"古地名，今浙江绍兴；"交流"，谓江河之水汇合而流；"造物"，创造万物，也指创造万物的神力；"山骨"，山中岩石；"天吴"，中国古代水神，外形似兽；"履道"，即履道里，洛阳里巷名，唐代白居易居处；"玉川"，即卢仝，唐代诗人；"卷地"，即卷地皮；"李与牛"，指唐代李德裕和牛僧孺。

雪浪斋铭（并引）
宋·苏轼（《苏轼文集》）

予于中山后圃得黑石，白脉，如蜀孙位、孙知微所画石间奔流，尽水之变。又得白石曲阳，为大盆以盛之，激水其上。名其室曰雪浪斋云。

尽水之变蜀两孙，与不传者归九原。
异哉驳石雪浪翻，石中乃有此理存。
玉井芙蓉丈八盆，伏流飞空漱其根。
东坡作铭岂多言，四月辛酉绍圣元。

该铭文作于绍圣元年（1094）四月二十日，系苏轼为其所藏的雪浪石所作铭文，刻于雪浪石盆口沿（图4-62、图4-63）。

"孙位"，唐代人，住会稽山，号会稽山人；"孙知微"，宋代彭山人，字太古，号华阳真人；两位同为川籍，都以画水著称于当世；"尽水之变"形容画水之技艺高超；"九原"，九泉、黄泉；"驳"，斑驳，颜色不纯，夹杂着别的颜色；"理"，山石内部纹路；"玉井芙蓉"，即玉井莲，这里指雪浪石盆；"伏流"，潜藏在地下的水流，地下河流。

此外，北宋、南宋、元代、明代以及清代的文人雅士，包括帝王、官吏以及文人等留下了数量众多的咏颂、纪念雪浪石、雪浪斋的诗文，有可能其数量之多位居咏颂同一种同一块山石之首。可见苏轼雪浪石与雪浪斋在我国赏石文化中的地位之高。

历代诗文有：北宋的有苏辙（1039—1112）《和子瞻雪浪斋》（《栾城集·栾城后集卷一》）、张耒（1054—1114）《和定州端明雪浪斋》（《张右史文集·卷十五》）、秦观（1049—1100）《雪浪石》（《淮海集·后集卷二》）、晁补之（1053—1110）《次韵苏门下寄题雪浪石》（《鸡肋集·卷十三》）、参寥子（1043—1106）《次韵苏端明定武雪浪石》（《参寥子诗集·卷第八》）、李之仪（1038—1117）《次韵东坡所和滕希靖雪浪石诗古律各一》（《姑溪居士前集·卷三》《姑溪居士前集·卷四》）、张舜民（1034—1100）《苏子瞻哀辞》（《画墁集·卷

二》）、胡仔（1110—1170）《苕溪渔隐丛话后集·卷十二》等9首。南宋的有杜绾《云林石谱·雪浪石》、潘自牧（1195年进士）《记纂渊海·卷二十一》、郝经《题芙蓉盆》（《陵川集·卷十五》）等3首。

元代的有刘因（1249—1293）《雪浪石》（《静修集·卷十四》）、乃贤（1309—？）《河朔访古记》

图4-62 汉白玉石盆盆沿上的雪浪斋铭（著者摄）

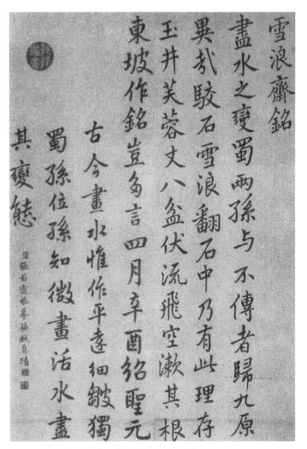
图4-63 清代张若霭临摹苏轼《雪浪斋铭》

等2首。明代的有吴宽（1435—1504）《制雪浪石研》（《家藏集·卷十八》）、邵宝（1460—1527）《雪浪石菖蒲》（《荣春堂续集·卷二》）、陆深（1477—1544）《大驾北还录》、董其昌（1555—1636）《容台集·题冯桢卿画石》、何乔远（1558—1631）《名山藏·舆地记二·保定府·定州》、韩上桂（1572—1644）《仰苏亭赋（并序）》（《朵云山房遗稿》）、祁彪佳（1602—1645）《远山堂曲品剧品·雪浪探奇南一折 金粟子》等7首。

清代的有刘体仁（1624—1684）《七颂堂识小录》、秦生境（顺治、康熙年间人）《题雪浪石》（《定州志》）、秦济（1652—1735）《题雪浪石》（《定州志》）、厉鹗（1692—1752）《题东坡先生雪浪石盆铭拓本即用雪浪石诗韵》（《樊榭山房续集·卷一》）、厉鹗《苏文忠公雪浪石盆铭拓本，向见于马君嶰谷斋中，曾和公雪浪石诗韵。今年春，曲阳孙明府以一通远寄，复用前韵赋一篇》（《樊榭山房续集·卷四》）、汪由敦（1692—1758）《御制雪浪石用苏轼韵》（《松泉集·卷十二》）、方观承（1698—1768）《定州众春园观雪浪石诗并序》

张若霭（该诗作于1746年）《和乾隆雪浪石诗韵一首》（《雪浪石图》）、德保（1719—1789）《恭和御制雪浪石用东坡原韵》（《定州志》）、德保（1719—1789）《丁卯冬月视学山右，途次定武，再叠前韵。是日微雪题雪浪石》（《定州志》）、《小苍浪室·癸巳》（《钦定热河志·卷四十》）、阮元（1764—1849）《大理雪浪石屏用苏公雪浪石诗韵》（《揅经室集·卷二十六》）、向光谦（道光己酉拔贡）《定州观东坡雪浪石歌》（徐世昌编《晚晴簃诗汇·卷一百五十》）、汪明和（咸丰年间任定州知州）《众春园观东坡雪浪石》（《定州续志》）、继昌（？—1908年）《行素斋杂记》、陈衍（1856-1937）《石遗室诗话·卷二九》等16首。

此外，翁方纲（1733—1818）为清代书法家、文学家、金石学家。字正三，一字忠叙，号覃溪，晚号苏斋。直隶大兴（今属北京）人，官至内阁学士。精通金石、谱录、书画、词章之学。翁方纲自幼崇敬苏轼，并将自己的书房命名为"苏斋"，对雪浪石、雪浪斋、雪浪盆铭拓片进行了深入的研究和考证，谱写了相关诗文多首：《雪浪石盆铭记》（《复出斋文集·卷五》）、《苏文忠雪浪石盆铭拓本》（《复出斋诗集·卷

十》）、《诸公枉过为题壁上雪浪石盆铭赋此为谢》（《复出斋诗集·卷十八》）、《苏斋雪浪石盆铭研》（《复出斋诗集·卷四十九》）、《黄秋盦雪浪石盆铭研》（《复出斋诗集·卷四十九》）、《黄秋盦摹雪浪石盆铭赞》（《复出斋文集·卷十三》）、《兰卿缩摹雪浪石盆铭笺歌》（《复出斋诗集·卷七十》）、《兰卿摹雪浪石盆铭为笺石士摹石铫为笺赋此记之》（《复出斋诗集·卷七十》）。

乾隆身为皇太子时，就对雪浪石有所关注，登基之后，曾六过定州，驻跸众春园，对雪浪石、雪浪斋及雪浪石盆铭等咏颂诗文20余首，并先后命张若霭、董邦达、张若澄（张若霭之弟）、钱维城绘制了4幅《雪浪石》，前后长达数十年之久。由此可见苏轼雪浪石在乾隆皇帝心目中的地位极高。乾隆帝从仰慕雪浪石开始，进而以考证其真赝为主旨，随之抒发心绪，绘图以记之，众大臣文人附和，使鉴赏、咏颂雪浪石的雅习达到第二个高潮，在我国赏石文化上占据举足轻重的地位。

乾隆谱写的有关雪浪石、雪浪斋以及雪浪石盆铭方面的诗文有：《雪浪石》（《御制乐善堂全集定本·卷十八》）、1746年10月上旬《雪浪石用苏东坡韵》（《御制诗集》）、1746年10月上旬《叠前韵》（《御制诗集》）、1746年10月上旬《命张若霭图雪浪石三叠前韵》（《御制诗集》）、1746年10月16日《携众春园并雪浪石稿本以归，因命董邦达图之，三叠前韵》（《御制诗集》）、1750年秋季《雪浪石四叠苏东坡韵》（《御制诗集》）、1750年秋天《和苏轼刻盆石诗韵》（《御制诗集》）、1750年9月《咏苏轼雪浪石》（《御制诗集》）、1750年初冬《再题雪浪石》（《御制诗集》）、1750年9月《众春园》（《御制诗集》）、1750年《晓发定州作》（《御制诗集》）、1761年3月上旬《题雪浪斋》（《御制诗集》）、1761年3月上旬《叠苏轼刻盆石诗韵》（《御制诗集》）、1761年3月上旬《雪浪石仍叠苏轼韵》（《御制诗集》）、1766年《雪浪石记》（《御制文二集》）、1766年《命张若澄图雪浪石至诗以志事》（《御制诗集》）、1781年2月下旬《雪浪石六叠苏东坡诗韵》（《定州志》）、1781年2月下旬《再叠东坡刻盆石诗韵》（《御制诗初集》）、1781年2月下旬《题雪浪斋》（《定州志》）、1786年3月《雪浪石七叠苏东坡诗韵》（《御制诗五集》）、1786年3月《题雪浪斋》（《御制诗五

集》)、1786年3月《三叠东坡刻盆石诗韵》(《御制诗五集》)、1786年3月《定州咏古》(《御制诗集》)、1792年4月《雪浪石八叠苏东坡韵》(《定州志》)、1792年4月《四叠苏东坡刻盆石诗韵》(《定州志》)、1792年4月《题众春园雪浪斋》(《御制诗集》)、1792年4月《雪浪石后记》(《雪浪石图》)等20余首。

嘉庆也于1811年3月谱写了《雪浪石赞》(《雪浪石图》)。

（7）壶中九华石

绍圣元年（1094）四月，59岁的东坡由于"乌台诗案"被辞去端明殿学士和翰林侍读学士之职，由定州左迁到英州（广东省英德县），左迁途中又以罪人身份被押往惠州。到此地步新法党还不死心，绍圣四年又被流放到"天涯海角"的海南岛西岸，该时此地尚未开发，住民大多为未开化的黎族。元符三年（1100）正月，哲宗驾崩，以艺术才华而闻名的天子徽宗赵佶即位后，政局开始转机，东坡的声誉和地位也得以恢复。翌年的建中靖国元年（1101），东坡在归汴京途中，于常州结束了波乱的生涯。

东坡于晚年更加酷爱石玩。在流放惠州途中过长江岸边的九江湖口时，见李正臣家有一奇石，欲花大金购买入手，但想到自己是流放罪人而断念，遂名之为《壶中九华》，并作一诗以慰己。

壶中九华诗并序

湖口人李正臣蓄异石九峰，玲珑宛转，若窗棂然。予欲以百金买之，与仇池石为偶，方南迁未暇也。名之曰"壶中九华"，且以诗记之。

清溪电转失云峰，梦里犹惊翠扫空。
五岭莫愁千嶂外，九华今在一壶中。
天池水落层层见，玉女窗虚处处通。
念我仇池太孤绝，百金归买碧玲珑。

"壶中九华"之"壶"指神仙壶公之壶；九华山，在池州青阳县，旧名九子山，李白改其名为九华山，作者以九华比李正臣所藏异石；"云峰"指壶中九华石；"翠扫空"，描写九华石，作者有诗云："便觉峨眉翠扫空"，今见九华石奇绝，便联想到了家乡的峨眉山；"天池"两句均写九华石，上句写石形是玲珑宛转，下句说石宛若窗棂；"碧玲珑"，依然指壶中九华石。

当时，苏轼三子苏过陪父亲一路颠簸，来到湖口，一起欣赏了壶中九华石后，遵父嘱作诗咏颂壶中九华石，成为苏过留存于世的最早诗句。

湖口李正臣蓄异石，广袤尺余，而九峰玲珑。老人名之曰《壶中九华》，且以诗纪之，命过继作。

至人寓迹尘凡中，枝头挂壶来何从？
长房俗眼偶澄澈，一笑市井得此翁。
试窥壶中了无物，何处著此千柱宫？
毗耶华藏皆已有，不独海上栖瀛蓬。
我闻须弥纳芥子，况此空洞孰不容？
何人误持一嶂出，恍是九华巉绝峰。
令人却信刘郎语，当年霹雳化九龙。
谁将真形写此石，太华女几分清雄。
终当作亭号秋浦，刻公妙句传无穷。

"老人"此处指苏轼；"至人"，古时具有很高道德修养、超脱世俗、顺应自然而长寿的人；"寓迹"，暂时居住；"枝头挂壶"指壶公；"长房"，指费长房；"千柱宫"，极言宫殿富丽堂皇；"毗耶"，佛教语，古印度城名；"须弥纳芥子"，佛教语，指微小的芥子中能容纳巨大的须弥山，喻诸相皆非真，巨细可以相容；"刘郎"，指唐代文学家刘禹锡（772—842）；"太华女几分清雄"，刘禹锡《九华山·小引》："昔予仰太华，以为此外无奇；爱女几、荆山，以为此外无秀。及今见九华，始悼前言之容易也。"；"秋浦"，地名、水名。

宋代杜绾《云林石谱》江州石类记载："江州湖口石有数种，或在水中，或产水际。……土人李正臣蓄此石，大为东坡称赏，曰之为'壶中九华'，有'百金归买小玲珑'之语。"从赏石名家杜绾对苏轼及'壶中九华'的高度评价，以及对江州石细腻入微的描述判断，他亲自到湖口进行了调查，并目睹了李正臣所藏怪石。

据当时苏门四学士之一的晁补之《书李正臣怪石诗后》记载："湖口李正臣世收怪石，至数十百仞。初正臣蓄一石高五尺，而状异甚，东坡先生谪惠，过而题之云'壶中九华'，谓其一山九峰也。元符己卯（元符二年）九月贬上饶，舣钟山寺下，寺僧言'壶中九华'奇怪，而正臣不来，余不暇往。庚辰（元符三年）七月遇赦北归至寺下，首问之，则为当涂郭祥正以八十千取去累月矣。"文中"舣"为使船靠岸之意。

从上文可知，作为苏门弟子，晁补之非常关注壶中九华石，第一次元符二年（1099）九月停泊时因李正臣不在而未能见面，第二次元符三年（1100）七月想见时奇石已被郭祥正以八十千买走。可见，晁补之并没有见过壶中九华石，此外，郭祥正购买壶中九华石的时间应该在元符二年（1099）年末到元符三年上半年之间。

晁补之称壶中九华石"石高五尺"，而苏过诗序中说"广袤尺余"，这两种说法相差较大。因为苏过亲眼目睹过该石，而晁补之没有看见过该石，所以苏过的说法应是正确的。同时，也正是这样，壶中九华石作为摆放于几案之上的小型供石，才能与仇池石相匹配。

郭祥正（1035—1113），北宋诗人。字功父，一作功甫，自号谢公山人、醉引居士、净空居士、漳南浪士等。当涂（今属安徽）人。皇祐五年进士，历官秘书阁校理、太子中舍、汀州通判、朝请大夫等，虽仕于朝，不营一金，所到之处，多有政声。一生写诗1400余首，著有《青山集》30卷。祥正与苏轼系交往较多的好友。

离开九江湖口后，苏轼在饥寒交迫的长年生活中，对壶中九华石念念不忘，八年后在获得自由的归途中，又来湖口李正臣家探寻此石。当得知已被郭祥正买走后，深感遗憾和失落，便又赋诗一首以宽慰自己：

予昔作《壶中九华》诗，其后八年，复过湖口，则石已为好事者取去，乃和前韵，以自解云：

江边阵马走千峰，问讯方知冀北空。

尤物已随清梦断，真形犹在画图中。

归来晚岁同元亮，却扫何人伴敬通。

赖有铜盆修石供，仇池玉色自玲珑。

"尤物"，指壶中九华石；"元亮"，晋代陶渊明之字；"敬通"，东汉冯衍之字。

在作此诗后不久，苏轼于建中靖国元年（1101）八月二十四日在常州离开了人间。因此，壶中九华石便成了他爱石史上最后一尊爱石。

作为苏门四学士之一的黄庭坚，于崇宁元年（1102）自荆南贬所放还。是年五月二十日，庭坚系舟湖口，李正臣持苏轼诗来见，庭坚感慨万千，便次韵苏轼诗一首并记其事。

追和东坡壶中九华
黄庭坚

湖口人李正臣蓄异石九峰，东坡先生名曰"壶中九华"，并为作诗。后八年自海外归，湖口石已为好事者所取。乃和前篇以为笑实。建中靖国元年四月十六日。明年，当崇宁之元五月二十日，庭坚系舟湖口，李正臣持此诗来。石既不可复见，东坡已下世矣。感叹不足，因次前韵。

有人夜半持山去，顿觉浮岚暖翠空。

试问安排华屋处，何如零落乱云中。

能回赵璧人安在，已入南柯梦不通。

赖有霜钟难席卷，袖椎来听响玲珑。

"浮岚"，飘动的山林雾气；"暖翠"，天气晴和时青翠的山色，形容山林美好的景色；"华屋"，华美的屋宇；"赖"，依靠；"霜钟"，钟声，这里指石钟山；"袖椎"，亦作"袖锤"，袖中暗藏铁椎。

苏东坡离世之后的900余年里，有关壶中九华石的记载并不多见，明代林有麟所著山石名著《素园石谱》〈卷之一·壶中九华〉中收录了奇石图案（图4-64）以及苏轼、黄庭坚的诗文。从苏轼诗序中的"异石九峰，玲珑宛转，若窗棂然"、诗句中的"玉女窗虚处处通"、苏过诗序中的"广袤尺余"以及苏轼诗句中的"念我仇池太孤绝，百金归买碧玲珑"等综合来看，壶中九华石种属于玲珑剔透的太湖石，它不仅具有高低起伏的九个山峰，而且是一座陈设于几案之上的小型供石。《素园石谱》中收录的图案准确表现了苏轼、苏过诗序、诗文中记述的有关壶中九华石的形态内容，可以推断，该图案是《素园石谱》作者林有麟应该是按照壶中九华实物描绘而成或者是按照"壶中九华"绘画作品摹写而成。美国波士顿美术馆所藏"壶中九华"（图4-65、图4-66）与广州林吴先生所藏"壶中九华"（图4-67）都是灵璧石，不可能是苏轼所咏颂的"壶中九华"，而本书著者所收藏"壶中九华"，石种为太湖石，完全符合苏轼、苏过诗文中所描绘的特征，并且与《素园石谱》中的图案吻合，所以基本上可以断定该奇石就是湖口李正臣家的"壶中九华"遗石（图4-68）。

壶中九华

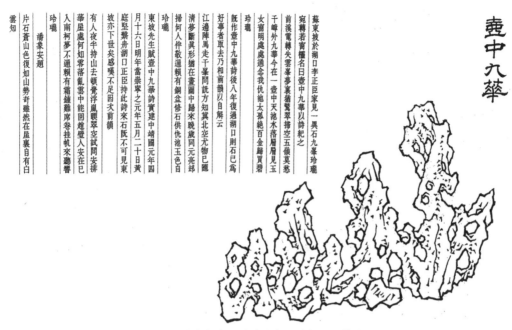

苏东坡於湖口李正臣家見一異石九峰玲瓏
宛轉若窗櫺名曰壺中九華以詩紀之
前淤電轉失雲峰夢裏奔騰翠掃空五嶺莫愁
千嶂外九華今在一壺中天池水落層層見玉
女窗明處處通念我憂愁太絕百金歸買碧
玲瓏
既作壺中九華詩後八年復過湖口則石已為
好事者取去乃和前韻以自解云
江邊陣馬走千峯問訊方知冀北空尤物已廻
清夢斷具形擒在畫圖中歸來晚歲同元邦
玲瓏
揚何人伸敬通頼有銅盆修石供供池玉色目
坡亦下世矣感嘆不足因次前韻
庭堅繫舟湖口正臣持此詩來石既不可見東
月十六日明年當崇寧之元年五月二十日黄
東坡先生賦壺中九華詩實建中靖國元年四
玲瓏
有人夜半持山去頓覺嵐煙翠空試問安在已
華屋處何如霧落亂雲中能回趨蹙人安在已
入南柯夢不通頼有霜鍾離席卷掛帆來聽馨
玲瓏
潘象安題
片石蒼山色復如山勢奇雕然在屈裏自有白
雲知

图4-64　苏东坡爱石"壶中九华"，《素园石谱》卷之一

图4-65　美国波士顿美术馆所藏的"壶中九华"石

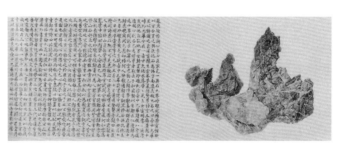

图4-66　美国波士顿美术馆所藏"壶中九华"石在被带出国之前的绘画
（摘自《2019古董拍卖年鉴》，估计为清代末期作品）

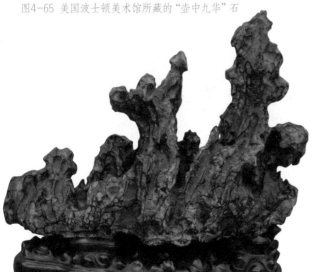

图4-67　广州吴先生所藏的"壶中九华"石

图4-68　本书著者所藏的"壶中九华"石

米芾的石玩癖好

米芾（黻），襄阳（现湖北省襄阳市）人。生于皇祐三年（1051），卒于大观元年（1107）。字元章，号海岳外史、淮阳外吏、火正后人、鹿门居士、襄阳漫士、恭门居士、鬻熊后人和宝晋斋，世称米襄阳、米南宫、米癫和米癖等。巧于诗文，尤擅长临摹王献之笔意，山水人物画自成一家。官至礼部员外郎、淮阳郡知等。书斋名为仰高堂。著书有《宝晋英光集》《米芾书画史》和《海史外言》等。

除了书画趣味外，米芾还酷爱奇石，被人成之为"石癖"（图4-69、图4-70）。关于他对奇石的癖好逸事，主要有以下几桩流传于世。

1. 以灵璧奇石引逗察使杨次公

米芾于绍圣四年（1097）为涟水郡（现江苏省淮阴县东北）太守，因有涟水与灵璧县（现安徽省泗县西北）相邻之便，他收藏了大量的灵璧奇石，并一一品赏，标以美名。杨杰，无为（现安徽省庐江县之东）人，字次公，号无为子嘉祐年间（1056—1063）进士。此时为察使，听说米芾因癖石误事，便欲制止他。据《素园石谱》记载：

米尝守涟水，地接灵璧，蓄石甚富，一一品目，加以美名，入画室终日不出。时杨次公杰为察使，知米好石废事，往正其癖，至郡，正色言曰："朝廷以千里付公，那得终日弄石，都不省事，按牍一上，悔亦何及？"米径前以手于左袖中取一石，其状嵌空玲珑，峰峦洞穴皆具，色极清润。举石宛转翻复以示杨曰："如此石安能不爱？"杨殊不顾，乃纳之左袖。又出一石，叠嶂层峦，奇巧更胜，杨亦不顾又纳之左袖。最后出一石，尽天划神镂之巧，又顾杨曰："如此石安得不爱？"杨忽曰："非独公爱，我亦爱也。"即就米手攫得，径登车去。[22]

文中的"省事"，此处指办理公务；"牍"，木简，或者公文书。

杨次公非但没能制止住米的癖石，自己也被奇石所吸引，夺石而去。可见，奇石石玩对文人、士大夫的魅力非常大。

2. 抱端州石眠三月

据《米襄阳志林》载："僧敔周有端州石，屹然成山，其麓受水可磨。米后得之，抱之眠三月。属子瞻为之铭。"文中的"受水可磨"指注入水后，可研墨作砚；"子瞻"苏轼之字。米芾的好石，达到了令人发笑的地步。

3. 唤石为兄，拜石为丈

米芾任濡须（现安徽省含山县西南）太守时，令人把河边的一尊怪石搬移至办公处。米见此石，大吃一惊，在一边拜谒怪石的同时，一边唤之为"石兄"：

米元章守濡须，闻有怪石在河壖，莫知其所自来，人以为异而不敢取。公命移至州治，为燕游之玩。石

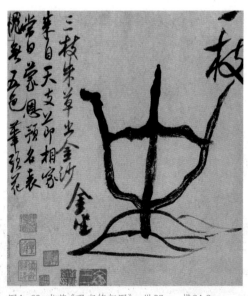

图4-69 米芾《珊瑚笔架图》，纵27cm、横24.8cm，现藏北京故宫博物院

图4-70 宋代，米芾《远岫奇峰砚正面图》，收录于清代乾隆皇帝《钦定西清砚谱》

至而警，遂命设席，拜于庭下曰："吾欲见石兄二十年矣"，言者以为罪，坐是罢去。其后竹坡周少隐过是郡，见石而感之，为赋诗，其略曰：

唤钱作兄真可怜，唤石作兄无乃贤？

望尘雅拜良可笑，米公拜石不同调。[23]

文中"壖"为城郭旁或河边的空地；"州治"为州之办公场所。

除了唤为兄，米芾还拜石为丈（图4-71）。"米芾知无为军，初入为州廨，见立石颇奇，喜曰：'此足以当吾拜'。遂命左右，袍笏拜之，每呼曰石丈。言事者闻而论之，朝廷亦传之为笑。"[24]

文中"军"，通郡；"廨"为官府办公之处。

4. 米芾收藏南唐后主李煜二研山

由于江南国破，后主李煜二研山流传十数人家后，终为米芾所得。在两块研山到手之后，米芾分别名其为"海岳庵砚山"和"宝晋斋研山"，并作画题写了《研山铭》。

（1）米芾《研山铭》

《研山铭》为水墨纸本，高36cm、长138cm，分三段描绘了"宝晋斋研山"的诸多妙处。在首段，米芾书写了"研山铭，无色水、浮昆仑、潭在顶、出黑云、挂龙怪、烁电痕、下震霆、泽厚坤、极变化、阖道门、宝晋山前轩书"三十九个字，字字运笔强健，骨劲筋雄，通篇树意自由放达，变化无穷。第二段以墨绘《研山图》，山形耸立，玲珑参差；上款以篆书题"宝晋斋研山图，不假雕饰，浑然天成。"并在研山各部位用隶书标注"华盖峰、月严、方坛、翠峦、玉笋、上洞口、下洞三折通上洞予尝神游于其间、龙池遇天欲雨则津润、滴水少许在池内经旬不竭"。说明此研山的造型特点和性能。第三段为米芾之友米友仁的行书题识："右研山铭，先臣芾真迹，臣米友仁鉴定恭跋。"（图4-72、图4-73）

（2）米芾以"海岳庵砚山"易宅基

《素园石谱》卷之四载曰："米芾得南唐李氏研山，与薛绍彭易京口苏之才名园广宅。以为米公非好石者，绍彭得研山，米公虽仅古不出。米为诗曰：惟有玉蟾蜍，向余频泪滴。此如汉庭遣明妃既入房，庭懊悔不已。"这便是米芾以海岳庵研山易宅基的故事。

5. 米芾的相石法

米芾还首次总结和提出了我国有关观赏石的鉴

图4-71 明代，陈洪绶《米芾拜石图》，长112cm、宽50cm

赏法："元章相石之法有四语焉：曰秀、曰瘦、曰雅、曰透，四者虽不能尽石之美，亦庶几云。"[25]他的石玩癖好，特别是关于园林和盆景用石鉴赏法的提出，在很大程度上促进了我国奇石欣赏的发展。

宋徽宗的怪石、盆景、园林之好与花石纲

1. 宋徽宗的怪石、盆景、园林之好

宋徽宗（1082—1135），即赵佶，神宗第十一子。即位后，穷奢极侈，大兴土木。他崇奉道教，自称教主道君皇帝。宣和七年，金兵南下，他传位太子赵桓（钦宗），自称太上皇。靖康二年（1127），他和钦宗为金兵所俘，北宋灭亡。后死于五国城（辽

图4-72 宝晋斋研山，先为南唐后主李煜所藏，后为米芾所有

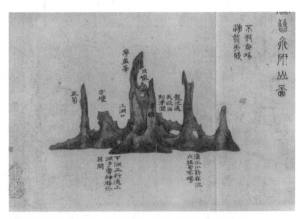

图4-73 宝晋斋研山《研山铭》，现存北京故宫博物院

国的五国部节度使的驻扎之地），在位二十六年，年号先后有六个：建中靖国、崇宁、大观、政和、重和以及宣和。

宋徽宗工书画，书法称瘦金体，善画花鸟（图4-74）。同时，他还有爱好怪石、盆景和园林之趣味。在怪石方面，曾作〈祥龙石图〉，现藏故宫博物院。此图为工笔画一玲珑剔透的太湖石。石上有宋徽宗亲笔书写的"祥龙"二字，左方又用瘦金体自书序和七言律诗一首（图4-75）。

序记曰：

祥龙石者，立于环碧池之南，芳洲桥之西，相对则胜瀛也。其势胜涌，若虬龙出为瑞应之状，奇容巧态，莫能具绝妙而言之也。廼亲绘缣素，聊以四韵纪之。

七言律诗记曰：

彼美蜿蜒势若龙，挺然为瑞独称雄。

图4-74 北宋，宋徽宗赵佶《听琴图》

图4-75　北宋，宋徽宗《祥龙石图》，现藏台北故宫博物院

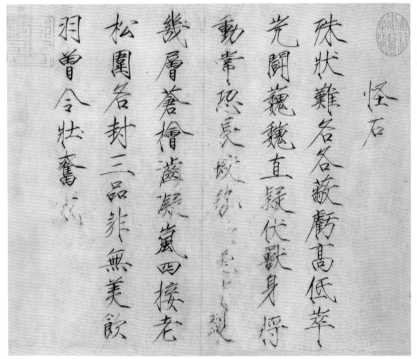

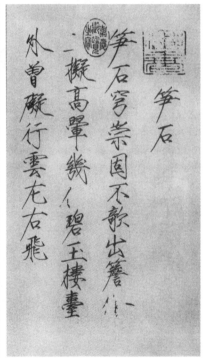

图4-76　宋徽宗《怪石诗》，现存台北故宫博物院　　图4-77　宋徽宗《笋石诗贴》，现存台北故宫博物院

云凝好色来相借，水润清辉更不同。

常带暝烟疑振鬣，每乘宵雨恐凌空。

故凭彩笔亲模写，融结功深未易穷。

最后记曰：

　　御制御画并书。天下一人。

据《素园石谱》载："顷年，白蒙亨奉使北虏，虏主遗以一石，大如桃，上有鸲鹆如豆许，栖柏枝上，颇奇怪。"[26] 文中之虏主即为宋徽宗，可见，他即

使在被掳去北国时，也不改其爱好怪石之心。

在盆景、山石方面，宋徽宗除了曾作《祥龙石图》，作有《怪石》（图4-76）、《笋石》（图4-77），除此之外，还作《盆石有鸟图》（图4-78），该图现存日本根津美术馆。

宋徽宗尤其喜好造园，"徽宗登极之初，皇嗣未广，有方士言'京城东北隅地协堪舆，但形势稍下，倘少增高之，则皇嗣繁衍矣。'上遂命土培其

图4-78 北宋，宋徽宗《盆石有鸟图》，现藏日本根津美术馆

那茉莉含笑之草，不以土地之殊，风气之异，悉生成长养于雕阑曲栏，而穿石出罅，岗连阜属，东西相望，前后相续，左山而右水，沿溪而傍陇，连绵而弥满，吞山怀谷。"[28] 用了 6 年的时间，艮岳终于建成，"凡六载而始成，亦呼为万岁山，奇花美木，珍禽异兽，莫不毕集飞楼杰观，雄伟环丽，极于此矣。"[27] 只可惜花费大量人力、物力和财力而营建的艮岳毁于一旦，"越十年，金人犯阙，大雪盈尺，诏令民任便斫伐为薪；是日百姓奔往，无虑十万人，台榭宫室，悉皆拆毁，官不能禁也。"[27]

2. 花石纲

在修建艮岳的过程中，使用了大量的山石和花木，"大率灵璧太湖诸石，二浙奇竹异花，登莱文石，湖湘文竹，四川佳果异木之属，皆越海度江，凿城郭而至。"[28] 从江浙民间搜求、运输山石和花木的主管人为朱勔，所费以亿万计，民怨沸腾，当时运花石的船队不断往来于淮汴之间，世称"花石纲"（图4-79）。"四年十一月以朱勔领苏杭应奉局及花石纲于苏州，初蔡京过苏州，欲建僧寺阁，会费钜万，僧言必欲集此缘，非郡人朱冲不可，京即召冲语之。居数日，冲请京诣寺度地，至则大木数千章积庭下，京器其能，逾年京还朝，遂挟冲子勔偕来，窜其父子姓名于童贯，军籍中皆得官。帝时垂意花石，京讽冲密取浙中珍异以进。初致黄杨三本，帝嘉之，后岁岁召贡五六品，至是渐盛，船舻相衔于淮汴，号花石纲。"[29] "其子勔因贿中贵人以花石，得幸，时时进奉不绝，谓之花纲。凡林园亭馆以至坟墓间，所有一花一木之奇怪者，悉用黄纸封识，不问其家径取之。有在仕途者稍拂其意，则以违上命文致其罪。浙人畏之如虎。"[30] 宣和五年（1123），朱勔因给艮岳献一特大太湖石而得到宋徽宗的封赏，此石被封为"磐固侯"，赐名"神运昭功石""宣和五年平江府朱勔造巨舰载太湖石一块到京，以千人升进，是日役夫各赐银碗千，并官及家仆四人皆承节郎及金带，勔遂为灭远军节度使，而封石为磐固侯。"[31]

由于花石纲的活动，促进了江浙一带花木、盆景和造园业的发展。朱勔死后其子孙皆继承其业，并为权贵之门造园筑山、种树养草，俗称"花园子"。明代的《吴风录》载有"朱勔之子孙居虎丘之麓，尚以种艺叠山为业，游于王侯之门俗呼为'花园子'，其贫者岁时担花鬻于吴城。"[32] 另一方面，由于花

岗阜，使稍加于旧矣，而果有多男之应。自后海内又安，朝廷无事，上颇留意苑囿。"[27] 宋徽宗又于政和七年（1117），开始修建艮岳，"政和间，遂即其地，大兴工役筑山，号寿山艮岳，命宦官梁师成专董其事。"[37] 在宋徽宗亲自撰写的《御制艮岳记》中，记载了修筑艮岳的意图和盛况："于是按图度地，庀徒潗工，累土积石，设洞庭湖口丝溪仇池之深渊，舆泗滨林虑灵璧芙蓉之诸山，最环奇特异瑶琨之石，即姑苏武林明越之壤，荆楚江湖南粤之野，移枇杷橙柚橘柑椰栝荔枝之木，金峨玉羞虎耳凤尾素馨渠

图4-79 花石纲

表4-3 北宋文人咏颂假山诗文

作者	生卒年份	诗词名称
钱惟演	977—1034	和司空相公假山
宋祁	998—1061	赋成中丞临川侍郎西园杂题十首·双假山
梅尧臣	1002—1060	寄题徐都官新居假山
欧阳修	1007—1072	和徐生假山
陈襄	1017—1080	通判国博命赋假山
司马光	1019—1086	假山
王安石	1021—1086	次韵留题僧假山
强至	1022—1077	文懿大师院假山
王令	1032~1059	吕氏假山
苏轼	1037—1101	和人假山
孔武仲	1042—1097	西堂假山
杨时	1053—1135	假山
郑刚中	1088—1154	假山

石纲的活动和宋徽宗对园林穷奢极侈地营建，促进了北宋的早日灭亡。

北宋文人咏颂假山诗文

由于北宋时期造园活动的盛行、假山趣味的流行以及盆景盆石在文人间的普及，出现了大量有关咏颂假山的诗文。值得说明的是，此时的假山包括相当于现在的假山与现在的山石盆景。

为了节省篇幅，在此以表4-3形式总结北宋文人咏颂假山的诗文。

北宋山石盆景文化

山石盆景名称考

北宋时期，在山石盆景类的名称方面，除了继续使用唐代已使用的盆池、怪石、拳石和水石外，还开始使用盆石、盆山、不三山、不二山、占景盘、谷板、砚山、研山、异石、石供和怪石供等多个新名词。

1. 盆石

盆石是指把怪奇、雅致的山石放置于盆中进行欣赏。北宋时"盆石"一词开始出现。

（1）张邦基《墨庄漫录》记载的盆石

宋人张邦基《墨庄漫录》记载："元符中，张芸叟守中山，重安盆石，方欲作诗寄公，闻公之薨乃作哀辞云……。"元符年间（1098—1100），张芸作中山知守时，陈设好盆石后，准备作诗寄送苏东坡时，听说苏东坡逝世后非常悲哀而作诗一首。

（2）宋徽宗的《盆石有鸟图》

宋徽宗非常喜好假山、太湖石与盆景，曾作数幅描绘奇石、盆景绘画作品，有的遗留至今。日本根津美术馆收藏有宋徽宗的《盆石有鸟图》：椭圆形盆中放置一带有洞穴的奇石（可能为太湖石），山石基部栽植石菖蒲，石顶部一鸟停立。该绘画题名《盆石有鸟图》中出现了"盆石"一词。

2. 盆山

盆山是指把山形石放置于盆盎之上进行观赏，与盆石之意相近。北宋时开始流行与使用。

"盆山"一词在宋代文献中有多处可见。

（1）苏东坡的《端午遍游诸寺得"禅"字》诗

端午遍游诸寺得"禅"字
苏东坡

微雨止还作，小窗幽更妍，

盆山不见日，草木自苍然。

从诗之大意可知，该盆山被陈设于室内进行观赏。

（2）施宿等《嘉泰会稽志》中的"盆山"

施宿等《嘉泰会稽志》记载有以下记事：

圆福院在县西六十里神安乡牛头山之麓，晋天福三年（938）置。牛头山产石，可作假山，其小碎者，取为盆山尤宜，草木皆葱菁耐久，与昆山所出相垺，东坡先生所谓"盆山不见日，草木自苍然"是也。

通过对上记文献记述进行分析后，可以得出以下结果："盆山不见日，草木自苍然"与"取为盆山尤宜，草木皆葱菁耐久"中的盆山全为附石式盆景。

（3）其他

黄庭坚（1045—1105），洪州分宁（现江西省人）。字鲁直，号山谷、涪翁、八桂老人、贫乐斋等，自谥文节先生。及第进士，授太和县知县等。是江西诗派的诗祖，与蔡襄、苏东坡、米芾一起被称为北宋四大家。著有《山谷内外集》、别集、词、简尺，年谱等。黄庭坚也喜好美石，善制盆景，曾作《云溪石》诗曰："造物成形妙画工，地形咫尺远连空。蚊蚩出没三万顷，云雨纵横十二峰。清坐使人无俗气，闲来当暑起清风。诸山落木萧萧夜，醉梦江湖一叶中。"

黄庭坚在日本禅林界享有很高的声望。由长谷川仙斋刊行于日本明和七年（1770）的《盆山秘茫》中，收录了白居易的《盆山十德》与黄庭坚的《盆山十德》。黄之《盆山十德》全文如下：

盆山十德
黄庭坚

一刻转千景。道场中庄严。
平日见四季。招枯木称花。
入山林成主。一石求远近。
览之它情无。无朋友自乐。
炎日得清凉。不行见山海。

据丸岛秀夫博士研究认为，黄之《盆山十德》与白之《盆山十德》相同，全为日本人所作[33]。即这两首《盆山十德》全由后世的日本人所作，为了流传开来而借用了白居易与黄庭坚的名。

3. 占景盘

陶谷（903—970），本姓唐，字秀实，邠州新平（今陕西彬县）人，北宋大臣。陶谷早年历仕后晋、后汉、后周，曾先后担任单州判官、著作佐郎、监察御史、知制诰、仓部郎中、中书舍人、给事中、户部侍郎、兵部侍郎、吏部侍郎、翰林学士承旨等官职。北宋建立后，陶谷出任礼部尚书，后又历任刑部尚书、户部尚书。开宝三年（970）病逝，追赠右仆射。

据陶谷《清异录》〈器具·占景盘〉载："郭江州有巧思，多创物，见遗占景盘，铜为之，花唇平底，深四寸许，底上出细筒殆数十。每用时，满添清水，择繁华插筒中，可留十余日不衰。"实际上，占景盘的原意是一种特制的用于插饰花卉的盘器，是我国的一种插花器具（图4-80）。但在日本盆栽盆石发展过程中，曾有一种被称为沙盘的摆饰品，它是在木制的水盘上，栽种小型花草，摆放景石，盘面覆以细沙，浇水后形成一幅自然山水景色。这种沙盘景物在日本被称为占景盘。墨江武禅还于文化五年（1808）出版了《占景盘》一书（图4-81、图4-82）。

4. 砚山、研山

汉代的《释名·释书契》载："砚，研也。研墨者使和濡也。"可见，砚，又称为研，为我国文人文房四宝之一。它最晚出现于汉代，自五代以后，具有自然山形的砚（研）被称为砚（研）山，具备

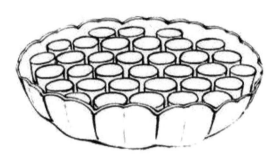

图4-80　我国的占景盘，是一种插花器具

图4-81　日本的占景盘（一）

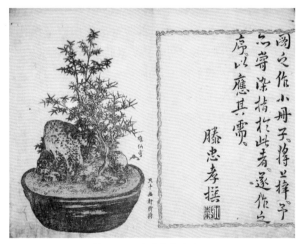

图4-82　日本的占景盘（二）

实用与观赏两方面的作用。

五代南唐后主李煜因爱好"海岳庵砚山"而著名于世。宋代文献中出现了多处有关"砚山""研山"的记载。

（1）米芾的《研山》诗

研山[34]

米芾

砚山不复见，哦诗徒叹息。

惟有玉蟾蜍，向余频泪滴。

（2）陶潜《辍耕录》的"研山"

元代陶潜《辍耕录》卷六记载："右此是南唐宝石，久为吾斋研山，今被道祖易去。"

砚山和研山，虽有些微区别，但常常被通用，指具有多数峰峦的、置于几座之上并用于室内观赏的山形供石。研山，其含义比砚山稍广，包括砚山（山形砚）和峰峦起伏的山形石（不附带砚部）。宋代的喜好研山之风，比南唐时更盛。据蔡条《铁围山丛谈》卷五载："时东坡公曾作一研山，米老则有二，其一曰芙蓉者，颇崛奇。后上亦自为二研山。"文中之"米老"指米芾，"上"，指宋徽宗。看来，宋代当时从皇帝到文人皆制作、鉴赏研山。

5. 小三山、不二山

陶谷《清异录》中有"小三山，一作不二山"一项，其内容如下：

吴越孙㧑监丞佑，富倾霸朝，用千金市得石绿一块，天质嵯峨如山，命匠治为博山香炉，峰尖上作一暗窍出烟，一则聚而且直穗凌空，实美观视，亲友仿之，呼小三山。

博山香炉为香炉的上部雕刻成山形，在汉代、晋代的帝王与权贵之间多作为装饰物或者陪葬的明器。本文献记载的博山香炉为广义盆景的一种，因与真山相仿而被称为"小三山"与"不二山"。

6. 石供、怪石供

苏东坡在《壶中九华石》的"赖有铜盆修石供，仇池玉色自玲珑"一诗句中出现了"石供"词语。苏东坡曾作《怪石供》和《后怪石供》二文。上述"石供"一词中的"石"为怪石之义，因而，石供与怪石供的含义相同，即是把各种各样的怪石、奇石或置于几座之上，或布置于盆中，供养佛前或摆于士人书房。

蔡肇（？—1119）字天启，润州丹阳（今江苏）人，蔡渊子。北宋画家，能画山水人物木石，善诗文，著有《丹阳集》，曾任吏部员外郎、中书舍人等职。蔡肇曾作《仁寿图》，描写一玲珑剔透的奇石景象（图4-83）。

山西高平开化寺壁画中的盆景

开化寺位于山西高平市东北17km的舍利山腰。这里峰峦起伏，松柏苍翠，风景秀丽。该寺创建于北齐武平二年（571），初名清凉寺，宋时改命为开化禅院或开化寺。寺院坐北面南，两进院落，现存建筑有大悲阁、大雄宝殿、东西配殿、延宝室、讲经堂、维摩净室、观音阁等。金、元、明、清各代均有修葺。根据开化寺大雄宝殿石柱铭文记载，大雄宝殿于北宋熙宁六年（1073）施柱兴工，北宋元祐七年（1092）土木工程告竣，北宋绍圣三年（1096），殿内壁画完工。

该寺壁画现存于大雄宝殿四壁和拱眼壁内侧，共88.68m²，是我国保存面积最大、数量最多的宋代寺院壁画。画题是以佛教经变为主题，借以宣扬佛法威力和因果报应的效用，其间还表现了儒家的孝道和社会上各种人物的活动。

开化寺壁画，构图严谨，笔格遒劲，设色艳丽，人物造型精美，界画不同凡响。其间有多幅描绘盆景的图画。

1. 手捧盆花菩萨与飞天散花

大雄宝殿西壁中部，胁侍菩萨位于西壁中央释迦牟尼左侧，手捧盆花莲花，目光凝重，专心听释迦牟尼讲经（图4-84）。

说法图之华盖及飞天位于大雄宝殿西

图4-83 北宋，蔡肇《仁寿图》

壁北部，图中细致地描绘了释迦牟尼说法时的隆重及场面的华丽。华盖后是灵鹫山，传说中佛陀在灵鹫山给一万两千众善男信女说法讲道使他们皈依佛门，毕生行善。释迦牟尼头顶两侧有两飞天相对，每一飞天都手捧盆花莲花，并作散花状（图4-85）。

2.《说法图》中的山石盆景

《说法图》位于西壁北部。《说法图》中说法中的释迦牟尼下前方，左右各有一侍者手捧山石盆景，相对而坐（图4-86、图4-87）。

3.《均提童子出家得道经变》图中的山石盆景

《均提童子出家得道经变》图位于大雄宝殿北壁西次间。均提童子出家得道经变是依据《贤愚经》卷十三《沙弥均提品》而来：均提前世孝敬父母，尊重师长，扶兄携弟，贫寒度日中仍不忘礼释门、修精舍、敬僧尼，故而积德深厚成为婆罗山子。均提七岁时与舍利佛出家，听舍利佛讲经顿悟而得道。图为均提童子听佛讲经。佛前供桌之上有三件供品：中为香炉，两侧为山石盆景（图4-88）。

4.《观世音法会》图中的山石盆景

在大雄宝殿北壁东次间绘有一幅庞大的观世音法会，表现观世音菩萨在普陀山成道时举行法会的盛况。画面中有三进寺院，第一院第二层高阁居中，下筑厚壁，挟屋护持。第二院高壁露台，两侧花坛对峙，法堂居其正位。第三院位居上方，左右两侧有两层歇山顶楼阁相对称，正面居中置庄严巍峨的观世音阁；阁内中央莲花法座上为观世音菩萨，左右分列胁侍菩萨，法座前有十二圆觉、四大天王、护法金刚和供养菩萨；阁后十大弟子分作两坛，四菩萨乘云而降，二金刚司职守护；阁前有乐伎、舞伎弹奏跳跃，姿态各异。寺院两侧有《西方三圣》和禅堂，下部还有男女邑子（供养人）三十九人。整幅壁画殿阁层叠有致，人物穿插其中，主次分明。

在观世音法会东侧五弟子及乐伎后侧，有一女子手捧一山石盆景（图4-89）；在观世音法会西侧五菩萨中，其中的两位菩萨手捧山石盆景（图4-90）。

北宋观赏石的分类与鉴赏法的研究

在园庭中点缀或在书斋几案上摆置太湖石后，"则三山五岳、百洞千壑，砜镂簇缩，尽在其中。

百仞一拳，千里一瞬，坐而得之。"[35]因而，白居易认为："石有类聚，太湖为佳，罗浮、天竺之徒次焉。"[35]这是我国有史以来对观赏石类最早的鉴赏评论。随后，宋代的陆友仁在谈到鲜于伯机论石时说："鲜于伯机论石，以太湖为第一，山石次之。"[36]白居易与鲜于伯机关于观赏石鉴赏评论，仅提到石类，虽未提到具体的标准和内容，但已提到采自水中的水石类优于采自土中的山石类。石癖米芾简单论述了观赏石的鉴赏因子："元章相石之法有四语焉曰秀、曰瘦、曰雅、曰透，四者虽不能尽石之美，亦庶几云。"[37]米芾的相石法奠定了我国观赏石鉴赏的基础，对后世的观赏石的选石、应用和欣赏的影响极大。但它只适用于太湖石等近山石类，并不适用于远山石、象形石以及纹样石类。实际上，我国关于园林与盆景用石，即观赏石类的分类与鉴赏法在宋代已经形成，到了元、明、清以及近、现代除了有些补充外，并无本质的发展与改变。在此，对我国在宋代所形成的关于观赏石的分类和鉴赏法作以系统研究。

1. 观赏石的分类

通过分析与研究宋代的石类专著以及咏石诗文等文献可以得知，在当时园林盆景用石，即观赏石已有远山形石（图4-91）、近山形石（图4-92）、象形石（图4-93）以及纹样石（图4-94）四大类别。类别不同，其表现景观与应用方式也不同，如表4-4。

表中的象形石的观赏重点在于象形，纹样石的观赏重点在于山石表面的图画纹样，二者的鉴赏法比较简单，在此不作研究，但近山形石和远山形石的鉴赏法比较复杂，以下特作专门研究。

2. 近山形石的鉴赏法

近山形石类的鉴赏法与山石的形姿、洞穴、色彩、声响、光泽以及纹理等因素有关。其中最重要的是形姿和洞穴，它们在近山形石的鉴赏过程中起决定性作用。近山形石的形姿有玲珑形、险怪形和孤、双峰等，大体上为高而细状，这是米芾相石法中的"秀""瘦"。正如太湖石部分（参见白居易的爱石趣味以及太湖石鉴赏法的初步形成部分）所分析的那样，洞穴可以增加山石的神秘性和灵感，这是米芾相石法中的"透"。

一般来说，石色中以彩色为贵，红、黄或绿色者为上，灰色、白色者因常见而一般。光泽以温润者为上，枯燥者为下。声响则以清越者为上。山

图4-84 手捧莲花的胁侍菩萨

图4-85 手捧盆花莲花的飞天并作散花状，大雄宝殿西壁北部

图4-86 《说法图》中说法中的释迦牟尼下前方，左侧侍者手捧山石盆景

图4-87 《说法图》中说法中的释迦牟尼下前方，右侧侍者手捧山石盆景

图4-88 《均提童子出家得道经变》图中的山石盆景，位于大雄宝殿北壁西次间

图4-89 手捧山石盆景的女子

图4-90 手捧山石盆景的两位菩萨

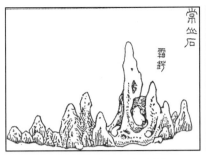

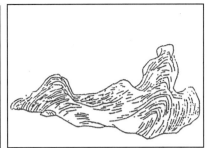

图4-91　远山形石〈常山石〉（《素园石谱》卷二）　　图4-92　近山形石〈玄石〉（《素园石谱》卷一）　　图4-93　象形石〈醉道士石〉（《素园石谱》卷三）　　图4-94　纹样石〈鸦鸣树后屏〉（《素园石谱》卷四）

表4-4　宋代观赏石的四大类别

	远山形石类	近山形石类	象形石类	纹样石类
表现景观	表现高低起伏、层峦叠嶂的群山景观	表现孤峰、双峰等近山景观	山石的形状与大自然中的人物、鸟兽、云朵等相类似	山石的表面有花瓣、动物以及各种图画的纹样
形状	长度大于高度	长度小于高度	象形	多种多样
应用方式	庭园中的群山形石、浅盆山水盆景、研山及笔山等	园林中的孤赏石、怪石、中深盆山水盆景、供石(孤、双峰)	园林中象形怪石、象形供石	石屏、石画、石玩以及盆景(如菊花石盆景)

表4-5　近山形石类与远山形石类鉴赏法的比较

鉴赏法	高、长	形姿	洞穴	山崖	山谷	坡脚	色彩	声响	光泽	质地	纹理
近山形石	高>长	高耸险怪	重视	重视	不重视	不重视	重视	重视	重视	重视	重视
远山形石	高<长	层峦叠嶂	不重视	重视	重视	重视	重视	重视	重视	重视	重视

石的色彩、光泽和声响由石质来决定，如果石质致密，则光润、色美，敲击时发出清越的声响，这基本相当于米芾相石法中的"雅"[38]。山石的纹理可以增加山石的观赏内容和魅力，这是米芾相石法中的"皱"。总之，近山形石类的鉴赏法与太湖石的鉴赏基本相同，与米芾的相石法大体上一致。所以，我们认为，米芾的相石法只是总结了一部分观赏石类——太湖石和近山形石的鉴赏法。

3. 远山形石的鉴赏法

远山形石表现远处群山的景观，视点远，视野开阔，其形姿为长度大于高度。一般来说，山峰越多，高／长之比值越小。除此之外，远山形石有其独特的构成部分，如山峰、山峦、山崖、山谷以及山之坡脚等。

在远山形石类的鉴赏过程中山石的峰、峦等起决定性作用，这是远山的基本特征之所在。在观赏远山形石时，不仅其形姿具有视觉的审美价值，同时还会令观赏者联想到我国的名山大川。如苏东坡的仇池石表现了太白山和峨眉山的景观；范成大的峨眉石也表现了峨眉山的景观。为了增加山石的山峰数和险怪程度，宋人还把其他山石胶接于山石主体之上："石之诸峰间有外来奇巧者相粘缀，以增险状。"[39]这种方法是我国堆叠假山和制作盆景过程中最常用的手法，并且一直沿用至今。

4. 近山形石类与远山形石类鉴赏法的比较

通过以上的分析研究，可对近山形石类与远山形石类鉴赏法的比较如表4-5。

南宋植物盆景文化

由于南宋都城临安的气候比汴京（开封）更适合花木生长，南宋时期出版的花木专著数量更多，花木栽培技术更趋于成熟。

南宋时期出版的花木著作有：淳熙二年（1175），范成大撰《桂海虞衡志》（内有〈桂海花木志〉），记述广西等地所产花卉40种；陆游（1178）《天彭牡丹谱》1卷；史正志（1175）《菊谱》1卷，范成大（1176）《范村菊谱》1卷，胡融《图形菊谱》2卷，沈竞《菊名篇》以及史铸《百菊集谱》6卷；关于兰花的有赵时庚（1233）《金漳兰谱》3卷和王贵学（1247）《兰谱》1卷。此外，还有吴辅《竹谱》2卷，陈翥《桐谱》1卷，陈思（1259）《海棠谱》1卷，范成大《范村梅谱》1卷，周必大《玉蕊辨证》1卷等；宝祐四年（1256），陈景沂编撰《全芳备祖》，全书分为前后两集，共58卷，著录植物近300种，其中花卉有120种左右。

植物类盆景名称考

南宋时期，植物盆景、盆栽除了继续使用唐代时已有的盆池外，还开始使用盆花、盆中花、盆草、盘松、盆窠、窠儿以及"盆＋植物名"与"盆中＋植物名"的命名法等相关名称。

1. 盆花、盆中花

许棐（？—1249）字忱夫，一字枕父，号梅屋。海盐人（今属浙江）。约宋理宗宝庆初前后在世。嘉熙中（1239年左右）隐于秦溪，筑小庄于溪北，植梅于屋之四檐，号曰梅屋。四壁储书数千卷，中悬白居易、苏轼二像事之。著有《梅屋稿》《献丑集》《樵谈》以及《春融小缀》等。《梅屋稿》中有一首题为《小盆花》的诗，描写了盆花迎春怒放的景象。

小盆花

小小盆中花，春风随分足。

花肥无胜红，叶瘦无久绿。

心倾几点香，也饱游蜂腹，

太盛必易衰，荒烟锁金谷。

诗的标题与诗的第一句中，分别出现了盆花与盆中花的词语。

2. 盘松

宋代进一步发展了唐代文人欣赏、栽培小松的风习，开始鉴赏盘松。盘松，在树龄上比小松更古老，在姿形上比小松更奇特。盘松的含义为：①盘根错节的老松。②由人工技术加工而成的松树盆景[40]。宋代文献中对盘松的记述如下：

（1）周必大（1126—1206），庐陵（现江西省吉安县之南）人，字子充、洪道，谥文忠，自号平园老叟。绍兴年间（1131—1162）进士，官至少傅。著有《平园集》二百卷。他在《玉堂杂记》记载道：

春桃盘松，其详不可得而知也。尝见御制〈盘松赞〉墨本云：天赐瑞木，得自歙鄙，枝盘数万，

150

干不倍寻，怒腾云势，静奏琴音。

此松为上天恩赐的瑞木，自高山移植而来，枝蟠干曲，姿形具怒腾的云势，叶丛随风发出似琴弹奏的美妙声响。另外，据《玉堂杂记》记载，宋徽宗赵佶还对禁宫中的盘松作文赞道：宋徽宗禁中有盘松，自为文曰："姿姿偃盖，天骄腾龙，翠色凝露，清音舞风。"此短短的十六字对盘松的姿形、丰韵等作了淋漓尽致的描写。

（2）清代端木埰编辑的《宋词赏心录》中收录有《满江红·梦窗》词一阙，其前阙如下：

云气楼台兮，一派沧浪，翠蓬开小景，玉盆寒浸，巧石盘松，风送落花时过岸，浪摇晴栋欲飞空，算鲛宫一红尘，无路通。

经分析，可得出以下结论：①中宋徽宗所咏"盘松"为宫苑中栽植的矮奇老松。②"翠蓬开小景，玉盆寒浸，巧石盘松"词句中的"盘松"为盆中栽植的松树，亦即松树盆景。

明代王鏊（1475年的进士）所著《姑苏志》载曰："虎丘人善于盆中植奇花异卉，盘松古梅，置之几案，清雅可爱，谓之盆景。"[41] 可见，盘松与古梅在一定程度上成为我国盆景的代名词。

3. 盆窠、窠儿

南宋社会安定、经济发展，保障了首都临安（现在的杭州）文化的发展，同时临安的宫廷与民间也大量摆饰盆花与盆景，当时的盆景被称为"盆窠""窠儿"。

周密（1232—1308），字公谨，号草窗、萧斋、华不注山人、浩然斋等。擅长诗词，官至义乌县令。书室名为书种堂、志雅堂。著有《蜡未集》《齐东野老》《武林旧事》《云烟过眼录》等多种。《武林旧事》第二·元正中载有："器玩盆窠，珍禽异物，各务奇丽。"

吴自牧的《梦粱录》中有如下的记事：

又有钱塘门溜水桥东西马塍圃，皆植怪松异桧，四时奇花，精巧窠儿，多为龙蟠凤舞、飞禽走兽之状，每日市于都城，好事者多买之，以备观赏矣。[42]

以上两文献中先后出现了"盆窠"与"窠儿"。窠为植物的数量词，一株即为一窠，窠可引申为棵、树之意。例如，唐代段成式《酉阳杂俎》载："兴唐寺有牡丹一窠"。可见，"盆窠"即为盆树之意，指盆中栽植的树木，相当于现在的树木盆栽或者树木

盆景；"窠儿"为树儿之意，指经人工整形而成的，形似禽、兽、人物等的树木。

4. "盆＋植物名"与"盆中＋植物名"的命名法

从宋代开始，已经比较普遍地采用一种常见的命名法，即在盆栽花木与盆景植物名称之前冠以"盆"或者"盆中"字，构成"盆＋植物名"或者"盆中＋植物名"的形式，以此来称谓盆栽与盆景。这种命名法一直使用至今。

（1）"盆＋植物名"的命名法

何应龙，字子翔，号橘潭，钱塘（今浙江杭州）人。嘉泰进士，曾知汉州，与陈允平有交。著作已佚，仅《南宋六十家小集》中存《橘潭诗稿》一卷。何应龙《橘潭诗稿》中有以〈和花翁盆梅〉为题的诗一首；吴攒撰《种艺必用》中："盆榴花树多虫"；陆游《放翁全集》〈初夏〉诗中有："百叶盆榴照眼明"等。可见，宋代时，梅花与石榴的盆栽、盆景已经普遍采用此种命名法。

（2）"盆中＋植物名"的命名法

采用此种命名法的史料有吕胜已作《江城子·盆中梅》词一首，何应龙《橘潭诗稿》中有以〈盆中四时木犀〉为题的诗一首。可见，当时梅花与桂花的盆栽、盆景已经采用此种命名法。

盆花的盛行与花木促成栽培技术

1. 盆花的盛行

花木盆栽技术的发展和花木在室内、庭园中的装饰布置的要求大大促进了盆花的盛行。

（1）都城临安盆花的盛行

周密在《武林旧事》中记载了临安宫廷中列置盆花进行纳凉的景况：

又置茉莉、素馨、建兰、麝香藤、朱槿、玉桂、红蕉、阇婆、蓠蔔等南花数百盆于广庭，鼓以风轮，清芬满殿。[43]

从此记述也可以看出南宋皇宫中利用盆花进行庭园布置的盛景。一般市民没有经济能力购买原产于岭南等地的南方盆花，但也在大门口和庭院中摆饰了当地常见花草的盆花。如临安的端午节时，"市人门首，各设大盆，杂植艾、蒲、葵花。"到农历六月六日时，又"盆种荷花、素馨、茉莉、朱槿、丁香藤"[44] 等。有的家庭还在盆里栽种葫芦，挂果后进行观赏："葫芦秧种小盆，得土甚浅，形仅寸许，

垂挂可观。"[45] 当时，还有一种独特的盆栽荷花的方法："种盆荷花，用老莲子，装入鸡卵壳内，将纸糊闭孔，与母鸡混众子中同孵，候雏出取开，收起莲子，先以天门冬为末，和羊毛角屑拌泥，安盆底，种莲子在内，勿令水干，则生叶开花如钱大，可爱。"[45]

当时，虽然盆栽的花木种类较多，但以盆栽牡丹与盆栽兰花最盛行。

（2）盆兰的分盆法

唐代时王维已开始制作兰石盆景，到了宋代，兰花以其幽香和雅姿受到了士人们的喜爱。兰花的专著有赵时庚的《金漳兰谱》和王贵学的《兰谱》，此二专著中都记载了盆兰的分盆，下为王贵学《兰谱》中所记载的方法：

未分时前期月余，取合用沙，去砾扬尘，使粪夹和（鹅粪为上，他粪勿用），晒干储久，待寒露之后，击碎原盆，轻手解拆，去旧芦头，存三年之颖，或三颖或四颖作一盆，旧颖内，新颖外，不可太高，恐年久易隘；不可太低，恐根局不舒。

如上所述，由于栽培、欣赏盆花的盛行，盆花也成为当时壁画、陶瓷绘画的主题之一。例如，在辽宁昭乌达盟挖掘的辽墓壁画中，发现了两幅盆花图，盆作长六半花形[46]；景德镇窑、定窑的陶瓷制品中也偶尔发现绘有盆花的构图[47]。

2. 花木促成栽培技术

花卉促成栽培的发展，是宋代花木栽培技术进步的又一重要反映。周密（1232—1308）在《齐老野语》中记载了南宋临安马塍的"唐（堂）花法"：

马塍艺花如艺粟，橐驼之技名天下，非时之品真足以侔造化、通仙灵。凡花之早放者名曰堂花。花法以纸饰密室，凿地作坎，编竹置花其上，以牛溲、硫黄尽培溉之法。然后置沸汤于坎中，少候，汤气熏蒸，则扇之以微风，盎然胜春融淑之气，经宿则花放矣。若牡丹、梅、桃之类无不然。独桂花则反是，盖桂必凉而后放，法当置之石洞岩窦间，暑气不到处，鼓以凉风，养以清气，竟日乃开。[48]

由此可知，我国在南宋时已经根据花木的自然花期和生物学特性的不同，采取适当调节温度、光照等生态因子的措施，进行花木的促成栽培。这种能使花木开出"非时之品"的唐花技术，一直流传至今。

湖石花池景观的流行

最早出现于唐代的花池景观，到了南宋，随着气候更有利于露地植物的生长、园林精致化发展以及造景的需求，出现了普及、流行的趋势。

1. 宋人《松荫庭院》中的方台座花池景观

宋人《松荫庭院》描绘柳荫庭院，由空中下瞰，房屋皆露脊，尽窥院中景。一妇人昼寝将醒，侍女三执事廊下。一侍女捧盘水供盥洗，另外二人共提一布囊。画面布局新颖，用笔工细。其中有一花池景观，双松苍翠，其上盘绕紫藤，旁边点缀湖石，取意古拙（图4-95）。

此处描绘的花池景观，正是明计成《园冶》阐述湖石于庭园中配置手法的写照："惟宜植立轩堂前，或点乔松奇卉下，装治假山，罗列园林广榭中，颇多伟观也。"

2. 宋人《折槛图》中的方台座花池景观

《折槛图》描绘的故事初载于《汉书·朱云传》。西汉成帝（公元前32—公元前7年在位）时，宰相张禹恃宠而骄，朝中大臣畏于张曾为帝师，多数不敢参劾，唯独槐里令朱云（公元前1世纪）勇于直谏，并请赐尚方宝剑以斩佞臣。上怒其以下犯上，本欲令御史将朱拿下治罪，幸得左将军辛庆忌（？—公元前12年）免冠解印绶，抵死力保，始得免罪。

图4-95 宋人，《松荫庭院》（局部）

朱云于反抗之际，已将宫中的殿槛折断，执事者本欲尽快修理恢复旧观，成帝欲指称，宜保留原状，借以表彰忠臣气节，并作为日后的警戒。

画面左方，朱云正以左臂攀勾槛栏，与两卫士奋力拉扯。成帝踞坐于圈椅上，身形微欠，做倾听状。成帝背后侍立一名卫士，手握尚方宝剑。另外两名宫妃，相顾私语，议论不止。至于执笏垂首、面露愧色的便是被谏劾的张禹。辛庆忌则独立于众人之前，努力为朱云排解。

本幅作者刻意将松树安排在画幅右缘，并令枝干朝左方探出，与御花园中的湖石、花池、槛栏，共同构成一近乎封闭的区域，以便让观赏者的视线得以汇聚在主题人物的情节中。

成帝身后的为一花池景观，精雕细刻的大理石长方形花池上，放置具有透、漏、瘦、皱特点的太湖石，石后陪衬竹子，构成稳定、奇特、具有震撼力的景观（图4-96）。

3.《商山四皓会昌九老图》中的花池盆景

《商山四皓会昌九老图》佚名（旧题李公麟）以白描手法分别画秦末高士东园公、甪里、绮里季、夏黄公四人避乱隐居商山的故事和唐代会昌年间九位退休老人白居易、胡杲、吉旼、郑据、刘真、卢真、张浑、李元爽、释如满相聚洛阳履道坊作尚齿之会的故事。画面庭园中出现使用太湖石做成的大型花池盆景，湖石旁栽植花木（图4-97）。

绘画作品中描绘的盆景

宋代绘画是中国绘画艺术发展史上的一个高峰，这与宋代的帝王及宗室子弟多具艺术禀赋、修养、兴趣有关。南宋虽偏安江南，但在绘画上却依然取得了瞩目的成就。宫廷绘画仍是当时绘画发展的主流，江南的自然和人文环境，使南宋绘画别具自己的特色。山水画从北宋全景式的大山大水及松石，变成了用笔简括、章法谨严、高度剪裁的边角特写。人物画着重挖掘人物的精神状貌及动人的情节，注重塑造性格鲜明的艺术形象。花鸟画努力进行形象提炼，有着高度的写实能力。而千姿百态的西湖画更显示了南宋画的特色。在众多的南宋绘画作品中，不少都出现了盆花、盆景。

1. 苏汉臣（传）《妆靓仕女图》中的盆景

《妆靓仕女图》现存美国波士顿美术馆，为团扇，传由苏汉臣所作。苏汉臣，生卒年月不详，约在北宋、南宋之间，河南开封人，宣和画院待诏，南渡后于绍兴间复官，画师于刘宗古，长于道释像、人物，尤善画婴儿。

《妆靓仕女图》画的是一名正在梳妆打扮的女子，其面部表情不是直接面对观众，而是通过镜面表现出来。女子神情娴静而略带忧伤，旁边又用零落的桃花以及几秆新竹、水仙来衬托，更加表明此刻人物的心境。梳妆台上摆放一高筒盆的水仙盆景，女子坐凳左前方几架上摆放着两盆盆景，盆钵为尊形，符合宋代盆钵的造型特点（图4-98）。

2. 南宋《水轩花榭》中的盆景

高台依山岩而建，上筑有敞轩台榭，高台下林木郁葱。一游廊半隐于苍翠间，另一端通向两座高大殿堂。华丽的单檐歇山顶建筑，林叶茂密，不远处与屋脊等高的苍松，与近景临石而出的参天巨松遥遥相对。画家借由左下角挺拔的老松，破除横向连接两大建筑组群的水平天际线。

在近景处的高台上，陈设着排成一列的五盆大型盆景，弥补了空间的不足，使高台富有生机（图4-99）。

3. 南宋佚名《盥手观花图》中的盆景

画中取宫苑一角，一妃子在两名侍女的服侍下，正在晓妆。妃子衣装华丽，一边盥手，眼前被一插瓶牡丹吸引。画中妃子姿态从容，一侍女双手端盥手盆，形态恭谨。画面构图妍雅，用笔精细，有唐人遗韵。

画中央偏左处的高几之上，陈设一盆栽，圆盆束腰，植物叶片较大（图4-100）。

4. 马麟《松阁游艇图卷》中的盆景

马麟，麟一作骥，钱塘（今浙江杭州）人，原籍河中（今山西省永济）。马世荣之孙，马远之子，生卒年不详。马麟画承家学，擅画人物、山水、花鸟，用笔圆劲，轩昂洒落，画风秀润处过于其父。

马麟《松阁游艇图卷》描绘两株高大雄壮的松树之下，屋宇富丽堂皇，在其左侧有一大型石质平台，上摆多盆盆景，构成一幅恬静的庭园美景（图4-101）。

图4-96 宋人.《折槛图》.纵173.9cm.横101.8cm.现存台北故宫博物院

图4-97　南宋，《商山四皓会昌九老图》，现存辽宁省博物馆

图4-98　宋代，苏汉臣（传）《妆靓仕女图》团扇，现存美国波士顿美术馆

图4-99　宋人，约13世纪前期，水轩花榭，纵24.8cm、横25.8cm，现存台北故宫博物院

图4-100 南宋，佚名《盥手观花图》（局部），纵30cm、横33cm

图4-101，南宋，马麟，《松阁游艇图卷》

南宋植物类盆景各论

1. 松树盆景

南宋的文献资料、绘画资料中分别出现了松树盆景。

（1）《岩松记》中所记述的盆松

王十朋（1112—1171），乐清（现浙江省永嘉县东北）人。字龟龄，号梅溪、至乐斋，谥忠文。官至湖州、泉州知府，后授太子詹事、龙图阁学士。其《岩松记》记述道："友人以岩松至梅溪者，异质丛生，根衔拳石茂焉，非枯森焉，非乔柏叶，松身气象耸焉，藏参天覆地之意于盈握间，亦草木之英奇者。余颇爱之，植之瓦盆，置之小室。"一友人把一采挖于山野的松树送给王氏，因姿奇态古，抱石而生，他十分喜爱，便栽植于瓦盆之中，置于书室观赏。这是有关松树盆景的最早的文字史料。

（2）刘松年《十八学士图》中描述的松树盆景

唐太宗（597—649）曾命阎立本作图、褚亮为文赞颂文学馆的十八学士。据《唐书·褚亮传》载："宫城西作文学馆，收聘贤才，云云，命阎立本图像，使亮之赞，题名字爵里，号十八学士，藏之书府，

以章礼贤之重，天下所慕向，谓之登瀛州。"自初唐阎立本外，后世的多位画家也以十八学士为题材作《十八学士图》。

刘松年（约1155—1218），南宋孝宗、光宗、宁宗三朝的宫廷画家。钱塘（今浙江杭州）人。因居于清波门，故有刘清波之号，清波门又有一名为"暗门"，所以外号"暗门刘"。他主要擅长于画释道人物、山水、界画等，作品神气精妙，活灵活现。后人把他和李唐、马远、夏圭合称为"南宋四家"。传世作品有《醉僧图》《补衲图》《中兴四将图》《博古图》《四景山水图》及《天女散花图》《唐五学士图》等。

刘松年曾作《十八学士图》一幅，现存台北故宫博物院。此图虽因保存年代久远，稍有模糊，但可以看出，在该图左前方有一莲花形大理石台座，上摆一松树盆景，该松树盆景的树干弯曲成"S"形，六七片枝条成层并斜下伸展，俨然一幅古松的姿态。松树干基处似配有奇石，盆为海棠盆（图4-102、图4-103）。

2. 盆榴

石榴（*Punica granatum* L.），又名安石榴、海榴、

由汉使张骞出使西域时带回汉中。宋代开始，石榴已成为盆景的重要植物材料之一，被种于盆中观赏。

宋代吴攒撰写、元代张福补遗的《种艺必用及补遗》一书，以笔记的体裁，不分篇章，记录了当时民间的生产经验，值得重视。《必用》一百七十条，《补遗》七十二条。本书的87条〈种盆榴法〉，详细记述了宋代盆栽石榴冬季的越冬场所、浇水方法，春季的养护、修剪方法和夏季的光照、浇水方法；其次的88条，记述了盆栽石榴虫害防治方法。

陆游（1125—1210），字务观，号放翁，汉族，越州山阴（今绍兴）人，尚书右丞陆佃之孙，南宋文学家、史学家、爱国诗人。陆游的《放翁全集》〈初夏〉诗中有："百叶盆榴照眼明"的诗句。"百叶"为重瓣花之意，说明南宋时，重瓣石榴也成为盆栽、盆景的植物材料之一。

3. 盆中四季金桂

《西京杂记》记载有桂花[49][*Osmanthus fragrans* (Thunb.) Lour.]，说明我国最晚自汉代起已开始在园林中栽培桂花。到了宋代，出现了桂花的盆栽。何应龙作有《盆中四时木犀》，对盆中栽植的桂花作了颂咏。

盆中四时木犀

一树婆娑月里栽，是谁移种下天来？

金英恰似清霄月，一度圆时一时开。

诗文中的"金英"，说明花为金黄色；"一度圆时一时开"诗句之本意指月亮圆一次，花也开一次，说明此桂花一年中多次开花，同样，诗题中的"四

图4-102 南宋，刘松年《十八学士图》，纵44.5cm、横182.3cm，现存台北故宫博物院

图4-103 南宋，刘松年《十八学士图》（局部）

时木犀"也说明了这一点，因此，此盆中四时木犀为桂花变种之一的金色四季桂（*O. fragrans* var. *semperfolrens* Hort.）。

4. 盆栽海棠花

海棠花（*Malus spectabilis* Borkh.），风姿艳质，美丽可爱，在我国具有悠久的栽培历史。"尝闻真宗皇帝御制后苑杂花十题，以海棠为首章，赐近臣唱和，则知海棠足与牡丹抗衡。"[50]可见海棠在宋代已成为名花之一。陈思曾撰有《海棠谱》三卷，上卷收录了海棠的故事传说，中、下二卷收录了咏颂海棠的诗文，说明当时栽培海棠之盛行。

宋代，四川的海棠花最为著名，因而陈思在其《海棠谱》有"（海棠）独步于四川"之句。范成大（1126—1193），吴县（现江苏苏州市）人，字致能，号石湖居士，封为崇国公，巧于诗文。他在《吴郡志》载有："莲花海棠，花中之尤也。凡海棠虽艳丽，然皆单叶，独蜀都所产重叶，丰腴如小莲花。成大自蜀东归，以瓦盆漫移数株，置船尾，才高二尺许。至吴皆活，数年遂花，与少城无异。"[51]"单叶"，指单瓣品种；"重叶"，指重瓣品种；"少城"，为现在成都市西城。因只有蜀都所产海棠为重瓣，范成大便用盆栽的方法把它引种到苏州。此文献在说明宋代已经开始利用盆栽法进行园林花木引种驯化的同时，还说明此时已出现了海棠的盆栽和盆景。

5. 芭蕉盆景和石菖蒲盆景

芭蕉（*Musa basjoo* Sieb.）为芭蕉科多年生草本，原产我国南部，六朝的《三辅黄图》和晋代的《南方草木状》皆有关于芭蕉类的记载，证明在我国已有近两千年的栽培历史。

现存美国波士顿美术馆的宋代《荷亭儿戏图团扇》，此轴画风活泼清丽，表现庭院中，两孩在湖石花丛下嬉戏，用笔极为细致，精到而刚劲。设色艳丽，与画面气氛浑然一体，信息传达恰到好处。画的左上方有几行题跋，但非原画所有，旧传此画是汉臣之作，但仅就画面来说，其布局匀称得体，用笔熟练老到，确为功力颇深之人的作品。特别是两孩瞳如点漆，炯炯有神，堪称"点睛"妙笔。

在画面构图中，几座之上陈设一盆丛生芭蕉盆景，配以奇石，在盆中表现南国风光。说明宋代开始芭蕉已经成为盆栽、盆景的材料之一。

此外，在芭蕉盆景右后方和画面右侧蜀葵之

左后方，分别摆饰一盆石菖蒲盆景。芭蕉盆景右后方之石菖蒲为圆盆，前置小型湖石，雅致秀美（图4-104）。

《调燮类编·花竹》卷四中，记载了南宋时期矮化盆栽芭蕉的方法："蕉宿根愈久愈大，欲栽盆，将根切碎，用油簪脚横制十字二孔，只高尺许，殊可供玩。"《种艺必用》一书还记载了水养附石式芭蕉的制作方法："种水芭蕉法：取大芭蕉根，平切作两片。先用粪、硫磺酵土，须十分细，却以芭蕉所切处向下，覆以细土，当年便于根上生小芭蕉，才长二三寸许，取起作头子，块切，逐根种于石上，用棕榈丝缠定，根下着小土，置水中。候其土渐去，其根已附石矣。"[52]

6. 棕榈盆景

棕榈（*Trachycarpus fortunei*），又名棕树，属棕榈科棕榈属，是一种格调高雅、经济实用的亚热带常绿小乔木，主要分布于我国秦岭以南和长江中下游的温暖、湿润、多雨地区。它作为纤维类经济树种与庭园绿化树种，在我国已有2000年以上的栽培应用历史，战国时代（公元前476—公元前256）南人所作《山海经》中已见记载。随着两汉

图4-104　南宋，作者不详（旧传周文矩），13世纪，《荷亭儿戏图团扇》（又称：《狸奴婴戏图》）团扇，现存美国波士顿美术馆

魏晋以及隋唐代的在经济、医药方面的广泛利用，宋代时作为庭园观赏植物，出现了盆栽棕榈。

现存台北故宫博物院的宋人所作名画《却坐图》（图4-105），描绘汉文帝（公元前202—公元前157）时，重臣袁盎谏止慎夫人偕坐故事：汉文帝游上林，其宠妃慎夫人偕坐文帝旁，袁盎面谏，谓帝既有后（皇后），不当容许其妃偕坐后位，文帝与慎夫人当时虽发怒，事后仍纳袁盎之谏，并赏赐之。图中古木参天，怪石林立，珍禽欢鸣；文帝端坐正中，慎夫人偕坐其左，宫女群立其后。在文帝与宫女右侧摆饰一方型陶盆，内植一株棕榈，挺拔秀丽，一派南国风光。

7. 水仙盆景

（1）咏水仙花诗

陈与义（1090—1138），字去非，号简齐，洛阳人。政和三年（1113）登上舍甲科，授文林郎充开德府教授。南渡后历中书舍人，翰林学士，绍兴七年（1137）拜参知政事，隔年卒，年四十九岁。是南北之交杰出的诗坛领袖，有《简齐集》存世。

本件以行书写《咏水仙花》诗，是存世仅见陈兴义手迹，此诗亦收入于《简齐集》。《咏水仙花》内容如下：

> 咏水仙花。书呈幸光和。兴义上。
>
> 仙人绡色裳，缟衣以禢之。
>
> 青悦纷委地，独立东风时。
>
> 吹香洞庭暖，弄影清昼迟。
>
> 寂寂篱落阴，亭亭与予期。
>
> 谁知园中客，能赋会真诗。

本诗把水仙花比喻成一位仙子。先从视觉写水仙花的仪态：穿着绡色的衣裳，披着洁白的丝质禢衣，青色的配巾优雅地飘落在地面，她就像是一位仙子。然后从嗅觉写水仙花的芳香：水仙花散发出的清香融在空气中，令人陶醉。寄托了诗人对美好芳洁事物的追求，并相信高洁芳香的事物有时尽管被冷落，但自有高士欣赏。

（2）《岁岁平安图》中的水仙盆景

宋代佚名《岁岁平安图》描写春节前后两位孩童倚跪在石桌旁游戏的情景。画面左侧有一湖石，其后栽植一株盛开的梅花，下植竹子。石桌左侧摆放一盆盛开的水仙，盆钵古典雅致（图4-106）。

8. 万年青盆景

万年青，多年生常绿草本植物，原产于中国南

图4-105　南宋，《却座图》

方和日本，是受人喜爱的优良观赏植物，在中国和日本有悠久的栽培历史，同时也是一种盆栽、盆景植物。

台北故宫博物院收藏两幅宋人所画的《万年青》盆景图。一幅为绘有山水画鼓形盆的丛生万年生盆景图，上有杨万里泥金楷书题诗："景运光昌仰圣恩，

图4-106　宋代，佚名《岁岁平安图》现存台北故宫博物院

万年嘉瑞护灵根。微臣恭祝尧天寿，培植山河一统畴。"诗中的"培植山河一统畴"描写该万年青盆景通过栽植数株万年青，并与鼓形盆上的山水景色一起实现了把山河植物景观浓缩于一个盆中。

另一幅为一株万年青栽植于一海棠型花盆中，万年青有七八片叶片，两支结红果的花葶一高一低，盆钵似为汝窑盆（图4-107）。

9.菊花盆景、兰花盆景

台北故宫博物院收藏《绣菊花帘》一幅，为深褐色地绫五彩绣。菊花盆景居中，几乎顶天立地，构图奇特。盆中菊花盛开，花茎高挺，花型大且圆润饱满，花瓣繁复，既有自然写实面貌，又富装饰趣味，蝴蝶昆虫围绕其间。旁列兰花盆景各一，花台为蛤蟆造型，表情诙谐。以绿线绣地，全用粗松线短针齐绣，绣工精细，设色古朴（图4-108）。

10.盆栽荷花

南宋时，庭园中摆饰盆栽荷花较为常见，作为绘画的题材常常出现在绘画作品中。

（1）《桐荫玩月图》中的大型盆栽荷花

《桐荫玩月图》图绘月色朦胧的秋夜，两层高楼一座，左侧回廊环绕，门前两棵高大的梧桐，荫满大院。堂内一仕女身着红色上衣和白色长裙，照看着院内一玩耍小童，其态悠闲自得。回廊前面摆放着三盆荷花，花朵怒放（图4-109），小草如茵，湖石点缀，意境清幽妍美。图中楼阁为界画，丛竹、梧桐、翠柳、芭蕉兼工带写，笔法灵活多样。构图虚实结合，静中寓动。

（2）钱选《荷亭消夏》中的大型盆栽荷花

钱选（1239—1299），字舜举，号玉潭，又号巽峰、雪川翁，别号清癯老人、川翁、习懒翁等，湖州（今浙江吴兴）人。宋末元初著名画家，与赵孟頫等合称为"吴兴八俊"。

《荷亭消夏》描写炎炎夏日，庭院大口瓦缸并列，内植荷花盛开，荷叶像翠盖，赋色妍丽（图4-110）。亭阁内文士闲坐交椅，童子拱手侍立，屋内桌案摆设画册、古鼎、瓷瓶等可供赏玩之物。微风徐来，亭内清香阵阵，诚为避暑佳处。描写文士清赏闲居生活，繁花绿叶与自然山景相互衬托，情景极富诗意。

图4-107 宋人，《万年青》（局部），现存台北故宫博物院

图4-108 宋代，《绣菊花帘》，纵147.4cm、横64.4cm，现存台北故宫博物院

图4-109 南宋，佚名《桐荫玩月图》，纵24cm、横17.5cm，现藏北京故宫博物院

图4-110 南宋，钱选《荷亭消夏》，纵23.1cm、横24.1cm，现藏台北故宫博物院

植物类盆景的树形与形式

北宋植物盆景在树形与形式方面，除了继承了唐代的附石式外，还出现了水旱式、蟠干式与丛植式。

1. 附石式盆景

南宋杜绾的《云林石谱》〈卷上·昆山石〉一节载道：

平江府昆山县石产土中，为赤土积渍，既出土，倍费挑剔洗涤，其质磊块巉岩透空，无峛拔峰峦势，如扣之无声。土人唯爱之洁白，或栽植小木，或种溪荪于奇巧处，或置立器中，互相贵重以求售。

把某些小树或草本栽植于山石之洞穴、低凹处，再置山石水盆中，构成海岛悬松、山崖苍柏别具一格的风景景致，这便是附石式盆景。昆山石玲珑透空，洁白可爱，是古代附石式盆景中最常用的石种。

上记的松树盆景部分中所载王十朋的岩松"根衔拳石茂焉"可知，此岩松为一附石松。

2. 水旱式盆景

吕胜已，建阳（现山东省枣庄市峄城区）人，字季克，号渭川居士，巧于隶书。他曾为赞颂盆梅，以"盆中梅"为题，作《江城子》词一阕：

年年腊后见冰姑，玉肌肤，点琼酥。不老花容，经岁转敷腴。向背稀稠如画里，明月下，影疏疏。江南有客问征途，寄音书，定来无。且傍盆池，巧石依浮图。静对北山林处士，妆点就，小西湖。

此词表现了盆梅优美的画境：一轮明月，映照着疏枝横斜的梅花，衬以池水、巧石、宝塔配件等，构成了一幅优美的西子湖畔的图画。从所表现的内容和所用的材料可知，此盆中梅为一水旱式盆景作品。

3. 蟠干式与丛植式

上记刘松年《十八学士图》中所描绘的盆松为一蟠干式盆景。现存美国波士顿美术馆的宋代《荷亭儿戏图团扇》中所描绘的芭蕉盆景为一丛植式盆景。

植物类盆景的整形技术

1. 盆梅的整姿技术

何应龙《橘潭诗稿》〈和花翁盆梅〉中的"体蟠一簇皆心匠，肤裂千梢尚手痕"诗句，精练地概括了当时盆梅的整姿技术。"体蟠"指对盆梅的枝干利用人工的方法（绑扎）作了蟠曲整形；"肤裂"指人工整形后留下的痕迹；"一簇"和"千梢"指

盆梅经修剪后形成具有多数枝条的树姿。"皆心匠"和"尚手痕"则指盆梅的树形不是自然的，而是人工整形而来的。由此可见，宋代时，已经把绑扎技术应用于盆梅的制作。

2. 盆榴的修剪技术

《种艺必用及补遗》〈87 条·种盆榴法〉中载道："春暖，放露砖石上；如长嫩苗，随意剪去，勿令高大。"春天，天气变暖，盆榴的新枝条生长迅速，为了控制生长，保持树形，应当随时剪去长条。此文献是我国记载盆景修剪技术的最早史料，值得重视。

植物类盆景的养护管理技术

1. 盆榴的养护管理

《种艺必用及补遗》〈87 条·种盆榴法〉中详细记述了宋代盆栽石榴冬季的越冬场所、浇水方法、春季养护以及夏季光照、浇水方法：

种盆榴法：冬间霜下，可收回南下；如土干，就日色中略用水浇润。春暖，放露砖石上；如长嫩苗，随意剪去，勿令高大。夏间，置烈日中，或屋上晒，尤佳；免近地气，长根及有蚁、蚓；兼猛日晒，则易着花；又须每日清晨，用水一盆或米泔没花斛，浸约半时许，取出，日中晒；如觉土干，又浸，或一两日一浸；亦不必添肥土；间用沟泥水浇之，无亦不妨；只要浸、晒，别无他术。

其后的 88 条，还记述了盆栽石榴虫害防治的方法，"盆榴花树多虫，其形色如花条枝相似，但仔细观而去之，则不被食损其花叶。或木身被虫所蠹。其蛀眼如针而大，可急嚼甜茶，置之孔中，其虫立死。"

2. 盆养石菖蒲的养护管理

《种艺必用及补遗》记载了盆养石菖蒲的日常管理以及洗根、越冬的方法。

112 条对浇水与日常管理方法记载道："石菖蒲，须用石泉及天雨水，不可用河、井水。如无油腻尘垢，不必频易。夜移置露天，旦起见日收之，则可久也。"

113 条对洗根的方法记载道："石菖蒲喜洗根，频洗则叶细而极修美；不可近烟，烟熏则烂死。"

115 条对越冬的方法记载道："凡冬月收石上菖蒲，须是先用大物贮沙，沙布满，然后置菖蒲根于沙中，不大没其苗，顿于向阳处收之。三五日间，以须以净水灌溉，但勿令冻，冻则损根，其苗则槁矣。"

上述盆榴与盆养石菖蒲传统的养护管理技术至今仍有一定的参考与应用价值。

第六节
南宋山石盆景文化

进入南宋之后，由于自然条件的优越、经济的发展，文人间的爱石之风比北宋有增无减，并且开始为观赏石类著书立说。南宋著名的盆景石玩爱好家有陆游、范成大、黄庭坚、赵希鹄、杜绾和渔阳公等。这些文人为我们留下了许多宝贵的咏石诗文、记石专著、爱石故事以及画石绘画作品，形成独具特色的南宋山石类盆景文化（图4-111）。

南宋山石盆景名称考

南宋文献中出现的有关山石类盆景名称有假山、盆山、怪石、异石以及谷板等。

1. 假山

园林中人工叠制的山石景观属于假山，盆钵中形成的山石景观也属于假山，所以，宋代时的山石盆景也被称作假山。

刘学箕，生卒年均不详（约公元1192年前后在世，即宋光宗绍熙时期在世），字习之，崇安（今福建武夷山市）人，刘子翚之孙。生平未仕，但游历颇广，曾"游襄汉，经蜀都，寄湖浙，历览

名山大川，取友于天下"（本集陈以庄跋）。刘学箕曾作《石假山》一首，诗中所描绘的山石景色就是山石盆景的景色。

石假山

潭溪散人方是闲，真山不爱爱假山。
呼童积叠石磊砑，远近便拥峰与峦。
晴岚滴翠明窗前，清影挂壁方池边。
色侵书帙日华薄，丘壑坐上生云烟。
云烟收霁苔藓绿，山石傍头更栽竹。
三竿两竿韵不俗，摇荡清风凉意足。
方是闲人当此时，以假像真人谓奇。
或来静对酌美酒，或来宴坐哦新诗。
吟诗搜索萦心脾，酒醉落魄精神痴。
吟诗饮酒且不可，况复局上争枯棋。
不如对山抚鸣琴，琴心三叠舞胎禽。
高山流水存至音，古趣澹泊悦我心。
老泉三峰烂木材，百年沉埋安在哉。
东坡仇池九华石，只有佳篇傅入集。
此山亦独今视昔，与我同生亦同没。

此外，王之道（1093—1169）字彦猷，庐州濡须人。生于宋哲宗元祐八年，卒于孝宗乾道五年，年七十七岁。善文，明白晓畅，诗亦真朴有致。为人慷慨有气节。宣和六年，（1124）与兄之义弟之深同登进士第。对策极言燕云用兵之非，以切直抑制下列。调历阳丞。绍兴和议初成，之道方通判滁州，力陈辱国非便。大忤秦桧意，谪监南雄盐税。坐是沦废者二十年。后累官湖南转运判官，以朝奉大夫致仕。之道著有《相山集》三十卷，《四库总目》〈相山词〉一卷，《文献通考》传于世。之道也作《假山》一首，咏颂山石盆景景色。

图4-111 南宋，佚名《夜宴图》，左后方摆饰大型湖石盆景

假山

幽人爱九华，胸臆富岩窦。

叠石谈笑顷，窗间列远岫。

……

2. 盆池

南宋时期沿用了唐代时的"盆池"一词，但与唐代时期不同的是，南宋时的盆池一词多指山石盆景。

袁说友（1140—1204），字起岩，号东塘居士，福建建安（今福建建瓯）人。侨居湖州。宋绍兴九年（1139）生。孝宗隆兴元年（1163）进士，调溧阳簿。淳熙四年（1177），任秘书丞兼权左司郎官，后调任池州、知临安府。累任太府少卿、户部侍郎、文安阁学士、吏部尚书。宁宗嘉泰二年（1202）以吏部尚书进同知枢密院，三年（1203），拜参知政事（位同副宰相，正二品）。袁说友曾作《植花于假山》一首，咏颂盆池景色。

植花于假山

岩石棱棱巧，盆池浅浅开。

空山初幻花，方丈小飞来。

……

此外，晁迥，南宋诗人，生卒不详，曾作《假山》一首，咏颂盆山景色。

假山

覆篑由心匠，多奇势逼真。

盆池幽闲古，拳石翠峰新。

云淡炉烟合，松滋树影邻。

不须同谢传，对此已清神。

3. 盆山

"盆山"一词从北宋时开始流行与使用，在南宋时也被广泛使用。

（1）杜绾《云林石谱》中的盆山

杜绾《云林石谱》〈湖口石〉一节中记载："或大或小，土人多缀以石座，及以细碎诸石胶漆粘缀，取巧为盆山求售。"可以利用湖口石的山形奇特者做成盆山观赏。

（2）陆游诗中的盆山

陆游（1125—1210）的《北窗试笔》卷三十七中有："北窗小雨余，盆山郁葱菁"的诗句。诗中"盆山"出。

此外，陆游的《菖蒲》诗中有："……清泉碧缶相发挥，高僧野人动颜色。盆山苍然日在眼，此物一来俱扫迹。……"[53]的诗句。上两诗中都出现了"盆山"一词。

4. 怪石、异石

宋代宗室赵希鹄著有《洞天清录集》，书名中的"洞天"是神仙居住天地之意，"清录"是文人的清雅之意，该书成为后世鉴赏家的指南书。著者在该书中对于鉴赏、趣味有关的12项进行了论辨。〈怪石辨〉一项专门对怪石的石类、产地、特征、品评和鉴赏进行了记载和论述。其中有"怪石有水自出：绍兴一大夫家有异石起峰，峰之趾有一穴，中有水应潮自生，以水供研滴。嘉定间越师以重价得之。"上文之标题为"怪石有水自出"，文中则把此怪石称作异石，说明怪石与异石含义相同，这在当时的其他文献中也得到证明。

5. 谷板

南宋孟元老在宋南渡之后，通过追忆汴京（现在开封）盛事而撰写成了《东京梦华录》一书，其中载曰："七夕，以小板上传土，旋种粟令生苗，置小茅屋花木，作田舍家小人物，皆村落之态，谓之谷板。""京师七夕，以绿豆、小麦于瓷器内浸生芽，以红蓝丝缕束之，谓之种生。"

当时的谷板是在木板上盛土，种植绿豆、小麦等的小苗模仿林木景色，放置村舍、人物的模型，勾画出一幅田园风光。这种谷板也是独特盆景形式的一种。这种谷板，在我国没有流传开来，后来在日本偶尔可见（图4-112）。

图4-112　日本风流伞上的"谷板"（洲浜盆景）（《年中行事绘卷》第四卷，12世纪前后）

文人的赏石、爱石诗文

1. 陆游的爱石诗文

陆游（1125—1210），字务观，号放翁，汉族，越州山阴（今绍兴）人，尚书右丞陆佃之孙，南宋文学家、史学家、爱国诗人。陆游诗词题材广泛，风格多样，技艺老练，尤其在其诗中表现出一种激烈而深沉的民族情感，反映着在那山河破碎、民族危亡的年代人们的普遍心愿。

"花如解语还多事，石不能言最可人。"这首诗句出自陆游《闲居自述》："自许山翁懒是真，纷纷外物岂关身。花如解语还多事，石不能言最可人。净扫明窗凭素几，间穿密竹岸乌巾。残年自有青天管，便是无锥也未贫。"可见，陆游对于山石的格外喜爱。

陆游曾作《假山拟宛陵先生体》[54]，咏颂自己所做的假山小潭景色。

假山拟宛陵先生体

> 叠石作小山，埋瓮作小潭。
> 旁为负薪径，中开钓鱼庵。
> 谷声应钟鼓，波影倒松楠。
> 借问此何许，恐是庐山南。

《假山拟宛陵先生体》是陆游歌咏一个由人工堆砌、开凿而成的小型钓鱼池的景象。诗中记述道：用太湖石堆叠成小山，旁边仿佛埋了个水瓮，成为小小的池潭。水潭旁一条羊肠小道，盖了一间小小的钓鱼用的茅草屋，看上去真有点像来到深山老林。山谷中传来寺庙的阵阵钟声，树影映照在水波中，好一幅山水画，恰似庐山风光。陆游把这个在庭院中布置的景观描摹得生机盎然，竟把它和天然成就的庐山相比，可见诗人对它的喜欢。

陆游除了用诗词咏颂奇石之外，还收集奇石进行观赏，尤其对灵璧石倍加推崇，曾在自己的园庭中放置巨型灵璧园林石。在《诗题李季章侍郎林堂》中作诗道："林虑灵璧名宇宙，震泽春陵稍居后。瞿公黄鹤得数峰，对客掀髯诧奇秀。"该诗对灵璧石予以高度赞赏。

陆游收藏的灵璧石均为山形石，因山形景观石四面可观，为当时文人士大夫之最爱。他在《幽思》一诗中写道："云际茅茨一两间，春来幽春日

相关。临窗静试下岩砚，欹枕卧看灵璧山。"该诗描写进入灵璧石欣赏意境空间的心境，可谓情真意切。

《嘉阳官舍奇石甚富，散弃无领略者，予始取作假山，因名西斋，曰小山堂，为赋短歌》；"昔人何人爱岩壑，为山未成储荦确。散落支床压酒槽，大或专车小拳握。幽人邂逅为绝叹，修绠趣取寒泉濯。峭峰幽窦相吐吞，翠岭丹崖渺联络。石不能言意可解，问我胡为怜寂寞？人间兴废自有数，昔弃何伤今岂乐。斯言妙矣于则陋，敢对石友辞罚爵。为君宽作十日留，在眼便同真著脚。"

陆游除了喜欢山石之外，也喜欢小型假山、山石盆景，并留下了多篇咏颂山石盆景的诗篇，其中有《假山小池》两首。

《假山小池》其一

> 凿池容斛水，叠石效遥岑。
> 鸟喜如相命，鱼惊忽自沉。
> 风来生细籁，云度作微阴。
> 便恐桃源近，无人与共寻。

诗句中的"遥岑"指远处陡峭的小山。

《假山小池》其二

> 连获三峰寺，桃源一路分。
> 池偷镜湖月，石带澳州云。
> 鱼队深犹见，琴声静更闻。
> 严幽林菁密，疑可下湘君。

此外，陆游还谱写《菖蒲》诗：

> 雁山菖蒲昆山石，陈叟持来慰幽寂。
> 寸根蹙密九节瘦，一拳突兀千金直。
> 清泉碧缶相发挥，高僧野人动颜色。
> 盆山苍然日在眼，此物一来俱扫迹。
> 根蟠叶茂看愈好，向来恨不相从早。
> 所嗟我亦饱风霜，养气无功日衰槁。

昆山石的晶莹剔透、洁白如玉。深深感染了陆游的心。虎须菖蒲附石于昆石上，青青白白，十分迷人。当时昆山石一拳值千金，可见赏石与盆养菖蒲风习之盛行。

陆游诗歌作品的语言，平易晓畅，精练自然，对盆景、山石高度凝练概括，许多词句可以作为盆景题名使用，对其以后的时代产生了深远影响。

2. 范成大的爱石诗文

范成大（1126—1193），字致能，号称石湖居士。平江吴县（今江苏苏州）人，谥文穆。从江西派入手，后学习中、晚唐诗，继承了白居易（772—846）、王建（877—943）、张籍（约766—830）等诗人新乐府的现实主义精神，终于自成一家，成为南宋著名诗人。

范成大谱写诗篇，分别描写了灵璧石、太湖石与英石等著名山石的景色，而且还在《吴郡志》中记述了太湖石的形成、特征、产地以及历史传闻等。

（1）《小峨眉》

范成大撰写《小峨眉并序》[55]，描写灵璧石的景色。

小峨眉

三峨参横大峨高，奔崖侧势倚半霄。
龙跧虎卧起且伏，旁睨沫水沱江潮。
禹从岷嶓过其下，莫山著籍称雄豪。
告成归来两阶舞，泗滨锡贡备九韶。
览观此石三叹息，鬓发蜀镇俱迢峣。
惜哉击拊堕箕虚，偷送淮海还山椒。
降商讫周谨呵护，磬氏无敢加镌雕。
刘项蜗争哄灵璧，血漂川谷流腥臊。
水官恐此被染涴，毡包席里吴中逃。
市门大隐阅千祀，苔衣尘纲蒙孤标。
尤物显晦定有数，昨者惠顾不待招。
我昔西游踏禹迹，暑宿光相披重貂。
十年境落卧游梦，摩挲壁画双鬓凋。
天怜爱山欲成癖，特设奇供慰寂寥。
恍然坐我宝岩上，疑有太古雪未消。
嵌根蹙积巧入妙，峰顶箕踞贵不骄。
炉烟云浮布银界，隙日虹贯凝金桥。
是时岁杪卧衰疾，健起放杖惊儿曹。
龙钟绕围喜折屐，龟手拂拭寒侵袍。
太湖未暇商甲乙，罗浮天竺均鸿毛。
小峨之名神所畀，永与野老归渔樵。
作诗贺我得石友，且以并贺兹丘遭。

（2）《烟江叠嶂》

范成大撰写《烟江叠嶂》[56]，咏颂太湖石的怪奇与魅力。

烟江叠嶂

太湖嵌根藏洞宫，槎牙石生斋沧中。
波涛投隙漱且噌，岁久缺罅深重重。
水空发声夜镗鞳，中有晴江烟嶂叠。
谁欤断取来何时？山客自言藏奕叶。
江上愁心惟画图，苏仙作诗画不如。
当年此石若并世，雪浪仇池何足书？
我无俊语对巨丽，欲定等差谁与议？
直须具眼老香山，来为平章作新记。

（3）《天柱峰》

范成大作《天柱峰》诗[55]，咏颂命名为《天柱峰》的英石景观。

天柱峰

衡山紫盖连延处，一峰巉绝擎玉宇。
汉家惮远不能到，寓祭潇山作天柱。
我今卧游长捐关，却寓此石充潇山。
形摹三尺气万仞，世间培塿何由攀？
南州山骨朵清淑，乳蘖砂床未超俗。
神奇都赋小峥嵘，雷雨飞来伴幽独。
哦诗月明清夜阑，坐看高影横屋山。
摩霄拂云政如此，吾言实夸谁敢删！

（4）《吴郡志》中记载的太湖石

《吴郡志》又作《吴门志》，即《南宋平江府志》，范成大撰，为地方志名作。《吴郡志》共50卷，采门目体，分沿革、分野、户口税租、土贡、风俗、城郭、学校、营寨、官宇、仓库、坊市、古迹、封爵、牧守、题名、官吏、祠庙、园亭、山、虎丘、桥梁、川、水利、人物、进士题名、土物、宫观、府郭寺、郭外寺、县记、冢墓、仙事、浮屠、方技、奇事、异闻、考证、杂咏、杂志等39门。艺文未列专门，而是将有关内容分附各门之下，此法后人多有仿效。为突出地方特点，将虎丘单立一门，与山并列，开方志门目"升格"之先河。

《吴郡志》太湖石[55]一节，记述太湖石的形成、特征、产地以及历史传闻、诗文等。

3. 南宋文人咏颂假山诗文

与北宋时期相同，在南宋时期也出现了大量有关咏颂假山的诗文，如表4-6所示。

表4-6 南宋文人咏颂假山诗文

作者	生卒年份	诗词名称	咏颂对象
王洋	1087—1154	四面山田中独出二并峰正如假山	假山
吴芾	1104—1183	假山	假山
吴芾	1104—1183	池上近作假山引水穿石撒珠其上亦有可观因成	假山
白玉蟾	1194—?	假山	假山
葛立方	?—1164	园中新叠假山	假山
何耕	1127—1183	假山	假山
钱时	1175—1244	假山	假山
喻良能	1120—?	自题木假山	木假山
杨万里	1127—1206	酷暑观小童汲水浇石假山	假山
张镃		撤移旧居小假山过佳隐	假山
仲并	高宗绍兴二年(1132)进士	假山	假山
朱翌	1097—1167	顷种柏假山中黄宪相访见之后八年黄宪复持节	假山
虞俦	生卒年不详	交韵汉老弟假山	假山
何师韫	生卒年不详	石假山	假山

文人绘画作品中的山石盆景

1.赵伯驹绘画作品中的盆景

赵伯驹(1120-1182年),字千里,为宋朝宗室,南宋著名画家。宋太祖七世孙,赵令穰之子。官至浙东兵马钤辖。工画山水、花果、翎毛,笔致秀丽,尤长金碧山水。远师李思训父子,笔法纤细,直如牛毛,极细丽巧整的风致,建南宋画院的新帜。赵伯驹绘画作品中多处描绘有盆景。

《汉宫图》描绘汉宫七夕牛郎、织女相会的故事。画面中的禁中苑囿湖石叠堆成山,穿越山洞可登上城楼。砖砌城墩表面向内斜收。此图无论画树石远山、人物车马、楼阁家具,用笔工整细腻,结构严谨写实,比例正确。画面人物虽小,仍可清楚分别其身份与活动内容。

本幅无名款,董其昌(1555—1636)跋文订为赵伯驹所作。

画面楼阁厅堂中央偏前摆放一巨型盆景;楼门左右两侧各陈列两盆大型盆景,共四盆盆景。每一侧的两盆盆景中,一盆为珊瑚盆景,一盆为正在开花的花木类盆景(图4-113)。

图4-113 南宋,赵伯驹《汉宫图》,纵24.5cm、横24.5cm,现存台北故宫博物院

图4-114 南宋,赵伯驹《海神听讲图》,现存台北故宫博物院

图4-116 （传）宋，刘松年《琴书乐志图》（局部）

此外，赵伯驹《海神听讲图》中描绘有一盆山石盆景（图4-114）。

2.刘松年绘画中的盆景作品

刘松年绘有《琴书乐志图》一幅，现存台北故宫博物院。此幅绘四名老者坐于庭院之中：中坐着于榻上弹奏古琴，其右坐者及对坐者凝神谛听，另一老者则展书阅读。前方有一侍童正在用长嘴水壶浇灌盆景，一侍童欲取冰镇之物。左上方白鹤飞临，右下方水鸭亲子成群戏耍于池中（图4-115）。

画面中的盆景为一湖石摆置于长方形花盆中，旁边栽植两种正在开花的花卉。该大型盆景左右两侧放置着石菖蒲盆景，左侧花器为伏牛状造型，右侧花器为金蟾蜍造型。可以看出当时盆景已达相当高的艺术水平（图4-116）。

3.《夜宴图》中的湖石盆景

我国留存多幅不同历史阶段的《夜宴图》，描绘从侍女，到文人，再到帝王将相们的夜晚欢乐聚餐的场景。南宋留存一幅佚名的《夜宴图》，描写数名文人在庭园中欢乐聚餐的场面。餐桌右后侧为一大型湖石棕榈，左后侧为一湖石盆景。湖石盆景盆钵为大理石方形盆，湖石透、漏、瘦、皱，完全符合太湖石鉴赏标准，实为一盆不可多得的湖石盆景（图4-111）。

4.《猫戏图》中的插瓶珊瑚

南宋佚名《猫戏图》描绘皇宫大院中数只猫在

图4-115 （传）宋，刘松年《琴书乐志图》，纵136.4cm、横47.5cm，现存台北故宫博物院

图4-117　南宋，佚名《猫戏图》

图4-118　宋，佚名《消夏图》，纵24.5cm、横15.7cm，现藏苏州博物馆

戏耍的场景。画面中桌椅、湖石、古柏、屏风、围栏等错落有序，布局精致。其间群猫戏耍，或躲藏追逐，或聚集一处，姿态各异。猫的眼睛刻画极为传神，使每只猫都表现得活灵活现。左下角牡丹盛开，倍增富贵之气。

　　画面中央桌子之上左右对称放置两个青色花瓶，内插树枝状珊瑚（图4-117）。从摆放位置来看，珊瑚在当时是受珍重的装饰品。

　　5.《消夏图》中的插瓶珊瑚

　　现藏苏州博物馆的《消夏图》，描绘唐代名臣张柬之、敬晖、崔玄晖、袁恕己、恒彦范五人消夏雅集的场景，画中人或凝神谛观画作，或相与评赏，书童在旁张罗侍应，十分生动。

　　雅集场所位于庭园之中，树木葱郁，盆荷盛开，三处几案之上都摆放着瓶插珊瑚，左前方瓶插珊瑚之后似乎陈设一山石盆景（图4-118）。

南宋佛画题材中出现的山石盆景

　　此处南宋佛画题材是指众多《罗汉图》《千手

千眼观世音菩萨》与大理国张胜温《画梵像》。

　　1.《罗汉图》中的盆景

　　隋唐以来，不少画家画过《罗汉图》，宋代更为盛行。画《罗汉图》不是用以供奉礼拜，而是为

图4-119　日本京都大德寺藏，南宋淳熙5—15年（1178—1188）《五百罗汉图》〈地神来访图〉

了赏玩，是把宗教题材世俗化，可以说，这是中国绘画史上的一大变迁。

罗汉像多是耳戴金环，丰颐悬额，隆鼻深目，长眉密髯，服装与配饰具有异域色彩。五代之后，中国画家吸取我国传统人物画风格来画罗汉像，使具有宗教色彩的罗汉中国化。唐代禅宗兴起，主张顿悟，见性成佛，认为世间万物本身自有佛性。禅宗认为，自然界的山川河流、草木花鸟、风雨雷电和人世间百般实相都可以参禅，成为顿悟佛性的机缘。

多幅罗汉图中，都描绘有把山石盆景、珊瑚盆景奉献给罗汉的场景。

（1）日本京都大德寺藏《五百罗汉图》中的珊瑚盆景

五百罗汉是指完成佛教修行、达到最高境地（阿罗汉果）的五百位圣僧。在中国汉地自东晋竺昙猷居住天台山时，古老相传道：天台悬崖上有佳精舍是得道者所居。有石桥跨涧而横石断人。猷洁斋累日，度桥见精舍神僧，因共烧香中食。神僧谓猷曰：却后十年自当来此，于是而反。后世遂有石桥寺五百应真之说。本《五百罗汉图》就是利用水墨技法、描绘的天台山五百罗汉姿态的作品，属于宋代佛画的代表作品。

保存于京都大德寺的《五百罗汉图》，根据铭文可知绘制于宁波东钱湖畔的惠安院，至于怎样带来日本尚处于不明的状态[57]。在这些《五百罗汉图》中有两幅出现了盆景。

在第10幅〈地神来访图〉中，地神跪拜地上、手捧一山水盆景贡献给数位罗汉。该山石盆景中的山石姿形变化，玲珑剔透（图4-119）。

在第12幅〈胡人来访图〉中，胡人身着胡服，头戴斗笠，双腿跪拜，手捧一枯树状珊瑚盆景（图4-120）

（2）美国波士顿美术馆藏《五百罗汉图》中的山石盆景

美国波士顿美术馆所藏《五百罗汉图》具有以下经历：1894年12月，波士顿美术馆举行了非常珍贵的中国佛画的展览会，作品共有44幅。这些作品都是南宋初期的作品，都是由日本京都有名的禅寺大德寺提供的展品。展览会之后，44幅中的10幅被波士顿美术馆收藏，这成为波士顿美术馆开始收集中国绘画的出发点。44幅中的另外2幅被华盛顿某美术馆收藏。

这44幅中国罗汉图是在16世纪后半期传入京都大德寺的100幅中的一部分，根据文献记载：该100幅罗汉图是在13世纪带来日本，开始时保存于镰仓的寿福寺。随后，炫耀权势的北条氏将它转移到菩提寺箱根的早云寺。后来，丰臣秀吉（1536—1598）将它于1590年转移到京都，并寄送给秀吉所建的丰国寺。最后，这些罗汉图被大德寺收藏。正如1894年波士顿展览会目录中所说，明治后期的大德寺因为缺少重建的资金，经过日本政府的许可允许将其中的44幅到欧美进行展览。展览结束后还是由于资金短缺的原因，将44幅中的12幅卖给了美国波士顿和华盛顿的美术馆。在此之后，对于把44幅其中的12幅卖给美国一事日本方面一直处于后悔状态[57]。

在卖给波士顿美术馆的10幅罗汉图中，有两幅中出现了盆景。一幅是〈受胡轮赆图〉，另一幅是〈竹林致琛图〉。

〈受胡轮赆图〉中，一胡人骑在骆驼背上，手捧大型珊瑚盆景，此外，骆驼右侧驮着象牙、奇石，都是给予罗汉们的进贡礼品（图4-121）。〈竹林致琛图〉中，一胡人双膝跪地，双手捧一大型浅水盆中放置珊瑚的山石盆景，胡人右侧还放着两根象牙（图4-122）。

经过研究基本上可以断定，保存于日本大德寺的罗汉图与美国的12幅罗汉图都是南宋周季常所作。周季常，生卒年不详，浙江宁波（今属浙江）人。约活动于1178—1188年间，南宋佛像画家。

（3）刘松年《罗汉图》中的盆景

刘松年曾画有三幅《罗汉图》。一幅为描绘《蕃王进宝》，图中蕃王造型准确，刻画生动，头部描写十分具有神韵，很有西域人物特点。罗汉面部表情亲和，流露一番善意之笑。画风工整细润，人物用铁线描绘而出，刚劲爽利，衣饰、坐垫都刻画得十分精致细腻。另一幅描绘罗汉背着屏风端坐，眼神望着他处，似乎陷入思索。眼前一位信徒正双手捧经，经卷展开，似乎正向罗汉求教。画面设色富丽，器具造型勾画精细，芭蕉从屏风后面探出，衬托出画面的清雅之意。第三幅画面苍翠古松，松间果树垂枝。罗汉身子倚在苍松的虬枝，正低头观看两只小鹿。小鹿分别举头张望，似嗷嗷待哺。一只白面黑猿正探臂摘下一颗果子，罗汉身边的侍者手持长

图4-120　日本京都大德寺藏，南宋淳熙5-15年《五百罗汉图》《胡人来访图》

171

图4-121 美国波士顿美术馆藏，南宋周季常，《五百罗汉图》〈受胡轮赆图〉

图4-122 美国波士顿美术馆藏，南宋周季常，《五百罗汉图》〈竹林致琛图〉

杆，用袖袍接住黑猿的果子。画面静中有动，非常和谐。

第一幅《蕃王进宝》中蕃王所进宝物即是一由珊瑚等做成的山石类盆景（图4-123）

（4）陆信忠《十六罗汉图》中的盆景

陆信忠，浙江宁波人，生卒不详。南宋时期，浙江、福建等沿海地区香火旺盛，广布庙宇，因而民间活跃着众多以画佛像为业的画师，陆信忠是其中出类拔萃的一位。他的画法得自家传，造型逼真，设色艳丽，极具装饰意味。他的创作较丰，许多作

品流往日本，对日本画坛的佛释题材创作深有影响。代表作品有《地藏十王图》《十六罗汉图》等。

在其《十六罗汉图》的其中一幅中，有一西域使者将以盆景敬献给三位罗汉。该盆景中的山石呈现大树状（图4-124）。

2.《千手千眼观世音菩萨》中的盆景

被确认为12世纪末期的佛画精品《千手千眼观世音菩萨》，万顷波涛，祥云涌现；四大天王擎七宝莲台，观音菩萨端立莲台，现千手千眼，三十二面。观音面蓄髭须，作男相，但眉清目秀，

图4-123 南宋，刘松年《罗汉图》，纵118cm、横56cm

图4-124 南宋，陆信忠《十六罗汉图》，纵96cm、横51cm

容颜温婉，具女子神韵。其上有诸佛，下有天龙八部。诸胁侍菩萨或合什礼拜，或手持法器，备感庄严。

通幅运用细劲、灵动的中锋笔法，逐一描绘观音的千手千眼、各种手印、法器、天衣的璎珞和莲台的珠宝，赋色妍而不俗，令人叹为观止。

观音千手所持法器物件中，出现了两盆树木盆景、一盆山石盆景、一盆珊瑚盆景与一枝珊瑚（图4-125至图4-127），说明了佛教与盆景具有不可分割的关系。

3. 大理国张胜温《画梵像》中的盆景

张胜温《画梵像》是大理国（937—1254）传世唯一画卷，素有"南国瑰宝"之誉。因为所发现大理国盆景相关资料不多，不够形成单独一节，加之本画卷成于1172—1175年间，相当于南宋期间，所以该内容放置在此。

根据卷后题跋，张胜温是主要作者。张胜温，生平不详，生活于12世纪，云南白族人，画史无考。画分四段：利贞皇帝段、智兴礼佛图、数百位佛教人物、梵文"多心（心经）"与"护国宝幢"、十六国王图，内容分属显教、密教、大理佛教。全卷精描细绘，衣冠特征符合文献记录，绘画风格则与唐宋道释画、西藏佛画、东南亚造像密切相关，是研究大理国历史、宗教、文化、艺术，以及中古时期区域交流情况的首要文物。

在画卷中的"数百位佛教人物"中的"南无三会弥勒尊佛会"的中央菩萨前的供桌上，供养着盘花、盆景共三件：左侧为盘花；中部在高脚莲花盆之上安置一陡峭山峰，仙气缭绕；右侧在海棠形浅盆之上安放玲珑剔透的奇石（图4-128），说明当时的大理国已经开始在佛教场合陈设山石盆景。

图4-125　12世纪末期,《千手千眼观世音菩萨》,纵176.8cm、横79.2cm,现存台北故宫博物院

图4-126　《千手千眼观世音菩萨》(局部)中的树木盆景和山石盆景

图4-127　《千手千眼观世音菩萨》(局部)中的树木盆景、珊瑚和珊瑚盆景

重庆大足石刻中的山石盆景

重庆大足石刻中的宝顶山石刻包括以圣寿寺为中心的大佛湾、小佛湾造像,由号称"第六代祖师传密印"的赵智凤于公元1174—1252年间(南宋淳熙至淳祐年间)历时70余年,有总体构思组织开凿而成,是一座造像近万尊的大型佛教密宗道场。同时,也是大足石刻精华之所在,并把中国石窟艺术推上了最高峰。

圣寿寺依山构筑,雄伟壮观。南宋赵智凤创建,明、清两度重修。现存山门、天王殿、帝释殿、大雄殿、三世佛殿、燃灯殿和维摩殿七重殿宇,为清代重建,建筑面积1631.68m²。

在石刻作品中出现了数幅侍者手托山石盆景的画面,说明了山石盆景在当时既比较珍贵又比较普及的现象(图4-129至图4-131)。

临安德寿宫中"芙蓉"太湖石与南宋石雕笔架

1.临安德寿宫中"芙蓉"太湖石

南宋临安德寿宫中摆置的"芙蓉"奇石为一太湖石,已有800余年的历史。此石颜色灰白,质地坚密,石表温润,体形敦厚而通透,四面可观,特别是扁状的孔洞和光润的洞沿,在太湖石中十分奇特。大石横卧,长达220cm,状若玉雕"佛手"。乾隆十六年(1751),乾隆南巡时发现此石,十分喜爱,次年便由地方官运至京城。乾隆皇帝降旨将其置于长春园中茜园太虚室前,亲自命名为"青莲朵",并被刻于山石之上。民国年间,青莲朵由圆明园移至中山公园,2013年5月,青莲朵被移至中国园林博物馆保护收藏(图4-132、图4-133)。

2.南宋石雕笔架

出土于浙江省诸暨留云路董康嗣墓的石雕笔架,为南宋庆元六年(1201)作品。该石雕笔架黑色石材,雕刻错落的山峦三十二座,由低而高,连峰起伏。中段的峰峦冲天尖耸,边缘逐山落下,随势连绵起伏,山峰高挺而缓坡逶迤,坡线分出前后层次,错落排列,一山接着一山,有崇山峻岭、层峦叠嶂之姿,充满韵律之美。连绵回荡,山与山间凹下的低谷,正好放置毛笔,设计自然而巧妙。石质黝黑细腻,光泽明莹,可以称为此类山形笔架难得的佳作(图4-134)。

图4-128　大理国，张胜温《画梵像》

图4-129　大足宝殿山侍者手托山石盆景造像

图4-130　大足石刻中飞天手托山石盆景

图4-131　大足宝殿山侍者手托山石盆景造像

南宋的观赏石谱志与杜绾《云林石谱》

1. 南宋的观赏石谱志

由于两宋园林与盆景的普及发展，大大促进了我国观赏石的选石与鉴赏理论的发展和水平的提高，结果出现了数部记载和研究赏石的专著，它们是：《宣和石谱》《渔阳（公）石谱》《太湖石志》《云林石谱》以及《洞天清录集》〈怪石辨〉。在此以列表形式对这些谱、志作以归纳（表4-7）。

由于《宣和石谱》《渔阳（公）石谱》《太湖石志》以及《洞天清录集》〈怪石辨〉的篇幅短，内容相对简单，在此不作另行研究，只对到当时为止内容最系统、最完整，篇幅最长的《云林石谱》作以研究。

2. 我国第一部大型山石专著《云林石谱》

（1）《云林石谱》的作者及写作目的

《云林石谱》由杜绾所著，成书于南宋时期的1133年。杜绾，字季杨，号云林居士，山阴（现浙江绍兴）人，宰相衍（字世昌。大中祥符元年进士。仁宗时官御史中丞，拜枢密使。庆历四年授同平章事）之孙。

阙里孔在序文中记述了杜绾撰写此书的目的：

175

图4-132　南宋临安德寿宫中的"芙蓉"奇石，现在中国园林博物馆保护收藏

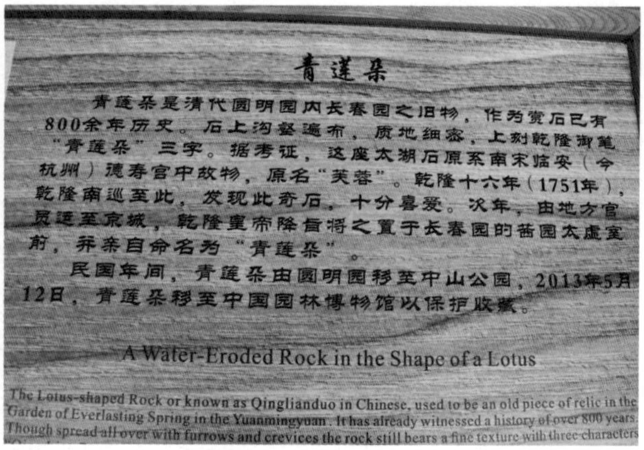

图4-133　中国园林博物馆保护收藏的说明牌

图4-134　南宋庆元六年（1201），石雕笔架，诸暨留云路董康嗣墓出土，纵26.8cm、横2.9cm、高5.9cm，现藏浙江诸暨市博物馆

表4-7　南宋观赏石类谱、志的作者、写作年代、卷数以及主要内容

名称	作者	写作年代	卷数	主要内容
《宣和石谱》	常懋或蜀僧祖[58]	不祥	1	记述了北宋皇家宫苑艮岳中所有的67种假山石和宫廷的名称
《渔阳(公)石谱》[59]	渔阳公	不祥	1	记载了唐代李德裕，五代张全义、德裕之孙延古，宋代米芾、苏轼和宋徽宗的爱石故事、传说以及部分名石、研山。还记述了米芾的相石法
《太湖石志》	范成大	1126—1193	1	记载了太湖石以及太湖中的其他名石14种。
《洞天清录集》〈怪石辨〉	赵希鹄	南宋末	1	对灵璧石、英石、道石、融石、川石、桂川石、邵石和太湖石等怪石的产地、形质特征、品评和鉴赏进行了记载和论述。还记载了"有水自出"怪石和苏轼的"小有洞天"研山
《云林石谱》	杜绾	1133[60]	3	系统全面地记载了园林、盆景、砚台、印章的用石以及宝石等110余种的产地、采集方法、形质、品评、鉴赏和用途。

"尝谓：陆羽之于茶，杜康之于酒，戴凯之于竹，苏太古之于文房四宝，欧阳永叔之于牡丹，蔡君谟之于荔枝，亦皆有谱，而惟石独无，为可恨也。云林居士杜季杨盖尝采其瑰异，第其流品，载都邑之所出。而润燥者有别，秀质者有辨，书于编简其谱，宜可传也。"[61]

（2）《云林石谱》的内容分析

《云林石谱》所记载的内容如下：

①《云林石谱》由卷上、卷中和卷下三部分组成，篇幅大，内容广，是我国的第一部大型记石专著。除了载录园林、盆景以及清供等观赏用石外，还记载了砚材、印材、器用以及宝石等用石。正如清代

《四库全书》中的《云林石谱》提要中所载:"是书汇载石品凡一百一十有六,各具出产之地,采取之法,详例其形状色彩而第其高下,然如端溪之类,兼及砚材、浮光之类,兼及器用之材,不但谱假山清玩也。"大体上来讲,卷上主要记录园林、盆景以及清供用石类;卷中主要记录研山、石屏(纹样石)用石类;最后的卷下主要记录砚材、印材、器用以及装饰用石类。

用于园林、盆景的石类有(大者用于园林,小者用于盆景):灵璧石、青州石、林虑石、太湖石、无为军石、临安石、武康石、昆山石、江华石、常山石、开化石、澧州石、英石、江州石、袁石、平泉石、兖州石、苏氏排衙石、庐溪石、排牙石、品石、永州石、石笋、龙庆石、峰山石、卞山石、吉州石、全州石、何君石、蜀潭石、韶石、萍乡石、松化石、祈石、琅干石、杭石和沧石等37种。

用于研山、石屏的石类有(主要为小型石):永康石、耒阳石、襄阳石、仇池石、清溪石、形石、修口石、鱼龙石、糯石、阶石、登州石、穿心石、零陵石燕、梨园石、西蜀石、玛瑙石、奉化石、松滋石、菩萨石、黄州石、祈石、螺子石、柏子玛瑙石、钟乳石和雪浪石等26种。

用于砚材、印材、镇纸、器用以及装饰等具有实用价值的石类有:形石、修口石、松化石、洛河石、梨园石、西蜀石、吉州石、于阗石、华崖石、白马寺石、密石、河州石、祈石、紫金石、绛州石、蛮溪石、上犹石、宝华石、石州石、巩石、燕山石、桃花石、端石、小湘石、婺源石、通远石、六合石、兰州石、红丝石、石绿、泗石、矾石、建州石、汝州石、饭石、墨玉石、南剑石、菜叶石、方城石、登州石、玉山石、大沱石、青州石、龙牙石、分宜石和浮光石等46种。

②据统计,《云林石谱》所记载石类产地的范围很广,涉及我国现在18个省(自治区、直辖市)。依产石种类的多少这18个省(自治区、直辖市)的顺序为(括号内为记载的本省区所产石种类数):浙江(16),江西(15),湖南(10),山东(10),广东(8),江苏(8),河南(7),四川(7),湖北(6),甘肃(5),安徽(4),河北(3),山西(2),陕西(1),广西(1),新疆(1),吉林(1)和福建(1)。

③《云林石谱》中所记载石类的名称基本上由出产地名来命名,我国现在的园林和盆景界除了沿用这种方法外,还用石类具有的形姿特征等来命名观赏石类。这两种方法不仅有局限性,而且缺少科学性。

④从《云林石谱》中所记述的石类的形姿、纹理、声响、颜色以及光泽等因素来看,到南宋时已经形成了园林和盆景用石的选石法和鉴赏法,并依据鉴赏标准把观赏石分为远山形类、近山形石类、象形石类与纹样石类(参见本章北宋观赏石的分类与鉴赏法的研究部分)。

巧夺天工的宋代盆景盆钵

宋代瓷业的产品造型丰富，工艺技术发展，釉色多种多样，纹饰完美和谐。根据各窑产品工艺、釉色、造型和装饰的异同可以大致看出宋代形成的瓷窑体系有六：北方地区的定窑系、耀州窑系、钧窑系和磁州窑系；南方地区的龙泉青瓷系和景德镇的青白瓷系。

当时盆花与盆景在宫廷和民间的流行促使了盆钵需求量的增加和生产技艺的提高。在上述体系中，主要生产盆钵的是属于官窑的钧窑系的钧窑和耀州的汝窑。

钧窑花盆

1. 钧窑概况

钧窑在河南省禹州市（古代属钧州），瓷窑遗址遍布县内各地，多达一百处，历来为中原重要的产瓷区。1974—1975年河南省博物馆在禹县八卦洞与钧台的古瓷窑址进行了局部发掘，发掘面积达700余 m²，清理出窑炉、作坊、灰炉等遗址。出土了大量窑具、瓷器及瓷片标本1000余件。器形有各式花盆、盆托、洗、炉和钵等器物，釉色有天蓝、月白、紫红多种色调。盆、托及尊等宫廷使用器物的底部均刻一个由一到十的数目字，同时出土的还有瓷土制作的"宣和元宝"。[62]表明了宫廷用瓷为宋代物，向人们揭示了北宋晚期是钧窑的鼎盛时期（图4-135至图4-140）。

据文献记载，宋徽宗崇宁"四年十一月，以朱勔领苏杭应奉局及花石纲，……。""二浙奇竹异花海错，福建荔枝橄榄龙眼，南海椰实，登莱文石，湖湘文竹，四川佳果木"等"嘉花名木，类聚区别。"[63]可见，数量众多的异花奇石被运至当时的皇都汴京。毫无疑问其中的一部分是用来制作盆景供皇宫陈设与观赏的。而作为当时官窑的钧窑，无疑要为宫廷烧制盆景、盆栽所用的盆钵。因而，后世清人在《南窑笔记》中有："北宋所造多盆、奁、水底、花盆器皿"的说法。

钧窑花盆的盆式有莲瓣、葵瓣、海棠、长方、六方、仰钟等式，以莲瓣、葵瓣式制品为多（图4-141至图4-148）。由于钧窑开创使用铜的氧化物作为着色剂，在还原条件下烧制成功铜红釉，是一种乳浊釉，青中带红，有如蓝天中的晚霞，光彩夺目。花盆、盆托的底部及足部都刻有一至十以内的两个字，底部的数字代表口径的大小，一最大，十最小；足部的数字是盆与托的配对编号。同时，这些花盆底部的中央有一大孔，其周围有四个，偶尔有五个，这些全是配水孔[64]。

2. 清代末期紫禁城中收藏的宋代钧窑花盆

由于花盆易于破损，加之宋代年经久远，所以，传留至今的宋代花盆稀少罕见。

根据台北故宫博物院于1963年编写刊行的《故宫瓷器录》记载，清代末期北京紫禁城中保存的宋钧窑花盆（含水仙盆、盆托），现抄录如下，以供参考。

宋钧窑天蓝渣斗式大花盆，1件

宋钧窑天蓝窑变丁香紫渣斗式大花盆，2件

宋钧窑月白窑变米色渣斗式大花盆，1件

宋钧窑天蓝窑变丁香紫渣斗式花盆，1件

宋钧窑天蓝窑变玫瑰紫渣斗式花盆，1件

宋钧窑天青渣斗式花盆，2件

宋钧窑天青窑变玫瑰紫渣斗式花盆，2件

宋钧窑天青窑变葡萄紫渣斗式花盆，1件

宋钧窑丁香紫渣斗式花盆，1件

宋钧窑玫瑰紫渣斗式花盆，1件

宋钧窑月白渣斗式花盆，2件

宋钧窑玫瑰紫仰钟式大花盆，2件

宋钧窑天蓝窑变丁香紫仰钟式花盆，1件

宋钧窑天蓝窑变浅紫仰钟式花盆，2件

宋钧窑玫瑰紫仰钟式花盆，1件

宋钧窑天蓝葵花式花盆，1件

宋钧窑天蓝窑变深紫葵花式花盆，1件

宋钧窑天蓝窑变灰紫葵花式花盆，1件

宋钧窑天蓝窑变玫瑰紫葵花式花盆，1件

宋钧窑天青葵花式花盆，1件

宋钧窑天青窑变葡萄紫葵花式花盆，1件

宋钧窑天蓝窑变深紫莲花式花盆，2件

宋钧窑天蓝窑变葡萄紫莲花式花盆，1件

宋钧窑天青窑变浅紫莲花式花盆，1件

宋钧窑天蓝窑变深紫长方花盆，1件

宋钧窑天青窑变葡萄紫长方花盆，1件

宋钧窑天蓝窑变玫瑰紫花盆，1件

宋钧窑天蓝窑变丁香紫花盆，1件

宋钧窑天蓝窑变浅紫海棠花式水仙盆，1件

宋钧窑天青窑变葡萄紫海棠花式水仙盆，1件

宋钧窑天蓝窑变浅紫六方水仙盆，2件

宋钧窑天蓝葵花式花托，1件

宋钧窑天蓝窑变玫瑰紫花式盆托，2件

宋钧窑天蓝窑变葡萄紫葵花式盆托，2件

天蓝渣斗式大花盆，1件

钧窑天蓝渣斗式大花盆，1件

宋钧窑天青葵花式盆托，2件

宋钧窑天青窑变深紫葵花式盆托，1件

宋钧窑天青窑变浅紫葵花式盆托，1件

宋钧窑天青窑变葡萄紫葵花式盆托，1件

宋钧窑天青莲花式盆托，1件

宋钧窑天青窑变深紫莲花式盆托，2件

宋钧窑天青窑变葡萄紫莲花式盆托，2件

宋钧窑月白莲花式盆托，1件

现在，这些花盆的一部分还保存于北京故宫博物院内，一部分保存于台北的故宫博物园内，还有一部分可能已经流散于国外和民间。

汝窑花盆

1. 汝窑概况

根据许守白的《饮流斋说瓷》〈说窑第二〉中记载："汝窑，在河南汝州，北宋时所创设也，土细润如铜，体有厚薄，汁水莹润，厚若堆脂。有铜骨无纹者，有铜骨鱼子纹者，有棕眼隐若蟹爪纹者尤佳。豆青、虾青之色居多，亦有天青茶末等色。无釉之处所呈之色类乎羊肝，底有芝麻花，细小挣钉，乃真物也。"河南省临汝县（现属河南省许昌市）窑场宋时烧瓷分为两部分：一部分烧宫廷用瓷，就是宋代五大名窑之一的汝窑（图4-149至图4-152）；一部分烧制民间用瓷，便于区别陶瓷界称之为临汝窑。[65]

汝窑处于宋代名窑中的最高峰。由于它的烧造期间短，成品量少，加之已经经过千年的岁月，流传至今的汝窑青瓷非常珍贵。由于它的温雅与端正华丽，更显其贵重。

汝窑制品的釉色呈现一种淡天青，有的稍深，有的稍淡，大多釉面无光泽。传世宋汝窑瓷品的底部都留有支钉痕，以单数居多，小件品物用三个支钉支烧，稍大的用五个支钉支烧，椭圆形水仙盆则用六个支钉支烧。汝窑为北宋宫廷烧制瓷品历年不久，中经北宋末年金人南侵，南宋人已有"近尤难得"之叹。根据调查，现在保存于世界各地的汝窑青瓷如下：台北故宫博物院23件，英国某个人收藏家4件（三足奁、圆腹瓶、碗、椭圆洗），日本3件（六花瓣形盘、圆盘、水仙盆），北京故宫博物院4件（三足奁、三足圆洗、碗、盘）以及上海博物馆1件（盘）。据推测，现存于世的汝窑瓷器总数不超过40件，以台北故宫博物院所藏数量最多，价值最高。

现介绍收藏于台北故宫博物院的数件水仙盆中的一件。天青无纹椭圆水仙盆，高6.9cm、深3.4cm、口纵16.4cm、底纵12.9cm、口横23.0cm、底横19.2cm。椭圆形，侈口，深壁，平底出窄边，四云头形足。周壁胎薄。底足略厚。通体天青釉极匀润，

图4-135 北宋，玫瑰紫釉葵花式花盆，北京故宫博物院藏

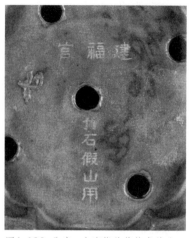

图4-136 北宋，玫瑰紫釉葵花式花盆，底部原刻数目字和后刻殿名地名，北京故宫博物院藏

图4-137 宋盆4-30-（甲）九图

图4-138 宋盆4-29-（乙）五图

图4-139 宋盆4-31-（甲）五十图

图4-140 宋盆4-32-（乙）五十图

图4-141 北宋，玫瑰紫釉轮花花盆，北京故宫博物院藏

图4-142 北宋,玫瑰紫釉花盆,北京故宫博物院藏

图4-143 北宋,玫瑰紫釉花盆,北京故宫博物院藏

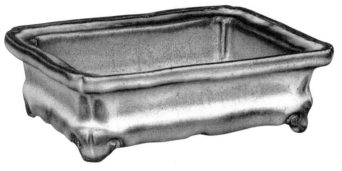

图4-144 北宋,钧窑天蓝釉长方水仙花盆,北京故宫博物院藏

图4-145 北宋,玫瑰紫釉花盆,北京故宫博物院藏

图4-147 北宋,澱青釉花盆,中国历史博物馆藏

图4-146 北宋,玫瑰紫釉海棠形花盆

图4-148 北宋,澱青釉花盆

图4-149 清代,《十二美人图》中的汝窑花盆, 北京故宫博物院藏

图4-150 北宋, 汝窑, 青瓷无纹水仙盆,台北故宫博物院藏

图4-151 北宋, 汝窑, 青瓷无纹水仙盆,台北故宫博物院藏

图4-152 北宋, 汝窑, 青瓷水仙盆, 台北故宫博物院藏

图4-153 北宋, 汝窑, 青瓷无纹水仙盆, 台北故宫博物院藏

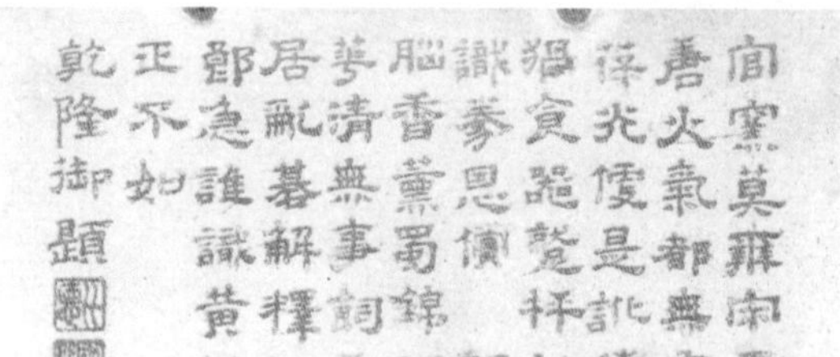

图4-154 北宋, 汝窑, 青瓷无纹水仙盆, (图4-161)底部御制诗,台北故宫博物院藏

底边含淡碧色，棱角微呈浅粉，釉面纯洁无纹片。底有支钉痕六枚，露黄色胎。底部有清代乾隆皇帝题诗："官窑莫辨宋还唐，火气都无有葆光。便是讹传猧食器，就枰却识蓼恩偿。龙脑香薰蜀锦裯，华清无事饲康居。乱棋解释三郎急，谁识黄虬正不如。"下有"乾隆御题"的字样。阴刻"比德"与"郎润"（图 4-153、图 4-154）。

定窑花盆

定窑是宋代著名瓷窑之一，烧瓷地点在今河北省曲阳县涧磁村及东西燕山村。定窑宋代以烧白瓷为主，兼烧黑釉、酱釉、绿釉及白釉剔花器。定窑也烧制花盆。因此，明代高濂《遵生八笺》记载：定窑的花盆有"五色划花""白定绣花""划花方圆""八角圆盆""六角环盆"等多种形式。

文献中出现的盆景盆钵

1. 花盆

何应龙《橘潭诗稿》〈和花翁盆梅〉有："绝涧移来近市园，又还移入卖花盆"之诗句。该诗句中的"花盆"一词，为一广义的名词，指栽植花木的盆钵，包括花卉盆栽、树木盆景和山水盆景的盆钵。

2. 瓦盆

王十朋在《岩松记》中有"（松）植以瓦盆，置之小室。"之句。另外，《梅尧臣集编年校注》载有："瓦盆贮斗斛，何必问尺寻。……户庭虽云窄，江海趣已深。……"[10]诗句中的"瓦盆"是指用于栽植花卉的素烧盆钵，即现在的素烧盆。

3. 石盆

苏轼《石菖蒲赞并叙》中有："余游慈湖山中，得数本，以石盆养之，置舟中。间以文石，石英璀璨芬郁，意甚爱之。"[66]文中的"石盆"是指用石材雕刻而成的盆钵，用于栽培植物或者放置山石。

4. 铜盆

苏东坡在其《怪石供》序中载曰："收得美石数百枚，戏作《怪石供》一篇，以发一笑。开却此例，山中斋粥今后何忧，想复大笑也。更有野人于墓中得铜盆一枚，买得一盛怪石，并送上结缘也。"此外，苏轼于绍圣元年（1094）受当时的新法党迫害，流放惠州路过长江沿岸九江湖口石，见到了湖口人李正臣所藏的"壶中九华"石，作《壶中九华》诗以作纪念。八年后的建中靖国元年（1101），苏轼又过湖口时，发现"壶中九华"石已被好事者购去，非常想念它，便作诗一首以作纪念[67]。此诗的最后两句为"赖有铜盆修石供，仇池玉色自玲珑。"

以上二文献中的"铜盆"是指用铜铸造而成的作为盆石、山水盆景的盆钵。现在，在我国已不见使用，但在日本盆景界至今还使用铜盆作为盆石的盆钵。

绘画作品中所见盆景的盆钵

现将宋代绘画作品中所见盆景盆钵的绘画主题、年代、盆景形式、盆钵形状、陶瓷种类和数量分析如表4-8。

由表4-8的分析结果以及其他有关盆钵的资料

表4-8 绘画作品中所见盆景盆钵的绘画主题、年代、盆景形式、盆钵形状、陶瓷种类和数量

编号	绘画主题	年代	盆景形式	盆钵形状	色彩	陶瓷种类	数量
1	《大佛顶陀罗尼经》卷首图	北宋	盆竹	深圆盆		瓦盆（?）	
2	宋徽宗《盆石有鸟图》	北宋末期	盆养石菖蒲	敛口水仙盆		汝窑花盆	1
3	苏汉臣《妆静仕女图》	北宋末期	盆花	渣斗式花盆		钧窑花盆	2
4	刘松年《十八学士图》	南宋	松树盆景	中深葵花盆		钧窑花盆	1
5	王斋翰《荷亭儿戏图团扇》		芭蕉盆景	中深椭圆盆			1
6	同上		盆石菖蒲	喇叭盆			1
7	同上		同上	葵花式花盆			1
8	周季常《竹林致琛图轴》		水旱盆景	浅椭圆盆		铜盆（?）	1
9	《那伽犀那尊者图轴》		珊瑚盆饰	浅椭圆盆			1

可以看出，宋代盆景盆钵具有以下特点：①在形状方面，除了与唐代相同的圆形盆、椭圆盆外，还出现了许多新型盆钵，如葵花式、莲花式、鼓式、渣斗式、长方式、六方式等。这从另一个侧面说明了宋代盆景形式的多样性。②树木盆景类多用深盆和中深盆，这样有利于盆栽树木的生长发育。同时证明了宋代多以树木盆栽为主。③在绘画资料中所见的少数几盆的山水盆景类为浅椭圆形盆，这样有利于在盆中表现广阔的平远式景观。

盆景盆钵的出口与进口

随着盆景的发展，盆景盆钵的向国外出口与向国内进口开始出现。

1. 盆景盆钵的出口

在唐朝时已经有相当数量的陶瓷产品输出国外，入宋以来，瓷器对外输出进一步增加。在东亚、南亚、西亚及非洲东海岸很多国家都出土发现了宋代瓷器。

在日本，从出土的种类青白瓷、白瓷、天目瓷等以及出土地集中在大宰府（现在的福冈县大宰府市）和镰仓（现在的神奈川县镰仓市）可以推断，从平安时代（794－1192）到镰仓时代（1192－1333）期间，有大量的唐代与宋代瓷器输入日本。镰仓后期（相当于我国的元代）的绘物卷《法然上人绘传》中所见附石式盆栽的鼓盆（详见本书第九章日本盆景的历史发展部分）以及数年后的《春日权现验记绘传》中所见两件盆养石菖蒲的青白瓷水盆，都可以推定是从我国南宋或者元代时期，甚至更早的北宋时期输入日本的。因为，日本烧制施釉花盆最早出现于1720年前后的江户中期的亨保年间[68]。

2. 盆景盆钵的进口

苏轼藏有"仇池"怪石，被当时官为驸马都尉、利州防御使的王晋卿得知后，曾作诗欲借览此石，苏轼极为不悦而作诗答对。诗中有"得之喜无寝，与汝交不渎。盛以高丽盆，藉以文登玉。"[69]的诗句。苏轼自注曰："仆以高丽所饷大铜盆贮之，以登州石如碎玉者附其足。"文中所载"高丽盆"为当时的高丽国（朝鲜王朝）所制之铜盆，说明了北宋时已经开始从国外进口少量的铜制盆景盆钵。

参考文献与注释

[1] 赵声良. 敦煌石窟艺术简史[M]. 北京：中国青年出版社, 2015: 104-105.
[2] （明）林有麟. 素园石谱·卷一·海岳庵研山[M].
[3] 成都市博物馆考古队. 五代后蜀孙汉韶墓[M]. 文物, 1991(5): 11-21.
[4] （宋）欧阳修. 洛阳牡丹记·风俗记第三[M].
[5] （宋）梅尧臣. 梅尧臣集编年校注·卷二十三·依韵和原甫新置盆池种莲花菖蒲, 养小鱼数十头之什[M].
[6] （清）曹溶. 学海类编·集余5·考据·培养, 宋, 苏轼, 格物粗谈[M].
[7] 谭怡令. 铺殿花之美—宋赵昌岁朝图[J]. 故宫文物月刊, 2013(2): 60-71.
[8] HEARN M K. 如何读中国画[M]. 石静, 译. 北京：北京大学出版社, 2015: 38-47.
[9] 王树村. 中国美术全集20·绘画编·石刻线画[M]. 北京：人民美术出版社, 2015: 71.
[10] 《中国墓室壁画全集》编辑委员会. 中国墓室壁画全集3·宋元辽金[M]. 石家庄：河北教育出版社, 2011: 96.
[11] 陈斌. 中国历代仕女画谱[M]. 西安：三秦出版社, 2014: 16-123.
[12] 黄运甫. 南召云阳宋代雕砖墓[J]. 中原文物, 1982(2): 15-19.
[13] （宋）秦观. 淮海集·梅花百咏·盆梅[M].
[14] （朝鲜）李朝, 姜希颜·养花小录·石菖蒲[M].
[15] （宋）苏轼. 苏轼文集·卷二十一·赞·石菖蒲赞并叙[M].
[16] （六朝）三辅黄图·扶荔宫[M].
[17] （宋）张耒. 石菖蒲赋并序[M].
[18] 徐邦达. 徐邦达文集·第八卷·古书画过眼要录[M]. 北京：故宫出版社, 2014.
[19] 韵界. 中国之韵[J], 2018(11): 2. 2013
[20] 苏轼在给王晋卿的《仇池诗》中写道："殷勤峤南使, 馈饷扬州牧。" 峤南使, 指苏之表弟程德儒, 扬州牧指作者本人。此句下自注云："仆在扬州, 程德儒自岭南解官还, 以此石见遗。"
[21] 谢飞, 夏文峰. 雪浪石[M]. 北京：文物出版社, 2018: 13.
[22] （明）林有麟. 素园石谱·卷二[M].
[23] （宋）费衮. 梁溪漫志·卷六[M].
[24] （宋）叶梦得. 石林燕语[M].
[25] （宋）渔阳公. 渔阳石谱[M].
[26] （明）林有麟. 素园石谱·卷二·玛瑙石[M].
[27] （宋）张昊. 艮岳记[M].
[28] （宋）赵佶. 御制艮岳记[M].
[29] （明）冯琦. 宋史纪事本末·卷五十·花石纲之役[M].
[30] （宋）龚明之. 中吴纪闻·卷六[M].
[31] （宋）方勺. 伯宅编·卷中[M].
[32] （明）黄省曾. 吴风录·卷一[M].
[33] 丸岛秀夫. 日本盆栽盆石史考[M]. 东京：讲谈社, 1982: 94.
[34] （明）林有麟. 素园石谱·卷一·宝晋斋研山[M].
[35] （唐）白居易. 太湖石志[M].
[36] （宋）陆友仁. 研北杂志·卷下[M].
[37] （宋）渔阳公. 渔阳石谱[M].
[38] 版本不同, 所载米芾相石法四语的内容也不同, 如《涵芬楼》版本中的四语为：曰秀、曰瘦、曰皱、曰透。
[39] （宋）杜绾. 云林石谱[M].
[40] 诸桥辙次. 大汉和辞典·卷八[M]. 东京：大修馆书店, 1967: 136.
[41] （明）王鏊. 姑苏记·卷十三[M].
[42] （宋）吴自牧. 梦粱录·卷十九·园囿[M].
[43] （宋）周密. 武林旧事·卷三·禁中纳凉[M].
[44] （宋）西湖老人繁盛录[M].
[45] 调燮类编·花竹[M].
[46] 项春松. 辽宁昭乌达地区发现的辽墓绘画壁画资料[J]. 文物, 1979(6): 22-23.
[47] 中国硅酸盐学会. 中国陶瓷史[M]. 北京：文物出版社, 1982: 302.
[48] （宋）周密. 齐东野语·堂花法[M].
[49] （汉）刘歆. 西京杂记·卷上·上林名果异木[M].
[50] （宋）陈思曾. 海棠谱·三卷[M].
[51] （宋）范成大. 吴郡志, 卷三十[M].
[52] （宋）吴怿撰, 元, 张福补遗. 种艺必用及补遗·114条[M].
[53] （宋）陆游. 北窗试笔·卷三十七·菖蒲[M].
[54] 陆游, 山阴人, 字务观, 号放翁、渭南、笠泽渔翁等。绍兴中试礼部, 因遭秦桧忌, 被黜免。孝宗时赐进士出身、除枢密院编修, 后任建康、庆州等地通判。一生写诗近万首, 题材广泛, 多清新之作。为南宋一大家。
[55] （宋）范成大. 范石湖集[M].
[56] （宋）范成大. 吴郡志[M].
[57] ボストン美術館. 東洋美術名品集[M]. 東京：日本放送出版協会, 1991: 154-155.
[58] 涵芳楼版本《说郛三种》所录《宣和石谱》的作者署名为蜀僧祖, 而新版本《说郛三种》所录《宣和石谱》的作者署名是宋·常懋, 到底何种版本正确, 现以无丛查起。同时, 两种版本所录《宣和石谱》的内容有所出入此以前者为标准。
[59] 涵芳楼版本《说郛三种》所录《渔阳公石谱》末署作者名, 而新版本《说郛三种》所录渔阳石谱的作者署名是渔阳公。
[60] 《云林石谱》前有由阙里孔于绍圣癸丑年(1133年)所写序文。
[61] （宋）杜绾. 云林石谱·序[M].
[62] 赵青云. 河南禹县钧窑址的发掘[M]. 文物, 1975(6): 57-63.
[63] 宋史纪事本末·卷五十·花石纲之役
[64] 中国硅酸盐学会. 中国陶瓷史[M]. 北京：文物出版社, 1982: 260-264.
[65] 中国硅酸盐学会. 中国陶瓷史[M]. 北京：文物出版社, 1982: 255.
[66] （宋）苏轼. 苏轼文集·卷二十一·赞·石菖蒲赞并叙[M].
[67] （明）林有麟. 素园石谱·卷一·壶中九华[M].
[68] 岩佐亮二. 盆栽文化史[M]. 东京, 八坂书房, 1975: 25.
[69] （明）林有麟. 素园石谱·卷四·仇池石[M].

第五章
辽西夏金元时期
——北方民族主导下的盆景文化

　　五代及两宋时期和中原汉族政权并立的尚有辽（907—1125）、西夏（1038—1227）、金（1115—1234）等政权。这些政权及后来形成大一统的元朝（1206—1368），都是由北方少数民族建立的，因此在这期间民族之间的融合、矛盾和冲突，也使得文化艺术方面展现出不同以往的、更为复杂的多样性。

　　辽、西夏、金三朝中，西夏艺术更为纯粹和显著，而辽、金两朝的贵族吸收汉族参与政权，在其发展过程中不断接受汉族的传统、观念、文化及典章制度，艺术上既显示出其本民族的特色，又带有明显的汉族文化痕迹。

　　元朝的统一，结束了宋、辽和金等几个民族政权分立的局面，民族成分更为复杂，蒙古人、色目人（西部民族的总称）、汉人（金代遗民）、南人（南宋遗民）属于四个不同的阶层，其中南人为最末一等。在这种情形下，汉族文人们失去了由科举考试做官进入政治领域的机会，即使为官，也面临着相当大的心理和舆论压力。此时，汉族文人士大夫们开始在山水中怡情养性，抒发感怀，试图在山水画中找到一种超脱世外的安宁，从此文人绘画在中国艺术中成为非常核心的内容。

　　同时，元代的统一使农作物和农业技术在全国范围内广泛地交流成为可能，并且出现了编写农书的风气，在较短的时间内出版了多部农书，其中最著名的是司农司《农桑辑要》、王祯《农书》和鲁明善《农桑衣食撮要》三部。出现这种现象的原因是：①元世祖忽必烈（1215—1294）设劝农司和司农司，具有鼓励编写农书的作用。②汉族地主阶级知识分子借此迎合蒙古统治者。③汉人不能作高级官吏，汉族知识分子缺少仕途出路，客观环境使他们比较接近劳动人民，其中有较多的人注意到农业生产而编写农书。④有部分汉族知识分子不愿与蒙古贵族合作，不愿做元朝官，而自谋出路，务农自给，熟悉农业后有利于农书的写作[1]。与此相反，元朝不仅没有编写过一本有关花谱类的观赏消遣书，而且在综合性农书中也尽量对花木避而不谈，其原因是汉人在元朝的残暴统治下，很少有玩物欣赏的闲情雅兴。

第一节
辽代盆景文化

907年，辽太祖耶律阿保机成为契丹部落联盟首领，916年始建年号，国号"契丹"，定都上京临潢府（今内蒙古赤峰市巴林左旗南波罗城）。947年，辽太宗率军南下中原，攻占汴京开封府（今河南开封）灭后晋，耶律德光于开封登基改汗称帝，并改国号为辽，改年号为"大同"，983年复更名"大契丹"。1007年辽圣宗迁都中京大定府（今内蒙古赤峰市宁城县）。1066年辽道宗耶律洪基复国号"辽"。1125年为金国所灭。

辽末，辽贵族耶律淳建立北辽，与西夏共同抗金，后被金灭。辽朝宗室后代耶律留哥与其弟耶律厮不分别建立了东辽与后辽，最后东辽灭后辽，东辽被蒙古所灭。辽亡后，耶律大石西迁到中亚楚河流域建立西辽，定都虎思斡耳朵，1218年被蒙古所灭。1222年西辽贵族在今伊朗建立了小政权后西辽，后又被蒙古所灭。

辽朝全盛时期疆域东到日本海，西至阿尔泰山，北到额尔古纳河、大兴安岭一带，南到河北省南部的白沟河。

契丹族本是游牧民族。辽朝将重心放在民族发展，为了保持民族性将游牧民族与农业民族分开统制，主张因俗而治，开创出两院制的政治体制。并且创造契丹文字，保存自己的文化。此外，吸收渤海国、五代、北宋、西夏以及西域各国的文化，有效地促进辽朝政治、经济和文化各个方面发展。辽朝的军事力量与影响力涵盖西域地区，因此在唐朝灭亡后中亚、西亚与东欧等地区更将辽朝（契丹）视为中国的代表称谓。

辽朝设有5个京城。上京临潢府（今内蒙古巴林左旗南）、中京大定府（今辽宁宁城西）、东京辽阳府（今辽宁辽阳市）、南京析津府（今北京市）、西京大同府（今山西大同市）。辽在5处京城均建有不少宫苑，其中以南京的京城规模为最大，宫苑园林亦最多[2]。

发掘于辽代墓室壁画中的《寄锦图》（图5-1），位于石室南壁。以棕色宽带为框，画中七个人物交错排开。正中的是贵妇，身边有五侍女和一书童。侍女发型、装束与贵妇相似。背景有芭蕉、翠柏、竹丛等。

发掘于辽代墓室壁画中的《四季山水》分别表现春、夏、秋、冬四季山水景观（图5-2至图5-5）。图5-2为《四季山水》春（局部），此图为整幅的中央偏右部分。画面中春意盎然，鲜花初开。天鹅、鸳鸯和野鸭等在河水中游弋、嬉戏，山水相间，别有情趣。图5-3为《四季山水》夏（局部），此局部图位于原壁画的右下角。画面下方绘一条小溪，中间有一株盛开的牡丹，枝繁叶茂。几只牝鹿从山谷中探出头，牡丹下溪水旁，鹿儿在吃草。图5-4为《四季山水》秋（局部），此局部图位于原壁画的左上角。画面上方的流云间，有一组大雁飞向远方。画面中部表现的是，陡峭的山崖上生长着成片的松树，山谷间错落分布着红叶树和灌木。一只牝鹿站在山坡上昂首做鸣叫状。其左后方有一只牝鹿回首张望。图5-5为《四季山水》冬（局部），此局部图位于原壁画的中间偏右部分。画面中的山谷间树木凋谢，个别红叶残留枝头，近处松树亭亭而

图5-1 辽,《寄锦图》,高228cm、宽336cm,1994年内蒙古阿鲁科尔沁旗东沙布日台乡宝山村2号墓出土,原址保存

图5-2 四季山水,春(局部),辽代中期,内蒙古古巴林右旗庆陵东陵中室东南壁,宽177cm、高260cm,1939年清理

图5-3 四季山水,夏(局部),辽代中期,内蒙古古巴林右旗庆陵东陵中室西南壁,宽185cm、高240cm,1939年清理

图5-4 四季山水,秋(局部),辽代中期,内蒙古古巴林右旗庆陵东陵中室西北壁,宽190cm、高227cm,1939年清理

图5-5 四季山水,冬(局部),辽代中期,内蒙古古巴林右旗庆陵东陵中室东北壁,宽180cm、高209cm,1939年清理

立，翠绿依旧。山间溪水封冻，花草枯萎，觅食的
鹿群行走在山野间。

　　宫苑园林的发展，促进了花卉栽培与植物景观
营造的发展。《荷塘图》发掘于辽代墓室壁画（图
5-6），画中是一幅荷塘水景，塘中的荷叶接碧，荷
花盛开，水草摇曳，水波粼粼，芦苇随风摇摆。《牡
丹屏风图》与图 5-6 出土于同一墓室，为一面接近
正方形的屏风，内画一盛开的牡丹。蓝叶红花，枝
繁叶茂，花间还有蝴蝶飞舞。地上有散落的花叶，
老枝赭色，弯曲枯折，新枝绿色，挺拔舒展，花朵
有的盛开，有的含苞待放，交错分布，疏密有致（图
5-7）。

图5-6 《荷塘图》，辽代，高102cm、宽77cm，1991年出土于内蒙古敖汉旗南塔子乡城兴太村下
湾子5号墓，现存于敖汉旗博物馆

图5-7 牡丹屏风图，壁画，高90，宽74cm，1991年出土于内蒙古敖汉旗南塔子乡城兴太村下湾□号墓，现存于敖汉旗博物馆

山西应县佛宫寺释迦塔壁画中描绘的山石盆景与插瓶牡丹

　　佛宫寺释迦塔俗称"应县木塔"，为辽清宁二年（1056）遗构，通高67.31m，由塔基、塔身、塔刹三部分组成，外观五层六檐，塔内各明层之间均有暗层，明、暗阁计实为九层。塔身平面呈八角形，低层直径30.27m，是国内现存古代建筑中最古老最高大的木结构建筑，亦是功能、技术、造型艺术完美统一的杰出范例，是当今世界木结构建筑实物中极为罕见的珍品。塔内今存辽、金壁画304.65m²。

1. 手捧山石盆景供养人

　　手捧山石盆景供养人位于佛宫寺释迦塔底层内槽南门横披迎风板西一方。该供养人面部圆润，

姿态生动，服饰随风飘扬，花冠高凸，软巾束发，衣饰素雅，帔帛飘于身后。手垫方巾捧盆，内置山石景观（图5-8）。供养人像眉目眼神皆存唐画风韵，是辽画中杰作。

2. 手捧插瓶牡丹供养人

　　手捧插瓶牡丹供养人位于佛宫寺释迦塔底层内槽南门横披迎风板中一方。该供养人头梳双髻，腰系短裙，璎珞缠于背部，飘带浮于身后，双手捧盘，盘内置一宝瓶牡丹，侧身侍立（图5-9）。

辽代墓室壁画中描绘的山石花卉

　　受中原地带汉文化影响，辽代山石鉴赏开始追求透、漏、瘦、奇等因素，并常常作为花木的陪衬，有时也作为主景出现（图5-10至图5-13）。

图5-8 辽，应县佛宫寺释迦塔壁画中手捧山石盆景供养人，纵120cm、横90cm

图5-9 辽，应县佛宫寺释迦塔壁画中手捧插瓶牡丹供养人，纵120cm、横90cm

图5-10　花鸟屏风，辽天庆七年（1117），高156cm、宽156cm，1989年河北省宣化下八里5号张世古墓出土，原址保存。位于后室西北壁。画面中仙鹤双足伫立，引颈长鸣，背景为湖石花卉；右面画中仙鹤回首伫立，背景为湖石和红色五瓣小团花

图5-11　为两幅立式屏风，辽天庆七年，高158cm、宽121cm，1989年河北省宣化下八里张恭诱古墓出土，原址保存。位于墓室北壁。左幅下面怪石嶙峋，中部红花绿叶相间，牡丹盛开；上部绘两只彩蝶穿行于花丛之间。右幅下面为怪异湖石，石后有木本花卉，红绿相映；上面绘两只黄莺相对，一只枝头小憩，一只径直飞向同伴

图5-12　山石花鸟屏风图，辽，从左到右高130cm、宽164cm，高130cm、宽158cm，高130sm、宽168cm，1998年河北宣化下八里2区辽墓2号墓出土，原址保存。位于墓室东北、北、西北壁。东北、北、西北三壁是以屏风形式出现，图案由山石和花卉组成。屏风画以上的一栏似为道士图像，再上为云朵翎毛纹样

图5-13　童仆、屏风图（摹本），辽，高75cm、宽150cm，1992年内蒙古巴林左旗福山地乡前进村辽墓出土，壁画原址保存，摹本现存于巴林左旗博物馆。位于墓室东壁。画面主体是三扇围屏，屏风上绘有湖石、梅花、竹子和双鹤。屏风左侧站立一名契丹男童，髡发，身着圆领窄袖袍服；右侧是一女童，头梳圆髻，身穿直领窄袖长衫，双手捧着奁盒。屏风上部挂有帷幔

西夏盆景文化

西夏（1038—1227）是中国历史上由党项人在中国西北部建立的一个政权，历经十帝，享国189年。

西夏的祖先党项族原居四川松潘高原，唐朝时迁居陕北。因平乱有功被唐帝封为夏州节度使，先后臣服于唐朝、五代诸朝与宋朝。夏州政权被北宋并吞后，由于李继迁不愿投降而再次立国，并且取得辽帝的册封。李继迁采取连辽抵宋的方式，陆续占领兰州与河西走廊地区。宋宝元元年（1038）李元昊称帝建国，即夏景宗，西夏正式建国。又因其在西方，宋人称之为西夏。

西夏在宋夏战争与辽夏战争中大致获胜，形成三国鼎立的局面。夏景宗去世后，大权掌握在皇帝的太后与母党手中，史称母党专政时期。西夏因为皇党与母党的对峙而内乱，北宋趁机多次伐夏。西夏抵御成功并击溃宋军，但是横山的丧失让防线出现破洞。金朝崛起并灭辽、北宋后，西夏改臣服金朝，获得不少土地。两国建立金夏同盟而大致和平。夏仁宗期间发生天灾与任得敬分国事件，但经过改革后，到天盛年间出现盛世。

然而漠北的大蒙古国崛起，六次入侵西夏后拆散金夏同盟，让西夏与金朝自相残杀。西夏内部也多次发生弑君、内乱之事，经济也因战争而趋于崩溃。最后于西夏保义二年（1227）亡于蒙古。

西夏文化深受汉族河陇文化及吐蕃、回鹘文化的影响。并且积极吸收汉族文化与典章制度。发展儒学，宏扬佛学，形成具儒家典章制度的佛教王国。西夏起初是游牧部落，佛教在1世纪东传凉州刺史部以后，该区佛教逐渐兴盛起来，在西夏建国后开始创造自己独有的佛教艺术文化。内蒙古鄂托克旗的百眼窑石窟寺，是西夏佛教壁画艺术的宝库。在额济纳旗黑水城中发现的西夏文佛经、释迦佛塔、彩塑观音像等，是荒漠的重大发现。另外西夏也大力发展敦煌莫高窟。1036年西夏攻灭归义军后，占领瓜州、沙州，领有莫高窟。从夏景宗到夏仁宗，西夏皇帝多次下令修莫高窟，使其更加增添了几分光辉（图5-14）。

西夏敦煌莫高窟壁画中描绘的盆花盆景

1. 莫高窟第16窟壁画中描绘的盆花

第16窟始建于晚唐，是一个大型中心佛坛式窟，后经西夏重绘。前室建有窟檐，与上层的第365、366窟窟檐形成一所整体的木构重檐建筑，人们习称为"三层楼"。甬道南壁现嵌有清代光绪三十二年木碑《重修三层楼碑记》。甬道北壁晚唐修造的隐堂，曾被封闭，1900年被发现，现编号第17窟，即闻名中外的藏经洞。

晚唐以后，多在甬道两壁绘制大型供养人行列。西夏重绘时均改为供养菩萨，这成为西夏早期和中期洞窟的特点之一。供养菩萨均向着主室内主尊方向行进，作礼拜供养之状。然而往往在形象塑造上千篇一律，缺乏个性和艺术感染力。此窟甬道供养菩萨行列是西夏早期较好的作品。图为北壁西侧的四身供养菩萨，手执香炉、拈花或捧花盆（图5-15），足踏莲花，沿七宝池水徐徐而行。

甬道两壁说法图下方画供养人行列，大约每壁八身，身量大过真人。甬道南壁东侧已大部残

图5-15 西夏，莫高窟第16窟壁画中描绘的北壁西侧的四身供养菩萨，手执香炉、拈花或捧花盆

图5-14 张大千临摹的西夏时期榆林窟第19窟中的《竹林大士像》

图5-16 西夏，莫高窟第16窟壁画中描绘的手执香炉或花盘供养佛事

毁，仅西端二身保存完整。图为西起第一身，高达1.9m，手执香炉或花盘供养佛事（图5-16）。头戴宝冠，项饰璎珞，云肩，披巾，束羊肠裙，衣饰华美；表现细腻，色彩丰富，虽然肤色变黑，仍给人以富丽华贵之感。空间以花枝补白，花枝顶端，增加了生动的意趣且具有浓厚的装饰风味。

图5-17 西夏，莫高窟第207窟壁画中描绘的花篮

2. 莫高窟第 207 窟壁画中描绘的酷似山石盆景的花篮

第 207 窟系利用初唐窟改绘。西壁敞口龛内现存初唐雕像一佛二弟子二菩萨。南、北两壁各画说法图一铺。东壁门上画七佛，门南存药师佛一铺。窟顶覆斗形，中心方井绘团龙戏珠图案。图为西壁龛楣。西夏在此窟重修时，利用原有的浮塑龛楣改绘成托举酷似山石盆景的花篮，散花供养的双飞天（图5-17）。整个龛楣以蓝色涂地，表示天空，以铁朱、石绿、白色、黑色描绘花篮。左右对称的飞天和彩云，用笔稍嫌简率，但尚明快、生动。

西夏榆林窟壁画中描绘的山石与盆景

榆林窟位于甘肃省瓜州市（曾名安西市）西南，开凿于踏实河（又名榆林河）两岸的峭壁上，又名榆林寺、万佛峡。现存洞窟 42 个，分布在相距约 100m、长约 500m、高约 10m 陡立的河谷两岸崖壁上。其中，东崖上层 20 窟，下层 11 窟；西崖仅有一层，共 11 窟。在东崖的上下层窟的北端见有僧房及禅窟的遗迹。洞窟现存壁画约 5200m²，彩塑 250 余身；窟前有塔、化纸楼等土建筑 20 余座。

榆林窟的壁画从主题上可以分为六类：①尊像

196

画；②经变画；③故事画；④密教曼荼罗；⑤供养人画像；⑥装饰图案画。榆林窟丰富的佛教壁画艺术，不仅反映了人物画、山水画、装饰图案艺术的高度成就，而且也形象地反映了音乐舞蹈艺术、建筑艺术和科技成就[3]。

1. 榆林窟第2窟《水月观音》图中陈设的山石盆景

第2窟西壁南侧《水月观音》图画面上南海茫茫，景色寥廓，在透明的巨大圆光里，显现出头戴金冠，长发披肩，佩饰璎珞环钏，腰系长裙的观音菩萨。其双腿一屈一盘，一手撑地，一手修长的手指轻拈念珠，半侧身若有所思，坐在有如玻璃般光华又有浮云般缥缈的岩石上。身后山石如苍松般高耸入云，石缝间修竹摇摆，远处虚无缥缈，空中有一对鹦鹉双飞，景色宁静优美，似在仙境。

观音菩萨左侧自然石几之上，摆放一山石盆景（有说香炉）（图5-18），与周边环境形成宁静的氛围。

2. 榆林窟第3窟文殊变和普贤变中描绘的山石盆景

西夏第3窟的文殊变和普贤变分别表现文殊、普贤与侍从圣众行进在云端，下部是波涛汹涌的大海，岸边则是雄奇的山峦。山水背景占了一半以上的画面，其间雄奇厚重的山峰，体现出范宽、郭熙等画家所开创的华北山水的意境，而在近景表现中，树木掩映、山横雾绕，山中草屋隐现，时露清泉。这些气氛又令人感受到南宋马远等画家的风格。

在第3窟西壁普贤变中出现了附石式树木（图5-19），在文殊变中洞府前也出现了树石景象，这说明了西夏时庭园中大量使用山石的情况。

此外，同样的第3窟文殊变中，有两位帝释天手端耸立于金银财宝中、两个酷似兽头、冒着神火的山石盆景的景象，该两位帝释天其中一位面向左侧（图5-20、图5-21），另一位面向右侧（图5-22），这说明盆景也被王室、宗教设施使用的情况。

玉门昌马石窟壁画中的盆花

昌马石窟地理位置在玉门市昌马乡水峡村西面紧靠村庄的地方，坐落着一座南北走向的约50m的山崖，山体南北长约500m。昌马石窟，就坐落在这高高的山壁的最中央，离地面约25m。一般认为，

敦煌石窟包括敦煌莫高窟、安西榆林窟和玉门昌马石窟。所以说，昌马石窟是敦煌石窟的重要组成部分，是莫高窟和榆林窟的姊妹窟。昌马石窟开凿于五代宋初，后历元明又有续凿和修复。原有石窟共计24座，分为上窑石窟和下窑石窟，分布在昌马

图5-18 西夏，榆林窟第2窟《水月观音》图中陈设的山石盆景

图5-19 西夏，榆林窟第3窟西壁普贤变中出现了附石式树木

图5-20 西夏，榆林窟第3窟西壁北侧文殊变（局部）

图5-21 西夏，榆林窟第3窟西壁北侧文殊变帝释天（面向左侧）手端冒着神火的山石盆景

图5-22 西夏，榆林窟第3窟西壁北侧文殊变帝王（面向右侧）手端冒着神火的山石盆景

乡水峡村的上窑山和下窑山一带。昌马下窑石窟的大多数洞窟被 1932 年 12 月的大地震损毁，只有 4 座洞窟幸存。

昌马石窟具有较高的艺术价值，从洞窟开凿形成上看，敦煌莫高窟、安西榆林窟及新疆的石窟寺相似之处很多；从艺术价值上说，其彩绘和彩塑的手法新颖，形象逼真，风格色丽；从洞窟的壁画和雕塑内容看，主要反映了当时社会的生产和生活状况，当然在其中也渗透了较为浓厚的佛教思想。其艺术手法与敦煌及新疆等古丝绸之路的石窟艺术手法极为相似。有些已经达到了极高的艺术境界，也许是同时代或同类型的工匠所绘。

下窑 4 窟西壁，菩萨高髻宝冠，面形清秀圆润，细眉凤眼，高鼻小嘴，唇上有八字小须；宝缯于两耳际作折叠式，戴耳饰、项圈及璎珞，披巾于胸腹之际交叉，左臂举于肩前，手捧盆花，神情含蓄，温静。线描简细流畅，施色清淡雅致，具有浓厚的时代和地方特色（图 5-23）。

黑水城出土文物中的《月星图》

黑水城，蒙古语称为哈拉浩特，又称黑城，位于干涸的额济纳河（黑水）下游北岸的荒漠上，距阿拉善盟额济纳旗旗政府所在地——达来库布镇东南方向 25km，是居延文化的一部分。

黑水城遗址始建于西夏时期，当时西夏王朝在此设置"黑水镇燕军司"。黑水城是西夏在西部地区重要的农牧业基地和边防要塞，是元代河西走廊通往岭北行省的驿站要道。1286 年，元世祖忽必烈扩建此城，并设"亦集乃路总管府"。黑城东西长 470m，南北宽 384m，总面积 18.05 万 m²。虽历经 700 多年，黑城仍不失当年的高大宏伟。它是"古丝绸之路"以北保存最完整的一座古城遗址，这里出土了大量文物。20 世纪初，俄国军人科兹洛夫带人挖掘黑水城现场，出土了大量的西夏文物文献，这些宝贵的文物文献被盗运到俄国后在圣彼得堡展出，引起极大的轰动。黑水城也因此名闻世界。

图5-23 西夏，玉门昌马石窟下窑4窟西壁，手端盆花菩萨（局部）

图5-24 西夏，月星图，20世纪初黑水城出土，现存俄罗斯列宁格勒艾尔米塔什博物馆

图5-25 西夏王陵秋景（著者摄）

在被盗运到俄国数量众多的黑水城文物中，有一幅《月星图》。图中月星仕女打扮，面容秀丽。头梳宽扁高髻，发髻上饰二红圆球头簪。身穿红裙，外罩紫红色披肩。双手托一盘，盘中似有一朵卷云，卷云之上为一银色月亮（图5-24）。《月星图》将云月景观压缩在一盘中，也是一种盆景吧。

西夏王陵出土的束腰单层叶瓣仰覆莲座

西夏王陵又称西夏帝陵、西夏皇陵，是西夏历代帝王陵以及皇家陵墓。王陵位于宁夏银川市西，西傍贺兰山，东临银川平原，海拔1130～1200m，是中国现存规模最大、地面遗址最完整的帝王陵园之一，也是现存规模最大的一处西夏文化遗址（图5-25）。

西夏王陵营建年代约自11世纪初至13世纪初。西夏王陵受到佛教建筑的影响，使汉族文化、佛教文化、党项族文化有机结合，构成了我国陵园建筑中别具一格的形式。它承接鲜卑拓跋氏从北魏平城到党项西夏的拓跋氏历史。

西夏王陵分布9座帝王陵墓，200余座王侯勋戚的陪葬墓，规模宏伟，布局严整。每座帝陵都是坐北向南，呈纵长方形的独立建筑群体。吸收自秦汉以来，唐宋皇陵之所长，又受佛教建筑影响，构成中国陵园建筑中别具一格的形式，故有东方金字塔之称。

在3号陵西北角阙出土了束腰单层叶瓣仰覆莲座，红陶质，钵形器上以蕉叶纹和牡丹纹瓣饰交错围贴，共18瓣。通高25cm，器座口径24cm，柱形腰部直径12cm（图5-26）。从该器物的形状、质地、纹饰以及大小等综合推测，它很有可能是作为西夏王宫中用于其中放置奇石、在几案上摆设进行观赏之用，相当于盆景盆钵。

图5-26 西夏，出土于西夏王陵的束腰单层叶瓣仰覆莲座

201

第三节
金代盆景文化

金朝（1115—1234），正式国号是大金，是中国历史上由女真族建立的封建王朝，共传十帝，享国120年。

女真原为辽朝臣属，天庆四年（1114），金太祖完颜旻统一女真诸部后起兵反辽。于翌年在上京会宁府（今黑龙江省哈尔滨市）建都立国，国号大金，建元"收国"。并于1125年灭辽朝，两年后再灭北宋。贞元元年（1153），海陵王完颜亮迁都中都大兴府（今北京）。金世宗、金章宗统治时期，金朝政治文化达到巅峰，金章宗在位后期由盛转衰。金宣宗继位后，内部政治腐败、民不聊生，外受大蒙古国南侵，被迫迁都汴京开封府（今河南开封）。女真贵族大肆占领华北田地，使得双方的冲突加剧，汉族纷纷揭竿而起。1234年，金朝在南宋和蒙古南北夹击下覆亡。

金朝鼎盛时期统治疆域包括今天的中国大陆淮河北部、秦岭东北大部分地区和俄罗斯联邦的远东地区，疆域辽阔。

金国作为征服王朝，其部落制度的性质浓厚。初期采取贵族合议的勃极烈制度（指金太祖建立的倚重国相级别的高级官员统治国家的制度），后吸收辽朝与宋朝制度后，逐渐由二元政治走向单一汉法制度。军事上采行军民合一的猛安谋克制度，其铁骑兵与火器精锐，先后打败周边诸国。经济方面多继承自宋朝，陶瓷业与炼铁业兴盛，对外贸易的榷场还掌控西夏的经济命脉。

金国灭北宋时，从北宋都城开封掠走了一批画工和匠师，并将北宋宫廷收藏带到了北方。这些重要的宫廷收藏对金代艺术发展产生了影响。金代统治者也仿效北宋，在宫廷设置了书画局、图画署等艺术机构。上至帝王，如金章宗（1168—1208，1189—1208年在位），下至士大夫，如王庭筠（1151—1202）均能挥毫泼墨，形成了与汉族文人相近的艺术理想和面貌。当然，作为北方游牧民族的女真人，他们的艺术中自然少不了自己的民族特色，鞍马画作为金代艺术的一个重要组成部分，显示出鲜明的民族特色。

金代墓室壁画中描绘的山石花木与盆花

1. 山东高唐县寒寨乡谷壮屯村虞寅墓壁画《家婢图》中的盆栽

1979年山东高唐县寒寨乡谷壮屯村虞寅墓被发掘出土，该墓建于金代承安二年（1197）。《家婢图》位于墓室东壁，画面右侧为一侍女，着交领窄袖长衫，双手持酒坛子座趣步前行状。女侍右上墨书题记："买到家婢□安"，表明该侍女身份应为墓主家婢女。画面左侧有一直领五蹄足盆架，上置盆钵，盆钵中绘有比较模糊的植物图案，基本上可以断定此处描绘一盆栽植物（图5-27）。

2. 济南历城区金代砖雕墓壁画中描绘的山石竹木

1999年出土的济南历城区港沟镇大官庄村金代砖雕墓[建于金代泰和元年（1201）]壁画中，有《假门图》和两幅《竹石图》。

《假门图》表现砖雕格扇门，墨线勾勒仿木构件的轮廓与装饰图案。大门两侧各有一幅山石花木图绘，左侧描绘竹子、某藤本花卉与湖石景观，右侧描绘花木、湖石景观（图5-28）。

除此之外，还有两幅湖石竹子图，与宋辽金同期的花卉表现形式类同（图5-29）。

3. 河南武陟县小董乡金代雕砖墓中的多幅盆栽花卉

1975年4月在河南省武陟县小董乡挖掘的金代雕砖墓中发现有多幅盆栽花卉的雕刻图，盆内花卉的种类有牡丹、荷花、慈姑、水蚀和水蓼等多种[21]。

山西金代佛寺壁画中的盆景

金代处于古建筑发展的高潮时期，并且金代建筑在古建历史上处于承上启下的重要作用。山西保存的金代建筑数量和质量都是最高的，此外，由于山西处于当时各民族冲突融合的最前沿，其地区性建筑特色也是不尽相同。在山西众多的金代古建筑中，大部分都是寺观建筑；而在大多寺观建筑上，都有壁画作品。壁画作品中，不少都有花卉盆景方面题材的表现。

1. 岩山寺壁画中的盆景

岩山寺，原名灵岩寺，位于山西省繁峙县城南峪口五台山北麓天岩村（离中虎峪相近）。始建于北宋元丰二年（1079）以前。根据寺内"无题碑"碑阴题名，可知在金正隆三年（1158）进行了大规

图5-28 金代泰和元年（1201），《假门图》，1999年出土于济南历城区金代砖雕墓

图5-27 金代承安二年（1197），《家婢图》，1979年出土于山东高唐县寒寨乡谷壮屯村虞寅墓，高100cm、宽74cm，现存聊城市博物馆

图5-29 金代泰和元年（1201），《竹石图》，1999年出土于济南历城区金代砖雕墓

模扩建、修缮和绘制工作。到了金代，岩山寺成为五台山真容院（今称"菩萨顶"）的下院。

岩山寺坐北朝南，平面呈不规则长方形。寺内正殿已毁，现存建筑主要有南殿三间，东西配殿各三间，其他殿四间，禅房三间，垂花门一座，钟楼一座兼做山门。除南殿外，其余均为晚清到民间年间的建筑。寺内青松郁郁，古殿峻峨，壮观幽谧，仿佛镶于山野的璀璨明珠（图5-30）[4]。

根据寺内"无题碑"记载，金代正隆三年重修灵岩院，庙宇规模宏大，建筑雄伟，寺院内各殿均有壁画。由于年代久远，风雨飘摇，鸟鼠侵蚀，战争摧残，人为破坏，其他各殿内壁画均已毁坏殆尽，仅存过殿（文殊殿）内四周壁画，共97.98m²，目前仍保存较为完好。

过殿（文殊殿）西墙壁画面积38.75m²，内容是释迦牟尼从降生、成佛到涅槃的佛教故事。整个西墙壁画是一组完整的皇城，皇宫置于全画中央，画家以通景式手法，用花草树木、山水祥云把整个画面间隔成相对独立的画幅，巧妙地将佛教故事和当时社会的现实生活融为一体。

北墙西侧绘有一队商船在海中遇险，漂坠罗刹鬼国，被观音菩萨救助的故事。北墙东侧画一座寺院，院中有木结构八角七级浮屠，塔前有山门，四周围以殿阁、回廊。塔左有城墙，城上有马面、堞楼。画面构思巧妙，结构严谨。

纵览岩山寺壁画，是典型的北宋院体，与北宋院体画派赵佶、王希孟、张择端的传世佳作大有类同之处。其内容丰富，记载翔实，构思巧妙，画艺精湛，不愧为我国壁画中难得的精品[5]。

在岩山寺壁画中，出现三幅山石盆景的图片：一幅出现于《太子回城》（图5-31），另一幅出现于《鬼子母经变图》（图5-32），还有一幅出现于《手捧山石盆景的飞天》中（图5-33）。可见当时宗教设施中陈设盆景比较常见。

2. 崇福寺壁画中的盆景

崇福寺位于山西省朔州市朔城区东街北侧，当地人俗称大寺庙。寺院坐北面南，规模宏大，南北长200m，东西宽117m，占地面积23400m²。五进院落，十座殿宇，布局严整，构造壮观，殿内塑像、壁画、琉璃脊饰、雕花门窗荟萃一堂，是一座不可多得的古建艺术殿堂。崇福寺创建于唐代麟德二年（665），由唐代大将军、朔州人、鄂国公尉迟敬德奉

图5-30 岩山寺内景观（著者摄）

图5-31 《太子回城》中出现的山石盆景

图5-32 《鬼子母经变图》中出现的山石盆景

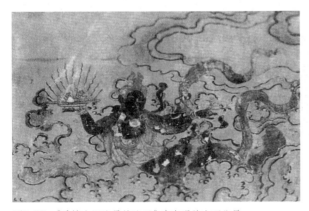

图5-33 《手捧山石盆景的飞天》中出现的山石盆景

图5-34 金代，胁侍菩萨，山西朔州崇福寺弥陀殿东壁中铺

旨建造。到辽代，寺被改为林太师府衙，后又改为寺庙，取名林衙寺。金代熙宗年间，寺庙扩建，大兴土木。金代天德二年（1150），金朝海陵王完颜亮题额"崇福禅伟"一直保存至今。

　　崇福寺内金代壁画321.02m²，是金皇统三年（1143）时所绘。在东壁中铺北部，为《胁侍菩萨》图，菩萨身体微向左倾，宝冠上莲花艳丽，飘带自臂膀经腕部垂于地面，璎珞三缕至腹部绣成八斜图案，右手向下，左手捧珊瑚宝盘盆景（图5-34）。

第四节
山西永乐宫壁画中的
盆景作品

永乐宫于元代定宗贵由二年（1247）动工兴建，元代至正十八年（1358）竣工，施工期达110多年。元中统三年（1262）扩为"大纯阳万寿宫"。

永乐宫，因原址位于山西芮城县永乐镇而得名，是道教三大祖庭之一，中国现存最大的元代道教宫观。唐德宗贞元十四年（798），道教八仙之一的吕洞宾出生于芮城县永乐镇，永乐宫即为纪念吕洞宾所建。1959—1964年间，三门峡水库的修建使得永乐宫位于库区淹没区，被整体搬迁至芮城县城北郊的龙泉村附近，建在原西周的古魏国都城遗址上，距离原址20km许（图5-35、图5-36）。

永乐宫由南向北依次排列着宫门、无极门、三清殿、纯阳殿和重阳殿（图5-37）。在建筑总体布局上，东西两面不设配殿等附属建筑物，在建筑结构上，使用了宋代"营造法式"和辽、金时期的"减柱法"。

永乐宫壁画为道教宣传画，目的在于揭示教义

图5-35 永乐宫大门入口（著者摄）

图5-36　永乐宫庭园绿化（著者摄）

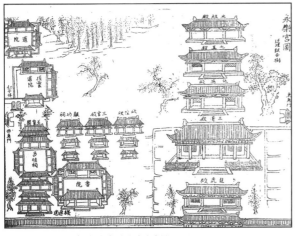

图5-37　永乐宫内建筑布局（著者摄）

和感召人心，其绘制时间略早于欧洲文艺复兴，几乎和元代共始终。现存壁画面积1005.68m²。

永乐宫壁画，题材丰富，画技高超，它继承了唐、宋以来优秀的绘画技法，又融汇了元代的绘画特点，形成了永乐宫壁画的可贵风格，成为元代寺观壁画中最为引人入胜的一章，在中国壁画史上，享有着至高无上的地位，是光耀千年的艺术瑰宝。

同时，永乐宫壁画中，表现盆景作品多达数十幅，是研究我国元代盆景，特别是寺观宗教设施中盆景应用情况的第一手宝贵资料。

三清殿壁画中的盆景

三清殿又称无极殿，是供"太清、玉属、上清元始天尊"的神堂，为永乐宫的主殿。面阔七间，深四间，八架橼，单檐五脊顶。前檐中央五间和后檐明间均为隔扇门，其余为墙。北中三间设神坛，其上供奉道教元始天尊、灵宝天尊、太上老君，合称为三清。殿内四壁满布壁画，壁画高4.26m，全长94.68m，面积达403.34m²，画面上共有人物289个。这些人物，按对称仪仗形式排列，以南墙的青龙、白虎星君为前导，分别画出天帝、王母等28位主神。围绕主神，28宿、12宫辰等"天兵天将"在画面上徐徐展开。画面上的武将骁勇剽悍，力士威武豪放，玉女天姿端立。整个画面，气势不凡，场面浩大，人物衣饰富于变化而线条流畅精美。这人物繁杂的场面，神采又都集中在近300个"天神"朝拜元始天尊的道教礼仪中，因此被称为《朝元图》（图5-38）。

在朝元图中，先后出现了手捧宝物的"奉宝玉女"（图5-39）、手捧灵芝盆景的"灵芝玉女"（图5-40）、手捧盆花的"盆花玉女"（图5-41）、手捧山石盆景的"奇石玉女"（图5-42）以及"奇石玉女"前侧几案上摆置盛开的牡丹盆花和凤凰旁边的

207

图5-38 元代.三清殿壁画《朝元图》(局部)

图5-39　元代，三清殿壁画《朝元图》中手捧宝物的"奉宝玉女"

图5-40　元代，三清殿壁画《朝元图》中手捧灵芝盆景的"灵芝玉女"

图5-41　元代，三清殿壁画《朝元图》中手捧盆花的"盆花玉女"

图5-42　元代，三清殿壁画《朝元图》中"奇石玉女"前侧几案上摆置盛开的牡丹盆花

图5-43　元代，三清殿壁画《朝元图》中凤凰旁边的盆花

图5-44 纯阳殿外观（著者摄）

盆花（图 5-43）。其中"奇石玉女"所端奇石具有"透""漏""瘦""皱"等太湖石的鉴赏特征，奇石先端全为牛头状；"灵芝玉女"手端的盆景，由灵芝和珊瑚组成。

纯阳殿壁画中的盆景

纯阳殿（又名混成殿、吕祖殿），殿宽五间，进深三间，八架椽，上覆单梁九脊琉璃屋顶（图 5-44）。殿北部一间四柱神坛，前檐明次间与后檐明间皆为隔扇门，余为墙面。神坛上原为吕洞宾塑像，现已残毁。扇面墙后为《钟离权度吕洞宾图》，高 3.7m，面积 16m²。全殿壁画以《纯阳帝君神游显化图》（简称《显化图》）为主，通过五十二幅连环画，将吕纯阳一生事迹巧妙地穿插组织在一个强调整体效果的大构图中，每幅之间用山石、云树巧妙地隔开，毫无生硬的感觉。内容包罗万象，场景有宫廷、村舍、街市、酒楼、茶肆、厨房、医官和山野、舟船等，人物活动在统一用青绿山水作为背景的全景式通壁巨构之内，不但是珍贵的美术品，而且是研究当时社会生活的宝贵资料。

画在南壁东西两梢间的两幅分别是《道观斋供图》和《道观醮乐图》。画在神龛背面的是一幅完整的《钟离权度吕洞宾图》，北壁后门楣上是《八仙过海图》，门内东西两旁画松仙（图 5-45）和柳仙（图 5-46）。把松树、柳树分别比喻为神仙的松仙、柳仙，说明树木在人们心目中占据十分重要的位置。《显化图》中的〈度老松精〉画幅中对松仙有如下的记载："岳州巴陵县白鹤山下，两池潜巨蟒，池上一老树，枝干悉蔓草翳焉。帝君一日过之，有人自树梢降而拜曰：'我，松之精也，幸有神仙，愿求济度。'帝君曰：'汝妖魅也，平日有阴德否？'曰：'池中两蟒屡害人，救活者多矣。'乃受以丹，松精得点化矣。诗曰：'独自行来独自坐，世上人人不识我。惟有城南老树精，分明知道神仙过。'"[6]。

《显化图》的内容从吕洞宾的降生开始，描述他一生的行迹和传说故事，画成五十二幅，合起来构成完整的吕祖画传，是极其珍贵的道教史料。其顺序，从东壁南端上段的首幅开始到北壁东段（以后门为界），计二十六幅；接着从西壁南端起始到北壁西段，也是二十六幅（图 5-47）。东部在每幅的左上角、西部在每幅的右上角，均有榜题，是画传的文字说明。壁画的五十二则榜题，与各画面相配合，全面表现了画传的内容[7]。五十二幅的多幅绘画中都表现了盆景作品。

图5-45 纯阳殿北壁门内西侧的松仙

图5-46 纯阳殿北壁门内东侧的柳仙

1.〈慈济阴德〉画幅中的盆景

画面中有放置于庭园中方形石几之上的大型山石盆景，大理石圆盆，宽口沿外翻，山石大概为取自北方的北太湖石，山石蓝灰色，两山峰一高一低下部连接一体，盆内石基处栽植草本植物；石几后侧丛生似为山桃的灌木，正在开花（图5-48、图5-49）。

2.〈神化仪真绘像〉画幅中的盆景

画面建筑前平台上陈设一山石盆景，盆钵似为海棠形圆盆，山石稍稍向左探伸，山石基部长有茂密的草本植物。从整体效果来看，该盆景为一制作多年的老作品（图5-50）。

3.〈神化赵相公〉画幅中的花池景观

画面左前方，方形树池中放置山石、栽植芭蕉，

图5-48　〈慈济阴德〉画幅中的盆景

图5-49　〈慈济阴德〉画幅中的盆景（局部）

图5-47　《显化图》中的北壁西段

图5-50　〈神化仪真绘像〉画幅中的盆景

图5-51　〈神化赵相公〉画幅中的花池景观

图5-52 《神化赵相公》画幅中的花池景观

图5-53 〈探徐神翁〉画幅中的盆景

形成一大型蕉石花池景观（图 5-51）。

4.〈神化赐药狄青〉画幅中花池景观

画面右前方，在一束腰圆形花池内，栽植比较高大观赏树木，构成一花池景观（图 5-52）。

5.〈探徐神翁〉画幅中的盆景

建筑台基之上，有一三脚莲形台座，其上放置一山石盆景，盆为椭圆形海棠盆，其中似有水，一

挺拔峭立山峰独置其中，其景观效果与周围庭园环境协调（图 5-53）。

6.〈度陈进士〉画幅中的盆景

庭园地面并排摆放两盆盆景，左侧为一草本盆栽，种类有可能为兰花；右侧为一山石盆景，盆钵为上大下小的圆形瓷盆，盆壁有纹饰，山石峭立，基部似乎栽植迎春花。整体上在庭园环境中起到重

图5-54　〈度陈进士〉画幅中的盆景（局部）

图5-55　〈救孝子母〉画幅中的盆景

要的点缀作用（图 5-54）。

7.〈救孝子母〉画幅中的盆景

在建筑与庭园中栽植的芭蕉之间，摆放两盆盆景，摆放方式似乎与〈度陈进士〉画幅中的两盆盆景相对：右侧为奇石菖蒲盆景；左侧为一瓷盆盆景，盆壁有纹饰，盆内密生花草之间耸立一奇石，与庭园建筑、竹石花木构成一个整体（图 5-55）。

重阳殿壁画中的盆景

重阳殿是为供奉道教全真派首领王重阳及其弟子"七真人"的殿宇。殿内采用连环画形式描述了王重阳从降生到得道度化"七真人"成道的故事。重阳殿内的连环画，虽是叙述王重阳的故事，但却妙趣横生地展示了封建社会中人们的活动。这些画面，几乎是一幅幅活生生社会生活的缩影。平民百姓的梳洗、打扮、吃茶、煮饭、种田、打鱼、砍柴、教书、采药、闲谈；王公贵族、达官贵人的宫中朝拜、君臣答理、开道鸣锣；道士设坛、念经等各式各样的动态跃然壁上。画中，流离失所的饥民，郁郁寡欢的厨夫、茶役、乐手，朴实善良而勤劳的农民与大腹便便的宫廷贵族、帝王将相形成了非常鲜明的对照。

图5-56　〈长春入谒〉画幅中的大型树木盆景

1.〈长春入谒〉画幅中的大型树木盆景

　　建筑入口左侧为一庭园树，与该庭园树相对，入口右侧陈设一大型树木盆景，盆钵似为石材制盆，盆树主干粗壮，近十个枝片错落有致地分布于主干左右两侧及后侧，整体上与庭园环境相协调（图5-56）。

2.〈却介官人〉画幅中的竹石花池景观

　　陈设于庭院右墙前方，为一竹石花池景观，竹子茂密丛生，中置一细高峭立山石（图5-57）。

3. 神龛后壁背面壁画中的盆花

　　重阳殿神龛后壁背面壁画中，可见一供奉侍女，左手执灵芝，右手托一盆花（图5-58）。

217

图5-57 《却介官人》画幅中的竹石花池景观

图5-58 神龛后壁背面壁画中的盆花

第五节

元代植物类盆景文化

在元代的政治、文化背景下，汉族文人、士大夫的社会地位低下，仕途暗淡，促使了其中的一部分隐居于山野与乡村。隐居生活为他们提供了一定的玩赏花木、盆景的条件（图5-59、图5-60）。因此，处于发展高潮的宋代盆景在进入元代后，并没有中断，但也没有大的发展，只是维持了盆景的栽培与观赏。

欧阳玄（1289—1374），字元功，号圭斋，湖南浏阳（今湖南浏阳）人，元代文学家。其《接花木》诗描写了园丁嫁接花木的情景，通过该诗可对元代花木盆景发展情况也可略见一斑。

图5-59 元代，刘贯道《消夏图》，纵29.3cm、横71.2cm，现存美国纳尔逊·阿特金斯艺术博物馆

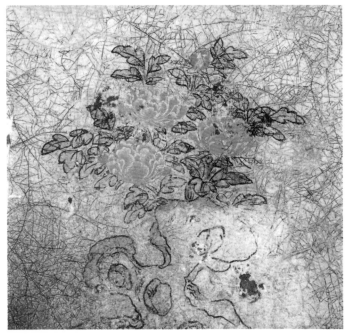

图5-60 元代至大二年（1309），《牡丹湖石图》，2008年出土于山西兴县红峪村武氏夫妇墓墓室西南壁

些子景爲平江韞上人賦
尺樹盆池曲檻前老禪清興擬林泉氣呑渤澥波盈掬
勢壓崆峒石一拳仿佛煙霞生隙地分明日月在壺天
旁人莫訝胸襟隘豪髪從來立大千
半村詩爲姑蘇信立菴禪師賦
菴居背郭稱疏慵道韵清孤對趣濃花徑縈回通小市
竹窗窈窕納遥峯五更風遞巖城角半夜霜清古寺鐘
昨日鄰翁告東作四郊春雨起降龍
雲石詩爲貞長老賦
坐石看雲絕百非空山終歲澹相依臥龍春暖薄嘘氣

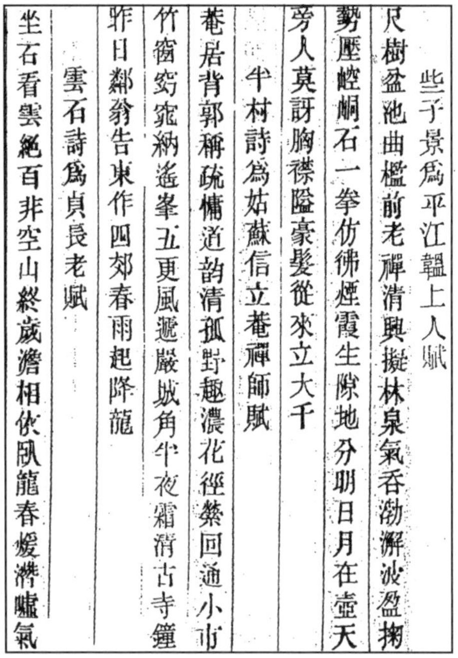

图5-61 元代，《丁鹤年集》中收录的〈些子景为平江韫上人赋〉

接花木

园丁妙手即花神，换叶移枝伪脱真。
刀剪岂能伤化力，色香无复记前身。
春深自有鸾胶续，岁久行看鹤膝伸。
堪笑微生亦如此，任呼牛马定谁人。

元代植物类盆景名称考

1. 些子景

丁鹤年（1335—1424），回族人，号友鹤山人，著有《海巢集》。因对母至孝，时人特为他作《丁孝子传》。在其《丁鹤年集》中收录〈为平江韫上人赋些子景〉一诗，赠送给平江佛僧韫氏（图5-61）。

些子景为平江韫上人赋

尺树盆池曲槛前，老禅清兴拟林泉。
气吞渤澥波盈掬，势压崆峒石一拳。
仿佛烟霞生隙地，分明日月在壶天。
旁人莫讶胸襟隘，毫发从来立大千。

诗中“渤澥”为渤海的古称；“崆峒”为位于山东海边的岛名。韫僧云游四方，留恋于名山大川之中，有时兴致大发，于尺树盆池之中缩造山林泉石。其气魄吞没渤海，盈波浪于两手；其势态压迫崆峒，缩海岛为一泉。仿佛狭窄之地生烟霞，分明壶中之天升日月。旁人诧异道胸怀如此狭隘，但从来毫发之上可以塑造出广阔的世界。所以，丁鹤年称之为“些子景”。“些子”与“些儿”相同，为些微、小型之意；“些子景”则为小型景观之意。因而，清代刘銮曰：“金人以盆盎间树石为玩，长者曲而短之，大者削而约之，或肤寸而结果实，或咫尺而蓄虫鱼，概称盆景。元人谓之些子景。”[8] 从上记诗、文可以清楚地得知，元代的些子景虽然体量不大，但所表现的内容却很多。元代，“些子景”成为盆中之景的代名词。

我国部分盆景书刊中，解释“些子景”为小型盆景之意，即相当于现在的微型盆景，这是不确切地，应当予以纠正。因为“些子景”本意为小型景观或盆中之景，而不是小型盆景。

2. 盆内花树、盆花树

元代佚名《居家必用事类全集》是一种日用百科全书性质的通书，全书以“十干”分集。〈戊集〉为农桑类，分种艺、种药、种菜、果木、花木、花草与竹木六项。其中有〈种盆内花树法〉一节载曰：“凡种盆花树，必先要肥土……”

文献题名与内容中先后出现了"盆内花树"与"盆花树"的名词。"盆内花树"与"盆花树"指栽植于盆器之中的花草树木，包括了现在的植物盆景与盆栽花木。两者可能由宋代所用"盆花""盆中花"演变而来，为明代"盆树"一词的出现奠定了基础。

（3）盆池

盆池，在以前的唐、宋两代指盆中盛水，或栽植水生花草，或放养鱼虫而形成的观赏品。元代时，把盆景也称作盆池。

李衎（1245—1320），元之蓟丘（今北京市丰台区北）人，字仲宾，好息斋道人，谥文简。博学多通，擅长画竹。皇庆年间（1312—1313）。官至浙江省平章政事。他曾深入东南产竹区观察各种竹的形色、神态，撰有《竹谱详录》一书。《竹谱详录》〈卷五·龙孙竹〉记载道：

龙孙竹亦名龙须竹，生辰阳山谷间，高不盈尺，细仅如针。凡所以为竹者无不具。张得之谱云：予顷过一朋旧家，见盆池昆石上有小竹一，竿长六寸许，枝叶苍翠，根旁别生二白须，盘曲水中，伸则长于干五倍。龙须之称疑出于此。

文中出现了"盆池"一词。从上文大意可知，此盆池为一昆山石上种有小竹的盆景，亦即附石式盆景。除此之外，上记《些子景为平江锟上人赋》诗中第一句也出现了"盆池"，从诗文大意也可得知，诗中盆池为附石式或者水旱式盆景。所以，元代"盆池"的含义即为"盆景"之意。

（4）盆槛之玩

《竹谱详录》〈卷七·夹竹桃〉一节记载："夹竹桃，自南方来，名拘拿儿，花红类桃，其根叶似竹而不劲，足供盆槛之玩。"文中"盆槛之玩"之盆中栽植花木后形成的观赏品，相当于现在的盆植、盆栽，与明代时把盆植、盆栽也称作"盆玩"的含义相同，"盆玩"一词可能由"盆槛之玩"演变而来。

（5）"盆＋植物名"的命名法

元代沿用了宋代"盆＋植物名"的命名法，如以"盆梅"为题的咏梅花盆景诗有《盆梅》（冯子振·释明本《梅花百咏》），《和盆梅》（冯子振·释明本《梅花百咏》），《盆梅》（韦珪《梅花百咏》）。以"盆竹"为题的咏竹类盆景诗有《盆竹》（善住《谷响集》）等。

元代的大型附石式树木

元代某些绘画作品中出现了大型附石式树木，它们虽然不是树木盆景，但在美学鉴赏、树木在山石之上的攀附方法以及树形制作等方面具有借鉴参考的作用。

1. 王振鹏《宝津竞渡图》《龙池竞渡图》及《龙舟图》中的大型附石式树木

元代最有名的画家王振鹏（约1275—1328年前后）字朋梅，浙江永嘉人。元代张昱《张光弼诗集》卷二题画诗中述及王振鹏曾画《大都池馆图样》，画艺得元仁宗（1312—1320年在位）眷爱，赐封〈孤云处士〉。仁宗尚为太子时，王曾与赵孟𫖯、商琦等人随侍，各展所长。因任职于秘书监典薄（掌管书画及历代图籍的主要机构），得以遍观古图书，官至漕运千户，总理海运于江阴、常熟之间。元文宗（1328—1329年在位）时期任奎章阁学士的虞集（1272—1348）常参与君臣共同鉴赏书画的雅集，在为王父所撰《王知州墓志铭》中称王振鹏画艺："运笔和墨，毫分缕析，左右高下，仰俯曲折，方圆平直，曲尽其体，而神气飞动，不为法拘。"王氏作品风格特点为准确与细致，为迎合皇室的需要，多以宫廷建筑为主题，专用墨线白描法画建筑，替代以前的设色或淡墨渲染的画法，并借由墨线疏密、平行、交叉之不同，来区分建筑各部的质感和体积感。

至大三年（1310）皇太子生日，王振鹏进呈《龙池竞渡图》为贺，过十年多，至治癸亥（1323）元成宗之女祥哥剌吉皇姊大长公主（1283—1331）举行雅集，又请他再画一卷《锦标图》，现今传世本多是根据原迹忠实仿制。王振鹏以吴自牧《东京梦华录》所载，描写太宗太平兴国七年（982）于汴京（开封）争标演习水军的景象，画中对金明池中建筑物描写得淋漓尽致[9]。

现在台北故宫博物院所藏王振鹏《宝津竞渡图》《龙池竞渡图》及《龙舟图》三幅手卷构图皆极相似。三幅相比较，以法度整饬（整齐有序）论，推《龙池竞渡图》为第一；以笔墨雅驯（典雅纯正）论，推《龙舟图》为第一。三幅手卷在卷中的重檐十字脊攒尖顶小殿右侧，各有一大型附在山石之上的造型树木，三者都悬根露爪，附石而上：《宝津竞渡图》中山石峭立，树干虬曲，枝叶较少，为一奇松

221

图5-62 元代，王振鹏《宝津竞渡图》，现藏台北故宫博物院

（图5-62）；《龙池竞渡图》中山石、树木干枝与上者相似，只是枝片长而厚满，显得丰满，树种为一阔叶树（图5-63）；《龙舟图》中树木为一阔叶树种，虽然干枝结构类似于以上二者，但枝叶密集程度位于二者之间，山石较上二者圆浑厚重（图5-64）。

2. 巴颜布哈《古壑云松图》中的大型附石松树

巴颜布哈，蒙古人，《元史》作伯彦不花的斤，生年不详，卒于1359年，姓畏吾儿氏。晓音律，善草书，工画龙。

《古壑云松图》描写生长于峭立山崖之上的苍翠奇松：秀峰耸翠，出于云表，苍松夭矫，高低上下，构景奇变，笔墨颇饶士气（图5-65）。

元代绘画作品中的植物类盆景

1. 文人绘画作品中的植物类盆景

（1）任仁发《琴棋书画图》中的盆景

任仁发（1254—1327），字子明，一字子垚，号月山，青浦（今属上海市）人。元代画家、水利家，

图5-63 元代，王振鹏《龙池竞渡图》，现藏台北故宫博物院

图5-64 元代，王振鹏《龙舟图》，现藏台北故宫博物院

书学李北海，画学李公麟。擅长人物画，所画人物笔墨苍润，生动传神。他的绘画作品主要有《二马图》《出圉图》《张果见明皇图》以及《琴棋书画》四条屏等。

《琴棋书画》四条屏款识均为"子明"二字，印章几不可辨。美术界通常传为任仁发所作。其中第一张便是〈琴图〉：庭院古木之下，山水屏风之前，一位头戴官帽，身着红袍的文士正在抚琴操缦。屏风后，栏杆前坐着两位乐伎，一人拨阮和声，另外一位怀中抱一类似琵琶的乐器，模糊不清。听琴者共计三人，两人坐椅，一人坐凳。四位童仆正在各自忙碌着（图5-66）。第二张是〈棋图〉：描绘两位文人们下棋和其他文人在观看下棋的情景（图5-67）。第三张是〈书图〉：描绘一位文人在写书法和其他文人在欣赏书法的情景（图5-68）。第四张是〈画图〉：描绘文人们在欣赏古人绘画的情景（图5-69）。

《琴棋书画》四图中都有盆景的图片。〈琴图〉中，琴台前侧为一附石式盆景，盆景前为一盛开的牡丹盆栽；〈棋图〉中，主座后侧为一大型附石式盆景，其中再有两棵芭蕉，画面前侧方形几案左侧的低矮石桌之上摆放着三盆盆花；〈书图〉中，主桌后侧为一大型附石树丛盆景，画面前侧正中央L形石阶内侧放置两盆盆景；〈画图〉中，屏风后侧摆放一大型山石盆景，山石基部栽植有盛开的牡丹等花木。这些盆景绘画是研究元代盆景文化的重要资料。

（2）佚名《蓬瀛仙馆图》中的大型松树盆景

蓬莱和瀛洲是古代传说中三神山中之两座。佚名《蓬瀛仙馆图》绘崇楼水榭，曲槛回廊，雕梁画栋，精巧典雅，堂内几榻等陈设甚多。阁后远山无尽，浮云飘渺，阁前溪水涟漪。屋宇院旁遍植垂柳、苍松、老树、奇花异草，富有自然之趣。堂前平台之上放置一大型松树盆景，左右各有一盆束口盆杂木类盆景陪衬，与庭园构成一个欣赏的整体（图5-70）。

对幅为清代乾隆御题诗："参差仙馆类蓬瀛，临水依山风物清。可望不可即之处，画家别有寄深情。"（图5-71）。

（3）任仁发《人马图》中的盆景

《域外所藏中国古画集》〈元画〉一册，收录（传）

图5-65 元代，巴颜布哈，《古壑云松图》，现藏台北故宫博物院

图5-66　（传）元代，任仁发《琴棋书画》〈琴图〉，纵172.8cm、横104.2cm，现藏日本东京国立博物馆

图5-67　（传）元代，任仁发《琴棋书画》〈棋图〉，纵172.8cm、横104.2cm，现藏日本东京国立博物馆

图5-68　（传）元代，任仁发《琴棋书画》〈书图〉，纵172.8cm、横104.2cm，现藏日本东京国立博物馆

图5-69　（传）元代，任仁发《琴棋书画》〈画图〉，纵172.8cm、横104.2cm，现藏日本东京国立博物馆

图5-70 元代，佚名《蓬瀛仙馆图》，纵26.4cm、横.9cm，现存故宫博物院

图5-71 元代，佚名《蓬瀛仙馆图》对幅，为清代乾隆御题诗

图5-72 元代，（传）任仁发《人马图》，现藏海外

任仁发所绘《人马图》。因为该画集印刷于1990年，全书绘画作品全为黑白图片，虽然清晰度不高，但可以清楚看出，该画面描绘园林场馆之前，作为或官员或富商的男主人将要远离外出，家中女眷侍女送行的盛大情景。画面左侧厅堂之前，细高圆形石几之上，摆放一大型蟠干式盆景，盆树前侧陪衬湖石。从制作手法来看，该盆景类似四川盆景特色（图5-72）。

（4）王蒙《东山草堂图》中的盆景

王蒙（1308—1385），元代画家，字叔明，号香光居士，湖州（今浙江吴兴）人。外祖父赵孟頫、外祖母管道升、舅父赵雍、表弟赵彦徵都是元代著名画家。至正二年（1342），携妻隐居于杭州附近的黄鹤山，因号黄鹤山樵。王蒙的山水画受到赵孟頫的直接影响，后来进而师法王维、董源、巨然等人，综合出新风格。王蒙能诗文，工书法。尤擅画山水，得外祖赵孟頫法，以董源、巨然为宗而自成面目。

《东山草堂图》画于元顺帝至正三年，即王蒙四十岁以后所作。此画作隔水草堂，磊石重叠，秋林疏爽，高士闲居。图中山石的形制皆偏于方。无论是松树的勾、皴，柏树的叶点，其他杂树枝叶的双勾，还是山石的皴线、苔点，都刻画得极其密实、精细。全图敷以淡赭色，而淡赭色与层层墨色生发后，使笔墨尤显得苍秀。

图中央稍偏右处的草堂庭园中，有三盆隐约可见的盆景，弥补了庭园的空旷之感（图5-73）。

图5-73 元代，王蒙，东山草堂图，纵111.4、横86.1cm，台北故宫博物院藏

225

2. 元代寺观壁画中的植物类盆景

（1）榆林窟壁画中的盆池莲花

榆林窟第4窟为元代兴建，清代重修，形制为覆斗形顶，设中心佛坛。南壁东侧画白度母一铺。度母又称救度母或多罗母，为藏传佛教的女神、观音化身救苦救难普度众生的本尊。据传说，著名的吐蕃赞普松赞干布的王妃文成公主就是绿度母，他的另一位王妃尼婆罗（尼泊尔）的尺尊公主就是白度母。

图中白度母头戴宝冠，一缕缕卷曲的黑发披于双肩，饰大耳珰、项圈、璎珞、环钏、花鬘，着黑色短裙，所坐莲座从下方水池中生出（图5-74）。莲花池中有五朵大莲花，上面坐五菩萨。周围山峦绘成锯齿状，以交错变化的色块造成强烈的装饰效果。

（2）河北石家庄毗卢寺壁画中的盆花

毗卢寺位于河北省石家庄市西郊上京村，是中国佛教一座古老庙宇，以保存有精美的古代壁画而闻名。据《方舆汇编》和寺内现存碑碣记载，毗卢寺创建于唐朝天宝年间，宋、元、明各朝均曾重修。原来规模较大，建筑较多，现仅存释迦殿（前殿）和毗卢殿（后殿）。

毗卢殿中央佛台上供奉的是佛教的本尊主佛毗卢遮那（印度语，意为光明普照），故该寺称为毗卢寺。两殿内均绘有壁画，绘制面积共200m²，是我国目前保存较为完好的重要壁画之一。

后殿北壁东部前绘大轮明王威德自在菩萨、大力明王释迦牟尼佛、大笑明王虚空藏菩萨、降三世明王金刚首菩萨、焰鬘明王文殊菩萨。该幅为下层梵王等众，梵王作王者像，身躯魁伟。左右有侍从，左一天女持伞，右一天女托盆花（图5-75），后侧二女官持扇等。

图5-74 元代,榆林窟第4窟,南壁东侧,白度母

图5-75 元代,梵王,河北石家庄毗卢寺

图5-76　元代，山东济南阜东村壁画墓中的盆花，宽90cm、高62cm，2001年挖掘

图5-77　元代，济南文化东路济南采油机厂元墓出土的盆花图，宽104cm、高40cm，原址保存

3.墓室壁画中的盆景盆花

（1）济南阜东村壁画墓《夫妇端坐图》中的盆花

壁画位于墓室北壁，画面正中为屏风，上方有帷幕，男女墓主人并坐于方桌两侧。屏风前方有一方桌，上置食盘两碟、盖罐一个和一丛瓶花、一盆盆花（图5-76）。桌下放置一白地黑花双耳瓶。

（2）济南文化东路济南采油机厂元墓出土的盆花图

1988年出土济南文化东路济南采油机厂元墓，墓向正北，壁画位于墓室东北隅斗拱之上。图中为一黄色束口盆，其中栽植花草，形成盆栽景观（图5-77）。

4.版画中的盆景

随着印刷技术的发展，以插图为主体的版画开始增多，其中有的版画中出现了盆景。

（1）《二十四孝图》中的盆景

《二十四孝》全名《全相二十四孝诗选集》，是元代郭居敬编录，一说是其弟郭守正，第三种说法是郭居业撰。为历代二十四个孝子从不同角度、不同环境、不同遭遇行孝的故事集。由于后来的印本大都配以图画，故又称《二十四孝图》。为中国古代宣扬儒家思想及孝道的通俗读物。王克孝绘成《二十四孝图》流传世间。

在〈刻木事亲〉一节的插图中可见，厅堂前院子中的石桌之上，摆放着三盆盆景，中央一盆为松树，左右两侧分别为兰石盆景（图5-78）。

（2）王祯《农书》插图中的盆景

王祯（1271—1368），字伯善，元代东平（今山东东平）人。中国古代农学家、农业机械学家。元成宗时曾任宣州旌德县（今安徽旌德县）尹、信州永丰县（今江西广丰县）尹。他在为官期间，生活俭朴，捐俸给地方上兴办学校、修建桥梁、道路、施舍医药，确实给两地百姓做了不少好事。时人颇有好评，称赞他"惠民有为"。

王祯《农书》在中国古代农学遗产中占有重要地位。它兼论中国北方农业技术和中国南方农业技

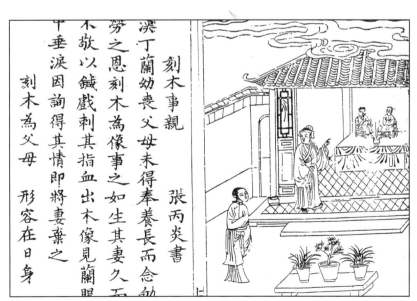

图5-78　元代，郭居敬《二十四孝图》

227

图5-79 元代,王祯《农书》插图

术。由于古代劳动人民积累了数千年的耕作经验,留下了丰富的农学著作。先秦诸书中多含有农学篇章,王祯《农书》在前人著作基础上,第一次对所谓的广义农业生产知识作了较全面系统的论述,提出中国农学的传统体系。

王祯《农书》完成于1313年。分农桑通诀、百谷谱和农器图谱三大部分,最后所附杂录包括了两篇与农业生产关系不大的"法制长生屋"和"造活字印书法"。

王祯《农书》含有插图多幅,图文并茂。在有的插图中也出现了农家庭院中摆放盆景的景象(图5-79)。

元朝统治中国97年,时间虽不算很长,但却在我国农学史上留下了三部比较出色的农学著作。一是元建国初年司农司编写的《农桑辑要》,此后有王祯《农书》和《农桑衣食撮要》。三书中尤以王祯《农书》影响最大。

元代植物类盆景各论

1.松类盆景

(1)李士行绘画作品中的松树盆景

李士行(1282—1328),字遵道,蓟丘(今北京)人,官至黄岩知州,善诗书画,曾从学赵孟頫、鲜于枢诸前辈。善画竹石及山水,山水师从董巨,具平淡之趣。

李士行歌诗字画,悉有前辈风致。画竹石得家学而妙过之,尤善山水。尝以所画大明宫图入见,仁宗嘉其能,命中书与五品官。卒年四十七。故宫绘画馆藏有其古木石竹图轴。文有《图绘宝鉴》《滋溪集》《文湖州竹派》《榆园画志》等。

松竹,正是远离元蒙朝廷、与世隔绝文人的自傲与独立的最好体现。古松,不罹凝寒,气概高干,竹则坚韧有节。台北故宫博物院收藏李士行《乔松竹石图》,图绘虬松一株,大半已死,枝干盘曲,老鳞斑驳,与其下的新竹形成对照。画面构图简洁,笔法苍劲而沉稳,松树的勾线枯湿徐疾,变化丰富,极具动感(图5-80)。

李士行《偃松图》,松曲抱石而偃,枯干多处露白,本粗大苍老生鳞,树石盆浑然一体,题名为《輪困離奇》。从图中可以看出,当时的松树盆景造型已经接近现代盆景(图5-81)。

图下附有后世乾隆皇帝于甲午年间(乾隆三十九年即1774)畅月(农历十一月)望后二日(十七日,望日一般指农历每月十五前后月亮最圆的时候,后二日,应为十七日)咏颂诗一首,内容为:

一拳之石泰华同,一勺之水溟渤通。
于何见之于盆中,一株天下无真松。
向年火劫为始终,问形势欲拏云空。
春风秋月郁葱葱,梢为华盖身为龙。
不随绮里夏黄公,汉廷待诏来东方。
铁杆砗硪神以丰,忆我盘山曾道逢。
又忆画者苏髯翁,前遇定武时在冬。
吟哦雪浪兴不穷,石盆宛在翁无踪。
松乎松乎翠自浓。

苏东坡有偃松图屏帐,石渠宝笈中神品也,故咏句中及之。

甲午畅月望后二日在长春书屋展读因题御笔。

词中有"一株天下无真松,间年火劫为始终,问形势欲拏云空，春风秋月郁葱葱，梢为华盖身为龙，不随绮里夏黄公。"大意它虽长年受灾难，可是其志欲凌云。

2. 梅花盆景

元代继承了宋代栽培、欣赏盆梅的风习，并在整形技术和小型化方面有所发展。

（1）文人书斋中摆饰的盆梅

冯子振（1257—1302），字海粟，号瀛洲客、怪怪道人。攸州（今湖南省茶陵县之西北）人，官承事郎集贤待制，以博学英词著名于时。释明本（1263—1323），元代之高僧，钱塘（今杭州市）人，号中锋，得法于天目山高峰妙禅师，仁宗（1285—

1320）赐予佛慈圆照广慧禅师之号。"时赵孟𫖯与明本友善，子振意轻之，一日孟𫖯偕明本往访子振，子振出示梅花百咏诗，明本一览，走笔和成，复出所作九字梅花诗以示子振，遂于定交。"[10]因而《梅花百咏》为俩人一唱一和形式所写成。下为其中的《盆梅》诗。

盆梅

冯子振

新陶瓦缶胜琼壶，分得春风玉一株。
最爱寒窗闲读处，夜深灯影雪模糊。

图5-80 元代，李士行《乔松竹石图》

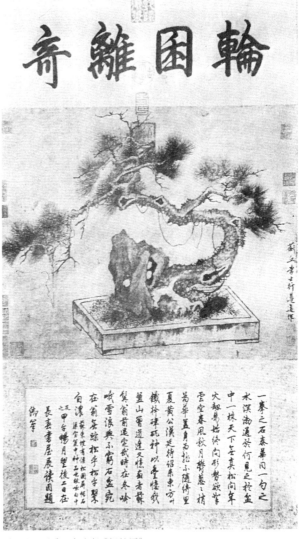

图5-81 元代，李士行《偃松图》

和盆梅
释明本

月团香雪翠盆中，小枝能偷造化工。

长伴玉山颓锦帐，不知门外有霜风。

似玉一般的盆梅被摆置于书斋中，门外虽是霜雪寒风，室内却是梅花怒放，春意盎然。

释明本在日本也颇有名气，众多的日本僧人因敬慕他的德行而不远万里来到元朝向他求教。天岸慧广（1273—1335）即是其中著名的一位，为武藏国（现琦玉县）比企郡人。十三岁得度于建长寺佛光国师。四十九岁时来元朝，四年后归日。在其晚年所作的《东归集》中有《题盆柏》诗一首。

（2）微型盆梅

孙蕙兰为元代女诗人。她虽能作诗，但所作不多，并常常自己将诗毁掉。卒后其夫孙汝砾将其遗诗编集成《绿窗遗集》，其中有如下的一首咏梅诗：

几点梅花发小盆，冰肌玉骨伴黄昏。

隔窗久坐怜清影，闲划金钗记月痕。

诗意描绘了女诗人怜赏盆梅的幽寂情景。从"几点梅花发小盆"诗句可知，此盆梅为微型或者小型盆景，并在"小盆"中开"几点梅花"，说明当时盆梅的制作技术达较高水平。

3. 蜡梅盆景

蜡梅（*Chimonanthus praecox*）是我国特有的珍贵花木，在江南各地于寒冬腊月开花，所以又称蜡梅。唐代杜牧（803—852）诗云："蜡梅还见三年花"，可见至少在1000余年前，我国已开始栽培蜡梅用于观赏。河南鄢陵是蜡梅栽培历史较早而著名地区，据《鄢陵花木大事记》记载，鄢陵蜡梅在宋代已有栽培，到明、清发展更盛，远销京师，并作为贡品献给皇帝[11]。

唐、宋时期，有可能已经出现蜡梅盆栽、盆景，到了元代，在绘画作品中出现了蜡梅盆景。赵孟頫（详见元代山石类盆景文化部分）在其《盆花》中描绘了古桩盆景：仰钟式钧窑盆中，桩头嶙峋奇特，数枝枝条枯木逢春，枝头稀疏花朵盛开，枝条上残存一片叶片随风飞舞。从树桩、花朵与仅有的一片叶片来看，基本上可以断定该盆花为蜡梅古桩（图5-82）。

4. 竹类盆景

我国是栽培与利用竹类最早的国家之一。据农史专家考证，我国长江中下游和珠江流域，远在距今一万年前就已经有原始人类对竹类的栽培与利用。我国最早的典籍《周书》有："路人大竹（注：路人，东方蛮，贡大竹）"。其后的《禹贡》《山海经》《尔雅》《周礼》《淮南子》《史记》以及《汉书》等多种古典文献都有对竹类的记载[12]。关于竹类的系统记载，当以晋代戴凯之的《竹谱》（350）为最全最早，它以四言韵语的体裁记述了40余种竹子的形状种类与产地，是我国的第一部竹类专著。北宋僧赞宁（918—999）撰有《笋谱》，列举了90余种竹笋的名称与形状。

（1）《竹谱详录》

《竹谱详录》开首先后载有延祐己未（1319）柯谦序、大德丁未（1307）牟应龙序以及大德己亥（1299）李衎本人序。〈卷一·画竹谱、墨竹谱〉记述了竹子的画法；〈卷二·竹态图〉说明了竹子的性状；卷三至卷七为竹品谱，把竹分为全德品（可以入画者）、异形品、异色品、神异、似是而非竹品、有名而非竹品等数类，对300余种竹子的种类与品种、产地、生态、用途等作了记述，部分竹种附有

图5-82 元代，赵孟頫，《盆花》（局部），现存台北故宫博物院

形态图。特别是按竹类特性，分为散生、丛生两类，尤为可贵。

由于竹子婵娟挺秀，风雅宜人，植于盆中更加静物深幽，意态萧然，并且一年四季皆可观赏，因而它成为元代盆景的重要材料之一，这在《竹谱详录》已有多处记载。除此之外，元代其他文献中也有关于竹类盆景的记述。

（2）竹类盆景的种类与品种

善住，元代僧人，字无住，别号云屋，曾住持吴都报恩寺，巧于诗词，注有《谷响集》。其中的《盆竹》是描述了盆中竹子的潇洒姿态。

盆竹

瓦缶不多土，娟娟枝叶蓄。

岂知幺凤尾，元是古龙孙。

"岂知幺凤尾"句中的"幺凤尾"为小形凤尾竹（*Bambusa multiplex* var. *nana*）之意。

《竹谱详录》中，记载了以下数种盆景竹子的种类与品种。

砂竹：砂竹生处州山溪傍砂土，高不过二三尺，彼入移入盆栏中，置几案上为雅玩。（卷三）

潇湘竹：潇湘竹，凡二种。一种细小，高不过数尺，人家移植盆栏中，苂苂可爱。（卷三）

姜竹：姜竹生两浙山中，园丁植盆栏中为清玩，亦人面竹之类，但竿下尺许节密如此。（卷四）

翁孙竹：翁孙竹生江西，生浙间者高不盈尺，为几案之玩。（卷五）

金丝竹：金丝竹生湘潭间，一名百丝竹，一名刷丝竹，本箬竹之类，以其易活，人多植于盆栏中，久久不瘁。竿上细黄数道如刷丝然，故名。（卷六）

上述文献中之姜竹，属人面竹之类，亦即罗汉竹（*Phyllostavchys aurea*）。它秆基部或中部以下数节呈不规则形短缩，上部正常节间，秆环及箨环均未隆起，箨环又一圈细毛，秆箨淡紫色至黄绿色，基部有细毛。常植于庭院观赏。金丝竹，因其秆部呈黄绿纵条纹，可断定它为黄金间碧竹（*Bambusa vulgaris*），它秆色与条纹别具一格，也是一种庭院观赏竹类。至于砂竹、潇湘竹、翁孙竹，根据上文难于断定其种类与品种。从元代开始，这些种类或品种全作为盆栽、盆景植物被栽植于盆器以供观赏。

（3）两种特殊形式的竹类盆景

在竹笋萌发、伸长期间。用竹竿、丝线等对竹枝干部进行诱导、弯曲和吊绑，使其形成曲线形，这种竹类造型被称为吊根竹。《竹谱详录》卷五对吊根竹的记载如下（图5-83）：

吊根竹又名扶根竹，出温州沿海山中。盖取钩丝，竹根上有小枝叶者，渐渐出土，移入盆栏中，以竹杖扶持悬起，为几案之玩，非别有种也。

球竹是在竹笋生长初期，去其顶部，降低竹竿高度，促使小枝萌发生长而在竿定形成一圆球枝冠造型形式（图5-84）：

球竹，每于杭州街市人家见之，植盆栏中，高不过一二尺，独竿上丛密，别无种类，人力为之。以笋初解箨时，折去上梢，则竿杪杂出小枝无数，三二年后枝叶转密，盆叶团团如球之状，繁细可爱，故名。

吊根竹（又名扶根竹）和球竹均为元代出现的两种特殊形式的竹类造型形式，它们并不是竹之种类与品种名称，而是竹类经整形后所具有形态的名称。

5. 石榴盆景

《居家必用事类全集》〈种盆内花树法〉一节中记述了盆榴的养护管理方法，说明元代时，石榴也是盆景的植物素材之一。在元代著名农书之一的鲁明善《农桑衣食撮要》〈三月·移石榴〉一节中有如下的记载：

移石榴：叶未生时，用肥土于嫩枝条上以席草包裹束缚，用水频沃，自然生根叶。全截下栽之，用骨石之类覆压则易活。或于盆器内栽，亦得。

此文献记述了利用高压法繁殖石榴的方法，同时，此方法也被用于石榴盆栽、盆景的制作中。

6. 虎刺丛林盆景

虎刺（*Damnacanthus indicus*），枝叶婆娑，栩栩若舞，冬春朱实满树，累累可爱，是我国东南地区重要的丛林盆景植物。明代的高濂在其《遵生八笺》〈高子盆景说〉中载曰："如虎刺，余见一友人家有二盆，木状笛管，其叶十数重叠，每盆约有一二十株为林，此真元人物也。"《遵生八笺》写于1591年，距离元代末年（1368）已达220余年。虎刺生长缓慢，如果养护周当，可在盆中长期生长、开花和结果，因而文中所载"此真元人物也"，具有一定的可信赖性。

图5-83 元代，李衎《竹谱详录》卷五·吊根竹

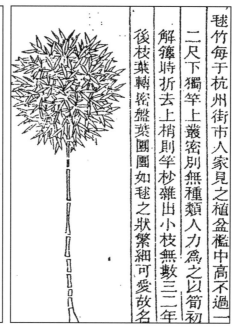

图5-84 元代，李衎《竹谱详录》卷五·球竹

7. 盆兰

据冯贽《云仙杂记》记载，早在唐代王维（701—761）时就开始制作兰石盆景。元代时，文献中出现咏颂以"盆兰"为主题的诗篇。

岑安卿（1286—1355），元代诗人。字静能，所居近栲栳峰，故自号栲栳山人，余姚上林乡（今浙江慈溪市桥头镇与匡堰镇一带）人。志行高洁，穷阨以终，尝作《三哀诗》，吊宋遗民之在里中者，寄托深远，脍炙人口。著有《栲栳山人集》三卷。

在《栲栳山人集》中收录的《盆兰》诗如下[13]：

> 猗猗紫兰花，素秉岩穴趣。
> 移栽碧盆中，似为香所误。
> 吐舌终不言，畏此尘垢污。
> 岂无高节士，幽深共情素。
> 俯首若有思，清风飒庭户。

8. 水仙盆景

元人（传）曾作《岁朝图》：冰裂纹花瓶插饰折枝白梅，前置水仙盆景。此轴为岁朝清供图，春节花仙赐福，象征新春如意。另有松鼠（鼠）戏瓶，嗑食撒落地面瓜子、核桃，增添画面生动热闹的气氛，图中瓜子、核桃又有"子孙和合"之吉祥含意（图5-85）。

9. 灵芝盆景

灵芝又称灵芝草、神芝、芝草、仙草、瑞草，是多孔菌科植物赤芝或紫芝的全株。灵芝原产于亚洲东部，中国分布最广的在江西。具备很高的药用价值，以紫灵芝药效为最好。

灵芝自古以来被我国人民视为吉祥、富贵之物，在南方也有供奉灵芝的习俗，所以灵芝很早之前就成为制作盆景的材料。灵芝盆景以观赏为主，较为常见的是灵芝佛系统盆景，制作手法就是以灵芝为底座，上面再配一尊佛像，更增添灵芝盆景的观赏价值和艺术内涵。

张渥（？—约1356），元代画家。字叔厚，号贞期生、江海客，祖籍淮南（今安徽合肥），后居杭州（今浙江杭州），一说为杭州人。通文史，好音律，然屡举不中，仕途失意，遂寄情诗画。能山水，"尽自然之性"，擅长人物，法李公麟白描得其清丽流畅之风；擅"铁线描"，被誉为"李龙眠后一人而已"。亦尝作弥勒佛像。所画线条刚劲飘逸，人物形神刻画生动，兼画梅竹亦潇洒有致。

张渥所作《弥陀佛像》，描绘园林之中，芭蕉花木之下，弥勒佛静享读书赏画之乐，两书童

图5-86　元代，张渥《弥陀佛像》（局部），现存台北故宫博物院

图5-85　元代（传），《岁朝图》，纵81.5cm、横38.4cm，现存台北故宫博物院

图5-87　元代，罗先登《续文房图赞》，介石高士

忙于拿书递茶。弥勒佛身后右侧，自然形状几座之上，放置一灵芝盆景，更加增加整体佛意（图5-86）。

10. 盆养石菖蒲

　　流行于宋代文人、士大夫之间的盆养石菖蒲风习，在元代也得以传承（图5-87）。元代庐陵（今

江西省吉安市之南）人刘诜曾作〈石菖蒲〉诗，对盆池中栽植的石菖蒲进行了咏颂。全诗如下：

石菖蒲[14]

盆池有灵苗，石蟆忘逼仄。

微根乱敏丝，疏叶散纤碧。

苔莓封巉岩，沙水明的砾。

所贵含贞姿，终然傲苍色。

道人勤养护，黄悴辄剪剔。

常与贝叶书，珍爱同几格。

豫樟蟠青冥，风雨作霹雳。

大小固尔殊，赋分焉得易。

相期乔松交，岁晚坚九节。

逼仄，为地方狭窄之意。虽然山石缝隙狭窄，石菖蒲却能根扎石内，植株葱郁，精心养护后，可供几上雅赏。《居家必用事类全集》的〈养菖蒲〉一节，还记述了盆养石菖蒲中奇石的生苔法："（石菖蒲）以积年沟渠瓦为末种之。如欲石上生苔，以荬泥和马粪调和得中，置湿润处，非久即生。"

元代植物类盆景树形与形式

元代竹类盆景的发展，促使了附石式、树丛式与水旱式竹类盆景的出现。

1. 附石式竹类盆景

《竹谱详录》卷三载道："观音竹，两浙江淮俱有之。永州祁阳有一种，止高五七寸，人家多植之水石之上，数年不调瘁，彼人亦名观音竹。张得之云：近道有一丛之中至有盈万竿者，洒洒可爱，宜植拳石之上。"观音竹即是孝顺竹（凤凰竹）（*Bambusa multiplex*），由于其植株小，根系浅，最适合种植于山石之低凹处，构成山野丛林之雅景。这便是我国最早出现的竹类附石式盆景。

2. 树丛式竹类盆景

《竹谱详录》卷五载有："翁孙竹，生江西，正紫色。一茎下节复生三五竿，芄芄而起。生浙间者，高不盈尺，为几案之玩。"上记"翁孙竹"是由其株形而来，即竹竿基部除有主竿外，还生有数条分枝，构成竹丛。此种形态多见于松柏类与杂木类，在竹类中实为罕见。该形态的盆景，在我国被称为树丛式，在日本被称为株立式。

3. 水旱式竹类盆景

黄溍，义乌（今浙江省义乌县）人，字晋卿，号日损斋，谥号文献，延祐年间（1314—1320）进士。在其《日损斋集》中载有：

阳山昱上人访予吴门寓舍，求为湘竹诗，予辞以未见竹，上人不远六十里，自山中舁其竹而来。好事者有如此者，欣然为赋长句：

道人来自阳山麓，手携旧种千竿竹。

小栽方斛不盈尺，中有潇湘江一曲。

未信天工能尔奇，不知地脉从谁缩。

晴窗修修散烟雾，眼底森然立群玉。

……

阳山位于江苏省睢宁县西北。"舁"为共同抬搬东西之意。僧人昱氏曾求黄氏为其潇湘竹盆景赋诗，因未见实际物品而遭拒绝。此后，昱氏特意搬运盆竹六十里山路至黄氏住处，黄氏深受感动，愉快地为其赋诗一首。足见昱氏对此潇湘竹盆景的珍爱。上诗描写了小小盆中所表现的河川竹林的优美画境。诗句"旧种千竿竹"说明此盆竹为丛林式，"中有潇湘江一曲"说明盆面"地形"经过处理，表现了"潇湘江"的景观，相当于今天的水旱式盆景。这也是我国最初出现的水旱式竹类盆景。

附石式和水旱式的出现，拓展了我国竹类盆景的表现内容，增大了有限空间内表现大自然景色的可能性。

元代植物类盆景整形技术

1. 梅花盆景的整形技术

宋代时已采用绑扎和修剪方法对盆梅进行整形，到了元代有了进一步的发展，即对盆梅的干、枝分别进行"屈""回"整形，来改变树形，提高观赏价值。上述释明本《和盆梅》诗中"小枝能偷造化工"一句，说明盆梅已经经过了人为整形。冯、释两人《梅花百咏》中〈蟠梅〉与〈和蟠梅〉诗，记述了对盆梅进行整形的情况。

蟠梅

冯子振

屈干回枝制作新，强施工巧媚阳春。

逋仙纵有心如铁，奈尔求奇揉矫人。

和蟠梅

释明本

铁石芳条谁矫揉，纵教曲折抱天姿。

龙蛇影碎玲珑月，交错难分南北枝。

诗句中的"逋仙"，指林逋（967—1028），宋之钱塘人，字君复，谥和靖先生。博学多才，巧于诗书，曾隐居于西湖孤山，因"梅妻鹤子"而著名。"屈干"回枝""矫揉"与"强施工巧"说明梅花之枝干皆已经过人工绑扎整形。

2.石榴盆景的摘芽技术

摘芽是指对盆景树木小枝的顶芽进行摘除的手法与工作内容。它不仅可以抑制枝条徒长、维持树形，而且还可增加分枝，促进枝叶丰满，同时还可缩小叶片面积，提高盆树观赏价值。我国在元代文献中最初出现了石榴盆景摘芽技术的记载。《居家必用事类》〈种盆内花树法〉曰："如石榴花，日中常晒，日午浇清水，早晚亦浇。若有嫩芽长起，便与捻去心。""捻去心"为用手掐去嫩芽之意，即摘芽。

3.园林树木与盆景树木整形技术

吴莱（1297—1340），元代学者。浦阳（今浙江浦江）人。字立夫，本名来凤，门人私谥渊颖先生。延祐间举进士不第，在礼部谋职，与礼官不合，退而归里，隐居松山，深研经史，宋濂曾从其学。

所作散文，于当时的社会危机有所触及，要求"德化"与"刑辟"并举，以维护元王朝统治。能诗，尤工歌行，瑰玮有奇气，对元末"铁崖体"诗歌有一定影响。所著有《渊颖吴先生集》《渊颖集》。

《渊颖集》中的〈小园见园丁缚花〉诗，详细记述了园林树木与盆景树木的整形技术。

小园见园丁缚花

> 我嗟众草木，高出陵云端。
> 丛生或满地，品汇可不完。
> 山园我栽莳，作此小屈蟠。
> 龙头何其蠢，凤翼乃若干。
> 胡然赞化育，任意驰雕剜。
> 勾萌欲旁达，节目终液樠。
> 萦回挟烟彩，刻剥献雨瘢。
> 立身既不直，生理寖雕残。
> 春阳彼一时，花发黄白丹。
> 歌讴杂舞吹，酒炙饮杯柈。
> 岁晚忽焉至，北风吹汝寒。
> 皮肤早蝎蚀，骨髓惧枯干。
> 圣人治天下，万国无不欢。
> 视民本如伤，动植总相安。
> 刑名威雪霆，剑戟血波澜。
> 庙堂苟失策，间里转穷殚。

> 彼哉彼园子，此况传尔冠。
> 人生但心剿，若处得体胖。
> 我方即移汝，前有苍藓坛。
> 世非郭橐驰，何以垂鉴观。

本诗主要通过记述园丁在园林中对于树木的整形修剪技术，进而论述了治国理政的道理，并要学习圣人无为而治、顺应民生本性的思想。

元代植物盆景养护管理技术

《居家必用事类全集》〈种盆内花树法〉一节对民间的盆景、盆花盆土的配制法、肥水的浇灌法以及盆榴的养护管理方法分别进行了记载和介绍。

盆土的配制法："凡种盆花树，必先要肥土。于冬间取阳沟泥，晒干筛去瓦砾，使用大粪泼湿晒干，如此三四次了。以干柴草一重，肥土一重，发火烧过收藏起。正月间便栽花果树木。"阳沟泥因含有营养，适合种植盆内花树。但事先必须晒干、筛去瓦砾；再用人粪尿泼浇、晒干，反复数次，可以增加肥分；最后用火烧烤过，烧死病虫类以备用。

肥水的浇灌法："栽种花木籽粒，每日用糟过退鸡鹅毛水，与肥水相和浇之，肥水即大粪清。如花上发萌，下便行根，此时不可浇肥，浇肥即死。如嫩条长长或生花头者，见花再便浇肥，花开时不可浇肥。日逐早晚只浇清水。如结果实者，已结不可浇肥，浇则落矣。"

此文献中有以下两点应当引起我们足够的重视，并予以借鉴：①浇灌盆花、盆景，一定要用已经发酵过的肥水，不然植物难于立即吸收，危害植物，并导致病虫害的产生。②浇灌肥水，一定要根据盆树的生长发育时期、天气情况而适当进行。

接下来，还记载了盆榴的养护管理方法："如石榴花，日中常晒，日午浇清水，早晚亦浇。若有嫩芽长起，便与捻去心。凡花三四月间便可上盆，则不省长根，则生花。根多则无花矣。如无鸡鹅毛水，用蚕沙浸作水尤佳。"

上述方法，有的虽已过时，但大部分属于我国元代花农栽培经验的总结与结晶，不仅具有科学，而且至今尚有推广使用价值。

第六节

元代山石类盆景文化

在元代（1280—1368），由于汉代文人地位低下，加之社会处于不安定状况，致使当时的山石盆景没有太大发展。作为元代山石盆景文化的特点即是文人间石玩之风的流行。

元代文人的爱石趣味

元代，文人间兴起了爱好石玩的风气，亦即文人们普遍喜好小型山石、研山、砚山等。或把小型山石陈设于庭除屋前，或把砚山之类摆饰于书案之上。喜好山石盆景、奇石的代表性文人当属赵孟頫夫妻与倪瓒。

1. 元初赵孟頫夫妻的爱石趣味

赵孟頫（1254—1322），字子昂，号松雪道人，湖州人，元代著名书画家，篆、隶、真、行、草书无不精妙。为宋太祖赵匡胤后代，秦王赵德芳第十二世孙。即为大宋皇家后裔，又为南宋遗臣，且为大家士子，本应隐遁世外，却被元世祖搜访遗逸，终拜翰林学士承旨。其心中矛盾之撞激可以想象。赵孟頫专注诗赋文词，尤以书画盛名享誉，亦赏石寄情，影响颇为深远。

赵孟頫曾画《双松平远图》，中心大部分留白，表现江水的辽阔。近岸奇石错落，杂草伶仃。乱石中有两棵苍松耸立，枝叶清劲、疏朗，描绘有力。远岸山石以简略线条勾画，间有飞白，萧瑟之气与苍松之傲然形成对比（图5-88）。

同时，赵孟頫夫人管道升（1262—1319）也是一位才女，擅长书画（图5-89），而且时常与赵孟頫一起动手置石，他们的收藏作品"沁雪峰"现置于江苏

图5-88 元代，赵孟頫《双松平远图》

省常熟市人民公园内[15]。

（1）赵孟頫珍藏太湖石"太秀华"奇石

明代林有麟《素园石谱》记载，赵孟頫曾收藏"太秀华"山形石："赵子昂有峰一株，顶足背面苍鳞隐隐，浑然天成，无微窦可隙。植立几案间，殆与顾顾君子相对，殊可玩也，因为之铭。"诗曰："片石何状，天然自若；鳞鳞苍窝，背潜蛟鳄；一气浑沦，略无岩壑；太湖凝精，示我以朴；我思古人，真风渺邈。"（图5-90）[16]从上文可知，赵孟頫所藏奇石为太湖石，将其置之几案，有君子风骨，让人顿生思古之幽情。

（2）赵孟頫珍藏灵璧石"苍剑石"笔格

《素园石谱》绘有"苍剑石"图谱，石上有"钻云螭虎，子昂珍藏"刻字。螭虎为无角之龙。赵孟頫灵璧石笔格，有穿云腾雾之状，气势非凡（图5-91）[17]。

（3）赵孟頫吟咏"小岱岳"研山

在《素园石谱》卷之一张秋泉真人所藏研山"小岱岳"一项中，赵孟頫吟咏道（素园石谱）：

《赋张秋泉真人所藏研山》[18]

泰山亦一拳石多，势雄齐鲁青巍峨。
此石却是小岱岳，峰峦无数生陂陀。
千岩万壑来几上，中有绝涧横天河。
粤从混沌元气判，自然凝结非镌磨。
人间奇物不易得，一见大叫争摩挲。
米公平生好奇者，大书深刻无差讹。
傍有小研天所造，仰受笔墨如圆荷。
我欲为君书道德，但愿此石不用鹅。
巧偷豪夺古来有，问君此意当如何？

张秋泉道士所藏"小岱岳"研山，小巧玲珑，气势雄伟，峰峦起伏，沟壑纵横，天然生成并无雕琢（图5-92）。赵孟頫一见惊呼奇物，爱不释手。可见

图5-89 元代，管道升，花卉

图5-90 明代,林有麟《素园石谱》卷三·太秀华

图5-91 明代,林有麟《素园石谱》卷二·苍剑石

图5-92 明代,林有麟《素园石谱》卷一·小岱岳

图5-93 元代,佚名《画倪瓒像》,张雨题

石缘情深。

2. 倪瓒的赏石趣味

倪瓒(1301—1374),号云林子,出身江南富豪。筑有"云林堂""清閟阁",作为收藏图书文玩,并为吟诗作画之所。擅画山水、竹石、枯木等,画法疏简,格调幽淡,与黄公望、吴振、王蒙合称"元四家"。

(1)倪瓒居室置石

台北故宫博物院所藏元代佚名《画倪瓒像张雨题》,画面右角方几上所置文房器物中,有横排小山一座,主峰有左右两小峰相配,峰前尚有小峰衬托出层次。云林坐于榻上,背后山水多石。张雨题:"十日画水五日石"。云林绘画于居室,赏石是重要因素(图5-93)。

(2)倪瓒与狮子林叠石

苏州名园狮子林,建于元至正二年(1342),寺僧惟则建菩提正宗寺,素有"假山王国""叠石最美"美称。云林曾参与狮子林的规划,以其写意山水和园林经营的理念,将奇石叠山造景方法融于园林之中,世人多有仿效而蔚然成风。云林还为该名园作《狮子林图卷》。后人于狮子林题楹联:"云林画本无双,吴会名园此第一。"[19]

3. 元代其他文人的石玩风习

林有麟《素园石谱》卷之一"御题石"项记载:"大德初,广积车官售杂物,有一石小峰,长仅六尺,高半之,玲珑秀润,所谓卧沙水道耘摺,胡桃纹皆具,山峰之顶有白石正圆，莹然如玉。"（图5-94）大德（1297—1307），是元成宗的年号。上记的山石玲珑秀润，具有较高的观赏价值，称为当时文人喜好的对象。

元代文人还为我们遗留了大量的有关观赏山石方面的诗文资料，如清代顾嗣立编辑《元诗选》一书中收录多篇有关小型观赏山石、研山方面的诗。

（1）元好问《云峡并序》《云岩并序》

元好问（1190—1257），字裕之，号遗山，世称遗山先生。太原秀容（今山西忻州）人。金末至元时著名文学家、历史学家。

元好问自幼聪慧，有"神童"之誉。金宣宗兴定五年（1221），元好问进士及第。正大元年（1224），又以宏词科登第后，授权国史院编修，官至知制诰。金朝灭亡后，元好问被囚数年。晚年重回故乡，隐居不仕，于家中潜心著述。元宪宗七年（1257），

元好问逝世，年六十八。

元好问是宋金对峙时期北方文学的主要代表、文坛盟主，又是金元之际在文学上承前启后的桥梁，被尊为"北方文雄""一代文宗"。他擅作诗、文、词、曲。其中以诗作成就最高，其"丧乱诗"尤为有名；其词为金代一朝之冠，可与两宋名家媲美；其散曲虽传世不多，但当时影响很大，有倡导之功。有《元遗山先生全集》《中州集》。

云峡并序[20]

君璋启事西凉，占对称旨。其还也，行台公以宣和宝石为贶，奇秀温润，信天壤间之尤物。君璋因之曰"云峡"，邀词客赋诗，予亦同作。

石盆清冷贮秋水，水面苍烟飞不起。
一堆寒碧几研间，宝气峥嵘插箕尾。
山中雪浪空影像，长安鹦鹉犹纨绮。
枉著奇章甲乙中，橘项才堪把耕耒。
不知天壤此尤物，鬼刻神劂通有几？
薰蒸似欲出泉脉，莹滑定应凝石髓。
剥裂雯华渍月秋，辛苦诗仙费摹拟。
车箱箭筈连西东，仇池百穴总玲珑。
飞堕不嫌灵鹫小，奇探已觉太湖空。
故都乔木今如此，梦想熙春百花里。
膏血纲船枯九州，亡国悉颜为谁洗？
主人天质粹以温，天然与山作知闻。
退食从容北窗卧，今古起灭真浮云。

云岩并序[21]

观州倅武伯英，崞县人。少日举进士，有诗名。其赋《翦烛刀》，有"唬残瘦玉兰心吐，蹴落春红燕尾香"之句，甚为时辈所称。家故饶财，第宅园亭为河东之冠。贮书有万卷楼。嘉花珍果，悉自他州移植。为人多伎巧，山水杂画，研琴和墨，皆极其工。尝得宣和湖石一，窾窍穿漏，殆若神劂鬼凿。炷香其下，则烟气四起，散布潆水上，浓澹霏拂，有烟江叠嶂之韵。吾乡衣冠家，法书名画，及藏书之多，亦有伯英相上下者，伯英独恃宝石以擅奇汾晋间耳。兴定末，伯英殁于关中，杨户部叔玉购石得之。壬辰围城中以示予，且命作诗。危急存亡之际，不暇及也。乙巳冬十一月，来东平，过圣与张君之新轩，而此石在焉。圣与名之曰"云岩"。予问石所从来，圣与言夏津王帅得之汴梁泥涂中，

而以见贻。予因叹一物之微，经历世变，迁徙南北，乃复为好事者之所宝玩，似不偶然。乃为诗道其故。圣与三世相家，以文章名海内，其才情风调，不减前世贺东山、晏叔原，故卒章以萧闲明秀峰故事属之。

　　壶中九华玉屏颜，紫烟著水往复还。
　　小窗虚明淡相对，不数汉宫铜博山。
　　会稽禹穴深无底，宝石偷来定山鬼。
　　一堆寒碧殊不凡，满谷春云更堪喜。
　　阿欣秀发见眉宇，小杜才情沦骨髓。
　　摩挲不作几上看，缭白纡青便千里。
　　浑沌日凿余空嵌，漏天蒸湿饶风岚。
　　世外元无种香国，海南真有补陀岩。
　　观州爱玩频渐被，民部平生几熏沐。
　　藏舟夜壑未厌深，竟作新轩坐中物。
　　一天星月入金尊，翠射娉婷自有人。
　　只欠宣和郑先觉，为君留写五湖真。

（2）刘因《出香奇石》《盆池》

刘因（1249—1293），字梦吉，号静修，元雄州容城（今河北徐水县）人，元代著名理学家、诗人。

刘因父祖皆为金朝人，故他自视为亡金遗血，元灭南宋，他屡作哀宋之文，思想感情与元蒙一直格格不入。至元十九年（1282），应召入朝，为承德郎、右赞善大夫，不久以母病辞官。至元二十八年（1291），朝廷再度征召，刘因以病拒绝。至元三十年（1293），刘因病逝，朝廷追赠翰林学士、资政大夫、上护军，追封"容城郡公"，谥"文靖"。

刘因是元代重要的儒学代表人物、元初北方理学大家，为理学由宋到明的过渡起了重要的作用。刘因初为经学，以朱熹为宗，但又不严守朱熹门户，在天道观方面，将生生不息的变化归之于"气机"，主张专务其静，不与物接，物我两忘。在为学方面，主张读书当先读六经、《论语》《孟子》，然后依次读史、诸子，主张读书"必先传注而后疏释，疏释而后议论"。他的"古无经史之分"之说，对后来章学诚"六经皆史"的观点产生过一定影响。

出香奇石[22]

　　张生贮奇石，携来有遐观。
　　一峰华不注，堕我几案间。
　　穿穴作怪供，突兀横苍颜。

　　炷香烟满窦，野烧生春山。
　　我久泪俗冗，对之心暂闲。
　　瞑坐清兴远，梦与孤云还。

盆池[23]

　　青蛙昨夜圣来鸣，斗水那容掉尾鲸。
　　白发惊鱼应百我，扁舟捉月记三生。
　　荷风拂面秋先觉，苔露生波晚更清。
　　我欲江东鉴湖老，天河早为洗南兵。

（3）胡长孺《题段郁文雪石》

胡长孺（1249—1323），一作艮儒，字汲仲，号石塘，婺州永康人。生于淳祐九年，卒于英宗至治三年，年七十五岁。咸淳中从外舅徐道隆入蜀，铨试第一名。授迪功郎，监重庆府酒务，拜福宁州悴。宋亡，退栖永康山中。至元二十五年（1288）下诏求贤，有司强之，拜集贤修撰與宰相，议不合，改扬州教授。至大元年（1308）转台州路宁海县主簿。延祐元年（1314），转两浙都转运盐使，司长山场盐司丞，以病辞后，不复仕，隐杭州虎林山以终。门人私谥纯节先生。

题段郁文雪石[24]

　　白雪飞来著春空，翕霍变化生奇峰。
　　朝曦照耀舒复卷，碧华忽擁玻璃宫。
　　秋潮初壮照于雪，千雷动地吴山裂。
　　涛头出海夕阳微，百炼青铜浮玉玦。
　　云容涛势伟且奇，咋出咋没须臾时。
　　乾笃雪山白盈尺，晴天万里窥峨眉。
　　似识诗翁作诗苦，独擁清妍照环堵。
　　河翻月落夜未央，如虹光气飞屋梁。

（4）虞集《奎章阁有灵璧石奇绝名世》《题张希蒙凝云石》

虞集（1272—1348），字伯生，号道园，世称邵庵先生。祖籍成都仁寿（今四川省眉山市仁寿县）。元代著名学者、诗人，南宋左丞相虞允文五世孙。

少受家学，尝从吴澄游。成宗大德初，以荐授大都路儒学教授，历国子助教、博士。仁宗时，迁集贤修撰，除翰林待制。文宗即位，累除奎章阁侍书学士。卒赠江西行中书省参知政事、护军、仁寿郡公，谥号"文靖"。曾领修《经世大典》，著有《道园学古录》《道园遗稿》。

虞集素负文名，与揭傒斯、柳贯、黄溍并称"元儒四家"；诗与揭傒斯、范梈、杨载齐名，人称"元诗四家"。

奎章阁有灵璧石，奇绝名世，御书其上曰：奎章玄玉有勅命臣集赋诗，臣再拜稽首而献诗曰[25]：

> 《禹贡》收浮磬，尧阶望矞云。
>
> 自天承雨露，拔地起絪缊。
>
> 击拊磬音合，衡从玉兆分。
>
> 巨鳌三岛力，威凤九苞文。
>
> 辨位资乾坎，为山填幅员。
>
> 固知兴宝藏，不假运神斤。
>
> 书帙侵春润，香炉借宿薰。
>
> 烟光晴冉冉，波影昼沄沄。
>
> 融结由元化，登崇荷圣君。
>
> 瑞于龟出洛，重若鼎来汾。
>
> 柱立尊皇极，磐安广帝动。
>
> 讵云陈秘玩，因愿献前闻。

题张希孟凝云石[26]

> 海口不盈握，隤然如委云。
>
> 危岑集远思，虚窦栖微熏。
>
> 天高泰华断，日出香炉分。
>
> 几研袭清润，文章互絪缊。
>
> 潜雷起神谷，震惊天上闻。
>
> 亟视恐无及，化为九龙文。

（5）揭傒斯《砚山诗并序》

揭傒斯（1274—1344），元朝著名文学家、书法家、史学家。字曼硕，号贞文，龙兴富州（今江西丰城杜市镇大屋场）江右人。家贫力学，大德年间出游湘汉。延祐初年由布衣荐授翰林国史院编修官，迁应奉翰林文字，前后三入翰林，官奎章阁授经郎、迁翰林待制，拜集贤学士，翰林侍讲学士阶中奉大夫，封豫章郡公，修辽、金、宋三史，为总裁官。《辽史》成，得寒疾卒于史馆，谥文安，著有《文安集》，为文简洁严整，为诗清婉丽密。善楷书、行、草，朝廷典册，多出其手。与虞集、杨载、范梈同为"元诗四家"，又与虞集、柳贯、黄溍并称"儒林四杰"。

砚山诗并序[27]

山石出灵璧，其大不盈尺，高半之。中隔绝涧，前后五十五峰。东南有飞磴横出，方平可二寸许，凿以为砚，号曰研山。在唐已有名，后归于李后主，主亡归于宋米芾，元章刻其下述所由来甚详。宋之季归于天台戴运使觉民，后又归其族人。宰相贾似道求之弗与，携持兵乱间，寝处与俱，乃获全。大都太乙崇福宫张真人本戴氏子，今年春赍书得之，请予赋诗。其辞曰：

> 何年灵璧一拳石，五十五峰不盈尺。
>
> 峰峰相向如削铁，祝融紫盖前后列。
>
> 东南一泓尤可爱，白昼玄云生霡霂。
>
> 在唐已著群玉赋，入宋更受元章拜。
>
> 天台湅洞云海连，戴氏藏之余百年。
>
> 护持不浼权贵手，离乱独与身俱全。
>
> 帝旁真人乘紫霞，尺书招之若还家。
>
> 阴崖洞壑寒嵖岈，宛转细路通褒斜。
>
> 昆仑蓬莱与方壶，坐卧相对神仙居。
>
> 硬黄从写黄庭帖，汗青或抄鸿宝书。
>
> 秦淮咽咽金陵道，此物幸不随秋草。
>
> 愿君谷神长不老，净几明窗永相保。

（6）柯九思《俞希声置竹石间于几案间，名曰小山阴》

柯九思（1290—1343），字敬仲，号丹丘、丹丘生、五云阁吏，台州仙居（今浙江仙居县）人，江浙行省儒学提举柯谦（1251—1319）子。柯九思出生在群山簇拥、碧溪环绕的今仙居县田市镇柯思岙村。也许是自幼饮神龙瀑之甘泉，受括苍山秀灵之气熏陶之故，长大后，柯九思才华横溢，艺冠画坛，成为元代著名书画家。

俞希声置竹石间于几案间，名曰小山阴。山阴吾之故乡，不能无题[28]。

> 昔年曾在山阴住，不谓山阴到此堂。
>
> 苍苔翠竹汝所好，白石清泉吾故乡。
>
> 禹穴有怀游太史，鉴湖无复赐知章。
>
> 张帆明日竟东下，雨过西兴树影凉。

题灵璧石[29]

> 翠滑烟虚小洞天，一辞泗水不知年。
>
> 君王半醉宣和殿，曾见警尘落舞筵。

元代绘画作品中的山石类盆景

1. 文人绘画中的山石类盆景

（1）王振鹏《姨母育佛图》中的山石盆景与盆插珊瑚

王振鹏擅作界画与佛教人物，《姨母育佛图》即是代表之作。该画既有界画功底，又承袭北宋李公麟的白描技法，线条挺拔有力，富有弹性，既连绵不断，又有轻重、粗细、缓急、顿挫的变化。画中部分衣帽用淡墨渲染，石块略加皴擦，这些丰富而简洁的表现手法使画面有变化而又含蓄，明快又不显得单调。

在画面最右侧，陈设一盆大型山石盆景：高脚状莲座盆，其中放置玲珑剔透的嶙峋怪石，山脚与盆口之间填充小型鹅卵石，上下匀称，整体完美，浑然天成。此外，画面右侧几案之上，放置一树枝状珊瑚盆景（图5-95、图5-96）。

（2）佚名《戏婴图》中的大型湖石盆景

婴戏图即描绘儿童游戏时的画作，又称"戏婴图"，是中国人物画的一种。因为以小孩为主要绘画对象，以表现童真为主要目的，所以画面丰富，形态有趣。

元代佚名《戏婴图》描绘一儿童于羊年来临之际骑羊戏耍的场面。图面右侧陈设一大型湖石盆景，湖石具备太湖石"透""漏""瘦""皱"的特点。

（3）刘贯道《消夏图》与佚名《消夏图》中的山石盆景与瓶插珊瑚

现藏于美国纳尔逊·阿特金斯艺术博物馆的刘贯道所作《消夏图》描绘一文士赤裸半身躺于卧榻，右手持尘，左手拈书卷，目视前方，若有所思。他的身后放一琴，榻后的桌上陈放有书卷、砚台、茶盏等，可见主人是个风雅文士。榻的旁边有一屏风，对面两名侍女，一个手拿蒲扇，另外一名双手抱一包裹而立。画面左方放置一张卧榻，卧榻的前端是一个带托泥的方案，方案中心部分是一个荷叶盖罐等文房物件，案上还有满插着灵芝的长颈瓶。方案前侧放置一圆形小几，上面摆放着盆为海棠形瓷盆的山石盆景，山石盆景呈现层山叠嶂的远山景观。

现藏于苏州博物馆的佚名《消夏图》描绘六位文人雅士在庭园中赏画、交谈等情景，两位书童正在端茶侍候。画面左侧主案、右后侧几案以及左前侧几案之上，放置了三瓶瓶插珊瑚。

此外，美国所藏的刘贯道的《梦蝶图》中的几案之上也摆放着珊瑚插瓶（图5-97）。

（4）佚名《货郎图》中的瓶插珊瑚与瓶花

本图描写身着华丽服饰的货郎，肩挑各种货物，在树荫下叫卖的欢庆场面：货郎手摇货郎鼓，边摇边叫卖；五位孩童正在嬉闹着挑选自己喜欢的物件。货郎前边货担内放置瓶插珊瑚、瓶花以及花盆等园艺用品（图5-98）。从所担物品可知，该货郎比较

图5-95　元代，王振鹏《姨母育佛图》，纵32、横508cm，现存美国波士顿美术馆（局部）

图5-96　元代，王振鹏《姨母育佛图》（局部），现存美国波士顿美术馆

图5-97 元代，刘贯道《梦蝶图》(局部)，美国收藏　图5-98 元代，佚名《货郎图》轴

喜欢园艺物品或者家业从事与园艺有关的营生。

（5）佚名《第十六阿必达尊者》中的奇石

《第十六阿必达尊者》描绘西域使者向阿必达尊者赠献山石的情景，该山石峭立挺拔，形状酷似枯干树桩，有硅化木的可能（图5-99）。

2. 寺观壁画中的山石类盆景

（1）山西洪洞广胜寺水神庙壁画中的山石盆景

广胜寺位于山西省洪洞县县城东北17km霍山脚下，始建于东汉桓帝建和元年（147），原名俱庐舍寺，亦称育王塔院，唐代改称广胜寺。唐大历四年（769），中书令汾阳王郭子仪撰置牒文，奏请重建。宋、金时期，广胜寺被兵火焚毁，随之重建。元成宗大德七年（1303），平阳（今临汾）一带发生大地震，寺庙建筑全部震毁。大德九年（1305）秋又予重建。此后，明嘉靖三十四年（1555）和清康熙三十四年（1695），平阳一带又发生地震，但这两次地震寺宇未遭大的损坏，除上寺飞虹塔及大雄宝殿明代重建外，其余均为元代建筑。

广胜寺分上、下两寺和水神庙三处建筑。上寺在霍山巅，翠柏环抱，古塔耸峙，琉璃构件金碧辉煌。下寺在山麓，随地势起伏而建，高低错落，层叠有致。飞虹塔是五座佛祖舍利塔和中国现存四座古塔之一，也是迄今为止发现的唯一留有工匠题款、最大最完整的琉璃塔。飞虹塔与曾在飞虹塔里珍藏的《赵城金藏》、水神庙元代壁画，并称为"广胜三绝"。水神庙元代壁画中出现了多幅描绘山石、灵芝珊瑚盆景的图画。

水神庙明应王殿西壁的〈祈雨图侍吏像〉，处在云雾缭绕之中，着黄袍者右手执扇，左手抚弄右袖口，人物形象丰满，姿态雍容。其右侧有一女侍，神态娴雅，手托玉盘，内置瑞石，构成一山石盆景（图5-100）。此外，明应王殿东壁〈龙王行雨图〉（图5-101）、明应王殿西壁〈祈雨图侍吏像〉（图5-102）、明应王殿北壁东侧〈明应王殿壁画（后宫奉食）〉（图5-103）、明应王殿北壁〈王宫尚宝〉（图5-104）中，出现了多幅摆设于几案之上或者女侍手捧的由灵芝、珊瑚构成的盆景或者插瓶作品。

（2）山西高平仙翁庙壁画中的山石盆景

仙翁庙又名纯阳宫，在山西高平县城西北10km伯方村，规模宏大，布局严谨，是当地著名道教庙宇，始建年代无考，明嘉靖十七年（1538）

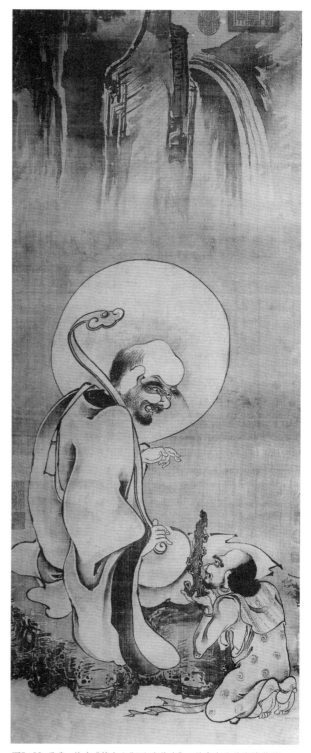

图5-99 元代，佚名《第十六阿必达尊者》，现存台北故宫博物院

重修。现存前部为山门、钟鼓二楼，后中部有乐亭、仙翁亭、仙翁殿、东西配殿和走廊。

仙翁庙壁画，画笔流畅，势仗雄俊，画法简洁明快。衣带、皇罗伞、旌旗尤显飞动，画像眼神凝聚力

图5-100　元代，洪洞广胜寺水神庙明应王殿西壁，祈雨图侍吏像中的山石盆景

图5-101　元代，洪洞广胜寺水神庙明应王殿东壁，龙王行雨图

图5-102　元代，洪洞广胜寺水神庙明应王殿西壁，祈雨图侍吏像中的珊瑚盆景

图5-103　元代，洪洞广胜寺水神庙明应王殿北壁东侧，明应王殿壁画，后宫奉食

图5-104 元代，洪洞广胜寺水神庙明应王殿北壁，王宫尚宝

强，眼神有活现之感，此画非一般工匠之笔。壁画没有被重彩的记录，仍原泽原貌、古朴典雅。

在这些壁画中，出现了多幅山石盆景、手持珊瑚的画面（图5-105至图5-108）。

（3）河北石家庄毗卢寺壁画中的山石盆景

石家庄毗卢寺后殿北壁东部壁画中所画〈玉皇大帝〉，是道教中地位高、职权大的神。总管三界（上中下）、十方（四方四维上下）、四生（胎生卵生湿生化生）、六道（天人魔鬼地狱畜生饿鬼）的一切祸福。

玉帝冕旒帝王装，有圆形项光，神情严肃，双手执圭。右侧玉女手托山石盆景，左侧玉女手捧玺印，后侧玉女手执团扇。诸玉女面容娇美，俏丽多姿。后随天将，执宝幡，身披盔甲，神态威猛。人物形象主次分明，四周祥云缭绕。壁画线条流畅，色调和谐（图5-109）。

毗卢寺后殿东壁壁画中所画〈扶桑大帝（图中作"浮桑大帝"）〉也是道教的八位主神之一，统帅水府，又称东王公。大帝戴冕旒，着帝王装，头后有圆形项光，面相慈祥可亲，银须飘动，双手执圭。大帝右侧

图5-105　元代，山西高平仙翁庙壁画中的山石盆景（1）

图5-106　元代，山西高平仙翁庙壁画中的瓶插珊瑚（2）

图5-107　元代，山西高平仙翁庙壁画中的山石盆景（3）

图5-108　元代，山西高平仙翁庙壁画中的瓶插珊瑚（4）

图5-109 元代，石家庄毗卢寺后殿北壁东部壁画，玉皇大帝　图5-110 元代，石家庄毗卢寺后殿东壁壁画，扶桑大帝

玉女双手捧山石盆景，左侧天将神态威猛，手执宫扇（图5-110）。

3. 墓室壁画中的山石类盆景

（1）陕西蒲城县张按答不花夫妇墓壁画中的花池景观

1998年发掘的蒲城县张按答不花夫妇墓建于至元六年（1269），在其东壁和东南壁有壁画〈归来图〉，画面左上部绘一段栏杆和花卉山石，构成一花池景观（图5-111）。

（2）西安韩氏墓M1墓室壁画中的盆插珊瑚

2001年发掘的西安韩氏墓M1墓室，其西壁北侧有壁画〈侍奉图〉，画面左侧有一方形桌，上面摆

放珊瑚瓶插、盖罐等（图5-112）。有五名侍女，桌左侧有一侍女，面向右侧，双手捧一黄釉带盖瓷罐，桌右侧四人。

元代遗存中的奇石与山石盆景

1. 雕塑作品中的山石类盆景

（1）手托山石盆景的《巴塔嘎尊者》

元末明初塑造的《巴塔嘎尊者》，原藏故宫博物院，现藏洛阳白马寺。俗名"香山罗汉"，是第十三位尊者，依坐于东垣第七位。罗汉面长尖颏，天庭饱满，眉目清秀，隆准薄唇，是一英俊青年僧人。身穿长袍、外披袈裟，左手托香山盆景，右手挡扶。

图5-111 元代，陕西蒲城县张按荅不花夫妇墓，1998年发掘

图5-112 元代，西安韩氏墓M1墓，2001年发掘

图5-113 元末明初，巴塔嘎尊者，现藏洛阳白马寺

衣褶对称之中求变化，正襟端坐，呈善良开朗之相，是成功之作（图5-113）。

（2）石刻作品文房笔山

《山水楼阁石笔山》收藏于无锡市博物馆。1978年无锡农下元墓出土。此笔山高80mm、长212mm，用墨石雕刻而成：峰峦并列，主峰居中，有两辅峰分列左右两侧；山前林木茂密，屋宇隐约可见，山下有老翁举桨划舟；背面略呈弧形外凸，中部山峦丛林间有重檐楼阁，山下波涛滚滚。整座笔山雕刻精致（图5-114）。

《影青笔架山》出土于1965年北京元大都遗址，高100.5mm、长180mm、宽70mm。瓷质，白胎泛灰，青白釉。采用镂空技法雕塑五座山峰，山崖上枝藤攀蔓，巅顶有白云旭日，山脚下波涛汹涌，其间有行龙浮游。

山形笔架元代以前未有雕刻人物林屋的记载，将山形笔架进行深度雕琢以容纳图书般的情景，大概是从元代开始的，这使得原来不施雕琢、朴素天然的笔山变成雕刻品[30]。

2. 北京紫禁城御花园中陈设的五尊元代奇石

北京作为元代大都时，曾兴建多数皇家御苑和私家园林，有部分当时的盆景山石与奇石流传至今，是可以想象的。据丁文父研究认为，北京紫禁城御花园中陈设的奇石中有五尊属于元代遗物[31]。

（1）御花园钦安殿缭垣西门外"方台座英石"

石高148cm、宽140cm、最厚处不足30cm。体量较大，形体较薄，十分难得。石形呈蹲脊兽状，昂首挺胸，似龙似狮，变幻莫测。底座下端外撇，以回纹为地，四面浮雕奔龙（图5-115）。

（2）御花园钦安殿缭垣东门外"方台座英石"

石高197cm。通体呈矩形，左、右、背面曾经竖向砍凿切削而形成平面，正面沟壑纵横，凹凸起伏，皆为水流冲刷所致。底座为汉白玉质，长方形，由三

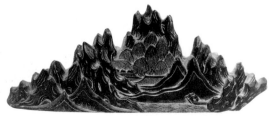

图5-114 元代，《山水楼阁石笔山》，1978年出土于无锡，现藏江苏无锡市博物馆（左为正面，右为背面）

图5-115　御花园钦安殿缭垣西门外元代"方台座英石"（引自丁文父编著的《中国古代赏石》）

图5-116　御花园钦安殿缭垣东门外元代"方台座英石"（引自丁文父编著的《中国古代赏石》）

图5-117　御花园天一门西侧元代"须弥座钟乳石"（引自丁文父编著的《中国古代赏石》）

图5-118　御花园天一门东侧元代"须弥座钟乳石"（引自丁文父编著的《中国古代赏石》）

图5-119　御花园天一门外元代"圆盆座英石"（引自丁文父编著的《中国古代赏石》）

块石材拼接而成，底部外撇，四面浮雕奔龙（图5-116）。

（3）御花园天一门西侧元代"须弥座钟乳石"

石体为块状，体量庞大，背后和侧面都夹杂块状石核，下部有钟乳石特有的幕状结构（图5-117）。

（4）御花园天一门东侧元代"须弥座钟乳石"

石体为块状，体量庞大，背后和侧面都夹杂块状石核（图5-118）。

（5）天一门外"圆盆座英石"

石高110cm。灰色，石体反复弯曲，显得轻盈婀娜，石表褶皱丰富，古朴苍劲。栽于葵口石盆中，以卵石覆盖（图5-119）。

元代赏石特点

1. 小型石受推崇

元代赏石在民间发展，陈列于文房，具备峰峦沟壑的小型石最受欢迎。元代魏初《湖山石铭》序说："峰峦洞壑之秀，人知萃于千万仞之高，而不知拳石突兀，呈露天巧，亦自结混茫而轶埃氛者，君子不敢以大小论也。"诗铭："小山屹立，玄云之根；峰峦洞壑，无斧凿痕；君子懿之，置之几席；匪奇是夸，以友静德。"石有君子之德，何以大小论之？

2. 文房研山兴盛

元代研山兴盛，最为文人赏石推崇。《素园石谱》记载该书作者林有麟藏"玉恩堂研山"："余上祖直斋公宝爱一石，作八分书，镌之座底，题云：此石出自句曲外史（张雨）。高可径寸，广不盈握。以其峰峦起伏，岩壑晦明，窈窕窊隆，盘屈秀微，东山之麓，白云暖罅，混沦无凿，凝结是天，有君子含德之容。当留几席谓之介友云。"林有麟题有诗句："奇云润壁，是石非石；蓄自我祖，宝滋世泽。"以上论及的林有麟先祖、张雨、赵孟頫、倪瓒都珍藏研山，元代文人置研山于文房也蔚然成风。

3. 普遍使用赏石底座

根据丁文父《中国古代赏石》中考证，在形象资料中，如山西芮城县永乐宫三清殿中的元代《白玉龟台九灵太真金母元君像》，元君手托平口沿方盘，置小型峰石。在其他资料中，不仅有须弥座，还有圆盆、葵口束腰莲瓣盆底座，而且有上圆盆下方台式复合底座。宋代的赏石底座主要以盆式为主，一盆可以多用。元代赏石底座与石已有咬合，赏石专属底座产生于元代。

第七节

海底遗物中所见元代
龙泉窑盆钵与海外贸易

元代制瓷工艺

　　元代制瓷工艺在我国陶瓷史上占有极为重要的地位。元代的钧窑、磁州窑、霍窑、龙泉窑、德化窑等主要窑场，在宋代的基础上，仍继续生产传统品种。而且因为外销瓷的增加，生产规模普遍扩大，大型器物增加，烧造技术也更加成熟。

　　景德镇窑在制瓷工艺上有了新的突破。首先是制胎原料的进步，采用瓷石加高岭土的"二元配方"法，提高了烧成温度，减少了器物变形，因而能烧造颇具气势的大型器。其次是青花、釉里红的烧成，使中国绘画技巧与陶瓷工艺的结合更趋成熟。最后是颜色釉的成功，高温烧成的卵白釉、红釉和蓝釉，是熟练掌握各种呈色剂的标志，从而结束了元代以前瓷器的釉色主要是仿玉类银的局面（图5-120、图5-121）。

　　元代景德镇窑取得的成就，为明清两代该地制瓷工艺的高度发展奠定了基础，景德镇因此在日后成为全国制瓷中心，赢得了瓷都的桂冠。

元代主要窑场和著名瓷器

　　以河南禹县（今禹州市）为代表的钧窑系，在元代继续生产着传统品种的天蓝釉、月白釉及蓝釉红斑器物。钧瓷的烧造虽始于北宋，但钧窑之形成一个窑系主要在元代。

　　元代磁州窑在宋代的基础上继续烧造，当时除河北磁州窑以外，还有河南的汤阴、鹤壁、禹县、郏县，山西的介休、霍县等地的窑场。

　　龙泉窑属南方青瓷系统。南宋中期以后形成了有龙泉自身特点与风格的梅子青、粉青釉龙泉青瓷。南宋晚期，龙泉青瓷有很大的发展，除在今浙江省龙泉市境内有众多的烧瓷窑场，并旁及临境的庆元、遂昌、云和等县，终于形成了一个新的青瓷窑系，江西吉安的永和窑场和福建泉州碗窑乡窑也烧龙泉

图5-120 元代，青釉，莲花交花盆

图5-121 元代，白浊釉花盆

风格的青瓷。这种趋势入元以后持续不衰，在今浙江南部的瓯江两岸就已发现一百五十处元代窑址[32]。元代龙泉窑生产规模的扩大、烧窑技术的改进、瓷器品种的丰富以及装饰花纹的精美，都在一定程度上超越了前代。

元代瓷器的对外输出

元代的海外贸易较宋代有所扩大，元代瓷器在东南亚地区出土的数量大大超过宋代。元代输出的瓷器主要是东南沿海地区瓷窑烧制，除浙江龙泉窑青瓷、江西景德镇青白瓷外，浙江、福建地区大量瓷窑烧造的仿龙泉瓷与青白瓷器占有很大比重。

我国瓷器输往日本自唐代以来没有间断过，元代青花瓷器近数十年来也有发现。日本镰仓海岸聚集的青花瓷片，过去曾认为是元青花唯一出土物，近年来在冲绳胜连城址发现了不少元青花瓷片，在冲绳岛内还发现了比较完整的元青花瓷器。此外，越前朝仓氏的乘谷遗址中也发现了传世品青花瓷片。这些都有力地说明元青花瓷器14世纪也传到了日本[32]。

韩国全罗南道新安郡海底发现的龙泉窑青瓷花盆

1976年1月，在韩国全罗南道新安郡智岛面、

道德岛的近海，两个渔民在捕鱼时用渔网捞出了数件青瓷器，并把这些瓷器交给了韩国文物管理局。因为这些瓷器初步断定为非当时之物，所以引起了学术界的注目。11月中旬，韩国组成了新安海底文物调查团，下旬便开始了海底调查。

经过调查，确认为一艘我国沉船，并从船内外打捞出瓷器2000件以上的元代与宋代的陶瓷品、铜器、木漆器以及石造品等。由于冬季寒冷，调查一时停止，翌年6月下旬重新开始调查，加上铜钱等总共打捞出文物7000件。船中的有些器物还具有南宋时代特征。该船为我国一贸易船，是在至治三年（1323）驶往日本的途中沉入大海。打捞的陶瓷文物中以青瓷和青白瓷为主，其中含有多数的元代龙泉窑青瓷花盆（图5-122，表5-1）[33-34]。这充分说明了元代时盛行盆景盆钵的输出贸易。

表5-1 新安海底沉船中的盆景盆钵类

编号	名称	数量	高（cm）	口径（cm）	底径（cm）
1	青瓷花盆	1	18.5	25.0	9.3
2	青瓷花盆	2	9.0	12.1	5.5
3	青瓷花盆	2	8.2	12.3	5.1
4	青瓷花盆	4	10.9	10.9	6.8
5	青瓷花盆	2	9.2	10.1	5.1
6	青瓷贴花兽环装饰水盘	1	7.2	21.8	8.8
7	青瓷贴花兽环装饰水盘	1	5.8	16.4	7.2
8	青瓷贴花纹水盘	1	6.1	19.3	5.7
9	青瓷贴花纹水盘	1	5.8	18.7	5.1
10	青瓷贴花纹水盘	2	4.4	16.2	6.3

图5-122 元代，龙泉窑，青瓷花卉交六角花盆

参考文献与注释

[1] 中国农业科学院, 南京农学院中国农业遗产研究室. 中国农学史(初稿)下册[M]. 北京: 科学出版社, 1984: 60-61.

[2] 孟亚男, 中国园林史[M], 台北: 文津出版社, 1993: 125.

[3] 敦煌研究院. 中国石窟艺术 榆林窟[M]. 南京: 江苏美术出版社, 2014.

[4] 常乐. 岩山寺详释[M]. 太原: 三晋出版社, 2013: 1.

[5] 范理铭. 天岩的故事[M]. 忻州: 天岩范氏宗族理事会, 2014: 11-13.

[6] 文物出版社. 永乐宫壁画[M]. 北京: 文物出版社, 2018.

[7] 文物出版社. 永乐宫壁画 另一册[M]. 北京: 文物出版社, 2018.

[8] (清)刘銮. 笔记小说·三十编·五石瓠[M].

[9] 林丽娜. 宫室楼阁之美——界画中的建筑图像(中)[J]. 故宫文物月刊, 2004(11): 78-80.

[10] (清)纪昀. 钦定四库全书·集部·八·梅花百咏提要[M].

[11] 陈俊愉, 程绪珂. 中国花经[M]. 上海: 上海文化出版社, 1990: 167-168.

[12] 陈植. 毛竹造林技术遗产的初步研究[J]. 中国农史, 1988(2): 48-62.

[13] (元)岑安卿. 栲栳山人集·盆兰[M].

[14] (元)刘诜. 桂隐集·石菖蒲[M].

[15] 王晨. 灵璧石谱[M]. 北京: 中国西苑文化艺术出版社, 2012: 12.

[16] (明)林有麟. 素园石谱·卷之三·太秀石[M].

[17] (明)林有麟. 素园石谱·卷之二·苍剑石[M].

[18] (元)岑安卿. 遗栲栳山人集·赋张秋泉真人所藏砚山[M].

[19] 文蛙. 赏石文化的源流—传承与内涵(连载五)[J], 中国盆景赏石2012(10): 100-103.

[20] (元)元好问. 遗山集·云峡并序[M].

[21] (元)元好问. 遗山集·云崖并序[M].

[22] (元)刘因. 静修拾遗·出香奇石[M].

[23] (元)刘因. 静修拾遗·盆池[M].

[24] (元)胡长孺. 石塘稿·题段郁文雪石[M].

[25] (元)虞集. 道园遗稿·奎章阁有灵璧石奇绝名世[M].

[26] (元)虞集. 道园遗稿·题张希蒙凝云石[M].

[27] (元)揭傒斯. 秋宜集·砚山诗并序[M].

[28] (元)柯九思. 丘生稿·俞希声置竹石间于几案间名日小山阴[M].

[29] (元)柯九思. 丘生稿·题灵璧石[M].

[30] 丁文父. 中国古代赏石[J]. 北京: 三联书店, 2002: 46-47.

[31] 丁文父. 中国古代赏石[J]. 北京: 三联书店, 2002: 47-50.

[32] 中国硅酸盐学会. 中国陶瓷史[M]. 北京: 文物出版社, 1982: 273.

[33] 韩国文化公报部, 文化财管理局. 新安海底遗物·资料篇I[M]. 首尔: 同和出版公社, 1981.

[34] 日本盆栽组合编. 美术盆器名品大成I中国[M]. 京都: 近代出版, 1990: 20.

第六章
明代
——盆景文化走向成熟时期

　　1368年，朱元璋推翻元朝，在应天府（今南京）称帝，国号大明。朱元璋死后，燕王朱棣发动"靖难之役"，夺取皇位，并将国都迁往顺天府（今北京）。明朝（1368—1644）是一个由汉族建立的大一统王朝，共传十六帝，享国二百七十六年。

　　朱元璋即位后采取轻徭薄赋，恢复社会生产，确立里甲制，配合赋役黄册户籍登记簿册和鱼鳞图册的施行，落实赋税劳役的征收及地方治安的维持。整顿吏治，惩治贪官污吏，促使社会经济得到恢复和发展，史称洪武之治。同时朱元璋多次派军北伐蒙古，取得多次胜利，最终在捕鱼儿海之役平定北元，消除外患。朱元璋平定天下后，大封功臣，也对功臣有所猜忌，恐其居功枉法，图谋不轨。而有的功臣也越过礼法，为非作歹。朱元璋通过打击功臣、设立锦衣卫加强特务监视等一系列手段来加强皇权。

　　明代手工业和商品经济繁荣，出现商业集镇和资本主义萌芽，文化艺术呈现世俗化趋势。农业技术水平的提高、商品经济的发展以及汉族文化的复兴，大大促进了我国花卉园艺事业的发展，同时，由于印刷技术的进步，数量众多的花木专著和盆景专论也应运而生。关于插花类的有袁宏道的《瓶史》、张丑的《瓶花谱》、屠本畯的《瓶史月表》、高濂的《瓶花三说》、吕初泰的《插瓶》以及屠隆《考槃余事》中的〈盆玩笺·瓶花〉。关于盆景方面的有高濂《遵生八笺》中的〈高子盆景说〉、屠隆《考槃余事》中的〈盆玩笺·瓶花〉、文震亨《长物志》中的〈盆玩〉、吕初泰的《盆景》二篇。关于花木园艺的有王象晋的《二如亭群芳谱》三十卷、周文华的《汝南圃史》十二卷、王路的《花史左编》二十七卷、陈诗教的《灌园史》四卷等多达50余部。

　　这些花木专著、专论、诗文的编写和出版，说明明代时我国花卉园艺业处于兴盛时期。

明代盆景名称考略

由于明代盆景在皇宫与民间的盛行，文献资料中关于盆景的整姿、观赏法的记载增多，出现了多种与盆景相关的名称。

植物类盆景名称考略

1. 盆景

盆景一词最早出现于宋代，到了明代，记载盆景一词的文献资料多处可见。

（1）王鏊《姑苏志》中的盆景

王鏊为成化十一年（1475）的进士，在其《姑苏志》中有如下的记载："虎丘人善于盆中植奇花异卉，盘松古梅，置之几案，清雅可爱，谓之盆景[1]。"该文献中不仅出现了盆景一词，而且初次给盆景下了定义。当时的盆景既包括了盆中栽植的奇花异卉，又包括了盆中的盘松古梅，因而，此时的盆景为广义的盆景，包括了现在的盆景与盆栽。

（2）高濂《遵生八笺》〈高子盆景说〉中的盆景

该文（1591年作）对天目松盆景、石梅盆景、水竹盆景、桧柏盆景、虎刺丛林盆景、美人蕉盆栽、石菖蒲以及盆景的用盆等进行了记述。其中的一节为：

高子曰：盆景之尚天下有五地最盛，南都、苏松二郡、浙之杭州、福之浦城、人多爱之，论值以钱万计，则其好可知，但盆景以几卓可置者为佳[2]。

从该文献可知，明代末期，盆景在我国南京（南都）、苏州、松江、杭州以及福建的浦城最为流行。

（3）顾起元《客座赘语》中的盆景

顾起元的《客座赘语》（1617年作）卷一中，对当时盆景的植物种类进行了如下的记述：

几案所供盆景，旧惟虎刺一二品而已。近年花园子自吴中运至品目益多，虎刺外有天目松、璎珞松、海棠、碧桃、黄杨、石竹、潇湘竹、水冬青、水仙、小芭蕉、枸杞、银杏、梅花之属，务取其根干老而枝叶有画意者，更以古瓷盆佳石安置之，其价高者一盆可数千钱。

本文献中所记载的盆景植物的种类除了木本之外，还有草本植物，所以，当时盆景的含义相当于现在的盆景与盆栽两种。

（4）计成《园冶》中的盆景

计成的《园冶》〈选石〉（1634年作）一节中记载："昆山石……，色洁白，或植小木，或种溪荪于奇巧处，或置盆中，宜点盆景。"该处的盆景为附石式盆景。

2. 盆中景

杨尔曾撰、蔡汝佐画的《图绘宗彝》卷六中有一幅插图，题名为〈盆中景〉，描绘了松、芭蕉、兰花、梅花以及仙人掌等的盆景与盆栽（图6-1）。

3. 盆中花草

《青阳胡氏家谱文献录》收集编撰浙江汤溪地区青阳胡氏家谱文献类，其中有〈盆中花草歌〉一首，内容如下：

盆中花草歌

窗前安石盆，盆中置山石。
广□不数□，其高仅三尺。
何以为之基，细石和泥湿。

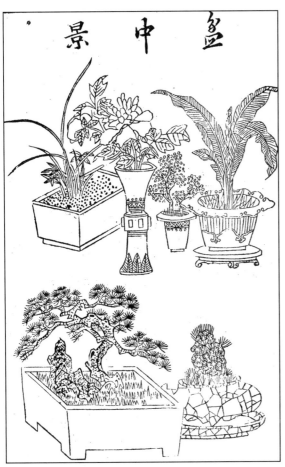

图6-1　明代万历三十五年（1607）杨尔曾撰、蔡汝佐作画《图绘宗彝》卷六中的〈盆中景〉图，描绘有松树盆景，盆栽仙人掌、兰花、芭蕉等，还有瓶插牡丹

何以为之养，浇灌日消滴。
那知造化工，大小无所择。
元气一周流，无处不融液。
居然盆石内，草木亦蕃殖。
绿叶间黄花，生意兴勃勃。
黄则如悬金，绿则如染碧。
经秋不委谢，当窗向人立。
亭亭无低斜，似欲呈奇质。
勿谓此花小，略与菊相敌。
勿谓此草微，蕙兰或可觅。
不见春园中，繁华娇的蝶。
迫兹秋方半，憔悴无颜色。
花草□稠微，亦或感衷臆。
颇类幽人贞，贫贱不移易。
又如晚遇士，抱璞无人议。
一朝遇良工，声名满京阙。

瑚琏与圭璋，用之惟所适。
宁以□□地，顾盼不相及。
寄语了心人，惟患德不殇。
不用伤白头，相对馨香泣。

可见，"盆中花草"顾名思义就是盆中所栽植的花草之意。

4. 盆钵小景

戴义的《养余月令》卷十二中记载："浇灌台砌、盆钵小景诸花。"盆景为盆中景与盆钵小景的简略语，三者具有相同的含义。

5. 盆玩

元代出现了盆槛之玩的称谓，明代出现了与盆槛之玩具有相同含义的盆玩一词。

（1）文震亨《长物志》中的盆玩

文震亨《长物志》〈卷二花木〉中有〈盆玩〉一节，对当时的盆景的大小、天目松盆景、石梅盆景、枸杞盆景、水冬青盆景、野榆盆景、桧柏盆景、水竹盆景、虎刺丛林盆景、石菖蒲、数种草本花卉的盆栽、盆景的用盆进行了论述，其中记述道："盆玩，时尚以列几案间为第一，列庭榭中者次之，余持论反之。"

（2）《竹屿山房杂部》中的盆玩

宋诩的《竹屿山房杂部》中记载道："天目松，……宜种入盆玩之，可以常溉，亦复畏湿。"

（3）周文华《汝南圃史》中的盆玩

周文华《汝南圃史》卷十一记载："剔齿松宜庭除，天目松宜盆玩。""松柏小时可剪缚作盆玩，亦可就其软枝扎屏栏。"

6. 盆中清玩

在盆玩一词出现的同时，盆中清玩一词也开始出现。《汝南圃史》中有："一曰水竹，作盆中清玩，喜瘦不喜肥，宜浇水及冷茶。"盆玩应该为盆中清玩的简略词。

7. 盆花

盆花一词最早出现于宋代，在明代也被沿用。戴义《养余月令》卷二中记载："盆花于春月，以退鸡鹅毛水，或蚕沙浸水浇之为佳。"

屠隆的《考槃余事》（1606）作为当时的文人书而著名于世。第三卷的〈茶笺、盆玩笺〉一项对盆景进行了详细的记述。〈盆玩笺〉中论述了盆花与瓶花，在〈盆花〉一项中也出现了盆景一词。在该文献中同时出现了盆玩、盆花与盆景，并且出现了混用的现象，由此可知在明代，盆玩、盆花与盆景基本上为相同的含义。

8. 盆树

王鸣韶的《嘉定三艺人传》中对朱小松的盆景技艺进行了如下的记述（图6-2）：

……，子小松亦善刻竹，与李长蘅、程松圆诸先生犹将小树剪扎供盆盎之玩，一树之植几至十年，故嘉定之竹刻、盆树闻于天下。

另外，《汝南圃史》中记载："或植盆树，将炭屑及瓦片浸粪窖中，经月取出，以为铺盆用。" [3]

上文中的盆树，即栽植于盆中的经过整形的树木，相当于现在的树木盆景。

9. 盆栽

王世懋的《花疏》中记载："余官莆中，见士大夫家皆种蜀茶，花数千朵，色鲜红作密瓣，其大如盆，云种自林中，函蜀中得来，性特畏寒，又不喜盆栽。"另外，王象晋的《二如亭群芳谱》花谱十〈夹竹桃〉中记载："夹竹桃，性喜肥，宜肥土盆栽，肥水浇之则茂。"

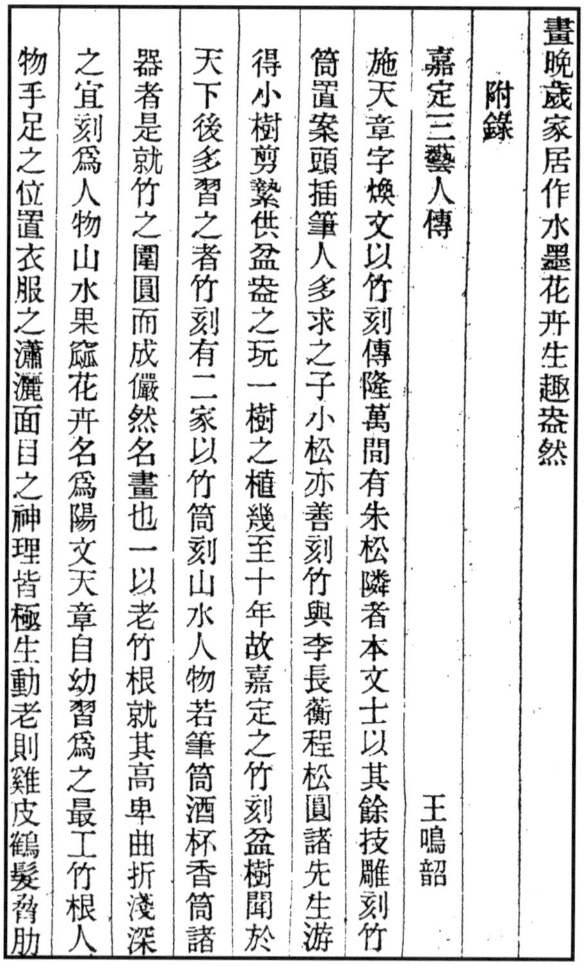

明代的盆栽一词指在盆中栽植的花木，包括了现在的树木盆景与盆栽。现在的盆栽只指后者。

10. 盆植

盆植，与盆栽具有相同的含义，指盆中栽植的花木。《考槃余事》〈盆玩笺〉的〈盆玩〉中对水竹盆景记载："又如水竹，亦产闽中，高五六寸许，极则盈尺，细叶老干，潇疏可人，盆上数竿，便生渭川之想。"此外，《二如亭群芳谱》花谱十八〈合欢〉一节记载："金陵盆植者，无根而花，花后不堪留，即留亦无能再开花。"

11. 盆草

盆草一词最早出现于宋代，但当时主要用于佛前供养，到了明代，盆草主要用于观赏。《二如亭群芳谱》序言中载有："予性喜种植，斗室傍罗盆草数事，瓦钵内蓄文鱼数头，薄田百晦，足供饘粥。"文中"晦"为田地丈量单位，"饘"为稠之意。盆草一词主要是指用于观赏的种植于盆钵内的草本植物。

12. 盆供

王世懋《花疏》中载有："百合中名麝香者，人谓即夜合花，根甜可食，宜多种圃中，取佳者为盆供……"盆供是指种于盆中、用于观赏、供养的盆栽植物，其含义基本上与盆栽、盆植相同。

13. 盆 + 植物名

（1）盆蒲

戴羲《养余月令》卷十中载有："种盆蒲，于芒种前，栽以清泉白石，雍以水沟瓦屑，则叶细嫩而色葱青。"该文献中的盆蒲为盆中栽植的石菖蒲之类。

（2）盆梅

张凤翼《乐志园记》中有："出左壁则为虚和堂，曲房小构，绿荫垂檐，下有盆梅三十本，长不盈尺，而苍藓离奇，态不一状。"文中出现了盆梅一词。

山石盆景名称考略

1. 盆山

《二如亭群芳谱》〈木谱·柏〉中有一首题为〈盆

画晚岁家居作水墨花卉生趣盎然

附録

嘉定三藝人傳

王鳴韶

施天章字煥文以竹刻傳隆萬間有朱松隣著本文士以其餘技雕刻竹筩置案頭插筆人多求之子小松亦善刻竹與李長蘅程松圓諸先生游

得小樹剪爇供盆盎之玩一樹之植幾至十年故嘉定之竹刻盆樹聞於

天下後多習之者竹刻有二家以竹筩刻山水人物若筆筩酒杯香筩諸

器者是就竹之圍圓而成儼然名畫也一以老竹根就其高卑曲折淺深

之宜刻爲人物山水果窳花卉名爲陽文天章自幼習爲之最工竹根人

物手足之位置衣服之瀟灑面目之神理皆極生動老則雞皮鶴髮脅肋

图6-2 明代，王鸣韶《嘉定三艺人传》

260

山〉的诗：

盆山

盆山高叠小蓬莱，桧柏屏风凤尾开。

绿绕金阶春水阔，新分一脉御沟来。

从诗的内容可知，该盆山为一附石式盆景。

2. 盆石

明代文献中有多处关于"盆石"的记述。

（1）文震亨《长物志》中的"盆石"

《长物志》卷二〈花木·玉簪〉中有："玉簪，洁白如玉，有微香，秋花中亦不恶。……若植盆石中，最俗。"此外，《长物志》卷三〈水石〉中有："更近以大块辰砂、石青、石绿为研山、盆石，最俗。"从文献的大意可知，前者的"盆石"为附石式盆景，后者为盆中放置山石之意的"盆石"。

（2）《汝南圃史》中的"盆石"

《汝南圃史》卷十一载有："棕缚花枝、绞细绳扎竹屏栏、粗绳扛树垛、盆石。"本文献中的"盆石"应该为盆中栽植花草、放置山石的总称，包括现在的盆景与盆栽。

（3）《顺天府志》中有："亭之前后皆盆石，石多昆山、太湖、灵璧、锦川之属"的记载。该文献中的"盆石"是指现在的山水盆景。

3. 盆岛

黄省曾的《吴风录》对于苏州的假山、奇石风习记述道："至今吴中富豪，竞以湖石筑峙奇峰阴洞，至诸贵占据名岛以凿，凿而嵌空妙绝。珍花异木错映兰圃，虽间阎下户亦饰小盆岛为玩。"[4]苏州的富商们用太湖石堆积假山进行观赏，庶民们制作盆岛进行赏玩。

盆岛是指在盆中表现海岛景色与表现水景的山

石盆景。

4. 水窠子

南宋时都城杭州流行过被称为"盆窠""窠儿"的树木盆景，到了明代时，在苏州把山水盆景、附石盆景称为"水窠子"。明代《洪武苏州府志》记载："昆山石名著吴中，其佳者嵌空洁白，峰峦可爱，玲珑奇巧，出于天然。邑人采之，种花草其上，贮水盆，谓之水窠子，好事者以为奇玩。"[5]可见，文中的"水窠子"即为山水盆景与附石盆景。

5. 砚山、研山

（1）砚山

《长物志》〈器具·文具〉一节载有："三格一替，替中置小端砚一，笔觇一，书册一，小砚山一，……。"[6]文中记载的是多宝格，格中摆放有砚山。

（2）研山

高濂《遵生八笺》中载曰："燕中西山黑石，状俨英石而（山卒）岉巉岩，纹内皱过之，可作研山者为多，但石性松脆，不受激触。""大率研山之石，以灵璧、英石为佳也。"[7]此外，王圻于万历三十五年（1607）编纂的《三才图会》卷十二〈器用〉中有将乐研山与灵璧研山的记述。

明代的砚山、研山的含义与宋、元两代的含义相同。

6. 奇石、异石

文震亨《长物志》载有："画卓可置奇石，或时花盆之属，忌置朱红漆等架。"[55]此外，林有麟《素园石谱》载："苏东坡于湖口李正臣家，见一异石，九峰玲珑，宛转若窖椒，名曰壶中九华。"[8]"奇石"与"异石"都具有相同或相近的含义，指摆放于书案之上的山形石或者形状奇特之石。

第二节
绘画作品中的金陵盆景

金陵（现南京），明代时称应天府，或称京师，为明朝前期首都，后永乐时期迁都顺天府，应天府作为留都。

《上元灯彩图》中描绘的金陵的盆景市场

1.《上元灯彩图》概况与价值

《上元灯彩图》是一幅明朝古画，长达200cm、高0.26cm。该画作主要描绘了明朝中晚期金陵（留都、南京）元宵节期间的街市景致。从全景内容来看，画家描绘的是一次元宵灯市与古董贸易相结合的集市活动，明朝中叶南京的富庶安逸，从这幅图卷上可略窥一二。

自从《清明上河图》名声大噪，该种风格的风俗画就流行起来，有许多富商会去向民间画家定制，《上元灯彩图》就属于这一类型的定制画。这幅画形成的年代在明朝中晚期，原画作者不明。

《上元灯彩图》因长期藏匿民间，近年才浮出水面。明太祖朱元璋一统天下定都南京后，金陵城市面貌发生了很大变化，街市繁盛景象一直延迄满清，而反映明代金陵本土民俗风情的画卷除有《南都繁会景物图》已广为人知，但《上元灯彩图》细腻地再现元宵节期间南京老城南灯市与商贸集市盛况，不仅成为人们了解明代社会民俗风情的又一重要文献，而且也进一步丰富了金陵本土特色文化的研究内容，完全可与北宋张择端的《清明上河图》画卷相媲美。

从绘画技法与风格来看，该画卷工写兼备，设色典雅，自身艺术价值相当高，记录的瞬间散发出许多明代南京文化、艺术、民俗、商贸、建筑等方面的信息，并将当时的社会生活状况鲜活地勾勒出来。该画卷不仅富有十分浓郁的生活情趣，也蕴藏着极高的历史价值与文化内涵，因此学术

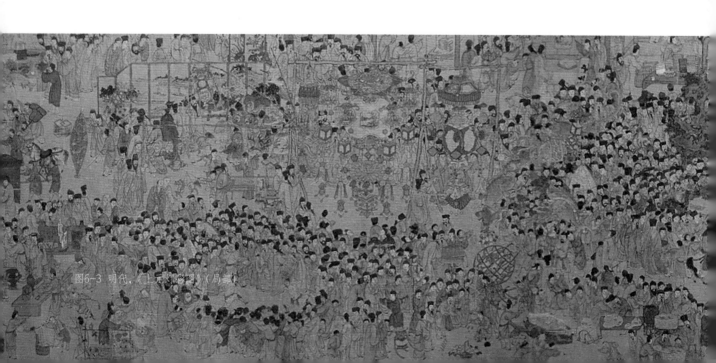

图6-3 明代，《上元灯彩图》（局部）

意义非同寻常。

2.《上元灯彩图》描绘的金陵的盆景市场

明代南京为开国京师，朱棣迁都后成为留都。不少王公贵戚，官吏商贾寓居于此，特别是那些达官贵人嗜好赏玩花鸟鱼虫之事，更助长了此风潮的盛行蔓延。从正月初八"上灯"到正月十八日"落灯"，老南京们在元宵节夜晚"家家走桥，人人看灯"。金陵城南三山街地区，在南唐以后即为商贸繁华地区。《上元灯彩图》描绘的正是元宵夜的盛况。图中三山街至内桥地区商贾云集，店肆林立，人烟稠密；三孔内桥上人头攒动，摩肩接踵；官宦人骑马乘轿，伞盖相随；平民百姓三三两两，结伴而行。

画面集中表现了市民们的生活状态，那里面有画廊，有说书人，他们已经开始养水仙花、买假山石、买雨花石、养金鱼、养梅花、养兰花等。该画卷中描绘有蜡梅、兰花、水仙、细竹、小松等花卉植物，既描绘有配以奇石的盆景，也有销售奇石的摊位，画中的孩子对放置于小盆中五颜六色的雨花石颇感兴趣。这些都是南京民众赏玩花鱼的生活缩影，从一个侧面印证了明代金陵的社会风俗习尚。

画面中描绘的盆景除了盆兰、盆养水仙、蜡梅盆栽、梅桩外，集中表现了大型的丛林式盆景、附石式盆景以及树丛式盆景等（图6-3、图6-4）。

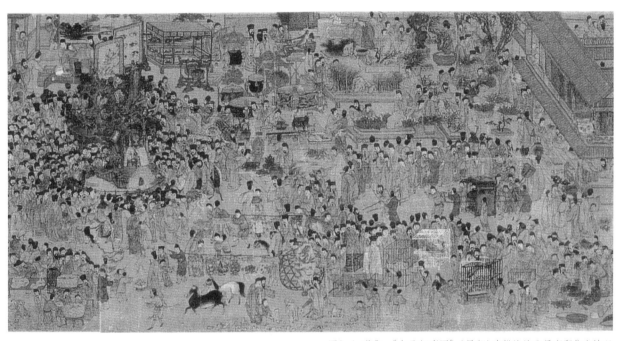

图6-4　明代，《上元灯彩图》（局部）中描绘的盆景商贸集市情况

吴彬《月令图》与《岁华纪胜图》中描绘的金陵盆景

1.吴彬简介

吴彬（生卒年不详，活跃在16世纪后期至17世纪前期），字文中，号枝隐头陀、枝隐生，福建莆田人。年少时即因画艺有声名，成年后活动于南京，名其住处"枝隐庵"。结识许多当时同在南京活动的名士，并有诗集出版，惜今已不传。吴彬信奉佛教，日日诵经礼佛，以图绘作佛事。万历二十九年（1601）曾为南京栖霞寺作五百罗汉图。万历后期，曾北上京师，为宫廷画师，约在天启二年（1622）以后就少有活动记录。

明万历中曾官工部主事，为明末变形主义绘画大家。其人物、佛像吸收了五代贯休的画法，奇形怪态，或粗劲厚重，或秀雅绵密；山水师法自然而又夸张变形，常画仙山异境，笔法精整，画风奇特，独具一格。

2.《月令图》与《岁华纪胜图》对比研究

吴彬所作《月令图》与《岁华纪胜图》构图基本相同，只是次序前后略有不同。而《岁华纪胜图》的笔墨造型更见精绝。

《月令图》与《岁华纪胜图》图册共有十二幅，都是描写一年十二胜景与节庆活动。前期为元夜、秋千、蚕市、浴佛、端阳、结夏等六幅，后期为中元、玩月、登高、阅操、赏雪、大傩等六幅。画中景物细腻生动，山林造型奇特、设色淡雅，显出纤丽巧态。以时序活动为主题，构景多描绘江南景观。如第一幅〈元夜〉景中的城墙、门楼、鳌山灯等与金陵城景关系密切；第九幅〈登高〉景中山形奇特，

图6-5　《月令图》〈端阳〉画面中的两盆花卉盆栽

据研究推测该山为金陵近郊牛首山。此外，寺院浴佛、宅院置冰、玩月、阅操、赏月等，皆能与明人生活逸事呼应。画中讲究远景配置，凸显辽阔景致，全幅兼具月令岁时与佳景记胜特色。

3.《月令图》与《岁华纪胜图》中描绘的金陵盆景

《月令图》与《岁华纪胜图》的第五幅〈端阳〉、第十一幅〈赏雪〉两幅画面中，都出现了摆设盆景的情景，通过这些画面，可以对金陵当时盆景的摆设情况略见一斑。

（1）第五幅〈端阳〉中的花卉盆栽

画中有各式商店摆设瓜果、肉品等，屋舍以菖蒲、艾草供奉，对岸庭院则种有蜀葵，河畔有十多人群聚，更多的人群则聚于桥楼之阁观看龙舟竞渡，一艘竞渡之船正由桥下通过。

《月令图》〈端阳〉画面中靠近桥头瓜果店院内有两盆花卉盆栽，开红花者放置在地面，不开花者，盆大，放在十字交叉支架之上（图6-5）；《岁华纪胜图》除了与《月令图》〈端阳〉相同、在瓜果店院内有两盆花卉盆栽之外，在瓜果店前毛驴右前方还放置一盆开着红花的盆栽（图6-6）。此外，在对岸靠近水边左侧室内，《月令图》与《岁华纪胜图》中都摆放着插花与花卉盆栽（图6-7、图6-8）。

（2）第十一幅〈赏雪〉中的大型盆景

皑皑白雪覆盖大地，山石、树林全罩上一层雪白，纷飞雪片、枯树摇舞，赏雪便成冬天最有趣的事，亭间、小径有探幽寻访灵感的诗人，山石、树木造型古拙，以墨烘染，画出雪天，反衬雪白，倍觉寒意袭人。

《月令图》〈赏雪〉画面中，峭立的假山主峰后的厅堂建筑平台上，陈设一巨型树木盆景，盆钵似由大理石精雕而成，盆树主干折曲变化，主枝弯曲向左下侧伸展生长，部分枝条枯死，给人以枯木逢春之感。巨型盆景左侧的平台角隅，放置一大型附石式盆景，高低错落的两个山峰基部栽植常绿阔叶树木，与巨型盆景遥相呼应(图6-9)。《岁华纪胜图》〈赏雪〉画面中两盆盆景的位置、大小、盆钵与《月令图》〈赏雪〉画面中的基本相同，只是巨型盆景为枝冠丰满的常绿阔叶树种，在皑皑白雪中生机勃勃；左侧的大型盆景中，在山石基部似乎栽植苏铁，形成附石式苏铁盆景（图6-10）。

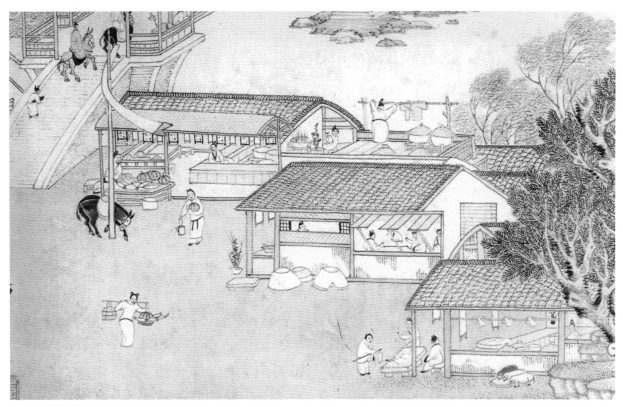

图6-6　《岁华纪胜图》〈端阳〉画面中的盆景、盆栽

图6-7　《月令图》〈端阳〉画面中对岸摆放着的插花与花卉盆栽

图6-8　《岁华纪胜图》〈端阳〉画面中对岸摆放着的插花与花卉盆栽

图6-9　《月令图》〈赏雪〉中的大型盆景

图6-10　《岁华纪胜图》〈赏雪〉画面中两盆盆景

明代皇宫中的盆景陈设

《帝京景物略》记载了明代时北京草桥的花农为当时皇宫、都城所栽培的花木种类如下："右安门外南十里草桥，方十里，皆泉也。…… 土以泉，故宜花，居人遂花为业。都人卖花担，每辰千百，散入都门。入春而梅（九英、绿萼、红白缃），而山茶（宝珠、玉茗），而水仙（金钱、重胎），而探春（白玉、紫香）。中春而桃花，而海棠（上西府、次贴梗、次垂丝、赝者木瓜。辨之以其叶，木瓜花先叶，海棠叶先花），而丁香（紫繁于白，白香于紫）。春老而牡丹（栽之法、分之法、接之法、浇之法、医之法、一如博州、雏下，近有藤花而牡丹叶者，曰高丽牡丹），而芍药，而李枝（北种或盆而南，南人嚼其梗，味正似杏，乃接以杏，此种遂南）。入夏，榴花外，皆草花。花备五色者：蜀葵、罂粟、凤仙；三色者：鸡冠；二色者：玉簪；一色者：十姊妹、乌波斯、望江南。秋花耐秋者：红白蓼（江乡花也，此地高几以丈）。不耐秋者：木槿（朝鲜夕萎）、金钱（午后仅开，向夕早落）。耐秋不耐霜日者：秋海棠（一名断肠，或曰思妇泪所凝也）。木犀，南种也，最少。菊，北种也，最繁。"[9] 北京，冬季寒冷，夏季炎热，在这种比较严酷的气候条件下，能够成功地栽培如此之多的花木种类和品种，南方各地的花木栽培盛况更是可想而知。

同时，15世纪中叶，江南沈周、文徵明、唐寅、仇英"吴门四大家"崛起。他们广泛吸取了唐、五代、宋、元诸派之长，形成了各具特殊风格的绘画艺术，又被后世称为"明四家"。嘉靖时，杰出画家徐渭，自辟蹊径，创泼墨花卉。万历年，吴门画家张宏开

启实景山水写生之先河，在继承吴门画派风格和特色的基础上加以创新，画面清新典雅，意境空灵清旷。明末还有人物画家吴彬、丁云鹏、陈洪绶、崔子忠、曾鲸，花鸟画家陈淳等。

明代的宫廷绘画，主要来源于两宋的"院体画"传统，画家们吸取了北宋黄氏父子（黄筌、黄居寀）工笔画法和李唐、马远、夏珪等著名画家山水人物技法的特长，在继承传统的基础上又有了新的发展，形成了明代"院体画"的独特风格。这一时期写实性的人物画和帝王游乐图成为明代宫廷绘画的主流，当时供奉在内廷的画家，可谓人才济济，成就显著。

在明代数量众多的绘画作品中，出现了四幅描绘皇帝行乐的大型图卷：《明宣宗行乐图》（北京故宫博物院藏）、《明宪宗元宵行乐图》（中国国家博物馆藏）、《四季赏玩图》以及《御花园赏玩图》。这四幅图卷虽然在表现内容上不完全相同，但在构图手法上极为相似，而且在造型和笔墨特征上也出现极高的一致性。

例如画中侍女、儿童的衣纹，都是先用平直的线条刻画，再施加描金或敷色；庭园湖石，则用锯齿状的短笔勾勒轮廓，然后以焦墨皴染，使岩块呈现平面性的趣味；类似的笔法，还出现在描绘屈曲多姿的苍松时，松鳞以墨圈混合细碎的墨点来表现，松针则呈现圆形车轮状，极富装饰效果。此外，画梧桐则以粗黑轮廓勾画枝干，节眼于墨点外圈规律留白，再于枝干平染枝绿，造成光圆凹凸的效果。然而，这四幅画卷彼此间最为神似之处，应该在于

主角人物的画法。包括皇帝头上所戴的黑色尖顶圆帽、面部五官的开脸及须眉画法、魁梧的体格和端坐姿态，甚至是身上绣金龙袍的描金以及勾勒衣褶的方式，每一处细节无不展现惊人的相似性。

清代胡敬在《南薰殿图像考》中，对明宣宗朱瞻基、明英宗朱祁镇、明宪宗朱见深三人面貌有如下的记载：明宣宗"面赤而鬈"，明英宗"面微赤而鬈"，明宪宗"鬈鬈貌丰伟"[10]。依据字面意思理解为，朱瞻基的脸泛红，脸颊上的毛发比较多；而朱祁镇的脸相对来看，微微泛红；朱见深的脸为正常颜色，其特点在于发量多并且黑。由此可见，祖父孙三辈皇帝在相貌与形体上具有一定的相似性。

在该四幅图卷中，《明宣宗行乐图》描绘明宣宗朱瞻基行乐情景，而《明宪宗元宵行乐图》《四季赏玩图》以及《御花园赏玩图》三幅图卷全是描绘明宪宗朱见深行乐情景。

在这些图卷中，出现了多幅陈设盆景与花池景观的场面，可见明代时，盆景已经成为宫廷庭园必备的美化装饰品。这些盆景，一部分是宫廷画师按照北京皇宫中陈设实景情况进行描绘，一部分有可能是宫廷画师按照金陵原来皇宫中陈设情况、甚至根据自己在江南民间所见盆景或者根据想象进行描绘。这些都说明了明代时，我国盆景发展水平已达很高程度，并且已经进入成熟阶段。

《明宣宗行乐图》中的盆景

《明宣宗行乐图》完成于宣德年间（1426—1435），为宫廷画家商喜所作，绢本，设色，纵211cm，横353cm。是明代中早期传世宫廷绘画中仅见的一幅堂皇巨作，现收藏于故宫博物院。

宫廷画家商喜，是明代宣德时期著名的宫廷画家，字惟吉，他的画法宗宋人，工整谨严，繁复缤纷，敷色鲜丽，气势宏阔。商喜善画山水、人物、观音菩萨、神仙道释像，还有花卉及各种动物。他的绘画作品具有壁画的风范，他笔下的人物形象生动传神，动物鸟类栩栩如生。商喜在明代宫廷任锦衣卫指挥，由于长期供奉内廷，使他得以"近水楼台"之便真实客观地描绘出明代宫廷生活的场景，也为我们今天研究明代宫廷习俗留下了宝贵的资料，具有很高的艺术价值和历史价值。

朱瞻基（1398—1435），即明宣宗（1425—1435

年在位），明朝第五位皇帝。明仁宗朱高炽长子，幼年就非常受祖父朱棣与父亲的喜爱与赏识。永乐九年（1411）被祖父立为皇太孙，数度随朱棣征讨蒙古。洪熙元年（1425）即位。

朱瞻基在性格上，与其父朱高炽相似，也具有他父亲那种对皇帝作用的理想主义的、然而是保守的想法。朱瞻基是文人和艺术的庇护人，他统治的特点是其政治和文化方面的成就。在位期间文有"三杨"（杨士奇、杨荣、杨溥）、蹇义、夏原吉；武有英国公张辅，地方上又有像于谦、周忱这样的巡抚，一时人才济济，这使得当时政治清明，百姓安居乐业，经济得到空前的发展，朱瞻基与其父亲的统治加在一起虽短短十一年，但却被史学家们称之为"功绩堪比文景"，史称"仁宣之治"。

宣德十年（1435）驾崩，终年38岁，葬景陵。庙号宣宗，谥号宪天崇道英明神圣钦文昭武宽仁纯孝章皇帝。

此《明宣宗行乐图卷》是明代宫廷绘画中表现帝王生活的作品，描绘明宣宗朱瞻基便服簪帽在御园观赏各种体育竞技表演的场面。画面上从右至左依次为：射箭、蹴鞠、打马球、捶丸、投壶及皇帝起驾回宫场景。各段之间，以宫墙或屏障隔开（图6-11）。

此卷为清宫旧藏。画面中皇帝形象与传世明宣宗朱瞻基画像接近，戴笠子盔帽，身穿浅色辫线袄式样长袍，宦官身穿青绿等色曳撒，显示出受到蒙元服饰影响。其人物和风景细部描画较为呆板，反映了明前期院体绘画的艺术成就。由于要反映特定的地点和环境，所以描绘了大量的建筑。此卷以工整细腻的写实手法按照历史原貌对明代皇宫的楼台殿阁作了既真实又概括的描绘，是研究明代宫廷历史以及皇家建筑的重要资料。

在整个图卷中，出现了三处陈设盆景（花池景观）的场景。

1. "捶丸"场景中的盆景

捶丸，即是我国古代以球杖击球入穴的一种运动项目。前身可能是唐代马球中的步打球。当时的步打球类似现代的曲棍球，有较强的对抗性。到了宋朝，步打球由原来的同场对抗性竞赛逐渐演变为依次击球的非对抗性比赛，球门改为球穴，名称也随之改称"捶丸"。

在"捶丸"球场里侧，有一巨型花池景观：花池由汉白玉精雕而成，为长方形，底部外撇；花池中摆放一湖石，石基后部栽植蔷薇类花灌木，正值盛开。对于整体环境起到了美化装饰效果（图6-12）。

2. "投壶"场景中的盆景

投壶是从先秦延续至清末的中国传统礼仪和宴饮游戏，投壶礼来源于射礼。在战国时期较为盛行，尤其是在唐朝，得到了发扬光大。游戏方法是将箭向壶里投，投中多的为胜，负者照规定的杯数喝酒。

图卷中"投壶"画面描绘明宣宗在亭前投箭戏耍时的情景。该画面中出现了两盆盆景和一花池景观：画面正前方为一松树盆景，盆钵只能看到上部口沿部分，盆松枝干虬曲多变，树体稍向左侧倾斜，配以嶙峋奇石，构成一完美盆景；亭子左前方基部有一斧劈石棕榈花池景观；此外，透过左侧宫墙上部可以看到，在殿前陈设一大型树木盆景（图6-13）。

3. "起驾"场景中的盆景

"起驾"场面描绘明宣宗坐轿回宫的情景。在画面里侧殿前，左右对称陈设两盆大型树木盆景，盆钵都是蓝色釉盆：右侧为一松柏类盆景，树种有可能是松类或者罗汉松；左侧为一三秆丛生竹类盆景。两盆盆景风吹时一静一动，一针叶一阔叶，形成统一（蓝色釉盆）中有变化的对比效果（图6-14）。

图6-12　《明宣宗行乐图卷》"捶丸"场景中的花池景观

图6-11　明代，商喜《明宣宗行乐图》（局部），绢本，设色，纵211cm、横353cm，现藏于北京故宫博物院

图6-13　《明宣宗行乐图卷》"投壶"场景中的盆景

图6-14　《明宣宗行乐图卷》"起驾"场景中的盆景

《明宪宗元宵行乐图卷》中的盆景

《明宪宗元宵行乐图卷》又名《宪宗行乐图》，为明代宫廷画师之作。1966 年出土于江苏省苏州市虎丘乡新庄。纵 36.7cm，横 690cm，署成化二十一年（1485）仲冬吉日。现藏于国家博物馆。该图卷是帝王明宪宗参与宫廷元宵佳节欢庆游乐的珍贵纪实。

朱见深（1447—1487），即明宪宗（1464—1487 年在位），后更名朱见濡。明朝第八位皇帝，明英宗朱祁镇长子，母孝肃皇后周氏。

朱见深本为太子，土木之变后其父朱祁镇被瓦剌掳去，叔父朱祁钰即帝位。到景泰三年（1452），朱祁钰将朱见深废为沂王，改立朱见济为太子。景泰八年（1457），英宗因夺门之变而复辟，朱见深再次被立为太子。

朱见深英明宽仁，在位初年恢复了朱祁钰的皇帝尊号，平反于谦的冤案，任用贤明的大臣商辂等治国理政，可以说有君王的风度。时代风气清明，朝廷多名贤俊彦，宽免赋税、减省刑罚，社会经济渐渐复苏。但是在位期间任用奸邪，不能说没有缺陷。

成化二十三年（1487）九月九日病逝，终年 41 岁。庙号宪宗，谥号继天凝道诚明仁敬崇文肃武宏德圣孝纯皇帝。葬在明十三陵的茂陵。

此画卷虽然在卷前（成化二十一年）的赞文上，题有〈新年元宵景图〉六字，明示其画名，但赞语内容并未透露任何与该画之制作时代相关的讯息。后来，此画经过现藏地国家博物馆研究员朱敏的考证，仔细比对画中人物与清内府庋藏于南熏殿的明宪宗像以及中国国家博物馆藏〈宪宗调禽图〉中的肖像特征，确认为同一人，遂定名为《明宪宗元宵行乐图卷》。

该巨幅画卷描绘了朱见深正月十五在皇宫里庆赏元宵节游玩的各种情景。画面中，从早至晚的各种节目，场面均有宪宗在场，其中演出、杂技、魔术、烟花爆竹及整山灯市等场面恢宏。画中，还有

在宫内设街市，模仿民间习俗放爆竹、闹花灯、看杂的情景。图中身着便服的朱见深坐在殿前围帐中，侍臣们立于两旁，殿上悬有彩灯，一派繁华。这是一幅写实性的行乐图，也是一幅明代民俗面的代表作（图 6-15）。

该画卷中，两个场面中出现了陈设大型花池景观的画面。

1. 烟花爆竹与灯笼商贩后侧的大型花池景观

大殿平台之上，明宪宗稍侧身向右满意地欣赏着皇子皇女们欢天喜地从远处的灯笼商贩处购买灯笼、从近处的烟花爆竹商贩处购买礼炮的场景。左侧对面的宫院中正在举办灯会展览。商贩后侧并排设置两盆大型花池景观，花池由大理石精雕细刻而来，基部外撇。两盆花池景观中，右侧由梅竹、湖石构成，湖石玲珑剔透，位于前面，梅竹在后，合栽于较小的花池中；左侧由玲珑湖石、似为造型山茶以及竹子合置于较大花池中。该两盆花池景观将大殿与宫院连为一个整体。

图6-16 《明宪宗元宵行乐图卷》（局部）中的大型竹石花池景观

图6-15 明成化二十一年（1485），佚名《明宪宗元宵行乐图卷》（局部）

2. 职贡者贡纳珊瑚盆景及其身后的大型竹石花池景观

古代称藩属或外国对于朝廷按时的贡纳为职贡。来自西域的职供者五人组，从右边数第一人手牵巨型怪兽，第四人手捧特大金币，第三人左肩扛一大型红色珊瑚，第二人用头顶一金属盆器、第五人双手托一金属盆器，两个盆器内摆放红色珊瑚与白色象牙，构成酷似山石盆景类物品。这些怪兽、金币、红色珊瑚以及山石盆景类物品都是敬献给明宪宗的贡品。看到这幅职贡者形象，不免会令人想起唐代宫廷画家阎立本所作《职贡图》，也许明代宫廷画师在作《明宪宗元宵行乐图卷》职贡组时，是在参考《职贡图》基础上完成的。

职贡组后边是乐器组。在乐器组里侧可见一长方形的竹石花池景观，湖石玲珑剔透，竹子茂盛清雅（图6-16）。

《四季赏玩图》中的盆景

《四季赏玩图》作为传世少数的15世纪明代宫廷行乐图，跋后书注明作画时间为成化二十一年季秋。现为台北私人收藏，2018年4月28日到7月29日曾在北京松美术馆展出。

此幅画卷总长将近7m，从引首题有"四季赏玩图"大字，可知其主题乃是描绘皇室贵族赏花行乐的活动，卷末还有当朝文臣歌咏现世升平的长篇题赞与之相呼应。全卷以宫苑围墙分隔为五段场景。一位头戴黑色便帽、身穿绣金龙袍、长须丰姿的皇帝，前后共5次出现在画面上，兴致勃勃地观看女童荡秋千玩耍，以及分别于春、夏、秋、冬四季观赏牡丹、荷花、菊花、梅花盛开的美景。从皇帝的形象与作画年代可以推测，该画卷主人公应为明宪宗朱见深皇帝（图6-17）。

《四季赏玩图》作为15世纪明代宫廷行乐图，除了提供美术研究的依据，对于政治、社会、历史的考察，也有其重大价值。此幅画作，不仅从人物的形象、服饰到器物、仪式与环境，都按历史原貌

作了精谨真实的描绘，为后世留下十分珍贵的视觉形象数据；从卷后题赞的内容，也让我们看到行乐图在明代时人的眼中，不仅是皇帝在政事闲暇之余，饶有雅兴从事游艺活动之纪实，同时也是当朝社会生活富足、国泰民安、歌舞升平的一种政治象征。

1. 清明节观看女童荡秋千

清明时节，气温升高，生机盎然。明宪宗兴致勃勃地观看女童们开心的荡秋千。宪宗所坐建筑左前方、右前方各有两座由湖石和花灌木构成的须弥座花池，长方形花池由大理石砌制而成。

（1）右前方"山茶奇石"须弥座花池

该花池景观是在长方形大理石砌制的花池之中，摆置玲珑剔透的太湖奇石，奇石基部散置鹅卵石，奇石之后栽植经过人工蟠扎整形后的山茶花。此时的山茶花正在开花，但花期已经接近末期（图6-18）。

（2）右后方"蔷薇竹石"须弥座花池

在长方形大理石砌制的花池之中，摆置玲珑剔透的太湖奇石，奇石后部左侧栽植蔷薇类花木（为羽状复叶），正在开花；奇石右后侧栽植竹子，构成蔷薇竹石须弥座花池（图6-19）。

（3）左前方"蔷薇奇石"须弥座花池

在长方形大理石砌制的须弥座花池中，摆置横向纹理的奇石，奇石动势趋向左前方，奇石后部栽植大小不同的三株蔷薇类花木（为羽状复叶、有皮刺），蔷薇类花木正在盛开（图6-20）。

（4）左后方"杜鹃竹石"须弥座花池

在长方形大理石砌制的花池之中，摆置玲珑剔透的太湖奇石，奇石后部栽植杜鹃和竹子，构成杜鹃竹石须弥座花池景观（图6-21）。

2. 春季观赏牡丹须弥座花池景观

牡丹盛开，宪宗端坐亭子当中尽情欣赏：庭园中有的宫女在剪牡丹花枝，有的宫女带领着年幼的皇子欣赏牡丹，一位侍从把一插瓶红牡丹跪献给宪宗。亭子左右两侧以及左右前方各有一牡丹须弥座花池，花池都由大理石砌制而成，上部外伸，中（腰）部收束，基部外撇。四个须弥座

271

图6-17 《四季赏玩图》全卷

花池中混植各色牡丹，姹紫嫣红，五彩缤纷，构成了对称式的牡丹须弥座花池（图6-22）。

3.秋季观赏菊圃和盆菊

条状种植的菊花构成一个接近围合的长方形菊圃空间，正面敞开作为菊圃入口，正对处于菊圃中央亭子的台阶。宪宗端坐亭子中央，正在观赏盛开的菊圃美景。左右两侧各有两位宫女侍立，宪宗左后方几案之上摆放一瓶插菊花，右前方台阶下女童正捧着一瓶插菊花走来。菊圃入口处并排放置三盆菊花盆栽，中间白色釉盆，植株较大，两侧蓝色釉盆，植株较小（图6-23）。

在宫墙与菊圃之间左右两侧空间中，有数座花木湖石组合景观令人注目。右侧三组组合中，中间一组的桂花湖石体量最大，前侧为棕榈湖石，里侧为芭蕉湖石。右侧宫门前也有一大型桂花湖石组合。左右两侧的桂花盛开金黄色花，应该是金桂品种（图6-24、图6-25）。金秋时节，这里菊花炫彩夺目，桂花吐金飘香，令人陶醉。

宫墙、菊圃、菊圃中央的亭子以及其后对称栽植的6棵梧桐，都是规则式景观，而左右两侧的偏向自然的花木湖石组合，不仅从菊圃整体气氛上起到调和作用，而且在景观立面构成上也起到了变化的作用。

4.冬季观赏梅花、山茶须弥座花池

瑞雪后的寒冬腊月，庭园树木上的残雪尚存枝头，宪宗身穿棉衣坐在开敞的厅堂中欣赏庭园中正前方的梅花湖石须弥座花池，以及门口左右两侧对称设置的两盆茶花竹石须弥座花池。

作为厅堂入口的对景，须弥座花池由条形大理石砌制成长方形，高出地面，太湖石嶙峋剔透，形状奇特，梅花疏影横斜，冷香浮动。一侍童踩在条形桌之上剪取花枝，一宫女手捧花瓶等待梅花花枝插瓶（图6-26）。两处对称设置的茶花竹石须弥座花池为长方形，盆由大理石精雕而成，基部外撇。其上嶙峋奇石，配以茶会竹子，石基处栽植麦冬等草本植物。竹子翠绿，茶花怒放，冰雪中红色花朵愈显鲜艳夺目（图6-27、图6-28）。

图6-18 《四季赏玩图》中右前方"山茶奇石"须弥座花池

图6-19 《四季赏玩图》中右后方"蔷薇竹石"须弥座花池

图6-20 《四季赏玩图》中左前方"蔷薇奇石"须弥座花池　　图6-21 《四季赏玩图》中左后方"杜鹃竹石"须弥座花池

图6-22 《四季赏玩图》中春季观赏牡丹须弥座花池

图6-23 《四季赏玩图》中秋季观赏菊圃和盆菊（局部放大）

273

图6-24　《四季赏玩图》中大型桂花湖石组合　　　　　图6-25　《四季赏玩图》中大型桂花湖石组合

图6-26　《四季赏玩图》中梅花须弥座花池　　图6-27　《四季赏玩图》中茶花竹石花池　　图6-28　《四季赏玩图》中茶花竹石花池

《御花园赏玩图》中的盆景陈设

　　《御花园赏玩图》，纵 36.7cm，横 690cm，设色绢本绘就，《三秋阁书画录》著录，明宫廷画家绘，卷前另幅洒金笺篆书"御花园赏玩图"。

　　《御花园赏玩图》采用了古代宫廷常用的连环长卷的形式，依次描写了成化帝朱见深在御花园中品茶、豢猫、观鱼、斗蟋蟀、抚琴、斗鹌鹑、弈棋、调禽八段游乐场景。图卷中人物、建筑、植物、花卉、山石等无一不精心描绘，展现了富丽堂皇的皇家气象，而场景间都有花卉树石等园景无缝过渡，加强了画面的连续性。朱见深出现在御花园的八个时空中，其中"品茶"应在新茶刚出的初春时节；"观鱼"场景中池塘水草渐丰，牡丹姚黄魏紫均已盛开，应该是春夏之交；"抚琴"场景中，芭蕉青翠欲滴，应是夏季；而"斗鹌鹑"如卷后题赞所言"风光宜趁值初秋"。从卷首宫门步入，观赏完整座御花园，亦经历了园中季节更迭。

　　明宪宗游乐的 8 个场景中，每个都有盆景布置或者花池景观陈设，说明盆景和花池景观在明代中期已经成为皇家园林中不可缺少的景观要素（图6-29）。

1. "品茶"段的花池景观

　　穿过红漆大门与黄色琉璃瓦，朱红色的围墙环抱于宫殿之外，白色台基铺路，园内对植两丛高大松树；松前设置奇石花池景观，花池由汉白玉精雕而成，基部外撇，奇石玲珑剔透，进入大门后右侧为棕榈奇石，左侧为芭蕉奇石（图 6-30）。

　　主殿高高在上，堂前卷帘下绘宪宗，头戴黑色毡笠便帽，身着黄色绣金袍裙，脚着白色复底靴，坐于胡床之上，一手扶膝，一手呈托盘状，上身微微前探，似为这扑鼻而来的茶香所陶醉。右立侍臣二人，台阶下二人献茶立于堂下，四侍臣立于石台右侧。侍臣腰间都系有管事牌穗或为御茶房侍臣，执其皇帝饮茶事宜。

2. "豢猫"段的须弥座花池景观

　　穿过前面殿堂的后门，正对是一长方形花木山石须弥座花池，长方形花池用汉白玉砌制而成，花木栽植于山石后侧。该花木山石须弥座花池相当于照壁、起到隔离视线和分隔空间的作用（图 6-31）。

图6-29 明代，佚名《御花园赏玩图》

图6-30 "品茶"段的花池景观

图6-31 "拳猫"段的须弥座花池

　　宪宗头戴毡笠，身着酱紫衣龙纹袍裙，双手拄膝，坐于四角亭中，亭脊绘鸱尾，（鸱尾：又名螭吻、鸱吻，一般被认为是龙的第九子。喜欢东张西望，经常被安排在建筑物的屋脊上，做张口吞脊状，并有一剑以固定之），梁柱檩枋绘有皇家专用的纹饰（故宫建筑上多常见），正全神倾注台阶下顽皮活泼的猫儿，喜动于眉宇之间，流露出一种对猫的喜爱之情。右边一童子侍立，脚下蒲坐席。亭下二童子立于右侧，一童子抱狸，二狸踞于地，又四狸在朱笼中，侍臣七人分立亭之东西，呈拱手状，腰间都配有管事牌穗，应为猫儿房侍臣，执其皇帝养事宜。

3."观金鱼"段的盆景

宪宗头戴黑色毡笠便帽，身着黄色绣金袍裙，昂然挺立信步于鱼塘间，一手自然垂下，一手托放于腰带前，二童子下俯于鱼塘白玉勾栏下，一侍臣执弓立于宪宗身后，四侍臣拱手立于左右，水中游鱼往来穿梭于荷叶间。庭园中央放置青花龙纹瓷凳，凳旁设置大型绿地黄彩须弥座花池，上置玲珑湖石，月季花栽植其间。花池景观后放置三盆盆景，中间一盆为绿地黄彩龙纹花盆，栽植大型分层清晰的造型松树，两侧为蓝釉圆盆，中置上水石类，山石基部与顶部栽植石菖蒲等观赏草本植物（图6-32）。

4."斗蟋蟀"段的古松奇石

古松参天，前有朱漆大屏风，屏风中部嵌画，站牙用宝瓶式，底座用卷云抱珠，周边有描金。抱珠似是扁平状，为典型的明代屏风样式。屏风左侧古松配以纵纹奇石，古松奇石相得益彰（图6-33）。

屏风前宪宗踞于席上，身着衣饰与二段同，正在聚精会神地斗蛐蛐，身体前倾，一手伏案，一手悬空，面露喜色。一童子侍于侧，侍臣一人拱立，一人献盆，又一人举盆跪于地。二童子各举一盆趋

而行东，一方案列盆十五，一侍臣拱立其前，又二侍臣立于西。

5."抚琴"段的蕉石花池

宪宗端坐于黄帐中抚琴，头戴毡笠，身着黄色绣金龙袍裙，琴桌旁放一朱红描金木几，上置铜制香炉。四侍臣左右侍立，呈拱手状。黄帐左侧古松树体高大，右侧两棵珍贵树木被红色栅栏围护，白玉勾栏环绕其外。古松前方芭蕉奇石组合，花池由汉白玉精雕而成，下部外撇。白玉勾栏外、入口左侧的竹石小景清雅可爱（图6-34）。

6."斗鹌鹑"段的须弥座花池景观

明宪宗身着黄色绣金龙袍裙，坐于朱漆描金大屏风前，桌面放描金纹漆盘，盘中二鹌鹑争斗。一侍从把二鹑立于左，或是备用的鹌鹑，一侍从执笼立于右，拱立者二人，一童子立案侧，一侍从方进二笼，立架上悬九笼，一笼弃于地，鹑方飞一童子追之。

与宫殿相对，设置一大型须弥座花池，在绿地黄彩花池之上，山石嶙峋奇特，洞漏凹缺，大型双干柏树（也有可能为某种阔叶树）一枝嵌植于山石凹缺处，穿过山石向前方探伸，一枝在山石后部，

图6-32 "观金鱼"段的盆景

图6-33 "斗蟋蟀"段的古松奇石

图6-34 "抚琴"段的蕉石花池

图6-35 "斗鹌鹑"段的须弥座花池

图6-36 "弈棋"段的芭蕉湖石、棕榈湖石花池

图6-37 "调禽"段的假山、盆景

抱石而生（图6-35）。

7."弈棋"段的芭蕉湖石、棕榈湖石花池

明宪宗身着黄色绣金龙袍裙踞于席上，面前坐于多扇屏风之下，侧踞一人，棋桌前对弈又一人踞席上，二童子拱手立于旁边，二侍者执酒食在其后，又二人拱手立于庭园中。

屏风左右两侧，各有一花池景观，花池由汉白玉精雕细刻而成，基部外撇。左侧为芭蕉奇石花池，芭蕉栽植于花池之外；右侧为棕榈奇石花池，棕榈栽植于花池之内（图6-36）。

8."调禽"段的假山、盆景

宪宗头戴毡笠，身着紫衣龙纹袍裙坐于亭下，堂后绘独扇座屏风，朱红色漆地，周边描金，屏芯嵌"苍松云山"图样，两侧座墩呈须弥座式，左右悬黄、白色鹦鹉于鎏金站架上，各一、二童子侍于侧，一侍位跪献赤鹦鹉，二侍者左右持朱红鸟笼，立于堂下。

亭子左右侧各植古松，左侧两株，右侧三株。右侧最前者为一株奇松，状若龙爪，奇枝倒挂，屈节以恭。松前石桌上摆放盆景六盆，前后两排各三盆，前排小，后排大。后排中间者为长方紫砂，内植造型松，左右两侧为蓝釉圆盆，内放山石，上植观赏草类；前排中间为三盆全为中间为仿哥窑花盆，两侧为红釉圆盆，内栽奇石珍草（图6-37）。

奇松右侧为一大型假山，山峦起伏，洞穴相通，奇树遍布，瀑布飞流，与亭子、古松、石桌盆景构成一个整体。

其他绘画作品中描绘的宫廷中盆景陈设

1.《春庭行乐图》中的盆景陈设

《春庭行乐图》作者不详，但据推断应该是宫廷画师的手笔，因为画面工质细腻，设色富丽，具有典型的"院画"风格。并且此画描绘的是宫廷嫔妃们的生活。有人说，这幅画在笔法上与"明四家"之一的仇英非常相似，作画者非常有可能见过仇英的作品，并且有意模仿其精细、至美的人物画风格。

《春庭行乐图》中绘有嫔妃、宫女近十人，她们或逗弄鹦鹉，或凭栏观鱼，或倚桌观鹤；神情或适度安闲，或略带惆怅。画面以略微俯瞰角度去描绘，以中国画特有散点透视，描绘出森森宫门中，嫔妃们日常轻松闲淡而又百无聊赖的生活。除了宫女、嫔妃外，还绘制了楼阁、假山、树木和禽兽，较真实地再现了明代后宫庭园中的景色，这个庭园展现了明代园林艺术的成就。可以看到，画中有两处楼台，从楼台里可以观赏到庭园里的玉兰、桃花、柳树等树木，仙鹤、梅花鹿等禽兽，还有假山和池塘。皇帝生活在这样优美环境中，确是一种享受。

画面左前方有一大理石莲花宝座，上置大理石盆，其中栽植一根盘抓地悬露、树干蟠曲附洞、枝叶结构合理、层次分明，左侧陪衬层状纹理奇石。松树、山石、石盆配合适宜，稳重中富有变化，具有明代松树盆景的特征（图6-38）。松树盆景右侧，绘有两羽仙鹤，喻示"松鹤延年"之意。

2.《宫蚕图卷》中的盆景陈设

蚕桑，即养蚕与种桑。是古代农业的重要支柱。相传是嫘祖（黄帝正妻）发明。蚕桑文化是汉文化的主体文化，与稻田文化一起标志着东亚农耕文明的成熟。而就汉文化的主体文化丝绸文化、瓷器文化则标志着中原文明进入鼎盛阶段。

历代皇帝为了标榜自己体贴民情、关心农桑，

图6-38　明代，佚名《春庭行乐图》（局部）

图6-39　明代，佚名《宫蚕图卷》（局部），现藏北京故宫博物院　　图6-40　明代，佚名《宫廷女乐图》，纵171cm、横105cm，现藏奥地利维也纳艺术史博物馆

常常在皇宫中种桑养蚕。佚名《宫蚕图卷》描绘明代宫女养蚕劳动的情景。画面中上部，陈设两盆盆景：方形花池中，放置一上部大下部小的山石；方形花池后方大理石莲花盆之中，栽植一干枝虬曲变化的柏树盆景（图6-39）。

3.《宫廷女乐图》中的盆景陈设

《宫廷女乐图》绘于16世纪中期，现藏奥地利维也纳艺术史博物馆。图绘一身着宋代服装的文士被数名手持乐器的仕女拥护，周边有四盆大型珊瑚山石盆景：前方两盆夹路对置，大理石须弥座花池之中，剔透湖石与珊瑚合置；后方两盆夹屏风对置，大理石圆形花盆中，湖石与珊瑚合置。蓝灰色山石与鲜红色珊瑚色彩、形状对比强烈，构成庭园特殊空间氛围（图6-40）[11]。

文士雅集中的盆景陈设

中国文士阶层有"以文会友"的传统，"或十日一会，或月一寻盟"的雅集现象是中国文化艺术史上独特景观，诸如兰亭雅集、西园雅集、玉山雅集等，更是引为历代文坛佳话，诗文书画歌颂不绝。传统的文人雅集，其主要形式是游山玩水、诗酒唱和、书画遣兴与文艺品鉴，因而带有很强的游艺功能与娱乐性质，以文会友、切磋文艺、娱乐性灵为基本目的，文人雅集最重要的特征是随意性。而正是这种随意性与艺术的本性相契合，使得在历代文人雅集中产生了大量名垂千古的文艺佳作。可以说文人雅集作为古代文士的一种文化情节与艺术状态。

盆景奇石，作为一种自然与人文结合的高雅艺术品，一直备受文人雅士的喜爱与咏颂，并常常被陈设在文人雅集的场所之中。

明人《十八学士图》中的盆景陈设

据《旧唐书·褚亮传》记载，唐武德四年（621），李世民于宫城开文学馆，罗致四方文士，有大行台司勋郎中杜如海、房玄龄、于志宁、苏世长、薛收、褚亮、孔颖达、姚思宁、陆德明、李道玄、李守素、虞世南、蔡允恭、颜相时、许敬宗、薛元敬、盖文达、苏勖为十八学士，后薛收死，补充刘孝孙。亲命阎立本图其状貌，题其名字、爵里，乃命褚亮为之像赞，号《十八学士真图》。藏之内府，以彰礼贤之重地。

宋代刘道醇《唐朝名画录》神品云："立本，图秦府十八学士、凌烟阁二十四功臣等，实亦辉映今古。"当时天下士夫，无不以入选为无上光荣，名之曰："十八学士登瀛洲"。瀛洲，即神仙所居之地。一登龙门，身价百倍，无怪乎当时的士人钦慕不已了。

明人《十八学士图》，现藏台北故宫博物院，即为唐太宗时期十八学士故事类题材的衍变图式。此组明人《十八学士图》四幅连作，画中文人燕居寄兴于琴棋书画，展现出文士"四艺合一"的艺术修养与高雅志趣。画家为雅集盛事，铺陈苑囿景致。挺拔高大的松、柳、梧、槐掩映，汉白石、斑竹栏杆曲护；文士悠闲从事着燃香、棋奕、展书、观画等赏玩活动。庭园内湖石盆景纵横错陈，几榻、桌案、墩椅、画屏、雕漆、瓷铜、文房等日常用物摆设，皆以工整写实技法绘出。

对于该《十八学士图》作画年代，我国多位盆景研究者错误地把它当作宋代绘画作品[12-13]，但笔者持反对意见，认为作画于明代中期偏后。理由如下：首先，据日本东京国立博物馆技官海老根聪郎鉴定认为，此《十八学士图》四轴所用画布为明代浙派画家专用画布，并且从作画手法可以断定由明代山水画职业画家所作，大约完成于明代中期稍前（1450—1500）[14]。其次，笔者根据研究判定：①《十八学士图》中所描绘的松树盆景以及其他盆栽所用盆钵全为典型的明代盆器特征，宋代尚未出现该类盆器。②从我国盆景的整体发展历程来看，宋代盆景的整体水平尚未达到《十八学士图》中所描绘的程度。所以，笔者的观点与海老技官一致，即《十八学士图》四轴出自明人之手。此外，该观点已经得到台北故宫博物院林莉娜研究员的认可，并在她的著作《文人雅事·明人十八学士图》中采用该观点[15]。

《十八学士图》四幅连作，分别是琴、棋、书、画四轴。

1.《十八学士图》〈琴〉轴中的盆景

第一轴〈琴〉，画面中部，苍松挺立，大型玲珑剔透湖石放置在须弥座花池，红、白、粉、紫各色牡丹栽植于石隙中。湖石后侧摆置剔犀漆盒、品茗瓷碗及珊瑚树插瓶。四学士围坐于"四面平"黑漆桌案三侧，一学士站立于湖石左侧，预备听琴会友。一童仆抱琴于前，一童仆执羽扇立于右侧，二童仆或捧盒或煮水泡茶于湖石右后侧。案头列炉焚香，青烟袅袅而上，呈翘足鹤型，与背景长松搭配，具有"松龄鹤寿"画意。后方借由器具铺陈摆设，彰显出文人雅士闲居生活的高雅格调。

画面前面，左侧摆放一棕榈盆栽，环状纹样蓝釉圆盆；一苍老松树盆景，蓝釉长方盆。右侧为一卧置湖石，芍药或穿洞或倚石而生；中间为两羽孔雀（图6-41）。

2.《十八学士图》〈棋〉轴中的盆景

第二轴〈棋〉，柳树倚石笋石而立，柳枝迎风摇曳，蕉绿榴丹，辟荔攀石环绕而上。四学士围坐于"剔犀"漆榻及瓷墩上，二对弈，二旁观，表情凝神专注。学士后侧三名侍童分执如意、团扇随侍在侧；两名童仆手捧白瓷执壶、茶瓯、黑漆托子，正欲注茶入碗。画面前方，右侧摆放八扇折屏，陈设室外可挡风凭依。屏心绘有仿米家山水，云漫山腰，丛树朦胧，茅舍隐现。屏后汉白玉石栏杆。

前方带基座石桌满置多样茶酒器皿，盆内盛有冰镇桃果。左侧山石后侧栽种棕榈，山石右侧栽种萱草；左侧摆放菖蒲、含羞草以及山石盆景，山石盆景盆器造型奇特（图6-42）。

图6-41　明人，《十八学士图》〈琴〉，纵173.7cm、横102.9cm，现藏台北故宫博物院

图6-42　明人，《十八学士图》〈棋〉，纵173.6cm、横103.1cm，现藏台北故宫博物院

图6-43 明人，《十八学士图》〈书〉，纵173.7、横103.5cm，现藏台北故宫博物院

图6-44 明人，《十八学士图》〈画〉，纵174.1、横103.1cm，现藏台北故宫博物院

3.《十八学士图》〈书〉轴中的盆景

第三轴〈书〉，庭园内梧桐高耸笔直，斑竹栏杆曲绕。文士博学好古，以文会友，一人半跏趺坐于榻上，执笔构思，一人手执书卷，俯首旁观。余者分坐于曲搭脑灯挂椅、湘妃竹椅及瓷墩上，展书阅读。另有童仆手捧书函、卷册，侍立于左右。画面中央摆设"插屏式"山水画屏。

前景摆放石案，纹理仿如斑竹，上置松树盆景，旁列两盆小型盆养石菖蒲。选用仿古铜器造型之钧窑花盆，绿、蓝釉颜色典雅古朴，更增添庭中雅趣（图6-43）。

4.《十八学士图》〈画〉轴中的盆景

第四轴〈画〉，青槐树荫下，翠竹与文石同植于须弥座花池。花园后侧为汉白玉栏杆。文士右手执麈尾，左腕搁于腿上，桌前摆置卷帙，两目凝神观画，口中若有所言。其他一盥手回眸，一袒衣立于后，另一背对观者手持团扇。童仆五名奉画轴及盥具，一拿叉竿悬挑画障。

右前方卧置湖石，旁植竹子等小型地被植物，右侧放置一叶形偏小的杂木类盆景（图6-44）。

《十八学士图》四轴中总共有盆景类：两座须弥座花池景观、两盆松树盆景、一盆杂木类盆景、一个山石盆景、一盆棕榈盆栽、三盆养石菖蒲以及一盆含羞草。松树盆景盖偃枝盘，盘干虬枝，针叶如簇，悬根出土，老本生鳞，俨然百年之物。其制作技艺已经接近现在的水平。

图6-45 明代，杜堇《十八学士图》，现藏上海博物馆

杜堇《十八学士图》中的盆景陈设

1. 杜堇简介

杜堇，明代画家，生活在15～16世纪初，原姓陆，字惧男、号柽居、古狂、青霞亭长，江苏丹徒（今江苏镇江）人，占籍燕京（今北京市）。宪宗成化（1465—1487）中试进士不第，绝意进取。工诗文，通六书，善绘事，界画楼台，最严整有法。擅长人物白描与花草鸟兽，又能作飞白体。从艺活动约在成化、弘治间。

传世作品有《竹林七贤图》卷，现藏辽宁省博物馆；《梅下横琴图》轴，藏上海博物馆；《绿蕉当暑图》，藏扬州市博物馆；《林堂秋色图》轴，藏广州美术馆；《祭月图》轴，藏中国美术馆；《古贤诗意图》卷于弘治十三年（1500）由金琮（1449—1501）书古人诗十二首，后又由杜堇补图，现存九段，该图笔法峭劲，潇洒流利，用墨比宋人简淡。《东坡题竹图》轴，人物形象细腻传神，自题七绝一首等，上述画均藏故宫博物院。

2.《十八学士图》中陈设的盆景

杜堇也作《十八学士图》分为琴、棋、书、画四屏。"琴"屏描绘一位文士抚琴、四位文士专心听琴的场景（图6-45），"棋"屏描绘两位文士在对弈、两位文士在旁边观看的场景，"书"屏描绘一位文士在书写、两位文士在观看、一位文士在给书童交代事务的场景，"画"屏描绘四位文士正在欣赏一幅奇石树木绘画作品的场景。

〈琴〉屏画面中屏风后方左侧，一大型汉白玉须弥座花池之上，一玲珑剔透太湖石立置其中，石后栽植一株正在开花灌木和数丛竹子。灌木干枝虬曲变化，优美自然，高度几乎相当于山石高度两倍；竹子丛生于山石后方基部。须弥座花池、太湖石、

图6-46 明代，杜堇《十八学士图》〈琴〉，现藏上海博物馆

开花灌木与数丛竹子构成一接近完美的花池景观景观。画面前方地面上摆置一方盆双干松树盆景，清秀挺拔，苍老自然；其左侧小型石几之上摆放一圆盆石菖蒲奇石盆景（图6-46）。

〈画〉屏画面前方右侧，莲花石座花盆袅袅婷婷，其内置一"透""漏""瘦""皱"俱佳的太湖石，山石后方基部栽植一垂直梅花，花朵盛开，暗香浮动。该湖石梅花盆景不仅增添了书斋雅致氛围，而且给文士带来了春天的气息。

谢环《杏园雅集图》中的盆景陈设

1.画家谢环简介

谢环，生卒年不详，字廷循（一作庭循），永嘉（今浙江温州）人。擅画山水，师张菽起，并宗荆浩、关仝、米芾，到洪武时已有盛名。

永乐年间（1403—1424）中征入画院，宣德初，宣宗朱瞻基授以锦衣卫千户，与戴进、李在、石锐、周文靖齐名。家中罗列唐宋以来法书名画，杨士奇题其轩为"墨禅"，每见其画，必加评赏。

2.《杏园雅集图》现存版本与描绘内容

《杏园雅集图》现存两个版本，构图大同小异，藏于镇江市博物馆的称"镇江本"，纵 37cm、横 401cm；藏于纽约大都会艺术博物馆，原为美国翁万戈先生收藏，纵 36.6cm、横 204.6cm，称"大都会本"。

此图卷描绘明正统二年（1437）三月初一，时值阁臣们沐休假期，杨士奇、杨荣、王直、杨溥、王英、钱习礼、周述、李时勉、陈循 9 位朝中大臣以及画家谢环雅集于杨荣京师城东府邸——杏园聚会之情景。其中，杨士奇、杨荣、杨溥时人合称"三杨"，三人均历事永乐、洪熙、宣德、正统四朝，先后位至台阁重臣，正统时以大学士辅政，权倾一时。"三杨"还是当时"台阁体"诗文的代表人物。时人称杨士奇有学行，杨荣有才识，杨溥有雅操。又以居第所处，称杨士奇为西杨，杨荣为东杨，杨溥为南杨。按照当时《翰林记》的记载，当时谢环作画，

与会者人手一画，也就是说至少有九幅（画家不算）《杏园雅集图》存世（现存世二幅）。

同时还描绘了杏园环境风貌、临时设置的家具、游乐具、炊饮具等。画家充分运用了传统的散点透视、现实主义的创作手法，再现了一幅封建社会高级官僚和文人宴乐的历史画面。作品画法工细，用笔稍加放纵而有所变化，色彩鲜艳，不愧为谢环之杰作。

图卷后保留着当时雅集者手迹：杨士奇的《杏园雅集序》，杨士奇、杨荣、杨溥、王英、王直、周述、李时勉、钱习礼、陈循题诗各一首，杨荣的《杏园雅集序》保存完整。最后为翁方纲的考跋。

3.《杏园雅集图》中陈设的盆景

嶙峋湖石之前，三文士边茗茶边雅谈，四书童周边侍候。湖石之后，刚竹丛生，最后侧杏树干枝虬曲，枝头繁花似锦。湖石左后方与杏树之间，有一切面自然形石几，上置六盆盆景：奇石盆景两盆，前者细高山石峭立，后者奇石平置，峭立者之后似有小型梅花栽植；另有四盆菖蒲盆景，散置山石盆景前后。

在另一湖石之前，三文士端坐雅谈，左侧书案之上笔墨伺候，等待文士们题诗作画。书案之下，有一方盆兰草盆景，似为临时摆放。湖石之后，数株杏树散植，枝头花朵怒放。文士右侧设置方形石桌，上置两盆盆景：一长方形花盆，内植小松；一海棠圆盆，栽植菖蒲类。石桌后方为一高脚方形木几，上置珊瑚插瓶（图 6-47）。

图6-47 明代，谢环《杏园雅集图》（局部），现藏镇江市博物馆

图6-48 明代，谢环《香山九老图》

谢环《香山九老图》中的山石盆景

1. "香山九老"与《香山九老图》的来历

所谓"九老"指"香山九老"。唐朝诗人白居易曾在故居香山（今河南洛阳龙门山之东），与胡杲、吉旼、刘贞、郑据、卢贞、张浑、李元爽、禅僧如满八位耆老集结"九老会"。这些志趣相投的九位老人，退身隐居，远离世俗，忘情山水，耽于清淡。香山九老的形成记录了一种悠闲自得的生活方式，更是古代文人雅士隐逸思想的深刻体现。

当时白居易为了纪念这样的集会，曾请画师将九老及当时的活动描绘下来，这就是《香山九老图》的由来。根据白居易《香山九老会诗序》的内容可知，对九老雅集的描绘早已有之，到了南宋时期，此题材在画院中也非常兴盛；而明代的宫廷画家在承袭南宋画院风格时，对此种具有历史典故的题材又较好地继承下来。

2. 谢环《香山九老图》中的山石盆景

《香山九老图》表现文人聚会的长卷，在构图上谢环选择了从围墙上方往墙内俯视的角度来描。画中一条蜿蜒的碎石小径贯穿整个画面，形成一条横轴线，人物及景物均围绕着石径展，画面从左边开始：一身着便服的文人携一童仆正缓缓地向画面中心的厅堂走来，他似乎并不急于赴会，而是悠闲地欣赏着园内的景致。沿着他走的路径向右看，在石径一侧，有两人站在梅树前，一人一边指着着梅树一边好像对旁边的人说着什么，看那人恭敬的样子，也许正在聆听长者论道吧（图6-48）。

再往后，便是画的中心，这是画面内容的主体：只见一宽大的厅堂里，几案分明，案上山石盆景、花瓶摆放有序（图6-49）；厅中有一桌，三个

图6-49 明代，谢环《香山九老图》（局部）

文人正围着桌子看一位长者写着什么，或是画着什么。四个人物的神态各不相同，均刻画精微：长者面露喜悦，挥毫泼墨；三位围观者，有的若有所思，有的凝神静观。堂前石径上，有一仆人正端着盘子向右行，把观者的视线引向画面的结尾部分，有两位文人正在苍松翠柏下吟诗赏画，旁边的几位童仆，有的在煮茶温酒，备办佳肴；有的在侍候笔墨，抱琴侍立。

整个场面以石径为主线，中间穿插以厅堂楼榭、假山叠石、古松、梅树、瑞鹤等景物，把画面的几个部分联成一个有机的整体。整体上看，瑞松摇曳，梅花绽放，祥鹤唳鸣，环境清幽淡远，实为人间的"桃源仙境"。

吕纪、吕文英《竹园寿集》图卷中的盆景

1.吕纪、吕文英简介

吕纪（生卒年不详），字廷振，号乐愚。鄞（今浙江宁波）人。擅花鸟、人物、山水，以花鸟著称于世，以画被召入宫。明弘治年间，入值仁智殿，官至锦衣指挥使，是明代与边景昭、林良齐名的院体花鸟画代表画家。吕纪初学唐宋各家与同时代的边景昭，后形成自己风格。其花鸟设色鲜艳，生气奕奕，被称为明代花鸟画第一家。所作有工笔重彩和水墨写意两种画法，前者描绘精工，色彩富丽，法度谨严；后者粗笔挥洒，随意点染，简练奔放，富有气势和动感。其绘画风格可分为两大类，一类是以水墨为主略淡彩，用笔较为豪纵；另一类则是设色浓丽，用和工致，具有富丽的宫廷装饰趣味。代表作品有《新春双雉图》《桂花山禽图》《残荷鹰鹭图》《秋鹭芙蓉图》《狮头鹅图》等。

吕文英（1421—1505），字阆苍。括苍（今浙江丽水）保定村人。著名画家，尤擅人物，兼画山水。弘治元年（1488），文英以锦衣卫指挥同知在武英、仁智殿供职，受明孝宗恩宠。人呼文英为"小吕"，吕纪为"大吕"。

2.《竹园寿集》图卷描绘内容

该图卷仿照谢环《杏园雅集图》体例作成，画面中以三位寿老为主像，周围宾客、仆童相伴。画中诸人（童仆除外）均标注姓名，有的在庭院中观赏仙鹤起舞，有的在竹林间提笔弄墨，有的在石桌上作诗撰文。宾主皆穿官袍，按明制官阶一品至四品为绯袍，五品至七品为青袍，八品、九品为绿袍。卷尾正在观赏画轴的二人就是画家吕纪和吕文英，分别身着绿色和青色官袍。

吕纪以花鸟画著称，此图中背景树石花鸟工整精细，与吕纪风格接近；吕文英擅长人物，存世作品罕见。此图人物线条沉着，面部用勾勒平涂法，形貌写实，特征鲜明，从立意、布局、人物形态到笔墨都与吕文英的画风颇为相近。因此，《竹园寿集》堪称二吕合作佳构。

3.《竹园寿集》图卷中的盆景

图之始是湖石上并坐二人，左为吕公、右为许公，旁有一童子拍手引导白鹤起舞以娱乐助兴。周公坐稍远，叫其二子负责供应器具，长子太学生孟捧杯前行，次子刑部主事曾方恭立听命。

并坐的吕公、许公右侧湖石之后的花池之上，摆置一对"官钧"式样的带托青釉渣斗花盆，盆中菖蒲植于拳石之上，即明代典型的蒲石盆。蒲石盆左侧，放置两盆兰草盆栽。图面稍后方建筑台基前地面上，放置一圆盆松树盆景，松树形态具有明代盆松特征。盆松右侧为一大理石花池，内置玲珑剔透湖石，湖石后栽植一株紫薇，紫薇正值开花（图6-50）。

图6-50 明代，吕纪、吕文英，竹园寿集（局部）中的盆景

唐寅《韩熙载夜宴图》中的盆景陈设

1.唐寅简介

唐寅（1470—1524），苏州府吴县（祖籍前凉凉州晋昌郡）人。字伯虎，更字子畏，号桃花庵主，鲁国唐生，逃禅仙史，有六如居士等别号。"明四大画家"之一，被誉为明中叶江南第一才子。博学多能，吟诗作曲，能书善画，经历坎坷。为我国绘画史上杰出大画家。

唐寅出身于商人家庭，地位比较低下，在当世"显亲扬名"主导下，刻苦学习，11岁就文才极好，并写得一手好字。16岁中秀才，29岁参加南京应天乡试，获中第一名"解元"。次年赴京汇考，"功名富贵"指日可待。与他同路赶考的江阴大地主徐经，暗中贿赂主考官家童，事先得到试题。事情败露，唐寅也受牵连下狱，遭受刑拷凌柔。自此才高自负的唐寅对官场的"逆道"产生强烈反感。性格、行为流于放荡不羁。唐寅与同乡"狂生"张灵交友，纵酒不视诸生业，后在好友祝允明规劝下，发奋读书，决心以诗文书画终其一生。

绘画宗法李唐、刘松年，融会南北画派，笔墨细秀，布局疏朗，风格秀逸清俊。人物画师承唐代传统，色彩艳丽清雅，体态优美，造型准确；亦工写意人物，笔简意赅，饶有意趣。其花鸟画长于水墨写意，洒脱秀逸。书法奇峭俊秀，取法赵孟頫。

代表作品有《玉蜀宫妃图》《李端端图》《临水芙蓉图》《秋风纨扇图》《百美图》《牡丹仕女图》以及《吹箫仕女图》等。

2.唐寅《韩熙载夜宴图》简介

《韩熙载夜宴图》是五代十国时南唐画家顾闳中的作品，现存宋摹本，绢本设色，宽28.7cm，长335.5cm，藏于北京故宫博物院。

此图自五代后摹本甚多。该《韩熙载夜宴图》摹本现藏重庆市博物馆，描绘官员韩熙载家设夜宴载歌行乐的场面。此画绘写一次完整的韩府夜宴过程，即琵琶演奏、观舞、宴间休息、清吹、欢送宾客五段场景。整幅作品线条遒劲流畅，工整精细，构图富有想象力。

作品造型准确精微，线条工细流畅，色彩绚丽清雅。不同物象的笔墨运用又富有变化，尤其敷色

图6-51　明代，唐寅《韩熙载夜宴图》（局部），奇石盆景

图6-52 明代,唐寅《韩熙载夜宴图》(局部),树木盆景

更见丰富、和谐,仕女的素妆艳服与男宾的青黑色衣衫形成鲜明对照。几案坐榻等深黑色家具沉厚古雅,仕女裙衫、帘幕、帐幔、枕席上的图案又绚烂多采。不同色彩对比参差,交相辉映,使整体色调艳而不俗,绚中出素,呈现出高雅、素馨的格调。

唐寅临摹此图,在背景上做了较大改动,人物形象更显得浓艳华丽,具有明画风格。此图用笔凝重,设色艳丽,规矩之中,毫厘不失。作者唐寅借韩熙载这个人物来抒发心中失意之感。

3.《韩熙载夜宴图》中描绘的盆景

在琵琶演奏场景中的屏风之后,有一长方形水盆、一圆盆。长方形盆中放满水,水中数尾金鱼游动。圆盆中放置一奇石,玲珑剔透,变化丰富,有可能为一灵璧石(图6-51)。

在观舞与宴间休息的场景之间,摆设高脚莲花几座,其上为海棠形椭圆盆,栽植一虬曲变化、婀娜多姿的花灌木,枝头红花怒放,大为场景添景增色(图6-52)。

王式《西园雅集图》中的盆景陈设

　　王式，字无倪，长洲（今江苏苏州）人，生活于明末清初时期。《西园雅集图》绘于清顺治十五年（1658）秋，为纸本、设色、长卷。

　　西园即宋英宗驸马王诜在京城汴梁（今开封）的后花园。元祐时期，苏东坡与好友王诜曾邀约京中十六位文人高士在西园雅集。这是继西晋王羲之"兰亭雅集"之后中国文学史上又一次盛会。原作为李公麟绘，米芾作记。

　　历代文人画多有类似作品问世。此处《西园雅集图》为三苏祠馆藏珍品，图后为清人德成补书《西园雅集图记》。

　　《西园雅集图》中三处出现了陈设盆景的情景。第一幅画面前方，一文士侧卧花灌木丛中的湖石之上，正在欣赏庭廊基台之上的盆景：三盆并排摆置于几案之上，一盆置于几案前方圆形瓷凳之上。三盆盆景中，中间为白色方形瓷盆，内置小型奇石，石后栽植一株似为松树的斜干树木；左侧为淡绿色六角瓷盆，右侧为白色海棠瓷盆，两盆似乎都为菖

图6-53 明代，王式《西园雅集图》（局部），现存三苏祠博物馆

图6-54 明代，王式《西园雅集图》（局部），现存三苏祠博物馆

图6-55 明代，王式《西园雅集图》（局部），现存三苏祠博物馆

蒲奇石盆景。置于几案之上的盆景为圆形瓷盆，内置奇石，栽植观赏草卉(图6-53)。这些盆景与右侧、右后侧的书籍、古玩谐调一致，相得益彰，增加了庭园环境中的文化气息与雅致氛围。

第二幅位于第一幅左侧，屏风之前，一学士正在执笔作诗，三学士正在饶有兴致地观看。湖石前方的几案之上，摆放一长方形盆，内置兰花，增加了庭园空间的趣味性（图6-54）。

第三幅画面前方，梧桐树下，一学士正在伏案作画，三学士正在周围观看。画面后方，八角木架上摆置一圆形花盆，高低错落、粗细变化、疏密有致的九株小树构成丛林景观，配置山石。还有一小型盆景摆置其后（图6-55）。该丛林盆景增加了庭园环境的层次性。

陈洪绶、华岩《西园雅集图》中的山石盆景

《西园雅集图》记载宋代苏东坡、蔡天启、李端叔、王晋卿、苏子由、秦少游、米芾、黄鲁直、刘巨济、王仲至等文人作诗、绘画、谈禅、论道的文会故事。该《西园雅集图》描绘了这个故事的部分情节。

图中文士、侍女、随从共15人，其活动内容多样，有凭石几作画者，有提笔作书者，有面壁题诗者，有坐而论道者，还有旁立欣赏、伺候者。人物姿态各异，神态悠闲，从而表现了作者对恬静、闲适生活的向往和对精神生活的追求。其间还穿插了苍松、翠竹、芭蕉、湖石等自然之景，使画面更富有园林生活之趣。图中用笔工细，人物造型略有夸张，有一定的装饰趣味。

在凭石几作画者情景中，一巨大型石几横置画面之中，石几之上摆放文房诸品，靠近文士正在作画的笔墨处，放置一玲珑剔透的奇石，有可能是太湖石或者灵璧石，奇石安置在木座之上，与其他用品和环境相得益彰（图6-56）。

图6-56 明代,陈洪绶、华岩《西园雅集图》(局部),纵41.7cm、横429cm,现藏北京故宫博物院

第五节
明代盆景专类庭园

盆景庭园是指以盆景为主要观赏对象的庭园，包括植物类盆景庭园和山石类盆景庭园。因为造型类树木的整形修剪技术与植物类盆景相似、奇石类的鉴赏法与山石类盆景的鉴赏法相似，本书中盆景庭园的范围可以拓展到以造型类树木为主体的庭园和以奇石类为主体的庭园，甚至包括花卉盆栽类庭园。

随着明代盆景进入成熟期，盆景庭园开始大量出现。

《越王宫殿图》中的盆景庭园

现藏台北故宫博物院的佚名《越王宫殿图》描绘如下景色：沃野千里，山河连绵。云气飘渺中，宫殿建筑以壮观气势，展现在手卷中段。殿阁廊亭，鳞次栉比，囿中遍植奇花异卉，松、竹、柳树，夹道列植，一片繁荣缛丽（图6-57）。

各段景色，皆标出名称，用青绿设色，取唐人古风。从绘画风格来看，应该是明代作品。

画面中作者根据想象，把由越王时宫殿建筑构成数个庭园空间，每个庭园中植物景观营造手法不尽相同，但基本上以规则式为主。在数个庭园空间中有两个盆景庭园：一个位于图面中央偏左的庭园，殿堂内陈设一大型山石盆景，庭园内沿庭廊前成排摆放盛开的牡丹盆栽；另一个位于画面最左侧，其右侧园墙前陈设三、四个（可以明显看到两个，另外的因墙体遮挡只能看到上部盛开的花朵）大型大

理石须弥座花池景观，内植盛开的牡丹，构成牡丹花池胜景；与牡丹花池相对，近十盆种植在乳蓝色花盆中的花木构成弧形空间，从盆中花木来看，树种应为梅花，树形多为龙游梅，但是梅花开花时期应该早于牡丹2个月前后，此处梅花与牡丹在相同时期盛开，很有可能作者根据想象而作（图6-58）。所以，我们基本上可以推断，这两个盆景庭园，一个是牡丹盆栽庭园，而另一个则是牡丹花池与龙游梅盆景庭园。

图6-58　明代，佚名《越王宫殿图》（局部）

图6-57　明代，佚名《越王宫殿图》（局部），纵50.1cm、横808cm，现藏台北故宫博物院

张铁《愿丰堂会仙山图》中的"会仙山"奇石庭园

1.《愿丰堂会仙山图》概况

台北故宫博物院所藏《愿丰堂会仙山图》为张铁摹写陆深所打造的奇石庭园而成（图6-59）。

奇石庭园打造者陆深（1477—1544），明代文学家、书法家。初名荣，字子渊，号俨山（此号取之于所居后乐园"土岗数里，宛转有情，俨然如山"之景），南直隶松江府（今上海）人。弘治十八年进士，授编修之职，遭刘瑾妒忌，改南京主事；后刘瑾遭诛，官复原职，累官四川左布政使；嘉靖中，官至詹事府詹事。卒后赠礼部右侍郎，谥文裕。陆深书法遒劲有法，如铁画银钩。嘉靖十九年（1540），辞官回故里浦江东岸，在其旧居"后乐园"修建"后乐堂""澄怀阁""小沧浪""俨山精舍"等景点。今"花园石桥"一带即其遗址。著述宏富，为明代上海人中绝无仅有。

摹写者张铁，号碧溪，活动于15世纪后半叶至十六世纪前半叶。生平未详。根据陆深〈碧溪诗集序〉（《俨山集》卷一一零），张铁年少时参加科举未果之后，不再汲汲于仕进，改专攻古诗文，文章诗词与阅历丰富，论及天下事更是情绪高昂，神采奕奕。

与一般私人造园以休憩亭台配合各种花木、山石、水景与人文典故形塑而成的景观不同，陆深愿丰堂会仙山仅用奇山建造，并以道教修真成仙的人物命名，如吕公、蓑衣真人、邈遐仙等，因为汇集历代传闻中的神仙，故将该庭园命名为"会仙山"。受邀图绘的张铁不仅为陆深绘制庭园图景、作《会仙山记》，二人更相互唱和、合作长篇联句题写于画作之后。由此可见，《愿丰堂会仙山图》不仅是陆深一手打造仙境庭园的画作，也是文人雅士的产物。

2."愿丰堂会仙山"景观构成

张铁〈会仙山记〉落款时间为"正德乙亥（1515）秋八月朔旦"，根据题记内容，张铁受邀到愿丰堂的时间在陆深营造"会仙山"落成不久，故"会仙山"应也完成于同年。

从画面标注的标题可知陆深为之命名的七座石峰有：吕公、麻衣道者、蓑衣真人、邈遐仙、紫芝、紫云、剑石。〈会仙山记〉记录了陆深经营会仙山诸峰的得意之处："其中峰矹立，倍寻而高，中心二大窍若两口相沓，曰：吕公。西一峰曰：麻衣道人，其纹皴斮，麻衣似之。又一峰曰：蓑衣真人，其纹襳襹，蓑衣似之。东一峰曰：三峰居士，形骨昌侈，不受拘束，似邈遐也。合而名之曰：会仙。"

每一块山峰的命名，皆引发自造型的联想。例如，"吕公"为石头中空，恰似"吕"字双口，比拟为吕洞宾；"麻衣道者"则是来自石面的皴理劈斫质感，而联想为宋代善于相术的麻衣道者；"蓑衣真人"则以纹路细密丰厚，缕缕下垂如蓑衣而比附为宋代蓑衣真人何中立；"三峰居士"（即画面上的邈遐仙）则是造型昌隆、不受拘束的样貌，比拟为明代道士张三丰。陆深叠石为山，并以道教修真仙人命名之，由于集合这四座山石，故将此空间取名为"会仙"。至于紫芝、紫云、剑石三石，造型联想为灵芝、祥云、宝剑，也与道教文化具有紧密的关系（图6-60）。

陆深不仅以造型与题诗处理庭园中的"会仙山"，石山之间相对位置的设置也成为设计的一环，加强仙山与对应人物意象的联结。例如陆深在〈咏石七首〉剑石一则注记"背吕公而耸透石剑"，即"剑石"位置不仅刻意安排在"吕公"后方，且高度须超过该石，以塑造吕洞宾背着一把宝剑的联想，与传说中的故事一致。

在〈会仙山记〉中，张铁极力赞赏陆深对于

图6-59 明代，张铁摹写《陆深愿丰堂会仙山图》，现存台北故宫博物院

图6-60 明代，张铁摹写《陆深愿丰堂会仙山图》（局部），现存台北故宫博物院

"会仙山"的布置合宜、巧夺造化之功："余越之鄙人……，而江左名家，凡有山者无所不到。广地巨石，十百于此者有之。求其布置合宜如兹山者，吾目未之尝经焉。盖以先生胸中壑丘壑，得之天赋，近以使事，驰驱南北，凡有形胜靡不收览。故其巧思有夺造化而为工者。"

在七座被赋予特定想象联结、相对位置有所安排的山石之外，陆深还于这个空间安置多块大小不一的山石，以增添"会仙山"灵秀幽奇气氛。〈会仙山记〉中记载："蓑衣为武康，其三皆湖石。余锦川武康诸小峰，不在是数。主峰虚中若受，而群峰离立环供，诸小峰断而复续，或趋而从，或去而顾，咸若有情，且风致萧散，又出于灵秀之余。"

"吕公"为会仙山中心，其余六石环绕着主峰散置在周边，透过这些无名山石的经营安排，使空间感凝聚而不分散，对于整体气氛的营造起着重要作用。根据上文记载，"蓑衣真人"为武康石，"吕公""麻衣道者""邋遢仙"则用太湖石。

陆深在完成愿丰堂"会仙山"后，便邀请张铁前来欣赏作画。陆深为自己"会仙山"题诗一首，张铁不仅摹写一幅《愿丰堂会仙山图》，还作一篇《会仙山记》书于后，更与陆深合作联句。二人唱和的书迹完整保留在《愿丰堂会仙山图》上：

愿丰堂后隙地叠石作小山与碧溪联句

旋分泉石作溪山（深）。圆峤方壶在此间（铁）。

境遇奇时峰忽断（铁）。沙当急处水成湾。

云屏欲送秋容淡（深）。风匣初开夜月湾。

一柱擎天高卓立（铁）。四时含雨细潺潺。

常疑虎豹穿群去（深）。更觉猿猱费力扳。

人事化工相胜负（铁）。酒尊诗卷日跻攀。

料栽花竹多留地（深）。为速宾朋不设关。

斜鬟邻如垂舞袖（铁）。娉婷复似绾云鬟。

幽怀乍对帘频捲（深）。佳兴堪乘屐未还。

堂额讵宜标绿野（铁）。主人正及诧红颜。

敢言凤有山林骨（深）。何事久违鹓鹭班。

连络九峰排小朵（铁）。廉纤一雨长层斑。

摩挲甲乙寻题品（深）。追逐风骚愧老屏。

挂笏时临窗里岫（铁）。挂冠期远市中闤。

孤高合有神仙伴（深）。苍翠始知图画悭。

安石东山非久计（铁）。子期南郭偶偷闲（深）。

翰林咳唾皆珠玉。野老芜词合见删（铁）。

这篇联句里，除了题咏愿丰堂会仙山之外，末段则有劝进出仕与隐逸之志间过招的含意。

文伯仁《南溪草堂图》中的奇石园

1. 文伯仁简介

文伯仁（1502—1575），字德承，号五峰、摄山老农、五峰山人等，长洲（今江苏苏州）人，大画家文徵明的侄子。文伯仁的画得自家传，尤擅山水。其山水画有两种不同风貌：一种源自文徵明的细笔山水，笔墨细秀，景色疏朗；另一种构图繁复，山林层叠，皴点繁密，密而不乱，深得元代画家王蒙遗韵。传世作品有《万壑松风图》《浔阳送客图》以及《南溪草堂图》等。

2.《南溪草堂图》中描绘的江南田园景色

在明代吴门地区的绘画中，以名人的室名、别号为题材或描绘文人、官宦所居庄园、别墅景观的作品为数众多，此图即属于后一种。根据卷后王穉登所撰《重建南溪草堂记》可知，此图描绘的是江南望族顾英住所庄园"南溪草堂"重修后的景致。

图中水道蜿蜒纵横，竹林丛树、渔舟小桥、草堂庙宇等散布杂错，建筑与自然景物融为一体，自然和谐。虽有农田、药圃，但无农人艰辛劳作之状，表现的是江南文人泛舟读书的优雅闲适的生活。图中庄园较之一般江南园林的文雅精致，另有一种田园野趣，别具特色。

全画构图密而不乱，平坡土石以干笔勾勒、皴染，树冠枝叶多以极富变化的墨点画成，点染兼用，间或出以双勾，皆富于层次感。全图笔墨清劲简洁，风格柔和明秀，代表了文伯仁晚年的典型艺术风貌。

3.《南溪草堂图》中的湖石花池与奇石庭园

《南溪草堂图》中有两处空间安置了山石景观。一处是在由竹篱笆围合的草堂两侧，左右对称设置两个巨型花池景观：石质六角形花池中，各安置具备"透""漏""瘦""皱"太湖石，右侧者比左侧

图6-61 明代，文伯仁《南溪草堂图》（局部），原图纵34.8cm、横713.5cm，现藏北京故宫博物院

者更剔透，起到烘托草堂景观的效果（图6-61）。

另一处位于田园水溪旁，用绿篱和篱笆围合的具有野趣的不规则空间内，有一由奇石构成的空间，后侧安置细高的石笋石，前侧自有错落安置五块玲珑剔透的太湖石，湖石之间摆放石桌石凳，整体上构成一奇石庭园空间（图6-62）。根据本书作者推测，文伯仁之号的"五峰""五峰山人"很有可能来源于此空间的五块太湖石。

图6-62 明代，文伯仁《南溪草堂图》（局部）的"五峰"，原图纵34.8cm、横713.5cm，现藏北京故宫博物院

孙克弘《销闲清课图》中的盆景庭园

孙克弘（1532—1611），明书画家、藏书家。一作克宏，字允执，号雪居，松江（今属上海市）人。天资高敏，刻意书画，山水、花鸟、兰竹，道释人物俱佳。所居东郭草堂，名迹环列，客至如归。晚年摒弃一切，仅写墨梅，亦有雅尚。

《销闲清课图》描绘林下清课二十条并图，可窥当时士人生活之清雅。二十条包括：灯一龛、高枕、礼佛、煮茗、展画、焚香、月上、主宾真率、灌花、摩帖、山游、薄醉、夜坐、听雨、阅耕、观史、新笋、洗研、赏雪。

在第九条的〈灌花〉一幅，图左侧题有：盆草时卉，窗前种种，植之以见生意。该幅描绘一河水边盆景庭园的景观：画面右侧，水波荡漾，杨柳依依；左侧为一由竹篱笆围合的庭园，最左侧为掩映在竹林中的长条堂屋；竹林前方为四株高大乔木，乔木之中为六角形茅草书房；茅草书房的庭园中沿竹篱笆内侧摆放着多数树木盆景、山石盆景与盆草。庭园中，园主人站立庭园中，正在教导一书童用喷壶

图6-63 明代，孙克明《销闲清课图》〈灌花〉，现存台北故宫博物院

浇灌盆景，另一书童在书房中整理书桌。庭园右侧，两位书童从水边灌满水桶，抬水桶向庭园门口走来，说明用河水浇灌盆景（图6-63）。

庭园中摆放的盆景有：园主人与书童正在浇水的盆景为圆盆杜鹃盆景，两株合栽，一高一矮，一曲一斜，枝头花朵盛开；杜鹃盆景后方摆置长方形石桌，其上摆放三盆盆蒲：左侧圆盆、中间方盆，都放置于盆托之上，右侧为一矮圆盆；石桌左侧地面上摆放一似栽植茶花的长方形盆景，右侧为一圆盆、栽植花灌木的盆景。茅草书房前侧前后错落地摆放一排盆景，从左往右为：最左侧为一圆盆，上部被树枝遮住不能辨认盆中材料；其右侧为一峭立山石盆景，再往右为茶花盆景、某草本盆栽以及兰草盆栽。

可以想象，每当作为学士的园主人在读书疲倦之时，或坐视庭园内盆景，或到庭园中修剪浇水，或佳客来临时一起鉴赏盆景，不仅可以消除疲劳，而且可以带来美好的享受。

沈周《盆菊幽赏图》中的盆栽菊花庭园

1. 沈周简介

沈周（1427—1509），字启南，号石田、白石翁等，长洲（今江苏苏州）人。不应科举，专事诗文、书画，擅山水，取法董源、巨然，中年以黄公望为宗，晚年醉心吴振。笔墨坚实豪放，形成中锋为长、沉着浑厚的风貌。亦作细笔，于谨密中仍具浑成之势，人称"细沈"。与文徵明、唐寅、仇英并称"明四家"。

2.《盆菊幽赏图》中描绘的盆栽菊花庭园

卷首一侧，杂树中设一草亭，四周以曲栏隔成庭园。庭园中里侧曲栏前摆放多盆盛开的菊花。亭内三人对饮，一童持壶侍立，一派秋高气爽的意境。隔水对岸茂树数株，景致简朴，画法谨细，笔墨精工，是沈周中年细笔画风一路，极为珍贵（图6-64）。

画末沈氏自题：盆菊几时开，须凭造化催。调元人在座，对景酒盈杯。渗水劳童灌，含英遣客猜。西风萧霜信，先觉有香来。长洲沈周次韵。

项圣谟《雪景山水图轴》中雪景中的盆景庭园

项圣谟（1597—1658），字孔彰，号易庵、胥山樵，别号松涛散仙、存存居士。秀水（今浙江嘉兴）人。擅长山水，效法宋、元，兼工花木、竹石、人物，论者谓其"士气"与"作家"兼备。友善画松，有"项松"之誉。画史称其开"嘉兴画派"。

《雪景山水图轴》图中篱笆桌凳、书卷杯碟，一一描写真切，既富生活情态又不失文人雅趣，意境

图6-64 明代，沈周《盆菊幽赏图卷》（局部），原图纵23.4cm、横86cm，现藏辽宁省博物馆

清幽。构图空阔，只取近景的庭园一角，用纤秀的线勾画而成，几乎没有皴擦，使画中景物显得一尘不染。

庭园篱笆前方的斜干落叶古树与房屋后方、后前方的竹林将大部分庭园空间围合，庭园中有石桌、台座，其上放置多数被白雪覆盖的盆景，构成雪中盆景庭园景观（图6-65）。

朱端《松院闲吟图轴》中的盆景院落

1.朱端简介

朱端，字克正，号一樵。海盐（今浙江海盐）人，生卒年月不详。少时家贫，以渔樵为业。正德年间（1506—1521）以画艺精湛入值仁智殿，授为锦衣卫指挥。钦赐"一樵图书"印，故号"樵"。擅长山水，兼工人物、花鸟、竹石。山水宗郭熙、马远，人物学盛懋，花鸟效吕纪，墨竹师夏昶，亦擅书法。

2.《松院闲吟图轴》描绘的景色

此图以全景式构图绘巨峰高耸，峰下劲松挺拔，树丛茂蔚，楼台亭阁分置其间。画中人物各尽意态，生动自然，展现了文人优雅闲适的生活场面。全幅构图严谨，笔力工稳遒劲，山、石、松的画法均来自马远一路，继承南宋"院体"遗风（图6-66）。

3.《松院闲吟图轴》中描绘的盆景院落

在厅堂之前的栏杆里侧，陈设一大型长方形附

图6-65 明代，项圣谟《雪景山水图轴》，纵49.5cm、横29.5cm，皖浙绘画

石盆景：山石瘦高峭立，树木三个枝片分置山石左右，似乎为一杂木类树种。附石盆景散置五盆菖蒲盆栽。此外，厅堂左侧，摆放一大型圆盆，盆中栽植虬曲多变的蟠干松树。松树盆景外侧有两盆盆景：一盆为杂木类盆景，一盆为蒲草盆景。里侧有一蒲草盆景。

这些盆景与周边的庭院环境谐调自然，更增添了庭院的趣味性，构成了独特的盆景庭院(图 6-67)。

其他绘画作品中的盆景庭园

1. 杜琼《友松园图》中的盆景庭园

杜琼（1396—1474），字用嘉，号鹿冠道人，世称东原先生。吴（今江苏苏州）人。工诗，擅画山水人物。初师吴振，后兼学董源、巨然和王蒙的画法，风格苍中带秀，细润内蕴，为沈周之师。

《友松园图》绘山岗旁一竹篱庭园，房舍数间，中堂二人并坐读书，院门前一童侍立。房侧绿树成荫，几株古松茂盛翠绿。院外平台上围以栏杆，台上数人，或观画，或交谈。再往左，奇峰突起，层阁流泉，苍松翠柏，令人目不暇接（图 6-68）。全图笔法苍劲，赋色浓重，富有韵味，为杜氏山水人物画代表作。

院外平台中央部，放置一长方形石桌，其上摆放三盆盆景：左右两侧为松树盆景，左侧盆钵尊形，右侧盆钵方形；两盆松树盆景之间放置蒲石盆（图 6-69）。

2. 郭诩《江夏四景图》中的盆景庭园

郭诩（1456—约 1532），字仁弘，号清狂道人，江西泰和人。性耿直，致力于诗画。弘治（1488—

图6-66　明代，朱端《松院闲吟图》，纵230.2cm、横214.3cm，现藏天津市艺术博物馆

图6-67　明代，朱端《松院闲吟图》（局部）

图6-68　明代，杜琼《友松园图》，纵29.1cm、横92.3cm，现藏北京故宫博物院

1505）中，孝总朱佑樘征天下擅画者，欲予锦衣卫官，郭固辞不就。曾往依王守仁。擅写意人物，笔势飞动，形象清古，即便信手拈来，辄有奇趣。兼工花卉、草虫，亦擅山水。同时期江夏吴伟、北海杜堇、姑苏沈周等，都推崇其艺术造诣。

《江夏四景图》由四部分组成，每部分右上用楷书题标，分别写小岗后湖、竟陵城（今湖北天门）、东湖别业（今湖北武昌）、梦野书院，绘山川河流、平湖渔舟、树木花草、楼阁别墅、客栈书院、儒士讲学、学子攻读、商贾行旅等。构图沉浑苍莽，气势磅礴；物景生动逼真，层次分明；笔法灵活潇洒，墨色清润淡雅。

该图应为《江夏四景图》中的〈东湖别业〉部分，描绘东湖岸边别业庭院中，房屋数间，最右侧房前儒士讲学，学子倾听的情景。右侧房屋前庭院中央，摆放五盆盆景：中央最大，为附石式盆景，两侧分别放置两盆小型盆景（图6-70）。

3. 明代名臣王琼的盆景庭园

王琼（1459—1532），字德华，号晋溪，别署双溪老人，山西太原人。王琼于明朝成化二十年（1484）登进士，历事成化、弘治、正德、嘉靖四朝，由工部主事升至户部、兵部和吏部尚书。在正德十年到正德十五年间的五年中，因执掌兵部，立有殊勋，连进"三孤"（少保、少傅、少师）、"三辅"（太子太保、太子太傅、太子太师）。嘉靖十年（1531），回京再任吏部尚书，次年病逝。获赠太师，谥号"恭

图6-69　明代，杜琼《友松园图》（局部）

襄"。著有《西番事迹》《北边事迹》等书。

王琼仕宦数十年，主持治理漕河，平定朱宸濠叛乱，又加强西北边防。后世将他与于谦、张居正并称为"明代三重臣"。

《王琼事迹图册》四十九开，其中四十六开设色绘画，描绘了王琼一生的生平经历，计有：芸窗肄业、

云程祖道、月桂秋香、金榜登名、户科给事，指斥权奸、回话认罪、螭须簪笔、职掌十库、对鼓折狱、被命选军、点选官军、钦赐羊酒、诰命封赠、银台晋秩、经略三关、舰画延绥、钦赏银牌、督理宁夏、总督三边、提督固靖、经筵侍讲、青宫正字、巡视凤庐、荫子赐币、总督宣大、巡视西路、总制四镇、甘肃遇房、凯捷归朝、钦奖金巾、敕赐旌奖、督理漕运、浚河修路、专职巡

抚、奏论回天、疏毁迎佛、矫诏蒺赈、诰函累赐、自陈乞休、梓里荣归、赐兆焚黄、诏允致仕、奉敕修茔、子姓祭扫、遣官谕祭。

其中的〈芸窗肄业〉中，描绘了王琼年轻时书房中攻读的情景，书房庭园中摆放着三盆盆景：中间为灵芝山石盆景，左侧为菊花盆景，右侧为蒲石盆（图6-71）。

图6-70 明代，郭诩《江夏四景图》（局部），原图纵31cm、横974.5cm，现藏武汉文物商店

图6-71 明代，《王琼事迹图册》〈芸窗肄业〉，纵45.9cm、横91.4cm，现藏国家博物馆

明代寺观壁画中出现的盆景

青海瞿昙寺壁画中的盆景

1. 瞿昙寺简介

瞿昙寺，位于青海省海东市乐都县城南 21km 处的马圈沟口，面朝瞿昙河，背靠罗汉山，北依松花顶，南对照碑山。藏语称"卓仓拉康果丹代"，又称"卓仓多杰羌"，意为"卓仓持金刚佛寺"，始建于明洪武二十五年（1392），是一座藏传佛教格鲁派寺院。该寺因所藏珍贵文物以及巨幅彩色壁画而闻名。瞿昙寺是典型的明代早期的官式建筑群。历史上瞿昙寺曾领属十三寺。

瞿昙寺是第二批全国重点文物保护单位，中国西北地区保存最为完整、规模宏大的明朝寺院建筑。

2. 瞿昙寺壁画中的盆景

瞿昙寺回廊绘有连续性的大型佛传故事和佛本生故事壁画。其中大多数壁画为明代原作，部分壁画为清代重绘。这些壁画构图精巧，设色淡雅，技艺高超，堪称明代壁画中的代表作。

（1）〈乘象入胎〉中的盆景

〈乘象入胎〉又称〈护明菩萨降摩耶夫人临腹〉，位于大鼓楼南廊。壁画左侧中部题记云：护明菩萨降摩耶夫人临腹。高乘白象入胎中，圣母端居第九重，须信须缘元（原）有定，凝（？）经尘劫也相逢。可知表现的是护明菩萨乘六牙白象入住摩耶夫人之胎后临产的场面。

在摩耶夫人临产的厅堂入口台阶两侧，对称陈设着两盆放置于高脚莲花宝座之上的山石盆景，山石中似有云雾缭绕；护栏左前角处，摆放一圆盆珊瑚盆景；厅堂左侧与护栏之间，在一须弥石盆之中，放置湖石芭蕉，构成一大型湖石芭蕉盆景（图 6-72）。

（2）〈九龙灌浴〉中的附石盆景

〈九龙灌浴〉位于大鼓楼南廊。壁画右侧中部有墨书题记：护明菩萨降生九龙吐水灌沐金躯。九龙吐水沐金躯，大地山河尽发挥，穷劫至今无垢净，满堂华雨落霏霏。可知画面表现太子降生之后，虚空中出现九条龙，口吐水为太子沐浴身躯的故事。画面顶部为九龙吐水，中部为金光四射的太子正在接受沐浴，意为天上地下，唯我独尊。左右两侧为四大天王。

画面右下方，方形几案之上摆放一附石盆景：盆方形，嶙峋山石立于中央，一杂木类树木栽植于山石之后，树干自山石右后侧攀绕前面、再从山石左前侧绕到山石后侧，枝干分布均匀，呈现出苍老奇特的景象（图 6-73）。

（3）〈净饭王取四海之水为太子灌顶〉中的奇石盆景

〈净饭王取四海之水为太子灌顶〉也位于大鼓楼南廊。该图表现净饭王将太子隆重迎回王宫之后，取四海之水来为太子灌顶的故事。画面略有残损和模糊，左侧有五行墨书题记：净饭王取

图6-72　瞿昙寺壁画〈乘象入胎〉中的盆景

图6-73　瞿昙寺壁画〈九龙灌浴〉中的附石盆景

图6-74　瞿昙寺壁画〈净饭王取四海之水为太子灌顶〉中的奇石盆景

四大海水与太（子灌顶躯）。四海清波灌顶（躯），灵珠烁烁照迷（雾），金轮统御三千（？），好使众生乐太（平）。

画面前中部，陈设一大型圆形海棠盆山石盆景，山石高瘦峭立，山形变化，藤本植物缠绕山石而生。因为山石过于高细，有不稳定之感（图6-74）。

四川新繁龙藏寺壁画中的盆景

1.龙藏寺简介

龙藏寺原名慈惠庵，始建于唐贞观三年（629），宋大中祥符年间扩大为寺，更名为龙藏寺，元末毁，明洪武初和清康熙初先后再建。经清初高僧大朗和晚清诗僧雪堂主持，敬贤重才，招致文人荟萃，诗人书法家辈出，建龙藏寺碑林，树大朗和尚筑堰治水功德碑。

龙藏寺为最典型的"一半子孙庙、一半丛林"性质的寺院，占地300余亩，被溪流环绕。寺内风景秀丽，古树众多，荟萃了苏轼、黄庭坚、文徵明、王守仁、董其昌、石涛、刘墉、梁同书、王文治、何绍基等古今著名书法家的200余座碑林。大殿里气势恢弘、绘画精美的壁画更是被视为艺术精品，被称作"天龙八部"。

2.龙藏寺壁画中的盆景

（1）〈善财童子五十三参之十一参慈行童女〉中的山石盆景

画面远景是一座重檐十字脊歇山顶建筑，碧瓦朱墙，在云海之中半隐半现。近景则是树石绿地，摆设书案，上置花瓶、香炉、书匣等物。案后设绣墩、脚踏。坐者着盘口朱衣和金色云肩，有可能为第十一参南方师子奋迅城的慈行童女。善财童子恭敬地坐在对面，神情专注。侍女着襦裙，右侧者手捧插花花瓶，左前方者手托山石盆景。慈行童女身后侍女手执荷叶形伞盖，非常别致（图6-75）。

（2）〈善财童子五十三参之（？）参〉中的小型山石和插瓶珊瑚

画面中界画四角亭子一座，朱楹、绿色琉璃瓦，方砖墁地。亭内陈设桌凳。善财童子穿着肚兜、缚口裤，躬身合掌。坐者可能为通一切工巧、名闻国的自在主童子。童仆执扇捧盒，在旁侍立。方桌之上左侧摆放一小型山石盆景，右侧为一插瓶珊瑚（图6-76）。

（3）〈善财童子五十三参之（？）参〉中的盆栽荷花

图中天宫楼阁气魄宏大，霞光彩云为仙境增添了神秘气氛。女神锦衣华服，神情慈蔼，侧身而坐，悉心指教善财菩萨解脱法门。画面右下方，陈设一荷花盆栽，盆中荷花盛开（图6-77）。

图6-75 龙藏寺壁画〈善财童子五十三参之十一参　慈行童女〉中的山石盆景

图6-76 龙藏寺壁画〈善财童子五十三参之（？）参〉中的小型山石和插瓶珊瑚

图6-77 龙兴寺壁画《善财童子五十三参之(?)参》中的盆栽荷花

四川新津观音寺壁画中的盆景

1. 新津观音寺简介

观音寺位于四川省成都新津县永商镇宝桥村。始建于南宋淳熙八年（1181），毁于元末，明弘治三年（1490）重建。现存明代毗卢殿（壁画殿）、观音殿（塑像殿）及清代的山门、弥勒殿、接引殿，建筑面积 1180m²。

毗卢殿建于明天顺六年（1462），面阔三间，单檐歇山顶，屋顶举折、出翘，显示明代建筑稳重朴实风格。殿堂两壁保留有 6 幅壁画，系明成化四年（1468）彩绘。观音店建于明成化二年（1466），殿中的塑像南海观音，被誉之为"东方维纳斯"。

2001 年 6 月，观音寺被国务院公布为第五批全国重点文物保护单位。

2. 观音寺壁画中的插瓶珊瑚树

毗卢殿左右两壁的明代壁画，被誉为观音寺的"镇寺之宝"。这些壁画绘制于明宪宗成化四年（1468），全殿壁画共有 7 铺，面积 94m²，分为上、中、下三层，上层绘飞天、幢幡宝盖和天宫奇景，中层绘十二圆觉菩萨和二十四天尊，下层绘龛座、神兽、供养人像，其中最精妙的壁画，是十二圆觉菩萨、二十四诸天及十三个供养人像。其人物形象生动，表情自然，内涵丰富，将庄严端肃的宗教思想，寓教于美轮美奂的艺术造形之中。

〈供养天女〉位于毗卢殿西壁北铺南端上隅。此天女身躯颀长，朱衣青裙，赤足踏祥云，宝缯、帛带随风飘飞。举右手在胸前，伸出左手，掌心托宝瓶，瓶中盛珊瑚树，放三道毫光直射斗牛（图6-78）。古人极其珍视珊瑚，在佛经里它与金、银、琉璃、琥珀、砗磲、玛瑙同列为"七宝"。

四川剑阁觉苑寺壁画中的盆景

1. 觉苑寺简介

觉苑寺，位于四川省剑阁县西武连镇，距县城 43km，前临西河，108 国道川陕公路从寺东北约里许的武侯坡半山腰上通过。

觉苑寺始建于唐贞观年间，名弘济寺，宋元丰年间赐名觉苑寺。元末部分殿宇被毁，明代天顺初年（1457），僧净智及徒道芳到此，重建殿宇，重

图6-78 观音寺壁画中的插瓶珊瑚树

塑佛像,绘制《佛经》于大雄宝殿四壁,更名普济寺;清康熙二年(1662),殿宇经维修后,复名觉苑寺。

觉苑寺现存三重殿及两侧配殿,以大雄宝殿为主体,天王殿在前,观音殿居后,级级递进,都建在同一条轴线上,东西配殿对称排列,总建筑面积1957m²。该寺坐北向南,气势磅礴庄严。

2. 觉苑寺壁画

在大雄宝殿内四周高3.5m的壁上,绘制者精美的十六铺。二百多幅《佛传》故事彩画。每幅壁画均以四字墨书为题。末尾绘着该寺当年的主持僧净智及其徒道芳和尚等信徒的肖像。总计170多m²,是明代英宗天顺元年(1457)大殿重建后,由民间艺人集体绘制的。

壁画内容从题为《摩耶托梦》开始,说的是迦毗罗卫国(今尼泊尔境内)二十四年(公元前546)四月初八日,在京城岚毗尼园无忧树下诞生了一个婴儿,起名乔达摩·悉达多。他武艺过人,天姿聪慧,博学多才。为了解脱人间疾苦,悉达多出家修行,法名"菩提萨埵",缩称"菩萨"。在苦行林中,禅坐菩提树下,风雨不起,终于成佛。35岁时,在野鹿苑(今波罗奈城)初转法轮,讲经说法,普度众生。释迦于公元前486年涅槃。他的一生,在世80年,说法300场,开无量法门,渡无量众生。迦毗罗卫国"释迦族老百姓,尊称他为释迦牟尼",意为"释迦族的圣人"。

精美的壁画,内容广博,对研究我国绘画艺术不失为珍品。而且对研究军事、体育、医药、服饰、建筑、文艺等,有重要的参考价值,对研究我国社会风情更是难得的宝贵资料。

3. 觉苑寺壁画中的盆景

(1)〈车匿还宫〉中的花卉盆栽

〈车匿还宫〉位于大雄宝殿东壁右起第二铺第二行右一处。据《庄严经》记载:车匿牵白马,带着太子交他带回的璎珞等庄严饰物回宫,摩柯波阇波提、耶输陀罗及众彩女闻声而出,不见太子,都哭了起来,同声斥责车匿。车匿禀报了太子夜半逾城神人相助的情景,转达了太子的话:等成正觉之后,还当相见,请她们释去忧念。

图中描写宫殿前,车匿跪禀,姨母等人悲啼不已的情景。宫殿右侧平台之上,摆放着一盆细高圆盆的花卉盆栽(图6-79)。

(2)〈诣菩提场〉中的山石盆景

〈诣菩提场〉位于大雄宝殿东壁左起第二铺第五行右二处。据《庄严经》记载:已经成为菩萨的太子到达菩提树下,身放光明。诸天奏乐,天花遍地。当夜,大梵天王告诸梵众,太子已成就菩萨之行,通达婆罗蜜门,将诣菩萨道场,降伏众怨敌,转正法轮,化度众生。

图中表现菩萨(太子)诣菩提道场时,诸天奏乐、散花的场面。壁画两处残损,图像不全。

在图面中后方,诸天中一员手托一山水盆景(图6-80)。

(3)〈认子释疑〉中的万年青山石盆景

〈认子释疑〉位于大雄宝殿北壁右起第一铺第五行右处。据《庄严经》记载:佛在宫中坐于

图6-79 觉苑寺壁画〈车匿还宫〉中的花卉盆栽

图6-80 觉苑寺壁画〈诣菩提场〉中的山石盆景　　图6-81 觉苑寺壁画〈认子释疑〉中的万年青山石盆景

殿上，臣民日日供奉，耶输陀罗携其子罗睺罗来，人们怀疑太子离国十二年怎会生子？佛对父王及群臣说：耶输陀罗贞洁清净没有瑕疵，不信可以取证。世尊随即将诸比丘全都化成佛的形象，没有差别，耶输陀罗取出指印信环交给罗睺罗说：你看谁是你的父亲，把这个给他。罗睺罗丝毫不差地把印信环交给了世尊，王及群臣皆大欢喜，承认罗睺罗真是佛子。

图中表现净饭王与释迦牟尼同座宫殿中，耶输陀罗携子罗睺罗前来相见的情景。宫殿左侧栏杆之内平台上，陈设一山石盆景，万年青栽植于盆中与山石之上（图6-81）。

山西多福寺壁画中的盆景

1. 多福寺简介

多福寺位于山西省太原市西北24km处的崛围山之巅，建于唐代贞元二年（786），原名崛围教寺，是文殊菩萨的道场之一，唐宋两代香火很盛。宋末毁于战火，明洪武年间重建，是晋王宗室的重要礼佛之所，弘治年间（1488—1505）改名多福寺。后又多次重修。多福寺于2006年被国务院批准为中国第六批重点文物保护单位。

进入山门，天王殿、大雄宝殿、藏经楼、千佛殿由南而北，鳞次列于中轴线上，构成三进院落。

图6-82　大雄宝殿东壁〈第十姨母引太子感得天子鲜花之处〉画面中的山石盆景

图6-83　大雄宝殿西壁〈第七十二世尊知罗睺子母有难驾云散花之处〉画面中的菩提树盆景

两旁钟鼓楼、配殿、禅堂布局严整。山门与天王殿合一，内塑哼哈二将和四大天王。天王殿对面这座大殿便是寺院的主建筑大雄宝殿。大殿面阔七间，进深五间，四周围廊，前后出檐均有明柱，屋顶四周琉璃剪边，宏伟而瑰丽。

二进院主体建筑藏经楼是一上阁下洞的双层复合体，六根大柱把上下紧紧连在一起，浑然天成，相得益彰，洞名乘息洞，阁曰文殊阁。藏经楼西侧龙王殿内有龙王塑像，殿前水井即为文殊菩萨所赐"龙池"。

三进院的主建筑千佛殿高居全寺最上部，殿内供三世佛、四大菩萨，三面墙壁共有 870 多尊佛像。殿前牡丹池内原有 500 多年前的牡丹，可惜毁于动乱年代。

多福寺壁画集中于大雄宝殿，殿内东、西、北壁上有明代天顺二年（1458）的沥粉贴金彩绘佛传壁画 84 幅，反映释迦牟尼佛的生平事迹，画法娴熟，线条流畅，着色讲究，立体感强，形象逼真，是难得的明代壁画精品。

壁画自东壁南端开始，沿逆时针方向排列，每幅画面右上方均有榜题。每幅画面人物各具神态。壁画中的宫廷街市、寺观殿阁，参差其间的树木花卉，点缀其中的丹山碧水、缭绕云雾，环境和人物的相互衬托，都营造出一种超凡脱俗的仙境气氛，是山西明代壁画中的上乘之作。

2. 多福寺壁画中的山石盆景与树木盆景

在东壁〈第十姨母引太子感得天子鲜花之处〉画面中，高脚莲花宝座之上放置一山石盆景，盆为海棠形圆盆，山石玲珑剔透，石基处栽植似为万年青，在庭园环境中显得典雅别致（图 6-82）。

在西壁〈第六十八世尊昔指耶轮夫人生罗睺太子之处〉与〈第七十二世尊知罗睺子母有难驾云散花之处〉分别处于同一画面的两个建筑中。二建筑左右两侧，对称陈设两个高脚莲花宝座，其上海棠形圆盆中栽植高干冒发神光的菩提树，左侧菩提树盆景被〈第七十二世尊知罗睺子母有难驾云散花之处〉榜题遮住部分树冠（图 6-83），右侧菩提树盆景可以整体看到（图 6-84）。

第六十八世尊昔指耶輪夫人生羅睺太子之處

图6-84 大雄宝殿西壁《第六十八世尊昔指耶輪夫人生羅睺太子之处》画面中的菩提树小影

山西朔州三大王庙壁画中的盆景

1. 朔州三大王庙简介

在朔州市朔城区神头镇吉庄村南，坐落着建于明代正统年间山西省现今唯一留存的集大王庙、马王庙、龙王庙三庙合一的古建筑，亦为全国仅有北魏三大王庙。见证了胡汉两族由碰撞走向融合的漫长历程。吉庄村西有一棵树龄700余年的古槐树，树干粗壮，枝叶婆娑，树影蔽日，成为一方百姓的根祖象征。

三大王庙庙院南临桑干河，北望洪涛山，依山傍水，位置显赫。整个院落呈四合院分布，四面有墙，正殿、偏殿，坐北朝南；东西围墙下各有巷道，可供行人穿行前后院。

正殿，即三大王庙，又称大王庙，殿内供奉主神是三位拓跋大王。在三位拓跋大王塑像身后的墙壁上，是一面幅高 2.6m 的巨型壁画。殿内东西墙壁上也绘有幅高 2.6m、宽 5.7m 的壁画。

在正殿左侧的东间偏殿和正殿右侧的马王殿中，都会有巨幅壁画。

2. 朔州三大王庙壁画中的盆景

东间偏殿南壁绘有龙母神像，慈眉善目，面带微笑。龙母身后左右各有一位侍从，二侍从都双手端瓷盆盆景，左侧为一植物盆景（部分枝叶脱落），右侧为一山石盆景（图6-85）。

马王殿马王爷左首龛内，绘有一端坐的土地老爷，身着绿袍，三绺长髯垂胸，文质彬彬，左右两侍从手端陶盆盆景：左侧陶盆内表现用土堆成的土山景观，右侧陶盆内用山石、珊瑚以及草本植物构成的石山景观（图6-86）。

图6-85　三大王庙东间偏殿南壁龙母神像后侍从手端盆景

图6-86　三大王庙马王殿土地老爷左右侍从手端盆景

图6-87 资寿寺壁画〈炽盛光佛会图〉中的山石盆景

山西灵石资寿寺壁画中的盆景

1. 资寿寺简介

资寿寺，俗称苏溪寺，位于山西省灵石县城东10km处的苏溪村西侧，距离灵石县城约8km。寺院坐北朝南，筑在北纬36°、东经11°的半山坡上，背后青山连绵，寺前溪流漏漏，山环水绕，山清水秀，为三晋古刹群中不可多得的一处胜景。

据现存的碑文记载，寺院创建于唐代咸通十一年（870），重修于宋，以祈求圣佛赐福保佑庶民长寿而得名：资寿寺。

古刹殿宇巍峨，飞檐四挑，楼阁高耸，亭台林立。顶部三色琉璃瓦相间，远看飞阁流丹，气势十分雄伟壮观。主体建筑896m²，以仪门的屏蔽砖雕壁墙（即照壁）为中轴。入门有一条长达20余m的砖砌围廊引道，由低而高渐次伸往院落。妙在这仪门的设置也颇有几分气势，其建制为两层楼式构造，主要精工于上层。顶部灰色脊兽，瓦挂青兽，四面飞檐，周围八柱支撑，形成回廊式样。登临鸟瞰，可一览全寺景观。寺院殿宇分设前后两院。

以大雄宝殿为主的建筑工艺考究，造型古朴优美，此外，西北角还筑有藏经楼、真武阁、方丈院、千手观音殿、禅堂院；东南角建有关帝庙和戏台。它们同主体建筑朝夕共存，相映成趣。

2. 资寿寺壁画与壁画中描绘的山石盆景

殿宇后院主殿和药师殿的壁画，虽历经沧桑，仍保存完好。画面构图豪放，着色浑厚，工笔重彩，技法不俗，寺内所存的9幅壁画独具匠心，其画面分别记述了有关佛主释迦牟尼的传说故事，图中有青山绿水、人物花鸟等，精妙之处还在于画面的勾填处皆以立浮贴金装饰，富有很强的直感，且人物刻画生动细腻，衣纹线条清晰自然。咀嚼品味一番后，无不为古人精湛的技艺而叹服。

位于大雄宝殿西壁南侧的〈炽盛光佛会图〉，画面主尊为炽盛光佛，着大红袈裟、披覆右肩，结跏趺坐于须弥莲座上，头光硕大而圆。炽盛光佛右侧胁侍菩萨双手托一红色浅盆，其中放置一鸡头形山石，构成一山石盆景（图6-87）。

山西新绛稷益庙壁画中的盆景

1.稷益庙简介

稷益庙位于新绛县阳王镇阳王村。元代至元年间重建,明弘治、正德年间扩建重修,据明嘉靖二年(1523)《重修东岳稷益庙碑》记载:"阳王之墟者,东岳稷益庙也。罔知肇自何代,元至元重修。正殿旧三楹,国朝弘治年间恢复为五楹,增左右塑室各四楹,正德间复增先门三楹,献庭五楹、舞庭五楹。缭以周垣,架以长廊,隐以佳木,百工殚巧,金碧辉煌"。现存舞台、正殿为明代建筑。舞台五间,单檐歇山顶,周檐大额枋,台口近10m,梢间空间较大。正殿五间,三彩琉璃瓦顶。

2.稷益庙壁画中的盆景

殿内东南西三面满布壁画,面积130m²,壁画保存基本完好,东西两壁以台阶式布局,宽8.23m,最高处达6.18m,在现存明代壁画中属巨幅佳品。其中彩绘的朝三圣、稷益传说、烧荒、狩猎、斩蛟、伐木、耕获、山川园林等,内容丰富,艺术精湛,堪称我国古代壁画遗产中一颗璀璨的明珠。它不同于佛教题材的敦煌壁画,也不同于道教内容的永乐宫壁画,更不同于儒释道合一的青龙寺壁画,而以古代传说故事为体裁,赞颂大禹、后稷、伯益为民造福的英雄事迹,体现了我国古代劳动人民征服大自然的勇猛精神,画艺精湛,布局严谨,是研究我国古代农业的重要文物,国内罕见。

殿内壁画中出现了三幅描绘盆景的画面,这三幅画面全在东壁壁画中。东壁绘朝圣图,以三圣殿为中心展开画面。三圣殿面阔三间,重檐歇山顶,两厢配殿。殿前植有梧桐、月季、松竹、槐树等花卉树木。

三圣帝君(太皋伏羲氏、炎帝神农氏、轩辕黄帝氏)皆坐于殿中,两旁及左右厢房中侍女成群,手执壶浆果盘。台阶左右有文武百官、农民侍立,其左环立官员和手执五谷、肩扛农具的农民,右边有多个农民,有肩扛猎物的,有捆绑着蝗虫,有手拿蚂蚱等害虫和野草的。一女子似为五谷之神,身穿璎珞宝衣,左手持碗,右手执勺从碗取种子,好像是向农民所赐。其前面侍立的似为土地神,右下有两力士,又有一武士身负盒囊,作报告状。松树林下有一长尊,上摆食盒酒壶。

图6-88 稷益庙壁画〈朝圣图之宫女〉中的山石盆景

图6-89 稷益庙壁画〈朝圣图之献瑞〉中的珊瑚宝鼎

东壁上部绘"斩蛇图"。山野中有四武士斩蛇场面，周围有围观、朝圣的人群，背景是幅美丽的风景园林，群山清水，云雾缭绕，花木繁盛，山间有打柴的樵夫，路上有行进的马拉轿车，图中有马、牛、羊等牲口，室内有生育、洗澡的家庭生活场景。

后稷降生的传说故事画于东壁两侧，有祭祀天地，后稷降生，牲畜圈中，抛于山野，禽鸟饲养，樵夫发现，母亲抱回，邻人探望等故事画面。

（1）〈朝圣图之宫女〉中的山石盆景

〈朝圣图之宫女〉位于正殿东壁。画面位于三圣左侧，其花冠、璎珞精致华丽，宫女面容圆润，气度丰盈。其中一宫女手捧一山石盆景（图6-88）。

（2）〈朝圣图之献瑞〉中的珊瑚宝鼎

〈朝圣图之献瑞〉位于正殿东壁。两位侏儒样神怪，抬着一个装满珊瑚的宝鼎，宝鼎上仙气缭绕。二神怪臂膀肌肉突起，表现夸张（图6-89）。

（3）〈后宫侍女〉中的玉石山石盆景和插瓶珊瑚

〈后宫侍女〉位于正殿东壁中部。东壁画面中部的三圣殿之上为后宫，回廊隔扇，龙柱盘曲，扶花疏影，富丽典雅。侍女们捧果盘、持壶浆、捧以珊瑚、玉山，恭谦微谨地作侍奉活动。各像比例适度，面相丰润，秀手纤巧，眉目俊美。由于她们在宫中的地位不同，因而衣着装束各异。此幅画风精细，色彩艳丽，颇具秀美风韵。

右下角的两位宫女所捧珊瑚、玉山分别为插瓶珊瑚、玉石山石盆景（图6-90）。

山西汾阳圣母庙壁画中的盆景

1.汾阳圣母庙简介

汾阳圣母庙又名后土庙，位于山西省汾阳市城西北田村，因主祀后土圣母，故名。内容为道教题材。创建年代不详，明代嘉靖二十八年（1549）重建，清代道光七年（1827）曾有重修；原主要建筑有正殿、

图6-90 稷益庙壁画〈后宫侍女〉中的玉石山石盆景和插瓶珊瑚

钟楼、鼓楼、乐楼等。

现仅存正殿一座，殿宽三间，进深二间，单檐歇山顶，殿门廊庑两侧绘有门神，殿内东、西、北三壁满绘壁画，东、西壁画高 3.7m，北面壁画高 2.5m，三壁壁画总面积达 59.46m²，正殿三壁均绘西王母故事。东壁是《迎驾图》，西壁为《巡幸图》，北壁题《燕乐图》，三壁画面互相连接，而又各自独立，壁画工笔重彩，沥粉贴金，场面壮阔，人物众多，亭台楼阁布局得当，曲桥廊庑错落有致，反映皇家宫廷生活影子，充满强烈的世俗气息。为明代道教壁画之珍品。

圣母殿壁画是艺术借鉴和历史研究的重要遗产。

2.〈圣母起居图（斋供）〉中的奇石、瓶插珊瑚与灵芝盆景

〈圣母起居图（斋供）〉位于圣母殿西侧圣母龙

图6-91 圣母庙壁画〈圣母起居图（斋供）〉中的奇石、瓶插珊瑚与灵芝盆景

輦前方。绘殿堂一座，卷棚式屋顶。前有盘龙云路，周设勾栏，朱红色廊柱格外醒目。檐下横匾"圣母娘娘殿"清晰可辨。殿解下二神将左右对立，手持长剑，作护卫状。殿内供桌上陈设着瓶插珊瑚、瓶插牡丹与奇石。案前侏儒头顶灵芝盆景。掌灯宫女分侍两侧，持扇侍者立于案后。一位贵妇人正在检视设供情况，以便迎候圣母回宫。殿堂内装饰富丽，图案精致（图6-91）。

北京法海寺壁画中的盆景

1.法海寺简介

法海寺位于北京石景山区模式口翠微山南麓，始建于明朝正统四年（1439），动用木匠、石匠、瓦匠、漆匠、画士等多人，历时近5年，至正统八年建成。原寺庙规模宏大，明、清时多次重修。

法海寺占地面积20000m²。建有护法金刚殿、四天王殿、大雄宝殿、药师殿、藏经楼，两翼对称建有钟鼓楼和伽蓝、祖师二堂、方丈一所、选佛之场，以及云堂、厨库、寮房等，距离寺1km左右还建有远门，现仅存山门、大雄宝殿等建筑。其中大雄宝殿面阔五间，黄琉璃瓦庑殿顶，殿中明代壁画更是北京地区现存历史最悠久、保存最完整的壁画，在中国现存壁画艺术中占据重要地位。

2.法海寺壁画

法海寺的壁画素以明代院体画的典范作品而著称于世。大雄宝殿内的六面墙上，至今完整保留有10幅完整的明代壁画，分布在大雄宝殿北门西侧、殿中佛龛背后和殿中十八罗汉身后的墙上。佛龛背后中绘观音，右绘文殊、左绘普贤二菩萨，周围绘有善财童子、韦陀、供养佛、马川狮、驯象人及鹦鹉鸟、清泉、绿竹和牡丹等。其中以水月观音画得最为传神，给人以清新明静之感。大雄宝殿顶部有

图6-93 明代,法海寺壁画,侍女,〈释梵诸天图〉之局部,手捧山石盆景侍女

图6-92 明代,法海寺壁画,侍女,〈释梵诸天图〉之局部,手捧牡丹花侍女

三个藻井、天盖上的"曼陀罗"和菩提像也画得十分精美。

十幅壁画共绘有 77 个人物,姿态各异、栩栩如生。虽是 550 余年前的作品,至今仍保持着鲜艳的色彩,堪称佛教艺术的瑰宝。

经专家论证,法海寺壁画是中国现存元、明、清以来由宫廷画师所作为数极少的精美壁画之一,与敦煌、永乐宫壁画相比各有千秋。永乐宫壁画在规模、力度、气势上非常宏伟,但在人物刻画、图案精微多变、多种用金方法等画工技巧方面,法海寺成就要高,在壁画制作工艺上也有新发展。敦煌壁画是我国现存规模最大、内容最丰富的古典文化艺术宝库,自 6 世纪发展至清代,却独缺明代壁画,法海寺壁画能够以其精湛的绘画艺术、高超的制作工艺和鲜明的时代特色补充这一缺憾,弥足珍贵[16]。

3.〈释梵诸天图〉中的盆景与菩提树枝

〈释梵诸天图〉是法海寺壁画中最为人称道的杰作。二十诸天分为两队,分别由大梵天和帝梵天率领,相向前行礼佛。有些天神还有眷属随侍,作为领袖的释梵均有三名侍女陪同。

〈侍女一〉为〈释梵诸天图〉之局部。领头的帝释天双手合十,亭亭玉立;身边的侍女一捧牡丹花(图 6-92),一挑华盖。而图中的这位侍女则双手捧雕饰莲瓣图案的金盘,盘中盛放峰连叠嶂的山石,构成一山石盆景(图 6-93)。该侍女神态从容,落落大方,腮边淡淡两抹红晕,散发着古典的柔美气息,衣裳、帔帛上用细若游丝的金线描绘着精致的花朵

315

图6-94 明代，法海寺壁画，侍女，〈释梵诸天图〉之局部，手捧插瓶珊瑚天女

图案，至细至微处仍是一丝不苟。

　　〈侍女二〉也为〈释梵诸天图〉之局部。在大梵天身前，一名容貌娟秀的天女凝神抿唇，双手捧宝瓶，瓶中插着佛教七宝之一的珊瑚（图6-94）。

　　〈菩提树天、大辩才天、月天〉也为〈释梵诸天图〉之局部。菩提树天双手捧菩提树枝，衣饰华丽，特征鲜明。大辩才天作一面八臂的菩萨形象，面容端好，二主臂当胸合掌，其余诸臂分持火焰轮、锋利弯刀、弓、箭、数珠和短柄金钺斧。值得注意的是人物脚下有狮子、狼、金钱豹等猛兽，原来大辩才天别名妙音天，有妙音而雅擅歌咏，野兽也为之折服。月天为一男装青年女子，宝冠中现月轮，双手扶笏，白衣上绣团凤图案（图6-95）。

河北蔚县故城寺壁画中的山石盆景

1. 故城寺简介

　　蔚县故城寺位于蔚县宋家庄乡大固城村东北，属明代建筑。该寺释迦殿内明代水陆壁画属县内一绝，布局形制特殊，弥勒宫位于佛殿之后。

　　现存正殿（过殿）一座，坐北朝南，单檐悬山布瓦顶，通高8m，面宽三间，进深二间，五架梁前后各出单步廊，木架用材硕大，外前檐下置，木板门二扇，前檐下绘青绿彩绘，走马板上绘佛教故事，正中一幅绘四大天王手持法器立于一座佛寺山门外，

图6-95 明代，法海寺壁画，菩提树天、大辩才天、月天，〈释梵诸天图〉之局部，手执菩萨树枝之菩提树天

图6-96 故城寺壁画〈东海龙王圣众〉中的山石盆景

图6-97 故城寺壁画〈西方昆仑金母众〉中的山石盆景

山门为砖券式结构，与该寺山门风格相同，当取材于该寺外景。殿内正中后塑释迦牟尼生像，两侧为阿难、迦叶二弟子，东西山墙壁上绘儒、释、道三教壁画，保存完整，颜色艳丽，风格鲜明。而且幅幅均有榜题，是研究明代绘画不可多得的实物资料。

2. 古城寺壁画中的山石盆景

（1）〈东海龙王圣众〉中的山石盆景

〈东海龙王圣众〉位于大雄宝殿东壁《诸神图一》三层。龙王是传说中的司兴云降雨之神。中国古代有"龙兴云致雨"及"神龙"之说。佛道两教皆尊之。佛教指"八部众"中之龙众；道教有诸天龙王、四海龙王、五方龙王等，尊原始天尊、太上大道君旨意，领施雨、安坎之事。图中左侧使女手捧一山石盆景（图6-96）。

（2）〈西方昆仑金母众〉中的山石盆景

〈西方昆仑金母众〉位于大雄宝殿西壁的《诸神图二》上层。西方昆仑金母亦称"九灵太妙龟山金母""太虚九光龟台金母"，民间俗称"王母娘娘"，是道教女仙中最高尊神。图中金母带花冠，执如意居中，为中年妇女形象。三使女或捧香炉，或捧净瓶，或捧山石盆景侍立左右（图6-97）。盆景中的山石符合太湖石特征。

（3）〈太乙东华老人星君〉中的山石盆景

〈太乙东华老人星君〉位于大雄宝殿西壁的《诸

图6-98 故城寺壁画〈太乙东华老人星君〉中的山石盆景

神图二》二层。"太乙"也作"太一"。"太一"在道教中亦称"太一救苦天尊"，实是星辰崇拜，亦即对北极星的崇拜。图面右侧使女手捧一山石盆景（图6-98）。

仇英绘画作品中描绘的盆景

仇英（1498—1552）字实父，号十洲，江苏太仓人，居住吴县（今苏州）。出身寒门，幼年失学，曾习漆工，通过自身努力成为著名画家，并与诗书满腹的沈周、儒家风范的文徵明、风流倜傥的唐寅齐名，成为画史上"明四家"之一。仇英后来周臣赏识其才而教之，其画亦受陈暹（字季昭，周臣之师）影响，遂得以享大名。仇英之画技多得自宋人画迹之临摹，往往可以乱真。山水初学周臣，而工整过之，尤善仕女及界画，有院派之画技，复与吴中当时名流旦夕游处，尤富文人画之士气。仇英与周臣、唐寅有院派三大家之称。后人又益以文徵明而称明四家。

仇英早期作品，以绢本为多，画面空白较大，用笔细腻，刚中带柔，圆中有方，设色浓重。中晚期作品，构图渐趋满纸，用笔愈见刚直，运笔则自然而流畅，用色渐淡，有时亦作白描。仇英画迹流传有限，题年款者更尠。现传仇英作品，多为后世之模本，皆市井职业画人伪托之作，而有仇英之款印。

现留传至今的《金谷园》《桐荫清话》《蕉荫结夏》《秋江待渡》《汉宫春晓》《春游晚归》《松亭试泉》《水仙蜡梅》《林亭佳趣》《园居图》《东林图》《雪溪仙馆》《松阴琴阮》《仙山楼阁》等都是仇氏代表作。

《金谷园图》中的盆景陈设

1. 金谷园概况

金谷园，是西晋石崇的别墅，遗址在今洛阳老城东北七里处的金谷洞内。梓泽是金谷园的别称。《晋书·石苞传》载："崇有别馆在河阳之金谷，一名梓泽，送者倾都，帐饮于此焉。"

石崇是有名的大富翁。他因与贵族大地主王恺争富，修筑了金谷别墅，即称"金谷园"。石崇因山形水势，筑园建馆，挖湖开塘，周围几十里内，楼榭亭阁，高下错落，金谷水萦绕穿流其间，鸟鸣幽村，鱼跃荷塘。石崇派人去南海群岛用绢绸子针、铜铁器等换回珍珠、玛瑙、琥珀、犀角、象牙等贵重物品，把园内的屋宇装饰得金碧辉煌，宛如宫殿。每当阳春三月，风和日暖之时，桃花灼灼、柳丝袅袅，楼阁亭树交辉掩映，蝴蝶蹁跹飞舞于花间；小鸟啁啾，对语枝头。所以金谷园的景色一直被人们传诵，并把"金谷春晴"誉为洛阳八大景之一。

2.《金谷园图》中的盆景陈设

仇英的《金谷园图》和《桃李园图》合称《金谷园桃李园图》，现存日本京都知恩院，为日本国家重要文物保护作品。

《桃李园图》以李白〈春夜宴桃李园图〉为题材，描绘李白与其四从弟，春夜于桃李园中设宴，斗酒赋

图6-99　《金谷园图》中的盆景陈设

虽然《桃李园图》描绘的环境很大，人物较小，但是环境的渲染，加强了情感、主题的表达。画面上林木、花、石繁多，人物又多至十三人，但条理井然，主体突出，陪衬得当。这幅画笔线刚健，设色艳丽，具有明代绘画的基本特征。

《金谷园图》画面中，位于亭子中央主人公石崇的两侧，在金黄色几座、鲜红色座面之上，各摆放着两盆大型树状珊瑚。石崇对面，似乎作为炫富对手的大富豪王恺贵客已经到来。童仆早早捧着笔墨纸张快步而来。从亭子到后侧连廊全面覆盖悬挂蜀锦。连廊之间可见端着美食酒肴的美女招待们正在走来。庭园中花池之上盛开的牡丹花不仅让人联想到唐玄宗和杨贵妃的沉香亭。大型树状珊瑚与覆盖蜀锦的连廊正是金谷园的象征。

金谷园庭园中，除了陈设了大型珊瑚树、牡丹花池景观之外，还在亭子台阶两侧，摆放了两盆大型茶花树桩盆景。这些花池、盆景不仅美化了空间，而且还与周边建筑、花木相得益彰（图6-99）。

诗的情景。在画幅中间偏下部位，大桌上杯盘佳肴，桌旁红烛纱灯，几上放着诗篇画卷。四位诗人，围桌而坐。右边的两位，一个举杯，一个拿杯，似乎正在对饮；左边的一位，脸朝外面，正举目欣赏着桃花、夜色，或者诗已酿成，正在斟字酌句。而背向着外的一位，低着头，正要举杯畅饮，并若有所思。诗人们深深地沉醉在春、酒、诗的怀抱中。因为李白深解"古人秉烛夜游"的兴味，所以要在此芳园"序天伦之乐事"，尽情地"高谈""咏歌""开琼筵以坐花，飞流觞而醉月"。诗人周围，有九个男女童仆在辛勤地工作着。近处有斟酒的，有持盘前趋的，有站立待侍者。远处有一童仆，正背负着东西前行。画面下边的石板桥上，还有一个童仆打着灯，提着酒坛，从园外或宅中急急赶来，给主人添酒。右边三个孩子则正蹲着开槽取酒。

《汉宫春晓图》中的盆景陈设

1.《汉宫春晓图》画面构成

《汉宫春晓图》为绢本设色长卷，横574.1cm、纵30.6cm，系仇英所绘。宫殿楼阁，山石卉木，宦侍宫娥，各执其事，描绘宫中嫔妃生活极为生动。

画面自右向左按照下列序列进行描绘：①画始于宫廷外景，晓烟中露出柳梢，花柳点出"春"，晨烟点出"晓"。②围墙内一湾渠水，鸳鸯白鹇飞翔栖息。一宫女领三孩童倚栏眺望水上飞鹇。③宫室内两宫女冠袍持宫扇，似待参加仪仗。一宫女凭栏望窗外孔雀。两便装宫女，一饲喂孔雀，一依傍

图6-100 《汉宫春晓图》大型梅桩盆景

图6-101 《汉宫春晓图》牡丹湖石须弥座花池

图6-102 《汉宫春晓图》对置山石盆景

图6-103 《汉宫春晓图》对置山石盆景

门后。④户外一人提壶下阶,三人分捧锦袱杂器侍立,一后妃拢手危立,注视宫女灌溉牡丹,牡丹左方一女伴随两鬟,一鬟浇花,一鬟持扇,上方填画屋宇阶桉。⑤有一树似梨开白花,树下有人摘花承以金盆,有人采花插鬓,有人持扇逶迤而来。⑥再左平轩突出,轩内女乐一组,有婆娑起舞者,有拍手相和者,有鼓弄乐器者,有持笙登级者。⑦轩后屋中两人正在整装。阶下六人围观地下一摊花草,同作斗草的戏,其余两人正匆匆赶来。上方门内两人却罢琴卧地读谱。⑧正屋一大群人,弈棋、熨练、刺绣、弄儿,各有所事。阶下六人,捧壶携器闲谈。左厢两人弄乐。⑨再左正屋中一人似后妃,画工为其写照。另有十余人拱卫侍从。⑩最后宫女一人扑蝶于柳梢。柳外宫墙,男士侍卫四人,分立于宫墙的内外。全卷于一组女乐处分为上下两辑,合为一卷,画工精细,色彩雅丽。

2.《汉宫春晓图》中的盆景陈设

(1)大型梅桩盆景

画面②中汉白玉大理石栏杆之前、一宫女三孩童身后,高脚状莲花宝座之上,海棠式大型花盆之中栽植一枯木逢春的梅桩,树干嶙峋奇特,线条弯曲变化,三个枝条虬曲多变,枝头红色花蕾含苞待放,显示了梅花顽强的生命力和极高的观赏价值(图6-100)。

(2)牡丹湖石须弥座花池

画面④中有一牡丹湖石花池,两丫鬟正在用喷壶浇水。花池用汉白玉作成,方形。花池中安放大型太湖石,"透""漏""瘦"皆具,石基处栽植一丛牡丹,枝叶扶疏,与湖石交织在一起,粉红色花开满枝头(图6-101)。

(3)对置山石盆景

画面⑥中平轩前,两盆山石盆景对称放置。高脚莲花状台座上,海棠形圆盆中安置似为灵璧石的奇石,两盆盆景中的山石朝向相对,山石基部的盆中栽植石菖蒲。两盆山石盆景增加了周围环境典雅的气氛(图6-102至图6-104)。

(4)对置湖石花池

画面⑧中正屋两侧对置二湖石花池,太湖石玲珑剔透,左侧者可以看到湖石花池全部,右侧者被栏杆遮挡仅可以看到湖石上半部(图6-105)。

图6-104 《汉宫春晓图》对置山石盆景 图6-105 《汉宫春晓图》对置湖石花池

传仇英《百美图》中的盆景陈设

1.《百美图》简介

明代末期出现很多传为仇英、描绘身着华丽服装的仕女在苑囿中游乐的长卷，画名作《汉宫春晓》《百美图》《阿房宫宫女欢乐之图》《汉宫春晓百美图》等，有时甚至被命名为描绘东晋才女苏若兰织寄回文锦挽回丈夫故事的《若兰璇玑图》，显示此类美女大杂烩的商业作品命题之任意性，本《百美图》即为此类作品的代表。旧传为仇英作，然风格不似，且设色更为艳丽。虽为《百美图》，但仕女们于太湖石前执壶浇花、荡秋千、以扇扑蝶、席地圈坐莳花弄草等画面，皆来自仇英《汉宫春晓》图卷，可见此作的影响力。

2.《百美图》中的盆景陈设

（1）牡丹湖石须弥座花池

与《汉宫春晓图》画面④中的牡丹湖石花池相比，《百美图》中的牡丹湖石花池中，太湖石更具有"透""漏"的特点，牡丹植株高度接近山石顶部，花色分为粉红色、深红色两色（图6-106）。

（2）对置山石盆景

与《汉宫春晓图》画面⑥中平轩前两盆对称放置的山石盆景相比，《百美图》中对置山石盆景的左边者山石稳定对称，右边者山石形状与《汉宫春晓图》中的右边者相似；两盆山石盆景盆面放置小型鹅卵石，而不是种植石菖蒲类（图6-107、图6-108）。

（3）对置湖石花池

与《汉宫春晓图》画面⑧中正屋两侧对置的二湖石花池相比，《百美图》中湖石花池中的太湖石没有那么玲珑剔透，但更显稳定；花池表面放置均等大小的小型鹅卵石，而不是种植石菖蒲类（图6-109）。

（4）盆兰

透过建筑圆窗，可以看到一仕女在低头认真读书，仕女身后几案之上放置图书、瓶花，左前方放置一大型盆兰，圆盆绿色，兰花密生。盆兰的摆放，增加了室内空间的生机，彰显了室内雅致宁静的气氛（图6-110）。

图6-106 《百美图》牡丹湖石须弥座花池

图6-107 《百美图》对置山石盆景

图6-108 《百美图》对置山石盆景

图6-109　《百美图》对置山石盆景

图6-110　《百美图》盆兰

传仇英《画二十四孝》和传仇英《纯孝图》中的盆景陈设

二十四孝故事图绘在北宋已经形成,明代万历晚期开始流行刊载于童蒙书刊《日记故事》的系统,包括虞舜、汉文帝、曾参、闵损、仲由、董永、郯子、江革、陆续、唐夫人(崔南山)、吴猛、王祥、郭巨、杨香、朱寿昌、庾黔娄、老莱子、蔡顺、黄香、姜诗、王裒、丁兰、孟宗、黄庭坚共二十四位孝子。此处介绍两套都是托名仇英、图像上非常相似、右图左文的故事图册,然而设色与人物造型均非仇英风格。《画二十四孝》设色温润,人物开脸发型等接近晚明风格,而《纯孝图》人物造型已略带扭曲,人物开脸高光对比明显,呈现更多清代风格[17]。

1.《画二十四孝》中的盆景陈设

《画二十四孝》图册24幅图中在三幅中有盆景的陈设,分别是图6《老莱子戏彩娱亲》、图10《姜诗涌泉跃鲤》以及图24《黄庭坚事亲涤品》。

图6《老莱子戏彩娱亲》中陈设的盆景有两盆:一盆摆放在红色十字交叉支架之上的盆栽牡丹,蓝色圆形浅盆;另一盆为一小型山石盆景(图6-111)。

图10《姜诗涌泉跃鲤》中陈设一大型花池景观,方形须弥座之中,摆放两块大小山石,左后侧栽植苏铁,构成苏铁山石花池景观(图6-112)。

图24《黄庭坚事亲涤品》图中书案上摆放图书、文房用品等,屏风左侧红色圆形几案上摆放瓶插花枝;画面左前方长方形几案之上摆放一山石盆景,白色长方形盆中,安置一玲珑剔透的山石,与瓶插花枝、书案上的文房用品相呼应,形成稳定雅致的空间(图6-113)。

2.《纯孝图》中的盆景陈设

《纯孝图》图册24幅图中也在三幅中有盆景的陈设,分别是图17《老莱子戏彩娱亲》、图20《姜诗涌泉跃鲤》以及图24《黄庭坚事亲涤品》。

《纯孝图》中的三幅盆景与《画二十四孝》中的三幅盆景极其相似,只是顺序稍有不同,所以不将盆景陈设图收录在此。

图6-111 《画二十四孝》图6《老莱子戏彩娱亲》中陈设的两盆盆景

图6-112 《画二十四孝》《姜诗涌泉跃鲤》中陈设一大型须弥座花池

图6-113 《画二十四孝》图24《黄庭坚事亲涤品》图中山石盆景

仇英其他绘画作品中的盆景

在仇英数量众多的绘画作品中，也出现了多幅盆景以及在庭园中陈设盆景的图片。

1.《临萧照中兴瑞应图》中的大型花池景观与山石盆景

《临萧照中兴瑞应图》又名《仇英临萧照高宗瑞应图》，为仇英的摹古之作，卷末署有"吴郡仇英实父谨摹"款，钤"实父""十洲"二印。《临萧照中兴瑞应图卷》原作共12段，曾藏于项元汴家，仇英因此得到观摩机会。此卷临本共4段，用笔粗健，设色精细，图中建筑的比例、形象、风格以及细部都极其忠实于原作，再现了萧照绘画的神髓，可谓"下真迹一等"。也有古建筑研究专家认为仇英的楼阁画只是在临摹宋画时才有出色的表现，而其自己的创作则逊色一筹。

《临萧照中兴瑞应图》中有一画面描绘湖石芭蕉园林，其中四位仕女在园林中休憩。画面右后方安置一大型花池湖石盆景：方形大理石盆，其中立置一玲珑剔透太湖石，旁边栽植灌木，大气稳重，与园林环境统一协调。此外，芭蕉树下的石桌之上，摆放一山石盆景（图6-114）。

2.《林亭佳趣》庭园中陈设的盆景

园林书斋营造出优美水景瀑布，河水贯穿全轴，溪畔水边桃花盛开，环境清幽富有水乡野趣。庭园中栽植玉兰、松树、竹子和棕榈等。画中高士斜倚榻上闭目养神，童子捧书于庭，主仆二人似皆陶然于山光水色之际，唯有松涛、鸟鸣、流水声伴其冥思。

庭园石桌上摆放松树与奇石盆景，盆钵皆为圆形（图6-115），如同《长物志》〈盆玩〉一节描述："盆宜圆，不宜方，尤忌长狭。石以灵璧、英石、西山佐之，余亦不入品。斋中亦仅可置一二盆，不可多列。小者忌架于朱几，大者忌置于官砖，得旧石凳或古石莲磉为座，乃佳。"[18]

3.《人物故事图册》贵妃晓妆中的牡丹奇石花池景观

《人物故事图册》全册10页，所绘人物、仕

图6-114　《临萧照中兴瑞应图》中的山石盆景

图6-115 《林亭佳趣》庭园中的松树与奇石盆景　图6-116 《人物故事图册》贵妃晓妆中的牡丹奇石须弥座花池

女多属传统题材。表现历史故事的有"贵妃晓妆""明妃出塞""子由问路";属于寓言传说的有"吹箫引凤""高山流水""南华秋水";描绘文人逸事的有"松林六逸""竹院品古";取之古代诗词的有"浔阳琵琶""捉柳花图"。各图在撷取典型情节、形象来表现题意方面,显示出缜密巧思。

《贵妃晓妆》为全册最具代表性的仕女作品,画面中心是一组位于屋宇中的场景:一位仕女手捧镜子,另一位手捧首饰盘,杨贵妃在屋中端坐,对镜理鬓。左边还有几位宫女正在奏乐。屋外台阶下有一女子和两位丫鬟,一鬟摘花,一鬟手捧盛具。右前侧有一宫女正在浇灌花池景观。这几组人物同

现在一个画面中,集中表现了杨贵妃爱牡丹、喜簪花、善声乐、好打扮的习性,也概括反映了她奢华的生活方式。

全图构图错落有序,宫殿楼阁、山石花木工整精细,林木与回廊穿插掩映,铺陈出宛如仙境般的瑰丽景象。

花池景观的长方形花池由大理石精雕细刻而成,其中栽植数株牡丹,配以玲珑剔透、宛若窗棂的奇石,数朵牡丹花朵正在盛开(图6-116)。

4.《南溪图》与《园林清课》中陈设的盆景

《南溪图》描绘山峦前的松林修篁中有一房舍,一高士对书而坐,似乎在等待客人的到来。与房舍有绿墙相隔的空旷场地上,栽植一斜干大树,大树

下设置四方平台，平台之中有一方桌，一童子在摆放围棋；另一童子正在扇炉煮茶。

四方平台前侧，对称陈设两盆蓝釉尊形盆盆景，盆树四枝片左右各两个。

此外，《园林清课》描绘竹林繁茂的乡野，有一座院落人家，屋宇区布置着厅堂、房舍、书斋、作坊；穿过绿墙为园池区，馆舍、亭榭围绕池畔而构筑。有读书、涤砚、纺纱、游园等人物活动于庭园中，使富有园林之胜的画面，亦充满雅逸的生活情趣。

在园池区中，画有比《南溪图》更为雅致的四方平台，平台之中也有一方桌，一童子在摆放围棋；另一童子也正在扇炉煮茶。四方平台前侧，也对称陈设两盆蓝釉尊形盆盆景，盆树更为自然可爱（图6-117）。

5. 仇英《清明上河图》中的盆景专卖店

《清明上河图》为北宋风俗画，由画家张择端所作，是中国十大传世名画之一。现藏北京故宫博物院。《清明上河图》宽24.8cm、长528.7cm，绢本设色。作品以长卷形式，采用散点透视构图法，生动记录了中国12世纪北宋都城东京（又称汴京，今河南开封）的城市面貌和当时社会各阶层人民的生活状况，是北宋时期都城汴京当年繁荣的见证，也是北宋城市经济情况的写照。

明代仇英的《清明上河图》采用青绿重彩工笔，描绘了明代苏州热闹的市井生活和民俗风情，该画长达9.87m，高0.3m，画中人物超过2000个。天平山、运河、古城墙，当时苏州地区标志性建筑皆清晰可辨，整个画卷充满山清水绿之明媚。据分析，仇英在创作该《清明上河图》时很可能参照了张择端的构图形式，但茶肆酒楼、装裱店、洗染坊细微处体现的

图6-117　《园林清课》中陈设的盆景

图6-118　仇英《清明上河图》中的盆景专卖店

图6-119 《孔子圣迹图之为儿戏图》中陈设的大型山石花池景观

则是江南水乡特有的生活情致，这当中包含艺术家的自身风格。仇本《清明上河图》其艺术欣赏研究价值虽不能与张择端的宋本《清明上河图》相媲美，但在历代《清明上河图》摹本中属精品。

仇本《清明上河图》中出现了销售盆景、花卉以及岭南等地区原产花木的专卖店。专卖店位于沿河一侧，左侧销售花木盆景，右侧销售各色各形花盆，数人正在询问价格并购买花盆与盆景（图 6-118）。该图说明明代时，花木盆景的生产、贩运以及销售已达专业水平。

6. 其他绘画作品中的盆景

除以上之外，现藏日本京都永观堂禅林寺的仇英《楼阁山水图》中出现了陈设树木盆景与山石盆景的情景；《孔子圣迹图之为儿戏图》中出现了大型山石花池景观（图 6-119）；无题绘画中，出现了兰石盆景与附石式盆景（图 6-120）。

图6-120 无题绘画中，出现了兰石盆景与附石式盆景

第八节
明代版画中的盆景

版画是绘画形式的一种，用刀具或化学药品等在版上刻出或蚀出画面，再复印于纸上。有木版、石版、铜版、锌版、麻胶版等种类。

中国版画的起源，有汉朝说、东晋说、六朝以至隋朝说。现存我国最早的版画，有款刻年月的，为咸通本《金刚般若波罗蜜经》卷首图。

唐、五代时期的版画，在我国西北和吴越等地都有发现的作品。作品大多古朴俊秀，奏刀有神。这些便是版画的起源。

宋元时期的佛教版画，在唐、五代的基础上又有了进一步的发展。刻本章法完善，体韵遒劲。同时，在经卷中也开始出现山水景物图形。其他题材的版画，如科技知识与文艺门类的书籍、图册等也有大量的雕印作品。北宋的汴京，南宋临安、绍兴、湖州、婺州、苏州、建安、眉山、成都等，成为各具特色的版刻中心。

明清两朝是我国版画的高峰时期，在许许多多文人、书商、刻工的共同努力下，版刻出现了各种流派，创作出大量优秀作品，版刻创作呈现出欣欣向荣的局面。不仅宗教版画在明代达到顶点，欣赏性的版画也在明代大大兴起。画谱、小说、戏曲、传记、诗词等，一时佳作如雪，不胜枚举。尤其是文学名著的刻本插图，版本众多，流行广泛，影响深远。

这一时期也是版画各个艺术流派的兴盛期。以福建建阳为中心的建安派，作品多出于民间工匠，镌刻质朴；以南京为中心的金陵派，作品以戏曲小说为主，或粗犷豪放，或工雅秀丽，风采迥异；以杭州为中心的武陵派，题材开阔，刻制精美；以安徽徽州为中心的徽派在中国文化史上更具有源远流长的影响和举足轻重的地位。

我国版画的发展，从地域看，它是由西向东、从北到南，逐渐地在转移。原来在成都和敦煌等西部的经书坊，经过开封、临汾至北京，最终聚集在东南省份。明清之际，福建、江苏、浙江和安徽等地书坊林立，刻书之富甲天下，几乎每书必图，逐渐形成了版画的黄金时代。至清代中期，除官刻殿本稍有可观者外，此后版画刻本日益衰落[19]。

明初版画中的盆景

明初版画包括洪武年间至正德年间（1368—1521）一百五十余年间的部分版画，该时期版画大体上承宋元余绪，多为实用插图，刻工姓名多不详。在这些版画插图中，出现盆景作品的有《观音经普门品》《明刊西厢记全图》（原名：新刊大字魁本全相参增奇妙注释西厢记）《饮膳正要》《便民图纂》《释氏源流》以及《圣迹图》等。

1.《新刊大字魁本全相参增奇妙注释西厢记》中的盆景作品

元代王实甫所著《新刊大字魁本全相参增奇妙注释西厢记（套装上下卷）》，是现存历史最为悠久的《西厢记》插图本（图6-121）。现藏北京大学图书馆，为孤本。版高25cm、宽16cm。原书天头地脚阔大，非常沉闷，全书高39.7cm，宽24cm，称为魁本货真价实。北京金台岳氏于明弘治戊午年（1498）夏季刊刻，画风粗暴，人物造像饱满，画面中花草树木、庭院假山随便装点，无不恰如其分。线条流利，粗细变动，使得画面生动传神。从其古朴粗暴的格调看，与闽派建安格调相相似，而与徽派版画细腻、烦琐的格调构成鲜明对照。

上下卷现存插图156题，273面，有单面、双面连式、多面连式，多面连式有的一处题记多达八面连式图，〈钱塘梦景〉〈郑恒扣红答郑恒〉均为八面连式图，局面庞大。由厢房客人睡中场景，倒退到庭院、柴扉，再到渡口、远处水景等。因莺莺与张生的恋情故事发作在普救寺西厢房，插图多绘西厢房场景，绘者巧妙地转换角度，使得二百余幅插图并不给人反复之感。

《新刊大字魁本全相参增微妙正文西厢记》除了注释以外还分支出〈崔张引首〉〈闺怨蟾宫〉〈增相钱塘梦〉〈新增秋波一转论〉〈满庭芳〉〈新刊参订大字魁奉蒲东崔张珠玉诗集〉〈新刊参订大字魁本蒲东崔张海翁诗集〉〈新刊参订大字魁本吟咏风月始终集〉〈西厢八咏〉等诗词曲调。这些诗词都是对《西厢记》故事次要情节的刻画，生动传神，对读者了解、观赏《西厢记》堪称是精益求精。

书中共描绘盆景40件，其中上卷24件，下卷16件。盆景作品出现的卷数、页码、摆放场景、盆景类型与形式如表6-1所示。

《新刊大字魁本全相参增微妙正文西厢记》所描绘的40件盆景作品具有以下共性：①受元代盆景形式影响以及尚处于明代初期，书中大量采用了处于园林景观与盆景之间的形式的花池景观，并且多为花木湖石花池景观，如棕榈、芭蕉、梅花、三角枫、竹子、玉簪以及其他花木湖石花池景观。②兰花栽培受到重视，大量出现了兰石盆景、兰花盆景以及兰花盆栽。③附石式盆景、配石式盆景大量出现。④出现了部分盆栽花卉，如盆栽仙人掌、盆栽兰花等。

2.《饮膳正要》插图中的松树盆景

《饮膳正要》是一部古代营养学专著，为元代饮

表6-1 《新刊大字魁本全相参增微妙正文西厢记》所描绘的盆景作品

上、下卷	页码	摆设场景	盆景作品
上卷	4	闺怨蟾宫，庭园	竹石花池景观
	9	钱塘梦景，庭园	须弥莲花宝座兰花盆景（图6-122）
	17	满庭芳，庭园	芭蕉湖石兰石盆景
	18	满庭芳，庭园	三角枫湖石花池景观
	20	满庭芳，庭园	棕榈湖石花池景观
	78	张生至方丈与长老叙话，庭园	兰石盆景、花木盆景
	79	张生送银与长老求祝莺事，庭园	束腰圆盆兰石盆景、浅盆兰石盆景
	104、105	夫人同莺莺修斋事，室内	花卉盆栽4盆
	111	莺见生后情思困卧，庭园	兰花盆栽、花草附石盆景（图6-123）
	115	长老同夫人报莺莺兵围普救寺，庭园	梅花湖石花池景观（图6-124）
	140	红承夫人命请生饮酒，庭园	须弥莲花宝座菖蒲湖石盆景
	143	红承夫人命请生饮酒，庭园	芭蕉奇石花池景观
	147	生宽衣撞莺莺倒躲，庭园	须弥莲花宝座兰石盆景
	153	莺莺对红怨恨夫人，庭园	须弥莲花宝座兰石盆景
	154	莺莺对红怨恨夫人，庭园	仙人掌盆栽、兰草盆景
	155	莺莺对红怨恨夫人，庭园	怪石花池景观
	160	莺莺与红娘同游花园烧夜香，庭园	大型牡丹山石长方形盆景
	162	莺闻生操琴步移窗听	花木山石花池景观

（续）

上、下卷	页码	摆设场景	盆景作品
下卷	172	莺唤红拜央去望张生，庭园	棕榈盆栽、兰石盆景、大型玉簪山石花池景观
	176	红娘承莺命去望张生，庭园	棕榈湖石花池景观
	191	红回生话谢怨张生，庭园	兰花盆栽、山石盆景
	194	红送莺简张生开读，庭园	兰石盆景、山石盆景、高干树木盆景、蟠干盆景（图6-125）
	203	莺见生跳墙怒诘张生，庭园	芭蕉湖石花池景观
	205	莺嗔生跳墙红命生跪受责，庭园	须弥莲花宝座山石盆景
	263	莺莺闷坐思忆张生，庭园	棕榈湖石花池景观
	271	莺莺命琴童寄衣袜等物与生，庭园	须弥莲花宝座兰石盆景
	287	郑恒扣红红答郑恒，庭园	兰石盆景、直干树木盆景

图6-121 《新刊大字魁本全相参增奇妙注释西厢记》

图6-123 上卷，莺见生后情思困卧，兰花盆栽、花草附石盆景

图6-124 上卷，长老同夫人报莺莺兵围普救寺，梅花湖石花池景观

图6-122 上卷，钱塘梦景，须弥莲花宝座兰花盆景

图6-125 下卷，红送莺简张生开读，兰石盆景、山石盆景、高干树木盆景、蟠干盆景

图6-126　元代，忽思慧，明代景泰元年刊本，《饮膳正要》〈卷一·乳母食忌〉

图6-127　元代，忽思慧，明代景泰元年刊本，《饮膳正要》〈卷二·秋宜食麻〉

图6-128　元代，忽思慧，明代景泰元年刊本，《饮膳正要》〈卷二·冬宜食黍〉

膳太医忽思慧所撰，著成于元朝天历三年（1330），全书共三卷。卷一讲的是诸般禁忌，聚珍品撰。卷二讲的是诸般汤煎，食疗诸病及食物相反中毒等。卷三讲的是米谷品、兽品、禽品、鱼品、果菜品和料物等。

该书记载药膳方和食疗方非常丰富，特别注重阐述各种饮馔的性味与滋补作用，并有妊娠食忌、乳母食忌、饮酒避忌等内容。它从健康人的实际饮食需要出发，以正常人膳食标准立论，制定了一套饮食卫生法则。书中还具体阐述了饮食卫生、营养疗法，乃至食物中毒的防治等。

《饮膳正要》插图版为明代景泰元年（1450）内府刊本，附录版画二十余幅，插图单面大图，绘刻严谨，作风浑厚质朴系北方木刻。

在插图中，有三幅中描绘有松树盆景：第一幅是〈秋宜食麻〉，第二幅是〈冬宜食黍〉，第三幅是〈乳母食忌〉。

〈秋宜食麻〉中描绘的是曲干附石盆景：庭园左侧自然山石平台之上，摆设一石质须弥莲花宝座，其上摆置盆景，山石放置其中，松树树干绕山石凹处直立而生，七个枝片构成较平稳树形（图6-126）。

因为松树树干比较坚硬，该松树应该在幼小时绕石而生。

〈冬宜食黍〉中描绘的是直干松树盆景：在屋宇左侧的自然山石平台之上，摆设与上图同样的石质须弥莲花宝座，其上摆放圆盆，盆中栽植大约有十个枝条的直干松树，枝条向斜下方伸展生长，呈现出老松姿态（图6-127）。

〈乳母食忌〉中描绘的是松竹附石盆景：在屋宇右侧须弥莲花宝座之上，放置一松竹附石盆景，松树蟠曲高跷，右侧枝长，左侧枝短，构成树木空间均衡；山石玲珑剔透，高及松树一半之上；竹子生于山石基部盆土中（图6-128）。

3. 其他版画作品中的盆景

在《观音经普门品》插图中出现了附石式灵芝盆景（图6-129），说明此时灵芝盆景已经被应用于宗教环境的装饰。《释氏源流》插图中也出现了庭园环境中摆饰盆景的图片，一盆为兰石盆景，另一盆为正在开花的菊花附石盆景（图6-130）。《便民图纂》中的〈下蚕〉〈经纬〉二图中出现了盆景作品，说明盆景已被应用于农家庭园中的装饰。此外《圣迹图》插图中还出现了万年青盆景和仙人掌盆景。

图6-129　《观音经普门品》插图中的附石式灵芝盆景　　　　　图6-130　《释氏源流》插图中的兰石盆景、菊花附石盆景

嘉隆版画中的盆景

　　嘉隆版画包括嘉靖年间至隆庆年间（1522—1572）刊印的版画，前后约有50年。该时期刊书业以福建建阳为胜。建阳自宋元以来即为我国出版中心之一，至嘉隆时书中附刻插画的风气渐盛。

　　该时期刊行的《农书》与《虫经》插图中出现了盆景作品。

　　1.《农书》插图中的盆景

　　《农书》，二十二卷，元代王祯撰。明代嘉靖九年（1530）山东布政使刊本，纵24.5cm、横15.7cm，原书现藏山东省图书馆。插图单面方式和双面连式。早在宋代陈旉已撰《农书》三卷。此书凡农桑通诀六卷，谷谱六卷，农器图谱十二卷。其书记载农事详细，每图之下，附有铭赞诗赋。

　　〈茧馆〉一图右前方栏杆之外，露地生长着萱草、

车前子等，其间摆放附石盆景一件（图6-131）。

　　2.《虫经》插图中的盆景

　　《虫经》原名《鼎新图像虫经》，宋代贾秋壑辑，明代王淇竹校，嘉靖年间（1522—1566）刊本，原书现藏上海图书馆。昆虫虽小而往往千姿百态，灵巧跃动，天机神会，百看不厌。

　　此处〈斗蟋蟀〉双面连式一幅，绘刻逼真，活波可爱。右面右前方，放置三盆盆景；左面正前方，摆放两盆盆景，左侧后方，石几之上摆放三盆盆景（图6-132）。

明代金陵所镌版画中的盆景

　　金陵（今南京）在明代是我国出版中心之一。万历崇祯年间（1573—1643），金陵的刊书业兴盛，当时的〈世德堂〉〈富春堂〉〈文林阁〉等书肆均为有力的书商，经营这几个书肆的都为唐氏一族。此

图6-131 《农书》〈革馆〉中的附石盆景　　图6-132 《虫经》〈斗蟋蟀〉中的盆景

外，〈继志斋〉陈氏、〈环翠堂〉汪氏也很著名。镌刻者也以金陵刻工为多。在版画风格方面，唐氏所镌的版画一般都承袭着古代版画传统。陈氏〈继志斋〉渐脱旧型，力驱辉煌富丽。汪氏〈环翠堂〉所刻诸传奇插图尤为精丽工致近似徽派。金陵所镌大量的版画作品中出现了盆景

1.《新镌增补出像评林古今列女传》插图中的盆景

《新镌增补出像评林古今列女传》为传记类，由明代茅坤补、彭烊评、宗原校汉代刘向撰《列女传》而成，其内容是介绍中国古代汉族妇女事迹的传记性史书。明代万历十五年（1587）金陵富春堂刊本，框高20.9cm，双面宽25.6cm。双面大版，图上方通栏标目，左右镌以联语。

插图〈托赋写愁〉一幅中右面，出现了六件盆景的图片：正前方摆设一小型蒲石盆景；右侧前方，摆设二较大型盆景，一为一高一低斧劈石构成的方形盆蒲石盆景，另一为圆盆菊花盆栽；中部中间，摆放三小型菖蒲盆景（图6-133）。

2.《天工开物》插图中的盆景

《天工开物》是世界上第一部关于农业和手工业生产的综合性著作，是中国古代一部综合性的科学技术著作，有人也称它是一部百科全书式的著作，作者为明朝科学家宋应星。《天工开物》初刊于明崇祯十年丁丑年（1637），共三卷十八篇，全书收录了农业、手工业，诸如机械、砖瓦、陶瓷、硫磺、烛、纸、兵器、火药、

纺织、染色、制盐、采煤、榨油等生产技术。

作者在书中强调人类要和自然相协调、人力要与自然力相配合。是中国科技史料中保留最为丰富的一部，它更多地着眼于手工业，反映了中国明代末年出现资本主义萌芽时期的生产力状况。

〈卷上·乃服〉插图中，图面右侧中前部，放置一条形桌，上有一圆盆树木盆景（图6-134）；此外，〈卷上·作碱〉凿井的右侧图后部中间，窗台之上，放置一长方盆山石盆景，该山石盆景已经符合"一景二盆三几架"之鉴赏标准（图6-135）。

3.《新镌武侯七胜记》插图中的盆景

《新镌武侯七胜记》为古本戏曲类，秦淮墨客（纪振伦）撰，万历年间广庆堂唐振吾刻本。

在其〈下卷〉某插图中，屋宇右侧、梧桐树下，有一自然形石桌，其上放置6盆盆景，从前到后依次为：浅盆蒲石盆景2盆，浅圆盆附石盆景1盆、中高盆兰石盆景1盆、束腰细高盆兰石盆景1盆以及浅鼓盆附石盆景1盆（图6-136）。这些石桌上的盆景与建筑、梧桐构成了统一、雅致的庭园空间。

4.《绣襦记》插图中的盆景

《绣襦记》原题《新刻全像注释绣襦记》，二卷。明代薛近兖撰，万历年间金陵文林阁刊本，纵22cm，横14cm，原本现藏上海图书馆。插图双面连式。《绣襦记》为明代传奇类戏曲，演郑元和、李亚仙的故事。取材于唐代白行简的《李娃传》，反复描写痴儿少女的惓恋与遭遇，十分动人。

图6-133　《新镌增补出像评林古今列女传》〈托赋写愁〉中的六件盆景

图6-134　《天工开物》〈卷上·乃服〉插图中的圆盆树木盆景

图6-135　《天工开物》〈卷上·作碱〉插图中的长方盆山石盆景

图6-136　《新镌武侯七胜记》插图中的盆景

图6-137　《绣襦记》〈面讽背诵〉插图中的盆景

图6-138　《警世通言》〈卷三〉插图中的5盆盆菊　　图6-139　《世德堂镌节孝图》〈白衣送酒〉插图中的菊花盆景

本书所选〈面讽背诵〉插图，绘刻巧妙，人物神韵如生。图面左侧前部地面上，自然式摆放三盆盆景，中部为一稍大型兰石盆景，左侧为小型附石树木盆景，右侧为一菖蒲盆景（图6-137）。

5.《警世通言》与《世德堂镌节孝图》插图中的菊花盆景

《警世通言》是明末冯梦龙纂辑的白话短篇小说集。完成于天启四年（1624），收录宋、元、明时期话本、拟话本40篇。一般认为，这些作品都经过编纂者不同程度的加工、整理，题材或来自现实生活，或取自前人笔记小说。

《警世通言》内容丰富，有反映市民生活的《崔待诏生死冤家》，反映妇女生活的《小夫人金钱赠年少》《白娘子永镇雷峰塔》《杜十娘怒沉百宝箱》及反映爱情生活的《乐小舍生觅偶》等作品。

《警世通言》插图版为邓氏白拙生校，崇祯年间（1628—1644）刘素明刻。现藏日本公文书馆。〈卷三〉某插图，描绘庭园中竹子太湖石下，两位高士痛惜的发现盛开的5盆盆菊被西风摧残、花瓣落地的景象。图面右上角写有"西风昨夜过园林，吹落黄花遍地金"（图6-138）。

《世德堂镌节孝图》又名《节孝记》，为传奇剧本，明高濂作，上、下两卷。上卷十七出，写陶潜几出几入官场，终不愿为五斗米折腰，而寄情诗酒泉石之间，表现出清高的气节。万历年间，约1595年由金陵唐氏绘刻刊行。

〈白衣送酒〉插图中，描绘陶渊明寄情于山水园林之间、书童捧酒而来的场景。在其前方，松树之下，有一盛开的菊花盆景，与周边环境、人物浑然一体（图6-139）。

限于篇幅，现将明代金陵所镌其他版画作品中出现的盆景汇总如表6-2。

表6-2　明代金陵所镌部分版画作品中的盆景

书名	作者	刻绘者	刊印年代	所藏	盆景
丹桂记	不详	徐萧颖洲			树木盆景2盆
新刻出像音注增补刘智远白兔记	无名氏撰、谢天佑校		万历年间（1573—1619）	金陵富春堂	牡丹盆栽1盆
新刻出像音注姜诗跃鲤记	陈罴斋撰	金陵富春堂	万历年间		盆栽兰花1盆
新刻出像点板八义双杯记	无名氏撰、秦淮墨客（纪振伦）校正	金陵广庆堂	万历年间		兰石盆景1盆
新刻洒洒篇	刘素明、陈聘洲、凤洲	著者不详，蔡冲寰画	万历年间		树木盆景2盆
西厢记	元王德信撰、槃迈硕人改订	明钱贡、刘素明、魏之克等画	天启年间（1621—1627）		梅花盆景1盆
硃订琵琶记	元高明撰、孙鑛评	刘素明、刘素文刻	天启诸臣版	日本公文书馆藏	蒲石盆景2盆
重校琵琶记	元高明撰	万历年间金陵集义堂版		日本蓬左文库藏	松树盆景1盆、兰石盆景1盆（图6-140）
北西厢记	元王实甫撰、关汉卿续	金陵继志馆继志斋陈氏版	万历年间		附石盆景1盆、蒲石盆景1盆
玉簪记	高濂撰、陈大来校	金陵继志斋刊本	万历二十七年（1599）		附石盆景1盆、蒲石盆景1盆
三元记		金陵刻本			树木盆景1盆、兰花盆栽2盆
月亭记	元施惠撰、星源游氏重订	金陵唐氏世德堂刊本			附石盆景1盆
海阳程氏敦伦堂参录					盆栽花卉1盆
新刻出像音注点板东方朔偷桃记	新都吴德修撰	金陵唐振吾广庆堂版	万历年间		兰石盆景1盆、盆栽花卉1盆
重校荆钗记	元柯丹丘（朱权）撰	金陵继志斋陈氏版	万历三十年（1602）	北京大学藏	蒲石盆景2盆
继志斋镌西湖志					松树附石盆景2盆、兰石盆景1盆、菖蒲盆景2盆（图6-141）

万历版画中的盆景

　　包括万历年间建安、金陵、新安三个出版中心地所刊印的版画。该时期刻工技巧已经逐渐提高，摆脱了嘉隆初期那种粗率拙滞的现象。同时，金陵、建安、新安各派的作风在相互影响之下，各自树立了新的风格。

　　万历年间20余本书籍版画中出现了摆饰盆景的情景。

1.《环翠堂园景图》中的盆景

　　环翠堂为明代徽郡巨富汪廷讷所筑。汪廷讷，字昌朝，别署无如居士，明万历间曾官盐运使，筑坐隐园以自娱，环翠堂即为坐隐园之主建筑。

　　《环翠堂园景图》，钱贡绘图，黄应组刻，明万历间环翠堂汪氏刊本，全卷框高24cm、宽1486cm。钱贡字禹方，号沧州，吴县人，善山水、人物。黄

图6-140 《重校琵琶记》中的松树盆景、兰石盆景　　图6-141 《继志斋镌西湖志》中的松树附石盆景、兰石盆景、菖蒲盆景

应组，字仰川，与其弟应坤均为徽州黄氏名手。《环翠堂园景图》中出现了多幅陈设盆景的图片。

（1）选图一中的盆景

本图中两处出现了陈设盆景的情况：一处在于图右侧石制台桌之上，摆放着至少 1 盆附石式盆景（里侧的看不见）；另一处是在环草堂前十字木架上摆放着大型南方植物盆栽。

（2）选图二中的盆景

被藤架绿篱围合的庭园空间内，中央园路形成中轴线，园路两侧各成排摆放一列盆景，里侧一排被园篱遮挡，但从最头端为盆景可以推想而知，此列为盆景。外侧一列盆景清晰可见，两端各为一圆盆盆景，中间四盆盆景方形盆与石制南瓜状种植盆交替摆放，从图面效果树种难以断定。可以想象两列大型盆景装饰效果良好，在开花季节，能够形成壮观的装饰效果（图 6-142）。

（3）选图三中的盆景

三棵挺拔古松枝叶覆盖下的近方形院内，摆放一大型曲水台，数位文人正在进行曲水流觞活动。曲水台里侧为一长条形兰台，兰台之上放置四盆兰花盆景。兰花盆景不仅雅致可赏，开花时幽香阵阵沁人心脾，令人愉悦（图 6-143）。

（4）选图四中的盆景

在〈冲天泉〉围合空间内，巨龙腾空而起，将水喷向天空，达到最高点后又落回水池。冲天泉里侧，有一长条形平台，上置四盆盆景：从左向右依次为菖蒲盆景、山石盆景、兰石盆景以及山石盆景。该空间内，冲天泉为动态景观，盆景为静态景观，一动一静，动静结合（图 6-144）。

（5）选图五中的盆景

该图描写水榭景观，其中摆放两盆盆景：水

图6-142 《环翠堂园景图》选图二中的盆景

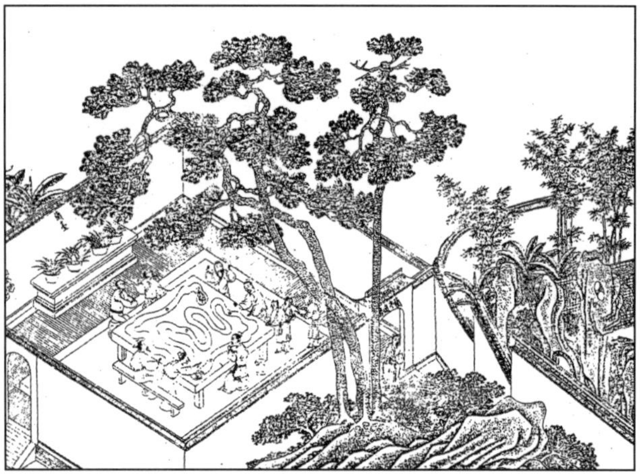

图6-143 《环翠堂园景图》选图三中的兰花盆景

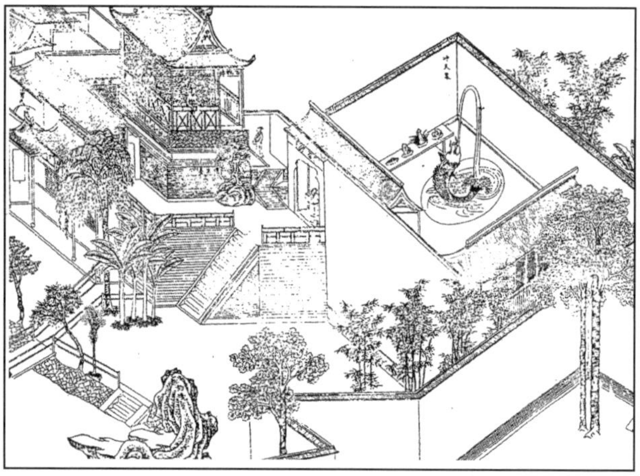

图6-144 《环翠堂园景图》选图四中的四盆盆景

榭檐内拐角处，高脚圆桌之上，摆放一束腰圆盆花卉盆栽；榭内书桌之上，摆放一珊瑚盆景（图6–145）。水榭内的两盆盆景增添了生机感，并增加了雅致气氛。

（6）水溪边的盆景平台

平桥横卧水溪之上，有一高士背手漫步，边走边赏。三只鸭子在水中浮游，一只正欲从岸边跳下。桥头左侧为一茂密竹林，右侧有一石制平台，其上摆放三盆形式、盆形各异的盆景，增加了岸边空间的趣味性（图6–146）。

（7）中央庭园墙前条形几案上的五盆盆景

画面中央庭园墙前有一条形几案之上，上置五盆盆景，从左到右依次为：兰石盆景、兰花盆栽、附石式树木盆景、蒲石盆景以及山石盆景(图6–147)。

2.《明刻传奇图像十种》中出现的盆景

《明刻传奇图像十种》取材并编辑自明代天启年间《琵琶记》《红拂传》《董西厢记》《西厢记》《明珠记》《牡丹亭》《邯郸梦》《南柯记》《紫钗记》《燕子笺》等十部戏曲之插图。

（1）《红拂传》插图中的盆景

《红拂传》〈谭侠〉插图中，屋宇左侧芭蕉树下，有一长方形台案，上置三盆盆景：左侧为一松树盆景，中间为一山石盆景，右侧为一竹子盆景（图6–148）。

（2）《南柯记》插图中的盆景

《南柯记》〈粲诱〉插图中，屋宇台阶之前方地面上，放置三盆盆景：左前方为一菖蒲盆景；右侧为一长方形盆的斜干松树盆景，树干右侧陪衬一小型山石；后侧为一附石式树木盆景（图6–149）。

（3）《紫钗记》插图中的盆景

《紫钗记》插图中，屋宇右前方地面上，放置两盆盆景：左侧为一蒲石盆景，右侧为一圆盆树木盆景，树下陪衬两块小型山石（图6–150）。

（4）《燕子笺》插图中的盆景

《燕子笺》骇像插图中，右前方自然式雕木台桌之上，放置两盆盆景：左侧为没有山石相配的菖蒲盆景,右侧为有山石相配的附石盆景（图6–151）。

3.《元明戏曲叶子》中出现的盆景

"叶子"，人们通称"酒牌"，也叫作"酒筹"。它是在一张纵约五寸、横约三寸的裱好的硬纸片上，或是纵约三寸、横约一寸的象牙、兽骨签上，刻画着片段的古典戏剧、小说的故事情节以及诗词歌曲的警句，演绎它的内容，制成酒令，作为娱乐之用。在宴会饮酒的时候，先由客人随便抽取一张"叶子"，看它所题字句，若是适合客人的情况，客人饮酒；若是适合主人的情况，主人饮酒。所以"叶子"是明清两代士大夫宴会饮酒时最流行的一种游戏用品。明代时，这种"叶子"内容非常丰富，十分流行，多种流传至今。

《元明戏曲叶子》的编绘与雕刻者的姓名已不可考。它是我国历史上版画艺术黄金时期—明代万历末期作品，共26幅，白棉纸蓝色印刷。其中有两幅中刻画有盆景。

〈奉美貌者饮〉插图中，画面左前方地面上，放置两盆盆景：左侧为一长方形盆松树附石盆景，右侧为一兰花盆景（图6–152）。

〈沉吟者巨酰〉插图中，右侧画有两盆盆景：一盆为松树盆景，一盆为菖蒲盆景（图6–153）。

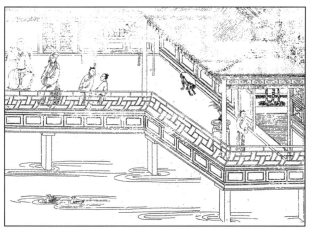

图6-145　《环翠堂园景图》选图五中的盆景

图6-146　《环翠堂园景图》水溪边盆景平台

图6-147　《环翠堂园景图》中央庭园墙前条形几案上的五盆盆景

图6-148　《红拂传》〈谭侠〉插图中的三盆盆景

4.《环翠堂乐府西厢记》两种版本中出现的盆景

元代王德信撰、明代汪廷讷校订的《环翠堂乐府西厢记》在明代万历年间有两种版本：一本是陈聘洲、陈震衷刻，由环翠堂汪廷讷刊本，框高23.8cm、宽15cm；另一本为福建复刻金陵版。

（1）汪廷讷刊本中的盆景

插图中庭园左侧，大型苏铁山石景观之右前侧，地面上放置3盆盆景：中央为一松树附石盆景，左侧为一盆蒲石盆景，右侧为一菖蒲盆景。

（2）福建复刻金陵版本中的盆景

有两幅插图中出现了盆景：一幅的庭园右前方，地面上放置两盆盆景，左侧为圆盆山石盆景，右侧为兰石盆景；另一幅的墙角处放置两盆兰石盆景。

图6-149 《南柯记》〈粲诱〉插图中的三盆盆景

图6-150 《紫钗记》插图中的两盆盆景

图6-151 《燕子笺》插图中的两盆盆景

图6-152 《元明戏曲叶子》〈奉美貌者饮〉插图中的两盆盆景

图6-153 《元明戏曲叶子》〈沉吟者巨酰〉插图中的两盆盆景

5. 建阳萃庆堂《新刻洒洒篇》中的盆景

万历年间，著者不详，蔡冲寰画，刘素明、陈聘洲、凤洲刻印的《新刻洒洒篇》中有描绘 2 盆树木盆景的插图。天启年间（1621—1627）邓志谟编撰的《新刻洒洒篇》属于杂纂类书籍，是在相关专题下汇录诗、文、曲勒为一篇的杂著。图版署《素明刊》《新刻洒洒篇》有女妓赠张梦征诗，并附图。后者被称为建阳萃庆堂《新刻洒洒篇》，其中有多幅插图中出现了盆景。

（1）卷一插图中的松树盆景与菖蒲盆景

插图描绘一男一女在园林中作亲热状。男女人物之后为花木湖石景观，湖石右后侧种植垂柳一株，湖石右前侧为一长条形几案，下有圆形坐凳，上有牡丹插瓶等。男女人物之前，左侧为一花草山石，右侧放置松树附石盆景与菖蒲盆景。松树附石盆景树姿虬曲多变，枝叶扶疏，具有明代松树盆景的特点（图 6-154）。

（2）卷四插图一中的灵芝盆景与菖蒲盆景

卷四插图一描绘男女亲热交谈状。男女身后为一屏风，屏风后为栏杆，栏杆后为芭蕉花木景观；屏风前为一几案，上置牡丹插瓶等。图面左前方放置两盆盆景：左侧为一灵芝盆景，右侧为一菖蒲盆景（图 6-155）。

（3）卷四插图二中的兰石盆景与蒲石盆景

卷四插图二描绘仕女读书状，女童持扇扶持右侧，图面左前侧文士正向读书仕女走来。仕女身后为一描绘山水景观的屏风，屏风后为花木湖石景观。图面正前方中间摆放两盆盆景：左侧为长方浅盆兰石盆景，右侧为圆盆菖蒲盆景（图 6-156）。

（4）卷四插图三中的树木盆景

卷四插图三描绘男女亲热交谈状。男女后侧为一山水屏风，屏风前为长条形几案，上置牡丹插瓶等。屏风后为大理石栏杆，栏杆外为荷花水塘景色。图面左前方为花木湖石景观，右前方摆放两盆树木盆景，一为方盆树木盆景，另一为圆盆垂枝盆景（图 6-157）。

图6-154 《新刻洒洒篇》卷一插图中的松树盆景与菖蒲盆景　图6-155 《新刻洒洒篇》卷四插图一中的灵芝盆景与菖蒲盆景　图6-156 《新刻洒洒篇》卷四插图二中的兰石盆景与蒲石盆景　图6-157 《新刻洒洒篇》卷四插图三中的树木盆景

表6-3 万历版画中的盆景

书名	作者	刻绘者	刊印年代	所藏	盆景
南柯梦	汤显祖		万历年间		梅花盆景1盆、兰石盆景1盆、菖蒲盆景1盆
牡丹亭记	汤显祖	金陵唐氏	万历四十五年（1617）		兰石盆景、菖蒲盆景各1盆（图6-158）
鼎锲徽池雅调南北宫腔乐府点板曲调大明春					闽建书林金魁（拱塘）刊本万历年间 附石、菖蒲盆景各1盆
目连救母劝善戏文		新安郑氏高石山房刊本	万历十年（1582）		各式盆景4盆
樱桃梦	陈与郊撰	陈氏绘、陈与郊自刻	万历四十四年（1616）		松树附石盆景1盆、蒲石盆景1盆
西厢记考	江东洄美编	钱谷画、夏缘宗刻	万历年间		松树、附石、菖蒲盆景各1盆
北西厢记	王德信撰	吴门叟君素画、李梗刻	万历三十年（1602）		附石盆景1盆
北西厢记	王实甫撰、关汉卿续	起凤馆刻本	万历三十八年（1610）	明李贽、王世贞评	附石、菖蒲盆景各1盆
诗余画谱	汪氏辑印	汪耕画、黄一楷、黄一彬刻	万历四十年（1612）		盆栽1盆、芭蕉山石花池景观1盆
登云四书集注			万历间（1575）		附石、兰石、菖蒲盆景各1盆（图6-159）
李卓吾先生批评幽闺记	施惠撰、李贽评	谢茂阳刻 武林容与堂刊本	万历年间		山石盆景2盆、菖蒲盆景1盆（图6-160）
灵宝刀	李开先原撰、陈与郊改编	海昌陈氏刊本	万历二十六年（1598）		松树盆景1盆、蒲石盆景1盆（图6-161）
红梨花记		书林杨居寀刻本	万历间		兰花、菖蒲盆景各1盆
列仙降凡传			万历年间		树木、附石盆景各1盆
陈眉公选乐府先春	谢少连校	黄应光镌	万历三十至三十六年（1602—1608）		兰石、兰花盆景各1盆（图6-162）
新刻艺窗汇爽万锦情林	余象斗纂、余氏梓		万历二十六年（1598）	日本东京大学文学部藏	蒲石盆景1盆、菖蒲盆景2盆
西厢评林大全	王实甫撰、关汉卿续	建安熊龙峰忠正堂刻印	万历二十年（1592）	日本公文书馆藏	菖蒲盆景3盆、蒲石盆景1盆
风月争奇	邓志谟编	建阳萃庆堂余氏版	明代天启间（1621—1627）	日本公文书馆藏	附石盆景2盆、菖蒲盆景2盆

图6-158　《牡丹亭记》中的兰石盆景、菖蒲盆景

图6-159　《登云四书集注》中的附石、兰石、菖蒲盆景

图6-160　《李卓吾先生批评幽闺记》中的山石盆景、菖蒲盆景

图6-161　《灵宝刀》中的松树盆景、蒲石盆景

图6-162　《陈眉公选乐府先春》中的兰石、兰花盆景

明刊画谱·墨谱·诗余画谱中的盆景

　　该类版画包括墨谱、画谱、诗余画谱等。镌刻时期除部分为明代早期刻本外，其余多刻于嘉靖至万历年间。万历时期我国版画已有高度发展，版画形式亦趋多种多样，许多知名画家也都为刻制版画而绘成各种专册和画谱。刻工中名手相继涌现，木刻艺术水平大幅度提高，属于我国版画史上的黄金时期。

1.《唐诗画谱》中的盆景

　　"集雅斋"主人黄凤池，明朝万历年间著名的书籍商、出版商，新安（安徽徽州）人，后迁居杭

图6-163 《唐诗画谱》〈七言画谱〉〈别裴九弟〉插图中的盆景

图6-164 《唐诗画谱》〈七言画谱〉〈归燕献主司〉插图中的盆景

图6-165 《唐诗画谱》〈七言画谱〉〈赠药山高僧惟俨〉插图中的盆景

州开设书坊集雅斋，专门出版画谱类图书，计有八种，后合刊为《集雅斋画谱》。《唐诗画谱》诗选唐人五言、六言、七言各50首左右，书求名公董其昌、陈继儒等为之挥毫，画请名笔蔡冲寰、唐世贞为之染翰，刻版出自徽派名工刘次泉等之手，堪称"四绝"。被时人誉为"诗诗锦绣,字字珠玑,画画神奇"。

（1）《唐诗画谱》〈七言画谱〉插图中的盆景

《唐诗画谱》〈七言画谱〉中的〈别裴九弟〉〈归燕献主司〉以及〈赠药山高僧惟严〉三幅插图中出现了盆景。

〈别裴九弟〉是我国唐朝著名诗人贾至所创作的一首诗歌作品。贾至，字幼隣，唐代洛阳人。全诗描写了诗人与友人送别时的景色，虽然夜景十分清幽美丽，但正是这美丽的景色衬托出诗人与友人离别时伤感，以及诗人对友人的依依惜别之情。左侧插图描绘月光下的庭园环境，湖石玲珑，竹林幽静。画面左前方摆放三盆盆景：最里侧的圆盆四季秋海棠、中央的长方浅盆松树盆景以及最外侧的圆盆菖蒲盆景（图6-163）。

〈归燕献主司〉作者章孝标（791—873），唐代诗人，字道正，章八元之子，诗人章碣之父。插图描绘诗人抚摸芭蕉叶片的情景，一书童在后伺候。书童后侧为一几案，上置盆景与文房用件（图6-164）。

〈赠药山高僧惟俨〉是唐代思想家、文学家李翱题赠给药山惟俨禅师的一组七言绝句。该诗表达了诗人对惟俨禅师深厚的佛学修养的赞赏和钦佩之情。插图描绘屋宇、庭园环境。图面右前方放置两

盆盆景：一盆为万年青盆栽，一盆为菖蒲盆景（图6-165）。

（2）《草本花诗谱》两幅插图中的盆景

黄凤池所编《草本花诗谱》收草本花卉若干种，前图，后明人书花名种类、形状及种植法说明文字，刻绘均极精工。

《草本花诗谱》两幅插图中描绘有盆景，一是

图6-166 《草本花诗谱》〈红蕉花〉描绘的红蕉盆景

345

图6-167 《草本花诗谱》〈吉祥草花〉描绘的吉祥草附石盆景

图6-168 《图绘宗彝》〈舞袖〉中的盆景

〈红蕉花〉，另一是〈吉祥草花〉。〈红蕉花〉描绘红蕉盆景（图6-166），〈吉祥草花〉描绘吉祥草附石盆景（图6-167）。

2. 《图绘宗彝》中的〈舞袖〉〈盆中景〉中的盆景

《图绘宗彝》明代杨尔曾辑。书中内容为木版画集及画论，分8卷：人物山水、翎毛花卉、梅花、竹叶枝条、兰花、兽畜虫鱼、各家画论等，全书共载版画300多幅。为明万历三十五年（1607）夷白堂刊本，徽派名家蔡冲寰画，黄德宠刻。此本所载图画极精，颇生动，书中论画之作，皆采录宋元以来前贤著述而成。其人物翎毛、梅花竹兰等卷，大抵亦据前人所编画谱，稍事增减，粗为润色，汇集以成。

卷一〈舞袖〉插图中画面右上角，摆放一长方盆松树盆景、一圆盆菖蒲盆景（图6-168）。

卷六中有题名为〈盆中景〉插图一幅，描写各类盆景：松树盆景、仙人掌盆栽、芭蕉盆景、兰花盆栽、杂木类盆景以及牡丹插瓶。该插图无论是从盆景名称，还是从盆景造型来看，都是研究盆景的重要资料。

明代黄氏诸家版画中的盆景

我国版画至明代万历年间已发展至高峰，特别是徽州派名家崛起，其中歙县虬村黄氏一姓人才济济，名手众多。无论是隽雅秀丽的工致图画或奔放豪迈的笔迹，一经他们刻画出来就能阐工尽巧把原画的精神完全表达出来，甚至还能为原画增色。自明代万历至清代康熙末期约一个半世纪时期内，他们刻成了大量精美版画，不仅为黄氏一姓或者徽州一派创造了黄金时代，也为我国版画创造了光辉的历史。

1. 《金瓶梅》插图中的盆景

《金瓶梅》是中国古代长篇白话世情小说，一般认为是中国第一部文人独立创作的章回体长篇小说。其成书时间约在明朝隆庆至万历年间，作者署名兰陵笑笑生。

《金瓶梅》书名是由小说三个女主人公潘金莲、李瓶儿、庞春梅各取一字合成的。小说题材由《水浒传》中武松杀嫂一段演化而来，通过对兼有官僚、恶霸、富商三种身份的市侩势力的代表人物西门庆及其家庭罪恶生活的描述，体现当时民间生活的面貌，描绘了一个上至朝廷内擅权专政的太师，下至地方官僚恶霸乃至市井间的地痞、流氓、宦官、帮闲所构成的鬼蜮世界，揭露了明代中叶社会的黑暗和腐败，具有较深刻的认识价值。被列为明代"四大奇书"之首。

崇祯刻本《金瓶梅》无论是内容还是技法风格，都为晚明书籍插图中较为有影响的刻本。该刻本出自明朝崇祯年间的《新刻绣像批评金瓶梅》一百回，该期间正是我国木刻插图的黄金时期，而该时期的特征恰好是小说戏曲插图空前繁荣，以黄氏家族为代表的徽派版画风行全国。该 200 幅的《金瓶梅》插图很大部分出自黄子立、黄汝耀的刀工。

《金瓶梅》200 幅图严格采用写实手法，兼而运用少量夸张的人物刻画来描绘当时的社会众生相；通过图中的民居家室，享用服饰及环境陈设，准确反映数百年前富豪人家的生活状况。在这 200 幅插图中，幅图中出现了陈设盆景的画面，可见晚明时盆景已是富豪人家庭园中必不可少的陈设物品。

（1）〈薛媒婆说娶孟三儿〉中的盆景

图面右前方，设置一自然山石，自然山石平台之上，放置一长方浅盆树木盆景，盆树自根际处分为二主枝，左侧粗而弯曲、枝冠大，右侧细而稍弯、枝冠小。树干右侧配置小型双峰山石。盆景增加了山石的活力与趣味性，整体与山石空间协调统一（图6-169）。

（2）〈潘金莲私仆受蹂〉中的盆景陈设

图面中央为人物，周围有三处放置盆景、盆栽。人物右侧两处为花木盆栽，

左前侧为一平台几案，上置花木与两盆兰花盆栽。几案前地面上放置一附石树木盆景和一菖蒲盆景（图6-170）。

（3）〈应伯爵追欢喜庆〉中的水生植物盆栽

图面右下角，放置一大型盆钵，里面栽植正在盛开的荷花与其他水草类植物，不仅与左侧的花木山石相呼应，而且还增加了庭园空间的趣味性（图6-171）。

（4）〈见娇娘敬济魂消〉中的盆景

图面最前方栏杆外为水系与水生植物空间，前半部与栏杆之间为园林空间。庭园左后角的湖石竹林与右前角的山石树木遥相呼应；竹林前方为一长条几案，四角用自然山石支撑，其上陈设盆景三：

右侧为长方盆配石树木盆景，左侧为一圆盆菖蒲盆景，中间为一圆盆配石双干树木盆景（图6-172）。

（5）〈惠祥怒骂来旺妇〉中的盆景

右前方庭园地面上，放置四盆盆景。中央偏左的须弥石座上放置圆盆附石梅花盆景，梅树枝干虬曲多变，疏影横斜，似乎正为开花期。最左侧椭圆盆中，栽植数竿竹子，高低错落，与梅花呼应成趣。最右侧为一山石盆景，山形奇特，中部镂空。山石盆景与梅花盆景之间前方，圆形几座之上放置菖蒲盆景（图6-173）。

（6）〈西门庆为男宠报仇〉中的大型花木湖石盆景

图面前半部为庭园空间，左后角的山石树木与右前角的大型花木湖石盆景一高一低、一竖一横，遥相呼应（图6-174）。

（7）〈争宠爱金莲闹气〉中的水仙盆景

图面中部为庭园空间，屋宇台阶左侧，栽植一斜干梅树，梅树前方栏杆之后须弥石座之上摆放一圆盆水仙盆栽，水仙正在盛开之中（图6-175）。

（8）〈李瓶儿解衣银姐〉中的山石盆景、菖蒲盆景

图面前方庭园地面上，放置两盆盆景：左侧小型须弥石座上有圆盆菖蒲盆景，右侧为一稍大长方浅盆山石盆景，山石横卧盆中（图6-176）。

（9）〈李瓶儿带病宴重阳〉中的菊花盆栽

重阳节之际，李瓶儿带病宴请各位。屋宇旁边高台之上，有一长条几案，

几案里侧已经摆饰一菊花盆栽，外侧的菊花盆栽正被搬来（图6-177）。

（10）〈李瓶儿梦诉幽情〉中的水仙盆景

图面后方屏风之后，摆放一长条几案，其上放置多盆盆景，大部分被屏风遮挡，不能判定具体的盆景形式，只有最右侧摆放的盆养水仙清楚可见（图6-178）。

（11）〈春梅姐不垂别泪〉的大型双干松树湖石花池景观

图面前半部为庭园空间，右侧为一大型石制长方花池，其中栽植双干松树，旁置大型山石，整体上一大型双干松树湖石花池景观（图6-179）。

（12）〈李衙内怒打玉簪儿〉中的兰花盆景

图面中后方的栏杆之前，摆放三盆大型兰花盆栽，并放置于圆形盆托之上（图6-180）。

综上所述，《金瓶梅》插图中描绘的盆景具有

图6-169 《金瓶梅》〈薛媒婆说娶孟三儿〉插图中的盆景

图6-170 《金瓶梅》〈潘金莲私仆受踩〉插图中的盆景

图6-171 《金瓶梅》〈应伯爵追欢喜庆〉插图中的水生植物盆景

图6-172 《金瓶梅》〈见娇娘敬济魂消〉插图中的盆景

图6-173 《金瓶梅》〈惠祥怒骂来旺妇〉插图中的盆景

图6-174 《金瓶梅》〈西门庆为男宠报仇〉插图中的盆景

图6-175 《金瓶梅》〈争宠爱金莲闹气〉中的水仙盆景

图6-176 《金瓶梅》〈李瓶儿解衣银姐〉中的山石盆景、菖蒲盆景

图6-177 《金瓶梅》〈李瓶儿带病宴重阳〉中的菊花盆栽

图6-178 《金瓶梅》〈李瓶儿梦诉幽情〉中的水仙盆景

图6-179 《金瓶梅》〈春梅姐不垂别泪〉的大型双干松树湖石花池景观

图6-180 《金瓶梅》〈李衙内怒打玉簪儿〉中的兰花盆景

以下特点：①盆景在庭园景观构成中位于较高地位，有的处于主景地位。②盆景类型基本上全部出现，如盆栽、树木盆景、山石盆景以及位于盆景与园林之间的花池景观。③附石式盆景、配石式盆景在插图中多次出现，说明当时庭园空间中为常见类型。④盆景植物种类除了松树、竹子、梅花"岁寒三友"之外，最常见的为菖蒲盆景，同时还出现了水仙、菊花以及水生植物等的盆栽。

2.《一百二十回本水浒传》插图中的盆景

《水浒传》为中国四大名著之一，是一部以北宋末年宋江起义为主要故事背景、类型上属于英雄传奇的章回体长篇小说。作者或编者一般被认为是施耐庵，现存刊本署名大多有施耐庵、罗贯中两人中的一人，或两人皆有。

全书通过描写梁山好汉反抗欺压、水泊梁山壮大和受宋朝招安，以及受招安后为宋朝征战，最终消亡的宏大故事，艺术地反映了中国历史上宋江起义从发生、发展直至失败的全过程，深刻揭示了起义的社会根源，满腔热情地歌颂了起义英雄的反抗斗争和他们的社会理想，也具体揭示了起义失败的内在历史原因。

《水浒传》问世后，在社会上产生了巨大的影响，成了后世中国小说创作的典范。水浒传的版本很多，在流传过程中，出现了不同的故事版本。大体上可以分为简本和繁本两个系统。现存最早的《水浒》版本，当属保存于上海图书馆的《京本忠义传》，此本大约刻于明朝嘉靖年间的一百回版本。

简本包括了受招安、征辽、征田虎、王庆，打方腊以及宋江被毒死的全部情节。之所以称为简本，主要是文字比较简单，细节描写少。已发现的简本有百十五回本、百十回本、百二十四回本。繁本写得比较细致，也是流传最广的版本。主要有一百回本、一百二十回本和七十回本三种。但主要改写增添的部分都是在招安之后的情节。一百二十回本是在明万历末杨定见在一百回本的基础上又插入了征田虎、王庆等情节，合成一百二十回本。

《一百二十回本水浒传》中的120幅插图中有以下3幅出现了盆景。

（1）选图1中的8盆盆景

厅堂之上，水浒英雄宴聚之中，有开怀大饮者，有围桌座谈者，有挥毫写字者。在英雄聚会的厅堂空间中，有四处陈设了盆景：最里侧圆盆盆景2盆；中央处左侧圆盆盆景1盆、方盆盆景1盆，右侧放置盆景1盆，盆被桌案遮挡；最前侧盆景3盆：深圆盆盆景1盆、方盆盆景1盆、浅圆盆盆景1盆（图6-181）。盆景植物由白线描绘，难以断定植物为何种种类。

（2）选图2中的梅花盆景与山石盆景

画面右前方放置盆景两盆：须弥石座上放置圆盆，栽植虬曲稀疏枝干梅花一棵，根际处隆起，说明该梅花树龄较大，梅花旁边配置一峭立山石，整体上构成一幅优美的梅花盆景；梅花盆景左侧，放置一长方形山石盆景，盆面长满类似于菖蒲类植物（图6-182）。

（3）选图3中的水仙盆栽

图面屏风之后放置一圆形平台，其上放置水仙盆栽一盆。

3. 各种版本《列女传》中的盆景

《列女传》是一部介绍中国古代妇女行为的书，也有观点认为该书是一部妇女史。作者为西汉儒家学者刘向，不过也有人认为该书不是刘向所做，因此，如今流行的有的版本作者一处会标注佚名。也有人认为，如今流传的版本是后人在刘向所做版本之上又增加若干篇而来。

《列女传》共分7卷，共记叙了110名妇女的故事。这7卷是：母仪传、贤明传、仁智传、贞顺传、节义传、辩通传和孽嬖传。西汉时期，外戚势力强大，宫廷动荡多有外戚影子。刘向认为"王教由内及外，自近者始"，即王教应当从皇帝周边的人开始教育，因此写成此书，以劝谏皇帝、嫔妃及外戚。《列女传》选取的故事体现了儒家对妇女的看法，其中有一些所赞扬的内容在如今的多数人看来是对妇女的不公平的待遇。

《列女传》对后世影响很大。有一些故事流传至今，如"孟母三迁"的故事即出自该书。后来，

中国的史书多有专门的篇章记叙各朝妇女事迹，随着妇女观的变化，各朝侧重记叙表彰的妇女德行也有所不同。

（1）《列女传》插图中的盆景

《列女传》〈王素娥〉插图画面右下侧放置盆景4盆：最高者为一附石花木盆景，次高者为一花木盆栽，左侧为蒲石盆景，右侧为菖蒲盆景（图6-183）。

（2）《绘图烈女传》插图中的盆景

《绘图烈女传》插图中有3幅出现了盆景。插图1中画面中出现的盆景与《列女传》〈王素娥〉插图中完全相同。插图2中左右两幅中都出现了盆景：左侧为一附石式松树盆景，右侧为一兰石盆景（图6-184）。插图3中画面右下角摆放两盆盆景：左侧为附石式松树盆景，右侧为兰石盆景（图6-185）。

（3）《刘向古列女传》插图中的盆景

《刘向古列女传》〈有虞二妃〉插图画面前侧放置一长条形矮脚几案，其上从左向右摆置盆景4盆：兰花盆景、附石式树木盆景、菖蒲盆栽以及兰花盆景（图6-186）。

（4）《古今列女传》插图中的盆景

《古今列女传》又称为《古今列女传评林》，插图画面右侧从前往后摆放多盆盆景：兰石盆景、山石盆景、花木盆栽以及3盆菖蒲盆景（图6-187）。

4. 其他版画作品中的盆景

明代其他黄氏诸家版画中的盆景如表6-4所示。

图6-181　《一百二十回本水浒传》选图1中的8盆盆景

图6-182　《一百二十回本水浒传》选图2中的梅花盆景与山石盆景

图6-183　《列女传》〈王素娥〉插图中的4盆盆景

表6-4 明代其他黄氏诸家版画中的盆景

书名	作者	刻绘者	刊印年代	所藏	盆景
仙媛纪事	杨尔曾	黄玉林	万历三十年（1602）		梅花盆景1盆、山石盆景1盆、菖蒲盆景1盆（图6-188）
仙媛纪事					附石松树盆景1盆、菖蒲盆景1盆
校注古本西厢记	王骥德	黄应光	万历四十一年（1613）		竹石盆景（图6-189）、梅花盆景1盆、菖蒲盆景3盆
养正图解	焦竑		万历二十一年（1593）		大型湖石花卉花池景观
徐文长先生批评北西厢记		王以中绘、黄应光刻	万历三十九年		松树盆景1盆、附石树木盆景1盆、菖蒲盆景1盆（图6-190）
精镌点板昆调十部集乐府先春		陈继儒辑，黄应光、黄端甫刻			兰花盆栽1盆
还魂记	汤显祖撰藏懋循订	万历年间刻本			附石树木盆景1盆、花木盆景1盆、菖蒲盆景1盆
酣酣斋酒牌		黄应坤刻	万历年间刻本		附石松树盆景1盆、蒲石盆景2盆
青楼韵语	朱元亮辑，张梦征绘	万历四十四年（1616）			附石梅花盆景1盆、山石盆景1盆（图6-191）

图6-184 《绘图烈女传》插图2中的附石式松树盆景、兰石盆景

351

图6-185　《绘图烈女传》插图3中的附石式松树盆景、兰石盆景

图6-186　《刘向古列女传》〈有虞二妃〉中的4盆盆景

图6-187　《古今列女传》插图中的兰石、山石盆景以及花木盆栽

图6-188　《仙媛纪事》插图中的梅花、山石以及菖蒲盆景

图6-189 《校注古本西厢记》插图中的竹石盆景、梅花盆景与菖蒲盆景

图6-190 《徐文长先生批评北西厢记》插图中的松树、树木附石以及菖蒲盆景

图6-191 《青楼韵语》插图中的附石梅花盆景与山石盆景

明代汪刘郑诸家版画中的盆景

自万历年间以来，徽派版画之盛虽以虬村黄氏人才众多首屈一指，但黄氏之外尚有更多名家出现，他们的技术和风格都与黄氏不分上下。他们与黄氏诸家共同为徽派版画创造出辉煌的成就，并且把我国版画艺术推向一个更高的山峰。这些版画家中如汪忠信、汪成甫、刘应组、郑圣乡、姜体乾、洪国良等均为徽派杰出人才。

1.《瑞世良英》插图中的盆景

《瑞世良英》作者金忠，字敏恕，号葵庵，北直隶固安县人。明万历六年（1578）选入宫廷，历升文书房。博学能书，善琴。曾出守安徽凤阳，担任守备，后受崇祯帝拔擢而升任秉笔御用太监。

明末朝局动荡不安，司礼监金忠认为自己拥有与士大夫一样辅佐君主的责任，因而决定编一部书，希望能以此教化世人，厚植士风。《瑞世良英》辑录古今忠孝贤良故事，一事一图，共300幅插图，举凡郊野山川、庭院堂室、家具什物、舟车轿马、战争扬面、劳动场景等等刻画得细致入微。

《瑞世良英》底本为明崇祯十一年（1638）刻本，版本珍贵，具有很高的收藏价值。《瑞世良英》300幅插图中，有7幅中出现了盆景，其中数幅是珍贵的盆景研究资料。

353

图6-192　《瑞世良英》卷之一〈治政遗爱〉中的盆景　　图6-193　《瑞世良英》卷之一〈清刚立节〉中的盆景　　图6-194　《瑞世良英》卷之五〈言行超尘〉中的盆景

（1）卷之一〈治政遗爱〉中的盆景

插图描绘南朝萧秀死后群众奉送供品的情景。画面右侧中部放置三盆盆景：里侧为蒲石盆景，中央为松树双干盆景，外侧为一长方浅盆盆景（图6-192）。长方浅盆盆景中央相隔，右侧栽植植物，左侧放水营造水景，极有可能水中放养小鱼，使盆景活力大增，趣味无穷。该种半旱半水的盆景是明代出现的盆景新形式。

（2）卷之一〈清刚立节〉中的盆景

插图描绘本朝王进知宁波府时因勤俭尽职，备受群众好评，在他离官宁波时，父老乡亲追送礼物，王进没有接受的情景。

三位父老每人端抱一盆景：里侧者端抱配石竹子盆景，中央者端抱虬曲松树盆景，外侧者端抱兰石盆景（图6-193）。

此处描写父老们给王进赠送盆景、王进拒收的场面，以盆景为赠礼，不仅富有趣味性，也说明了宁波府盛产盆景、盆景具有较高价值、备受文人们喜爱。

（3）卷之二〈德高服寇〉中的盆景

画面左中侧地面上摆放两盆盆景：方盆蒲石盆景1盆，圆盆菖蒲盆景1盆。

（4）卷之二〈威横宇内〉中的盆景

画面左后角摆放长方盆松树盆景1盆，松树左右两侧分别配石1块，左侧为峭立的斧劈石，右侧为敦实的山形石。

（5）卷之二〈清勤民化〉中的盆景

插图描绘晋代朱幼在做扬州刺史时，清廉仁爱，治爱有方，深受群众爱戴的情景。图面右下侧摆放蒲石盆景两盆：一盆置于台案之上，一盆置于地面。

（6）卷之五〈攀留尸祝〉中的盆景

画面左中侧屋宇台阶之前摆放圆盆配石树木盆景1盆。

（7）卷之五〈言行超尘〉中的盆景

插图描绘唐代御史大人柳玼在庭园中教导儿子戒骄除骄傲、平易近人情景。柳玼端坐芭蕉湖石之前、书案之后，其子跪拜书案之前，书童书女分立书案两侧。画面左前侧摆放三盆盆景：里侧为一兰石盆景；中央为一山石盆景，盆面长满草本植物；外侧为一花卉盆栽（图6-194）。三盆盆景与芭蕉湖石遥相呼应，增加了庭园前部空间的活力。

2. 其他版画作品中的盆景

明代其他汪刘郑诸家版画中的盆景如表6-5所示。

表6-5 明代汪刘郑诸家版画中的盆景

书名	作者	刻绘者	刊印年代	所藏	盆景
吴骚集	陈继儒撰	武林张琦校刊本	明代末期		松树盆景1盆（图6-195）
玉茗堂批评续西厢升仙记		崇祯年间刊本			松树盆景1盆、花卉盆栽1盆
历朝史略词话	杨慎辑		天启年间刊本		松树盆景1盆、蒲石盆景2盆（图6-196）
新镌古今名剧柳枝集 裴海棠烧夜香 倩女离魂	孟称舜编		崇祯六年 （1633）刊本		山石盆景、花木盆景、菖蒲盆景各1盆（图6-197） 山石盆景、花木盆景各1盆（图6-198）
新编出像赵飞燕昭阳趣史			天启元年 （1621）		盆景多数（图6-199）
明珠记	陆采撰	王文衡	天启年间		松树盆景、附石树木盆景、盆栽荷花各1盆（图6-200）
白雪斋选订乐府吴骚合编	张楚叔选	汪成甫、洪国良、项南洲刻	崇祯十年（1637）		盆景2盆（图6-201）
诗赋盟		项南洲刻崇祯年间刻本			菊花盆栽若干（图6-202）

图6-195 《吴骚集》插图中的松树盆景

图6-196 《历朝史略词话》插图中的松树、蒲石盆景

图6-197 《新镌古今名剧柳枝集》〈裴海棠烧夜香〉中的山石、花木与菖蒲盆景

图6-198 《新镌古今名剧柳枝集》〈倩女离魂〉中的山石、花木盆景

图6-199 《新编出像赵飞燕昭阳趣史》插图中的盆景

图6-200 《明珠记》插图中的松树盆景、附石树木盆景、盆栽荷花

图6-201 《白雪斋选订乐府吴骚合编》插图中的盆景

图6-202 《诗赋盟》插图中的菊花盆栽

明代末期五篇盆景专论研究

在明代数量众多的花木专著以及文人趣味修养书籍中，有五篇关于盆景方面的专论，它们是高濂的〈高子盆景说〉、屠隆的〈盆玩笺·瓶花〉、文震亨的〈盆玩〉以及吕初泰的〈盆景〉二篇。

作者生平与收录书籍

1.〈高子盆景说〉作者生平与收录书籍

〈高子盆景说〉的作者高濂，钱塘人，字深甫，号瑞南、雅尚斋、桃花渔。巧于乐府，书斋名为妙赏楼。著有《南曲玉簪记》《雅赏斋诗草》和《遵生八笺》等。〈高子盆景说〉收录于《遵生八笺》卷七〈起居安乐笺〉（图6-203）。《遵生八笺》共十九卷，分为以下八大目：清修妙论笺（卷一、二），四时调摄笺（卷三～六），起居安乐笺（卷七、八），延年却病笺（卷九、十），饮馔服食笺（卷十一～十三），燕闲清赏笺（卷十四～十六），灵秘

丹药笺（卷十七、十八），尘外遐举笺（卷十九），并记述历代隐逸一百人事迹。

2.〈盆花〉作者生平与收录书籍

〈盆花〉的作者屠隆，鄞县（今浙江省宁波市鄞州区）人，字纬真，又字冥寥子。万历年间进士，官至礼部主事。罢官后以卖字、文为生，擅长戏曲。著有《鸿苞》《考槃余事》《游具杂编》以及《由拳》《白榆》《采真》《南游》诸集。《盆花》收录于《考槃余事》中的〈山斋清供笺·盆玩笺〉（图6-204）。《考槃余事》全书分为纸墨笔砚笺、香笺、茶笺、山斋清供笺、文房器具笺、游具笺等部分。此书集南宋到明代文人趣味大成，对后世清代文人清玩鉴赏亦有影响。

3.〈盆玩〉作者生平与收录书籍

〈盆玩〉的作者文震亨，是文徵明[20]之曾孙，字启美，谥节愍。崇祯年间（1628—1644），思

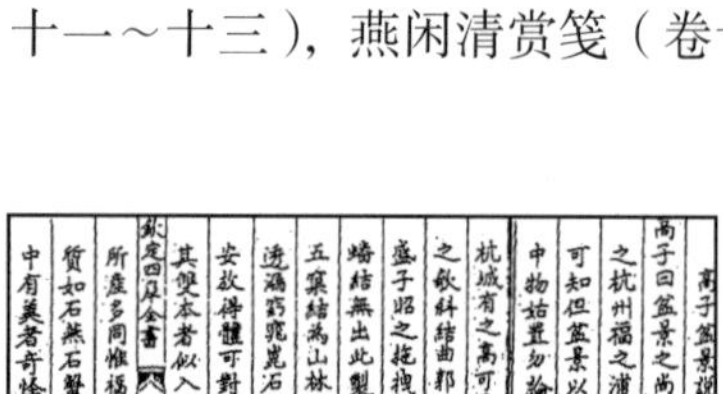

图6-203 明代，高濂《遵生八笺·起居安乐笺·高子盆景说》

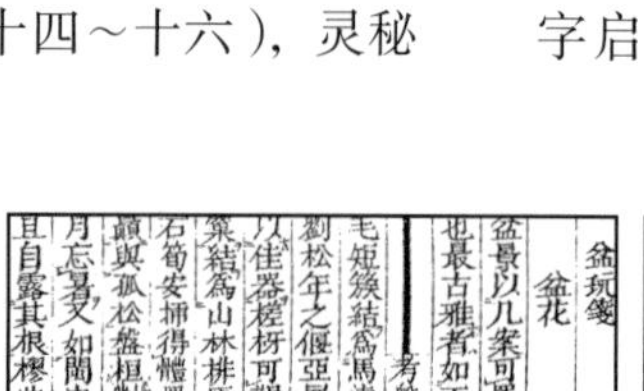

图6-204 明代，屠隆《考槃余事·山斋清供笺·盆玩笺》

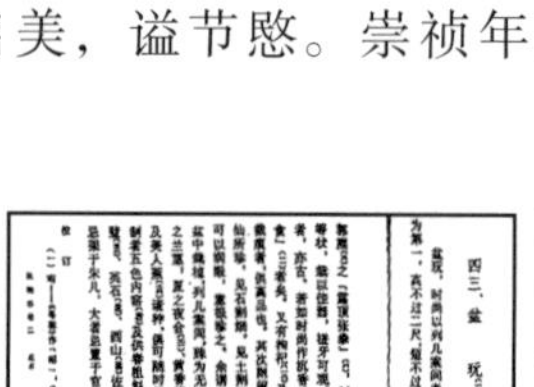

图6-205 明代，文震亨《长物志·盆玩》

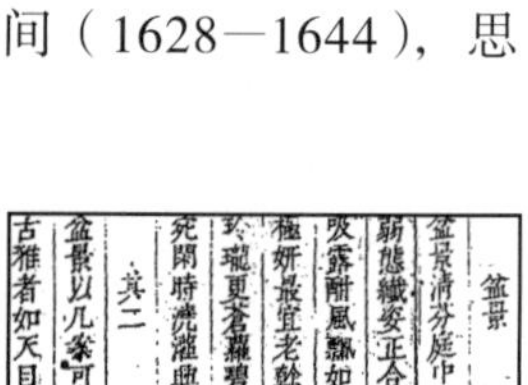

图6-206 明代，王象晋（吕初泰）《二如亭群芳谱·花谱·盆景》

宗授予中书舍人，巧于书画。顺治初年（1644），因不愿接受满清政府统治绝食而死，年61岁。〈盆玩〉收录于《长物志》中的卷二（图6-205）。《长物志》分为室庐、花木、水石、禽鱼、书画、几榻、器具、位置、衣饰、舟车、蔬果、香茗十二门，每门一卷。属于一部文人的趣味性修养书籍。

4.〈盆景〉作者生平与收录书籍

〈盆景〉二篇收录于《二如亭群芳谱》中的《花谱》（图6-206）。署名为吕初泰。笔者现尚未掌握有关吕初泰生平的任何资料，还有待考证研究。

五篇盆景专论的写作年代及其主要内容

1. 写作年代

《遵生八笺》的序文作于万历十九年（1591），说明《高子盆景说》写于1591年。屠隆所著的《考槃余事》最初刊行于万历三十四年（1606），说明《盆花》写作于1606年或稍前。《二如亭群芳谱》在天启元年（1621）脱稿，说明收录于《二如亭群芳谱·花谱》中的〈盆景〉二篇的写作年代为1621年或稍前。只有《长物志》的写作年代无从查起，但基本上可以断定该书是文震亨（1585—1645）于他的后半生写成，即与《二如亭群芳谱》的写作年代同期或较晚。依据上述对写作年代的考证，可以得知盆景五专论集中写作于明代末期的数十年间，写作的先后顺序为：①高濂的《高子盆景说》。②屠隆的《盆花》。③吕初泰的《盆景》二篇。④文震亨的《盆玩》。

2. 主要内容

五篇盆景专论的作者、写作年代、篇幅（字数）

和主要内容如表6-6。

关于五篇盆景专论内容研究

1. 五篇盆景专论之间的写作关系

从五专论的内容、写作年代的先后可知，屠隆的〈盆花〉与高濂〈高子盆景说〉的内容、用词基本相同，〈盆花〉是在参照〈高子盆景说〉的情况下编写而成，可以说前者是后者的概要文。如关于天目松一节，〈高子盆景说〉为："如最古雅者品以天目松为第一，惟杭城有之。高可盈尺，其本如臂，针毛短簇，结为马远之"欹斜结曲"、郭熙之"露顶攫拿"、刘松年之"偃亚层叠"、盛子昭之"托拽轩翥"等状，载以佳器，槎牙可观，他树蟠结，无出此制。"〈盆花〉为："最古雅者如天目之松，高可盈尺，其本如臂，针毛短簇，结为马远之'欹斜结曲'、郭熙之'露顶攫拿'、刘松年之'偃亚层叠'、盛子昭'托拽轩翥'等状，栽以佳器，槎牙可观。"收录于《二如亭群芳谱》中的〈盆景〉之二，又是参照〈盆花〉和〈高子盆景说〉，或其中之一改写而成，如同样的天目松一节为："如天目之松，高可盈尺，其本如臂，针毛短簇，结为马远之'欹斜结曲'、郭熙之'露顶攫拿'、刘松年之'偃亚层叠'、盛子昭'托拽轩翥'等状，栽以佳器，槎牙可观。"

文震亨的〈盆玩〉是对以上三者的评论与总结，文中夹叙夹议，不时提出自己的观点和看法。如三者对盆景大小的评价全为："盆景以几案可置者为佳，其次则列之庭榭中物也。"即盆景以可摆置于书斋几案的小中型为上等，以摆饰于庭园中的大型为次等。

表6-6 五篇盆景专论的作者、写作年代、篇幅（字数）和主要内容

专论题名	作者	写作年代	字数	主要内容
高子盆景说	高濂	1591	1263	关于盆景大小喜好的论述，天目松盆景、石梅盆景、水竹盆景、桧柏盆景、虎刺丛林盆景、美人蕉盆景、其他多种种类的树木盆景、盆养石菖蒲、盆养石菖蒲和树木盆景的用途
盆花	屠隆	1606或稍前	571	关于盆景大小喜好的论述，天目松盆景、石梅盆景、水竹盆景、枸杞盆景、虎刺丛林盆景、盆养石菖蒲及其用盆、配石，树种应时花卉的盆栽与布置
盆景之一	吕初泰	1621或稍前	107	简述什么是盆景，盆景的素材，盆景所表现的自然景色，盆景的修身养性之功益
盆景之二	吕初泰	1621或稍前	418	关于盆景大小喜好的论述，天目松盆景、石梅盆景、水竹盆景、枸杞盆景、虎刺丛林盆景、盆养石菖蒲及其用盆、配石，树种应时花卉的盆栽与布置
盆玩	文震亨	1630	431	关于盆景大小喜好的论述，天目松盆景、石梅盆景、枸杞盆景、水冬青、野榆、桧柏之盆景、水竹、虎刺丛林盆景、盆养石菖蒲，树种应时花卉的盆栽。盆景的用盆、配石以及摆饰方法

但文震亨却认为："盆玩，时尚以列几案者为第一，列庭榭中者次之，余持论反之。"

只有吕初泰〈盆景〉一文的内容、用词和写作方法别具一格，与前四者截然不同。因它篇幅短小，特摘录于此，"盆景清芬，庭中雅趣，根盘节错，不妨小试。见奇弱态纤姿，正合隙区效用。紫烟笑日，烂若朱霞，吸露醘风，飘如红雨，四序含芬，荐馥一时，尽态极妍。最宜老干婆娑，疏花掩映，绿苔错缀，怪石玲珑。更苍萝碧草，袅娜蒙茸，竹栏疏篱，窈窕委宛。闲时浇灌，兴到品题，生韵生情，襟怀不恶。"可以说，这是一篇对于盆景的魅力和修身怡情功益的咏颂文。

2. 明代盆景主要发展地区

该五篇盆景专论集中写作于明代末期的数十年间（1591—1646），说明明末前后我国盆景正处于鼎盛发展阶段。此时期，不仅盆景的制作与欣赏之风在全国不少地区开始普及，制作技艺水平日益提高，而且有关盆景理论研究的风气很浓，同时，盆景也具有很高的艺术价值和商品价格。因而，高濂在〈高子盆景说〉中载曰："盆景之尚天下有五地最盛，南都、苏松二郡、浙之杭州、福之浦城，人多爱之，论值以钱万计，则其好可知。"南都，在明代指南京；苏松二郡，分别指苏州府和松江府（管辖华亭、娄、

奉贤、金山、上海、南汇河、青浦七县）；福之浦城，位于现在福建省松溪县之北。从上文可知，从明代开始，南京、苏州、上海、杭州、福建及其邻近地区已经发展成为我国盆景的中心地。

3. 盆景名称呈现多样性

仅明末的五篇盆景专论中，就已有盆景、盆玩和盆花的称谓。从五篇盆景专论所论述的内容可知，盆景、盆玩和盆花都是广义的名词，除了包含现在的盆景外，还包含了盆栽、盆植，这主要是由于盆景尚未完全成熟的缘故。

4. 明代"几上三友"

从五篇专论的内容可知，当时最主要的盆景材料是：杭州天目松、福建之古梅和水竹，是当时最主要的盆景树种和石种，被喻为几上三友。五篇盆景专论在重点介绍枸杞古桩盆景、虎刺丛林盆景、桧柏蟠盆景、美人蕉盆景、古梅桩盆景以及盆养石菖蒲的同时，还列举了其他的盆景树种。除以上之外，五篇盆景专论还简单论述了当时盆景的配石和用盆。

5. 明代末期文人抄袭风习严重

通过对这五篇盆景专论内容的研究还可以看出，明末我国文人之间抄袭之习颇为严重。

第十节
植物类盆景各论

随着明代盆景的普及与发展，应用于盆景制作的植物种类急速增多，本文将把盆景用植物分为松柏、花果、杂木以及草本四类进行论述。

松柏类盆景各论

明代松柏类盆景的树种有松类、柏类和罗汉松类。

1. 松类盆景

文震亨《长物志》卷二〈花木〉中有如下的记载："松、柏古虽并称，然最高贵者必以松为首。天目最上，然不易种。"此文是对庭园树木而言，说明松类，特别是天目松已经成为当时最高贵的庭园树种。同时，天目松也成为最主要、最古雅的盆景树种。

（1）明代最古雅盆景树种——天目松

据高濂的《遵生八笺》〈高子盆景说〉记载，天目松是当时最古雅的盆景树种："如最古雅者，品以天目松为第一，惟杭城有之。高可盈尺，其本如臂，针毛短簇。"仿照古人画意，进行整形，"结为马远之'欹斜结曲'，郭熙之'露顶攫拿'，刘松年之'偃亚层叠'，盛子昭'托拽轩翥'等状，栽以佳器，槎牙可观，他树蟠结，无出此制。"天目松除了可作单干盆景外，还可选择一本双干、三干者或把三五丛植于一盆中。使其枝冠高低错落，枝干疏密有致，经过盆面"地形"处理，安置巧石后，在咫尺盆盎中构成了优美的景观，"更有松本一根二梗三梗者或栽三五窠，结为山林排匝，高下参差，更多幽趣。林下安置透漏窈窕昆石、英石、燕石、蜡石、将乐石、灵璧石、石笋，安放得体，可对独本者若坐冈陵之巅，与孤松盘桓。其双本者，似入松林深处，令人六月忘暑。"

天目松是指分布于浙江省临安县天目山中的黄山松（*Pinus taiwanensis*），二针一束。山野生长环境严酷，使它针叶短簇，树形奇特，常年不长，成为最理想的盆景素材。因而，宋诩《竹屿山房杂部》载道："天目松，即松种，产于天目山岩罅间，得雨露所润而生，非由土而滋养，其松针粗短甚坚，岁久亦止数寸，自含古意。宜种于盆玩之，可以常溉，亦复畏湿。"

（2）白皮松、璎珞松和娑罗松

《姑苏志》卷十四〈土产〉中记述："栝子松，虽产他郡，而吴中为多，故家有逾百年者，或盘结盆盎，尤奇；亦可沈子而生。"高濂在〈高子盆景说〉中载道："它如……剔牙松，以上皆可上盆，但木本奇特，出自生成为难得耳。"上述两节文献中所记载的栝子松和剔牙松都是白皮松（*P. bungeana*）的别名[21]，由此可知，白皮松在明代时已经成为一种盆景树种。

顾起元在其《客座赘语》中载："几案所供盆景，旧惟虎刺一二品而已。近来花园子自吴中运至品目益多，虎刺外有天目松、璎珞松……"《遵生八笺》〈高子盆景说〉还记载了娑罗松盆景。现在难于断定璎珞松和娑罗松到底为何种松类。

（3）明代绘画作品中的松树盆景

项圣谟画松早年已极具功力。《五松图》绘于

图6-207　明代，项圣谟《五松图》，轴纵107.3cm、横50.7cm，上海博物馆藏

画家三十三岁时。图绘植于庭园广壇中的古松，伴以湖石、花草和奇竹。这五株松树，树干有舒展者、夭矫者，如龙翔凤翥，造型独特，气韵生动。用笔以中锋为主，层次分明。盆中石块造型圆浑而严谨，花、竹描绘精爽，壇中细草茸茸，湿润鲜活，充满生气（图6-207）。

现存台北故宫博物院的《十八学士图》四轴中的二轴都各画有一松树盆景，还有其他的盆植和盆草。松树盆景盖偃枝盘，盘干虬枝，针叶如簇，悬根出土，老本生鳞，俨然百年之物。其制作技艺已经接近现在的水平。《春庭行乐图》《图绘宗彝》中的〈盆中景〉[22] 和〈舞袖图〉[23]、天津博物馆所藏的朱端的《松院闲吟图》、王路《花史左编》的封面图以及《绘图烈女传》[24] 的插图等多幅绘画作品中，都画有松树盆景。这些绘画作品中所描绘的松树盆景具有以下共同特征：①悬根露爪 。表现了当时的时尚与喜好。②盘干虬枝。十分自然，从此点可以推断，当时的盆景素材主要是采取采挖山野自然成形的矮老松的方法。③树冠、枝片修剪有致。说明当时的剪扎技术已达一定水平。④根部多用太湖等奇石摆饰，构成山崖苍松的景观。这些在绘画作品中所描绘的松树盆景的特征，表现了明代树木盆景的造型特点。

2. 罗汉松和柏类盆景

在此以列表的形式对罗汉松和柏类盆景总结如表6-7。

花果类盆景各论

明代用于盆景制作的花果树木种类已达20余种（图6-208），其中花果类盆景主要有梅花、石榴和枸杞盆景。梅花盆景主要观赏其花韵和古态；石榴盆景在欣赏花、果之际，还可欣赏其老桩；枸杞盆景主要观赏其老本和雪中红果。

1. 梅花盆景

宋代的赏梅标准是："梅以韵胜，以格高，故以横斜疏瘦与老枝怪奇者为贵。"[24] 到了明代，赏梅的标准则被具体地总结为"四贵"："梅有四贵，贵稀不贵繁，贵老不贵嫩，贵瘦不贵肥，贵含不贵开。"[25] 同时，梅花也成为花果类盆景中最主要的树种。

文震亨在其《长物志》中对梅花盆景赞赏道："梅，更有虬枝屈曲，置盆盎中者，极奇。"以及"又有古梅，苍藓鳞皴，苔须垂满，含花吐叶，历经不

表6-7　明代罗汉松、柏类盆景

编号	名称	现名	学名	文献出典与文献原文
1	寸金罗汉松	短小叶罗汉松	*Podocarpus macrophllus var.maki f.condensatus*	明·高濂《遵生八笺》中的〈高子盆景说〉：它如……寸金罗汉松……，以上皆可上盆
2	桧树、桧柏	桧柏、圆柏	*Sabina chinensis*	明·王鏊等《姑苏志》卷十四〈土产〉：又有桧树，亦可盘结，二种皆可供庭除之玩耳
				明·高濂《遵生八笺》中的〈高子盆景说〉：又如桧柏，耐苦且易盘结，亦有老本苍柯，针叶青郁，束缚尽解，若天生然，不让他本，自多山林风致
3	璎珞柏	刺柏、刺松	*Juniperus formosana*	明·高濂《遵生八笺》中的〈高子盆景说〉：它如……璎珞柏……，以上皆可上盆

图6-208　明代，《粤绣博古图屏》（局部）中的茶花盆景，台北故宫博物院藏

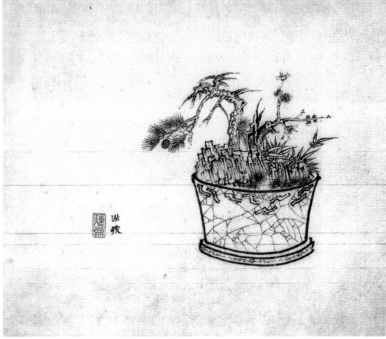

图6-209　明代，陈洪绶《松竹梅石盆景图》，纵17.8cm、横17.8cm

败者，亦古。"[26] 用于盆景制作的梅花品种有绿萼、绿萼玉蝶和红梅等。并对这些品种的梅花用棕丝进行绑扎整形，形成老态。"长干之南七里许，曰华岩寺，寺僧莳花为业，而梅尤富，白与红植相若，惟绿萼、玉蝶植倍之。率以丝缚虬枝，盘屈可爱。桃木者三四年辄胶矣，不善缚。"[25] 此时，官富人家也开始养植、欣赏梅花盆景。王世懋在《学圃杂疏》〈花疏〉中载："曾于京师许千岁家，见盆中一绿萼玉蝶梅，梅之极品。"除了文献资料中有关于梅花盆景的大量记载之外，绘画作品中也出现了多数的梅花盆景。

陈洪绶（1598—1652），字章侯，幼名莲子，一名胥岸，号老莲，别号小净名，晚号老迟、梅迟，又名悔僧、云门僧，浙江诸暨人，明末清初画家、诗人。陈洪绶年少时师从刘宗周，补生员，后乡试不中，崇祯年间召入内廷供奉，明朝灭亡后出家，后还俗，以卖画为生。陈洪绶在绘画方面的天资颇高，尤擅长人物画，与顺天崔子忠齐名，号称"南陈北崔"，世人赞誉"明三百年无此笔墨"。

陈洪绶《松竹梅石盆景图》中，将松、竹、梅、石四个自然要素精巧地栽植于一个口沿处带图案、器身莅面开片的圆形瓷盆中（图6-209）。

2. 石榴盆景

宋代开始，我国已经出现了盆栽石榴，即盆榴。明代，对盆榴进行修剪整形，经长年养护后，形成盆中老榴桩，即石榴盆景。《二如亭群芳谱》载曰："海榴，来自海外，树仅二尺，栽盆中，结实亦大，直垂至盆，堪作美观。"[27] 同梅花盆景一样，明代的北京也开始栽培石榴盆景，《学圃杂疏》中有："石榴，本外国来者，独京师为胜，盆中有植，干数十年高不盈二尺，而垂果累累。"石榴盆栽、盆景自明代起在北京形成风习以来，历经清代、民国，至今方兴未艾。月季石榴（*Punica granatum* var. *nana*），又名小石榴，在明代时被称为火石榴，因它树形矮小，叶线状披针形，花果小而花期长，宜于制作盆景。火石榴盆景在明代时已颇为盛行。如："火石榴，其花如火，树甚小，栽之盆，颇可玩。"[28] 宋诩在《竹屿山房杂部》中也载有："火榴，宜入盆玩。五六月间，置烈日中，以水日浸日晒，间以粪秽之，则花恒开不绝。畏寒，芒种以小条插，俟活，迁入盆。子酸，不堪食，可种。"

除了上文所简述的利用扦插法制作火石榴盆景的方法外，明代还利用播种法制作石榴盆景，具体的播种法和养护管理方法如下："石榴熟时……霜降后摘下，用稀布逐个袋之……悬通风阴处。先于六七月取土之松而美者，敲细筛去瓦石，摊净地上浇泼浓粪，晒干再泼再晒，如此五六次，仍敲极细，筛过收藏缸内，勿经雨。次年二月初，取家用火盆以所制土铺盆内，厚三尺许，数寸按一浅潭，取榴子去肉，每潭种三四粒，用土盖半寸许，洒水令微湿，置有风露向阳处。每日洒水，勿令干，候长寸许，每潭只留一大株。日浇肥水，候长，分种极小盆内，不宜深。放有风露向阳处，每日用肥水浇三四遍，日午最要浇。每一盆，作一木

盖，破两片，中剜一窍。如树大，中高四面低，遇有雨，盖盆面，免致淋去肥味。至七八月，满树皆花，甚大。又明年换略大盆，依前法浇，妙不可言。或云：盆榴根多则无花，三四月间便上盆，则根部长，只须浸晒得法。冬间露下收回南檐，上干，略将水润，至春深冬暖，可放石上，剪去嫩苗，勿令高大。盛夏，日中晒屋上，免近地气，致令根长及为蚯蚓所穴。每朝用米泔沉没，花干浸均半时，取出日晒，如觉土干，又复浸，殆良法也。"[27]

3. 枸杞古桩盆景

枸杞（*Lycium chinense*），属茄科，在我国分布很广，由于它老干苍古，红果累累，从明代开始成为花果类盆景中的一种。屠隆在《考槃余事》〈盆玩笺·盆花〉中简述了枸杞盆景的制作方法和观赏价值："次则枸杞，当求老本虬曲，其大如拳，根若龙蛇，至于盘结柯干苍老，束缚尽解，不露做手，多有态若天生然。雪中枝叶青郁，红子扶疏，点点若缀，时有雪压珊瑚之号，亦多山林风致。"周文华在《汝南圃史》中提到："（枸杞）吴中好事者植盆中，为几案供玩。"[29] 从上文可知，枸杞盆景在明代时已在苏州流行。

明代王谷祥画、清代乾隆帝对题的《花卉》册页中，有一幅虬曲古干盆景，右侧配置奇石，枝冠完整，布局合理，绿叶下挂满下垂的红果，从干枝叶以及果实来看，基本上可以断定为枸杞盆景（图6-210）。

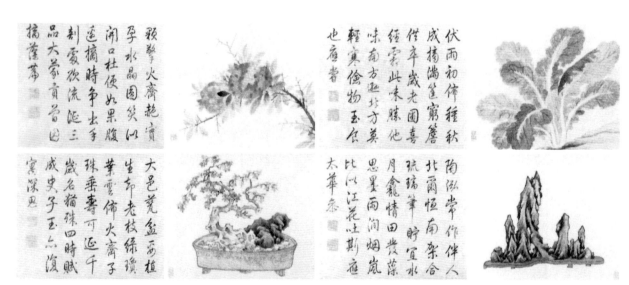

图6-210 王谷祥画、乾隆对题，《花鸟》（局部）中的枸杞盆景

4. 其他种类和品种的花果类盆景

其他花果类盆景的种类（品种）、现名、学名、记载文献与文献原文如表6-8 。

表6-8　其他花果类盆景的种类（品种）、现名、学名、记载文献与文献原文

编号	名称	现名	学名	文献出典与文献原文
1	合欢	合欢	*Albizzia julibrissin*	明·王象晋《二如亭群芳谱》花谱卷八〈合欢〉：金陵盆栽者,无根而花,花后不堪留,即留亦无能再开花
2	瑞香	瑞香	*Daphne odora*	明·王象晋《二如亭群芳谱》花谱卷二十〈瑞香〉：柔条不学丁香结,矮树仍参茉莉栽,安得方盆栽幽植,道人随处作香材
3	杜鹃	杜鹃	*Rhododendron simsii*	明·陈正学《灌园花木识》一卷：杜鹃,山居亭一株,甚茂,植之盆中,安置不甚向阳,抑地气然矣
4	迎春	迎春	*Jasminum nudiflorum*	明·王世懋《学圃杂疏》〈花疏〉：迎春花虽草本,最先点缀春色,亦不可废。余一盆景,结屈老干,天然得之
5	徽州栀子	水栀子	*Gardenia jasminoides* var. *radicana*	明·王路《花史左编》卷之四〈花之瓣〉：又一种徽州栀子,小叶小枝小花,高不盈尺,可作盆景明·王象晋《二如亭群芳谱》花谱卷一：一种徽州栀子,小叶小枝小花,高不盈尺,可作盆景
6	南天竹	南天竹	*Nandina domestica*	明·王象晋《二如亭群芳谱》卉谱卷二：秋后髡其干,留孤根,俟春遂长条肆而结子,则身低矮子蕃衍,可供盆景,供书案清玩。
7	丁香花	紫丁香	*Syringa oblata*	明·史玄《旧京遗事》：长安四五月之交,市上担卖茉莉,清远芬馥。冬日盆盎中丁香花,花小而香,结子,鸡舌香也
8	海棠树海棠	海棠花	*Malus spectabilis*	明·顾起元《客座赘语》：几案所供盆景,旧惟虎刺一品而已。近来,花园子自吴中运至品目益多,虎刺外有天目松、璎珞松、海棠、碧桃、黄杨、石竹、潇湘竹、水冬青、水仙、小芭蕉、枸杞、银杏、梅花之属,务取其根干老而枝叶有画意者,更以古瓷盆佳石安置之,其价高者一盆可数千钱明·高濂《遵生八笺》〈高子盆景说〉：它如榆桩、山东青山黄杨、雀梅、杨婆奶、六月霜、贴梗海棠、樱桃、西河柳、寸金罗汉松、娑罗松、剔牙松、细叶黄杨、玉蝶梅、红梅、绿萼梅、瑞香、桃、绛桃、紫薇、结香、川鹃、李、杏、银杏、江西细竹、素馨、小金橘、牛奶橘冬时累累,朱实至春不凋。小茶梅、海桐、璎珞柏、树海棠、老本黄杨,以上皆可上盆,但木本奇古,出自生成为难得耳
9	贴梗海棠	贴梗海棠	*Chaenomeles speciosa*	明·高濂《遵生八笺》〈高子盆景说〉
10	桃	桃	*Prunus persica*	明·高濂《遵生八笺》〈高子盆景说〉
11	碧桃	碧桃	*P.persica.f. duplex*	明·顾起元《客座赘语》
12	绛桃	绛桃	*P.persica.f came lliaeflora*	明·高濂《遵生八笺》〈高子盆景说〉
13	樱桃	樱桃	*P.pseudocerasus*	明·高濂《遵生八笺》〈高子盆景说〉
14	李	李	*P.salicina*	明·高濂《遵生八笺》〈高子盆景说〉
15	杏	杏	*P.armeniaca*	明·高濂《遵生八笺》〈高子盆景说〉
16	六月霜	六月雪	*Serissa foetida*	明·高濂《遵生八笺》〈高子盆景说〉
17	紫薇	紫薇	*Lagerstroemia indica*	明·高濂《遵生八笺》〈高子盆景说〉
18	结香	结香	*Edgeworthia chrysantha*	明·高濂《遵生八笺》〈高子盆景说〉
19	小茶梅	茶梅	*Camellia sasanqua*	明·高濂《遵生八笺》〈高子盆景说〉
20	小金橘	金橘	*Citrus microcarpa*	明·高濂《遵生八笺》〈高子盆景说〉
21	牛奶橘	金枣	*Fortunella margarita*	明·高濂《遵生八笺》〈高子盆景说〉
22	海桐	海桐	*Pittosporum tobira*	明·周文华《汝南圃史》卷之七：辛丑南归访旧至南浦,见堂下盆中有树,婆娑郁茂,问之云：海桐花
23	虎刺	虎刺	*Damnacanthus indicus*	明·高濂《遵生八笺》〈高子盆景说〉：它如虎刺,余见一友人家有二盆,本状笛管,其叶十数重叠,每盆约有一二十株为林,此真元人物也明·屠隆《考槃余事》〈盆花〉：杭之虎刺,有百年外者,止高二三尺,本状笛管,叶叠数十层,每盆以二十株为林,白花红子,其性甚坚,严冬厚雪玩之,令人忘餐。更须古雅之盆,奇峭之石为佐,方惬心赏

杂木类盆景各论

明代的杂木类盆景主要有竹类、榆、黄杨类、雀梅、柽柳、银杏、水冬青及棕竹等，在此只对竹类盆景作以重点介绍。

1. 竹类盆景

凤尾竹（*Bambusa multiplex* var. *nana*）是明代杂木类盆景中的代表种类，当时的多种文献中都有所记载。如："凤尾竹，高二三尺，纤小猗那，植盆中可作书室清玩。"[30]宋诩在《竹屿山房杂部》中还简述了凤尾竹盆景的制作技法："凤尾竹，形甚小，叶甚细，长丈许。每春末笋前伐去，计二三竿为一本分种之，出笋则细几尺者，入盆中可供玩。"

水竹也是竹类盆景中常用的种类，在明代时被列为"几上三友"："更以福之水竹副之，可充几上三友。水竹高五六寸许，极则盈尺，细叶老干，潇疏可人。盆上数竿，便生渭川之想。亦盆中之高品也。"[2]

除了凤尾竹和水竹外，潇湘竹、石竹、东坡竹及江西细竹也被用作盆景材料，但对于它们到底属于今之何种竹类，现已难于考证。此处以列表形式作简单总结，如表6-9。

2. 其他种类的杂木类盆景

对于杂木类盆景的其他种类列表总结如表6-10。

3. 杜堇《仕女图》中的三角枫盆景

杜堇《仕女图》卷一作《宫中图卷》，是杜堇参照五代周文矩《宫中图》卷画成，现存六卷，内容描绘宫廷中妃嫔、宫女的起居、饮食、娱乐等生活情状。根据各段的主要情节，可以依次定名为：捶丸、蹴鞠、戏婴、画像、吹奏、梳妆、弹乐。杜堇此图卷虽然在内容主题上与现存传为周文矩所作的《宫中图》卷有着很大的同一性，但在艺术表现形式上却出现明显的差异。

在吹奏画面中，高脚状莲花宝座上放置以盆景：海棠圆盆，附石式树木枝干虬曲多变，从叶形可以看出为三角枫（图6-211）。该三角枫盆景与周边环境统一，并使整体气氛更趋高雅。

草本类盆景各论

草本类盆景是明代植物盆景中非常重要的一部分。据高濂《遵生八笺·燕闲清赏笺》〈书斋清供花草六种入格〉（图6-212）记载："春时用白定哥窑、古龙泉均州鼓盆，以泥沙和水种兰，中置奇石一块。夏则以四窑方圆大盆，种夜合二株，花可四五朵者，架以朱几，黄萱三二株，亦可看玩。秋取黄蜜二色菊花，以均州大盆，或饶窑白花圆盆种之。或以小

表6-9　盆景中所用竹类的其他种类

编号	名称	文献出典与文献原文
1	潇湘竹	明·顾起元《客座赘语》
2	石竹	明·顾起元《客座赘语》
3	东坡竹	明·宋诩《竹屿山房杂部》：东坡竹，形甚小。叶如大竹，长者三四尺，俨有长竿秀丽之态。同凤尾竹种法，宜入盆供玩
4	江西细竹	明·高濂《遵生八笺·高子盆景说》

表6-10　其他种类的杂木类盆景

编号	名称	现名	学名	文献出典与文献原文
1	榆桩	榆	*Ulmus pumila*	明·高濂《遵生八笺》〈高子盆景说〉
2	山东青山黄杨	黄杨	*Buxus sinica*	明·高濂《遵生八笺》〈高子盆景说〉明·顾起元《客座赘语》
3	细叶黄杨	雀舌黄杨	*B.bodinieri*	明·高濂《遵生八笺》〈高子盆景说〉
4	雀梅	雀梅藤	*Sageretia thea*	明·高濂《遵生八笺》〈高子盆景说〉
5	西河柳	柽柳	*Tamalix chinensis*	明·高濂《遵生八笺》〈高子盆景说〉
6	银杏	银杏	*Ginkgo biloba*	明·高濂《遵生八笺》〈高子盆景说〉
7	水冬青	冬青	*Ilex purpurea*	
8	筋头棕竹	棕竹（筋头竹）	*Rhapis excelse*	明·王象晋《二如亭群芳谱》〈竹谱〉：棕竹有三种，上曰筋头，梗短叶垂，堪置书几。秋分后，可分，须出盆视其根须不甚牢固处，劈开栽盆。欲变化多盆，则盆大而旺。明·宋诩《竹屿山房杂部》：棕竹，出南粤，畏寒怯春风，芒种时从根侧分析之，或以一竿或二三竿，须根盛者，种盆盎中，置阴所，则叶青柔可玩。

图6-211　明代，杜堇，仕女图，纵30.5cm、横168.9cm，上海博物馆藏

图6-212　《遵生八笺·燕闲清赏笺》《书斋清供花草六种入格》

书斋清供花草六种入格

古窑盆，种三五寸高菊花一株，旁立小石，上几。冬以四窑方圆盆，种短叶水仙单瓣者佳。又如美人蕉，立以小石，佐以灵芝一棵，须用长方旧盆始称。六种花草，清标雅质，疏朗不繁，玉立亭亭，俨若隐人君子。置之几案，素艳逼人，相对啜天池茗，吟本色古诗，大快人间障眼。外此，无多可入清供。"[31]可见明代盆景中所用草本类之多。

春时用白定哥窑古龙泉均州鼓盆以泥沙和水种兰中置奇石一块夏则以四窑方圆大盆种夜合二株花可四五朵者架以朱几黄萱三二株亦可

着玩秋取黄密二色菊花以均州大盆或饶窑白花元盆种之或以小古窑

盆种三五寸高菊花一株傍立小石佐以灵芝一颗须用长方菖盆始称六种花

草清标雅质疏朗不繁玉立亭亭俨若隐人君子置之几案素艳逼人相对

瓣者佳又如美人蕉立以小石佐以灵芝一棵冬以四窑方元盆种短叶水仙单

精妙古铜官哥绝小炉瓶焚香插花或置二三寸高天生秀巧山石小盆以

供清玩甚快心目

大如倭或小盈尺更有五六寸者用以坐乌思藏镂金佛像佛龛之类或陈

明代是盆养石菖蒲的鼎盛时期，主要表现在盆养种类和品种的增多、制作技艺的多样化以及养护管理的细致化。

明代草本类盆景的种类主要有石菖蒲、万年青、吉祥草、美人蕉、芭蕉等。在此只对盆养石菖蒲作一重点讨论。

1. 盆养石菖蒲的制作技艺及其养护管理

明代是盆养石菖蒲的鼎盛时期，主要表现在盆养种类和品种的增多、制作技艺的多样化以及养护管理的细致化。

（1）盆养石菖蒲的种类和品种

对于菖蒲的种类，王象晋在《二如亭群芳谱》〈卉谱〉中载道：

菖蒲，一名昌阳，一名昌歜，一名尧韭，一名荪，一名水剑草，有数种。生于池泽，蒲叶肥根，高二三尺者，泥蒲也，名白菖；生于溪涧，蒲叶瘦根，高二三尺者，水蒲也，名溪荪；生于水石之间，叶有剑脊，瘦根密节，高尺余者，石菖蒲也；养以沙石，愈剪愈细，高四五寸，叶苒如韭者，亦石菖蒲也。

经过查阅现代的有关菖蒲类分类方面的资料，可对上述种类研究总结如表6-11。

关于品种则有："种类有虎须蒲，又有龙钱蒲，此外又有香苗、剑脊、金钱、牛顶、台蒲，皆品之佳者。"[32]的记载。上述种类全为品种或变种，因株形矮小，是盆栽的好素材。清代的陈淏子曰："品之佳者有六：金钱、牛顶、虎须、剑脊、香苗、台蒲，凡盆种作清供者，多用金钱、虎须、香苗三种。"[33]

（2）盆养石菖蒲的制作技艺

盆养石菖蒲的栽培基质不能用土，用土则变粗

表6-11　菖蒲类的名称、学名、俗名、特性及其园林应用

编号	名称	学名	俗名	生物学特性、生态习性及分布	园林应用
1	菖蒲	*Acorus calamus*	泥蒲、白蒲、昌阳	多年生草本。根茎横走，稍扁，肉质根多数，具毛发状须根。叶基生，剑状线形。花序柄三棱形，叶状佛焰苞剑状线形。花黄绿色，6~9月开。浆果长圆形，红色。生于我国各地海拔2600m以下的水边、沼泽湿地等	野生或园林水景园
2	石菖蒲	*A.gramineus*	九节蒲、岩菖蒲等多种	高约40cm，叶剑状。细长的佛焰苞淡黄色，花果期2~6月。分布于黄河以南各地海拔20~2600m的密林中的湿地和溪石上	园林栽培、盆栽观赏
3	金钱蒲	*A. gramineus* var. *pusillus*	钱蒲、小石菖蒲等	高20~30cm，菖蒲类中最小的种类。我国各地有栽培	盆栽观赏

变稀，这是由石菖蒲的本性决定的，"盖菖蒲本性，见土则粗，见石则细。"[32] 根据栽培基质和着生方式的不同，盆养石菖蒲的制作技艺有以下数种。

①附石法。附石法是把石菖蒲栽植于怪石的洞穴、低凹处，经浇水冲刷以及长年生长后，其根系或扎入石间、缝隙内，或与怪石紧密地附着于一体，构成山间树林、草丛的景观。其选石与种植方法如下所载："芒种时种以拳石，奇峰清漪，翠叶蒙茸，亦几案间雅玩也。石须上水者为良。……武康石浮松，极易取眼，最好扎根，一栽便活。然此等石甚贱，不足为奇石。惟昆山巧石为上，第新得深赤色者，火性未绝，不堪栽种，必用酸米泔水浸月余，置庭中日晒雨淋，经年后，其色纯白，然后种之，箆片抵实，深水盛养一月后便扎根，比之武康诸石者细而且短。羊肚石为次，其性最碱，往往不能过冬。"[32] 高濂曾赞颂附石石菖蒲道：

往见友人家有蒲石一圆，盛以水底，其大盈尺，俨若青壁其背。乃先时拳石种蒲日，就生日根窠蟠结，密若罗织，石竟不露，又无蔓延，真国初物也。[31]

②文石栽植法。文石是有纹理的石子或者玛瑙石。把石菖蒲栽植于文石之中，或把附生石菖蒲的昆山石置于放有文石的水盆中，文石起着固定和观赏的双重作用。屠隆在《考槃余事》中载：

至若蒲草……须用奇石昆石，白定方窑，水底下置五色小石子数十，红白交错，青碧相间，时汲清泉养之，日则见天，夜则见露，不特充玩，亦可避邪[34]。

③瓦屑栽植法。用旧破瓦制成的瓦屑也是栽植石菖蒲的一种基质。其法如下："当于四月初旬，收缉几许，不论粗细，用竹剪净剪。坚瓦敲屑，筛去粗头，淘去细垢，密密种实，深水蓄之，不令见日，半月后长成……"[32]

④砂粒栽培法。从明代开始，砂粒也成为栽植石菖蒲的基质之一。明代时用横云山砂栽植石菖蒲的方法是："夏初取横云山砂土，拣去大块，以淘净粗者，先盛半盆，取其泄水。细者盖面，与盆口相平。大巢一可分十，小巢一可分二三。取圆满而差大者作主，余则视盆大小，旋绕明植。经雨后其根大露，以砂再壅之。只须置阴处，朝夕微微洒水，自然荣茂。"[32] 看来，砂粒栽培法主要于石菖蒲的繁殖。

除了以上诸法外，还有上述的两种、三种方法并用法以及水培法[32]、木炭栽植法[32]。

（3）盆养石菖蒲的养护管理

盆养石菖蒲不仅要生长健壮，能够供人观赏，而且还要长年不衰，所以，它的养护管理问题十分重要。在明代时我国已经积累了丰富的养护管理经验。

①光照条件。石菖蒲类生于密林、水边，属于阴生植物，应该避免强日照。盆养石菖蒲在白天，或置于室内观赏，或置于庭园树荫下。明代的经验为："夜移见露，日出即收。"和"见天不见日，见天挹雨露，见日恐粗黄。"[32]

②浇水。浇水是植物盆景、盆栽的日常管理中最重要的内容，夏季更是不可疏忽。宋代时已总结出浇灌盆养石菖蒲的水只能用雨水和泉水，不能用河水和井水。

给盆养石菖蒲浇水时必须注意的两点为：一是只可往水盆内添水，不可换水，即："添水不换水，添水使其润泽，换水伤其元气。"[32] 二是只可往根部浇，不可往叶部浇，即："浸根不浸叶，浸根则滋生，浸叶则溃烂。"[32] 同时，宜于给石菖蒲洗根，越洗叶越细，这在宋元的文献中已有记载。

③施肥。盆养石菖蒲的栽培基质是石、砂和清水，经长年生长后，易于出现叶部发黄的现象，说明缺乏养分。此种情况下应当进行施肥。明代的方法是："如患叶黄，壅以鼠粪或蝙蝠粪，用水洒之。"[32]

④越冬管理。石菖蒲分布于我国黄河以南地区，如果在北方栽培，必须进行防寒越冬。到明代时越冬的方法已有三种：室内越冬法、缸瓮反扣法以及砂埋根部法（宋代已有）。前二者如下："十一月宜去水藏于无风寒密室中，常墐其户，遇天日暖，少用水浇；或以小缸合之，则气水洋溢，足以滋生。"[32]

还应该注意的是，石菖蒲最怕早春的冷风，从室内搬出时应在谷雨节之后，"菖蒲极畏春风，春末始开，置无风处，谷雨后则无患矣。"[32]

⑤修剪。盆养石菖蒲的修剪除了摘去枯叶、黄叶和病虫叶外，一年内还数次从石菖蒲的根际处进行剪除，促使矮细新苗的萌生。在《二如亭群芳谱》记述了石菖蒲修剪的重要性："宜剪不宜分，频剪则短细，频分则粗稀。"[32]

农历的四月十四，被当作菖蒲的生日，是修剪盆养石菖蒲的日子："四月十四，菖蒲生日，宜修剪根叶，覆以疏帘，微袭日暖，则青翠易生，尤堪清目。"[35]

关于盆养石菖蒲的养护管理，我国有精辟的总结："古有四季诀云：春迟出（春分出窖），夏不惜（夏剪二次），秋水深（深水养之），冬藏密（更避寒霜）。又有总诀云：添水不换水（添者取其鲜，不换存元气），见天不见日（见天沾雨露，见日恐焦黄），宜剪不宜分（剪频细而短，分频则粗稀），浸根不浸叶（浸根则润，浸叶则腐）。"[35] 这是自宋代至明代数百年来有关盆养石菖蒲的栽培经验的结晶。

（4）明代绘画作品中的蒲石盆

①丁云鹏《玩蒲图》中的蒲石盆庭园。随着始于宋代的文人间栽培、鉴赏石菖蒲风习的盛行，明代时出现了栽植、莳养石菖蒲的专门庭园。

丁云鹏（1547—1628 尚在）明代画家。字南羽，号圣华居士，安徽休宁人。卒年不详。工书法，学钟繇、王羲之。画善白描人物、山水、佛像，无不精妙。白描酷似李公麟，设色学钱选。丝发之间而眉睫意态毕具，非笔端有神通者不能也。兼工山水、花卉。中年用笔细秀，略近文徵明、仇英画法，晚

年风格朴厚苍劲，自成一家。供奉内廷十余年。与董其昌、詹景凤诸人交游，故流传作品多有董其昌、陈继儒等人的题赞。万历八年（1580）作《江南春扇》，天启元年（1621）作《伙溪渔隐图》。

丁云鹏《玩蒲图》中描绘了盆养石菖蒲，亦即蒲石盆的情景：溪旁山地庭园中，林木葱郁，房屋数间，有一老者倚坐在石案旁，左手执蒲扇，悠闲自得地欣赏着两位童儿在溪流对岸用溪水浇灌盆栽石菖蒲的情景。老者正前方，一自然石案之上，摆放着三盆松树盆景；其周边两个规则石案以及地面之上，错落有致地摆放着十余盆石菖蒲。盆形各种各样，尺寸有大有小，小者可以一人搬起，大者需要两、三人抬运。盆中多有奇石相配，构成蒲石盆。整个庭园气氛幽静雅致，实为文士煮茗读书、修身养性的理想山林空间。

②王谷祥《盘石菖蒲》中的菖蒲盆景。王谷祥（1501—1568）《盘石菖蒲》（图 6-213）作于嘉靖二十年（1541），图绘满布青苔的太湖石与菖蒲同植于圆盆中，石身凹凸，形状犹如自然岩壑。画面上方有明代女文人金用用娟秀楷书抄写南宋谢枋得的《菖蒲歌》："有石奇峭天琢成，有草夭夭冬夏青。……人间千花万草尽荣艳，未必敢与此草争高名。"金用为江苏彭城人，字元宾，为王宠（1494—1533）徒弟，是明代中叶吴郡楷书名家。

2. 其他种类的草本类盆景

其他种类的草本类盆景总结如表 6-12。

3. 明代绘画作品中的草本类盆景

明代除了出现大量的描绘石菖蒲的绘画作品外，还出现了多数描绘盆兰、盆菊、盆养水仙以及灵芝盆景的作品。

（1）盆兰

①孙克弘《画盆兰》。《画盆兰》画盛开的兰花配奇石植于鬲形器中，宽度几达画幅左右边缘，是瓶插式构图方式的又一面貌。器形线条极简，兰花挺拔有力，简练的笔墨，带出稚拙气氛，有文人意趣（图 6-214）。幅上自题兰花为"处为幽谷香，出为王者瑞"，颇有表征品格之意。此外，幅上还有御笔"赏寄幽芳"、御题行书和张照题诗。

张照题诗为："去年看花清凉宫，千枝万枝香翁蒙。今年看花老屋下，小院秋风白月夜。妖红艳紫纷不记，独爱此花同静者。彤墀罗列宜臭味，几砚照映亦潇洒。

表6-12 其他种类的草本类盆景

编号	名称	现名	学名	文献出典与文献原文
1	吉祥草	吉祥草	*Reineckia carnea*	明·王象晋《二如亭群芳谱·卉谱》：吉祥草，可登盆，用以伴孤石、灵芝，清雅之甚，堪作书窗佳玩。杭人多植瓷盎，置几案间
2	书带草	书带草	*Ophipogon japonicum*	明·王象晋《二如亭群芳谱·卉谱》：书带草丛生，叶如韭更细，色翠绿鲜妍。出山东淄川县城北黄山，郑康成读书处，名康成书带草，艺之盆中，蓬蓬四垂，颇堪清玩
3	小芭蕉	芭蕉	*Musa basjoo*	明·黄凤池《新镌草本花诗谱》
				明·顾起元《客座赘语》（原文参照花果类表）
	蕉			明·王象晋《二如亭群芳谱·卉谱》：蕉，发时，分其勾萌·可别植小者，以油簪横穿其根二眼，则不长大，可作盆景，书窗左右，不可无此君
4	美人蕉	美人蕉（美人蕉科）	*Canna indica*	明·王象晋《二如亭群芳谱·卉谱》：美人蕉、胆瓶蕉可供观赏，如恐其长大不适盆景，可用油簪横穿其根二眼，则不长大，书窗左右不可无此君
5	胆瓶蕉	美人蕉（芭蕉科）	*Musa aranoscopes*	同上
	红蕉花			明·黄凤池《新镌草本花诗谱》
6	千年	万年青	*Rohdea japonica*	明·陈继儒《农圃六书·卷一·草部》：一名万年青，叶阔丛生，深绿色，冬夏不枯，关中家家植之。……与吉祥草及葱松四色，并列盆中

修能愧而不敢佩，出处同心时复把。他时九畹赖娱老，绝胜丝竹与陶写。乾隆壬寅，随仁皇帝避暑热河，寝门外列秋兰数十瓿，时得坐其下。雍正癸卯，京师过夏，唯研北数枝而已，因作此诗。甲辰艺兰无花，独对此画，聊复书此照。"

②其他绘画作品中的盆兰。在以下绘画作品中还出现了盆兰：丁云鹏《煮茶图》，沈贞（1436）《盆兰图》（图6-215），曾鲸、萧云从《曼殊像》（图6-216）以及梁元柱《森琅公少年自画像》（图6-217）等。

（2）盆菊

除了沈周《盆菊幽赏图卷》中描绘的盆栽菊花庭园中可以见到多数盆栽菊花外，《粤绣博古图屏（三）》（图6-218）以及佚名《金盆捞月图》（图6-219）中也出现了盆菊。

（3）明代《岁朝图》中的盆栽水仙

"岁朝"，指一年之始，又称为"元日"，即阴历正月初一，新年的第一天，也是中国最重要的传统节日——春节。严格意义上的"岁朝图"便是为迎接新年第一天而作的图画。

"岁朝图"除了描绘春节场面之外，皇帝与宫廷画家也多以寓意吉祥的花卉与器物入画，这即是以"岁朝清供"为题材的作品。"清供"又称清玩，包括金石、书画、古董、盆景等玩赏之物，"岁朝清供"即是在新春之际将这些雅物摆放在案头，古代画家将这些富有寓意的物品作为描绘对象，谓之《岁朝清供图》，不过有些以"岁朝图"命名的作品也以清供之物入画，这类创作大多出自文人之手，体现了他们特有的美学精神。

陆治（1496－1576）明代画家。吴县（今江苏苏州）人，字叔平，因居包山，自号包山。倜傥嗜义，以孝友称。好为诗及古文辞，善行、楷，尤心通绘事。游祝允明、文徵明门，其于丹青之学，务出其胸中奇，一时好称，几与文埒。工写生得徐、黄遗意。点染花鸟竹石，往往天造。山水受吴门派影响，也吸取宋代院体和青绿山水之长，用笔劲峭，景色奇险，意境清朗，自具风格，在吴门派画家中具有一定新意，与陈淳并重于世。晚年贫甚，衣处士服，隐支硎山，种菊自赏。卒年八十一。

周之冕（1521－？）明代画家。字服卿，号少谷，

图6-213　明代，王谷祥《盘石菖蒲》　　　　图6-214　明代，孙克弘《画盆兰》，纵119cm、横38.9cm，台北故宫博物院藏

图6-215　明代，沈贞（1436年作）《盆兰图》，北京保利藏

图6-216　明代，曾鲸、萧云从《曼殊像》，中国嘉德藏

图6-217　明代，梁元柱《森琅公少年自画像》，顺德博物馆藏

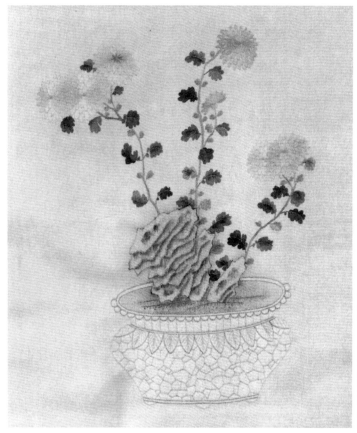

图6-218　明代，《粤绣博古图屏（三）》（局部）中的盆菊，台北故宫博物院藏

图6-219　明代，佚名《金盆捞月图》（局部）中的盆菊，上海博物馆藏

长洲（今江苏苏州）人。卒年不详，活跃于万历年间。擅花鸟，注重观察体会花鸟形貌神情，及禽鸟的饮啄、飞止等种种动态。善用勾勒法画花，以水墨点染叶子，画法兼工带写，人称勾花点叶法。所作花鸟，形象真实，意态生动，颇有影响。写意花鸟，最有神韵。设色亦鲜雅，家畜各种禽鸟，详其饮啄飞止，故动笔具有生意。特以嗜酒落魄，不甚为世重耳。又善古隶。

陆治（1533年作）《岁朝图》（图6-220）与周之冕（1602年作）《岁朝清供》中都出现了水仙盆栽。

（4）灵芝盆景

元代时灵芝已经作为盆景的材料被应用于盆景制作中。到了明代，大量绘画作品中出现了灵芝盆景。

①文嘉等吴门诸家《宾芝图及题咏》中的灵芝盆景。文嘉等吴门诸家《宾芝图及题咏》集明人文嘉、王谷祥、钱谷、居节等人画灵芝十二幅，题材相同而意趣各别。有生崖畔坡上者，有植盆盎者；或伴拳石，或傍幽兰，或倚菖蒲瑞草；或设色、或水墨；或阔笔雄劲，或渴笔秀润，题材相同而意趣各别。作者皆吴门英彦，文徵明之子弟后学。对幅皆有诗题，文三桥、居商谷、鲁歧云、王禄之俱自题其画，陆包山、钱允治、张献翼、黄姬水、陈子兼及皇甫三兄弟各以己咏配诸家墨妙。书画映发，各极其长，可称一时之盛。静窗展对，瑞色盈盈须眉间。此册保存完好，诸美毕集，可赏可读，是藏玩佳品。

其中植盆盎者（灵芝盆景）为居节（明嘉靖至万历年间，16世纪）作画，款署"宾芝图，居节"。居节对题："烨烨标灵秀，英英发藻文。山间滋玉露，石上润春云。会意吾为主，忘形思逸群。高歌商岭句，谁操萃霞氛。居节"。钤印：土贞父印、居节印。

②丁云鹏《罗汉图》中的灵芝盆景。丁云鹏《罗汉图》册第十开，高僧形貌清秀，手持书卷晏坐庭园。斑竹禅椅与夹头榫平案头，外形大器，线条简练，为典型明式家具。案上白瓷觚插莲花供养，旁置香炉与画册。透过湖石旁栽木兰与翠竹，奇石平台摆置灵芝盆景，内盛雨花石（图6-221）。

③其他绘画作品中的灵芝盆景。姚绶《冈陵图》描绘巧妙将奇石灵芝共栽一盆中的小景（图6-222），

图6-220 陆治（1533年作）《岁朝图》

钱谷《疏林钓矶》（局部）在扇面上描绘一书童小心翼翼地捧端一灵芝盆景的景象（图6-223）。

（5）陈栝《画万年青》

陈栝（生卒年未详），约活动于16世纪，字子正，号沱江，江苏苏州人。善画花卉，笔似其父陈淳。嗜酒放浪。画擅花鸟，继其有法，而又出己意，笔致放浪而有生趣，亦能诗。

现在可见陈栝《画万年青》两幅，一幅为台北故宫博物院所藏，一幅为大陆所藏。台北故宫博物院所藏《画万年青》描绘3、4株万年青栽植于高深圆形缸中（图6-224）。画面上方题写两首诗，一首为字体较小行书所写："灵草恒青冬夏鲜，谓当

有水注其边。文徵画合梓材语，惟曰保民欲万年。"另一首为字体大粗行书所写："停雪由来说老松，长生灵草漫相从。万年青色谁堪比？佳气□□瓷缸中。千花万萼竞争艳，惟此青青冬夏鲜。不用金玲相保护，因他德质自贞坚。"

另一幅《画万年青》描绘数株红果、绿叶丛生于圆盆中的万年青景观。该画面中用楷书书写《御制题陈栝画万年青诗》：万年青者万年清也。今人多画此，以为祝颂。此轴乃明隆庆时陈栝所画，而其大学士申时行题句，足为嘉徵，因成是什。灵草恒青冬夏鲜，谓当有水注其边。文徵画合梓材语，惟曰保民欲万年。

图6-221 明代，丁云鹏《罗汉图》（局部），纵30.9cm、横31.2cm，台北故宫博物院藏

图6-222 明代，姚绶《冈陵图》，十竹斋藏

图6-223　明代，钱谷《疏林钓矶》（局部）扇面中的灵芝盆景

图6-224　明代，陈栝《画万年青》，台北故宫博物院藏

明代树木盆景形式、整形技艺与器具

树木盆景形式

明代盆景中出现了多种多样的盆景形式。

1. 蟠干

屠隆的《考槃余事》中的〈盆玩笺·盆花〉一节对枸杞（*Lycium chinense*）盆景的制作方法鉴赏进行了如下记述：

次则枸杞，当求老本虬曲，其大如拳，根若龙蛇，至于蟠结柯干苍老，束缚尽解，不露作手，多有态若天生然。雪中枝叶青郁，红子扶疏，点点若缀，时有雪压珊瑚之号，亦多山林风致。

从文中的"老本虬曲"和"蟠结柯干苍老"的文句可以断定，文中记载的枸杞盆景应为蟠干式盆景。同时，当时的绘画作品所描绘的盆景也多为蟠干盆景。这说明明代时，蟠干盆景大流行。蟠干盆景的树种有松、梅、枸杞以及杂木类等。

2. 一本双干·三干式

当时的天目松盆景的树形不仅出现了蟠干等单干式，而且还出现了一本双干、一本三干式。《遵生八笺》〈高子盆景说〉"更有松本一根二梗三梗者。""（松本）一根二梗三梗者"即是一本双干与一本三干之意。这种盆景树形主要表现山野、平原所生长的发自一根的树丛形式。

3. 丛林式

丛林式盆景是指一个浅盆之内种植数株、十数株、甚至更多株树木，表现丛林景色的作品。从明代开始，成为我国盆景的重要形式之一。丛林式盆景的树种有松类（天目松）、虎刺以及竹类等。

（1）天目松丛林盆景《遵生八笺》〈高子盆景说〉记载："或栽（天目松）三五窠，结为山林排匝，高下参差，更多幽趣。"把三五株的天目松，按照粗细大小、高低错落进行配植，点缀奇石，在小小盆盎之中可以创造出山林幽趣的景色。观赏这种丛林盆景时，即使酷暑盛夏，也可以使人忘暑。

（2）虎刺丛林盆景虎刺，树高 30~60cm，自生于亚热带山野，为丛林盆景的理想材料，明代时流行于苏州、杭州一带。〈高子盆景说〉记载："它如虎刺，余见一友人家有二盆，本状笛管，其叶十数重叠，每盆约有一二十株为林，此真元人物也。"此外，《考槃余事》〈盆玩笺·盆花〉一节记载："杭之虎刺，有百年外者，止高二三尺，本状笛管，叶叠数十层，每盆以二十株为林，白花红子，其性甚坚，严冬厚雪玩之，令人忘餐。更须古雅之盆，奇峭之石为佐，方惬心赏。"

虎刺适应性强，即使在寒冷的冬季，被雪覆盖之下也可以开白花挂红果。同时，它生长缓慢，在盆中可以常年栽培。

（3）竹类丛林盆景《考槃余事》〈盆玩笺·盆花〉记载："又如水竹，亦产闽中，高五六寸许，极则盈尺，细叶老干，潇疏可人，盆上数竿，便生渭川之想。"从该文献可知，竹类也是当时丛林盆景的植物材料之一。

4. 附石式

与宋代相同，明代时昆山石的附石式盆景也较为流行。明后期万历年间（1573—1619）林有麟收罗古今奇石图画与逸事，编辑出版了《素园石谱》四卷。卷一中有如下的记载：

苏州府昆山县马鞍山于深山中掘之乃得，玲珑可爱，全成山坡，种石菖蒲、花树及小松柏。近询其乡人，山在县后一二里许，山上石是火石，山洞中石玲珑，栽菖蒲等物最茂盛，盖火暖故也。

该文献为昆山石的附石式盆景的记录。石菖蒲为当时的附石式盆景中普通使用的植物种类之一。

随着附石式盆景的发展，其他几种山石也被开始应用于附石式盆景的制作。王象晋的《二如亭群芳谱》〈卉谱·菖蒲〉中记载：

芒种时种以拳石，奇峰清漪，翠叶蒙茸，亦几案间雅玩也。石须上水者为良。……武康石浮松，极易取眼，最好扎根，一栽便活。然此等石甚贱，不足为奇品。惟昆山巧石为上，第新得深赤色者，火性未绝，不堪栽种，必用酸米泔水浸月余，置庭中日晒雨淋，经年后，其色纯白，然后种之，箬片抵实，深水盛养一月后便扎根，比之武康诸石者细而且短。羊肚石为次，其性最碱，往往不能过冬。

昆山石、武康石、羊肚石等都被用于附石式盆景的制作。从山上新采的山石一定要经日晒雨淋，并且搁置较长的时间后才可用于盆景的制作。

明代，用于附石式盆景的植物种类除松柏类、小型花木类以及石菖蒲之外还有竹类。例如，冯时可的《雨航杂录》记载："雁山五珍，有观音竹，形小叶长，翠润夺目，植岩石上，终冬不凋。"

陈淳（1483—1544），长洲（今江苏苏州）人。字道复，后以字行，更字复甫，号白阳，又号白阳山人。少年作画以元人为法，深受水墨写意的影响。他的写生画，一花半叶，淡墨欹毫，自有疏斜历乱之致。其作品《崑璧图》描绘杂木、花草、菖蒲、苔藓等附着生长在昆石表面与缝隙处，盆钵、山石与附着的植物皆成为文人观赏的对象（图6-225）。

5. 半树半水式

明代吴伟画的保存于北京故宫博物院的《武陵春图》卷中盆钵中栽植一梅花。武陵春是当时

名妓，传说她与传生相爱，后来传生获罪流放，她用尽自己积蓄进行营救，却没有成功。该画中，武陵春坐于石案前，低首凝思，案上有笔、砚、书、琴等。人物表情平淡，相貌端正，衣着素雅。画中人物主要采用白描手法勾勒，细腻匀称。人物衣纹流畅，神态自然，景物配置恰当得体，整体

图6-225　明代，陈淳《崑璧图》，台北故宫博物院藏

375

画面和谐生动。

梅花被栽于盆之左侧，右侧为一半盆水，中央有间隔。据推测，右侧的水盆可以盛水，并可以放养小鱼等可观赏的小型水生动物。该盆梅为当时特殊的半树半水式盆景。〈高子盆景说〉曰："曾见宣窑粉色裂纹长盆中，分树水二漕制，甚可爱。"该文献记载的盆钵正是该盆梅所用的盆钵种类。

6. 文字编造盆景

在盆栽植物幼年、枝干柔软时期，将枝干仿照"福""禄""寿""春"等带来好运的文字或者图案进行编织造型，形成具有文化性较强的特殊盆栽景观，明代末期已经出现了寿字的桃树造型（图6-226）、松竹梅合栽造型（图6-227）等，这些图案多被应用于盆钵外表面以及瓷盘正底面装饰。

7. 绘画作品中的盆景树形形式

明代是盆景发展的兴盛时期，当时的年画、小说插图以及绘画作品中多处可以看到盆景的绘画。下表6-13列出了绘画作品中所描绘的盆景的树形与形式。

树木盆景的整形技艺

明代，随着盆景植物材料的增加，盆景的整形技术，特别是修剪与绑扎技术接近成熟。

1. 修剪技术的总结

盆景是活着的艺术品，为了保证树木健康的生长与保持理想的树形，必须进行整枝修剪。

明代万历年间已经对不用枝的修剪进行了总结。周文华的《汝南圃史》卷之二记载：

表6-13 明代绘画作品中见到的盆景树形样式

编号	作者	出典 保存	绘画名称	树形与形式	植物种类
1		台北故宫博物院	十八学士图	松类	蟠干
2	蔡汝佐	图绘宗彝	盆中景	松类	蟠干
3	蔡汝佐	图绘宗彝	舞袖图	松类	蟠干
4	朱端	天津市博物馆	松院闲吟图	松类	蟠干
5	朱端	天津市博物馆	松院闲吟图	松类	附石式
6		京都市知恩院	金谷园图	山茶	蟠干（舍利干）
7	王路	花史左编	表纸图	竹类	丛林
8		金瓶梅插图	薛媒婆说娶孟三儿	杂木	一本双干
9		金瓶梅插图	潘金莲私仆受辱	梅	蟠干
10		金瓶梅插图	见娇娘敬济魂消	杂木	蟠干
11		金瓶梅插图	惠祥怒骂来旺妇	梅、竹类	蟠干、丛林
12	杜琼	北京故宫博物院	友松图卷	松类	直干、蟠干

图6-226 明代末期（16世纪后半期），桃寿字图案

图6-227 明代末期（16世纪后半期），松竹梅合栽图案

诸般树木整顿，尤须得法，去沥水枝（向下者），去刺身枝（向内者），骈纽枝（连结者），冗杂枝（多乱者），风枝（细长者），旁枝（新发者）。

因为这些枝条的生长在现在或者将来会破坏树形、影响观赏，除了特殊情况要进行保留之外必须进行剪除。

2. 棕丝绑扎

棕丝绑扎的目的是为了把长枝缩短、竖向枝压倒、直枝变曲，以此来达到盆景树木整形的目的。明代时，已经普遍使用棕丝进行绑扎整形。

明代王鏊《姑苏志》卷十四〈土产〉记述：

栝子松，虽产他郡，而吴中为多，故家有逾百年者，或盘结盆盎，尤奇，亦可沈之而生，又有桧树，亦可盘结，二种皆可供庭除之玩者耳[36]。

文中的盘结即是利用棕丝对栝子松（白皮松，*Pinusbungeana*）和桧柏进行绑扎整形。

3. 树干与粗枝的弯曲技术

树木盆景在整形过程中往往要对树干与粗枝进行弯曲整形。《汝南圃史》记载："如盆中树欲其曲折，略割其皮，随着转折，以棕缚之，自饶古意，"在进行树干与粗枝的整形技术时，首先要刻伤弯曲侧的树皮，进行适度扭曲，然后用棕丝进行绑扎，表现出苍古老态。

盆景整形、管理用器具、材料

《汝南圃史》载曰："棕缚花枝，纹细绳扎竹屏栏，粗绳扛树垛、盆石，虽然经雨不朽烂，园圃中最不可缺此。"

可见，棕丝在盆景整形与园艺作业中具有广泛的用途，不仅可以绑扎花枝，而且细的棕丝可以扎竹屏篱笆，粗绳可以抬运树垛、盆石之类，虽经雨而可经久耐用。

明代最重要的盆景材料为天目松。高濂的《遵生八笺》〈高子盆景说〉一文中载有：

如最古雅者，品以天目松第一，惟杭城有之，高可盈尺，其本如臂，针毛短簇，结为马远之"欹斜结曲"，郭熙之"露顶攫拿"，刘松年之"偃亚层叠"，盛子昭之"拖拽轩翥"等状，载以佳器，槎牙可观，他树蟠结，无出此制。

文中的马远、郭熙、刘松年以及盛子昭都是中国历代著名的画家，"欹斜结曲""露顶攫拿""偃

亚层叠"及"拖拽轩翥"分别是各位画家描画树木的技法。"结"与"蟠结"都是指利用棕丝进行绑扎整形。可以看出，当时在树木盆景整形过程中已经参考画家的画树方法来进行整形处理。

除了上述二文献中记载的盆景整形用棕丝之外，明代时已经出现了全套的盆景整形修剪、养护管理用的器具、材料类，这些可见于明代朱有燉撰、蔡如佐画的《菊谱百咏图》一书中。

《菊谱百咏图》编撰于明代天顺二年（1458），作者是成长在开封周王府的朱有燉。朱有燉为明太祖朱元璋之孙，周定王朱橚庶八子，镇平恭定王。菊谱中记述了100个品种的菊花，分黄、红、白、紫四大类。该书分别描述了每个品种菊的名字和生长特征。该书可贵之处是作者躬行原创的。他亲自把以中原为中心的四方菊花之种，养在周王府一圃之中。每逢金秋菊花盛开之时，亲自到花圃逐品赏菊，根据每个品种菊的特色和品貌吟诗作画，创作出一部图文并茂的菊花专著《菊谱百咏图》，清代康熙二十五年（1686）德善斋编刊名曰《德善斋菊谱》。该书后于1976年被日本汲古书院刊行的《书画集成》第五辑中以《菊谱百咏图》二卷附一卷得以出版[37]。

《菊谱百咏图》〈花器〉部分由驭云子补录，图文并茂（图6-228）。文字部分按照自左向右、自上向下顺序抄录如下。虽然所列之花器完全可用于盆景整形修剪与养护管理。

（1）图6-228（1）

花器：工欲善其事，必先利其器。器备则伺花之不忙也，故补之。驭云子补。

花针：用以刺虫，将针去尾针入竹，筋头上用之。

木杓：用以兜水灌花，四傍则不损，花叶并根。

花剪：用以剪缚棕索、麻线等，此常剪力小些。

棕丝：用以缚花吊梗，可买肥粗者收用，麻皮亦可。

蚌壳：大小用以搬泥，备二十五个。

竹箭：用以箭竹杖高过花者，其式似桑剪。

竹刷：用以扫去缸边水积起泥。

（2）图6-228（2）

铁钩：用以取根下蚕虫，如式制一、二件。

铁锹：用以移插花根，去草扰根傍，长一尺许，阔一寸，以木为柄。

竹锹：用以锹泥开，用钩取根下蚕虫之类。

作刀：用以削竹棍、尖头去节，以便插入土内。

竹棍：用以扶花，可买细箭竹，去枝叶方可为之。

种刀：用以起根分苗，如常式一、二把。

劈梗刀：用以接菊并蛀梗，孔深者以刀尖划开，取刃长五六寸、阔五分锋利为妙。

铜丝铁线（细、肥）：用以刺蛀虫，将铁线烧软敲扁，头上开一丫口，以便入随湾入孔取虫

（3）图 6-228（3）

铜镊：用以镊蕊，此物全在做得妙方，可用其镊蕊去繁脑，以之代指甲，庶免伤花损根之患。

水勺：用以浇水，每水缸中用此一勺，有则以锡为之，大容一大碗水，柄长二十一十尺，以便就根沃之，不致伤叶。

水桶：水桶二只用，以挑水。

软棕刷子：用以刷去头上莠虫甚便，不可用刀截棕头，就用原棕软头作刷如式。

细土筛、粗土筛：用以筛泥。

（4）图 6-228（4）

积粪缸：样式出之自然，但取大者为最，以冬日埋干湿地之下，搬粪入内，上再用土盖之，到来年五六月间，粪皆化干黄水，取出和水灌花，即欲瘁者，亦能复活，其名号曰金汁。

瓦箍盆：近用瓦为盆，以其易为措办，且可多作不费，又便泄水，干湿常然，不致留泞。吴中多为之，箍此盆当用旧时大瓦为之不燥，又能养根，凡四片三片即箍一盆。

喷壶：用以注水喷花，以锡为之，上提手以灌，下靶装柄，灌花之高者。

——崇祯巳卯秋日梓。

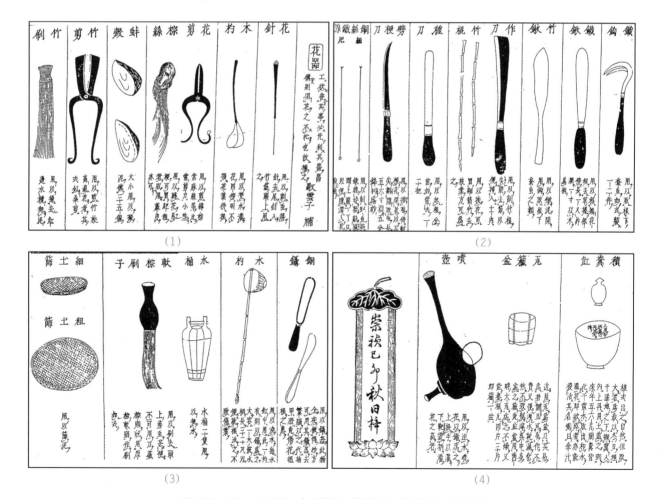

图6-228 （1）-（4）明代，朱有燉撰、蔡汝佐画，《菊谱百咏图》花器

第十二节
明代山石类盆景文化

明代（1368—1644），特别到了晚明，社会的世俗化使文人与能工巧匠结合，共同创造了精致文化。格心成物、推演致理，构成晚明最精彩的景象。生活的日渐精致和器物的趋于小巧，使各项艺术空前繁荣，大师巨匠空前繁荣。

明代精致小巧的理念，深刻地影响到造园选石与文房赏石，成为士人赏石的经典传承。

米万钟的园林与赏石趣味

1. 米万钟的园林与赏石趣味

米万钟（1570—1628）字友石，又字仲诏，自号石隐庵居士，为米芾后裔，

一生好石，尤擅书画，晚明时与董其昌有"南董北米"之称。米万钟在北京清华园东侧建"勺园"，取"海淀一勺"之意，自然以水取胜。米万钟曾绘《勺园修禊图》长卷，尽展园中美景，园中赏石亦为奇景。现今颐和园中蕴含"峰虚五老"之意的五方太湖石就是勺园的遗石。米氏在京城尚有"湛园""漫园"两处园林，但都不及勺园名满京城，文人多聚于此赋诗撰文，一时皆有称颂。

米万钟于万历二十三年（1595）考中进士，次年任六合知县。米氏对五彩缤纷的雨花石叹为奇观，于是悬高价索取精妙。当地百姓投其所好争相献石，一时间多有奇石汇于米氏之手（图6-229、图6-230）。米万钟收藏的雨花石贮藏大小各种容器。其中绝佳奇石有"庐山瀑布""藻荇纵横""万斛珠玑""三山半落青天外""门对寒流雪满山"等美名。米万钟对于雨花石之鉴赏与宣传贡献良多。

米万钟爱石，有"石痴"之称。他一生走过许多地方，向以收藏精致小巧奇石著称。明代闽人陈衍《米氏奇石记》说："米氏万钟，心清欲淡，独嗜奇石成癖。宦游四方，袍袖所积，唯石而已。其最奇者有五，因条而记之。"陈氏文中所记五枚奇石为：两枚高四寸许、一枚高八寸许、两枚大如拳，皆精巧小石[38]。

2. 吴彬为米万钟灵璧石作《十面灵璧图》

吴彬（具体生卒年不详，大约为16世纪中叶至17世纪初），莆田人，明代著名画家，字文中，又字文仲，自称枝庵发僧、枝隐庵主。曾被荐授中书舍人，官至工部主事，后去职游历四方。

在米万钟的藏石中，灵璧石是很重要的一种。在其收藏的灵璧石中，有一个很特异的上品石头，成为非非石，非非石虽然高仅一尺八寸，从尺度看只算中等，却有其不可动摇的地位。此石的特异之处在于面面皆奇。古人常以灵璧石不能全美为憾，但非非石却不止四面，而是十面皆有可观。万历三十六年（1608）米万钟担任六合县令时结识了画家吴彬。并请之为其收藏的非非石作画，此画卷最后一部分为米万钟于1610年所写对这块灵璧石的热爱与此画的由来，以及董其昌、陈继儒、萨迎阿、李维桢、叶向高、耆英、邹迪光、张师绎、高出与黄汝亨十位文士藏家的题跋。整个手卷不论从吴彬的绘画、米万钟等人书法、灵璧石收藏的历史角度

图6-229 明代，米万钟《秀石图》　　图6-230 明代，（传）米万钟勺园勺海堂前遗石

来说，都有极大的历史研究价值。

《十面灵璧图》共有十幅，分别从正面、背面、左面、右面等十个角度表现非非石，每幅图右边都有米万钟的题识，图文相配，奇石的形态和精神呼之欲出。吴彬运用了唐人孙位画火的手法，图中奇石筋脉勾连，宛如升腾的火焰，极富动感。吴彬突破了传统绘画表现山石和挥笔运墨的常规，将所绘之物精确地呈现在观者面前，非非石的姿态轮廓、质地纹理都历历在目，使观者几乎忘其为图，可以毫无距离地进行把玩与品赏。

遗憾的是，非非石从清军入关那天起，如今已不知流落何处，幸有这件《十面灵璧图》留世为其写照传神，使今人仍能借以体味米家藏石的精奇以及画家吴彬的高湛画艺。

吴彬的《十面灵璧图》，一直只能看见图录。画

卷在1989年于纽约苏富比以121万美元高价成交，打破了此前中国古代绘画拍卖的最高纪录，之后，一直就没有此画卷的消息。时隔近三十年的2018年，美国洛杉矶州立博物馆（Los Angeles County Museum of Art，简称LACMA）新展"吴彬：十面灵璧图"正在展出，该展览首次完整展出《十面灵璧图》的全部十面，由LACMA中国部主任利特尔博士（StephenLittle）主要策划。同时，此次展览还囊括了太湖石、墨石，以及展望、曾小俊、梁巨廷等当代艺术家以奇石为主题的作品，不仅使观众能够欣赏吴彬这件史诗般的巨著，也能够使外国观众更多了解中国赏石文化传统。

3. 米万钟的"败家石"

在颐和园乐寿堂前的庭院里有一块造型奇特的巨石，上有乾隆皇帝御笔亲题的"青芝岫"三个字。

此外，它还有个俗称，正如在它围栏外的标注牌上标注的一样——"败家石"。该奇石与米万钟有不解之缘。

米万钟为寻求园林置石，不辞辛苦踏遍郊野群山。一日在京城西南郊房山的群山中偶尔发现一块巨石，突兀凌空，昂首俯卧，米氏当即顶礼膜拜、赞叹不止，并拟将此石置于他的花园——勺园。为此，他不惜财力，雇佣百余人，先是开山铺路、分段引水，而后掘水井待严冬、淘水泼冰，并用四十匹马拉石滑行运输。当将此巨石运出山区到达平原良乡时，引得朝中不少官员和文人前往观赏，赢得赞叹无数。消息很快传开，进而轰动京都，也惊动了魏忠贤的私党，他们以此石大大超过了皇家御苑的置石品位为由，百般阻挠、陷害。米万钟虽不屈不挠地反抗，最终却难以摆脱魏忠贤的打压，由其私党五虎之一倪文焕编造罪状，使米万钟遭受诬陷，因而获罪丢官。至此，轰动京都的灵秀巨石从此搁置良乡。

不知其中缘由的人们疑惑不解，一些文人墨客禁不住向米氏探询。米万钟唯恐说出真情将会惹出更大祸害，就托言因运石而力竭财尽，不得不放弃。此后，人们越传越奇，遂将此石称为"败家石"。

虽然米万钟获罪丢官，背上"败家"的骂名，但其对石艺术追求仍很执著。他特为心爱的石头盖了一间草棚，怕它风吹雨淋日晒加快风化。为防止丢失和人为破坏，还专门雇了人昼夜看守，想有朝一日条件成熟，仍将此石运进勺园。米氏死后，石头被弃，一些文人闲客非常怀念这位爱石书画名家，常至良乡凭吊，并作诗抒发怀念之情。百年之后，清乾隆皇帝去河北易县西陵为父亲雍正扫墓。路过良乡时，太监禀报米万钟觅石获罪等细节，乾隆大感兴趣，御驾亲往，见石姿不凡，大喜过望，即降旨将其移进清漪园内（图6-231）。

据说，皇太后听闻此事大为不悦，认为此石"即败米家，又破我门，其名不祥"。但因乾隆皇帝对此石甚是喜爱，就采取了各种方式说服太后，才使皇太后认同此石。与此同时，乾隆还根据此石的形状和润色，将此石命名为"青芝岫"，并吟诗御题

图6-231 颐和园中的青芝岫

镌刻于巨石上。

如今，这块败家石完好地横卧在颐和园乐寿堂院中的海浪纹石座上，它已成为当代中国最著名的奇石之一，供无数的中外游客观摩欣赏。

作为文房清玩的砚山、研山与笔山

晚明文房清玩达到鼎盛，形制更加追求古朴典雅。屠隆所著《考槃余事》记载有 45 种古人常用的文房用品。文震亨在《长物志》中列出 49 项精致的文房用具。精巧的奇石自然是案头不可或缺的清玩。《长物志》中说："石小者可置几案间，色如漆、声如玉者最佳，横石以蜡地而峰峦峭拔者为上。"因几案陈设需要精小平稳，明代底平横列的赏石（砚山、研山）和拳石更多出现，体量越趋小巧。晚明张应文《清秘藏》记载：灵璧石"余向蓄一枚，大仅拳许，……乃米颠故物。复一枚长有三寸二分，高三寸六分，……为一好事客易去，令人念之耿耿。"高濂《燕闲清赏笺》记载："书室中香几，……用以阁蒲石或单玩美石，或置三二寸高，天生秀巧山石小盆，以供清玩，甚快心目。"可见，晚明时精致赏石、砚山、研山在文房中占有重要地位（图6-232、图6-233）。

明代书籍中记载与描绘的研山：《素园石谱》卷之一的"宝晋斋研山""海岳庵研山""苍雪堂研山（图 6-234）"，卷之二的"常山石"，卷之三的"马齿将研山""小有洞天"，卷之四的"玉恩堂研山""青莲舫研山（图 6-235）"等。此外，研山作为绘画的题材被艺术的表现在扇面上（图 6-236）。

此外，部分砚山、研山也可以作为搁笔之用，乃案头必备之物，被称为笔山。笔山，也称为笔架、笔格，是文房用品中的器物，主要用于古人书画时，在构思和暂息间借以置笔，以免笔杆周转污损他物。笔山始于何时，已无从考证，但据《艺文类聚》记载，早在南北朝时期已经有笔山了。笔山的质地最为广泛，玉、石、金、铜、瓷、木皆可制成。明代时出现了大量的笔山，最为珍贵者当属现今收藏于北京故宫博物院与台北故宫博物院的由象牙雕、陶瓷类制作而成的笔山。

现藏北京故宫博物院的月白釉笔山（山形笔架），呈多峰山形，平底，底部两侧有对称的四横条状支烧痕。白砂胎，通体施月白釉，釉面布满极细碎的开片纹（图 6-237）。底正中竖刻双行楷书款："万历乙未岁九月望日制于万玉山房，大彬。"万历乙未年是万历二十三年（1595）。

宜钧有白砂与紫砂两种胎泥，此笔山使用白砂

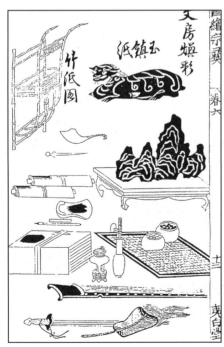

图6-232　《图绘宗彝》〈文房焕彩〉中的研山　　图6-233　孙克弘《七石图》

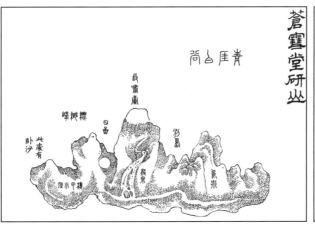

图6-234 《素园石谱》卷之一的"苍雪堂研山"

图6-235 《素园石谱》卷之四的"青莲舫研山"

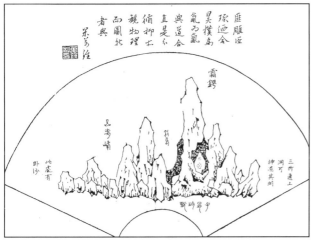

图6-236 明代扇面上的研山

图6-237 月白釉笔山，明代，高4.8cm、长13.7cm、宽3.5cm，北京故宫博物院藏

泥制成，釉面滑润光亮，有明确的纪年铭，以器物的造型、釉面、雕塑的风格来看，晚明遗物特征显而易见。宜钧制品极少有详细的纪年铭文，该笔山可以说是绝无仅有的一件珍品。

故宫博物院藏的象牙雕笔山，双龙于波涛中蟠绕五峰，龙须、龙嘴均显示出典型的明代风格，约为嘉靖至隆庆年间（1522—1572）作品（图6-238）。此外，现藏台北故宫博物院的五彩瓷龙纹笔山也是一件非常珍贵的作品（图6-239）。

随着晚明时期笔山的流行，当时文人绘画作品中，也出现了多幅描绘笔山的画面。《武陵春图》图面中，武陵春坐于石案前作思考状，石案上有琴、书、墨（砚台）以及笔山一尊，笔山上搁置毛笔一支。

图6-238 象牙雕笔山，明代，高7.9cm、长16.0cm、宽3.8cm，北京故宫博物院藏

图6-239 五彩瓷龙纹笔山，明代，高13.3cm、长18.5cm、宽8.3cm，台北故宫博物院藏

明代绘画作品中的山石盆景

绘画作品中出现山石盆景的数量和频度不如出现植物类盆景的多，说明植物类盆景的被喜好程度与普及程度远比山石盆景高。在此选择有代表性的绘画作品中出现的山石盆景进行研讨。

1. 孙克弘《艺窗清玩图》与《写生花卉蔬果图》中的山石盆景

（1）《艺窗清玩图》中的山石盆景

《艺窗清玩图》卷中绘花卉、蔬果、鱼蟹、茶壶、花瓶、盆景等。画法兼工带写，勾勒不多，以点写为主。风格清丽，设色雅致。引首自题"艺窗清玩"四字，款"雪居作隶古"。画卷款署"大明万历癸已秋日，写于敦复堂中。雪居克弘"，钤"雪居""允执氏"二印。卷末有"祈寯寓藻"等鉴藏印。万历癸已年为万历二十一年（1593），作者时年61岁。

卷四描写一山石盆景，似由多数小山石摆置组合而成，层峦叠嶂，左右各一主峰，右高左低，具有较高观赏价值（图6-240）。

（2）《写生花卉蔬果图》中的山石盆景

《写生花卉蔬果图》卷中绘多种花卉、蔬果以及盆景、花瓶等。画法以勾勒敷彩为主，风格典雅而灵秀。卷后有莫云卿、冯超然两跋。冯超然评曰："孙雪居画法宋人，银勾铁画纯以正锋，出之骨力森秀，赋色古艳，直逼元时王若水……。"可作欣赏时参考。

卷一中央描绘山石盆景一、养鱼盆一、瓶插珊瑚一（图6-241）。山石盆景为长方形盆，内置大小不等的山石构成山脉景观，山脉只一主峰。山石盆景、养鱼盆以及瓶插珊瑚相得益彰。

卷六中描绘一湖石盆景，盆似为圆盆，内置太湖石，玲珑剔透，盆面栽种菖蒲（图6-242）。

2. 王谷祥《花鸟》册页中的山石盆景

王谷祥（1501—1568），字禄之，号西室，长洲人。嘉靖八年（1529）进士，官吏部员外郎。善写生，渲染有法度，意致独到，即一枝一叶，亦有生色。为士林所重。中年绝不肯落笔，凡人间所传者，皆赝本也。书仿晋人，不随羲之献之之风，篆籀八体及摹印，并臻妙品。卒年六十八。

王谷祥书法为画名所掩，他的书法主要受吴门书家影响，笔法苍劲有力，结体张弛有致，整幅作品上下呼应，左右映带，血脉相通，气贯神溢。

图6-240　《艺窗清玩图》中的山石盆景

图6-241　《写生花卉蔬果图》卷一中的山石盆景

图6-242　《写生花卉蔬果图》卷六中的湖石盆景

王谷祥《花鸟》册页共十八开，描绘花卉、蔬果、盆景、插花等，其中有一盆山石盆景（研山），主峰大而高，位于左侧，此峰小而矮，位于右侧，整体上表现山高水远的景观。左侧配诗曰："陶泓常作伴，人北尔恒南。架合琉璃笔，贮宜水月龛。情田丛藻思，墨雨润烟岚。比似江花吐，斯庭太华参。"

3. 丁云鹏《煮茶图》《罗汉图》中的山石盆景

《煮茶图》描绘一派春光中的煮茶场景。画面右上角一株玉兰树，花朵灼灼；中部假山玲珑剔透，芳草鲜美；右下角一盆兰花吐艳。煮茶者为何人？韩愈对两位仆人的描述与这幅画完全吻合。丁云鹏是想以唐代卢仝《茶歌》绘出理想的饮茶情景，抒发自己的怀抱，只是他将唐代的茶炉画成了明代的竹炉。画款隐题于玉兰树干上："煮茶图，丁

云鹏。"下押"云鹏""南羽"二印。

茶几上饰有一盆山石盆景：长方形瓷盆，山石浑厚富有变化，盆土表面栽植石菖蒲，整体上与庭园环境、煮茶喝茶情景谐调统一，盆景更加突出了雅致的气氛（图6-243）。

大阿罗汉共有十八尊，丁云鹏在《罗汉图》中只画了十二尊，连同侍者、小童、小鬼，全卷共画了三十四尊神、人与鬼。作者按不同的角色赋予了

图6-243 丁云鹏《煮茶图》中的山石盆景（局部）

图6-244 丁云鹏《罗汉图》（局部）

图6-245　佚名《罗汉图》中的手捧奇石

不同的形神表现，十分生动。配景有云水树木，画法多变而与画中主体相协调。还有一猴、一狗、一虎和二蛇也画得神完气足。

卷四描绘一侍者手捧一山石盆景奉献给罗汉的场景。盆为椭圆浅盆，盆内中部山峰高耸，山石起伏变化，两侧配以珊瑚，左侧似有一绿树，盆景整体上向上喷冒神火（图6-244）。

此外，明代佚名《罗汉图》中，某罗汉手捧山石（图6-245）。

4. 夏葵《婴戏图》中的山石盆景

夏葵，生卒年不详，明代画家，字廷晖，钱塘（今杭州）人。画山水、人物师法戴进。传世作品有《雪夜访戴图》和《婴戏图》。

婴戏图即描绘儿童游戏时的画作，又称"戏婴图"，是中国人物画的一种。因为以小孩为主要绘画对象，以表现童真为主要目的，所以画面丰富，形态有趣。中国很早已有绘画婴孩的传统，到了唐宋时期技巧渐趋成熟，宋代更是婴戏图的黄金时期，使之成为中国绘画中极受欢迎的画类。

夏葵《婴戏图》描绘的是孩童们在庭园中玩耍的情景。画中孩童们或戴

图6-246 明代,夏英《婴戏图》(局部)中的山石盆景

图6-247 明代,仇英《职贡图》(局部),现藏北京故宫博物院

着面具站在凳子上表演戏剧,或打着旗子,或舞枪弄棒,或趴在鱼缸前观赏金鱼,或蒙着丝带捉迷藏,或挑着灯笼自行逗乐。整幅画笔法工整,勾描细致,设色淡雅,把孩童天真无邪的一面表现得活灵活现。画面右侧石几之上,放置一长方盆山石盆景,山石玲珑剔透(图6-246)。

明代珊瑚盆景

中国人偏爱红色,常常将红色与火的颜色、太阳的颜色联系起来。而在自然界中,色彩鲜艳且能被利用的红色彩石并不多见,色艳而不妖,温润养眼的红珊瑚即为其一。因产自海洋且采集不易,红珊瑚自古就弥足珍贵,故历史上的红珊瑚制品,多集中于宫廷之中。

1. 仇英《职贡图》中描绘的珊瑚盆景

现藏北京故宫博物院的仇英《职贡图》描绘安南使团、昆仑使团以及三佛齐使团向明朝进贡的盛大场面。其中,三佛齐使团的贡品就包含有两盆大型红珊瑚盆景(图6-247)。

2. 杜堇《伏生授经图》中的山石珊瑚小景

杜堇所作《伏生授经图》描绘汉初儒者伏生向汉朝宫廷派来的学者讲述《尚书》经文的情景。画面绘蕉林一隅,左边有二男一女,其中地上一耄耋之态的长者正在聚精会神地讲经,那超然的神态仿佛完全沉浸在讲经的气氛里,他就是浮生。对面伏坐于书案前,专心致志地做着记录的大概是学生晃错。

书案之上，放置一小型山石，山石之上辐射状斜插四支树枝状珊瑚，构成一奇特的山石珊瑚小景（图6-248）。

此外，本章第三节中的《宫廷女乐图》也出现了四盆大型珊瑚山石盆景。

明代石谱、石记

由于文人赏石风习的大流行，明代出现了多部有关论述观赏山石的名著，如林有麟《素园石谱》、计成《园冶》〈选石〉、文震亨《长物志》〈水石〉、高濂《遵生八笺·燕闲清赏录》〈研山〉、张应文撰、张丑编《骨董秘诀、鉴定新书》〈论异石〉以及曹昭撰《格言要论》〈异石论〉等。

1. 林有麟《素园石谱》

林有麟（1578—1647），字仁甫，号衷斋，松江府华亭人。万历间四川龙安府的知事，擅长山水画，具有园癖。

林有麟是奇石收藏家，他在《素园石谱·自序》中说："而家有先人'敝庐''玄池'石二拳，在逸堂左个。"看来，林有麟祖上就喜爱奇石，除以上二石外，尚有"玉恩堂研山"传至林有麟手中。林氏还藏有"青莲舫研山"，其大小只有掌握，却沟壑峰峦孔洞俱全。林有麟在素园建有"玄池馆"专供藏石，将江南三吴各种地貌的奇石搜集其中，随时赏玩，并于万历四十一年（1613）编撰了《素园石谱》。

《素园石谱》全书分为四卷，共收集奇石102种类，249幅绘图，并记载了与这些名石有关的先贤们的雅趣逸事。《素园石谱》收录六朝、唐、宋、元、明以来赏石资料和图谱，记载了赏石产地、采石、造形、题铭以及文人吟咏诗词、玩石心境等，充分反映了我国赏石文化的传承，是我国赏石史上最重要巨著。

卷一有永宁石、壶中九华、小岱岳、风秀舟山、宝晋斋研山、海岳庵研山、仓雪堂研山、星陨石、御题石、玄石、泰山石、雪浪石、菱镵石、昆山石、林虑石、永州石、赣州月石屏、松化石与花石板19种；卷二有灵璧石、玛瑙石、平泉石、涵碧石、怀安石、透月崖、常山石、苍剑石、山玄肤、玉芝朵、断云角、太湖石、兖州石、奎章玄玉、镇江石、莽石、

醒石、醉石、湖口石、石丈、峨嵋石、琼华石、锦纹石、沣州石、碧远峰、雪窦石与棲霞石27种；卷三有辰州砂床、鳌背灵峰、银河秋水、何君石、秀华石、潇洒石、待凤石、潜蛟石、将乐石、马齿将乐研山、太秀华、临安石、涌云石、小钓台、石树、连理石、舞石、峄山石、蛇化石、石女、穿心石、鱼龙石、醉道士石、湖中石、阶州石、江山晓思屏、静江石、菩萨石、怪石、小有洞天、融州石、道州石、衢州石、西山石、衡州石、襄阳石、卢镶石、排衙石与袁石39种；卷四有秀碧石、怪石供、雅鸣树石屏、武康石、弁山石、仇池石、象江六石、北海十二石、宣和六十五石、青锦屏、玉恩堂研山、花石屏、青莲舫研山、梦石、多子石、达摩石与青莲舫绮石17种。

2. 明末胡正言《十竹斋书画谱·石谱》

胡正言（1584—1674），历经明万历、泰昌、天启、崇祯、清顺治和康熙6个纪年，享年92岁。胡正言字曰从，徽州休宁人。1644年清军入关时胡正言61岁。

《十竹斋书画谱》是一本书画册，兼有讲授画法供人临摹的功能。"十竹斋"是他的室名。该谱绘、刻约始于万历四十七年（1619），完成于天启七年（1627），彩色套印。内分"书画谱""墨华谱""果谱""翎毛谱""兰谱""竹谱""梅谱""石谱"等八种，每种图二十幅，由胡正言及当时名家如吴彬、吴士冠、魏之克、米万钟、文震亨等所画。除"兰谱"外，在图版的对开上，都有名人题句。

《石谱》内容包括：阅石谱题言、石谱题辞，以及突兀、钓石、卷石、锦打、太湖、宜石、蒙石、叠石、嵌石、意石、英石、平泉、齐州、羊肚、书岫、玲珑、雪石、晶霞、摩挲、意石。

3. 计成的《园冶》〈选石〉

《园冶》，三卷，为我国造园古典论著中最重要的书籍。原名为《园牧》，又名《夺天工》与《木经全书》。作者为明代造园大家计成。第一卷论述了相地、立基、屋宇、装折等，在此之前有兴造论与园说。第二卷记述了各种各样的栏杆的作法。第三卷论述了门、窗、墙垣、铺地、掇山、选石、借景。

第三卷〈选石〉一节对太湖石、崑山石、宜兴石等15种山石与〈花石纲〉进行了记述与品评。但内容多为园林山石，少盆景用石。

4. 程羽文《清闲供》〈石交〉

传统花木的人格化是我国花卉文化中的重要组

图6-248 杜堇《伏生授经图》

成部分，同样，文人在赏石过程中也形成了山石的人格化，其代表是宋代米芾的"拜石为丈""呼石为兄"，到了明代，开始交石为友，并且对不同的山石当作不同类型的朋友对待。

程羽文曾著《清闲供》〈石交〉一节。书中首先论述了山石有各种各样的秉性："石为气之核，有亭亭者，有累累者，有棱棱者，有噩噩者，有平平者，有突突者。异状殊情，皆可下南宫之拜，故曰：石交。"文中的"南宫"为宋人对米芾的别称。接下来，记述了不同山石可以作为不同类型的朋友进行交际："三生石、点头石以禅交；马肝石、织女支机石、谷城石黄石、叱石成羊以仙交；五色补天石、仙镜石、萧余石眼、弘成子文石以奇交；爵林石、越石以德交；鹊石印、燕石玺以贵交；庐山飞雁石、零陵石燕、昆明池刻石鲸鱼、阴阳石以识交；石矢、昆吾石冶之成铁、虎化石以气交；望夫石、化女五色石、马湖乞子石以情交；鸡鸣石、灵鹊石、神鉦石、泗滨浮磬、大食国松风石以声交；猫睛石、到公石、五如石、平泉石、大秦国九色石、壶中九华石、崔玄亮黑润石、吴郡石鼓、东坡仇池石、醒酒石、奇章石、石树、米癫袖中石、宠仙石、圆光石、空青府石、醉石以狎交；燃石、煮百石、盐石以利交。"

蓝瑛（1585—1664），一说（1585—约1666），

明代画家。字田叔，人物画像，号蝶叟，晚号石头陀、山公、万篆阿主者、西湖研民。又号东郭老农，所居榜额曰"城曲茅堂"。钱塘（今浙江杭州）人。是浙派后期代表画家之一。工书善画，长于山水、花鸟、梅竹，尤以山水著名。其山水法宗宋元，又能自成一家。

蓝瑛曾作《石交》，可见他爱石之深切。

5. 其他

文震亨《长物志》卷三〈水石〉部分记述了品石、灵璧石、英石、太湖石、尧峰石、昆山石、锦川·将乐·羊肚石、土玛瑙、大理石、永石进行了记述与品评，其主要内容为小型山石，以及盆景用石与石玩的内容，可以为盆景工作者参考之用。

曹昭撰《格言要论》〈异石论〉中记述了灵璧石、英石、桂川石、昆山石、太湖石、竹叶玛瑙石、土玛瑙、红丝石、南阳石、永石、川石、湖山石、霞石、乌石、龟纹石、试金石、石琉璃、云母石进行了记述与品评，其主要内容也是以盆景用石、石玩与石类骨董为主的内容。

另外，张应文撰、张丑编的《骨董秘诀、鉴定新书》〈论异石〉中主要对作为骨董文物的异石、高濂的《遵生八笺·燕闲清赏录》〈研山〉中主要对研山进行了记述。

第十三节
走向繁荣的景德镇瓷盆与宜兴紫砂盆

明代的社会经济，到16世纪，资本主义因素有了进一步的发展。当时的重要手工业，如纺织、冶铁、采煤、印刷和瓷器制造业，都有一部分进入了工场手工业的发展时期。明代陶瓷的生产正是在这样的社会背景下取得了辉煌的成就。

明代烧制建筑用陶的大规模的砖瓦窑场，除了南京的聚宝山窑以外，永乐以后的临清窑、苏州窑、蔡村窑和武清窑都是最主要的建筑用陶的产地。日用陶器的主要产地有仪真、瓜州、钧州、磁州和曲阳等地，它们还担负着皇室大量的派造任务。日用瓷器，除了宋元时期的大窑场如磁州、龙泉等地仍有烧造外，不同程度的粗、细陶瓷器生产遍及山西、河南、甘肃、江西、浙江、广东、广西、福建等地（图6-249）。其中，山西的法花器、德化的白瓷和宜兴的紫砂器更是这一时期的特殊成就。而福建、广东等地的外销瓷生产也有着相当大的规模。但是，就整个制瓷业来说，代表明代水平的是全国制瓷业中心——江西景德镇[42、25]。

明代景德镇的瓷器花盆

据研究，被称为御器厂、御窑厂的景德镇官窑设置于明代洪武年间（1368—1398）。以来，永乐（1403—1424）、宣德（1426—1435）、成化（1465—1487）、弘治（1488—1505）期间，总共烧成了80万件各种各样的官窑瓷器。在材质、成型技术、烧成技术等方面，官窑烧制的瓷器具有民间窑不可比拟的水平。制作过程中常常按照皇帝的意图

图6-249 明代，仇英《临贯休十六罗汉图卷》

进行造型、纹饰与施釉，特别是在烧制属于艺术性强的花盆方面，更反映了皇帝的嗜好（图6-250、图6-251）。从定陵出土的万历神宗皇帝的龙袍的

正面，胸部左右两侧缝有一对描绘有猿猴的仰钟式五彩花盆，这充分说明了盆器因为具有很高的艺术价值而被当作名贵品对待[42]。

1.宣德时代的瓷器花盆和水仙盆的器型和釉色

（1）花盆的形状和釉色（图6-252）

形状：四方倭角式、海棠花式、菱花式、葵花式、六方、八方、圆形、椭圆形等，全为侈口，附带盆托。

釉色：青花、青花地白花、青花红彩、红釉、白釉、蓝釉白花，甚至仿龙泉釉、仿汝釉等。

（2）水仙盆的形状和釉色（图6-253）

形状：长方形、倭角形、椭圆形等。

釉色：青花、仿汝窑、仿龙泉窑、红釉、蓝釉等[43]。

2.景德镇官窑遗址出土的花盆

1982年以来，景德镇出土的花盆残片数量众多，不少已被复原成品（图6-254）。1996年5月在台湾高雄市立美术馆举办了"景德镇出土明初官窑瓷器"，其中的展品多为复原品。展品中的花盆如下[44]：

1）白釉折沿平口花盆（底部有孔）；

2）白釉折沿花口花盆；

3）青花地填红彩花卉纹花口花盆；

4）青花地填红彩折沿花盆；

5）青花折枝花七棱花盆；

6）青花灵芝纹四方花盆；

7）青釉仰钟式花盆（附带鼓钉型器托、底部有小孔）；

8）青釉六边六足花盆。

另外，有水仙盆四种：

1）红釉腰圆四足水仙盆（图6-255）；

2）紫金釉腰圆四足水仙盆；

3）青花六边形灵芝纹花盆；

4）白釉六边形花盆。

以上盆钵中，除了腰圆水仙盆为模仿宋代汝窑器物制作之外，全都具有宣德窑独自的特色。此外，上记盆钵盆底的大部分没有孔眼，这是因为这些盆钵只作为栽培观赏植物容器的套盆之用。

宜兴窑和紫砂盆

1.紫砂器

紫砂器是用一种质地细腻、含铁量高的特殊陶土制成的无釉细陶器，呈赤褐、淡黄或紫黑等色。它始创于宋代，至明代中期开始盛行。

据明代周高起《阳羡茗录》等有关文献，明正德、嘉靖年间的龚春，是把紫砂器推进一个新境界的、最早的著名民间紫砂艺人。龚春以后，宜兴紫砂器的制作更加迅速发展，至万历年间已是百品竞新，名匠辈出。由于受当时士大夫阶层饮茶风尚的盛行的影响，紫砂器中最受称颂的是紫砂茶壶。

陶瓷艺人的姓名见于记载的，以紫砂艺人为最多，这与明末与清代文人的爱好风尚有一定的关系。龚春之后，见于文字记载的早期著名紫砂艺人有时朋、董翰、赵梁、元畅和李茂林。时朋之子时大彬，万历时人，为龚春之后的最著名巧匠。当时，与时

图6-250 明代，正德，蓝地三彩番莲花盆

图6-251 明代，青花灵芝纹四方花盆

图6-252 明代,青花填红八边形花钵

图6-253 明代,宣德,霁青水仙盆

图6-254 明代,青花松竹梅花盆.jpg

图6-255 明代,红釉腰圆四足水仙盆

大彬齐名的有李大仲芳、徐大友泉，成为"三大"。
万历时的名工，还有欧正春、邵文金、邵文银、蒋
伯kua、陈用卿、陈信卿、闵鲁生、陈光甫、邵盖、
邵二荪、周后镶等。

2. 紫砂花盆

紫砂花盆的吸水率为1.30%～5.19%、通气率为
3.35%～12.07%，非常适宜植物的生长。此外，它古
朴大方，造型多样，做工精细，而且粗砂不粗杂，
细砂不细腻，与植物与山石易于搭配。因而成为明
代以来文人与园艺家热衷的对象。文震亨所著《长
物志》〈第三卷·盆玩〉中载曰："盆以青绿古铜、白定、
官哥等窑为第一，新制者五色内窑及供春粗料可用，
余不入品。"文中的"供春粗料"即是指宜兴紫砂盆
（图6-256）。

明代所用盆景盆钵多样

高濂在《遵生八笺》〈高子盆景说〉中详细记
载了明代盆景所用盆钵的种类，包括定窑的五色划
花方圆盆、白定绣花划花方圆盆、八角圆盆、六角
环盆，官窑、哥窑的圆盆与条环盆，方盆菱花葵花盆，
扁长、四方、与长方四入角的石盆，广东的白石紫
石方盆，旧龙泉官窑二三尺大盆，景陵、茂陵所制
的青花白地官窑方圆盆底，中分树水二漕的宣窑粉
色裂纹长盆，白色方盆长盆等等，此外还有烧成兔
子、蟾蜍、刘海、荔枝、党仙等盆[2]。

可见，明代末期时盆景中所用的盆钵，不仅使
用了当时生产的新型盆钵，而且还使用了一批早至
宋代生产的古代盆钵。

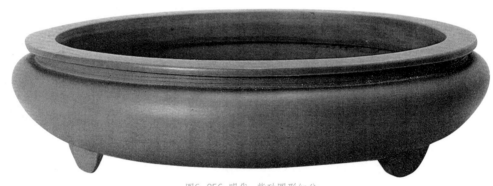

图6-256 明代，紫砂圆形红盆

参考文献与注释

[1] （明）王鏊. 姑苏志·卷十三[M].

[2] （明）高濂. 遵生八笺·高子盆景说[M].

[3] （明）周文华. 汝南圃史·卷之十一[M].

[4] （明）黄省曾. 吴风录·卷一[M].

[5] （明）卢熊. 洪武苏州府志·卷四十二·土产[M].

[6] （明）文震亨. 长物志·卷七·器具文具[M].

[7] （明）高濂. 遵生八笺·燕闲清赏录·研山[M].

[8] （明）林有麟. 素园石谱·卷之一·壶中九华[M].

[9] （明）刘侗, 于奕正. 帝京景物略[M].

[10] （清）胡敬. 南薰殿图像考·二卷[M].

[11] GRASSKAMP A. 框架自然 从清宫中的三件珊瑚艺品论起[J]. 故宫文物月刊, 2016(6): 110-111.

[12] 徐晓白. 我国盆景的发展[J]. 江苏农学院学报, 1985(6): 44.

[13] 韦金笙. 中国盆景史略[J]. 中国园林, 1991(2): 11-20.

[14] 岩佐亮二. 盆栽文化史[M]. 东京: 东京八坂书房, 1976: 32.

[15] 林莉娜. 文人雅事·明人十八学士图[M]. 台北: 台北故宫博物院, 2011.

[16] 杨东胜. 法海寺壁画[M]. 青岛: 青岛出版社, 2014.

[17] 邱士华, 林丽江, 赖毓芝, 等. 伪好物 16-18世纪苏州片及其影响[M]. 台北: 台北故宫博物院, 2018: 234.

[18] （明）文震亨. 长物志·卷一·盆玩[M].

[19] 周芜. 中国版画史图录[M]. 上海: 上海人民美术出版社, 1983: 1-8.

[20] 文徵明(1470-1559). 明代长洲人, 初名璧, 后更字征明, 号衡山居士, 官至翰林院待诏. 诗文书画皆能, 为"明四大家"之一.

[21] 文震亨原著, 陈植校注. 长物志校注[M]. 江苏: 江苏科学技术出版社, 1984.

[22] （明）杨尔曾, 蔡汝佐. 图绘宗彝·盆中景[M].

[23] （明）杨尔曾, 蔡汝佐. 图绘宗彝·舞袖图[M].

[24] （明）仇英画, （清）汪庚校. 绘图列女传[M].

[25] （明）王象晋. 二如亭群芳谱·花谱一·梅花一[M].

[26] （明）文震亨. 长物志·卷二·花木[M].

[27] （明）王象晋. 二如亭群芳谱·果谱·卷三[M].

[28] （明）王象晋. 二如亭群芳谱·卉谱七·石榴花[M].

[29] （明）周文华. 汝南圃史·卷之十一[M].

[30] （明）王象晋. 二如亭群芳谱·竹谱[M].

[31] （明）高濂. 遵生八笺·燕闲清赏笺中卷·书斋清供花草六种入格[M].

[32] （明）王象晋. 二如亭群芳谱·卉谱·菖蒲[M].

[33] （清）陈淏子. 花镜·菖蒲[M].

[34] （明）屠隆. 考槃余事·盆玩笺·盆花[M].

[35] （明）陈继儒. 农圃六书·卷之一·草部[M].

[36] （明）王鏊. 姑苏志·卷十四·土产[M].

[37] 西川宁, 长泽规矩也. 和刻本书画集成·第五辑[M]. 日本: 汲古书院, 1976.

[38] 文牲. 赏石文化的渊源、传承与内涵[J]. 中国盆景赏石2012 (11): 116-119.

[39] （明）林有麟. 素园石谱·卷之一·永宁石[M].

[40] （明）林有麟. 素园石谱·卷之三·江山晓思屏[M].

[41] （明）陈继儒. 太平清话·卷三[M].

[42] 中国硅酸盐学会. 中国陶瓷史[M]. 北京: 文物出版社, 1982: 358.

[43] 耿宝昌. 明清瓷器鉴定[M]. 北京: 紫禁城出版社, 1993.

[44] 刘新园. 景德镇出土明宣德官窑瓷器[M]. 台北: 鸿禧美术馆, 1998.

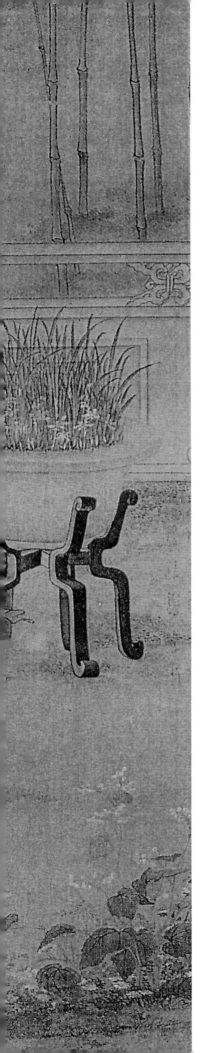

第七章
清朝
——盆景文化趋于纯熟时期

　　清朝是中国历史上最后一个封建王朝，亦是一个由少数民族掌握统治权的王朝。清朝在艺术上集中国历代的成就之大成，继承发展了各个艺术门类的技艺特点，取得了非常辉煌的成就。但同时也由于其过分重视技巧在艺术创作中的作用，反倒丢掉了中国艺术传统中讲究概括和气韵的特征。因此，清代的艺术虽雍华富贵、内容丰富，但却并非中国艺术的最高峰，在历史长河中显现出一种盛极而衰的情形。

　　清代建立至鸦片战争爆发（1636—1840）时期，在人口激增、耕地不足的情况下，传统农业向纵深发展，精耕细作水平达到空前高度，多熟制成了耕作制的主要形式。农民的社会地位得到一定改善，具有一定的独立性，自耕农经济比重上升。商品经济深入农村，佃富农和经营地主增多。然而资本主义萌芽生长迟滞，全国农业的基本格局仍然是自给自足的自然经济[1]。

　　在园艺方面，清代出版了数部重要的花卉园艺巨著，如陈淏子所著的《花镜》（1688）。汪灏根据明代王象晋《二如亭群芳谱》删补而成的《广群芳谱》（1708）以及吴其濬所著的《植物名实图考》与《植物名实图考长编》（1848）等，还出版了近30部花卉园艺著作[2]。同时，南北方出现了多个花卉园艺产地。盆景的植物材料与形式多种多样，技术比明代进一步提高，盆景成为南方园林中必不可少的装饰品。同时，大量的盆景作为贡品被送到北京的宫廷与王府中，以北京丰台为中心的北方地区开始培育养护盆景。

第一节

清代盆景名称考略

植物盆景名称考略

到了清代，盆景成为庭园中必不可少的装饰物。特别是乾隆（1736—1795）和嘉庆（1796—1820）年间，盆景技术发展，盆景树种增加，盆景形式多样。清代，在继承盆景称谓的基础上，出现了多种新的盆景名称，盆景的含义进入了细分化阶段。

1. 盆景一词的多意

（1）包含树木盆景与山水盆景含义的盆景一词

清代刘銮在其《五石瓠》中对"盆景"一词定义如下：

今人以盆盎间树石为玩，长者屈而短之，大者削而约之，或肤寸而结实，或咫尺蓄虫鱼，概为盆景。

文中"今人以盆盎间树石为玩"中的"树"指树木，"石"指山石；"盆盎间树石"分别指树木盆景与山石盆景。

此外，乾隆年间出版的《吴县志》中记载：

"剔牙松，罗汉松皆盆景也，叠昆石，白瓦盆贮水，园林之胜，最可爱。"

从以上两文献可以看出，从清代起盆景的含义比明代更加多而广，包括今天的树木盆景与山石盆景，有时"盆景"一词指树木盆景，有时指山石盆景。

（2）具有树木盆景含义的盆景

康熙十二年序本的《嘉定县志》卷之四〈物产〉中的〈盆景〉一节记载：

向有幽人朱三松仿古名画剪扎花树，高不盈尺而体势奇古，一树有培养至数十年始成，购之最为难得。

今民间所蓄以市人者，树既新嫩而布景亦失名家笔意，风斯下矣。

此外，高士其的《金鳌退食笔记》记载：

本朝改为南花园，杂植花木，凡江宁、苏松、杭州织造所进盆景，皆付浇灌培植。

以上两文献中的"盆景"一词皆指树木盆景。

（3）具有山石（水）盆景含义的盆景

宣统年间刊行的《杭州府志》卷八十一〈物产四〉中的〈张涟东郊土物盆景石诗〉如下：

太山石韫土，埋没孰知好。

谱自云林传，名并昆山噪。

诗中描写的内容全为山石（水）盆景，因而诗的标题中的"盆景"一词应为山石盆景之含义。

2. 花树点景

李斗于乾隆年间撰写了《扬州画舫录》，该书中记载了当时流行的"花树点景"：

盆以景德窑、宜兴土、高资石为上等，种树多寄生，剪丫除隶根，枝盘曲而有环抱之制，其下养苔如针，点以小石，谓之花树点景[35]。

文中的"花树点景"在内容上已经接近现在的"树木盆景"，在称谓上，比起明代的"盆景"来讲更接近现在的"树木盆景"。此外，在清代已经开始使用"山水点景"一词。

3. 种盆取景、盆花小景

陈淏子撰写的《花镜》卷二〈课花十八法〉概括了当时花卉栽培的技术与方法，其中的〈种盆取景法〉中记载有："至若城市狭隘之所，安能

398

比户皆园，高人韵士，惟多种盆花小景，庶几免俗。"文中的"盆花小景"与现在的"盆景"同意，此外，题名的"种盆取景"，也是当时与"盆景"相关联的名称之一。

4. 盆树

光绪七年刊行的《嘉定县志》卷八〈风土〉一节中记载道："盆树，始于朱三松，仿名画以宣州石布置盆中，杂植诸小树，修剪数十年，高不盈尺，而枝干弥细，上下相称。"此外，归庄的《寻花日记》中有："庭中天竹绝盛，火齐珊瑚，光彩照人，盆树森列，多得宋元画家笔意，与堂中菊相对。"

沈复在其《浮生六记》一书中对盆景树木的修剪方法记载道："及长，爱花成癖，喜剪盆树。……至剪盆树，先取根露鸡爪者，左右剪成三节，然后起枝。"

上记三文中出现的"盆树"，为经过常年修剪而成的树木盆景，与现在的"树木盆景"含义相同。

5. 盆栽

邹一桂为雍正年间的进士，精通绘画，在其《小山画谱》中对迎春盆景记载道："迎春，木本对节，枝条甚繁，黄花六出。迎春而开，故名。开足后，全朵脱落，开时绿芽尖簇，蒂亦六出者，梗有苞。此花宜盆栽。"

文中的"盆栽"一词为植物种植于盆钵之中的含义。

6. 盆花

《扬州画舫录》卷二记载："柳林在史阁部墓侧，为朱标之别墅。标善种花养鱼，门前栽柳，内围土垣，植四时花树盆花。"文中的"盆花"包括了现在的盆景与盆花。

7. 盆植

邹一桂《小山画谱》中也出现了"盆植"一词："又火石榴更小，单叶，皆花于顶，宜盆植。"文中的"盆植"指在盆中栽植的花木之意。

8. 盆玩、盆中之玩、盆间近玩

清代开始，"盆玩"一词被广泛使用。

《花镜》卷三〈花木类考·松〉一节对千岁松的盆景记载如下：

千岁松产于天目、武功、黄山，高不满二三尺，性喜燥背阴，生深崖石榻上，永不见肥，故岁久不大，可作天然盆玩。

表7-1 清代的"盆、盆中、盆景+植物名"与"植物名+盆景"称谓方式

命名方法	文献作者	出典	文献
盆梅	乾隆帝	《摘梅诗》	盆梅开太盛
盆中梅	康熙帝	《广群芳谱》	盆中梅题诗
梅树盆景	李斗	《扬州画舫录》	卷四
盆中竹	康熙帝	《广群芳谱》	竹谱
盆松	龚嘉骏等	《杭州府志》	天目松诗
盆中松	康熙帝	《广群芳谱》	盆中松
黄杨盆景	于敏中	《日下旧闻考》	进黄杨盆景
香橼盆景	李斗	《扬州画舫录》	卷一
盆景榴花	康熙帝	《广群芳谱》	盆景榴花

文中的"天然盆玩"是指在山野恶劣的自然条件下具备自然老态的盆景。此外，《花镜》卷三〈花木类考〉中记载了栀子花的盆玩、蔡绳格《燕城花木志》中记载了李属植物的盆玩。

除了"盆玩"之外，清代还使用了"盆中之玩"与"盆间近玩"等词。

光绪六年重新刊行的《荆州府志》卷之六〈物产〉记载："栀子，有一种小叶小花，高不盈尺，可作盆中之玩。"同治年间刊行的《重纂福建通志》卷九十五〈物产〉记载："喷雪花，花白细如雪，《点通志》名泼雪，今人取为盆间近玩。"上文中的"盆中之玩"与"盆间近玩"都是盆景之意，"盆玩"为其略写形式。

9. 盘盂之玩

屈大均撰写的《广东新语》记载：

九里香，木本，叶细如黄杨，花成芄，花白有香，甚烈。又有七里香，叶稍大，其木皆不易长，广人多以最小者制为古树，枝干拳曲作盘盂之玩，有寿数百年者，予诗：风俗家家九里香。

盘为器皿、盂为钵之意，"盘盂之玩"相当于"盆玩"，亦即盆景之意。

10. 盆＋植物名，盆中＋植物名，盆景＋植物名，植物名＋盆景

在清代还广泛采用表7-1中的"盆＋植物名""盆中＋植物名""盆景＋植物名""植物名＋盆景"等的称谓方式。

山石盆景名称考略

1. 盆景

清代时，"盆景"一词或指植物盆景，或指山水盆景。

2. 山水点景

李斗《扬州画舫录》一书除记载了"花树点景"之外，还记载了"山水点景"：

又江南石工以高资盆，增土叠小山数寸，多黄石、宣石、太湖、灵璧之属。有扎有岫，有蟆有杠，蓄水作小瀑布，倾泻危溜，其下，空处有沼，畜小鱼，游泳呴濡，谓之山水点景。

文中的"山水点景"已经相当于今天的山水盆景。

3. 盆池小山

曾灿选择历代名家之诗编撰为《过目集》，卷六中有如下的记载：

郡人张南垣，堆土叠石为假山，高下起伏，天然第一。又妙作盆池小山，数尺中崖岫变幻，溪流飞瀑，湖滩渺茫，树木蓊郁，点缀寺宇台榭、石桥墓塔、颓墙败栏，皆一一生动，令观者坐游终日不能出，亦徒来所未有。

文中的"盆池小山"也相当于现在的山石盆景（图7–1）。

4. 盆山

（1）沈复《浮生六记》中的盆山

《浮生六记》〈闺房记乐〉记载："芸见地下小石有苔纹，斑驳可观，指示余曰：以此叠盆山，较宣州白石为古致。"文中记述了利用有苔纹的山石制作的"盆山"，即为山石盆景。

（2）《重纂福建通志》中的盆山

同治年间的《重纂福建通志》卷九十五〈物产〉中记载了咏颂朱子榭、刘平甫所作的水栀子附石式盆景的诗，诗中出现了"盆山"一词。

（3）《安徽通志》中的盆山

光绪四年刊行的《安徽通志》记载："千秋松，出九华山，长二三寸，叶类柏，生绝崖，取供盆山，可与黄山松匹。"[3] 本文中的"盆山"为卷柏的附石式盆景。

所以，清代的"盆山"也具有多样的含义。

5. 盆石

吴其濬为嘉庆年间的进士，任山西巡抚。对植物学有精深的研究，编著了著名的《植物名实图考》。其卷十七〈石草类〉一节记述："独牛，茎高三四寸，从茎上发苞开花。花亦似海棠，只二瓣，黄心一簇，盆石间植之别有趣，且耐久。"文中的"盆石"为附石式盆景之意。

图7–1　清代，贾全《发朝图轴》〈味滋春北盎〉中的盆池小山

第二节

清代盆景专著、专论研究

随着盆景的普及发展，清代出版了多部以盆景为主要内容或部分内容的园艺专著和山石专著。从盆景（观赏园艺）专著内容可以看出，明代末期的盆景专著主要集中在论述盆景的鉴赏与形式等方面，而清代的则主要集中在盆景的制作技艺与栽培方法上，这说明我国盆景有了更进一步的发展。

陈淏子《花镜》〈种盆位置法〉

《花镜》作者为明末清初陈淏子，一名扶摇，自号西湖花隐翁，生于明代万历四十三年（1615），卒于康熙四十二年（1703）。《花镜》是一部关于传统花木技艺的专著，成书于康熙年间，全书凡六卷。卷一〈花历新栽〉，对全书占候情况，也就是种花月令进行介绍，并就每月在分栽、移植、扦插、接换、压条、下种、收种、浇灌、培壅、整顿等方面工作做了具体细微罗列。卷二为〈课花十八法〉，课花就是种花技艺，系统记述了观赏花木的栽培原理和管理方法，实为全书精华。卷三至卷五为〈花木类考〉〈藤蔓类考〉和〈花草类考〉，每卷各约百种，系统介绍了每种园艺植物的名称、形态、习性、产地、用途以及栽培技术等。卷六介绍禽兽、鳞甲、昆虫等观赏动物。书前作者的自序题康熙戊辰（1688），那时他已年过七十，可知书中所讲的，是他毕生的经验，非常可贵[4]。

书中卷二〈课花十八法〉，概括了当时花卉栽培的技术与方法，其中的〈种盆取景法〉一节，论述了在城市宅所中培育盆景的必要性和盆景的原理，记述了盆景盆土的配制与盆景苗木的播种、肥培、浇水的方法，列举了适合制作盆景的树种，重点介

绍了流行于苏州的丛林式盆景，最后总结了盆景的修剪、棕丝绑扎、盆土表面生苔的技术方法。

〈种盆取景法〉首先介绍文人在城市居所中栽植盆花小景的重要性："山林原野，地旷风疏，任意栽培，自生佳景。至若城市狭隘之所，安能比户皆园？高人韵士，惟多种盆花小景，庶几免俗。"

盆中栽植花木十分不易，必须注意花木的特性："然而盆中之保护灌溉，更难于园圃。花木之燥湿冷暖，更烦于乔林。"

论述盆土配制方法："盆中土薄，力量无多，故未有树，先须制下肥土，全赖冬月取阳沟淤泥晒干，筛去瓦砾，将粪泼湿，复晒。如此数次，用干草柴一皮，肥土一皮，取火烧过，收贮至来春，随便栽诸色花木可也。"

记述浇肥、浇水的方法："栽后宜肥者，每日用鸡鹅毛水与粪水相和而浇。如花已发萌，不宜浇粪。若嫩条已长，花头已发，正好浇肥。至花开时，又不可浇。每日早晚，只须清水，果实时亦不可浇，浇则实落。"

上盆、浇肥水的方法："凡植花，三四月间，方可上盆，则根不长而花多，若根多则花少矣。或用蚕沙浸水浇之，亦良。"

可以上盆的植物种类，以草本为多，木本为少，同时也提及修剪的重要性："草子宜盆者甚多，不必细陈。果木之宜盆者甚少，惟松、柏、榆、桧、枫、橘、桃、梅、茶、桂、榴、槿、凤竹、虎刺、瑞香、金雀、海棠、黄杨、杜鹃、月季、茉莉、火蕉、素馨、枸杞、丁香、牡丹、平地木、六月雪等树，皆可盆栽，

但须剪裁有致。"

记述当时流行于苏州等地仿照画意组合丛林盆景的树种与做法："近日吴下出一种，仿云林山树画意，用长大白石盆，或紫砂宜兴盆，将最小柏桧或枫榆、六月雪或虎刺、黄杨、梅椿等，择取十余株，细视其体态，参差高下，倚山靠石而栽之。或用昆山白石，或用广东英石，随意叠成山林佳景。"

陈设盆景的妙意："置数盆于高轩书室之前，诚雅人清供也。"

谈及盆景绑扎整形的方法："如树服盆已久，枝干长野，必须修枝盘干。其法：宜穴干纳巴豆，则枝节柔软可结。若欲委曲折枝，则微破其皮，以金汁一点，便可任意转折。须以极细棕索缚吊，岁久性定，自饶古致矣。"

最后介绍山石生苔的方法："凡盆花拳石上，最宜苔藓。若一时不可得，以菱泥、马粪和匀，涂润湿处及丫枝间，不久即生，俨如古木华林。"

〈种盆取景法〉是我国清初盆景技艺的总结，它不仅推进了当时我国盆景的普及与发展，而且也对日本观赏园艺与盆景的发展产生了影响[5]。

《培花奥诀录》

北京国家图书馆藏有此书，撰者自署"古鄂绍吴散人知伯氏"。自题所居曰：倦还馆，埋头种花。根据文字的风格来讲，可以推测撰者为明末清初之人。

书中首先记述了别墅中的小型园林的布局形式；其次列举了60余种花木的栽培方法，特别是关于牡丹、芍药、菊花、兰花和竹子等更为详尽；第三记载了60余种盆景与盆栽花木的制作与种植方法，并附列了盆景的剪扎、浇灌、配土、蓄水（浇灌用）的各种技术方法；最后记述了各种瓶插花木的维护方法。

国家图书馆所藏的是与撰者的另一部书《赏花幽趣录》合刊的，题有"倦还馆藏版"字样，很有可能为国内仅存的孤本[6]。对研究明末清初的盆景发展情况具有重要的参考价值。

现将〈剪扎法〉一节摘录于此，以供参考："盆景若不剪扎，必然蓄野无致。松柏以飞龙舞爪为势，最忌叶类□□，枝生鹿角。梅虽有风晴雨露之分，独风梅枝偏一顺最为有态而易识，余则互相指是，

不过取其枝屈干老为度，即此各花便可类推。圆盆？独本与金湾香转相积，方盆独本必倒斜双本，必高下参差。若花大盆小，花矮盆深，皆不雅观，必于秋后各相所宜，应剪者剪，应扎者扎。惟期校叶，两？有情。勿令彼此各向大，都自取生意，原无定规。若听人，某是某非，再加剪扎，何异矮人观戏，随人好丑，不知人各一见。花木至娇，能经岁剪扎乎？高明当自知之。"[7]

苏灵《盆景偶录》

嘉庆年间（1796—1820），五溪苏灵著有《盆景偶录》二卷，书中以叙述树木盆景为多，把盆景植物以拟人化的手法分为四大家、七贤、十八学士和花草四雅，足见当时盆景发展之兴盛。

四大家：金雀、黄杨、迎春、绒针柏；

七贤：黄山松、璎珞柏、榆、枫、冬青、银杏、雀梅；

十八学士：梅、桃、虎刺、吉庆、枸杞、杜鹃、翠柏、木瓜、蜡梅、天竹、山茶、罗汉松、西府海棠、凤尾竹、紫薇、石榴、六月雪、栀子花；

花草四雅：兰、菊、水仙、菖蒲。

汪承霈《画万年花甲》

1. 创作背景

乾隆四十九年（1784），弘历七十四岁，该年正值乾隆皇帝第六次南巡、撰写《南巡记》之年，返程时乾隆喜获五世玄孙。在这值得庆贺之际，乾隆批示次年（1785）正月，邀请中外臣民耆老年逾周甲者，在乾清宫赐千叟宴。为表现其承天之福、敬天爱民之心意，乾隆特命宫廷画家汪承霈绘制《春祺集锦》《画万年花甲》两幅长卷。画面集合四时花卉盆景，以其花卉萌发、苗壮生长之象，表现"千叟春祺、天子万年"之寓意，用以祝颂幸福吉祥之景象[8]。

2. 汪承霈简介

汪承霈（？—1805），又名汪承沛，字受时，一字春农，号时斋，别号蕉雪，浙江钱塘人，原籍安徽休宁，是雍正、乾隆时期内阁重臣吏部尚书汪由敦（1692—1758）次子。受其父亲熏陶，汪承霈擅长诗词古文，能书善画。乾隆十二年（1747）中举人，二十五年（1760）赏给荫生，授兵部主

事，奉职军机处。三十五年（1770），因母亲高龄八十，留京任职，调任户部郎中。四十一年（1776）十二月，遭逢母亲去世回籍。四十四年（1779）返京，四十五年（1780）被提拔为左副都御史，四十七年升刑部右侍郎，四十九年转工部左侍郎。乾隆五十九年（1794）因户部侍郎任内管理工作失职降级，上加恩留任。嘉庆五年（1800）官兵部尚书，九年（1804）以二品顶戴退休，十年（1805）病逝。

汪承霈是乾隆中晚期宫廷画家，作品囊括长卷、立轴、扇面、册页，多以设色花卉为主。其作品多为节令、喜庆、应景即兴之作，题材则以吉祥意涵为主。笔下四时花卉、蔬果静物写生，颜色鲜丽，清意淡雅，具有雅俗共赏之艺术特色。

3.《画万年花甲》内容构成

《春祺集锦》全卷纵 31.3cm、横 380.6cm，以绘画形式记录百花盛开、祝福幸福平安。全卷采用折枝花卉写生，背景全部留白，突显出花卉姿态与色泽。全卷描绘 50 余种花卉，依冬、春至秋末季节排列，由左而右依序绘有李花、梅花、水仙、木兰、兰花、海棠、山茶、迎春花、月季、鸢尾、紫藤、绣球、桃花、牡丹、牵牛花、石竹、蒲公英、百合、鸭跖草、蜀葵、石榴、荷花、桂花、菊花、松、竹、南天竹、灵芝、万年青等。因本卷不涉及盆景内容，在此不做深入研究。

《画万年花甲》全卷纵 37.5cm、横 549.8cm，描绘山茶、竹、松、桃花、兰花、万年青、金盏菊、山楂、灵芝、柏树、蔷薇、石菖蒲、山石盆景、芭蕉、虎耳草、枸杞、翠菊、水仙、白梅、山茶、迎春花、南天竹等，总共 24 盆盆景，组成盆中之景的长幅画卷（图 7-2）。

盆景艺术讲究盆树与盆钵的搭配，全卷以植物材料为主，以盆钵为辅，以山石搭配，将花草树木栽植于陶瓷类盆钵与仿古青铜佳器中，呈现出盆景的生机勃勃与诗情画意，表现文人的美学涵养。画卷强调花木盆景的形态参差变化，相互映照。画卷从右向左表现的景观如下：①椭圆形盆中栽植斜干山茶，干枝也偏向左侧，左侧陪衬山石。②冰裂纹椭圆形盆中，丛竹前配以湖石，盆面密生小草，并长出竹笋。③长方形陶盆中栽植向右侧倾斜的古松，干枝虬曲多变，顶枝出现"神付顶"，树皮上着生苔藓类，表现出松树之"清""奇""古""怪"。

④三足圆盆中栽植枯干桃花，枝条枯荣并存，枝顶花朵盛开，盆面菖蒲丛生分布，表现出"枯木逢春"之景象。⑤长方形盆中栽植正在盛开的兰花。⑥八角圆盆中栽植红果万年青。⑦配置山石的盛开的金盏菊。⑧圆盆中栽植老态山楂。⑨缩口圆盆中栽植丛生灵芝。⑩缩口椭圆形盆中栽植舍利干柏树，树干向左侧斜生，干枝虬曲变化，根际部配以奇石。⑪海棠盆中，蔷薇丛生，枝条枯荣并存，枝顶花开，似乎可以嗅到蔷薇花开之芳香。⑫⑬长方形盆中的玲珑剔透的山石之上，摆放一圆盆菖蒲盆景，丛生菖蒲中放置一奇特山形石。⑭⑮附石式芭蕉盆景左后侧，放置一蓝釉圆盆虎耳草。⑯枸杞树干向左侧伸展后急弯向右侧近水平状生长，稀疏枝条上挂满红果，根基部配置奇石。⑰圆盆中栽植丛生翠菊。⑱⑲长方形浅盆中，右侧放置贝壳中栽植的水仙花，左侧放置渣斗盆菖蒲。⑳三足圆形鼎状盆中栽植悬根露爪的梅花，树干向左侧斜卧，主枝向右侧伸展，达到了树体结构的均衡，疏枝盛开白花，雄蕊金黄色，表现了古梅"疏影横斜水清浅，暗香浮动月黄昏"的意境。㉑蓝釉圆形深盆中栽植附石式茶花，树干向左侧斜伸，左右侧各一枝条，枝头花朵盛开。㉒八角深盆中栽植丛生的南天竹，枝头硕果累累，其右后侧放置一长方形盆中盛开金黄色花朵的迎春盆景。

《画万年花甲》卷末跋文提到："岁阳首甲，甲为木行，取荸甲滋生之义。故十干十二支相重，皆以六甲为纲，谓之花甲……用昭茂对之隆，并效祝厘之盛……"我国古代历法，以天干配地支，以六十年为循环，称为一甲子，干支名号繁多且相互交错，又称周甲，俗称"花甲"。此卷画名典故出自《易经·无妄》："天下雷行，物与无妄；先王以茂对时育万物。"古代圣王观察"无妄卦"，乾为天，震为雷，天下雷行，万物不敢妄为。凡事合乎规律，则亨通顺利，以此勉励为政者育养万物，使其各得其宜。绘花木盆景象征万物配合天时季节生长，得以茂盛滋长。画题"万年"出自于《诗经·大雅·生民之什》："君子万年，介尔景福。"此祝词常与其他语词连用，如"万年太平""万年无疆"。《春祺集锦》与《画万年花甲》两张长卷，画面集合四时花卉，同时萌发，象征着百花更迭循环，万物生生不息，具有"百花呈瑞，

图7-2 清代，汪承霈《画万年花甲》

"盛世生平"寓意，为此类花卉长卷之杰作[9]。同时，此二卷也是研究花卉文化史、盆景文化史的重要资料。

其他

《花木小志》与《浮生六记》虽然不属于有关盆景的专类著作，由于其内容中出现了多处盆景制作、鉴赏等方面的条文，不妨收录在此并作以简介。

1. 谢堃《花木小志》

谢堃，字佩禾，江苏甘泉人，活跃于嘉庆道光年间，平生著作很多，有《春草堂全集》，为道光十年刻本，本书即收录在此。《花木小志》记载花木130余种，皆为作者亲眼见到的花木。作者是个花木爱好者，走遍了南北各地，遇见不常见花木就购买，不便携带者就画下来，因此该书中记载的花木都是真实内容。

《花木小志》对于松树盆景记述道："松之小者，余于黄山朱子伟家见之，秀润极矣，真图画有所不能到者。居扬时，天台山行僧方智来访，偶叹松之秀润苍古，过泰山孔圣陵，及朱子伟家，僧笑曰：它日当为居士置之。越明年，方智果来，携一松，

约长二尺许，旋植于石盆，于旁点缀小石。初亦不甚奇，三五年势若蟠拿，龙鳞斑驳，陈穆堂见之，呼曰：小青虬。"

除松树盆景之外，书中还记载了柏树、石榴、迎春、枸杞、三角枫、观音柳（柽柳）、梅花、山楂、丁香等树木盆景和丽春（虞美人）、缠松、菖蒲等草本盆景的制作手法与鉴赏方法，值得盆景工作者借鉴参考。

2. 沈复《浮生六记·闲情记趣》

沈复（1763—1825），字三白，号梅逸，长洲（现在江苏苏州）人，清代文学家。工诗画、散文。至今未发现有关他生平的文字记载。

《浮生六记》著于嘉庆十三年（1808）自传体散文。清朝王韬的妻兄杨引传在苏州的冷摊上发现《浮生六记》的残稿，只有四卷，交给当时在上海主持申报闻尊阁的王韬，以活字版刊行于1877年。"浮生"二字典出李白诗《春夜宴从弟桃花园序》中"夫天地者，万物之逆旅也；光阴者，百代之过客也。而浮生若梦，为欢几何？"

据其所著的《浮生六记》来看，他出身于幕僚家庭，没有参加过科举考试，曾以卖画维持生计。《浮

生六记》以作者夫妇生活为主线，赢余了平凡而又充满情趣的居家生活的浪游各地的所见所闻。作品描述了作者和妻子陈芸情投意合，想要过一种布衣蔬食而从事艺术的生活，由于封建礼教的压迫与贫困生活的煎熬，终至理想破灭。本书文字清新率真，无雕琢藻饰痕迹，情节则伉俪情深，至死不复；始于欢乐，终于忧患，飘零他乡，悲切动人。此外，本书还收录了清代名士冒襄悼念秦淮名妓董小宛的佳作《影梅庵忆语》。

《浮生六记·闲情记趣》对于盆景的鉴赏、制作以及管理记述如下：

及长，爱花成癖，喜剪盆树。识张兰坡，始精剪枝养节之法，继悟接花 叠石之法。

……

次取杜鹃，虽无香而色可久玩，且易剪栽。以芸惜枝怜叶，不忍畅剪，故难成树。其他盆玩皆然。

惟每年篱东菊绽，秋兴成癖。喜摘插瓶，不爱盆玩。非盆玩不足观，以家无园圃，不能自植。货于市者，俱丛杂无致，故不取耳。

……

至剪栽盆树，先取根露鸡爪者，左右剪成三节，然后起枝。一枝一节，七枝到顶，或九枝到顶。枝忌对节如肩臂，节忌臃肿如鹤膝。须盘旋出枝，不可光留左右，以避赤胸露背之病，又不可前后直出。有名"双起""三起"者，一根而起两三树也。如根无爪形，便成插树，故不取。

然一树剪成，至少得三四十年。余生平仅见吾乡万翁名彩章者，一生剪成数树。又在扬州商家见有虞山游客携送黄杨、翠柏各一盆，惜乎明珠暗投，余未见其可也。若留枝盘如宝塔，扎枝曲如蚯蚓者，便成匠气矣。

点缀盆中花石，小景可以入画，大景可以入神。一瓯清茗，神能趋入其中，方可供幽斋之玩。种水仙无灵璧石，余尝以炭之有石意者代之。黄芽菜心，其白如玉，取大小五七枝，用沙土植长方盆内，以炭代石，黑白分明，颇有意思。以此类推，幽趣无穷，难以枚举。如石菖蒲结子，用冷米汤同嚼喷炭上，置阴湿地，能长细菖蒲，随意移养盆碗中，茸茸可爱。以老莲子磨薄两头，入蛋壳使鸡翼之，俟雏成取出，用久年燕巢泥加天门冬十分之二，捣烂拌匀，植入小器中，灌以河水，晒以朝阳，花发大如酒杯，叶缩如碗口，亭亭可爱。

第三节

清代宫廷帝后与
嫔妃生活中的盆景布置

清代宫廷御苑中多用盆景进行陈设装饰，同时，皇帝、皇后以及嫔妃生活中常常利用盆景进行布置。

宫廷御苑中的盆景布置

清代高士奇所著的《金鳌退食笔记》一书对宫廷中盆景的陈设情况作了详细的记载[10]。

本朝改为南花园，杂植花木，凡江宁、苏松、杭州织造所进盆景，皆付浇灌培植。每岁元夕赐宴之时，安放乾清宫，陈列庭前，以胜于剪彩⋯⋯五月进菖蒲、艾叶、茉莉、黄杨盆景⋯⋯十月进小盆景，松、竹、冬青、虎须草、金丝荷叶及橘树、金橙；十一月、十二月进早梅、探春、迎春、蜡瓣梅，又有香片梅，古干槎牙，开红白两色，安放懋勤殿。

对于上文记述的"古干香片梅"，还留诗一首：
上林春色暗相催，一树新开殿里梅。
素艳欲欺琼圃雪，红芳疑泛紫霞杯。
欣逢暖律吹嘘早，渐识东风次第来。
古干独当霜霰候，岂同凡卉点莓苔。

除了资料之外，多个有关宫廷御苑及其在其中活动的绘画作品中可见盆景的布置。

1.〈崇庆皇太后万寿图卷〉之二中的须弥座花池盆景

孝圣宪皇后（1693—1777），满洲镶黄旗人，四品典仪官凌柱之女。13岁时入侍雍亲王府邸，为雍王胤禛藩邸格格。康熙五十年生弘历。雍正元年封为熹妃，雍正八年封为熹贵妃。雍正十三年弘历（乾隆皇帝）即位，尊为皇太后，上徽号

日崇庆皇太后。卒于乾隆四十二年，葬泰东陵。全谥为：孝圣慈宣康惠敦和诚徽仁穆敬天光圣宪皇后。

孝圣宪皇后一生享尽荣华富贵，她寿数之高，在清代皇太后中居于首位，在中国历代皇太后中也极为罕见。

〈崇庆皇太后万寿图卷〉描写举国欢庆乾隆生母崇庆皇太后生日的盛大场景。之二段描绘从颐和园涵虚、文昌阁到海淀蓝靛厂附近麦庄桥段的状况。除了表现沿道家屋楼台、河川树石之外，还展示外国进贡的宝物，并有足球、轮滑以及滑冰的表演。同时，由艺人装扮成的寿星、麻姑献寿老人也出没在人群中。画面表现场面广大，热闹非凡，用笔细致而有力，形象栩栩如生。背景丰富，多景呈现，趣味无穷。完全是一幅乾隆时期宫廷画家的力作。

画面中的亭子两侧，各有一大理石须弥座花池景观，左侧为湖石松景观，右侧为湖石竹子盆景。松树为斜干，向右上方伸展，干枝虬曲，树冠圆满；竹子数秆丛生，向左上方伸展。松树、竹子与亭子形成二星拱月之势（图7-3）。

2. 皇帝大婚时用明黄缎彩绣百子被图案中的盆栽牡丹

皇帝大婚，是中国古代重大盛典。清代，在紫禁城里生活过的十位皇帝中只有四位在这里举行大婚典礼：顺治、康熙、同治和光绪，他们幼年继位，成为皇帝之后才举行婚礼。雍正、乾隆、嘉庆、道光、咸丰五位皇帝在即位前已经成婚，末代皇帝溥仪的

图7-3 《崇庆皇太后万寿图卷》之二中的须弥座花池盆景

婚礼，则是在清朝被推翻之后举行。

　　内务府员外郎庆宽等人所绘《大婚典礼全图册》共分八册，详细描绘了典礼全程。皇帝大婚时用明黄缎彩绣百子被，图案优美，绣工精细，人物造型生动、活泼，百子个个神态自然，与百子帐一样，有象征皇帝"子孙万代""多福多寿"之意。图案中，有童子抬着"葫芦"，寓意福禄；有的搬着牡丹盆栽，寓意"富贵"；有的抬着"囍"字……（图7-4）。

　　3. 清院本《十二月月令图》九月中的菊花盆景园

　　此清院本《十二月月令图》全套共十二幅，描写岁时，也就是一年自农历正月到十二月间，民间

图7-4 《大婚典礼全图册》中的盆景

图7-5 清代，无款，画院《十二月令图》（十月）：纵175cm，横97cm，现存台北故宫博物院

各种节令与习俗的风俗画。此套图轴可能由清乾隆初年宫廷画家合作完成，为绢本浅设色，现藏于台北故宫博物院。

画面场景丰富，物象描写细腻，每幅都以西洋透视法绘制庭园景致，构筑出有如真实的画境。这些庭园建筑从画面右下角或左下角，延伸至远方，三两成组的人群，穿插其间，从事着各种岁时活动。

"月令"一词，原本指的是依照十二个月颁布的政令，从明清时代才开始普遍用在画名，内容多半表现岁时活动。不同月份，自然界会产出不同植物，例如一月梅花、二月杏花、三月桃花、五月菖蒲、六月荷花、九月菊花；而时序不同，人们也有各种活动，例如正月赏花灯、五月赛龙舟、七月乞巧、八月赏月、九月登高、十二月滑冰。这套十二月令图除了在每个月的场景，描绘出相对应的特定活动，还在多层次的建筑空间内，搭配了同一个月里其他岁时活动。例如一月景描绘了元宵灯会，但庭院中又有孩童戴面具做戏；五月景的主要活动为龙舟竞渡，而左下方同时表现了准备药品的习俗；九月则同时描写了赏菊、登高两种活动。这种做法让画面中的时间产生流动感，也增强了观者视线在画面空间中移动的效果。

这十二幅画轴曾经在乾隆皇帝的宫廷里悬挂，每月一幅，按月更换。观赏者在欣赏每个月的景致同时，仿佛也参与了画面中的种种活动。

《十二月月令图》九月图，描绘菊花庭园与菊花盆景园景色（图7-5）。园林与建筑群掩映于青山绿水之间，展现皇家御苑营建的规模，花木栽植种类的丰富。登高远眺、赏菊饮酒，为农历九月重阳节习俗。种菊有悠然野趣，秋天植物具有鲜明季节变化，景色宜人。离墙旁边露地栽培的丛菊盛开，仕女孩童游赏其间；中景众人聚集赏菊，院中各色丛菊争艳，搭配不同类型瓷盆、几座，美不胜收；前景小舟运送菊花盆景、酒罐、载运访客泊舟登岸。

4. 丁观鹏《太族始和图》中的大型盆景

丁观鹏，生卒年不详（生于康熙晚期，约卒于乾隆三十五年以后），画家，艺术活动于康熙末期至乾隆中期，顺天（今北京）人。丁观鹏雍正四年（1726）进入宫廷成为供奉画家，他擅长画人物、

道释、山水，亦能作肖像，画风工整细致，受到欧洲绘画的影响，其弟丁观鹤同时供奉内廷。

丁观鹏是清代宫廷画家中为数不多的将中西绘画艺术结合的画家，他以中国传统绘画为基础，局部使用西洋色彩和透视技法，使画面极具观赏性。

《太族始和图》描绘京城新春之际，一派繁华热闹景象。画中远处是苍翠的群山和袅绕的祥云，

图7-6 清代，丁观鹏《太族始和图》，纵90cm、横55cm，现存台北故宫博物院

409

图7-7 清代,丁观鹏《太族始和图》(局部)

北造园艺术为一体,兼具南秀北雄之美。它不仅是我国现存最大的皇家园林,还是中国古典园林发展高峰时期典型风格和最高水平的代表。

避暑山庄不仅是清朝皇帝在此处理国家政务、治理国家的重要场所,而且在统一多民族国家的形成、发展和巩固方面,在进一步巩固各民族政治联盟方面发挥了非常独特的作用。为了发挥其多方面的作用,关键时候利用盆景进行陈设装饰是十分必要的。但由于承德冬季寒冷,一般常用盆景树种难以越冬,即使盆景树木可以越冬,盆钵在露天环境中也会因结冰冻裂。所以,在避暑山庄建设用于盆景越冬的温棚设施是有必要的。

清代避暑山庄清音阁的宫廷绘画中,表现了庭院中在举行重要国事活动时陈设大型盆景的情

随着祥云满溢到街道马路上,商贾的吆喝,骡马的鸣叫,人群的欢呼,汇集成一股"天籁之音"。近处描绘紫禁城西北隅建福宫花园,此处无论平面设计、单体设计、装修陈设、叠山造景、花木栽植等方面,都是乾隆盛期皇家园林及营造技术的代表。画面中尚可见到摆设于庭院中的珊瑚石盆景、太湖石盆景、青铜日晷、浑天仪、鼎炉、铜缸、鎏金铜雕麒麟以及布置于假山汉白玉石棋桌、绣墩等(图7-6、图7-7)。

5. 避暑山庄内盆景布置

清代时,避暑山庄与京城皇家园林同属于皇家园林体系。避暑山庄位于河北省承德市武烈河西岸,海拔330~510m,属燕山腹地低山丘陵地带。避暑山庄是由山峦、湖泊、草地、宫殿和众多庭院构成的规模庞大的自然山水式园林,融中国南

图7-8 清代、宫廷绘画，避暑山庄清音阁庭园中陈设的大型盆景

图7-9 清代、1777年，法国传教士韩国英秒回的乾隆时期避暑山庄花儿洞内部景观

景，盆景树种有佛手、石榴、罗汉松等（图7-8）。这些树种冬季必须在温棚中才可以越冬。法国传教士韩国英在1777年的绘画中描绘了花儿洞（温棚）外部与内部的景象（图7-9）。

乾隆五十一年（1786），居台湾的福建籍天地会首领林爽文率众起义，反抗清政府驻台腐败的吏治。乾隆皇帝面对如火如荼的起义，从乾隆五十二年（1787）始，多次遣兵派将赴台镇压，同时命钦差大臣福康安督办军务。清军在有勇有谋的福康安指挥下，仰仗于天地会党敌对的台湾各地"义民乡勇"的密切配合，终于扭转了处处被动挨打的局面，先后拘捕了起义军领袖林爽文、庄大田等人。乾隆皇帝于镇压起义后，有针对性地采取了一些措施，如在乾隆五十三年（1788）批准了经大学士、九卿议覆，福康安上奏的《清查台湾积弊酌筹善后事宜》章程十六条，以严明台湾吏治、加强管理，从此，清政府对台湾的统治进入了一个新的阶段。

清人绘《平定台湾战图册之〈清音阁凯宴将士〉》描绘乾隆五十三年（1788），乾隆皇帝时年78岁时在河北承德避暑山庄的清音阁款待平台有功的福康安、海兰察等将领，君臣一道观吉祥戏的庆贺场景。清音阁与紫禁城内畅音阁大戏台的建造形制一样，共分福、禄、寿三层。这三层可以同时出现人物、鬼怪、神仙，从而给人更为全面、强烈的视觉感受。此图具有极强的真实感，画家以工整细腻的笔法一丝不苟地刻画人物与建筑。虽然人物众多，各个小仅寸许，但是造型比例准确，衣冠穿戴合乎典制，乾隆皇帝等重要人物不失肖像画的特征，具有重要的历史价值。

清音阁前庭园中六脚几架之上摆放一列盆景，其中中间两盆为蟠干松石盆景，两侧为果实累累的佛手柑盆景（图7-10）。可以推断，清音阁遇到比较重要的仪式活动时，一般都会陈设盆景，一为活跃气氛，二为增加雅致氛围。

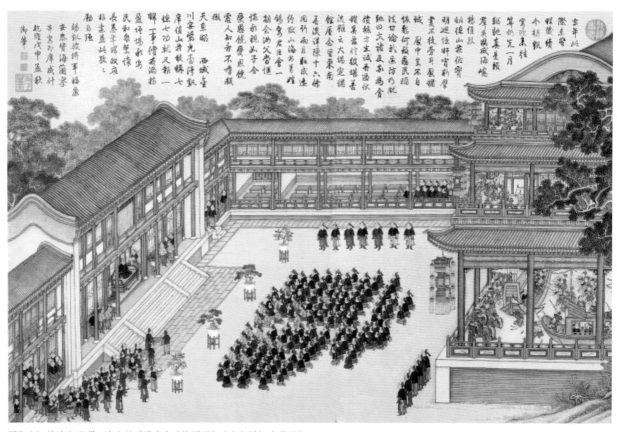

图7-10 乾隆与盆景，清人绘《平定台湾战图册》〈清音阁凯宴将士〉

外国使节、外地官员的盆景贡品

清代宫廷内所陈设的盆景，一部分来源于宫廷花儿洞（温棚），一部分由京城西南郊黄土岗花木栽培者供给，还有一部分由进京的外国使节、外地官员把盆景作为贡品献给帝后与宫廷。

《万国来朝图》是清代宫廷佚名画家创作的绢本设色画，现藏于北京故宫博物院。该图将万国来朝使团朝贡的场景绘于画面，场面宏大，十分热闹。画面显示，每到元旦朝贺庆典，各国度、各民族朝贺宾客穿着艳丽的服装，外貌气质各自不同，带着琳琅满目、五花八门的贡品云集在太和门外，在左右两侧指定区域内人头攒动，等候乾隆皇帝的接见；充分展示出宫廷建筑群的宏伟壮观和天朝大国、万国来朝的盛世气派。在《万国来朝图》宏大的场景中可以看到如下的场面：岁末隆冬，文武百官和宾客使节齐集太和门外朝觐乾隆皇帝，其中有两人抬着一块太湖石，另外两人各端一件盆景进献。

此外，清代佚名《职贡图》中描绘各国使节给皇帝进献各种珍宝礼物的场面，其中可见安南（现越南）使节给皇帝进献红色珊瑚的场景（图7-11）。

皇帝生活中的盆景

清朝帝王是指清代的君主或者称为皇帝，一般也包括后金政权的大汗，清代从努尔哈赤建立后金共有12位君主，如果从皇太极建立清朝开始则有11位君主。清朝入关以后共有十个皇帝。清朝十二个皇帝分别是：入关前的两位是天命汗、爱新觉罗（下同，省略）·努尔哈赤（1559—1626），皇太极、天聪汗皇太极（1592—1643）。入关后的十位是清世祖顺治皇帝福临（1638—1661，1644—1661年在位），清圣祖康熙皇帝玄烨（1654—1722，1661—1722年在位），清世宗雍正皇帝胤禛（1678—1735，1723—1735年在位），清高宗乾隆皇帝弘历（1711—1799，1736—1795年在位），清仁宗嘉庆皇帝颙琰（1760—1820，1796—1820年在位），清宣宗道光皇帝旻宁（1782—1850，1821—1850年在位），清文宗咸丰皇帝奕詝（1831—1861，1851—1861年在位），清穆宗同治皇帝载淳（1856—1874，1862—1874年

图7-11　清代，佚名《职贡图》（局部）

在位），清德宗光绪皇帝载湉（1871—1908，1875—1908年在位）以及清朝末代皇帝——宣统皇帝溥仪（1906—1967，1909—1911年在位）。

清代帝王中大部分喜好在其工作与生活环境中布置盆景，其中尤以乾隆皇帝为其代表，因此本节中先论述乾隆的盆景与爱石趣味，其他帝王则按照在位先后顺序进行叙述。

1. 乾隆皇帝的盆景趣味

清高宗乾隆皇帝弘历（1711—1799），雍正皇帝第四子，清朝入关后第四位皇帝。他在将清朝的康乾盛世推向顶峰的同时，也亲手将它带向低谷，他是影响中国18世纪以后历史进程的重要皇帝。

（1）乾隆的咏颂梅花盆景诗词

盆梅是百花凋零的晚冬早春时节宫廷主要的摆饰花木，同时它也是乾隆的喜爱之物。乾隆于乾隆四年（1739）与三十三年（1768）分别作有《御制养性殿古干梅诗》与《御制静怡轩摘梅诗》。它们分别如下：

御制养性殿古干梅诗[11]

为报阳和到九重，一楼红绽暗香浓。
亚盆漫忆辞东峤，作友何须倩老松？
鼻观参来谙断续，心机忘处树春容。
林椿妙笔林逋句，却喜今朝次第逢。

御制静怡轩摘梅诗[11]

盆梅开太盛，摘使树头稀。
已喜香盈嗅，兼资色绽肥。

诗中的"盆梅开太盛，摘使枝头稀"诗句，说

明乾隆皇帝非常懂得如何鉴赏梅花的标准，即是"四贵四不贵"中的"贵疏不贵密"。

（2）乾隆绘画作品中的盆景

①乾隆作《荷菊清供图》中的菊花盆景。1776 年，乾隆在雨中于重阳节前一日作《荷菊清供图》立轴，图写插瓶荷花与奇石菊花盆景（图

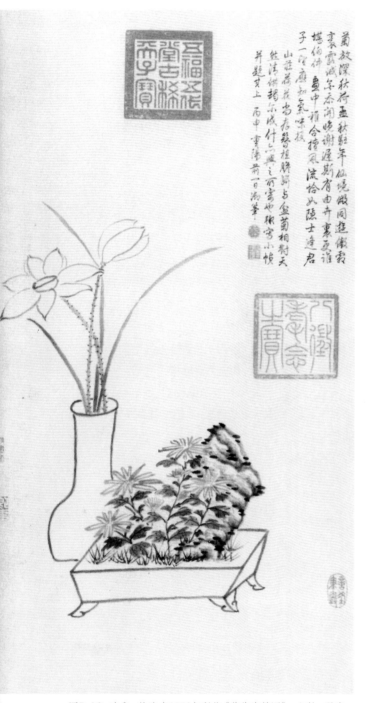

图7-12　清代，乾隆帝1776年所作《荷菊清供图》，立轴，现存北京保利集团

414

7-12）。画面右上方题诗曰："菊放深秋荷孟秋，驻年仙境做同游。傲霜裹露诚无忝，开晚谢迟斯有由。卉里更谁堪伯仲，画中雅合擅风流。恰如隐士逢君子，一望应如气味投。"诗后题写到："山庄荷花尚存，簪植胆瓶，与盆菊相对，天然清供，触而成什，亦兴之所寄也。辄写小帧并题之上。丙申重阳前一日御笔。"

②乾隆作《高宗熏风琴韵图》中的木芙蓉湖石盆景和菖蒲盆景。现存北京故宫博物院的乾隆作品《高宗熏风琴韵图》，图绘垂柳依依、芭蕉葱郁的庭园中，一幅立式大画屏把前后景致隔开，画屏前乾隆皇帝正端坐抚琴，周围是四位侍奉童子：一位手持竹竿上系葫芦，一位手拿木柄玉如意，一位手托茶盘，上置青花瓷盖碗，另有一位童子手捧画册，正跨步走向乾隆皇帝。画幅右侧是带有吉祥之意的双鹿，石栏旁为带有长寿之意的仙鹤。葫芦、双鹿与仙鹤合在一起，代表"福禄延年"之意。画幅左端桌案上面有棋盘、棋盒、书籍、画卷等文人清玩之物。画幅下方莲塘中，满池荷花盛开，鸳鸯戏水其中，池塘边童子正在收拾着大颗寿桃。

此画中的屏风由乾隆亲自绘成。屏风中，乾隆不仅画了梅花，更突出表现虬曲挺拔的松树，全以水墨写出，不施色彩，笔法稚拙。松与梅的搭配，不仅有岁寒三友凌寒不屈的趣味，更表达出长寿不老的寓意。整幅画风精谨工整，设色富丽明雅，体现出乾隆对汉族文士琴棋书画等清玩的喜爱，也蕴含了长寿与吉祥、富贵的寓意。

画幅中部偏下，有一童子用喷壶在给三盆盆景浇水：中央大者为湖石花木盆景，花木种类似为正在开花的木芙蓉；大盆景右前侧有一蟾蜍花器菖蒲盆景和左侧有一铜牛花器菖蒲盆景（图 7-13）。

此画没有画家款识，画中人物形象刻画十分细致。根据画中眼袋巨大、皮肤松弛及圆润下巴的乾隆皇帝形象来看，结合乾隆御笔所绘的墨梅以及画面所钤印"古希天子""太上皇帝之宝""五福五代堂古稀天子宝""八徵耄念之宝"等推断，此画应作于乾隆皇帝七十岁之后的晚年。而从画上钤盖的"静寄山庄"印来看，此图绘制之后存放在静寄山庄。

③乾隆还作有《写生菖蒲图卷》和《御笔岁朝图》之〈开韶〉，两图中都有菖蒲盆景，其描绘手法完

图7-13 清代，乾隆《高宗熏风琴韵图》，纵150cm、横77.5cm，北京故宫博物院藏

图7-14 清代，乾隆《写生菖蒲图卷》（摘自紫禁城杂志编辑部《故宫过端午》）

图7-15 清代，乾隆《岁朝图轴》之《开韶》（摘自紫禁城杂志编辑部《故宫过端午》）

全相同（图7-14、图7-15）。

（3）宫廷画家作品中的乾隆与盆景

①郎世宁《弘历雪景行乐图》中的盆景。现存北京故宫博物院、由郎世宁所作《弘历雪景行乐图》，图写乾隆与部分嫔妃、皇子们一起在宫廷中欢度新年的场景：由松针凝露的高大苍松、雪压枝叶的丛生竹林以及寒天怒放的疏影古梅干构成的"松竹梅"庭园植物景观中，庭廊之下，乾隆坐在交椅之上，注视着正在玩耍的皇子。乾隆后侧站立两位嫔妃，左侧站立两位皇子，其中个头矮者手持戟，右侧年幼皇子蹲跪着玩弄火盆中的炭火，左前方一皇子双手捧端果盘向乾隆走去。左前方七位皇子分为两组：左侧四人组中，庭园中一人燃放鞭炮，一人抱着芝麻茎秆，寓意步步升高，庭廊边缘二皇子紧张地观看；右侧三人正在用雪玩做狮子。

乾隆身后条几上摆饰一插瓶梅枝，右侧五脚台几上摆放一圆瓷盆丛生、红果挂满枝头的南天竹盆景；左侧摆放与右侧相同盆、架的佛手柑盆景（图7-16、图7-17）。

②（传）郎世宁《弘历岁朝图》中的盆景。（传）郎世宁乾隆三年（1738）所作《弘历岁朝图》，描写乾隆皇帝和皇子、皇孙在宫廷中除夕行乐的欢庆场景。图中所有人物皆身着古式雅服，乾隆坐在椅子上怀抱婴儿，左手敲磬，前方皇子手举双鱼，因为"磬"与"庆"同音，寓意"吉庆有余"。皇子皇孙中，有的燃放爆竹，有的端来果盘，有的在调理炭火，有的在散布芝麻茎秆。人物活动栩栩如生，并且通过细腻笔法刻画出每人特性，呈现出幸福平安的景象。此外，庭园中的松树、竹子与梅花构成"松竹梅"景观，房顶上的白雪寓意"瑞雪兆丰年"。从画面构成、细腻笔法以及鲜艳色彩等可以看出，该作品为乾隆时期宫廷绘画的代表作品。

庭廊左前角紫檀层架上摆放茶具一套，其后侧木几上摆放方形瓷盆南天竹盆景，南天竹枝头挂满红果，盆内配置奇石，山石与南天竹周围栽种水仙（图7-18）。红果白花相互映衬，水仙花朵浓香，增添了节日的喜庆气氛。

③四种版本《高宗是一是二图》中的盆景。

图7-16 清代，郎世宁《弘历雪景行乐图》，纵289.5cm、横196.7cm，北京故宫博物院藏

图7-17 清代，乾隆《弘历雪景行乐图》（局部）

现存北京故宫博物院的《高宗是一是二图》，又名《清人画弘历是一是二图轴》《乾隆帝是一是二图》，它有四种版本：那罗延窟本、养心殿本、长春书屋本和庚子长至月本。那罗延窟本又作姚文瀚《弘历鉴古图》[12]。这四种版本的绘画布局基本相同，其中的某些内容有些差别。此处以那罗延窟本为例说明其内容。

该图绘制乾隆皇帝身着汉人服饰，正在坐榻上观赏皇家收藏的各种器物。其身后点缀室内环境的山水画屏风上，悬挂一幅与榻上所坐弘历容颜一样的画像。乾隆皇帝很欣赏此类新颖别致的构图，因此，他下令宫廷御用画家共创作了五幅与之相类似的图画，以这种画中画的形式表现皇帝的肖像，在中国历代皇帝中，仅乾隆皇帝一人。

这是一件乾隆皇帝与其哲学思想紧密相连的画作。乾隆在画上墨题："是一是二，不即不离，儒可墨可，何虑何思。那罗延窟题并画。"题中的儒、墨是指中国的儒家学说和墨家学说。他认为二者作为中国传统的哲学思想，如同画中坐榻上的他与屏风上他的挂像间的关系，是不可分的，因此他提出

图7-18 清代，（传）郎世宁《弘历岁朝图》，纵227cm、横160.2cm，北京故宫博物院藏

图7-19 清代，《高宗是一是二图》，那罗延窟本，现存北京故宫博物院

图7-20 清代，《高宗是一是二图》，养心殿本，现存北京故宫博物院

"是一是二，不即不离"的观点，表明了他对儒家、墨家学说的深刻看法和其治国理念[13]。

在这数种版本中，只有那罗延窟本的画面中有两盆盆景，其他版本都是一盆盆景。那罗延窟本的两盆盆景为：一盆摆置于画面右前侧自然山石切割而成的台座之上，蓝釉椭圆盆，附石式梅花盆景，山石玲珑奇特，向右侧倾斜，梅花枝干虬曲，疏影横斜，枝头花朵盛开；另一盆摆置于屏风右侧的自然山石切割而成的台座之上，圆盆，罗汉松蟠干秀拔，枝条虬曲多变，右侧枝条斜干伸展，树形接近文人木，山石秀瘦挺拔（图7-19）。其他版本的盆景都摆放在乾隆正前方的自然山石切割而成的台座上，蓝釉椭圆盆，向右方倾斜的斜干梅花，根际右侧配置山石，经过修剪过的枝条多为着生花芽的短枝，短枝上花朵含苞待放（图7-20）。

④佚名《乾隆观孔雀开屏图》中的松树盆景。《乾隆观孔雀开屏图》是一幅描绘乾隆皇帝宫廷生活的巨幅作品。乾隆皇帝及内侍数人，在圆明园内观看孔雀开屏。在画面右侧廊亭中座椅两侧摆有红色几座，右侧几座上，摆放一蓝釉长方盆松树盆景；左侧摆有两个红色几座，前边摆放与右侧相同的蓝釉长方盆松树盆景，后边摆放蓝釉长方盆兰花盆景（图7-21）。

⑤佚名《乾隆雪景行乐图》中的山石盆景。《乾隆雪景行乐图》尺幅大，描绘乾隆皇帝在一处园林中赏雪情景。全图色彩素雅，人物具有肖像特征，但乾隆年龄已经偏大，画法也不似郎世宁手笔，应

为中国画家所画。图中所画地方，可能是京师西北郊圆明园内。

在庭园左后角，有一用大理石砌制而成的长方形花盆，其中一太湖石，该太湖石具有"透""漏""瘦""皱"的典型特征（图7-22）。

（4）乾隆三次绕道探访灵璧石产地磬石山

灵璧石是产于安徽省宿州市灵璧县及同一山脉周边区域的观赏石，是我国园林和石玩用石中最主要的石种之一。乾隆对灵璧石情有独钟，他六次下江南有三次因为喜欢灵璧石而绕道灵璧石产地，题诗、题字，留下许多故事。为了能与灵璧石相伴，每次绕道，乾隆总要选采一批良好的灵璧石运回北京故宫。

乾隆二十二年（1757），乾隆第二次南巡，第

图7-21 清代，《乾隆观孔雀开屏图》（局部）

一次绕道去了灵璧石产地磬云山。磬云山因生产磬石而得名。灵璧磬石之音，金振玉声，为历代帝王选为各种大典的乐器。磬云山上有龙门寺，寺旁有尼姑庵，庵里住着一个尼姑，品德贤淑，典雅大气，还热爱书法和灵璧石，乾隆当晚和尼姑长谈书法及灵璧石至深夜。第二天，尼姑带着乾隆一行人，先观看了磬云山上宋代摩崖佛雕及宋代挖采灵璧磬石遗留老坑。乾隆深感灵璧磬石文化的博大精深，临走时为庵寺御题："玉磬庵"，落款乾隆二十二年。

乾隆二十七年（1762），乾隆第三次下江南，至徐州时，第二次绕道又去了灵璧石产地。当时在河道边发现一块据传说当年宋徽宗"花石纲"遗

石——蟠龙石。该灵璧石虽经多年风霜雨雪，依然风采依旧，乾隆见之赞不绝口，绕石一圈。随从同声称赞："此石有皇家气度。"乾隆下旨将该石搬运到徐州行宫内。

乾隆三十三年（1768），乾隆再次南巡时住在徐州行宫，看到"蟠龙石"，勾起了对灵璧磬云山的回忆，于是决定再去磬云山龙门寺。先到庙里进香，随后去"玉磬庵"。当时尼姑正在写书法，见乾隆到来，当即双手合掌口念"阿弥陀佛"，两人随即交谈起来。当谈到灵璧磬石形、音之特点时，乾隆兴致很高，尼姑边将自己珍藏的一块灵璧磬石山峰示于乾隆。乾隆爱不释手，尼姑看出他有索石

图7-22 清代，佚名《乾隆雪景行乐图轴》，纵468cm、横378cm，现存北京故宫博物院

之意，但实在不舍得将此石送人，又恐伤了皇上尊严。乾隆无奈之下，左顾右盼，看到旁边有盘未下完的棋局，便心生一计要求尼姑陪他下棋，并说道："如果朕下输了，就将随身所带佩玉给你；如果你输了，就将这块灵璧石给朕。"尼姑只好与乾隆对弈，双方都下得十分认真。尼姑棋高一筹，乾隆输掉了佩玉。乾隆输掉佩玉心有不快，得不到灵璧石更是身心不安。

为了得到灵璧石，乾隆要求尼姑再下三局，尼姑看出乾隆爱石心切，只好将此灵璧石山峰献给乾隆。乾隆为表感谢，在尼姑书桌上写下"天下第一石"相赠[14]。

（5）乾隆与玉石山子

乾隆皇帝厌恶民间玉石市场流行的各种时新样式，唯独对摹写山水图画的作品样式给予好评，认为是"玉厄"之中一股自发性的反动，是"尚有雅趣可玩"的清流。因此宫廷内府所藏画意玉器，除了内务府体系的成品外，亦有许多是苏、扬民间玉作所出的商品。

玉石山子是摹写山水图画而成、"尚有雅趣可玩"样式的作品，深得乾隆喜爱，并参与到玉石山子的制作过程中。

①玉罗汉山子。官系的"玉图画"若非取材于内府典藏的画作，否则即为宫廷画家参与绘稿画样，因此构图往往与宫中绘画有异曲同工之妙。民间"玉图画"上则经常加琢乾隆的题画诗，但若与原画比对，欲每每是千差万别，可确定玉工不曾目睹原作。唯一的例外是一件题为"租查巴纳塔嘎尊者赞"的山子（又名玉罗汉山子）。本件作品就题诗的形式判断，并非官方示稿所作。其质为青色闪玉，形如山壁洞窟，洞口边立一老树，罗汉倚树而坐，二指并出，面露微笑，似有所悟，形貌生动。山子的布局和岩面上所刻之清高宗御制文（收录于《清高宗御制诗文全集》初集29卷），皆与当时浙江"圣因寺"所藏，传为贯休所绘之罗汉画轴相同（图7-23）。乾隆南巡时，僧明水曾献此轴，然高宗命丁观鹏仿绘并题赞其上后，仍予归还该寺。此后，各种质材如玉、石、竹等，同样构图者如雨后春笋般出现，应该皆为迎合皇帝品味所作[12]。

②玉黄龙石佛山子。乾隆皇帝南巡时，不时会将沿途的景物入诗入画，甚至立即画样交办成作。

如台北故宫博物院所藏"玉黄龙石佛山子"，其质为闪玉，形如山壁洞窟，洞中释迦牟尼佛法像庄严。右侧山崖书"一切有为法，如梦幻泡影，如露复如电，当作如是观。"印文"得大自在""乾隆宸翰"。左侧山崖识"瞻杭州黄龙石佛，默识相好，既成小图携归，兹至天宁行宫，复放大成此图，为佛善清供。若大若小，若同若异，惟以金刚四句概之。壬午清和朔日御笔并识。"印文"乾""隆"（图7-24）。但不论偈语识文，皆未记录于任何档案或书籍，或许是在巡历中，不免疏漏所致。此外，该山子亦可作为了解乾隆中期扬州玉工特色的绝佳例证[12]。

③玉观瀑山子。此件青玉山子表现文人喜爱的观瀑主题：蜿蜒的山间小路上，一拄杖高士与随行小童欣赏着山间瀑布流湍而下之美景，惬意舒畅。所配木座延续着玉山子构图，飞瀑流过小桥，强力冲下的水流在木座所表现的山石最低处，激起滚滚水花。该设计打破了玉料形状的限制，哗哗而下的水流为宁静山林带来了活水般的动态感，别具趣味。山间石壁刻有乾隆皇帝《御制观瀑诗》一首："偏幡雪瀑两岩间，携客欣观一日间。试问图中人姓氏，游应康乐石门山。"（图7-25）[12]

④玉浮邱峰山子。对于真山实景的描绘，是师法自然的重要课题。此件青玉山子雕成巍峨崎岖的山峰状，山壁下有松林，林间屋舍为观看者带来可居于此的意象。最高峰处刻铭"浮邱峰"，表现名山大川刻词的传统。其下大片岩壁上刻乾隆皇帝《御制浮邱峰诗》："洞天三十六，黄山峰站足，第一数浮邱，芙蓉四时绿。"说明该件山子模拟的自然实景所在（图7-26）。

⑤玉"秋山红树"山子。本作品以泛青闪玉，顺应玉料嶙峋的原形，琢碾成山丘，林径与树梢处保留红褐色玉皮渲染出秋色，是一件融合绘画与巧雕手法的玉器。正面山径有行路之人，壁上阴刻填金隶属"秋山红树"。背面山壁上则阴刻填金行书乾隆四十年御制诗《题和阗玉秋山红树图》："叠叠秋山凡几层，丹枫点缀恰相应。悬崖笠守待游客，架洞红桥欲过僧。相质传神秀而野，借皮设色巧犹能。漫疑红玉无和有，此是精瑭杞宋徽。"末署"乙未仲秋下澣御题"及"会心不远""德充符"二印（图7-27）。

山子，是自然山水微缩的艺术形式。从御制诗题看来，乾隆皇帝特别强调其人为创作的图画

图7-23　清代，乾隆，玉罗汉山子，长22cm、高18.3cm，现存台北故宫博物院

图7-24　清代，乾隆，玉黄龙石佛山子，长17.5cm、高33.7cm，现存台北故宫博物院

图7-25　清代，乾隆，玉观瀑山子，高11.1cm，现存台北故宫博物院

图7-26　清代，乾隆，玉浮邱峰山子，长34.7cm、高17.2cm，现存台北故宫博物院

图7-27　清代，乾隆，玉"秋山红树"山子，底宽16.4cm、底长39.3cm，现存台北故宫博物院

感，以彰显人在自然界中的主体性。然而在诗中，他又十分欣赏玉匠在施予人工琢磨时，能充分体现并运用材料天然的特质，看似有些矛盾，所以他也曾承认，制作玉器要平衡天然与人工是非常不容易的事情。

2. 其他皇帝的盆景趣味

（1）康熙的盆景趣味

清圣祖康熙皇帝玄烨，顺治皇帝第三子，清朝入关后第二位皇帝。他平定了三藩叛乱，收复了台湾，驱逐了沙俄势力，又平息蒙藏地区动乱，加强了多民族国家的稳定和统一。在经济和文化建设上，康熙也创下对后世产生积极影响的重大业绩，开创了中国封建社会最后一个盛世——康乾盛世。

康熙皇帝年轻时即对农艺、科学实验有浓厚兴趣，凡有优良品种植物和花卉，皆栽种、移植于园林。教子言谈编录成《庭训格言》（雍正八年，1730），其中记载："即如外国之卉，各省之花凡所得种，种之即生，而且花开极盛。观此，则花木之各遂其性也，可知矣。"

①康熙咏颂盆景诗篇。盆景是清代皇宫最重要的装饰物之一，特别是在百花凋零的冬季更受喜爱和重视，同时也是康熙皇帝的喜爱之物。康熙曾作《御制咏盆中松》《御制咏盆中梅》和《咏御制盆景榴花》诗。

御制咏盆中松[15]

岁寒坚后凋，秀蓂山林性。
移极铺座傍，可托青松柄。
……

御制咏盆中梅[16]

琼枝遗玉骨，粉蕊趁冰姿。
香透芙蓉帐，诗成度御墀。

咏御制盆景榴花[17]

小树枝头一点红，嫣然六月杂荷风。
攒青叶里珊瑚朵，疑是移根金碧丛。

②康熙皇帝与《多子图》中的松竹梅盆景。画家冷枚《多子图》描绘了康熙皇帝与皇子、皇女们一起欢度春节、玩赏盆景的场面。

冷枚（约1669—1742），字吉臣，号金门画史，山东胶州人，焦秉贞弟子。清代宫廷画家。善画人物、界画，尤精仕女。所画人物工丽妍雅，笔墨洁净，色彩韶秀，其画法兼工带写，点缀屋宇器皿，笔极精细，亦生动有致。

《多子图》描绘皇宫厅堂前侧与庭园邻接处台阶上，康熙斜靠榻椅之上，与皇子、皇女们幸福的欢度春节新年来临。庭园中右侧苍松枝叶青绿，前侧古梅枝头盛开。康熙左侧台几之上放置插花与果盘。画面左侧主要表现皇女与幼子们的场景，右侧表现年龄大小有差别的皇子们的场景，前侧表现较年幼皇子们燃放鞭炮、嬉闹玩耍的场景。靠近台几旁边的年龄稍大者皇女双手捧端一椭圆盆松树盆景，右侧年龄稍大者皇子双手捧端一蓝釉圆盆梅花盆景，年龄稍幼两皇子吃力地抬着长方盆三竿竹子盆景，康熙右后方皇子手捧一盛开的水仙盆景。松树盆景似为一附石蟠干盆景，梅花盆景枝干虬曲多变。画面庭园中苍松古梅的树木景观，盆景中表现了松竹梅"三君子"的浓缩景观，外加叶片油绿、花朵洁白、香气袭人的水仙盆景，更加烘托出京城皇宫中欢度新春佳节气氛（图7-28）。

（2）雍正皇帝生活中的盆景

清世宗雍正皇帝胤禛（1678—1735），康熙皇帝第四子，清入关后的第三位皇帝，在位13年。他对有碍于皇权的反对势力大加挞伐，有效地改善吏治，增加国库收入，为乾隆朝社会的繁荣奠定了雄厚的基础。

①〈胤禛行乐图〉中的松石盆景。〈胤禛行乐图〉，清人绘，共16开，每开纵37.5cm，横30cm，现存北京故宫博物院（图7-29）。该图册以工整细腻的笔触，绘出雍正皇帝低调收敛、一人自在独行、淡泊从容的闲适情境。16开画幅内容主题为：采菊东篱、乘槎升仙、松涧鼓琴、停舟待月、临窗赏荷、水畔闲坐、书斋写经、围炉观书、清流濯足、寒江垂钓、看云观山、披风松下、岸边独酌、沿湖漫步、观花听鹂、园中折桂。

其中"书斋写经"画幅中，身着红色圆领袍衫、头戴黑色幞头的雍正坐在造型别致的根结扶手椅上，微俯身双手搭在束腰马蹄足的大书桌上，正提笔欲写。书桌右侧，有一髹漆四足高束腰小方香几，其上置一富丽的圆形绣屏，后头则是只露出局部的、屏心绘山水的大座屏；人物左后方的近窗处，无束腰罗锅枨小

图7-28　清代，(传)冷
枚《多子图》(局部)

图7-29　清代，佚名《胤禛行乐图》，纵37.5cm，横30cm，现存北京故宫博物院

图7-30　清代，佚名《胤禛行乐图》中的书斋写经画幅

图7-31　清代，佚名《雍正行乐图册》（十六页），纵41.2cm、横36.2cm，现存北京故宫博物院

桌上放置一松石盆景。该盆景由摆置在盆中部偏左侧的山石与栽植在长方形浅盆中的高、中、低3棵松树组成，高、低2棵栽植于山石右侧，中1棵松树栽植于山石左侧，构成整体平衡。此外由于3棵松树与山石高度的差别，构成了林冠线的变化，形成均衡变化之美（图7-30）。

②佚名《雍正行乐图册》中的盆景。此图册共十六页，与《胤禛行乐图》中以雍正帝人物为主不同，是一套以山水房舍为主图的行乐图，人物在其中只占较小部分。虽然人物相当细小，但面部画得十分细腻，仍然清晰可辨认是雍正皇帝的相貌。图画背景颇似水

乡景色，但仍具有皇室气派，其地应是圆明园。

该图描绘某院落秋冬季景色：圆洞门外是竹林，竹林后面为山林；画面前侧靠近水溪之处的杂木皆已落叶，圆洞门内侧柿树红果累累，挂满枝头；靠近水溪栏杆处，有一台座，其上放置两盆盆景，一为落叶杂木类盆景，另一为菖蒲盆景（图7-31）。

③佚名《胤禛十二月景行乐图轴（之一）》中的花卉盆景。《胤禛十二月景行乐图轴（之一）》（图7-32）描绘雍正皇帝初夏之际与皇子皇孙们行乐的场景，亭子前侧摆有蜀葵盆栽，亭子后侧石桌上摆有盆花木类盆景。

④金廷标《雍亲王教子图》中的附石盆景。《雍亲王教子图》描绘福寿堂前，雍亲王（成为皇帝之前的和硕雍亲王雍正）坐在屋檐下教导皇子的场景。雍亲王左侧、栏杆内侧几座上放置一汝窑束腰圆盆附石树木盆景（图7-33）。

（3）嘉庆皇帝与万年青盆景

嘉庆帝颙琰，清高宗弘历的第十五子。生于乾隆二十五年（1760），五十四年被封为嘉亲王，乾隆六十年登基，改元嘉庆，在位25年。卒于嘉庆二十五年（1820）终年61岁。庙号"仁宗"。

现存北京故宫博物院的无款《清仁宗嘉庆皇帝写字像》描绘嘉庆身着朝服坐在矮桌前准备写字的样态。画面左侧放置一博古架，上置瓶花、瓶插珊瑚以及小盆景；右侧为一几案，上置花卉

图7-32 清代，佚名《胤禛十二月景行乐图轴(之一)》

图7-33 清代，乾隆年间，《雍亲王教子图》，长风拍卖行

瓶插、红色圆盆万年青盆景。万年青红果绿叶，估计此时为冬季（图7-34）。

此外，佚名《颙琰古装行乐图》描写嘉庆身着汉族古装行乐情景：园林中春意盎然，玉兰、红白梅花、月季、牡丹、海棠等各种花木盛开；湖石竹林之前，竖立大型山水画屏，嘉庆侧坐其前；左侧二仕女正在插花等，右侧一童子手捧画轴而来。童子身后低矮长方台座上，放置一蓝釉长方盆紫杉盆景，盆树蟠干扭曲，枝叶稀疏，更加增添了园林的雅致氛围（图7-35）。

（4）道光皇帝与盆景

道光皇帝旻宁（1782—1850年在位），原名为绵宁，清朝第8位皇帝，道光在位期间，正值清朝衰落，为挽救清朝颓势做了一些努力，如整顿吏治、厘盐政、通海运、张格尔叛乱、消除鸦片起到了一定积极作用。

现存北京故宫博物院的《道光皇帝喜溢秋庭图》中，道光皇帝与皇后，分别安坐在罗汉床和圈椅上，慈祥地看着嫔妃、皇子、公主在庭园里玩耍。古松探枝而出，覆盖在庭园上空；庭园左侧设置湖石花池盆景，石头基部洞眼中栽种盛开的菊花；右前侧

图7-34 清代嘉庆，《清仁宗嘉庆皇帝写字像》，北京故宫博物院藏

宫女正在触摸大理石花池中的菊花。嘉庆坐着的罗汉床两侧方形几案之上，各摆饰一盛开的菊花盆栽（图7-36）。五彩缤纷的菊花开放，满园秋色，使人产生安静、祥和的快感。

（5）同治皇帝〈管城春满图〉中的盆景

图7-35 清代，佚名《颙琰古装行乐图》

图7-36 清代，道光年间，《道光皇帝喜溢秋庭图》

图7-37 清代，同治皇帝《管城春满图轴》，现藏于北京故宫博物院

清穆宗同治皇帝载淳（1856—1874），清朝入关后第八位皇帝。登基后终身成为其生母慈禧皇太后垂帘听政的傀儡。同治皇帝名载淳，六岁登基，在位十三年，十九岁病死，十三年皇帝，十九年的人生。

同治皇帝创作的《管城春满图》轴，现存于北京故宫博物院。图中描绘瓶插折枝梅花、紫红釉深圆盆松树盆景、蓝色深圆盆南天竹盆景，构思借鉴梅花类九九消寒图，表现松竹梅早春美景（图7-37）。

（6）光绪皇帝与盆景

清德宗光绪皇帝载湉（1875—1908），清朝第十一位皇帝。四岁登基，起初由慈安、慈禧两宫太后垂帘听政，慈安崩逝后由慈禧一宫独裁，直至光绪帝十八岁亲政，此后虽名义上归政于光绪帝，实际上大权仍掌握在慈禧太后手中。

清代《光绪皇帝读书图》描绘光绪在书房读书的场景。光绪身后上方的博古架上摆饰着一蓝釉窑变长方盆景盆，身后的屏风后侧木架之上摆放着一盆栽花卉：盆为蓝釉窑变六角高盆，栽植着盛开的菊花（图7-38）。

皇太后生活中的盆景

1.崇庆皇太后生活中的盆景

姚文瀚（18世纪）清代画家。号濯亭，顺天（今北京）人，生卒年不详。乾隆时供奉内廷，工道释、人物、山水、界画。传世作品有《四序图》卷。姚文瀚《崇庆皇太后八旬万寿图》描绘皇家全家福，五代同堂，其乐融融。该图所绘宫殿是慈宁宫，表现的时间则为乾隆三十六年十一月二十五日。《清高宗实录》载："辛酉（二十五日）……上诣慈宁宫侍皇太后宴，彩衣舞，奉觞，皇子、皇孙、皇曾孙、额驸等以次进舞。"《起居注册》记载更为详细："巳刻（10点），慈宁宫侍皇太后筵宴，亲捧进御赞玉蟠桃一件。上彩衣躬舞，捧觞上寿。"此图绘场景定格在彩衣躬舞、捧觞上寿之后，乾隆帝已经落座，众妃嫔也已落座，绘画写实的细节在于皇帝与妃嫔的坐姿，他们众星捧月一般，朝向皇太后的方向，一律采用侧坐的姿态，表现出对皇太后的尊崇与礼遇。

图绘内容大致可分为上中下三段。上段画大殿内寿者及祝寿人群，中段绘殿外月台场景，下段绘正中丹陛上张设亭子及亭内长桌和供奉器具。整幅总计图绘人物约180余人，画法采用中西合璧，宫殿、

树木、山石等场景为中国画法，而人物特别是脸像
则带有西洋画法。

　　崇庆皇太后头戴清代冬朝冠，身着明黄色绣彩
云金龙纹冬朝袍，外罩石青色绣彩云金龙纹冬朝褂，
佩戴三挂朝珠（东珠一、珊瑚二），耳饰金龙衔珠珥，
面庞清瘦，年届耄耋。太后宴桌右侧身着冬朝袍、
外罩衮服侧坐于方凳者为乾隆帝。

　　东西二间中穿朝服坐于前排者为乾隆帝妃嫔，
坐于后排者则可能为个别的公主、福晋等，月台上
着金黄色朝服站立者为皇子，嬉戏的孩子为小皇子
及皇孙，东西二间被抱着的孩子中则可能为曾孙。

　　该画构图虚实相间，背景中点缀的树木、山石、
花卉，甚至于宫殿屋顶、屋脊上排列的兽头均随意
而画，但所绘人物写实，场景写实，具纪实性，仍
属于宫廷绘画中的纪实性绘画，其历史价值明显高
于艺术价值。

　　在崇庆皇太后与乾隆皇帝所坐台阶两侧对称摆
放着的木几之上，上方为松树盆景，台阶中部为正
在开花的梅花盆景。台阶前方左右两侧的三根柱子
两侧，各摆放一木几，木几之上摆放着盆景，从里
向外分别陈设着牡丹盆景、水仙盆景、水仙盆景、

图7-38　清代，《光绪皇帝读书图》

图7-39　姚文瀚《崇庆皇太后八旬万寿图》（局部），纵219cm、横285cm，现存北京故宫博物院

图7-40　《崇庆皇太后八旬万寿图》中的卖花郎

牡丹盆景、牡丹盆景（图7-39）。

此外，在该图卷中，还可以看到亭廊平台屋顶上，陈设一排盆景，其中有松树、梅花盆景以及其他树种盆景。在列队宦官身旁，有两人用扁担抬一平板，其上放置三盆盆景，估计这是两位花匠正在调换盆景（图7-40）。

2. 慈禧太后生活中的盆景

慈禧（1835—1908）即孝钦显皇后，叶赫那拉氏，咸丰帝妃嫔，同治帝生母。清朝晚期的实际统治者。

1852年入宫，赐号兰贵人（清史稿记载懿贵人），次年晋封懿嫔；1856年生皇长子爱新觉罗·载淳（同治帝），晋封懿妃，次年晋封懿贵妃；1861年咸丰帝驾崩后，与孝贞显皇后两宫并尊，称圣母皇太后，上徽号慈禧；后联合慈安太后（即孝贞）、恭亲王奕䜣发动辛酉政变，诛顾命八大臣，夺取政权，形成"二宫垂帘，亲王议政"的格局。清政府暂时进入平静时期，史称同治中兴。1873年两宫太后卷帘归政。

1875年同治帝崩逝，择其侄子爱新觉罗·载湉继咸丰大统，年号光绪，两宫再度垂帘听政；1881年慈安太后去世，又因1884年慈禧发动"甲申易枢"罢免恭亲王，开始独掌大权；1889年归政于光绪，退隐颐和园；1898年，戊戌变法中帝党密谋围园杀后，慈禧发动戊戌政变，囚禁光绪帝，斩戊戌六君子，再度训政；1900年庚子国变后，实行清末新政，对兵商学官法进行改革。1908年，光绪帝驾崩，慈禧选择三岁的溥仪做为新帝，即日尊为太皇太后，次日17点（未正三刻）在仪鸾殿去世，葬于菩陀峪定东陵。

慈禧作为晚清政治家，不仅喜好绘画，作有《富贵平安》《葡萄》等，而且也喜好花卉盆景和陶瓷。

（1）慈禧与花卉盆景

清末绘画作品〈慈禧化妆观音像图轴〉描绘慈禧太后身着观音服、慈祥地坐在花木之中的景象。位于画面中心的石台之上，周边栽植成丛的翠竹、象征长寿的鲜桃、代表如意的灵芝，这些元素五彩缤纷的颜色构成温暖的环境氛围，并旁边的童子一起预示幸运长寿，成为生日祝贺的画题（图7-41）。

出自宫廷画家的《孝钦后弈棋图》采用中国传统工笔重彩描绘，将慈禧的神态、服饰、气质、动作，以写实手法，描绘得惟妙惟肖。慈禧端坐在雕花绣凳上，紫檀木方桌上，摆有精致棋具。慈禧身着华丽服装，头戴珠宝金银凤簪，佩带翠玉耳环，脚穿满族花盆底鞋。面带笑容以必胜之心轻松下棋。另一侧，似乎为太监李莲英，正毕恭毕敬又畏缩不前地小心对弈。

庭园中的古松、兰花、竹石以富有自然野趣的形式布置，正前方木架上摆放的圆形瓷盆中栽植着盛开的牡丹（图7-42）。

同样出自宫廷画家之手的《慈禧太后朝服像》描写慈禧太后日常生活中、身着朝服坐在庭园环境中的场景（图7-43）。白皮松树荫下，慈禧太后侧坐于席榻之上，一边品茶一边惬意地望着前方。席榻的矮桌上摆放着插花、果盘以及首饰类，插花所用材料为牡丹、月季与海棠。席榻左侧高几上有香炉。高几前方圆形台几上摆放深圆瓷盆，其中栽植正在盛开的玉兰花，盆面配置数块小石。整个画面表现出春意盎然、生机勃勃、太后神情爽快的氛围。

（2）慈禧太后作品《清供图》

慈禧太后在喜好花木盆景的同时，不仅临摹名家作品，还常常亲自动手创作作品。她曾于1883年3月描绘盆栽牡丹，1886年夏天描绘瓶插牡丹、盆栽灵芝与仙桃果枝以及于1905年冬天描写画有栀子、海棠插瓶、鸢尾盆栽与佛手柑的《清供图》等。

（3）慈禧用瓷大雅斋

大雅斋为懿贵妃（即慈禧太后）在圆明园天地一家春的画室。光绪时期，政府企图重整瓷业，陶瓷业进入了一个相对比较繁荣的时期。

该时期的瓷器烧造基本上囊括了晚清以前所有的传统器型，既有仿古也有创新。而慈禧御用"大

雅斋"款的官窑瓷器，是这一时期比较少见的精品。器物上边多有"天地一家春"以及"大雅斋"的款识以及"永庆升平""永庆长春"等闲章。

图7-41　清代，《慈禧化妆观音像图轴》，纵217.5cm、横116cm，现存北京故宫博物院

图7-42 清代,《孝钦后弈棋图》,纵235cm、横144.3cm,现存北京故宫博物院

图7-43 清代,《慈溪太厚朝服像》,纵217.5cm、横116cm,现存北京故宫博物院

大雅斋瓷器的底釉颜色有:白地、蓝地、深蓝地、浅蓝地、豆青地、浅豆青地、浅藕荷地、藕荷地、黄地、明黄地、大红地、粉红地、粉地、翡翠地、浅绿地、绿地等。花纹图案有:海棠花鸟纹、牡丹芙蓉花纹、葵菊花纹、寿桃鹦鹉花纹、喜鹊登梅纹、牡丹花纹、花卉昆虫纹、蜜蜂花卉纹、紫藤花、藤萝蝴蝶纹、桃花、牵牛花纹、鹭鸶花草纹、荷花鹭鸶纹、栀子桃花纹、葵花纹、绣球芍药花纹、荷花

蜻蜓纹、藤萝月季花纹、蜡梅茶花纹诸种。

从现有的材料看,带"大雅斋"铭的瓷器约略有:花盆、盆奁、鱼缸、盘、碟、高足碗、高足盘、高足碟、盒、渣斗、羹匙。据实物和档案,所有这些器形,除渣斗外都存有大小规格不同的多种差异。

花盆属于"大雅斋"瓷器中比较常见者。花盆除同形器的大小规格不同外,又存在着形制的差异,

图7-44 清代光绪年间，大雅斋款蓝地花鸟瓷花盆 国立故宫博物院藏

总其可见有方花盆、长方花盆、八角花盆、八角连体亚腰花盆、双圆连体亚腰花盆、海棠瓣形花盆、圆花盆、扇形花盆、方形连体花盆、元宝式花盆、六角花盆诸种（图7-44）。

据传清晚期瓷业走向没落，为了振兴瓷业因此创新这种墨彩品种。由于贵为官窑精品，至今"大雅斋"的仍是藏家追捧的器物[18]。

宫妃生活中的盆景

1. 佚名《胤禛妃行乐图》

《胤禛妃行乐图》又名《胤禛美人图》，是由清初佚名画家创作的绢本设色画，共有12幅。每幅尺寸相同，均纵184cm，横98cm，绘在品质精美的绢底上，该组图现收藏于北京故宫博物院[19]。

作品以单幅绘单人的形式，以逼真写实的手法分别描绘12位身着汉服的宫苑女子美人闺阁生活的方方面面。从她们精美的服饰、锦绣的花纹、考究的家具到华美的布幔窗棍、精致的书册文玩、灵动的花鸟植物等，颇具南宋画院格调。细腻、严谨的绘画手法在这里提升为一种华贵的皇家风范，虽不及唐五代人物画的雍容大气，却展现其独特的情调，形成一种安详、娴雅的氛围，可以说"十二美人图"代表了较为典型的清代宫廷仕女画的风貌。该12幅画题分别为：博古幽思、立持如意、持表对菊、倚榻观雀、烛下缝衣、倚门观竹、烘炉观雪、桐荫品茶、美人展书、裘装对镜、消夏赏蝶、捻珠观猫。其中的6幅中出现了盆景、盆花与盆钵。

（1）〈博古幽思〉中的竹石盆景与汝窑花盆

仕女坐于斑竹椅上垂目沉思。身侧环绕着陈设各种器物的多宝格。多宝格上摆放的各种瓷器，如"仿汝窑"瓷洗、"郎窑红釉"僧帽壶以及青铜觚、玉插屏等，均为康熙至雍正时期最盛行的陈设器物，具有典型的皇家的富贵气派。这些器物不仅增添了画面的真实性，也映衬出仕女博古雅玩的闺中情趣。

画面右下角木几之上摆放一蓝釉长方盆竹石盆景（只露一角），左上方多宝格上放置一宋代汝窑椭圆盆。竹石盆景与汝窑花盆更加增添了室内雅致气氛。

（2）〈倚榻观雀〉中的柏树盆景

室内仕女斜倚榻上，把玩着合璧连环，室外喜鹊鸣叫喳喳，女子目视喜鹊，不觉入神。画家意在表现冬去春来，女子观赏喜鹊时的愉悦心境，但却不自觉地将宫中女子精神空虚、孤寂压抑的心情溢于画面。

画面仕女身后摆放一枝干虬曲变化的柏树盆景。

（3）〈烛下缝衣〉中的盆荷

清风徐徐，红烛摇曳，仕女勤于女红，在烛光下行针走线。女红包括纺织、刺绣、缝纫等，古代隶属于衡量女子"四德（妇德、妇言、妇功、妇容）"中的"妇功"，是评价女子品行高低的重要标准之一。因此，女子们无论贫富贵贱，均以擅女红为能事。此图中女子兰指轻拈，针线穿行，低眉落目，若有所思。明窗外一只红色的蝙蝠飞舞在翠竹间，"鸿

433

图7-45　清代，佚名《胤禛妃行乐图》〈烛下缝衣〉，纵184cm、横98cm，现存北京故宫博物院

图7-46　清代，佚名《胤禛妃行乐图》〈倚门观竹〉，纵184cm、横98cm，现存北京故宫博物院

图7-47　清代，佚名《胤禛妃行乐图》〈裘装对镜〉，纵184cm、横98cm，现存北京故宫博物院

福将至"的吉祥寓意巧妙地蕴涵在图画之中。

画面右下角摆放一大型盆栽荷花，花亭顶端花朵盛开，清风徐徐，荷叶摇曳，麝香袭人，增加了画面的趣味性（图7-45）。

（4）〈倚门观竹〉中的各色盆景

庭院中花草竹石满目，并摆放着各色盆景，争奇斗艳，以婀娜的姿态点缀出俏丽的景致。仕女倚门观望着满园春色，举止间似乎流露着淡淡的叹春情怀。

园门左侧红色几架上摆放着类似杜鹃的花木类盆景，右侧黑色几架上摆放着盛开的盆栽兰花；门外高低起伏的自然石阶上从左向右摆放着梅花盆景、贴梗海棠盆景与盆栽月季（图7-46）。

（5）〈烘炉观雪〉中的松树丛林盆景

仕女临窗而坐，轻掀帐帷，观雪赏梅。户外翠竹披霜带雪，遇寒不凋，显现出顽强的生命力；白色蜡梅则以"万花敢向雪中击，一树独行天下春"的风韵尽情绽放。梅花不仅是著名的观赏花，又以花分五瓣，而拥有"五福花"的美称，被人们用以寓意幸福、长寿、吉祥。

画面右上角摆放一长方形浅盆，其中栽植松树丛林盆景。

（6）〈裘装对镜〉中的盆栽水仙

仕女身着裘装，腰系玉佩，一手搭于暖炉御寒，一手持铜镜，神情专注地对镜自赏，"但惜流光暗烛房"的无奈之情溢于眉间。画中背景是一幅墨迹酣畅的行草体七言诗挂轴，落款为"破尘居士题"。破尘居士是雍正皇帝为雍亲王时自取的雅号，表示自己清心寡欲、不问荣辱功名的志趣。

画面左上角窗台之上摆放着开花的水仙盆栽（图7-47）。

2. 丁观鹏《宫妃话宠图》

《宫妃话宠图》画面布局齐整，人物色彩浓艳，身处宫廷院内的修竹亭台，格外雅致。画面中所描绘六人宫妃分为两组：左侧三人一组，一人在插瓶，二人在对话；右侧三人一组，似乎在谈论是否受宠幸。右侧三人右侧木架之上摆放一大型兰花盆栽。画面前侧台桌上摆放一长方盆附石松树盆景，其左侧矮木架上摆放一兰花盆栽。该盆松蟠干苍老，树冠丰满但富有变化，盆面配石千层奇特，是一盆造型水平高、成熟的盆景作品（图7-48）。

3.陈枚《月曼清游图》

陈枚（约1694—1745），清雍正、乾隆年间宫廷画家。号载东，晚年号枝窝头陀，娄县（今上海松江）人。雍正时由画家陈善推荐，进入宫廷任职，曾任内务府员外郎，师琺琅世宁，工画人物、山水、花鸟，其画法受到西洋画风的影响。其主要活动在雍正时期，约于乾隆五年（1740）因眼伤离开宫廷南归。乾隆十年去世[20]。

《月曼清游图》册描绘的是宫廷嫔妃们一年12个月的深宫生活，通过这一幅幅生动的画面体现了宫廷生活与民间生活的密切关联，以每月的气候变化为背景，描绘了宫女们随其女主人在庭院内外的游赏活动，主仆之间的关系颇为亲近，主不骄横，仆不卑微，主仆之形大体相近，破除了前人的造型桎梏。嫔妃们的活动内容，在民间生活中均习以为常，只不过由于宫廷的特殊地位，而令这些活动从内容到形式都具有更加富贵、繁琐及典制化的特点。

此画册落款"臣陈枚恭画"，钤"臣枚"印1方。每开均配有清代梁诗正的行草体墨题，款"乾隆岁在戊午秋九月朔臣梁诗正敬题"，戊午为乾隆三年（1738）。钤清高宗弘历"乾隆御览之宝""古希天子""乐善堂图书记"等印共60方。

《月曼清游图》中所描绘的12个月的画题为：一月〈寒夜寻梅〉，二月〈闲亭对弈〉，三月〈曲池荡千〉，四月〈庭院观花〉，五月〈池亭赏鱼〉，六月〈菏塘采莲〉，七月〈桐荫乞巧〉，八月〈琼台赏月〉，九月〈深秋赏菊〉，

图7-48　清代，丁观鹏《宫妃话宠图》，纵107cm、横58cm，现存北京故宫博物院

图7-49 清代、陈枚《月曼清游图》之四月《庭院观花》，纵37cm，横32cm，现存北京故宫博物院

十月〈文阁刺绣〉，十一月〈围炉博古〉，十二月〈踏雪寻诗〉。其中的四月〈庭院观花〉与九月〈深秋赏菊〉中出现了盆景、盆花。

（1）四月〈庭院观花〉的花池景观

韵华斗丽蓉春时节，姹紫嫣红，芬芳满园。八位宫女分为两组：房檐台阶上四位中两位在插花，两位在谈话；庭园中四位中两位在谈论，两位在赏花。画面左侧，设置一花池景观：大理石砌成的整形花池中，太湖石玲珑剔透，湖石后栽植正在盛开的玉兰和牡丹（图7-49）。

（2）九月〈深秋赏菊〉中的盆菊与盆景

在中国传统文化中，菊是高贵、高洁的象征，又赋予吉祥、长寿的涵义。本图描绘金秋十月宫中贵妇赏菊的情景。自贵妇们身旁向左，整齐排列着盆栽菊花，红、黄、白等花色皆有。画面前侧自然式切石台面上，摆放着三盆盆景：左侧为长方形盆斜干松树盆景，盆面配置耸立山石，右侧山石高而多，与向左侧斜展的盆松形成平衡的感觉；其他两盆为杂木类盆景，右侧者配置山石（图7-50）。

4. 金廷标作品中的梅花盆景

金廷标，清代画家。字士揆，乌程（今浙江湖州）人。金鸿之子，能绍父艺，亦工写真，并能妙绘人物仕女及花卉。善取影，白描尤工，亦能界画。清朝乾隆二十五年（1760）南巡进白描罗汉册，称旨，命入内廷供奉。所绘写意秋果及人物，皆得乾隆题咏。入职数载，卒于京城。《石渠宝笈》收录其81幅作品。

《仕女簪花图》描绘宫中女子晨起对镜理妆之情景。画中女子姿态婀娜，拧身对镜，缓缓地往云鬓上插玉簪，神情专注。画中陈设勾画细致，层次分明，女子妖娆之态，也是清朝女子娇弱之审美的体现。

画面左下角地面上摆放两盆盆景：长方盆内栽植一斜干梅花，枝干虬曲，花朵怒放，配置奇石，表现出"疏影横斜，暗香浮动"的梅花之美；内侧盆托之上，放置一圆盆菖蒲盆景（图7-51）。

图7-50 清代，陈枚《月曼清游图》之九月〈深秋赏菊〉，纵37cm、横32cm，现存北京故宫博物院

图7-51 清代，金廷标《仕女簪花图》，纵223cm、横130cm，现存北京故宫博物院

清代宫廷珠宝盆景

清宫珠宝盆景概述

清代宫廷中，以金银、珠宝、翡翠、珊瑚、玉石和玛瑙等贵重材料制作的点景，与以金、银、铜、硬木、牙、角等材料做枝干，以珍珠、宝石、彩石等珍贵材料做花、叶、果实，配以錾铜、金银累丝、珐琅、嵌玻璃、玉石、雕漆等工艺材料制成的盆钵，合为一体形成的盆景，称为珠宝盆景。虽然该类盆景没有生命，但由于其花叶枝干长期保持固有本色，给人以华贵富丽之感，又被称为像生盆景。此外，由于该类盆景由工艺技术加工组合而成，属于工艺品，有些情况下又被称为工艺盆景。

清宫珠宝盆景大部分是雍正五年（1727）以来，由内务府养心殿造办处的"玉作""杂活作""牙作""累丝作"合制的盆景，有许多设计、选料、制造上都堪称是上乘的精品。其点景多用特定题材，通过象征、寓意、谐音来投合皇帝、太后、皇后以及嫔妃等的喜好。点景中的树木多用松柏，花卉多用梅、兰、竹、菊、牡丹、荷花、桃花，又有楼、台、亭、阁、人物为主题的盆景。同时，在景中还点缀有象、鹤、蝙蝠、鹿等。前一类取其象征刚强、长寿，后一类取其谐音"福""禄"。另外，盆景的名称也是寓意吉祥的遐迩百龄、玉堂富贵、八仙祝寿、万寿长春、四季长春、五谷丰登、四季呈祥、眉寿长春、平安吉庆、松柏长春、喜报升平、万年长春、鹤鹿同春、大清一统、岁岁平安、富贵长春、吉庆有余、麻姑献寿等。

清宫珠宝盆景除宫中制作外，还由苏州、扬州和广州工艺美术较为发达城市的王公大臣和各地官员以盆景作为主要礼品之一，向皇帝和皇太后的进献。其制作材质及工艺技术加工，有着明显的地方特色。如广州入贡清宫的盆景，往往采用紫檀木雕枝干，白铜片烧蓝叶、彩石或玻璃花瓣，和用青金石、绿松石、子母石作坡石，有的用红、蓝宝石堆砌山石，以珊瑚、象牙、蜜蜡雕做人物和瑞兽，而用金属细丝弹簧或细铁丝连接枝叶。花盆则往往用珐琅、掐丝珐琅、透明珐琅、铜鎏金錾花、金银累丝、玻璃镶嵌等材料和工艺制成，充分发挥了广州新兴工艺的优势，有着浓厚的地方特色。据清代《宫中·进单》记载，雍正十三年（1735）四月二十八日，广东海关监督毛克明进玻璃盆景；同年十月二十二日，广东海关副监督郑伍赛进珊瑚盆景一尊，其上的珊瑚可能是整枝而不加雕饰者。乾隆十三年（1748）八月初二，广东巡抚岳睿进象牙盆景四对。

清代宫廷中盆景陈设

清代宫廷中多种场所中陈设有珠宝盆景，其中尤以紫禁城储秀宫和颐和园为盛（图 7-52）。

紫禁城储秀宫是西六宫之一，原名昌寿宫，明代永乐十八年（1420）建成，嘉靖十四年（1535）改名储秀宫。清代曾多次修葺。光绪十年（1884）

表7-1　光绪二十年（1894）慈禧太后六旬万寿庆典时所接受进贡盆景等的清单

进贡人名	进贡物品
载滢	铜点翠子孙万代盆景1件、铜镀金灵仙祝寿盆景1件、百鸟朝凤红白珊瑚盆景1件
符珍	木根寿山1座、一统万年青盆景1件
崇礼	沉香寿山1件（内有象牙仙人16件、鹤鹿各2件、殿阁1件、桥1件、镶嵌假石）
恭寿	红珊瑚盆景1对（铜珐琅盆）
福锟等	各色石寿山1座，内有青玉仙人3件、芙蓉石小山子1件、青金石山子1件、松石狮子、金星玻璃异兽、干黄玉鹿各1件、各色石小山子4件、松桃树各1件、白珊瑚松儿石面字盆景1件
奕谟	一统万年青盆景1件（红雕漆盆）
杨昌浚	海棠荔子盆景1件、九花葡萄盆景1件、枝桃盆景1件、佛手盆景1件（盆均为红雕漆盆）
奎俊	铜镀金穿米珠太平有象盆景1对，象上镶各色石，青金石，瓶内插珊瑚枝、兰花盆景1对（洋漆盆）、一统万年青1件（洋漆盆）、木根寿山1对
商人等	木根鹤鹿同春寿山1座，内有铜珐琅亭1座、鹤2件、鹿1件，硬木大笔筒1件（内插大抓笔1枝），木根佛手1件，字迹手卷1件
庆亲王	铜点翠金山寺1件
恭亲王	珊瑚盆景1件（黄签：光绪二十年元月二十四日交宁寿宫）
色旺诺尔布桑保	白檀麻姑献寿1件
博迪苏	松亭仙台1座
巴克坦布之妻	太平有象1对、铜珐琅瓶（内插天竹漆木根天然鹤鹿同春山子1件）
福锟之妻	铜累丝绿嵌玻璃葫芦大吉盆景1对（内插荷莲茶花）
王之春	红白珊瑚盆景1对
张国政	一统万年青盆景1件
胡荣	木根仙人寿山1对
荣寿固伦公主	福寿三多盆景1对（铜镀金座嵌海棠式盆）
宝祥	玉堂富贵盆景1对（瓷盆）
钟泰	铜珐琅太平有象盆景1件、铜珐琅筒子盆（内插灵仙祝寿）
联凯	玉堂富贵盆景1对（瓷盆）
四姑太太	红白珊瑚盆景1对
钦安殿	玻璃九花盆景1对（瓷海棠式盆）
那彦图	木根麻姑献寿寿山1件（内有青玉花篮）
刚毅	梅兰竹菊盆景9件（洋瓷长方盆内插珊瑚枝各2变）（黄签：光绪二十三年二月二十七日赏庆亲王用1对）、木根镶各色玻璃花卉花篮盆景9件
郭宝臣	四季纸花盆景1对（瓷海棠式盆）
庆亲王	雕象牙楼台殿图1对（木根寿山1座）
德生	纸革鸾点翠仙台1座
总管刘德志	草葫芦万代盆景1件

图7-52　清乾隆，宫廷内府用御制铜鎏金掐丝珐琅鎏金如意边挂屏，长106cm，如意形金边，青蓝色珐琅掐丝锦纹作地，主题纹饰为盆景花卉、灵芝、水果等。落款"臣于敏中敬书"

图7-53　紫禁城储秀宫是明清两代后妃居住的宫室，慈禧太后曾在此生活十年

慈禧太后五十整寿，耗费白银六十三万两修缮一新，在十月寿辰时移居于此，居住十年。当年慈禧居住储秀宫时，有太监二十余人，宫女、女仆三十余人，昼夜伺候慈禧起居（图7-53）。

储秀宫的内檐装修精巧华丽。正间后边为楠木雕的万寿万福群板镶玻璃罩背，罩背前设地平台一座，座上摆紫檀木雕嵌寿字镜心屏风，屏风前设宝座、香几、宫扇、香筒等。储秀宫西侧碧纱橱后为西次间，南窗、北窗下都设炕，是慈禧休息的地方。由西次间西进是寝室，它以花梨木雕万福万寿边框镶大玻璃隔断西次间，隔断处有玻璃门，身在暖阁，隔玻璃可见次间一切，隔断而不断。暖阁北边是床，床前安硬木雕子孙万代葫芦床罩，床框张挂蓝绸缎藤萝幔帐；床上安紫檀木框玻璃镶画横楣床罩，张挂缎面绸里五彩苏绣帐子，床上铺各式绣龙、凤、花卉锦被。东梢间北边有花梨木透雕缠枝葡萄八方

439

图7-54 储秀宫内陈设的紫檀嵌玉炕柜上的珠玉盆景浮雕图案　图7-55 储秀宫内陈设的珠玉盆景

罩，玲珑剔透，制作精细。东次间与东梢间都以花梨木雕作间隔，里面陈设富丽堂皇，多为紫檀木家具和嵌螺钿家的漆家具。东梢间靠南窗有木炕，两侧摆黄花梨雕螭纹炕案，上陈瓷瓶及珊瑚盆景（图7-54、图7-55）。

清宫珠宝盆景代表作品

对于清宫珠玉盆景，在此我们人为的分为：树木类珠宝盆景、山石类珠宝盆景、奇花异草类珠宝盆景、珊瑚类盆景以及神话类珠玉盆景五类。

1. 树木类珠宝盆景

该类包括表现树木的形态、枝干、花朵、果实及其整株组合以及数种树木组合形成的群体景观类的珠玉盆景。

（1）嵌珍珠宝石齐梅祝寿盆景

清代。银镀金累丝长方形盆，盆中植有银烧蓝梅树、珊瑚树和天竹，顶端结红珊瑚珠果，纤秀华丽。以珊瑚、天竹、梅花组成"齐眉祝寿"的景致，

金银、珍珠、珊瑚和各类宝石相互辉映，于富贵华丽的气象中烘托出祝寿的主题。

（2）翠竹盆景

清代，通高25cm、盆高6cm。

用翡翠、玉石制作的盆景竹子，小巧玲珑、形象逼真。竹子常年青翠，节节生长，有万年长青之意。翠竹盆景由"累丝作"制铜凿镀金盆，"玉作"制翠竹。景色内容是一丛经过砍伐的老竹，从根部又生嫩叶。粗壮的竹根，充分表现翡翠的质美。章法疏朗有致。再配上铜镀金盆，上下金碧相映，是一件鲜明而又脱俗的案头清供。同时又象征君子、贤人，寓"明主得贤臣"之意（图7-56）。

（3）其他作品

此外，树木类珠宝盆景代表作还有铜镀金嵌松石银锭式盆蜜蜡梅花盆景（图7-57）、金漆梅花树八仙过海槎形盆景、代宫廷红珊瑚梅花盆景等；桃花珠宝盆景代表作有碧桃花树盆景；紫檀嵌松石长方盆蜜蜡桂花盆景（现藏北京故宫博物

图7-56　清代，翠竹盆景，现存北京故宫博物院　　图7-57　清代，铜镀金嵌松石银锭式盆蜜蜡梅花盆景

院）、结实累累碧玺李树盆景（台北故宫博物院）以及铜镀金画珐琅长方盆点翠珊瑚石榴盆景（图7-58）等。

2. 山石类珠宝盆景

该类包括表现以山石类景观为主的珠玉盆景。

（1）孔雀石嵌珠宝蓬莱仙境盆景

紫檀木座，孔雀石垒山垫底，红、蓝宝石堆砌湖石，前景平台布满珊瑚、珍珠等灵花仙草，植有银镀金树、珊瑚树，树上缀珍珠花、碧玺桃果，树下坐白玉、铜镀金人像，金玉珠宝的造型共同构成洞天福地的景观。全景华贵炫目，奇异活泼，是清代宫廷造型工艺盆景中的珍品（图7-59）。

（2）青玉笔山

器身扁长形，通体峰峦纵横，上端为五岳朝天，以便置笔，底部平素。玉质莹润，色青。带木座（图7-60）。

（3）黄振效雕象牙山水人物小景

象牙雕成立体山水人物小景，附以牙座。山势极陡，其间布有亭台、楼阁、小桥流水，人物三十四、小舟九，或泊或泛，岸边芦荻丛生，雕刻极工细，背面山上刻有"乾隆己未花月小臣黄振效恭制"楷书款填黑（图7-61）。

图7-58　清代，玉石盆景，铜镀金画珐琅长方盆点翠珊瑚石榴盆景

441

图7-59 清乾隆,孔雀石嵌珠宝蓬莱仙境盆景,现存 图7-60 清代,青玉笔山,高6.55cm、长13.2cm、宽1.9cm,现存北京故宫博物院
北京故宫博物院

图7-61 清代,黄振效雕象牙山水人物小景,高4.6cm、长8.8cm、宽7.2cm,现存北京故宫博物院　图7-62 清代,翠玉白菜,长18.7cm、宽9.1cm、厚5.0cm,现存台北故宫博物院

3. 奇花异草类珠宝盆景

该类包括表现各奇花异草类景观为主的珠宝盆景。

(1) 翠玉白菜

翠玉白菜为与真实白菜相似度几乎为百分之百的作品,是由翠玉所琢碾而成,亲切的题材、洁白的菜身与翠绿的叶子,都让人感觉十分熟悉而亲近,别忘了看看菜叶上停留的两只昆虫,它们可是寓意多子多孙的螽斯和蝗虫。

此件翠玉白菜原是永和宫的陈设器,永和宫为清末瑾妃所居之宫殿,据说翠玉白菜即为其随嫁的嫁妆。白菜寓意清白;象征新嫁娘的纯洁,昆虫则象征多产;祈愿新妇能子孙众多。自然色泽、人为形制、象征意念,三者搭配和谐,遂成就出一件不可多得的珍品(图7-62)。

(2) 万年青盆景

万年青为我国栽培历史悠久的乡土常绿草本植物,由于冬夏常青,具有吉兆的祥瑞寓意。民间婚聘礼俗中，取之与吉祥草等植物结彩作为纳福之象征。明代中期以来，其傲风霜的质性，为文士所重，遂逐渐成为室内清供之一。该件像生盆景，碧玉琢成叶片，以珊瑚珠为果子，并植黄、绿色料、粉碧玺、青金石和玉等灵芝；琢玉和青金石为奇石，植在朱红色雕漆盆中。

档案记录显示，清代宫廷曾收贮各式绢花、玉石万年青，用之于岁朝年节陈设，或者四时清供。乾隆皇帝与戊戌年（1778）为明代陈栝所绘《万年青》题识中，道出谐音"万年清"所寓"保民万年"的涵义。

（3）金叶玉卉水仙盆景（图7-63）

青玉盆，作海棠花形，四如意云形足，盆内种水仙2株。以蓝色珐琅为地，镶嵌赭、白、蓝等各色圈纹。水仙金叶，三枝花茎自叶丛中抽出，每枝开三或四朵白水仙。花瓣以白玉碾成，薄片透亮，成型后套入青玉管状的子房。并借由鎏金的花蕊，

穿金线加以固定。整体像生、洁净清雅，为清早中期内务府造办处作品的特色。

（4）其他

奇花异草类珠宝盆景代表作还有：御制铜鎏金掐丝珐琅灵芝盆景（图7-64）、铜镀金镶嵌料石累丝长方盆玉石菊花盆景、金掐丝点翠镶银胎宝石凤凰牡丹寿字纹宫廷盆景、多宝鹭鸶池莲黄杨木雕盆景以及木灵芝海石菌盆景。

4. 珊瑚类盆景

该类包括以珊瑚类材料为主的盆景。班固《汉武故事》云："武帝起神堂前庭，植玉树，茸珊瑚为枝。"文中记述，武帝以珊瑚玉树供奉在佛堂之中，这种以玉与珊瑚组合装饰成花果枝叶（盆栽）的方式，一直流传于后代。清代《国朝宫史》记载：乾隆二十六年皇太后七十圣诞，恭进贡品中就有"玉树珊瑚栀子南天竹盆景"一座[21]。

图7-63 清代，18世纪，金叶玉卉水仙盆景，台北故宫博物院

图7-64 御制铜鎏金掐丝珐琅灵芝盆景

图7-65 清代珊瑚盆景,现存北京故宫博物院　　图7-66 清代,珊瑚魁星点斗独占鳌头盆景　　图7-67 清代,雍正,金累丝八吉祥供具

（1）红珊瑚树盆景,清中期,现藏于北京故宫博物院

红珊瑚树高48cm,底部为三层垒桃式盆,桃盆前后均有两只大蝙蝠展开双翼,托起团寿字。珊瑚树鲜艳润泽,粗如腕,阔如扇,颇为壮观,是清宫廷只在帝、后寿典之日才陈设的吉祥景致。

此外,还有珊瑚盆景,现存北京故宫博物院（图7-65）等。

5. 神话类珠玉盆景

该类包括以表现神话、传说等为主题的珠玉盆景。

（1）魁星点斗独占鳌头盆景

清代,全高34.4cm,现存台北故宫博物院

青白玉石长方花盆,花石水波造景,衬托出通体朱红、目睛圆睁、神态威武的魁星。花盆四壁各饰一组五蝠捧寿纹,以珊瑚和翡翠雕团寿,以紫色蓝宝石、黄褐色琥珀、黄碧玺、红色尖晶石等雕琢成蝙蝠。盆中太湖石上亦镶饰红蓝宝石与鲜明的点翠灵芝,寓意芝生祥瑞。由整段珊瑚雕成手拿北斗星座的魁星（另一种说法为：魁星手执嵌有红白色宝珠的梅枝,意味梅为花魁,先开于早春、报知春至阳生,乾坤清宁。）,立在以翠玉琢成的鳌龙头上,寓意独占鳌头。星座顶嵌红碧玺,四周嵌蓝宝石和红色宝石（图7-66）。

（2）金累丝八吉祥供具

清代,雍正,现存台北故宫博物院。

以金银累丝为基座,加饰点翠,搭配珊瑚组件的立雕型陈设器。盆生奇卉、海涌龙鱼本是明清时期吉祥纹饰中经常出现的题材,此作以盆式基座将二者加以结合,同时透过细密累丝盘绕而成的湖石,与环绕玉盆边缘的点翠镶珠转枝花卉,营造阆苑胜境的氛围,再加以多种祥瑞象征的组合,构筑集瑞、聚瑞形式之表现（图7-67）。

（3）其他

此外,还有表现米芾爱石成癖的掐丝珐琅嵌百宝米芾拜石等。

第五节
清代宫廷画师笔下的盆景作品

我国历代宫廷中，都容纳了众多画家供职，而且这部分画家均有不同的职称，以区别他们的地位、资历、水平和待遇。如宋朝画院中的画家就有待诏、祗候、艺学、画学生等若干等级的称呼；明朝宫廷画家则以锦衣卫的职务来表明身份的高低，"明多假以锦衣卫衔，以绘技画工概授武职"[22]，依次为锦衣都指挥、锦衣指挥、锦衣千户、锦衣百户、锦衣镇抚。以上情形均散见于各类文献之记载。

在清代宫廷中供职的画家，绝大部分为来自民间的职业画家，另外还有若干欧洲来华的传教士画家。清代宫廷绘画大致可分为纪实绘画、装饰绘画、历史题材绘画和宗教绘画等4类。内务府造办处负责画家的入选、管理、业务考核、奖励和惩罚。清代宫廷绘画具有重要的史料和艺术价值。

在清代，画家无专门职称，康熙、雍正时称为"南匠"，乾隆时改称"画画人"。画家分派在各宫殿作画，称为"某某宫画画人"，见于记载的有"慈宁宫画画人""南薰殿画画人""启祥宫画画人""如意馆画画人""咸安宫画画人""礼器馆画画人""春雨舒和画画人"等。

在清代数量众多的宫廷画家中，有多位的多幅绘画作品中专门对盆景进行了描绘和出现了盆景陈设情况，该节对在其他节中没有涉及的作品进行介绍。

冷枚〈顽石点头〉的多尊奇石

画家冷枚《多子图》描绘了康熙皇帝与皇子、皇女们一起欢度春节、玩赏盆景的场面。

冷枚《白描罗汉》共二十帧，每帧罗汉图均附有题跋，是康熙后期所画。画中罗汉纯以白描手法，线条爽劲，婉转劲挺。该册中罗汉人物造型各异，画家取众罗汉各种传说作画，故事性强，生动自然。

其中的〈顽石点头〉出处为《莲社高贤传》："竺道生入虎丘山，聚石为徒，讲《涅槃经》，群石皆点头。"具体描绘故事情节如下：传说道生法师[23]因为坚持"众生皆有佛性"，不容于寺庙，被众人逐出。回到南方，他住到虎丘山的寺庙里，终日为众石头讲《涅槃经》，讲到精彩处，就问石头通佛性不？群石都为此点头示意。围观者将这一奇迹传扬开去，不到十天拜他为师的人越来越多。后用来形容道理讲得透彻，使人心服[24]。

〈顽石点头〉描绘九尊奇石围绕道生法师认真听经，领悟之时，点头示意的情景（图7-68）。

郎世宁《画海西知时草》中描绘的含羞草盆景

郎世宁（Giuseppe Castiglione，1688—1766），意大利人，原名朱塞佩·伽斯底里奥内，生于意大利米兰，清康熙五十四年（1715）作为天主教耶稣会的修道士来中国传教，随即入宫进入如意馆，为清

图7-68　清代，冷枚《顽石点头》

图7-69　清代，郎世宁《画海西知时草轴》，纵136.6cm、横88.6cm，现存台北故宫博物院

代宫廷十大画家之一，历经康、雍、乾三朝，在中国从事绘画50多年，并参加了圆明园西洋楼的设计工作，极大地影响了康熙之后的清代宫廷绘画和审美趣味。主要作品有《十骏犬图》《百骏图》《乾隆大阅图》《瑞谷图》《花鸟图》《百子图》等。

从郎世宁一生的业绩来看，他的主要贡献在于以下4个方面：①新体画：大胆探索西画中用的新路，熔中西画法为一炉，创造了一种前所未有的新画法、新格体，堪称郎世宁新体画。②铜版画：铜版画的制作要求精致细腻，故耗费人力、物力较多，在欧洲也被视为名贵艺术品，铜版画在康熙年间由郎世宁传入中国。③西洋绘画技巧：焦点透视画是产生于欧洲的一个画种，它运用几何学、物理学、光学等，为的是在平面的画幅上更真实地表现出自然界立体状貌。这种与中国传统技法迥异的绘画方法也随欧洲传教士进入了清朝内廷，郎世宁对于这一绘画方法的传播起了极为主要的作用。④圆明园设计：乾隆修建圆明园为夏宫时，郎世宁秉旨设计图则。从那幅带有巍峨壮丽巴洛克风格的蓝图中，可以见到建筑上的主要旨趣、大理石圆柱以及意大利式豪华富丽的螺旋形柱头装饰。

含羞草枝多毛和刺，夏秋开淡红花，羽状复叶碰触即刻闭合下垂。《画海西知时草》图写大型青花

盆内种植西洋传教士进贡之含羞草，盆器壁身绘连续锦地纹，开光内绘花叶图案。木制几座镂雕莲纹，以高光表现质感，富有立体效果。全幅笔法设色融合中西技法，兼具纪实与观赏价值（图7-69）。

画上乾隆十八年（1753）〈题知时草六韵〉，并命郎世宁绘图记录。

《画海西知时草轴》款识：臣郎世宁恭绘；印记：臣世宁、恭画。乾隆御题：西洋有草，名僧见底斡，译汉义为知时也，其贡使携种以至，历夏秋

而荣，在京西洋诸臣因以进焉。以手抚之则眠，逾刻而起，花叶皆然，其眠起之候，在午前为时五分，午后为时十分，辄以成诗，用备群芳一种。懿此青青草，迢遥贡泰西。知时自眠起，应手作昂低。似菊黄花蘤，如樱绿叶萋。讵惟工揣合，殊不解端倪。始谓篔蒲诞，今看灵珀齐。远珍非所宝，异卉亦堪题。乾隆癸酉秋八月题知时草六韵。命为之图。即书其上。御笔；印记：乾、隆、笔花春雨。

此外，郎世宁与邹一桂曾合作《清供四屏图》，每一屏都由瓶花、盆景（盆栽）与果物盘等构成。四屏中的盆景（盆花）分别为茄子盆景、水仙盆景、柑橘类盆景、盆栽四季秋海棠以及盆栽鸢尾（图7-70）。

班达里沙与蒋廷锡所绘人参盆景

《神农百草经》记载人参药用功效时载曰："补五脏，安精神，定魂魄，止惊悸，除邪气，明目开心益智，久服轻身延年。"鉴于人参的滋补药效，朝鲜半岛、我国东北一带广为栽培，承德避暑山庄也栽培有人参。康熙皇帝曾命班达里沙与蒋廷锡绘制盆栽人参图。

班达里沙（时有写作"斑达里沙"），为满洲正黄旗人，任职于油画房，职务为书画护军。是郎世宁来华后的弟子之一，当时已在宫廷作画，经常有描绘通景画、油画的记录。蒋廷锡（1669—1732），

图7-70 清代，邹一桂、郎世宁《清供四屏图》

图7-71 清代，班达里沙《画人参图》，纵136.1cm、横74.2cm，现存台北故宫博物院

热河产人参虽不及辽左枝
叶皆同命翰林蒋廷锡画图
旧藏作七言截句记之
舊传補氣為神草近日庸
醫误地精五葉五枝含洛數
當看當用在權衡

图7-72　清代，蒋廷锡，画人参花，纵141.7cm、横65.4cm，现存台北故宫博物院

对植物生态有深刻描绘。盆器侈口有宽折线、深腹、上丰下敛、矮圈足。口沿一道灰蓝、紫彩相间窄边，外壁罩施灰蓝釉，局部有葡萄紫釉彩，或欲描绘仿钧窑花盆。花器承光面、阴影巧妙润饰处理，器皿表面釉质光影变化细腻。花几六方朱漆，下方带有托泥，三弯脚弧线优美。从技法上看，盆内植物前后交错，花器及花几底座有强烈的透视和立体效果（图7-71）。

画面右上方有康熙御题："热河产人参，虽不及辽左，枝叶皆同，命画者图绘，因戏作七言截句记之：旧传补气为神草，近日庸医误地精。五叶五枝含洛数，何斟当用在权衡"。

同时，蒋廷锡也奉命图绘避暑山庄人参盆景《画人参花》。图中人参枝叶高低错落，疏密有致，色彩浓淡深浅有别。绘写紫灰色花盆表面釉色，通体釉彩丰富多变，口沿及腹部呈现淡褐色，盆口下方呈玫瑰紫釉色流釉，兼融西方油画技法。画面右上方亦有康熙御题："热河产人参，虽不及辽左，枝叶皆同，命翰林蒋廷锡画图，因戏作七言截句记之：旧传补气为神草，近日庸医误地精。五叶五枝含洛数，当看当用在权衡"（图7-72）。

与班达里沙不同的是，蒋廷锡并未描绘光线照射阴影，花器无受光或背光面，轮廓线边缘颜色较深，相当于暗部，而花器正面突出部分颜色较浅。

邹一桂《古干梅花》描绘的古梅盆景

邹一桂（1686—1772）字元褒，号小山，江苏无锡人。雍正五年（1727）进士，后任翰林编修。乾隆朝任礼部侍郎，官至内阁学士。酷爱绘画，亦精通诗文，著有《小山画谱》《小山诗抄》。《国朝画徵录》评其画云："清古野艳，恽南田（1633—1690）后仅见也。"

《古干梅花》描绘的古梅盆景，来源于乾隆皇帝南巡必往苏州邓尉山赏梅时途径的僧寺。从此带回京城温棚中栽培，开花时置于宫中欣赏。乾隆十七年（1752），作《古干梅花》，令一桂以贡纸设色画之。枯木侧枝弯曲伸展，逢春萌发，寒风中怒放，用以开岁报春。梅以白粉涂染，赭石皴擦枯干，白瓷盆内点缀青苔。该盆梅表现"梅活一线"梅花强大的生命力（图7-73）。

邹一桂在其《小山画谱》中曰："凡花之入画

字西君、杨孙，号南沙、西谷，又号青桐居士，江苏常熟人，是清朝康熙、雍正时期官员、画家。擅长花鸟，以逸笔写生，奇正率工，敷色晕墨，兼有一幅，能自然冶和，风神生动，得恽寿平韵味。点缀坡石，偶作兰竹，亦具雅致。曾画过《塞外花卉》70种，被视为珍宝收藏于宫廷。康熙五十七年（1718）作《牡丹扇面》，康熙五十九年（1720）作《岁岁久安图》《桃花鹦鹉图》。

班达里沙所绘《画人蒖（参）图》题材描绘避暑山庄栽植人参，写生风格近似西方静物画，画中

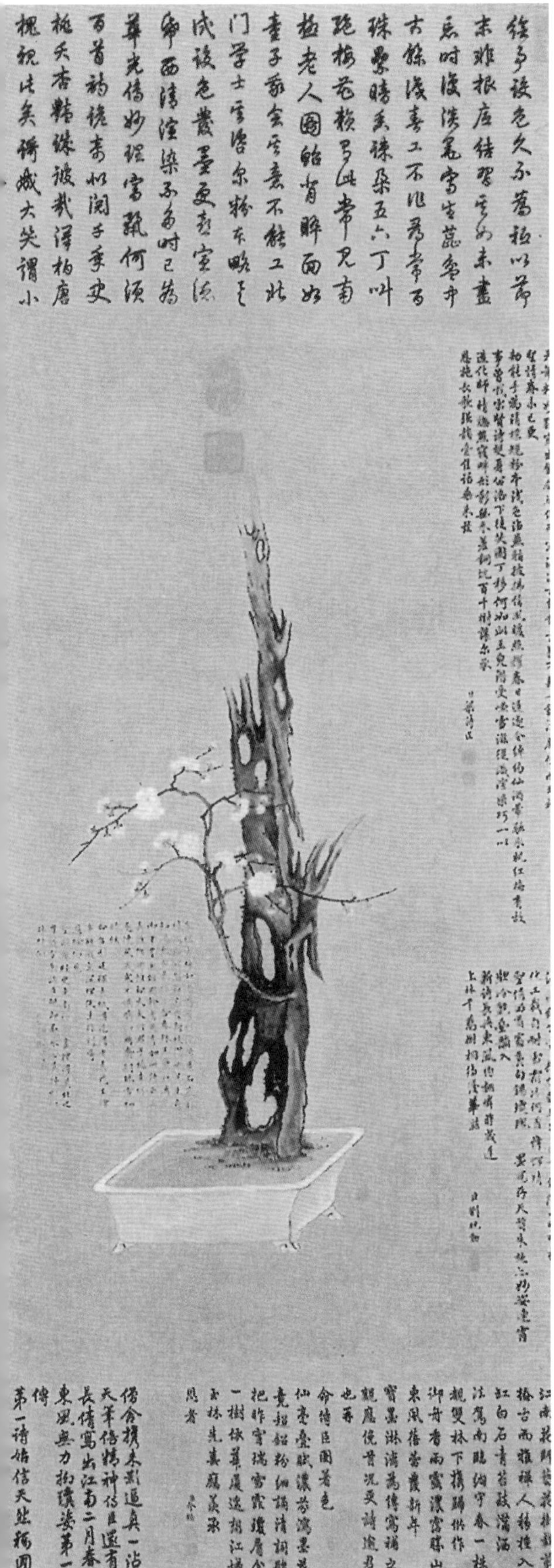

者，皆剪裁培植而成者也。菊非删植，则繁衍而潦倒。兰非服盆，则叶蔓而纵横。嘉木奇树，皆由剪裁，否则权丫不成景矣。"该段虽然针对绘画而言，却也是盆景整形修剪之道理。《古干梅花》所绘之古梅，正是表现了在顺应梅花生长规律基础上，利用造型处理之手法，达到巧夺天工之美趣。

姚文瀚绘画作品中的盆景

1.《勘书图》中的盆荷

富有诗书修养的文士举行雅集聚会，共同投入到吟诗、勘书、赏画、抚琴、弄棋等清雅活动中去，无疑是怡情养性的一大乐事。姚文瀚《勘书图》描绘文人们聚集在一起勘书的场景。画面右后侧地面上，摆放一大型长方形花盆，其中栽植荷花等水生植物，荷花盛开，不仅起到了景观装饰的效果，而且增加了园林环境的趣味性（图7-74）。

2.姚文瀚无款中的大型湖石松树盆景

内容与《勘书图》基本相同，描绘文人们勘书取乐的情景。图中陈设一大理石莲花盆中，其中放

图7-73 清代，邹一桂《古干梅花》，纵119.1cm，横51.3cm，现存台北故宫博物院

图7-74 清代，姚文瀚《勘书图》，纵50.2cm，横42.8cm，现存北京故宫博物院

置一太湖石，并栽植松树。湖石玲珑剔透，盆松蟠干生长，有舍利干和神付顶特征，湖石基部栽植兰花。大型湖石松树盆景增添了环境中的生机、诗情和画意。

3.《十六罗汉》中的山石盆景

十六罗汉"连作"是罗汉画常见的表现形式。姚文瀚所作《十六罗汉》中一系列连作的罗汉开面，或形骨古怪，如胡貌梵像，或温文端丽，如人间儒生，倚奇石、坐山水、傍岩缝，鸟兽穿插，侍从信徒围绕，此皆为归之五代贯休（832—912）、北宋李公麟等汉地传统的罗汉画流风。此外诸如罗汉的服饰样式，勾勒衣纹的笔法，背景山水云树、花卉翎毛的画法，皆显示姚氏汉画的基本功[25]。在十六尊罗汉中的两尊罗汉前，摆设山石盆景或者放在容器中的相当于山石盆景的缩制山石景观，一个是〈第三尊者〉，另一个是〈第九尊者〉。

（1）〈第三尊者〉中的山石盆景

盘曲虬结的老干柏藤，扭背侧坐、头颈骨骼突出的尊者，左舒垂足坐在莲子上的小像，表现直伸

右手拒虎、护子心切的父亲，交织出一股夸张的力量，而弥漫于岩谷之间的柔云，又淡化了人物呈现的张力。尊者期剌印二指伸出，是降服邪魔、消灾除难的手印。拂子轻拂出凉风，可以让信徒断除愚见，避免由身、语、意造成的恶业。

尊者前方山崖平台上，摆置一蓝釉金边圆盆，盆内放置峭立山石，构成盆内山崖之意境（图7-75）。

（2）〈第九尊者〉中的山石盆景

尊者所持之物是一只猫鼬，口中源源不断吐出珠宝，能带给信徒色、声、香、味、触等五欲的快乐，激励信徒布施、持戒、忍辱、精进、禅定、般若六度的智慧与慈悲。云团中骑虎的小像，是印度密部大成就者藏毘巴，他以国王之尊，宁娶低贱女人为妻，不惜退位隐居山林，后来为了国难，应百姓所求，复位救民。藏毘巴由山林出来时，以毒蛇为鞭，骑在雌虎上，故蛇和虎成为他的图像特征。

尊者右侧山崖平台上，摆置一莲花底座的玻璃透明盆器，内置峭立山形奇石，石基周边用珠宝填充，也构成了一尊盆内山崖意境（图7-76）。

图7-75　姚文瀚《十六罗汉》〈第三尊者〉，现存台北故宫博物院　　图7-76　姚文瀚《十六罗汉》〈第九尊者〉，现存台北故宫博物院

图7-77 清代，冯宁《吉庆图》，尺寸不详，现存北京故宫博物院　　图7-78 清代，陈兆凤《盆栽牡丹》，纵125.5cm、横65cm

冯宁《吉庆图》中的梅花盆景

冯宁，生卒年代失考，于乾隆、嘉庆年间供奉内廷，擅画人物楼阁。

《吉庆图》之内容吉祥，是宫廷中年节装饰的节令画。图写一妇人与数位童子嬉耍、游戏、庆祝的场面。大型山水画屏之前，右侧为一大型长方形台案，左侧为一自然式根雕几座上置圆形平板而成的几案。大型长方形台案上置一冰裂纹细高花瓶，插着松竹梅花枝（竹子用南天竹替代）。圆形几案红色几架上放置蓝釉海棠盆，盆中栽植老干梅花，老干自基部起分为二主枝，右侧主枝又分为二枝条，所有小枝条流向右侧，似为风吹式，枝条上花朵盛开。画屏前竖立一立柱，立柱横杆上吊一牡丹、玉兰花篮（图7-77）。

陈兆凤《盆栽牡丹》与沈全《墨牡丹》

陈兆凤（活动于同治至光绪年间），为晚清宫廷画家。其作品《盆栽牡丹》描绘红色几架上，蓝釉海棠盆中栽植各色盛开的牡丹，株形紧凑，花朵、盆器与几架色彩和谐但有差异，具有很高观赏价值和装饰性（图7-78）。

沈全（活动于道光至光绪年间），字璧如，江苏吴县人。擅长仕女花鸟，为清中晚期如意馆宫廷画家。《墨牡丹》描绘黑漆描金方杌之上，摆放白色方形瓷盆，盆壁饰以双龙捧寿、如意云纹，纯以墨色敷染，具有光影立体感。盆内植栽重瓣牡丹，以玉兰、海棠搭配，具有"玉堂富贵"吉祥富意。植株低矮紧凑，花枝向四周伸展，全株花朵同时开放，布局富丽堂皇（图7-79）。

图7-79 清代、沈全、墨牡丹、纵154.7cm、横83.5cm、现存台北故宫博物院

图7-80 清代、钱维城、盛菊图、纵179cm、横83cm、现存北京保利

官廷画家笔下的草本类盆景

1. 钱维城《盛菊图》

钱维城（1720—1772）清朝官吏、画家。初名辛来，字宗磐，一字幼安，号纫庵、茶山，晚号稼轩，江苏武进人。乾隆十年状元，官至刑部侍郎，谥文敏。书法苏轼，初从陈书学画写意折枝花果，后学山水，经董邦达指导，遂成名手，供奉内廷，为画苑领袖。曾随乾隆帝在木兰围场狩猎，帝以神枪毙虎，命维城绘图刻石纪事。著有《茶山集》。

《盛菊图》描写两盆盆菊和一个菊花插瓶。两盆盆菊中，前者为一长方乳白瓷盆，盆中4、5株白菊、黄菊丛植，配以奇石；右后侧为一蓝绿色圆盆，其中栽植4株白、红、黄菊，高低错落（图7-80）。摆放于室内或者庭园中，五彩缤纷，花开热烈。

2. 沈焕《万年青盆栽》与灵芝盆景

沈焕（乾隆至嘉庆时期），字章明，江苏上海人。以书画供奉内廷，颇得皇室赞赏。

万年青为冬季室内观叶植物，叶形宽厚，全缘波状。春季开花，秋后结果，球果自叶丛中抽出，鲜润红艳。旁绘折枝蜡梅，花苞于初冬开花，具浓香。圆筒盆器通体色红，敞口深腹，平底，底托珐琅彩绘瓷座。器身上下仿木桶箍圈，以铜镀金匝周绕，有固定与装饰作用。万年青盆栽作成文房清供，为吉祥之兆，富有"一统万年"之寓意（图7-81）。

〈灵芝文房用具〉画面中，自然根雕几架之上，摆放一灵芝盆景：花盆，侈口宽唇，深壁，四如意云足；红、黄、黑各色灵芝疏密有致分布，构成灵芝丛林。整体上具有很高观赏价值（图7-82）。

3. 蒋廷锡《月来香》

蒋廷锡（1669—1732），字扬孙，号西谷、南沙，江苏常熟人。康熙年间进士，官至文华殿大学士，以书画供奉内廷，写生技法源自恽寿平（1633—1690）。

夜来香 [Telosma cordata (Burm. f.) Merr.]，柔弱藤状灌木；小枝被柔毛，黄绿色，老枝灰褐色，渐无毛，略具有皮孔。叶膜质，卵状长圆形至宽卵形，叶脉上被微毛。伞形状聚伞花序腋生，着花多达30朵；花芳香，夜间更盛；花冠黄绿色，高脚碟状，花冠筒圆筒形，喉部被长柔毛，裂片长圆形，具缘毛，干时不折皱，向右覆盖；副花冠5片，膜质，着生于合蕊冠上，花柱短柱状，柱头头状，基部五棱。蓇葖披针形，外果皮厚，无毛；种子宽卵形，顶端具白色绢质种毛。花期5～8月，极少结果。

花芳香，尤以夜间更盛，对人的健康极为不利，因而在晚上不应在夜来香花丛前久留。常栽培供观赏。华南地区有取其花与肉类煎炒作馔。花可蒸香油。花、叶可药用，有清肝、明目、去翳之效，华南地区民间有用作治结膜炎、疳积上眼症等。生长于山坡灌木丛中，原产于中国华南地区，现中国南方各地均有栽培。亚洲热带和亚热带及欧洲、美洲均有栽培。

盆内插细竹竿七根，绑成圆形支架，任其枝茎花卉攀附蔓生其上。叶片可均匀受光，有利于植株的生长与开花。夜来香夏秋开白花，一苞数朵，夜间散发浓郁香气，康熙皇帝赐名"晚香玉"，画成于康熙五十七年（1718）。花盆折沿深腹，淡褐紫色或欲仿钧窑（图7-83）。

图7-81　清代，沈焕《万年青盆栽》，纵17.2cm、横22.9cm，现存台北故宫博物院

图7-82　清代，沈焕〈灵芝文房用具〉，选自《仙葩清供》，现存台北故宫博物院

图7-83　清代，蒋廷锡《月来香》，纵161.7cm、横65.5cm，现存台北故宫博物院

第六节

岁朝清供图中的盆景

岁时节日礼俗

"岁朝"即正月初一，也就是春节，古代称为"元日""元旦"。它是一岁之始，象征着除旧布新、否极泰来。年前家家宅院门户换贴春联、门神、挂千，代表着人们辟邪驱役、祈求来年平安吉祥的愿望。除夕大年夜吃团圆饭，祈神祭祖，长幼穿新衣，依次拜年，之后要守岁。随着爆竹声响起，带来喜庆的欢乐气氛。

新年元旦之晨，百官入朝向皇帝叩贺，谓之"朝贺"，一般百姓亲朋之间互相拜祝，又称"新道喜"。京城春节期间，街上铺户都上板休市，男女老幼出门迎年，观看曲艺杂技表演。街道胡同货摊轴辘，贩卖爆竹、太平鼓、花灯、噗噗灯、琉璃喇叭等童玩，孩童吹打唢呐锣鼓，烘托出新春佳节的升平景象。

清代许多文献中详细记载了京城的岁时节日礼俗，其中以潘荣陛《帝京岁时纪胜》（乾隆二十三年刊行）和富察敦崇《燕京岁时记》（光绪二十六年成书）记载最为详尽。《帝京岁时纪胜》描写正月元旦的情景如下："百官趋朝，贺元旦也。闻爆竹声如击浪轰雷，遍乎朝野，彻夜无停。……士民之家，新衣冠，肃佩带，祀神祀祖。……出门迎喜，参药庙，谒影堂，具柬贺节。路遇亲友，则降舆长揖，而祝之曰新禧纳福。"[26]

岁朝图

"岁朝图"指张挂于春节，描绘时令花卉（如梅花、水仙、南天竹等）、应节物什（如爆竹、灯笼等）或祝拜场面，以表现喜庆、吉祥、富贵、平安等主题的绘画作品。作为应景之作，"岁朝图"始于唐代，起初只是一些士绅、文人在大年初一将金石、书画、古董等雅玩之物精心摆设于临窗的案几上，渐渐地也将这些物品勾染成画挂壁，意在祈福纳祥。

至宋代，这种民俗流行于宫廷内外，宋徽宗每逢春节将临，乃命其图画院的画师们描写冬季难以见到的花卉禽兽，陈列宫中，以增添岁朝喜庆气氛。留传至今年代较早的作品是北宋画家赵昌与董祥分别创作的《岁朝图》。此后，岁朝图的内容逐渐扩展，经明、清而至近代，大至文房器物，小至灯笼、鞭炮、果蔬等日常生活用品，都成为图上的吉祥物，日益成为一种雅俗共赏、意蕴丰厚，融诗、书、画、印于一体的画种。

有关岁朝题材的创作一般分为两种：一是描绘辞旧迎新的庆贺祝拜场景；二是以花木、蔬果、文房等入画，赋予其吉祥寓意与文化内涵，多以"岁朝清供图"命名。通过前者可以一窥古人的迎春习俗，后者则反映出文人墨客的古雅情调。

岁朝清供图

"清供"又称"清玩"，由佛前供花发展而来。清供有两层意思，一是指清雅的贡品，如松、竹、梅、鲜花、香火和食物；二是指古器物、盆景等供玩赏的东西，如文房清供、书斋清供和案头清供等。本节主要对"岁朝清供图"中的盆景进行研究。

清代中后期，岁朝清供图在书画领域盛行，画家们以清供之品入画，兼工带写，敷衍成诗，使之成为图文并茂的文人画，这一风气在扬州画派和海上画派中尤为兴盛。

在历代岁朝清供题材的作品中，出现频率高的雅物如下：①花卉类：梅花、牡丹、百合、水仙，分别寓意报春与"五福"（梅花有五片花瓣）、富贵、百年好合、吉祥，此外常见的菊花、松柏、灵芝等皆有长寿之意。②果蔬类：柿子、橘子、荔枝、石榴、仙桃、白菜，分别寓意如意、吉祥、顺利、多子、长寿、清白。③动物类：蝙蝠、喜鹊、鹌鹑、公鸡、羊，分别寓意福来、报喜、丰足、吉祥升官与"五德"（文、武、勇、仁、信）、吉祥。④器物类：瓶子、如意、寿石、戟、酒具、灯笼，分别寓意平安、全年如意、长寿、升级、驱瘟祛病、添丁。此外，爆竹、砚台、古铜器等在《岁朝清供图》中也多次出现。

而以上的雅物相互组合出现在作品中，又有了叠加的寓意，例如柏枝或者百合鳞茎、柿子和如意或者灵芝构成了"百事如意"，花瓶中插三支戟象征着"平升三级"，爆竹、瓶子与鹌鹑则表示"竹报平安"，等。而将这些蕴含深意的雅物引入画中，也昭示了明清时期文人世俗化的倾向以及雅俗共赏的审美趣味。

雅物中的花卉类常见的表现形式有插瓶、盆景、摆置等。

岁朝清供图中的盆景

在此根据盆景栽植方式与植物种类，对于岁朝清供图中出现的盆景进行研究。

1. 合栽式盆景

合栽式盆景是指把两种以上的、在春节期间可以观花、观果的植物合栽于一个盆钵中形成的盆景。

（1）陈书《岁朝丽景》

陈书（1660—1736），字南楼，号上元弟子，晚号南楼老人，浙江秀水（嘉兴）人。雍正年间著名女画家，绘山水花鸟工写兼备，不失清雅意趣。

《岁朝丽景》画中蜡梅、山茶、南天竹、水仙，经过整形修剪，依照高低比例合栽于天蓝釉瓷盆，并配以奇石，既可以延长花期，又可以减少日常养护，为插花与盆景的完美结合，展示出春暖花开、岁首迎新的欢庆喜气。盆旁搭配百合鳞茎、柿子、

图7-84　清代，陈书《岁朝丽景》，纵96.8场面、横47cm，现存台北故宫博物院

灵芝、苹果（图7-84）。

图画中不同雅物的组合，便可出现各种吉祥语。其中的蜡梅和梅花虽属不同植物，但都有梅字，"梅"与"眉"同音，长眉表示长寿，又石亦表长寿，因可谓"眉寿"；而寿石加南天竹和水仙之"天"和"仙"字成"天仙拱寿"；盆左的苹果，"苹"和"平"同音，与形状似如意的灵芝一起，为"平安如意"；灵芝和下方的柿子的"柿"与"事"同音，成为"事事如意"，若再加上旁边的百合鳞茎的"百"，则是"百

455

事如意"。画名"岁朝"，在一年初始之时，可算吉祥语汇集，是最佳吉兆[27]。

该画绘于雍正十三年（1735），为陈书晚年作品。

（2）邹一桂《画盎春生意》

邹一桂《画盎春生意》为写景式岁朝清供图，图绘仿古铜盆内平铺小碎石，栽植棕榈与小竹，配置湖石。器皿色泽青绿古拙，造型稳重富有雅趣。旁边配置仿哥窑花瓶，内插山矾、迎春花、有"卍"字锦春结饰，具有"万福集聚"之意。画中点景物体大小比例自然，设色淡雅明净，花瓶浑圆不强调高光立体感，盆内湖石刻意留出高光，颇具立体感（图7-85）。此图上方钤有"派接徐黄"印章，画家自称是学习五代画家徐熙（中世纪）与黄筌（约903—965）。邹一桂《小山画谱》谈及花卉画法时提到："又以水墨为雅，以脂粉为俗，二者所见略同。不知画固有浓汁艳粉，而不伤于雅；淡墨数笔，而无解于俗者。"此方印文正反映出邹一桂花卉作品，兼顾自然写生与装饰富丽的艺术特点。

（3）任薰《岁朝清供图》

任薰（1835—1893），清代画家。字舜琴、阜长，籍贯萧山，"海上画派"代表人物之一，与兄任熊、侄任预、族侄任颐被后人合称"海上四任"。善画人物、山水、花卉、禽鸟。亦长于园林设计。其人物画取法陈洪绶及任熊，神态肃穆，面部夸张，须髯细密，衣纹飘逸。然奇躯伟貌，别具匠心，尤其晚年大作，运笔有如行草，气势沉雄。花鸟画则工写兼善，取景布局，富有奇趣。作品有《松菊锦鸡图轴》《花鸟图轴》等。

任薰《岁朝清供图》画面可以分为左、右两部分，左侧构图因素少，右侧构图因素多。左侧只有玉兰插瓶一品，右侧有插瓶一品、盆景二品。画面前侧放置如意、莲蓬、百合鳞茎、柿子、佛手柑等。盆景二品中，上侧为一三足缩口圆盆中合栽牡丹、月季、万年青，盆侧篆字点题"万年富贵"；下侧缩口海棠形盆中用鹅卵石栽植水仙（水养），盆侧篆字点题"金玉满堂"（图7-86）。

（4）张为邦《岁朝图轴》

张为邦，一作维邦，其生卒年不详，江苏广陵（今扬州）人。其父张震是康熙年间的宫廷画家。张为邦受家学的影响，亦工于绘画，尤擅画人物、楼观、花卉等。在张震的引荐下进到宫中，是乾隆朝如意

图7-85　清代，邹一桂《画盎春生意》，纵42.2cm、横74.5cm，现存台北故宫博物院

馆职业画家。通过检索《清档》可知，张为邦至迟在雍正四年（1726）已开始在宫中任职。张为邦曾受乾隆皇帝旨意随郎世宁学习油画，是中国最早的油画家之一。中西画法兼备，又妙于工细写实。

《岁朝图轴》画面上以开片青瓷花瓶插饰桃花、月季（长春花）；其右后侧长方形天蓝釉陶盆中，前侧栽植灵芝，后侧栽植万年青，中间放置奇石（寿石），喻岁朝春色，万年长青、万年如意、长春、长寿之意（图7-87）。

2. 松树盆景

松树是清代最为主要的盆景树种，在岁朝清供主题的绘画作品中也出现了松树盆景。

马骀（1886—1937），清末民初著名画家、美术理论家和教育家。字企周，又字子骧，别号环中子，又号邛池渔父。四川西昌人，寓居上海。回族。曾任上海美专教授。于画无不能，尤工北派山水，布置严整，渲染深秀，唯作家气较重。著有《马骀画问》。抗战前卒，年约五十许。

马骀《岁朝清供》画面中有松树盆景，鹅卵石水养水仙，瓶插蜡梅、南天竹、皿盘中有佛手柑，还点缀红烛、鞭炮以及大白兔玩物等，颇具清末民初民俗之风（图7-88）。松树盆景为半悬崖式，水养水仙为雕刻后形成的蟹爪水仙。

3. 梅花盆景、牡丹盆景

在岁朝清供图中，梅花、牡丹除了被大量应用于瓶插之外，还被应用于盆景栽培并进行观赏。

（1）新年庭园中摆饰的梅花盆景与牡丹盆景

画面中，四口之家穿着新装、正在兴高采烈地燃放鞭炮，庆祝新年到来，祈福幸福生活。窗外亲戚们正在观看。窗前石几之上，摆饰鲜花盛开的三盆盆景（图7-89）：从左向右为蓝纹圆形瓷盆中的

图7-86 清代，任熏《岁朝清供图》　　图7-87 清代，张为邦《岁朝图　　图7-88 清代，马骀《岁朝清供》
　　　　　　　　　　　　　　　　　　轴》，现存北京故宫博物院

图7-89 清代，吴友如《吴友如画宝》〈爆竹生花〉，现藏上海历史博物馆

梅花、长方形盆中的水仙以及签筒方盆中的牡丹。这三盆盆景都鲜花怒放，香味浓郁，烘托出新春佳节的热烈氛围[28]。

（2）任薰《清供图》中的梅花盆景

《清供图》描写新春来临之际，盛开着的梅花与水仙的合栽盆景、牡丹盆栽，红果累累的万年青盆景以及松枝、带果南天竹插瓶的喜庆景象。

4.万年青盆景

万年青终年常青，春节期间红果累累，加上名字中的"万年"，是一种非常理想的庆春的植物，它常常以盆景、盆栽形式出现在岁朝清供图中。

清代海派画家舒浩（则水道人）所作《清供图》中，出现了瓶插牡丹、瓶插蜡梅以及瓶插玉兰，出现了百合鳞茎、柿子果实、灵芝以及佛手柑，还出现了万年青盆景（图7-90）。整体构图与任薰《岁朝清供图》比较类似。万年青盆景盆钵为三足缩口万字纹圆盆，万年青丛生，红色果实掩映于绿叶中。

5.水仙盆景

岁朝清供主题画中出现了两种类型的水仙盆景：一类是水仙鳞茎经过雕刻、叶片扭曲生长的蟹爪水仙盆景，另一类是鳞茎没有经过雕刻、叶片直立生长的水仙盆景。大部分作品中描绘的水仙盆景鳞茎没有被雕刻过，只有少部分的鳞茎经过雕刻。

（1）蟹爪水仙盆景

经过雕刻的蟹爪水仙盆景最具代表性的当属马骀《岁朝清供》画面中的鹅卵石水养蟹爪水仙。此外，金鼎所绘《岁朝图》中也出现了蟹爪水仙盆景。

金鼎，道士，字丹书，住浙江海盐三元庙。工书画，尝游江西龙虎山（天师道创始人张道陵子孙世居于此），受法力，持戒行。金鼎《岁朝图》以工笔画手法画有紫砂茶壶、茶杯，茶杯中盛有蜜饯，寓意甜甜蜜蜜；画有柿子，寓意事事如意；画有宝瓶，寓意平安；花有百合，寓意百事和合。画面右前侧放置一水仙盆景，从叶片扭曲程度来看，该水仙盆景为经过雕刻的蟹爪水仙盆景（图7-91）。

（2）一般（未经雕刻）水仙盆景

①无款乾隆缂丝《岁朝图》。缂丝其本色经线细，彩色纬线粗，只显其彩纬不露经线。彩纬盖在

织物表面，正反两面花纹与色彩相同。因织物花纹与素地、色与色之间的交界处，呈现一些互不相连的断痕，似刀镂刻状。此件缂丝图案花样边缘多以淡墨彩钩画渲染，清新雅致，近似绘画作品。上方隶书御制诗文，书法缂丝精细，显示名工巧匠的高超技艺。

《岁朝图》画面葫芦造型内为岁朝清供图案，主体青花觚形瓷瓶，内插梅花、山茶、南天竹，旁置一水仙盆景，另以爆竹搭配松鼠拣食瓜子，增添生动热闹气氛（图7-92）。画面以各种吉祥物品组合，是清代宫廷普遍应用的装饰手法。

上方隶书〈题钱选岁朝图〉御制诗文："绘图吉语叶开年，雅以风流喻别传。婀娜茶红报春丽，郁芬梅白扬风鲜。瓷瓶插处间天竹，石盆植来惟水仙。匹鼠探壶试五技，却倾瓜种兆绵绵。御制岁朝图诗。

图7-90 清代,舒浩《清供图》

图7-91 清代，金鼎《岁朝图》　　　图7-92 清代，无款乾隆缂丝《岁朝图》，现存台北故宫博物院

臣姜晟敬书。"

②马荃《岁朝清供图》。马荃，江苏常熟人，清代中期女画家。该《岁朝清供图》构图简洁，画风清雅，可知作者性情高洁。画中，瓷瓶中插梅花和牡丹，牡丹仅一枝，清贵而不奢华，盆中放水仙，盘中置佛手，地上有柿子，皆是清代清供的常用花材（图7-93）。

③汤贻汾《岁寒图》。汤贻汾生于官宦之家，却无官场之刻板俗气。其家学渊源，琴棋书画无一不精。该画写水仙与红梅，画中花盆与花瓶一高一矮，造型古拙。水仙晶莹洁白，红梅明艳奔放。画面景致搭配精巧，意境深远（图7-94）。

④吴昌硕《花卉图轴》。吴昌硕（1844—1927），初名俊，又名俊卿，字昌硕，又署仓石、苍石，多别号，常见者有仓硕、老苍、老缶、苦铁、大聋、缶道人、石尊者等。浙江省孝丰县（今湖州市安吉县）人。晚清民国时期著名国画家、书法家、篆刻家，"后海派"代表，杭州西泠印社首任社长，与任伯年、蒲华、虚谷合称为"清末海派四大家"。

他集"诗、书、画、印"为一身，融金石书画为一炉，被誉为"石鼓篆书第一人""文人画最后的高峰"。在绘画、书法、篆刻上都是旗帜性人物，在诗文、金石等方面均有很高的造诣。吴昌硕热心提携后进，齐白石、王一亭、潘天寿、陈半丁、赵云壑、王个簃、沙孟海等均得其指授。

吴昌硕作品集有《吴昌硕画集》《吴昌硕作品集》《苦铁碎金》《缶庐近墨》《吴苍石印谱》《缶庐印存》等，诗作集有《缶庐集》。

459

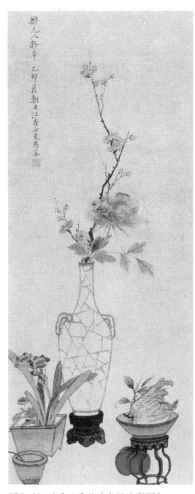

图7-93 清代，马荃《岁朝清供图》　　图7-94 清代，汤贻汾《岁寒图》，　　图7-95 清代，吴昌硕《花卉图轴》
纵110cm、横39cm

　　〈花卉图轴〉中蒜头高瓶内蜡梅蟠曲而出，其下湖石层叠如障，石侧放置水仙盆景、盆栽兰花，盆前摆放柿子、百合鳞茎等，寓意"吉庆有余""平安富贵""百事如意"等，是一幅岁朝清供图（图7-95）。本画笔触拙朴中透出粗狂苍劲之气，更以劲书题识，书画相融，凸显作者写意花鸟之风韵。

6. 灵芝盆景

　　（1）乾隆缂丝《新韶如意》

　　台北故宫博物院所藏清代缂丝岁朝图《新韶如意》，画面呈现出一只瓷瓶，其中插有梅花、松枝、茶花；旁置一盆盎，其中栽植灵芝，形成一盆灵芝盆景；插瓶与盆景间放置百合鳞茎与柿子，与灵芝一起，构成"百事如意"。画面上有乾隆皇帝题写六字"新韶如意""御笔"（图7-96）。

　　（2）乾隆缂丝《岁朝图》

　　葫芦造型内为〈岁朝图〉，画面下部中央高瓶内插有梅花、山茶与罗汉松，誉为"三秀"；高瓶左侧果盘内放置百合鳞茎、柿子，下方摆放如意，右侧摆置灵芝盆景，寓意"百事如意"；高瓶右前方放置鞭炮，寓意新春欢庆气氛（图7-97）。

7. 菖蒲盆景

　　陆恢（1851—1920），清末民初著名画家。原名友恢，一名友奎，字廉夫，号狷叟，一字狷盦，自号破佛盦主人，原籍江苏吴江，居吴县（今江苏苏州）。为清末民初江南老画师，从游者数十人。卒年七十。黄宾虹评画中九友"以吴江陆廉夫得名最早，山水学四王，渲染尤能逼真。"

　　陆恢《岁朝清供》为典型晚清风格，图中器物繁多，不但有瓶花，还有盆景，刻意营造出丰盛之态。植物材料有红梅、灵芝、菖蒲（盆景）、点缀山石、古壶、鲜果、蔬菜，象征丰盛的新年景象（图7-98）。

图7-96　清代，乾隆缂丝《新韶如意》图轴（局部），现存台北故宫博物院

图7-97　清代，乾隆缂丝《岁朝图》，现存台北故宫博物院

图7-98　清代，陆恢《岁朝清供》

461

第七节

清朝历代著名绘画题材作品中的盆景

某些有影响题材的绘画作品，在后世常常被模仿或再现。在清代，由于文人绘画、特别是宫廷绘画的兴盛与发展，多个题材的绘画出现了仿制作品和再现作品，这些题材包括最初出现于唐代阎立本的《十八学士图》、北宋张择端的《清明上河图》以及明代仇英的《汉宫春晓图》等。

清代与《十八学士图》相关的作品

唐太宗为秦王时，府中蓄有十八谋士，登基后，特命阎立本画《十八学士图》，宋代以后常以文人雅集的方式得以表现。清代与《十八学士图》相关的作品主要有姚文瀚的《摹宋人文会图》与清院本的《十八学士图》。

1. 清院本《十八学士图》中的盆景

孙祜（18世纪）江苏人，生卒年不详。工人物、山水，宗法王原祁。乾隆（1736—1795）时供奉内廷，为宫廷画家。乾隆元年（1736）曾与陈枚、金昆、戴洪、程志道绘《清明上河图》卷进呈，得邀乾隆帝审题，五年（1740）与陈枚、金昆、程志道、丁观鹏合作《庆丰图》册，六年（1741）又与周鲲、丁观鹏合作《汉宫春晓图》卷。传世作品有《雪景故事》册共计十开，绢本，设色，现藏北京故宫博物院。

周鲲，字天池，江苏常熟人。画承家学，工山水、人物，梅花亦佳。乾隆时供奉如意馆。曾进呈"升平万国图卷"等。

乾隆六年（1741）由宫廷画家孙祜、周鲲、丁观鹏三人合力绘作《十八学士图》，卷高39cm，长达1138.2cm，为一超过11m的精致富丽大作。该图以新颖的界画技法及浓艳色彩，形塑雕梁画栋组构的皇宫内苑，供十八学士谈诗论画，悠游其间。画家为了增添他们所处皇室豪华诱人的场景，甚至还在后半卷增添了原《十八学士图》传统所没有的宫女活动[29]。

全图从右向左共有三处陈设了盆景：第一处为全图3/8处的方亭内，一学士正在倚柱翘首，等待客人的到来，方亭前的三盆盆景；第二处为全图

3/4 偏右处，七位嫔妃宫女们正在欣赏盆景；第三处为全图 3/4 偏左处，高台之上，嫔妃宫女们正在鉴赏书画古玩，其左侧摆放一树木盆景。

第一处的三盆盆景：一盆大型花卉纹瓷盆兰花，摆置于自然山石之上的八足低矮木架上；其他两盆放置于靠近大理石栏杆的红色长条几案上，左侧为长方浅盆松树丛林盆景，右侧为蓝釉圆盆蔷薇盆景（图7-99）。

第二处为大型浅盆山石丛林盆景，放置于厅堂前红色长条几案上，盆内山石高低起伏，错落有致，构成低山丘陵地形，十余株小树呈现自然丛林状栽植，营造出盆钵中的城市山林景色（图7-100）。

第三处为置于高台的方形木几之上的蓝釉横纹方盆树木盆景，该树木盆景双干、根部露出。

2. 姚文瀚《摹宋人文会图》中的松树盆景

《摹宋人文会图》绘于乾隆十七年（1752），上有嵇璜楷书〈十八学士赞〉，与台北故宫博物院所藏清院本〈十八学士图〉构图相同，设色明净秀丽，用笔精细挺劲，人物开面略施阴影，具立体感，对各类家具器物的细节描绘考究。

画面左端，在大理石须弥莲花座上，放置一大型海棠形花盆松树盆景。松树高度几与人物高度相等，主干蟠曲，自中部偏下处分为两枝，右侧枝枯死呈现神付顶状，左侧枝老态虬曲，干肌

图7-99　清院本《十八学士图》中的盆兰、松树丛林盆景与蔷薇盆景

图7-100　清院本《十八学士图》中的盆景山石丛林盆景

图7-101　清代.姚文瀚.摹宋人文会图.现存台北故宫博物院

斑驳，洞眼自然，下部枝片多斜下伸展，上部枝片多平行伸展，冠顶小枝呈现神付顶状；干基正面配置玲珑剔透之山石，从形状与质感看基本上可以断定为灵璧石（图 7-101）。该松石盆景虽然被陈设于画面左侧，因其摆放位置朝前，位置较高，树石形态特别，在整体上尚处于比较显眼的地位。

康熙《御制耕织图》中描绘农家庭院中的盆景

《耕织图》是中国农桑生产最早的成套图像资料，它的绘写渊源可上溯至南宋，绘者为楼璹。楼璹在宋高宗时期任于潜（今浙江省临安市）县令时，深感农夫、蚕妇之辛苦，即作耕、织二图诗来描绘农桑生产的各个环节。《耕织图》成为后人研究宋代农业生产技术最珍贵的形象资料。南宋嘉定三年（1210），楼璹之孙楼洪、楼深等以石刻之传于后世，南宋嘉熙元年（1237）有汪纲木刻复制本。宋以后关于本书的记载已不多见，较著名的有南宋刘松年编绘的《耕织图》，元代程棨的《耕织图》45 幅。明代初年编辑的《永乐大典》曾收《耕织图》，已失传。明天顺六年（1462）有仿刻宋刻之摹本，虽失传，但日本延宝四年（1676）京都狩野永纳曾据此版翻刻，今均以狩野永纳本《耕织图》作楼璹本《耕织图》之代表。

清康熙二十八年（1689）康熙帝南巡时，江南士子进献藏书甚丰，其中有"宋公重加考订，诸梓以传"的《耕织图》。康熙帝即命焦秉贞据原意另绘耕图、织图各 23 幅，并附有皇帝本人的七言绝句及序文，这就是康熙《御制耕织图》。

《御制耕织图》又名《佩文斋耕织图》，不分卷，清圣祖玄烨题诗，焦秉贞绘图，朱圭、梅玉凤镌刻，清康熙三十五年（1696）内府刊本。耕图、织图各 23 幅，共计 46 幅图。每页 34.7cm×27.7cm。图框 24.4cm×24.4cm。四周单边。册页装。

《御制耕织图》以江南农村生产为题材，系统地描绘了粮食生产从浸种到入仓，蚕桑生产从浴蚕到剪帛的具体操作过程，每图配有康熙皇帝御题七言诗一首，以表述其对农夫织女寒苦生活的感念。《御制耕织图》初印于康熙三十五年，后又出现了很多不同版本，木刻本、绘本、石刻本、墨本、石印本均行于世。

《御制耕织图》中有数处描绘农家庭院中摆设

盆景的情景。〈分箔〉一节插图中描绘了摆置于农家院墙头上的正在开花的花木盆景与兰花盆栽（图 7-102）；〈纬〉一节描绘了农家院中，十字木架上放置一兰花盆栽，十字木架右侧低矮长条石桌上摆放着松树盆景、万年青盆景（图 7-103）；〈下簇〉一节描绘了一农家庭院中摆放多盆盆景的情景（图 7-104）。

清代四种版本《汉宫春晓图》中的盆景

《汉宫春晓图》是明代画家仇英创作的一幅绢本重彩仕女画，现收藏于台北故宫博物院。它为中国十大传世名画之一，亦被誉为中国"重彩仕女第一长卷"。与《十八学士图》相同，由于《汉宫春晓图》受人推崇和喜爱，仇英之后出现了多幅、多种版本的复制版和模仿版，清代主要的版本就有以下四种，他们按照创作先后为：冷枚《仿仇英汉宫春晓》、吕焕成《汉宫春晓图》、丁观鹏《仿仇英汉宫春晓图》以及清院本《汉宫春晓图》。每种版本中都有盆景的陈设与装饰。

1. 冷枚《仿仇英汉宫春晓》中的盆景

康熙四十二年（1703）奉敕仿仇英同名作品。虽然不能确定冷枚仿照何种根据而作，但有些主题都可在仇英同名作品或苏州相关热门商品中找到原型。此作与仇英版本的最大差别在于，画家将画面拉近观者，且透过透视法构筑具有穿梭性空间，使观者视觉上可以进入宫苑内部。其运用来自仇英细致敷色之风格，配合西洋手法对于物象空间与光影更具实的描写，比起仇英本更加饱和的颜色运用，缔造出前所未有的华丽氛围[30]。

该图中，在栏杆之前山石平台之上摆置两盆盆景：右侧为一长方冰裂纹浅盆松树盆景，松树斜干，树干扭曲裂开，枝片虬曲变化；左侧为一海棠深盆，其中栽植两棵树木，一高一低，伸展自如（图 7-105）。

2. 吕焕成《汉宫春晓图》中的盆景

吕焕成（1630—1705），字吉文，浙江余姚人，清代早期"吴门画派"代表画家之一。画题广泛，山水、人物、花鸟皆精。

该画以重彩设色，画宫中女子生活。画中人物众多，均衣着鲜丽，姿态各异，显得忙忙碌碌，而又无所事事。画面构图宏大，笔法秀润细致，极富观赏。

图7-102 康熙《御制耕织图·分箔》中的盆景

图7-103 康熙《御制耕织图·纬》中的盆景

图7-104 康熙《御制耕织图·下簇》中的盆景

图7-105 清代，冷枚《仿仇英汉宫春晓》中的盆景

图7-106 清代，吕焕成《汉宫春晓图》中的牡丹花池

画面中红色栏杆之前，有一汉白玉石砌长方形花池，内置山石，周边栽满开放着各种花色的牡丹，高低错落，五彩缤纷。整个画面与其说是一座园林，不如说是一座具有多种山石、各色奇树异花、各种构筑物以及具有牡丹园、水塘等的奇异树石园（图7-106）。

3. 丁观鹏《仿仇英汉宫春晓图》中的盆景

丁观鹏曾向郎世宁学习西洋画法，深得乾隆皇帝赏识，常奉敕"仿古"，《汉宫春晓》即是一例。《汉宫春晓》看似古老话题，实为明代所创新，此

465

题材也深受乾隆朝宫廷喜好。此幅底应是藏于辽宁省博物馆之白描《汉宫春晓图》。白描作品为苏州商业作坊另一类热门商品，经常托名为李公麟或仇英所作。由宫中档案记载可知，乾隆皇帝命丁观鹏临仿之时，将原来白描风格加上淡彩设色。整幅作品虽然设色淡雅，却充斥着各种新奇建筑物与家具陈设，让《古代》成为驰骋想象力的最佳园地[30]。

整个画幅纵 34.5cm、横 675.4cm，其中出现了多个大型盆景或者花池布置于庭园中的场景，这些大型盆景包括：湖石梅花盆景、湖石芭蕉桃花盆景、湖石椰子树木盆景、湖石紫薇盆景、湖石海棠盆景、牡丹花池以及山石花池景观等。

（1）园路两侧的大型湖石梅花盆景与湖石紫薇盆景

园路上多位嫔妃宫女正在边行走边在园林中欣赏游憩，画面中右侧栏杆内侧，设置一大型湖石梅花盆景，大理石砌制成花池中，栽植一疏影横斜的双干梅花，干枝虬曲变化，洞眼繁多，主枝上飘曳着苔藓类，树基处配置与树等高的太湖石，玲珑剔透，上大下小。该作品增加了庭园环境的苍古与雅致气氛。

画面中左侧的园路两侧，对称陈设两个湖石紫薇花池景观，紫薇树干红色光滑，小枝条被剪除。红色树干紫薇与蓝灰色湖石不仅在形体上，而且在色彩上也形成强烈对比效果（图 7-107）。

（2）照壁后侧大型湖石海棠盆景

照壁后侧设置大理石砌制花池，其中栽植老态海棠，花叶同放，湖石玲珑剔透，与海棠相得益彰。整个花池景观增加了此处环境的趣味性与丰富度（图 7-108）。

（3）由花亭、花篱围合花园内的湖石花池与牡丹花池

进入花亭后的园路两侧，对称设置两个湖石花池，两个湖石花池与花篱之间，对称设置两个较高花池，其中栽植盛开的牡丹，构成牡丹花池（图7-109）。

（4）主庭园门口两侧的湖石树木花池

主庭园门口外侧，对称陈设着两个湖石树木花池，左侧为湖石芭蕉桃花花池，桃花开放，花叶并存；右侧为湖石椰子树木花池，该处树木为常绿树，树种难以判定（图 7-110、图 7-111）。该处的两个湖石树木花池是此处的主要景观，多位嫔妃宫女游憩其间，其乐融融。

图7-107 吕焕成，《汉宫春晓图》(局部)中的牡丹花池

图7-108 清代，丁观鹏《仿仇英汉宫春晓图》（局部）中的大型湖石梅花盆景与湖石紫薇盆景

图7-109 清代，丁观鹏《仿仇英汉宫春晓图》（局部）中的大型湖石海棠盆景

图7-110 清代，丁观鹏《仿仇英汉宫春晓图》（局部）中的湖石花池与牡丹花池

图7-111　清代,丁观鹏《仿仇英汉宫春晓图》(局部)中的湖石树木花池

4. 清院本《汉宫春晓图》中的盆景

台北故宫博物院收藏清院本《汉宫春晓图》三卷,本幅根据卷尾题记为乾隆六年(1741)孙祜、周鲲、丁观鹏奉敕合绘,全长2038.5cm,在同题各卷中此幅最长。

全幅中出现多处陈设大型盆景的场面,以下将按照从右向左顺序进行记述。

(1)园路栏杆里侧的大型梅花山石盆景

园路栏杆里侧,陈设大型梅花山石花池景观,花池为大理石砌制而成的六角形,其中放置斧劈状山石,山形上大下小,山石基部栽植两株红梅,基本上与山石相对而生,右侧红梅花大早开,左侧红梅花密而含苞待放,一宫女陶醉于红梅树下(图7-112)。

(2)照壁后对称陈设的奇石花木花池盆景

庭园照壁后侧陈设二奇石花木花池盆景,大理石砌制方形花池,其中安置大型山石,山石后侧栽植开花花木,从花叶同放、叶片偏红来看,该花木有可能为紫叶李(图7-113)。

(3)栏杆前花木山石花池

园路上,皇后或者嫔妃在前呼后拥下乘车而来,前侧有宫女边演唱边夹道欢迎。园路之后栏杆之前设置大理石砌制圆形花池,花池内栽植花木,安置斧劈山石陪衬。花木左右横向伸展,山石峭立插云,二者形成良好的对比效果(图7-114)。

(4)紫藤花亭两侧对称陈设的二花木花池景观

花亭紫藤花序下垂,迎春怒放,招蜂引蝶;花篱上藤本月季花朵开放,香气袭人。水池两侧花篱

图7-112　清代，清院本，《汉宫春晓图》（局部）中的大型梅花山石盆景

图7-113　清代，清院本，《汉宫春晓图》（局部）中的奇石花木花池盆景

图7-114　清代，清院本，《汉宫春晓图》（局部）中的大型梅花山石盆景

图7-115　清代，清院本，《汉宫春晓图》（局部）中的花木花池景观

图7-116 清代 清院本，《汉宫春晓图》（局部）中的将乐石花池景观

外两盆大型花木花池景观对称陈设，大理石砌制束腰圆形花池，其中栽植的花木鲜花盛开。花篱内侧，还对称陈设两块太湖奇石（图7-115）。

（5）丁字路口照壁前将乐石花池景观

丁字路口照壁前设置大理石砌制圆形花池，其中安置大型形状奇特的将乐石（图7-116）。

（6）栏杆前花木山石花池

栏杆前园路后设置一大理石砌制圆形花池，其上安置花木、斧劈石，形状基本上与图7-116相同（图7-117）。

图7-117 清代，清院本，《汉宫春晓图》（局部）中的花木花池景观

第八节
民间木版年画里的盆景

民间木版年画简介

我国民间木版年画的产生与雕版印刷术的发展是分不开的。木版画的兴起和宗教的宣传活动也有着密切的联系。根据东汉蔡邕《独断》和南朝梁宗懔《荆楚岁时记》两书记载，早在汉代时就有正月一日贴门神的风俗。到了宋、元两代，便有一些近似年画的宗教宣传品流传，同时有些小说已经采用绣像和插图。到了明代许多绚丽多彩的插图、画谱就更为普遍地流行起来，达到了版画发展的鼎盛时期，不少版画已具有较高艺术水平。

我国早期出现的神像之类宗教画，对后来民间木版年画产生过一定影响，生产年画的作坊和纸铺也曾印制神像和宗教宣传品。但民间木版年画，却是不同于宗教画的独特绘画品种。它主要反映当时人民的生活习俗，故能在民间广泛流行，受到广大人民群众喜爱[31]。

道光年间，在李光庭著的《乡言解颐》一书中，正式提出了"年画"一词，从此，所谓"年画"就拥有了固定含义，即是指木版彩色套印的、一年一换的年俗装饰品。

年画的风格因地域的不同而呈现出多种多样的面貌，总的说来，有宫廷趣味和市民趣味的杨柳青年画；有粗犷朴实、充满乡土气息的山东潍坊和河北武强年画；有造型生动活泼、色彩对比强烈、充满生活气息的梁平年画；有以细腻工整的桃花坞年画；有古朴稚拙的河南朱仙镇年画，它是中国历史最为悠久的年画；还有大写意风韵的色彩浓艳的四川绵竹年画；有浓郁的地域色彩的福建漳州年画和广东佛山年画，它们多以红黑色打底，神佛类画丰富多样。这些年画丰富了中国年画的地域特色和风格特征，使之呈现出多姿多彩的艺术风貌。

年画取材于世俗社会生活，题材无所不包，各种题材画样多达两千余种。有历史故事类、神话传说类、世俗生活类、风景名胜类、时事新闻类、讽喻劝诫类、仕女娃娃类、花鸟虫鱼类、吉祥喜庆类等。

花木、插花、盆景等植物也是年画重要的题材，如〈梅开五福〉〈竹报平安〉〈富贵牡丹〉〈石榴多子〉〈松柏常青〉〈灵芝献瑞〉〈蟠桃上寿〉〈事事如意〉等。除了植物类专题外，许多其他题材的年画作品中也经常出现插花、盆景等植物要素。

祈福类年画中的盆景

以新年为主的祈求幸福类的年画属于祈福类年画。

1.《新年吉庆》中的松树、万年青盆景

房间中央放置方桌，主人与夫人分别坐在方桌左右两侧。方桌后侧装饰钟表，钟表左右分别放置瓶插牡丹与菊花；右侧柜子之上写有"黄金万"组合字，左侧写有"招财进宝"组合字；窗子旁边挂有乐器，右侧为三弦，左侧为二胡。

夫人之前有一孩童正在磕头；画面中央下侧，火炉上放置大锅，似乎正在煮又白又圆的元宵，一

图7-118　清代，《新年吉庆》，纵52.5cm、横　图7-119　清代，《新正初二敬财神》，纵32.0cm、横56.0cm，日本早稻田大学图书馆藏
94.0cm，日本早稻田大学图书馆藏

女性正在往碗里盛，盛好后把碗放在穿红色衣服少女所端盘中；火炉两侧，孩童与家人正在玩耍。

画面左下侧，放置松树盆景、万年青盆景以及君子兰盆栽。松树曲干，枝片分布均匀，高深圆盆；万年青丛生，长方浅盆；君子兰盆为暗红色圆盆（图7-118）。

2.《新正初二敬财神》中的梅花、水仙盆景

该图描绘正月初二富裕之家迎接财神的仪式。左侧为祭祀财神祭坛，主人及其家人正在给财神叩头施礼。院门口，男童燃放鞭炮，欢迎财神来到自家。门口外侧，一男童挑一灯笼，上书"财来"二字。

画面中间窗户前长方形条案上，放置蓝釉长方盆，其中放置多数水仙球根，叶片花葶郁郁葱葱，有白色花朵开放，甜香袭人；财神祭坛里侧高台之上，放置梅花盆景，高深圆盆，盆梅蟠干探枝，红花开满枝头，暗香浮动（图7-119）。

3.《上天降福新春大喜》中的梅花盆景，牡丹、水仙盆栽

该图描绘把灶王爷送天仪式，一般在农历腊月二十三日进行，有的地方是在二十四日进行。把灶王爷送天必须由一家之主来行使。年末时灶王爷到天上后，给天帝汇报一家的生活情况，天帝根据报告决定新的一年的祸福。灶王爷听完天帝安排后元旦未明时回到厨房。

图中主人夫妇正在燃烧松枝或者柏枝让灶王爷升天。厨灶上方祭坛中，贴灶王爷的墙壁空白（已经升天），两侧写着"上天言好事""回宫降吉祥"的对联。

画面右侧条形台案之上，摆放3盆盆景，两侧为水仙盆景，中间为牡丹盆栽（图7-120）。

4.《竹报平安》中蕉石盆景

清初，天津杨柳青，纵34.5cm、横59cm。

《酉阳杂俎》载："卫公（李靖）言：北都惟童子寺有竹一窠，才长数尺。相传其寺纲维，每日报竹平安。"后世遂以"竹报平安"作为旅行外游者安泰无恙之比喻。图中画一童子手举竹枝，怀抱一瓶（平）作象征，旁有二仕女，一坐木雕椅上在调鹦鹉，一执如意在闲赏其乐趣。室内攀根花池，瓷盆蕉石盆景，典雅不俗（图7-121）。

赏美类年画中的盆景

以描写、欣赏仕女、儿童等为主题的一类年画为赏美类年画。

1.《呼女窗前》中的鸢尾盆栽

描写清代末期富裕家庭居室情景。在明亮窗前，母亲让女儿观看自己正在进行的刺绣，并让小儿子练习写字。门口处，侍女端茶而来。母亲正在刺绣凤凰图，儿子没有认真练习写字而在偷懒涂鸦。所以画面左侧写着"呼女窗前看刺绣，课儿灯下学涂鸦。"

画面左侧自然形木几之上，摆放盛开着红花的盆栽鸢尾（图7-122）。

2.《莲生贵子》中的梅花盆景

这张年画在形式上把一个扇面分成几个部分，在显著部位画主体画。其四周另开树叶、手卷、扇面等形式开光，于开光中画山水、竹石、瓜果、花鸟等，作为主体画的装饰，给人以别致新颖之感。此图以娃娃手持的莲花、石榴、笙等象征"连生贵子"。

中央主体画部分右侧，有一奇特自然式几架，上置梅花盆景，红色方盆，丛生状梅花多而不乱，中间一主干向左侧人物处伸展，飘逸自然（图7-123）。

3.《金盆洗玉》中的盆景

这是一幅以婴戏为题材的仕女娃娃画。作者运用了对称、均衡的传统手法，但是人和景物的安排并不呆板，其位置、动态的微妙变化，加强了作品的感染力。

这幅画还运用了画中画的方法。围屏上的六幅山水，每幅都可以作为一件独立的艺术品去欣赏，但又不会妨碍作品的整体效果。

画面中出现了多盆盆景，有梅花盆景、两盆牡丹盆栽、兰花盆景以及金盏菊盆栽（图7-124）。

4.《思艺雅聚》中的盆景

画四仕女于室内，有的对弈、有的绘画、有的提琴；另有二童子，一抱书、一献茶，

图7-120　清代，《上天降福新春大喜》，纵32.6cm、横55.9cm，日本早稻田大学图书馆藏

图7-121　清初，天津杨柳青《竹报平安》，纵34.5cm、横59cm

图7-122　清代，高荫章《呼女窗前》，纵31.0cm、横52.5cm，日本早稻田大学图书馆藏

图7-123　清代，嘉庆年间，杨柳青年画，《莲生贵子》，纵59.0cm、横10.8cm

集成琴棋书画四艺雅聚一堂的场面。在景物的陪衬上又多用书画盆景之物，造成文秀典雅的气氛。

画面中出现的盆景、盆栽从左向右有棕竹盆栽，水养荷花、水草，兰花盆景，湖石花草盆景，兰花盆景、芭蕉山石盆景（图7-125）。

5.《叫蝈蝈》中的湖石菊花盆景、芭蕉山石盆景

此图画三个儿童嬉戏叫蝈蝈的场面。按"叫蝈蝈"为"叫哥哥"的谐音，哥哥指男孩，故以叫蝈蝈为生子之兆。

画面左侧摆放一湖石菊花盆景，右侧后方摆放

图7-124　清代，嘉庆年间，杨柳青年画，《金盆洗玉》，纵59.0cm、横10.3cm

图7-125　清代，嘉庆年间，杨柳青年画，《思艺雅聚》，纵59.0cm、横10.82cm

一芭蕉山石盆景（图7-126）。

6. 苏州版画《美人读书图》中的红梅盆景

苏州版画《美人读书图》又名《仙女赏花图》，该画描绘一美人正伏在方桌上读书、赏花的情景。方桌上放置书籍、插花，一枝山茶从窗户探进，画面左下侧红色十字几架上摆放一蓝釉圆盆红梅盆景，梅树蟠干变化，根际膨大，枝条布局完整均衡，花朵盛开，引来蜂蝶飞舞（图7-127）。

7.《戏婴图》中的松树盆景、萱草盆栽

此图描绘新年之际孩童们玩陀螺、放风筝等开

475

图7-126 清代，光绪年间，杨柳青年画，《叫蝈蝈》，纵39.5cm、横66cm

图7-127 清代乾隆年间，苏州版画，《美人读书图》，纵90.6cm、横52.5cm，现存日本秋田市立红炼瓦乡土馆

图7-128 清代，《戏婴图》

心嬉闹的场景。画面中央矮座上放置一蓝釉梅花盆松树盆景，松树基部为丛生状，主树接近文人木；右侧矮几上放置一蓝釉圆盆萱草盆栽（图7-128）。

8.《熙朝名绘》中的水仙盆景

熙朝即盛明之世之谓，熙朝之绘或作当代名画来解释，是清初苏州年画之佳作。图中画一长案，

案上陈列青铜古器、瓷瓶如意、奇石玉雕、文玩字画等无数珍宝。旁有古装妇女三人，两个在共赏一海螺藏珠，一个手展名人字画横幅。长案下一儿童扬臂欲掐大型水仙盆景中水仙花朵，可知此时已是岁末春初气象。背景绘刻一透雕影屏，后有雕栏护水，翠竹湖石点缀其间。一树梅花更加增添了春天

到来、万物欣欣向荣、富贵人家闲适安逸的生活气息（图7-129）。

9.《弄花香满衣》中的海棠盆景

该图描绘二仕女欣赏海棠盆景的情景。海棠盆景摆放在四足台架上，盆为红色方形瓷盆，海棠虬曲多变（图7-130）。

教养、劝诫类年画中的盆景

《二十四孝图》属于教养、劝诫类年画。"孝"是儒家伦理思想的核心，是千百年来中国社会维系家庭关系的道德准则，是中华民族的传统美德。元代郭居敬辑录古代24个孝子的故事，编成《二十四孝》。二十四孝为：曾参负薪（齿指心痛）、丁兰事亲、吴猛恣蚊（恣蚊饱血）、文帝尝药、杨香打虎、唐氏乳姑、虞舜耕田（孝感动天）、闵损推车、陆续怀橘、董永遇仙（卖身葬父）、王褒泣墓、黄香扇枕、姜诗获鲤、鹿乳奉亲、王祥卧冰（卧冰求鲤）、子路负米（为亲负米）、莱子娱亲（戏彩娱亲）、蔡顺拾椹、郭巨埋儿（为母埋儿）、孟宗哭竹（哭竹生笋）、黔娄尝粪（尝粪忧心）、寿昌寻母（寿昌认母、弃官寻母）、庭坚涤器（涤亲溺器）、江革负母。版本不同，二十四孝的内容和顺序会有所差异。后来的印本都配上图画，通称《二十四孝图》，成为宣扬孝道的通俗读物。

图7-129 清代，苏州版画，《熙朝名绘》，纵67cm、横29cm   图7-130 乾隆年间，《弄花香满衣》，纵90.0cm、横50.3cm

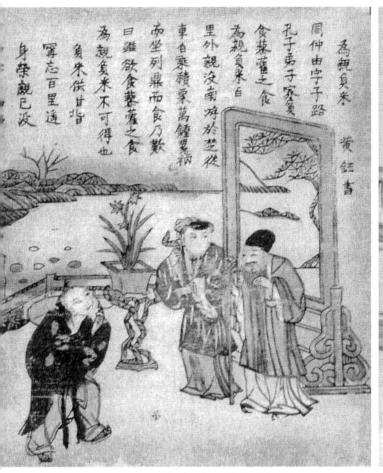

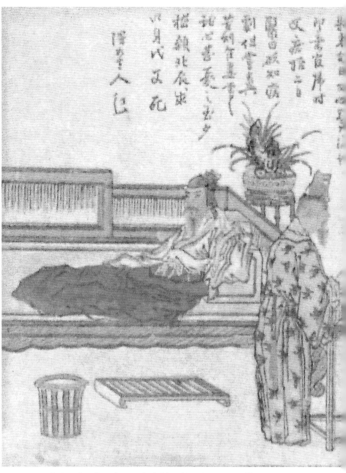

图7-131 清代,《二十四孝图·为亲负米》,纵36.2cm、横28.0cm　　图7-132 清代,《二十四孝图·尝粪忧心》,纵36.2cm、横28.0cm

《二十四孝图》中有数幅都描绘有盆景。

1.〈子路负米〉中的盆景

仲由,字子路、季路,春秋时期鲁国人,孔子的得意门生,性格直率勇敢,十分孝顺。早年家中贫穷,自己常常采野菜做饭食,却从百里之外负米回家侍奉双亲。父母死后,他做了大官,奉命到楚国去,随从的车马有百乘之众,所积的粮食有万钟之多。坐在垒叠的锦褥上,吃着丰盛的筵席,他常常怀念双亲,慨叹说:"即使我想吃野菜,为父母亲去负米,哪里能够再得呢?"孔子赞扬说:"你侍奉父母,可以说是生时尽力,死后思念哪!"[32]

画面中自然式几架上摆放着方盆花卉盆景(图7-131)。

2.〈尝粪忧心〉中的奇石花草盆景

庾黔娄,南齐高士,任屏陵县令。赴任不满十天,忽觉心惊流汗,预感家中有事,当即辞官返乡。回到家中,知父亲已病重两日。医生嘱咐说:"要知道

病情吉凶,只要尝一尝病人粪便的味道,味苦就好。"黔娄于是就去尝父亲的粪便,发现味甜,内心十分忧虑,夜里跪拜北斗星,乞求以身代父去死。几天后父亲死去,黔娄安葬了父亲,并守制三年。

画面中黔娄床后安置一高几,其上放置一椭圆盆奇石花草盆景(图7-132)。

3.〈戏彩娱亲〉中的山石盆景

老莱子,春秋时期楚国隐士,为躲避世乱,自耕于蒙山南麓。他孝顺父母,尽拣美味供奉双亲,70岁尚不言老,常穿着五色彩衣,手持拨浪鼓如小孩子般戏耍,以博父母开怀。一次为双亲送水,进屋时跌了一跤,他怕父母伤心,索性躺在地上学小孩子哭,二老大笑。

画面中条形几案上摆放着一山石盆景(图7-133)。

4.〈涤亲溺器〉中的柑橘类盆景

黄庭坚,北宋分宁(今江西修水)人,著名诗人、

图7-133 清代，《二十四孝图·戏彩娱亲》，纵36.2cm、横28.0cm

书法家。虽身居高位，侍奉母亲却竭尽孝诚，每天晚上，都亲自为母亲洗涤溺器（便桶），没有一天忘记儿子应尽的职责。

画面右侧低矮几座上，放置圆盆柑橘类盆景（图7-134）。

5.〈寿昌寻母〉中的树木盆景

朱寿昌，宋代天长人，7岁时，生母刘氏被嫡母（父亲的正妻）嫉妒，不得不改嫁他人，50年母子音信不通。神宗时，朱寿昌在朝做官，曾经刺血书写《金刚经》，行四方寻找生母，得到线索后，决心弃官到陕西寻找生母，发誓不见母亲永不返回。终于在陕州遇到生母和两个弟弟，母子欢聚，一起返回，这时母亲已经七十多岁了。

画面右下侧低矮条形几案上摆放一长方树木盆景（图7-135）。

谐戏类年画中的盆景

表现游憩、欢聚等主题的一类年画为谐戏类年画。

1.《九九重阳登高图》中的菊花盆景园

图写九月九日重阳节时多位高士携其夫人、子

图7-134 清代，《二十四孝图·涤亲溺器》，纵36.2cm、横28.0cm

图7-135 清代，《二十四孝图·寿昌寻母》，纵36.2cm、横28.0cm

图7-136　清代，《九九重阳登高图》，现藏首都博物馆

图7-137　清代，天津杨柳青，《高跷会图》，纵59cm、横109cm

女游览菊花盆景园之盛况。画面前侧有挑着菊花盆景叫卖的花农；中间建筑前设置菊花盆景台，上置多盆盆色不同、高低不同、花色不同的菊花盆景；后侧三层塔台阶前对称分布两盆大型菊花盆景，盆色一红一蓝，花色一白一红，形成鲜明的对比（图7-136）。

2.《高跷会图》中的松树盆景、苏铁盆景

图为清末刻印的一幅高跷会演写生实况之作。时间当在慈禧生辰、出会庆祝之日。画药王庙一座，旁有舍茶席朋，一列高跷演出队共9人正由一所瓦房走上街头。扮演之戏，前有〈烟火〈寿昌寻母〉棍〉焦赞、杨排风，随后〈打灶王〉〈游湖借伞〉等戏出人物。此外，药王庙之山门内，走出一队《渔樵耕读》之〈地秧歌〉和扛〈高照〉〈举中幡〉的演出队，刻画了昔日庙会时，民间歌舞演出的真实情景（图7-137）。

古典小说、戏曲类年画中的盆景

表现古典小说、戏曲类内容为主题的年画为古典小说、戏曲类年画。

1.《粉妆楼全传》插图中的松树盆景

《粉妆楼全传》为清代乾隆年间完成的传奇故事,作者是竹溪山人。故事发生在唐代,十卷八十回,被编剧为京剧连续剧演出。

《粉妆楼全传》作为年画被宣传,年画画面中也出现了松树盆景(图7-138)。

2.〈十不闲〉中的竹子、月季盆景,兰花盆栽

"十不闲"原为满族子弟家中所演唱的节目,唱词多是福祥吉庆之语,此图所绘为儿童们正在吹拉弹唱,演奏"十不闲"的欢乐场面。着色以红黄为主,极见古朴,是杨柳青年画的典型作品。

画面左侧木架上摆放一竹类盆景;右侧后方自然木架上摆放方盆月季盆景,盆面配置奇石,其右侧木架上摆放兰花盆栽(图7-139)。

3.《娃娃戏》中的盆景

《娃娃戏》画的是儿童游戏时,模仿当时流行戏曲的场面。作者抓住戏曲人物扮相的主要特征和典型的舞台动作,在娃娃戏中表现出来,使人一望便知是什么戏及儿童所扮演的什么角色。再加上儿童的天真可爱,就更觉趣味横生。此图画的是《三教娘子》和《东岭关》。

画面左侧,自然形木架上摆放一红釉深盆海棠盆景,中间自然形板台上放置一蓝釉长方浅盆竹石山石盆景,右侧室内木架上摆放一蓝釉盆盆景(图7-140)。

图7-138 清代,《粉妆楼全传》,纵35.5cm、横58.8cm,日本早稻田大学图书馆藏

图7-139 清代,杨柳青年画,乾隆版,《十不闲》,纵65.5cm、横11.5cm

图7-140 清代,光绪年间,杨柳青《娃娃戏》,纵34.0cm、横58.0cm

4.《大登殿》中的盆景

取材于戏曲，情节见《龙凤金钗传》鼓词。唐丞相王允第三女宝钏与薛平贵订婚后王允嫌贫爱富劝女退婚，宝钏不从，发生争执，宝钏遂离相府搬入寒窑与薛成婚。薛被遣远征西凉，十八年后王允篡位，薛得代战公主之助攻破长安，拿下王允等自立为帝。封苦度寒窑的王宝钏为正宫，此图画薛平贵在金銮殿册封王宝钏、代战公主的情景。此故事无史实根据，全系杜撰。

画面从左到右摆放的盆景有：蓝釉圆盆中的松树盆景、蓝釉方盆中的兰花盆景、六角盆中的花木盆景（图7-141）。

5.《绣鸳鸯》中的盆景

《红楼梦》小说中有〈绣鸳鸯梦兆绛云轩〉一回，叙薛宝钗约黛玉去藕香榭乘凉，黛玉因要沐浴，宝钗遂一人走去，在路经怡红院时见袭人在做针线，遂进屋，见袭人绣鸳鸯戏莲花样兜肚。袭人因事出屋，宝钗坐在床上替袭人代绣了几针，可巧黛玉到来，见此景冷笑两声而去。

画面中央有一大型根雕几架，上置4盆花木盆景，盆形盆色有差异，植物种类不同（图7-142）。

6.《八扯图》中的盆景

京剧旧有《十八扯》一处，由一人扮演各戏，剧中情节不定，博得观众一笑。此图题为《八扯图》，画儿童们扮演八处小戏，文武短打，生、旦、净、丑各种角色一一俱有。图中各戏分两层，上层三出，有左向右：〈庆顶珠〉〈二进宫〉〈锯大缸〉；下层五出：〈烟火棍〉〈双玉蚀〉〈赶三关〉〈闯山〉〈五梅居〉共八出。戏中扮演各角色的儿童，神气十足，非常认真，且活泼可爱。

画面后侧放置3盆盆景：左侧两盆摆放在条形几案之上，一为仙人掌盆景，一为万年青盆景；右侧放置一大型竹石盆景（图7-143）。

图7-141 清代，嘉庆、道光年间，《大登殿》，纵59.0cm、横107.5cm

图7-142 清代，晚清，山东潍坊，《绣鸳鸯》，纵38.2cm、横54.5cm

图7-143 清代，天津杨柳青，《八扯图》，纵60cm、横1.4cm

清末孙温《彩绘本红楼梦》中描绘的盆景

盆景作为室内或庭院陈设，在清代所用相当普遍的。我国文学名著曹雪芹所著《红楼梦》中，凡描写馆室陈设，盆景更是必不可少。如"大观园试才题对额　荣国府归省庆元宵"一回中："贾政与众人在廊外抱厦下打就的榻上坐下观景题词：……皆是名手雕镂，五彩销金嵌宝的。一榻一榻，或有贮书处，或有设鼎处，或安置笔砚处、或贡花设瓶、安放盆景处……船上亦系各种精致盆景诸灯，珠帘绣，桂楫兰桡，自不别说。""史太君两宴大观园　金鸳鸯三宣牙牌令"一回中，"你把那石头盆景儿和那架纱桌屏，还有个墨烟冻石鼎，这三样摆在这案上就够了。再把那水墨画白绫帐子拿来，把这帐子也换了。"

再如"宁国府除夕祭宗祠　荣国府元宵开夜宴"一回中，"几上设炉瓶三事，焚着御赐百合宫香。又有八寸来长四五寸宽二三寸高的点着宣石布满青苔的小盆景，俱是新鲜花卉。"特别是第七十九回"薛文龙悔娶河东狮　贾迎春误嫁中山狼"一回，看似不经意地，却透露出宫里陈设盆景的来源："凡这长安城里城外桂花局俱是他家的，连宫里一应陈设盆景亦是他家贡奉，因此才有这个混号。"

除了文字描写外，清末孙温《彩绘本红楼梦》中出现了描绘盆景的大量图片，实为研究清代盆景的宝贵资料。

孙温《彩绘本红楼梦》简介

《红楼梦》作为我国古典文学名著，自18世纪中期问世后，一直受到各阶层读者的广泛喜爱，其现实主义的描写，也逐渐成为画工们的重要绘画题材。二百余年来，从民间画舫到宫廷画院，留下各类画作无数。其中，现藏大连旅顺博物馆的清代孙温《彩绘本红楼梦》图册，便是一部鲜为人知的艺术珍品。

全图以〈石头记大观园全景〉为开篇，表现了一百二十回《红楼梦》的主要故事情节，每个章回情节所用画幅数量不尽相同。画面前八十回与后四十回在绘画风格上有明显差异，显示出并非出自同一手笔。图中有作者题识"七十三老人润斋孙温"。经初步考证，孙温系河北丰润人，字润斋，嘉庆年间生人。全图主要由孙温构思绘制，并由孙允谟参与完成，其绘制时间约在同治至光绪年间。

纵览全图，画面整体构图严谨、笔法精细，设色浓丽。作者以独特构思，将各种人物活动置于特定的环境之中，描绘出一幅情景交融、富有诗意的画面，形象直观地表现出原著的精神内涵，其故事情节之详尽、篇幅规模之宏大，为清代同题材绘画作品之少见[33]。

在图册中，出现了多幅描绘盆景的画面，这不仅说明了当时盆景已经被普遍应用于富裕人家生活环境的布置之中，而且也说明了本图册绘制者对盆景的喜好与精通。

盆景在庭园环境（室外）中的陈设

盆景在庭园环境中的陈设分为摆放在几架、台座上与地面上。

1. 摆放在庭园几架、台座上的盆景

（1）宫内几架上一字排开的五盆梅花盆景

第九十五回〈因讹成宝元妃薨逝〉，描写贾母、王夫人进宫看望元妃贾娘娘，元妃病逝时的情景。此日为十二月十九日，天寒地冻。走廊外六脚木制几架一字排列，上置正在盛开的梅花盆景，从左向右第一盆、第三盆、第五盆为白梅，第二盆、第四盆为红梅，白梅配绿色釉盆，红梅配红色釉盆。盆梅枝干虬曲多变，枝头花朵疏密有致（图7-144）。梅花之香味更加衬托出贾娘娘死后的悲伤气氛。

（2）厨房门前长条石制台座上的盆景

第六十一回〈玫瑰露引出茯苓霜〉，厨房门口正前方庭园中，设置一长条石制台座，上边摆放着四盆盆景和一个瓶插玉兰。除了从左边第二盆为柏树盆景外，其他三盆杂木类盆景的树种不好确定（图7-145）。

（3）厅堂前对称陈列的盆栽荷花与庭园中列置的盆景

第八十五回的〈贾芸送书宝玉忽怔〉，厅堂门口两侧，对称摆放两六脚鼎形几架，几架上放置大型荷花盆栽，盆为圆形瓷盆，荷花盛开。此外，画面左后侧庭园圆洞门口两侧各列置一排盆景，左侧四盆，右侧可以看到三盆（图7-146）。

（4）书房窗前长方石制台座上的盆景、盆栽

第一回的〈贾雨村风尘怀闺秀〉，侧房窗前长方石制台座上，摆放三盆盆景、盆栽，从左向右为菊花盆栽、四季秋海棠盆栽、湖石盆景（图7-147）。同样，在第十七回〈因得彩解袋赏小厮，黛玉莽撞自悔绞袋〉中，侧房窗前也放置长方石制台座，其上摆放八仙花盆栽、四季秋海棠盆栽（图7-148）。

2. 摆放在庭园地面上的盆景

（1）贾母厅堂前对称摆放的八盆盆景

第一百一十八回〈作冥寿众人心宽慰〉中，贾母灵堂厅房前的庭园中，两棵梧桐隔路对植，梧桐树内侧有两排盆景隔路对称陈设，盆器为木桶。左侧一列从前向后依次为松树盆景、牡丹盆栽、桂花盆栽；右侧一列从前向后依次为柏树盆景、玉兰盆

图7-144　第九十五回〈因讹成宝元妃薨逝〉宫内几架上一字排开的5盆梅花盆景

图7-145　第六十一回〈玫瑰露引出茯苓霜〉厨房门前长条石制台座上的盆景

图7-146　第八十五回的〈贾芸送书宝玉忽怔〉厅堂前对称陈列的盆栽荷花与庭园中列置的盆景

图7-147　第一回〈贾雨村风尘怀闺秀〉书房窗前长方石制台座上的盆景、盆栽

图7-148　第十七回〈因得彩解袋赏小厮，黛玉莽撞自悔绞袋〉长方石制台座上摆放八仙花盆栽、四季秋海棠盆栽

栽、石楠盆栽（？）。梧桐树外侧对称陈设两盆太湖石，盆沿低矮圆形，湖石玲珑剔透，透漏奇特（图7-149）。对称陈设的两列盆景增添了庭园内凝重肃穆的气氛。

（2）贾母厅房前对称摆放的盆景

第八十四回〈薛姨妈细言改秋菱〉中的贾母厅房前，对称摆放两列盆景盆栽，前侧两盆盆器为木桶，后侧几架上盆荷盆器为圆形瓷盆。左侧自前向里为国槐盆栽、夹竹桃盆栽，右侧自前向里为柏树盆栽、海棠（？）盆栽（大部分被遮挡）（图7-150）。

（3）贾政公馆前庭园中散置的盆景

第九十九回〈阅邸报老舅自担警〉中，贾政公

馆庭园中散置5盆盆景：两盆蓝釉圆盆中的夹竹桃盆栽、绿釉六角盆中的松树盆景、蓝釉圆盆盆栽牡丹以及红釉圆盆盆栽玉兰（图7-151）。散置的盆景增添了庭园环境轻松的气氛。

（4）冯紫英家庭园中的盆兰

第二十八回〈蒋玉菡情赠茜香罗〉描绘贾宝玉等在冯紫英家行酒令的情景。庭园中安置一湖石牡丹，两侧摆放红釉方盆兰花盆栽。此处的盆栽不仅起到了装饰美化的作用，而且也与湖石牡丹、棕榈一起起到了隔离庭园空间的作用（图7-152）。

图7-150 第八十四回〈薛姨妈细言改秋菱〉贾母厅房前对称摆放的盆景

图7-149　第一百一十八回〈作冥寿众人心宽慰〉贾母厅堂前对称摆放的八盆盆景

图7-151　第九十九回〈阅邸报老舅自担惊〉贾政公馆前庭园中散置的盆景

图7-152　第二十八回〈蒋玉菡情赠茜香罗〉冯紫英家庭园中描绘的盆兰

盆景在室内环境中的陈设

1.室内环境中陈设的植物类盆景

（1）学里（私塾）内布置的盆景

第八十二回〈老学究讲义警顽心〉描绘宝玉就学的私塾室内情况，盆景作为高雅装饰品也被应用于环境布置中。厅堂中书架上从左向右摆放的盆景有：月白色圆盆仙人掌盆景、红色花卉纹圆盆桂花盆景以及方盆菊花盆栽。此外，在生徒读书间圆形木几上摆放一牡丹盆栽（图7-153）。实际上菊花与牡丹花期是不同的，画家特意将它们放置在一起并同时开花，以表现装饰效果。

（2）栊翠庵中布置的盆景

第八十七回〈坐禅寂走火入邪魔〉描绘了栊翠庵内情景。妙玉所坐床前旁侧方形几座上，放置一盛开的菊花盆栽，蓝釉方盆。床前方长方台座上，摆放两盆盆景：左侧为湖石菖蒲盆景，湖石玲珑剔透，宛若窗棂；右侧为蓝釉方盆松树盆景，盆松悬根露爪，枝干虬曲，盆面长满小草（图7-154）。这三盆盆景增添了庵内典雅肃静的气氛。

（3）梅花盆景应用于室内环境布置

①黛玉床上布置的梅花盆景。第八十九回〈蛇影杯弓颦卿绝粒〉描绘黛玉听说宝玉订婚后自摧自残、只求速死的情景。黛玉床上六脚几架上，摆放一红梅盆景，盆梅老干枯木逢春，干枝虬曲多变，疏影横斜，暗香浮动，与黛玉的心情形成鲜明的对比（图7-155）。

②贾政室内布置的梅花、水仙、山石盆景。第

图7-154 第八十七回〈坐禅寂走火入邪魔〉栊翠庵中布置的盆景

图7-155 第八十九回〈蛇影杯弓颦卿绝粒〉黛玉床上布置的梅花盆景

图7-153 第八十二回〈老学究讲义警顽心〉学里（私塾）内布置的盆景

九十二回〈玩母珠贾政参聚散〉描绘贾政与冯紫英下围棋、玩古董的情景。贾政室内布置多盆盆景、插花，从左向右为：长条台几上的梅花花枝插瓶、孤赏湖石，自然式木几上的蓝釉长方浅盆水仙盆景，六脚木几上的绿釉圆盆梅花盆景（图7-156）。盆梅悬根露爪，枝干虬曲变化，枝头白花盛开。

③栊翠庵观音前盆景布置。第九十五回〈栊翠庵妙玉扶乩玉〉描绘妙玉扶乩测字的情景。栊翠庵观音旁边屏风前条案上，摆放盆景、盆石与花瓶，从左向右为：粗腰细脚状花瓶，六脚木几上的红釉圆盆松树盆景，孤赏湖石，六脚木几上的花卉纹蓝釉圆盆梅花盆景，花瓶。这些盆景、奇石与花瓶不仅丰富了室内景观，而且还增添了雅致的气氛（图7-157）。

（4）桂花盆景应用于室内环境布置

第一百二十回〈闻官报得中乡举人〉图中出现两盆桂花盆景，一盆为画面右侧自然形木几之上的海棠盆桂花盆景，另一盆画面左侧中部护栏内四脚木几之上花卉纹圆盆桂花盆景（图7-158）。

第一百一十三回〈忏宿冤凤姐托村妪〉图中央后部，自然形木几上放置一六角盆桂花盆景。此外，第八十三回〈忏宿冤凤姐托村妪〉画面右侧室内自然形木几上摆放一蓝釉方盆桂花盆景。

（5）盆菊应用于室内环境布置

第一百一十四回〈甄应嘉蒙恩还玉阙〉描绘贾政外书房情景。画面右后侧六脚木几上摆放一圆盆

图7-156 第九十二回〈玩母珠贾政参聚散〉贾政室内布置的梅花、水仙、山石盆景

图7-157 第九十五回〈栊翠庵妙玉扶乩玉〉栊翠庵观音前盆景布置

图7-158 第一百二十回〈闻官报得中乡举人〉桂花盆景应用于室内环境布置

图7-159 第一百一十四回〈甄应嘉蒙恩还玉阙〉盆菊应用于室内环境布置

图7-160 第一百零一回〈悲远嫁宝玉感离情〉月季盆栽、兰花盆景应用于室内布置

图7-161 第四十回〈王凤姐罢饭秋爽斋〉缀锦阁摆饰的山水盆景

菊花盆栽，枝头粉红花怒放（图7-159）。此外，第八十八回〈甄应嘉蒙恩还玉阙〉描绘贾母房中情景。画面右侧自然式木几上摆放一圆盆菊花盆栽。

（6）月季盆栽、兰花盆景应用于室内布置

第一百零一回〈悲远嫁宝玉感离情〉描绘宝玉悲伤探春远嫁的事情。宝玉房间内摆放盆景盆栽：床上长方形台桌上放置书籍与兰花盆景，红色长方盆，兰花盛开；画面右侧床前方桌上，放置一圆盆月季盆栽，月季主干扭曲，花朵盛开（图7-160）。

此外，第八十一回〈贾宝玉伤心述缘故〉描绘潇湘馆中宝玉来见黛玉的情景。房间内部屏风前条形案上摆放一长方盆兰花盆景。

（7）水仙盆景应用于潇湘馆布置

第五十二回〈俏平儿情掩虾须镯〉画面中透过窗子可见潇湘馆摆放的蓝釉长方盆水仙盆景。

2. 室内环境中陈设的山水类盆景

（1）缀锦阁摆饰的山水盆景

第四十回〈王凤姐罢饭秋爽斋〉描绘贾母、薛姨妈、刘姥姥等一起在缀锦阁吃酒的情景。在正面墙上大型山水画幅之前的两个主要席位之间，摆放一长方台桌，上置绿釉长方盆，其中安放三个山峰构成的山石盆景，中锋为主峰，偏右最高，二峰安置主峰左右两侧。形成山石盆景为近景、山水画为远景的观赏效果（图7-161）。

（2）天齐庙净室内的蒲石盆景

第八十回〈王道士胡诌妒妇方〉描绘宝玉在天齐庙净室向王道士求治女人妒病药方一事。净室墙前摆放高脚木几一个，上置绿釉圆盆蒲石盆景，增添了净室的典雅气氛（图7-162）。

（3）凤姐厅堂摆饰的孤赏奇石

第八十八回〈贾芸送礼求凤姐差〉描绘贾芸送礼给凤姐谋差的情景。厅堂的山水画前的条案上从左向右摆放菊花插瓶、花瓶以及观赏奇石。孤赏奇石为太湖石或者灵璧石，玲珑剔透，形状奇特（图7-163）。此外，第九十四回〈失宝玉通灵知奇祸〉画面中出现了与凤姐厅堂摆饰的孤赏奇石相似的奇石。

图7-162 第八十回〈王道士胡诌妒妇方〉天齐庙净室内的蒲石盆景

图7-163 第八十八回〈贾芸送礼求凤姐差〉凤姐厅堂摆饰的孤赏奇石

清代版画中的盆景作品

清代木刻版画中出现了大量的盆景作品图片，其中尤以《鸿雪因缘图记》与《点石斋画报》为代表，特别是《点石斋画报》可以说是清代末期盆景作品连载书。

麟庆《鸿雪因缘图记》中的盆景

麟庆（1792—1846），姓完颜氏，字伯余，别字振祥，号见亭，清满洲镶黄旗（亦署长白即今吉林省长白县）人，他是女真贵族的后裔，嘉庆十四年（1809）中进士授中书，后历任湖北巡抚、江南河道总督等职。擅诗文，所著有《黄运河口古今图说》《河工器具图说》及诗文集《凝香室集》等。

《鸿雪因缘图记》，全书共三集，每集分上、下两卷，一事一图，一图一记，凡240图、记240篇，系清麟庆撰著，汪春泉等绘图，为作者记述身世与亲历见闻之作。

麟庆曾经宦游大江南北，加以性好山水，所至之地皆不废登临，留心考察，见闻宏广，并将自己所历所闻所见一一详加记录，复请当时著名画家汪英福（春泉）、陈鉴（朗斋）、汪圻（甸卿）等人按题绘成游历图，以期使生平雪泥鸿爪之印痕得以长久保留。是书以图文相辅相成的形式，实录其所至所闻的各地山川、古迹、风土、民俗、风俗、河防、水利、盐务等等，保存和反映了道光年间广阔的社会风貌。

清道光十八年（1838），麟庆门生王国佐曾将《图记》初、二集付之剞劂，因"图帙缜密，未得镌手，故只刊记文，未刊图画。"至麟庆殁后三年（1849），其子崇实、崇厚始在扬州觅得良工，将包括初、二、三集全部图画文字内容的《图记》刻板印行，刻工十分精美。

《鸿雪因缘图记》所载240图，内涵涉及山水屋木、人物走兽、舟车桥梁、包罗万象、纤毫毕具。郑振铎《中国古代木刻画史略》著录此书，称其"以图来记叙自己生平，刻得很精彩，可考见当时的生活实况。《鸿雪因缘图记》凡三集，卷帙最为浩瀚。"在240幅图中，出现了多幅有关盆景图片的画面。

1. 第一集〈静存受经〉中的松树盆景、山石盆景

〈静存受经〉描写作者十二岁时，在"静存"私塾通畅对诗、获得好评，并且以后经过努力学习进取，出人头地、受聘官职的情况。

画面左侧为私塾，中间庭院中栽植高大乔木一株，右侧前方条形石几，其上放置盆景两盆：一盆为斜干探枝松树盆景，另一盆为山石盆景（图7-164）。

2. 第一集〈兰馆写照〉中的兰花盆栽

〈兰馆写照〉描写作者驻扎黄河南岸八厅行馆时，见行馆后侧没有树木而栽种柳树，五年后柳树成荫。

画面描绘行馆厅堂与院落情景。厅堂后柳枝顺丰飘扬，绿树成荫；院落内沿道对称放置4个四脚高架，每侧两个，高架之上摆放大型深盆兰花盆栽；

493

兰花盛开，满院幽香阵阵（图7-165）。

3. 第二集〈福寿拜恩〉中的梅花、南天竹以及万年青盆景

〈福寿拜恩〉描写作者五十岁时，兼署两江总督，并得到皇上加赏寿字的事情。

画面中央描绘作者在厅堂大型山水画屏风前，接受皇上加赏寿字的情景。屏风前条案上摆放松竹梅插瓶，与山水画遥相呼应；右下角长方形台座上，放置三盆盆景从左向右为：四方深盆梅花盆景、圆盆万年青盆景、签筒盆附石南天竹盆景。梅花干枝虬曲变化，二枝一上一下，疏影横斜，暗香浮动。

南天竹基部配栽水仙，正在盛开（图7-166）。

4. 第二集〈芑香写松〉中的松树盆景

〈芑香写松〉描写荷香书院有四盆黄山松盆景，相传为乾隆时代陈设之物，乾隆南巡时曾命名为"清奇古怪"，这是根据苏州邓尉山香雪海司徒庙前的四株汉柏曾有此名。因四盆松树盆景有名，特招常熟画师芑香以图描绘的事情。

画面描绘以山石竹林为背景、前侧为水景曲栏之内的园林空间中，条形书案摆放其中，摆放在自然石台上的"清奇古怪"四盆黄山松盆景两盆在前，两盆在后，芑香正在观看描绘的松树盆景画稿（图7-167）。

图7-164 清代，麟庆《鸿雪因缘图记》第一集·静存受经中的松树盆景、山石盆景

图7-165 清代，麟庆《鸿雪因缘图记》第一集·兰馆写照中的兰花盆栽

图7-166 清代，麟庆《鸿雪因缘图记》第二集·福寿拜恩中的梅花、南天竹以及万年青盆景

图7-167 清代，麟庆《鸿雪因缘图记》第二集·芑香写松中的松树盆景

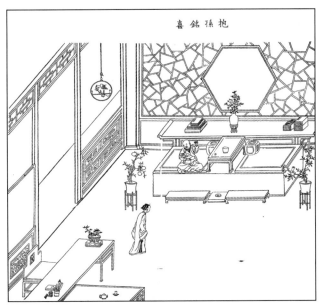

图7-168 清代，麟庆《鸿雪因缘图记》第三集·抱孙铭喜中的柑橘类盆景

图7-169 清，麟庆《鸿雪因缘图记》第三集·半亩营园中的盆景

图7-170 清代，麟庆《鸿雪因缘图记》第三集·双仙贺厦中的盆景

虽没有注明"清奇古怪"中的"清""奇""古""怪"分别是哪盆盆景，但四盆盆景形状不一，各具特色，具有较高观赏价值；加之乾隆命名称赏，具有人文价值。所以，这四盆黄山松盆景具有很高的收藏价值。

5. 第三集〈抱孙铭喜〉中的柑橘类盆景

〈抱孙铭喜〉描写作者喜得长孙，大名命名为嵩祝、乳名题名为日同，并抱孙赋诗、随后多位亲朋赋诗祝贺的事情。

画面描绘厅堂中，作者坐在书榻上喜抱长孙的情景。书榻两侧木架上，各放一盆景，左侧为柑橘类盆景，右侧为佛手柑盆景；左前方书案上摆放一盆景（图7-168）。

6. 第三集〈半亩营园〉中的盆景

〈半亩营园〉描写半亩园位于京城紫禁城外东北角，原为贾胶侯家宅，后李笠翁造园营建，成为园林。几经周转后，成为作者所有。经过提升改造后，轩曰拜石，廊曰曝画，阁曰近光，斋曰退思，亭曰赏春，室曰凝香。此外有娜嬛妙境、海棠吟社、玲珑池馆、潇湘小影、云容石态、罨秀山房等景点。

画面中央院落前方，摆放一列四盆大型盆景盆栽，除盆栽荷花可以断定植物种类外，左侧第一盆似乎为紫薇，其他两盆难以断定（图7-169）。这一列盆景盆栽，不仅丰富了庭园景观，而且增加了典雅气氛。

7. 第三集〈双仙贺厦〉中的盆景

〈双仙贺厦〉描写两只成仙蝴蝶前来采蜜的故事，似乎有些迷信成分，有可能只是两只普通的蝴蝶而已。

画面描绘庭院中，摆放三盆盆景，两盆对称陈设于厅堂大门两侧，一盆摆放于左侧廊前。对称陈设的两盆似为柑橘类盆景，左侧廊前为长方盆松树丛林盆景。松树丛林盆景多株松树疏密有致、高低错落，整

图7-171　清代，麟庆《鸿雪因缘图记》第三集·拜石拜石中的盆景

图7-172　清代，麟庆《鸿雪因缘图记》第三集·嫏嬛藏书中的草本类盆栽

体自然，树下配置山石，颇具诗情画意（图7-170）。

8. 第三集〈拜石拜石〉中的盆景

〈拜石拜石〉描写半亩园所藏奇石概况。因李笠翁改造半亩园，因而以山石著名。园中所存名石，多为康熙年间收藏。作者儿子购得一虎双筒，颇具形似。因缺少"皱""瘦""透"者，而收集已有之石罗列一轩，并嵌窗几，这些山石有：灵璧、英德、太湖、锦州等盆石，还有滇黔朱砂、水银、铜、铅等矿石。可见作者为奇石爱好者与收藏家。

画面描写拜石轩内可见一高大木假山，玲珑剔透，宛若窗棂。轩外庭园前侧，摆放一列奇石与盆栽，左侧为仙人掌，中央为高大太湖石，右侧为一盆栽（图7-171）。

9. 第三集〈嫏嬛藏书〉中的草本类盆栽

〈嫏嬛藏书〉描写半亩园最后被称为"嫏嬛妙境"的藏书屋情况。书屋前侧的院落中，对称摆放盆栽四盆，左右各两盆。四盆全为草本类盆栽(图7-172)。

《点石斋画报》中的盆景

1.《点石斋画报》简介

《点石斋画报》为中国最早的旬刊画报，由上海《申报》附送，每期画页八幅。光绪十年（1884）创刊，光绪二十四年（1898）停刊。《点石斋画报》共出44部528册。内容"选择新闻中可嘉可惊之事，绘制成

图，并附事略"，贴近生活，及时报道社会热点、朝廷腐败、列强侵略、民俗奇闻等。生动地展现了晚清各阶层人群的思想涌动和社会变化，对艺术及服装也有一定的研究和参考价值。

当时参与创作的画家除吴友如和王钊外，还有金蟾香、张志瀛、周慕桥等17人。这些画家多采用西方透视画法，构图严谨，线条流畅简洁优美。

点校版《点石斋画报》由相关人员点校完成，套装共44册，每册名称如下：

甲	野老闲谈	乙	豪杰归心
丙	梨园先生	丁	好事多磨
戊	飞龙在天	己	救人奇法
庚	犬识旧主	辛	太湖救生
壬	霖雨除旧	癸	醉妇亭记
子	名士钻篱	丑	祝融破案
寅	志遂凌云	卯	金字招牌
辰	缝工妙讽	巳	绿雪名蛛
午	英师问字	未	椒花晋酒
申	行舟新法	酉	女中丈夫
戌	江楼览胜	亥	鹭江画筋
中	行舟新法	西	女中丈夫
金	攀桂先声	石	仙鹤祝寿
丝	风筝雅会	竹	倔强性成
匏	花开称意	土	扫雪遇仙

革 女熟宏开　木 赛灯盛会
礼 北海奇观　乐 竹报平安
射 寒冬麦秀　御 祥征榜眼
书 女将督师　数 仙侣同舟
文 百鸟朝王　行 还金救子
忠 还珠邀奖　信 参戎好善
元 捉月奇谈　亨 狸奴救主
利 父子奇逢　贞 举鼎慑盗

2.《点石斋画报》中描绘的盆景作品概括

点校版《点石斋画报》有44册，每册约108幅图片，全书共有4700余幅图片。据统计，在这些图片中，描绘有盆景、盆栽作品的有216幅，如果按照2.5盆/幅计算，共有540盆盆景、盆栽。

由于盆景、盆栽数量众多，在此以列表形式进行总结，表中内容包括册名、主题名称、盆景放置场所与空间、盆景植物种类以及盆景树形形式（表7-2）。

表7-2　《点石斋画报》中描绘的盆景作品放置场所、植物种类与盆景形式

主题名称	放置场所、空间	盆景植物种类	盆景树形形式	主题名称	放置场所、空间	盆景植物种类	盆景树形形式
戊集:飞龙在天				永赐难老	室内台桌几架	菊花盆景六	
鼻之于臭	漏窗中	树木盆景一	斜干式	丑集: 祝融破案			
押解假官	室内台桌几架牡丹盆景一			奇妇难得	庭园须弥花池	菊花盆景一、菖蒲盆景一	
人不类人	室内台座	草本盆景一		讼师受骗	庭园几座	树木盆景一	附石式
海外奇书	室内几架	菊花盆景三		老当益壮	室内几架	菊花盆景二	
大盗狡谋	室内几架	菊花盆景二		偷儿风雅	室内树根几架	菊花盆景一、菖蒲盆景一	
畅饮龟溺	室内台桌几架菊花盆景二			登科预兆	庭园石桌	梅花盆景一、花卉盆景三	蟠干式
手生于颊	室内博古架	菊花盆景三		寅集:志遂凌云			
己集: 救人奇法				张灯斗宝	室内各种	盆景多数	蟠干式、半悬崖式
缅甸文臣	室内台座	草本盆景二		香闺豪兴	室内几架	树木盆景一、兰花盆景一	曲干式
树叶能行	室外赛花会场	各类盆景近十盆	蟠干	卯集:金字招牌			
庚集:犬识旧主				突而弁兮	室内树根几架	荷花盆栽一	
举舍利会	庭园	盆景庭园	各种形式	缩尸异术	室内几架	花卉盆栽一	
牝鸡司晨	室内几架	竹石盆景一、花木盆景一	斜干式	偕离孳海	庭园台座、室内几架	花卉盆栽三	
星使指南	庭园	花卉盆景庭园	各式式盆景	仙人劝赈	室内台桌	松树盆景一、花卉盆栽一	双干式
辛集:太湖救生				警回梦蝶	门外	挑卖盆景者	直干式
全人骨肉	庭园几架	荷花盆栽一		辰集:缝工妙讽			
姻缘前定	室内台桌几架	菊花盆景三		悔遭乐境	室内各种几架	菊花盆景各种	
壬集:霖雨除旧				谈巫二则	庭园	盆景庭园	
大小蒜头	室内几架	菊花盆景三		幼女工书	室内地面	佛手柑盆景一、花木盆景一	
鼠飞	室内台桌几架	万年青、菊花盆景各一		乔梓争风	庭园地面、石桌	菊花盆景二、万年青盆景一	
蝎训	室内几座	松树、梅花盆景各一	直干、斜干式	激怒狂瞽	室内台座	菊花盆景七	
狸噎	室内台桌几架	松树盆景	蟠干式	巳集:绿雪名姝			
西妓弹词	室内条案	松柏类盆景	象形、曲干式	肖而不肖	室内台座几架	梅花盆景一	文人木
癸集:醉妇亭记				种花得果	庭园地面	海棠盆景三	附石式、斜干式
爱花成癖	庭园	盆景庭园		绿雪名姝	庭园	盆景庭园	
翰墨因缘	室内条案几架	奇石、菊花盆景各一		知白守黑	室内书案	牡丹、芭蕉盆景各一	
认匄为父	室外地面与几架	植物盆景五盆		善贾深藏	庭园石桌	松树盆景等三盆	卧干式、斜干式
公余访古	室内几架	松树、花木盆景各一	斜干式	狭邪炯鉴	室内台桌几架	兰花盆景一	
子集:名士钻篱				施媪相攻	庭园石桌	盆景二	
盲人评古	室内多宝格	奇石二		鬼婢救生	庭园石桌	松树盆景等六盆	斜干式
临别赠言	室内台桌	花草盆景二		午集:英师问字			
搜访古书	室内台桌几架	花草盆景		官府旌善	室内几架、庭园几架	灵芝盆景一、荷花盆栽二	

主题名称	放置场所、空间	盆景植物种类	盆景树形形式	主题名称	放置场所、空间	盆景植物种类	盆景树形形式
花间勘贼	厅房内各种几座	各种盆景七盆	附石式	万福攸同	室内几架	松树盆景	半悬崖
催命图财	室内树根几架	树木盆景一		螽斯衍庆	室内几架	紫藤盆景等三盆	
天生奇偶	室外台座	花木盆栽二		人镜双圆	室外台座	盆景四盆	合栽式
狐谐	室内博古架上	树木盆景一、花卉盆栽二	斜干探枝式	丝集：风筝雅会			
未集：椒花晋酒				紫姑为崇	室外石桌	梅花盆景、万年青盆景各一	半悬崖
海滨一叟	庭园几架	荷花盆栽一		挈妾寻芳	室内几架	花木盆景二、水仙盆景一	
寻春无赖	室内几架	菊花盆景四		禅理除魔	室内几座	灵芝盆景	
西僧犯戒	室内台座几架	附石盆景一、盆栽月季一	附石式	行道有福	室外台座	花木盆景二	
花间祛箧	室内台座几架	菊花盆栽一		官邪受辱	室内几案	兰花盆景	
椒花晋酒	室内几架	树木盆景一		竹集：倔强性成			
喜迎紫姑	室内台座、几架	盆景五	附石式、曲干式	造福无涯	室内台桌	树木盆景二	附石式
职官不谨	室内博古架几架	梅花盆景一	蟠干式	瑞莲可爱	室外几架	荷花盆栽一	
申集：行舟新法				匏集：花开称意			
姑安言之	室内几架	草本盆景三		花开称意	室内几架	菊花盆景	
兰因猝件	室内台桌几架	兰花盆景		国香声价	室外	兰蕙盆景园	
他乡作合	室外石桌	梅花盆景一、草本盆栽二	斜干式	妖术可骇	室内几架	山石花木盆景	配石
暴殄天物	室内几架	兰花盆景		左文襄公轶事	室内几架	花木盆景多盆、山石盆景一	
西女裹足	室内栏杆上	南方花木盆景一				松类盆景一盆	迎风式
酉集：女中丈夫				土集：扫雪遇仙			
酒鬼该打	室内台座几架	梅花盆景一	斜干式	孖生志异	室内几架	树木盆景二	合栽式
庸医笑柄	庭园石桌	菊花盆栽四		菁英复会	室内几架	万年青盆景	
戌集：江楼览胜				麟阁英姿	室内几架	牡丹盆景、奇石各一	
一门贤孝	室外庭园	盆景庭园	配石	治聋有法	室内几架	花卉组合	
斗蟋雅戏	室内博古架、几案	奇石、菊花盆景		电气大观	室内几架	花卉盆栽二	
青蛙变幻	室内几架	菊花盆景二		庸医自杀	室内条案	兰花盆景	
妇人奇妒	室内几架	菊花盆景四		强人作佛	室内几架	兰花盆栽	
韩使清游	室内几架	菊花盆景五		游戏神通	室内几架	兰花盆栽二	
醋海风波	室内几座	花木类盆景三	蟠干式	蛇蛊	室内几架	牡丹盆栽	
远馈名泉	室内台座	水仙盆景		草集：女塾宏开			
亥集：鹭江画舫				捕亡奇术	室内台桌、室外台桌	兰花盆景三、竹子盆景一、菖蒲一	
无故相警	室内几架	松树盆景一、花木盆景一	直干式	假冒新郎	室内几架	兰花、菊花盆景各一	
小星毒计	室内、室外	竹子盆景一、杜鹃盆景一、花草盆栽二	丛林式、斜干式	斗草风清	室内几座	花草盆栽多数	
自上匾额	楼顶	松树盆景一、花草类盆栽三	半悬崖式	车夫还金	室内几架	兰花盆景三	
游僧窃鞋	庭园石桌	月季盆栽一		奇遇可疑	室内树根几架	兰花、菖蒲盆景各一	
金集：攀桂先声				延师笑柄	室内台桌	树木盆景	
疯犬宜防	室外地面	万年青盆景		幼孩失势	室外石桌	树木盆景二	斜干
狗盗宜惩	室外栏杆上	树木盆景二		木集：赛灯盛会			
奇方保赤	室内几架	荷花盆景四		吕仙显灵	室内几架	菊花盆景三	
泼悍宜责	室内台桌几架	树木盆景	直干	力除妖魅	室内台桌	菊花盆景三	
黠贼兔脱	室外石桌	万年青、金橘盆景各一	双干式	下第焚须	室内几架	菊花盆景	
石集：仙鹤祝寿				妙术化生	室外庭园几架	菊花盆景二	
嘉禾献瑞记	室内几架	兰花盆景二		闹房肇祸	室内几架	菊花	
侥幸成名	室外石桌	菊花盆景四盆		爆竹成妖	室内几架	菊花盆景三	
雌虎无威	室内几案	菊花盆景多数		智拒狡童	室外台桌	花草盆栽二	
菊开并蒂	室内几案	菊花盆景		错学冯媛	室内几架	菊花盆景	
东瀛异俗	室内几架	玉簪盆栽二		礼集：北海奇观			
诗妓	室内	菊花盆景三		黄冠绝技	室内几架	梅花盆景	曲干式
对花思睡	室外地面	玉簪盆栽一、花卉盆栽一		相国轶事	庭园亭子中央台桌	山石盆景一、树木盆景二	
邑尊讯鬼	室内几架	菊花盆景三					

主题名称	放置场所、空间	盆景植物种类	盆景树形形式
酒仙	庭园石桌	梅花、水仙盆景各一	蟠干式
芝生于房	室内台桌几架	水仙盆景	
百身莫赎	室外石桌	棕榈等盆景二	
大盗神通	室内台桌	牡丹等花木盆景二	
酒色酿祸	室内条案	兰花盆景二	
乐集:竹报平安			
纳宠异闻	室内条案	兰花盆景一	
孩生异手	室外台座	草花盆景二	
狐女多情	室内条案几架	树木盆景二	斜干式
青蝇示警	室内几架	兰花盆景二、花木盆景一	
丑汉可怜	室内台桌几架	草本盆栽一	
射集:寒冬麦秀			
严鞫倭奸	室内几案	花木类盆景	合栽式
命系一毛	室内台桌	花木类盆景	
西员受贺	室内台桌	菊花盆景	
巧受苞苴	室内几案	山石盆景	
义雀	室内几架	菊花盆景二	
疑主为鬼	室外几座	盆景庭园	合栽式
两世乔妆	室外地面	菊花盆景二	
书呆献策	室内几架	山石、树木各类盆景	合栽式
女学士	室内几架	菊花盆景三	
借物警人	室内几座	菊花盆景	
御集:祥征榜眼			
挽回造化	室内几案	水仙、梅花盆景各一	斜干式
钱癖	室内博古架	灵芝、珊瑚盆景各一	
庸医龟鉴	室内几案	花木盆景	
设井陷人	室外几案	松树一盆、花木盆景二盆	双干式
书集:女将督师			
衣冠贼	室内几架	菊花盆景一	
香生九畹	室内台桌	兰花盆景四盆	
逃妇械足	庭园石桌几架	草本盆景三	
索门生帖	室内树根几架	兰花盆景二	
衅起伦常	室内几架	草本盆景二	
示人不测	庭园树根几架	牡丹盆景一	合栽式
铳击巨蛛	室内博古架	奇石二	
数集:仙侣同舟			
齿落增悲	室内博古架	山石盆景	无关
请观刑具	室内几架	菊花盆景五	无关
文集:白鸟朝王			
奇女入幕	室内几架	梅花、万年青盆景各一	半悬崖式
召王示报	室内台桌	菊花盆景二	
先淫后烈	室内博古架	奇石一、植物盆景二	
金铸范蠡	室内几架	水仙盆景	
玉堂富贵	室外庭园	盆景庭园	
德门盛会	室内台桌几架	树木盆景六、奇石一	合栽式
鳖作人言	室外台桌	菊花盆景	
行集:还金救子			
为夫忏悔	室外高脚几架上	花木类盆景二盆	
前因可证	室内几架上	花木类盆景三盆	
女巫跳神	室内高脚几架	菊花盆景二盆对置	
大煞风景	室外石桌	花木类盆景三盆	直干式
犬除狐媚	室内几架	菊花盆景一盆	
忠集:还珠邀奖			
望子奇闻	室内树根几架	花草盆景二盆	
白象西来	象背上	万年青盆景	
剖竹探丸	室外	菊花盆栽三盆	
棋局翻新	室内几架	花木盆景二盆	悬崖式
忍辱免祸	室内几架	菊花盆景三盆	
典妻贩婢	室内几座	菊花盆景五盆	
还珠邀奖	室内几架	菊花盆景二盆	
信集:参戎好善			
因祸为福	室内	梅花盆景、水仙盆景	半悬崖式
合欢橘	室外	柑橘盆景等各式盆景多数	直干式
放鸽未成	室外平台	兰蕙盆景三盆	
元集:捉月奇谈			
不认同年	室内台桌几架	兰花盆景	
儿生有尾	室内树根几架	树木盆景	一本多干式
虎登王位	室外楼顶花园栏杆上	盆景三	
狐钦孝女	室外石桌	树木盆景三	一本多干式
亨集:狸奴救主			
镖师退贼	庭园台座	盆栽月季一、玉簪盆栽一	
犬知代责	庭园石桌	花木盆景三	
生死关头	室内台案几架	花木盆景二	
鬼话哄官	室内台案几架	花木盆景二	
易妻贻笑	室内几架	花木盆景一	一本多干式
交印奇谈	庭园石桌	菊花盆栽二	
鸽归万里	室内几架	花卉盆景三	
蜘蛛救驾	室内地面、几架	花卉盆景六	
老官难做	桥头	盆景三	
武士除妖	庭园石桌	盆景三	
利集:父子奇逢			
白头艳福	室内几案	花木盆景二盆	合栽式
僧尼过年	室内几案	水仙盆景	
狐仙警世	室内案桌	水仙盆景	
一支兰	室外石桌	兰花盆景二盆	
方敏恪公逸事四	室内廊下	牡丹盆景二盆	
离妇苦衷	室外栏杆上	花木、花卉盆景各一	
贞集:举鼎摄盗			
公是公非	室内几架	兰花盆景二	
狐戏狂生	庭园石桌	兰花盆景	
黄人作祟	室内几座	兰花盆景	
观察自刎	室内多宝格	奇石、灵芝、菖蒲、花木盆景各一	合栽式
评花韵事	室内几架	各类盆景六盆有关	合栽式
知音犬	室内台桌几架	树木、菖蒲盆景各一	合栽式

3.《点石斋画报》中重点描绘的盆景作品

因为本书中描绘盆景的画面多达 200 余幅，限于篇幅，不可能一一介绍，在此选择有代表性的画面 26 幅进行说明。

（1）己集《救人奇法》〈树叶能行〉中赛花会中的盆景盆花

本节记述香港公家花园举办赛花卉的盛况，正如文中描写："姹紫嫣红，五光十色，品类之富可想而知。"其中有一小树，可以行走。估计纯属无稽之谈。从图中可以在一定程度上看出赛花卉上展示的盆花、盆栽果树以及树木盆景的技术与水平（图 7-173）。

（2）庚集《犬识旧主》〈举舍利会〉中的盆景庭园

文中记载到："隆兴寺在杭垣西大街之长寿桥，一小兰若也。红羊劫后，孤塔巍然，荒草颓垣久已，无人过问。嗣经在籍绅士，寻碑吊古，考志征名，筹款鸠工，大兴土木。除殿宇房廊业经修治外，更于后园培土为阜，栽花木其上；凿水为池，养鱼鳖于中。"可见，杭州杭垣西大街隆兴寺后园经过挖湖堆山、栽种花木、放养鱼鳖，形成一座精致美丽的园林。图中

描绘园林中摆满各种奇卉异草、花木盆景，招惹市民前来欣赏的盛况（图 7-174）。

（3）庚集《犬识旧主》〈星使指南〉中的热带花木盆栽

本节描写刘芝田星使抵达新加坡受到热烈欢迎、用完晚餐后游览公家花园的情景。花园内热带、亚热带花木种类繁多，地栽盆栽形式多样，值得人们流连忘返（图 7-175）。

（4）壬集《霖雨除旧》〈蝎训〉中的苍松古梅盆景

本图描写六位成人与一位儿童专心欣赏训蝎之情景。画面右后侧博古架上，放置两盆盆景：前者为方盆松树盆景，树皮苍老如龟纹，树干分两枝，一正一斜，枝叶繁茂，树冠呈伞形；后者为一斜干探枝梅花盆景，疏影横斜，花开枝头（图 7-176）。

（5）壬集《霖雨除旧》〈西妓弹词〉中的象形盆景

本图描写达官贵人们专心视听西方武妓者弹唱之情景。舞台右侧平台上，成排摆放五盆盆景，中央为松树盆景，两侧分别摆放一盆象形盆景，右侧似为展翅仙鹤，左侧似为奔腾骏马，左右最外侧各摆放一杂

图7-173 己集《救人奇法》〈树叶能行〉中赛花会中的盆景盆花

图7-174 庚集《犬识旧主》〈举舍利会〉中的盆景庭园

图7-175 庚集《犬识旧主》〈星使指南〉中的热带花木盆栽

图7-176 壬集《霖雨除旧》〈蝎训〉中的苍松古梅盆景

图7-177 壬集《霖雨除旧》〈西妓弹词〉中的象形盆景

图7-178 癸集《醉妇亭记》〈爱花成癖〉中的盆景庭院

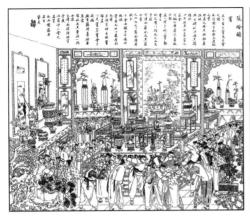

图7-179 寅集《志遂凌云》〈张灯斗宝〉中的盆景、
奇石

图7-180 卯集《金字招
牌》〈警回梦蝶〉中的卖花
老妪

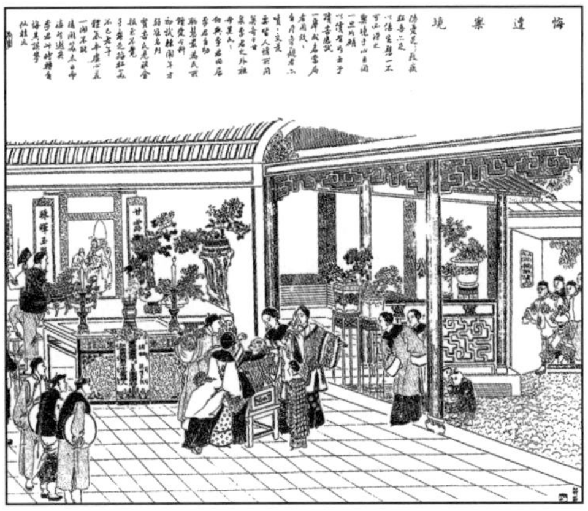

图7-181 辰集《缝工妙讽》〈悔遭乐境〉中的菊花
盆景

木盆景（图7-177）。舞台侧旁摆放盆景，不仅增添了典雅气息，而且也增加了周围环境的生机活力。

（6）癸集《醉妇亭记》〈爱花成癖〉中的盆景庭院

本节描写某妇人爱花成癖、接近怪诞的故事。画面描绘亭廊湖石庭园中，花木芬芳，盆景点缀，与正在辛勤挖土、灌水的妇人、侍女形成和谐的场景（图7-178）。

（7）寅集《志遂凌云》〈张灯斗宝〉中的盆景、奇石

本节记述北京琉璃厂各珠宝铺张灯斗宝的情景。从本图描写的各店铺摆放的珠宝情况来看，奇石、盆景也属于珠宝的范畴或者是珠宝铺重要的装饰品。图中各式奇石、盆景、插花琳琅满目，无奇不有。特别是画面前面左侧摆放于根雕几座上的悬崖式松树盆景，悬根露爪，树干虬曲，松针密实，整株似蛟龙探水；右侧摆放于根雕几座上的似为柏树盆景，盘根错节，树干探下而急剧扭转腾起，与左侧悬崖松形成鲜明的对比（图7-179）。

（8）卯集《金字招牌》〈警回梦蝶〉中的卖花老妪

本节描写广东妇女喜戴鲜花，某妇人每早用旧花到卖花老妪处兑换新花。一日，婢女拿错妇人玉蝴蝶送给卖花老妪后，妇人非常气愤，对婢女施以暴力。老妪得到玉蝴蝶后，得场大病，并在梦中见有老人索要玉蝴蝶，即原璧归赵，病得痊愈。

老妪弯腰挑担，起早摸黑，沿街叫卖盆景鲜花，非常辛苦（图7-180）。

（9）辰集《缝工妙讽》〈悔遭乐境〉中的菊花盆景

本节描写甘泉李君之外祖母当听说李君乡试考中时，因过于高兴而导致逝去的故事。画面厅堂之中，供位两侧、栏杆之前，摆放高脚几架，其上摆放各种菊花盆景，盆有四方、圆形、束口圆形，有种植一株、两株者，菊花之白花、黄花者，倒也与老者猝死的氛围相配（图7-181）。

（10）巳集《绿雪名姝》〈绿雪名姝〉中的盆景花圃

本节描写吴郡沧浪亭畔绿雪轩花圃圃主女儿，聪慧美丽，富家子弟为了一窥其姿容而到花圃来买花。女儿藏而不见。隔巷蒋家之子，刻苦努力，学业上进。被女儿看中后经媒人说和而成婚。本图描写竹篱笆内盆景庭园胜景：湖石奇树中，各式盆景盆花，高低错落，陈设有序，园圃不大却很精致（图7-182）。

（11）午集《英师问字》〈花间勘贼〉中的菊花盆景

本节描写乾隆年间某京官饭后去花园中赏菊花时，听到"有贼"叫声而救贼的故事。画面中，穿过挂有"览胜"楹联的圆洞门后，沿湖石边竹栏杆前行，到达梧桐树荫下的亭廊前。亭廊中摆有博古架、高脚几架、根雕台座，根雕台座上又摆有低矮几架。博古架、几架上摆满各式菊花盆景，有椭圆盆、签筒盆、圆盆，栽种形式有附石式、单干式、双干式、悬崖式（图7-183）。从图绘菊花盆景栽培质量和造型技术来看，当时水平已接近现在或者已经达到现在水平。

（12）戌集《江楼览胜》〈一门贤孝〉中的盆景庭院

本节描写湖州人沈梓田得重病时，其妻程氏焚香默祷，愿以身相代，两女一子割臂疗亲的一家贤孝的故事。画面右侧为一房屋，左侧栽植高大乔木，

图7-182 巳集《绿雪名姝》〈绿雪名姝〉中的盆景花圃

图7-183 午集《英师问字》〈花间勘赋〉中的菊花盆景

图7-184 戌集《江楼览胜》〈一门贤孝〉中的盆景庭院

图7-185 戌集《江楼览胜》〈韩使清游〉中的菊花盆景

图7-186 金集《攀桂先声》〈奇方保赤〉中的荷花盆栽

图7-187 石集《仙鹤祝寿》〈雌虎无威〉中的菊花盆景

中央后侧放置两个石桌，石桌上摆满盆景。其中有三盆菊花盆景、一盆月季盆景、一盆为配石苏铁盆景，另一盆低矮者似为多肉植物。画面中有磕头祈祷者，有护理伤痕者，与平房、大树、墙外竹子以及石桌上的盆景、盆栽，构成一幅祥和、静谧的气氛（图7-184）。

（13）戌集《江楼览胜》〈韩使清游〉中的菊花盆景

本节记述高丽进士赵玉坡游五羊城、遍访官署、广交朋友、擅长书法等故事。画面描写某官人家境况：正堂之后与左侧墙前，摆放台座、条案，其上摆置几架，几架上摆放菊花盆景：左侧摆有签筒盆双干、长方盆配石丛植；主人、客人后侧，摆有签筒盆三干、圆盆多干者。菊花盆景增添了厅堂的雅致、生机与袭人香气（图7-185）。

（14）金集《攀桂先声》〈奇方保赤〉中的荷花盆栽

本节描写某太守帮忙治愈金陵龚某爱子疾病的故事。画面描绘在龚某家中治疗爱子疾病的情景。庭园中放置四个高低不同的高脚几架，放置四盆盆栽荷花，威风吹来，荷叶摇曳，荷花盛开，麝香阵

阵（图7-186）。庭园中摆放盆栽荷花是我国最晚自唐代以来的美化庭园的手法。

（15）石集《仙鹤祝寿》〈雌虎无威〉中的菊花盆景

本节描写生活运气轮流转的故事。画面中的室内博古架与条案上摆上低矮几架，上边摆放各式菊花盆景。这些菊花盆景成为室内环境的一部分（图7-187）。

（16）鲍集《花开称意》〈国香声价〉中日本兰花庭园

兰花被誉为王者之香。本节描写日本艺兰者栽培的名贵兰花及其很高价格。画面中右侧为日式住宅，左侧为假山、假山上的茅草亭，庭园竹篱笆之前，几架、台座、平台之上摆满了各式兰花，其中不乏名贵品种与价值连城者。该庭园实为一兰花庭园（图7-188）。

（17）鲍集《花开称意》〈左文襄公轶事〉中的松梅迎风式盆景

本节描写左文襄公与林则徐的轶事。画面中几架上放置两盆盆景：右侧为松树盆景，枝干折枝而长，枝叶偏向右侧，形成迎风式树形；梅花树形也与松树统一，蟠干错节，枝条折枝而偏向右侧，梅

朵盛开，暗香浮动（图7-189）。

（18）草集《女塾宏开》〈斗草风清〉中的斗草韵事

本节记述苏州城内某大家女公子绝世清才、别绕雅兴，约同姊妹数人遍觅奇花异草，陈列庭园台桌上，互争胜负的情景。在斗草过程中，姊妹们用了不少盆栽盆景植物。各位专心斗草，其乐融融（图7-190）。

（19）射集《寒冬麦秀》〈疑主为鬼〉中的盆景庭园

本节记述某教书先生起夜方便时，发现门帘外有人作拜谒状，以为神鬼。当上前准备捉鬼时，发现是本家主人。后向仆人询问，方知主人为了使儿子读书成名，特敬圣人与先生。

画面中的庭园中，石桌之上摆满了各种树形、各种大小的盆景，该庭园实为一盆景庭园（图7-191）。

（20）射集《寒冬麦秀》〈书呆献策〉中的盆景盆石

本节描写某书呆给两江帅献计破倭奴的故事。厅堂中墙前、主堂处摆满了各式盆景，特别在最主要位置摆放了盆石，山石剔透奇特，酷似动物头像（图7-192）。

（21）书集《女将督师》〈香生九畹〉中的兰蕙名品

本节记述金陵人喜好栽培鉴赏兰蕙的风习，特别是青溪某寓公，栽培的一花九瓣品种更是上乘之品。此处引用原文如下："金陵自入春以来，街市间担售兰蕙者，几至贱同萧艾。都人士贪其价廉，莫不购致数茎，以备芸窗清玩。其中间有佳品，亦不过荷瓣、蜡瓣及素心诸类，此外诚不多觏。日前青溪某寓公，偶购得蕙兰数盆，含葩结蒂，似与凡品不同。比及盛开，果然一花九瓣，共开六茎，悉皆并蒂，花瓣作玻璃色，花心作淡黄色，幽香馥郁，实为绝无仅有之物。主人于无意中得此佳种，欣喜莫名，遂治酒肴，遍邀亲友，相与共赏奇葩。是亦一时韵事也。"画面描绘人们正在品赏兰蕙之情景（图7-193）。

图7-188 鲍集《花开称意》〈国香声价〉中日本兰花庭园

图7-189 鲍集《花开称意》〈左文襄公轶事〉中的松梅迎风式盆景

图7-190 草集《女塾宏开》〈斗草风清〉中的斗草韵事

图7-191 射集《寒冬麦秀》〈疑主为鬼〉中的盆景庭园

图7-192 射集《寒冬麦秀》〈书呆献策〉中的盆景盆石

图7-193　书集《女将督师》〈香生九畹〉中的兰蕙名品　　图7-194　文集《白鸟朝王》〈玉堂富贵〉中的玉兰与盆栽牡丹　　图7-195　忠集《还珠邀奖》〈典妻贩婢〉中的菊花盆景

图7-196　信集《参戎好善》〈合欢橘〉中的柑橘盆栽　　图7-197　贞集《举鼎摄盗》〈观察自刎〉　　图7-198　贞集《举鼎摄盗》〈评花韵事〉中苏州照相馆中的盆景布置

（22）文集《白鸟朝王》〈玉堂富贵〉中的玉兰与盆栽牡丹

本节描写扬州某道院花园，广荫数亩，盆栽地栽花木甚多，玉兰未谢，牡丹又开的"玉堂富贵"场景，同时记述某道士巧遇花神之情景（图7-194）。

（23）忠集《还珠邀奖》〈典妻贩婢〉中的菊花盆景

本节描写广西平南人刘某典妻贩婢、最后导致"两婢既失，家室又空，归无可归，懊恨欲绝"的结果。图面描绘刘某向富家抵押妻子得到三十元钱的情景。画面为富家厅堂内与透过门窗看到庭园环境，厅堂内几架上摆了三盆圆盆菊花盆景，庭园内台座上陈设着两盆以上长方盆丛植菊花盆景（图7-195）。

（24）信集《参戎好善》〈合欢橘〉中的柑橘盆栽

本节记述扬州某巨绅培养橘树结果二十余个并蒂橘，以为祥瑞，起名为"合欢橘"，并召集名流墨客、饮酒赋诗的故事。画面描绘名流们欣赏并蒂橘的情景：园丁手捧并蒂橘供人观赏，此外手捧并蒂橘园丁身旁、画面右侧前方庭园中以及远方桥头上共有三位担挑柑橘等盆景、盆栽者叫售自己的产品（图7-196）。

（25）贞集《举鼎摄盗》〈观察自刎〉

本节记述浙江籍官吏位居金陵洋务局总办时，勾通某洋人运贩米粮出口、导致内地米粮一空，被南洋大臣刘帅闻知后，逼令自裁的故事。画面描绘正在逼令自裁的情景。刘帅身旁博古架上，摆放有奇石、灵芝盆景、菖蒲盆景，身后条案几架上放置花木盆景（图7-197）。博古架上的奇石、盆景以及几架之上的盆景，增添了帅府的典雅氛围和活泼气氛。

（26）贞集《举鼎摄盗》〈评花韵事〉中苏州照相馆中的盆景布置

本节描写居住在苏州的南浔富绅公子某甲与其戚某乙召集年轻美女们在柴河头照相馆照相、以便利于挑选意中人故事。画面描绘美女们在照相馆等待照相的情景。照相馆内摆满了各式盆景，以便照相时给人作为陪衬（图7-198）。

第十一节
《姑苏繁华录》与
《乾隆南巡图》中描绘的苏州
盆景盛况

徐扬简介

徐扬，字云亭，苏州吴县人，家住苏州阊门内专诸巷，原为一名监生，擅长人物、山水、界画，花鸟草虫亦生动有致。清朝乾隆十六年（1751），乾隆皇帝南巡到苏州，徐扬和同乡张宗苍献上了自己的画作，得宠，二人被任命为"充画院供奉"，当年六月徐扬领旨来到京师，从民间草根一跃吃上皇粮。乾隆十八年（1753），被钦赐为举人，授内阁中书。

徐扬世居苏州，曾经参与过《苏州府志》《苏州府城图》《苏州府九邑全图》《姑苏城图》等图书的编绘，并多次陪同皇帝下江南，对圣意自然心领神会，凭借自己对家乡历史、文化与地理的谙熟，以长卷形式和散点透视技法，于乾隆二十四年（1759）画成《姑苏繁华图》，进献给乾隆皇帝，并自书跋语说："有感国家治化昌明，超轶三代，……幅员之广，生齿之繁，亘古未有"，是为"图写太平"，歌颂"帝治光昌"。

徐扬《姑苏繁华录》简介

清代前期，苏州是全国经济、文化发达的城市，人称"吴阊至枫桥，列市二十里"。东南的财政赋税，姑苏最重；东南的水利，姑苏最为重要；东南的文人名士，姑苏最为显著。山海所产的各种珍奇特产，外国所流通的货币，来自于四面八方，千万里的商人，车马集聚。康熙帝为了了解地方情况，曾六次

巡游江南，乾隆也六下江南，苏州素有"天堂"之称，人文荟萃，物产丰饶，风物佳丽，自然得到帝王的流连爱好。

乾隆每次南巡必在苏州停驻，逗留时间大大超过了康熙，但仍不能消解其对这座城市的相思之情，于是命自己属意的画师徐扬摹写留念，以便能随时瞧一眼这世间的繁华美景。

《姑苏繁华图》又名《盛世滋生图》，纸本设色。全长 1225cm，宽 35.8cm。现藏辽宁省博物馆。该图卷以苏州当时繁华景象为背景。从苏州城西灵岩山起，由山下的木渎镇东行，过横山，渡石湖等等，再入姑苏城。再自葑盘、胥门、出阊门外，转入山塘街，至虎丘而止。整个画面包括太湖至虎丘近百里的风光山色、地理民俗、政治经济、文化艺术、建筑园林等极为丰富的内容，重点描绘了一村、一镇、一城、一街的景况。妙笔丹青，画出了江南的湖光山色、水上人家、水运漕行、田园村舍、商贾云集等繁盛图景。

全图构思巧妙，疏密有致，重点突出，笔墨精道，气势宏大。虽不免有粉饰之处，但与历史文献相印，不失其实，故不愧为一件写实的杰作，是研究"乾隆盛世"的形象资料，具有极大的历史价值，是形象的历史教科书。

苏州，园林寺观数量众多，盆景苗木全国有名，《姑苏繁华图》中不仅出现了多处园林胜迹，而且还出现了多处运送、贩卖以及摆设盆景的场面。

《姑苏繁华录》中描绘的苏州盆景盛况

1. 图卷中描绘的两家"四时盆景"店铺

（1）半塘桥畔的白堤花市与"各色花草，四时盆景"店铺

半塘桥畔为花木市场集中之处，桥头一店铺门外挂有"各色花草，四时盆景"招牌，装运花木盆景的两只船正靠在岸边，等待着卸货。右边船只装满了十二株土球完整、盛开红花的梅树；左侧船只除了载有五株与右侧船只相同的梅树，在船头、船尾分别载有两盆盆景，船尾两盆似乎为白梅或者绿萼梅盆景，船头两盆为有支架的某种藤本植物。通过玻璃，可以看到店铺里面摆放的红梅盆景商品（图7-199、图7-200）。根据清人顾禄记述虎丘名胜的书籍《桐桥倚棹录》记载，清代中叶在山塘桐桥以西，有花木店铺十余家，皆有园圃数亩，称为"园场"，种花之人称作"花园子"，花之市谓之"花场"，集中于山塘桐桥以西的花园弄、马场弄口，每日拂晓，乡间花农负筐于此赶集。山塘盆景尤负盛名，康熙进士沈朝初《忆江南》词云："苏州好，小树种山塘，半寸青松虬千古，一拳文石藓苔苍，盆里画潇湘。"

（2）山塘河西段的"四时盆景"店铺

自半塘至虎丘，中经普济桥，一路行来，桃红柳碧，水光花影，俏男倩女，画船笙歌，风景之美妙，令人目不暇接。同时，山塘街沿岸又是传统商市，各种著名特产都有贩卖。在众多商店之中，也有一家盆景商铺，与半塘桥头挂有"各色花草，四时盆景"招牌不同，只挂有"四时盆景"招牌，透过开着的大门和玻璃落地窗，可以看到里面放满盆景（图7-201）。

2. 图卷中描绘的船运、船养盆景

图卷中出现了多幅河中船头摆放数盆盆景的情景，估计有的船夫以船为家，因为喜好盆景，便在船头上养上数盆。这些盆景与船夫、船只一样，终年穿梭在苏州城市河道（图7-202、图7-203、图7-204、图7-205）。除此之外，有的用船把盆景运送到岸边集市进行商卖（图7-206），有的用船来运送盆景（图7-207）。

3. 半截街花木盆景地摊与挑夫挑运、贩卖盆景

万年桥北，沿运河东岸之街市，清代名半截街，是胥门外闹市之一。从画面看，在不长的一条"半

图7-199　半塘桥畔的花木盆景店铺

图7-200　停泊在盆景店铺附近的运送盆景与花木的船只

图7-201　山塘河西段的"四时盆景"店铺

截"街上，即有往来的轿舆三乘，街东靠墙一边全是二层楼建筑的铺面，沿河还满设地摊，所售货物既有传统工艺品，又有柴草、花木盆景等农副产品。

此处描绘图中官人已经谈好价钱，官人正在告诉挑夫把这些花木盆景类挑到什么地方去（图7-208）。

图卷中出现数幅挑夫挑运盆景的场景：有的挑着小盆景快速地行走在商店前的人群中，估计是给某些需要盆景的客户挑送盆景，或者挑到另外一个街道的集市上贩卖（图7-209）；有的正在岸边叫卖，在此处叫卖的有梅花、贴梗海棠类等。

4. 图卷中描绘的盆景陈设

图卷中出现了数处陈设盆景的场景：有的摆放于庭园廊亭前（图7-210），有的摆放于门口之外的案台上（图7-211），有的摆放于河岸边的栏杆之内（图7-212、图7-213）。摆放的盆景有松树盆景、杂木盆景以及兰花盆栽等。

5. 图卷中描绘的卖盆处

图卷中法云庵附近有一家窑货铺，墙上写有"本窑缸坛发客"的字样，门外堆放着待销的盆坛壶罐各色窑货。一人肩挑缸坛朝河边而去，彼处泊有一小船，似为前来运货者（图7-214）。可以想象，盆景盆钵也在该处窑货的烧制之列。

根据记载，苏州窑货历史悠久，素以坚细见长。画中窑货铺所在的新郭，亦为窑作之乡，其近处为越城遗址，曾出土许多新石器时代的陶器。

图7-202 船夫以船为家，在船头上养上数盆盆景（一）

图7-203 船夫以船为家，在船头上养上数盆盆景（二）

图7-204 船夫以船为家，在船头上养上数盆盆景（三）

图7-205 船夫以船为家，在船头上养上数盆盆景（四）

图7-206 用船把盆景运送到岸边集市进行商卖

图7-207 用船只运送盆景的情景

图7-208 挑夫挑运盆景场景

图7-209 挑夫挑运盆景、叫卖盆景的场景

图7-210 摆放于庭园廊亭前的盆景

图7-211　摆放于门口之外的案台上的盆景

图7-212　摆放于河岸边的栏杆之内的盆景（一）

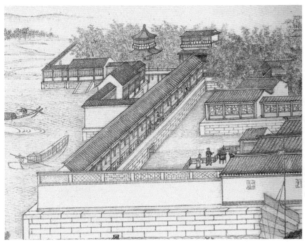

图7-213　摆放于河岸边的栏杆之内的盆景（二）

图7-214　待销的包括盆景盆钵在内的盆坛壶罐各色窑货

徐扬《乾隆南巡图》简介

　　《乾隆南巡图》是国家博物馆收藏的独具艺术特色的国宝级珍品之一，共12卷，总长154.17m，描绘了乾隆十六年（1751）乾隆皇帝第一次南巡的情景。这次南巡，历时112天，全程约2900km，乾隆共题写御制诗520余首，从中选出12首，"以御制诗意为图"，令宫廷画师徐扬依照前后次序分卷描绘。这12首诗构成图卷的十二章，它们分别是：启跸京师、过德州、渡黄河、阅视黄淮河工、金山放船至焦山、驻跸姑苏、入浙江境到嘉兴烟雨楼、驻跸杭州、绍兴谒大禹庙、江宁阅兵、顺河集离舟登陆以及回銮紫禁城。该图卷以中国画的写实手法，将诗、书、画三者结合起来，诗中的画意，画外的诗情与书法家的艺术相互映照，熠熠生辉。

　　《乾隆南巡图》有绢本和纸本两种，均为12卷，

图7-215　《乾隆南巡图》中描绘的虎丘山下盆景店铺

绢本已经散佚，现分藏于海内外不同的博物馆中。而纸本则完整地保存在北京故宫博物院，1959年调拨给中国历史博物馆，现珍藏于中国国家博物馆。

《乾隆南巡图》中描绘的苏州盆景盛况

〈驻跸姑苏〉一节主要描写了乾隆在苏州活动的情况，其中多个画面中出现了盆景。

1. 虎丘山下盆景店铺

虎丘山下河岸边，房屋数间，一棵高大乔木覆盖住整个屋前空地；房屋内木几与地面上摆满了各色盆景，一挑夫挑着两株开着粉红色花的梅树顺路而去；河岸边停放一艘船只，船夫在船上摆放从盆景店铺购买的三盆盆景，一人端着似为长方浅盆菖蒲盆景向船上搬运（图7–215）。

2. 市内盆景庭园与店铺

图中有一处院落，摆放多数盆景，门外船上也有盆景，基本上可以断定此处是一个盆景庭园，并且兼顾销售（图7–216）。

3. 运送盆景的船只

图中珍珠巷前的房屋之前，一艘船只靠在岸边，上边装着四株稍大梅花、两株小梅花，还有两盆盆景，船夫端着一盆开着粉红花的梅花正向岸边走去。

图7–216 摆放于门口之外的案台上的盆景

第十二节

《扬州画舫录》与扬州画派作品中描绘的扬州盆景盛况

李斗（艾塘）与《扬州画舫录》简介

李斗（1749—1817），字北有，号艾塘（一作艾堂），江苏仪征人。博通文史兼通戏曲、诗歌、音律、数学。作有传奇《岁星记》《奇酸记》，又有《艾塘曲录》《艾塘乐府》1卷、《永抱堂诗集》8卷、《扬州画舫录》18卷及《防风馆诗》等。

《扬州画舫录》是李斗所著的清代笔记集，共18卷。其《扬州画舫录》于乾隆二十九年（1764）开始搜集资料，于乾隆六十年（1795）成书刊行，历时30余年。书中记载扬州城市区划、运河沿革以及文物、园林、工艺、文学、戏曲、曲艺、书画、风俗等，保存了丰富的人文历史资料，历来为文史学者所珍视。书中记载了扬州一地的园亭奇观、风土人物。书中不仅有戏曲史料，还保存了一些小说史料。乾隆五十八年，袁枚为此书作序，认为此书胜于宋李格非的《洛阳名园记》和吴自牧的《梦粱录》。现存的有乾隆六十年自然庵初刻本、同治十一年（1872）方浚颐重印本等。

《扬州画舫录》中记载的扬州盆景盛况

《扬州画舫录》中多处记载了扬州盆景的情况，为研究清代扬州园林与盆景的重要文献资料。

1.〈卷一·草河录上〉中有关大型观果类盆景的记载

〈卷一·草河录上〉在华祝迎恩一节中记载到："华祝迎恩为八景之一。……两旁设绫锦绥络香襆，案上炉瓶五事，旁用地缸栽像生万年青、万寿蟠桃、九熟仙桃及佛手、香橼盆景，架上各种博古器皿书籍。"[34]可见，在华祝迎恩一带多用地缸栽培以观果为主的大型盆景盆栽。

2.〈卷二·草河录下〉中有关花树点景、山水点景的记载

〈卷二·草河录下〉对于花树点景、山水点景记载如下：

湖上园亭皆有花园，为莳花之地。桃花庵花园在大门大殿阶下，养花人谓之花匠。莳养盆景，蓄短松、矮杨、杉、柏、梅、柳之属，海桐、黄杨、虎刺以小为最，花则月季、丛菊为最。冬于暖室烘出芍药、牡丹以备正月园亭之用。盆以景德窑、宜兴土、高资石为上等，种树多寄生，剪丫除隶根，枝盘曲而有环抱之势，其下养苔如针，点以小石，谓之花树点景。又江南石工以高资盆增土叠小山数寸，多黄石、宣石、太湖、灵璧之属，有扎有岫，有蟑有杠，蓄水作小瀑布倾泻危溜其下，空处有沼蓄小鱼游泳。谓之山水点景[35]。

文中的"花树点景"与"山水点景"分别相当

于现在的树木盆景与山石盆景。该文献比较详细描写了扬州花匠制作与培养多种植物盆景的概况，同时，从内容可知，该处为清代时扬州盆景栽培中心地区。

3.〈卷三·新城北录上〉中有关花木盆景租摆专业户朱标的记载

〈卷三·新城北录上〉中对于朱标别墅花木盆景情况记载如下："柳林在史阁部墓侧，为朱标之别墅。标善养花种鱼，门前栽柳，内围土垣，植四时花树。盆花庋以红漆木架，罗列棋布，高下合宜。城中富家以花事为陈设，更替以时，出标手者独多。"[36]

可见，朱标养花技艺精湛，为当时扬州之花卉盆景专业户，并且已经开始为城中富家租摆花木盆景业务，并根据时间定期更换。

4.〈卷四·新城北录中〉与〈卷十二·桥东录〉中有关梅花盆景的记载

扬州私家多有种植花木的庭院，花木盆景爱好者常常相聚切磋技艺而出现了"百花会"，并且因修剪与制作梅花盆景而出现了名噪一时的"三股梅花剪"。据《扬州画舫录》〈卷四·新城北录中〉载："今年梅花岭、傍花村、堡城、小茅山、雷塘，皆有花院。每旦入城聚卖于市，每花朝于对门张秀才家作百花会，四乡名花聚焉。秀才名遂字饮源，精刀式谓之张刀。善莳花、梅树盆景，与姚志同秀才、耿天保刺史齐名，谓之三股梅花剪。"[37]可见扬州盆梅已达普及与盛行的状况。

此外，除了上记的张遂秀才、姚志同秀才、耿天保刺史被称为"三股梅花剪"外，当时扬州的盆景名家还有吴履黄等人。〈卷十二·桥东录〉记载到："吴履黄，徽州人，方伯之戚，善培植花木，能于寸土小盆中养梅数十年，而花繁如锦。"[38]寸土盆钵中的梅花可以培植观赏数十年，这不仅说明了梅花具有强健的生命力，而且也说明了吴履黄等具有高超的梅花盆景制作技艺。

5.〈卷六·城北录〉中有关花木盆景工匠汪氏的记载

〈卷六·城北录〉中对于种花人汪氏记载如下："勺园，种花人汪氏宅也。……后购是地种花，复堂为题'勺园'额，刻石嵌水门上。中有板桥所书联云：'移花得蝶，买石饶云。'……外以三脚几安长板，上置盆景，高下深浅，层折无算。"[39]

从记载内容可知，汪氏为花木盆景工匠，勺园中设置竖向空间摆设的专门的盆景栽培与观赏'三脚几安长板'，看来，勺园已是当时专门的盆景花木生产与展示园圃。

6.〈卷七·城南录〉中有关盆景专类园的记载

〈卷七·城南录〉中有关盆景专类园的记载道："风漪阁后东北角有方沼，种芰荷，夹堤栽芙蓉花。沼旁构小亭，亭左由八角门入虚廊三四折，中有曲室四五楹，为园中花匠所居，莳养盆景。"[40]

根据记载可知，此处不仅供园中花匠居住之处，而且也是养护盆景之处的盆景专类园。

扬州画派作品中描绘的盆景作品

扬州画派，即"扬州八怪"，是指清代康熙中期至乾隆末年活跃于扬州地区的一批职业画家。其人数和姓名说法不一。李玉棻《瓯钵罗室书画目过考》中，指汪士慎、黄慎、金农、高翔、李鱓、郑燮、李方膺、罗聘等8人。其实不止8人，且人名亦不固定。曾被后人列入"八怪"的，还有边寿民、高凤翰、杨法、李葂、闵贞、华嵒、陈撰等。其中郑燮（号板桥）占有突出的地位。

这一画派的共同特点，是不少人一生不得志、不当官，有的做过几年小官又弃官专门绘画为主。他们愤世嫉俗，不向权贵献媚，了解民间疾苦。重视思想、人品、学问、才情对绘画创作的影响。其实，扬州画派诸家在艺术上面各不相同，但也有共同之处：首先，由于他们大多都出身于知识阶层，都以卖画为生，生活清苦，故多借画抒发不平之气；其次，他们都注重艺术个性，讲求创新，强调写神，并善于运用水墨写意技法，画面主观感情色彩强烈，并以书法笔意入画，注意诗书画的有机结合。这些使得他们能够形成一股强大的艺术潮流，以标新立异的精神给画坛注入生机，并对后世水墨写意画的发展有着重要影响。

他们虽然也画山水、人物，但其主要画题以花卉为主，加之扬州地区的盆景在当时已发展到较高水平，所以，在他们作品中出现了多幅以盆景为画题的作品。

1. 郑燮《盆梅》《兰竹盆花图》与《兰竹图》

郑燮（1693—1765），字克柔，号板桥，江苏兴化人。曾任山东范县、潍县知县，后被诬罢官回乡，在扬州卖画为生。诗书画皆精，影响极大。工于兰

图7-217　清代，郑板桥《盆梅》

竹，尤精墨竹。主张继承传统"学三撇七"，强调个人"真性情""真意气"，多借画竹抒发心志。所画墨竹，挺劲孤直，干湿并用，布局疏密相间，以少胜多。重视诗文点题，并将书法题识穿插于画面之中，形成诗书画三者合一的效果。传世代表作品有《墨竹图》轴、《兰竹图》轴等。有诗文集行世。

郑板桥的《盆梅》中，两盆古朴自然的老桩梅花，横伸数条苍劲曲折的花枝，枯荣对比鲜明，形象地表现了当时梅花盆景的技艺水平（图7-217）。

《兰竹盆花图》描绘竹枝与盆栽蕙兰，寥寥几笔的竹枝占据画面中下部，盆中盛开蕙兰占据画面中上部，表现出竹雅幽兰的风韵美（图7-218）。

此外，郑板桥还画有《兰竹图》（图7-219）。

2. 黄慎《种梅图》《盆景图》与《金带围图》

黄慎（1687—1770），福建宁化人，初名盛，字恭寿、恭懋、躬懋、菊壮，号瘿瓢子，别号东海布衣，是清代杰出书画家。

现存南京博物馆的黄慎《种梅图》，描绘了老少二者正在鉴赏古干苍梅的情景（图7-220）。

黄慎《盆景图》描绘一长方浅盆中三株古梅合栽，给人以大树感觉，梅树旁边栽植盛开的水仙花，整体上似乎构成一盆水旱盆景（图7-221）。

《金带围图》描写数位文人雅事正在作画、赏画的场面。画面后方的须弥花池中，山石位于右侧，山石左后方栽植数株开花灌木，增加了环境的艺术性和趣味性（图7-222）。须弥花池景观虽然不属于盆景范畴，但其艺术原理与盆景基本相同，可以作为参考。

3. 金农《雪浪灵璧图》

金农（1687—1764），字寿门，号冬心，又号稽

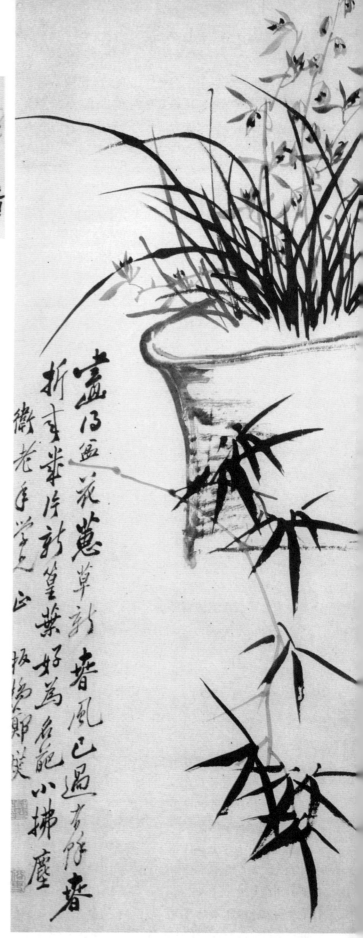

图7-218　清代，郑板桥《兰竹盆花图》，立轴，纵113cm、横46cm，现存清华大学美术学院

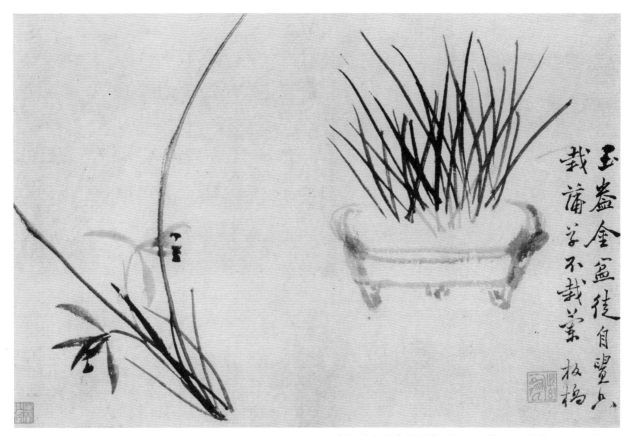

图7-219　清代,郑板桥《兰竹图》,纵31cm、横45cm,现存天津艺术博物馆

图7-220　清代,黄慎《种梅图》,纵94.3cm、110.1cm,现存南京博物院

图7-221　清代,黄慎《盆景图》

留山民、曲江外史、昔耶居士等,浙江仁和(今杭州)人。博学多才,工书画诗文,精篆刻、鉴定,居扬州画坛之首。举博学鸿词落选后,心情抑郁,周游四方,晚年卖画为生,生活清苦。50岁开始学画,兼善山水、人物、花鸟,尤工墨梅。所作梅花,枝繁花多,往往以淡墨画干,浓墨写枝,圈花点蕊,

黑白分明,并参以古拙的金石笔意,质朴苍老。传世画迹有《墨梅图》轴、《山水人物图》册等。有《冬心先生文集》等著作行世。

《雪浪灵璧图》中,左边山石为灵璧石,右边山石为雪浪石,二石都是我国著名山石。山石绘画加上题写文字,构成一幅完整美妙的山石图画(图7-223)。

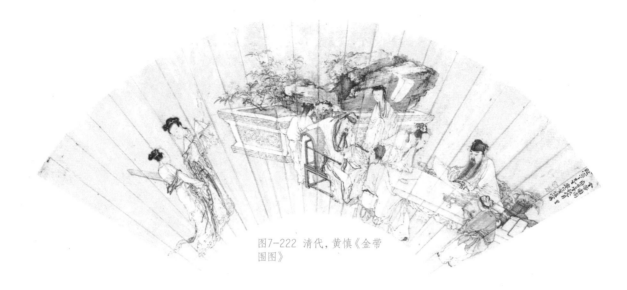

图7-222 清代，黄慎《金带
围图》

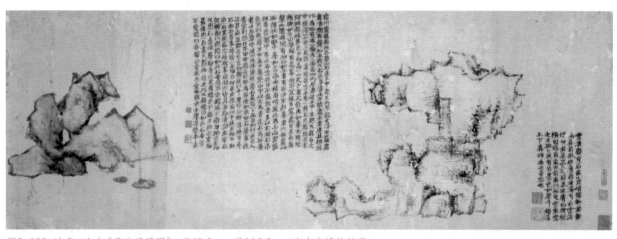

图7-223 清代，金农《雪浪灵壁图》，纵43.3cm、横119.3cm，广东省博物馆藏

4. 李方膺《盆菊图》与《盆兰图》

李方膺（1695—1755），字虬仲，号晴江，别号秋池，江苏南通人。曾任山东兰山知县及安徽潜山县令等职，几次被诬罢官。晚年寄居南京，以卖画为生。善画松石兰竹，晚年专于画梅。所作梅花以瘦硬见称，如故宫博物院藏《墨梅图》轴等。

《盆菊图》描写瓦盆中合栽的竹子、菊花与兰花的景象，画面左上方题诗道："莫笑田家老瓦盆，也分秋色到柴门；西风昨夜园林过，扶起霜花扣竹根（图7-224）。"

《盆兰图》描绘两盆破盆兰花，左侧题诗道："买块兰花要整根，神完气足长儿孙。莫嫌此日银芽少，只待来年发满盆（图7-225）。"

5. 高凤翰《梅花竹石图》与《逸仙拱寿图》

高凤翰（1683—1749），字西园，号南村，自称南阜山人，山东胶州人。曾任小官，去职后流寓扬州，55岁后，右手病废，改用左手，更号为"尚左生"。工于山水、花卉，山水师法宋人，近赵令穰、郭熙一路，晚年则趋于奔放纵逸。传世画迹有南京博物院藏《层雪炉香图》轴、中央美术学院藏《秋山读书图》轴等。著有《砚史》等行世。

《梅花竹石图》描绘梅花盆景与竹石盆景。上方为梅花盆景：蟠干红梅栽植于浅蓝色釉束口圆盆中，疏影横斜，暗香浮动，并且花之红色与盆之浅蓝色形成鲜明对比；下方为竹石盆景：山石稍稍左斜栽置于方形陶盆中，山石基部栽植小型竹子，盆

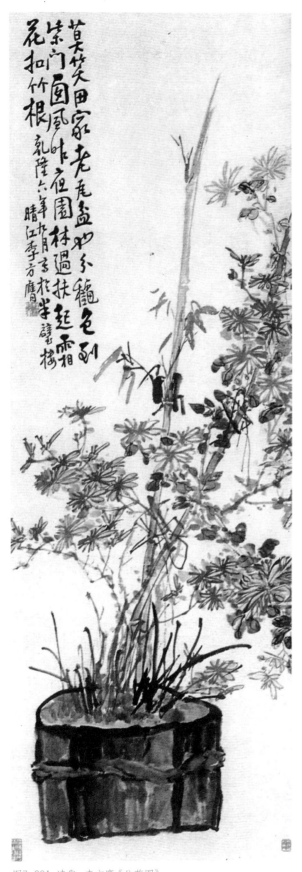

图7-224 清代，李方膺《盆菊图》

图7-225 清代，李方膺《盆兰图》，纵112cm、横34cm，现存扬州博物馆

景放置于几架上（图 7-226）。

《逸仙拱寿图》描写一株梅花被栽植于束口盆盎中，梅树蟠干虬曲，疏影横斜；梅花盆景左后方描绘一浑厚山石，山石左侧放置兰花小盆栽（图

7-227）。

6. 闵贞《富贵图》中的梅花盆景

闵贞（1730—1788）字正斋，湖北武穴人，扬州八怪之一。其画学明代吴伟，善画山水、人物、

图7-226 清代，高凤翰《梅花竹石图》

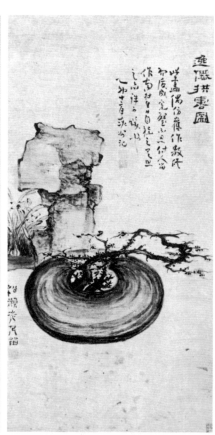

图7-227 清代，高凤翰《逸仙拱寿图》

图7-228 清代，闵贞《富贵图》，现存日本东京国立博物馆

图7-229 清代，禹之鼎《王原祁艺菊图》，纵32.4cm、横136.4cm，现存北京故宫博物院

花鸟，多作写意，笔墨奇纵，偶有工笔之作。人物画最具特色，线条简练自然，形神逼肖。

现存东京国立博物馆的《富贵图》由闵贞作于乾隆三十六年（1771），构图前方为一火盆，其后为一盆养水仙，在左后角，圆形盆中栽种一虬干老梅，主干迎风劲立，枝条顺风而生，实为一颇具力感的风吹式盆景（图7-228）[41]。

7. 禹之鼎《王原祁艺菊图》

禹之鼎（1647—1716），字尚（上）吉，一字尚基，一作尚稽，号慎斋。后寄籍江都（今扬州）。擅画肖像，亦能山水、花鸟、走兽。初师蓝瑛，后取法宋元诸家，转益各师，精于临摹，功底扎实。肖像画名重一时，有白描、设色两种面貌，皆能曲尽其妙。形象逼真，生动传神。有《骑牛南还图》《放鹇图》《王原祁艺菊图》等传世。

《王原祁艺菊图》图绘书画家王原祁庭园赏菊情景。王氏方脸长须，身着长袍，持杯端坐，神态悠然自得，气度雍容华贵。榻前精心栽培的盆菊和身旁放置的书籍、字画，反映出主人公的爱好和雅兴。画中以较大幅面工写栽植于不同容器中的菊花，高矮欹正各不相同。卷左二童子与卷右端酒瓮的童子，遥相呼应（图7-229）。

此外，禹之鼎之无名作，描绘似为一家落座厅堂中商议事情之情景。画面正前方高低错落的高脚几架与根雕几架上，摆放着数个花枝插瓶；画面左

前方地面上摆放着梅花盆景，几架上摆放着水仙盆栽、郁金香盆栽等。

8. 罗聘《菖蒲盆景》

罗聘（1733—1799），字遯夫，号两峰。江苏扬州人，一作安徽歙县人，金农弟子。工诗善画，笔情古逸，思致渊雅，深得金农神韵。墨梅、兰竹，古意盎然。道释、人物、山水，无不臻妙。

此册十二开，本开描绘一高一低两盆菖蒲盆景（图7-230）。画中题到："石女嫁得蒲家郎，朝朝饮水还休粮。曾享尧年千万寿，一生绿发无秋霜。"

图7-230 清代，罗聘《菖蒲盆景》

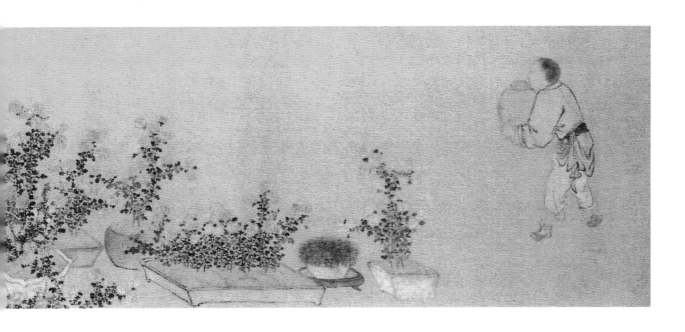

走街串巷卖花郎

随着花木盆景专业化生产规模的扩大和技术水平的提高，花木盆景的销售业也相应产生。花木盆景销售业的原始方式就是走街串巷的卖花郎。

李之世，字长度，号鹤汀，新会东亭人。明代神宗万历三十四年（1606）举人。晚年始就琼山教谕，迁池州府推官。未几移疾罢归。著作极多。李之世在其〈卖花郎〉一诗中，形象地描绘了卖花郎的繁忙与辛苦。

卖花郎
李之世

卖花郎，卖花郎，年年月月为花忙。
六时灌溉无停手，一岁能得几春光。
男叫女啼俱不理，惜花胜于惜儿子。
花正笑时尔独蕐，花睡浓时尔先起。
满园烂漫为谁春，花何富贵尔何贫。
漫道主人爱好花，奈何花开别主人。
城中日日看花醉，谁念种花人苦辛。

清代，随着各地花木盆景产业的发展和壮大，各地都出现了卖花郎。卖花郎最常见的形式就是在集市上叫卖，除此之外还有一种形式就是或用扁担挑着花木盆景，或用独轮车推着花木盆景，沿着大街小巷边走边叫卖。

清院本《清明上河图》中的卖花郎

《清明上河图》由北宋画家张择端（活动于12世纪前期）所作，描绘北宋都城开封汴河两岸市井间阎的繁华风貌，是宋代风俗画的巨作，现藏于北京故宫博物院。《清明上河图》宽24.8cm、长528.7cm，绢本设色。作品以长卷形式，采用散点透视构图法，生动记录了中国12世纪北宋都城东京的城市面貌和当时社会各阶层人民的生活状况，是北宋时期都城汴京当年繁荣的见证，也是北宋城市经济情况的写照。

这在中国乃至世界绘画史上都是独一无二的。在5m多长的画卷里，共绘了数量庞大的各色人物，牛、骡、驴等牲畜，车、轿、大小船只，房屋、桥梁、城楼等各有特色，体现了宋代建筑的特征。具有很高的历史价值和艺术价值。

由于《清明上河图》备受推崇与喜爱，自从问世至今，仿效或者复制的版本多达数百种，收藏于世界各大博物馆与私人藏家中。

清院本《清明上河图》，为乾隆时期宫廷画家陈枚、孙祜、金昆、戴洪、程志道等共同合作绘制。画法工整而严谨，采用工笔设色，青绿山水以及界画手法相结合。画卷布局缜密，节奏感很强，其中段为全画最高潮部分。该画设色丰富而鲜明，画家明显受到当时宫廷盛行的西洋绘画的影响，汲取西画中透视技巧，极富观赏性。画中建筑众多，是明清时期典型风格。桥梁、园林、寺庙、牌楼、民居、城墙、商肆、船运、贩夫走卒等，刻画生动，展示了当时发达城市的社会风貌。

张择端所绘原本《清明上河图》中没有出现贩卖、陈设盆景的画面，但在清院本《清明上河图》中出现了三处搬运、贩卖花木盆景的卖花郎情景。

第一处，虹桥桥头，各种各样人在喧闹声中忙碌着。有用大车拉草者，有抬轿者，有算命者，有骑驴者，有列队僧人，有挑担者等等，其中有两人，前者拉、后者推，正在用独轮车推拉着盆景类吃力地爬上拱起的桥面，独轮车上捆绑着的盆景似为丛林直干类盆景（图7-231）。

第二处，城门外，前后各二人共四人抬着一大型木盆，其中栽植完整树冠的树木，在前边一人指挥下，正向城门走去（图7-232）。该画面很有可能描写从郊外乡下给城中某大户人家搬运大型盆栽花木的情景。

第三处，算卦棚前，一人用扁担挑着大小花木在贩卖，一拄杖老者正在询价（图7-233）。估计挑担者为郊外乡下盆景苗木生产者挑担到城中叫卖花木盆景卖花郎。

图7-231 清院本《清明上河图》中的丛林直干盆景

图7-232 清院本《清明上河图》中的抬运大型盆栽树木的情景

图7-233 清院本《清明上河图》中的抬运大型盆栽树木的情景（局部）

《太平欢乐图》中描绘的杭州卖花郎

清乾隆时代图文图书，原本由浙江画家方薰绘，乾隆四十五年（1780），清高宗第五次南巡，方将《太平欢乐图》册，通过曾任刑部主事的金德舆进呈内廷，这套画册因得到乾隆帝的褒奖而名扬天下。

本书共绘图一百幅，另配一百篇文字说明。用工整清秀的小楷写就。其大致内容有市井万花筒、市井娱乐和浙江名特产三大部分，依次来展现杭嘉湖地区百业兴旺、经济繁荣、百姓安居乐业的生活情景。人物造型逼真、线条流畅、生动细致、技法娴熟。一卷杭嘉湖地区异常繁荣的风俗画展现在读者面前。其史料价值十分珍贵。对于了解清代社会风俗和绘画书法水平，本书是一本极好的读物。

本书一百幅图中，肩担花木盆景走街串巷贩卖者多达四幅，可见杭州当时花木盆景业之盛与花木盆景业者之多。

1.〈杭州兰花〉描绘的兰花卖花郎

〈杭州兰花〉描绘肩担两筐兰花，去往集市上贩卖兰花的卖花郎情景（图7-234）。

画面左上侧付文为：案：《兰谱》杭兰，其花如建兰，叶稍阔。今杭之余杭、富阳俱产兰，叶细与建兰不相似。当腊月即有担卖者，名曰瓯兰花，其法：以兰之繁蕊者，携置烟霞岭之水乐洞，时曾水寒江，独洞中气暖如春，不数日，蕊皆花矣。

2.〈艺盆梅〉描绘的盆梅卖花郎

〈艺盆梅〉描绘肩担两筐梅花盆景、手捧一盆梅花盆景沿街叫卖的卖花郎情景（图7-235）。

画面左上侧附文为：案：浙江处处皆产梅，即杭州言之见于书者已不少。《芸林诗话》之孤山梅、《石湖梅谱》之南山梅，《名胜志》之西溪梅，其尤著也。今更有艺盆梅者，高不过尺许，雪蕊冰姿，可供雅玩。买置几案间，宛有水边篱下之意。

3.〈种花匠〉描绘的松树卖花郎

〈种花匠〉描写一花匠，肩扛两株带土坨的松树，去往集市贩卖的情景（图7-236）。

画面左上侧附文为：案：《西湖志》云：钱塘门外东西马塍植奇巧花木。《癸辛杂志》云：马塍艺花如艺粟，今橐驼之技犹相传习，四时担木鬻于城市中，兼为人修植卉木，经其手皆欣欣向荣。马塍之名今不著，俗呼为"花园梗"。

4.〈品字菊〉描绘的菊花卖花郎

〈种花匠〉描写一花匠，肩担两筐盆菊、沿街叫卖的情景（图7-237）。

画面左上侧附文为：案：浙江之菊，其种有二：花大瓣阔如悬球者为粗种，花小瓣密如攒绒者为细种。艺花者粗细相配而售。《范成大菊谱》云：春苗尺许，掇去之，数日则歧，又掇之，每掇益歧，至秋则团栾如车盖矣。今浙中艺菊之法，一干三花谓之品字菊。

图7-234 〈杭州兰花〉描绘的兰花卖花郎　　图7-235 〈艺盆梅〉描绘的盆梅卖花郎　　图7-236 〈种花匠〉描绘的松树卖花郎　　图7-237 〈品字菊〉描绘的菊花卖花郎

绘画作品中描绘的卖花郎

1.成都二月花市中的卖花郎

清代时期，以成都为首的四川地区花卉盆景产业发展，花市繁多。本幅描绘

成都花市繁忙情景：有推车卖花者，有挑担卖花者，有坐摊卖花者。买花者更是不亦乐乎：有讨价还价的老者，有花丛中玩耍的儿童（图7-238）。

2.黄钺《霜花秋艺》中的卖花郎

黄钺（1750—1841），字左田，又名左君，号壹斋、左庶子、晚号盲左。安徽当涂人，清朝大臣，历仕乾隆、嘉庆、道光三朝。著名的教育家、画家、艺术评论家，尤善山水花卉。曾参与编修《石渠宝笈三编》，著有《画友录》《画品》。

黄钺致仕多年，关心国事，绘事多涉及乡野市井、贩夫走卒生活情景。本幅选自《画春台熙皋册》，花贩肩担各色菊花，走街串巷兜售。文士外出买花，侍童捧瓷盆栽种。梧桐树下鸡冠花与烂漫花丛相配，花开叶色极美，谐音"官居一品"。图绘记录清代风土人情，祈愿天下太平，物阜民丰。《画春台熙皋册》全册共16幅，均绘太平四时景物，此图列于四时之首。画上有嘉庆十七年（1812）御题（图7-239）。

画面左上方题诗："卉谱生涯盛晚秋，霜英绚绮冷香幽。植栽瓦缶团黄蕊，更有群芳压担稠。"

3.《富贵唐花》中的卖花郎

唐花，指在室内用加温法培养的花卉。北方天寒，腊月所卖鲜花供新年所用者，出于暖室，称为唐花。"唐"古作"煻"。"唐花"又名"堂花"，即植于密室里用加温法使其早开的鲜花。

我国在温室培植鲜花的历史已经很久。宋代人所著的《齐东野语》中说："凡花之早放者，名曰堂花，其法以纸饰密室，凿地为坎，绠竹置花其上，粪以牛溲硫磺，然后置沸汤于坎中，汤气熏蒸，盎

图7-238 成都二月花市中的卖花郎

然春融，经宿则花放矣。"又据清代《燕京岁时记》说："谓熏治之花为唐花……牡丹呈艳，金橘垂黄，满座芬芳，温香扑鼻，三春艳冶，尽在一堂，故又谓之堂花也。""唐花坞"的名称即由此而来。

唐花多为春间之花，花圃以人力逼其在冬日开放，用作年节装饰，倍增喜气。

本幅描绘老圃置担于门外，担上置松枝、水仙，屋内走廊间，小童手捧盛开的盆花，走向客厅。墙阴老梅红花绽放（图7-240）。

画面左上方题诗："馈岁唐花火候催，玉堂富贵庆春来，东皇化育胜人力，先发墙阴一树梅。"

4.《春风集瑞图》中的卖花郎

《春风集瑞图》描绘一白须花匠肩担两筐花木盆景沿街兜售、一妇人及其数位儿女们一起询问、欣赏花木盆景的情景（图7-141）。筐中装的花木盆景种类

图7-239 黄钺《霜花秋艺》中的卖花郎

图7-240 《富贵唐花》中的卖花郎

有盆栽牡丹、水仙、玉兰、万年青、松树、红梅等。

5.《芥子园画谱》〈人物谱〉中的卖花郎

《芥子园画谱》作者沈心友、王概、王蓍、王臬，增编是巢勋。自出版三百多年以来，不断拓展出新，历来被世人所推崇，为世人学画必修之书。在它的启蒙和熏陶之下，培养和造就了无以数计的中国画名家。近现代的一些画坛名家如黄宾虹、齐白石、潘天寿、傅抱石等，都把《芥子园画谱》作为进修的范本。山水画名家陆俨少也是通过临摹《芥子园画谱》，迈出了画家生涯的第一步。称《芥子园画谱》为启蒙之良师。

全书主要分为初集、二集、三集三部分，囊括树谱、山石谱、人物屋宇谱、梅兰竹菊谱、花卉草虫翎毛谱之精华内容。

在〈人物谱〉中，有一幅描绘卖花郎的绘画：松树之下，花匠把肩担的菊花放置在后方，在山石上整理鞋子（或者整理鞋里的沙子）的情景（图7-242）。

画面右上方题文："秋菊满筐趁雅怀，忽看可与晋贤侪。贩花为业休嫌俗，独自催容系草鞋。"

图7-241 《春风集瑞图》中的卖花郎

图7-242 《芥子园画谱》〈人物谱〉中的卖花郎

西洋人眼中的清朝卖花郎

清代，来清朝的西洋人很快捕捉到肩挑花木盆景、沿街叫卖的花匠形象，并把他们用文字记录、用绘画描绘在自己著作中。

1.《西洋镜》〈清代风俗人物图鉴〉中的卖花郎

《西洋镜》〈清代风俗人物图鉴〉中的〈卖花的商贩〉一节记载到："在中国的大型城镇中，经常能够看到小贩或者行商在沿街叫卖自己的各种商品。卖花的商贩们将鲜花放在两个扁平的篮子里，就像天平两端的秤盘，然后用一根光滑而坚韧的竹扁担平稳地挑在肩膀上。感到累了的时候，他们就会轻巧地把扁担从脖子后面滑过去，换到另一侧的肩膀上，就像你在插图中看到的那个人一样。中国的园艺师们并不以美丽或者稀有的植物为贵，他们最喜欢做的是将自然的风景微缩到方寸之间。因此，这些卖花人也贩卖微型的木本植物，甚至专门为这些受人偏爱的矮小树木配上花盆（图7-243）。"[42]

图7-243 《西洋镜》〈清代风俗人物图鉴〉中的卖花郎

2.《中国服饰与习俗图鉴》中的卖花郎

《遗失在西方的中国史》丛书中的《中国服饰与习俗图鉴》〈挑夫、果树和花〉一节中记载到："中国人特别喜欢在瓷盆里种花和小果树，它们被摆放在架子上或者庭园的栏杆上—瓷盆里种植的不仅有小橘子树、桃树和其他的果树，还会有冷杉和橡树，人们按照一种独特的修建方式把它们的高度控制在两尺左右。它们在瓷盆里生长、成熟甚至凋谢（图7-244）。"[43]

图7-244 《中国服饰与习俗图鉴》中的卖花郎

3.《The Love of Rose：From Myth to Modern Culture》中的卖花郎

《The Love of Rose：From Myth to Modern Culture（月季之爱：从传说到现代文化）》中记载到：广州郊外数以百计的苗圃中都在生产制作盆栽、盆景类，花匠们并以他们神奇的篮子把盆栽、盆景运到欧洲贩卖[44]。本书中以绘画的形式描绘了卖花郎的形象（图7-245）。

图7-245 《The Love of Rose：From Myth to Modern Culture》中的卖花郎

松柏类盆景

清代，随着松柏类被大量应用于园林中，在盆景中的应用也有了进一步的发展，奇松异柏盆景分别被应用到室内点缀、庭园摆设和店面装饰。如《杭州府志》记载道："杭城茶肆插四时花，挂名人画，列花架安顿奇松异柏等物于其上，装饰店面。"[45]

1. 松类盆景

由于松类盆景具有秀润苍古、四季常青的特点，为当时的文人、士大夫所爱。

（1）文献中的黄山松、白皮松与五针松盆景

与明代相同，黄山松（天目松）仍是当时最主要的盆景树种。"千岁松产于天目、武功、黄山，高不满二三尺，性喜燥背阴，生深崖石榻上，永不见肥，故岁久不大，可作天然盆玩。"[46]文中的千岁松为长年不长松之意，即是黄山松。黄山松姿态奇特，当时并不过于绑扎整形，而是利用其天然树形制作自然式盆景。这在《浮生六记》也有所记载："去城三十里，名曰仁里，有花果会，十二年一举，……入庙殿廊轩院，所设花果盆景，并不剪枝拗节，尽以苍老古怪为佳，大半皆黄山松。"

《虎丘志·卷十》记载："盘松，出虎邱，绳约其枝盘结作虬龙状，久之遂若天成，高可五六尺，低可二三尺，凡剔牙、罗汉等皆然。"据考证，剔牙松为括子松的俗称，括子松又是白皮松（Pinus

bungeana）的俗称。

此外，清代末期还从日本输入五针松（Pinus parviflora）盆景[47]。

（2）汪鋆〈盆松赋〉

汪鋆，字研山，清代画家，江苏仪征人。擅长写诗，精通金石，善画山水花卉，也能写真。作有《扬州景物图册》《岁朝清供图》《梅花图》等作品。

汪鋆在其《砚山丛稿》中对松类盆景赞颂道：

盆松赋

细剪苍松耐岁寒，郁郁千丈许同观。

山家近得凌云趣，老干新添第几盘。

（3）绘画作品中的松树盆景

清代各种绘画作品中，描绘松树盆景的代表作品有：麟庆编《鸿雪因缘图记》〈艺香写松〉、姚文瀚摹《宋人文会图》以及丁观鹏《宫妃话宠图》等。除此之外，还有佚名《夫妻携子图》、徐玫《人物图册》、黄易（1744—1802）《博古图》以及雍正御用陶官唐英《陶冶图》中的松树盆景。

《夫妻携子图》描绘一家三口共享天伦之乐的场面。夏日时节，廊外池塘荷花盛开，高墙挡住骄阳，清风送来荷香。画面两侧都有玲珑润泽的湖石，一边翠竹，一边芭蕉。夫妻二人携子坐在其间，芭蕉叶轻轻舒展，遮在他们头顶。墙上月亮门将观者视线引向外部园林空间，回廊临池栏杆做成美人靠

图7-246　清代、18世纪中晚期，佚名《夫妻携子图》（十二选一），纵40cm、横36.8cm，波士顿美术馆藏

图7-247　清代，徐玫《人物图册》（八开选一），纵27.5cm、横40cm，北京保利

式，可供人们坐着欣赏满池荷花。三人身后、翠竹之前，摆放一长方桌，上置盆景二：右侧为一松树盆景，树干蟠曲；左侧为一菖蒲盆景。它们与月亮门右侧的花卉遥相呼应，与芭蕉、翠竹、湖石，形成和谐、雅致的庭园空间（图7-246）。

徐玫《人物图册》中的一幅，与《夫妻携子图》一样，描绘一家三口在庭园中享受天伦之乐的场面。书房廊架下摆放文房物件，树木葱郁，花卉盛开，夫妻席地而坐，妻子怀抱孩童，丈夫座谈其旁，其乐融融。画面前方左侧，摆放一大型低矮石桌，上置盆景二：右侧为一松石盆景，直干松树位于白色长方浅盆右侧，左侧配置玲珑奇石；左后侧放置蒲

石盆景（图7-247）。

从《夫妻携子图》与《人物图册》所描绘的庭园环境，特别是一家三口的相似度来看，这两幅非常有可能是同一作者、同一题材绘画中的两幅作品，或者是不同画家在模仿另一幅的基础上画作而成。

黄易（1744—1802），字大易，号小松，又号秋庵，仁和（今杭州）人。黄易1780年所作《博古图》为立轴，从上到下描写瓶插、盆景与奇石之美。瓶插为插瓶佛手柑；盆景为松树盆景，苍老奇特，悬根露爪，干枝虬曲，呈现舍利干、神付顶；奇石上大下小，多洞眼。三者构成苍古、典雅、奇特的气氛（图。

唐英（1682—1756），清代陶瓷艺术家，能文善画，兼书法篆刻且又精通制瓷。沈阳人，隶属汉军正白旗，1728年奉命兼任景德镇督陶官，在职将近30年，先后为雍正和乾隆两朝皇帝烧制瓷器。唐英所作《陶冶图》描绘青花瓷制作场景。画面左下方摆放一长方石桌，放置2盆盆景：左侧为长方盆竹子盆景，右侧为海棠盆松树盆景。松树树形奇特，枝条偏向右侧，似有顺风之势。

2.松类以外的其他松柏盆景

在此对松类以外的其他松柏盆景总结如表7-3。

通过以上的分析研究可知，清代松柏类盆景所用树种为11种（品种），比明代多4种。从清代开始盆景制作中所使用的新树种有五针松、凤尾桧、翠柏、绒柏、杉以及竹柏等。

花果类盆景

清代花果类盆景最主要的种类有梅花、石榴、柑橘类以及盆栽牡丹等（图7-248），以下将分别对这4种进行重点讨论，其他种类的花果类盆景以列表形式进行总结。

1.梅花盆景

由于梅花的色香姿韵的魅力以及盆景具有搬运方便、装饰艺术效果好的特点，使梅花盆景在清代时在全国大多地区得以普及发展。

（1）采用嫁接方法进行梅花盆景快速成型制作

利用有一定观赏价值的砧木嫁接梅花，不仅为一种普遍利用的繁殖手法，而且还促进了梅花盆景的快速成型。《虎丘志》卷十中记载了苏州花农嫁接梅花制作盆景的方法："虎丘人取江梅以佳本接

表7-3松类以外的其他松柏盆景

编号	名称	现名	学名	记载文献与记载原文
1	罗汉松	罗汉松	*Podocarpus macrophllus*	清《虎丘志·卷十》
				清·苏灵《盆景偶录·十八学士》
2	桧	圆柏	*Sabina chinensis*	清·宋如林等修, 石韫玉纂《苏州府志·卷十八·物产》: 桧, 可盘结, 以供盆几之玩
3	凤尾桧			清《重纂福建通志·卷九十五·物产》: 泉州府: 凤尾桧, 无子, 树不甚高, 枝插地生根, 虬干苍翠, 可作盆景
4	翠柏			清·苏灵《盆景偶录·十八学士》
5	绒针柏	绒柏	*Chamaecyparis pisifera 'Squar'*	清·苏灵《盆景偶录·十八学士》
6	璎珞柏	刺柏刺松	*Juniperus formosana*	清·苏灵《盆景偶录·十八学士》
7	杉	杉木	*Cunninghamia lanceolata*	清·李斗《扬州画舫录·卷二》: 湖上园亭皆有花园, 为莳花之地。桃花庵花园在大门大殿阶下, 养花人谓之花匠。莳养盆景, 蓄短松、矮杨、杉、柏、梅、柳之属, 海桐、黄杨、虎刺以小为最, 花则月季、丛菊为最
8	竹柏	竹柏	*Podocarpus nagi*	清·陈淏子《花镜》: 峨眉山有竹叶叶身者, 名竹柏, 禀坚凝之质, 不与群卉同凋, 其小者止一二尺, 可供盆玩

之, 开花数腋, 名玉蝶梅, 间有一枝作两色三色者, 亦取他本栽接, 离奇盘曲, 古意可观。"同时, 北京花农也利用嫁接法繁殖、制作梅花盆景, "梅花盆景, 冬季在温窖中进行栽培, 多用嫁接法进行繁殖, 有红白诸品, 枝干盘曲。"[47]

（2）汪鋆〈盆梅赋〉

汪鋆在其《砚山丛稿》中作〈盆梅赋〉一首, 咏颂了梅花盆景的色、香、姿、韵。〈盆梅赋〉的第一句如下: "荷滋培于化育, 长盆内之春梅, 老干扶疏, 经剪绑而别饶生趣, 新枝掩映, 阅寒暑而独占花魁。"

（3）绘画作品中的梅花盆景

清代以梅花盆景为题材的绘画作品数量众多, 著名者除了宫廷画家邹一桂的《古干梅花》之外, 尚有王图炳《梅花盆景》、费而奇《盆梅》、黄慎的《种梅图》、闵贞《富贵图》、郭宗仪《盆梅兰花图》、乾隆年间的缂丝《刘松年人物轴》以及郑板桥的《盆梅》等。

王图炳（1668—1743）, 华亭（今上海松江人）。字麟照, 项龄子, 康熙五十一年（1712）进士, 官至礼部侍郎, 加詹事衔。书得董其昌笔意, 著有《天香书屋诗》。王图炳所作《梅花盆景》为附石盆景, 梅枝蟠曲偃斜, 悬根露爪, 抱倚拳石而生, 必经多年捆绑雕作而成。白梅早春开花, 花瓣疏密有致,

具有空间感。花卉采用工笔重彩, 设色洁净高雅, 湖石以多种色泽点染（图7–249）。

该图上侧画幅题圣制盆梅诗二则。

第一则为:

莳近南窗受日喧, 寒枝低亚白瓷盆。

玉英何异佳人面, 冰骨能消诗客魂。

地炕减柴绿萼放,

（爱梅者烧地炕令梅开, 既开则减柴恐一时尽放也）。

图7-248　清代, 康熙年间, 五彩盆花盘, 直径34.8cm、高度4.2cm, 现存gime（ギメ）美术馆。画面利用抽象手法, 描绘牡丹、梅花合栽并配置奇石后形成五彩缤纷的花木盆景

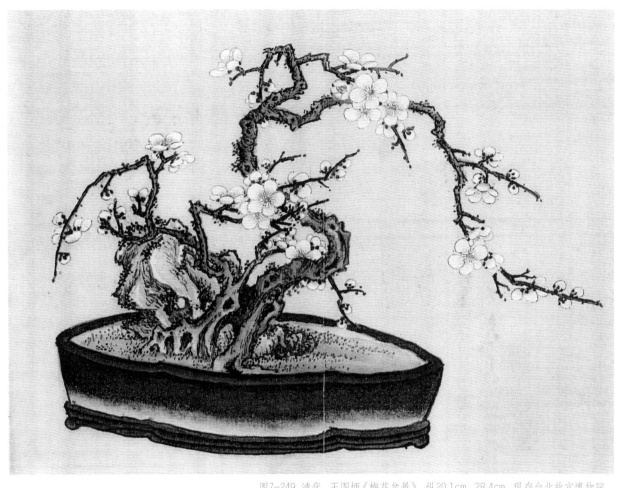

图7-249　清代，王图炳《梅花盆景》，纵20.1cm、28.4cm，现存台北故宫博物院

银檠屏烛为花存。（梅最忌灯火气）。

东风消息传来早，不羡孤山万树繁。

第二则为：

不论南枝与北枝，一般都放绿华枝。

但看蕊绽花繁日，正是风寒雪冻时。

屋里阳春饶而识，盆中幽趣许谁知。

生生造物无终极，妙处惟应问女夷。

费而奇（活动于康熙、雍正年间），字葛陵，号柳浦，浙江杭州人。学诗兼学画，擅工笔花鸟，山水亦精湛。

费而奇《盆梅》，红梅树桩植于长方盆盎，露根偃干，古梅含花吐叶，枝条横斜出枝，攀石而生，极有古态。墨戏描绘拳石舒梅与盆器，用笔简洁素雅。湖石玲珑宛转，属附石式树木盆景，堪称梅花盆景佳作（图7-250）。

乾隆年间，缂丝《刘松年人物轴》描写刘松年在书斋中喝茶赏梅的情景。画面左侧特制陶瓷台

图7-250　清代，费而奇《盆梅》，纵25.2cm、23.2cm，现存台北故宫博物院

527

图7-251 清代乾隆年间，缂丝，《刘松年人物轴》，纵84.7cm、横37cm，现存天津美术博物馆

座上，摆放一大型蓝釉圆盆梅花盆景，双干梅桩一高一低，一直一斜，疏枝成层，枝头花朵盛开，书香、茶香以及梅之暗香，确实能够使刘松年陶醉（图7-251）。

2. 牡丹盆栽

清代文献中，有关牡丹盆栽的记载多处可见。富察敦崇编著的《燕京岁时记》记载："每至新年，互相馈赠。牡丹呈艳，金橘垂黄，满座芬芳，温香扑鼻，三春艳冶，尽在一堂。"此外，《日下旧闻考》

一书中有数处关于北京对花木进行促成栽培的记载："今京师腊月即卖牡丹、梅花、绯桃、探春诸花，皆贮暖室，以火烘之，所谓堂花。"可以想象，此时用于促成栽培的牡丹、梅花等花木多为盆景、盆栽。

除了文献记载外，绘画作品中也出现了多幅描绘盆栽牡丹的画面，它们主要是沈全《墨牡丹》、陈兆凤《盆栽牡丹》以及佚名《围棋女行乐图》中的盆栽牡丹等。

《围棋女行乐图》描写老妇人拿着棋谱，对着棋盘认真思考，足见对围棋的喜爱与钻研。画面正面墙上挂饰各色花卉画轴，老妇人左侧橙黄色几架之上，摆放白色瓷盆，其中栽植盛开的牡丹，起到烘托气氛的作用，同时还与墙上的花卉画轴呼应（图7-252）。

3. 石榴盆景

石榴有多个观赏变种，这些变种在清代时已被用作盆景制作。据记载，北京在清代时，"石榴花，有红、白、单、重瓣等多种品种，高三四尺，作为盆景栽培。"[47]清代文人谢堃为盆景爱好家，尤其喜好石榴盆景："余性喜榴，尤喜锉而壮者，仍要枝叶相当，不假剪扎。蓄有大红者、桃红者、水红者、洁白者。一日，有任城花贾携一株深黄色者，饰以五彩瓷盆，略加碎石，较所蓄者愈觉古雅，乃以旧锦琴囊易得之，置诸几案，直可使人忘暑。然皆不能结实，锉而结实者惟月榴。"[48]

随着石榴盆景的发展和普及，其养护管理技术水平也有所提高。陈淏子在《花镜》中总结了石榴盆景的浇水、施肥、越冬保护、修剪掐心的方法以及放置场所："火石榴，以其花亦如火而得名，究不外乎榴也。树高不过一二尺，自能开花结实，以供盆玩。亦有粉红、纯白者，皆可入目。若嫌其叶多花少，尝摘去嫩头，偏于烈日中以肥水浇之，则花更茂，亦物性使然也。大抵盆种土少力薄，更不耐寒，逢冬必须收藏房檐之下，庶不冻坏。养盆榴法，无问寒暑，以肥为上，盛夏置于架上或屋上，使不近地气，则枝不大长。若蚂蚁作穴，用米泔水沉没花盆，浸约半时，取出日晒，如土干又复浸之，则无矣。倘发盖大密，必掐去其半，则花开时有精神，结实不至半大便落。又有一种细叶柔条者更佳，多产扬州。"

图7-252 清代，佚名《围棋女行乐图》，现存首都博物馆

4. 柑橘类盆景

　　柑橘类的种类不同，其果实的大小不同，形状有所差异，在清代时是重要的观果类盆景材料（图7-253）。

　　高士奇在其《北野抱瓮录》中记载了金橘（*Citrus microcarpa*）盆景："牛奶橘，牛奶即金橘之长者，以其形而名之，秋深始黄，经冬不落，垂金灿烂，满树离离，以盆植之，置深室中极佳。"佛手（*C. medica* var. *sarcodactylus*）果实先端裂如指状，或开展伸张或拳曲如拳，富有芳香，是一种观果类盆景树种："……旁用地缸栽像生万年青、万寿蟠桃、九熟仙桃及佛手、香橼盆景，架上各色博古器皿。"[34] 文中的"香橼"（*C. medica*）也成为盆景树种，这在《龙岩州志》中也有记载："香橼，可供案头清玩。"[49]

　　当时的北京也流行柑橘类盆景、盆栽，"金橘，与日本的柑相同，作为盆景栽培。作为盆景、盆栽

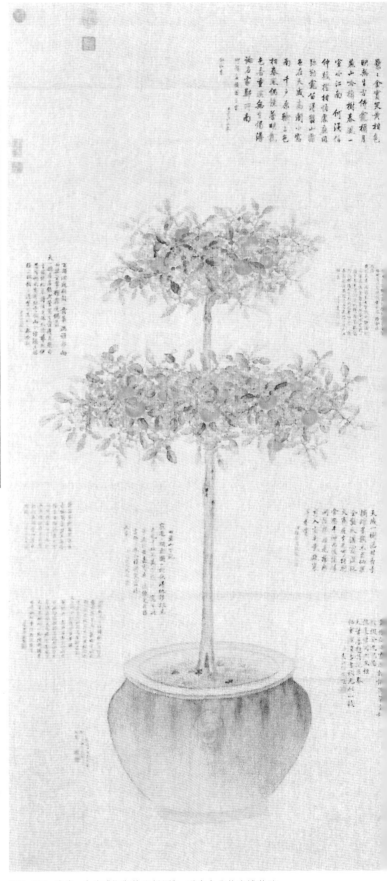

图7-253 清代，余省《仿御笔盆橘图》，现存台北故宫博物院

栽培的其他柑橘类树种有香柚、温州春橘、广东橙子、广东柚子、福建红橘等。"[47] 可见，作为盆景、盆栽栽培的柑橘类树种较多。

5. 其他种类的花果类盆景

其他种类的花果类盆景总结如表7-4。

通过以上分析研究可知，清代花果类盆景所用的树种多达36种（品种），比明代多10种。清代开始利用的新树种有桂花、金雀、九里香、七里香、蜡梅、荔枝、紫金牛、蟠桃、寿星桃、探春、玉兰、山茶、西府海棠、木槿和素馨等。

表7-4 其他种类的花果类盆景

编号	名称	现名	学名	文献出典与文献原文
1	白花丁香	白丁香	*Syringa oblata var.alba*	清·杨受廷等修，马汝舟等纂《杭州府志》卷之六〈物产志〉：丁香，紫白二种，千头万结，吐萼争妍，与盆景中小株白花丁香不同
2	杜鹃	杜鹃花	*Rhododendron simsii*	清·沈复《浮生六记》：及长，爱花成癖，喜剪盆树。识张兰坡，始精剪枝养节之法，继悟接花叠石之法。……次取杜鹃，虽无香而色可久玩，且易剪裁。
				《歙县志》：（杜鹃）盆栽者，花有大红、淡红、白、紫、黄诸种
3	贴梗海棠	贴梗海棠	*Chaenomeles speciosa*	清·陈淏子《花镜》：（贴梗海棠），其树最难大，故人多植作盆玩
4	海棠	海棠花	*Malus spectabilis*	清国驻屯军司令部编纂《北京志》第二十四章〈园艺〉：海棠，有海棠盆景，有的作成屏风状
5	枸杞	枸杞	*Lycium chinense*	清·谢堃《花木小志》：枸杞，余蓄两盆，皆老本虬曲，壮而短之，萧疏枝叶，一盆其色红若朱砂玛瑙，一盆其色黄若淡金蜜蜡，子实离离，绝可爱。于霜雪之际，群花消歇，渠竟巍然独存，颜色不少衰且可浸酒入药，为补剂功臣，岂可以易生而忽之耶
				清·陈淏子《花镜》：枸杞，生于西地者高而肥，生于南方者矮而瘠。岁久本老，虬曲多致，结子红点若缀，颇堪盆玩
6	桂花	桂花	*Osmanthus fragrans*	清国驻屯军司令部编纂《北京志》第二十四章〈园艺〉：桂花，当时北京比较珍贵，特别是金桂。多把直径二三寸的主干截断，进行盆栽
				清·《光绪顺天府志》卷五十〈物产〉：桂，今京师桂花甚珍，仅见小本，供盆盎之玩
				清代，沈全，桂花，现存台北故宫博物院（图7-254）
				清代，张恺，盆桂，现存台北故宫博物院
				清代，孟觐乙，盆林秋山直幅，现存桂林博物馆（图7-255）
7	虎刺	虎刺	*Damnacanthus indicus*	清·高士其《北野抱瓮录》：虎刺，枝不高大，叶绿多刺，花白子红，新花已开，旧实未落，间以密叶，三色互映。植之盆盎中亦书斋佳观也
				清·陈淏子《花镜》：虎刺，百年者止高二三尺。春初分栽，亦多不活。用山泥、忌粪水并人口中熟气相冲，宜浇梅水及冷茶。吴中每栽盆内，红子累累，以补冬景之不足
8	金雀	金雀花	*Cytisus scoparius*	清·高士其《北野抱瓮录》：金雀丛生如棘，花生叶旁，长条直上，行列清疏。取其小本，种瓮盆中，下磊奇石一二，似云林片幅，绰有可观
9	九里香	九里香	*Murraya paniculata*	清·屈大均撰《广东新语》：九里香，木本，叶细如黄杨，花成艽，花白有香，甚烈。又有七里香，叶稍大。其本皆不易长，广人多以最小者制为古树，枝干拳曲作盘盂之玩，有寿数百年者。予诗：风俗家家九里香
10	七里香	七里香		同上
11	蜡梅	蜡梅	*Chimonanthus praecox*	清国驻屯军司令部编纂《北京志》第二十四章〈园艺〉：蜡梅，原产中国南部，北京全为盆栽老树
				清·《光绪顺天府志》卷五十〈物产〉：蜡梅，今京师有九英者，亦仅置盆中供玩
12	荔枝	荔枝	*Litchi chinensis*	清·吴应达《岭南荔枝谱》：尚书怀可植盆盎中结实
13	雪柳 六月雪 满天星	六月雪	*Serissa foetida*	清·《重纂福建通志》卷九十五〈物产〉：雪柳，一名满天星，花繁叶嫩，可为盆中之玩
				清·《福州府志》卷二十五〈物产一〉：雪柳，一名满天星，花繁叶嫩，高仅尺，可为盆中之玩
				清·陈淏子《花镜》：六月雪，一名悉茗，一名素馨，六月开细白花。树最小而枝叶扶疏，大有逸致，可作盆玩

（续）

编号	名称	现名	学名	文献出典与文献原文
14	南天竹	南天竹	*Nandina domestica*	清·陈淏子《花镜》：南天竹，若秋后髡其干，留取孤根，俟春生后，遂长条肄而结子，则本低矮而实红，可作盆中冬景
15	平地木	紫金牛	*Ardisia japonica*	清·陈淏子《花镜》：平地木高不盈尺，叶似桂，深绿色。夏初开粉红细花。结实似南天竹子，至冬大红，子下缀可观。二、三月分栽，乃点缀盆景必需之物也
16	桃	桃	*Prunus persica*	清国驻屯军司令部编纂《北京志》第二十四章〈园艺〉：桃，有白色重瓣品种，盆景的制作方法与梅花相同
17	蟠桃	蟠桃	*P.p. var. compressa*	清·李斗《扬州画舫录》：……旁用地缸栽像生万年青、万寿蟠桃、九熟仙桃及佛手、香橼盆景，架上各色博古器皿
18	碧桃	碧桃	*P.p. var.duplex*	清·《光绪顺天府志》卷五十〈物产〉：碧桃，桃有白者，当即此。今京师腊月蕴火暄之，以充盆玩
19	寿星桃	寿星桃	*P. p. f. densa*	清·陈淏子《花镜》：寿星桃，树矮而花千叶，实大，可作盆玩
20	杏	杏	*P.armeniaca*	清国驻屯军司令部编纂《北京志》第二十四章〈园艺〉：杏，北京附近进行大量的盆栽栽培，在春天也是一种切花材料
21	迎春	迎春	*Jasminum nudiflorum*	《学圃余疏》：余一迎春花盆景，结曲老干天然，得之嘉定唐少谷，人以为宝 清·邹一桂《小山画谱》：迎春，木本对节，枝条甚繁，黄花六出，迎春而开故名。开足后，金朵脱落，开时绿芽尖簇，蒂亦六出者，梗有苞，此花宜盆栽 清·谢堃《花木小志》：迎春，迎春发花，故得是名。北地园亭多铺满地，故不甚重。贩花者蓄其壮，随其形，剪扎成林，饰以佳器，与蜡梅、水仙诸品，颉颃而列，亦三冬雅玩也
22	徽州栀子	水栀子	*Gardenia jasminoides* var. *radicana*	《歙县志》：千叶者佳，其单瓣六出者即山栀。又有一种盆玩，高不盈尺，名玉留春，为邑中特产，而苏杭花佣已多有之，盖物之美者不自径而远徙也 清·陈淏子《花镜》：徽州产一种矮树栀子，高不盈尺，盆玩清香动人，夏花洁白而六出，秋实丹黄有棱，可染黄色，亦可入药 清·《重纂福建通志》卷九十五〈物产〉：水栀：高不盈尺，色白。朱子谢、刘平甫诗：年来衰懒罢书淫，偶向盆山寄此心。何事凉阴老居士，便分幽赏助清吟
23	探春	探春	*Jasminum floridum*	清·高士其《金鳌退食笔记》：本朝改为南花园，杂植花木，凡江宁、苏松、杭州织造所进盆景，皆付浇灌培植。……十一月、十二月进早梅、探春、迎春、蜡瓣梅，又有香片梅，古干槎牙，开红白两色，安放懋勤殿
24	玉兰	玉兰	*Magnolia denudata*	清·顾禄《清嘉录》：冬末春初，虎丘花肆能发非时之品，如牡丹、碧桃、玉兰、梅花、水仙之类，供居人新年陈设，谓之"窖花"
25	海桐	海桐	*Pittosporum tobira*	清·李斗《扬州画舫录》：湖上园亭皆有花园，为莳花之地。桃花庵花园在大门大殿阶下，养花人谓之花匠。莳养盆景，蓄短松、矮杨、杉、柏、梅、柳之属，海桐、黄杨、虎刺以小为最，花则月季、丛菊为最
26	山茶	山茶	*Camellia japonica*	清·苏灵《盆景偶录》：十八学士：梅、桃、虎刺、吉庆、枸杞、杜鹃、翠柏、木瓜、蜡梅、天竹、山茶、罗汉松、西府海棠、凤尾竹、紫薇、石榴、六月雪、栀子花 清代（19世纪），新年吉祥花（图7-256）
27	西府海棠	西府海棠	*Malus micromalus*	清·苏灵《盆景偶录》：十八学士
28	紫薇	紫薇	*Lagerstroemia indica*	清·苏灵《盆景偶录》：十八学士
29	槿	木槿	*Hibiscus syriacus*	清·陈淏子《花镜》卷二〈种盆取景法〉：果木之宜盆者甚少，惟松、柏、榆、桧、枫、橘、桃、梅、茶、桂、榴、槿、凤竹、虎刺、瑞香、金雀、海棠、黄杨、杜鹃、月季、茉莉、火蕉、素馨、枸杞、丁香、牡丹、平地木、六月雪等树，皆可盆栽
30	瑞香	瑞香	*Daphne odora*	清·陈淏子《花镜》卷二〈种盆取景法〉
31	素馨	素馨	*Jasminum officinale* f. *affine*	清·陈淏子《花镜》卷二〈种盆取景法〉

图7-254 清代，沈全《桂花》（轴），现存台北故宫博物院

图7-255 清代，孟觐乙《盆林秋山直幅》（局部），现存桂林博物馆

图7-256 清代，19世纪，《新年吉祥花》（Auspicious New Year's Flowers）

杂木类盆景

1. 竹类盆景

清代开始，大量竹类被应用于盆景制作中来。同时，竹类盆景也被描绘到绘画作品中来。

范雪仪，清代初期女画家，吴郡（今苏州）人，专工人物，擅长工笔重彩，风格细致绚丽。《公孙大娘舞剑器》选自其《人物故事册》十帧。公孙大娘是唐代开元年间教坊著名武伎，善于舞剑器。诗人杜甫有《观公孙大娘弟子舞剑器行》一诗，盛赞公孙大娘精绝之舞艺。唐代书法家怀素、张旭，观公孙大娘舞剑后，草书有长足长进。此图描绘诸文人观公孙大娘舞剑器情景。

画面右上角，有一长条石桌，上置三盆盆景，最右侧为一长方盆配石杂木盆景，中间为一菖蒲盆景，左侧为一竹类丛林盆景（图7-257）。

（1）观音竹盆景

观音竹就是凤凰竹（*Bambusa multiplex*），又称孝顺竹。秆高2～7m，常被抑制栽培后栽植于盆中。

清代《琼山县志》记载："观音竹，小如箸，高二三尺，细叶离披，可作盆玩。"[50]清代邓钟玉纂《光绪金华县志》记载："观音竹，按方志，有以密条扶

疏，种盆盎中者。"[51]

此外，清代文献中，还有多处可见有关凤凰竹盆景的记载。如清代余文仪修，黄佾纂《台湾府志》载曰："观音竹，枝弱叶小，艺植盆中，亦可供玩。"[52]清代《东莞县志》："观音竹，叶细瘦仿佛杨柳，高至五六尺，婆娑可喜，亦有紫色者，柔枝细叶，潇洒清疏，足供轩窗雅玩。"[53]清代《潮阳县志》："观音竹，每寸二三节，如藤 黑色，邓澄谷曰：观音竹，种于盆尤可玩或云即越王竹。"[54]

（2）凤尾竹盆景

凤尾竹（*Bambusa multiplex* var. *nana*），比原种凤凰竹矮小，高约1～2m，径不超过1cm。枝叶稠密，纤细而下弯，长江流域以南各地栽植于庭园观赏或者盆栽观赏。

清代勒辅修，陈焯纂《安庆府志》记载："凤尾竹，竹小而细，形如凤尾，可供盆玩。"[55]清代李文耀修，谈起行等纂《上海县志》记载："竹之属凤尾竹，以形似得名，宜庭除植之，或瓦瓯中，殊有萧疏之致。"[56]此外，清代《长沙县志》载："凤尾竹，叶纤细猗那，植盆中可作书室清玩。"[57]清代陈淏子《花镜》载："凤尾竹，紫干，高不过二三尺，叶细小而猗那，类凤毛。盆种可作清玩。"

案头之玩。"[62]以及清代庐胜龙等修,沈世奕等纂《苏州府志》载曰:"又有小水竹,高不及尺,细如针,种盆盎中。"[63]

脆竹用于盆景制作,文献见于清代谢堃《花木小志》:"友人从辽东来,遗余一种,名脆竹,长尺余,节叶萧疏,养于吸水石上,置石于盆,盆贮净水,供于头,每当清风徐来之际,飒飒然,有天外真人之想。"

龙须竹用于盆景制作,文献见于清代陈淏子《花镜》:"龙须竹,生辰州及浙之山谷间,高不盈尺,而枝干细仅如针,可作盆玩。"

万年竹用于盆景制作,文献见于清代《陕西通志》:"万年竹,可供盆景清玩。"[64]

2.其他杂木类盆景

对于清代的杂木类盆景以列表形式总结如表7-5。

通过上述研究可知:清代包括竹类在内的杂木类盆景所用的树种有20种,比明代多7种。明代所用的石竹、东坡竹、江西细竹、雀舌黄杨和筋头竹等在清代未被应用。清代所用而明代未用的树木种类(品种)有:观音竹(凤凰竹)、公孙竹、脆竹、龙须竹、万年竹、三角枫、四季槐、榕树、梧桐以及柳树等。

草本类盆景

把草本植物栽植于盆器中,点缀奇石配件,便可构成一幅优美的风景作品,如苏州的盆景爱好家沈复具有高超的盆景制作技艺,水仙、黄菜心和炭等经他一摆弄,便成佳景:"种水仙无灵璧石,余尚以炭之有石意者代之。黄芽菜心其白如玉,取大小五七枝,用沙土植长方盆中,以炭代石,黑白分明,颇有意思。以此类推,幽趣无穷,难以枚举。"[65]可见,草本类盆景也饶有意趣。

1.菊花盆景(栽)

清代,菊花盆景、盆栽菊花是艺菊中非常重要的内容,绘画作品中多有描绘。

(1)石涛《对菊图》

石涛(1642—1708),明末清初著名画家,原姓朱,名若极,广西桂林人,祖籍安徽凤阳,小字阿长,别号多,如大涤子、清湘老人、苦瓜和尚、瞎尊者,法号有元济、原济等。明靖江王朱亨嘉之子。与弘仁、髡残、朱耷合称"清初四僧"。

图7-257 清代,范雪仪《公孙大娘舞剑器》(局部)

(3)其他竹类

清代用于盆景制作的竹类尚有数种,因为名称多用俗名或者土名,难于判定为现在何种竹类。

潇湘竹用于盆景制作,记载见于清代《重纂福建通志》:"潇湘竹,高仅尺许,可植盆中。"[58]

公孙竹用于盆景制作,记载文献见于清代《晋云县志》:"公孙竹,长尺许,移置几案上可玩。"[59]以及清代李亨特修,平恕等纂《绍兴府志》:"竹属:曰公孙竹,高不盈尺,可为几案之玩。"[60]水竹用于盆景制作,文献见于清代《重纂福建通志》记载:"水竹,如竹,甚小,可植盆中案头之玩。"[61]清代《福州府志》记载:"水竹,如竹,甚小,可植盆中

表7-5 清代除竹类之外的杂木类盆景

编号	名称	现名	学名	文献出典及文献原文
1	三串柳 观音柳	柽柳	*Buxus sinica*	清国驻屯军司令部编纂《北京志》第二十四章〈园艺〉：三串柳（在北京的俗称），就是柽柳，到处野生，被用作盆景栽培 清·谢堃《花木小志》：观音柳，尝植一株于盆，枝叶下垂，春碧夏翠，秋有萧疏，颇有幽致
2	枫	枫香树	*Liquidambar formosana*	清·谢堃《花木小志》：枫，此树大可合抱，小仅尺余，其叶三棱，枝木盘拿屈曲，生成画意。好事者以大石盆点缀十树小株，高下成林，霜初叶黄，霜重叶赤。故诗人美之曰：霜叶红于二月花。以于观之，尚不若纤月西垂之际，一曲清琴，数声长笛，恐神仙之乐不能过此
3	黄杨	黄杨	*Buxus sinica*	清·沈复《浮生六记》：余生平仅见吾乡翁名彩章者，一生剪成数树。又在扬州商家见有虞山游客携送黄杨、翠柏各一盆，惜乎明珠暗投 《歙县志》：黄杨，邑人多植庭馆中或作盆玩 清·陈淏子《花镜》：黄杨木树小而肌极坚细，树丛而叶繁，四季长青。因其难大，人多以之作盆玩
4	四季槐			清·舒其绅修，严长明纂《西安府志》卷十七〈物产〉：四季槐，临潼志：叶似槐而有花，可供盆玩
5	榕树	榕树	*Ficus microcarpa*	清·于敏中《日下旧闻考》：京师鬻花者以丰台芍药为最，南中所产惟梅、桂、建兰、茉莉、栀子之属，今日亦有扶桑、榕树。榕在闽广，其大有荫一亩者，今乃小株，仅供盆盎之玩
6	梧桐	梧桐	*Firmiana simplex*	清·陈子《花镜》：梧桐，又一种最小者，因取其婆娑畅茂，堪充盆玩
7	棕榈	棕榈	*Trachycarpus fortunei*	清·李元仲撰修《宁化县志》卷二：棕榈：又一种小而无丝，叶也作帚，高二三尺，宁人种之盆中之玩
8	冬青	冬青	*Ilex purpurea*	清·高士其《金鳌退食笔记》：本朝改为南花园，杂植花木，凡江宁、苏松、杭州织造所进盆景，皆付浇灌培植。……；十月进小盆景，松、竹、冬青、虎须草、金丝荷叶及橘树、金橙
9	柳	柳	*Salix matsudana*	清·李斗《扬州画舫录》：湖上园亭皆有花园，为莳花之地。桃花庵花园在大门大殿阶下，养花人谓之花匠。莳养盆景，蓄短松、矮杨、杉、柏、梅、柳之属，海桐、黄杨、虎刺以小为最，花则月季、丛菊为最
10	榆	榆树	*Ulmus pumila*	清·苏灵《盆景偶录》：七贤：黄山松、璎珞柏、榆、枫、冬青、银杏、雀梅
11	银杏	银杏	*Ginkgo biloba*	清·苏灵《盆景偶录》：七贤：黄山松、璎珞柏、榆、枫、冬青、银杏、雀梅
12	雀梅	雀梅藤	*Sageratia thea*	清·苏灵《盆景偶录》：七贤：黄山松、璎珞柏、榆、枫、冬青、银杏、雀梅

《对菊图》章法结构严谨，刻画细腻逼真。画面近景院落依山傍水而筑，庭园中双松虬结，梅竹展枝，二童子忙于搬运盆菊，室内一人对菊欣赏。中景江面自远而近，蟹屿螺州，历历在目。远处空山一抹，一望无际。作者着意通过赏菊来表现隐者生活，以松、竹、梅入画，象征文人的高洁品质（图7-258）。

画面左上自识："连朝风冷霜初薄，瘦菊柔枝盍上堂。何以如私开尽好，只宜相对许谁傍。垂头痛饮疏狂在，抱病新苏坐卧强。蕴藉余年惟此辈，几多幽意惜寒香。清湘石涛大涤草堂。"

（2）王图炳《盆菊》

王图炳《盆菊》选自《冬景花卉诗画册》第三开，描绘不畏严寒，象征气节清高的花中君子——菊花。画中舌状花瓣有白、红、紫或黄色，全部由人工杂交而成，缤纷灿烂。秋菊分株定植于盆内，所用葵花形盆器，透明釉色明亮绚丽，周壁饰有几何化莲瓣、水波纹，撇口出沿，平底，足作如意云形（图7-259）。同册第四开王图炳行楷书乾隆青宫时所作《冬月盆菊》，诗成于雍正十二年（1734），收录于《御制乐善堂全集定本》卷三十[66]。

2.兰花盆景（栽）

兰花是非常重要的盆栽、盆景植物材料，清代绘画作品中出现兰花盆景、盆栽的代表者有：莽鹄立《果亲王像》、王玉樵《历代名姬图》、梁德润《兰花》、王鉴《花石盆兰》、版画《兰钵》等。

（1）王鉴《花石盆兰》

王鉴（1598—1677），字元照，一字圆照，号湘碧，又号香庵主，江南太仓人，明末清初画家，"四

图7-258 清代，石涛《对菊图》，纵99.5cm、横40.2cm，现存北京故宫博物院

图7-259 清代，王图炳《盆菊》，选自冬景花卉诗画册，第三开，现存台北故宫博物院

王"之一。万历二十六年（1598）出生，崇祯六年（1633）举人。后任廉州府知府，世称"王廉州"。工画，早年由董其昌亲自传授，董其昌向王鉴表示"学画唯多仿古人""时从董宗伯、王奉常游，得见宋元诸名公墨迹"，与同族王时敏齐名，王时敏曾题王鉴画云："廉州画出入宋元，士气作家俱备，一时鲜有敌手"。康熙十六年（1677）卒。

《花石盆兰》描写自然山石平台之上，摆放一蓝釉盆托与瓷盆，其中栽植密生兰花（图7-260）。

图7-260 清初，王鉴《花石盆兰》，现存台北故宫博物院

图7-261　清代,莽鹄立《果亲王像》,沙克乐美术馆藏(Arthur M. Sackler Gallery)

536

（2）莽鹄立《果亲王像》中的兰花盆景

莽鹄立（1672—1736），字树本，伊尔根觉罗氏，满洲镶黄旗人，清朝大臣。曾祖富拉塔，居叶赫，天聪时来归，隶蒙古正蓝旗。莽鹄立工西法写真，不施墨骨，纯以渲染皴擦而成，神情酷肖。尝奉命写清圣祖御容。和硕果亲王是清朝世袭亲王。雍正元年（1723），康熙帝第十七子胤礼被封郡王（雍正六年（1728）进亲王），封号果，死后谥号毅，未得世袭罔替，每次袭封需递降一级。一共传了八代十位。

《果亲王像》描写果亲王坐榻休憩情景。画面右下方长方低矮木几上，摆放一长方浅盆附石兰花盆景，增添了环境的典雅与生机气氛（图7-261）。

图7-262　清代,梁润德《兰花》,纵123.5cm、横69cm

图7-263 清代，（玉年年有余与玉迓福灵芝）书函式木盒，长13.5cm、宽6.8cm、高1.2cm，现存台北故宫博物院

图7-264 清代木刻版画，《兰钵》，原载日本美术研究所编辑《中国古版画图录》

（3）王玉樵《历代名姬图》中的兰花盆景

《历代名姬图》为清代康熙年间著名画家王玉樵所作，有曾若安题咏，由陈奕禧书写。内有西施、卓文君、冯媛、王昭君、赵飞燕、蔡文姬、潘妃、江采苹、虢国夫人、关盼盼、冯小青等历代名姬。画面构图多变，人物隽永、线条流畅，用色典雅，无论山水、楼台、花木、陈设俱极高妙，为画家精心之作。

《历代名姬图》所描绘的卓文君，西汉临邛（今四川邛崃）人，卓王孙女，善鼓琴。丧夫后家居，与司马相如相恋，私奔成都。后返临邛，因贫而当炉卖酒，传为风流佳话。画面中央石鼓之上放置一深腹圆盆兰花盆栽，右侧平台上放置一双峰山石盆景。

（4）梁德润《兰花》

光绪年间画家梁德润所画《兰花》，红色鼓形木几架之上，摆放钧窑蓝釉盆托与盆钵，其中栽植丛生兰花（图7-262）。其景象正如画中潘祖阴题诗所云：“选得官窑种玉芽，春风长养待朝华；彤阶日夕沾晨露，进作瑶池第一花。”

（5）〈年年如意书函式盒〉上的兰花盆景

现存台北故宫博物院的乾隆年间的“玉迓福灵芝”为白玉镂雕灵芝，一本七茎，轮廓呈扇状圆弧，灵芝首部各有一浅浮雕蝙蝠，寓意“迓福”（“迓”为迎接之意）。此件玉雕灵芝与青玉双鲶鱼“玉年年有余”盛装于阴刻填金“年年如意”书函式木盒中，盒内附有裘日修书乾隆三十三年（1768）元旦御制诗册页[67]。在木盒内绘画中，绘有梅花插瓶与兰花盆景（图7-263）。

（6）木刻版画《兰钵》

《兰钵》为盆栽兰花木刻版画，盆托、盆钵尤为名贵，丛生兰花生机盎然，鲜花盛开（图7-264）。

3. 水仙盆景

水仙也是盆景、水养盆栽的重要材料。清代无款《圣寿齐天》中的〈万仙祝寿〉描绘祝寿场景中布置盛开水仙的情景，有瓶插水仙，有地栽水仙，也有水仙盆景。

此外，水仙除了一般水养外，鳞茎被雕刻形成蟹爪水仙，更加增加了水仙的观赏价值。任预1898年所作《蔓生壶折枝香》立轴中，描绘蟹爪水仙被放于方形黑盆中，盆底放置鹅卵石，水仙、盆钵与

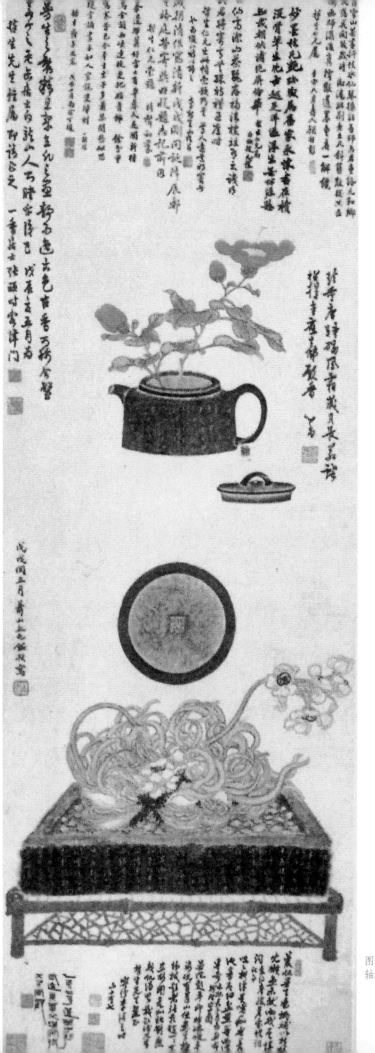

图7-265 清代，任预，1898年，《蔓生壶折枝香立轴》，纵118.5cm、横39.5cm，香港佳士得

几架整体上典雅、沉稳（图7-265）。

4. 菖蒲盆景

清代文献资料中有关菖蒲盆景、蒲石盆景的记载多处可见。谢堃《花木小志》中记载："菖蒲，余尝以粉定瓯栽石菖蒲一丛，置几案，朝夕晤对，寒不改色，春不逞娇，真吾之友也。"李亨特修、平恕等纂《绍兴府志》记载："菖蒲，今会稽有一种，叶有脊如剑，谓之雁荡菖蒲，生石上，节殊密，当不止一寸九节也，今人多以拳石或沙中种之，为几案之玩。"[68] 此外，清代《余杭县志》载道："虎菖蒲，菖蒲细者名虎菖蒲，善蓄者止长寸许，邑人以为盆供。"[69]

此外，许多绘画作品中都可以见到菖蒲盆景的画面。

5. 卷柏盆景

卷柏（Selaginella tamariscina）系卷柏科（亦作石松科）多年生隐花植物，逢干燥则枝叶内卷，遇湿气则枝叶开展，从清代开始成为一种盆景、盆栽植物："千秋松，出九华山，长二三寸，叶类柏，生绝崖，取供盆山，可与黄山松匹。"[88] "万年松，草类也，生岳顶岩石间，高仅尺许，采之曝干，见水土即活。以小瓷栽置案头，顷刻间浓翠欲滴，枝干盘曲，宛然偃盖松也。"[70] 文中的"千秋松"和"万年松"都是卷柏的别名。种植于盆器中的卷柏"可与黄山松匹""浓翠欲滴，枝干盘曲，宛然偃盖松也"，可见，卷柏盆景、盆栽具有很高的观赏价值。

陈淏子在《花镜》中记述了卷柏的分布、性状、叶色以及盆景、盆栽的方法："长生草，一名豹足，一名万年松，究竟即卷柏也。产自常山之阴，今出近道。其宿根紫黑色而多须，春时生苗，似柏叶而细碎，拳挛如鸡爪，色备青、黄绿，高三四寸，无花实。多生石上，虽极枯槁，得水则苍翠如故，或悬于梁，不用滋培，弥岁长青。或藏之

巾笥中，复取沙水植之，不数日即活，可为盆玩。"[71]

6. 万年青盆景

万年青是清代宫廷珠宝盆景与植物盆景的重要材料。清代李斗《扬州画舫录》记载："……旁用地缸栽像生万年青、万寿蟠桃、九熟仙桃及佛手、香橼盆景，架上各色博古器皿。"同时，万年青也是绘画描绘的主要题材（图7-266、图7-267）。此外，现存台北故宫博物院的乾隆年间的缂丝《春蔬图挂屏》（二）就是描绘的万年青盆景的图画（图7-268）。

7. 其他种类的草本类盆景

其他种类的草本类盆景总结如表7-6。

由以上的分析研究可知：清代草本类盆景所用的植物种类大约为8种，与明代基本上相等，但值得说明的是，从清代起开始出现卷柏盆景和盆栽。

图7-266　清代用玉石制作的盆景万年青盆景

表7-6　其他种类的草本类盆景

编号	名称	现名	学名	文献出典及文献原文
1	美人蕉（红蕉）	美人蕉	*Musa uranoscopos*	清·吴仪一《徐园秋花圃》：红蕉叶瘦类芦箬，植瓷盆中，高不盈尺，五花色深红如海榴，日拆一两叶，中有一点鲜绿可爱，碧裙裁叶花面分佳丽莫并，故又名美人蕉
				清·陈淏子《花镜》：美人蕉，一名红蕉。种自闽、粤中来。叶瘦似芦箬，花若兰状，而色正红如榴。日拆一两叶，其端有一点鲜绿可爱。夏开至秋尽犹芳，堪作盆玩。
2	芭蕉	芭蕉	*Musa basjoo*	清·徐寿基《品芳录》：芭蕉，以油簪横贯之，便不易长，可作盆玩。
3	七弦草			清·余文仪修，黄佾纂《台湾府志》卷十八〈物产〉：七弦草，丛生如稻秧，其朵如兰，有直纹似弦，界限分明，白与绿相间，至冬则白变红，土人莳植以充盆玩
4	吉祥草		*Reineckea carnea*	清代，《杭州府志》卷七十八〈物产一〉：吉祥草，苍翠如建兰而无花，涉冬不枯，杭人多植瓷盎置几案间
5	芸草			清代，《重纂福建通志》卷九十五〈物产〉：芸草，叶如石菖蒲而细，植小盆中，置案头避烟避蠹
6	四季秋海棠			清代，海棠盆景，立轴
7	萱草			清·张敔《五瑞图》轴

图7-267　《太平欢乐图》中描绘的杭州的万年青盆景　　　图7-268　清代，乾隆，缂丝《春蔬图挂屏》（二），现存台北故宫博物院

植物类盆景形式与整形技术

树形与形式

1. 蟠干式

谢堃《花木小志》记载："枸杞，余蓄二盆，皆老本虬曲，壮而短之，萧疏枝叶。一盆其红色若朱砂玛瑙，一盆其色黄若淡金蜜蜡，子实离离。"文中的"老本虬曲"为枸杞盆景树干蟠曲之意，该二枸杞盆景为蟠干式盆景。枸杞蟠干盆景，老干蟠曲低矮，结有黄色与红色之实，具有较高的观赏价值。

在广东地区，开始利用七里香制作蟠干盆景。屈大均的《广东新语》记载："又有七里香，叶稍大。其本皆不易长，广人多以最小者制为古树，枝干拳曲作盘盂之玩，有寿数百年者。"

2. 一本双干、一本三干式

沈复在《浮生六记》卷二〈闲情记趣〉记载："有名双起三起者，一根而起二三树也。""双起三起者"与明代的"一根二梗三梗"的含义相同，分别指一本双干、一本三干之意。

3. 丛林式

《花木小志》中对迎春盆景有如下的记述："迎春，迎春发花，故得是名。北地园亭多铺满地，故不甚重。贩花者蓄其壮，随其形，剪扎成林，饰以佳器，与蜡梅、水仙诸品，颉颃而列，亦三冬雅玩也。"文中的"蓄其壮，随其形，剪扎成林"即为丛林盆景之意。此外，《花木小志》还对枫类丛林盆景记载有："枫，此树大可合抱，小仅尺余，其叶三棱，枝干盘拿屈曲，生成画意，好古者以大石盆点缀十数小株，高下成林，霜初叶黄，霜重叶赤。"

陈淏子《花镜》卷二〈种盆取景法〉中对于丛林盆景的树种、制作方法、配石以及鉴赏等进行了记述：

近日吴下出一种，仿云林山树画意，用长大白石盆或紫砂宜兴盆，将最小柏、桧或枫、榆、六月雪，或虎刺、黄杨、梅椿等，拟取十余株，细视其体态，参差高下，倚山靠石而栽之，或用昆山白石，或用广东英石，随意叠成山林佳景，置数盆于高轩书室之前，诚雅人清供也。

从上文可知，清代时用于制作丛林盆景的树种有桧柏、枫、榆、六月雪、虎刺、黄杨、梅花等。

4. 附石式

孙云风的《碧梧馆丛话》中载曰："会稽周竹生先生，……喜栽花木，经其手无不活。……石青山多石矿，栽小松七，木桃一。不数年，松皆挺秀与千年古松同，其奇拔不过具体而微耳。木桃亦能结实矣，大如豆，山承以石盆，蓄水养鱼，经数年不死，亦不长，若均为此山特产者。"石青山石为一种多孔质的山石，在孔洞中栽植低矮古松与木桃（Chaenomeles cathayensis），盆水中养鱼，长年不枯亦不见长大。该盆景为附石式盆景。

梁九图在《谈石》中记述了山石上种植植物的

541

方法："石上种莳之法，竹与木俱宜极小，然后重峦叠嶂，始露大观，唯必拟小枝柯苍劲者栽之，令见者有穷谷深山之想，一苔一草俱费匠心。"为了表现出盆中山石的雄伟气势，在山石上必须种植具有老态但株形矮小的植物。

5. 水旱式

顾禄著的《清嘉录》〈忆江南〉词的全文如下："苏州好，小树种山塘，半寸青松虬干古，一拳文石藓苔苍，盆里画潇湘。"描绘的是缩制在盆钵中的江南水乡美丽的景色。从词的内容可知，该盆景为水旱式盆景，日本称之为栽景。

6. 露根式

露根式是在盆中表现由于山崩、土裂、水冲等原因致使树木根部露出地面的景观，它表现了树木对自然坚强的忍耐力与树木的奇特景色。

清初嘉定县的文人陆廷灿的《南村随笔》载曰："三松之法，不独枝干粗细上下相称，更搜剔其根，使屈曲必露，如山中千年老树，此非会心人未能遂领其微妙也。"文中的"更搜剔其根，使屈曲必露，如山中千年老树"，是指模仿山中生长的古树使其根部露出，这种盆景树形即为露根式盆景。此外，吴应达的《岭南荔枝谱》中的〈荔枝屏者〉也记述了荔枝的露根式盆景。

7. 垂枝式

利用垂枝性树木或者模仿垂枝性树木制作成垂枝型的盆景便是垂枝式盆景。《花木小志》记载："观音柳，尝植一株于盆，枝叶下垂，秋有萧疏，颇有幽趣。"观音柳为柽柳（*Tamarix chinesis*）的别称，

是制作垂枝式盆景的理想材料，现在我国中原地区都盛行利用柽柳制作垂枝式盆景。《花木小志》是记载垂枝式盆景的最初文献资料。

8. 屏风式

屏风式为我国传统花木类盆景的制作形式之一，因树形如屏风而得名。原日本清国驻屯军司令部于1908年编纂的《北京志》中记载了海棠的屏风式盆景。

9. 绘画作品中所见的盆景树形与形式

与明代相同，清代的绘画作品中也常常有描绘盆景、可以看出盆景树形与形式的绘画作品（表7-7）。

树木盆景的整形技术

1. 关于整形修剪必要性的论述

清初陈淏子所著《花镜》中就整形修剪的必要性进行了论述："诸般花木，若听发干抽条，未免有碍生趣，宜修者修之，宜去者去之，庶得条达畅茂有致。"文中的"条达畅茂"指盆景树木健康生长；"生趣"与"有致"是指树形优美、雅致。此外，清朝宫廷画家邹一桂从树形的画意与观赏两个方面论述了对观赏树木进行修剪的必要性：

凡化之入画者，皆剪裁培而成者，菊非删植则繁衍而潦倒，兰非服盆则叶蔓而纵横，嘉木奇树皆由裁剪，否则权桠不成景矣[72]。

文中"化"与"花"通假，指花木之意。"成景"是指树形优美而可以构成一个景色，换言之树形具有苍老、雅致、怪奇、秀美等特点。例如，树形苍老者如蟠干，雅致者如直干，怪奇者如悬崖，秀美者如文人木等。

2. 修剪技术的总结

陈淏子在《花镜》中在给出了应剪除枝的定义的基础上，就这些枝条对树形美观的影响以及对这些枝条进行修剪的方法进行了概括：

凡树有沥水条，是枝向下垂者，当剪去之；有刺身条，是枝向里生者，当断去之；有骈枝条，而相交互者，当留一去一；有枯朽条，最能引蛀，当速去之；有冗杂条，最能碍花，当择细弱者去之。但不可用手折，手折恐一时不断，伤皮损干。粗则用锯，细则用剪，裁迹须向下，则雨水不能沁其心，木本无枯烂之病矣。

文中的"条"为枝条之意。上文的内容说明了对

表7-7　清代绘画作品描绘的盆景树形与形式

编号	作者	出典保存	绘画名称	树形	植物种类
1		中国版画集成	乾隆年间苏州版画《双美竞妍图》	蟠干	松类
2		同上	乾隆年间苏州版画《仙女赏华图》	斜干	梅花
3		同上	乾隆年间杨柳青年画	丛林	竹类
4		同上	光绪年间：《文武财神一堂聚会》	垂枝式	
5		石头记画集		风吹式	梅花
6	邹一桂		《古干梅花》	舍利干	梅花

于不同枝条应该采取不同的修剪方法。

3. 棕丝绑扎技术

《花镜》〈种盆取景法〉中记载了利用棕丝绑扎进行整形的技法："如树服盆已久，枝干长野，必须修枝盘干。……须以极细棕索缚吊，岁久性定，自饶古致矣。"此外，《花镜》中还记载有："棕榈制为绳索，缚花枝，竹屏架，虽然经雨雪，耐久不烂，园圃中极当多。"这说明棕丝是盆景整形过程中或者花园花圃中必不可少的物品。

4. 金属丝绑扎技术

鸦片战争后，法国为了与清朝通商交涉的目的，向我国派遣了使节团。使节团成员在广东的街头与当地政府官邸庭园中第一次见到了盆景，他们对盆景惊讶之外而颇感不可思议。使节团成员之一的 M.Renard 把他对盆景的印象与整姿技术撰写成文《中国盆树技艺》(《Chinese Method of Dwarfing Trees》) 于 1846 年 11 月 21 日发表于《庭园者年编》(《Gandeners' Chronicle Vol.6》) [73]。该文的最后一段为："中国的一些盆景被作为礼品送给女皇。为了让树长得好看，他们使用了金属丝对枝条绑扎后进行弯曲整形。"本文是登载于 1846 年，这说明在此之前，金属丝绑扎整形技法已经被应用于盆景整形过程中。该文献为记载我国盆景利用金属丝整形技法的最早记录。

据日本盆栽协会编辑出版的《盆栽大事典》记载，金属丝绑扎整形技法由家住日本东京的某人于明治（1868—1911）中期开始使用铁丝进行盆景整形，到了大正年间（1912—1925）日本开始使用铜丝进行盆景的整形[74]。这足以说明我国利用金属丝进行盆景整形的历史要比日本至少早出数十年。

5. 粗大枝条的弯曲技术

明代《汝南圃史》中记载了对粗大枝条、甚至主干的弯曲整形技术。《花镜》〈种盆取景法〉中记载了利用另一种方法来达到整形的目的："如树服盆已久，枝干长野，必须修枝盘干，其法宜穴干纳巴豆，则枝节柔软可结；若欲委曲折枝，则微破其皮，以金汁一点，便可任意转折。"

巴豆（PugingCroton）为大戟科常绿小乔木，种子具有泻下的作用；金汁为粪尿清汁的别称。上记文献大意为：在枝干处开穴洞点巴豆油，与在枝干伤处涂抹粪尿清汁后有助于枝干的弯曲整形。虽然没有经过试验，但笔者认为该种说法可能缺少科学根据。

6. 锯剪切口的处理

盆景整形过程中的锯剪切口给人以不自然的感觉，必须进行处理。清初的巢鸣盛《老圃良言》："仍将大枝截去，以蜜涂之，虫巢其上，自饶古意，复以马粪和泥，掩其润处，或用鱼腥水浇之，便生苔藓，尤助野趣。"在切口处涂抹蜂蜜，引诱蚂蚁食蛀成自然状，并涂敷马粪或者浇鱼腥水，切口处便可生苔。此外，《Chinese Method of Dwarfing Trees》也记述了该技术方法在当时盆景中的应用情况。该方法使西方人士感到十分惊奇。

光绪七年（1881）刊行的《嘉定县志》中有赵俞《盆树》诗，诗的主要部分如下：

盆树[75]

谁将百尺姿，攒蹙一指大。
其树多枌榆，亦或用柏桧。
……
当其剪截时，瘕痍不为害。
棕毛加束缚，时亦施钳钛。

诗文大意为：在盆景整形过程中，往往要把参天古树缩制成手指高度；用于盆景制作的树种有榆类与桧柏之类；盆景的整形技术既有修剪锯截法，又利用人工手法使其树干产生疤痕而具有苍老感；在整形过程中，常常使用棕丝绑扎法与金属丝绑扎法。

反对盆景过分整形的风潮

在咫尺小盆中栽植缩制的大树会使人心理上产生压抑之感。此外，如果对盆景树木进行过度的整形，不仅给人会产生不自然的感觉，还会使人产生病态的感受。因而，在当时兴起了反对对盆景进行过度整形的风潮，可以称之为反盆景论。

李渔《笠翁一家言》〈居室器玩部〉载曰："予性最癖，不喜盆中之花、笼中之鸟及案上有座之石，以其局促不舒，令人作弯萦之想。"李渔不喜欢盆花盆景、笼中之鸟以及书案砚山，因为它们使人产生局促不适与受束缚之感。

清代邓钟玉编纂的《光绪金华县志》中记载："旧志称：西吴、白竹二庄，民谐花性，时其燥湿而耳目可娱，此特言人工耳。如束缚松柏为禽兽状，烘拓唐花，未免失花木性灵。"[76] 如果对树木加工过度就会失去花木的天然灵性以及自然趣味。

前述沈复所著《浮生六记》中曰："至剪裁盆树，……若留枝盘如宝塔，扎枝曲如蚯蚓者，便成匠气矣。"本文大意是指盆景树木的整形不能程式化或者规格化，如果这样就会失去盆景艺术的创造性。

龚自珍（1792—1841）撰写的《病梅馆记》，以病态的盆梅为比喻，批判了晚清的腐败政治。另一方面，他也批判了当时对盆梅的过度造型："或曰：梅以曲为美，直则无姿；以欹为美，正则无景；以疏为美，密则无态。……又不可使天下之民斫直，删密，锄正，以妖梅病梅为荣，以求钱也。"然后，他发誓要治愈全天下的病态梅花："予购三百盆，皆病者，无一完者。既泣之三日，乃誓疗之，纵之，顺之，毁其盆，悉埋于地，解其棕缚。以五年为期，必复之全之。"龚自珍购买了300盆病梅，毁其盆，松其绑，栽植于露地，以让梅花能够自然健康的生长。

当时的反对盆景树形过度整形的风潮或者反盆景论，对于以后盆景的整形多少会起到一些有益的作用。

第十六节
清代山石类盆景文化

山石石谱、石志

清代虽然没有宋代《云林石谱》、明代《素园石谱》那样的鸿篇巨作，却不乏新颖别致、真知灼见的赏石新篇，赏石理念更加丰富多彩。

1. 李渔《芥子园石谱》与《闲情偶寄》

李渔（1611—1680），初名仙侣，后改名渔，字谪凡，号笠翁，浙江金华府人，生于南直隶雄皋（今南通市如皋市）。明末清初文学家、戏剧家、戏剧理论家、美学家。

自幼聪颖，极擅长古文词。崇祯十年（1637），考入金华府庠，为府学生。入清后，无意仕进，从事著述和指导戏剧演出。顺治八年（1651）41 岁时，搬家去杭州，后移家金陵，筑金陵"芥子园"别业，并开设书铺，编刻图籍，广交达官贵人、文坛名流。康熙十六年（1677），复归杭州，在杭州云居山东麓修筑"层园"。

李渔素有才子之誉，世称"李十郎"，曾家设戏班，至各地演出，从而积累了丰富的戏曲创作、演出经验，提出了较为完善的戏剧理论体系，被后世誉为"中国戏剧理论始祖""世界喜剧大师""东方莎士比亚"，是休闲文化的倡导者、文化产业的先行者。著有《闲情偶寄》《笠翁十种曲》《笠翁一家言》等。

（1）《芥子园石谱》主要内容

李渔在《芥子园石谱》开头讲道："今人爱真山水，与画山水无异也。当其屏障列前，帧册盈几，面彼峥嵘遐旷，峰翠欲流，泉声若答，时而烟云掩霭，时而景物清和，宛然置身于一丘、一壑之间，不必

葛屦扶筇而已有登临之乐。"

接下来，记述山石计皴，画石起手当分三面法，画石下笔法及层叠取势法，画石大间小、小间大之法，画石间坡法，云林石法，吴仲圭石法，王叔明石法，黄子久石法，二米石法，诸家皴石详辩，解索皴法等内容。

《芥子园石谱》主要论及山石画法，可以供山石盆景制作者与奇石爱好者作为学习借鉴，或以其中的皴法与山石纹理衡量对比，提高山石鉴赏能力。

（2）《闲情偶寄》主要内容

《闲情偶寄》按照人生要谛八项目而分为词曲、演习、声容、居室、器玩、饮馔、种植与颐养霸部。〈居室器玩部〉首先论述了山石鉴赏法、独峰山石的形态、山石洞眼形状以及石之色彩与石之纹理。

关于山石鉴赏法："言山石之美者，俱在透、漏、瘦三字，此通于彼，彼通于此，若有道路可行，所谓透也；石上有眼，四面玲珑，所谓漏也；壁立当空，孤峙无倚，所谓瘦也。然透瘦二字，在在宜然；漏则不应太甚，若处处有眼，则似窑内烧成之瓦器。有尺寸限在其中，一隙不容偶闭者矣。塞极而通，偶然一见，始于石性相符。"该山石鉴赏法成为我国观赏山石一部分的鉴赏标准。

关于独峰山石的形态："瘦小之山，全要顶宽麓窄；根脚一大，虽有美状，不足观矣。"

关于山石洞眼的形状："石眼忌圆，既有生成之圆者，亦粘碎石于旁，使有棱角，以避混全之体。"

关于山石色彩与山石纹理："石纹石色，取其相同，如粗纹与粗纹，当并一处；细纹与细纹，宜在一方；紫碧青红，各以类聚是也，然分别太甚，至

其相悬接壤处，反觉异同，不若随取随得，变化从心之为便。至于石性，则不可不依，拂其性而用之；非止不耐观，且难持久。石性维何，斜正纵横之理路是也。"

2. 沈心《怪石录》

沈心（约1697—1760）初名廷机，字房仲，号松阜，一作松皋，仁和（今杭州）人。康熙四十四年（1705）举人。性落拓，不事生产。精篆刻，山水宗黄公望，幽深古雅。旁及星道、卜筮、脉诀，无不洞晓，而尤精于诗。著《弧石山房集》，又有《怪石录》一卷（图7-269）。

《怪石录》记载古代山东奇石和砚石共22种，其中附录中两种，并附有前人对该石的评价记载，可以说是一本洋洋大观的奇石参考书籍，对奇石文化的发展起到了一定的推动力的作用。其中记载的22种怪石如下：蕴玉石、金雀石、紫金石、红丝石、莱石、牡丹石、桃花石、竹叶石、崂山石、砣矶石、弹子涡石、北海石、松石、镜石、鱼石、凤石、彩石、海石、细白石、文石，附录中的石末、马牙石。

其"崂山石"条中说："其色如秦汉鼎彝，土花堆涌，最可爱，间有白理如残雪、如瀑泉者，具有岩壑状。小者作砚山，大者可充堂室中清供，直与英德、灵璧石相颉颃。"色彩绚丽，细密润泽，石质细密晶莹是崂山绿石的鉴赏特点，尤其是绿白相间的"挂翠"景观，更让作者难忘，给予很高评价。此外，沈心对青州石也很喜爱，在《怪石录》的"自序"中写道："尽青州之城，余来官署，得详诸石出处及之色文理，迥非凡品。"他还"就所见闻"，不顾"寒窗呵冰"对玩石进行认真记载，"有似玉者，有不似玉而可爱者"。石形玲珑剔透、千奇百怪；瘦、透、漏、皱见长，或以纹理奇特的青州石给沈心留下深刻印象。

《怪石录》中介绍鱼石："产莱阳县火山，色如败酱，有游鱼文，鳞鬛宛然，间有荇藻影者。琢磨方正，以嵌屏风书几，堪亚大理点苍山石。"有一些人将鱼化石制成屏风，颇为走俏。将鱼石与大理石相比美，可见作者的喜爱程度。

沈心又把苏轼、王世贞二公采藏蓬莱阁下弹子涡石的趣事及诗作，分别载于《怪石录》弹子涡石篇章。

沈心《怪石录》中介绍细白石："细白石产文登县海滨沙土中，形如芡实，白净可爱。"细白石为质、

色俱佳的海卵石，由海潮千万年冲琢而形成。

3. 诸九鼎《石谱》

诸九鼎，清代钱塘之人，字骏男，一名云，字惕菴，著有《诸惕菴集》《乐清集》之外，还有《石谱》。

绘作《石谱》的目的正如〈自序〉中云："今偶入蜀，因忆杜子美诗云：蜀道多草花，江间饶奇石。遂命童子向江上觅之，得石子十余，皆奇怪精巧。后于中江县真武潭，又得数奇石，乃合之为石谱。"

《石谱》记载道：沧浪独钓石、海潮璎珞石、仙人戏龙石、织锦石、寒溪松影图、秋雪芙蓉石、镜中花石、丹凤独秀石、云君山鬼石、万花石、五粒新松石、宋锦石、白松石、龙卵石、星宿海石、聚珍石、墨竹石、礼星石、吉祥云石、锦茄石20种观赏石。

4. 王冶梅《冶梅石谱》

王冶梅，名寅，字冶梅，清末南京人，后流寓上海。工人物、山水、木石、禽鱼、兰竹，与胡铁梅并以画梅花闻，冶梅善瘦梅，铁梅善梅。著有《梅谱》《兰竹谱》《冶梅石谱》。根据《冶梅石谱》序言，可知此人去过东瀛日本。

王冶梅在《冶梅石谱》序言中云："余于绘画山水、人物、花卉、鸟兽之类，虽然爱好而尤好写石，每见奇石即与性相投……，置石案供怪石，庭到奇石馆……，终日与士大夫论石、问石、画石、咏石，以搜殊奇魂。"

《冶梅石谱》有谱配诗，共收录奇石65品，分为上、下两册。上册收录：敷庆万寿、石丈、锦山石、灵岫、长庚、涌云、擎翠、伏赘、刚健、斧劈、石娟、玉筍、邹云、舞姿、潇洒、峡猿、青英、透月岩、待凤、紫蓉、凝碧、虹云、单凤、蓬莱、积雪、留云、铁肝、华顶、螺铁、仇池、没羽、中流砥柱。下册收录：瑶池片玉、小碣石、虎头、南屏峰、海鳌、小栖霞、蹲螭、醒酒、小钓台、滴露岩、须陀老人、叠书、鸣哇、折矩、莲蕊、伏犀、玉壶、蟠虬、冻云、小巫山、听取、石床、瘦羊、扪参、衔月、丫髻、怒愧、醉道士、苍剑、玉芝朵、蜗牛、三品、乌龙尾。

《冶梅石谱》所收65品奇石，大多具备玲珑剔透、透漏孔瘦、奇丑怪顽形态（图7-270）。

5. 梁九图《谈石》

顺德梁九图的《谈石》分别论述了蜡石之美，选石之法、山石位置、山石之宜、石上种植植物之

怪石錄自序　　　　　　　　別編卷第四十一
禹貢青州岱畎厥貢中有怪石孔安國傳怪異好石
似玉者今舍弟晩叔觀察齊東三郡盡青州之域全
來官署得詳諸石出處及質色文理迥非凡品因就
所見聞寒窗呵凍隨筆摭輯得如干種有似玉者有
不似玉而可愛者未知唐虞時所貢與孔氏所傳合
乎不合乎所有古今人著撰則採系之以資考據不
計工拙故已作亦附入第客中載籍無多且性嬾廣
搜挂漏之誚知不免也乾隆已已嘉平孤石翁沈心

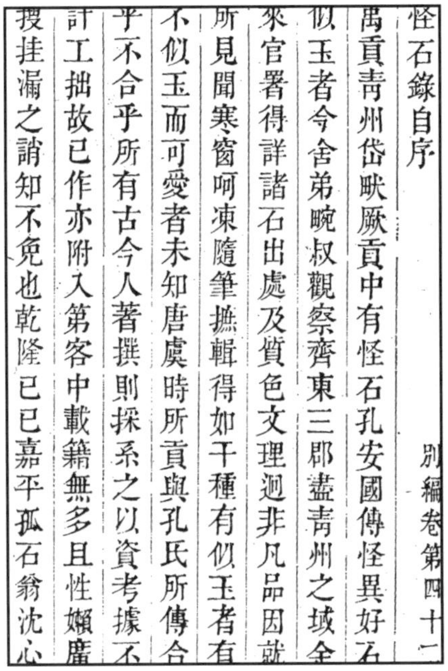

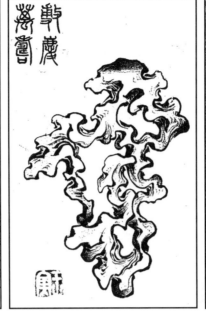

图7-269 清代，沈心《怪石录》自序

图7-270 清代，王冶梅《冶梅石谱》敷庆万寿

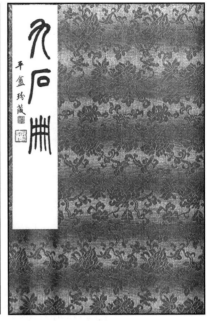

图7-271 清代，光绪甲辰，纪半樵《九石册》

法以及山石观赏与养护之法等。

关于蜡石之美："凡藏石之家，多喜太湖石、英德石，余则最喜蜡石，蜡辑逊太湖、英德之钜，而盛以磁盘，位诸琴案，觉风亭水榭，为之改观。"

关于选石之法："藏石先贵选石，其石无天然画意者为不中选，曰皱，曰瘦，曰透，昔人已有成言。"

关于山石位置："选石得宜，次讲位置，位置失法，无以美观。"

关于山石之宜："石有宜架以檀趺者，有宜储以水盘者，不容混也。檀趺所架，当置之净几明窗；水盘所储，贵傍以迴栏曲槛。杂陈违理，贻笑方家矣。"

关于石上种植植物之法："石上种莳之法，竹与木俱宜极小，然后重峦叠嶂，始露大观。唯必择其小而枝柯苍劲者栽之，令见者有穷谷深山之想，一苔一草，俱费匠心。"

关于山石观赏与养护之法："每日晨起看石，苍润可爱；亭午以后已畏日蒸，舍浇一法，竹木固枯，石色亦黯然。浇必用山涧极清之水。如汲井而近城市者，则渐起白斑，唯雨水亦差堪用耳。"

6. 其他石谱

（1）王丹麓《石友赞》

从以前历代文献中抽录有关可以为友的奇石，编辑成《石友赞》。这些石包括然石、水母石、盐石、宝母石、胁金石、文石、越王石、未石、照石、潜英石、马肝石、松风石、醒酒石、辟蝇石、辟蠹石、龙驹石、龙巢石、吸毒石。

（2）宋牧仲《怪石赞》

著者拣得小型的石玩16块，放置于盘，注以泉水，并根据其形状进行命名，而作赞。

（3）谢堃《金玉琐碎》

《金玉琐碎》是一部富有情趣的古玩专著。作者谢堃，字佩禾，付泉（今江苏扬州）人，嗜好收藏，精于鉴赏。

该书分、下两卷，内容以铜器、玉件、文具、石玩及杂项摆设为主。上卷有铜戈、带钩、铜洗、铜铎、笔插、钱范、印章、古镜、玉环玉印、扳指、昭文带、翡翠蝗螂、蜜蜡石等36个条目；下卷有端石砚、古砖、瓦当、李廷珪墨、竹根树根檀木画神、核桃、羊角犀角、象牙、蚌怫等15个条目。大都录其所见，参以评论。书中也流露出对毁坏古物和造伪者的愤慨。认为有"不肖之徒"将精美的金质佛像"毁质成金"，实在可憎还提到"世传铜爵瓦可制砚，纷纷伪造耳，食者竟以数十金得其赝物，自以为宝，识者嗤之。"

书中上卷记载了蜡石、木变石，下卷记载了英石、灵璧石、文登石等盆景、石玩类山石。

（4）纪半樵《九石册》

《九石册》为纪半樵完成于光绪甲辰（1904）（图7-271），平盦题签。该图册以诗文与图绘形式收录

衡州石、御题石、秀碧石、于阗国石、襄阳石、峄山石、英石、郊云石、仇池石。

清代奇石作品

由于清代距离当今只有100余年的时间，当时包括石种为灵璧石、英石、太湖石、昆石、山东文石、黄蜡石、崂山绿石、栖霞石在内的大量奇石被保存遗留至今（图7-272、图7-273）（紫瑜，固意凝云·中国古代赏石鉴赏，长沙：湖南美术出版社，2012；丁文父，御苑赏石，北京：生活、读书、新知三联书店，2000；丁文父，中国古代赏石，北京：生活、读书、新知三联书店，2002）。

清代遗存奇石著名者当属现存台北故宫博物院的肉形石（图7-274）。肉形石是一块玛瑙石。玛瑙类矿物在大自然中，由于经过漫长岁月的累积，在不同的时间点，杂质影响乃至生成的颜色不同，呈现一层一层不同的色泽。制作此件肉形石的工匠，将原来质感丰富的石材加工琢磨，并将表面的石皮染色，做成了这件肉皮、肥肉、瘦肉层次分明，毛孔和肌理都逼真展现的作品。此件肉形石乍看之下，像不像是一块令人垂涎三尺、肥瘦相间的"东坡肉"，肉形石与翠玉白菜和毛公鼎并称台北故宫的镇馆三宝。

图7-272 清代，灵璧石山子，长53cm（摘自：紫瑜，固意凝云—中国古代赏石鉴赏，长沙：湖南美术出版社，2012：25）

图7-273 清代，红太湖石立峰，通高42.5cm（摘自：紫瑜，固意凝云—中国古代赏石鉴赏，长沙：湖南美术出版社，2012：25）

图7-274 清代，肉形石，高5.7cm（不含座），现存台北故宫博物院

清代奇石绘画作品

由于清代爱石风习的盛行，奇石也常常成为绘画的题材。以山石为题材的绘画作品可以分为单石类绘画作品和多石类绘画作品。

1. 单石类绘画作品

（1）任伯年（1876年作）《蓝瑚献寿》

任颐（1840—1896），初名润，字伯年，一字次远，号小楼，（亦作晓楼），浙江山阴人，清末画家。绘画题材广泛，人物、肖像、山水、花卉、禽鸟无不擅长。用笔用墨，丰富多变，构图新巧，主题突出，疏中有密，虚实相间，浓淡相生，富有诗情画意，清新流畅是他的独特风格。

蓝珊瑚即苍珊瑚（*Heliopora coerulea*），是苍珊瑚目下的唯一一种珊瑚，也是八放珊瑚亚纲中唯一会长出大型骨骼的珊瑚。广泛分布在印度洋及太平洋，组成浅水的珊瑚礁。蓝珊瑚骨骼是一种有机宝石，其化学成分为碳酸钙，形态多呈树枝状，横断面有同心圆层的花纹结构和心点。玻璃光泽至暗淡光泽。质地细腻，柔韧均一，断口平坦，不透明，蓝色珊瑚是一种极其罕见的珊瑚。

《蓝瑚献寿》描写文人用珍贵的蓝色珊瑚作为生日礼物的情景。该蓝色珊瑚为层峦叠嶂山峰形，有洞眼（图7-275）。

（2）汪鋆（1868年作）《湘灵峰图》

本作品款识：同治戊辰闰四月十三日与芜湖高郁周、同邑何瑞荷同观，汪鋆写景并识；钤印：砚山手写（朱）；签条：汪砚山画石砚山，此件应自存，布置于书屋中应为极品石画矣。络园劫灰外物，戊子九月重装。

湘灵峰图描绘的应为太湖石。

（3）范雪梅《寿阳梅花妆》中的盆石

相传南朝宋武帝女寿阳公主，一日卧睡含章殿檐下，梅花落在额上，成为五出之花，拂之不去。后宫争相仿效，以后就称为"梅花妆"，亦称"寿阳妆"。

《寿阳梅花妆》为范雪梅所作《人物故事册》十帧之一，描绘寿阳公主卧睡梅花树下的情景。殿前台阶旁，有一大理石莲花宝座，其上放置一大型盆石，盆为莲花状，山石玲珑别透，宛若窗棂，盆面铺敷彩色鹅卵石（图7-276）。

图7-275 清代，任伯年《蓝瑚献寿》，纵133.5cm、横32cm，北京匡时收藏

图7-276 清代,范雪梅《人物故事册·寿阳梅花妆》

（4）《聊斋志异》插图中的盆石、盆景

《聊斋志异》简称《聊斋》，俗名《鬼狐传》，是清朝小说家蒲松龄创作的文言短篇小说集，全书将近五百篇，内容丰富，主要分为以下几种类型：一是爱情故事，占据着全书最大的比重，故事的主要人物大多不惧封建礼教，勇敢追求自由爱情。这类名篇有《莲香》《小谢》《连城》《宦娘》《鸦头》等；二是抨击科举制度对读书人的摧残，作为科举制度的受害者，蒲松龄在这方面很有发言权，《叶生》《司文郎》《于去恶》《王子安》等都是这类名篇；三是揭露统治阶级的残暴和对人民的压迫，极具社会意义，如《席方平》《促织》《梦狼》《梅女》等。

《聊斋志异》有多幅插图，在《画皮》插图中出现了盆石、盆景的画面：左侧博古架上，有盆石、盆兰以及香炉等；在右侧竹制台座上，有长方盆水仙盆景（图7-277）。

2. 多石类绘画作品

（1）顾皋《仿古石法十二种》

顾皋（1763—1832），江苏无锡人。字晴芬，号绒石。肄业于东林书院。嘉庆六年（1801）状元，历任内阁学士、礼部侍郎、工部侍郎、户部侍郎和侍读学士等职。参与编辑《秘殿珠林》《石渠宝笈》。

《仿古石法十二种》在一种作品中集合了历代名家的画石法（图7-278）。

（2）石海《九如图》

石海（1696—1775年以后），字星源，清代满洲镶白旗人。擅山水、花卉，笔致清秀，长于临摹。年七十余犹能作工细笔墨。

《九如图》是清代石海创作的绢本设色画。全卷无背景，只绘了9块独立的太湖石。每块太湖石侧皆钤有一方画家的自刻印，其中有"一日三秋""有益""一月四十五日""百忍""此中有真意""今雨""石海"等，另有一方画押。石头设色浓丽，形态各异。画家用笔兼工带写，收放自如。九块石头寓意"九如"，此语出自《诗经·小雅·天保》："天保定尔，以莫不兴。如山如阜，如冈如陵，如川之方至，以莫不增，……如月之恒，如日之升。如南山之寿，不骞不崩。如松柏之茂，无不尔或承。"此诗连用九个"如"字祝颂福寿绵长，由此推测此图当系专为某人祝寿而作。

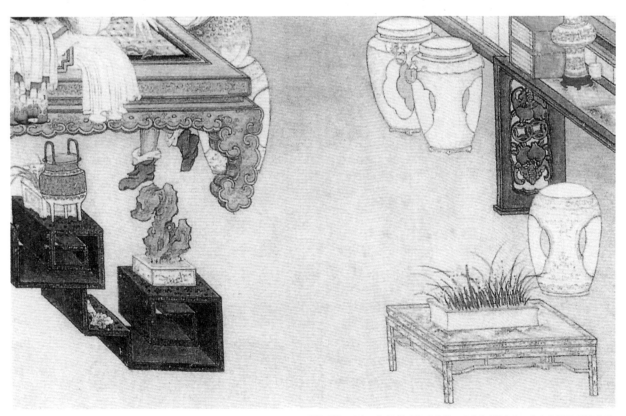

图7-277 清代，蒲松龄《聊斋志异·画皮》（局部），现存中国国家博物馆

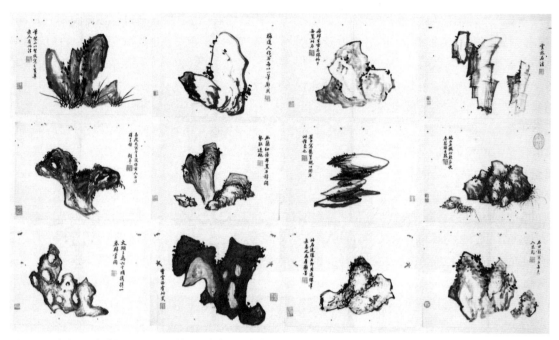

图7-278　清代，顾皋《仿古石法十二种》，现存台北故宫博物院

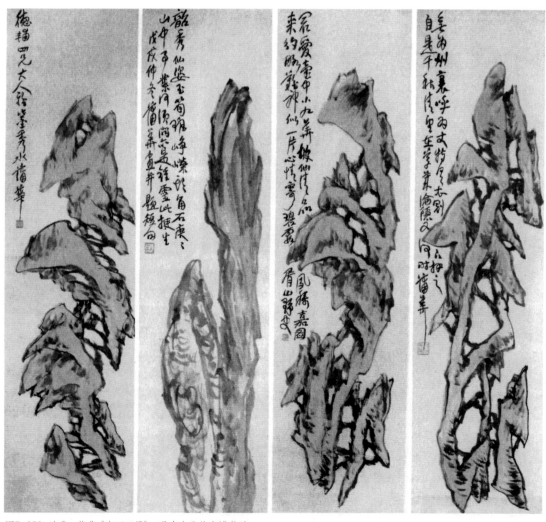

图7-279　清代，蒲华《奇石四屏》，现存台北故宫博物院

本幅自识："乾隆辛未嘉平月石海写。"下钤"石海"白文印。乾隆辛未为乾隆十六年（1751）。

（3）蒲华《奇石四屏》

蒲华（1832—1911）字作英，亦作竹英、竹云，浙江嘉兴人。号胥山野史、胥山外史、种竹道人，斋名九琴十砚斋、九琴十研楼、芙蓉庵、夫蓉盦、剑胆琴心室等。晚清著名书画家，与虚谷、吴昌硕、任伯年合称"海派四杰"。

早年科举，仅得秀才，遂绝念仕途，潜心书画，携笔砚出游四方，后寓居上海，卖画为生。善花卉、山水，尤擅画竹，有"蒲竹"之誉。书法淳厚多姿；其画燥润兼施，苍劲妩媚，风韵清健。

蒲华作《奇石四屏》（图7-279），从作品风格可以看出，蒲华行事潇洒不拘小节，诗文与画风均以性情纵之。

绘画中出现的山石盆景作品

1. 金廷标《曹大家授书图》《戏婴图》中的水仙山石盆景

作为宫廷画家的金廷标，在其《曹大家授书图》与《戏婴图》中都出现了水仙山石盆景的画面。

《曹大家授书图》描写宫中后妃新春试笔，另有仕女携童围观，气氛和睦温馨。室外白梅怒放，南天竹红果压弯枝头，爆竹、火盆，竹篮内有松枝柏叶，

图7-280 清代，金廷标《曹大家授书图》，纵90.5cm、横90.1cm，现存台北故宫博物院

图7-281 清代，金廷标《曹大家授书图》（局部）　图7-282 清代，金廷标《戏婴图》，纵73.6cm、横112.3cm，现存台北故宫博物院

点出岁寒时节。厅堂内摆设牡丹盆栽、水仙山石盆景，皆是岁朝点缀，寓有"富贵长寿"之意。此图为清宫应景岁朝图，画家款印书写于壁面瓶供图上。

盛开的牡丹盆栽放置于三脚高几上之上；长方浅盆放置地面，其中山石高低错落，疏密有致，尽显层峦叠嶂景色，山石基部栽植水仙，白花开放，香气袭人（图7-280、图7-281）。

《戏婴图》描写园中翠竹、梅花与南天竹争相竞艳，室内平头案上长颈瓶内插有南天竹、梅花与茶花，搭配水仙、寿石盆景，显示正值新春时节。喧闹活泼的孩童，敲锣击鼓，吹奏玻璃喇叭。另有跨骑竹马道具，手执玩具刀戟，互相玩耍嬉闹，妇人则由月洞门探头窥看（图7-282）。

案上所置盆景，长方形浅盆，三个大小不等的山石自然摆放，山石基部栽植盛开的水仙。该处放置盆景与《曹大家授书图》所置盆景都在山石基部栽植水仙，看来这一点是金廷标的喜好或者习惯。

2.黄应谌《陋室铭图》中的山石盆景

黄应谌，顺天（北京）人，字敬一，号剑庵，擅画人物、鬼判、婴孩，于顺治十五年（1658）入画院。

《陋室铭图》描写书房内文士弹琴、读书、谈论，书桌里侧有一灵芝、南天竹插瓶；庭园里有林木、峰峦、流泉，左侧中部几案上放置一山石盆景，山石嶙峋奇特，玲珑剔透；地面上放置一大型斜干杂木类盆景（图7-283、图7-284）。

3.《陶钟福吴清卿小像》中的山石盆景

此件作于光绪十五年（1889），画主人于庭园松轩之中赏鉴博古之状。画面松萝掩映，兰石清芬，有仙鹤当阶而立。主人拈髭安坐榻上，周围环绕吉金、书册之属，一童抱篑而来，一童扶爵而进。

画面左侧芭蕉丛生，湖石奇特，对面亭廊栏杆外侧荷叶亭亭。画面中部前面，有一长方石桌，上置二盆景，左侧为圆盆兰花盆景；右侧为椭圆浅盆奇石盆景，奇石基部栽植万年青，为一万年青奇石盆景（图7-285）。

4.安德义、班达里沙《绘画集珍》中的山石盆景

安德义、班达里沙合作《绘画集珍》，共十二开，主要描绘花鸟、鱼虫、插花、盆景之类。其中一幅为长方瓷盆山石盆景，山石玲珑剔透，宛若窗棂，并且山石与盆钵搭配恰当，具有高的装饰效果。

御制诗云："鹿群多此住，因构白云楣；待侣傍花久，引麛穿竹迟；经时搭玉涧，尽日嗅金芝；为在石窗下，成仙自不知；草细眠因久，泉香饮自多；早晚吞金液，骑将上绛河。"

山石盆景制作技术

清代多数的文献资料中出现了有关山石盆景制

554

图7-283 清代，黄应谌《陋室铭图》，纵243.3cm、横158cm，现存台北故宫博物院

图7-284 清代，黄应谌《陋室铭图》（局部）

图7-285 清代《陶钟福吴清卿小像》（局部）

作的记载。《宣统杭州府志》中记载了太山石盆景。

至正初，杭州皋亭山太山出石，与昆山石无异。石产土中，磊块巉崖，而色洁白，或栽种小木，或种芝荪于奇巧处，置立器中，互相贵重，以求售。

张涟东郊土物盆景石诗：

太山石韫土，埋没孰知好。
谱自云林传，名并昆山噪。
晶莹照银海，凌厉标节操。
置我沨雨盆，直看云脚倒。[77]

此外，孙云风的《碧梧馆丛话》记载了周竹生制作盆景的经过：

会稽周竹生先生讳师濂，嘉道间以书画诗名闻东南，喜栽花木，经其手无不活。尝入市见小摊上有瓷片一，长寸余，宽半之，白地青字隶小灵璧三字，款书米芾，真赝虽不得可知，书法亦古拙可爱也。购以归，乃叠浮石作小山，高二尺余，极深远幽深之致，主峰中间嵌以所购瓷片，山背以青田石作小碑，刻七律一首云：

生成崖岫小玲珑，割取西泠一朵峰，
蚁穴细穿珠络索，蚕丛独辟玉芙蓉。
水涵秋碧新开盎，树老冬青宛卧松，
此上韬先疑有路，仙风送我欲扶筇。

清嘉庆年间刊行的《密县志》中还记载了上水石盆景的制作："上水石能使水上逆吸水，质甚玲珑，可供清玩。"[78]

清代观赏石鉴赏特点

郑板桥（1693—1765）题画文曰："米元章论石，曰瘦、曰皱、曰漏、曰透，可谓尽石之妙矣。东坡又曰：'石又而丑'。一丑字则石之千态万状皆从此出。彼元章但知好之为好，而不知陋劣中有至好也。东坡胸次，其造化之炉冶乎！燮画此石，丑石也，丑而雄，丑而秀。"板桥这段精彩的题画文，似乎在谈及画石法，又像是对前人鉴石法的总结，亦或是论及文人之特立独行的风骨，有着丰富的内涵和无穷的魅力。

此外，清代艺术风尚奢华，追求繁复的装饰、亮丽的色彩。而清代赏石、山石盆景的形态，也深受影响，表现特征为：①新石种不断发现并成为收藏新宠。②对石头质地、色彩的要求越来越重要。③文房传统山石更加小巧，传承古石更加珍贵。④赏石雕琢与修治普遍，文房石质艺术品增多。⑤赏石大多配有底座，结构变得复杂，雕饰愈加繁复[79]。

第十七节

融技巧与装饰之完美的
清代盆钵

清代前期和中期，从整个社会来讲，是处于封建制没落和资本主义因素发展的时期。特别是康熙、雍正、乾隆三朝，社会经济进入了一个繁荣时期。中国瓷器的生产，也在这个时期达到了历史的高峰，进入了瓷器的黄金时代。特别是官窑瓷器的造型多样、纹样丰富、瓷质精致、釉色丰润透明，瓷器制造的技法达到了历史最高水平（图7-286）。

清代官窑花盆

1. 盆景盆钵从以实用为主转向到以观赏为主

釉上彩创制于宋代，到了明代，釉上单彩和多种彩的制作已经很发达。但是明代釉上彩往往因嫌色彩单调而和釉下青花相结合，称为青花五彩。到了清代，釉上彩颇为创新，极为丰富。约略可分为民间五彩（红、黄、绿、蓝、黑、金彩等）、珐琅彩、粉彩、斗彩、素三彩等。这些釉上彩的使用，大大增加了瓷器本身的观赏价值。

除色釉外，清代瓷器的装饰主要是彩绘，特别是各种釉色地加彩绘的综合装饰。以康熙一朝为例，就有豆青地青花加彩、豆青地釉里红、霁蓝描金、洒蓝开光青花、洒蓝地釉里红、蓝地绿彩、洒蓝描金五彩、绿地紫彩、黄地青花、黄地绿彩、黄地红彩、黄地五彩、矾红地开光描金、珊瑚红地描金五彩、酱地青花、黑地素三彩、黑地描金等。

彩绘图案是瓷器装饰的最主要部分。清代瓷器的青花、釉里红、五彩、粉彩和斗彩各个品种，都

图7-286 清代官窑含花盆在内的瓷器生产场景

是利用不同的色料绘制各种图案画面，以增加瓷器的美观。清代瓷器的彩绘图案装饰，主要分为两大类。一类是单纯的纹样，如缠枝莲、缠枝菊、缠枝牡丹等各种缠枝花纹；团龙、团凤、团鹤及各种团花；以及龙、凤、夔龙、云龙、饕餮、云雷、回纹、海涛纹等；此外，还有康熙时期特别盛行的冰梅纹；乾隆、嘉庆时期粉彩瓷器上风行的凤尾花纹等。另一类，是以花卉、花鸟、山水、人物故事等为主题的图案画面。

官窑瓷器以各种图案纹样为主，尤以缠枝莲和龙凤纹为多，五彩龙、凤的盘碗，是皇帝婚礼时的必备之物。山水、人物题材也都运用，但比民窑的工致有余而活泼不足。

花卉图案以康熙五彩和雍正、乾隆粉彩更为突出，常见的月季、蔷薇，都有秾纤繁艳的感觉，而梅花、绣球、玉兰、海棠、葡萄、竹石等，也都逼真动人。树木中多见的松树、往往是茄色之干，墨色之针，渲以硬绿，浓翠欲滴。雍正粉彩中的"过枝"手法，更是运用得得心应手，不仅在碗的外壁和内墙之间过枝（即树干、花、叶一部分在外，一部分在内），而且发展到器身和器盖之间的过枝。主要图案有吉祥纹样、花朵纹样、飞禽走兽、人物故事画、书法等[80]。

具有这种色釉、彩绘以及图案的清代盆景盆钵，已经从实用为主的盆栽容器转变为以观赏为主的艺术盆器，即盆钵本身已经成为一种艺术品。

2. 清代各皇帝时期官窑烧制的花盆

不同时期官窑制作的花盆各具特点。根据对北京故宫博物院、台北故宫博物院以及国内外其他博物馆、研究所所藏的清代官窑烧制的花盆（不完全统计）汇总如下[81]：

（1）康熙窑

五彩海水瑞兽纹椭圆花盆

五彩加金花鸟纹八方花盆

东（豆）青釉五彩描金花鸟纹花盆

斗彩人物纹菱花式花盆（图7-387）

斗彩开光人物纹花盆

青花携琴访友纹花盆

斗彩和合二仙纹花盆

青花山水纹长方花盆

五彩花鸟纹大花盆

五彩人物纹六方大花盆

五彩方花盆（东京国立博物馆）

（2）雍正窑

珐琅彩开光四季山水纹花盆

图7-387　清康熙，斗彩人物纹菱花式花盆，高31.8cm、口径59.3~41.5cm、足径45.5~26.7cm，北京故宫博物院藏

盆通体呈六方形，折沿，沿边为菱花形。盆身以人物为主题，一面绘"海屋添寿"图，另五面均绘仙人祝寿等吉祥图案。折沿上绘锦地水绿、鹅黄、淡紫朵花纹，上有四个红彩团"寿"字和两黄、两淡紫篆"寿"字相间排列。足外壁凸起如意头纹八个，内绘折枝牡丹。施彩先以青花绘图案局部或勾勒轮廓，再覆以釉上黄、绿、淡紫、红、黑等彩，黑彩使用较少，起画龙点睛之效。折沿下自右向左以青花料楷书"大清康熙年制"六字横款。底有两圆孔。此盆器造型规整，画工细腻，人物刻画生动，是康熙斗彩瓷器中的上乘之作。

图7-288　清雍正，五彩海兽纹椭圆形花盆，高10.2cm。口沿外翻，收底，下承四足，近足处以绿彩绘海浪纹，海上腾起物质神态各异、活龙活现的海兽，之间画十字形云纹。胎质紧密，釉色洁净。

斗彩花卉纹花盆

青金蓝釉花盆

青瓷尊形花盆

粉彩波涛龙纹花盆

窑变釉花盆

孔雀绿花盆、盆托

红釉花盆、盆托

钧窑天蓝花盆托

红釉菊瓣花盆

五彩海兽纹椭圆形花盆（图7-288）

天蓝釉带座三角形花盆（图7-289）

斗彩花卉鸡纹方花盆（日本出光美术馆）

（3）乾隆窑

仿宋官窑水仙盆

珐琅彩花卉纹花盆、托一对

青花缠枝花卉纹花盆

仿木釉带座花盆（图7-290）

胭脂红地粉彩花卉纹花盆、盆托

天蓝釉腰形水仙盆

天青釉粉彩图花纹水仙盆

粉青堆粉夔龙纹花盆

红地粉彩描金花卉纹花盆

紫红地粉彩万福宝磬纹六角盆奁（图7-291）

图7-289 清雍正，天蓝釉带座三角形花盆，高25.0cm，现藏中国嘉德

三个弧形面构成三角形花盆，花盆托架一体连作，造型新颖别致。盆体内外遍施釉，釉色均匀宁静，边沿突起处色泽略浅淡；盆托仿木质镂空工艺，装饰以近似洒蓝色的深蓝色釉更衬托出花盆釉色的娇艳。整体胎质细腻凝重，釉色高贵典雅，工艺精美绝伦。有小伤。"大清雍正年制"六字三行篆书款。

图7-290 清乾隆，仿木釉带座花盆，高42.3cm、口径30.0cm，现藏中国历史博物馆

因为酷似木质而难以判定为瓷器制木桶花盆。乾隆时期，多用瓷器模仿玉石、青铜器、石砚材料。本花盆胎质上用毛笔描绘出木纹、铜圈、台座莲花，属于宫廷中上等的装饰品。

图7-291 清乾隆，紫红地粉彩万福宝磬纹六角盆奁，花盆高10.3cm、口径17.3cm，底托高5.2cm、径20cm，现存南京博物馆

乾隆年间后期到末期，景德镇粉彩瓷生产大量化，同时小型化器物也被大量制作。该六角盆奁为代表性产品。造型精巧，装饰华丽，技艺高超。花盆与盆托口沿黄地、外侧面胭脂红地，整体布满花卉纹样。其中有磬、桃、莲花、蝙蝠等图案以及象征福、寿等吉祥文字。胭脂红地色为当时流行釉色，与装饰纹样、文字谐调精美。

（4）嘉庆时期

描金银番莲八方瓷花盆与盆托（图7-292）

（5）道光窑

松石绿釉竹节纹花盆

绿彩花卉纹六角盆托

粉彩折枝纹海棠式花盆（图7-293）

粉彩八宝纹水仙盆

（6）咸丰窑

粉彩蝴蝶纹长方花盆

粉彩山水人物纹长方花盆

粉彩花卉纹海棠式花盆

绿地粉彩花卉纹方花盆

刻花游鱼纹花盆（图7-294）

（7）同治窑

粉彩花口花盆

粉彩黄地荷莲纹方花盆（图7-295）

青花荷莲纹方花盆

黄地粉彩花卉纹花盆画样

黄地粉彩牡丹纹方花盆画样

黄地粉彩菊花纹水仙盆画样

粉彩花鸟水仙盆

（8）光绪窑

粉彩花鸟纹方花盆

粉彩黄地花鸟纹方花盆（图7-296）

图7-292　清嘉庆，描金银番莲八方瓷花盆与盆托，花盆高9.2cm、口径16.9~15.6cm、底径12.2~12.0cm，盆托高3.0cm、口径19.1~18.0cm、底径14.5~14.2cm，现存台北故宫博物院

八方形盆与托配成套，敞口外折，窄唇，深直壁下敛，平底，坐于八个"V"形足上。施高温天蓝釉，釉表以低温金、银彩线绘转枝番莲、蝙蝠、编磬，形成"福庆连连"吉祥如意纹饰。锈成淡赭色的银彩与金彩相辉映，在视觉上呈现深浅的立体效果，构思细腻，充满皇室高尚、华丽气质。器底支钉痕，特以金彩点成梅花纹饰，借以遮掩。露胎足底又施金彩，盆心圆形渗水孔孔壁亦挂青釉，使整套花器达到满釉不露胎的细腻设计。

图7-293　清道光，粉彩折枝纹海棠式花盆，高10cm、口径16.8~12.5cm、足径10.5~10cm，现存北京故宫博物院

花盆呈四瓣海棠状，口沿外折，斜碧，底平坦，下承四个如意云头形足。通体白釉，腹壁绘四组折枝海棠花。底红彩"慎德堂制"四字楷书款。"棠"谐音"堂"，有"富贵满堂""金玉满堂"寓意，因此海棠常被用作吉祥装饰。此盆造型精巧，纹饰精美，造型与纹饰十分和谐，构思精巧。

图7-294　清咸丰，刻花游鱼纹花盆，高14.1cm、长31.4cm、宽18.3cm，现存中国历史博物院

花盆全壁布满波浪细腻纹样，该纹样与皇帝所穿龙袍纹样相同。纹样间有44匹朱红色金鱼上下左右自由游泳。

图7-295 清同治，粉彩黄地荷莲纹方花盆，高19cm、口径29~28cm、足径26~26cm，现存北京故宫博物院
　　花盆为方形，平口，斜壁，平底，底承四折角形足。盆内白釉无纹。口沿绘一周绿彩"卍"字纹，下绘一周朵花纹。腹部黄色彩地上通栏绘莲花纹。底白釉地书红彩"体和殿制"四字篆书款。

图7-296 清光绪，粉彩黄地花鸟纹方花盆，高15cm、长17.5cm、宽13cm、足径14~10cm，现存北京故宫博物院
　　花盆呈覆斗式，长方口，直腹，平底，底承四足，底部开有两圆孔，内施白釉，口沿绘一周蓝料彩回纹。外壁黄色彩地上绘绶带梅花图。口沿下红彩书"大雅斋""天地一家春"两款。

清代宜兴紫砂花盆

　　清代初期，紫砂盆开始有名。例如，清初陈淏子所著《花镜》〈种盆取景法〉载曰："近日吴下出一种，仿云林山树画意，用长大白石盆，或紫砂宜兴盆，将最小柏桧或枫榆……，择取十余株，细视其体态，参差高下，依山靠石而栽之。"[82] 文中的"紫砂宜兴盆"就是"宜兴紫砂盆"。

　　18世纪中期，从康熙、雍正到乾隆年代的中期，宜兴紫砂著名艺人辈出，如陈鸣远、陈文居、陈文伯、邵玉亭等。陈鸣远的技艺精巧，可与时大彬相匹敌。陈文居与陈文伯等制作的紫砂花盆，在日本享有很高声誉。因而，乾隆、嘉庆年间制作的紫砂盆至今成为日本盆景界人士与收藏家珍藏的对象。惠孟臣、陈鸣远、陈文居的传世之作的一部分现被上海植物园所珍藏，这些盆钵泥质优良、造型精美[83]。

　　1. 质地

　　明代紫砂盆的泥质主要有铁砂、粗砂、大红泥三种，而清代紫砂盆，泥质细密，形式多样，侧面多装饰。具有古朴、素雅、致密、坚固的特点。

　　2. 形状

　　紫砂盆的形式多样，从深度来看，有细高签筒盆、中深盆、浅盆；从盆口的形状来看，有正方形、矩形、菱形、三角形、五角形、六角形、八角形、圆形、椭圆形、腰圆形、扇形、盾形等；从器体的形状来看，有金钟形、花篮形、马槽形、菊花形、葵花形、海棠形、升形、喇叭形、鼓形、梳形、签筒形、船形、袋形、一颗印形、鼎形、荷花形以及松段形、竹节形、树根形等。

　　盆口的种类有直口（侧壁垂直）、瓢口（口外翻）、窝口（口内窝）、蒲口（口似蒲包口）以及口部镶嵌各种线条。盆脚的种类有平脚、云脚、花脚、圆脚、条形脚、兽面脚、兽爪脚、竹脚、鼎脚（三足斜立）、裙脚、圈脚、高脚等。盆角有尖角、圆角、抽角、折角、包角等。

　　花盆外壁的装饰面有凸奎(凸状平面)、凹奎(凹状平面)、单线、双线、复线（近盆口处一条，近盆底处一条）、三线、底线、口线（盆口之上有一条线）、竹节纹、腰带（盆脚有带状的凸线）以及兽头浮雕等。

　　盆底有单孔、二孔、三孔、五孔等。

　　3. 色彩

　　紫红、朱红、古铜、猪肝、梨皮、榴皮、蟹青、海棠红、朱砂紫、象牙白、葵黄、墨绿、白砂、淡墨、沉香、水碧、冷金、铁青、香灰、芝麻、葡萄紫、豆青、新铜像、铺砂（桂花点）闪光、混砂、冰裂纹、嵌银丝等多种，但以紫红色为主。

　　4. 雕刻、绘画

　　书法有楷书、草书、隶属、篆书的诗文，铭文有汉瓦、钟鼎，图案有山水人物、花卉、虫鸟等。

561

5. 落款

历代年制款式：大明成化年制、大明嘉靖年制、大清康熙年制、大清雍正年制、雍正年制、大清乾隆年制、道光年制等。

从明代后期，经过清代，到民国年间，紫砂盆盆底的主要落款为：大彬自制（明万历）、徐友泉（明万历）、陈用卿（明万历）、陈鸣远（明末清初）、陈贯栗、萧绍明、绍明仿古、钱子瑞、钱子叙、钱集成、王东石、子林仿古、陈文居（乾隆）、陈甫生、讨雪道人、周永龄、柏寿、瑠佩、大清乾隆年制、河曼陀室（陈曼生）、翟子冶、福寿、松亭自造、松高、尚古堂陈恒丰、吴德盛、留佩、为善最乐、金冬心、爱闲老人、陈鼎和、杨彭年、宏整轩、陈福源、葛明祥、葛德和、长春、铁画轩、戴氏玉屏、万宝顺记、永泰公司、利永公司、金鼎、道光年造、振兴厂、罗浮轩、钱子绸、钱泰生、陈文卿、星辰、周茂祥、徐明远、川石山人、欧其仙、拙夫、陈文柏、陈贯和、陈士清、葛明昌、荆溪山人、有兴隆、钱茂生、钱子众祥、钱顺年、钱炳文、钱顺季、钱泰正、周茂作、周元材、王炳荣、徐义忠、顺泰祥、何启泰、欧永维、百合芥、李大来、吴云根、吴惟周、吴芝华、裕泰秘、杨芬周、杨炳文、潘利元、蒋世龙、逸公、珠佩、鼎泰昌、育芳斋记、刘昌记清国源丰、高大昌、葛淋春、葛沐春、葛铭记厂、有斐堂、天成陶业、增记陶业、星辰县元、鲍信源行、集成仿古、钱书轩、德新、宜兴紫砂、永庆长春、宜兴松亭、师古轩、玉屏氏制、钱子麟制、永日记、永安公司、义昌堂、京华堂[84-86]。

广东石湾盆

佛山石湾窑开始于宋，极盛于明清两代。

石湾陶器器体厚重，胎骨暗灰，釉厚而光润。这与钧窑的特点比较相近，因此具备仿钧的良好条件。石湾陶器釉色以蓝色、玫瑰紫、墨彩、翠毛釉等色为最佳。花盆为清代石湾窑极多产品品种中的一部分。

云盆与石盆

清代嘉庆六年（1801）刊行的《广西通志》记载："灵芝盆，山洞中水滴成，状若芝，可植花卉，可蓄水养鱼。"[87]文中的"灵芝盆"为山洞中水滴形成的钟乳石的一种，可作自然式的盆钵之用。

此外，谢堃的《花木小志》记载："枫，此树大可合抱，小仅尺余，其叶三棱，枝干盘拿屈曲，生成画意。好古者以大石盆点缀十数小株，高下成林，霜初叶黄，霜重叶赤。"该枫树丛林盆景所用的盆钵即为较大的石盆。

我国盆钵制作技艺的输出与盆景盆钵国际贸易

1. 我国盆景盆钵出口东南亚

由于我国盆景盆钵生产工艺与质量处于国际上最高地位，随着盆景鉴赏风习在东南亚的兴起，我国盆景盆钵面向东南亚的出口是可以想象的。在越南南海中发现的清代初期沉船中有大量景德镇青花瓷，其中也有花盆类（图7-297）[88]。

2. 盆钵制作技艺与盆景古盆输出日本

（1）紫砂盆生产技艺传入日本

清代末期，紫砂名人吴阿根与金士恒于光绪四年（1878）受日本友人的邀请，前去日本常滑市传授紫砂技艺，培育了鲤江方寿、松江寿门等仿紫砂陶器的工匠。因而，日本最大的盆景生产基地——常滑市，在很大程度上受到了我国盆钵制作技艺的影响[85]。

图7-297　清代初期沉船中发现了大量景德镇青花瓷，其中也有花盆类

图7-298　日本东京小林国雄春花园保存的中国古盆一角

（2）盆景古盆大量流入日本

在日本，最初开始烧制盆景盆是从江户时期的中期开始的。在此之前大批量的盆景盆通过长崎输入日本。江户时期之后也继续从我国输入盆景盆，这些盆景盆被称为"渡物"。根据输入的年代被分为古渡、中渡、新渡与新新渡。

明治时代之前输入的盆器为"古渡"，包括明代成化、嘉靖、万历与天启年间的水盘类，清代康熙、雍正、乾隆与嘉庆年间的盆景盆，特别是乾隆时代的60年间的有名盆器多。"古渡"盆大多盆壁偏厚线条柔和，具有厚重感与精致的造型，其他年代的盆钵难以达到这种效果。这种盆钵主要栽植奇古老树与具有重量感的松柏类盆景。

明治年间（1868—1911）与大正关东大地震之前输入的盆景盆被称为"中渡"，日本盆栽家所收集的我国盆器大部分为该时期的输入品。该时期的盆景盆继承了以前的出色制作技艺，以直线造型为主，具有朴素古雅的特色。与当时日益增加的盆景树形相协调。该时期输入的盆钵中质量上乘的盆钵较多。

从大正年间（1912—1925）到昭和时期的二战之前（1925—1945）期间输入的盆器被成为"新渡"。该时期初期的盆钵多摹仿古渡盆和中渡盆，到了中后期，由于加工方法的更加合理化，形成了我国盆钵所特有的线条柔和、具有厚重感、土色朴素、变化多样的特点。由于该时期使用的新乌泥、朱泥、红泥、紫泥以及白泥等具有独特的色肌，给人以抽象的感觉。同时，该时期具有额面的盆钵、足型为云足与面足的盆钵增加。

20世纪70年代、80年代开始输入的盆景盆被称为"新新渡"。中型、小型盆钵的数量增加（图7-298）[89—90]。

参考文献与注释

[1]中国农业百科全书编辑部.中国农业百科全书农业历史卷[M].北京:农业出版社,1995(12):270-271.

[2]天野元之助.中国古农书考[M].东京:日本东京龙溪书舍,1975.

[3](清)何绍基.安徽通志·卷八十五·食货志·物志·池州府[M].

[4]王毓瑚.中国农学书录[M].台北:明文书局,1981:204-205.

[5]日本盆栽协会.盆栽大事典·第二卷[M].京都:同朋舍,1983:156.

[6]王毓瑚.中国农学书录[M].台北:明文书局,1981:205-206.

[7]古鄂绍吴散人知伯氏.培花奥诀录[M].

[8]林丽娜.百花呈瑞、盛世升平——清汪承霈〈春祺集锦〉及〈画万年花甲〉略考[J].故宫文物月刊,2017(6):74.

[9]林丽娜.百花呈瑞、盛世升平——清汪承霈〈春祺集锦〉及〈画万年花甲〉略考[J].故宫文物月刊,2017(6):78-87.

[10](清)高士其.金鳌退食笔记[M].

[11](清)于敏中.日下旧闻考·第八册[M].

[12]聂崇正.故宫博物院藏文物珍品全集·清代宫廷绘画[M].香港:商务印书馆(香港)有限公司,1997:10.

[13]台北故宫博物院.十全乾隆——清高宗的艺术品味[M].台北:台北故宫博物院,2013.

[14]张通国.天下第一石[J].上海盆景赏石,2009(2):54.

[15](明)王象晋原本,汪灏删补.广群芳谱·木谱[M].

[16](明)王象晋原本,汪灏删补.广群芳谱·花谱二·梅花二[M].

[17](明)王象晋原本,汪灏删补.广群芳谱·花谱七·石榴花[M].

[18]穆红丽.慈禧用瓷大雅斋[J].中国之韵,2014(10):61-68.

[19]高占盈,焦唯.微探雍正皇帝的内心世界——以胤禛《十二美人图》为例[J].大众文艺,2016(14):261-262.

[20]许绍银,许可编.中国陶瓷辞典[M].北京:中国文史出版社,2013:655.

[21]台北故宫博物院.溯古话今—谈故宫珠宝[M].台北:故宫博物院,2013.

[22](清)胡敬.国朝院画录[M].

[23]竺道生(355—434)东晋佛教学者,本姓魏,巨鹿(今邢台市平乡县)人.官宦世家,幼年跟从竺法汰出家,改姓竺。后来从鸠摩罗什译经,是鸠摩罗什的著名门徒之一。.

[24](晋)无名氏.莲社高贤传·道生法师

[25]葛婉章.清姚文瀚画十六罗汉连作—清宫罗汉画,流露西藏风[J].故宫文物月刊,1996(3):50-97.

[26](清)潘荣陛.帝京岁时纪胜·正月[M].

[27]谭怡令,满庭芳.历代花卉名品特展[M].故宫文物月刊,2011(1):20.

[28]来源于:The Kingfisher Book of Religion,Chinese Religions.

[29]陈德馨,张廷彦.《登瀛洲图》与乾隆题画诗的解析[J].故宫文物月刊,2005(7):67-77.

[30]台北故宫博物院.16-18世纪伪好物及其影响·苏州片[M].台北:故宫博物院,2018.

[31]天津市艺术博物馆.杨柳青年画[M].北京:文物出版社,1984:1-2.

[32]孔子家语·致思[M].

[33](清)孙温.绘全本红楼梦[M].

[34](清)李斗.扬州画舫录·卷一·草河录上[M].

[35](清)李斗.扬州画舫录·卷二·草河录下[M].

[36](清)李斗.扬州画舫录·卷三·新城北录上[M].

[37](清)李斗.扬州画舫录·卷四·新城北录中[M].

[38](清)李斗.扬州画舫录·卷十二·桥东录[M].

[39](清)李斗.扬州画舫录·卷六·城北录[M].

[40](清)李斗.扬州画舫录·卷七·城南录[M].

[41]岩佐亮二.盆栽文化史[M].东京:八坂书房,1976:42.

[42]乔治·亨利·梅森.西洋镜·第九辑·清代风俗人物图鉴[M].赵省伟,于洋洋,编译.北京:台海出版社,2017:16-17.

[43]乔治·亨利·梅森.遗失在西方的中国史·中国服饰与习俗图鉴[M].吴志远,编译.吉林:吉林出版集团有限责任公司,2016:24-25.

[44]The Love of Rose:From Myth to Modern Culture.

[45](清)龚嘉俊修,吴庆坻.杭州府志·卷七十五·风俗二[M].

[46](清)陈淏子.花镜·卷三·花木类考·松[M].

[47]清国驻屯军司令部.北京志·第二十四章·园艺[M].东京:日本博文馆,1908.

[48](清)谢堃.花木小志[M].

[49](清)彭衍堂修,陈文衡纂.龙岩州志·卷八·物产[M].

[50].(清)琼山县志·卷三·物产[M].

[51](清)邓钟玉.光绪金华县志·卷十·食货(物产)[M].

[52](清)余文仪修,黄佾纂.台湾府志·卷二十八·物产[M].

[53](清)东莞县志·卷十四·物产中[M].

[54](清)潮阳县志·卷十二·物产[M].

[55](清)勒辅修,陈焯纂.安庆府志·卷之五·物产[M].

[56](清)李文耀修,谈起行等纂.上海县志·卷之五·土产[M].

[57](清)长沙县志·卷之十六·风土·物产[M].

[58](清)重纂福建通志·卷九十五·物产[M].

[59](清)晋云县志·卷之十四·特产[M].

[60](清)李亨特修,平恕等纂.绍兴府志·卷十七·物产[M].

[61](清)重纂福建通志·卷九十五·物产[M].

[62](清)福州府志·卷二十五·物产一[M].

[63](清)庐胜龙等修,沈世奕等纂.苏州府志·卷二十三·物产[M].

[64](清)陕西通志·卷四十四·物产二[M].

[65](清)沈复.浮生六记[M].

[66]林丽娜.盆中清玩—明清盆景绘画精选[J].故宫文物月刊,2013(4),1013.4:20-29.

[67]台北故宫博物院.集琼藻[M].台北:台北故宫博物院,2014:97.

[68](清)李亨特修,平恕等纂.绍兴府志·卷十七·物产[M].

[69](清)余杭县志·卷三十八·物产[M].

[70](清)湖南通志·卷十六·食货六·物产一[M].

[71](清)陈淏子.花镜·卷三·藤蔓类考·长生草[M].

[72](清)邹一桂.小山画谱[M].

[73]RENARD M.Chinese Method of Dwarfing Trees[M].Gandeners' Chronicle Vol.6,1846:11.

[74]日本盆栽协会.盆栽大事典·第三卷[M].京都:同朋舍,1983:91.

[75](清)嘉定县志·风土·盆树[M].

[76](清)邓钟玉.光绪金华县志·卷十二·食货(物产)[M].

[77](清)龚嘉俊修,吴庆坻纂.宣统杭州府志·卷八十一·物产四[M].

[78](清)密县志·卷十一·物产[M].

[79]文甡.赏石文化的渊源,传承与内涵(连载七)[J].中国盆景赏石,2012(12):106-111.

[80]中国硅酸盐学会.中国陶瓷史[M].北京:文物出版社,1982:415-438.

[81]丸岛秀夫,胡运骅.中国盆景的世界·2·花盆[M].东京:日本农山渔村文化协会,2000:40-41.

[82](清)陈淏子.花镜·卷二·课花十八法·种盆取景法[M].

[83]丸岛秀夫,胡运骅.中国盆景的世界·2·花盆[M].东京:日本农山渔村文化协会,2000:12.

[84]日本盆栽协会.盆栽水石の钵·水盘·卓[M].东京:东京三省堂,1974:106.

[85]日本盆栽组合编.美术盆器名品大成I.中国[M].京都:近代出版,1990,284—291.

[86]徐晓白,吴诗华,赵庆泉.中国盆景[M].安徽:安徽科学出版社,1985:162.

[87](清)广西通志·卷八十九·桂林府[M].

[88]刘良佑.中国历代陶瓷鉴赏 5清官窑及民窑[M].Aries Gemini Publishing Ltd,1992.

[89]日本盆栽协会.盆栽水石の钵·水盘·卓[M].东京:东京三省堂,1974:100-102.

[90]武内猛马,村田圭司.盆栽钵と水盘[M].东京:树石社,1973:134-136.

第八章
近现代
——盆景曲折发展与再兴盛期

民国时期（1912—1949），由于军阀割据、抗日战争以及国共内战，长年战事不断，安定时期不长，导致经济没有大的发展，但在思想上属于开放和探索时期，文化艺术有了某些发展，但在盆景文化方面发展不大，基本上属于维持期。

中华人民共和国成立（1949—现在）初期，百废俱兴，国民建设国家热情高涨，经济开始发展，盆景文化开始恢复，该时期出现了数本盆景书籍。后来随着"文化大革命"的开始，园林盆景被打为"封资修"生活方式，盆景文化遭受致命摧残。之后，随着我国经济改革开放事业的开始，盆景事业焕发青春，出现了蓬勃发展的局面，现在已经进入再兴盛时期。

第一节
晚清民国时期盆景作为人物照配景的流行

晚清时期，照相开始进入上层社会；到了民国时期，照相开始普及，一般人士也可以在值得纪念的日子拍照留念。随着照相的普及，从上层社会人物到普通人士拍照时用盆景作为配景开始流行。

著名政治人物拍照时用盆景作为配景

1. 李鸿章拍照时用盆菊作为配景

李鸿章（1823—1901），本名章铜，字渐甫、子黻，号少荃（一作少泉），晚年自号仪叟，别号省心，安徽合肥人，晚清名臣，洋务运动的主要领导人之一。世人多称"李中堂"。

作为晚清重臣，李鸿章是淮军和北洋水师的创始人和统帅、洋务运动领袖之一，建立了中国第一支西式海军——北洋水师，官至东宫三师、文华殿大学士、北洋通商大臣、直隶总督，爵位一等肃毅伯。一生参与了清末一系列重大历史事件。

1878年，我国早期开设照相馆的梁时泰在给李鸿章照相时，在李之右侧方形几案上，放置一盆菊，起到拍照画面配景的作用（图8-1）[1]。

2. 孙中山拍照时用盆花作为盆景

孙中山（1866—1925），名文，字载之，号日新，又号逸仙，幼名帝象，化名中山樵。他是中国近代民族民主主义革命的开拓者和民主革命的先行者。

有一张图片显示的是1924年正在办公的孙中山形象[2]，孙之左侧摆放一盆花。

3. 蒋介石与母亲拍照时用盆梅作为配景

蒋介石与其母亲王采玉合影，是留存至今蒋家传家的经典的母子合影图。此外蒋介石17岁时首次离乡赴凤麓学堂读书前的合影。另有一说为蒋介石22岁时赴日本振武学堂前留影。当时蒋介石身高1.69m，体重59kg。

图8-1 1878年李鸿章拍照时用盆菊作为配景

568

图8-2 清代,肇夫人拍照时用盆栽龙游梅作为配景(引自《西洋镜》第六辑:P225)

图8-3 清代,载泽妃子拍照时用灵芝盆景作为配景(引自《西洋镜》第六辑:P218)

图8-4 清代,顺郡王讷勒赫王妃拍照时用盆栽菊花作为配景(引自《西洋镜》第六辑:P218)

图8-5 晚清穿长袍马褂的女子拍照时用盆栽花卉作为配景

图8-6 民国初年三口之家的合影用盆栽花卉(地面与几案之上)作为配景

一般人士拍照时用盆景作为配景

1.晚清王宫贵族夫人、格格拍照时用盆景作为配景

晚清时,王宫贵族夫人、格格在拍照时也多采用盆景作为配景(图8-2至图8-4)。

2.一般人士拍照时用盆景作为配景

晚清民国时,一般家人或者个人在拍照时也多采用盆景作为盆景(图8-5、图8-6)。

民国画师的盆景趣味与盆景画作

张大千的园林盆景趣味

张大千（1899—1983），出生于四川省内江县，原名张正权，后改名张爰，字季爰，号大千，别号下里巴人、大千居士、下里港人，斋名大风堂。张大千母亲曾有贞擅长花鸟画、刺绣，人称"张画花"。张大千与二哥张善孖、大姐琼枝，自幼随母学画。1916年，大千赴日本京都学习染织，其对泼彩力量的表现和对颜色的敏感，与早年学习染织的经历是分不开的。从日本归国后，张大千于1919年拜于曾农髯、李瑞清门下，系统地学习书法、绘画、诗文。1941年远赴敦煌临摹壁画，为其一生艺术创作打下坚实基础。1949年，他旅居巴西，在海外三十年间，艺术创作达到巅峰，1978年回到中国台湾。

在20世纪的中国美术发展史上，张大千是一位极具传奇色彩、享誉世界画坛的艺术大师。其作品内容广泛，对山水、人物、花鸟均有涉猎，且成就极高。他独创的泼墨与泼彩风格，更是融传统与现代为一体，使其成为20世纪中国山水画的标志性人物。

此外，张大千又是一位园林与盆景爱好者。他不仅自己设计园林、参与施工，而且也自己对盆景进行整形、养护。

1. 远赴敦煌临摹壁画

张大千过人的天赋和勤奋，很早就有了成绩，但他却一心想着寻求质变。1941年，42岁的张大千率弟子远赴敦煌，临习壁画，一待便是两年多，日日面壁，风餐露宿，共临摹壁画作品276件（图8-7至图8-9）。

从敦煌回来后，在1943—1944年间，张大千将临摹的壁画在兰州、重庆展出，展览后出版了《张

图8-7 张大千临摹敦煌壁画（摘自《云山泼墨张大千》，台北：雄狮图书股份有限公司，2008)

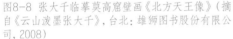

图8-8 张大千临摹莫高窟壁画《北方天王像》（摘自《云山泼墨张大千》，台北：雄狮图书股份有限公司，2008）

图8-9 张大千1942年所临莫高窟第155窟《维摩变之天童像》（摘自朱介英，《瑰丽的静域一梦　张大千敦煌册》，北京师范大学出版社，2009：82），天童所捧之物也可以说是一盆景吧

大千临摹敦煌壁画展特集》《敦煌临摹白描集》。此次展览得到了画家徐悲鸿、黄君璧，诗人柳亚子，作家叶圣陶，书法家沈尹默等文艺界人士的赞扬与肯定。陈寅恪在重庆看过展览后说："自敦煌宝藏发现以来，吾国人研究此历劫仅存之国宝者，止居于文籍考证，至艺术方面，则犹有待。大千先生临摹北朝唐五代之壁画，介绍于世人，使得窥见吴国宝之一斑，其成绩固已超出以前研究之范围，何况其天才独具，虽是临摹纸本，兼有创造之功。实能于民族艺术上另辟一新境界，其为敦煌学领域中不朽之盛举，更无论矣！"

张大千在敦煌期间记录了20万字的《敦煌石室记》，是敦煌研究里程碑式著作。在张大千呼吁

和于右任倡议下，1943年正式成立了"国立敦煌艺术研究所"，将敦煌壁画作为艺术作品进行研究。敦煌之行不仅为张大千青绿画法的质变积蓄了力量，也唤起了时人对于敦煌壁画这一千年艺术宝库的重视与保护[3]。

2. 侨居巴西圣保罗，营建八德园，培育盆景三百盆

1953年，张大千在巴西圣保罗买地200亩，并卖掉手中珍品两幅，斥资175万美金，开始营建"八德园"。张大千对于园林名称解释道："因为我那个园子原先是别人农场，有一千多株柿林，我是以此命名。古人称：'柿子有七德'，就是说柿子有七种好处：一寿、二多阴、三无鸟巢、四无虫、五霜叶可赏、六

可娱嘉宾、七落叶肥大可习字。后来我知道柿子的叶子泡水可以治胃病，再加一德，所以称'八德园'。"

张大千对中国园林情有独钟，多年浸泡在中国传统绘画里，对于中国文化一脉相承，他要建造一座最为纯正、最富中国古典精神的园林作品。

在八德园里，张大千开凿了33亩大小的人工湖，湖周边堆积小山。湖中养鱼种荷，庭榭小桥，五座亭子环绕湖畔，又称五亭湖。湖岸蜿蜒起伏，小山盘桓。园中有画室楼、笔冢、竹林、梅林、松林、荷塘、映鱼石、下棋石（图8-10）[4]。其中还豢养多种小动物。

在小画室、望月坪以东，有几排古色古香、由日本园艺师铃木负责养护的盆景，数量不下二三百盆（图8-11、图8-12）。

美国松，生长又快又高，是上好建材，但不像日本和中国的黑松那样，姿态横生，易于整形。王之一在书中写道："根据老资格的巴西农人讲，美国松不能修剪，不能弯曲作姿态。大千先生说：'我不信邪，一定要剪几棵试试看，美国松也要屈服在我的手下。'卧龙松、蟠龙松果然在经过大千先生动了手术以后，服服帖帖地顺着地面伸展出去，张牙舞爪，弯弯曲曲，都不成'材'。"此处所说的"手术"，是指对美国松剪去某些繁枝，再用金属丝，通过剪扎拉吊，把其中一部分枝条固定方向，经过一定时间，便可以长成理想树形（图8-13）[5-6]。

1968年，张大千在美国旧金山养病期间，得知巴西政府要在八德园处建造水库，大千决定放弃八德园，并迁居美国加利福尼亚州卡米尔小城，小城边上便是美国西海岸风景区"十七里海岸"。他在城里买下一栋小房子，起名"可以居"。不久，他又买到一栋较大院子的新房，取名"环筚庵"[7]。

3. 定居台湾，建造摩耶精舍

1976年1月，张大千率夫人、子女，举家迁返台湾。第二年在台北郊外双溪分叉小岛上选定地点，建造"摩耶精舍"，斋名取自释迦牟尼母亲摩耶夫人肚子里藏有"三千大千世界"。

摩耶精舍占地500多 m²，以四合院两层楼为核心，张大千除了在天井布置流泉树石，还在前院垒石作池塘，种植垂柳、荷花、梅花、松柏。后院在双溪分叉处建起一座双亭，可以坐听潺潺溪水流过的声音，同时眺望远方山色。临溪一侧建有长廊，

图8-10 张大千，1967，《五亭湖》，纵60cm、横97cm，五亭湖为八德园内著名景点之一（摘自摘自《云山泼墨张大千》，台北：雄狮图书股份有限公司，2008）

图8-11 张大千在八德园中的盆景摆放区（摘自高海军《百年巨匠张大千》兰州：读者出版集团，甘肃人民美术出版社，2013）

屋顶建有小花园，养猿、养花，布置盆景，站在楼顶上可以望到台北故宫博物院。

为了方便坐在双亭写生绘画，捕捉花木自然意趣，张大千特意从美国空运40箱盆景，又从海上

图8-12 张大千在八德园中的盆景摆放区（摘自王家诚，张大千传（38）且把他乡当故乡，故宫文物月刊，2003（9）：120-128）

图8-13 张大千在八德园中卧龙松盆景前（摘自王家诚，张大千传（38）且把他乡当故乡，故宫文物月刊，2003（9）：120-128）

图8-14 约1979年，张大千立于摩耶精舍"梅丘"旁（引自《张大千书画集》第一集，台北：国立历史博物馆）

运回环筚庵重达5吨的"梅丘"山石。他将山石竖立园中，在周围种下梅树（图8-14）[8]。

张大千回到台湾后，特别委托著名女性盆景大师梁悦美教授担当他的盆景顾问，并商讨在双溪设立盆景园。当1985年梁女士被当选为台北盆景协会会长时，张大千特写"发思古之幽情"书法作为贺礼。所以，在台湾盆景界大家都称张大千为"盆景画家"[9]。

吴昌硕的盆景绘画作品

吴昌硕（1844—1927），初名俊，又名俊卿，字昌硕，又署仓石、苍石，多别号，常见者有仓硕、老苍、老缶、苦铁、大聋、缶道人、石尊者等。浙江省孝丰县鄣吴村（今湖州市安吉县）人。父辛甲举人，兼究金石篆刻。十七岁四乡饥荒，逃难在外，流浪五年，困苦难堪。回乡后，刻苦求学，二十二岁补试秀才，遂绝意进取，至五十三岁曾保举任安东县（今涟水），一月辞去。二十九岁到苏州在潘伯寅（祖阴）、吴平斋（云）、吴大澂处获见古代彝器及名人书画。从杨见山进修文艺，钻研诗、书、篆刻。书法以石鼓文最为擅长，用笔结体，一变前人成法，力透纸背，独具风骨。是晚清民国时期著名国画家、书法家、篆刻家，"后海派"代表，杭州西泠印社首任社长，与任伯年、蒲华、虚谷合称为"清末海派四大家"。

他集"诗、书、画、印"为一身，融金石书画为一炉，被誉为"石鼓篆书第一人""文人画最后的高峰"。在绘画、书法、篆刻上都是旗帜性人物，在诗文、金石等方面均有很高的造诣。吴昌硕热心提携后进，齐白石、王一亭、潘天寿、陈半丁、赵云壑、王个簃、沙孟海等均得其指授。

吴昌硕作品集有《吴昌硕画集》《吴昌硕作品集》《苦铁碎金》《缶庐近墨》《吴苍石印谱》《缶庐印存》等，诗作集有《缶庐集》。

1. 吴昌硕在花卉盆景绘画上的特征

吴昌硕的绘画融合其书法艺术中刻意的粗狂、天真的笔触以及他篆刻中的构图结构，因此，他结合了中国传统文人画与现代画，为中国艺术带来重要创新。

吴从考证学和金石学知识中深深奠基的绘画美学，明显表现于其花卉绘画：①他在花卉绘画，也就是成熟期的一个典型的构图特色就是画面结构布局倾向对角线。②他在一幅画作上题道："我平生得力之处，在于能以作书之法作画。"身为最著名的仿石鼓文书体的艺术家，吴在石鼓文中寻找个人特有的美学。由此，他发展出联结其绘画和书法创作的一种独特运笔法[10]。

2. 吴昌硕盆景绘画作品

吴昌硕绘画作品描绘的植物种类有梅花、牡丹、

图8-15　清末（1902），吴昌硕《瓶梅》，纵149.2cm、横80.6cm，现藏中国美术馆

南天竹、佛手柑、菊花、兰花、荷花、万年青、水仙、菖蒲、灵芝、荔枝和柿子果实以及百合鳞茎等；描绘的艺术形式有插花、盆景、盆栽、果实摆置等；一幅作品中组合的方式有盆景＋插花＋果实摆置、盆景＋插花、盆景＋果实摆置、插花＋果实摆置等多种组合。除此之外，其作品中也会常常出现山石要素。

（1）《瓶梅》中的菖蒲盆景

据题该画为壬寅（1902）作，画家59岁。该画中央放置细高瓶梅与菖蒲盆景。瓶梅一古枝向右上方伸展，枝顶下侧一分枝向左方近平行伸展，数朵梅花开放；瓶梅右下方摆放一菖蒲盆景（图8-15）。

图8-16　清末(1902)，吴昌硕《梅花蒲石图轴》，现藏中国美术馆

图8-17　民国(1915)，吴昌硕《岁朝清供图》，纵153cm、横82.5cm，现藏中国美术馆

图8-18　民国(1915)，吴昌硕《岁朝清供图》，纵152cm、横80cm，现藏中国美术馆

（2）《梅花蒲石图轴》中的梅花盆景、菖蒲盆景

此图从上到下描绘梅花盆景、菖蒲盆景与山石。圆盆中古梅老干弯曲，顶部酷似呈现"神付顶"，干生二主枝，底枝自左绕干后方向右生长，高枝向左方伸出，枝头朵朵红梅盛开；圆盆中菖蒲茁壮生长，郁葱可爱；山石斜卧（图8-16）。

（3）《岁朝清供图》中的牡丹盆栽

据题该画为乙卯（1915）作，画家72岁，应节之作。此图画东坡紫砂提梁茶壶、白瓷茶杯、瓶梅、盆栽牡丹和一篮佛手，寓意悠闲安逸，平安眉寿，富贵吉利。画左自题"岁朝清供。乙卯十有一月信笔缀

成，酷似孟皋设色。七十二岁聋叟吴昌硕（图8-17）。"

（4）《岁朝清供图》中的水仙、菖蒲盆景

据题该画为乙卯（1915）作，画家72岁，应节之作。画中一蒜状高瓶，内插古梅一枝，姿态虬曲。瓶侧湖石、盆兰、水仙，还有柿子、慈菰等错落，意趣自然。该画笔法遒劲，设色妍美，自言："岁朝写案头花果，古人所作岁时物之迁流也，兹拟其意（图8-18）。"

其他画师的盆景画作

1. 袁世凯（1914）《春华秋实》

袁世凯（1859—1916），中国近代史上著名的

政治家、军事家,北洋军阀领袖。字慰亭(又作慰廷),号容庵、洗心亭主人,汉族,河南项城人,故人称"袁项城"。

袁世凯早年发迹于朝鲜,归国后在天津小站训练新军。清末新政期间积极推动近代化改革。辛亥革命期间逼清帝溥仪退位,以和平的方式推翻清朝,成为中华民国临时大总统。1913年镇压二次革命,同年当选为首任中华民国大总统,1914年颁布《中华民国约法》,1915年12月宣布自称皇帝,改国号为中华帝国,建元洪宪,史称"洪宪帝制"。此举遭到各方反对,引发护国运动,袁世凯不得不在做了83天皇帝之后宣布取消帝制。1916年6月6日因尿毒症不治而亡,归葬于河南安阳。

袁世凯的荣辱功过各有评说,有人说他是"独夫民贼""窃国大盗",也有人认为他对中国的近代化做出贡献,是真正的改革家。总之,袁世凯是中国近代史上最具争议的人物之一。

袁世凯曾于1914年画有《春华秋实》一幅,绘画内容简单,只画两盆盆景:一盆为高深盆菊花盆景,一盆为圆盆菖蒲盆景(图8-19)。

2. 陈师曾(1923)《群芳捧寿》

陈师曾(1876—1923),原名衡恪,字师曾,号朽道人、槐堂,江西义宁(今江西省修水县)人,著名美术家、艺术教育家。

陈师曾出身书生门第,祖父是湖南巡抚陈宝箴,父亲是著名诗人陈三立。1902年东渡日本留学,1909年回国,任江西教育司长。从1911年2月至1913年4月,他受南通张謇之邀,至通州师范学校(今南通师范学校)任教,专授博物课程。1913年又赴长沙第一师范任课,后至北京任编审员之职。先后兼任北京女子高等师范学校、北京高等师范学校、北京美术专门学校教授。1923年9月为奔母丧回南京,不幸染病逝世,终年仅47岁。

陈师曾于1923年作画《群芳捧寿》一幅,立轴,画面从前往后,随着几架由低增高依

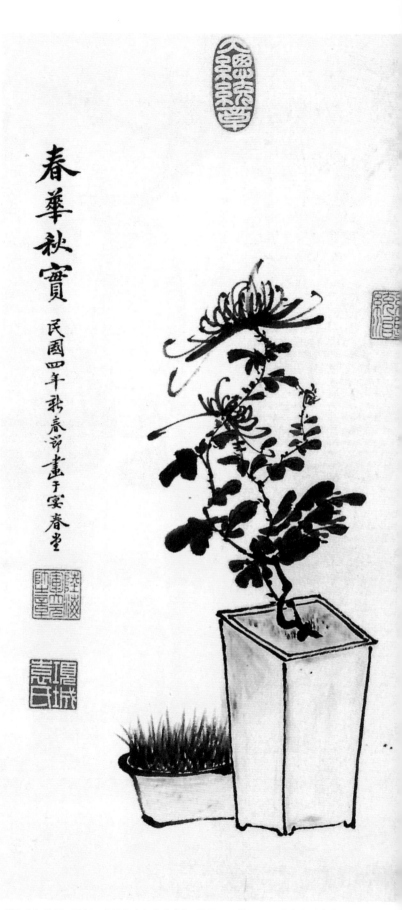

图8-19　民国,1914,袁世凯《春华秋实》,纵57cm、横31cm,现存中国嘉德

次放置 3 盆盆景：最前方放置于低矮几架上的水仙盆景，中央放置于中高几架上的万年青盆景，最后方放置于高几上的梅花盆景，水仙盆景与万年青盆景之间放置果物。从红梅盛开、万年青红果以及水仙白花开放可以得知，此时为春节前后（图 8-20）。

3. 胡汀鹭（1938）《岁朝图》

胡汀鹭（1884—1943），名振，字汀鹭，一字瘖蝉、瘖公，晚号大浊道人，清光绪十年（1884）生，江苏无锡南门外薛家弄人。初作花鸟，从张子祥、任伯年起步，力追青藤（徐渭）、白阳（陈淳）。后兼工山水人物。山水初宗沈周、唐寅，继学马远、夏圭，并得近代著名收藏家裴伯谦和瞿旭初之助，临摹裴氏壮陶阁和瞿氏铁琴铜剑楼的历代大批名画。

胡汀鹭于 1838 年曾作《岁朝图》一幅，画面中间为一南天竹与蜡梅插瓶，花瓶右前方为一老干梅花盆景，花瓶左后侧为盛开的水仙和牡丹，梅花盆景周围放置菱角、灵芝、柿子、百合、松枝等，表现新春佳节欢庆气氛，寓意百事如意（图 8-21）。

4. 清末民初《绣清供四季花果屏之春》

《绣清供四季花果屏之春》描写岁朝清供，画面上方，几架上摆放水仙盆景，中部偏右处放置菖蒲盆景，前方摆置百合鳞茎、柿子与灵芝，寓意"百事如意"（图 8-22）。

5.《民国三年月历牌》中的盆景

月历牌是一种诞生于清末上海的广告宣传画。这种形式起源于中国节气表、日历表牌，最初被在

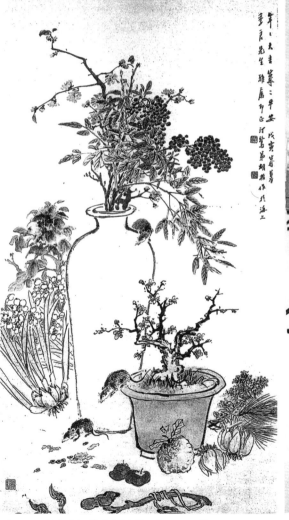

图8-20 民国，陈师曾《群芳捧寿》立轴，纵114cm、横42cm，现存北京瀚海

图8-21 民国，胡汀鹭《岁朝图》，纵136cm、横68.5cm

图8-22 清末民初，《绣清供四季花果屏之春》，现存台北故宫博物院

华洋商们用来推销他们的商品。

《民国三年月历牌》中描绘的园林画面中陈设有盆景（图8-23）。

6. 赵浩公（1938）《石侣图》

赵浩公（1881—1947），向以摹古、仿古见称。民国间以摹古造赝本无数，得金甚夥，因有"赝本大家""多金画人"之谓。粤博藏其临摹古人画作多件，其中尤可圈点者乃其摹元人钱舜举（1239—1299）《梨花图》卷。此卷母本乃钱氏代表之作，流传有绪。

《石侣图》描绘各种奇石，其中数块上种植石菖蒲，增加了山石的趣味性（图8-24）。

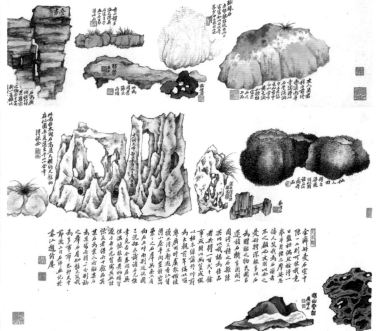

图8-23　《民国三年月历牌》中描绘的园林中陈设盆景

图8-24　民国，1939年，赵浩公《石侣图》，手卷，纵22.3cm、横932cm，现存香港佳士得

第三节
民国出版的盆景相关书籍、图谱

《木本花卉栽培法》

周宗璜、刘振书著《木本花卉栽培法》于1930年由上海商务印书馆发行出版（图8-25）。本书共分：第一章总论，第二章木本花卉之繁殖法，第三章木本花卉之管理，第四章木本花卉之盆栽法，第五章冷床、温床及温室以及第六章木本花卉栽培各论等六节。第六章各论中包括梅花、牡丹、蔷薇类、木犀、迎春花、紫薇、蜡梅、三星梅、茉莉、珠兰、白兰、百金两、猩猩木、公孙树、南天竹、柳等19节。

第四章包括盆栽之意义、盆栽之种类、盆栽与土壤、盆栽之四季管理法、吾国盆栽之木本花卉等5节。第五节吾国盆栽之木本花卉又包括松之盆栽法、竹之盆栽法、梅之盆栽法三部分内容。

从书中内容可以看出，第四章主要论述以盆景为主的盆栽的意义、种类、与土壤关系以及四季管理法；而其中第五节主要记述了松、竹、梅三类盆景制作方法与养护管理技术等，可以说是盆景专业内容。

《花卉盆栽法》

夏诒彬著《花卉盆栽法》于1931年由上海商务印书馆发行出版（图8-26）。全书共八章。第一章总论，有盆栽之趣味、盆栽之沿革、盆栽之特性、盆钵及配景、繁殖法、定植法、培养土、施肥、整形、灌水、爱护、观赏等12节；第二章针叶树类，有赤松、罗汉柏、胡枞、落叶松、黑松、侧柏、五钗松、杉、栂、海松、黑桧、扁柏、桧、五须松、杜松等15节（种）；第三章阔叶常绿树种，有桃叶珊瑚、虎刺、蚊母树、大黄杨、金柑、金蜡梅、栀子、酢甲、素馨、山茶、山踯躅类、锦熟黄杨、络石、小石积、南天竹、滨枥、南五味子、佛手柑、野木瓜、锦鸡儿、

图8-25 民国，周宗璜、刘振书1930年著《木本花卉栽培法》（上海商务印书馆发行出版）的封面

图8-26 民国，夏诒彬1931著《花卉盆栽法》（上海商务印书馆发行出版）的封面

细叶冬青、探春花等 22 节（种）；第四章落叶阔叶树类，有公孙树、通草、无花果、天仙果、水蜡树、莺树、梅、落霜红、齐墩果、朴树、大手球、海棠、槲树、柿、老叶儿树、柽柳、枸杞、槙楂、黑见风干、熊柳、榉、枸、辛夷、枎栘、安石榴、山楂子、山茱萸、重华辛夷、西洋山楂子、地锦、三角枫、野葛、蔓性落霜红、蜡瓣花、夏藤、桫椤、木半夏、小苹果、乌柏、卫矛、郁李、合欢、野漆树、黄槿、玫瑰、向日瑞木、紫薇、枫、紫藤、椥、木瓜、楂子、菩提树、君迁子、豆樱、楹梓、桃叶卫矛、金缕梅、小檗、槭树、山榛、鸡桑、四照花、柳、薮山楂子、珍珠花、山樱、蜡梅、连翘、牡丹等 70 节（种）；第五章特殊树类，有竹、凤尾松、芭蕉、棕竹等 4 节（种）；第六章球根类，有水仙、番红花、螺旋花、风信子、郁金香、白头翁、毛建草、香雪兰、华胄兰、巴西苦苣花、球根秋海棠、睡莲、麝香百合、铃兰等 14 节（种）；第七章一二年生草花，有三色堇、金盏菊、紫罗兰花、瓜叶菊、撞羽朝颜、紫参、半枝莲、牵牛子等 9 节（种）；第八章宿根草花，有香堇菜、延命菊、樱草类、和兰瞿麦、芍药、美女樱、金鱼草、菊、天竺葵、钓浮草、天芥菜、木春菊、松叶菊、变色草、建兰等 15 节（种）。

本书书名《花卉盆栽法》中的"盆栽"为广义的含意，包括盆栽与盆景两部分内容。上记内容除了第六章球根类、第七章一二年生草花以及第八章宿根草花三章之外，其他内容可以说都是有关盆景的内容，因此可以说本书是一本有关盆景与花卉盆栽的专门书籍。此外，从本书对于广义的花卉类采用的分类体系与记载的内容来看，可以推断：本书深受当时日本专门书籍影响。

《马骀画宝》中的盆景

马骀（1886—1938），原名马骥，号企周，别号环中子，四川西昌人。近代回族书画家。他天资职颖又勤奋好学，1902 年拜名家周境塘为师，与张善子、张大千兄弟同学书法、文学、诗词。他和张善子结为"金兰之交"，执教于上海国立美术专科学校，与黄宾虹、徐悲鸿、刘海粟等共事。马骀精妙地将人物、山水、花鸟、仕女、翎毛、花卉等 13 种国画融古今中西名法为一体，尤擅"博

古花卉"，有"画学博士"和"世界画笔"之美誉。

1930 年，马骀应日本画院邀请，赴日举办个人画展。后又参加过伦敦、巴拿马、香港、新加坡等地画展。其为习画者所作教范画谱《马骀画宝》，初名《马骀自习画谱》，为石印本，1928 年世界书局印影时更名，24 卷，流传极广，且其后尚有多次影印再版。黄宾虹为该书作序，称"马君企周，画宗南北，艺擅文词，众善兼该，各各精妙"。康有为题词评价为"凤毛麟角"。

"九一八"事变后，马骀以画笔为利器，组织学生作画宣传抗日，参加义卖捐款、捐物支援前线。上海沦陷后，忧国忧民的马骀贫病交加，于 1938 年 2 月 2 日病逝在上海法租界西门路寓所[11]。

其作品《马骀画宝》，被誉为《芥子园画谱》之后的又一部杰作。

《马骀画宝》共有〈人物画范〉〈古今人物画谱〉〈美人百态画谱〉〈仙佛图像画谱〉〈历代名将画谱〉〈花卉草虫画法〉〈百花写生画谱〉〈花鸟画谱〉〈兰竹博古画谱〉〈鱼虫花果画谱〉〈鸟兽画法〉〈中外百兽画谱〉〈山水画诀〉〈名胜山水画谱〉〈诗情画意画谱〉等 15 个分类。其中画面中出现盆景、盆栽、奇石及其相关者的有〈古今人物画谱〉2 幅、〈美人百态画谱〉10 幅、〈仙佛图像画谱〉3 幅、〈兰竹博古画谱〉4 幅，共计 19 幅（图 8-27 至图 8-45）。

《三希堂画宝》中的盆景

《三希堂画宝》又名《三希堂画室大观》，编排顺序为山水、人物、竹菊、仕女、翎毛、花卉、梅花、兰花、草虫、石共 10 种谱式。每谱之前有各名家序言一篇，有关画种的浅说一篇。卷前还附有著名书画家曾农髯、吴昌硕、于右任等题词，主编者时九如。此画宝编成于 1924 年，选图 2180 余幅，起手画法 1090 余条式，画谱多选自清末、民初时期上海画家的作品，少数也有明代陈老莲，清人金冬心的作品。

《三希堂画谱》是一部学习中国画的经典画谱。近代一些著名画家，皆以《三希堂画谱》为学习范本。

《三希堂画谱》中也出现了多幅描绘盆景的图片，是研究清末民国时期盆景的重要资料（图 8-46 至图 8-69）。

图8-27 《古今人物画谱》〈米颠拜石〉，米芾爱石故事

图8-28 《古今人物画谱》〈庄周梦蝶〉，菊花盆景一、灵芝盆景一、菖蒲盆景一

图8-29 《美人百态画谱》〈莫琼树〉，牡丹盆栽一

图8-30 《美人百态画谱》〈吴绛仙〉，石一、灵芝盆景一

图8-31 《美人百态画谱》〈开元宫人〉，水仙盆景一

图8-32 《美人百态画谱》〈甘后〉，兰花盆景一

图8-33 《美人百态画谱》〈卫夫人〉，松树盆景、玉簪盆景、灵芝盆景、菊花盆景各一

图8-34 《美人百态画谱》〈息夫人〉，牡丹盆景、兰花盆景各一

图8-35 《美人百态画谱》〈乐昌公主〉，花木盆景一、山石盆景一

图8-36 《美人百态画谱》〈窦后〉，牡丹盆景、花草盆景各一

图8-37 《美人百态画谱》〈杨玉环〉，花草盆景二、菖蒲盆景

图8-38 《美人百态画谱》〈宠姐〉，水仙盆景一

图8-39 《仙佛图像画谱》〈第十五阿氏多尊者〉，灵芝盆景一

图8-40 《仙佛图像画谱》〈点头石〉，山石故事

图8-41 《仙佛图像画谱》〈第八十修行不着尊者〉，山石盆景一

图8-42 《兰竹博古画谱》〈百年和合〉，花果盆景一

图8-43 《兰竹博古画谱》〈芝仙祝寿〉，水仙盆景一

图8-44 《兰竹博古画谱》〈前程万里〉，万年青盆景

图8-45 《兰竹博古画谱》〈岁朝清供〉，水仙盆景

图8-46 《仕女》〈潇雪居士〉，大型兰花盆景二

图8-47 《仕女》〈无名〉，水仙盆景一

图8-48 《仕女》〈写渔妇晓妆〉，船头摆放盆景二

图8-49 《仕女》〈孙亮四姬〉，兰花、花草盆景各一

图8-50 《仕女》〈宠姐〉，花木盆景二

图8-51　《仕女》〈二乔〉，玉兰盆景一

图8-52　《仕女》〈开元宫人〉，水仙、灵芝盆景各一

图8-53　《仕女》〈潘菲〉，牡丹盆景一

图8-54　《仕女》〈京兆画眉〉，盆景一

图8-55　《仕女》〈江州司马青衫湿〉，兰石盆景一

图8-56　《仕女》〈无名〉，菊花盆景一

图8-57　《翎毛花卉》〈无名〉，菖蒲盆景一

图8-58　《翎毛花卉》〈无名〉，菖蒲盆景一

图8-59　《翎毛花卉》〈松竹长青、金石万古〉，松竹盆景一

图8-60　《翎毛花卉》〈无名〉，菖蒲盆景二

图8-61　《翎毛花卉》〈无名〉，水仙盆景一

图8-62 《人物》〈无名〉，竹　　图8-63 《梅谱》〈无名〉，附　　图8-64 《梅谱》〈诗窗清　　图8-65 《蒲郎》〈蒲郎〉，菖
石盆景一　　　　　　　　　　石梅花盆景一　　　　　　　　供〉，梅花盆景、菖蒲盆景各一　　蒲盆景一

图8-66 《石谱》〈秋农〉，菖蒲盆景一　　　　　　　图8-67 《石谱》〈炼石之图〉，奇石二

图8-68 《石谱》〈蒲石〉，蒲石盆一　　　　　　　　图8-69 《石谱》〈碧云生润〉，直干松树盆景

植物类盆景名称

1."盆栽"一词的通用

（1）包含盆景与盆植之意的"盆栽"

周宗璜、刘振书于民国十九年（1930）编著的《木本花卉栽培法》记述了盆栽的含义：

盆栽云者，即取树木栽培于盆中之谓。不问树性与树容如何，可任意增减其长短，随意曲折其形态，使成为一种最有风趣之观赏植物。故栽培盆景，较之栽培花草困难多矣。[12]

《木本花卉栽培法》出版一年后，夏诒彬编著了《花卉盆栽法》一书，书中记述了盆栽的观赏：

盆栽之观赏，因植物之种类而目的各异；一般草本花卉，以花与叶为观赏之目的。木本花卉，以花、果实、发芽当时之嫩叶，夏季之绿枝，秋季之红叶，为观赏之目的。而常绿树，则四时观赏绿叶；落叶树仅观冬姿。[13]

从上述文献可知，"盆栽"一词除了包含现在的盆景之外，还包含盆植的含义。

（2）专指盆植的"盆栽"

民国二十四年出版的《察哈尔省通志》记载：

桂花，木本，出南方，叶如北方之小叶杨，枝干亦相类，不过南方成大树，北方枝干小，仅作盆栽，开黄花，细甚，味甘香，性畏寒。[14]

许心芸所著《种蔷薇法》关于钵植记述如下：

蔷薇普通虽多栽植于园地之上，然栽植盆中，待其开花之际，陈列于架上或室内桌上等处，以供赏玩者，亦数见不鲜。且盆栽之蔷薇，常较栽培于园地上者，

能开放美丽大形之花朵……。[15]

从以上两篇文献可知，盆栽单指盆植之意。所以，在民国时期，盆栽有时为广义词，包括盆景与盆栽；有时为狭义词，只有盆栽之意。

2. 盆景

（1）《琉璃厂小记》中记载的"盆景"

《琉璃厂小记》记载："厂甸玩物摊烧制文物，用红土泥捏制或用模子磕成楼台亭榭及人物鸟兽等，用火烧之使成砖性，涂以各色油漆，置于盆景中山石上，颇可娱目。"由上文大意可知，文中的盆景是指山石盆景。

（2）《上海县续志》记载的"文竹盆景"

《上海县续志》卷八〈物产〉记载："文竹，草本，以分根繁殖，枝枝相间，挺立如竹，高才盈尺，无节而不空，心叶多而尖细，夏开小花，结实如苏子。邑人植作盆景。"[16]可见，文中盆景为用文竹制作的盆景之意。

3. 盆玩

民国十九年刊本《嘉定县续志》记述："六月雪，常绿小灌木，叶细枝密，五六月开小白花，折枝插土易活，人多植为盆玩。"[17]此外，旅沪同乡会编印的《歙县志》记载："黄杨，邑人多植庭园馆中或作盆玩。"[18]

上文中，"盆玩"的意思与清代相比没有发生多大变化，有时指盆栽，有时指盆景。

4. 盆花

民国二十四年刊行的《旧都文物略》〈技艺略〉中记载："光绪年间有金姓者制纸质盆花及瓶花，精

巧无匹，人呼为花儿金。"文中"盆花"即指盆中栽植花草之意，与现在的盆花相同。

5. 盆植

《上海县续志》卷八〈物产〉关于吊兰的记述：

吊兰，草本，在盆中，叶似兰而短，叶边白色如缘。另生长条之茎垂于盆外，上生新株，根不着土，故名吊兰。是时可用压条法分植之，莳花者盆植悬空中供赏玩。

《朔方道志》记述："无花果，一名映日果，一名优云钵，盆植多味。"[19]

"盆植"指在盆中栽植花草、树木之意。

6. 钵植

刘振书撰写的《种草花法》有〈花草之钵植〉一节。此外，民国十九年黄绍绪撰写的《花园管理法》第六章〈钵植〉记述了关于钵植的作业内容，即钵植方法、换盆、矮化方法。"钵植"一词最初出现于民国时代，相当于盆植。

盆景的金属丝绑扎技术

由于金属丝绑扎技术比棕丝绑扎技术操作简单，节省时间，整形效果好，自清代开始使用以来，广为流传。例如，《花卉盆栽法》记载："悬崖之整形，干部可用铅丝，稍稍屈曲，移植于床地较高之处，使树干向外方悬垂。"此外，《木本花卉栽培法》一书也记载道："盆栽家尤多采用铜丝曲枝法，以其法简而易达目的也。"可见，金属丝绑扎整形法在民国时期已被普遍使用。

盆景树形

1.《木本花卉栽培法》中记载的盆景树形

在《木本花卉栽培法》一书中，根据盆景树木的根干形态以及干数，将盆景分为单干、双干、悬干、露根及实生盆景[20]。这是有关盆景树形与形式系统分类的最初文献资料。

（1）单干

在"单干"一项中记载："单干即一干之直立者，其旁不另植他干或树。……譬如广野之中，一本直立，虽少屈曲之趣，然姿势挺拔，令人观之气壮。"

（2）双干

在"双干"一项中记载："双干者即一根而有左右两干之谓。"因此，文中之"双干"应为"一本双干式"。

（3）悬干

在"悬干"一项中记载："悬干或曰悬崖，或曰挂口，即树干倒悬挂于盆口之意。"悬干即为现在的悬崖。

（4）播种苗盆景

在"实生盆景"一项中记载了利用播种法制作盆景的技术："取松、枫、银杏之种子，播于浅盆中，可成苍苍茂林之观。"

2.《花卉盆栽法》中的盆景树形

比《木本花卉栽培法》晚一年出版的《花卉盆栽法》一书的〈栽植法之种类〉中，记述了直干法、双干法、多干法、横干法、寄植法、半悬崖法、悬崖法、攀石法、露根法、水盘法、盘旋法及短干法等12种盆景的树形[21]。《花卉盆栽法》记述的直干法、双干法、寄植法、悬崖法及露根法与《木本花卉栽培法》中所记述的单干、双干、实生、悬干及露根相近。

（1）多干法

在"多干法"中记载："同一株上发生数干，普通干数皆以奇数为佳，即三干、五干或七干是也。"多干法即为一本多干，干数多为奇数。

（2）横干法

在"横干法"中记述："一树之横干发生数枝，皆向上直立，各枝之长，须长短有差。"横干法在我国被称为连根丛林式，在日本被称为筏吹式。

（3）半悬崖法

半悬崖法在中国和日本都是相同的，即顶枝没有伸展到盆钵基部。

（4）攀石法

攀石法即附石式盆景。

（5）水盘法

在"水盘法"中记述："盆钵中置石，或少量湿土，加水培养，复添入水草、苔藓等物，可以联想溪流、河沼着生时之美的观念。"水盘法接近我国现在的水旱式，日本又被称为栽景。

（6）盘旋法

在"盘旋法"中记述："主干向左右曲折数次，盘成数龙蟠形，五叶松及桧、柏等行此式。"盘旋法在中国被称为龙游拐，日本则称之为九十九曲。

以上是《花卉盆栽法》所记述的盆景经过高度发展之后的树形与形式，已经接近现在盆景的分类体系与树形。

陆费执（1950）《盆景与盆栽》

陆费执（1892—不详），字叔辰，浙江嘉兴县人。生于 1892 年，卒年不详。农学家。陆费执早年赴美国留学，就读于美国伊利诺依大学，1918 年毕业，获农学学士学位。1913 年 10 月，由他发起组织农科大学最早的校友会，并当选为第一届校友会会长。后入美国佛罗里达大学继续深造，1919 年获农学硕士学位。在美国求学期间，他主攻植物学和园艺学。回国后，他曾历任国立北京农业专门学校教授兼园艺系主任（讲授"作物学""作物试验""农学总论"等课程）、北京高等师范学校教授兼生物系主任、浙江省第一中学主任、上海中华书局总编辑、南通农科大学教务主任、江苏农矿厅技正兼农业推广委员会委员、江苏农矿厅技正兼第一科科长（代秘书）等职。著有《热带果品之研究》《中等果艺学》《高中生物学》等。

中华人民共和国成立初期，陆费执出任上海种苗场场长，于 1950 年 5 月由中华书局股份有限公司出版发行《盆景与盆栽》（图 8-70）。本书写作目的，正像该丛书《工农生产技术便览》中的"为什么编印工农生产技术便览"中所讲：新时代到了，工农们要领导大家去生产，去劳动。因为工农们大多没有知识与技术，所以，需要向工农们进行生产技术指导和生产技术灌输[22]。其目录为上、下两编，其中上编盆景，有五部分；下编盆栽，有甲通论、乙各论、丙结论三部分。

本书所写内容，正如〈上编盆景·一总说〉中记载："通常所谓盆景，包括两部分：①用大而浅的瓦盆或瓷盆，里面放土，铺上细草或青苔，装上一小山石、一小亭、小屋、小船等，再加一两个小人，在土上种一小树枝，或一株小花，灌上水，就成；不过所种小树或小花不能长久生活，只能维持一两个月，多用来做新年点缀品。②用大小不定比较深的瓦盆，装满了土，种一小树或一株花，加入肥料和水；所种小树或小花可以长久生活，也可以开花结果，和大树大花一样。""其实第一项是真正盆景，第二项是盆栽，或叫盆艺。"[23]

上编包括：一总说、二盆景用材料、三盆景制法、四盆景保护、五题名。下编包括：甲通论，有一总论、二培土、三苗床、四播种、五繁殖法、六用盆、七栽法、八灌水、九施肥、十保护、十一修整、十二姿式、十三去害、十四花架；乙各论，有一草本（芍药、天竺葵、仙人掌类、三色堇、水仙、风信子、郁金香、天竺牡丹、秋海棠、石刁柏、万年青、羊齿类）、二木本（梅花、蜡梅、山茶、茶梅、紫藤、杜鹃、松类）；丙结论，有一草本（草花类、球根块茎类）、二木本（以花为主、以果为主、以叶为主）。

该书著者在书名与内容中，将盆景与盆栽进行明确的区分和论述，这是我国盆景自创始以来的首次，值得肯定。此外，上编中分别对于盆景总说、盆景用材料、盆景制法、盆景保护以及题名各部分进行了比较深入的总结讨论，至今尚有一定的参考价值。但对于该书著者在上述总说部分中说道："不过所种小树或小花不能长久生活，只能维持一两个月，多用来做新年点缀品。"本书著者不能认同，因为以盆景树木为主的植物大多数是可以多年生长的，甚至可以成活上百年、数百年。

周瘦鹃、周铮（1957）《盆栽趣味》

1. 周瘦鹃之盆景花木之趣味

周瘦鹃（1895—1968），原名周国贤，江苏省苏州市人。现代杰出作家，文学翻译家。江苏省苏州市博物馆名誉副馆长。家贫少孤，六岁丧父。靠母亲的辛苦操劳，得以读完中学。中学时代即开始文学创作活动。一边写作，一边以相当大的精力从事园艺工作，开辟了苏州有名的"周家花园"。周恩来、叶剑英、陈毅等党和国家领导人都曾多次前往参观，许多外国朋友也不断登门观赏。1968年8月，周瘦鹃被残酷迫害身死，"周家花园"也横遭践踏摧残。

他爱花成癖，不论盆栽、盆景，经他制作，都成佳品。当时上海有一国际性的中西莳花会，瘦鹃同学蒋保厘是莳花会会员，介绍瘦鹃入会。1939年夏，瘦鹃参展大小盆栽22件，配着红木矮几及十景橱，又以百余年爬山虎古桩作主体，附以松柏、菖蒲、黄杨、文竹、六月雪、金茉莉、细叶冬青，旁侧列古佛一尊及灵芝一盆，几案形状有如秋海棠叶式，有如双连树根式。展品引起无数西方人赞美，瘦鹃获得荣誉奖状。翌年秋，又有秋季年会，瘦鹃以悬崖白菊、蟹爪黄菊，分种于紫砂旧盆和古瓷瓶盎间，加上水石盆景共29件，又附菖蒲、北瓜、小榆、稚柏、水棕竹、灵璧石、达摩像等点缀品，获得全会总锦标冠军，荣获英国彼得葛兰爵士大银杯一座。瘦鹃高兴吟诗道："要他海外虬髯客，刮目相看郭橐驼。"又："愿君休簿闲花草，万园衣冠拜下风。"次年秋季年会，瘦鹃煞费经营，罗致十八学士大菊花及粉霓裳、月下雪等名种盆景，或仿唐六如的《蕉石图》或仿马远的《古木及赏菊东篱》《寒江独钓》的画境，极活色生香、清华淡逸的能事。岂知作为主持者西洋人，不甘总锦标连落华人之手，瘦鹃被

图8-70　陆费执，盆景与盆栽，上海：中华书局，1950

抑，仅得次奖，他心中愤懑，从此退出该会不再参加。他以善用古人名画制作盆景，题一诗云："蕉石传神唐伯虎，竹技貌肖夏仲昭。生香活色盆中画，不用丹青着意描。"他本主编《申报》附刊《自由谈》及《春秋》，此时他辞退《申报》辑务，在苏州王长河头辟紫兰小筑，这就是被大家称为的"周家花园"，蓄养百年大绿毛龟，五人墓畔移来的义士梅以及白居易手植的槐树、橘桩等。

抗战时，他避难到上海，居愚园路的田庄，为维持生活，借海格路一小圃，售卖盆栽盆景，有"头衔新署卖花人"之句。中华人民共和国成立后返苏，重整故园，芳菲满目。1968年，他被迫害，投井而死，让人感到非常惋惜和痛楚。瘦鹃著作很多，与花木盆景有关的有《花花草草》《花前琐记》《花前续记》《花木丛中》《拈花集》以及《盆栽趣味》等。[24] 周瘦鹃为传承、弘扬中国盆景艺术，推动苏州盆景事业发展做出了重要贡献。

2. 出版《盆栽趣味》

1957年6月，周瘦鹃与周铮合著的《盆栽趣味》

由上海文化出版社发行出版。周铮为周瘦鹃长子，从南通农学院学完园艺后就与其父亲一起辟香雪园于西区王家库，制作销售盆栽、盆景，补助生活费用。

对于该书写作出版目的，周瘦鹃写道："笔者爱好盆栽，积久成癖，二十余年来朝斯夕斯，乐此不彼。有时找到了材料，还要添置盆景。有的自己创作，有的仿照古画。一盆告成，其乐陶陶，好像画师画成了一幅得意的精品。这些盆栽和盆景，虽费了我不少的心力，也获得了劳动的成果。苏州我小园中好几百件大小盆栽和盆景，已成了群众欣赏的对象，国际友人也纷至沓来，给予很高的评价。兹于种植之暇，与儿子铮通力合作，将我平日一得之见，一一记了下来，名之为《盆栽趣味》，以供同好者的参考。"[25]

3.《盆栽趣味》的三个版本

该书 1957 年出版后相隔 27 年的 1984 年，上海文化出版社出版第二版。该版增加了十余帧盆景照片，重绘全部插图，编排略有调整，文字小有修改（图 8-71 至图 8-76）。

1984 年出版的第二版《盆栽趣味》的目次包括前言以及盆栽和盆景简史，盆栽、盆景、盆植，盆栽的美，盆盎和盆栽用具，盆栽十诀，盆树造型，置放盆栽的地方和盆架，灌水，施肥，防治病虫害，换盆，盆树的剪定，摘芽、摘叶和蟠扎，盆树繁殖，石附盆景共十五节，以及结束语。

该书结束语中记述道："盆栽、盆景要供在几案上给人观赏，有几个必要条件：一则本身要求其富有诗情画意；二则所用的盆盎要求其古雅，并且大小要配合得当；三则盆盎下必须衬以几座，

图8-71 周瘦鹃、周铮《盆栽趣味》，上海文化出版社，1957

图8-72 《盆栽趣味》第二版中的插图：盆植

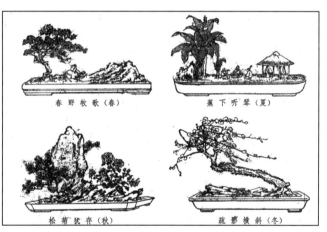

图8-73 《盆栽趣味》第二版中的插图：盆景四图

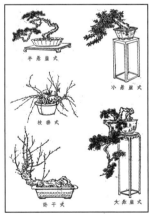

图8-74 《盆栽趣味》第二版中的插图：盆景形式（一）

图8-75 《盆栽趣味》第二版中的插图：盆景形式（二）

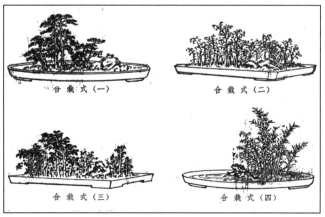

图8-76 《盆栽趣味》第二版中的插图：盆景形式（三）

图8-78　《中国盆景及其栽培》，崔友文编著（台湾商务印书局）1966年中国台湾版　　图8-79　1948年第1版

图8-80　1951年再版　　图8-81　1958年第3版

图8-77　周瘦鹃著、王稼句编，《人间花木》副册《盆栽趣味》，九州出版社，2017

或红木、枣木、楠木，或黄杨、紫檀、紫竹，或天然树根所制，大小方圆，也要与盆盎互相配合；四则陈列时必须前后错综，高低参差；切忌成双作对，左右并列，如从前公庭上衙役站班一样（倘系盆植，而供在大厅或廊下成对的高花几上的，又当作为别论。）"该段谈及盆景的景、盆、几架以及陈设问题，高度概括出了我国盆景制作与鉴赏中的"一景二盆三几架"标准。此外，从内容的全面性、技术性、独创性以及实用性各方面来看，《盆栽趣味》应该是我国1960年之前水平最高的一本专著。

2017年，九州出版社出版发行了周瘦鹃著、王稼句编《人间花木》，同时，《盆栽趣味》作为副册得以出版。新版《盆栽趣味》与原来的《盆栽趣味》在内容上有些修改，附图有些调整，节数也由原来的十五节修改为十八节（图8-77）。

崔友文（1966年台湾）《中国盆景及其栽培》

崔有文，字会堂，山东淄博人。青州核桃园"和兴堂"崔氏北羊支系十九世。1907年时，已任西北植物所研究员。崔友文于1966年由我国台湾商务印书馆出版发行《中国盆景及其栽培》（图8-78至图8-81）。

本书分为通论、各论与附录三部分。通论内容如下：一盆栽之意义，二我国盆栽略史，三盆栽植物之特点，四盆栽植物各部之特性，五盆栽植物之姿态，六盆钵及配景，七繁殖方法，八一般栽培法，九温室及花棚，十病虫害。各论内容如下：一花木类，二花草类。附录内容有一中名索引，二学名索引。

通论部分的五盆栽植物之姿态包括直干式、双干式、多干式、横干式、寄植式、悬崖式、攀石式、水盘式、蟠曲式、混接式。从这部分内容可以看出，该书受日本方面的影响较大。

伍宜孙《文农盆景》

1.伍宜孙生平简介

20个世纪初，伍宜孙出生于中国广东顺德杏坛镇古朗村。因为家境贫困，以致少年失学，年仅14岁，1919年来到香港泰来银号从杂工做起。但为人谦逊勤奋，积累了经验，后来集资创办了永隆银号，1933年在上环文咸东街正式开业，逐步成为香港著名华资银行家。

伍宜孙自幼受祖父伍宜廉——岭南盆景创始人及父亲伍若瑜指教盆景艺术，加上多年实际经验，在盆景界逐渐获得"盆圣"显赫的称号。

1967年，创建"文农学圃"，邀请盆友提供盆景佳作，在园内公开展览，互相切磋，集思广益。1978年，香港扩建火车站将园地收回。2000年，于香港浸会大学园址内重建"文农学圃"。圃中培植盆景树石数百，风格别具，种类繁多，造型深得岭南丹青之神韵，颇受中外人士赞赏。

1968—1970年，伍宜孙盆景作品连续3年荣获香港市政局花卉盆景展览比赛全场冠军奖。

1971—1972年，应邀在香港大学校外课程部主讲中国盆景艺术。1974—1986年，伍宜孙应邀将自己的盆景作品，先后分赠法国、加拿大、美国、南京中山植物园、香港浸会大学、香港特区政府礼宾府等单位，公开陈列。又出资在美国国家盆景博物馆内建造了中国园——文农学圃，用以陈列中国盆景和自己赠送的31件盆景作品。

1981年，美国有关杂志对伍宜孙的盆景技法和盆景作品作了全面评价，影响深远。2000年建立网站命名"文农盆景"，秉承"文农学圃"宗旨，赞助外国盆景协会，邀请国内盆景名家，前往主持中国盆景讲座，宣扬中国盆景艺术。

2.出版《文农盆景》

从1967—1969年，伍宜孙以科学理论编撰专著，为盆景艺术辨本求原，以正国际视听，宣扬中华民族的优秀文化。出版了《文农盆景》图集，图文并茂，附盆景作品照片200余幅，70余个品种。值得敬佩的是，将《盆景与盆栽简史》置于卷首，特刊出北宋《明皇窥浴图》、元代《偃松盆景图》、明朝仇英《金谷园图》等多幅，鉴证盆景艺术发源于中国，确立了中国在世界盆坛的重要地位。

30多年来，为了向世界系统地介绍中国盆景艺术，推广盆景的技巧和法则，伍宜孙将《文农盆景》和盆景图片等，免费送赠世界各地主要图书馆、大学、盆景会社以及盆景爱好者，盆景杰作驰名中外。并多次应邀出席参加各种国际盆景艺术会议或展览，蜚声世界盆坛。

对于伍宜孙出版《文农盆景》之目的的"为

图8-82 伍宜孙《文农盆景》封面　　　图8-83 伍宜孙《文农盆景》初版封底　　　图8-84 伍宜孙《文农盆景》再版封底

盆景艺术辨本求原，以正国际视听，宣扬中华民族的优秀文化。"可以从澳大利亚人林赛·法尔（Lindsay Farr）的文章《过山车般的盆景百年：一个西方人眼中 20 世纪的盆景世界》中得知其重要性："1965 年，在日本大宫市举办的一次盆栽会议上，日本盆栽协会向国际参会者讲述了一个被歪曲的盆景历史，他们声称盆景于中国唐代时起源于日本。而 1965 年时由于中国封闭，而无法反驳这个歪曲历史的说法。该说法导致的后果是来自国际的参会者回到本国后传授的都是在日本大宫市所接触到的盆景历史，也是从那时开始，西方人认为盆景起源于日本。""在这些嘉宾中，有一位来自香港的银行家伍宜孙先生。他回到香港之后出版了图文并茂的双语书籍《文农盆景》。这本书阐述了完全不同的盆景历史，书中伍宜孙提供了可信的历史证明盆景起源于中国。他印刷了数千本作为礼物赠送给全球许多家图书馆。"[26]

林赛·法尔澳大利亚人，5 岁时第一次接触到盆景图片。20 世纪 70 年代末建立了自己的"盆景农庄"；80 年代创办报刊《盆景／盆景新闻》；90 年代开始在电视台主持盆景节目；2000 年联合制作并出品了第一个英语盆景电视节目《盆栽之道》。数十年来在墨尔本澳华历史博物馆和大学里担任教师。现在与妻子玛丽埃塔在霍桑经营"墨尔本盆景园艺"。

伍宜孙在 1969 年初版、1974 年再版《文农盆景》（图 8-82 至图 8-84）的序中写道："近世纪虽见称于日本，然实滥觞于我国，以能悉心研究，广事宣传，故风靡朝野，举国盛行，其进步之速，几有青出于蓝之感！并且传至西方，以中文盆栽二字译音 Bonsai，成为普遍名称。""编者对于盆景，素感兴趣，粗识之无。凛于我国盆景艺术，日趋式微，恐沦泯没，故不揣谫陋……"从伍宜孙序中可以看出，林赛·法尔文中所写具有一定的根据。

第六节

全国主要盆景城市
盆景文化史

北京盆景文化史

北京历史悠久，先后有 5 个封建王朝在此建都。盆景作为宫廷与民间重要的陈设品和装饰品，加之北京冬季严寒，南方花木必须在盆中栽培方可有利于保护越冬，所以，在近 800 年的建都史中，很早出现盆栽盆景，是可以想象的。

1. 明代盆景文化

北京明代之前，特别是辽、元时期的盆景情况有待进一步考证研究。到了明代，出现了关于盆景的文献记载和在寺庙壁画中出现了盆景的画面。

（1）许千岁家的盆梅

王世懋（1536—1588），字敬美，别号麟州，时称少美，汉族，明苏州府太仓人（今江苏太仓）。嘉靖进士，累官至太常少卿，是明代文学家、史学家王世贞之弟，好学善诗文，著述颇富，而才气名声亚于其兄。王世懋所著《学圃杂疏》一书中载曰："京师许千岁家，见盆中一绿萼玉蝶梅，梅之极品。"可见，此时北京已经出现了盆景或者梅花盆景。

（2）法海寺壁画中的盆景

法海寺为明代北京重要寺庙，其壁画在我国寺庙壁画史上占据重要地位。在壁画〈释梵诸天图〉中，领头的帝释天双手合十，亭亭玉立；身边的侍女一捧牡丹花，一挑华盖。而图中的这位侍女则双手捧雕饰莲瓣图案的金盘，盘中盛放峰岚叠嶂的山石，构成一山石盆景。

该壁画也充分说明了明代北京已经出现了牡丹盆栽与山石盆景。

2. 清代盆景文化

到了清代，花木、盆景的栽培与贩卖在北京极为兴盛，这是因为一部分花木盆景要供应皇宫需用，另一部分则要满足京城居民需求。当时的北京，把栽培和贩卖花木的地方称为"花厂"，主要集中在右安门外，还有永定门外的赵村店。在城内进行花木贩卖的主要集中在隆福寺和护国寺附近，这里还开设有城外花农的贩卖点和销售代理店。丰台是古来有名的花木栽培地，居民一半以上的从事花木生产活动，城中人经常来此赏花买花。这些居民主要栽培盆植和草花，兼营少量的蔬菜，他们多到南方购买花木，经养护后，再在城中出售[27]。

对于清代宫廷中盆景陈设与应用情况，第七章第三节清代宫廷帝后与嫔妃生活中的盆景布置中已经进行了深入研究，此处只对清代北京王府与民间的盆景情况进行研究。

（1）北京王府中的盆景布置

王府是封建社会等级最高的贵族府邸。清代北京内城有满洲八旗分住，王府大多建在北京东西两城。清顺治帝进关定都北京后，所封诸王和以后各朝所封的亲王、郡王在西城建立的王府达 30 座，其中有亲王府 18 座、郡王府 9 座、蒙古王府 3 座。此外还有贝勒府、贝子府若干。

清代时,由于盆景成为庭园环境不可或缺的装饰品,加上受宫廷中布置盆景的影响,当时北京王府中也多陈设与布置盆景。

①《中华帝国的风景、建筑和风俗》所见王府中盆景布置。《中华帝国的风景、建筑和风俗》作者为托马斯·阿罗姆(Thomas Allom,1804—1872)。阿罗姆是英国皇家建筑师协会创始人,他没有来过中国,而是收集了访华画家荷兰人纽霍夫、英国人威廉·亚历山大和钱纳利、法国人波絮埃等人的画作,进行再创作,并配上历史学家赖特的文字说明。该书于1843年在伦敦首版,之后迅速成为欧洲最早、最有名的关于中国历史的图画本教科书[28]。

该书图录中,可见北京王爷府中的盆景布置(图8-85)以及正在八仙桌边打牌的贵族女眷们身边的盆景装饰(图8-86)。

②醇王府中的盆景布置。醇王府(北府)为清代规模较大的一座王府,曾先后作为纳兰明珠、永瑆的宅邸。1872年醇亲王奕譞成为宅子的主人,醇王府的名称也因此得来。

《醇亲王奕譞及其府邸》相册为清末宫廷摄影师梁时泰于1888年拍摄,共收录醇亲王奕譞及其王府府邸影像60张。梁时泰,清朝同治年间先后在香港、广州、上海和天津开设照相馆,也是第一个为醇亲王制作私家相册的中国摄影师,享有"南赖(阿芳)北梁"之称。

在醇王府府邸照片中,有多幅出现了陈设和栽培盆景的画面,说明盆景已被应用于醇王府庭园布置中(图8-87、图8-88)。

③勺园假山上的盆景布置。勺园是明朝著名书画家米万钟(1570—1631)于明万历年间所建,是"米氏三园"中最为有名的一个。明朝诗人多有诗词歌咏。清初在勺园故地建弘雅园,康熙曾为之题写匾额。乾隆时,英特使马嘎尔尼朝见清帝时曾驻此。后为郑亲王府,嘉庆时改名为集贤院,清帝在圆明园临朝时,此处是大臣们入值退食之所。1860年,集贤院和圆明园一起为英法帝国主义焚毁。

乾隆五十八年(1793),英特使马嘎尔尼使团居

图8-85 北京王爷府庭园中的盆景布置

图8-86 正在八仙桌边打牌的贵族女眷们身边的盆景装饰

图8-87 醇王府熙春堂前的盆景布置

图8-88 醇王府凉亭前的盆景布置

住在勺园石舫中，水塘中的假山上摆满了各式树木盆景（图8-89）[29]。

（3）民间盆景陈设

清代富察敦崇编著的《燕京岁时记》记载："每至新年，互相馈赠。牡丹呈艳，金橘垂黄，满座芬芳，温香扑鼻，三春艳冶，尽在一堂。"从上文可知，每到新年来临之前，北京居民们以盆栽、盆景等为礼品互送，陈设于正堂屋中，色泽艳丽，芳香扑鼻，招人喜爱。

由于盆景在宫廷与民间的大量应用，盆景开始从南方引入并在丰台花乡进行栽培。

（4）丰台花乡的盆景栽培

①盆景从南方引入。由于受气候条件以及历史原因的影响，北方的花木生产与盆景发展落后于南方，由于需求量的日益增加，北京的花木盆景多由南方引入。《日下旧闻考》由乾隆帝敕撰、于敏中

595

图8-89 乾隆五十八年(1793)，英特使马嘎尔尼使团居住在勺园石舫中，水塘中的假山上摆满了各式树木盆景

编撰，对朱彝尊著《日下旧闻》删繁补缺所成，对北京的星土、世纪、形胜、宫室、城市、风俗、物产、园囿以及官署 进行了详细地记述。据《日下旧闻考》第八册记载："燕地苦寒，江南群芳不可易得，即有携种至者，仅可置盆盎中为几席玩。京师鬻花者以丰台芍药为最，南中所产惟梅、桂、建兰、茉莉、栀子之属，今日亦有扶桑、榕树。榕在闽广，其大有荫一亩者，今乃小株，仅供盆盎之玩。"在从南方引入的同时，丰台也开始制作具有自己特色的盆景。

②丰台花乡的盆景栽培。根据文献记载，清代时北京已经开始从日本输入五针松盆景。在丰台栽培的盆景树种有梅花、桃、杏、海棠、蜡梅、佛手（柑）、金橘等。其他作为盆景、盆栽栽培的柑橘类种类有香柚、温州春橘、广东橙子、广东柚子、福建红橘等。桂花在当时的北京比较珍贵，特别是金桂，多把直径二三寸的主干截断，进行盆栽。石榴花，有红、白、单、重瓣多种品种，高三四尺，作为盆景栽培。三串柳（清代俗名），就是柽柳，在北京有野生分布，被用作盆景栽培[27]。

③北京花木盆景的促成栽培技术。《日下旧闻考》一书中有数处关于北京对花木进行促成栽培的记载。例如："今京师腊月即卖牡丹、梅花、绯桃、探春诸花，皆贮暖室，以火烘之，所谓堂花。""腊月束梅于盆，匿地下五尺许，更深三尺，用马通燃之，使地微温，梅渐放白，用纸笼之，鬻于市。"该文献详细记载了花木类盆景促成栽培的方法。

3.北京盆景发展现状

由于受到自然和社会诸多条件限制，北京盆景发展缓慢。改革开放之后，北京成立盆景协会，并举办几次全国盆景展览后，促进了北京盆景的普及与发展。现在，颐和园一直保存、养护着清代宫廷遗留下来的百年以上老桩盆桂；宋庆龄故居一直保存、养护着200年以上的石榴桩景[30]。

北京盆景经过半个世纪以上的发展，在小菊盆景制作、鹅耳枥等北方树种盆景制作方面有所见长。此外，北京山石盆景方面也有所发展。

现在，北京的盆景多从外地和日本购入，养护成本高，缺乏当地特色。基于当地气候特征，挖掘北方乡土盆景树种，如鹅耳枥、小叶朴、元宝枫、荆条、榆等，进行制作与养护技术研究，进而进行推广，当是今后盆景发展的切入点。

596

苏州盆景文化史

苏州是一座历史文化古城，她不仅哺育了久负盛名的苏州园林和苏州绘画，而且也形成了独具一格的苏州盆景。据考证，苏州盆景艺术起始于唐代，发展于宋元，兴盛于明清，繁荣于当今。

1. 起始于唐代

诗人白居易在苏州任刺史（825—826），喜爱太湖石，并有制作山石盆景的描述，如咏《太湖石》曰："烟萃三秋色，波涛万古痕。削成青云片，截断碧云根。风气通岩穴，苔纹护洞门。三峰俱体小，应是华山孙。"又吟云："青石一二片，白莲三四枝；寄将东洛去，必与物相随；石倚风前树，莲栽月下池。"此外，在《池上篇序》中曰："罢苏州刺史时，得太湖石、白莲、折腰菱、青石舫以归。"看来，盆景在唐代时已经成为达官贵族庭园中的陈设品。

2. 发展于宋元

范成大（1126—1193），吴县（现江苏苏州市）人。他因只有蜀都所产海棠为重瓣，便用盆栽方式用船把它运输到苏州（参考第四章第五节南宋植物盆景文化部分）。此文献说明宋代已经开始利用盆栽法进行园林花木引种驯化的同时，还说明此时已出现了海棠的盆栽和盆景。此外，宋代《太平清话》一书中记载：范成大爱玩英石、灵璧石和太湖石，自创山水盆景，题名为《天柱峰》《小峨眉》《烟江迭嶂》等。

3. 兴盛于明清

（1）文震亨《长物志》中的盆景专论〈盆玩〉

明代文徵明后代文震亨，既是一位书画家，又是一位园艺家，著有《长物志》等书，其中有专门研究盆景的〈盆玩〉。

（2）花木盆景行业的分化

到了清代，包括苏州盆景在内的园林行业已经开始分化。据顾禄撰写的《清嘉录》记载，把以专门卖供妇女簪戴鲜花的称为"戴花"；把以专门卖折枝为瓶洗赏玩的称为"供花"；把百花之和本卖者，辄举其器的称为"盆景"。另外，还把主要从事造园的称为"花园子"[31]。乾隆时期，苏州府重要的工商行业不下百种，其中专营花木盆景行业的"花行"也在其中[32]。

从第七章第十二节中的徐扬《姑苏繁华录》与《乾隆南巡图》中描绘的苏州盆景盛况也可以看出苏州盆景的行业分化情况。

（3）苏州盆景主要产地与树种

清代苏州盆景的主要产地有光福、虎丘等地。据《光福志》记载："潭山东西麓，村落数余里，居民习种树，闲时接梅桩。"此外，《虎丘山志》卷十〈物产〉记载："虎丘人善于盆中植奇花异草置几案间，谓之盆景。过者动索高直，翁徽君照所谓：'最怜一种闲花草，但到山塘便值钱'是也。"

当时苏州盆景的主要树种有松类[31]、栝子松[33]、桧[33]、梅花[31]、凤尾竹[31]、水竹[32]、黄杨、翠柏、石菖蒲[34]、黄山松[35]等。

（4）清代苏州盆景名家

从文献资料的记载可知，清代苏州盆景名家有离幻和尚、沈复与张兰坡、胡焕章等人。

①离幻和尚。根据清代李斗撰写的《扬州画舫录》记载："僧离幻，姓张氏，苏州人。幼好音乐，长为串客，曾在含芳班与熊蛮仁写状，得罪御史，被笞，遂为僧，但饮酒不茹荤。好蓄宣炉砂壶，自种花卉盆景，一盆值百金。每来扬州玩，好盆景载数艘以随。"[36]离幻和尚亲自培育盆景，一盆可值百金左右，可知他的盆景制作技术水平较高；他每次去扬州游览时，必随身携带好盆景数艘以伴，可见他对盆景的喜好达到了如痴如癖的程度。

②沈复与张兰坡。沈复，在《浮生六记》〈闲情记趣〉中记载："及长，爱花成癖，喜剪盆树。识张兰坡，始精剪枝养节之法，继悟接花叠石之法。"可见，文中张兰坡在盆景制作技艺方面是沈复（图8-90）的师傅，并且他们二人都是非常爱好盆景之人。

沈复在《浮生六记》〈闲情记趣〉中对当时苏州盆景的制作技艺总结如下：

至剪裁盆树，先取根露鸡爪者，左右剪成三节，然后起枝。一枝一节，七枝到顶，或九枝到顶。枝忌对节如肩臂，节忌臃肿如鹤膝。须盘旋出枝，不可光留左右，以避赤胸露背之病。又不可前后直出。有名双起三起者，一根而起二三树也。如根无爪形，便成插树，故不可取。然一树剪成，至少得三四十年。余生平仅见吾乡翁名彩章者，一生剪成数树。又在扬州商家见有虞山游客携送黄杨、翠柏各一盆，惜乎明珠暗投。余未见其可也。若留枝盘如宝塔，扎枝曲如蚯蚓者，便成匠气矣。点缀盆中花石，小景可以入画，大景可以入神。一瓯清茗，神能趋入其中，方可供幽斋之玩。

③胡焕章。胡焕章是苏州盆景发展史上的又一代表人物（图8-91），他曾把山中老而不枯的梅花树桩挖出，经过修剪加工，一辟为二，植于盆中，称为"劈梅"盆景。"劈梅"盆景在苏州盛极一时，一直延续到中华人民共和国成立后[37]。

上述盆景的剪扎技艺奠定了苏州盆景的基础。

④花木盆景的促成栽培。当时，为了观赏与销售的需要，在苏州也对梅花等进行促成栽培。如"冬末春初，虎丘花肆能发非时之品，如牡丹、碧桃、玉兰、梅花、水仙之类，供居人新年陈设，谓之'窨花'。"[38]

（4）中华人民共和国成立后的盆景发展与现状

中华人民中喝过成立后，苏州开始盆景的恢复与发展。1962年，苏州建成了第一个盆景园——慕园，栽培盆景上万盆，但在"文革"期间被毁于一旦[39]。

苏州盆景有两位代表性人物，一位是周瘦鹃，另一位是朱子安（图8-92）。周瘦鹃先生把诗情画意融于盆景制作中，提出"一景二盆三几架"的盆景鉴赏标准。朱子安大师在继承传统技法的同时，大胆创新，改革栽培方法，创造"粗扎细剪"的技法，在造型艺术上，完全摆脱过去传统造型技法的束缚，根据树桩材料特征进行造型处理，使其千姿百态，各具风韵。

苏州盆景代表性佳作有《秦汉遗韵》《鸢尾》《苍干嶙峋》《云蒸霞蔚》《翠峰如簇》《巍然侣四皓》等。秦汉遗韵是一棵具有五百余年树龄的圆柏，树高170cm，有一种顶天立地之势，给人以耸峭峻秀之感，具有秦松汉柏之态。下部主干枯凋，皮层卷长，附生枝代替主干，桩干古朴苍老；而上部披绿挂翠，枝叶繁茂，结顶自然，生机勃勃，上下对比强烈；既展现着一幅美丽的画面，又蕴含着幽深诗意。1982年著名书法家费新我根据中国历来有"秦松汉柏"之说，将它命名为《秦汉遗韵》，起到了画龙点睛的作用，一语道破了这棵古柏的古老身份（图8-93）。

能够代表苏州盆景的盆景园圃主要有三个：拙政园盆景园、虎丘万景山庄与留园盆景园。拙

图8-90　苏州清代盆景专家沈复（摘自苏州万景山庄苏派盆景陈列室）

图8-91 苏州清代盆景专家胡焕
章（摘自苏州万景山庄苏派盆景
陈列室）

图8-92 苏州现代盆景大师朱子安（摘自崔晋余《姑苏盆景》）

图8-93 《秦汉遗韵》古柏盆景

图8-94 苏州拙政园盆景园（著者自拍）

图8-95 苏州万景山庄（著者自拍）

政园于1952年对外开放，1954年拆除小木屋、改为盆景园，成为苏州最早的盆景园（图8-94）。现占地面积3000m²以上，有树木盆景700余盆。万景山庄位于虎丘东南麓，面临碧波荡漾的环山河，背依延绵起伏的岗岭；占地1.6hm²，1982年建成开放，为我国现有大型盆景专类园之一。数十年乃至一二百年之上的600余盆盆景枯干虬枝，古雅拙朴，苍劲雄健，千姿百态（图8-95）。

扬州盆景文化史

作为历史文化名城的扬州，自古以来经济繁荣，文化发达。其精湛的园林技艺与扬州画派的绘画对于盆景的发展与兴盛起到了极大的推进作用。

1. 隋唐时期

隋唐时期的皇都长安，盆景作为珍贵的陈设物开始在宫廷与寺庙中流行，而扬州已经发育成为中国最大的商业城市之一。在此时扬州贵族阶层中出现盆景是不难想象的。但至今为止，尚未在当地文献资料与绘画遗迹中找到盆景流传的证据，有待进一步挖掘研究。

2. 宋元时期

苏轼曾在元祐七年（1092）出任扬州太守。在那里，得到了自岭南解官归途中的表弟程德儒赠给的两块山石，即仇池双石："其一绿色，冈峦迤逦，有穴达于背；其一玉白可鉴。渍以盆水，置几案间。"苏轼特将此二石中的前者作为奇石观赏，则将后者做成山水盆景进行欣赏。

3. 明清时期

（1）明代末期古柏盆景遗存

原存于扬州盆景园、现存于扬州盆景博物馆的一盆被称为《明末古柏》的明代末期桧柏盆景（图8-96），为古刹天宁寺遗物。干高二尺，屈曲如虬龙，树皮仅余1/3，苍龙翘首，应用"一寸三弯"棕法，将枝叶蟠扎而成"云片"，枝繁叶茂，青翠欲滴，犹如高山苍松翠柏，成为早期扬州盆景代表作。除了《明末古柏》之外，现在尚保存有《明末遗风》（图8-97）、《明末遗韵》[40]。

图8-96 扬州盆景遗存《明末古柏》(引自韦金笙《扬州盆景艺术》,时代出版传媒股份有限公司,安徽科学技术出版社,2014)

图8-97 扬州盆景遗存《明末遗风》(引自韦金笙《扬州盆景艺术》,时代出版传媒股份有限公司,安徽科学技术出版社,2014)

(2)清代时扬州盆景盛况

到了清代,扬州有"家家有花园、户户有盆景"之说,园林、盆景达到了兴盛局面。《扬州画舫录》由清代李艾塘(李斗)于乾隆六十年(1795)撰写而成,共18卷,详细记述了乾隆年间扬州的繁华景象。书中多处记载了扬州盆景的情况,为研究清代扬州园林与盆景的重要文献资料。例如,卷二中描写了扬州花匠制作与培养多种植物盆景的概况,除此之外,卷一记载了华祝迎恩的万年青、万寿蟠桃、九熟仙桃、佛手以及香橼盆景;卷三记载了朱标别墅的四时花树盆花;卷六记载了种花人汪氏宅第勺园的盆景几架与盆景;卷七记述了城南风漪阁后的盆景庭园等(参照第七章第十三节《扬州画舫录》与扬州画派作品中描绘的扬州盆景盛况)。

值得一提的是,扬州每家多有种植花木的庭院,花木盆景爱好者们常常相聚切磋技艺而出现了"百花会",并且因修剪与制作梅花盆景而出现了名噪一时的"三股梅花剪"。可见当时,扬州盆梅已达普及与盛行的状况。

此外,以"扬州八怪"为代表的扬州画派的作品中出现了大量的描绘当时扬州盆景的画面(参照第七章第十三节《扬州画舫录》与扬州画派作品中描绘的扬州盆景盛况)。

(3)扬州盆景名家

①被誉为"三股梅花剪"的张遂秀才、姚志同秀才、耿天保刺史。《扬州画舫录》卷四中载:"今年梅花岭傍、花村堡城、小茅山雷塘,皆有花院。每旦入城聚卖于市,每花朝于对门张秀才家作百花会,四乡名花聚焉。秀才名遂字饮源,精刀式谓之张刀。善莳花、梅树盆景,与姚志同秀才、耿天保刺史齐名,谓之三股梅花剪。"

②盆梅能手吴履黄。《扬州画舫录》卷十二〈桥东录〉中记载到:"吴履黄,徽州人,方伯之戚,善培植花木,能于寸土小盆中养梅数十年,而花繁如锦。"咫尺盆钵中的梅花可以培植观赏数十年,可见梅花具有强健的生命力,同时也说明了吴履黄具有高超的盆景制作技艺。

③花木爱好者谢堃。谢堃,字佩禾,江苏甘泉(今江都市)人,生于嘉庆道光年间,平生著作很多,有《春草堂全集》,为道光十年刻本,《花木小志》收录其中。谢堃是个花木爱好者,他走遍了南北各地,遇见珍稀花木或购买或绘图记录。《花木小志》记载花木130余种,都是根据作者的所见所闻编写而成。该书先后记述了松类、各色石榴、冰梅、墨梅、红绿梅、迎春、枸杞、枫类、柽柳、丁香等多种盆景的制作技术与鉴赏方法。

④盆景画家与诗人汪鋆。汪鋆(1816—1886?),扬州仪征人,有多幅盆景绘画与《盆松赋》《盆梅赋》传世,清晰地记录了扬州盆景的特点。同治十年期间,他参加了《扬州府志》的编纂工作。1883年,时年六十八岁的汪鋆完成了《扬州画苑录》,记载清朝以来扬州画家519人,他们或是扬州本土生长的艺术家,或是寓居扬州的各地艺术名流;他们有的是出于对花木盆景的爱好,有的本身就是盆景创作的直接实践者。

图8-98 水旱盆景《古木清池》（引自赵庆泉《赵庆泉盆景艺术》，安徽科学出版社，2002）

自 20 世纪五六十年代起，扬州园林部门从民间收集到一批古老盆景，经过精心养护和改作，存放在建成的扬州盆景园内。2004 年，扬州市政府决定将原扬州红园的盆景并入扬州盆景园。在此基础上，于 2008 年在扬州瘦西湖风景区新建扬派盆景博物馆。盆景博物馆占地面积 26400m²，分为室内展示区、室外展示区和盆景制作养护区三部分（图 8-99、图 8-100）。盆景博物馆现藏品有 80 余个树种、500 余盆。

4. 中华人民共和国成立后的盆景发展与现状

民国期间，扬州盆景衰落，但在泰州、泰兴一带仍经久不衰，万觐棠、王寿山等仍世代相传扬州盆景艺术，使其留传至今。

改革开放后，扬州通过多次举办国内外盆景会议、多次参加国内外重大展览并获奖，使得扬州盆景誉满全球。2008 年 6 月，扬派盆景技艺被国务院公布并列入国家级非物质文化遗产名录。

扬州在传承传统盆景剪扎技艺的同时，还努力进行盆景制作技艺的创新与发展，例如，水旱盆景就成为扬州盆景中独树一帜的新特色，并受到世界盆景界推崇（图 8-98）。

杭州盆景文化史

杭州是我国历史文化古城，随着五代钱镠（852—932）与南宋统治者建都杭州，它便成为我国政治、经济、文化中心。优美的风景园林与成熟的浙江画派，促进了杭州盆景的发展兴盛。

1. 南宋的"怪松异桧"与盆花用于辟邪与装饰店面

南宋吴自牧《梁溪录》载曰："钱塘门外溜水桥，东西马塍诸园，皆植怪松异桧，四时奇花。精巧窠儿，多为龙蟠、飞禽、走兽之状。"可见园林树木已普遍进行造型修剪，其中应该也包括树木盆景在内。

图8-99 扬派盆景博物馆大门口景观（著者自拍）

图8-100 扬派盆景博物馆室内展示区（著者自拍）

此外，此时的杭州开始使用各种盆花用于辟邪与装饰店面。根据《杭州府志》记载："杭城茶肆插四时花，挂名人画，列花架，安顿奇松异柏等物于其上，装饰店面。"[81]五月端午节为："五月五日为天中节，门贴五色镂纸，堂设天师钟馗像，梁悬符篆，盆养葵、榴花、蒲、艾叶、丹碧可观。"[41]秋季为："茶坊菊景：当九、十月之交，五色洋菊齐开，有花园匠扎缚各式大小盆景，出租与山上山下茶肆摆设，供人赏玩。"[42]杭州的这种风习一直延续至近现代。

2. 明代时盆景中最古雅者为天目松盆景

明代末期屠隆在《考槃余事》〈盆玩笺〉中记载："盆景以几案可置者为佳，其次则列之庭榭中物也。最古雅者，如天目之松，高可盈尺，其本如臂，针毛短簇，结为马远之欹斜诘曲，郭熙之露顶攫拏，刘松年之偃亚层叠，盛予昭之拖拽轩翥等状，栽以佳器，槎枒可观。"天目松的正确植物名称为黄山松（台湾松）（*Pinus taiwanensis*），叶2针1束，长5～13cm，为一种十分优良的盆景材料。明清时价格极高。

陈继儒（1558—1639），字仲醇，号眉公、麋公，松江府华亭（今上海市松江区）人。明朝文学家、画家。清代宣统年间刊本的《杭州府志》摘录了陈继儒天目盆松诗[43]："盆松，产天目。《天目山志》：陈继儒天目盆松诗：此松天目孙，嵯峨类其祖；中顶秀擎云，犹堪坐巢父。"

3. 清代杭州盆景的兴盛

明末清初陈淏子著《花镜》一书中有"课花十八法"，其中的"种盆取景法"专门论述盆景用材特点、制作经验与方法以及提倡盆景注重古人画意，讲究立意、布局、用盆等。陈淏子为杭州人，在《花镜》一书中有不少的记录是自己宝贵的实践经验，该书写作过程中，受到当时杭州盆景的影响是可以想象的。

清代方将《太平欢乐图》册共有一百幅图中，肩担花木盆景走街串巷贩卖者多达四幅，可见杭州当时花木盆景业之盛与花木盆景业者之多（参见第七章第十四节走街串巷卖花郎）。

宣统年间刊行的《杭州府志》中记载："新城县志：（梅）邑中所种皆单叶，若千叶而种于盆盎者，多来自杭城。"[43]光绪年间刊行的《杭州府志》中记载："梅，邑中所种皆单叶，若千叶而种于盆盎者，多来自杭城昌定乡。有梅树湾，前邑令张瓒改五马庵为梅庵。"[44]以上两文献说明杭州为盆梅的著名产地，并且以生产重瓣盆梅为主。

4. 杭州盆景现状

中华人民共和国成立后，政府采取一系列保护传统文化的措施，杭州园林局于1951年向私家庭院收集盆景，1956年在杭州花圃建成盆景园——掇景园。

改革开放后，杭州盆景经过40余年的发展，已经成为我国盆景中的一枝奇葩。此外，以杭州盆

图8-101 中国风景园林学会盆景赏石分会2017年举办潘仲连作品展

图8-102 潘仲连大师代表作品《刘松年笔意》

图8-103　胡乐国大师画像（摘自《胡乐国盆景作品》）

景为代表的浙江盆景，还包括温州盆景、湖州盆景、金华盆景、宁波盆景、台州盆景，都具有悠久的历史、精湛的技艺和精美的作品。

杭州花圃掇景园，又名盆景园，始建于 1958 年，占地面积 8500m²，分室内展区、室外展区和生产作业区，陈列各类盆景千余盆，是杭州盆景的荟萃地。温州盆景园，其前身为原温州市园林管理处所辖妙果寺小花圃一部分，1958 年改建为盆景园；1985 年盆景园搬迁至江心屿公园，即为今天之"温州盆景园。"

杭州盆景代表性人物为潘仲连大师（图 8-101、图 8-102），温州盆景代表性人物为胡乐国大师（图8-103、图 8-104）。

上海（嘉定）盆景文化史

嘉定县，南宋嘉定十年（1217）设置而以当年年号命名。现在为上海市嘉定区。

1. 明代时朱氏二代的盆树之玩

明代时的嘉定人朱松邻、其子朱小松、其孙朱三松都是著名的竹刻艺人，自小松起，喜好盆树之玩。据明代王明韶《嘉定三艺人传》载："有朱松邻者，本文士，以其余技雕刻竹筒，置案头插笔，人多求之。子小松亦善刻竹，与李长蘅、程松圆诸先

图8-104　温州盆景园《向天涯》，胡乐国作品

生游，得小树，剪扎供盆盎之玩，一树之植几至十年，故嘉定之竹刻、盆树闻于天下，后多习之者。"三松在继承了其父小松的盆树剪扎技艺的基础上有所创新，模仿名人画意进行整形、布景，比小松更高一筹。因而，清代的嘉定文人陆延灿 在其《南树随笔》中记道："邑人朱三松，模仿名人图绘，择花树修剪，高不盈尺，而奇秀苍古，具虬龙百尺之势，培养数十年方成，或有逾百年者。栽以佳盎，伴以白石，列之几案间。或北苑、或河阳、或大痴或云林，

604

俨然置身长林深壑中。"文中的"北苑"为南唐画家董源之字；"河阳"为南宋著名画家李唐的别称，李唐为河阳人（今河南孟州市），擅长山水人物，创"大斧劈"皴；"大痴"为元代画家黄公望之号；"云林"为元代画家倪瓒之号。三松的盆树正是模仿这些著名画家的画意，足见其盆树的画境之优美，意境之深邃。接着，陆延灿又谈到了三松蟠树根部的处理技法："三松之法，不独枝干粗细上下相称，更搜剔其根，使屈曲必露，如山中千年老树，此非会心人所能遂领其微妙也。"

2. 清代时嘉定的盆树逸风

随着小松和三松盆树技艺的日益闻名，盆树价格日益升高，栽培、鉴赏盆树之风开始在嘉定县内形成。所以，清代程庭鹭在《练水画征录》中谈论嘉定的盆树时说："小松能以画意剪裁小树，供盆盎之玩。今论盆栽者必以吾邑为最，盖犹传小松画派也。"康熙年间修纂的《嘉定县志》还把盆景列为嘉定县特产之一："盆景，向有幽人朱三松仿古名画剪扎花树，高不盈尺而体势奇古，一树有培养至数十年始成，购之最为难得。今民间所蓄以市人者，树既新嫩而布景亦失名家笔意，风斯下矣。"[45]在这里，修纂者感叹康熙年间嘉定的盆树之风已不如从前。

嘉定地区继承了明代盆树之风，到清代也较为流行。赵俞，清之嘉定人，字文饶，号蒙泉。康熙年间进士，官至定陶（江苏省境内）知县，著有绀寒亭诗文集。他的长诗《盆树》，记载和咏颂了家乡的盆树逸风，通过此诗，可以了解嘉定盆树精湛的技艺，同时也可对当时的发展概况略见一斑。

盆树[46]

谁将百尺姿，攒蹙一指大。
其树多枌榆，亦或用松桧。
下肿成轮囷，上乃扬旌斾。
肤老藓剥蚀，根露水激汰。
蟠屈意不伸，凌傲势无外。
日月疑蔽亏，龙象恣狡狯。
恍若陟岱宗，大夫肃冠带。
又若历黄海，破石偃车盖。
不复知盆盎，乃郁此蓊蔼。

我嘉民朴陋，地权比曹邻。
养树具神理，斯则吴中最。
嵌石置岩壑，一一纺图绘。
当其剪截时，瘢痍不为害。
棕毛加束缚，时亦施钳钛。
积久若生成，脱换蛇蝉蜕。
要亦待天机，始与化工会。
沿流失古初，密布杂丛荟。
骨干罕奇杰，嫩茂等少艾。
琢玉花瓷缸，货市走牙侩。
崛强老风霜，不复人炙脍。
斯岂俗尚浇，抑亦世眼昧。
微物固有然，君子用深慨。

诗文中的"攒蹙"为缩制之意；"枌榆"为榆树的一种；"囷"为古代一种圆形的粮仓，"轮"指盆树的基部膨大；"水激汰"为用水冲刷；"恣"，随意，"狡狯"，狡诈；"陟"，登高，"岱宗"，泰山；"蓊蔼"，形容草木旺盛；"我嘉"，指嘉定；"曹邻"，曹、邻分别为周朝国名；"瘢痍"，指树木经修剪后残留的伤口与瘢疤；"施钳钛"，指对盆树进行金属丝绑扎整形；"牙侩"为买卖双方撮合而从中获利的人；"昧"，糊涂。

该《盆树》诗是我国盆景史上咏颂盆景的最长诗词。

3. 上海盆景现状

1945年日本战败后，日本人归国后将其盆景留在上海。中华人民共和国成立后，江苏、安徽、四川、广东等地盆景先后传入上海。因此，上海盆景博采众长，推陈出新，逐步形成自己特色，它以明快流畅、雄健精巧著称。

20世纪七八十年代，经过上海园林局以及上海植物园盆景工作人员的努力工作，上海盆景有了突飞猛进的发展，对中国盆景发展做出了重要贡献。

上海植物园盆景园，其前身为建于1954年的龙华苗圃，于20世纪60年代初建，1978年4月正式对外开放。现在的盆景园经过多次改、扩建，占地3.3hm²，汇集了盆景精品数千盆，为国内最大的国家级盆景园（图8-105至图8-107）。

上海盆景的代表性人物为殷子敏大师以及邵海忠大师、胡荣庆大师、汪彝鼎大师等。

图8-105　上海植物园盆景园入口（一）（著者自拍）

图8-106　上海植物园盆景园中的大阪松（日本五针松）盆景
（著者自拍）

图8-107　上海植物园盆景园入口（二）（著者自拍）

成都盆景文化史

　　成都是一座历史文化名城，有2000余年悠久历史，素有"诗乡""花乡"之称。据传，青羊宫花会具有1000余年历史。

1. 宋代山石盆景与花木盆景

　　苏洵年轻时游历名山大川，可谓丘壑填胸臆。后在眉县家中设木假山堂，其中竖立一座三峰挺立

的木假山。三峰各自鼎力而互相照应，寓意三苏父子的禀赋和人格。三苏祠现存木假山堂系清代康熙四年（1665）重建，乾隆年间在堂内仿立木假山一座。今存者系道光十二年（1832）眉山书院主讲李梦莲所赠，保留了三峰鼎力的造型[47]。

　　宋仁宗（1010—1063）时，在益州（今崇州市）为官的沈立撰有《海棠记》一卷，说明蜀中盛产海棠并且有名，南宋范成大把蜀都盆栽的重瓣海棠，

图8-108 成都文殊院藏经楼清代石础的树桩盆景模样一

图8-109 成都文殊院藏经楼清代石础的树桩盆景模样二

图8-110 清代末期成都地区民家庭院中陈设的蟠扎成型的树木盆景

用船运输到苏州（参考第四章第五节南宋植物盆景文化部分）。

南宋时期修建的大足县宝顶山大佛湾摩崖造像中，就有手持"盆山"的侍女造像和手托"盆山"的童子造像（参照第四章第六节南宋山石盆景文化）。

2. 明代的山石盆景

在成都武侯祠博物馆孔明殿前，摆放着一尊明代铸鼎，铸鼎正面的中部有手持山石盆景的双人飞天造像。

3. 清代时盆景进入兴盛期

在成都文殊院藏经楼清代石础上，刻有供奉于几架之上的树桩盆景模样，说明这一时期，树桩蟠扎造型技术已经成熟（图8-108、图8-109）。

清代康熙乾隆年间，成都附近的郊县，已有专门从事规则式树桩盆景造型的花农，例如，崇庆县的三弯九倒拐、郫县的方拐等都已经成熟。到了清末至民国初年，这样以蟠扎树桩盆景为生计的艺人家庭在川西地区已有60余户，他们各怀绝技，都有自己最擅长的树桩蟠扎造型样式（图8-110、图8-111）。

4. 近现代盆景的曲折发展与再兴盛

20世纪30年代开始，四川民间的盆景艺术活动很活跃。成都盆景艺人黄希成于1944年以"希成博物馆"名义在青羊宫花会上展出各种盆景100余件，影响了很大一批花木业者纷纷加入盆景爱好者行列，到1947年涌现出一批有所成就的盆景名家，号称"盆景十大家"。

中华人民共和国成立后，政府十分重视园林绿化事业的发展，盆景艺术获得新生。1952年开始，收集散落在民间的盆景放入公园管理，又将盆景技术人员李忠玉等调入人民公园，专门从事盆景创作。李忠玉与国画家冯灌父通力合作进行盆景创作，提高了盆景的艺术水平。1957年，冯灌父曾编写《成都盆景》小型画册，对该时期的盆景创作成果进行了总结（图8-112）。

"文革"期间，盆景被打为封、资、修的"罪证"，名桩、古盆损毁殆尽，经多年蟠扎而成型的树桩无

图8-111 现在的成都地区造型树木蟠扎技术

图8-112 冯耀父所绘《盆景松石图》

图8-113 成都典型造型技术"方拐"　图8-114 成都典型造型技术"三弯九倒拐"

人管理，自生自灭。

改革开放以来，随着经济、文化的繁荣与发展，盆景再一次获得大发展。一批年轻的盆景工作者涌现出来，成为成都盆景发展的主要力量。

成都盆景树种以金弹子、六月雪、贴梗海棠、梅花、紫薇、罗汉松、银杏和竹类为代表（图8-113、图8-114）。

成都盆景园代表为百花潭公园盆景园和杜甫草堂盆景园。百花潭公园盆景园建成于1983年，分"西苑""盆趣"两大园，又套诸小园。盆景大师沉思甫曾在此工作。杜甫草堂盆景园建于1963年，是成都市最早建立的盆景园之一，同时也是成都市主要盆景基地（图8-115）。盆景艺术大师李忠玉等曾在此工作。

岭南盆景文化史

广东地处五岭之南，俗称"岭南"。广州是海上丝绸之路的发祥地，也是千年商都、岭南文化中心。明清时代之前，就开始规则式树木生产与陈设。

1.清代文献中记载的九里香盆景和荔枝盆景
清代屈大均撰写的《广东新语》记载："九里香，

608

木本，叶细如黄杨，花成芃，花白有香，甚烈。又有七里香，叶稍大。其本皆不易长，广人多以最小者制为古树，枝干拳曲作盘盂之玩，有寿数百年者。予诗：风俗家家九里香。"可见在广东九里香盆景较为常见。

此外，清代吴应达撰写的《岭南荔枝谱》记载："粤士名花珍果，是处繁阮，而老树之产于幽崖邃谷者，蟠根屈曲，好事家置为几案清玩。然工巧天成，无若高明谢氏之荔枝屏者，色紫，高五尺许，横斜二尺，铁干离奇，新枝挺出，宛如画梅满幅。其疏花散布枝间，含苞拆蕊，细大不一；复有寒雀三四，或翥或栖，各具生态。最上一枝倒垂尤极天矫。"从文中可知，此荔枝盆景实为一奇特多趣的盆景。

2. 晚清来华西方人士所记载的广州盆景情况

伍浩官是中外条约签订之前垄断中国对外贸易的十三个行商之一。他的花园位于珠江对岸一个叫作"花地"的地方，花园占地很广，里面长满了形状各异的植物，为当时广州的一大景观。

艾伯特·史密斯在《中国》一书〈广州郊外伍浩官的花园〉一节中记载到："（在潘启官别墅）花园里可以见到巨大而干涸的荷花池、跨越溪流和池塘的小乔，有木雕装饰的凉亭、红木太师椅、石雕座椅以及狭窄的牡蛎贝壳窗。……在花园里还有更多的盆栽和盆景，显然还有几英亩的荷花池和鱼池。""（在伍浩官花园）这个花园的破败程度不像潘启官花园那么厉害——如果稍加维护，便可使其焕然一新。这儿的荷花池面积更大，水也更清。"（沈弘编译，遗失在西方的中国史：《伦敦新闻画报》记录的晚清 1842—1873（中），北京时代华文书局）该书中还登载了伍浩官花园的图画（图 8-116）。1860 年 4 月，一位叫菲利斯·比托（Felice Beato，

图8-115 成都杜甫草堂盆景园

图8-116 广州郊外伍浩官的花园

1832—1909）的英国战地摄影师用照相机镜头记录了伍浩官家花园里摆放盆景盆栽的情况（图8-117）。在同一时间，菲利斯·比托也用镜头仰视拍摄了广州另一中国商人住所所摆设的盆景盆花（图8-118）。

1906—1909年间，一位叫恩斯特·柏石曼（Ernst Boerschmann，1873—1949）的建筑师在德意志帝国皇家基金会的支持下，跨越14省，行程数万里，对中国的皇家建筑、寺庙、祠堂、民居等进行了全方位的考察，留下了8000余张照片[48]。在这些照片中，其中有两幅记录了广州近郊白云山能仁寺主殿前以及内院盆景陈列的情景（图8-119、图8-120）。

3. 近现代岭南盆景特色的形成过程与现状

20世纪30年代初，当时以广州商贾孔泰初、广州海幢寺素仁和尚和广州芳村花地盆景世家陆学明为代表的老一辈盆景艺人在继承传统的基础上，根据岭南地理环境及气候条件，冲破传统束缚，借鉴岭南画派画理，研究、探索大自然中的各种树种在高山峻岭、悬崖峭壁上的自然生态下老树桩的苍劲雄伟、飘逸潇洒的形神气韵，并取自然之神韵，移植到现代盆景的艺术制作中来，缩龙成寸于咫尺盆盎，经摸索、实践、总结、提高，创作出具有岭南独特风格的岭南树木盆景。至此，岭南盆景风格初具雏形。

图8-117 广州郊外伍浩官的花园中的盆景布置(1860年4月)

图8-118 广州另一中国商人住所所摆设的盆景盆花(1860年4月)

图8-119 广州近郊白云山能仁寺主殿前盆景陈列的情景(1906—1909)

图8-120 广州近郊白云山能仁寺内院盆景陈列的情景(1906—1909)

　　孔泰初盆景，多为苍劲古拙大树式。陈素仁，平生喜爱大自然，静幽脱俗。其作品多高飘直树式，或一枝独秀，或高低交错，几托疏枝，三几点到顶，整个布局结构严谨，清新简明，疏而不散，清疏飘逸，超凡脱俗，孤高清雅，野趣自然，极具文人画风，亦称"文人树"。素仁风格与孔泰初一起被誉为"岭南盆景双杰"。此外，还有著名盆景大家陆学明。随后比较有名的还有莫眠府、陈德昌等。他们相互学习，取长补短，推动岭南盆景的发展。

　　岭南盆景以榔榆、雀梅、九里香、福建茶为代

图8-121　岭南孔泰初大树型盆景（孔泰初作）

图8-122　经过"截干蓄枝"手法修剪而成的岭南特色的雀梅盆景

图8-123　1895年日本殖民者进行日语教育的"六氏先生"在盆栽盆景后照相纪念（台湾史新闻编辑委员会，《台湾史新闻》，猫头鹰，2016）

表树种，此外，相思、水松、山橘、岗松、三角梅、六月雪、罗汉松、竹类等都是常用树种。

1949年以来，岭南盆景艺术广泛受到重视，成立盆景协会，并于1956年在流花湖西侧开辟"西苑"，总面积在30000m²以上，作为岭南盆景艺术研究中心，孔泰初担任技术指导，将数人特长融为一体，因材取势，以木取景，数十年来，总结出岭南盆景的艺术特色（图8-121、图8-122）。现在，岭南盆景的树形形式与造型技术成为全国、乃至国际上学习模仿的对象。

台湾盆景文化史[49-50]

1. 明清时期由大陆传入

17世纪，明朝的民族英雄郑成功收复台湾时将盆景也带到了台湾。1895年前后，福建省与广东省的农民又把盆景技术带到台湾，当时只有极少数爱好者玩赏盆景。

据记载，清朝时，台南府城、鹿港、艋舺（台北万华）一带就有文人雅士赏玩盆景。台南开元寺、鹿港妈祖庙、台北龙山寺，保留至今的盆景与盆钵，都有 200 年以上的历史。

大陆盆景与日本盆栽技术的双重影响之下发展而来（图 8-123）。

2. 盆景技术受中日两国双重影响

近来数十年，去日本旅行非常容易，日本的盆栽技术被带入中国台湾，同时又从日本输入了大量的松类与柏类盆景。同时，来大陆旅行也方便起来，大陆的各种各样的树种也被引入台湾，所以台湾盆景的树种会更加丰富。所以说，中国台湾盆景是在

3. 栽培者

数十年来，台湾的盆景爱好者不断增多，各县市都有爱好者团体，努力钻研栽培技艺。现在已经组成的有树石艺术协会、盆艺协会、园艺协会这些团体热心于盆景技艺的相互交流，每年都在各地召开展示会（图 8-124、图 8-125）。

图8-124 2017年台湾华风展会场一角,可以看出带有日本影响的因素（著者摄）

图8-125 2017年台湾华风展作品之一（著者摄）

图8-126 台北梁悦美大师盆景园"紫园"（著者摄）

图8-127 台北梁悦美大师盆景园"紫园"作品（著者摄）

为了促进盆景技术的发展，各种团体都出版了精致的展览会纪念印刷物。此外，与日本《盆栽世界》杂志社合作，在台北出版与销售了中文版的《盆栽世界》。

在台湾各地出现了专门进行盆景生产的单位，除了利用台湾的盆景乡土树种与大陆的盆景树种之外，还从日本输入多种树木盆景与奇石类并进行贩卖。台中市以及其近郊的盆景与园林苗木生产专业户大约有100家，全台湾省则有数百家。盆景生产者热心研究，并与日本、大陆的盆景技术者协力发展（图8-126、图8-127）。

4. 栽培树种

现在的台湾盆景正在急速发展。由于与日本盆栽的交流，温带产的盆景树种如松类、真柏类、榉树类等受到推崇。但是由于台湾属于亚热带气候，这些树种在平地的管理困难。棕竹（*Rhapis humilis*）、竹、苏铁、梅花、山茶、紫藤等在台湾生长状况良好。

现在，台湾盆景中使用的主要树种有黑松、五针松、罗汉松、赤松、锦松、杜松、杉、真柏、枫、槭、榉树、榆树、朴、柳树、柽柳、银杏、梅花、迎春、木瓜、杜鹃、山茶、竹、柑橘、梨、榕树、九里香、木麻黄、山杜鹃、茶树与牡丹等。台湾原产的松类有黑松、赤松、五针松，原产的柏类有真柏、扁柏、侧柏等。松与柏类由于其庄严的树姿受到青睐而广为栽培。但由于台湾太热，栽培管理需花时较多。榕树为台湾原产的树木，易于造型，根株形态优美，多用于庭园树。作为盆景树木时，生育良好，可以修剪成多种树形，广为盆景所应用。榕树盆景最早在古城台南开始栽培，然后由嘉义、彰化、台中向台湾全土普及。阔叶树以九里香、福建茶等为主。另外，新竹与竹东地区的盆景的栽培也盛行。

第七节
现代盆景名称的确定与
五大盆景流派的提出

现代盆景名称的确定

20世纪50、60年代先后出版的陆费执的《盆景与盆栽》，周瘦鹃、周铮的《盆栽趣味》及崔友文的《中国盆景及其栽培》，为中国现代盆景的名称、树形以及形式的形成奠定了基础。

1. 盆景、盆栽及盆植的区分

民国以前有关盆景名称的意思不明确，但到了20世纪50、60年代，"盆景""盆栽"及"盆植"等名称开始被明确区分开来。

陆费执所著的《盆景与盆栽》中将"盆景"与"盆栽"明确区别开来。"盆景"即现在的山水盆景，"盆栽"即现在的树木盆景与盆植，也叫"盆艺"。周瘦鹃和周铮的《盆景趣味》的〈盆栽和盆景、盆植的区别〉一节中，记述了关于"盆景""盆栽"及"盆植"三名称的解说和区别。周瘦鹃、周铮的《盆栽趣味》（1956）中的盆景4图盆景之一（春）春野牧歌、盆景之二（夏）蕉下听琴、盆景之三（秋）松菊犹存、盆景之四（冬）疏影横斜盆栽的树木，经过了艺术的处理，加工剪裁，调整树形，使它具有老树的苍古的风格，这样才可称之为盆景。盆景……，以绘画作比，等于画一幅山水或园林，又等于把山水胜景缩小了放在一个盆子里。盆植就是上盆的植物。

2. 关于现代盆景名称的确定

20世纪70年代末期，我国盆景被分为"树木盆景""山水盆景"及"水旱盆景"三大类别，并已被全国盆景界所采用。"树木盆景"即上述的"盆栽"，"山水盆景"即上述的"盆景"，"水旱盆景"即"树木盆景"和"山水盆景"的结合，从此结束了我国盆景称谓一直处于混乱的局面。

20世纪80年代，中国盆景得到较大发展，一方面很多专门的盆景书刊得以出版，另一方面盆景树形、形式分类及名称得到统一。现在盆景树形样式分为：直干式、斜干式、临水式、卧干式、悬崖式、曲干式、双干式、多干式、合栽式、提根式、附石式、贴木式、枯峰式、垂枝式及藤蔓式等。

现在用于盆景的植物材料多达200种以上，其中松柏类40余种、花果类70余种、杂木类60余种、藤本类20余种。随着盆景的发展，越来越多的植物材料被应用到盆景的制作中来。

根据使用树种、加工技法以及表现树木景色的不同，我国盆景已经形成了苏州、扬州、上海、四川以及岭南五大流派与多个地区风格，成为我国盆景文化中的重要组成部分。但是，我们应当认识到，盆景的风格流派是盆景发展过程中某一历史阶段的产物。它不是僵死不变的，而是随着盆景的发展而变化。在园林、盆景迅猛发展的当今，我们应当在继承本地优良传统的基础上，吸取国内外先进的盆景整形技法，最大程度地发挥每个盆景材料的天然美和个性美，挖掘其艺术潜力，满足广大群众对现代盆景的欣赏要求。

盆景传统技艺

我国幅员辽阔，植物资源呈现地带性分布原则，各地自然景色千差万别，再加上风俗人情、文化传统、审美情趣不尽相同，以及过去交通不便、不易交流等影响，致使我国盆景在长期发展过程中各地形成不同的加工技艺[52]。

1. 苏州盆景传统技艺

苏州传统的树桩盆景形式有规则式的"六台三托一顶"，传统梅桩形式有顺风式、垂枝式、劈干式、屏风式等。近现代盆景作家崇尚自然，整形采用"以剪为主，以扎为辅"的"粗扎细剪"方法。经过多年精心培育，树干形如古柯，结顶多呈半圆形。树种主要采用雀梅、榆树、三角枫、石榴、梅花等落叶树种。

2. 扬州盆景传统技艺

扬州盆景历史悠久，传统盆景采用独特的规则式手法，层次分明平稳严整，最显著特点是将枝叶扎成平整的薄片"云片"。制作手法根据"枝无寸直"的画理，将云片中的每根枝条都扎成很细密的蛇形弯曲，最密者每寸枝内能有三弯，称"一寸三弯"。与云片相适应的主干大多做成螺旋弯曲状，称为"游龙弯"。树种有松、柏、榆、黄杨等。

3. 成都盆景传统技艺

成都盆景以成都为中心，采用棕丝吊扎枝干整形，传统形式均为规则式。树木的主干造型讲究各种角度，各方向的弯曲，变化很大。主要有掉拐、方拐、对拐、大弯垂枝、直身加冕、老妇梳妆等形式，枝条盘曲主要采用平枝、滚枝、半平半滚等法。除规则式之外，近年来也创作了许多自然式盆景。树种采用金弹子、六月雪、贴梗海棠、紫薇、银杏、竹类等。

4. 安徽歙县盆景传统技艺

安徽歙县梅桩常见有游龙式、扭转式、三合式、屏风式、疙瘩式等。安徽桧柏盆景主干自幼扭曲，酷似古柏干形的扭曲式。

5. 杭州盆景传统技艺

杭州盆景以杭州为中心，树种多样，金属丝、棕丝并用，结合修剪和摘心、摘芽。成形后枝片较薄，层次分明；以高干型合栽式为基调，讲求自然动势，注意节奏力度，以动态美体现昂扬的时代精神。

6. 广州盆景传统技艺

岭南地区气候温暖，雨量充沛，树木生长茂盛，葱翠可人。反映在盆景上多表现大树型的蓬勃向上的姿态。广州盆景的树木造型以自然型为主，多采用"蓄枝截干"方法整形，有大树型和高耸型两种代表树形。树种选用萌芽力强的雀梅、九里香、福建茶、朴树、榔榆、榕树等。

7. 上海盆景技艺

海派盆景在博采海内外盆景众长的基础上，与上海具体情况相结合，独具特色。整形技术采用金属丝缠绕弯曲枝干、再逐年对小枝进行修剪的"粗扎细剪"法。桩景造型多种多样，顺其自然。海派微型盆景，玲珑精巧，独树一帜。树种丰富，以常绿树为主，兼有落叶树和花果类。

除上述各地之外，我国其他地区，特别是南方不少地区与城市都形成自己独特的盆景技艺，如南通的"两弯半"等。

我国各地树木盆景主要造型技法如图8-128所示。

五大盆景流派的提出

1981年，作为当时的国家城市建设总局下达的科研课题的研究成果，由广州、成都、扬州、苏州、上海等五城市园林部门参加研究工作的部分同行共同编写的《中国盆景艺术》一书出版（图8-129）。本书对盆景的概念、发展简史、创作原理和技法等，作了比较系统的探讨，特别对我国树木盆景的主要流派——岭南派、川派、扬派、苏派和海派的创作特色、风格和技法，以及就地取材，创作出具有鲜明地方特色的山水盆景的技法，进行了比较深入的研究和总结[53]。

自从《中国盆景艺术》一书出版后，深受该书中观点的影响，"五大流派"提法在我国园林盆景界开始流行并广为流传。

五大盆景流派提出的局限性与问题点

盆景流派与风格，是在盆景创作过程中自然形成的一种艺术现象和特色。盆景风格，与创作者的生活阅历、思想性格、艺术技巧、文化素养以及所处地理环境、树种材料、文化渊源等有密切关系。

"五大流派"提法是对我国各地盆景20世纪

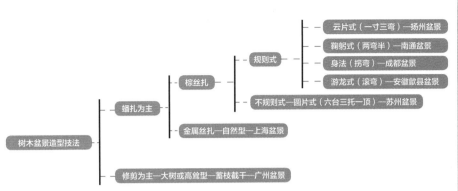

图8-128 我国各地树木盆景主要造型技法
（根据吴诗华、汪传龙《树木盆景制作技法》，有所改动）

图8-129 《中国盆景艺术》一书封面

80年代之前某些发展现状的一种总结和概括，对于推动我国盆景某些方面的发展起到了一定的推动作用，同时它也存在局限性，并带来了一些负面影响。

1. "五大流派"具有局限性

"五大流派"只是当时《中国盆景艺术》研究项目5个参加城市盆景技艺情况的总结，不能概括我国所有盆景发展地区与城市盆景发展的情况，例如杭州（浙江）盆景、安徽盆景、南通盆景等，因此，"五大流派"的提法具有局限性。

2. 盆景流派是某些地方盆景发展到某一历史时期的产物，不是一成不变的

盆景发展当随时代。随着制作工具、栽培技术、摆设用途与场所以及群众欣赏情趣发生变化，盆景的树形和技艺也在发生变化。盆景流派对于保存当地传统造型技法具有积极意义，但对于盆景的传承与创新具有一定的局限性。

3. 盆景属于有生命的艺术品，它与绘画、雕塑甚至插花是不同的

绘画、雕塑是一种没有生命（生物学意义）的艺术品，插花只在短时间内有生命，这些艺术门类的艺术性更强，在很大程度上可以根据创作者的构思和意志进行随意的创作和表现，所以，它们可以有风格流派。日本花道有数百个、上千个流（派），甚至一个花道作家就能提出一个流，如池坊流、小原流、古月流、嵯峨流等，但日本盆栽（景）是没有风格流派这种提法的。

4. 盆景的自然属性当是第一属性

盆景作为一种特殊艺术，具有自然属性（生机）、艺术属性（画意）和文化属性（诗情），但其自然属性当是第一属性，其艺术属性和文化属性必须服从于自然属性。也就是说在盆景创作过程中，必须遵循自然规律，在表现自然美和树木生长规律与生物学特性的基础上进行艺术表现。如果用量化表现的话，盆景的自然属性在6成之上，而艺术、文化属性在4成之下，这样才能创作出一件健康的盆景艺术品。

5. "创风格、树流派"的做法不宜提倡

在某时期，某些人提出了在盆景方面要大力"创风格、树流派"的提法与做法，这是一种揠苗助长的思维方式，是别有用心的。某些人甚至提出用同一种植物材料来制作各种流派的盆景作品，如果这样做只是为了学习各地传统技法，这是可以理解的，但如果从培养盆景人才角度来看，这种做法是完全错误的。

6. 在遵循当地树种生长规律基础上进行大众喜闻乐见形式的艺术表现，当是当今盆景发展的主流

基于当地气候特征，选择合适乡土树种，遵循其生长规律，进行大多数人喜闻乐见艺术形式的表现，在此基础上，进行盆景作家个性与特色的表现，这是当今与今后盆景艺术形式发展的主流。

蓬勃发展中的中国盆景业及其展望

蓬勃发展中的中国盆景

1979 年，正当中华人民共和国成立 30 周年之际，北京举办了全国盆景艺术展览，展出各地盆景 1100 余盆，轰动全国，许多国际友人也为之赞叹。其后各省、市纷纷举办盆景展览，并借机成立盆景协会，研究、交流盆艺。

1981 年，由农业部副部长杜子端、北京市园林局局长汪菊渊牵头，成立中国花卉盆景协会，汪菊渊当选首届理事长。此后，各省、市纷纷成立省、市级花卉盆景协会，掀起了盆景发展的热潮。1992 年，中国花卉盆景协会被划分在中国风景园林学会下，正式改名为中国风景园林学会花卉盆景赏石分会，独立开展各种活动。自 1985 年开始举办中国盆景展览会，每隔 4 年一次，30 年来共举办 8 届；自 1991 年举办首届中国赏石展览会，每 2 年一次，24 年间成功举办 11 届，并出版了《中国盆景》《中国赏石》等相关书籍。此外，分会还每 2 年组织一届盆景学术讨论会，并从 1989 年至今不定期评选出 4 批中国盆景艺术大师。

1988 年成立中国盆景艺术家协会，极大地促进了盆景在企业家与一般爱好者之间的普及与提高。

2014 年 10 月 29 日，中国花卉协会盆景分会第一届会员代表大会在江苏如皋顺利召开，同期举办的首届"中国杯"盆景大赛亦于 11 月 2 日成功谢幕。随着 2014 年 11 月 5 日中国花卉协会盆景分会成立大会在北京召开，整个活动画上圆满句号。盆景分会将以全国花卉产业发展规划为指导，发挥政府与盆景行业间的桥梁作用，依靠中国花卉协会的产业和组织优势，推动中国盆景技艺的传承和发扬，延伸盆景产业链，规范和统一行业标准，提升盆景的商品化率，促进盆景家庭消费，加强国际国内交流合作。

为弘扬盆景文化与艺术，各地政府先后筹建盆景园，研究、创作、收藏于展示盆景精品；此外，痴迷盆景的企业家积极参与，纷纷建设私家盆景园，成为盆景事业的新生力量。

国际交往方面，1979 年，中国盆景首次参加在德国举办的第十五届国际园艺博览会，获得多枚奖牌。1980 年，中国盆景考察组在日本大阪举行的世界盆栽会议上，赵庆泉先生做了专题演讲。1989 年，中国派代表团参加在日本大宫市举办的第一届世界盆栽大会。胡运骅、赵庆泉等多位盆景大师相继讲学、制作表演示范，对中国盆景走向世界做出重要贡献。

1997 年，在上海举办第四届亚太地区盆景赏石会议暨展览会；2005 年在北京召开第四届亚太地区盆景赏石会议暨展览会；2013 年先后在金坛市举办了世界盆栽友好联盟的世界盆景大会和在扬州举办了国际盆栽协会的国际盆栽大会。中国盆景向国外的直接传播，对于国际文化交流起到了积极的作用，同时具有鲜明民族特色的造型艺术，对世界盆景发生着深刻的影响。

中国盆景发展展望

当今社会安定，经济高速发展，科学、文化发展日新月异，人民生活水平普遍提高，对文化需求也日益提升。盆景艺术处在一个从未有过的创新和发展阶段，人才辈出，作品多数，理论和实践经验均非常丰富。

中国盆景艺术已经走向世界盆景舞台，重新确立了盆景创始大国的地位，开创了中国盆景逐渐引导世界盆景发展的新纪元。

1. 中国盆景文化将成为中华文化与中华哲学的重要组成部分

盆景文化起源于中华文化与哲学思想，这与欧美西方国家、甚至东南亚国家是不同的，他们只把盆景当作园艺学的一个分支或者一部分，而我国的盆景艺术，属于文化与哲学的组成部分，当然还与农林学、园艺学、绘画艺术等有密切关系，这是盆景文化的真谛所在。

2. 汲取园艺学与风景园林学营养，构建完整的盆景学科体系

我国盆景艺术多与园艺学、风景园林学联系在一起，往往园艺工作者、园林工作者认为，自己懂得盆景，实际上盆景与园林园艺无论从审美上还是技艺上都存在很大区别，所以，汲取园艺学与风景园林学营养，构建完整的盆景学科体系是十分重要的。我国高等院校中尚未有盆景专业，这可以考虑从职业院校中开始开设盆景专业，构建盆景学科体系。

3. 传承优秀技艺，进行改革创新，这是中国盆景的发展之路

在盆景创作中，必须重视和继承优秀传统技艺，从中汲取营养，作为今天盆景发展的基础。在继承传统的同时，进行改革和创新，大力提倡和积极鼓励表现盆景作者个性的作品，创造出具有时代感的新艺术。

4. 坚持"师傅带徒弟"模式，培养大批盆景人才

院校中只能通过专业基础教育和素质教育，培养盆景人才的基础知识，而要培养真正的盆景人才，必须采用"师傅带徒弟"模式，因为这是由于盆景工作的实践性强、技术性高、美学文化修养完善等特性决定的。这一点我们应该虚心向日本盆栽界同行学习。

日本盆栽界年轻人以成为盆景专业工作者为目标，在著名的盆栽家门下经过5~10年无偿的刻苦修行，是目前成为日本盆栽界中坚力量的成才途径。通过5~10年的修行和苦练内功，磨炼自己的人格和德行，成为知礼知义的仁者，这才是专业人士所必有的戒律。

5. 秉承"人与树共同生长"理念，造就一批高素质盆景作家

我国一部分盆景工作者以追求短期经济效益为目的，不求个人修养的提高，严重影响我国盆景事业的正常发展和高水平发展。我们必须应该有将盆景做成完美成品的作家态度，并坚持真挚立场的指导者态度，有将苗木培育成"未来之名木"的追求，要牢固树立"盆景作家的第一目的是培养高雅素养的人格"理念，重新认识盆景文化和盆景产业应有的原本姿态。

6. 类型与形式多样化是中国盆景的魅力所在

与日本盆栽比较，类型与形式多样化是我国盆景的魅力所在，这是值得发扬光大的地方。

7. 盆景造型技术必须与树木本身的属性相结合

因为盆景是有生命的，盆景艺术的第一属性就是自然属性，所以，盆景造型技术必须受到树木生物学特性与生长规律的限制，必须与树木本身的属性相结合。

8. 建立与形成盆景养护管理技术体系，这是盆景造型的根本

培养盆景最重要的基础是为盆景提供良好的环境条件与优良的盆钵内的生存环境。环境条件包括光照、温度、通风、病虫害防治等，盆钵内生存条件包括土壤、浇水水质、肥料等，其中栽培基质，也就是盆栽土壤成为限制我国盆景发展的瓶颈条件。

说起盆景造型技术，不少人认为就是用剪刀和蟠扎用的金属丝等修剪造型器具对盆景进行制作或者改作，实际上，支持盆景文化发展的基点技术是日常的培育技术和健全的管理技术，只有这样才能创造出完美的作品

9. 苗培是盆景可持续发展的必然之路

山采树桩不仅可以破坏环境，而且还可以造成资源的枯竭，所以现在严禁山采，我们应该认识到山采树桩是一种违法行为。所以，苗培是盆景可持续发展的必然之路，盆景专业工作者也应该具有将苗木培育为盆景精品的恒心和耐力。

10. 构建从盆景技艺入手，走向造园、园林工

程的教学体系

擅长盆景制作的人员，多可以亲手做出比较精美的假山、私家花园以及园林作品，这一点已经成为共识。因为，擅长盆景制作者，就擅长处理树木与树木、树木与山石、树木与地形等的相互关系，这些正是做假山、造园所必需的。因而，从学习盆景制作，走向造园、园林施工是一种比较理想的学习途径，值得在园林园艺教学中尝试与采用。

11. 构建盆景疗法理论体系，完善实践手法

绿色植物对于人体身心健康具有促进功效，这是主要由人的五感作用所引起。盆景不仅对人具有五感作用，而且盆钵中的景色对人还具有冥想与神游的作用。绿色植物和盆景对于老年性疾病、抑郁症、自闭症、亚健康人群等健康功效尤其明显。所以，构建盆景疗法理论体系，完善实践手法具有重要意义。

12. 学习外国长处，发挥自己优势

我们要脚踏实地，不可浮躁，不可急功近利，不能只看外国短处，要善于发现别人长处；同时，我们还要有民族自尊心和自信心，但不能自负，要坚持走民族特色之路，发挥我们的文化优势，把本民族最优秀的东西体现出来。到那时，我们现在的盆景大国才能够发展成为盆景最强国。

参考文献与注释

[1] 徐家宁. 老照片里的中国[J]. 中国之韵, 2015(8): 10.

[2] 刘建辉. 国家名片上的孙中山[J]. 中国之韵, 2016(11): 45.

[3] 胡甲鸣. 重振张大千的山水世界[J]. 中国之韵, 2017(9): 23-27.

[4] 郭为藩, 申学庸. 云山泼墨张大千[M]. 台北: 雄狮图书股份有限公司, 2008.

[5] 高海军. 百年巨匠张大千[M]. 兰州: 甘肃人民美术出版社, 2013.

[6] 王家诚. 张大千传(38)且把他乡当故乡[J]. 故宫文物月刊. 2003(9): 120-125.

[7] 王家诚. 张大千传(38)且把他乡当故乡[J]. 故宫文物月刊, 2003(9): 126-128.

[8] 高海军. 百年巨匠张大千[J]. 兰州: 甘肃人民美术出版社, 2013.

[9] 梁悦美. 世纪之约 盆栽五十[M]. 新北: 美东开发股份有限公司, 2017.

[10] 李周玹. 吴昌硕花卉画的特性[J]. 故宫文物月刊, 2002(8): 56-81.

[11] 马贻. 马贻画宝[M]. 武汉: 湖北美术出版社, 2016.

[12] 周宗璜, 刘振书. 木本花卉栽培法·第四章·木本花卉之盆栽[M]. 上海: 上海商务印书馆, 1930.

[13] 夏诒彬. 花卉盆栽法·第一章·总论[M]. 上海: 上海商务印书馆, 1931.

[14] (民国)察哈尔省通志·卷九·物产编之二[M].

[15] 许心芸. 种蔷薇法·第七章·盆栽法[M]. 上海: 上海商务印书馆, 1933.

[16] (民国)上海县续志·卷八·物产[M].

[17] (民国)嘉定县续志·卷五·物产[M].

[18] (民国)歙县志·卷三·食货志·物产[M].

[19] (民国)朔方道志·卷三·舆地志·风俗物产[M].

[20] 周宗璜, 刘振书. 木本花卉栽培法[M]. 上海: 上海商务印书馆, 1930: 74-75.

[21] 夏诒彬. 花卉盆栽法[M]. 上海: 上海商务印书馆, 1931: 6-8.

[22] 陆费执. 盆景与盆栽[M]. 上海: 中华书局, 1950: 前言.

[23] 陆费执. 盆景与盆栽[M]. 上海: 中华书局, 1950: 5-6.

[24] 郑逸梅. 南社丛谈 南社社友事略[M]. 上海: 上海人民出版社, 1981.

[25] 周瘦鹃, 周铮. 盆栽趣味[M]. 上海: 上海文化出版社, 1957: 3.

[26] 林赛·法尔. 过山车般的盆景百年: 一个西方人眼中20世纪的盆景世界[J]. 中国盆景赏石, 2017(7): 63-66.

[27] 清国驻屯军司令部. 北京志·第二十四章·园艺[M]. 东京: 日本博文馆, 1908.

[28] 乔治·亨利·梅森. 中国服饰与习俗图鉴[M]. 吴志远, 编译. 长春: 吉林出版集团, 2016: 186.

[29] 严蕴悦. 园林中的不系之舟[J]. 中国之韵, 2017(10): 19-23.

[30] 北京市园林局. 北京赏石与盆景[M]. 北京: 中国林业出版社, 2000: 70.

[31] (清)虎丘山志·卷十·物产[M].

[32] 中国国家博物馆. 乾隆南巡图研究[M]. 北京: 北京文物出版社, 2010: 290-291.

[33] (清)宋如林等修, 石韫玉纂. 苏州府志·卷十八·物产[M].

[34] (清)沈复. 浮生六记·闲情记叙[M].

[35] (清)沈复. 浮生六记·浪游记快篇[M].

[36] (清)李斗. 扬州画舫录·卷十五·冈西录[M].

[37] 崔晋余. 姑苏盆景[M]. 苏州: 苏州市金玉园林文化工作室, 2011.

[38] (清)顾禄. 清嘉录[M].

[39] 林鸿鑫, 张辉明, 陈习之. 中国盆景造型艺术全书[M]. 合肥: 安徽科学技术出版社, 2017.

[40] 韦金笙. 扬州盆景艺术[M]. 合肥: 安徽科学技术出版社, 2014.

[41] (清)魏嶰修, 裘琏纂. 钱塘县志·卷之七·风俗[M].

[42] (清)范祖述撰. 杭俗遗风[M].

[43] (清)龚嘉俊修, 吴庆坻纂. 杭州府志·卷七十八·物产一: 天目松[M]. 松惟天目山者针短而犀健. 天目松, 形如盖或高不盈数尺, 一株直万余钱(名山胜概).

[44] (清)杭州府志·卷七十八·物产一[M].

[45] (清)赵昕修, 苏渊纂. 嘉定县志·卷之四. 物产[M].

[46] (清)程其珏修, 杨震福, 诸维铨纂. 嘉定县志·卷八·风土[M].

[47] 四川省盆景艺术家协会, 成都市园林管理局. 中国川派盆景艺术[M]. 北京: 中国林业出版社, 2005.

[48] 恩斯特·柏石曼. 西洋镜: 一个德国建筑师眼中的中国1906-1909[M]. 徐原, 赵省伟, 编译. 北京: 台海出版社, 2017.

[49] 张栋区. 台湾の盆栽事情[J]. 盆栽学杂志, 1993(6): 26-27.

[50] 日本盆栽协会. 盆栽大事典·第二卷[M]. 京都: 同朋舍, 1983: 340.

[51] 梁悦美. 盆栽艺术[M]. 台北: 汉光文化事业股份有限公司, 1990.

[52] 吴诗华, 汪传龙. 树木盆景制作技法[M]. 合肥: 安徽科学技术出版社, 2017.

[53] 广州市园林局, 上海市园林局, 成都市园林局, 等. 中国盆景艺术[M]. 北京: 科学普及出版社, 1992.

第九章
中国盆景文化的
国际化

　　中国盆景文化的国际化进程主要经历了以下阶段：首先，盆景文化从中国传入朝鲜（半岛）与日本，亦即形成东亚盆景文化圈；其次，由东亚盆景文化走向亚洲盆景文化；最后，再由亚洲盆景文化、特别是东亚盆景文化走向欧美、甚至全世界盆景文化。

中国盆景文化走向亚洲盆景文化
——亚洲盆景文化圈的形成

朝鲜半岛盆景的历史发展

公元前 2333 年，檀君王俭创立了古朝鲜王朝，其后在朝鲜半岛上先后出现了许多部落国家。公元前 100 年左右，半岛上形成了高句丽、百济、新罗三国鼎立的局面。

公元 676 年，新罗统一了三国，建立渤海王国。统一后的新罗极力培植并发展文化和艺术，形成了佛教文化的高潮，在继承高句丽文化精髓的基础上，同时又融合唐朝文化，形成了另一种独特的文化。

据史料记载，在中国文化的影响下，百济辰斯王时代（385—391）的 391 年，王宫中已经开始挖池堆山，栽植花木。同时，其他各种传统文化也从中国大陆陆续传入朝鲜半岛。同样，爱好自然、富有艺术才能的朝鲜民族，早在 1600 年前的新罗时代与中国的交往过程中，就把中国的盆景艺术带回了朝鲜半岛[1]。

另外，关于盆景的起源，在韩国还流传着这样的说法：在古代有个宰相的坟墓中摆饰着一个香炉，有一粒植物的种子飞来落入香炉中，种子萌发，长大后形成了盆景。大家看到后模仿它来制作盆景，这便是盆景在朝鲜的开始[2]。其实，这只不过是一种传说而已，缺乏确凿的根据。

1. 高丽时期（918—1392）上流社会之间的盆景鉴赏风习

随着新罗的衰退，王建自立为王，于 918 年灭新罗，建都于松岳（开城），国号高丽，而后统一朝鲜半岛。高丽继承并发扬了新罗的佛教文化，始创了举世闻名的高丽青瓷和高丽大藏经等珍贵的文化遗产。

高丽时代，盆景开始在上流社会间流行，关于当时盆景的文献资料不少遗留至今，此外还有盆景方面的考古发现。

（1）李奎报的盆竹与石菖蒲盆景

李奎报（1168—1241），字春乡，号白云居士。他博学多才，因喜好诗、琴、酒而自称"三酷好先生"，为高丽二十三代高宗时期的著名文人，流传至今的诗文多达 8000 余篇（首）。

他编著的《东国李相国集》第七卷古律诗中，记载了自己于 1197 年 29 岁时，应答黄郎中（中央官署的正五品职位），咏颂朴内园（王宫禁苑的管理职位）家中六盆盆栽花木的诗文而撰写了《次韵和崔相国诜和黄郎中题朴内园家盆中六咏》（图 9-1），分别为〈四季花〉〈菊花〉〈瑞祥花〉〈石榴花〉〈竹〉与〈石菖蒲〉[3]。这六盆中既有盆栽花木又有盆景，下面将根据内容可断定为盆景的〈竹〉与〈石菖蒲〉两诗抄列如下。

竹

欲试君贤岂一端，悍根又奈石盆寒。
个中尚有湘江意，直作揽天玉槊看。

石菖蒲

露珠偏上翠尖垂，爱个玲珑未随时。

赖有弹涡余海晕，老虬盘稳秘须髭。

通过以上二诗记载的内容看出：①当时朝鲜盆景的鉴赏与制作受我国的影响很大，例如〈竹〉中的诗句"个中尚有湘江意"，把竹子比喻为"个"字等；〈石菖蒲〉中的"老虬盘稳秘须髭"，是受宋代苏东坡的诗句"下有千岁根，蠢缩如蟠虬"的影响[4]。②当时的盆景已开始使用石盆。

此外，李奎报曾作《案中三咏》，即诗中描写书案上三件器物：种植石菖蒲（小盆石菖蒲）的盆、青瓷砚滴（绿瓷砚滴子）与竹制砚箱（竹砚匣）。对于〈小盆石菖蒲〉咏颂道："最爱清晓露，团团缀珠玑。萧然几案上，永与我相依。"

这些资料成为现存的关于朝鲜盆景最早的文献资料，具有珍贵的价值。

（2）田禄生的《咏盆松》

田禄生（1328—1375），官位为密直副使（纵二品）之长子，年幼时因聪颖超群被称为神童。曾先后位居师傅（国王之师）、大提学（儒林界最高职位）与宰相，为大文学家。他于8岁时撰写了咏颂松树盆景的《咏盆松》（图9-2）[5]。

咏盆松

山中三尺岁寒姿，移托盆心亦一奇。

风送涛声来枕细，月牵疏影上窗迟。

枝盘更得栽培力，叶密曾沾雨露私。

他日栋梁虽未必，草堂相对好襟期。

诗文大意为：把山中小老松移植于盆中，摆置窗台上，松涛阵阵送来枕边，疏影慢慢爬上窗来，经精心栽培后苍劲有力，清早松针沾带雨露，虽然不能成为栋梁之才，但它与我心心相印。

诗句"草堂相对好襟期"是受我国《剪灯余话》〈田洙遇薛涛联句记〉中的"芝兰同臭味，松柏共襟期"的影响而作。

（3）盆梅的开始

高丽末期大学者权近（1352—1409）的诗文集《阳村集》中的〈向银台诸学士借咏梅诗之韵〉一诗，被韩国公认为盆梅（梅花盆景）的始源。全诗如下：

向银台诸学士借咏梅诗之韵

权近

高人偏爱腊天梅，培养盆中最早开。

一榻清香春婉娩，数枝疏影月徘徊。

（4）高丽王朝时代的盆景遗物与盆景绘画

韩国国立中央博物馆现藏的新安海底遗物之一，相当于初期青瓷（1100—1300）的青瓷阳刻莲盆，为造型优美的花盆，可能是用于栽植盆景或花木的容器，也可能是当时贵族们用于装饰的艺术品。庆南道陕川的海印寺宝物殿收藏有高丽明宗十五年（1185）玉制的假盆花，是非常豪华的装饰品，它的花枝用五色玉粉作成，栽植于一圆形花盆之中。

属于1300年高丽末期的屏风作品《四季盆图》

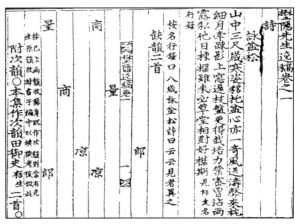

图9-1 李奎报《东国李相国集》第七卷〈次韵和崔相国诜和黄郎中题朴内园家盆中六咏〉　　图9-2 高丽时期田禄生《咏盆松》诗

中有四幅刺绣图。第一幅描绘有方形花盆、怪石和松树；第二幅描绘有梅花盆景；第三幅描绘有兰草、梅花等花木；第四幅描绘有松树、兰草、葡萄等的盆景[2]。这充分说明了当时的盆景已达较高水平，同时也说明了当时的盆景材料是以松、竹、梅岁寒三友为主。

此外，郑梦周《圃隐集》中记载有"盆栽松竹兰梅诗"，李穑（1328—1396）《牧隐集》记载有"咏盆松"，可见当时士大夫们喜好盆景盆栽和养护花草。

以上文献资料与盆景遗物说明了当时的高丽王室、士大夫、儒林学者以及官吏家等上流社会之间，栽培盆景与鉴赏盆景风习流行的概况。

2. 李朝（朝鲜）时期（1392—1910）盆景的普及与发展

1392 年，李成桂灭高丽王朝自立为王，国号朝鲜。而后，李氏相承二十七代，历时 518 年，到 1910 年被日本合并，李朝灭亡。

李朝时代是以儒教性理学为建国思想的王朝，其文化于世宗大王（1419—1450）时达到鼎盛时期。其中最显赫的政绩当属创造了科学实用的表音文字朝鲜语，同时盆景也在民间得到了普及与发展。特别是毅宗（1127—1173，在位 1147—1170）种植"怪石名花""名花易果""奇花异木"[6]，同时宋代商人也进献"花木"与"异花"等[7]。

（1）李朝初期文人雅集《雅集图》中的盆景

高丽末年到李朝初期，文人雅集绘画《雅集图》中，左侧图《观画图》（局部）画幅下方是为了在室内装饰而剪下的梅花花枝，插在白瓷瓶里；右侧图《作诗图》（局部）描绘为室外庭院中放置的盆栽类浇水的情景（图 9-3、图 9-4）。

（2）姜希颜的《菁川养花小录》

《菁川养花小录》又被称为《养花小录》（图 9-5），由世宗大王时代名臣姜希颜于 1474 年撰写的观赏园艺书籍，被收录于《晋山世稿》。

姜希颜，晋州人，字景愚，号菁川，朝鲜的士大夫与文人，其先祖曾官至通亭，因为在断俗寺手植的梅花被誉为政堂梅而颇有名气。因此，希颜为风雅家系的后代，他于 1449 年仲秋被提拔为副知敦宁后，时间充裕，每日亲手栽培各种花木，总结民间花卉栽培经验，阅览中国花卉书籍与文人趣味书籍，终于写成了朝鲜第一部观赏园艺专著《菁川

图9-3 高丽末期到朝鲜初期（14~15世纪），《观画图》中的梅花插瓶

养花小录》。

该书集各种花木的盆养技艺与鉴赏之大成，首先记述了关于各种花木的中国古典文献与诗文，然后介绍本国的栽培技术。主要内容排列如下：老松、万年松、乌斑竹、菊花、梅花、兰蕙、瑞香花、莲花、石榴花、栀子花、四季花（月季）、山茶花、紫薇花、日本踯躅花、橘树、石菖蒲、怪石、种盆内花树法、催花法、百花忌宜、取花卉法、养花法、排花盆法、收藏法与养花解。

《菁川养花小录》是朝鲜观赏园艺发展史上一部十分重要的著作。它对以后的朝鲜花卉园艺著作、农书以及朝鲜古代园艺业的发展产生了巨大的影响。例如，17 世纪末期洪万善编纂的《山林经济》一书的第四篇〈养花〉一节，其中大部分是抄录了《菁川养花小录》的内容。

（3）文人室内盆景摆饰

琴兰秀（1530—1604）曾在朝鲜王朝首屈一指的儒学家李滉（1501—1570）逝世后拜访其陶山书院，

图9-4　高丽末期到朝鲜初期(14~15世纪)，《作诗图》中给盆栽浇水的情景

他看见除了放在书架上的千余册古书外，还有花盆、书桌、砚箱、香炉与浑天仪等（图9-6至图9-8）。当金昌翕（1653—1722）在旅途中停留在处士草堂时，记述道："架有儒书各种，傍置三花盆，大梅盛开向凋，想其大雪埋谷。"

（4）树木盆景

①李湜的〈咏盆松卜韵寄希籍〉。《四雨亭集》是李湜（1458—1488）所著，日本蓬左文库收藏有它的木版本。其中收录一首〈咏盆松卜韵寄希籍〉诗[8]，诗的一部分如下：

为爱岁寒姿，南邻乞的栽。

......

叶叶经微雨，枝枝上绿苔。

龙根盘屈曲，鹤干偃低摧。

疏影微微落，轻风细细来。

图9-5　姜希颜于1474年撰写成的《菁川养花小录》

养花小录

正統已巳仲秋余以吏部郎秩滿陞授副敦寧敦寧無治事之任朝叅之後定省之餘悲屏他事日以養花爲事親舊如得其異卉必與之故余獲花卉備焉朝暮視之則性有宜温宜燥者亦有宜寒宜燠者而其栽培澆水驟日一依古方無古方者或叅以傳聞及乎天寒氣凛氷雪交揮其畏寒者收入土宇不受凍傷然後一一敷其秀葉以逞其態此特令其各順其性焉耳初非有智力

仁齋景愚撰

　　贞心无俗累，标格绝纤埃。

　　　　……

　　坐对尘襟散，行看好句栽。

　　无人来赏玩，世客转堪哀。

　　该诗描写了盆松苍古虬曲的姿态以及枝叶经雨露长青苔的可爱景象，同时还提到了欣赏盆松可以起到陶冶人们性情的效果。

　　②东峰的〈题盆中松竹〉。东峰（1435—1493）的诗文集《梅月堂集》卷之五〈题盆中松竹〉中有两首咏颂树木盆景的诗，一首为〈盆松〉，另一首为〈盆竹〉[9]。

盆松

　　霜露奇石万年松，栽培瓦盆兴味浓。

　　劲节本来非俗态，寒枝从古助谈峰。

　　看之不尽咏之足，伴以无心诗以供。

　　翠竹岭松皆实相，修然相对绝形容。

　　诗的大意为，栽植于瓦盆中的饱经风霜的万年松别有一番情趣，它的苍劲风姿与抗严寒的枝叶历来成为文人们谈论的话题，久久欣赏也兴致未尽，故作诗以咏之。苍松的姿态宛若天然，难以用言语来形容。

盆竹

　　为怜贞节操，种得小瓦盆。

图9-6　朝鲜时代后期，民间绘画《文房图屏风》

　　玲珑如有态，潇洒又无烦。

　　袅袅风吹动，溥溥露滴飞。

　　谁知一撮土，逆却化龙根。

　　该诗主要描写了纤细盆竹的优雅姿态。

　　从以上诗词可以看出，松树与竹子是当时最受

图9-7　朝鲜时代，19世纪，册架图（左），其中可见水仙盆景、梅花插瓶

图9-8　朝鲜时代，19世纪，册架图（右），其中可见珊瑚盆景、碗石以及珊瑚插瓶

欢迎最常用的盆景材料。

③侵朝日本武将从朝鲜带回的盆梅。李朝时代中期，日本的丰臣秀吉（曾分别于1592年与1597年两度出兵入侵朝鲜。当时有一名为伊达政宗的武将从朝鲜带回一盆梅，栽植于松岛的瑞岩寺，而后长大成为日本著名的卧龙梅。现在的瑞岩寺卧龙梅是原来的枯死后补种的[10]。这说明盆梅在当时已经开始流行。

④李朝中后期的盆景发展。洪万善（1643—1715）编纂的朝鲜时代中期的农业百科事典《山林经济》中记载了盆栽梅花、松树、杜鹃以及百日红的内容。另外，朝鲜时代时期第十四代肃宗年间的实学者朴世堂的《穑经增录》和朝鲜时代后期徐有榘（1764—1845）的《林园十六志》中也有关于盆梅的记载。

徐有榘《林园十六志》中的《艺畹志》记载了树木盆景制作技法的"治树令老技法"，还记载了适宜树木盆景养护场所的"安盆法"（图9-9），有利于观赏的"排盆法"以及树木盆景过冬的"窖藏法"。

⑤绘画作品中所见盆景。从李维新（18～19世纪）的《可轩观梅图》中可以看到四名文人雅士在窗外白雪茫茫的寒冬，围坐在舍厩房里，正在聚精会神地观赏盆梅盛开的情景。耘逋丁学游（茶山丁若镛次子）的《农家月令歌》的〈三月令〉中记载有下列月令[11]：

青苧台贞陵梅，古查附碟，农事毕，放置盆中。天寒白玉风雪中，独观春色，虽不实用，却是山中趣味。

月令中的"古查"为古老的圆盆，"白玉"为被白雪覆盖的房子。从月令中可以想象出雪中观盆梅的迷人情景。

郑善（1676—1759）在1740年左右所绘《读书余暇》中，前景是文人欣赏花盆里的兰花与芍药，左侧可以窥见屋内书架上书册罗列层叠（图9-10）。此外，18世纪后半叶的青花瓷器中，已知有组合梅树、怪石与花草纹的"盆景纹"，器身上描绘菊花和芭蕉叶在书案的花盆中伸展（图9-11），也恰当表现了18世纪后半叶的文人趣味。17世纪的《兰图》，表现了丛生状态的兰蕙盆栽与蒲石盆景景象（图9-12、图9-13）。

朝鲜时代屏风风俗画《太平城市图》是一幅朝

图9-9　朝鲜时代后期，徐有榘（1764-1845），《林园十六志》〈艺畹志·安盆法〉

鲜时代的绘画史上尚无先例的很不寻常的作品，描画了在以城堡形成界线的城市中活动的各种各样的人物，道路上到处是马车和人群，也有繁华的商店和华丽的建筑物。这是中国《清明上河图》明代本和《佩文斋耕织图》的图像按照朝鲜的情况和生活样式进行转换，并添加中国使行的见闻和尖端文物的信息来表达理想社会的屏风。

画面可以分为建筑物和道路。其中，成为基准的建筑物是在道路中间建造的牌楼，包括正在建造的第七幅，一共画有六个牌楼。以牌楼、城门、道路和河川为准，可以区分为4个部分，第一个是画面中心的繁华街，第二个是右侧山丘周围，第三个是穿过桥的城门周围，第四个是远景的住宅街。

画面出现约2100人，不仅描绘了代表婚姻、状元及第和高官使用的马车的传统理想形，还描绘了从事于各种商业活动的人物。可以说是朝鲜时代绘画中最丰富多彩的描画商业活动的作品。为了能真实地描绘销售各种物品的商店、销售人和消费者

图9-10 朝鲜时代后期,郑善《读书余暇》中的盆栽

图9-11 朝鲜时代后期(18世纪后半),青花菊花芭蕉纹壶,现存大阪市立东洋陶瓷美术馆

图9-12 朝鲜时代17世纪,兰图,现存日本民艺馆

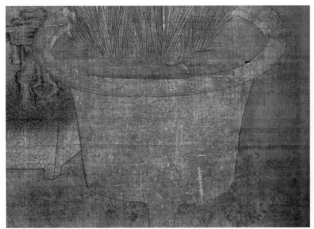

图9-13 朝鲜时代17世纪,《兰图》(局部),现存日本民艺馆

自由进行交易的商业空间,应该对商业感兴趣的同时具有活性化的意向。

除了对商业化的态度以外,对城市生活的期待也反映在《太平城市图》中。可以说城市生活是在人造建筑的背景下强调消费和文化的生活,而不是在自然背景下的农业活动。手工生产活动比例高于农业,消费手工产品的比重也很高,而且对娱乐、看点等游乐空间和军事活动等公共领域的关心也非常高。另外,有一张图画有挖河底以使水流顺畅的疏浚河道施工,还出现正祖(1776—1800在位)的华城城役时使用辘轳等,表现出了整备城市的情景。建筑物装饰色彩缤纷,并设有各种形状的灯笼,营造出了喜庆的气氛,其中,第5幅屏风下面的"太平"文字灯非常引人注目。

因此,《太平城市图》所体现的空间基本特征是对于商业化的期望、新城市的希望以及不必担心衣食住并能享受喜庆气氛的太平盛世的情景,这也是朝鲜后期社会所志向的理想的社会。图中出现了盆景园的景象(图9-14、图9-15),同时还出现了四处两人抬运怪石、盆景的场面,特别是一处是在一条街道上两人、两人总共四人先后抬运盆景(图9-16至图9-18)。

(5)假山与山石盆景

①蔡寿的假山与山石盆景诗。蔡寿(1449—1515)酷爱怪石与盆景,他在《懒斋集》中有四首关于假山与山石盆景的诗文。这四首诗文为〈石假山瀑布记〉〈支机石〉〈海南琅玕〉与〈苔封怪石〉。现在对其中的一部分摘录如下。

图9-14 朝鲜时代屏风风俗画,太平城市图

〈海南琅玕〉诗中的一诗句为:"玉为枝干石为根,盆上玲珑带薜痕",描绘的是一盆用美玉作成盆景的优美形象。〈苔封怪石〉诗的一部分为:"怪石何年别大湖,依然千栽古城曳。烟波寂沥晴犹润,苔薜驳斑翠欲滴",描绘的是一块有古、润、苔薜附生等特点的怪石。

图9-15 朝鲜时代屏风风俗画，《太平城市图》（局部）中的盆景园

图9-16 朝鲜时代屏风风俗画，《太平城市图》（局部）中的抬运怪石者

图9-17 朝鲜时代屏风风俗画，《太平城市图》（局部）中的抬运盆景者

图9-18 朝鲜时代屏风风俗画，《太平城市图》（局部）中的抬运盆景者

图9-19 朝鲜时代，19世纪，青花铁砂山形香炉，高22.2cm、底径14.6cm，现存首尔国立中央博物馆

②东峰除了喜好松、竹盆景外，还喜好怪石与山石盆景，他在《梅月堂集》卷之四中有〈竖假山〉一诗。

竖假山

余生已老竟无功，甘作林泉拙病翁。

拟欲补天嗟未用，一拳奇石作崆峒。

③青花铁砂山形香炉。该香炉模仿朝鲜时代后期流行的金刚山山形，山峰险峻，溪谷水流直下，山崖上有塔、人物，山顶建有楼阁，表现出雄壮与神秘感（图9-19）。

3.韩国近现代盆景发展概况

自 1910 年起，朝鲜沦为日本的殖民地后，盆景也受到日本盆栽文化的影响，这是不难想象的。1948 年韩国诞生之后，只有釜山、马山、晋州、光州界限等地的少数爱好者作为生活趣味而培养盆景。进入 20 世纪 60 年代后，经济的起飞带来了园艺事业的发展，同时，盆景也逐渐开始发展与普及。从 1978 年前后开始，盆景成为一般民众的爱好而兴起了盆景热。

现在，韩国存在数个盆景组织，其中规模最大者为成立于 1980 年的韩国盆景协会，在文化体育观光部注册，是韩国最大的自然艺术团体，拥有 42 个分会，上千名会员。此外，还有韩国小品盆景协会，同时，还有由韩国知名的盆景专业工作者组成了韩国盆景组合，专门创作与生产高水平的盆景作品。现在，为了盆景的出口，韩国各地都在进行着盆景素材的生产、培育、加工、精品制作的商品化生产工作。

韩国盆景的代表树种为榔榆、榆树、鹅耳枥、黑松、杜鹃、山茶花、槭树、杜松等。

韩国盆栽协会于 1997 年 10 月 24～26 日在汉城的新韩国世界贸易中心成功举办了第三届世界盆景大会。参会者有 20 多个国家的 400 余名代表。来自韩国、日本、意大利和瑞士的盆景专家举行了创作示范表演。还举办了包括有鹅耳枥、榔榆等树种的 220 盆展品的大型展览会。同时，还于会议期间 10 月 25 日举办了世界盆景指导者大会[1]。该协会自 1990 年举办"第五届韩国盆景大展"后，在时隔

27 年的 2017 年举办了"第六届韩国盆景大展"。

韩国盆景园最具代表性者应该是位于济州岛的思索之苑。苑主成范永先生自 1968 年开始，以"愚公移山"之精神，50 年来如一日，在思索之苑所在地,经过青原农场(1968－1989)、盆栽艺术苑(1989—2005) 以及思索之苑（ 2005 至今）三个阶段，建成了拥有秘密之苑、灵感之苑、哲学之苑、灵魂之苑、欢迎之苑、柑橘之苑以及和平之苑等 7 个专类园。现在，在面积为 3hm² 的园地上，栽植着 100 余种形态各异的亚热带、温带树木，陈列着 2000 余盆精美的盆景作品，成为世界上最美丽的盆景庭园之一（图9-20、图9-21）[12]。

日本盆景的历史发展

1.中国古代文化传入日本

根据考古学方面研究，早在远古时代，日本同朝鲜之间，不但有了航路，而且往来相当频繁，中国的文化也由这些航路传到了日本。日本古代人民的生活，在精神和物质两方面，都因中国文化的输入而丰富起来。

为了学习大唐优秀的律令、佛教、建筑、雕刻、绘画、思想、学问、文艺、技术、生活方式等方面，大和朝廷从当时国家建设的角度考虑，在建国不久便向大唐派遣使节，即遣唐使。

从舒明天皇二年（630）八月第一批派遣犬上御田锹开始，到宇多天皇宽平六年（839）九月停派为止，前后共任命过 19 次（其中包括迎入唐使 1 次，送唐

图9-20 韩国济州岛思索之苑一角（著者摄）

图9-21 韩国济州岛思索之苑景点（著者摄）

客使 3 次），其间共历 26 代，264 年[13]。

遣唐使们主要在当时文化中心地的长安、洛阳学习文化的精髓并接触先进的民俗风情。其中在唐时间有长达 10 年（僧永忠）、20 年（吉备真备、僧玄昉）的；有的（玄昉、灵仙、圆仁）到了山西，在佛教的灵山五台山修业。可见他们对于学习先进文化的热情与毅力。

《续纪》记载：圣武帝神龟二年（725），典铸正六位上播磨兄弟从唐带回柑子，中务少丞从六位上佐味仲麻吕种了柑子的种子，结了果实，两人都因此有功，被授从五位下。另外，天平宝字三年（759），根据东大寺普照的奏议，令畿内七道各国在驿路两旁种植果树，使旅人夏日可在树荫下歇凉，累了可摘果实充饥（《类聚三代格》）。道路两旁种植果树可能是出于普照的发明，是日本独有的。根据《旧唐书·玄宗本纪》开元二十八年条载："春三月，两京路及城中苑内种果树。"而开元二十八年（740），普照正在唐留学（733 年入唐，753 年回日）。因此，普照可能把他在唐朝看到的情况搬到了日本。

2. 中国盆景传入日本

根据千叶大学原教授岩佐亮二先生研究，虽然没有确切的文献资料记载，但可以推测：遣唐使一行把初唐以后流行的种树与盆玩风习带入了日本。中唐时期在群众之间开始普及的洛阳名花牡丹以及梅花、菊花等就是通过这些遣唐使带回日本的。另外，日本最早的盆景资料为镰仓时期的《西行物语绘卷》中所描绘的"岩上树"（图 9-22）。这个盆景为"盆山"或者"附石式"，应该与初唐李贤墓壁画中描绘的"盆景"有很密切的联系[10]。

南宋相当于日本的平安朝后期始到镰仓初期。镰仓时期的日本船，以民间的形式来往于大宰府与宁波之间，一年间船只多时达 40～50 艘。同时，我国的船只也同日本有往来。

当时，人员的交流也十分频繁。日本的僧侣们为了宗教改革而渡海学习，同样我国有地位、有名气的僧侣也相继去日本，或居留或归化，把南宋时的禅宗和禅的思想、美术、习惯等方面传给了日本。

属于当时日本最高文化层的人士们，到了有 150 万人口的临安和以花木培育而闻名的第二大城市扬州的花市，接触到盆景并受盆玩风气的影响，他们回国时，带回盆景、花盆、盆石、花草的可能性非常大。

从平安朝时代到镰仓时代，大量陶瓷品从宋朝输入到日本。这从各地出土的陶瓷破片中也可以得到证实。出土的陶瓷种类主要以青瓷为主，还有青白瓷、白瓷、天目瓷，出土的地址集中在大宰府与镰仓两地。该两地正是宋代时中日文化交流的集中地。

同样，在镰仓时代到室町时代的绘卷物中出现的盆景所用的盆钵是一致的。该时期日本正处于喜好中国物件的热潮，当时的盆景盆与插花的花瓶一样，也被从中国航运到了日本。年代上与我国的元代相当。例如，《法然上人绘传》中的深的鼓式盆（图 9-23）；《春日权现验记绘传》中的 2 盆石菖蒲的盆为中国产的青白瓷盆（图 9-24）；《慕归绘词》中栽植松树的袋式圆盆、栽植梅花的带脚圆盆以及栽植海棠的袋式梅花纹圆盆等全为均陶或者广东盆（图 9-25）。特别是松、梅花以

图9-22　《西行物语绘卷》（大原本）第二段的"岩上树"（附石式盆景）

图9-23 《法然上人绘卷》卷第四十六中描绘的树木盆景

及海棠的古雅树形与盆钵搭配得当，这说明南宋时期盆景的技艺已达到一定水平。

在日本由归化人李参平于江户初期的元和二年（1616）首次成功烧制了瓷器。烧制带釉的花盆则始于江户中期享保年间（1720）前后，可以断定，上述的花盆是从我国的舶来品，年代为元代或者南宋

末期的可能性最大，也有追溯到北宋甚至唐代的可能性。

从镰仓时代以来的400年间，镰仓、室町时代以及其他的绘画作品中散见的烧制盆全是从海外（基本上为中国）输入而来。从盆景盆的状况来看，日本树木盆景起源无疑在中国[10]。

3. 奈良时期的草木爱好与小假山趣味

日本经历了上古（—538）的弥生、古坟、飞鸟时代（538—645）与白凤时代（645—710），从奈良时代（710—781）开始，日本的律令开始制定，贵族文化与唐文化开始繁荣，凝结着民族固有精神的绘画诗歌等开始出现。同时，草木爱好风习也开始形成。

根据《万叶植物》著者小清水卓二的研究，《万叶集》中记载的草木种类达156种，其中药用植物61种，染料植物13种，食料植物81种，纤维植物4种，观赏植物35种，木材22种，杂用35种以及其他8种。除了草木爱好之外，奈良时期的贵族们开始了小假山的鉴赏活动。

《万叶集》卷19的4230号到4237号记载了贵族们于天平胜宝三年（751）利用雪作假山，装饰正月初三新春宴会的景况。该雪假山的制作过程为

图9-24 镰仓后期的盆山（箱庭？）《春日权现验记绘传》中的2盆石菖蒲的盆为中国产的青白瓷盆

图9-25 《慕归绘词》中描绘的吉野时代的树木盆景，盆钵为中国产盆

图9-26 木假山（日本正仓院藏）

"于时积雪雕成重崖之起奇巧发草树之花"[14]。

正仓院现藏可谓是世界最古的奈良时代的木假山。该木假山长 87cm，宽 45cm，高 31cm（图 9-26），主要由三部分组成：由山岳的土台形成的台盘，朽木由海浪冲刷而成的重嶂危崖以及稀疏可见的银制的树木。这个朽木假山宛若理想境界中的蓬莱仙山。另外，正仓院所藏文物上可见各种各样的附石式草树纹样[15]。

进入平安时代（794—1192），日本固有文化得到了建国以来最初的绚烂多彩的发展，草木的栽培与爱好得以发展，例如《源氏物语》《荣华物语》《宇津保物语》《古今集》《和名抄》以及《枕草子》等名著中都有关于植物鉴赏的记载。同时，《续日本后记》为藤原良房等人编辑的关于仁明天皇（833—850 年在位）的正史。《续日本后记》承和六年（839）五月壬辰条中记载到："河内国志纪郡志纪乡百姓志志纪松取宅中所生橘树，其高仅二寸余而花发者，植于土器进之。"

上文的大意为：一介百姓把自己院中的矮小开花橘树栽植于土器中，献给了仁明天皇。

该文献资料为日本树木盆景的最早史料。

从上记的雪假山、木假山、文物上的附石式草树纹样以及土器中栽植的橘树可以看出中国盆景的影子，这些作品的景观要素、思想与盆景相一致，因此，我们可以断定，这些都是在中国盆景文化的影响之下创作出来的作品。

4. 中世时期绘卷中的"岩上树"与盆石、盆栽

中世时期包括镰仓时期（1192—1333）与室町时期（1333—1555）。

（1）《西行物语绘卷》中的"岩上树"

由传土佐经隆描绘平安时期诗人西行法师（1118—1190）的事迹与逸话的《西行物语绘卷》第二段中，有"岩上树（附石盆景）"的绘画：在僧侣建筑的屋檐前有一长方形的大型石台，上置一木制花盘，其中摆置奇石，上植数棵矮树，这就是被称为"岩上树"的附石式盆景。把盆景陈列于屋檐之前，从室内可以随时欣赏，颇感亲切。这是日本现存最古的盆景绘画资料。

（2）《法然上人绘传》中的"岩上树"

《法然上人绘传》为净土宗的开祖法然上人（1133—1212）的传记绘卷。从德治二年（1307）开始，由伏见天皇等八人作词，由土佐吉光等8人绘画，经过10年时间绘制而成。卷七与卷四十六都有盆景的绘图，为研究日本盆景史的重要史料。卷七中可见一附石式盆景，陈设场所是法然上人住在比叡山黑谷屋檐之下，当时普贤菩萨正乘坐六牙白象出现于屋檐之下（图9-27）。卷四十六是在京都东山赤筑地的僧房，由柴篱笆围着的庭院中有盆景台架，之上陈列有具神付顶老树盆景（盆钵为浅蓝色，枝条上生长有细小的蓝色叶片）与石菖蒲盆景（盆为茶色）的[16]。

（3）《一遍上人绘传》中的"岩上树"

法眼圆伊于镰仓后期的正安元年（1299）绘制了《一遍上人绘传》。该绘传表现了僧一遍（1239—1289，又名游行上人）教化经历的生涯，但在绘制过程中以表现自然风景的描写为主。其中的第四卷一段中绘有一附石式盆景（图9-28）。场所位于筑前国（现在的福冈县）的武士之馆，在主屋的屋檐下，一盆器中摆置奇石，栽植树木。当时正处于中国的南宋时代，在临安与扬州等地每天都有大型花市开张，士大夫传承了北宋文人爱好"琴棋书画"与盆景的传统。该地因临近大陆文化的窗口大宰府，盆景从很早便得以普及与发展。

（4）《春日权现验记绘传》中的盆栽

在受宋朝文化影响严重的平安末期，崇尚与模仿中国文人习俗成风，在宫廷与僧侣之间兴起了玩赏盆景的热潮。

延庆二年（1309），由右近将监高阶隆兼所作的《春日权现验记绘传》描绘了藤原俊成的邸宅等当时典型的文人生活情景。第五卷二段中有盆景的图画。在寝殿式的邸宅内屋檐下的花台上陈列着三盆盆景，最大者为在一木制花台内栽植一松树与一阔叶树，并配以奇石。其他两盆摆置于内侧，为两个青白瓷盆，内植石菖蒲与摆放奇石。同时，花台经过精雕细刻，花盆内涂成黑色。据研究，该青白瓷盆为中国产盆器。

当时的贵族与文人主要是模仿与学习唐宋朝流行的欣赏奇石的风习，因而，附石式盆景成为主流，到江户时期为止，一直称山水盆景类为"盆山"与"盆假山"。

（5）《徒然草》中的树木盆景

吉田兼好法师（1283—1350）于元德三年（1331）著的《徒然草》第154段中有关于日野资朝的逸话。资朝是一位在"正中之变"事件中被斩首的倒幕派高官，他生前非常喜好盆景。书中记载到：法师认为，对于盆景鉴赏来说，不应该追求盆景枝干的"曲折"美，而应该追求盆景的自然美。该论点抨击了当时社会上流行的"奇树"之风。

（6）《幕归绘词》中的树木盆景

《幕归绘词》为西本源寺第三世觉如的传记，卷一第三段记载了室町幕府建立初期盆景的情景。在学问所的屋檐前，竖有三根青竹台，台上分别摆有老松、古梅与双干海棠的盆景，盆土表面覆有白

图9-27 《法然上人绘传》卷七中的"岩上树"（附石式） 图9-28 《一遍上人绘传》中的"岩上树"

图9-29 后醍醐天皇之名石"梦之浮桥"，长29cm、高4cm、宽5cm，现存日本名古屋德川美术馆

砂，盆为海舶品(图9-26)。盆钵与优美树形的配合，说明了当时的盆景较以前已经有了很大的进步。

（7）后醍醐天皇与名石"梦之浮桥"

南北朝的初期，后醍醐天皇在吉野山行宫中度过了他的最后生涯。在行宫活动不自由的三年间，天皇每天都把名石"梦之浮桥"置于自己的身边赏玩（图9-29）。即使危急存亡的日日夜夜，他也始终把这一山石携带身边，说明了他对山石盆景的无比喜好。"梦之浮桥"名石相传为出自中国江宁山的灵石，后来又传于足利将军，再后经秀吉、家康之手，最后被纪州德川家所藏。可以看出，该山石已经成为权力与地位的象征。

（8）谣曲《钵之木》

谣曲《钵之木》的作者为观阿弥青次，作于室町时期，它与《徒然草》一样，也是日本盆景史研究的重要史料。它所记述的盆景爱好家的故事，从第二次世界大战之前就一直是盆景爱好者谈论的话题。

为了视察民情而装扮成僧侣的北条时赖在去各诸侯国私访的途中，因遇大雪在上野国佐野（今群马县）路旁的茅草房借宿一夜。主人佐野源左衙门是破落的乡士，先做了板栗米饭让客人饱餐一顿后，又把自己心爱的梅花、樱花与松树盆景当作柴火烧掉给借宿人取暖。

对于这慷慨的招待，时赖铭记在心，以后把佐野的领地下赐给了佐野源左衙门。

从这个故事的相关情节可知，当时即使在偏远的农村也开始收集与赏玩盆景，同时已经开始对盆景进行"矫正枝条，疏枝透叶"的整形管理[17]。

（9）花物比赛

与中国趣味有关的'花物比赛'，是参会者将自己所带来的花瓶进行排列，比起高下大小，以炫耀自己的权势与地位。《祭礼草子》中也描绘有利用盆景进行'花物比赛'的场面，通过盆景的大小与水平高下来显示自己的地位（图9-30）。

（10）博古架与砂之物

在以上绘卷中所描绘的盆景皆被摆置于屋檐下，这是因为把带土的东西放在室内被认为是不干净的缘故。《花秘传》中的老松为"立花"，被称为"砂之物"，即把松枝与竹竿等固定于盛有白砂的容器内（图9-31）。一般把它摆饰于博古架的最下层而成为定法，这便成为大正时期以后被作为一般化盆景床饰法的起源。

5. 五山禅林的盆景赏玩

根据印度佛教的五精舍与十塔所的事例，在中国南宋宁宗皇帝（1195—1224），由卫王史弥远的奏请，对禅院寺庙设立了五山十刹制度。日本模仿南宋的做法在京都与镰仓也分别设立了五山

图9-30 《祭礼草子》中描绘利用盆景进行'花物比赛'的场景

图9-31 《花秘传》中的老松为"立花"，被称为"砂之物"，它成为大正时期以后被作为一般化盆景床饰法的源流

十刹。

五山十刹的顺序随着时代的不同而发生变化，但到了永德三年（1383），足利义满将军设立的五山十刹对以后产生了深远的影响。其中的五山位于十刹之上，而十刹又由权贵们建造，并有高僧住持。十刹又位居其他多数的禅寺之上。在此，将湘洛五山，亦即镰仓与京都的五山十刹罗列如下：

镰仓五山为：建长寺、圆觉寺、寿福寺、净智寺、净妙寺。关东十刹为：禅兴寺、瑞泉寺、东胜寺、万寿寺、东渐寺、善福寺、大庆寺、兴圣寺、法泉寺、长乐寺。当时的十刹由镰仓扩展到了关东地区。

京都五山：五山之上为南禅寺、天龙寺、相国寺、建仁寺、东福寺、万寿寺。京都十刹为：等持寺、临川寺、真如寺、安国寺、宝幢寺、普门寺、广觉寺、妙高寺、大德寺、龙翔寺。

以五山为中心把持的特权文化影响到十刹，进而影响到全国。从镰仓时代末期到足利时代，临济宗（佛教宗派的一种）五山的硕学僧们大大推动了当时的文学，亦即五山文学的发展，其范围涉及汉诗、汉文、日记、儒籍、诗文的注释以及随笔等，成为日本中世文明中的代表文化[18]。

当时的禅僧们普遍喜好鉴赏园林、盆景与插花，为后世留下了多篇有关园林、盆景与插花的诗文，它不仅是研究禅僧的自然观、哲学观以及生活起居等的重要资料，也是研究园林文化史与盆景文化史的重要文献资料。盆景与禅的关系是相辅相成的关系，当时的盆景经过禅的洗礼后得到质的飞跃，同时，盆景文化又是禅文化的一部分[19]。在此将当时禅僧对盆景的鉴赏按照树木盆景、草物盆景以及山石盆景三个方面进行介绍。当时对于植物类盆景的称呼习惯使用"盆＋植物名称"的方式，例如盆松、盆柏、盆梅、盆竹、盆芦以及盆荷等。

（1）树木盆景

五山文学中出现的盆景树种有松树、柏树、梅花、富士松（落叶松）、瑞香、百叶桃花（重瓣桃花）、踯躅（杜鹃）、竹子以及石榴等。

①松类盆景。《隋得集》为龙湫周泽（1309—1388）所作。龙湫周泽是甲斐国（山梨县）人，号妙泽，梦窗国师之法嗣。曾住大兴寺、建仁寺、南禅寺等。酷爱植物盆景，留有盆松、盆梅、盆红百梅、盆竹与盆夏菊等内容的诗文。

盆松

一树培从一器中，千年翠色影重重。

谁知杯土乾坤阔，尺寸之间有祝融。

"祝融"为中国五岳之一衡山的主峰。该诗咏颂了老干苍松的姿态以及盆松表现出的乾坤世界的雄大景观。

另外，《云壑猿吟》中有〈盆双松〉诗一首。作者惟忠通恕(1349—1429)，为建仁寺无涯仁浩的法嗣，历住金刚寺、安国寺、建仁寺、天龙寺、南禅寺等。号云壑道人。为盆景爱好者，除了〈盆双松〉之外，还有盆富士松三首、盆蕉、盆竹、盆荷等诗文。

盆双松

盆里稚松谁养成，两株苍翠入窗清。

雪霜不改千年操，胜似人间兄弟情。

该诗咏颂了双干松树盆景的清雅景象。

②落叶松盆景。惟忠通恕的《云壑猿吟》中的富士松盆景的诗文如下：

次韵大圭藏主富士松并叙

骏之般若山中有一嘉树，逐秋凋落，不保岁寒。其形颇类徂徕之产，故俗呼为松。

豪客之族，畜寸根于杯器，致千里之外，以供寓目焉。大圭老人遂得二本，封殖日久，

盖家兄之赐也。其一若连理者，条风梢暖嫩翠将抽最可观也。老人赏以诗三章。命予追和，和其韵曰：

其一

富士峰深产小松，可怜枝叶不经冬。

风霜吹老千年干，赢得春来翠影浓。

其二

数尺森森涧壑姿，凌雪拔地以为期。

岂同桃李但粗俗，满面苍烟连理枝。

其三

流膏何用制颓龄，长对窗前眼共青。

济北清风来不已，使谁今日庇门庭。

上诗中的第一首说明了采自富士山中的落叶松盆景，遇冬落叶，翌春萌芽的自然景象。第二首描绘了数尺之中所表现的壑谷山林、挺风傲雪的景色，这般景色是桃李难以比拟的。第三首主要赞颂了落叶松盆景有修身养性的功效。

③柏类盆景。《东归集》为天岸惠广（1273—1335）所作。惠广为武藏国（埼玉县）比企郡人。13岁起师从建长寺佛光国师，49岁时因崇慕天目山中峰明本和尚的道风而来我国元朝，元德元年（1329）归日。历住净明寺与报国寺。盆柏诗为其晚年之作。

题盆柏

老干轮囷生铁操，无阴阳地别荣枯，

不须更问西来意，只见苍龙争玩珠。

通过描绘盆柏的枝干扭曲郁郁葱葱的景象，解释了盆景与禅宗思想相统一的真髓。

④梅花盆景。五山文学中出现多首关于盆梅的诗文，在此介绍《友山录》中的〈盆红梅〉以及《空华集》中的〈谢信州太守惠盆梅剃刀〉二首。

《友山录》为友山士偲（1301—1370）所作。士偲于嘉历三年（1328）西渡元朝，18年后的贞和元年（1345）归日。

盆红梅

千载孤根土一盆，无边春色满窗前。

红妆相对清昼座，身在桃源洞里天。

千载的老梅只有一盆土，窗前春色无限，晴日白昼与红梅相座，会产生身处桃花源境界的感觉。

《空华集》为南禅寺慈氏院第一世义堂周信（1325—1388）的遗稿集，二十卷。义堂周信名周信，号义堂，又字号空华道人。土佐国长冈人。17岁时拜师梦窗国师，历住建仁寺、圆觉寺、善福寺、报恩寺、南禅寺等。

谢信州太守惠盆梅剃刀

枝头作盖势轮囷，半树犹含一发春。

且待开花兼结子，和羹还属传崖人。

该诗描绘了老梅树姿与梅枝春色的景象。最后一句是受我国《书经》中的"若作和羹，尔为盐梅"一句的影响而作。

⑤重瓣桃花盆景。〈盆百叶桃花〉见于相国寺云松轩开基人西胤俊成的遗稿《真愚稿》。西胤俊成（1358—1422）为筑后国（福冈）人，绝海中津的法嗣，富有天资才藻。

盆百叶桃花

桃核种来经几时，花开百叶更多姿。

人间草木无颜色，碧玉盆中唯一枝。

百叶为重瓣之意，百叶桃花即重瓣桃花。该诗描绘了绿色盆中姿态奇特的桃花盛开粉红色花朵的优美景色。

⑥杜鹃盆景。光崖为应永年间（1394—1427）之人。《光崖老人诗》中有〈盆踯躅〉一首。

盆踯躅

一盆踯躅绽熏风，移置幽窗寂寞中。

奇术不须殷七七，杜鹃啼血染新红。

殷七七为唐代掌握百花催开技术的奇人。前两句大意为一盆杜鹃盆景在风和日丽时如杜鹃啼血般地盛开，摆置于幽静的窗台之上以消除寂寞。

⑦瑞香盆景。〈盆瑞香花〉见于西胤俊成的《真愚稿》。

盆瑞香花

仙根何必老匡庐，一瓦盆中移一株。

弹似重苫烓沈水，春风吹动紫罗襦。

该诗描绘了瑞香树形婀娜多姿、花形可爱的景象。

⑧竹类盆景。五山文学中出现了四首咏颂竹子盆景的诗，它们是《隋得集》中的〈盆竹〉，《云壑猿吟》中的〈盆竹〉，《梅溪稿》中的〈盆竹〉以及《三益稿》中的〈盆竹〉。可见当时的禅僧们十分喜好竹盆景。在此介绍前两首〈盆竹〉诗。

首先是《隋得集》中的〈盆竹〉。

盆竹

杯土趣还幽，觑松梅好仇。

清癯医士俗，贞节反时求。

既饱七贤德，尝成六逸游。

对君今效古，尘外我谋犹。

虽然松竹梅被誉为岁寒三友，但盆竹的幽趣决不逊色于松之坚贞与梅之色香。

其次是《云壑猿吟》中的〈盆竹〉。

盆竹

梦随烟雨绕山坡，一日无君奈我何。

盆里数竿心也足，吴僧十个尚嫌多。

该诗描绘了诗人爱好数竿盆竹的心境。

（2）草物盆景

五山文学中出现的草物盆景的植物种类有石菖蒲、莲花、芦苇、芭蕉、石竹、天门冬、菊花以及兰花等。

①石菖蒲。受我国宋代文人爱好石菖蒲与咏颂石菖蒲的影响，五山禅僧中兴起了玩赏石菖蒲的浪潮，五山文学中出现了多篇咏颂石菖蒲的诗文，例如《东海一沤集》中的〈求菖蒲并序〉，《空华集》中的〈次韵古天石菖蒲〉，《镜堂和尚语录》中的〈菖蒲石〉以及《补庵京华后集》中的〈盆菖蒲著花〉等。

释圆月《东海一沤集》中的〈求菖蒲并序〉的一部分如下：

求菖蒲并序

行庭忽见石菖蒲，不知其厝之者为谁也。诗以于之。

欲永属吾也。

我自筑紫归，空庭日日游。

空庭有何物，雪消兰芽抽。

菖蒲不知主，瓷瓯横蟠蟉。

鬼神非吾畏，坡仙语可羞。

……

该诗描写了诗人想得到石菖蒲的迫切心情。

另外，镜堂觉圆之语录集《镜堂和尚语录》中有〈菖蒲石〉一首。镜堂觉圆（1244—1306）为我国西蜀（四川成都）人，弘安二年（1279）与无学祖元一起来日，受北条时宗之崇敬。后成为奥州兴

德寺的开山鼻祖，讲法于圆觉寺、建长寺、建仁寺等。为临济禅二十四流之一祖。

菖蒲石

碧玉盘中水石间，根蟠九节剑芒寒。

清标富足萝窗底，三岛十洲谁共看。

该诗描绘了石菖蒲的清雅与生机，以及咫尺盆盎之中表现出的三岛十洲的风光景致。

②盆莲。我国唐代开始兴盛盆池之风。盆池是指如盆钵大小的小水池或者盆钵中放水后形成的小水面。当时多在盆池中栽植荷花、浮萍以及稻草之类。其中栽植荷花者为盆莲或者盆荷。五山禅僧中也开始流行盆莲之风。小小水面之上，种植荷花，花红叶绿，清风送爽，陶然性情。

东福寺十五世虎关国师（1278—1346）的诗文集《济北集》中有〈盆莲〉一首。

盆莲

君子淡交水一泓，相逢倾盖已忘情。

天然雕饰出群卉，始识壶中风境清。

该诗咏颂了盆池中亭亭仙子的优美姿态。

另外，《云壑猿吟》中有一首〈盆荷未花〉诗，诗中诗人把荷花比作出浴真妃并等待着荷花的盛开。

盆荷未花

盆里新荷换水时，待花心似有佳期。

温泉宫畔秋风晚，底事真妃出浴迟。

③盆中芦苇。芦苇也成为五山禅僧们的盆景材料。铁舟德济的《阎浮集》中有〈盆芦〉诗一首。铁舟德济为下野（栃木）人，来我国元朝后成为梦窗疏石的法嗣。因擅长草书而有名。历住万寿寺与天龙寺。

盆芦

谁道山中无好韵，一盆芦苇慰凄凉。

秋风吹老丛丛折，春水回时寸寸长。

渔老放船迷七泽，雁跋叫月误三湘。

惜之久矣爱为宝，不许胡僧独自航。

该诗描绘了芦苇盆景潇洒的姿韵以及珍爱盆芦的心境。

另外，相国寺第六世绝海中津禅师（1336—1401）的遗稿《蕉坚稿》中也有〈盆芦〉一首。绝海中津，号绝海，自号蕉坚道人，土佐国津野人。

盆芦

一掬盆芦凉露浮，轻风吹送小飕飕。

因思十岁系舟处，细雨疏烟水国秋。

一盆芦苇清风送爽而令诗人联想起了水国秋色的美景。

④盆芭蕉。《云壑猿吟》中有〈盆蕉〉一首。

盆蕉

为怯山庭秋雨寒，芳心托器未摧残。

安能不借王维笔，嫩绿茎茎带雪看。

雪中观赏盆中芭蕉更有一番景象。

（3）山石盆景

①盆石、盆山、盆假山、水石。由于受唐、宋文人山石鉴赏文化的影响，与植物盆景一样，盆石、盆山、盆假山与水石等山石（水）盆景也开始在五山禅僧中大流行。五山禅僧们的诗文中遗留了多篇有关该方面的作品。例如，《济北集》中的〈盆石赋〉与〈盆石〉，《阎浮集》中的〈盆山〉，《天柱集》中的〈次韵答别源首座盆石〉，《翰林葫芦集》中的〈盆假山〉，《南游稿》中的〈盆山〉，《东归集》中的〈盆石二十四韵〉。除了咏颂山石盆景作品的诗文之外，还有关于赞颂山石盆景绘画作品的诗文，例如《懒室漫稿》中有〈盆山画轴序〉与〈水石佳趣轴序〉等。在此，以下列两诗文为例，对当时的山石趣味作以说明。

《天柱集》是南禅寺第十六世竺仙禅师的外集。禅师讳梵仙，字竺仙，别号来来仙子，我国明州象山人，俗姓徐。18 岁时，皈依杭州灵山的瑞云隐公。元德元年（1329）来日。历住建长寺、净妙寺，建武元年（1334）成为净智寺住持。历应 4 年（1341）转南禅寺，又转真如寺、建长寺、净智寺。《天柱集》中有〈次韵答别源首座盆石〉一首，因其篇幅太长，在此仅摘录一部分。

次韵答别源首座盆石

访仙不用蓬莱山，际天海路何漫漫。

飞车固是不惮远，蓬莱今只居人间。

……

我以是说尝自乐，高歌独步清溪湾。

溪阔游鱼乱无数，似听我歌趋作团。

……

涉波探渊觅无迹，但见怪石如峰峦。

状势拳奇胜蓬岛，巉崖屹立清溪端。

从此怀袖有沧海，便知此地非人寰。

……

第一部分说明了不出室外，不需远行，便可在居室之内欣赏到盆内的蓬莱仙山。第二部分描绘了盆山之内生机盎然的景象。第三部分描绘了盆中假山悬崖峭壁的山形。从诗中描写可以看出，通过观赏盆假山，引起了诗人的联想，从而达到上述的境界。

释圆月的《东海一沤集》中〈谢盆石诗并序〉如下。

谢盆石诗并序

友人正怦师，得奇石于伊势志摩海滨，厝诸盆。盆广尺有二寸，其纵过广五寸，细沙布底，如绿玉屑，亦势州产可爱也。终归之予机案，宛有五岳势，用只手可持，夜移之阶下，以受风露涵毓，画亦机案为玩好具……

遗我方盆才尺余，是中能得纳方舆。

大嵩大华衡恒岱，不出寻常许绮疏。

从诗与序的大意可知，除了有些有名的怪石是从中国带回以外，当时日本已经利用本国山石资源开始山石的鉴赏活动，并利用山石在咫尺盆中表现出我国名山大川的景观。

②盆木山。除了山石之外，当时还采用朽木作为山水盆景的材料。《空华集》中有〈走笔题诸友木假山诗后〉一首。

走笔题诸友木假山诗后

朽木雕成几朵云，病夫目眩不堪攀。

就中认得五峰翠，便欲振衣十仞间。

另外，《真愚稿》中有〈盆木山〉诗。

盆木山

朽木难支广厦倾，盆池浸烂伏龟形。

犹余海上戴山力，擎出蓬莱朵朵青。

〈走笔题诸友木假山诗后〉主要描写了利用朽木作成的插入云霄的山峰景观，而〈盆木山〉诗则是表现了利用朽木作成的海中仙岛的景观。

从以上内容可知，当时的五山禅僧的盆景鉴赏趣味受我国唐、宋以及元代等文化的影响极大，主要表现在以下几个方面：①原为我国僧侣与文人，后赴日成为五山禅僧，对我国盆景文化在五山甚至日本的传播发挥了巨大作用。②一部分日本的禅僧来我国求学佛法，接受我国文化的熏陶，他们回到五山中后，无疑会大大推动本国盆景文化的普及。③对于当时所有的五山禅僧来讲，中国文人的自然观、生活方式以及兴趣爱好都是他们追求的最高境界，而盆景趣味又是我国文人生活中不可缺少的一部分；因此，当时五山中流行的盆景趣味必然受中国盆景文化的影响（图9-32）。可以说，他们全盘接受了中国盆景文化是毫不过言的。

6. 将军们沉溺于盆景花木的风潮

（1）足利义政的盆玩趣味

足利幕府的第八代将军义政，即使在应仁之乱发生的危急时期，还照常营建银阁寺，召开茶会，搜集茶具书画，玩赏盆山盆石。以后，在文化史上称义政时代为"东山时代"，称义政收集的古董为"东山物"。

足利义政尤其喜好大型的盆假山与盆山。在幕府的公式记录《荫凉轩日记》中对他的盆玩爱好进行了清楚的记载。另外，也有足利义政曾经把经过水冲露根的石菖蒲装饰在书院的记录。

宽正四年（1463），他召集诸五山的僧侣把盆山集中于荫凉轩，把出色的作品献上宫城。另外，文正元年（1466），他把由镰仓管领送来的富士松（落叶松）献上宫城。

义政的遗爱石有浅间山、末之松山、万里江山、庐山石、九山八海、飞龙、残雪、八桥、梦之浮桥九大名石，其中最有名者为"末之松山"，是从中国的名刹金山寺采集的天下名石（图9-33）。后来由织田信长献给本源寺。

天隐龙泽（1422—1500），禅僧，播磨（现在兵库县）人），历住建仁寺、南禅寺，留有咏颂末之松山诗一首。

松山石诗

闻说松山在奥州，晴波起雪起离愁。

佳人忽变鸳鸯约，石亦多情共白头。

（2）德川三代的爱花癖好

江户时代，家康、秀忠、家光三代将军相继都是非常著名的喜好花木的"花癖"。他们三人的爱好影响到了诸大名、旗本、御家人等，从而促进了园艺的蓬勃发展。

家康时期，社会安定，生活富裕，以江户为首，包括大阪、京都等大城市人口集中。江户变成了一个大的消费地，对绿化的要求日益提高。历代将军除了制定促进绿化与花木发展的政策外，他们本人也是花木盆景的喜好者与收集者。

家康往江户城搬家时，曾经以受祝贺的名义接受了从爱知县长岛送来的3盆万年青盆景。家康进入江户城后便把吹上的花苑据为己有；另外，秀忠喜好山茶与菊花，从全国收集珍贵种类。三代将军家光则酷爱盆景。

为了管理与保护好吹上御花圃，曾安排7人在夜间巡逻。御花圃内，陈列着大量的盆景，有时会把盆景下赐给大名。家光尤其爱好松树，常常在枕箱的抽屉中放入松树的微型盆景入睡而传为佳话。家光喜好盆景松，曾有一盆五针松盆景。从幕府开始经过5人的培植，转于植木屋伊兵卫，代代相传。由于明治维新的混乱而流入他人之手，元老伊东已代治买入手中，将其作为天下名树至死没有松手，昭和九年（1934）送还皇居。现在，皇居保留有家光的遗爱的五针松盆景（图9-34）。

图9-32　《慕归绘词》中可见吉野时代的"岩上树"

另外，茶道也与盆景有着不可分割的关系。武野绍鸥创始了简素静寂风的茶道，他曾经把收藏的中国均陶石菖蒲盆摆饰于茶席之上。同时，在盆中也放置了水石。后来，千利休从茶道的席上去掉了盆石。

作为非常有名的造园家、茶道流派之一的远州流的创立者小堀远州（1579—1647），非常喜好盆石，遗留下来几个有名的爱石。通过〈初雁〉〈嘉佐年山〉等名石可以看出他非凡的审美眼光。

（3）园艺业的全盛

秋海棠在宽永十八年（1641），三角枫在享保九年（1724）先后从中国的传入以及月季石榴从朝鲜的传入，为当时的园艺界注入了新的活力。家康死后56年的延宝九年（1681），日本最古的观赏园艺专著《花坛纲目》三卷由旗本（武士的一个阶级，家禄一万石之下，五百石之上）的水野胜元编辑出版（图9-35）。书中记载了当时已经培育出的梅花、樱花、山茶花、杜鹃等各种花木数十个品种。

从元禄年间到享保年间（1688—1735），杜鹃花专著《锦绣枕》五卷出版。该书作者是家住江户染井（现东京丰岛区）（图9-36）、将军家经常雇用的园艺师伊藤伊兵卫，随

图9-33　"末之松山"，长16.5cm、高5.0cm、宽5.8cm，现存日本西本愿寺

图9-34　五针松盆景，树龄550年，因为是德川将军遗爱之松而著名，具有贵重历史价值

后他又出版了《地锦抄》二十卷。到了宝历年间（1751—1763），松冈玄达又相继出版了记载梅花品种的《梅品》，记载樱花品种的《樱品》以及记载兰花品种的《兰品》。此时观赏花木达到了全盛时期（图9-37、图9-38）。

由于三都（江户、大阪与京都）经济的发展，导致了奢侈之风开始流行，表现最明显的是元禄年间（1688—1703），华丽的衣裳与光琳泥金画等的艺术品表现出奢侈的风格。同时，盆景也朝华丽的方向转化。

在江户，经营比较好的花木专业户的年收入平均为50两，但是江户的盆景盆花大户的伊藤伊兵卫，由于历代德川将军们经常光顾而十分有名，其年收入在千两之上，人称之为"千两公"（图9-39）。

庶民在庙会多买盆花布置于屋檐下与二楼阳台的花架上。买不起盆花的则把侧金盏与牵牛花之类种于贝壳中观赏。盆花与盆景成为市民不可缺少的东西（图9-40、图9-41）。每天，江户城中的某个神社或者寺院中肯定会有庙会，都会开设花木销售市场，流传至今的有浅草的富士浅间神社花木销售市场（图9-42至图9-44）。有时，一个月之内会有一百几十个地方开设花木销售市场。由于庶民追求"奇树奇草"，花架上陈列的盆景盆花类随时代的不同有所变化，其中枫树类、侧金盏类、枸橘类、万年青、松叶兰类等最有人气，松柏类中的弯曲树形与提根式等十分受人喜爱（图9-45）。

江户时代开始出现花木与造园专业户。江户（东京）主要集中于染井、巢鸭、根津、四谷等地。在关西有兵库的山本，大阪的池田，浪华的矢津、高津，京都的北野，还有熊本，久留米等。其中有名的还有东海道原（静冈县）的植松家花园。这里是与伊藤伊兵卫的花园相同的植物园式的花园，诸如松叶兰、樱草等种类的草花应有尽有。去江户谒见将军的诸

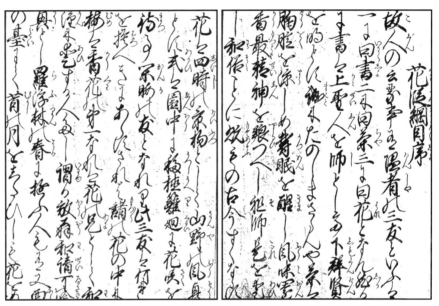

图9-35 延宝九年（1681），水野胜元，《花坛纲目》序

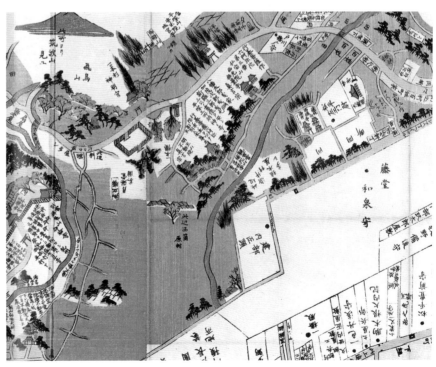

图9-36 当时花木、盆景园集中的江户染井（现东京丰岛区）（来源于尾张屋版绘图）

645

图9-37 《花木盆景大全》中描绘的江户时期培育的各类盆景盆花

图9-38 《花木盆景大全》中描绘的江户时期培育的各类盆景盆花

图9-39 伊兵卫时期的翻红轩花圃（来源于武江染井翻红轩雾岛之图）

图9-40 歌川国贞（三代歌川丰国），江户名所百人美女，现存日本太田纪念美术馆

图9-41 江户花木盆景，流行之花台

图9-42 庙会时的盆景花木市场（摘自秋里篇岛《江户名所图会》）

图9-43　歌川国房，役者地颜见立，花木盆景市场，现存日本卷烟与盐之博物馆

图9-44　歌川国贞（三代歌川丰国），浅草，雷神门之光景

侯们往返都要经过此地购买土特产，有些原来的赤松盆景保存至今。这些花木专业户们日日精心培养，搜集珍花异品，选育各种变花变叶品种，并且经常举办各种名目的品评会。同时，用扁担挑着花木盆景销售的情景也处处可见（图9-46）。

作为江户时期流行的风俗画浮世绘中描绘了当时庶民间流行盆景与园艺的盛况。盆景也已经成为当时的浮世绘与绘画书中题材。例如，铃木春信与鸟居清长的作品中常以盆景的场面为主题（图9-47）。

（4）市井流行喜好奇树奇草之风

江户时期兴起园艺热潮的原因，是许多人为了牟取暴利而投机。时代不同投机的花木对象也不同，享保年间（1716—1736）为菊花、侧金盏，宽政年间（1789—1801）为枸橘，文化（1804—1818）与文政年间（1818—1830）为万年青、松叶兰。

万年青的一个芽从100两～300两（相当于现在的500万～1000万日元），文化与文政年间居然有万年青的彩斑品种与变叶品种价值为意想不到的2300两（现在一亿日元）的价格。

由于文化文政时代是彩叶植物与彩斑植物流行的时代，《草木奇品家雅见》三卷（文政七年（1824），青山今太著），《草木锦叶集》（文政十年（1827），水野忠教著）等在日本观赏园艺史上重要的专著出版，这两套书都是关于变叶变色等奇特花木的书籍（图9-48至图9-51）。当时培育出且被保留至今的有槭树的清玄、狮子头、七五三之内等品种，说明了当时槭树盆景已十分流行。随后流行的盆景盆花如千两、万两、南天、万年青、松叶兰、石斛、紫金牛、侧金盏、牵牛花、石菖蒲、牡丹等都有很多变种被选育出来（图9-52、图9-53）。

天保三年（1832），在江户御藏前，一个名为东京万年青连合的团体，举办了万年青品评会，展示了90多个品种，与万年青、枸橘一样，风兰、松叶

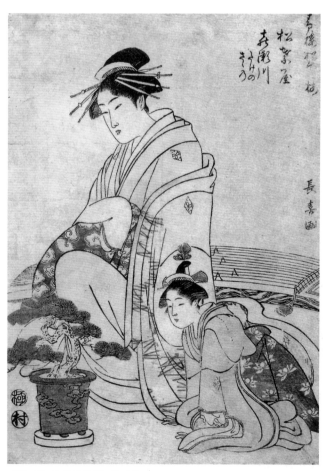

图9-45 青楼松竹梅，松叶屋

图9-46 鸟居清长作《风俗东之锦》中描绘的用扁担挑着盆景花草沿街叫卖的卖花女郎

图9-47 铃木春信，风流讽八景，钵木
之暮雪，现存日本太田纪念馆

图9-48 文政七年(1824),青山今太著《草木奇品家雅见》三卷 封面

图9-49 文政七年,青山今太著《草木奇品家雅见》卷之中一页

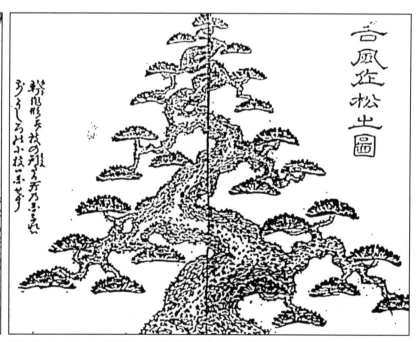

图9-50 文政十年,水野忠教著《草木锦叶 集》目录

图9-51 文政十二年(1829),水野忠教著《草木锦叶集》后编序卷中 "古风作松之图"

图9-52　伊万里染付花盆中的侧金盏（摘自《珍花福寿草》）

图9-53　歌川国贞，第五代松本幸四郎的侧金盏叫卖

兰也成了投机的对象，并制出了各种种类的，被称为"名鉴"的排列顺序表。

十一代将军家齐的十六男、津山藩主松平齐民非常珍爱风兰，制作了自己所珍藏的〈富贵兰画帐〉目录。松叶兰的'云鹤缩缅''麒麟角''青龙角'等品种最受欢迎，嘉永元年的〈竺兰传来富贵草〉中也有记载。

在江户时代后期，受欢迎的种类有石斛、仙人掌、锦丝南天竺、樱草、花菖蒲、杜鹃花等，特别是栽培杜鹃花成为现在新宿百人町中所住的江户城警护的副业，后来以致将军们也来赏花。他们的子孙在现在的花木生产基地成为技术指导者。

长生舍主人撰写的《金生树谱》，正像文字表述的道理，是可以变为金钱的花木栽培技术手册。书中对万年青、松叶兰等从管理方法到防止偷盗都作了论述。同时，还记载与绘制了用来避寒暑的暖室与唐窖的设施。

枸橘被称为"百金两"，万年青的名品种以数百两价格进行买卖。因为投机之风愈演愈激烈，所以幕府于嘉永五年（1852）十一月，颁布禁令，制止花木高价买卖，但并没有见到效果。

（5）盆景盆

在日本，最初开始烧制盆景盆是从江户时期中期开始的。在此之前有大批量的盆景盆通过长崎输入日本。江户时期之后也陆续从我国输入盆景盆，这些盆景盆被称为"渡物"。根据输入的年代被分为古渡、中渡、新渡与新新渡。

明治时代（—1868）之前输入的盆器为"古渡"，包括明代成化（1465—1487）、嘉靖（1522—1566）、万历（1573—1619）与天启（1619—1627）年间的水盘类，清代康熙（1662—1722）、雍正（1722—

图9-54 江户时期园艺书籍《金生树谱别录》中记载的多种盆景盆钵

图9-55 江户后期，坂升春画《赤坂御庭画帖》中的盆景园场景

1736）、乾隆（1736—1795）与嘉庆（1796—1820）年间的盆景盆，特别是乾隆时代的60年间，有名盆器颇多。明治年间（1868—1911）输入的盆景盆被称为"中渡"，日本盆栽家所收集的我国盆器大部分为该时期输入的。从大正年间（1911—1925）到昭和时期的二战之前（1925—1945）期间输入的盆器被称为"新渡"。20世纪70年代、80年代开始输入的盆器被称为"新新渡"[20]。

除了从我国输入盆景盆之外，在日本萨摩、加贺、纪州等地也有当地的御庭烧。江户时期的园艺书《金生树谱别录》（天保元年，1830）中，记载了当时多数使用盆钵的形状、纹样等。日本产的有尾张的染付、伊万里的锦手、染付与京烧等（图9-54）。

（6）几种形式盆景的流行

①大型盆景。幕府末期，江户盆栽在"大名盆栽"之后，大型盆景开始流行。大名盆景为大型，以松树、梅花、柏树等曲干盆景，松树、真柏等的豪壮气势的盆景，竹子、牡丹等深琉璃盆的盆景为主。这些主要在大门口或者室内的会客厅布置，很有富丽堂皇的气派（图9-55）。

②掌上盆景。与江户不同，在京都与大阪流行的是一只手可以托起的"掌上盆景"，主要欣赏咫尺小盆中表现老干大树的景观，表现出巧夺天工的艺术效果。这种大小的盆景适合于茶室中布置，与其高雅的气氛相协调。另外，京都的僧侣、公卿以及大阪的文人与画家们，多在书架，书桌上布置小型盆景，以消除疲劳，陶冶性情。

③占景盘。江户时期的园艺书基本上都是关于"奇树异草"方面的，墨江武禅的〈占景盘〉主要描绘了箱景、丛林盆景与石附盆景等盆山的景观。盆钵之中，摆置奇石，上植小松，配置人物与楼阁等，表现深山幽林中文人闲游的风景（图9-56、图

图9-56　在盆内表现海滨老松的"占景盘"（摘自《占景盘》）

图9-57　表现仙居景色的"占景
盘"（摘自《占景盘》）

图9-58 阳羡陶器与文人盆栽（摘自今村了庵《煎茶式草》）

图9-59 流行初期的文人盆栽（柳泽棋园
《正五九图花卉图》正月）

9-57）。与我国的水旱盆景有异曲同工之效。

④文人树木盆景。江户时期中期之后，受中国文人趣味的影响，在京都与大阪兴起了追求"文房清玩，琴棋书画"境地的热潮；谢芜村、池大雅、田能村竹田以及赖山阳等的文人，仿照中国文人的传统，也开始爱好盆景，玩赏怪石。

与此同时，煎茶之风在文人之间兴起，席间也开始陈列盆景（图9-58）。一般称之为"文人植木"，后来成为现代盆栽的源流。"文人木"就是文人喜好的盆景树形（图9-59）。

7. 明治时期盆景的复兴

由于明治维新（1868），东京（江户）受到了致命性的破坏。人口由德川时代末期近200万人口激减到80万。大名的宅邸空无一人。由于人口的减少，街区常有狐狸出没。武士的战刀与甲胄，书画古董等类不值几钱，盆景由于无人管理而大批枯死。长期雇用园丁的地方盆景好歹还活着，没有枯死。

盆景热恢复时期是明治十年前后，这时日本西南战争已经结束，城区恢复了和平状态。东京已经完全成为政治、经济、文化的中心，随着经济的复苏，流失于民间的书画古董开始回收，有闲绅士之间开始了欣赏日本古典剧种的能乐等活动，茶道、花道开始流行。

由于茶道的流行，作为辅助的插花与盆景变得不可缺少。在明治八年（1875）出版的《青湾茗醮图志》一书中，记载了茶会上盆景的陈列法，大阪的文人盆栽受到了政府高官的喜爱（图9-60至9-62）。从鱿鱼式盆景的制作开始向名树方向发展。

8. 日本盆景的现状

日本盆景经过上述各历史阶段的发展，使它在盆景的理论研究、加工技术、制作生产、造形工具、书刊出版以及团体组织等诸方面都位居世界领先地位，加之盆景界与民间通过各种形式与渠道向海外扩大影响，20世纪末期日本盆栽曾几乎处于一统天下的局面，致使不少西方人士错误地认为盆栽是日本特有的一门技艺。

（1）盆景的教育研究

日本盆栽的教育有以下几个层次：一是大学中开设盆栽课程，教授盆栽的历史、制作技术与研究方法等，如日本大学生物资源科学部，南九州大学园艺学部等。二是园林园艺中专学校开设以动手为主的盆景课程，如兵库县立淡路景观园艺学校、东京都立园艺高等学校等。三是各种形式的培训班，其中最具有代表性的是全国众多盆景园开设的盆景教室，常年开设，教学内容多为学员们把自己的盆景作品带来教室，在由日本盆栽协会授予"公认盆栽讲师"的盆景专家指导下进行整形学习，学员多为业余爱好者。最后一种为传统的"师父带徒弟"或者"父教子"的方式，进行盆景园接班人的培养，一般从入门到盆栽各方面能进行独立操作，需要5

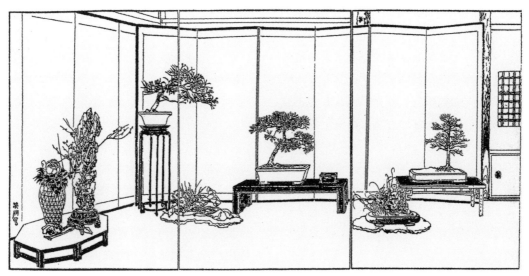

图9-60　明治时期木曾庄七的《聚乐会图录》中绘制的盆景陈列图

图9-61　江户后期的文人盆栽（摘自山中吉朗兵卫《青湾茗？图志》）

图9-62　相乐园园主追善席的盆景布置（传幸野楳岭画）

657

年时间。

日本盆景的研究除了大学等研究机构中有个别的盆景研究者外，大多数为盆景园经营者边经营边研究。研究者主要进行盆景的历史文化、科学的栽培及整形方法等方面的研究，盆景园经营者主要进行盆景的具体加工技艺与栽培方法的研究。为了促进盆景的研究与盆景事业的发展，日本还于1988年在日本大学生物资源科学部成立了由全国盆景研究者参加的"盆栽学会"，并发行学会学术年刊《盆栽学杂志》，到2004年已经发行出版了17卷。但该学会现在已经停止活动，《盆栽学杂志》也已经停刊。

作为盆景研究、展示以及宣传的专门公立设施，

埼玉市大宫盆景美术馆于2010年春季正式对外开放，该馆的建立初衷就是为了振兴盆景文化，通过展示世界顶级的盆景名作，向国内外介绍盆景艺术（图9-63）。

大宫盆栽美术馆每年都会定期举办盆景实物与盆景文化方面的展示宣传，并且开始享有盛名，每天前来参观学习的世界各国观光客络绎不绝。

（2）树木盆景基地与盆景园

日本分布着几个全国性、甚至是世界著名的树木盆景生产与展示基地，例如以创作与展示盆景精品为主的浦和市盆栽村（原大宫市盆栽村），以批量生产松类盆景为主的香川县高松市鬼无盆景乡，以生产杜鹃盆景为主的鹿沼市，以树木盆景与园林

树木生产为主的兵库县宝冢市、埼玉县川口市安行等。除了上述基地之外，日本列岛还分布有多个盆景园，它们不仅规模大小不同，而且盆景特色也各异。例如，浦和市盆栽村的蔓青园的盆景以松柏类见长，芙蓉园以杂木类盆景见长，九霞园以草物盆景见长等。正是这些数量众多的盆景基地与盆景园促进了日本盆景的飞速发展（图9-64至图9-66）。

大宫盆栽村于大正十三年（1924）设立于浦和市（原大宫市）大宫公园北部的杂木与松杉茂密的山林地带。当时，在东

图9-64 埼玉县浦和市盆栽町蔓菁园（著者摄）

图9-65 东京都小林春花园美术馆（著者摄）

图9-66 香川县高松市鬼无町神高松寿园（著者摄）

图9-63 俯瞰大宫盆景美术馆（著者摄）

京开业的盆景园中，清大园的清水利太郎、蔓青园的加藤留吉与乐三道的铃木重太郎三人考虑到，在大城市内生产与培育树木盆景具有局限性。为了盆景将来的发展，他们决定在环境与土地充足的地方与盆景专业者一起进行盆景材料的繁育、技术的提高、作品的制作、人才的培养等工作；并作为观光名胜基地吸引国内外盆景爱好家参观访问，开始了盆栽村的建设。上述三人在该处借地3万坪（1坪约为3.3m²），在杂草丛生的山地上开荒修道，并以200坪到1000坪为单位进行区划。向全国的盆景业者宣传召集，花费了10年的时间，有30家盆景园在此建园开业。类似这种在同一地方集中有30家盆景园的情况不仅在日本，在世界上也是罕见的。盆栽村自建成之后到现在，全国的盆景业者与盆景

爱好者乘车或开车来盆栽村参观学习，海外的盆景爱好者也络绎不绝（图9-67）。可以说，盆栽村已经成为世界盆景方面最有影响的展览、制作、人才培养等场所。

（3）盆景的植物材料

日本盆景所使用的树木材料多达200余种，其中常用树种70余种，最常用树种30～40种。盆景植物材料被分为松柏类、花果类、杂木类以及草物类。松柏类常用树种有五针松、黑松、锦松、真柏以及杜松等。花果类常用树种有梅花、樱花、木瓜、海棠、杜鹃、紫藤等。杂木类常用树种有枫树类、银杏、榉树、山毛榉等。草物类主要包括多种可供观赏的乡土植物与高山植物。因为草物盆景与苔藓盆景便于制作、养护管理容易，它们

图9-67　埼玉县浦和市盆栽町盆景园分布

已经成为现在日本以女性为主的园艺盆景爱好者中最有人气的盆景种类之一。

（4）树木盆景的形式

日本树木盆景的造形与形式多种多样，活泼、自然。盆栽工作者仔细揣摩古树的天然姿态，从中吸取创作灵感，并根据自然界各种树木形态，凝炼概括加工，宛若天成。

日本树木盆景的形式有直干式、斜干式、曲干式、蟠干式、丛林式、连根式、筏吹式、帚立式、附石式、悬崖式、文人木式等。

（5）树木盆景的加工技术

日本盆景加工精细，技术多样。对于盆景整体的加工技术有正反面的决定法、树姿矫正法、改作法、换盆法等。对于干的加工技术有枝条布局法、头梢加工法、摘心法、舍利干制作、神付顶制作、树干雕刻法、电动雕干法等。对于枝条的加工技术有枝条修剪法、牺牲枝法、枝神作法、花后修剪法等。对于芽的加工技术有摘芽法、松芽摘除法、芽势调节法等。对于叶的加工技术有剪叶法、疏叶法、二次叶法、老叶清扫法；还有复杂的金属丝绑扎法、诱引法、附石法、盆树固定法等。

可以说日本树木盆景的一系列加工造形技术已经达到了炉火纯青的地步。

（6）树木盆景的养护管理

日本的科学技术比较发达，但盆景的养护管理仍以实用、合理、效果好的传统管理技术为主。经过长期总结，已经将浇水分成不同场合采用不同的方法，如常规浇水法、阴雨天补水法、腰水法、夏季的叶水法、雾水法以及依据干湿情况进行自动浇灌法等。在盆景用土方面，日本已经根据盆景种类的不同实行用土专用化。在施肥方面，已经对松柏类、花果类以及杂木类盆景的专用球肥化等。

（7）盆景书刊的出版发行

日本盆景的普及与发展与盆景书刊的出版发行是分不开的。据不完全统计，日本各类的盆景书籍已经超过了600~700种，其中不乏高水平的盆景专著。例如日本盆栽协会于20世纪80年代先后编辑出版了《盆栽大事典》三卷与《盆栽名品大全》；日本盆栽组合于1990年编辑出版了《美术盆器大全》，包括中国与日本两册等。

除盆景书籍外，日本还出版了《盆栽春秋》《近

代盆栽》与《盆栽世界》等杂志。《盆栽春秋》是1977年由《日本盆栽协会志》改名而成的月刊，兼有日本盆栽协会机关刊物与一般专业杂志的双重作用。《盆栽世界》为1970年在东京创刊的月刊，以实用为主，对盆景技艺、盆钵等进行研究评论，致力于盆景业的提高与发展。《近代盆栽》（现代盆栽之意）为1977年在京都创刊的月刊，目标是打破其他刊物已成的条框，文章全由经验丰富的盆景专业工作者执笔，从传统技艺与现代科学研究相结合的角度出发，介绍盆景的创作技术、文化与栽培，是现在最受欢迎的盆景刊物。

日本的盆景书刊大部分以图解为主，通俗易懂，读者阅后可如法炮制，极易入门。

（8）盆景的组织团体

日本最大的盆景团体当为日本盆栽协会，是政府文化部管辖的群众组织。该协会成立的目的是普及盆栽技艺，提高国民生活情趣，促进日本文化的发展。会长由原政府首相等高级官员担任，理事长由盆景界技艺精湛、德高望重、具有领导才能的著名盆栽专家担任。盆栽协会除了通过组织各种全国性活动促进盆栽事业普及发展外，还进行公认盆景讲师的考核与评审，进行国家级贵重盆景与贵重盆钵的评审与建档等工作。日本盆栽协会会员在3万名以上，全国各地都有支部，还有很多的外国会员。

除此之外，还有致力于山石盆景普及与发展的日本水石协会，致力于盆景生产与经营的盆栽协同组合，致力于杜鹃盆景发展的日本皋月协会以及致力于小品盆栽普及与发展的日本小品盆栽协会等。除了全国性组织外，各地都有各种名目的爱好者团体与组织。

这些全国与地方性的专业团体与爱好者团体保证了盆景在全日本的普及与发展。

（9）盆景的展览活动

日本每年的盆景展览会很多，所以盆景园经营者已经把展览活动列入自己的年度工作计划之中。最重要的全国性大型展览会有两个，一是由日本盆栽协会主办的《国风盆栽展》，一是由盆栽协同组合主办的《日本盆栽作风展》。《国风盆栽展》是日本最具影响和最具传统的全国性盆景展览，自1926年以来一年一届，每年2月上旬在东京上野公园内的东京都美术馆举行，到2019年已经举行了93届。

《日本盆栽作风展》每年 1 月在东京中心的大丸东京店举行，展品全为有实力的盆景作家的最新作品，因此该展览一直代表着日本盆景的最高水平。全国性的展览还有每年 12 月在京都市劝业馆内举行的《日本盆栽大观展》等。除此之外，地方性的展览随时都在举行。成功地举办盆景展览，也是日本盆景进一步普及与发展的重要手段之一。

为了扩大日本盆景在世界上的影响，1980 年 4 月在大阪举行了第一届国际盆栽大会和世界盆栽水石展览，参加国达 20 多个国家。1982 年又编辑出版了《盆栽大事典》，将日本与世界盆景技术成就及盆景界大事载入史册。1989 年，日本在大宫市（现在的浦和市）成功举行了第一届世界盆景大会。2017 年 5 月，间隔 28 年之后，日本又一次在浦和市成功举办第八届世界盆景大会。

从 1970 年代以来，日本通过各种形式与各种渠道向外扩大本国盆景的影响，在国际上几乎处于垄断地位。日本盆景界经常派遣盆景高级专家赴国外讲学、进行制作示范表演、帮助成立盆景组织等。目前在世界上的欧、北美、南美、大洋洲以及南非等盆景发展较快的各国都能看到日本盆景的影子[21-22]。

近年来，在国际交往中，日本常将盆景作为国家特有的礼品馈赠外国重要宾客。如在 1975 年，美国独立 200 周年纪念日，日本政府就以树木盆景 53 盆与水石 6 点作为礼物表示祝贺，美国政府还在华盛顿国家树木园营建了日本盆景园，进行这些盆景水石的养护与展示。此外，日本还将盆景作为参加国际园艺展览的主要展品，以此为国家争取荣誉，如 1982 年在阿姆斯特丹举办的国际园艺博览会上，以盆景为主的日本园林获得最高荣誉奖。1999 年，美国前总统克林顿访问日本时，日本当时的小渊首相曾送给克林顿一虾夷松盆景作为礼物，令克林顿喜出望外，当时的日本各大新闻机关媒体都作了报道。

由于受 20 世纪 90 年代开始的经济不景气的影响，加之日本盆栽界数位领军级人物的先后去世，至 2000 年前后，盆景专业园圃步入泥泞时期，日本盆景界处于比较低迷状态。但是，随着新一代盆景界领袖的出现以及中青年一代盆景专业工作者快速成长，现在，日本盆景界与盆景行业出现复兴的局面，它将预示着日本盆景的远大未来。

东南亚盆景与印度盆景

1. 越南盆景

五代（907—959）末期，越南在我国唐代文化的影响之下开始了"人工假山"的历史。《大越史记·本纪》记载："前黎期，大行皇帝之御世，乙酉六年（宋雍熙二年，985）秋，七月。设人工之山，乐舟上眺望。该月十五日帝之生日。江中泛舟，舟中载竹制的人工之山。该山号南山。以来，兴"舟戏之礼"[注：李朝（1009—1225）皇帝生日建造人工之山风习始于此也。"

越南的小假山或指其上种的自然植物与岩山全体，或指精致的人工山形物。重要的是缩小的山，为人工模仿自然之物。

在一千余年的发展过程中，越南传承与发展了陈设这种小假山的风习。一般的家里与寺庙的庭院中多有水池，水池的中央叠有一个或者几个小型的山石，其上栽植矮小的花草树木，铺青苔，花草之间安置着房屋、佛塔、桥的小型模型，并点缀小型的人物或者动物。此外，水中有金鱼游泳。这个水池整体在越南称为"小型山"（图 9-68、图 9-69）。

《盆栽の宇宙志》一书的著者法国的 Rolf Stein，亲眼见到越南在庭院中陈设假山与盆景的情景。

每年 1 月 15 日，庆祝新年的宗教仪式非常隆重。当日，作者访问了河内第十地区某村长的家。庭院中陈设有 2m 左右高的假山，放置于砖砌的台座上。假山有很多的洞穴，其中两个标有名称："观音庙"与"雷神"。假山的前面摆放着盆景与陶制的水牛和人的模型。水牛模型的背上栽有小树，根从鼻孔中穿出。

河内有个祭祀镇武神的大佛寺，在本堂前的庭园中有两个山石，山石摆放在长方形的水槽中，相当于巨型山水盆景。二者之间用小桥连接。山上除了栽有小树，还摆放多数模型，有骑着老虎、黑牛的老者，手拄拐棍的老寿星、五重塔、小房子与仙鹤等。在悬崖处还放有被称为"藏仙洞"的寺庙模型。长方形水槽的四角分别竖立一根柱子，上面写着：西湖阔水来，北镇高山仰，一丘朝帝座，四海溢恩波（图 9-70）[23]。

越南对于现代盆景的制作与鉴赏，起步于 30 年前。2015 年越南成功举办了亚太盆景友好联盟大会。越南并没有专门针对盆景的杂志，因为通常盆景被

图9-68 1941年越南河内用纸做成的用于供神的盆景（法国Rolf stein著《The World in Miniature》）

图9-69 越南的神龟形盆景造型（法国Rolf stein著《The World in Miniature》）

图9-70 越南河内大佛寺的小假山（法国Rolf stein著《The World in Miniature》）

当作是园艺的一部分。现在，每个城市或省份在农历新年假日里都会举办盆景展览会。

2. 泰国盆景

泰国民众自古以来喜好培育作物、树木以及观叶的实用与观赏植物。在地方公园、都市公园中配置有各种各样的植物，在文化古迹的绘画与雕塑中可以见到描绘植物的作品（图9-71）。

约120年前后，由移居泰国的中国人带来了盆景制作技术，并迅速形成了适合泰国各地气候、土壤条件的乡土树种的盆景。各地都开始培育与观赏盆景，并很快普及全国，逐渐形成了泰国特有的、与泰国文化相匹配的盆景艺术。现在，盆景与水石成为一般民众的爱好，盆景生产者、报道机关、艺术学校以及爱好者团体所举办的展览会在各地不断出现，成为男女老少爱好的对象。

盆景用树种有：叶子花、柿子类、无花果类、榕树类、天竺菩提树、石榴、酸豆、厚壳树等多种。

主要盆景团体有泰国盆景协会，会员数百余名。除此之外，还有泰国盆景小组、泰国盆景俱乐部等[24]。

3. 菲律宾盆景

1590年，西班牙的 Pedro Cherino 神父到菲律宾传道。在他的书中记载到：16世纪的中国人为了在居室中陈设盆景而把盆景带入了菲律宾。这证明16世纪或者在此以前，盆景已被传入菲律宾。然而，到了二战之后，菲律宾人去中国与日本旅游时带回的书籍、植物及照片中才见到关于盆景的记述。

进入20世纪50年代，园艺展览会上一般都有盆景展示。最初展示盆景的是菲律宾园艺俱乐部、菲律宾大学园艺俱乐部以及菲律宾兰花协会。此次展览会之后，园艺爱好者被这小盆中培育大树景观的技艺所感动，自己开始尝试着制作盆景。在这些盆景家当中，圣巴勃罗市的 Mario Estiva，从二次大战之前就开始制作盆景。最初在菲律宾大学园艺俱乐部与菲律宾园艺俱乐部举办园艺展览时展示盆景的是 Mario Basa。当地报纸对他的作品进行了报道。除此之外，还有许多的盆景爱好家。现在，多数人都热衷于盆景。

主要树种：松类、杜松、扁柏、小叶黄杨类、叶子花、菲律宾火棘、龙船花类（*Ixera chinensis*）、石榴、苏铁、常绿桦柳、酸豆等。

主要盆景团体：正式认可的团体为菲律宾盆景

图9-71　泰国会跳舞的盆景（法国Rolf stein著《The World in Miniature》）

协会，当初由20名盆景爱好者组成。1973年7月的集会上，Rose Launel Avancena 被选为第一届会长。该协会也加入了美国的国际盆景俱乐部。到1981年时，有18～75岁的男女会员115名。除5月之外，每月的第一个星期六为集会日，开展盆景文化的讲演、实技表演、咨询等活动。每年夏季举行一次素材山野采挖与会员家庭的盆景观赏活动。此外，每2年举办一次盆景展览，在园艺俱乐部与市民团体主办的展览会上也出展盆景，同时盆景讲座会、实技表演、研讨会也对外开放。

还有3个地方的爱好团体为 Davao 盆景协会、Cebu 盆景协会、卡加延德奥罗盆景协会。这些地方团体都加盟于菲律宾盆景协会，并进行同样的工作。

4. 印度盆景

在古代的印度，盆栽植物在医疗上的应用很流行，医师们用盆栽的植物种子、花、叶、果实或树皮进行治疗，但植物主要是种植在寺庙与殿堂里。

20世纪60年代，阿格尼霍特利先生是第一个获得"帕德玛"奖的印度人（"帕德玛"奖是指颁发给公民以感谢他/她对各知识领域贡献的最高奖项之一）。这是第一次将一个全国公认的奖项颁发给一位印度的盆景艺术家——他是第一个将盆景艺术引进印度的人士，也是该领域的先驱者。所以，在印度，盆景艺术开始出现于20世纪60年代早期，并于1970年代末期开始流行。

北部的盆景艺术始于1970年，最早的协会是由莉拉·达汉德太太在新德里成立的印度盆景协会。1979年，随着印度—日本协会盆景研究会的建立，盆景，作为一种业余爱好，得到一次飞跃性地发展。

三十多年来，参加国际盆景大会、对印度当地树种的栽培与整形试验、定期邀请国内外盆景大师的讲座与制作示范、电视与报刊对盆景的宣传与介绍、印度盆景与植物材料等书籍的出版都大大促进了盆景艺术的传播。现在，盆景在印度各地得到普及与发展，盆景讲习班与盆景学校先后在孟买、加尔各答、新德里、艾哈迈达巴德、巴罗达等城市兴办，并不定期地举行全国性的盆景讲习与动手技艺培训班。

由于印度半岛属热带气候，盆景的热带树种丰富，观花与观果种类很多。特别是榕树类成为印度盆景的重点树种。可供鉴赏树形的树种有天竺菩提树（*Ficus religiosa*）、无花果类、榕树类、木麻黄类、丝杉类、南洋杉类以及多种的竹子等；观花树种有叶子花类、银梅花（*Myrtus communis*）、六月雪、扶桑类等；观果类有石榴、柑橘类等，另外还有酸豆、番石榴（*Psidium quajava*）等。

主要盆景团体有：全国性组织——印日协会盆栽研究会，致力于盆景培训与研讨会的举办、收集与盆景有关的书籍、刊物的发行等；印度盆景协会成立于1972年，曾成功举办数次大型盆景展览活动，除此之外，还定期进行盆景研修会，开办盆景资料室，并且发行《盆景报》。

印度盆景爱好者一大特点是：85％为女性，15％为男性，做完家务后的妇女认为：培育盆景的确有很大意义。

第二节

亚洲盆景文化的国际化进程
——亚洲盆景走向欧美的历程

盆景从作为亚洲、特别是东亚特有的园艺技艺与文化到走向国际化历程主要经历了3个阶段：①欧美人士对东亚盆景的惊叹与褒贬。②欧美人士对盆景认识的好转。③盆景开始步入国际化进程。

欧美人士对东方盆景的惊叹与褒贬

1.16 世纪中叶英国的 Fr. Martin de Rada 对我国南方盆景的惊异

明代末期的 16 世纪中叶，我国盆景处于发展的兴盛时期，在南方的不少城市中，盆景被陈设于广场与街道。Fr. Martin de Rada 在他的《16 世纪的中国南方》（South China in the Sixteenth Century）一书中，描述了他见到广场与街道上陈设的树木盆景时的惊奇："在广场与街道上他们陈设着种在盆钵中的低矮的树木。在这样小的盆钵中生长的树木竟然能够结果，对于这种巧妙的技艺，我几乎难以相信。但我们确实看到了它们是果实累累。"这是我查到的最早的关于记述东方盆景的西方文献资料[25]。

2.18 世纪法国传教士对我国盆景的惊异

18 世纪，法国传教士在北京见到盆景后，对这种模仿自然而缩小自然的技艺，表现出十分的惊异[26]。

3.1826 年荷兰（德国）人 Siebold 在日本见到的小型盆景

Philipp Franz von Siebold 于 1796 年生于德国慕尼黑近郊，先后攻读医学、解剖学外科，获取博士学位。1923 年以荷兰商馆医生的身份到达日本长崎岛，1829 年被日本驱逐出国。1859 年第二次来日，1861 年又被驱逐出国。Siebold 两次在日期间，对日本植物进行了研究并把日本植物引种到欧洲，他主要开展的工作包括标本、植物的种苗、图谱、民俗资料以及其他的文献等方面的收集。成为日本锁国时期欧洲与日本文化交流的使者[27]。

虽然当时日本处于德川幕府的锁国政策之下，外国人的行动受到制约，但是多年生活在日本的外国人总有机会见到盆景。Siebold 在收集动植物标本的同时，多次到盆景园与园林苗圃中收集盆景与灌木，先把它们集中到长崎后再送往荷兰的莱登（Leyden）。并于 1856 年由 Siebold 公司对欧洲出售[28]。

Siebold 在 1835—1841 年期间撰写了《日本植物志》（Flora Japonica）。该书记述了作者在 1826 年对日本盆景的见闻："日本人对低矮树木的培育具有难以置信的爱好心，例如常常对梅花与樱花等进行整形。树木整形工作也是经济收益颇丰的行业。他们尤其喜欢把树木的枝条加工成弓形或下垂形。1826 年一位盆景园经营者给我欣赏了一盆仅有 3 英寸高，但盛开鲜花的盆景。另外，在一个三层的多宝格上陈设了三盆小型盆景，最上一层为梅花，中间一层是青杆类，最下一层为仅有 1.5 英寸高的竹盆景"[29]。

在盆钵中栽植小型树木类，除了具有美好的树形之外，还可以照常开花结果。这种小型盆景引起的西方人对盆景的费解是不难想象的。

4.法国人对我国盆景的惊叹及对盆景文化的轻蔑

鸦片战争末期，为了通商交涉，法国的使节团来到中国。一天，他们在广州街头的花木商店中有生以来第一次见到了果树盆景和林木盆景，他们感到十分惊奇，其中一位叫 M.Renard 的将自己对盆景的第一印象和制作方法写成见闻记，题为《中国盆景制作法（Chinese Method of Dwarfing Trees）》登载在《庭园家年编》（Gardeners' Chronicle）Vol.6（1846）。

法国人见到盆景的第一印象便是惊叹。Renard 写道：一天早上，商贸考察使节团的团员们很吃惊地在广州发现了两种树木的天然树形被彻底改变了的盆景。在花木商店的台架上摆放着引人注目的花盆，盆中栽种着果树，树高不过一英尺。……这些小树，看起来是如此可怜——只有一英尺高！每棵橘树上都结了20个橘子！每棵苹果树上都有20或30个大苹果。这些树的枝条挂满了果实、沉甸甸的下垂着。……至于在盆中栽种矮化树木，在园艺学或者造林学上可以说是个奇迹。

惊叹之余，Renard 开始对盆景的制作技术表现出难于苟同的看法，并对这种园艺文化表现出轻蔑的态度：在参观清代官吏的宅院时，每家都会有一些小树，一般只有几英寸高，看起来极度衰弱、病殃殃的，它们的枝干被扭曲、树皮被剥落。更让人感到震惊的是，这些树的枝条上几乎没有什么叶子，尤其是那种在自然状态下能长成参天大树的种类，比如榆树、竹子、柏树等等。中国人认为树枝上没有树叶为美，而实际上这是一件很可怕的事情。但通过减少树的叶片使树木生长迟缓，确实是一个奇迹，这些值得林业工作者学习。通过这种方式，中国的园艺工作者与自然作斗争——同世界上的一切美丽、丰富的事物背道而驰。

随后，他详细记述了中国树木盆景的制作技艺：利用环状剥皮后对有些果树类树木的枝条进行高压，生根后栽种于盆钵中，并到市场上出售。适用于该法的树种有杨桃、龙眼、柑橘、苹果、梨、榕树、佛手柑等。利用修剪法与金属丝绑扎法对盆景树木进行整形，涂抹蜂蜜等诱导蚂蚁蛀咬树干成洞穴等。这样的盆景通常能卖很高的价钱，并且成活100年或200年也是很常见的。

最后还提到，我国将一些盆景作为贵重礼品赠送给英国女王。为了让这些盆树的形态更好，还利用了棕丝绑扎法以及其他方法，让树枝变得弯曲[30]。

5.C.W.C.（略名）对日本盆景的看法

后来的欧洲人继承了 Renard 对中国盆景的看法。一位略名为 C.W.C. 的欧洲人在英国的 Osborne Royal Garden 与丘园（Kew，Royal Botanical Garden）中观赏了从日本输入的盆景后，深有感触。他首先因为把本来为参天大树的树木加工成为小型精细的盆景作品而敬佩日本人的坚忍不拔与勤恳敬业精神，然后他表明：日本盆景不仅没有美的感受，而且感到盆景的不合理感与丑恶感；并把他的感受撰写成稿发表于 1862 年的《庭园家年编》（Gardeners' Chronicle），他在该文中还提到了日本的附石式盆景，说明此时的附石式盆景也成了出口的对象[31]。

此外，1874 年与 1877 年《庭园家年编》分别以绘图的方式介绍了日本奇态的赤松盆景（图 9–72）与盆庭（占景盘）（图 9–73）。

6.M.Vallot 对日本提根式盆景的蔑视

1889 年的《庭园家年编》中，又登载了一篇题为《日本盆景》（The Dwarfing Trees of Japan）的文章。

该文首先对日本盆景表示赞赏，然后表现出对提根式盆景的轻蔑：日本盆栽的有些方面确实值得赞赏，但总体印象是日本人制作的盆景具有不自然

图9-72 芝增上寺中的奇态的赤松盆景
（Gardeners' Chronicle, 1874,367）

图9-73 Revue Horticole以绘图的方式介绍日本的盆庭（占景盘）（Gardeners' Chronicle, 1877）

的形态与怪异的感觉（图5-20）。

在轻蔑的同时，他逐渐表现出对盆景的关心。M.Vallot在同年的《庭园家年编》（Gardeners' Chronicle）的《日本人的乖僻》（Japanese Distortion）一文中，对提根式盆景的制作技法进行了记述：制作之前，首先选择矮化的幼小植物材料，断其直根促进侧根的水平伸展，对地上部采取摘心与修剪的方法。然后移植于平盆之上。每间隔一定期间去一次盆中的表土，长期下来便可形成类似蜘蛛脚一样的根态[32]。

总之，西方人士对当时的盆景抱有怪异感、发出惊叹之后，便以不可思议与轻蔑的眼光对待东方的盆景艺术，同时把东方这种在小盆中表现大树古树景象的盆景艺术，想象为故弄玄虚的玩艺儿。

欧美人士对盆景艺术认识的转变

随着盆景在欧美的增多，欧美人士对盆景的本质的美以及东方文化认识水平的改变，对盆景也开始产生好了改变，除了开始从日本等国进口盆景外，一部分人士开始尝试着培育与制作盆景。

1. Robert Fortune 对于日中盆景的记述

Robert Fortune（1813—1880）为英国著名的园艺学者与植物采集家。他生于苏格兰，少年时期开始立志于园艺事业，1842年30岁时，由所属的爱

丁堡皇家园艺协会派遣到我国进行东方植物的调查。此后，工作于东印度公司，成功地把茶树从我国移种到属于英国殖民地的印度，成为发展英国殖民地茶叶生产的功臣。《江户（东京）与北京（Yedo and Peking）》是他于1863年写成，关于从1860年开始的一年多时间内，以北京与东京为中心植物采集旅行的见闻录。该书的部分章节中记述了我国与日本盆景的情况。

〈爱好花木的市民〉一节中，详细记述了东京一般市民家庭住宅庭园的构成与植物种植的情况，特别记述了一个姓本木的老绅士在自己庭园中收集与陈设盆景的盛况。他收集的盆景种类有日本金松（Sciadopitys verticillata）、彩叶扁柏、罗汉柏（Thujopsis dolabrata）、各种月桂树、竹子以及球兰（Hoya carnosa）等。

〈盆景的妙趣〉一节中，对日本的盆景作了如下记述："在一个庭园中，摆满了有深绿色叶片的槲树。这些树木被栽种于各种各样的长方形陶瓷盆钵中。在这些富有变化的盆钵内，铺设玛瑙、水晶的小片或者奇石，巧妙地表现出著名的富士山风景。这些小盆景全被摆设于台架之上，能够接受充足的日光，并避免强风的危害。……在其他庭园中见到盆景的树种可达数百种，多栽植于中国产的陶瓷盆钵中，叶色油绿，配以各种奇石，别有一番情趣。"这种盆景的价格比较昂贵，日本盆景的常用树种为松类、杜松、紫杉、罗汉柏、竹子、樱花、梅花等。

另外，Robert Fortune还对中日盆景进行了对比性的记述。在〈盆景的妙趣〉中记述到：在日本，就像在中国一样，盆景备受珍重，盆景的制作技艺达到了很高的境地。在〈（盆景的）植物生理学的原理〉一节中，对盆景制作中主要采用的植物抑制栽培的原理、盆景素材的繁殖方法、盆景的制作方法以及盆景树木开花结果的措施等西方人士难以理解的问题进行了论述和探讨[32]。

2. S·W·William 对我国山水盆景的赞赏

S·W·William 于1883年在《中国》第二卷中对于我国盆景记述道：……在大的陶制容器中栽植竹子、花木或者非常小的树木。树木被密植在盆中的山石之上，从水中可以看到它的倒影。在水中，金鱼自在地在石缝中游来游去，这是中国艺术的精彩的事例。文中描写的应为附石式山水盆景，盆景山

石之上种有树木，盆内的水中放养金鱼，恰似一幅图画，被作者誉为艺术的精品 [33]。

3. 日本盆景在欧美的展览与销售

在 1879 年与 1890 年巴黎万国博览会上，日本先后出展了数盆盆栽与盆景（盆庭）。使艺术国度的法国人逐渐开始认识到了盆景的艺术性。

美国开始介绍盆景最早见于 1870 年的《American Horticulturist》中登载的波士顿旅游海外特派员的文章。此后在 1893 年，芝加哥召开的苗木业大会上，特意邀请 Henry Izawa 作了有关日本园林与盆栽方面的报告，反映出人们已经开始关心东方的园林与盆景。

1900 年，在伦敦的山中商会把从日本进口的罗汉柏（*Thujopsis dolabrata* var. *hondae*）以及其他的盆景进行拍卖，最后以较高的价格交易成功。

1901 年，由伦敦日本协会主办的会议上，津村东一应邀并使用幻灯片作了关于盆景的报告。大会主持人 Arthur Diosy 在会上称赞日本盆景家为庭园艺术家 [34]。

可见，欧美人对盆景的看法已经由怪异、轻蔑向喜欢的方向转变。在这种转变有利于盆景在欧美发展的大前提下，日本横滨植木会社创立。其目的是为了日本的盆景与庭园树木的出口贸易。该公司于 1893 年出版的英文目录中都有盆景的内容，说明了盆景出口的正常化进行。当时出口的盆景树种主要要有罗汉柏的曲干式，赤松与五针松的提根式，还有真柏、枫树、梅花、落霜红（*Ilex serrata*）、竹等。

盆景开始步入国际化进程

1. 英国人 Richard Bagot 对日本的盆栽与钵景的记述与着迷

Richard Bagot 在其《日本的花木与园林》（The Flowers and Gardens of Japan）第四章〈盆景园——盆栽与钵景（Chaper IV Nursery gardens——Dwarf trees and Hachi-Niwa）〉中，以非常细腻的手笔与大篇幅记述了日光、热海以及京都等盆栽园的概况、盆景整形修剪的技法、盆景的栽培管理方法、盆景的树形与大小、盆景的销售与价格、各种树种盆景的观赏季节与价值等，在此基础上，重点对杜鹃盆景的制作与展览、菊花人形、松竹梅盆景的制作与陈设、钵景的制作技法等进行了记述。最后，记述了作者本人被盆景的魅力所吸引，并在京都盆景专家的指导下制作盆景的全过程。全文中表现了著者对盆栽等技艺的热爱与惊异。

在第四章的整个记述过程之中，尤其引起注意的为以下三段文献。第一段为："盆栽的名声已经誉满全球（The dwarf trees——whose fame has spread throughout the world）。"这足以说明盆景在 20 世纪初期已经在欧美有不小的影响，盆景已在西方人士心目中扎根。

第二段为："我看见过那些船运到欧洲去的粗糙的盆栽作品，毫无疑问，这些盆栽粗糙的形成的原因是由于长期不适应当地气候而导致了生长势的衰退，加之没有进行合理的养护管理"。第三段为："日本人还像 Siebold 年代一样喜好着他们的盆景，现在盆景贸易给他们增添了附加的动力来发展盆景事业，因为每年都要向欧洲与美国出口大量的盆景。我担心欧美人没有把盆景当作艺术品来处理，单单而是为了满足他们的好奇心而已。"从第二、三段文献可以看出，20 世纪初期，大量的日本盆景已经被出口到欧洲与美国；由于不少的欧美人购买盆景只为了满足好奇心，并没有把盆景当作艺术品，加之没有掌握对盆景的养护管理技术，所以在被出口到欧美的盆景在一两年之后生长势减弱，艺术水平下降 [35]。

以上的三条文献说明，20 世纪的初期，盆景在一定程度上已经步入国际化的进程。

2. 日本盆景在欧洲的影响进一步扩大

1908 年，在伦敦举行的英日博览会上，日方展出真柏、松类与枫类盆景 7 盆，并展出盆庭 1 盆。1937 年，在法国万国博览会上展出盆景 80 余盆，获得金奖，说明盆景在欧美已经深入人心 [28]。

3. Rolf Stein 的《盆栽宇宙志》中记述的越南和我国的盆景与小假山技艺

《盆栽の宇宙志》为法国 Rolf Stein 于 1945 年发表于法国《极东学院纪要》（略称为 B.E.F.E）的论文，在欧美受到极高评价。该文从宗教与文化的角度对越南与我国的盆景和小假山进行了分析。该文同时成为研究越南文物的重要文献资料。

作者通过对越南与我国盆景和小假山的考察，将其中表现的景观总结为以下两点：一是表现植物生长地的自然生境与著名的自然景色；二是表现树木的或似人物或似动物的奇特树形。前者如作者在河内玉霞村见到一盆表现竹林七贤景观的盆景，盆景中摆饰着瓷制彩色的七贤的模型。后者如作者收集有 31 幅盆景的速写，其中一幅盆景的根基酷似神龟。

另外，该书详细记载了盆景与小假山的制作技术，树木的矮化技术要点如下：从未成熟的树木上采收种子，或者切去小苗的主根，或者限制它的生长场所（栽植在浅小的容器中，只放极少的土壤），或者利用控肥法。苗木开始生长时，通过树干的打结来促使弯曲。这样树液的流动变得缓慢。这种做法除了减慢树木的生长发育之外，而且可以造成树形奇妙。实际上，这些结可以产生奇特的疙瘩，例如无花果、榕树等。随着树木的生长，在适当的时期对枝条进行整形修剪，亦即摘心（摘除幼芽）、嫁接、短截，用棕丝、细绳蟠扎，使枝条产生弯曲，同时，进行频繁的换盆。如果把小树种在山石上，选石是十分重要的。理想的山石首先是可以观赏，并且具有多孔性，例如珊瑚石。实际上，山石的孔隙（上水石）有利于吸水性，还可成为根扎入山石中的通路 [36]。

4. 二战之后盆景与 "Bonsai" 一词的国际化

二次世界大战之后，受驻日归国军人的影响，从 1950 年开始，英语的盆景刊物在欧美出版发行，"Bonsai" 一词开始被广泛使用。

1964 年，日本盆栽协会成立，国风盆景展得以继承。同年的东京奥林匹克运动会期间，在日比谷公园中举办了大型的盆景水石展览会。1970 年，日本万国博览会在大阪举行，日本盆栽协会举办了大型的盆景水石展览。通过这两次大型展览，加之日本新闻媒介的宣传，奠定了日本盆景在国际上不可动摇的地位，许多海外人士在认识到盆景是"活的艺术品"的同时，也错误地认为盆景是"日本固有的艺术"。同时，"Bonsai" 一词也升华为世界的共同语 [28]。

第三节
世界盆景现状

欧洲盆景

欧洲位于亚欧板块西北。北临北冰洋，西濒大西洋，南隔地中海与非洲相望。气候绝大部分地区具有温和湿润的特点。除北部沿海及北冰洋中岛屿属寒带，南欧沿海地区属亚热带外，其余几乎全部在温带。树木多银松、云杉、落叶松、橡树、山毛榉等。

自从1980年在德国海德堡成立欧洲盆景协会（EBA）以来，其成员国在欧洲盆景的发展中起着重要角色。作为一个非营利组织，这个协会的主要目的是促进盆景艺术与文化的发展，协助协会成员学习盆景科学、艺术和技艺。11个成员国有比利时、丹麦、德国、法国、意大利、卢森堡、摩纳哥、荷兰、西班牙、瑞士和英国。这些成员国的会员，可通过盆景协会学到许多关于盆景的知识，也正是由于这些成员国的努力，欧洲盆景才享有很高的知名度。

每一个成员国中的各种盆景组织以规定的方式在一起举行展览和小型会议。例如，这些组织在成员国国家协会的支持下主办全国性会议，包括举办全国性的盆景展览会。自EBA成立以来，每年都要举行一次全欧盆景会议，每次都由不同的成员国主办。从1993年以来，这些会议先后在卢森堡（1993）、西班牙（1994）、摩纳哥（1995）、德国（1996）、比利时（1997）、意大利（1998）、英国（1999）等国举办。

通过盆景爱好者的活动以及各种展览，证明盆景在公众中很流行。在EBA主办的各种盆景会议与展览会上，有欧洲、日本和美国的优秀盆景艺术家带来的各种演讲与技术示范，每次举办都有当地赞助商的赞助。最近，有许多活动也得到日本盆景协会的支持。

EBA每个成员国的盆景协会的结构和组成形式就像这些国家的语言和文化一样，具有多样性。

1. 比利时

1977年以前，只有极少数的爱好者玩赏盆景，盆景的材料与信息也处于几乎空白的状态。1977年发生了根本性的转变。此年，在日本大使馆的协助下，安特卫普成功地举办了盆景展览，并出版了第一本用荷兰语写成的盆景书籍，同时在荷兰盆景协会的帮助下成立了俱乐部。此后，关于盆景的文章开始在各大报纸与杂志登载，盆景展览会也时常在主要城市举办。这个盆景俱乐部在国内各地会员的拥护之下，成立了全国性的公益法人组织。1980年，在根特举办了花卉博览会，该博览会上展示了中国与日本的两盆精美盆景。现在，几乎所有的园艺店都有盆景销售，在大城市还有专门盆景销售店。根据1981年的调查，爱好者栽培的盆景有9成为本国植物种类，上盆时间长的已达15年，树龄达35～40年。进口盆景的95%来自日本，其他来自中国与夏威夷，一般树龄为5～15年，随着培养年数的增加，来自日本盆景的树形愈加珍奇。一般比利时盆景爱好者培育盆景的平均盆数为 36 盆。

主要的盆景树种如下：原产盆景树种有松类、榆类、西洋紫杉（*Taxus baccata*）、欧洲赤松（*Pinus silvestris*）、柳树类、榛类（*Corylus avellana*）、欧洲栎（*Quercus robur*）、欧洲栗（*Castanea sativa*）等。

今天，比利时盆景联合会包括了遍及全国的大约 20 个俱乐部，会员超过 1400 人。据估计，这些会员占所有盆景爱好者的 90% 以上。每年，比利时都组织举办多个盆景展览会；1993 年开始出版了第一版盆景年报，旨在给学校、花园中心和园艺组织等提供相关的信息与资料。

2. 丹麦

丹麦盆景俱乐部分 8 个部分，总计 700 个成员。这个俱乐部也有法罗群岛和格陵兰的盆景热衷者，这两个地区接近于北极圈气候，因此，他们对室内栽培的热带和亚热带树木盆景更感兴趣。丹麦每年都要举办一次所有成员参加的重要盆景会议。

3. 法国

1879 年在巴黎举办的万国博览会上，日本展出了盆景，并夺取金奖。这使艺术国度的法国人认识到盆景的艺术性。但是，对一般人来讲，真正关心盆景、收集与培养盆景是在第二次世界大战以后才开始的，1970 年代开始才进入普及阶段。

法国的盆景爱好者大约有 1 万人之上，其中女性占 3~4 成。现在，以巴黎为中心有 5~6 家盆景业者，同时为爱好者进行指导工作。

盆景树种除了原产的水青冈（*Fagus cretena*）、榆树之外，其他基本都是从日本、中国进口的树种。从日本进口的五针松、黑松、枫树、榉树等占总数的 50%，原产树种不超过 10%。最有人气的是以五针松为首的松类。

盆景爱好者每年都在增加。1981 年成立了法国盆景爱好者协会，成立初期只有 300 名会员，但后来呈不断增加的趋势。该协会举办盆景培训班、发行机关刊物、定期举办展览会。法国盆景协会还在继续扩展，现在包括大约 40 个支部，1000 多个成员，该数据大约是法国所有盆景热衷者的 50%。协会定期举办盆景集会，举办盆景展览，例如 1993 年在巴黎成功举办了"盆景节日"展览会。同时，在巴黎出版了盆景杂志。

4. 德国

1953 年，西德在汉堡举行的国际园艺博览会上首次举办了盆景展览，出展作品全为松类。这次展览引起了不少人的喜爱，但当时没有从事盆景工作的人士，所以人们逐渐淡忘了盆景。1976 年以后，随着多种盆景的进口以及最初的盆景俱乐部"欧洲盆景协会"的成立，盆景作为一种人们的业余爱好得到关心与普及，从而促进了西德盆景的飞跃性发展。

对于盆景，不论男女老少，各个阶层的人们都喜欢，15~45 岁年轻的爱好者较多，总数的 60% 为男性，40% 为女性。

盆景树种有柏类、黎巴嫩蕨类、柳杉、松类、短叶土杉、圆柏、杜松、山茶花、栀子花、迎春、枫类、亚洲唐棣（*Amelanchibr asiatica*）、白桦类、木瓜类、平枝枸子类、玉树类（*Crasssula*）、山楂类、胡颓子类、无花果类、银杏、木兰类、梅花、大山樱、榉树等。

1990 年成立了德国盆景协会，下有大约 150 个地方组织。德国盆景协会出版的盆景杂志，订阅者达 3000 余人。现在的德国西部是对盆景兴趣最大的地区，因为经济的原因，德国东部地区没有很多的盆景爱好者。德国盆景协会每年都要举办重要的展览会，1996 年 5 月曾于慕尼黑巴伐利亚举办了欧洲盆景协会会议，来自欧洲和日本的与会者在会上进行演讲与示范表演。

5. 意大利

据说，20 世纪初，船员从东方把数盆盆景带入了意大利。1960 年代的后半期，盆景才开始被介绍到意大利。荷兰人把在日本制作的五针松盆景输入意大利，佛罗伦萨的园艺爱好者开始制作盆景。开始时以五针松为主，后来利用国内原产植物制作盆景的爱好者也增加。同时，他们购买在美国出版的盆景书籍，学习盆景制作技艺。这些盆景爱好者于 1974 年成立了意大利盆景俱乐部，由于会员太少，仅两年后便销声匿迹。但该俱乐部造成了不小的影响，例如在园艺展览会期间要求它们举办盆景展览、报刊登载盆景的图片、国家电视台先后四次放映盆景的鉴赏与制作节目，在此影响之下，促进了人们对于盆景的关注。

1980 年 3 月，在波罗古纳，约 200 名爱好者举行集会，召开了第一届全国盆景总会。同年 6 月，举办了第一届全国盆景展览会，11 月成立了意大利盆景协会。会议决定每 3 年举行一次盆景展览会。

主要盆景树种：意大利属于四季温暖的地中海气候，气温为 0~38℃，可以用作盆景的树木类与草本类非常多。主要树种有松柏类、意大利杉、橄榄、水青冈、榆树、枫类等。此外，爱好者正在向原产地中海的植物进行挑战。

意大利盆景艺术学校（Scuola D'Arte Bonsai），作为日本大宫市盆栽村藤树园园主浜野元介主办的日本盆栽教学联盟的姐妹校，于 1991 年春季开始招生。课程内容除了盆景的基础知识、理论、动手技术外，还有盆景的陈设以及与盆景有关系的禅宗、日本画、墨画等。开学初期的 1 个班有 20 名学员，2001 年时在校生 250 名。讲课时间为 1 年中的春秋两次，每次 3 天 16 学时，每班学生 15 名，学制八年。1998 年第一届学生 15 人（男性 13 人，女性 2 人）已经毕业，成为意大利各地盆景俱乐部的指导者或盆景专业工作者，从事盆景园的经营工作。该盆景学校的特色之一是春季全体师生一起集会，举行讲演会与制作示范表演、举办展览会；并组织到日本参观"国风展""大观展"与"作风展"，以及到著名的盆景园参观学习。现在，意大利的盆景爱好者有 10% 为该校毕业生。此外，法国、德国、奥地利以及瑞士的爱好者也在该校学习，有时会同时用三国语言上课[37]。

1995 年以后，意大利的两个盆景协会合并为现在的一个，合并后会员超过 2000 名，促进了盆景的发展与全国性盆景俱乐部的形成。该协会出版简讯与高质量的盆景杂志，定期举办重要的盆景展览会。除了举办国际与国内的盆景会议与展览外，还组织会员到国外旅行，以便能够看到高水平的盆景。

6. 卢森堡

盆景树种除有水青冈、栎类、榆树、桦木类、槭树类、枫树类之外，还有各种针叶树和观果类等。

卢森堡盆景俱乐部是欧洲盆景协会的一个小组织，目前，约有 120 个会员，这些成员于 1993 年成功地举办了欧洲盆景展览。该俱乐部发行盆景季刊，每年举办盆景展览会和盆景会议，在会上经常邀请国外的盆景专家发言与制作盆景示范。由于卢森堡是欧洲最小（25000km²）的国家，而且被其他国家所包围，所以，该国的盆景爱好者经常到邻国旅行，通过到不同国家参加各种盆景活动，保持与其他国

家盆景界的联系，以提高自己的水平。

7. 荷兰

盆景的传入，可以追溯到 17 世纪，由荷兰人开展的兰日间贸易出岛时代。进入 20 世纪后，盆景开始为较多的人所了解。20 世纪 30 年代，荷兰王立航空公司的飞行员带回了让人感到吃惊的小树盆景。第二次世界大战后的 1964 年，荷兰盆景商真正开始从日本进口盆景。

1972 年，荷兰在阿姆斯特丹举办花卉园艺博览会之际，举办了日本盆景展览，促进了盆景在荷兰的普及。同年，爱好者组成盆景爱好会，由于受到在花卉园艺博览会上，成功举办日本盆景展览的北村教授进行的盆景艺术讲演的影响，会员大量增加，盆景在荷兰得到了进一步普及（彩图 5—20）。

荷兰国内最古老的盆景是两盆树龄为 400 年以上的五针松，为 17 世纪出岛时代贸易商人从日本带回的盆景，一盆栽于皇室纹的常滑钵中，据说两盆都受到德川将军的喜爱。从日本输入的多为 7~70 年不等，1982 年时爱好者培育的盆景在 30~40 年的有 1000 盆，5~30 年的有 4000 盆左右。

主要盆景树种：除了使用日本树种的松柏类、槭类、榉树等外，荷兰盆景爱好者还利用欧洲原产的树种，如枫类、七叶树类、小檗类、桦木类、鹅耳枥类、扁柏类、平枝栒子类、山楂类、花楸类、火棘、水青冈（Fagus）、栎类（Querques）类、柳类、紫杉类、榆树等。

荷兰盆景协会是唯一的盆景团体，于 1972 年在王立园艺协会的协助下成立。1980 年时会员已达 450 名。协会的目的在于促进盆景文化艺术的普及和发展。会员遍布全国的 7 个地区。协会本部统管全局，每 2 个月发行一期协会杂志，每年举行全国盆景展览，出版盆景书籍。各地区都组织进行盆景考察、盆景讲座、展览会；现在，各地区的会员数量每过数年都增加 4~5 倍。

现在，荷兰盆景协会是一个不断扩大的组织，包括 14 个地方组织，约有 1700 名会员。通过举办展览会，进一步促进了盆景业的发展。荷兰还曾举办过 2 次欧洲盆景大会。

8. 西班牙

在西班牙最先介绍盆景的是 Favsto Verges。自从他在巴黎的花卉博览会上看到盆景之后，便对盆景

艺术产生了浓厚的兴趣，并开始收集有关书籍学习盆景。1967—1968 年，通过在巴塞罗那市立园艺学校的学习，热情愈来愈高涨，收集、制作盆景的数量不断增多。1977 年，他利用在加加那瓦成功举办个人展览的机会，设立了西班牙第一所盆景学校。

1980 年时盆景爱好者为 700 余名，40～50 岁者最多。

主要盆景树种有草莓树（ *Arbutus unedo* ）、长角豆（ *Ceratonia siliqua* ）、无花果、橄榄、栎类、桧柏类、野生苹果等。

各城市都有盆景爱好者团体。现在，西班牙有两个即将合并的全国性盆景组织。1994 年，西班牙在瓦伦西亚主办了全欧盆景大会。在这次展会上，日本的专家加藤三郎等出席，西班牙总理 Phillipe Gonzales 的盆景作品也在这次活动中展出。

9. 瑞士

盆景，作为在东方产生的植物技艺在 1977 年之前基本上不被瑞士所了解，这主要是由于瑞士的植物检疫法非常严格，从日本输入植物非常困难。1978 年第一次通过电视节目对大众介绍了盆景艺术，人们才对此有所了解。此后，与德国、荷兰一样，在瑞士全国兴起了盆景热。根据瑞士最大的位于 Schinznach-Dorf 的盆景中心的统计，1979—1980 年间，1 万盆以上日本产的盆景材料被销售一空，盆景爱好者也达到了日本盆景爱好者的二十分之一，这个数字十分惊人。在兴起盆景热的第一年，不少缺少盆景专业知识的盆景商开始营业。它们把许多不需要特殊栽培的室内外植物标上难以置信的树龄并以昂贵的盆景价格出售。

在这种情况下，盆景界的沃露利赫·戴特卡作为种苗、造园界的中心人物，通过电视、收音机、报刊等新闻工具，或者举办讲演会、召开研讨会，并且通过对自己收集的盆景作品的介绍，大大推进了瑞士盆景事业的发展。

主要盆景树种：原产树种有欧洲水青冈、欧洲鹅耳枥、栓皮槭、白桦类、德国青杆、松类（ *Pinus montana* ）、欧洲落叶松等。只有高级盆景技术人员，经过申请得到许可后，才可到海拔 2000m 以上的山地采挖盆景材料。

欧洲中部冬季的气温可降至 -15℃，昼夜温差可达 20～25℃，所以盆景的防寒设施十分必要。

主要盆景团体：瑞士盆景俱乐部（SBC）成立于 1979 年，1982 年时会员达 700 名，为当时全国最大的盆景爱好者团体。主要开展会员间的技术交流及海外盆景艺术家的交流、举办盆景讲习会，通过以上活动，普及盆景文化，提高会员的盆景制作与养护管理水平。发行盆景季刊。SBC 受瑞士盆景中心的帮助，中心地为 Schinznach-Dorf。SBC 还有 100 个以上的活动场所，由会员自主运营。

现在，瑞士盆景协会约有会员 3000 名，5 个俱乐部。协会出版盆景杂志供所有会员学习阅读。

10. 英国

1901 年出版的《园艺辞典》关于日本树木园艺一节中，介绍了在丘园举行盆景展览的情景。1960 年之前，在英国没有盆景爱好者团体，少数的爱好者只进行个人的玩赏活动。这时的盆景多为从日本与中国引进而来。1960 年，在伦敦日本人会的协助下，以伦敦的爱好者为中心成立了伦敦日本人会盆景会。1973—1974 年，先后成立了英国盆景协会与国际盆景会。两团体分别在伦敦、南海岸与西北岸为中心进行活动。

此后，陆续诞生 20 多个俱乐部盆景团体，基本都是以当地为活动中心，会员人数从 50 到 200～300 不等。

盆景会与英国盆景协会两团体，每届都在查尔斯花卉展览会上展出盆景，这项展览成为来自世界各地参观者的盛大活动。其他团体也在各地举办各自的展览会。

各团体之间的联系非常密切，1981 年 9 月在东约克郡的赫尔（Hull）大学召开了第一届英国盆景大会。以后定期召开。该次大会上通过了"设立全英盆景会联盟"决议案，并成立了筹备委员会。1982 年付诸实施。

盆景树种：松类、落叶松类、桧柏类、枫类、水青冈类、栎类、鹅耳枥类、桦木类、海棠类、火棘类、花楸类、银杏类、柳树类、平枝枸子类等。

主要盆景团体：全国性的组织——英国盆景协会（本部在伦敦）与国际盆景会（本部在南海岸）。两会都发行盆景季刊。地方组织有普雷斯顿盆景会与伦敦日本人会盆景会，都发行协会报纸与杂志。

英国盆景协会拥有 75 个俱乐部，大约有 5000 名会员，包括个人盆景爱好者和盆景商。盆景协会每2年举办一次国内盆景展览会。1994年，展会在东约克郡举办，1995年，展会在赫尔（Hull）举办，会上展示了一些来自美国的作品。1991年建立了英国国内盆景陈设馆，1995年接受了来自日本大宫市著名的杜松盆景。

11. 奥地利盆景

第一、二次世界大战之间以及二次大战结束以后，二三名造园技师乘西伯利亚横断铁道把盆景带到了奥地利。

1979年，Wolfram Rader博士从日本用船运把盆景带入奥地利，并开始在全国贩卖。1980年，由奥日协会提供树种齐全的日本盆景，在维也纳布鲁德尔城堡的阿尔卑斯园从春天一直持续到秋天，进行了公开展示。1980年之后，最初的奥地利盆景中心在塔根成立，第二个盆景中心在维也纳成立。

主要树种：1980年以后数年间，许多奥地利盆景爱好家到1800m以上的山上采挖乡土树种尝试着制作盆景。在奥地利，适合制作盆景的树种有：青杆类、瑞士五针松、欧洲黑松、欧洲赤松、欧洲落叶松、水青冈类、栎类、桦木类、樱花类、苹果类、杜鹃类等。

12. 捷克盆景

1909年前后，盆景最初被传入到捷克。1929年介绍盆景的小册子在捷克出版。当时，盆景并不被多数人所知。1960年开始到1975年，只有5~10人的盆景爱好家积极进行活动，但还是逐渐扩大了盆景的影响。

1980年4月，盆景的专业组织"盆景俱乐部"诞生，这是作为布拉格的捷克造园家协会的特别团体设立的。这是捷克当时唯一的盆景组织，成立时会员500名。该俱乐部的目的是学习与普及盆景的创作、园林树木的配置以及日本的庭园、阳台绿化、屋顶花园等绿化施工方法。从每年9月到第二年5月期间每月活动1次，利用放映影片、幻灯片、展示照片以及实际使用树木的方法对会员进行特别讲座，并在该俱乐部出版的刊物上登载相关文章，介绍园林制图与规划设计方法。另外，1980年春天在布拉格举办了第一次盆景展览，展出13名会员的168件作品，参观者多达35000人。

主要树种：针叶树有五针松、欧洲赤松与变种、冷杉类、真柏、黄杉类、扁柏类、铅笔柏等；观果与观花类有小木瓜、刺槐、黄花七叶树、鹅耳枥类、挪威枫、小叶平枝栒子、火棘、西洋水青冈等。最老的盆景可达60~70年。

以上对欧洲不同地区盆景组织的活动情况进行了记述，充分表明，盆景业已成为欧洲一个具有坚强基础的实体。另外，欧洲的其他国家也有盆景组织，这些组织没有加入欧洲盆景协会；这些国家包括匈牙利、挪威、俄罗斯、瑞典以及上述的奥地利和捷克。

作为对盆景的补充，欧洲水石协会现在也建立起来了。这个协会除了定期举办展览之外，还在各地进行展览，有时它们也在全欧盆景展览会上展示盆景作品。

北美洲盆景

北美位于美洲的北部，西濒太平洋，东濒大西洋，北临北冰洋，南以巴拿马海峡与南美洲相连，并以巴拿马运河与南美洲为界。北美地区包括热带的夏威夷、佛罗里达、墨西哥以及较寒冷的阿拉斯加和加拿大，包含所有气候带。由于气候带的不同原产植物也不同，所以该地生长着各种各样类型的植物。以美国为首的北美盆景被誉为世界盆景的后起之秀。

北美盆景联盟(NABF)包括以下盆景团体：国际盆景俱乐部，是一个非常活跃的国际性组织；美国盆景协会，会员分布于全美各个地方，以及美国、加拿大、墨西哥的一些比较大的俱乐部。这些盆景组织为北美盆景联盟构成与活动奠定了基础。该联盟通过联络世界盆景友谊联盟（WBFF）和成员组织进行活动。加州的约翰·仲为该联盟的理事长，同时也是WBFF中具有代表性的人物。

1. 美国盆景

（1）美国盆景发展简史

1915年，美国人开始了解盆景。在圣弗朗西斯科，为了纪念巴拿马运河的竣工而举行的巴拿马太平洋博览会上，特地用船从日本运来了数盆大型盆景供展览。此后，这数盆盆景转入他人之手，至少其中大型的枫树与黑松2盆至今仍被培育于圣弗朗西斯科市内。

美国的盆景艺术，由移居美国的日籍人士培育发展而来，1950年11月，诞生了第一个盆景俱乐部。由奥村爱女士、Franco Nagata、Jyoseru Nagashita、Morihei Furuta以及约翰·仲五人组成。当时，被称为南加利福尼亚盆景俱乐部，后来转变为社团法人加利福尼亚盆栽协会。同时，Franco Nagata与约翰·仲开设盆景培训班，盆景艺术开始向白人开放。

1960 年代，盆景通过以下 3 条途径向全美普及：①通过植物园等处的公共团体。②美籍日本人的盆景活动。③各地散在的盆景爱好者以及从日本回国的归国者。

属于第一条途径的如东海岸北部的马萨诸塞州的波士顿市 Arnold 树木园、纽约州的纽约市 Brooklyn 植物园以及纽约植物园；稍往南的 Longwood 植物园等。该类途径主要通过在日本居住过的美国人带入日本盆景，并在植物园进行展示，介绍盆景艺术。

第二条途径，随着美国人对盆景兴趣的增加，美籍日本人积极地开展盆景的讲演、讲习会、展览会等活动宣传盆景，并积极开展利用原产植物进行本土盆景的制作。主要地区为夏威夷州的主要城市、华盛顿州西雅图市、加利福尼亚州圣弗朗西斯科市及其周边地区、萨克拉门托市、洛杉矶市、科罗拉多州丹佛市等。

第三条途径，一部分从日本回国的归国者在参考不多的盆景资料基础上，研究并开始盆景的普及活动。这些零星的盆景爱好家通过组成小型俱乐部来加深对盆景的理解并扩大盆景的影响 [38]。

爱好者人数：1981 年前后的盆景爱好者人数超过了 4500，年龄从 12～91 岁，他们非常热衷于盆景。

盆景树种：全美各地地理条件相差较大，全国都能够使用的树种有黑松、各种榆树、枫树、槭属、针叶树、Quercus 类、杜鹃类等；西海岸有加里福尼亚真柏等树种颇具人气。

盆景团体：全国性组织有盆景国际俱乐部与美国盆景协会 2 个团体。盆景国际俱乐部为非营利、免税的组织，会员包括俱乐部与个人会员两种，现在包括 20 多个国家的加盟团体 165 个，会员 3400 名(1981 年统计)；美国盆景协会有会员 1500 名(1981 年统计)；两个组织的目的在于收集盆景信息并致力于盆景的普及，每年召开年会。

美国各州还有州立的组织。马里兰州的 Potomac 盆景协会，佛罗里达州盆景协会，密歇根州盆景协会，加利福尼亚州的金州盆景联盟。这些州内的俱乐部与团体每年都举行大会与研讨会。每个州都有一个以上的俱乐部与协会，会员由入门者、上级者和专业水平者构成。全美大约有 600 个以上的盆景俱乐部。

这些爱好者中的一人或者数人在一个技师的指导下学习盆景。各俱乐部每月都要召开学习会，致力于盆景的普及、展览与示范表演。

2000 年 7 月 5～8 日，国际盆景俱乐部夏威夷主办盆景大会，来自 22 个国家的 400 余人参加了大会。

（2）国立树木园的日本盆栽馆、中国盆景馆和国际馆

华盛顿国立树木园位于华盛顿 DC 的东北部，为美国农业部管辖的世界著名树木园，年入园人数为 38 万人次来自世界各地，该园主要从事园林植物的展示与研究，树木园中最有人气的当属盆景馆，是由俄亥俄州立大学建筑系小西教授设计的。

1976 年，为了纪念美国建国 200 周年，日本的盆景爱好家通过日本盆栽协会赠送给美国树木盆景 53 盆与水石 6 点。美国联邦政府特意在国立树木园中建造了日本庭园以陈设这些盆景水石，该处即为日本盆栽馆。盆景馆还包括国际盆景馆、美国盆景馆与温室、中国庭园与中国盆景馆、展示场所与广场、办公与养护管理处等。

国际盆景馆于 1996 年 5 月开放。

美国盆景馆与温室：美国盆景馆展览优秀的美国盆景艺术家的盆景作品。温室为冬季盆景的越冬场所以及热带、亚热带盆景的展览场所。美国盆景馆于 1990 年 10 月建成开放，夏威夷盆景馆于 1993 年 10 月开放。

中国庭园与中国盆景馆：月牙门与中国式的庭园，岭南盆景的展示场所。香港永龙银行董事长伍宜孙先生曾于 1980 年代中期赠送岭南式盆景 31 盆。中国盆景馆于 1996 年 5 月建成开放。

展示场所与广场：微型盆景展览、制作示范表演、盆景临时展览以及有关盆景的其他活动的场所。

办公与养护管理处：为教育场所、工作室、仓库以及盆景养护管理处，一般不对外开放。

到树木园游览，可以观赏东方盆景、美国盆景，也可以观赏亚热带的盆景，并且盆景园的设施每年都在充实之中。

为了保障国立树木园盆景场馆的顺利建设与盆景园的养护管理，1982 年设立了国民盆栽基金（The National Bonsai Foundation）。该基金为非营利、免税的组织，唯一的目的是国立综合盆景展示场的集资，并主导该规划、建设、维护的正常进行。基金的管理运营由美国盆景界 15 位著名的人士担任，并同树木园园

长以及办公人员进行紧密联合，开展活动。

（3）美国盆景协会和国际盆景俱乐部

美国盆景协会（ABS），在原主席 Mrtin Klein 的领导下，会员遍及全美。这些成员通常是在地方俱乐部或地方组织的领导下进行活动。ABS 定期在匹兹堡宾夕法尼亚州和达拉斯德克萨斯举行专题研讨会。ABS 主办的盆景杂志已经出版 40 余年。ABS 还出版了由 David de GROOT 撰写的《盆景设计基础》，这本书被作为强调盆景造型的教科书。ABS 在网上还办有主页，内容包括有北美盆景组织列表和与盆景相关的社团、销售和教育的相关信息。

国际盆景俱乐部（BCI）成立于 1962 年，现在由 Mary Bloomer 主席领导，这个俱乐部日益走向国际化。1989 年 BCI 被任命为世界盆景友好联盟的国际顾问。1993 年在佛罗里达的奥兰多，BCI、佛罗里达盆景协会和 WBFF 共同主办了世界盆景大会及国际盆景会议（IBC）。《盆景杂志》是国际盆景俱乐部的出版物，如今已发行 40 余年。IBC 于 1996 年在华盛顿、1997 年在加拿大多伦多、1998 年在波多黎各、1999 年在 PORTLAND OREGON、2000 年在夏威夷檀香山先后成功地举办了盆景大会。

2. 夏威夷（美国）盆景

120 余年以前，移居夏威夷在甘蔗农场工作的日本人开始把盆景介绍到夏威夷。虽然没有留下盆景史的文献资料，据说这些日本人利用休息时间开始玩赏自己在祖国时就爱好的盆景。但这些移民在盆景方面没有进行专门的学习，作品多为盆栽而不能叫做盆景。除此之外，在植物检疫制度实行之前，日本的商船与海军练习船的官兵把自己在船上培育的盆景送给了夏威夷居民，其树种基本上是黑松。1941 年由日军奇袭珍珠港所引发的美日战争中，以日本战刀为首的日本文化相关物成为禁止的对象，前精心培育的盆景先大多数被扔掉或者枯死。所以二次大战之前，在夏威夷并没有系统介绍日本盆景的制作技术与管理方法，只是一部分人通过阅读日语盆景书籍学习而已。战后，少数日籍人士开始从日本输入真柏、山茶花类等。同时盆景爱好家们开始使用夏威夷乡土植物制作直干式、曲干式、斜干式、悬崖式盆景。其中，常绿柽柳最有人气，因为它的针叶酷似日本的松类而被称为夏威夷松。

1960 年前后，由日本人一世中的盆景爱好家组成了檀香山盆景研究俱乐部，并在夏威夷、毛伊以及考爱各岛设立盆景会。1970 年，为了通过盆景讲习班、展览会来促进盆景的普及发展，成立了夏威夷盆景协会。用英语接受盆景教育的爱好者在 1970 年以来的 11 年间达 500 名以上。这些学员先后结成了各种各样的爱好会。夏威夷盆景协会，为了盆景的普及，对这些各种各样的爱好会进行着支持与帮助。

1980 年，夏威夷盆景协会与盆景国际俱乐部共同主办了国际盆景大会。美国、加拿大、南非、澳大利亚、新西兰以及菲律宾的代表出席了大会，日本盆景协会也作为正式代表出席。由日本、美国本土以及夏威夷的 10 名盆景专家进行了盆景制作示范表演。

主要盆景树种：为了制作热带树种的盆景进行着各种探索，日本树种中的黑松与真柏颇有人气。此外，夏威夷各地使用的树种有夏威夷松、小果榕树、崖柏类、叶子花、伞形花石斑木、番樱桃类等。夏威夷被称为植物的王国，每年都有多个新种输入。因为植物一年都在生长，所以培育成型需要较短的时间。此外，适合室内用盆景的热带树种多，可以提供有益的技术信息。现在，夏威夷的盆景爱好家致力于使用热带树种的同时，在不损坏其自然形态的前提下进行整形。

主要盆景团体：除了全国性组织公益团体夏威夷盆景协会外，还有大岛盆景协会，1981 年 1 月作为公益团体而设立。

3. 加拿大盆景

1962 年安大略省多伦多市在日加文化中心的主导下成立多伦多盆景会。在这以前主要是以爱好者个人为单位进行活动。在该盆景会的影响下，盆景在加拿大开始普及，并先后在以下的城市也成立了盆景俱乐部：不列颠哥伦比亚省维多利亚、温哥华、卡克罗斯、艾伯塔省的卡尔加里、安大略省的基奇纳、圣－凯撒林斯、魁北克省的蒙特尔等。此外，偏远的地区也有数家盆景爱好者，相互保持着联系。

盆景爱好者的人数在 1981 年时不到 500 名。由于加拿大土地过于辽阔，影响了俱乐部会员们开展交流活动。

主要盆景树种有：当地山野有可供采挖的数种盆景树材。其中有香柏、北美落叶松、北美短叶松、青杆类、加拿大铁杉等。此外，其他地区与外国的热带、温带树种也有利用。

主要盆景组织：加拿大全国性的盆景组织于1981年1月成立，致力于盆景的普及与发展；由技术精湛的各地方俱乐部高级会员组成，对所属的俱乐部与个人会员进行指导，为普及作贡献。会员自己可以邀请美国的盆景专家进行盆景讲座与示范表演。

多伦多盆景会：1962年设立，1981年时会员120名，经常参加活动的会员70余名。除每月集会一次之外，6月15日至8月31日期间，每周召开夏季研修会。盆景技术的水准，特别是近20~30年来有了长足的发展。

在整个北美地区，许多热心者帮助曾经不同地区的个体形成俱乐部，也支持地方性的俱乐部。许多俱乐部加入地方组织，或隶属于国际盆景俱乐部或美国盆景组织。通过参与大会、相互交流以及与盆景界的著名人物发展互联网等方式，使盆景流行于美国北部。新一代的盆景指导人物正在脱颖而出。

作为最流行的盆景杂志之一《现代盆景》的主编，约翰提出了一种挑战性的观点，即"盆景在美国的状况"。当他以欣赏盆景艺术的眼光去寻求比过去更高质量和更快发展的盆景业的时候，约翰先生发现，虽然执着的盆景热心家将会有所建树，但这种艺术形式不会如人们所希望的那样，吸引更多新的盆景爱好者。对盆景持认真态度的我们，要理解为什么人们对盆景具有极其微妙的审美感，然而却不能完全被一个微小盆景的高雅和神秘所迷住，也许这是因为许多缺乏艺术美感的人造假盆景，在市场上被大打折扣以后销售所造成的。这些仿制品不仅艺术上有所欠缺，而且就算给予最好的养护，它们存活的可能性通常还是很低的。一株快要死的树无法刺激一个盆景新手将它进一步培育成盆景作品。因此，让所有的人认识什么是"真正的"盆景，并能够从照顾一棵小树，还要使它长得最好的过程中，来获得最大的个人满足，这一点是非常重要的。

拉丁美洲盆景

拉丁美洲盆景联盟（FELAB）于1992年2月在哥伦比亚卡利成立。当时的成员国有秘鲁、波多黎各、乌拉圭和委内瑞拉。现在发展到了14个成员国，实现了盆景的跨国之间技艺交流。后来加入的成员国有阿根廷、厄瓜多尔、巴拿马、危地马拉、墨西哥、

圣卢西亚、马提尼克岛、多米尼加共和国和巴西。

每两年，FELAB举行一次盆景交流会。大会上，除了邀请盆景专家进行盆景示范表演外，各国盆景同行们还可以进行盆景技艺交流与友好交流。第一届交流会于1994年4月在波多黎各圣胡安举行，主要表演者是来自美国的Chase Rosade和来自瑞士的Pius Notter；第二届交流会于1997年3月在哥伦比亚卡利举行，表演者为来自日本的加藤初治与森田Kazuya；第三届于1999年在西印度群岛的圣卢西亚举行。

FELAB编辑出版一本名为《Revesta FELAB》的杂志，栏目包括盆景信息、研究文章和许多来自各国的有趣的盆景新闻。

1. 阿根廷

阿根廷共和国位于南美大陆的南端，西侧为山脉，东侧为大西洋。

盆景于20世纪30年代由日本传入阿根廷。70年代后半期，各地诞生了几个爱好者团体，其中之一即为位于布宜诺斯艾利斯的阿根廷盆景协会。

1980年8月开始，在阿根廷的中心地潘帕斯平原科尔多瓦省里奥夸尔托市由Joseph Antony Cambria教授开设盆景讲座。该讲座的目的是传授小型盆景制作法，讲授一般盆景树种的特征。学员数较少，第一期于1981年1月毕业，成为里奥夸尔托盆景协会的主力军，会员仅7名。协会的使命是逐渐普及东方的盆景艺术，提高当地的盆景艺术水平。每3个月发行一期刊物，发送给爱好者，并且向全国出租盆景的视听教材。该协会的盆景由农学家与地质学家对土质进行分析，并在病理学研究的基础上进行盆景的养护管理。

阿根廷盆景协会在1977年成立当时会员有50人左右，1981年增加为100余人，成员从中学生到老人，职业多种多样，有医生与律师等。会长Marcelina Serrot女士在1930年代曾向日本兽医学习过盆景技艺，此后便一直致力于盆景的研究与普及，还参加过大型展览会、在电视上进行制作示范表演，同时还在阿根廷日本协会的协助下进行盆景的普及活动。

主要树种：落叶树有复叶槭、构树、*Chorisia apeciosa*、美国梣姑、蓝花楹类（*Jacaranda acutifolia*）、核桃类（*Juglans austhalis*）、垂柳、榆树类等；观果

类有桃、苹果、柑橘、石榴、无花果等；常绿树有女贞、秘鲁肖乳香等；针叶树有阔叶南洋杉、巴西松、雪松、垂丝杉、欧洲刺柏等。

阿根廷盆景协会为儿童、初学者与较高水平的会员开设盆景讲习班，每月的第二和第四个星期三的讲习班都免费。该协会出版盆景系列图书，此项被称为"如何让你走进盆景"。

阿根廷国内每年都在不同城市举办大型盆景展览：1993 年在圣丹佛，1994 年在 CORBADA，1995 年、1996 年、1997 年都在布宜诺斯艾利斯举办。全国的所有盆景团体都参加这些活动。日本大使馆文化中心每两年举办一次特别的盆景展览。

从 1995 年，阿根廷盆景协会开始出版名为《奇妙盆景》的刊物。该杂志的编辑 Marita de Gurruchaga 是一个知识渊博和非常优秀的盆景爱好者。该刊物发行到遍布阿根廷的各个地方，也遍布所有其他的 FELBA 组织。

阿根廷的民众对盆景非常狂热，1998 年每个省都有各自不同的盆景活动，和给小学生提供的制作实践方案。

2. 巴西

巴西对盆景的引入可以分为 2 个途径。一个是移住巴西的日本人以圣保罗为中心，进行盆景的制作与鉴赏，其历史古老，与日本人的巴西移民史一致；另一个是外国的高官、知识层人士被盆景所吸引，从外国购入盆景精品进行培育观赏，该类盆景培育者遍及巴西全国，其历史比较新。

最新的趋势是后者的盆景多委托前者进行养护管理，所以相互的交流也增加起来。巴西的盆景爱好者数量难以统计。到 1981 年为止，因为没有专门的盆景业主，难以进行盆景的买卖，盆景的交流只能与观叶植物一起，在品评会、拍卖会、交流会上小规模地进行。

盆景树种以松类、枫类为主流，还有杜鹃类、叶子花、桃金娘科、香桃木类（*Myrtus jaboticaba*）等。

巴西是拉丁美洲盆景组织的新成员。现在，巴西有几个盆景团体，活动非常活跃。出版了一本名为《盆景世界》的杂志，具有非常重要的指导意义。杂志的编辑者是 Marcelo Miller，一个真正的盆景热衷者。这本杂志除了遍布巴西外，还被传到拉丁美洲的其他国家乃至世界各地。

多个地方的盆景团体都隶属于 1994 年成立的巴西盆景协会与 KOKE 盆景组织，这两个团体都位于里约热内卢。其主要目的在于发展和普及盆景艺术。作为对盆景的革新，爱好者一直致力于研究本土植物作为盆景材料的可能性和适应性。

巴西于 1994 年举办了两次重要的盆景展览会，很多人都来参观鉴赏。一次是于 11 月在里约热内卢由某一高尔夫俱乐部主办的，日本领事主持了开幕式；另一次是由募捐者主办，在 CHICO MENDES ECOLOGICAL 举办的。

1995 年举办了两次展览会，有 2000 余人参观了这两次展览会。第一次于 8 月的"日本周"在波利斯举行；第二次展览会于 11 月在 MARIANA BARRA 俱乐部举办，这次也是由日本领事主持开幕的。

1996 年 11 月，第一次国内盆景大会在里约热内卢举办。展览之前的准备期间，成立了筹备委员会，安排了活动程序。所以，展览大会开得十分成功。

3. 哥伦比亚

在哥伦比亚自 20 世纪 40 年代开始，一部分人开始培育盆景。在首都波哥大诞生了第一个爱好者团体——哥伦比亚盆景协会。1982 年在卡利成立了 VALLECAUCANC 盆景协会（ABV）。

因为许多盆景爱好者没有加入盆景团体，所以想要统计哥伦比亚的盆景爱好者人数是不可能的。在过去几年内，盆景的爱好者和培育者大幅度增加，促进了盆景的发展。特别是青少年对盆景表现的兴趣尤为浓厚。

哥伦比亚的盆景组织还有：麦德林的 ANTIOQUENA 盆景协会以及卡塔赫纳、波帕扬等其他一些城市的俱乐部。

哥伦比亚最大的盆景团体是位于卡利的 VALLECAUCANC 盆景协会（ABV），该组织不断壮大。为了更好地促进盆景的发展与普及，该团体的教育委员会开设了树木美学、树木种植、树木繁殖、树木设计和树木养护管理等课程；资料委员会的作用是收集与出版树木成长过程中的实验资料和数据，指导盆景的养护管理工作；展览委员会定期组织 3 个不同造型与生长阶段的盆景展览会（3 个不同造型阶段的盆景指：生长初期的盆景、生长期的盆景和成型的盆景），这种展示可以使人们非常直观地获得树木生长过程的知识。生长初期的展览会多为初学者举办，并提供动手实习工作室。

1993 年 2 月举办了第五届国际盆景大会，同时举办了一个重要的展览，参加者不仅有哥伦比亚人，还有许多邻近国家的外国人。同年举办的盆景活动还有：主要的展览 TULUA、BUGA 和国际兰花展览，该协会作为嘉宾和 UNICENTRO UNIVERSIDAD DEL VALLE、HOLGUINES 贸易中心的盆景组织一起参加了国际兰花展览。

1994 年盆景团体还进行了多项教育项目和活动。在土拉举办了一次专题研讨会，并举办了大型的盆景展。此外，还举办了三次重要的展览和盆景义卖。1995 年，ABV 举办了第六届国际盆景大会与盆景展览会，取得了与会者的好评。本年度还主办了 4 次非常重要的展览。1996 年，除了继续开展盆景教育与普及活动外，大部分精力都放在了为庆祝协会成立 15 周年而举办的第二届拉丁美洲盆景交流会。这次交流会吸引了许多来自拉丁美洲国家的盆景爱好者，与会的盆景爱好者听取了日本盆栽协会加藤初治先生的演讲，并观看了示范表演。

1998 年举行的盆景活动有：为年轻人和老年人开设了盆景培训班、设立了一个名为流动工作室的移动式盆景服务项目，并成立了一所盆景学校。

哥伦比亚的确是一个由维克多总统倡导的非常积极和热衷盆景的国度。

4. 多米尼加共和国

"二战"末期，多米尼加共和国接收了多个国家的移民。1945 年，一些日本人在移民多米尼加的同时，也带来了许多的贸易项目，盆景就是这些贸易项目之一。一些老殖民者仍然会想起当时盆景爱好者的几个代表人物。一位是原为农艺工程师的宗武夫先生，家在圣·克里斯多泊；还有一位是在日本大使馆工作的盆景专家北田先生，也是当时移民中盆景方面的佼佼者，今天仍然能看到他的几盆盆景，一直是由 MIGVEL MENDEZ 养护管理的。他的外交使团解散后，他把收集的盆景赠送给了多米尼加，但自己却不知去向；另一位对多米尼加盆景影响很大的是松中先生，他来到波多黎各，就开始军事艺术、水墨画和园艺，而且开始致力于一部分盆景爱好者的盆景教育，这便是多米尼加开设最早的盆景讲习班。

MIGUEL MEND 先生是多米尼加一位在盆景方面颇有造诣的人，他曾师从日本大宫市盆栽町藤树园的浜野广美先生。作为一个多米尼加人，他对盆景与盆景爱好者的影响很大。1996 年 2 月，一个园艺师从波多黎各前来拜访了 PEDRO MORALES，在切磋盆景技艺后，他们建议应把盆景爱好者组织起来，建立盆景协会。1996 年 10 月，在他们的努力下，多米尼加终于成立了盆景协会。

该协会自成立之后，一直在圣多明各和圣地亚哥等地致力于盆景培训与普及工作，现在是拉丁美洲盆景协会的一部分。参加盆景培训的学员们每周集会一次，交流盆景知识与技艺，并组织盆景参观旅行与采集盆景树种材料。1997 年 5 月，在植物园成功地举行了第一次盆景展。

5. 厄瓜多尔

在过去的 30 余年里，厄瓜多尔形成了盆景热。据估计，分布在全国各地的盆景爱好者可达 2000 余人。主要的盆景组织是位于首都基多的盆景俱乐部。该俱乐部自 1994 年成立以来，会员人数不断增加。他们请教各种教师，不断地努力得到更多盆景知识和经验。瓜亚基尔盆景俱乐部是一个对盆景非常热衷的团体，她经常组织教育活动促进盆景艺术，1993 年，俱乐部的成员参加了一个叫做"本土森林"的项目，这个项目是由自然基金会命名的"我们的森林，我们的遗产"项目中的一部分，"本土森林"活动持续了 30 天。该年 7 月，俱乐部为会员组织了一次专题研讨会，同时，也有一些为公众开放的演讲。一个很精彩的项目是在 8 月为 13～18 岁的40 名年轻人举办的盆景课，整个项目持续了一个月。1993 年末，俱乐部出席了在一流的日本花园举办的盆景展。

1994 年，为初级、中级、高级班开始了盆景养护的研究和实践。这一年，为了庆祝厄瓜多尔的第一个盆景组织成立 10 周年，还在瓜亚基尔网球俱乐部组织了一次非常重要的展览。

厄瓜多尔人发现，邀请公众参与盆景活动对评价这个国家的盆景产生了非常积极的影响，1995 年以来，他们不断地组织活动，向公众介绍有关盆景养护的知识，而且，还邀请公众到电视台做相关的节目。他们每个月都要在会员家庭召开一次会议。1998 年春天，他们举办了 1998 年的年度盆景展。

6. 马丁尼克岛

在 WEST FRENCH INDIES，有 一 个 最 近 加

入 FELAB 的年轻的俱乐部，这个俱乐部就是 THE TROPIC 盆景俱乐部。1995 年初期，真正的盆景爱好者 XENIO BARON 应邀在一个日本艺术展览上展示了他的几件盆景作品，由于这次展览的成功，他决定和 5 个好朋友一起成立一个盆景团体。因此，1995 年 12 月 TROPIC 盆景俱乐部成立了。俱乐部成立 2 个月后，成员增长到 22 名，1996 年年底增长到 45 名，如今大约有 80 名成员。他们每个月开一次会议，完善自己的技艺、交流技术，给初学者提供建议。

1997 年，俱乐部指导它的工作室把研究重点放在盆景技术的主要基本原理上。这个俱乐部的主要目的是，热带树种的所有创作技术和文化方面，发展和促进盆景艺术。1996 年 11 月，俱乐部拜访了在法国居住的日本盆景教员 Yasushi ONUMA，一个多星期他们从 ONUMA 先生的经验中学到了很多知识。1998 年复活节期间，他们又拜访了一次 ONUMA 先生。

为了庆祝第二届 TROPIC 盆景俱乐部周年纪念活动，在桑那拉的郊区举行了一次盆景展，这次展览持续了两天，有 1500 多人参加。这是他们第一次举办盆景展，而且在展览会上，他们展示了从小品盆景到高度为 1.2m 的 80 余盆作品，展示的盆景都是由俱乐部的一个成员培育的。这样，当他们向人们展示按照基本的盆景技术，用自己的树种能做什么的时候，他们的目的就达到了。

TROPIC 俱乐部在 1998 年举办了很多项目，而且他们相信俱乐部的成员会加倍。2000 年，他们举办了第二次大型展览。

7. 墨西哥

1994 年，墨西哥的一些盆景爱好者，有一个想法，就是把所有致力于墨西哥盆景艺术的人的名字整理成一本盆景人名通讯录。从此，盆景作为一种爱好或商业项目开始发展起来了。

根据这一想法，1994 年 10 月 27 至 29 日，已成立的 "BAZAR DE PLANTAS" 公司在墨西哥的 ROYAL PEDREGAL 宾馆组织了第一次盆景专题研讨会，在这次研讨会结束的时候，提出了建立 "墨西哥盆景协会" 的想法；一年以后，也就是 1995 年 10 月，"墨西哥盆景协会" 正式成立。协会成立的同年秋天，在墨西哥圣德卡门举行了第一次盆景展。

从那以后，协会继续在同一个地点举行会议。每个月的第一个星期二，举行一次会议，会议上，

通过演讲提供关于盆景技艺的建议和演示。这样的会议不仅对协会会员开放，也对任何想获得盆景知识和加入协会的人开放。

1997 年 3 月，举办了 2 次展览，一次在澳特纳马，另一次在伯士奇，在这两次活动期间，不仅有大量的盆景被展出，还向公众提供了备有原材料的桌案。6 月，协会被邀请在国家大学博物馆展览。7 月，在一座叫做 "TEXCOCI" 的城市，协会组织了一次小型展览。

1997 年的最后一次活动是在博物馆总部举办的俱乐部自己的展览，展示了 190 多种盆景，这次活动期间（1977 年 10 月 1 日至 12 日）整个白天都有向公众公开的盆景演示，这是一次非常成功的活动，多数参加者都很欣赏这些盆景的艺术。如今，它仍然是一个小协会，然而，为了墨西哥盆景，它每天都在壮大。

在瓜达拉哈纳，还有一个 1983 年成立的，叫做 "美丽的瓜达拉哈纳盆景" 的组织，虽然小但对盆景确很热衷。这个团体一直都在这个城市的博物馆收集盆景，在这个博物馆经常有免费的盆景课。这个团体每月都在不同的成员家中聚会，讨论主人盆景的修剪与造型。

这个团体为 1998 年制定了一个很积极的计划表，这些计划之一是帮助拉丁美洲盆景联盟（FELAB）在 SAN JUAN 组织了第一届拉丁美洲盆景大会，这次非常成功的活动把各个国家的盆景爱好者带到了墨西哥。这个团体曾有机会代表祖国进行展出，这增强了各国之间的友谊。

8. 秘鲁

在秘鲁，有许多盆景爱好者团体，他们在各自的地区提高自己的盆景知识水平。要确切估计盆景爱好者的数量是很困难的，但我们可以确切地说，盆景爱好者的数量是很大的。

目前，为了形成一个把秘鲁所有盆景爱好者都组织在一起的联盟，盆景热衷者们仍然在尽力。秘鲁盆景俱乐部是一个领导组织。

秘鲁盆景俱乐部一个月给高级、中级、初级盆景学员提供两次工作室；在公众中也增加了为有经验者开的研讨会和精美的展览；每年，LA CONVENTION NATIONAL DE BONSAI 都由秘鲁盆景俱乐部组织，这个大会的主要特点是学着制作人工岩石，并把这些岩石结合到盆景中。秘鲁盆景俱乐

部的活动还包括其他高档次的大型展览，在展览上不仅有盆景还有 SUISEKI。

9. 圣卢西亚

圣·露西雅盆景协会建立于 1989 年。从成立以后，它的成员从 9 个增加到 80 个。这个协会出版一种相当好的公报，这个公报告知 FELAB 所有的发生在圣卢西亚的活动。1993 年圣卢西亚成为 FELAB（拉丁美洲盆景联盟）的一部分；从那时起，所有 FELAB 的通信都使用英语和西班牙语两种语言。

圣卢西亚盆景社团的目标是通过举行会议、展览、野外旅行以及到附近国家的短途旅行，和其他团体进行适当的活动，来促进、鼓励和改善圣卢西亚的盆景栽培技术。

社团举行年度展览来促进盆景艺术、招收新的成员。每个月的第二个星期二都定期举行会议。

圣卢西亚盆景协会的另一个目标是加入有同样目标的其他社团或协会。为了达到这一目标，成员们不断地交换意见；营造更多的机会，与来自亚斯特卡宾的盆景爱好者联系，从而通过信息流通和经常性地交流，不断鼓励姐妹群体加入国际组织。1999 年 6 月 24 日至 27 日，圣卢西亚盆景协会主办了第三届拉丁美洲盆景展览会，使这个协会感到非常自豪。这个协会的主要活动是：调查和保护他们的自然资源、传播和普及盆景。

这个地区的每个社团，都发展了大量的有关盆景的教学法、园艺学和养护，包括：与盆景相关的课程、研讨会、工作室、会谈和重在保护的野外收集。应博物馆和艺术中心的邀请，在展览会上展出了 100 多种盆景，这显示了委内瑞拉盆景艺术一个特殊的水平。2019 年，一个新组织—盆景友好联盟—在加拉卡斯成立，这个组织促进了其他所有社团的活动。

来自加拉卡斯的 VENEZOLANA 盆景协会：VENEZOLANA 盆景俱乐部最初与 1976 年在加拉卡斯成立，这个组织一年至少举办了三次主要的展览：一次是邀请日本大使馆陪同的 LA SEMANA DEL JAPON 的庆祝活动，这次也包括其他的日本艺术；一次是主要在艺术中心为初学者举办的展览，至少展出有 80~100 种盆景；还有一次是，为庆祝社团 20 周年纪念活动，在加拉卡斯的 CONTEMORANEO 艺术馆举办的一次成功的展览。社团不断地为初学者、中级学员、高级学员安排课程、演讲和演示。

整个 1997 年，都排满了为 8~12 岁孩子开设的初学者课程。

来自瓦伦西亚的 CONSERVAEIONIETAY 盆景协会：1997 年 6 月为庆祝他们的 20 周年纪念，举办了一次极好的活动：国际盆景大会，邀请来演讲和演示的来宾被分配到大会举办国的所有其他盆景社团，大型的展览非常完善地展示了包括几乎所有种类的盆景模式。在这次大会之前，还专门为初级学员和中级学员开设了一次课程。

整个 1997 年，社团成员都坚持每周去一次工作室。1997 年最后一次活动是为 50 名新招收的盆景爱好者开设的一次课程。

社团的计划之一是对 "MACANO"（Diphysa robinioides）的研究。"MACANO" 是在美洲中部和南美北部地区发现的一种热带树，把这种树作为盆景材料是很有可能的。1997 年 3 月第二届拉丁美洲盆景大会期间，在哥伦比亚卡利 LILI DE BENNELT 代表巴拿马关于这一主题进行了演讲。

所有这些活动对两个协会的成立都作出了贡献，这两个新协会是朋友盆景协会和 CUMBRES 盆景协会，他们都成立于 1991 年，而且仍然在不断地壮大。

10. 波多黎各

在波多黎各美丽的加勒比海岛，有几个盆景组织组成了波多黎各盆景联盟，它们是：圣胡安盆景俱乐部、卡瓜丝盆景俱乐部、阿雷西沃盆景俱乐部、乌马考盆景俱乐部以及卡罗利纳盆景俱乐部。

除了不断的初学者、高级班、工作室和研讨会，他们现在正对一个培训残疾人从事盆景技术的项目很感兴趣，当然这个项目要求很多时间和人员的投入，这是一项值得倡导的很有意义的活动。

每个团体都定期举行地方组织的大型盆景展览会，因为展览对公众是开放的，所以有许多对盆景兴趣不断增长的盆景爱好者参加。在这个虽然小，但很漂亮的国家，盆景艺术是很重要的。

11. 巴拿马

尽管巴拿马是一个很小的国家，但它有一个相当大的盆景爱好者组织。这些盆景爱好者大部分都是巴拿马盆景协会的成员，据说，许多人都是真正的盆景艺术欣赏者。

1991 年，一些盆景爱好者商讨，在巴拿马成立一个盆景俱乐部，于是，巴拿马盆景协会成立了；

从那以后，这个组织一天天壮大起来，而且有很多的活动，还有很多会员们的盆景作品。

1993年，协会会员参加了在哥伦比亚卡利举办的国际盆景大会，同年，他们组织了一次为期5天的关于热带盆景的研讨会，这次研讨会是真正向更高阶段迈出的第一步。

接下来的几年，协会把工作重心放在一个主要的目标上：促进公众的盆景文化和教公众学习盆景文化。会员们和 PEDRO MORALES 一起，为实现这一目标而共同努力。

除了对公众开放的这些活动，协会每年举行两次研讨会，在会上邀请一些国际宾客发言，例如：来自哥伦比亚的 Beatriz de Borvero 和 Victor Cajiao。另外每个月还召开两次会议，会员们在会上展示自己的作品、分享提议和想法、准备演讲和工作室。一些盆景被协会捐赠后作为教育工程基金的收集。他们也喜欢到野外旅行，收集盆景的树木素材和奇石，为了移植树木的成活率，这些活动一般都在4~10月的雨季进行。

12. 乌拉圭

乌拉圭首都蒙得维的亚有许多盆景爱好者，其中很多是乌拉圭盆景协会的成员。现在仍有许多盆景爱好者分散在乌拉圭的各个地方。在乌拉圭南部，盆景的爱好者和欣赏者每年都在不断地增加。

在由日本大使馆主办的盆景爱好者组织会议上，都有重要的演示，同时举办大型的展览。他们每月还为参加者和宾客举行一次会议，在会上，可以进行盆景的金属丝绑扎、修剪、树形设计，也可以做其他和盆景艺术有关的事。

随着日本文化协会的成立，他们当前的计划是在那里建一个日本花园。

13. 委内瑞拉

委内瑞拉盆景社团不断地追求盆景艺术的发展，这些很大程度上只能通过交流而实现。在邀请其他盆景组织出席的展览会上，适当地根据他们的意见进行重新调整，以此来达到交流经验的目的，主要的讨论内容都是关于盆景的。委内瑞拉的盆景社团对植物的保护都很感兴趣，那些健全的收集规则都被适当地保持下来。社团要达到的目的是：在所有地区建立保护自然的意识状态。

致力于委内瑞拉盆景研究的团体还有一些严格遵循盆景设计规则的协会，他们都创作出了优秀的盆景作品。

位于马拉开波的 ZULIANO 盆景俱乐部 (CEBC)：这个俱乐部（总部设在马拉开波）坚持用乡土树种进行造型实验。这个组织的许多成员对于参加盆景的制作表演、演讲和动手制作方面都很积极。他们定期举办展览，是一个非常活跃的群体。

来自玻利维亚的 SOCIEDAD CONSERVACIONSTAY DE BONSAI GUYANA(SCBG)：这个1995年刚成立的盆景团体（很注意保护资源）有展览、课程、演示等大量的年度活动。这个团体是由拉丁美洲最重要的钢铁生产业 SIDOR 赞助的。尽管这个团体远离所有其他盆景社团，但成员们仍然保持对盆景极大的爱好，而且他们有一个得天独厚的优势，就是他们居住的地方靠近适合采集盆景材料场所。

盆景友好联盟：这是一个最近成立的团体，成员很少，但很有经验。1997年，这个团体在委内瑞拉的加拉卡斯的最重要的博物馆之一举办了一次盆景展。该联盟的目标是：通过不断的努力，增加自己的盆景知识，促进盆景艺术的不断发展。

大洋洲盆景

大洋洲位于太平洋中部和西南部的广大海域中，西南临印度洋，是地球上最小的洲。绝大部分地区属热带和亚热带气候。盆景发展地区集中在澳大利亚与新西兰。

1. 澳大利亚盆景

20世纪初，船员们从日本把盆景带进了澳大利亚，但由于缺乏养护管理技术，大多数盆景枯死，残存下来的只有松类；加之由于不能进行正确的整形管理，使盆景处于生长不良，放任自流的地步。

1908年，日籍人桑畑英雄（1863—1930）在悉尼开设植物园艺种苗店，1928—1929年前后开始贩卖盆景的盆钵、整形工具、几架以及盆景。与此同时，华人商店的展窗中陈设了无花果的附石式盆景，引起了大家浓厚的兴趣。1939—1968年，一盆树龄约为120年的黑松盆景在堪培拉日本大使馆中陈设与养护。1951年，在悉尼开设了2家盆景专业商店，展示与销售盆景；从此，可以买到英文的盆景参考书籍。

1956—1958年间，开始盆景制作的爱好者中，

Len Webber 与 Lawrence Rodriguez 博士开始盆景制作。Len Webber 在 NSW 州立 Ryde 园艺学校中开始开设盆景课程。

1965 年盆景协会成立，此前只有极少数的人爱好盆景。各州都有自己的盆景俱乐部，总数在 30 个以上。仅悉尼就有数个盆景俱乐部，会员从 20 人到 200 人不等，年龄层从 15～75 岁，会员多为女性。值得说明的是，1969 年在悉尼举办了澳大利亚原产植物盆景展览会。

主要盆景树种有：枫类、松柏类、鹅耳枥类、雪松、榉树、水青冈类、山茶类。除此之外，当地树种的无花果类、红千层类、小叶红千层类、小叶试管刷类等多花马鞍树、新西兰圣诞树。

主要盆景组织团体：1980 年代前后，由于各群众团体的协力，成立了全国性组织的澳大利亚盆景俱乐部联盟。澳大利亚盆景协会于 1965 年设立。除了每年的 1 月之外，其他各月都举行宣传活动。春秋两季，在不同地点定期举办盆景展示会，促进了盆景的宣传与普及，还出版协会月刊刊物，并在商业街或者在慈善事业活动的同时举办盆景展览。

1993 年 3 月，澳大利亚和新西兰两个盆景协会联合组织了"大洋洲盆景研讨会"，双方决定每年的春秋两季轮流举办盆景展览，为盆景的发展起到了推动作用。

2. 新西兰盆景

新西兰的盆景，由何人于何时传入不清楚，很久以前盆景爱好者便开始按照日本出版的易于理解的盆景图示书籍来制作盆景。这是因为在新西兰既没有盆景行家，又因植物检疫法律十分严格，限制盆景的输入；所以人们只有在参考书本知识的同时，摸索着制作属于自己特色的盆景。开始时，人们认为盆景就是把植物种植于盆钵之中，而不能理解盆景的真正含义。

1960 年中期，新闻界开始报道与宣传盆景方面的知识，1968 年成立了现在的奥克兰盆景协会。从此以后，爱好者的技艺水平提高很快，在协会成立之后的数年间，成功举办了几次盆景展示会，这是对一般人最初公开的盆景。

1975 年开始，通过少数人到日本、美国盆景研修旅行以及 1978 年来自日本的盆景使节的制作表演，大大促进了盆景的普及与发展。

盆景的主要树种有槭树、真柏、匍匐圆柏（*Juniperus chinensis* var. *procumbens*）、北非雪松、雪松、松类、柏类等外，还有当地原产树种的多花马鞍树、新西兰圣诞树类（*Metrosideros*）等。

新西兰尚没有全国性盆景团体，较大的地方盆景组织团体有奥克兰、克赖斯特彻奇以及惠灵顿的组织。新西兰大约有 20 个盆景组织，会员大约 700～800 名，爱好团体会员的大多数为 40 岁以上的女性。奥克兰盆景协会每月都进行集会，并把自己的作品进行讲评，开设讲习班，进行盆景的展示活动，并且放映盆景影片与幻灯片。此外，还到会员家中观看盆景陈设，到盆景园与植物园参观。同时，举办烧烤晚会与圣诞节晚会。

非洲盆景

非洲是仅次于亚洲的世界第二大洲，位于东半球西南部，地跨赤道南北，西北部有部分地区伸入西半球。

非洲盆景起步较晚，到 1995 年为止，还没有全非洲级别的专门机构组织盆景业余爱好活动的开展，同时严格限制外国盆景的输入。尽管这样，非洲盆景在利用当地树木资源制作盆景的基础上飞速发展。

1991 年成立非洲盆景协会，是世界盆景友好联盟最年轻的成员。盆景发展地区集中在大陆南部的南非。

南非盆景

在南非培育盆景，是 1950 年前后由华人兄弟二人最先开始的。从此之后，盆景的个人爱好者不断增多。1960 年在开普敦成立了南非盆景协会，随后在有些地区相继成立了几个小规模的盆景爱好者协会。到了 1980 年，全国总共有盆景爱好者团体 12 个，会员 1000 名左右。

1980 年 12 月，第一届南非盆景大会在开普敦召开，同时举办了盆景的展示会，全国每个俱乐部都有代表参加，并且达成了结成南非全国性盆景组织的决议，名称为南非盆景俱乐部联盟。该组织于 1982 年 1 月 1 日开始活动。首先发行季刊，传播国内外盆景新闻，并计划从日本购买盆钵与造型工具，并向国内各地派遣盆景讲师。以上活动加深了会员对盆景魅力的认识，促进了会员水平的提高。1997

年9月，非洲盆景协会在日本周期间成功举行了盆景展览，促进了南非与非洲盆景的发展。

在南非一般使用的盆景树种为枫与槭类、榆树、石榴以及多种针叶树。除此之外，还选用当地植物作为盆景的素材，例如南非相思树类、橄榄、猴面包树、非洲朴、幸运刺桐、阔叶豆木等，同时重点开始利用南非特有的猴面包树进行尝试制作盆景。

在南非，山石盆景的发展，促使了两个协会的形成；一个是水石协会，另一个是非洲水石协会。

随着民主南非国家的产生，盆景爱好者尝试着利用本地树种进行盆景的制作。同时，随着环境意识的提高，盆景将被越来越多的人所接受。

世界盆景发展展望

第二次世界大战之后，盆景开始快速地步入国际化。1964年东京奥林匹克运动会召开之际，特别是1970年在大阪举办的日本万国博览会上，以日本政府举办的盆栽与水石博览会作为契机，外国人真正认识到了盆景的艺术魅力，在欧美兴起了盆景热潮。

1980年4月在大阪召开了世界盆景会议，来自10个国家15名代表向与会者汇报了本国盆景的发展现状与存在问题。该次大会成为盆景国际化的象征，并倡导成立世界盆景联盟。1980年还在夏威夷召开了世界盆景大会，来自世界各国的近千名盆景人士出席会议。之后的1986年7月全美盆景大会召开。在这种大好形势下，1987年在东京4月又召开了世界盆景友好联盟筹备大会，紧接着在1989年4月在日本埼玉县大宫市召开了世界盆景史上最大规模的世界盆景大会，参加者为32个国家的1200余名盆景界代表人士。在该大会召开的同时，成立了世界盆景友好联盟（WBFF）。WBFF成立的目的为①促进人类共同的、有生命的艺术盆景在世界范围普及与发展。②积极开展各国间有关盆景艺术的知识、技术、信息等方面的交换和交流，通过这些交流促进国际亲善与友好。

进入2000年之后，随着我国经济的快速发展、盆景事业的再兴盛，多次重要的国际会议都在我国展开，同时，加之我国盆景专家多次被国外邀请讲学、表演，使中国盆景文化在国际上产生了深远影响，重新树立了我国作为盆景创始大国的国际地位。

处于21世纪的今天，从世界范围对世界盆景的现在与未来展望如下：

盆景已经成为一门人类共同的文化与艺术

盆景经过2000年的发展，现在已经成为一门人类共同的艺术。主要表现在以下几个方面。

1. 盆景的魅力已经被世界上的大多数人所接受与认识

世界上的盆景爱好者不断增加，现在世界上有数十个以上的国家都有盆景爱好者的全国性团体与组织，拥有多个全国性盆景组织的国家也不在少数。除了全国性组织之外，还有数量众多的地方性盆景组织。组织的成员从几人、几十人到数千人不等。成员的年龄从十几岁到九十余岁，但多以20~60岁为活动的中心成员。正是由于这些众多的盆景爱好者的存在，从而进一步促进了世界盆景的发展与普及。

2. 世界各地频繁举行盆景的研讨会、示范表演等各种活动

盆景的世界组织、国家级组织以及地区级组织都已成立或者正在成立，世界各地频繁举行盆景的研讨会、会议、示范表演等各种活动。

世界级的盆景组织以世界盆栽友好联盟为代表，1989年4月成立于日本大宫市，并同时举办了第一届世界盆景大会；1993年5月在美国佛罗里达州奥兰多市举行了第二届世界盆景大会；1997年10月在韩国汉城举行了第三届世界盆景大会；2001年6月在德国慕尼黑举行了第四届世界盆景大会；第五届世界盆景

大会计划于 2005 年在美国华盛顿举行。

除了世界盆景大会外，还有每 4 年一次的亚洲太平洋盆景水石大会。第六届大会于 2005 年 9 月在北京市植物园召开。除此之外，多次盆景国际会议在我国成功举行。

3. 以中文、日语、英语、西班牙语等为主的各种语言的盆景月刊、季刊的发行在世界范围兴起

可以说，21 世纪，盆景不再是个别国家独特的技艺，而已经成为国际共同的一门艺术。

4. 各国都在结合本国乡土植物资源与文化背景的基础上形成具有特色的盆景，并在不断地发展

各国都在引入日本与我国盆景树种的基础上，大力开发与利用本国乡土树种作为盆景素材，并在创作具有本国特色的盆景作品（各国的盆景树种参考各国盆景发展概况部分）。

盆景树形在多种多样的基础上走向雅俗共赏。根据日本 NHK 电视台调查，20 世纪 60 年代，日本的园艺与盆景爱好者的 65% 为年龄较大的男性，35% 为女性；当时爱好的主要园艺内容为杜鹃盆景、松类盆景以及菊花、月季等；90 年代后期，爱好者的 65% 为女性，其中大部分为家庭主妇，35% 为男性；爱好的内容由以盆景为主，变为山野草盆景、花木盆景、幼苗盆景、组合盆栽、芳香植物等易于栽培、价格低廉、使人感到亲切的园艺盆景为主；特别是年轻的女大学生，尤其喜好青苔类盆景、幼苗盆景。

所以，盆景应随时代与主要爱好群体的不同，而进行不断的创新与发展，才能满足以广大群众为主体的欣赏对象的要求。

5. 盆景的科学研究工作有待开展，研究水平有待提高

盆景的科学研究，包括盆景历史、盆景美学、盆景树木生理、盆景栽培、盆景鉴赏等诸多方面的研究工作，应当受到重视并有待进一步开展。应当逐渐改变盆景行业中，只重视作品，不重视研究；只重视盆景工匠，不重视盆景研究者的现状，把盆景学当作一门完整的学科来对待。

6. 从事盆景职业的年轻人增多

在美国，学习园艺、林业、园林专业的大学毕业生正作为盆景专家活跃在盆景第一线。德国著名盆景专家、汉德堡盆景中心经营者鲍尔认为：中国盆景组织的成员、会员大多是老年人，而他创办的盆景协会却着眼于青年人，因为只有青年人才是德国盆景事业发展的希望。另外，鲍尔还在努力创造德国盆景的特色风格。

有专业知识与技术的年轻人活跃在盆景第一线，为世界盆景的不断发展增添了新的力量。

7. 盆景素材转向以人工繁殖为主

由于山野采挖盆景素材可以节省时间与易于进行大型盆景的制作，所以长年以来，特别是盆景发展初期的国家与地区，多以山野采挖作为盆景素材的主要来源途径。但由于山野采挖破坏环境、破坏自然资源、易于造成采挖地水土流失等原因，不少国家与地区已经严格限制上山采挖盆景素材。所以近年来，盆景素材的主要来源途径是通过人工繁殖的手法，亦即利用播种、扦插、嫁接、压条的方式来繁育盆景素材。日本的专业盆景生产者已经在人工批量繁殖苗木、大田快速培根培枝、大田初步整形与盆中细致整形等方面总结了珍贵的经验，并使用于盆景的批量生产与出口，值得世界各国的盆景生产者学习借鉴。

8. 盆景批量生产与商品化生产问题

盆景的批量生产与出口始于 19 世纪末期与 20 世纪初期的日本。据记载，明治时代（1868—1911）中期，横浜植木株式会社通过圣弗朗西斯科与伦敦的分公司向美国与英国出口花木球根，其中一部分为盆景，树种为扁柏、松类。1910 年（明治四十三），在伦敦召开的日英博览会上，横浜植木会社出展的盆景荣获金奖，为以后在国际上普及盆景奠定了基础。20 世纪 70 年代初期在法国巴黎举行的万国博览会上出展的盆景，引起了欧洲各国对盆景的爆发性热潮，欧洲各国出现了专门从事盆景的进口商。

日本对欧洲盆景的出口，在 20 世纪 80 年代初期主要以五针松为主，仅 2 年后就转向榉树、榉树、枫树、真柏、鹅耳枥类；主要原因是为了预防松类线虫病，要求盆景生产商在五针松出口之前必须进行 2 年的隔离栽培义务，以及欧洲盆景市场的五针松已达到饱和的缘故。

欧洲的盆景爱好者已经达到 10 万，其中德国为 3 万人以上。随着爱好者的增多，出现了喜好盆景树种的变化。

盆景成为世界和平的使者与园艺疗法的重要内容与手段

21世纪,多个国家已经进入"老龄社会"与"福利社会"。在这种社会背景的前提下,园艺疗法的功效愈来愈受到人们的重视,当然,盆景制作活动也是园艺疗法的重要内容。

作为园艺疗法的内容之一盆景具有下列便利之处与功效[40]:

1. 无论室外、室内都可以利用盆景开展园艺疗法活动。

2. 不仅植物的种类丰富,而且操作内容多。

3. 娱乐性强,可以带有某种治疗目的开展相应的活动。

4. 一般大多数人在娱乐的同时,积极参与盆景的相关活动。

5. 盆景可以使人感受到季相的变化。

6. 通过盆景作品可以表现个性。

7. 盆景可以美化环境。

8. 易于以盆景植物作为媒体进行交流。

9. 价格低,易于提高生产性。

10. 作为一种趣味与爱好,可以终生进行娱乐。

11. 安全。

此外,在精神与情绪的效果方面,通过人对盆景生长过程中的好奇心、注意力、观察力、成就感、存在感、忍耐力、责任感诸方面,达到治疗与疗养的效果。同时,通过情操与感性教育,建立教育的基础,培养人们对周围事物的感情,以及为别人着想的习惯。

盆景的制作与培育,给予人们,特别是老年人、残疾人、病人以喜悦与娱乐,促进情绪的安定,具有园艺治疗的效果。所以,盆景培育与制作将是今后园艺疗法的最重要手法之一。

结束语

最后,为了使创始于我国的盆景文化的传承发展与发扬光大,著者以世界盆景友好联盟设立的基本理念作为本书的结束语:

人们可以感到植物生命的跃动,并在观赏植物生命生长发育的时刻,懂得生命的尊严。

通过盆景这种绿色的艺术,孕育出爱好自然的人们的和善之心与追求更加美好事物之心。

人们对绿色的盆景寄托心灵的安息,培育人生的希望与理想,建立爱好盆景的人们的友情。

爱好盆景的心灵永远和善,充满慈爱的精神;并且,可以讲,如果没有一颗和善之心,便不可能创作出美好的盆景,这是因为以自然的树木作为素材的盆景内蕴藏着"和平之心"的缘故。

现在,盆景作为人类共通的艺术被世界人民所爱好与接受。

爱好盆景的人们,带有一颗"盆景之心",促进盆景的普及与发展,增进友好与亲善之环,共同建设更加美好、更加和平的世界。

用盆景之心建设和平美好的世界,必将成为我们盆景爱好者永远的目标。

参考文献与注释

[1] Ted T Tsukiyama. Bonsai of the World Ⅱ[M]. World Bonsai Friendship Federation, 2001: 19.

[2] 白喜永. 韩国盆栽の歴史と現状[J]. 日本盆栽学杂, 2002(15): 2-5.

[3] 李奎报. 东国李相国集·第七卷古律诗·次韵和崔相国诮和黄郎中题朴内园家盆中六咏[M].

[4] (宋)苏东坡. 和子由记园中花木[M].

[5] 田禄生. 壄隐逸稿·卷一·诗·咏盆松[M].

[6] 高丽史·卷十八·世家第十八[M].

[7] 高丽史·卷十四·世家第十四[M].

[8] 李湜. 四雨亭集·咏盆松卜韵寄希籍[M].

[9] 东峰. 梅月堂集·卷之五·题盆中松竹[M].

[10] 岩佐亮二. 盆栽文化史[M]. 东京: 东京八坂书房, 1976: 40.

[11] 东方研究会. 农家月令歌[M]. 1999: 29.

[12] 李树华. 韩国济州岛盆景庭园"思索之苑"研究[M], 中国盆景赏石, 2013(4): 78-87.

[13] 木宫泰彦. 中日文化交流史[M]. 胡锡年, 译. 北京: 北京商务印书馆, 1978.

[14] 日本盆栽协会. 盆栽大事典第3卷[M]. 京都: 同朋舍, 1989: 298.

[15] 日本盆栽协会. 盆栽大事典第2卷[M]. 京都: 同朋舍, 1989: 173-175.

[16] 日本绘物卷全集·第14卷. 续日本绘卷大成3[M]. 东京: 角川书店, 1988.

[17] いわき节人. 盆栽文化史[J]. 太阳79(7). 东京: 平凡社, 1979: 55.

[18] 日本盆栽协会. 盆栽大事典第1卷[M]. 京都: 同朋舍, 1989: 505-506.

[19] 丸岛秀夫. 日本盆栽盆石考[M]. 东京: 讲谈社, 1982: 34-35.

[20] 日本盆栽协会. 盆栽水石の钵·水盘·卓[M]. 东京: 东京三省堂, 1974: 100-102.

[21] 李树华. 21世纪我国盆景业的发展前景与出路[C]//中国花卉协会办公室. 海峡两岸花卉发展交流研讨会论文精选: 1994. 北京: 中国农业出版社, 1995: 122-134.

[22] 李树华. 论世界盆景现状与发展趋势[J]. 园林科技情报, 1991(4): 23-30.

[23] STEIN R. 盆栽の宇宙志[M]. 福井文雅, 明神洋, 译. 东京: 东京せかり书房, 1985: 19.

[24] 除特别注明之外, 以下各国盆景发展概况皆根据: 1)日本盆栽协会(1989). 盆栽大事典, 京都同朋舍; 2)Bonsai of the World Ⅰ, World Bonsai Friendship Federation; 3)Bonsai of the World Ⅱ, World Bonsai Friendship Federation 三资料编写而成, 以下不再加注。.

[25] Hakluyt Society (ed): South China in the Sixteenth Century: Being the Narratives of Galote Pereira: Gaspar da Gruz: O. P. (and) Fr. Martin de Rada: O. E. S. A. (1550-1575): Hakluyt Society, London.

[26] 中野美代子(1994): 园林をつくる视线, しにか5(2), 8-14(种村季弘译(1991): 庭园とイリュージョン风景: バルトルシャイティス著作集1, アベラシオン, 国书刊行会).

[27] Arlette Kouwenhoven, Matthi Forrer. Siebold and Japan. Leiden: Hotei Publishing, 2000.

[28] 岩佐亮二. 盆栽文化史[M]. 东京: 八坂书房, 1976: 124.

[29] BAGOT R. The Flower and Gardens of Japan[M]. London, 1908: 62 .

[30] RENARD M. Chinese Method of Dwarfing Trees[M]. Gardeners' Chronicle, 1846: Vol. 6.

[31] 岩佐亮二. 盆栽文化史[M]. 东京: 八坂书房, 1976: 126.

[32] FORTUNE R. Yedo and Peking[M]. London: John Murray, 1863.

[33] WILLIAM S. W. China[M]. 1883(2): 12-13.

[34] Tumura Toichio. Japanese dwarf trees[C]//Transaction and Proceeding of the Japan Society, 1903(6): 2.

[35] Richard Bagot. The Flower and Gardens of Japan[M]: London: , 1908: 55-71.

[36] STEIN R. 盆栽の宇宙志[M]. 福井文雅, 明神洋, 译. 东京: 东京せかり书房, 1985: 19-24.

[37] 铃木英夫. イタリア盆栽艺术学校について[J]. 盆栽学杂志. 2001(14): 1.

[38] 吉村西二. 米国盆栽界的现状: 盆栽の仕立て方·味わい方[M]. : 农耕と园艺编辑部, 1964.

[39] 岸田正昭. ECに向け盆栽输出の现状について[J]. 盆栽学杂志, 1993(6): 12-15.

[40] 米田和夫, 白喜永. 盆栽とセラピ-についての考察[J]. 盆栽学杂志, 2002(15): 12-16.

蒲輪遠聘
義珍儒席
詞押議鋒

贊曰
賢者博識
穆如清風
遊情文苑
高步談叢

稷下連蹤

附录
世界盆景大事记

　　《世界盆景大事记》(简称《大事记》)以年表的形式记载了世界盆景的发展变化过程。《大事记》中主要记载了与盆景相关的思想、技术、书籍、人物、事件等。

　　从《大事记》可以看出，盆景在我国汉代形成后，先传入朝鲜半岛，其次传入日本，然后传入以东南亚为主的亚洲各国。到了19世纪的近代社会，特别是第二次世界大战之后，盆景才开始传入欧美，现在已经发展成为世界性的一门艺术。

　　我国盆景的发展变化历程如下：秦代以前，是与盆景有关的文化基础与技术基础的形成时期；汉代时盆景开始出现；唐代为盆景的发展前期；宋代为发展期；明代为成熟前期；清代为成熟期。

　　在我国文化与盆景的影响之下，日本在奈良时期草木爱好风习与小假山趣味出现；中世时期"岩上树"与盆石开始流行；随后五山禅林的盆景、盆石赏玩之风开始盛行。在江户时期以前，日本的盆景、园艺受我国的影响极大，但进入江户时期之后，日本特有的盆景，园艺文化开始形成：宽永年间流行山茶花，贞享、元禄年流行牡丹，正德、享保年间流行菊花，宽政年间流行枸橘，文化、文政年间流行牵牛，文政、天保年间流行珍草奇木等。从该时期起，日本的盆景与园艺文化处于世界领先地位。到了明治、昭和时期，日本的盆景在此基础上有了更高水平的发展。

　　到了19世纪的近代社会，特别是第二次世界大战之后，盆景开始快速地步入国际化进程。1964年东京奥林匹克运动会召开之际，特别是1970年在大阪举办的日本万国博览会上，以日本政府举办的盆栽与水石博览会作为契机，西方人士真正认识到了盆景的艺术魅力，盆景文化已经在世界范围内普及。

年代	中国	摘要	日本	摘要	朝鲜	摘要	其他国家
公元前 5000	新石器时代	原始人类自然崇拜 黄河流域出现粗陶、彩陶、红陶 原始人类对植物、山石的自然崇拜					
	夏 （前2184—前1752）	昆仑神话流行 黑陶、灰陶出现 白陶、灰釉陶及原始瓷器出现					
1900 1800 1500 1400 1300 1200	殷商 （前1752—前1111）	建木、扶桑、连理木、嘉禾、朱草等植物信仰出现 "圃""囿"分化 种树风习形成 "怪石"一词出现					
1100 1000			绳 文	狩猎捕鱼生活 绳文式土器出现			
900 800	西周 （前1111—前771）	神仙思想流行 印纹硬陶出现 花卉栽培开始，嫁接技术开始					
700 600 500 400	春秋战国 （前771—前221）	孔子、老子等思想家出现 神仙思想流行，道教产生，铅釉陶绿、褐釉青瓷出现					
300 200	秦 （前221—前206）	秦始皇焚书（医药、卜筮和种树园艺书籍除外） "一池三山"园林手法诞生 铜龟负螺山出现 博山炉流行 十二峰陶砚出现	弥 生			青灰色陶质打型纹土器烧成	

年代	中国	摘要	日本	摘要	朝鲜	摘要	其他国家
100	西汉（前207—新9）	《西京杂记》：长安种树盛行 长安上林苑建成 观赏园艺盛行、栽培技术大发展 园林用石开始 宜兴出现带孔小陶盆		部落国家成立 稻作开始 烧制弥生式土器 由中国导入青铜器与铁器	乐浪郡时代		
公元0	（新9—23）	水禽花树绿釉陶盆出现 佛教传来 须弥山宇宙观流行 四川出现须弥山石雕 四川出现摇钱树、青铜神树 出现青瓷（古越瓷）与灰釉陶	弥				
100	东汉（23—220）	河北省望都东汉墓壁画上有钵植构图（？） 河北省安平东汉墓壁画《仕女图》中有盆山构图	生	57, 倭奴国王遣使到东汉 107, 倭国王师氏遣使到东汉			
200	三国（220—280）	隐逸文化形成 山水画、山水诗形成 青瓷盛行		239, 邪马台国遣使到魏国 266, 邪马台国女王遣使到晋国			
300	西晋（265—317）	竹林七贤、老庄思想出现 最初的竹类专著《竹谱》刊行 《佛图澄别伝》记载盆植荷花 黑釉烧成		大和朝廷统一日本			
400	东晋（317—420）	304, 嵇含著《南方草木状》 江南的贵族、权臣、富商建造私家庄园风气盛行 皇家园林、私家园林发展 园林山石重视色彩、纹样 王羲之邀友在兰亭园宴会，建"曲水流觞" 陶渊明辞官归隐，以酒和菊为友 竹林七贤出现	古		三国（高句丽·百济·新罗）时代	灰色硬陶器开始烧制（新罗陶器）	
	北魏	白瓷、黑瓷及各色釉出现 《魏王花木志》刊行 "奇石"一词出现 司马金龙墓中屏风漆画上绘有盆石	坟	413, 晋朝朝贡 430, 向宋朝贡 438, 向宋朝贡 443, 齐、宋遣使			
	北朝 / 南朝	黄釉绿彩陶烧成 陪葬品明器中绿釉、褐釉、黄釉、白釉上绘有人物、动物		百济须口器的烧制法导入			

年代	中国		摘要	日本	摘要	朝鲜	摘要	其他国家
500							彩画陶、黄绿釉陶烧制	
550	北 朝	南 朝	532—544，贾思勰著《齐民要术》 新疆克孜尔石窟壁画中有天女散花画面 北齐武平四年 (573) 画像石刻墓，有"贸易商谈图"，出现手托山石盆景画面 白瓷烧成					
600	隋 (581—618)		隋炀帝〈宴东堂〉诗，出现盆栽山茶 敦煌壁画有供养菩萨手托盆花形象	飞 鸟	600，向隋遣使 607，派遣小野妹子到隋朝 608，隋使去日本		与我国进行文化交流时，将盆景带入朝鲜半岛	
650			青瓷 (影青) 烧成 北方白瓷、南方青瓷的发展 文人的"琴棋书画"境地确立 宁夏固原梁元珍墓壁画中描绘盆景的画面 阎立本《职贡图》中绘有盆山与怪石	白 凤	614，派遣犬上御田秋到隋 630，派遣犬上御田秋到唐 650，智通、知达入唐拜师于玄奘	新罗		
700								
750	唐 (618—907)		706，永泰公主墓的石椁雕刻盆山模样 706，章怀太子李贤墓的东壁壁画绘有盆景三，并发掘出绿釉花盆二 唐三彩作为明器 王维 (699—759) 制作兰石盆景 水仙盆景出现 张萱《戏婴图》中首次出现须弥花池景观 742，杜甫作《仮山》诗，仮山类似盆仮山 吴道子《八十七神仙图卷》中出现多幅盆花 卢楞伽 (757—758前后)《六尊者像》中绘有盆景和怪石 道士殷七七调控花期	奈良 (天平)	751，正月三日，绳麿馆的宴会上展示〈雪之假山〉 756，天平胜宝八年，东大寺正仓院建成，正仓院出现〈木假山〉 尾张仄釉陶烧成			
800			柳宗元 (773—819) 著《种树郭橐驼传》					

年代	中国		摘要	日本		摘要	朝鲜	摘要	其他国家
			李贺 (790—816) 作《五粒小松歌》,唐代的小松盆松可能性高						
			824,韩愈作〈盆池〉诗 826,白居易发现太湖石 843,白居易著《太湖石记》,玩石风习兴起 周昉《画人物》中出现树木盆景 五台山佛光寺壁画中有山石盆景	平安	弘仁贞观	839,五月,河内国志纪郡志纪乡百姓向仁明天皇献2寸高的盆栽橘 弘仁年间、濑户烧始 (宫廷用) 838,藤原常嗣遣唐使派遣结束			
850	唐 (618—907)		847,牛僧儒,山石爱好家 849,李德裕,山石爱好家 敦煌莫高窟壁画有多幅手托盆花画面 石盆、金玉七宝盆出现				新罗		
900	五代十国 (907—979)		五代莫高窟壁画中出现多幅菩萨手托盆花的画面 五代罗塞翁《儿乐图》中出现大型花木盆景 (花) 五代周文矩《按乐图》与《赐梨图》中出现须弥花池景观 867—904,南唐李后主收藏三十六峰的《海岳庵研山》及其他名品 南唐 (937—975) 文化繁荣,"文房清玩"风潮盛行 黄筌 (903—965)《勘书图》中松林盆景						
950	北宋 (960—1127)		954,吉州窑烧造 956,定窑烧造 吴越王钱俶、赠给宋越州窑的秘色青瓷 钧窑烧造紫红釉瓷花盆 钧窑、汝窑烧成名品花盆,作为贡品,有渣斗式(袋式)、葵式、海棠式、仰钟式、长方、六方等,形状丰富多样,故宫多数收藏 陶谷 (903—970)《清异录》记载占景盘 武宗元《朝元仙仗图》中数幅盆景 欧阳修 (1007—1072) 作诗《鸦鸣树石屏》 龙泉窑开始烧造青瓷 (日本称砧青瓷) 苏轼 (1036—1101)《格物粗谈》中出现"盆景"名称 盆草名称出现 1069,苏轼作《欧阳少师令赋所蓄石屏诗》 1082,苏轼作《怪石供》 1085,苏轼作《杨康功有石			1018,宽仁二年,白居易诗卷71卷出版,平安文学有大影响	高丽		越南,自985年开始,兴'舟戏之礼'
1000	辽								
1050									

年代	中国	摘要	日本	摘要	朝鲜	摘要	其他国家
1100	金	状如醉道士为赋此诗》 1089，苏轼作《登州弹子窝石诗》 1091，苏轼作《天竺惠净诗以丑石赠行》 1092，苏轼作《双石并序》《仇池石》 1093，苏轼《雪浪石诗》 1094，苏轼作《壶中九华石诗》 1101，苏轼作《和壶中九华石诗韵诗》 黄庭坚 (1045—1105) 作《咏云溪石》 秦观 (1049—1101) 作《梅花百咏》，中有《盆梅》诗 李公麟 (约1041—1106)《孝经图》中出现盆花 秦观 (1049—1101)《梅花百咏》盆梅诗 米元章 (1051—1107) 以南唐李后主的三十六峰"海岳庵研山"与苏仲容甘露寺的古宅交换 米元章赏石法形成 米元章一生痴迷于灵璧石和研山 宋徽宗 (1082—1135) 绘《盆石有鸟图》，现存日本根津美术馆 宋代《说法图》中的山石盆景 《观世音法会》中的山石盆景 宋人作《梧荫清暇图》石上松 张择端 (1085—1145)《明皇窥浴图》中的松树盆景 1122，宋徽宗运太湖石到开封，建艮岳 王十朋 (1112—1171) 作《岩松记》 1133，杜绾著《云林石谱》 范成大 (1126—1193) 作《小峨眉并序》 范成大作诗《天柱峰》 范成大作书《太湖石志》 江南开始了赞美自然的风潮，扬州、杭州花市出现老松、老柏盆栽 1193，范成大著《梅谱》 许棐 (?—1249)《梅屋稿》小盆花 王十朋 (1112—1171)《岩松记》 何应龙《盆中四时木犀》 赵伯驹 (1120—1182)《汉宫图》四盆盆景 范成大 (1126—1193)《吴郡志》记载盆栽海棠从成都用船运至苏州 宋代佚名《岁岁平安图》出现水仙盆景 宋人绘《万年青》盆景图两幅 南宋佚名《夜宴图》出现大型山石盆景	藤原 平安	1167，仁安二年，重源入宋 1168，仁安三年，	高丽	中国的秘色青磁传入，翡色青磁烧成盛行 独自的象嵌青磁烧成，铁绘青磁、青磁辰砂、画金砂、白磁烧成	
1150	南 宋 (1127—1279) 蒙古						

年代	中国		摘要	日本	摘要	朝鲜	摘要	其他国家
	蒙古		刘松年(1127—1279)绘《十八学士图》《琴书乐志图》《罗汉图》中皆出现盆景 南宋《五百罗汉图》中出现多盆盆景 南宋《千手千眼观世音菩萨》中出现多盆盆景 成都大足石刻中出现山石盆景		荣西入宋、天台山(显密二教修) 1171,承安元年,觉阿入宋 1186,文治二年,荣西再入宋、天台山虚奄禅师禅正法学		1185,玉制假盆花(收藏于海印寺宝物殿) 1197,李奎报〈盆中六咏〉诗	
1200			1201,石雕笔架出土于浙江诸暨留云路董康嗣墓 周密(1232—1308)著《武林旧事》,书中记述了南宋的盆景 1242,赵希鹄著《洞天清录集》〈怪石辩〉 何应龙著《橘潭诗稿》〈盆中四时木犀〉〈和花翁盆梅〉 吴怿撰《农艺必用》〈种盆榴法〉 许棐纂《梅屋集》〈小盆花〉	镰仓	加藤四郎导入烧造法 1253,建长寺创建(归化僧兰溪道隆)	高丽		
1250	南宋(1127—1279)		元好问(1190—1257)著《遗山集》〈云峡并序〉〈云崖并序〉 陈赓(1190—1274)著《子厬集》〈砚山秋晚图〉 1279,杜绾著《云林石谱》 胡长儒(1240—1314)著《石塘稿》〈题段郁文雪石〉 李衎(1245—1320)著《竹谱详录》,记载多种竹类盆景 刘因(1249—1293)著《静修拾遗》〈出香奇石〉 赵孟頫(1254—1322)、管道升(1262—1319)夫妻爱石 鲜于枢(1257—1302)作〈小钓台〉诗 释明本(1263—1323)著《梅花百咏》〈盆梅〉 1273,佚名著《居家必用事类》〈种盆内花树法〉 辽代山西应县佛宫寺手捧山石盆景供养人 西夏莫高窟、榆林窟壁画中描绘盆花、盆景 黑水城出土文物中有《月星图》 金代山西代县岩山寺、崇福寺壁画中可见盆景 山西芮城永乐宫壁画出现大量盆景画面 元代任仁发《琴棋书画图》《人马图》中出现盆景 虞集(1272—1348)著《道园学古录》〈奎章阁有灵璧石,奇艳名世,御书其上曰奎章玄玉,有敕命臣集赋诗,臣再拜稽首而献诗曰〉 揭傒斯(1274—1344)著《秋宜集》〈砚山诗并序〉		1250—1270,《西行物语绘卷》大型木盆附石盆景			

年代	中国	摘要	日本	摘要	朝鲜	摘要	其他国家
1300	元(1280—1368)	黄溍(1277—1357)著《日损斋集》,中有盆竹诗 岑安卿(1286—1355)著《栲栳山人集》〈赋张秋泉真人所藏研山〉 舒頔(1304—1377)作《贞素斋集》〈石山菖蒲可爱〉 郭翼(1305—1364)作《林外野言》〈拜石坛〉 韦珪(1206—1368)著《梅花百咏》〈盆梅〉 吴莱(1297—1340)《渊颖集》〈小园见园丁缚花〉 李士行(1282—1328)《偃松图》 张渥(?—约1356)《弥陀佛像》中灵芝盆景 倪瓒(1301—1374)爱石 王蒙(1308—1385)《东山草堂图》中盆景 善住著《古响集》〈盆竹〉 冯子振(1257—1302)〈盆梅〉诗 释明本(1263—1323)〈和盆梅〉诗 丁鹤年(1335—1424)作《些子景为平江韫上人赋》 于立作《会稽外史集》〈范宽小雪山〉 王振鹏《姨母育佛图》中山石盆景		1299,正安元年《一遍圣绘》附石盆栽绘画 镜堂觉圆(1279去日—1306没)著《镜堂和尚语录》〈菖蒲石〉诗 天岸惠广(1273—1335)著《东归集》〈题盆柏〉 梦窗疏石(1275—1351)著《梦中问答》〈假山水韵〉诗 友山士思(1301—1370)著《友山录》〈盆红梅〉二首 1307—1317《法然上人绘传》盆景绘画 1309,《春日权现验记绘》屋檐前二盆景绘画 海舶青瓷花盆并用		1300,高丽末期屏风作品〈四季盆图〉 1328—1375,田禄生〈咏盆松〉诗	
1350		佚名《戏婴图》中大型湖石盆景 佚名《消夏图》中山石盆景 刘贯道《消夏图》中山石盆景 元代山西洪洞广胜寺水神庙壁画中山石盆景 山西高平仙翁庙壁画中山石盆景 河北石家庄毗卢寺壁画中山石盆景 山水楼阁石笔山(1978年出土于无锡) 元末明初巴塔嘎尊者手托山石盆景 1976,韩国全罗南道新安郡打捞出元代龙泉窑盆钵	室 吉 町 野	1331,吉田兼好著《徒然草》有盆景记事 1336,延元元年,后醍瑚天皇的名石"梦浮桥"携带在身 1339,延元四年,西芳寺(苔寺)园林建成 1346,虎关师练〈盆石赋〉〈盆石诗〉〈盆荷过夏无花〉与〈盆莲〉 1346,雪村友梅〈谢惠盆莲花〉〈石菖蒲〉诗 1351,《慕归绘》一盆大型附石盆景与三盆景 1351,申乐能大成(观世清次)"钵之本" 1364,别源圆旨〈盆石诗〉〈问兰无香并序〉 龙湫周泽(1309—1388)著《隋得集》〈盆松〉〈盆梅〉〈盆夏菊〉〈盆红白梅〉与〈盆竹〉诗 柏崖继赵(室町初期人)著《水	镰仓	1352—1409,盆梅开始出现(权近盆梅诗)	
1400	明(1368—1662)	指定景德镇为御器厂 1366,洪武元年三彩盆器烧成 景德镇集中多数民窑,主要烧制青花瓷 1388,曹昭著《格古要论》 《上元灯彩图》描绘金陵盆景市场 吴彬《月令图》《岁华纪胜图》描绘金陵盆景					

年代	中国	摘要	日本	摘要	朝鲜	摘要	其他国家
1450 1500	明（1368—1662）	《明宣宗行乐图》中多数盆景 1485，《明宪宗元宵行乐图卷》中盆景 1485，《四季赏玩图》中盆景 《御花园赏玩图》中盆景陈设 《春庭行乐图》中大型松树盆景 《官蚕图卷》中盆景陈设 《宫廷女乐图》中盆景陈设 永乐年间，法花三彩（不透明釉的一种），青花瓷技法发展 谢环《杏园雅集图》中盆景陈设 谢环《香山九老图》中盆景陈设 杜琼（1396—1474）《友松图》 吕纪、吕文英（1421—1505）《竹园寿集》图卷中盆景 唐寅《韩熙载夜宴图》中盆景陈设 1426—1434，落款"大明宣德年制"花盆多数烧成 沈周（1427—1509）《盆菊幽赏图卷》 名臣王琼（1459—1532）盆景庭园 成化年间，豆彩技法完成 1465—1487，落款"大明成化年制"花盆多数烧成 1450—1500，无款《十八学士图》琴棋书画中均有盆景 杜堇《十八学士图》中盆景陈设 青海瞿昙寺壁画中盆景 四川新繁龙藏寺壁画中盆景 四川新津观音寺壁画中盆景 四川剑阁觉苑寺壁画中盆景 山西灵石资寿寺壁画中盆景 山西新绛?益庙壁画中盆景 山西汾阳圣母庙壁画中盆景 北京法海寺壁画中盆景 河北蔚县故城寺壁画中山石盆景 1475，王鏊著《姑苏志》，有"盆景"一词 陆深（1477—1544）在浦江东岸打造"会仙山"奇石庭园 仇英（1498—1552）《金谷园图》《汉宫春晓图》《百美图》中多数盆景 1500—1560，仇英绘〈金谷园图〉，图中陈设山茶古桩盆景 1506—1521，朱端绘《松院闲吟图》图中陈设盆景多数 文伯仁（1502—1575）《南溪草堂图》中奇石园	北山 室 町 东 山	南诗集〉〈盆假山〉〈盆里移菊〉诗 义堂周信（1325—1388）作〈盆梅〉〈木假山〉诗 1375，中崖圆月〈求菖蒲并序〉〈神山移兰记〉 绝海中津（1336—1405）作〈盆芦〉〈盆兰〉诗 1381，天境灵致〈跋盆假山诗轴〉〈盆石〉 惟忠通（1349—1429）著《云壑远吟》〈盆双松〉〈盆富士松〉〈盆蕉〉〈次韵大圭藏主富士松并叙〉〈盆竹〉与〈盆荷〉诗 西胤俊（1358—1422）著《真愚稿》〈盆百叶桃花〉〈盆木山〉〈盆瑞香花〉与〈盆兰〉诗 1397，应永四年，义满建造金阁寺，池中有"九山八海石" 1418，应永二十五年.《花传书》（世阿弥）出版、茶道流行 光崖（1394—1427）著《光崖老人诗》〈盆踯躅〉〈盆芦〉〈盆里青山〉诗 1427，一桂〈端午咏盆假山〉 希世灵彦（1404—1489）著《希世灵彦》〈盆芦〉诗 1477，横川景三作〈盆菖蒲著花〉诗、〈末之松山〉诗 1463，宽正四年，给义政诸寺院献"盆山" 1466，文正元年，义政收纳富士松"盆山" 1483，文明十五年，义政建造银阁寺，茶道、盆玩流行	李朝 （1392—1900）	1392，李朝建立，贵族、权臣之间赏玩盆景风气盛行 1411，日本赠送朝鲜国王杜鹃盆景数盆 1458—1488，李湜《四雨亭集》 1435—1493，东峰〈题盆中松竹〉 1449—1515，蔡寿酷爱怪石、盆景，遗留有多首假山、山石盆景诗 1451，安平大居、在江华岛烧成鲜红器砂（辰砂） 世宗3年，中国的回回青传入 朝鲜独自秋草手、窗绘手形成 1474，姜希颜作《菁川养花小录》 白磁烧制发展	

年代	中国	摘要	日本	摘要	朝鲜	摘要	其他国家
1550	明 (1368—1662)	1522—1566, 落款"大明嘉靖年制"花盆多数烧成 1573—1619, 在位的神宗皇帝神袍上绘有花盆 1573—1619, 落款"大明万历年制"花盆多数烧成 项圣谟 (1597—1658)《雪景山水图轴》中描绘雪景中盆景庭园 项圣谟《五松图》 丁云鹏 (1547—1628)《玩蒲图》《煮茶图》中盆景 吴伟《武陵春图》 米万钟 (1570—1628) "败家石" 1587, 王世懋著《学圃杂疏》 1591, 高濂著《遵生八笺》〈高子盆景说〉 1591, 谈志伊绘〈花石图〉 陈洪绶、华岩《西园雅集图》中的山石盆景	室町 东山 安土 桃山	1488, 养牛庵主作〈盆假山〉诗 1499, 明应八年, 龙安寺枯山水园林建成 三益永 (1504—20前后没) 著《三益稿》〈盆竹〉〈盆池小荷〉诗 熙春龙 (1511—1593) 著《清溪稿》〈谢人惠盆山〉〈盆池移荷〉诗 1527, 月舟寿桂作〈秋山平远石记〉 1533, 三条西实隆作〈残雪石轴〉 雪岭永瑾 (1537没) 著《梅溪稿》〈盆竹〉〈钵盂杜鹃花〉诗 1562,《节用集》〈盆山十德〉 1574, 春泽永恩作〈夏山石〉〈盆池新荷〉诗		1592或者1597, 侵朝日本武将将一盆梅带回日本 1592—1597, 文禄广长战争时, 日本诸将带回很多李朝的陶磁、陶工	16世纪, 中国人把盆景带入菲律宾 16世纪中叶英国人 Fr. Martin de Rada在他的〈South China in the Sixteenth Century〉一书中, 对我国南方盆景的惊异
1600	清 (1662—1912)	1600, 煎茶盛行, 推动了文人对宜兴砂壶地认可"阳羡陶"出现 1606, 屠隆著《考槃余事》〈盆玩笺〉 1607, 杨尔曾纂、蔡汝佐画《图绘宗彝》〈盆中景〉 1567—1615, 嘉定县朱小松盆树有名 1613, 林有麟撰《素园石谱》 1617, 王路著《花史左编》 1620, 周文华著《汝南圃史》 1621, 王象晋纂《二如亭群芳谱》中有〈盆景〉二篇 1621, 黄凤池纂《新编草本花诗谱》, 书中有红蕉花、吉祥草盆景的描绘 1630, 文震亨著《长物志》〈盆玩〉 1634, 计成著《园冶》 1640, 戴义著《养余月令》 1623—1716, 毛奇龄著《后观石录》 1636, 王荦著《石友赞》	江户	1601—1602, 月溪圣澄作〈小芦石诗并序〉〈盆松诗并引〉 1615, 秀忠有"花癖", 在花圃中收集山茶花 1620, 家光在花圃中陈列、观赏盆景 元和二年, 归化李参平烧成伊万里瓷器 1630, 宽永七年《百椿集》(安乐庵策传)	李朝 (1392—1900)	1643—1715, 洪万善编撰《山林经济》, 记载有盆景与园艺的内容	
1650		明末清初文人盆玩、玩石风气盛行 明末清初古鄂绍吴散人知伯氏《培花奥诀录》 李渔 (1611—1680)《芥子园石谱》《闲情偶寄》 1665, 宋荦著《怪石录》 1662—1722, 康熙年间, 青花五彩烧得达炉火纯青地步					

年代	中国	摘要	日本	摘要	朝鲜	摘要	其他国家
1700	清(1662—1912)	落款"大清康熙年制"花盆多数烧成 范雪仪《公孙大娘舞剑器》 1662—1722,康熙帝著《咏盆中竹》《咏盆中梅》及《盆景榴花》 冷枚《多子图》 冷枚《顽石点头》 1662—1722,赵俞作〈盆树〉诗 1662—1722,李渔著《一家居室器玩部》 1670,诸九鼎著《石谱》 1688,陈淏子著《花镜》〈种盆取景法〉 陈枚(约1694—1745)《月漫清游图》 陈书(1660—1736)《岁朝丽景》 沈心(约1697—1760)《怪石录》 金廷标《仕女簪花图》《曹大家授书图》 宜兴的时大彬、徐友泉、陈仲美、欧正春、沈君用、陈鸣远、陈文乡、惠孟臣等名手相继出现、"阳羡陶"的声望确立 清代以后的宜兴盆的名工有钱柄文、钱子端、陈贯栗、杨彰年、萧绍明、陈曼生、陈文居、葛明祥、葛德和、爱间老人等 1708,刘灏删补《广群芳谱》 雍正年间,粉彩技法出现、豆彩也达到了成化时期的水准 佚名《胤禛行乐图》 佚名《雍正行乐图册(十六页)》 佚名《胤禛妃行乐图》 1723—1735,落款"大清雍正年制"花盆多数烧成 费而奇《盆梅》 1736—1795,落款"大清乾隆年制"花盆多数烧成 1746,乾隆帝作〈咏盆中温牡丹诗〉 1749,沈心著《怪石录》 姚文瀚《崇庆皇太后八旬万寿图》多数盆景 1751,徐扬《乾隆南巡图》 1752,姚文瀚《摹宋人文会图》 1759,徐扬《姑苏繁华录》 钱维城(1720—1772)《盛菊图》 乾隆年间,朱琰著《陶说》 张为邦《岁朝图轴》 孙祜清院本《十八学士图》 1762,吴骞著《阳羡名陶录》 1768,乾隆帝作〈静怡轩摘梅诗〉	江户	1681,年水野元胜著《花坛纲目》 1681—1703,年种树风盛行、枫树流行 1690,年源三郎著《人伦训蒙图汇》 1694,你那《花坛地锦抄》出版 1688—1703,年的元禄年间、大量的中国盆输入日本 1716—1735,的享保年间、菊花大流行 1735,彩叶植物流行开始 1748,日本出版《芥子园画传》 1773,由平贺源内出版《花镜》	李朝(1392—1900)		1764—1845,徐有榘编撰《林园十六志》《艺园志》

年代	中国	摘要	日本	摘要	朝鲜	摘要	其他国家
		班达里沙《画人参图》 王图炳(1668—1743)《梅花盆景》 邹一桂(1686—1772)《古干梅花》《画春意盎然》 冯宁《吉庆图》 1771,闵贞作〈富贵图〉中有盆梅图 1776,乾隆帝作《荷菊清供图》 乾隆帝作《高宗熏风琴韵图》中盆景 郎世宁(1688—1766)《弘历雪景行乐图》《弘历岁朝图》 郎世宁《画海西知时草》 那罗延窟本《高宗是一是二图》 佚名《乾隆雪景行乐图》 1784,汪承霈《画万年花甲》 丁观鹏《太族始和图》中大型山石盆景 避暑山庄清音阁前盆景陈设 丁观鹏《官妃话宠图》 乾隆年间避暑山庄有为盆景越冬的花儿洞 乾隆年间《万国来朝图》中外国使者进贡盆景 1795,李斗著《扬州画舫录》记录扬州多数盆景 1796—1821,苏灵著《盆景偶录》 1796—1849,谢堃著《花木小志》 麟庆《鸿雪因缘图记》多数盆景 佚名《清仁宗嘉庆皇帝写字像》	江 户		李朝 (1392— 1900)		
1800	清(1662 —1912)	佚名《颙琰古装行乐图》 佚名《道光喜溢秋庭图》 1808,沈复著《浮生六记》 1814,马汶著《绉云石记》 1846,《Gardenders Chronicle》Vol.6登载〈Chinese Method of Dwarfing Trees〉详细记述了中国盆景制作技艺 1848,吴其浚著《植物名实图考》 1870,郑廷桂著《景德镇陶录》 慈禧太后(1835—1908)临摹陈书《岁朝丽景》	明 治	1801,喜多川歌麿著《四季花》 1803,源谦出版《考槃余事》 1808,墨江武禅著《占景盘》 1827,金太著《草木奇品家雅见》 1829,水野忠晓著《草木锦叶集》 1830,长生舍主人著《金生树谱》 1836,齐藤幸雄孝华出版《江户名所图会》 1837,阿部喜任著《草木育种后篇》		18~19世纪 李维新〈可轩观梅图〉中盆梅	1826,荷兰(德国)人Siebold在日本见到的小型盆景 法国人M.Renard在《Chinese Method of Dwarfing Trees》中表现了对我国盆景的惊叹及轻蔑 C.W.C.(略名)对日本盆景的看法 M.Vallot对日本提根式盆景的蔑视
1850		1883,慈禧太后《盆栽牡丹》 1886,慈禧太后《富贵寿孝》 佚名《孝钦后弈棋图》 1884—1898,《点石斋画报》多数盆景	大 正	1858,大阪成立专门的"草乐园"			

年代	中国	摘要	日本	摘要	朝鲜	摘要	其他国家
1900	清(1662—1912) 民 国	1905, 慈禧太后《清供图》 同治皇帝(1862—1874)《管城春满图轴》 光绪年间, 郭宗仪作〈兰梅图〉 佚名《光绪皇帝读书图》 1881, 庚辰仲著《冶梅石谱》 翠玉白菜 清末孙温《彩绘本红楼梦》中多数盆景 1904, 孙克弘著《九石册》 1908, 清驻屯军司令编纂《北京志》第二十四章园艺详细记载了北京的园艺、盆景等 清末民国流行以盆景作为拍照时配景 吴昌硕(1844—1927)有多幅盆景画作 张大千(1899—1983)的园林盆景趣味 1919, 胡朴安著《奇石记》 1921, 王猩酋著《雨花石子记》 大量的日本盆栽输入我国 马贻(1886—1938)《马贻画宝》 1924,《三希堂画宝》 1930, 周宗璜、刘振书著《木本花卉栽培法》, 有〈木本花卉盆栽法〉 1931, 夏诒彬著《花卉盆栽法》	明 治 大 正 昭 和	1863, 田能村直入著《青湾茶会图录》, 记载紫泥盆 1866, 今村了庵庆著《煎茶图式. 草》 1866, 在草乐园举行煎茶式盆栽陈列会 1871—1876, 政府要人玩赏盆栽、称呼统一化 1875, 山中吉郎兵卫撰《青湾名酿图志》 宜兴盆输入日本(古渡) 1892, 横井时冬撰《盆栽考》 1892, 田口松旭撰《美术盆栽图》 明治三十年, 常滑泥物钵烧成 宜兴盆输入日本(中渡) 1903, 木曾压七撰《聚乐会图录》 1906, 生岛一编集同好会志《盆栽雅报》 1921, 小林宪雄编集《盆栽》杂志 宜兴盆输入日本(新渡) 1934, 第一届国风盆栽展举行 1937, 法国万博盆栽80盆出展、获取金奖	李朝(1392—1900) 大 韩 国	1755, 画庵尊除外, 禁止烧制一切的青花磁器	欧美人士对盆景艺术认识的转变 1813, S·W·William对我国山水盆景赞赏 1879、1890, 日本盆景在欧美的展览与销售 盆景开始步入国际化进程 英国人Richard Bagot对日本的盆栽与钵景的记述与着迷 1908, 在伦敦举行的英日博览会上, 日方展出盆景. 1937, 在法国万国博览会上日本展出盆景80余盆, 获得金奖 "二战"之后盆景与"Bonsai"一词的国际化

年代	中国	摘要	日本	摘要	朝鲜		摘要	其他国家
1950		1949以来,岭南盆景艺术广泛受到重视,成立盆景协会 1950,陆费执著《盆景与盆栽》 1954,拙政园盆景园开放 1956,在杭州花圃建成盆景园—掇景园 1956,广州在流花湖西侧开辟"西苑",作为岭南盆景艺术研究中心 1957,周瘦鹃、周铮著《盆栽趣味》 1958,建成温州盆景园 1961,崔友文著《中国盆景及其栽培》(台湾) 1963,成都杜甫草堂盆景园建成开放 1969,伍宜孙著《文农盆景》(香港) 1978,上海植物园盆景园对外开放	昭 和	1964,成立"盆栽协会" 1964,举行东京奥林匹克盆栽水石展 1970,举办日本万博盆栽水石展 1975,纪念美国建国200年,向美国赠送盆景43盆	朝 鲜 人 民 共 和 国	大 韩 民 国	1970前后,盆景开始大盛行	
1980	中 华 人 民 共 和 国	1982,万景山庄建成开放,为我国现有大型盆景专类园之一 1983,成都百花潭公园盆景园建成						
2000		2008,在扬州瘦西湖风景区新建扬派盆景博物馆	平 成					

主要名词索引

705